CONSTANTES FUNDAMENTAIS

Constante	Símbolo	Valor		
			Potência de 10	Unidades
Velocidade da luz	c	2,997 924 58*	10^{8}	m s^{-1}
Carga elementar	e	1,602 176 565	10^{-19}	C
Constante de Planck	h	6,626 069 57	10^{-34}	J s
	$\hbar = h/2\pi$	1,054 571 726	10^{-34}	J s
Constante de Boltzmann	k	1,380 6488	10^{-23}	J K^{-1}
Constante de Avogadro	N_A	6,022 141 29	10^{23}	mol^{-1}
Constante dos gases	$R = N_A k$	8,314 4621		J K^{-1} mol^{-1}
Constante de Faraday	$F = N_A e$	9,648 533 65	10^{4}	C mol^{-1}
Massa				
Elétron	m_e	9,109 382 91	10^{-31}	kg
Próton	m_p	1,672 621 777	10^{-27}	kg
Nêutron	m_n	1,674 927 351	10^{-27}	kg
Constante de massa atômica	m_u	1,660 538 921	10^{-27}	kg
Permeabilidade do vácuo	μ_0	4π*	10^{-7}	J s^2 C^{-2} m^{-1}
Permissividade do vácuo	$\varepsilon_0 = 1/\mu_0 c^2$	8,854 187 817	10^{-12}	J^{-1} C^2 m^{-1}
	$4\pi\varepsilon_0$	1,112 650 056	10^{-10}	J^{-1} C^2 m^{-1}
Magnéton de Bohr	$\mu_B = e\hbar/2m_e$	9,274 009 68	10^{-24}	J T^{-1}
Magnéton nuclear	$\mu_N = e\hbar/2m_p$	5,050 783 53	10^{-27}	J T^{-1}
Momento magnético do próton	μ_p	1,410 606 743	10^{-26}	J T^{-1}
Valor g do elétron	g_e	2,002 319 304		
Razão magnetogírica				
Elétron	$\gamma_e = -g_e e/2m_e$	-1,001 159 652	10^{10}	C kg^{-1}
Próton	$\gamma_p = 2\mu_p/\hbar$	2,675 222 004	10^{8}	C kg^{-1}
Raio de Bohr	$a_0 = 4\pi\varepsilon_0\hbar^2/e^2 m_e$	5,291 772 109	10^{-11}	m
Constante de Rydberg	$\tilde{R}_\infty = m_e e^4/8h^3 c\varepsilon_0^2$	1,097 373 157	10^{5}	cm^{-1}
	$hc\tilde{R}_\infty/e$	13,605 692 53		eV
Constante de estrutura fina	$\alpha = \mu_0 e^2 c/2h$	7,297 352 5698	10^{-3}	
	α^{-1}	1,370 359 990 74	10^{2}	
Segunda constante de radiação	$c_2 = hc/k$	1,438 777 0	10^{-2}	m K
Constante de Stefan-Boltzmann	$\sigma = 2\pi^5 k^4/15h^3 c^2$	5,670 373	10^{-8}	W m^{-2} K^{-4}
Aceleração padrão de queda livre	g	9,806 65*		m s^{-2}
Constante gravitacional	G	6,673 84	10^{-11}	N m^2 kg^{-2}

* Valor exato. Para valores atuais, veja a página do National Institute of Standards and Technology (NIST) na Internet.

FÍSICO-QUÍMICA

10ª EDIÇÃO

Volume 2

O GEN | Grupo Editorial Nacional – maior plataforma editorial brasileira no segmento científico, técnico e profissional – publica conteúdos nas áreas de ciências exatas, humanas, jurídicas, da saúde e sociais aplicadas, além de prover serviços direcionados à educação continuada e à preparação para concursos.

As editoras que integram o GEN, das mais respeitadas no mercado editorial, construíram catálogos inigualáveis, com obras decisivas para a formação acadêmica e o aperfeiçoamento de várias gerações de profissionais e estudantes, tendo se tornado sinônimo de qualidade e seriedade.

A missão do GEN e dos núcleos de conteúdo que o compõem é prover a melhor informação científica e distribuí-la de maneira flexível e conveniente, a preços justos, gerando benefícios e servindo a autores, docentes, livreiros, funcionários, colaboradores e acionistas.

Nosso comportamento ético incondicional e nossa responsabilidade social e ambiental são reforçados pela natureza educacional de nossa atividade e dão sustentabilidade ao crescimento contínuo e à rentabilidade do grupo.

FÍSICO-QUÍMICA

10ª EDIÇÃO

Volume 2

Peter Atkins
Fellow of Lincoln College,
University of Oxford,
Oxford, UK

Julio de Paula
Professor de Química do
Lewis & Clark College,
Portland, Oregon, USA

Tradução e Revisão Técnica

Edilson Clemente da Silva
Doutor em Ciências – Instituto de Química, UFRJ

Márcio José Estillac de Mello Cardoso
Doutor em Ciências – Instituto de Química, UFRJ

Oswaldo Esteves Barcia
Doutor em Ciências – Instituto de Química, UFRJ

Apesar dos melhores esforços dos autores, dos tradutores, do editor e dos revisores, é inevitável que surjam erros no texto. Assim, são bem-vindas as comunicações de usuários sobre correções ou sugestões referentes ao conteúdo ou ao nível pedagógico que auxiliem o aprimoramento de edições futuras. Os comentários dos leitores podem ser encaminhados à **LTC — Livros Técnicos e Científicos Editora** pelo e-mail ltc@grupogen.com.br.

ISBN: 978-0-19-969740-3

ISBN: 978-0-19-969740-3

Travessa do Ouvidor, 11
Rio de Janeiro, RJ – CEP 20040-040
Tels.: 21-3543-0770 / 11-5080-0770
Fax: 21-3543-0896
ltc@grupogen.com.br
www.grupogen.com.br

Designer de capa: Bruno Sales
Imagens de capa: © stMax 89/iStockphoto.com
© gresei/iStockphoto.com
Editoração Eletrônica: IO Design

CIP-BRASIL. CATALOGAÇÃO NA PUBLICAÇÃO
SINDICATO NACIONAL DOS EDITORES DE LIVROS, RJ

A574f
10. ed.
v. 2

Peter, Atkins
Físico-química, volume 2 / Peter Atkins, Julio de Paula ; tradução e revisão técnica Edilson Clemente da Silva, Márcio José Estillac de Mello Cardoso, Oswaldo Esteves Barcia. - 10. ed. - Rio de Janeiro : LTC, 2018.
; 28 cm.

Tradução de: Physical chemistry
Inclui bibliografia e índice
ISBN 978-85-216-3463-8

1. Físico-química. I. Silva, Edilson Clemente da. II. Cardoso, Márcio José Estillac de Mello. III. Barcia, Oswaldo Esteves. IV. Título.

17-45148

CDD: 541.3
CDU: 544

PREFÁCIO

Esta nova edição é o produto de uma revisão completa dos conteúdos e de sua apresentação. Nosso objetivo é tornar este livro ainda mais acessível aos estudantes e útil aos professores, aumentando sua flexibilidade. Esperamos que ambas as categorias de usuários percebam e desfrutem da vitalidade renovada do texto e da apresentação deste assunto difícil e estimulante.

O livro ainda se divide em três partes, porém cada capítulo é agora apresentado como uma série de pequenas *Seções*, mais facilmente assimiláveis. Essa nova estrutura permite que o professor adapte o texto conforme os limites de tempo do curso, facilitando as omissões, dando ênfase a conteúdos mais satisfatórios e permitindo que o caminho pelos temas seja modificado mais facilmente. Por exemplo, é mais fácil agora fazer uma abordagem do material de uma perspectiva "inicialmente quântica", ou "inicialmente termodinâmica", pois não é mais necessário seguir um caminho linear ao longo dos capítulos. Em vez disso, os estudantes e professores podem adaptar a escolha das seções a seus objetivos de aprendizado. Tivemos muito cuidado de não pressupor ou impor uma sequência particular, exceto quando ela for exigida pelo bom senso.

Iniciamos com um capítulo de *Fundamentos*, que faz uma revisão dos conceitos básicos de química e de física que são usados ao longo do texto. A Parte 1 tem, agora, o título de *Termodinâmica*. A novidade nesta edição é a inclusão de diagramas de fase ternários, que são importantes nas aplicações da físico-química à engenharia e à ciência dos materiais. A Parte 2 (*Estrutura*) continua a cobrir a teoria quântica, a estrutura atômica e molecular, a espectroscopia, os agregados moleculares e a termodinâmica estatística. A Parte 3 (*Processos*) perdeu o capítulo dedicado à catálise, mas não o material. As reações catalisadas por enzimas estão agora no Capítulo 20, e a catálise heterogênea é agora parte do Capítulo 22, que contempla a estrutura e os processos em superfícies.

Como sempre, dedicamos atenção especial em ajudar os estudantes a acessar e dominar o material. Cada capítulo começa com um breve resumo de suas seções. Cada seção começa com três perguntas: "Por que você precisa saber este assunto?", "Qual é a ideia fundamental?" e "O que você já deve saber?". As respostas à última pergunta remetem a outras seções que consideramos apropriado que tenham sido estudadas ou, pelo menos, que sirvam de base para a seção em consideração. Os *Conceitos importantes* e as *Equações importantes* ao final de cada seção são compilações úteis dos conceitos e equações mais importantes que aparecem na exposição.

Continuamos a desenvolver estratégias para fazer com que a matemática, que é tão importante no desenvolvimento da físico-química, seja acessível aos estudantes. Além de associarmos as seções de *Revisão de matemática* aos capítulos adequados, auxiliamos ainda mais o desenvolvimento das equações: damos a elas uma motivação, uma justificativa, e comentamos as etapas necessárias à sua dedução. Adicionamos ainda um novo recurso: *Ferramentas do químico*, que oferecem ajuda rápida e imediata sobre conceitos de matemática e física.

Esta edição tem mais *Exemplos* resolvidos, que exigem que o estudante organize seu pensamento sobre como proceder em cálculos complicados, e também mais *Breves ilustrações*, que mostram facilmente como usar uma equação ou aplicar um conceito. Ambos possuem *Exercícios propostos* que permitem ao estudante avaliar sua compreensão do material. Estruturamos as *Questões teóricas*, os *Exercícios* e os *Problemas* para se ajustarem às seções, mas acrescentamos as *Atividades integradas*, que unem seções e capítulos, para mostrar que, muitas vezes, são necessárias diversas seções para resolver um único problema. A *Seção de dados* foi reestruturada e ampliada pela adição de uma lista de integrais que são úteis (e referenciadas) ao longo do texto.

Estamos, é claro, cientes do desenvolvimento de recursos eletrônicos e nos esforçamos especialmente nesta edição a encorajar o uso de ferramentas *online*, identificadas nos *Materiais suplementares*, disponíveis no GEN-IO, ambiente virtual de aprendizado do GEN. Entre os recursos importantes estão as seções chamadas *Impacto*, que disponibilizam exemplos de como os tópicos dos capítulos são empregados em áreas diversas como bioquímica, medicina, ciência ambiental e ciência dos materiais.

De modo geral, tivemos a oportunidade de renovar todo o texto, tornando-o mais flexível, útil e atualizado. Como sempre, esperamos o seu contato com suas sugestões visando ao contínuo aprimoramento deste livro.

PWA, Oxford
JdeP, Portland

SOBRE O LIVRO

Para a décima edição de *Físico-Química de Atkins*, adaptamos o texto ainda mais às necessidades dos estudantes. Primeiro, o material em cada capítulo foi reorganizado em seções distintas a fim de aumentar a acessibilidade, a clareza e a flexibilidade. Depois, além da variedade de recursos didáticos já presentes, ampliamos significativamente a base matemática com a adição dos boxes de *Ferramentas do químico*, e com as listas de conceitos importantes apresentados ao final de cada seção.

Organizando as informações

➤ Estrutura inovadora

Cada capítulo foi reorganizado em seções curtas, tornando o texto mais legível para os estudantes e mais flexível para o professor. Cada seção começa com um comentário sobre sua importância, qual é a ideia fundamental que a permeia e um breve resumo da base necessária para a sua compreensão.

➤ Por que você precisa saber este assunto?

Porque a química diz respeito à matéria e às transformações que ela sofre, tanto física como quimicamente, e as propriedades da matéria permeiam toda a discussão neste livro.

➤ Qual é a ideia fundamental?

As propriedades macroscópicas da matéria estão relacio-

➤ Notas sobre a boa prática

Nossas *Notas sobre a boa prática* ajudarão o leitor a evitar erros comuns. Elas estimulam a conformidade com a linguagem internacional da ciência, estabelecendo as convenções e os procedimentos adotados pela União Internacional de Química Pura e Aplicada (International Union of Pure and Applied Chemistry, IUPAC).

somente aos gases perfeitos (e outros sistemas idealizados) são marcadas, como aqui, com um número em azul.

Uma nota sobre a boa prática Embora o termo "gás ideal" seja quase que universalmente usado no lugar de "gás perfeito", há razões para se preferir esse último. Em um sistema ideal, as interações entre as moléculas em uma mistura são todas iguais. Em um gás perfeito, não só essas interações são as mesmas como são também nulas. Apesar disso, poucos fazem essa distinção.

A Eq. A.5, a **equação do gás perfeito**, é um resumo de três conclusões empíricas, ou seja, a lei de Boyle ($p \propto 1/V$ a temperatura

➤ Seção de dados

Uma *Seção de dados* de fácil compreensão, ao final do livro, contém uma tabela de integrais, tabelas de dados, um resumo das convenções sobre unidades e tabelas de caracteres. Pequenos extratos dessas tabelas aparecem com frequência nas seções, principalmente para dar uma ideia dos valores típicos das grandezas físicas apresentadas.

SEÇÃO DE DADOS

Tópicos

➤ Conceitos importantes

Uma lista de *Conceitos importantes* é dada ao final de cada seção, para que você possa marcar aqueles conceitos que acredita já ter dominado.

Conceitos importantes

☐ 1. A **entropia** atua como um sinalizador da mudança espontânea.

☐ 2. A variação de entropia é definida em termos das forças de calor (a **definição de Clausius**).

☐ 3. A **fórmula de Boltzmann** define a entropia absoluta em termos do número de maneiras de atingir uma

Apresentando a matemática

➤ Justificativas

O desenvolvimento matemático é uma parte intrínseca da físico-química. Para compreender completamente, você precisa verificar como dada expressão é obtida e se foram feitas suposições, quaisquer que sejam. As *Justificativas* estão destacadas do texto para permitir que você ajuste o nível de detalhe compatível com suas necessidades, e para tornar mais fácil a revisão do material.

Justificativa 3A.1 Variação de temperatura que acompanha uma expansão adiabática reversível

Esta *Justificativa* é baseada em dois aspectos do ciclo. O primeiro é que as duas temperaturas T_h e T_c na Eq. 3A.7 residem na mesma adiabática na Fig. 3A.7. O segundo aspecto é que a energia transferida como calor durante as duas etapas isotérmicas é

$$q_h = nRT_h \ln\frac{V_B}{V_A} \qquad q_c = nRT_c \ln\frac{V_D}{V_C}$$

Mostramos agora que as razões entre os dois volumes estão relacionadas de uma forma muito simples. Da relação entre temperatura e volume para um processo adiabático reversível (VT^c = constante, Seção 2D):

➤ Ferramentas do químico

Como uma novidade da décima edição, as *Ferramentas do químico* são lembretes sucintos dos conceitos e técnicas matemáticas de que você vai precisar para entender uma dedução específica que está sendo descrita no corpo do texto.

Ferramentas do químico A.1 Grandezas e unidades

A medida de uma **propriedade física** é expressa como um múltiplo numérico de uma unidade:

propriedade física = valor numérico × unidade

Unidades podem ser tratadas como quantidades algébricas e ser multiplicadas, divididas e canceladas. Assim, a expressão (grandeza física)/unidade é o valor numérico (uma grandeza adimensional) da medida nas unidades especificadas.

➤ Revisões de matemática

Há seis seções de *Revisão de matemática* distribuídas ao longo do livro. Elas cobrem em detalhe os conceitos matemáticos que você precisa compreender a fim de ser capaz de dominar a físico-química. Cada uma está localizada ao final do capítulo para o qual ela é mais relevante.

Revisão de Matemática 1 Diferenciação

Duas das técnicas matemáticas mais importantes na ciência física são a diferenciação e a integração. Elas ocorrem em toda essa ciência, e é essencial conhecer os procedimentos envolvidos.

RM1.1 Diferenciação: definições

A diferenciação, ou derivação, trata as inclinações, ou coeficientes angulares, das funções, como a velocidade de mudança de uma variável com o tempo. A definição formal de **derivada**, df/dx, de uma função $f(x)$ é

Equações com anotações e marcadores de equações

Fizemos anotações em muitas equações para ajudá-lo a seguir o seu desenvolvimento. Uma anotação pode levá-lo através de um sinal de igual: é um lembrete de uma substituição realizada, de uma aproximação feita, dos termos que se admitiram como constantes, da integral usada etc. Uma anotação também pode ser um lembrete do significado de um termo individual em uma expressão. Às vezes indicamos com cores um conjunto de números ou símbolos para mostrar que eles são transportados de uma linha para a seguinte. Muitas equações são marcadas para destacar a sua significância.

$$w = -nRT\int_{V_i}^{V_f}\frac{dV}{V} \overset{\text{Integral A.2}}{=} -nRT\ln\frac{V_f}{V_i}$$

Gás perfeito, reversível, isotérmica Trabalho de expansão (2A.9)

Equações importantes

Você não precisa memorizar todas as equações do texto. Uma lista ao final de cada seção faz um resumo das equações mais importantes e das condições às quais elas se aplicam.

Equações importantes

Propriedade	Equação
Fator de compressibilidade	$Z = V_m / V_m^\circ$
Equação de estado do virial	$pV_m = RT(1 + B/V_m + C/V_m^2 + \cdots)$
Equação de van der Waals	$p = nRT/(V - nb) - a(n/V)^2$
Variáveis reduzidas	$X_r = X/X_c$

Montagem e resolução de problemas

Breves ilustrações

As *Breves ilustrações* mostram como você pode usar equações ou conceitos que acabaram de ser apresentados no livro. Elas o ajudam a aprender como usar os dados, manipular corretamente as unidades e se familiarizar com o valor das grandezas. Todas são seguidas de um *Exercício proposto* que permite que você acompanhe seu progresso.

Breve ilustração 1C.5 Estados correspondentes

As constantes críticas do argônio e do dióxido de carbono são dadas na Tabela 1C.2. Suponha que o argônio esteja a 23 atm e 200 K; ele tem pressão e temperatura reduzidas

$$p_r = \frac{23\,\text{atm}}{48{,}0\,\text{atm}} = 0{,}48 \qquad T_r = \frac{200\,\text{K}}{150{,}7\,\text{K}} = 1{,}33$$

Para o dióxido de carbono estar em um estado correspondente, sua pressão e temperatura teriam que ser

$$p = 0{,}48 \times (72{,}9\,\text{atm}) = 35\,\text{atm} \qquad T = 1{,}33 \times 304{,}2\,\text{K} = 405\,\text{K}$$

Exercício proposto 1C.6 Qual seria o estado correspondente da amônia?

Resposta: 53 atm, 539 K

➤ Exemplos resolvidos

Os *Exemplos* resolvidos são ilustrações mais detalhadas da aplicação da matéria, que requerem que você reúna e desenvolva conceitos e equações. Sugerimos um método para a resolução do problema e, então, o aplicamos para obter a resposta. Os exemplos resolvidos também são acompanhados de *Exercícios propostos*.

Exemplo 3A.2 Cálculo da variação de entropia em processos compostos

Calcule a variação de entropia do argônio, que está inicialmente a 25 °C e 1,00 bar, num recipiente de 0,500 dm³ de volume e que se expande até o volume de 1,000 dm³, sendo simultaneamente aquecido até 100 °C.

Método Como descrito no texto, usamos uma expansão isotérmica reversível até o volume final, seguida de um aquecimento reversível, a volume constante, até a temperatura final. A variação de entropia na primeira etapa do processo é dada

➤ Questões teóricas

As *Questões teóricas* ficam no final de cada capítulo e são organizadas por seção. Essas questões foram concebidas para estimulá-lo a refletir sobre o material que você acabou de ler e visualizá-lo conceitualmente.

SEÇÃO 3A Entropia

Questões teóricas

3A.1 A evolução da vida necessita da organização de um número muito grande de moléculas para a formação das células biológicas. A formação dos organismos vivos viola a Segunda Lei da termodinâmica? Dê uma resposta clara e apresente argumentos detalhados para justificá-la.

3A.2 Discuta o significado dos termos "dispersão" e "desordem" no contexto da Segunda Lei.

Exercícios

3A.1(a) Em um processo hipotético, a entropia de um sistema aumenta de 125 J K^{-1}, enquanto a entropia das vizinhanças diminui de 125 J K^{-1}. O processo é espontâneo?

3A.1(b) Em um processo hipotético, a entropia de um sistema aumenta de 105 J K^{-1}, enquanto a entropia das vizinhanças diminui de 95 J K^{-1}. O processo é espontâneo?

3A.2(a) Uma máquina térmica ideal usa água no seu ponto triplo como fonte quente e um líquido orgânico como sumidouro frio. Ela retira 10.000 kJ de calor da fonte quente e produz 3000 kJ de trabalho. Qual é a temperatura do líquido orgânico?

3A.2(b) Uma máquina térmica ideal usa água no seu ponto triplo como fonte quente e um líquido orgânico como sumidouro frio. Ela retira 2,71 kJ de calor da fonte quente e produz 0,71 kJ de trabalho. Qual é a temperatura do líquido orgânico?

➤ Exercícios e Problemas

Os *Exercícios* e os *Problemas* também aparecem, organizados por seção, no final de cada capítulo. Eles vão motivá-lo a testar sua compreensão das seções daquele capítulo. Os exercícios são concebidos como testes numéricos relativamente simples, ao passo que os problemas apresentam mais desafios. Os exercícios aparecem em pares relacionados. As respostas dos exercícios indicados com a letra "a" e dos problemas ímpares estão disponíveis *online* nos *Materiais suplementares*.

➤ Atividades integradas

Ao final da maioria dos capítulos você vai encontrar questões que misturam diversas seções e capítulos. Elas foram concebidas para ajudá-lo a usar seu conhecimento de forma criativa em diversas maneiras.

Material Suplementar

Este livro conta com os seguintes materiais suplementares:

- Ilustrações da obra em formato de apresentação (.pdf) (restrito a docentes);
- Problemas de Modelagem Molecular: arquivos em (.pdf), contendo problemas projetados para uso do software Spartan Student™ ou qualquer outro software de modelagem que permita a aplicação do método de Hartfree-Fock e de cálculos de densidade funcional e MP2 (acesso livre);
- Respostas de Exercícios e Problemas Selecionados: arquivos, em formato .pdf, contendo repostas dos exercícios indicados com a letra "a" e dos problemas de número ímpar (acesso livre);
- Seção Impacto: arquivos em (.pdf) contendo aplicações da físico-química (acesso livre);
- Solutions Manual: arquivos em (.pdf), em inglês, contendo manual de soluções dos exercícios indicados com a letra "b" e dos problemas de número par, elaborado por Charles Trapp, Marshall Cady e Carmen Giunta (restrito a docentes);
- Tables of Key Equations: tabelas com principais equações, em formato .pdf, em inglês (restrito a docentes);
- Tabelas da Teoria dos Grupos: tabelas essenciais aplicadas à Teoria dos Grupos, em formato .pdf (acesso livre).

O acesso aos materiais suplementares é gratuito. Basta que o leitor se cadastre em nosso *site* (www.grupogen.com.br), faça seu *login* e clique em GEN-IO, no menu superior do lado direito. É rápido e fácil.
Caso haja alguma mudança no sistema ou dificuldade de acesso, entre em contato conosco (sac@grupogen.com.br).

GEN-IO (GEN | Informação Online) é o repositório de materiais suplementares e de serviços relacionados com livros publicados pelo GEN | Grupo Editorial Nacional, maior conglomerado brasileiro de editoras do ramo científico-técnico-profissional, composto por Guanabara Koogan, Santos, Roca, AC Farmacêutica, Forense, Método, Atlas, LTC, E.P.U. e Forense Universitária.
Os materiais suplementares ficam disponíveis para acesso durante a vigência das edições atuais dos livros a que eles correspondem.

AGRADECIMENTOS

Um livro tão extenso quanto este não poderia ter sido escrito sem a colaboração significativa de diversas pessoas. Gostaríamos de reiterar nossos agradecimentos às centenas de pessoas que contribuíram da primeira à nona edição. Muitos deram sua contribuição baseados na nona edição, e outros, incluindo estudantes, revisaram os rascunhos dos capítulos da décima edição tão logo eles surgiam. Gostaríamos de expressar nossa gratidão aos seguintes colegas:

Oleg Antzutkin, *Luleå University of Technology*
Mu-Hyun Baik, *Indiana University — Bloomington*
Maria G. Benavides, *University of Houston — Downtown*
Joseph A. Bentley, *Delta State University*
Maria Bohorquez, *Drake University*
Gary D. Branum, *Friends University*
Gary S. Buckley, *Cameron University*
Eleanor Campbell, *University of Edinburgh*
Lin X. Chen, *Northwestern University*
Gregory Dicinoski, *University of Tasmania*
Niels Engholm Henriksen, *Technical University of Denmark*
Walter C. Ermler, *University of Texas at San Antonio*
Alexander Y. Fadeev, *Seton Hall University*
Beth S. Guiton, *University of Kentucky*
Patrick M. Hare, *Northern Kentucky University*
Grant Hill, *University of Glasgow*
Ann Hopper, *Dublin Institute of Technology*
Garth Jones, *University of East Anglia*
George A. Kaminsky, *Worcester Polytechnic Institute*
Dan Killelea, *Loyola University of Chicago*
Richard Lavrich, *College of Charleston*
Yao Lin, *University of Connecticut*
Tony Masiello, *California State University — East Bay*
Lida Latifzadeh Masoudipour, *California State University — Dominquez Hills*
Christine McCreary, *University of Pittsburgh at Greensburg*
Ricardo B. Metz, *University of Massachusetts Amherst*
Maria Pacheco, *Buffalo State College*
Sid Parrish, Jr., *Newberry College*
Nessima Salhi, *Uppsala University*
Michael Schuder, *Carroll University*
Paul G. Seybold, *Wright State University*
John W. Shriver, *University of Alabama Huntsville*
Jens Spanget-Larsen, *Roskilde University*
Stefan Tsonchev, *Northeastern Illinois University*
A. L. M. van de Ven, *Eindhoven University of Technology*
Darren Walsh, *University of Nottingham*
Nicolas Winter, *Dominican University*
Georgene Wittig, *Carnegie Mellon University*
Daniel Zeroka, *Lehigh University*

Como preparamos esta edição juntamente com seu livro-irmão *Físico-química: Quanta, matéria e transformações*, não é preciso dizer que nosso colega naquele livro, Ron Friedman, também teve um impacto inconsciente, mas considerável, neste livro, e não podemos agradecer o suficiente por sua contribuição para este livro. Nossos sinceros agradecimentos também se estendem a Charles Trapp, Carmen Giunta e Marshall Cady, que mais uma vez produziram o *Manual de soluções* disponível *online* para professores e cujos comentários levaram a diversas melhorias no livro. Kerry Karukstis deu importante contribuição para os *Impactos*, também disponíveis *online*.

Por fim, gostaríamos também de agradecer aos nossos editores Jonathan Crowe, da Oxford University Press, e Jessica Fiorillo, da W. H. Freeman & Co., e suas equipes, por seu estímulo, paciência, orientação e assistência.

SUMÁRIO GERAL

VOLUME 1

VOLUME 2

SUMÁRIO

TABELAS

FERRAMENTAS DO QUÍMICO

Fundamentos

A **química** é a ciência da matéria e das mudanças que ela pode sofrer. A **físico-química** é o ramo da química que estabelece e desenvolve os princípios da ciência em termos dos conceitos subjacentes da física e da linguagem matemática. Ela fornece a base para o desenvolvimento de novas técnicas espectroscópicas e suas interpretações, para o entendimento da estrutura de moléculas e dos detalhes de suas distribuições eletrônicas, assim como para relacionar as propriedades macroscópicas da matéria aos seus átomos constituintes. A físico-química fornece também uma conexão com o mundo das reações químicas e nos permite entender em detalhes como elas acontecem.

A Matéria

Ao longo do texto, iremos usar alguns conceitos da química introdutória que devem ser familiares, tais como o "modelo nuclear do átomo", "estruturas de Lewis" e a "equação dos gases perfeitos". Essa seção vai rever conceitos da química que vão aparecer em muitas das etapas da apresentação.

B Energia

Uma vez que a físico-química está na interface entre a física e a química, precisamos também rever alguns dos conceitos de física elementar que iremos abordar ao longo do livro. Essa seção começa com um breve resumo da "mecânica clássica", nosso ponto de partida para a discussão do movimento e da energia das partículas. Passamos, então, a uma revisão dos conceitos da "termodinâmica" que já devem fazer parte do seu vocabulário químico. Finalmente, apresentamos a "distribuição de Boltzmann" e o "teorema da equipartição da energia", que ajudam a estabelecer as conexões entre as propriedades macroscópicas e moleculares da matéria.

C Ondas

Essa seção descreve as ondas, com o foco nas "ondas harmônicas", que formam a base para a descrição clássica da radiação eletromagnética. As ideias clássicas de movimento, energia e ondas dessa seção e da Seção B são expandidas com os princípios da mecânica quântica (Capítulo 7), criando as condições para o tratamento dos elétrons, átomos e moléculas. A mecânica quântica permeia a discussão da estrutura e das transformações químicas, e é a base de muitas técnicas de investigação.

A Matéria

Tópicos

➤ **Por que você precisa saber este assunto?**

Porque a química diz respeito à matéria e às transformações que ela sofre, tanto física como quimicamente, e as propriedades da matéria permeiam toda a discussão neste livro.

➤ **Qual é a ideia fundamental?**

As propriedades macroscópicas da matéria estão relacionadas com a natureza e com a disposição dos átomos e moléculas em uma amostra.

➤ **O que você já deve saber?**

Esta seção faz uma revisão do material normalmente coberto na química básica.

A apresentação da físico-química neste texto está baseada no fato verificado experimentalmente de que a matéria consiste em átomos. Nesta seção, que é uma revisão dos conceitos e da linguagem amplamente utilizada em química, começamos a fazer as conexões entre átomos, moléculas e propriedades macroscópicas. A maior parte do material será desenvolvida com mais detalhes posteriormente ao longo do livro.

A.1 Átomos

O átomo de um elemento é caracterizado por seu **número atômico**, Z, que é o número de prótons em seu núcleo. O número de nêutrons em um núcleo é variável em um pequeno intervalo, e o **número de núcleons** (que é também comumente chamado de *número de massa*), A, é o número total de prótons e nêutrons no núcleo. Os prótons e os nêutrons são coletivamente chamados de **núcleons**. Átomos de mesmo número atômico, porém diferente número de núcleons, são os **isótopos** do elemento.

(a) O modelo nuclear

De acordo com o **modelo nuclear**, um átomo de número atômico Z consiste em um núcleo de carga $+Ze$ circundado por Z elétrons de carga $-e$ (e é a carga fundamental: veja o seu valor, e de outras constantes fundamentais, no verso da capa deste livro). Esses elétrons ocupam **orbitais atômicos**, que são regiões do espaço onde é maior a probabilidade de encontrá-los, com no máximo dois elétrons em cada orbital. Os orbitais atômicos são dispostos em **camadas** ao redor do núcleo, cada camada sendo caracterizada pelo **número quântico principal**, $n = 1, 2, \ldots$ Uma camada consiste em n^2 orbitais individuais, que são agrupados em n **subcamadas**; essas subcamadas e os orbitais nelas contidos são simbolizados por s, p, d e f. Para todos os átomos neutros diferentes do hidrogênio, as subcamadas de uma dada camada têm energias ligeiramente diferentes.

(b) A tabela periódica

A ocupação sequencial dos orbitais em camadas sucessivas resulta em similaridades periódicas nas **configurações eletrônicas**, a especificação dos orbitais ocupados, de átomos quando eles são ordenados em função do seu número atômico. Essa periodicidade de estrutura explica a formulação da **tabela periódica** (veja o verso da quarta capa deste livro). As colunas verticais da tabela periódica são chamadas de **grupos** e (na convenção moderna) numeradas de 1 a 18. Linhas sucessivas da tabela periódica são chamadas de **períodos**, e o número do período é igual ao número quântico principal da **camada de valência**, a camada mais externa do átomo.

Alguns grupos têm também nomes familiares: o Grupo 1 é o dos **metais alcalinos**; o Grupo 2 (mais especificamente, cálcio, estrôncio e bário) é o dos **metais alcalinoterrosos**; o Grupo

17 é o dos **halogêneos**, e o Grupo 18, o dos **gases nobres**. De modo geral, os elementos em direção à esquerda da tabela periódica são **metais** e aqueles em direção à direita são **não metais**; as duas classes de substância se encontram na linha diagonal que corre do boro ao polônio, que constituem os **metaloides**, com propriedades intermediárias entre aquelas dos metais e dos não metais.

A tabela periódica é dividida em **blocos** s, p, d e f, de acordo com a última subcamada ocupada da configuração eletrônica do átomo. Os membros do bloco d (especificamente nos Grupos 3–11 no bloco d) são também conhecidos como os **metais de transição**; aqueles do bloco f (que não é dividido em grupos numerados) são algumas vezes chamados de **metais de transição interna**. A linha superior do bloco f (Período 6) consiste nos **lantanoides** (ainda comumente chamados de "lantanídeos"), e a linha inferior (Período 7) consiste nos **actinoides** (ainda comumente chamados de "actinídeos").

(c) Íons

Um **íon** monoatômico é um átomo carregado eletricamente. Quando um átomo ganha um ou mais elétrons, ele se torna um **ânion**, um átomo carregado negativamente; quando os perde, ele se torna um **cátion**, um átomo carregado positivamente. O número de carga de um ânion é chamado de **número de oxidação** do elemento naquele estado (assim, o número de oxidação do magnésio no Mg^{2+} é +2 e o do oxigênio no O^{2-} é −2). É apropriado, embora nem sempre seja feito, distinguir entre o número de oxidação e o **estado de oxidação**; este último é o estado físico do átomo com um número de oxidação específico. Assim, o número de oxidação *do* magnésio é +2 quando ele está presente como Mg^{2+} e ele se apresenta *no* estado de oxidação Mg^{2+}.

Os elementos formam íons que são característicos da sua posição na tabela periódica: elementos metálicos formam tipicamente cátions perdendo elétrons da sua camada mais externa e adquirindo a configuração eletrônica do gás nobre precedente. Não metais tipicamente formam ânions ganhando elétrons e adquirindo a configuração eletrônica do gás nobre seguinte.

A.2 Moléculas

Uma **ligação química** é uma ligação entre átomos. Compostos que contêm um elemento metálico geralmente, embora nem sempre, formam **compostos iônicos** que consistem em cátions e ânions em um arranjo cristalino. As "ligações químicas" em um composto iônico são devidas às interações coulombianas entre todos os íons no cristal, não sendo apropriado se referir a uma ligação entre um par específico de íons vizinhos. A menor unidade de um composto iônico é chamada de **fórmula unitária**. Assim, $NaNO_3$, consistindo em um cátion Na^+ e um ânion NO_3^-, é a fórmula unitária do nitrato de sódio. Compostos que não contêm um elemento metálico normalmente formam **compostos covalentes**, consistindo em moléculas discretas. Nesse caso, as ligações entre os átomos de uma molécula são **covalentes**, significando que elas consistem em pares de elétrons compartilhados.

Uma nota sobre a boa prática Alguns químicos usam o termo "molécula" para representar a menor unidade de um composto com a composição da matéria macroscópica independentemente de se ele é um composto iônico ou covalente; assim, falamos de "uma molécula de NaCl". Neste livro, usamos o termo "molécula" para representar uma entidade discreta ligada covalentemente (como em H_2O); para um composto iônico usamos "fórmula unitária".

(a) Estruturas de Lewis

O padrão de ligações entre os átomos vizinhos em uma molécula é representado pela sua **estrutura de Lewis**, uma estrutura na qual as ligações são mostradas como linhas e os **pares isolados** de elétrons — pares de elétrons de valência que não são usados nas ligações — são mostrados como pontos. As estruturas de Lewis são construídas permitindo-se que cada átomo compartilhe elétrons até que ele tenha adquirido um **octeto** de oito elétrons (para o hidrogênio, um *dupleto* de dois elétrons). Um par de elétrons compartilhado forma uma **ligação simples**; dois pares compartilhados constituem uma **ligação dupla**, e três pares compartilhados constituem uma **ligação tripla**. Átomos de elementos do Período 3 e posteriores podem acomodar mais de oito elétrons em sua camada de valência e "expandir seu octeto" para se tornar **hipervalentes**, isto é, formar mais ligações do que a regra do octeto permitiria (por exemplo, SF_6) ou formar mais ligações com um pequeno número de átomos (veja a *Breve ilustração* A.1). Quando mais de uma estrutura de Lewis pode ser escrita para um dado arranjo de átomos, supõe-se que uma **ressonância**, uma mistura de estruturas, possa ocorrer, distribuindo o caráter de ligações múltiplas sobre a molécula (por exemplo, as duas estruturas de Kekulé do benzeno). Exemplos desses aspectos das estruturas de Lewis são mostrados na Fig. A.1.

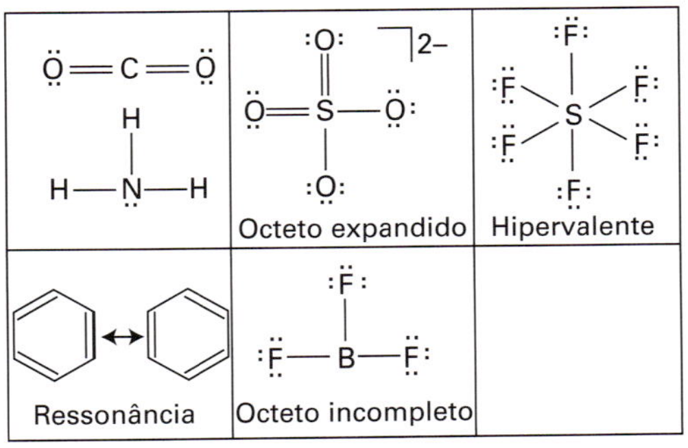

Octeto expandido | Hipervalente | Ressonância | Octeto incompleto

Figura A.1 Exemplos de estruturas de Lewis.

Breve ilustração A.1 Expansão do octeto

A expansão do octeto também é encontrada em espécies que não necessariamente precisam dela, mas que, sendo permitido, podem adquirir uma energia mais baixa. Assim, das estruturas (**1a**) e (**1b**) do íon SO_4^{2-}, a segunda tem uma energia mais baixa que a primeira. A estrutura real do íon é um híbrido de ressonância de ambas as estruturas (juntamente com estruturas análogas com ligações duplas em diferentes posições), mas a segunda estrutura tem a maior contribuição.

1a :Ö–S–Ö: (com :Ö: acima e :Ö: abaixo do S) $]^{2-}$ **1b** :Ö–S=Ö (com :O: ligado por dupla acima e :Ö: abaixo do S) $]^{2-}$ **2** Ö=Xe=Ö (com :O: ligados por dupla acima e abaixo do Xe)

Exercício proposto A.1 Represente a estrutura de Lewis do XeO_4.

Resposta: Veja **2**

(b) A teoria RPECV

Exceto nos casos mais simples, uma estrutura de Lewis não retrata a estrutura tridimensional de uma molécula. A abordagem mais simples para prever a forma molecular é a utilizada pela **teoria da repulsão de pares de elétrons da camada de valência** (teoria RPECV ou, em inglês, VSEPR). Nessa abordagem, as regiões de alta densidade eletrônica, representadas pelas ligações – simples ou múltiplas – e pares isolados, assumem orientações ao redor do átomo central de modo a maximizar suas separações. Então, a posição dos átomos ligados (sem levar em consideração os pares isolados) é observada e usada para classificar a forma da molécula. Assim, quatro regiões de densidade eletrônica adotam um arranjo tetraédrico; se um átomo estiver em cada uma dessas posições (como no CH_4), a molécula será tetraédrica; se houver um átomo em somente três dessas localizações (como no NH_3), a molécula é piramidal triangular, e assim por diante. Os nomes das várias formas que são comumente encontradas são mostrados na Fig. A.2. Em um refinamento da teoria, considera-se que os pares isolados repelem os pares ligados mais fortemente do que os pares ligados se repelem entre si. A forma que a molécula adota, se não for completamente determinada pela simetria, se ajusta de modo a minimizar a repulsão devida aos pares isolados.

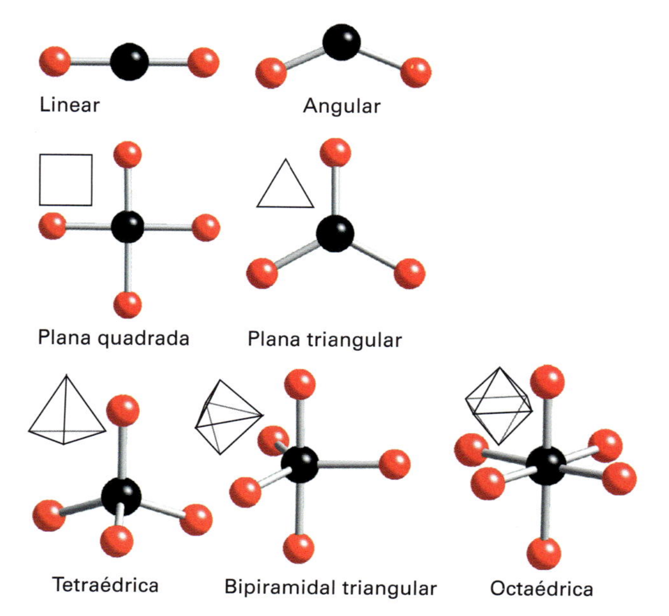

Figura A.2 As formas das moléculas que resultam da aplicação da teoria RPECV.

Breve ilustração A.2 Formas moleculares

No SF_4, o par isolado adota uma posição equatorial e as duas ligações S-F axiais se inclinam de modo a se afastar levemente do par isolado, resultando em uma molécula com forma de gangorra distorcida (Fig. A.3).

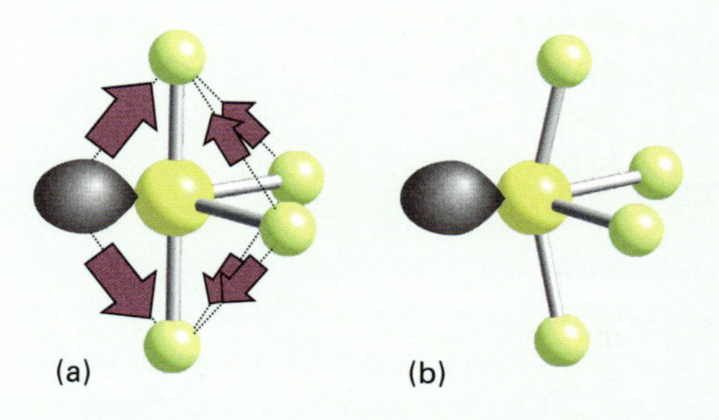

Figura A.3 (a) No SF_4, o par isolado adota uma posição equatorial. (b) As duas ligações S-F axiais se inclinam de modo a se afastar levemente do par isolado, resultando em uma molécula com uma forma de gangorra distorcida.

Exercício proposto A.2 Prediga a forma do íon SO_3^{2-}.

Resposta: Pirâmide triangular

(c) Ligações polares

As ligações covalentes podem ser **polares,** apresentando um compartilhamento desigual do par de elétrons, de modo que um átomo tem uma carga parcial positiva (simbolizada por δ+) e o outro tem uma carga parcial negativa (δ–). A capacidade de um átomo de atrair elétrons para si quando ele faz parte de uma molécula é medida pela **eletronegatividade**, χ (qui), do elemento. A justaposição de cargas iguais e opostas constitui um **dipolo**

Breve ilustração A.3 Moléculas apolares com ligações polares

O que define se uma molécula como um todo é ou não polar é a disposição de suas ligações; para moléculas altamente simétricas, o dipolo resultante pode ser nulo. Dessa forma, embora a molécula linear de CO_2 (que, estruturalmente, é OCO) tenha ligações CO polares, os efeitos se cancelam e a molécula de OCO, como um todo, não é polar.

Exercício proposto A.3 O NH_3 é polar?

Resposta: Sim

elétrico. Se essas cargas são $+Q$ e $-Q$ e elas estão separadas por uma distância d, a magnitude do **momento dipolo elétrico**, μ, é

$$\mu = Qd \quad \textit{Definição} \quad \text{Magnitude do momento de dipolo elétrico} \quad \text{(A.1)}$$

A.3 Matéria macroscópica

A **matéria macroscópica** é constituída por um grande número de átomos, moléculas ou íons. Seu estado físico pode ser sólido, líquido ou gás:

Um **sólido** é uma forma de matéria que adota e mantém uma forma que é independente do recipiente que ele ocupa.

Um **líquido** é uma forma de matéria que adota a forma da parte do recipiente que ele ocupa (sob um campo gravitacional, a parte inferior) e é separado da parte não ocupada do recipiente por uma superfície definida.

Um **gás** é uma forma de matéria que preenche imediatamente qualquer recipiente que ele ocupe.

Um líquido e um sólido são exemplos de um **estado condensado** da matéria. Um líquido e um gás são exemplos de uma forma **fluida** da matéria: eles escoam em resposta a forças (tal como a gravidade) que lhes sejam aplicadas.

(a) Propriedades macroscópicas da matéria

O estado de uma amostra macroscópica de matéria é definido especificando-se os valores de várias propriedades. Entre elas estão:

A **massa**, m, uma medida da quantidade de matéria presente (unidade: quilograma, kg).

O **volume**, V, uma medida da quantidade de espaço que a amostra ocupa (unidade: metro cúbico, m^3).

A **quantidade de substância**, n, uma medida do número de espécies presentes (átomos, moléculas ou fórmulas unitárias) (unidade: mol).

Breve ilustração A.4 Unidades de volume

O volume também é expresso em submúltiplos do m^3, como o decímetro cúbico ($1\ dm^3 = 10^{-3}\ m^3$) e o centímetro cúbico ($1\ cm^3 = 10^{-6}\ m^3$). Também é comum encontrar a unidade litro ($1\ L = 1\ dm^3$), que não é do SI, e seu submúltiplo mililitro ($1\ mL = 1\ cm^3$). Para realizar conversões de unidades, simplesmente substitua a fração da unidade (como 1 cm) por sua definição (neste caso 10^{-2} m). Assim, para converter 100 cm^3 para decímetros cúbicos (litros), usamos $1\ cm = 10^{-1}$ dm, e, neste caso, $100\ cm^3 = 100\ (10^{-1}\ dm)^3 =$ que é o mesmo que $0{,}100\ dm^3$.

Exercício proposto A.4 Expresse o volume de 100 mm^3 em unidades de cm^3.

Resposta: $0{,}100\ cm^3$

Uma **propriedade extensiva** da matéria é uma propriedade que depende da quantidade de substância presente na amostra; uma **propriedade intensiva** é uma propriedade que é independente da quantidade de substância. O volume é extensivo; a massa específica, ρ (rô), com

$$\rho = \frac{m}{V} \quad \text{Massa específica} \quad \text{(A.2)}$$

é intensiva.

A **quantidade de substância**, n (coloquialmente, "o número de mols"), é uma medida do número de espécies presentes na amostra. "Quantidade de substância" é o nome oficial da grandeza, mas ela é comumente simplificada para "quantidade química" ou, simplesmente, "quantidade". A unidade 1 mol é definida como o número de átomos de carbono que existem em exatamente 12 g de carbono 12. (Em 2011, foi decidido que esta definição seria substituída, mas a mudança ainda não tinha sido implementada na publicação desta edição.) O número de espécies por mol é chamado de **constante de Avogadro**, N_A; o valor correntemente aceito é $6{,}022 \times 10^{23}\ mol^{-1}$ (observe que N_A é uma constante com unidades, não um número puro).

A **massa molar de uma substância**, M (unidades: formalmente quilogramas por mol, porém comumente gramas por mol, $g\ mol^{-1}$), é a massa por mol de seus átomos, suas moléculas ou suas fórmulas unitárias. O número de mols de uma espécie em uma amostra pode ser prontamente calculado a partir de sua massa, notando que

$$n = \frac{m}{M} \quad \text{Número de mols ou quantidade de substância} \quad \text{(A.3)}$$

Uma nota sobre a boa prática Seja cuidadoso em distinguir massa atômica ou molecular (a massa de um único átomo ou molécula; unidades kg) da massa molar (a massa por mol de átomos ou moléculas; unidades $kg\ mol^{-1}$). Massas moleculares relativas de átomos e moléculas, $M_r = m/m_u$, em que m é a massa do átomo ou molécula e m_u é a constante de massa atômica (veja o verso da capa), ainda são comumente denominadas "pesos atômicos" e "pesos moleculares", embora essas grandezas sejam adimensionais e não um peso (a força gravitacional exercida sobre um objeto).

Uma amostra de matéria pode estar sujeita a uma **pressão**, p (unidade: pascal, Pa; $1\ Pa = 1\ kg\ m^{-1}s^{-2}$), que é definida como a força, F, a que ela está submetida, dividida pela área, A, sobre a qual essa força é aplicada. Uma amostra de gás exerce uma pressão sobre as paredes de seu recipiente porque as moléculas do gás realizam um movimento incessante e aleatório, exercendo uma força quando elas colidem com as paredes. A frequência das colisões é normalmente tão alta que a força, e consequentemente a pressão, é percebida como constante.

Embora pascal seja a unidade de pressão do SI (*Ferramentas do químico* A.1), também é comum exprimir a pressão em bars ($1\ bar = 10^5\ Pa$) ou em atmosferas ($1\ atm = 101.325\ Pa$, exatamente), ambas correspondentes à pressão atmosférica típica. Como muitas propriedades físicas dependem da pressão que atua sobre uma amostra, é adequado selecionar certo valor da pressão para registrar os valores dessas propriedades. A **pressão-padrão** é definida correntemente como $p^{\ominus} = 1$ bar, exatamente.

Ferramentas do químico A.1 Grandezas e unidades

A medida de uma **propriedade física** é expressa como um múltiplo numérico de uma unidade:

propriedade física = valor numérico × unidade

Unidades podem ser tratadas como quantidades algébricas e ser multiplicadas, divididas e canceladas. Assim, a expressão (grandeza física)/unidade é o valor numérico (uma grandeza adimensional) da medida nas unidades especificadas. A massa m de um objeto pode ser dada como $m = 2{,}5$ kg ou $m/\text{kg} = 2{,}5$. Uma lista de unidades é dada na Tabela A.1 de nossa *Seção de dados*. Embora seja recomendada a utilização somente de unidades do SI, há ocasiões em que a tradição permite que grandezas físicas sejam expressas usando unidades que não são do SI. Por convenção internacional, todas as grandezas físicas são representadas por símbolos em itálico; todas as unidades são escritas em romanos.

As unidades podem ser modificadas por um prefixo que denota um fator de uma potência de 10. Entre os prefixos mais comuns do SI estão aqueles listados na Tabela A.2 da *Seção de dados*. Exemplos do uso desses prefixos são

$$1\,\text{nm}=10^{-9}\,\text{m} \qquad 1\,\text{ps}=10^{-12}\,\text{s} \qquad 1\,\mu\text{mol}=10^{-6}\,\text{mol}$$

Potências de unidades se aplicam ao prefixo assim como às unidades que eles modificam. Por exemplo, $1\,\text{cm}^3 = (1\,\text{cm})^3$ e $(10^{-2}\,\text{m})^3 = 10^{-6}\,\text{m}^3$. Note que $1\,\text{cm}^3$ não significa $1\,\text{c(m)}^3$. Ao realizar os cálculos numéricos, o mais seguro é escrever o valor numérico em notação científica (como $n{,}nnn \times 10^n$).

Existem sete unidades básicas do SI, que estão listadas na Tabela A.3 da *Seção de dados*. Todas as outras grandezas podem ser expressas como combinações dessas unidades básicas (veja a Tabela A.4 na *Seção de dados*). A *concentração molar* (chamada de maneira mais formal, porém muito infrequente, de *concentração de quantidade de substância*), por exemplo, que é a quantidade de substância dividida pelo volume que ela ocupa, pode ser expressa usando-se a unidade derivada mol dm^{-3}, uma combinação das unidades básicas de quantidade de substância e comprimento. Várias dessas combinações derivadas de unidades têm nomes e símbolos especiais, e iremos destacá-los quando surgirem.

Para se especificar o estado de uma amostra completamente, é também necessário fornecer a sua **temperatura**, T. A temperatura é, convencionalmente, uma propriedade que determina em que direção a energia, na forma de calor, irá fluir quando duas amostras são colocadas em contato por meio de paredes termicamente condutoras: a energia será transferida da amostra com temperatura maior para a amostra com temperatura menor. O símbolo T é usado para representar a **temperatura termodinâmica**, que é uma escala absoluta, com $T = 0$ como o ponto mais baixo. Temperaturas acima de $T = 0$ são então mais comumente expressas usando a **escala Kelvin**, em que cada grau de temperatura é expresso como um múltiplo da unidade 1 kelvin (1 K). A escala Kelvin é definida estabelecendo o ponto triplo da água (a temperatura em que gelo, água líquida e vapor d'água estão em equilíbrio mútuo) em exatamente 273,16 K (assim como para outras unidades, foi decidido rever esta definição, mas isso ainda não foi implementado, pelo menos até a publicação desta edição). O ponto de congelamento da água (o ponto de fusão do gelo) a 1 atm é então encontrado experimentalmente 0,01 K abaixo do ponto triplo; logo, o ponto de congelamento da água é 273,15 K. A escala Kelvin não é adequada para medidas de temperatura no dia a dia, sendo comum usar a **escala Celsius**, que é definida em termos da escala Kelvin como

$$\theta/^\circ\text{C} = T/\text{K} - 273{,}15 \qquad \textit{Definição} \quad \text{Escala Celsius} \qquad \text{(A.4)}$$

Assim, o ponto de congelamento da água é 0 °C e seu ponto de ebulição (a 1 atm) é 100 °C (mais precisamente, 99,974 °C). Note que neste livro invariavelmente T representa a temperatura termodinâmica (absoluta) e que temperaturas na escala Celsius são representadas como θ (teta).

Uma nota sobre a boa prática Observe que escrevemos $T = 0$ e não $T = 0$ K. Formulações gerais em ciência devem ser expressas sem referência a um conjunto específico de unidades. Além disso, como T (diferentemente de θ) é absoluta, o ponto mais baixo é 0, independentemente da escala usada para exprimir temperaturas mais altas (como a escala Kelvin). De forma semelhante, escrevemos $m = 0$ e não $m = 0$ kg, ou $l = 0$ e não $l = 0$ m.

(b) O gás perfeito

As propriedades que definem o estado de um sistema não são, em geral, independentes umas das outras. O exemplo mais importante de uma relação entre elas é fornecido pelo fluido idealizado conhecido como **gás perfeito** (também comumente chamado de "gás ideal"):

$$pV = nRT \qquad \text{Equação do gás perfeito} \qquad \text{(A.5)}$$

Aqui, R é a **constante dos gases**, uma constante universal (no sentido de ser independente da natureza do gás), com o valor de 8,314 J K^{-1} mol^{-1}. Ao longo do livro, as equações que se aplicam somente aos gases perfeitos (e outros sistemas idealizados) são marcadas, como aqui, com um número em azul.

Uma nota sobre a boa prática Embora o termo "gás ideal" seja quase que universalmente usado no lugar de "gás perfeito", há razões para se preferir esse último. Em um sistema ideal, as interações entre as moléculas em uma mistura são todas iguais. Em um gás perfeito, não só essas interações são as mesmas como são também nulas. Apesar disso, poucos fazem essa distinção.

A Eq. A.5, a **equação do gás perfeito**, é um resumo de três conclusões empíricas, ou seja, a lei de Boyle ($p \propto 1/V$ a temperatura e número de mols constantes), a lei de Charles ($p \propto T$ a volume e número de mols constantes) e o princípio de Avogadro ($V \propto n$ a temperatura e pressão constantes).

Exemplo A.1 Equação do gás perfeito

Calcule a pressão, em quilopascais, exercida por 1,25 g de nitrogênio gasoso em um frasco de 250 cm³ de volume, a 20 °C.

Método Para usar a Equação A.5, precisamos saber a quantidade de moléculas (em mols) na amostra que pode ser obtida a partir da massa e da massa molar (usando a Eq. A.3), e converter a temperatura à escala Kelvin (usando a Eq. A.4).

Resposta O número de mols de N_2 (de massa molar 28,02 g mol^{-1}) presentes é

$$n(\mathrm{N_2}) = \frac{m}{M(\mathrm{N_2})} = \frac{1{,}25\,\mathrm{g}}{28{,}02\,\mathrm{g\,mol^{-1}}} = \frac{1{,}25}{28{,}02}\,\mathrm{mol}$$

A temperatura da amostra é

$$T/\mathrm{K} = 20 + 273{,}15, \text{ de modo que } T = (20 + 273{,}15)\,\mathrm{K}$$

Portanto, após reescrevermos a Eq. A.5 como $p = nRT/V$,

$$p = \frac{\overbrace{(1{,}25/28{,}02)\,\mathrm{mol}}^{n} \times \overbrace{(8{,}3145\,\mathrm{J\,K^{-1}\,mol^{-1}})}^{R} \times \overbrace{(20+273{,}15)\,\mathrm{K}}^{T}}{\underbrace{(2{,}50\times10^{-4})\,\mathrm{m^3}}_{V}}$$

$$= \frac{(1{,}25/28{,}02)\times(8{,}3145)\times(20+273{,}15)}{2{,}50\times10^{-4}}\,\frac{\mathrm{J}}{\mathrm{m^3}}$$

$$\overset{1\,\mathrm{J\,m^{-3}} = 1\,\mathrm{Pa}}{=} 4{,}35\times10^{5}\,\mathrm{Pa} = 435\,\mathrm{kPa}$$

Uma nota sobre a boa prática É melhor deixar o cálculo numérico para o final e realizá-lo em uma única etapa. Esse procedimento evita os erros de arredondamento. Quando for apropriado apresentar um resultado intermediário sem nos preocuparmos com o número de algarismos significativos, vamos escrevê-lo como *n,nnn...*

Exercício proposto A.5 Calcule a pressão exercida por 1,22 g de dióxido de carbono contido em um recipiente de volume igual a 500 dm³ (5,00 × 10² dm³) a 37 °C.

Resposta: 143 Pa

Todos os gases obedecem à equação do gás perfeito à medida que a pressão se aproxima de zero. Isto é, a Eq. A.5 é um exemplo de uma **lei limite**, uma lei que se torna crescentemente válida em um determinado limite, neste caso, quando a pressão tende a zero. Na prática, a pressão atmosférica normal ao nível do mar (cerca de 1 atm) já é suficientemente baixa para que a maioria dos gases que encontramos se comporte como gases perfeitos e obedeça à Eq. A.5.

Uma mistura de gases perfeitos se comporta como um único gás perfeito. Segundo a **lei de Dalton**, a pressão total dessa mistura é a soma das pressões que cada um exerceria se ocupasse sozinho o recipiente:

$$p = p_\mathrm{A} + p_\mathrm{B} + \cdots \qquad \text{Lei de Dalton} \qquad \text{(A.6)}$$

Cada pressão, p_j, pode ser calculada pela equação do gás perfeito na forma $p_\mathrm{j} = n_\mathrm{j}RT/V$.

Conceitos importantes

- ☐ **1.** No **modelo nuclear** do átomo, os elétrons, de carga negativa, ocupam orbitais que estão dispostos em camadas em torno do núcleo, de carga positiva.
- ☐ **2.** A **tabela periódica** destaca as semelhanças nas configurações eletrônicas dos átomos, o que, por sua vez, leva a semelhanças nas suas propriedades físicas e químicas.
- ☐ **3.** Os **compostos covalentes** consistem em moléculas discretas nas quais os átomos estão ligados por ligações covalentes.
- ☐ **4.** Os **compostos iônicos** consistem em cátions e ânions em um arranjo cristalino.
- ☐ **5.** As **estruturas de Lewis** são modelos úteis dos padrões de ligação nas moléculas.
- ☐ **6.** A **teoria da repulsão dos pares de elétrons da camada de valência** (teoria RPECV) é usada para prever as formas tridimensionais das moléculas a partir de suas estruturas de Lewis.
- ☐ **7.** Os elétrons em **ligações covalentes polares** estão desigualmente distribuídos entre os núcleos ligados.
- ☐ **8.** Os estados físicos da matéria são sólido, líquido e gás.
- ☐ **9.** O estado de uma amostra macroscópica de matéria é definido pela especificação de suas propriedades, como massa, volume, número de mols, pressão e temperatura.
- ☐ **10.** A **equação do gás perfeito** é uma relação entre pressão, volume, número de mols e temperatura de um gás idealizado.
- ☐ **11.** Uma **lei limite** é uma lei que se torna crescentemente válida em um determinado limite.

Equações importantes

Propriedade	Equação	Comentário	Número da equação
Momento de dipolo elétrico	$\mu = Qd$	μ é a magnitude do momento	A.1
Massa específica	$\rho = m/V$	Propriedade intensiva	A.2
Quantidade de substância	$n = m/M$	Propriedade extensiva	A.3
Escala Celsius	$\theta/°C = T/K - 273{,}15$	A temperatura é uma propriedade intensiva; 273,15 é exato	A.4
Equação do gás perfeito	$pV = nRT$		A.5
Lei de Dalton	$p = p_A + p_B + \cdots$		A.6

B Energia

Tópicos

➤ Por que você precisa saber este assunto?

A energia é de importância central na unificação dos conceitos de físico-química, e você precisa ter uma visão de como os elétrons, átomos e moléculas ganham, armazenam e perdem energia.

➤ Qual é a ideia fundamental?

A energia, a capacidade de realizar trabalho, é restrita a valores discretos nos elétrons, átomos e moléculas.

➤ O que você já deve saber?

Você precisa rever as leis do movimento e os princípios da eletrostática, que são normalmente cobertos na Física básica, e os conceitos da termodinâmica, que são normalmente cobertos na química básica.

Boa parte da química está relacionada com transferências e transformações de energia, e é importante definir corretamente essa grandeza. Iniciamos revendo a **mecânica clássica**, formulada por Isaac Newton no século XVII, e que estabelece o vocabulário usado para a descrição do movimento e da energia das partículas. Essas ideias clássicas nos preparam para a **mecânica quântica**, a teoria mais fundamental estabelecida no século XX para o estudo de partículas pequenas, como elétrons, átomos e moléculas. Vamos desenvolver os conceitos da mecânica quântica ao longo do livro. Nesta seção começaremos a ver por que ela é necessária como uma base para a compreensão da estrutura atômica e molecular.

B.1 Força

As moléculas são formadas por átomos e os átomos são formados por partículas subatômicas. Para entender suas estruturas, precisamos saber como esses corpos se movem sob a influência das forças que eles experimentam.

(a) Momento

A "translação" é o movimento de uma partícula através do espaço. A **velocidade**, $\boldsymbol{v}$, de uma partícula é a taxa de variação de sua posição $\boldsymbol{r}$:

$$\boldsymbol{v}=\frac{\mathrm{d}\boldsymbol{r}}{\mathrm{d}t}$$ *Definição* Velocidade (B.1)

Para o movimento confinado a uma dimensão, escrevemos $v_x = \mathrm{d}x/\mathrm{d}t$. Velocidade e posição são vetores, ambos com direção e magnitude (vetores e sua manipulação são tratados na *Revisão de matemática* 5). A magnitude do vetor velocidade é a **velocidade escalar** ou, simplesmente, **velocidade**, v. O **momento linear**, $\boldsymbol{p}$, de uma partícula de massa m está relacionado à sua velocidade, $\boldsymbol{v}$, por

$$\boldsymbol{p}=m\boldsymbol{v}$$ *Definição* Momento linear (B.2)

Assim como o vetor velocidade, o vetor momento linear aponta na direção do deslocamento da partícula (Fig. B.1); sua magnitude é representada por p.

A descrição da rotação é muito semelhante à da translação. O movimento de rotação de uma partícula em torno de um ponto

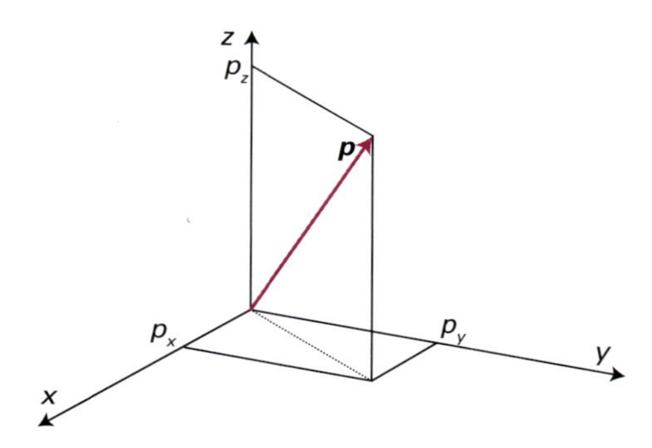

Figura B.1 O momento linear ***p*** é representado por um vetor de magnitude *p* e uma orientação que corresponde à direção do movimento.

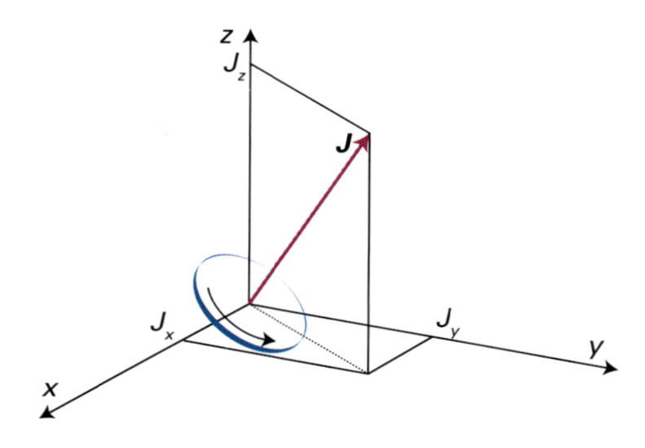

Figura B.2 O momento angular ***J*** de uma partícula é representado por um vetor ao longo do eixo de rotação e perpendicular ao plano da rotação. O comprimento do vetor denota a magnitude *J* do momento angular. O movimento é no sentido horário para um observador que olha na direção do vetor.

central é descrito por seu **momento angular, *J***. O momento angular é um vetor; sua magnitude dá a taxa com a qual a partícula circula, e sua direção indica o eixo de rotação (Fig. B.2). A magnitude do momento angular, *J*, é

$$J = I\omega \quad \text{Momento angular} \quad \text{(B.3)}$$

em que ω é a **velocidade angular** do corpo, sua taxa de variação da posição angular (em radianos por segundo), e *I* é o **momento de inércia**, uma medida de sua resistência à aceleração rotacional. Para uma partícula pontual de massa *m* que se move em um círculo de raio *r*, o momento de inércia em torno do eixo de rotação é

$$I = mr^2 \quad \textit{Partícula pontual} \quad \text{Momento de inércia} \quad \text{(B.4)}$$

Breve ilustração B.1 O momento de inércia

Há dois eixos de rotação possíveis em uma molécula de $C^{16}O_2$, cada um passando pelo átomo de C e perpendicular ao eixo da molécula e entre si. Cada átomo de O está a uma distância *R* do eixo de rotação, em que *R* é o comprimento de uma ligação CO, 116 pm. A massa de cada átomo de ^{16}O é 16,00 m_u, em que m_u = 1,660 54 × 10^{-27} é a constante de massa atômica. O átomo de C é estacionário (ele está no eixo de rotação) e não contribui para o momento de inércia. Portanto, o momento de inércia da molécula em torno do eixo de rotação é

$$I = 2m(^{16}O)R^2 = 2 \times \left(\overbrace{16{,}00 \times \overbrace{1{,}660\,54 \times 10^{-27}\ \text{kg}}^{m_u}}^{m(^{16}O)}\right) \times \left(\overbrace{1{,}16 \times 10^{-10}\ \text{m}}^{R}\right)^2$$
$$= 7{,}15 \times 10^{-46}\ \text{kg m}^2$$

Observe que a unidade de momento de inércia é o quilograma metro ao quadrado (kg m²).

Exercício proposto B.1 O momento de inércia para a rotação da molécula de hidrogênio, $^1H_2$, em torno do eixo perpendicular à sua ligação é 4,61 × 10^{-48} kg m². Qual é o comprimento de ligação do H_2?

Resposta: 74,14 pm

(b) A segunda lei de Newton do movimento

De acordo com a **segunda lei de Newton do movimento**, *a taxa de variação do momento é igual à força que atua sobre a partícula*:

$$\frac{d\boldsymbol{p}}{dt} = \boldsymbol{F} \quad \text{Segunda lei de Newton do movimento} \quad \text{(B.5a)}$$

Para o movimento unidimensional, escrevemos $dp_x/dt = F_x$. A Eq. B.5a pode ser considerada a definição de força. A unidade SI de força é o newton (N), com

$$1\,\text{N} = 1\,\text{kg m s}^{-2}$$

Como $\boldsymbol{p} = m(d\boldsymbol{r}/dt)$, às vezes é mais conveniente escrever a Eq. B.5a como

$$m\boldsymbol{a} = \boldsymbol{F} \qquad \boldsymbol{a} = \frac{d^2\boldsymbol{r}}{dt^2} \quad \textit{Forma alternativa} \quad \text{Segunda lei de Newton do movimento} \quad \text{(B.5b)}$$

em que ***a*** é a **aceleração** da partícula, a taxa de variação da velocidade. Então, se soubermos a força que atua ao longo do tempo, ao resolver a Eq. B.5 teremos a **trajetória**, a posição e o momento da partícula em cada instante.

Breve ilustração B.2 A segunda lei de Newton do movimento

Um *oscilador harmônico* consiste em uma partícula que sofre a força restauradora da "lei de Hooke", que é proporcional ao deslocamento da partícula a partir da posição de equilíbrio.

Um exemplo é uma partícula de massa m fixada a uma mola ou um átomo ligado a outro por uma ligação química. Para um sistema unidimensional, $F_x = -k_f x$, em que a constante de proporcionalidade, k_f, é a constante de força. A Equação B.5b se torna

$$m\frac{d^2x}{dt^2} = -k_f x$$

(Técnicas de diferenciação são relembradas em *Revisão de matemática* 1, que se segue ao Capítulo 1.) Se $x = 0$ em $t = 0$, uma solução (que pode ser verificada por substituição) é

$$x(t) = A\,\text{sen}(2\pi\nu t) \qquad \nu = \frac{1}{2\pi}\left(\frac{k_f}{m}\right)^{1/2}$$

Esta solução mostra que a posição da partícula varia harmonicamente (isto é, como uma função senoidal) com uma frequência ν, e que a frequência é alta para partículas leves (m pequena) presas a molas rígidas (k_f grande).

Exercício proposto B.2 Como o momento do oscilador varia com o tempo?

Resposta: $p = 2\pi\nu Am\cos(2\pi\nu t)$

Para acelerar uma rotação, é necessário aplicar um **torque**, T, uma força de torção. A equação de Newton fica então

$$\frac{dJ}{dt} = T \qquad \textit{Definição} \quad \text{Torque} \quad \text{(B.6)}$$

Os papéis análogos de m e I, de v e ω e de p e J nos casos de translação e rotação, respectivamente, devem estar na memória, pois eles fornecem uma maneira imediata de se reconstruir e relembrar equações. Essas analogias estão resumidas na Tabela B.1.

Tabela B.1 Analogias entre rotação e translação

Translação		Rotação	
Propriedade	**Significado**	**Propriedade**	**Significado**
Massa, m	Resistência ao efeito de uma força	Momento de inércia, I	Resistência ao efeito de um torque
Velocidade, v	Taxa de variação da posição	Velocidade angular, ω	Taxa de variação do ângulo
Magnitude do momento linear, p	$p = mv$	Magnitude do momento angular, J	$J = I\omega$
Energia cinética de translação, E_k	$E_k = \frac{1}{2}mv^2 = p^2/2m$	Energia cinética de rotação, E_k	$E_k = \frac{1}{2}I\omega^2 = J^2/2I$
Equação do movimento	$dp/dt = F$	Equação do movimento	$dJ/dt = T$

B.2 Energia: uma introdução

Antes de definir o termo "energia", precisamos desenvolver mais formalmente outro conceito familiar, o de "trabalho". Então, faremos uma apresentação do uso desses conceitos em química.

(a) Trabalho

Trabalho, w, é feito para realizar movimento contra uma força que a ele se opõe. Para um deslocamento infinitesimal $d\boldsymbol{s}$ (um vetor), o trabalho realizado é

$$dw = -\boldsymbol{F}\cdot d\boldsymbol{s} \qquad \textit{Definição} \quad \text{Trabalho} \quad \text{(B.7a)}$$

em que $\boldsymbol{F}\cdot d\boldsymbol{s}$ é o "produto escalar" dos vetores $\boldsymbol{F}$ e $d\boldsymbol{s}$:

$$\boldsymbol{F}\cdot d\boldsymbol{s} = F_x dx + F_y dy + F_z dz \qquad \textit{Definição} \quad \text{Produto escalar} \quad \text{(B.7b)}$$

Para o movimento em uma dimensão, escrevemos $dw = -F_x dx$. O trabalho total realizado ao longo de um caminho é a integral dessa expressão, considerando, assim, a possibilidade de $\boldsymbol{F}$ mudar de direção e magnitude a cada ponto do caminho. Com a força em newtons e a distância em metros, a unidade do trabalho é o joule (J), com

$$1\,\text{J} = 1\,\text{N m} = 1\,\text{kg m}^2\,\text{s}^{-2}$$

Breve ilustração B.3 Trabalho de estiramento de uma ligação

O trabalho necessário para estirar, em uma distância infinitesimal dx, uma ligação química que se comporta como uma mola é

$$dw = -F_x dx = -(-k_f x)dx = k_f x dx$$

O trabalho total necessário para estirar a ligação a partir do deslocamento zero ($x = 0$), em sua posição de equilíbrio, R_e, até uma distância R, correspondendo a um deslocamento $x = R - R_e$, é

$$w = \int_0^{R-R_e} k_f x dx = k_f \int_0^{R-R_e} x dx = \tfrac{1}{2}k_f (R - R_e)^2$$

Vemos que o trabalho necessário aumenta com o quadrado do deslocamento: é preciso quatro vezes mais trabalho para estirar uma ligação de 20 pm do que seria necessário para estirá-la de 10 pm.

Exercício proposto B.3 A constante de força da ligação H–H é de cerca de 575 N m^{-1}. Que trabalho é necessário para estirar essa ligação de 10 pm?

Resposta: 28,8 zJ

(b) A definição de energia

Energia é a capacidade de realizar trabalho. A unidade do SI para energia é a mesma que para o trabalho, ou seja, o joule. A taxa de fornecimento de energia é chamada de **potência** (P), e é expressa em watts (W):

$$1\,\mathrm{W} = 1\,\mathrm{J\,s^{-1}}$$

Na literatura química, ainda são encontradas a caloria (cal) e a quilocaloria (kcal). A caloria é agora definida em termos do joule, com 1 cal = 4,184 J (exatamente). Devemos ter cuidado, pois há diversos tipos diferentes de caloria. A "caloria termodinâmica", cal_{15}, é a energia necessária para aumentar de 1 °C a temperatura de 1 g de água a 15 °C, e a "caloria nutricional" vale 1 kcal.

Uma partícula pode possuir dois tipos de energia, energia cinética e energia potencial. A **energia cinética**, E_k, de um corpo é a energia que o corpo possui devido ao seu movimento. Para um corpo de massa m movendo-se a uma velocidade v,

$$E_k = \tfrac{1}{2}mv^2 \qquad \textit{Definição} \quad \text{Energia cinética} \qquad (B.8)$$

Segue da segunda lei de Newton do movimento que, se uma partícula de massa m está inicialmente em repouso e é submetida a uma força constante F por um tempo τ, então a velocidade aumenta de zero até $F\tau/m$ e, portanto, sua energia cinética aumenta de zero até

$$E_k = \frac{F^2\tau^2}{2m} \qquad (B.9)$$

A energia da partícula permanece nesse valor após a força deixar de atuar. Como a magnitude da força aplicada, F, e o tempo, τ, pelo qual ela atua podem ser variados arbitrariamente, a Eq. B.9 implica que a energia da partícula pode ser aumentada de qualquer valor.

A **energia potencial**, E_p ou V, de um corpo é a energia que ele possui devido à sua posição. Como (na ausência de perdas) o trabalho que a partícula pode realizar quando está em repouso em uma dada posição é igual ao trabalho que deve ser realizado para levá-la àquela posição, podemos usar a versão unidimensional da Eq. B.7 para escrever $\mathrm{d}V = -F_x\mathrm{d}x$ e, portanto,

$$F_x = -\frac{\mathrm{d}V}{\mathrm{d}x} \qquad \textit{Definição} \quad \text{Energia potencial} \qquad (B.10)$$

Não há uma expressão geral para a energia potencial, pois ela depende do tipo de força atuante sobre o corpo. Para uma partícula de massa m a uma altura h da superfície da Terra, a energia potencial gravitacional é

$$V(h) = V(0) + mgh \qquad \text{Energia potencial gravitacional} \qquad (B.11)$$

em que g é a **aceleração da gravidade** (g depende da posição, mas seu "valor padrão" é próximo de 9,81 m s^{-2}). O zero de energia potencial é arbitrário e, neste caso, é comum fazer $V(0) = 0$.

A **energia total** de uma partícula é a soma de suas energias cinética e potencial:

$$E = E_k + E_p \text{ ou } E = E_k + V \qquad \textit{Definição} \quad \text{Energia total} \qquad (B.12)$$

Usaremos frequentemente a lei aparentemente universal da natureza que diz que *a energia é conservada*; isto é, a energia não pode ser nem criada nem destruída. Embora a energia possa ser transferida de uma posição para outra e transformada de uma forma a outra, a energia total é constante. Em termos do momento linear, a energia total de uma partícula é

$$E = \frac{p^2}{2m} + V \qquad (B.13)$$

Essa expressão pode ser usada no lugar da segunda lei de Newton para calcular a trajetória de uma partícula.

Breve ilustração B.4 Trajetória de uma partícula

Considere um átomo de argônio livre que se move em uma direção (ao longo do eixo dos x) em uma região em que $V = 0$ (logo, a energia é independente da posição). Como $v = \mathrm{d}x/\mathrm{d}t$, segue das Eqs. B.1 e B.8 que $\mathrm{d}x/\mathrm{d}t = (2E_k/m)^{1/2}$. Como se pode verificar por substituição, a solução dessa equação diferencial é

$$x(t) = x(0) + \left(\frac{2E_k}{m}\right)^{1/2} t$$

O momento linear é

$$p(t) = mv(t) = m\frac{\mathrm{d}x}{\mathrm{d}t} = (2mE_k)^{1/2}$$

e é constante. Então, se soubermos a posição e o momento iniciais, podemos predizer todas as posições e momentos com exatidão.

Exercício proposto B.4 Considere um átomo de massa m movendo-se na direção x com uma posição inicial x_1 e velocidade inicial v_1. Se o átomo se move por um intervalo de tempo Δt em uma região onde a energia potencial varia de $V(x)$, qual é sua velocidade v_2 na posição x_2?

Resposta: $v_2 = v_1 \left|\mathrm{d}V(x)/\mathrm{d}x\right|_{x_1} \Delta t/m$

(c) A energia potencial coulombiana

Uma das formas mais importantes de energia potencial em química é a **energia potencial coulombiana**, a energia potencial de interação eletrostática entre duas cargas elétricas. A energia potencial coulombiana é igual ao trabalho que deve ser realizado para trazer uma carga do infinito até uma distância r de outra carga. Para uma carga pontual Q_1 a uma distância r, no vácuo, de outra carga pontual Q_2

$$V(r)=\frac{Q_1Q_2}{4\pi\varepsilon_0 r} \quad \textit{Definição} \quad \text{Energia potencial coulombiana} \quad \text{(B.14)}$$

A carga é expressa em coulombs (C), frequentemente como um múltiplo da carga fundamental, e. Assim, a carga de um elétron é $-e$, e a de próton é $+e$; a carga de um íon é ze, em que z é o **número de carga** (positivo para cátions e negativo para ânions). A constante ε_0 (épsilon zero) é a **permissividade do vácuo**, uma constante fundamental com o valor de $8{,}854 \times 10^{-12}\ \mathrm{C^2\ J^{-1}\ m^{-1}}$. É uma convenção (como na Eq. B.14) considerar zero de energia potencial quando a separação entre as cargas é infinita. Assim, duas cargas opostas têm energia potencial negativa em separações finitas, ao passo que duas cargas iguais têm energia potencial positiva.

Breve ilustração B.5 Energia potencial coulombiana

A energia potencial coulombiana resultante da interação entre um cátion sódio, Na^+, positivamente carregado, e um ânion Cl^-, negativamente carregado, a uma distância de 0,280 nm, que é a separação entre os íons na rede do cristal de cloreto de sódio, é

$$V=\frac{\overbrace{(-1{,}602\times10^{-19}\,\mathrm{C})}^{Q(\mathrm{Cl^-})}\times\overbrace{(1{,}602\times10^{-19}\,\mathrm{C})}^{Q(\mathrm{Na^+})}}{4\pi\times\underbrace{(8{,}854\times10^{-12}\,\mathrm{C^2\,J^{-1}\,m^{-1}})}_{\varepsilon_0}\times\underbrace{(0{,}280\times10^{-9}\,\mathrm{m})}_{r}}$$

$$=-8{,}24\times10^{-19}\,\mathrm{J}$$

Esse valor é equivalente a uma energia molar de

$$V\times N_A=(-8{,}24\times10^{-19}\,\mathrm{J})\times(6{,}022\times10^{23}\,\mathrm{mol^{-1}})=-496\,\mathrm{kJ\,mol^{-1}}$$

Uma nota sobre a boa prática Escreva as unidades em *todas* as etapas de um cálculo, e não simplesmente as acrescente ao valor numérico final. É também recomendado exprimir os valores numéricos em notação científica usando a forma exponencial, e não os prefixos do SI para representar as potências de dez.

Exercício proposto B.5 Os centros de cátions e ânions vizinhos em cristais de óxido de magnésio estão separados por 0,21 nm. Determine a energia potencial coulombiana molar que resulta da interação eletrostática entre um íon Mg^{2+} e um íon O^{2-} nesses cristais.

Resposta: $2600\,\mathrm{kJ\,mol^{-1}}$

Em um meio diferente do vácuo, a energia potencial de interação entre duas cargas é reduzida, e a permissividade do vácuo é substituída pela **permissividade**, ε, do meio. A permissividade é comumente expressa como um múltiplo da permissividade do vácuo:

$$\varepsilon=\varepsilon_r\varepsilon_0 \quad \textit{Definição} \quad \text{Permissividade} \quad \text{(B.15)}$$

na qual ε_r é a **permissividade relativa** (outrora, a *constante dielétrica*), adimensional. Essa redução na energia potencial pode ser substancial: a permissividade relativa da água a 25 °C é 80, logo, a redução na energia potencial para um dado par de cargas a uma distância fixa (com espaço suficiente entre elas para que as moléculas de água se comportem como um fluido) é de cerca de duas ordens de magnitude.

Devemos ter cuidado em distinguir *energia potencial* de *potencial*. A energia potencial de uma carga Q_1 na presença de outra carga Q_2 pode ser expressa em termos do **potencial coulombiano**, ϕ (fi):

$$V(r)=Q_1\phi(r) \qquad \phi(r)=\frac{Q_2}{4\pi\varepsilon_0 r} \quad \textit{Definição} \quad \text{Potencial coulombiano} \quad \text{(B.16)}$$

A unidade de potencial é o joule por coulomb ($\mathrm{J\ C^{-1}}$). Assim, quando ϕ é multiplicado por uma carga em coulombs, o resultado é em joules. A combinação joule por coulomb aparece frequentemente, e é chamada volt (V):

$$1\,\mathrm{V}=1\,\mathrm{J\,C^{-1}}$$

Se existem várias cargas Q_2, Q_3, ... presentes no sistema, então o potencial total experimentado pela carga Q_1 é a soma dos potenciais gerados por cada uma das cargas:

$$\phi=\phi_2+\phi_3+\cdots \quad \text{(B.17)}$$

Assim como a energia potencial de uma carga Q_1 pode ser escrita como $V = Q_1\phi$, a magnitude da força em Q_1 pode ser escrita como $F = Q_1\mathcal{E}$, em que $\mathcal{E}$ é a **magnitude do campo elétrico** (unidade: volts por metro, $\mathrm{V\ m^{-1}}$) que surge a partir de Q_2 ou a partir de uma distribuição mais geral de carga. A magnitude do campo elétrico (que, tal como a força, é uma grandeza vetorial) é o negativo do gradiente do potencial elétrico. Em uma dimensão, escrevemos a magnitude do campo elétrico como

$$\mathcal{E}=-\frac{\mathrm{d}\phi}{\mathrm{d}x} \quad \text{Magnitude do campo elétrico} \quad \text{(B.18)}$$

A linguagem que acabamos de desenvolver suscita uma importante definição alternativa de energia, o **elétron-volt** (eV): 1 eV é definido como a energia cinética adquirida quando um elétron é acelerado do repouso por uma diferença de potencial de 1 V. A relação entre elétron-volt e joule é

$$1\,\mathrm{eV}=1{,}602\times10^{-19}\,\mathrm{J}$$

Muitos processos químicos envolvem energia de alguns elétrons-volt. Por exemplo, são necessários 5 eV para remover um elétron de um átomo de sódio.

Uma forma particularmente importante de fornecimento de energia em química (e no mundo cotidiano) é pela passagem de uma corrente elétrica através de uma resistência. Uma

corrente elétrica (I) é definida como a taxa de fornecimento de carga, $I = \mathrm{d}Q/\mathrm{d}t$, e é medida em *ampères* (A):

$$1\,\mathrm{A} = 1\,\mathrm{C\,s^{-1}}$$

Se uma carga Q é transferida de uma região de potencial ϕ_i, onde a energia potencial é $Q\phi_i$, para uma região de potencial ϕ_f, onde a energia potencial é $Q\phi_f$, ou seja, através de uma diferença de potencial $\Delta\phi = \phi_f - \phi_i$, a variação na energia potencial é de $Q\Delta\phi$. A taxa de variação da energia é $(\mathrm{d}Q/\mathrm{d}t)\Delta\phi$, ou $I\Delta\phi$. A potência é, portanto,

$$P = I\Delta\phi \qquad \text{Potência elétrica} \qquad (B.19)$$

Com a corrente em ampères e a diferença potencial em volts, a potência fica em watts. A energia total, E, suprida em um intervalo de tempo Δt é a potência (a taxa de fornecimento de energia) multiplicada pela duração do intervalo:

$$E = P\Delta t = I\Delta\phi\Delta t \qquad (B.20)$$

A energia é obtida em joules com a corrente em ampères, a diferença de potencial em volts e o tempo em segundos.

(d) Termodinâmica

A discussão sistemática da transferência e das transformações da energia na matéria macroscópica é chamada de **termodinâmica**. Este assunto sutil é tratado com detalhes no texto, mas se aprende, nos cursos elementares de química, que existem dois conceitos centrais, a **energia interna**, U (unidades: joules, J), e a **entropia**, S (unidades: joules por kelvin, $\mathrm{J\,K^{-1}}$).

A energia interna é a energia total de um sistema. A **Primeira Lei da Termodinâmica** estabelece que a energia interna é constante em um sistema isolado das influências externas. A energia interna de um sistema aumenta com o aumento da temperatura, e podemos escrever

$$\Delta U = C\Delta T \qquad \text{Variação na energia interna} \qquad (B.21)$$

em que ΔU é a variação na energia interna quando a temperatura do sistema é aumentada em ΔT. A constante C é chamada de **capacidade calorífica**, C (unidades: joules por kelvin, $\mathrm{J\,K^{-1}}$), da amostra. Se a capacidade calorífica é grande, um pequeno aumento na temperatura leva a um grande aumento de energia interna. Essa observação pode ser expressa de uma forma fisicamente mais significativa invertendo-a: se a capacidade calorífica é grande, mesmo uma grande transferência de energia para o sistema leva a somente um pequeno aumento de temperatura. A capacidade calorífica é uma propriedade extensiva, e valores para uma substância são comumente dados em termos da **capacidade calorífica molar**, $C_m = C/n$ (unidades: joules por kelvin por mol, $\mathrm{J\,K^{-1}\,mol^{-1}}$) ou da **capacidade calorífica específica**, $C_s = C/m$ (unidades: joules por kelvin por grama, $\mathrm{J\,K^{-1}\,g^{-1}}$), que são ambas propriedades intensivas.

Propriedades termodinâmicas são frequentemente mais bem discutidas em termos de variações infinitesimais, caso no qual escreveríamos a Eq. B.21 como $\mathrm{d}U = C\mathrm{d}T$. Quando essa expressão é escrita na forma

$$C = \frac{\mathrm{d}U}{\mathrm{d}T} \qquad \textit{Definição} \quad \text{Capacidade calorífica} \qquad (B.22)$$

vemos que a capacidade calorífica pode ser interpretada como o coeficiente angular (ou inclinação) do gráfico da energia interna de uma amostra em função da temperatura.

Como também se sabe dos cursos elementares de química e será discutido com mais detalhes posteriormente, para sistemas mantidos a pressão constante é geralmente mais conveniente modificar a energia interna acrescentando a ela a grandeza pV e definindo a **entalpia**, H (unidades: joules, J):

$$H = U + pV \qquad \textit{Definição} \quad \text{Entalpia} \qquad (B.23)$$

A entalpia, uma propriedade extensiva, simplifica muito a discussão das reações químicas, em parte porque as variações de entalpia podem ser identificadas com a energia transferida como calor em um sistema mantido a pressão constante (como é comum em experimentos de laboratório).

Breve ilustração B.6 Relação entre U e H

A energia interna e a entalpia de um gás perfeito, para o qual $pV = nRT$, estão relacionadas por

$$H = U + nRT$$

A divisão por n e o rearranjo da expressão dão

$$H_m - U_m = RT$$

em que H_m e U_m são, respectivamente, a entalpia molar e a energia interna molar. Vemos que a diferença entre H_m e U_m aumenta com a temperatura.

Exercício proposto B.6 De quanto difere a entalpia molar do oxigênio de sua energia interna a 298 K?

Resposta: $2{,}48\,\mathrm{kJ\,mol^{-1}}$

A **entropia**, S, é uma medida da *qualidade* da energia de um sistema. Se a energia é distribuída entre muitos modos de movimento (por exemplo, movimentos de rotação, vibração e translação das partículas que formam o sistema), então a entropia é alta. Se a energia é distribuída somente sobre um número pequeno de modos de movimento, a entropia é baixa. A **Segunda Lei da Termodinâmica** estabelece que qualquer transformação espontânea (ou seja, natural) em um sistema isolado é acompanhada de um aumento na entropia do sistema. Essa tendência é expressa comumente afirmando-se que a direção natural de uma transformação é acompanhada da dispersão da energia a partir de uma região localizada, ou pela sua conversão a uma forma menos organizada.

A entropia de um sistema e de sua vizinhança é da maior importância em química, pois ela nos permite identificar a direção espontânea de uma reação química e identificar a composição na qual uma reação está em **equilíbrio**. Em um estado de equilíbrio *dinâmico*, que é a característica de todos os equilíbrios químicos, as reações direta e inversa ocorrem com a mesma velocidade e não há nenhuma tendência à mudança em qualquer direção. Entretanto, para usar a entropia na identificação desse estado, precisamos considerar tanto o sistema quanto sua vizinhança. Essa tarefa pode ser simplificada se a reação estiver ocorrendo a temperatura e pressão constantes; neste caso, é possível identificar o estado de equilíbrio como o estado em que a **energia de Gibbs**, G (unidades: joules, J), do sistema atinge um mínimo. A energia de Gibbs é definida por

$$G = H - TS \quad \textit{Definição} \quad \text{Energia de Gibbs} \quad \text{(B.24)}$$

e é da maior importância em termodinâmica química. A energia de Gibbs, informalmente denominada "energia livre", é uma medida da energia armazenada em um sistema livre para realizar trabalho útil, como, por exemplo, transferir elétrons por um circuito ou forçar uma reação a ocorrer em sua direção não espontânea (ou não natural).

B.3 A relação entre propriedades moleculares e macroscópicas

A energia de uma molécula, átomo ou partícula subatômica confinada em uma região do espaço é **quantizada**, ou seja, restrita a certos valores discretos. Essas energias permitidas são chamadas de **níveis de energia**. Os valores das energias permitidas dependem das características da partícula (por exemplo, sua massa) e da extensão da região à qual ela está confinada. A quantização da energia é mais importante – no sentido de que as energias permitidas são mais separadas – para partículas de pequena massa confinadas em regiões pequenas do espaço. Consequentemente, a quantização é muito importante para elétrons em átomos e moléculas, mas geralmente não é importante para corpos macroscópicos; nestes, a separação entre os níveis de energia translacional de partículas contidas em recipientes de dimensões macroscópicas é tão pequena que, para todas as finalidades práticas, seu movimento de translação não é quantizado e pode variar de forma praticamente contínua.

A energia de uma molécula, que não seja o movimento de translação que não é quantizado, deve-se principalmente aos três modos de movimento: rotação da molécula como um todo, distorção da molécula por meio da vibração de seus átomos e movimento dos elétrons em torno dos núcleos. A quantização se torna cada vez mais importante à medida que transferimos nossa atenção do movimento de rotação para o de vibração e então para o movimento eletrônico. A separação entre os níveis de energia rotacional (em moléculas pequenas, cerca de 10^{-21} J ou 1 zJ, correspondente a cerca de 0,6 kJ mol^{-1}) é menor do que aquela entre os níveis de energia vibracional (cerca de 10 – 100 zJ, ou 6 – 60 kJ mol^{-1}), que, por sua vez, é menor do que aquela entre os níveis de energia eletrônica (cerca de 10^{-18} J ou 1 aJ, que corresponde a cerca de 600 kJ mol^{-1}). A Fig. B.3 mostra essas separações típicas entre os níveis de energia.

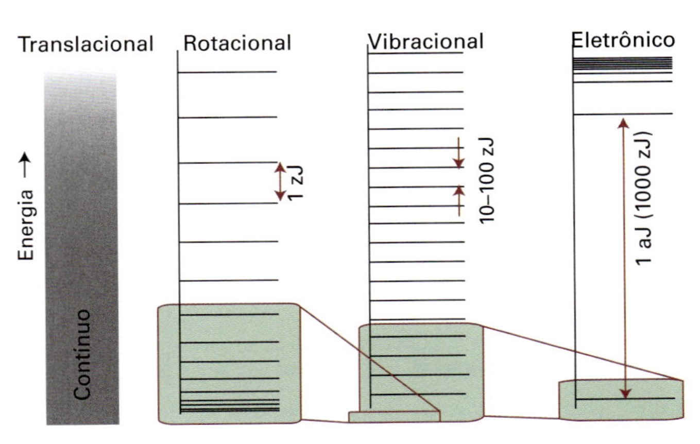

Figura B.3 Separações entre os níveis de energia típicas para quatro sistemas. (1 zJ = 10^{-21} J; em termos molares, 1 zJ é equivalente a 0,6 kJ mol^{-1}.)

(a) A distribuição de Boltzmann

A agitação térmica contínua que as moléculas experimentam em uma amostra a $T > 0$ assegura que elas estejam distribuídas sobre os níveis de energia disponíveis. Uma molécula particular pode estar em um estado correspondente a um nível de energia baixo em um instante e então ser excitada para um estado de energia alto em um momento posterior. Embora não possamos acompanhar o estado de uma única molécula, podemos falar do número *médio* de moléculas em cada estado; embora moléculas individuais possam estar mudando de estado graças às colisões que elas sofrem, o número médio de moléculas em cada estado é constante (desde que a temperatura permaneça a mesma).

O número médio de moléculas em um estado é chamado de **população** do estado. Somente o nível de energia mais baixo é ocupado a $T = 0$. O aumento de temperatura excita algumas moléculas para estados de maior energia, e mais e mais estados se tornam acessíveis à medida que a temperatura aumenta (Fig. B.4). A fórmula para calcular as populações relativas de estados em função de suas energias é chamada de **distribuição de Boltzmann** e foi deduzida pelo cientista austríaco Ludwig Boltzmann no final do século XIX. Essa fórmula fornece a relação entre o número de partículas nos estados caracterizados pelas energias ε_i e ε_j como

$$\frac{N_i}{N_j} = e^{-(\varepsilon_i - \varepsilon_j)/kT} \quad \text{Distribuição de Boltzmann} \quad \text{(B.25a)}$$

em que k é a **constante de Boltzmann**, uma constante fundamental, com o valor $k = 1{,}381 \times 10^{-23}$ J K^{-1}. Em aplicações químicas, em vez das energias individuais, é comum usar a energia por mol de moléculas, E_i, com $E_i = N_A\varepsilon_i$, em que N_A é a constante de Avogadro. Quando tanto o numerador quanto o denominador na exponencial são multiplicados por N_A, a Eq. B.25a se torna

$$\frac{N_i}{N_j} = e^{-(E_i - E_j)/RT} \quad \textit{Forma alternativa} \quad \text{Distribuição de Boltzmann} \quad \text{(B.25b)}$$

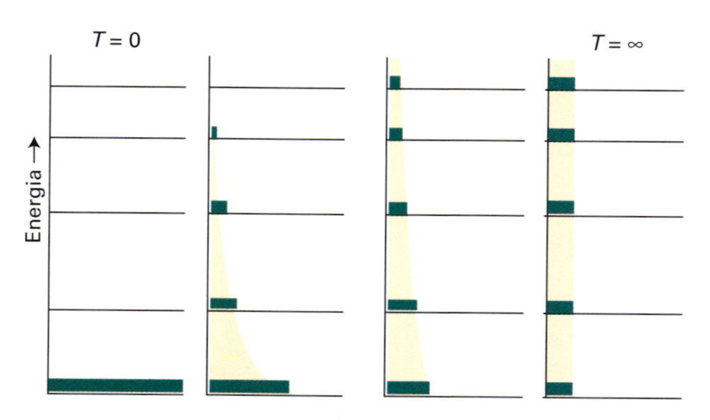

Figura B.4 A distribuição de Boltzmann de populações para um sistema com cinco níveis de energia, à medida que a temperatura aumenta de zero a infinito.

em que $R = N_Ak$. Vemos que k aparece frequentemente disfarçada em forma "molar" como a constante dos gases. A distribuição de Boltzmann fornece o elo crucial para exprimir as propriedades macroscópicas da matéria em termos do comportamento microscópico.

Breve ilustração B.7 Populações relativas

As moléculas de metilciclo-hexano podem existir em duas conformações, com o grupo metila em posição equatorial ou axial. A forma equatorial tem energia mais baixa, com a energia da forma axial 6,0 kJ mol^{-1} acima. À temperatura de 300 K, essa diferença de energia implica que as populações relativas das moléculas nos estados axial e equatorial são

$$\frac{N_a}{N_e} = e^{-(E_a-E_e)/RT} = e^{-(6{,}0\times10^3\,\mathrm{J\,mol^{-1}})/(8{,}3145\,\mathrm{J\,K^{-1}\,mol^{-1}}\times300\,\mathrm{K})} = 0{,}090$$

em que E_a e E_e são as energias molares. Portanto, o número de moléculas na conformação axial é de somente 9% daquela na conformação equatorial.

Exercício proposto B.7 Determine a temperatura na qual a proporção relativa de moléculas nas conformações axial e equatorial em uma amostra de metilciclo-hexano é de 0,3 ou 30%.

Resposta: 600 K

As características importantes da distribuição de Boltzmann que devemos manter em mente são:

Interpretação física

- A distribuição de populações é uma função exponencial da energia e da temperatura.
- A uma temperatura alta, mais níveis de energia são ocupados que a uma temperatura baixa.
- Mais níveis são povoados de forma significativa se estiverem muito próximos entre si, em uma escala comparável a kT (como nos estados rotacionais e translacionais) do que se eles estiverem muito separados (como nos estados vibracionais e eletrônicos).

A Figura B.5 resume a forma da distribuição de Boltzmann para alguns conjuntos típicos de níveis de energia. A forma peculiar da população de níveis rotacionais se origina do fato de que a Eq. B.25 se aplica a *estados individuais* e, para a rotação molecular, o número de estados rotacionais correspondentes a um dado nível de energia – de forma aproximada, o número de planos de rotação – aumenta com a energia. Por conseguinte, embora a população de cada *estado* diminua com a energia, a população dos *níveis* apresenta um máximo.

Um dos exemplos mais simples da relação entre as propriedades microscópicas e macroscópicas é dado pela **teoria cinética molecular**, um modelo de um gás perfeito. Nesse modelo, considera-se que as moléculas, imaginadas como partículas de tamanho desprezível, estão em movimento incessante e aleatório e não interagem entre si, exceto durante suas breves colisões. Velocidades diferentes correspondem a energias diferentes, de modo que a fórmula de Boltzmann pode ser usada para prever as proporções de moléculas que apresentam uma velocidade específica em uma temperatura particular. A expressão que fornece a fração de moléculas que apresentam uma velocidade particular é chamada de **distribuição de Maxwell-Boltzmann**; suas características estão resumidas na Fig. B.6. A distribuição de Maxwell-Boltzmann pode ser usada para mostrar que a velocidade média, $v_{\text{média}}$, das moléculas depende da temperatura e de sua massa molar de acordo com

$$v_{\text{média}} = \left(\frac{8RT}{\pi M}\right)^{1/2} \quad \textit{Gás perfeito} \quad \text{Velocidade média das moléculas} \quad \text{(B.26)}$$

Assim, a velocidade média é alta para moléculas leves a altas temperaturas. A distribuição por si só fornece mais informação que o valor médio. Por exemplo, o término da distribuição é mais longo a altas do que a baixas temperaturas, o que indica que a altas temperaturas mais moléculas em uma amostra têm velocidades muito maiores que a média.

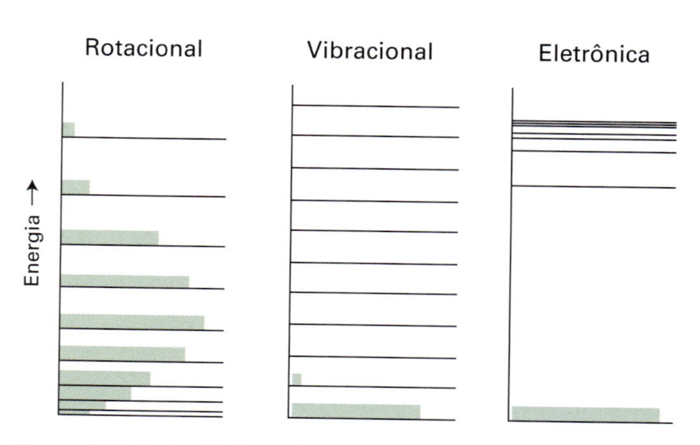

Figura B.5 A distribuição de Boltzmann de populações de níveis de energia rotacional, vibracional e eletrônica à temperatura ambiente.

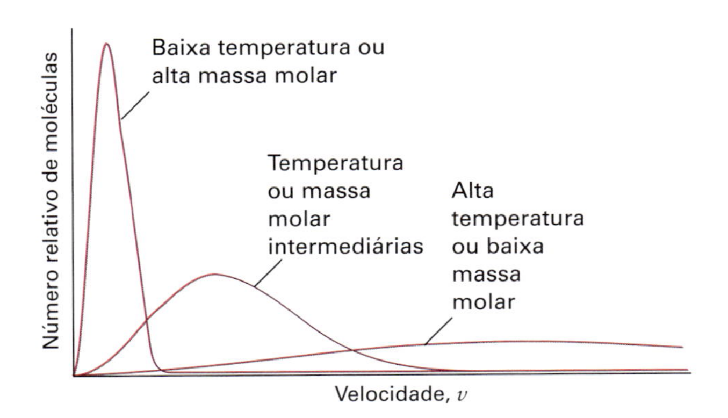

Figura B.6 A distribuição (de Maxwell-Boltzmann) de velocidades moleculares em função da temperatura e da massa molar. Observe que a velocidade mais provável (correspondente ao pico da distribuição) aumenta com a temperatura e com a diminuição da massa molar; simultaneamente, a distribuição se torna mais larga.

(b) Equipartição

Embora a distribuição de Boltzmann possa ser usada para calcular a energia média associada a cada modo de movimento de um átomo ou de uma molécula a uma dada temperatura, esse cálculo pode ser realizado de forma muito mais simples. Quando a temperatura é tão alta que muitos níveis são ocupados, podemos usar o **teorema da equipartição**:

> Em uma amostra em equilíbrio térmico, o valor médio de cada contribuição quadrática para a energia é $\frac{1}{2}kT$.

Uma "contribuição quadrática" significa um termo que é proporcional ao quadrado do momento (como na expressão para a energia cinética, $E_k = p^2/2m$) ou do deslocamento a partir da posição de equilíbrio (como para a energia potencial de um oscilar harmônico, $E_p = \frac{1}{2}k_f x^2$). O teorema é estritamente válido somente a altas temperaturas ou se a separação entre os níveis de energia for pequena, porque sob essas condições muitos estados estão ocupados. O teorema da equipartição é aplicado com maior confiabilidade aos modos de translação e rotação. A separação entre os estados vibracionais e eletrônicos é normalmente maior que para a rotação e a translação, e o teorema não é confiável para aqueles tipos de movimento.

Breve ilustração B.8 Energia molecular média

Um átomo ou molécula pode se mover em três dimensões, e, portanto, sua energia cinética translacional é a soma de três termos quadráticos

$$E_{\text{trans}} = \tfrac{1}{2}mv_x^2 + \tfrac{1}{2}mv_y^2 + \tfrac{1}{2}mv_z^2$$

O teorema da equipartição prediz que a energia média de cada uma dessas contribuições quadráticas é $\frac{1}{2}kT$. Assim, a energia cinética média é $E_{\text{transl}} = 3 \times \frac{1}{2}kT = \frac{3}{2}kT$. Então, a energia molar de translação é $E_{\text{transl,m}} = \frac{3}{2}kT \times N_A = \frac{3}{2}RT$. A 300 K,

$$E_{\text{trans,m}} = \tfrac{3}{2}\times(8{,}3145\,\text{J K}^{-1}\,\text{mol}^{-1})\times(300\,\text{K}) = 3700\,\text{J mol}^{-1}$$
$$= 3{,}7\,\text{kJ mol}^{-1}$$

Exercício proposto B.8 Uma molécula linear pode girar em torno de dois eixos no espaço, e cada um deles conta como uma contribuição quadrática. Calcule a contribuição rotacional para a energia molar de um conjunto de moléculas lineares a 500 K.

Resposta: $4{,}2\,\text{kJ mol}^{-1}$

Conceitos importantes

- ☐ 1. A **segunda lei de Newton do movimento** estabelece que a taxa da variação do momento é igual à força que atua sobre uma partícula.
- ☐ 2. **Trabalho** é realizado para se obter um movimento contra uma força que a ele se opõe.
- ☐ 3. **Energia** é a capacidade de realizar trabalho.
- ☐ 4. A **energia cinética** de uma partícula é a energia que ela possui devido ao seu movimento.
- ☐ 5. A **energia potencial** de uma partícula é a energia que ela possui devido à sua posição.
- ☐ 6. A energia total de uma partícula é a soma de suas energias cinética e potencial.
- ☐ 7. A **energia potencial coulombiana** entre duas cargas separadas de uma distância r varia em função de $1/r$.
- ☐ 8. A **Primeira Lei da Termodinâmica** estabelece que a energia interna é constante em um sistema isolado de influências externas.
- ☐ 9. A **Segunda Lei da Termodinâmica** estabelece que qualquer transformação espontânea em um sistema isolado é acompanhada de um aumento na entropia do sistema.
- ☐ 10. **Equilíbrio** é um estado no qual a **energia de Gibbs** do sistema atinge um mínimo.
- ☐ 11. Os níveis de energia de partículas confinadas são quantizados.
- ☐ 12. A **distribuição de Boltzmann** é uma fórmula para calcular as populações relativas dos estados de energias diversas.
- ☐ 13. O **teorema da equipartição** estabelece que, para uma amostra em equilíbrio térmico, o valor médio de cada contribuição quadrática para a energia é $\frac{1}{2}kT$.

Equações importantes

Propriedade	Equação	Comentário	Número da equação
Velocidade	$v = \mathrm{d}r/\mathrm{d}t$	Definição	B.1
Momento linear	$p = mv$	Definição	B.2
Momento angular	$J = I\omega$, $I = mr^2$	Partícula pontual	B.3–B.4
Força	$F = ma = \mathrm{d}p/\mathrm{d}t$	Definição	B.5
Torque	$T = \mathrm{d}J/\mathrm{d}t$	Definição	B.6
Trabalho	$\mathrm{d}w = -F \cdot \mathrm{d}s$	Definição	B.7
Energia cinética	$E_k = \frac{1}{2}mv^2$	Definição	B.8
Energia potencial e força	$F_x = -\mathrm{d}V/\mathrm{d}x$	Unidimensional	B.10
Energia potencial coulombiana	$V(r) = Q_1Q_2/4\pi\varepsilon_0 r$	Vácuo	B.14
Potencial coulombiano	$\phi = Q_2/4\pi\varepsilon_0 r$	Vácuo	B.16
Campo elétrico	$\mathcal{E} = -\mathrm{d}\phi/\mathrm{d}x$	Unidimensional	B.18
Potência elétrica	$P = I\Delta\phi$	I é a corrente	B.19
Capacidade calorífica	$C = \mathrm{d}U/\mathrm{d}T$	U é a energia interna	B.22
Entalpia	$H = U + pV$	Definição	B.23
Energia de Gibbs	$G = H - TS$	Definição	B.24
Distribuição de Boltzmann	$N_i/N_j = \mathrm{e}^{-(\varepsilon_i - \varepsilon_j)/kT}$		B.25a
Velocidade média das moléculas	$v_{\text{média}} = (8RT/\pi M)^{1/2}$	Gás perfeito	B.26

C Ondas

Tópicos

➤ Por que você precisa saber este assunto?

Diversas técnicas importantes de investigação em físico-química, como a espectroscopia e a difração de raios X, envolvem a radiação eletromagnética, uma perturbação eletromagnética ondulatória. Veremos também que as propriedades das ondas são fundamentais na descrição dos elétrons nos átomos e moléculas pela mecânica quântica. Para estarmos preparados para essa discussão, precisamos entender a descrição matemática das ondas.

➤ Qual é a ideia fundamental?

Uma onda é uma perturbação que se propaga através do espaço com um deslocamento que pode ser expresso por uma função harmônica.

➤ O que você já deve saber?

Você precisa estar familiarizado com as propriedades das funções harmônicas (seno e cosseno).

Uma **onda** é uma perturbação oscilatória que se propaga através do espaço. Exemplos dessas perturbações são o movimento coletivo de moléculas de água nas ondas do oceano e das partículas de gás nas ondas sonoras. Uma **onda harmônica** é uma onda com um deslocamento que pode ser expresso por uma função seno ou cosseno.

C.1 Ondas harmônicas

Uma onda harmônica é caracterizada por um **comprimento de onda**, λ (lambda), a distância entre os picos vizinhos da onda, e sua **frequência**, ν (ni), o número de vezes em um dado intervalo de tempo em que seu deslocamento em um ponto fixo retorna ao seu valor original (Fig. C.1). A frequência é medida em *hertz*, com 1 Hz = 1 s^{-1}. O comprimento de onda e a frequência estão relacionados por

$$\lambda\nu = v \qquad \text{Relação entre frequência e comprimento de onda} \qquad (C.1)$$

em que v é a velocidade de propagação da onda.

Inicialmente, vamos considerar um instantâneo de uma onda harmônica em $t = 0$. O deslocamento $\psi(x, t)$ varia com a posição como

$$\psi(x,0) = A\cos\{(2\pi/\lambda)x + \phi\} \qquad \text{Onda harmônica em } t = 0 \qquad (C.2a)$$

em que A é a **amplitude** da onda, a altura máxima da onda, e ϕ é a **fase** da onda, o deslocamento na posição do pico a partir de $x = 0$ e que pode estar entre $-\pi$ e π (Fig. C.2). Com o passar do tempo, os picos migram ao longo do eixo dos x (a direção de propagação), e, em qualquer instante posterior, o deslocamento é

$$\psi(x,t) = A\cos\{(2\pi/\lambda)x - 2\pi\nu t + \phi\} \qquad \text{Onda harmônica em } t > 0 \qquad (C.2b)$$

Uma dada onda também pode ser expressa como uma função senoidal, com o mesmo argumento, mas com ϕ substituído por $\phi + \frac{1}{2}\pi$.

Se duas ondas, na mesma região do espaço e com o mesmo comprimento de onda, têm fases diferentes, a onda resultante, a soma das duas, terá a amplitude aumentada ou diminuída. Se as fases diferirem em $\pm\pi$ (de forma que os picos de uma coincidam com os vales da outra), então a onda resultante terá a amplitude diminuída. Esse efeito é chamado de **interferência destrutiva**. Se as fases das duas ondas forem as mesmas (picos coincidentes), a resultante terá uma amplitude aumentada. Esse efeito é chamado de **interferência construtiva**.

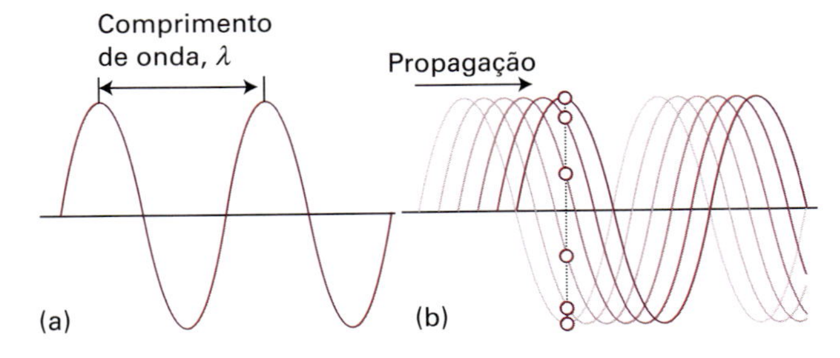

Figura C.1 (a) O comprimento de onda, λ, de uma onda é a distância entre dois picos vizinhos. (b) A onda é vista deslocando-se para a direita a uma velocidade v. Em uma dada posição, a amplitude instantânea da onda varia ao longo de um ciclo completo (os seis pontos mostram metade de um ciclo) quando ela passa por um dado ponto. A frequência, ν, é o número de ciclos que passam por um dado ponto no intervalo de um segundo. O comprimento de onda e a frequência estão relacionados por $\lambda\nu = v$.

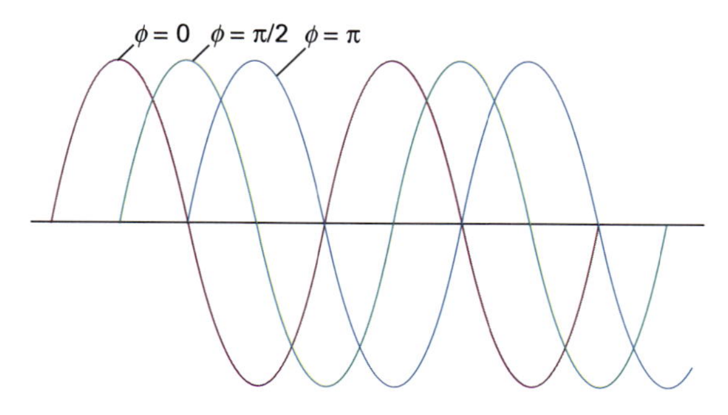

Figura C.2 A fase ϕ de uma onda especifica a posição relativa de seus picos.

Breve ilustração C.1 Ondas resultantes

Para ter uma visão mais aprofundada de casos nos quais a diferença de fase é um valor diferente de $\pm\pi$, considere a adição das ondas $f(x)=\cos(2\pi x/\lambda)$ e $g(x)=\cos\{(2\pi x/\lambda)+\phi\}$. A Fig. C.3 mostra gráficos de $f(x)$, $g(x)$ e de $f(x)+g(x)$ contra x/λ para $\phi=\pi/3$. A onda resultante tem maior amplitude que $f(x)$ ou $g(x)$, e tem picos entre os picos de $f(x)$ e $g(x)$.

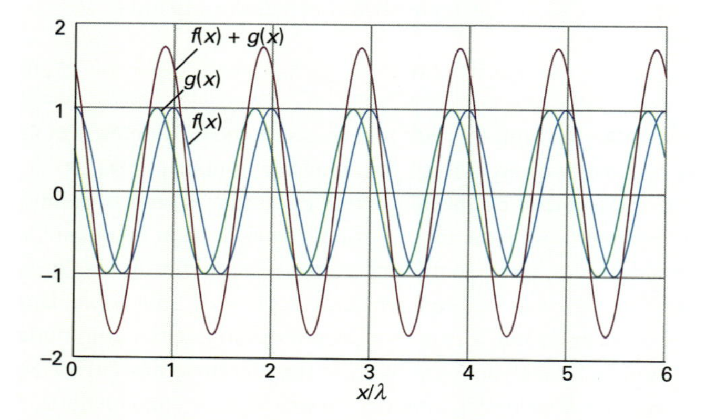

Figura C.3 Interferência entre as ondas discutidas na *Breve ilustração* C.1.

Exercício proposto C.1 Considere as mesmas ondas, mas com $\phi=3\pi/4$. A onda resultante tem amplitude aumentada ou diminuída?

Resposta: Amplitude diminuída

C.2 O campo eletromagnético

A luz é uma forma de radiação eletromagnética. Em física clássica, a radiação eletromagnética é interpretada em termos do **campo eletromagnético**, uma perturbação oscilatória elétrica e magnética que se espalha como uma onda harmônica pelo espaço. Um **campo elétrico** atua sobre partículas carregadas (em repouso ou em movimento), e um **campo magnético** atua somente sobre as partículas carregadas em movimento.

O comprimento de onda e a frequência de uma onda eletromagnética estão relacionados por

$$\lambda\nu=c \qquad \textit{Onda eletromagnética no vácuo} \qquad \text{Relação entre frequência e comprimento de onda} \qquad \text{(C.3)}$$

em que $c = 2{,}997\ 924\ 58 \times 10^8$ m s^{-1} (que vamos normalmente considerar como $2{,}998 \times 10^8$ m s^{-1}) é a velocidade da luz no vácuo. Quando a luz atravessa um meio (mesmo o ar), sua velocidade é reduzida, e, embora a frequência se mantenha inalterada, seu comprimento de onda é, então, reduzido. A velocidade reduzida da luz em um meio é normalmente expressa em termos do índice de refração, n_r, do meio, em que

$$n_r=\frac{c}{c'} \qquad \text{Índice de refração} \qquad \text{(C.4)}$$

O índice de refração depende da frequência da luz, e, para a luz visível, aumenta com a frequência. Ele também depende do estado físico do meio. Para a luz amarela na água a 25 °C, $n_r = 1{,}3$, logo o comprimento de onda é reduzido em 30%.

A classificação do campo eletromagnético de acordo com sua frequência e comprimento de onda é resumida na Fig. C.4. É frequentemente desejável exprimir as características de uma onda eletromagnética pelo **número de onda**, $\tilde{\nu}$ (ni til), em que

$$\tilde{\nu}=\frac{\nu}{c}=\frac{1}{\lambda} \qquad \textit{Radiação eletromagnética} \qquad \text{Número de onda} \qquad \text{(C.5)}$$

O número de onda pode ser interpretado como o número de comprimentos de onda completos em um determinado intervalo (do vácuo). Números de onda são normalmente expressos em centímetros recíprocos (cm^{-1}); assim, um número de onda de 5 cm^{-1} indica que há 5 comprimentos de onda completos em 1 cm.

Breve ilustração C.2 Números de onda

O número de onda da radiação eletromagnética de comprimento de onda igual a 660 nm é

$$\tilde{\nu}=\frac{1}{\lambda}=\frac{1}{660\times10^{-9}\,\text{m}}=1{,}5\times10^{6}\,\text{m}^{-1}=15\,000\,\text{cm}^{-1}$$

Você pode evitar os erros de conversão de unidades de m^{-1} a cm^{-1} lembrando que o número de onda representa o número de comprimentos de onda em uma dada distância. Assim, um número de onda expresso como o número de ondas por centímetro – logo, em unidades de cm^{-1} – deve ser 100 vezes menor que a grandeza equivalente expressa por metro, em unidades de m^{-1}.

Exercício proposto C.2 Calcule o número de onda e a frequência da luz vermelha, de comprimento de onda 710 nm.

Resposta: $\tilde{\nu}=1{,}41\times10^{6}\,\text{m}^{-1}=1{,}41\times10^{4}\,\text{cm}^{-1}$, $\nu=422\,\text{THz}$ ($1\,\text{THz}=10^{12}\,\text{s}^{-1}$)

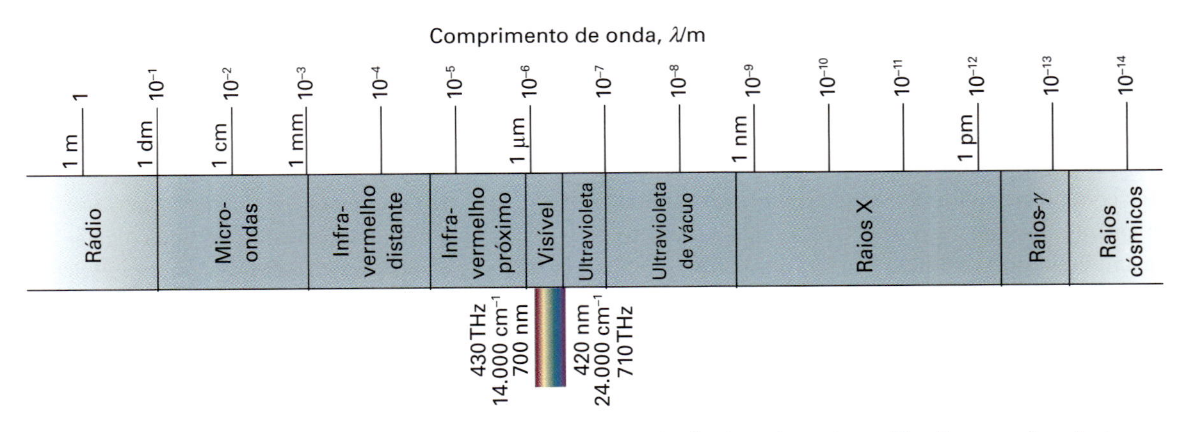

Figura C.4 O espectro eletromagnético e sua classificação em regiões (os limites de cada região são aproximados).

As funções que descrevem o campo elétrico oscilante, $\mathcal{E}(x, t)$, e o campo magnético oscilante, $\mathcal{B}(x, t)$, que se propagam ao longo da direção x com comprimento de onda λ e frequência ν, são

$$\mathcal{E}(x, t) = \mathcal{E}_0 \cos\{(2\pi/\lambda)x - 2\pi\nu t + \phi\}$$ *Radiação eletromagnética* Campo elétrico (C.6a)

$$\mathcal{B}(x, t) = \mathcal{B}_0 \cos\{(2\pi/\lambda)x - 2\pi\nu t + \phi\}$$ *Radiação eletromagnética* Campo magnético (C.6b)

em que $\mathcal{E}_0$ e $\mathcal{B}_0$ são as amplitudes dos campos elétrico e magnético, respectivamente, e ϕ é a fase da onda. Neste caso, a amplitude é uma grandeza vetorial porque os campos elétrico e magnético têm direção, como também amplitude. O campo magnético é perpendicular ao campo elétrico, e ambos são perpendiculares à direção de propagação (Fig. C.5). De acordo com a teoria eletrostática clássica, a **intensidade** da radiação eletromagnética, uma medida da energia associada à onda, é proporcional ao quadrado da amplitude da onda.

A Eq. C.6 descreve a radiação eletromagnética que é **plano-polarizada**; ela é assim chamada porque os campos elétrico e magnético oscilam, cada um deles, em um único plano. O plano de polarização pode estar orientado em qualquer direção em torno da direção de propagação. Um modo alternativo de polarização é a **polarização circular**, na qual os campos elétrico e magnético giram em torno da direção de propagação no sentido horário ou anti-horário, mas permanecem perpendiculares entre si (Fig. C.6).

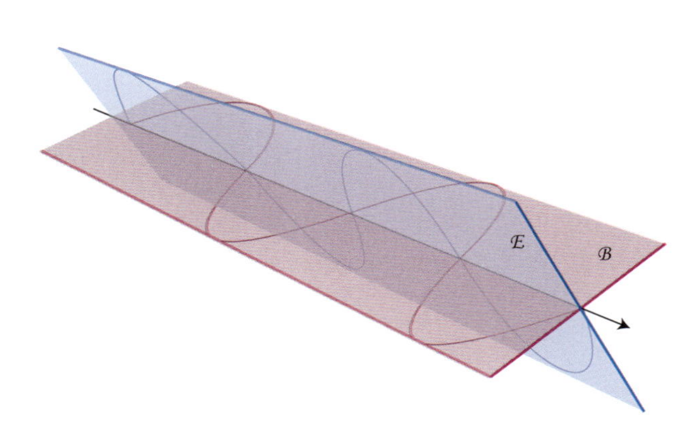

Figura C.5 Em uma onda plano-polarizada, os campos elétrico e magnético oscilam em planos ortogonais e são perpendiculares à direção de propagação.

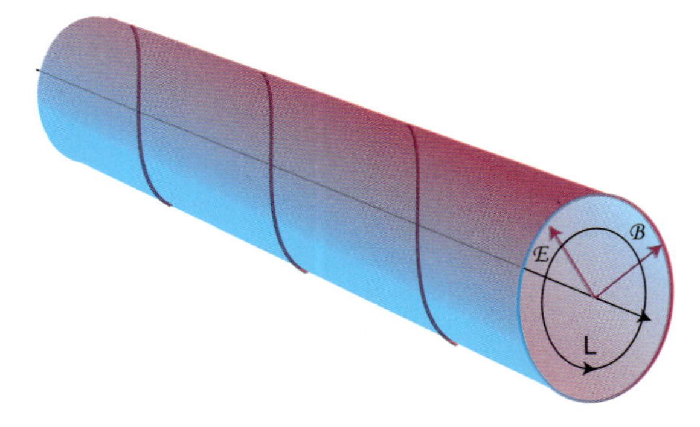

Figura C.6 Na luz circularmente polarizada, os campos elétrico e magnético giram em torno da direção de propagação, mas permanecem perpendiculares entre si. A ilustração define as polarizações "à direita" e "à esquerda" (a polarização "à esquerda" é mostrada como um L).

Conceitos importantes

☐ 1. Uma **onda** é uma perturbação oscilante que se propaga através do espaço.

☐ 2. Uma **onda harmônica** é uma onda cujo deslocamento pode ser representado por uma função senoidal ou cossenoidal.

- ☐ 3. Uma onda harmônica é caracterizada por um **comprimento de onda**, uma **frequência,** uma **fase** e uma **amplitude**.
- ☐ 4. A **interferência destrutiva** entre duas ondas de mesmo comprimento de onda, mas diferentes fases, leva a uma onda resultante com a amplitude diminuída.
- ☐ 5. A **interferência construtiva** entre duas ondas de mesmo comprimento de onda e fase leva a uma onda resultante com a amplitude aumentada.
- ☐ 6. O **campo eletromagnético** é uma perturbação elétrica e magnética oscilante que se espalha como uma onda harmônica pelo espaço.
- ☐ 7. Um **campo elétrico** atua sobre partículas carregadas (estejam elas em repouso ou em movimento).
- ☐ 8. Um **campo magnético** atua somente sobre partículas carregadas em movimento.
- ☐ 9. Na radiação eletromagnética **plano-polarizada**, os campos elétrico e magnético oscilam, cada um, em um único plano, e são mutuamente perpendiculares.
- ☐ 10. Na **polarização circular** os campos elétrico e magnético giram em torno da direção de propagação ou no sentido horário ou no anti-horário, mas permanecem perpendiculares à direção de propagação e entre si.

Equações importantes

Propriedade	Equação	Comentário	Número da equação
Relação entre frequência e comprimento de onda	$\lambda\nu = v$	Para a radiação eletromagnética no vácuo, $v = c$	C.1
Índice de refração	$n_r = c/c'$	Definição: $n_r \geq 1$	C.4
Comprimento de onda	$\tilde{\nu} = \nu/c = 1/\lambda$	Radiação eletromagnética	C.5

FUNDAMENTOS

SEÇÃO A Matéria

Questões teóricas

A.1 Resuma o modelo nuclear do átomo. Defina os termos número atômico, número de núcleons, número de massa.

A.2 Onde são encontrados, na tabela periódica, os metais, os não metais, os metais de transição, os lantanoides e os actinoides?

A.3 Resuma o que se entende por uma ligação simples e por uma ligação múltipla.

A.4 Resuma os conceitos principais da teoria RPECV para a forma das moléculas.

A.5 Compare e contraponha as propriedades dos estados sólido, líquido e gasoso da matéria.

Exercícios

A.1(a) Escreva a configuração eletrônica típica do estado fundamental de um elemento (i) do Grupo 2, (ii) do Grupo 7, (iii) do Grupo 15 da tabela periódica.
A.1(b) Escreva a configuração eletrônica típica do estado fundamental de um elemento (i) do Grupo 3, (ii) do Grupo 5, (iii) do Grupo 13 da tabela periódica.

A.2(a) Identifique os números de oxidação dos elementos no (i) $MgCl_2$, (ii) FeO, (iii) Hg_2Cl_2.
A.2(b) Identifique os números de oxidação dos elementos no (i) CaH_2, (ii) CaC_2, (iii) LiN_3.

A.3(a) Identifique uma molécula com uma ligação (i) simples, (ii) dupla, (ii) tripla entre os átomos de carbono e nitrogênio.
A.3(b) Identifique uma molécula com (i) um, (ii) dois, (iii) três pares isolados no átomo central.

A.4(a) Desenhe as estruturas (de pontos) de Lewis do (i) SO_3^{2-}, (ii) XeF_4, (iii) P_4.
A.4(b) Desenhe as estruturais (de pontos) de Lewis do (i) O_3, (ii) ClF_3^+, (iii) N_3^-.

A.5(a) Identifique três compostos com um octeto incompleto.
A.5(b) Identifique quatro compostos hipervalentes.

A.6(a) Use a teoria RPECV para prever as estruturas do (i) PCl_3, (ii) PCl_5, (iii) XeF_2, (iv) XeF_4.
A.6(b) Use a teoria RPECV para prever as estruturas do (i) H_2O_2, (ii) FSO_3^-, (iii) KrF_2, (iv) PCl_4^+.

A.7(a) Identifique as polaridades (indicando as cargas parciais $\delta+$ e $\delta-$) das ligações (i) C–Cl, (ii) P–H, (iii) N–O.
A.7(b) Identifique as polaridades (indicando as cargas parciais $\delta+$ e $\delta-$) das ligações (i) C–H, (ii) P–S, (iii) N–Cl.

A.8(a) Indique quais das seguintes moléculas você espera que sejam polares ou apolares: (i) CO_2, (ii) SO_2, (iii) N_2O, (iv) SF_4.
A.8(b) Indique quais das seguintes moléculas você espera que sejam polares ou apolares: (i) O_3, (ii) XeF_2, (iii) NO_2, (iv) C_6H_{14}.

A.9(a) Disponha as moléculas do Exercício A.8(a) em ordem crescente de momento de dipolo.
A.9(b) Disponha as moléculas do Exercício A.8(b) em ordem crescente de momento de dipolo.

A.10(a) Classifique as seguintes propriedades como extensiva ou intensiva: (i) massa, (ii) massa específica, (iii) temperatura, (iv) densidade numérica.
A.10(b) Classifique as seguintes propriedades como extensiva ou intensiva: (i) pressão, (ii) capacidade calorífica específica, (iii) peso, (iv) molalidade.

A.11(a) Calcule (i) o número de mols de C_2H_5OH e (ii) o número de moléculas presentes em 25,0 g de etanol.
A.11(b) Calcule (i) o número de mols de $C_6H_{12}O_6$ e (ii) o número de moléculas presentes em 5,0 g de glicose.

A12(a) Calcule (i) a massa e (ii) o peso de 10,0 mol de $H_2O(l)$ sobre a superfície da Terra (em que $g = 9{,}81\ m\ s^{-1}$).
A12(b) Calcule (i) a massa e (ii) o peso de 10,0 mol de $C_6H_6(l)$ sobre a superfície de Marte (em que $g = 3{,}72\ m\ s^{-1}$).

A13(a) Calcule a pressão exercida por uma pessoa de massa igual a 65 kg de pé (sobre a superfície da Terra) e com sapatos de área igual a 150 cm^2.
A13(b) Calcule a pressão exercida por uma pessoa de massa igual a 60 kg de pé (sobre a superfície da Terra) e com sapatos de salto agulha com área igual a 2 cm^2 (admita que o peso esteja todo sobre o salto).

A14(a) Expresse a pressão calculada no Exercício A.13(a) em atmosferas.
A14(b) Expresse a pressão calculada no Exercício A.13(b) em atmosferas.

A15(a) Expresse a pressão de 1,45 atm em (i) pascal, (ii) bar.
A15(b) Expresse a pressão de 222 atm em (i) pascal, (ii) bar.

A16(a) Converta a temperatura do sangue, 37,0 °C, para a escala Kelvin.
A16(b) Converta o ponto de ebulição do oxigênio, 90,18 K, para a escala Celsius.

A17(a) A Eq. A.4 é a relação entre as escalas Kelvin e Celsius. Encontre a equação correspondente relacionando as escalas Fahrenheit e Celsius e use-a para expressar o ponto de ebulição do etanol (78,5 °C) em graus Fahrenheit.
A17(b) A escala Rankine é uma versão da escala de temperatura termodinâmica, em que os graus (°R) têm o mesmo tamanho que os graus Fahrenheit. Deduza uma expressão relacionando as escalas Rankine e Kelvin e expresse o ponto de congelamento da água em graus Rankine.

A18(a) Uma amostra de hidrogênio tem uma pressão de 110 kPa, na temperatura de 20,0 °C. Que pressão ela terá na temperatura de 7,0 °C?
A18(b) Uma amostra de 325 mg de neônio ocupa um volume de 2,00 dm^3 a 20,0 °C. Use a lei dos gases ideais para calcular a pressão do gás.

A19(a) A 500 °C e 93,2 kPa, a massa específica do vapor de enxofre é 3,710 kg m^{-3}. Qual é a fórmula molecular do enxofre sob essas condições?
A19(b) A 100 °C e 16,0 kPa, a massa específica do vapor de fósforo é 0,6388 kg m^{-3}. Qual é a fórmula molecular do fósforo sob essas condições?

A20(a) Calcule a pressão exercida por 22 g de etano quando se comporta como um gás perfeito confinado a 1000 cm^3 a 25,0 °C.
A20(b) Calcule a pressão exercida por 7,05 g de oxigênio quando se comporta como um gás perfeito confinado a 100 cm^3 a 100,0 °C.

A21(a) Um recipiente de volume 10 dm^3 contém 2,0 mol de H_2, e 1,0 mol de N_2 a 5,0 °C. Calcule a pressão parcial de cada componente e a pressão total.
A21(b) Um recipiente de volume 100 cm^3 contém 0,25 mol de O_2, e 0,034 mol de CO_2 a 10,0 °C. Calcule a pressão parcial de cada componente e a pressão total.

SEÇÃO B Energia

Questões teóricas

B.1 O que é energia?

B.2 Faça a distinção entre energias cinética e potencial.

B.3 Enuncie a Segunda Lei da termodinâmica. A entropia de um sistema que não esteja isolado de sua vizinhança pode diminuir em um processo espontâneo?

B.4 O que significa quantização de energia? Em que circunstâncias os efeitos da quantização são mais importantes para sistemas microscópicos?

B.5 Quais são as hipóteses da teoria cinética molecular?

B.6 Quais são as principais características da distribuição de velocidades de Maxwell-Boltzmann?

Exercícios

B.1(a) Uma partícula de massa 1,0 g cai próximo à superfície da Terra, onde a aceleração da gravidade é $g = 9{,}81\ \mathrm{m\ s^{-2}}$. Quais são sua velocidade e sua energia cinética após (i) 1,0 s, (ii) 3,0 s. Ignore a resistência do ar.
B.1(b) A mesma partícula cai próxima à superfície de Marte, onde a aceleração da gravidade é $g = 3{,}72\ \mathrm{m\ s^{-2}}$. Quais são a velocidade e a energia cinética após (i) 1,0 s, (ii) 3,0 s. Ignore a resistência do ar.

B.2(a) Um íon de carga ze movendo-se na água é submetido a um campo elétrico $\mathcal{E}$ que exerce uma força $ze\mathcal{E}$, mas também sente uma força de atrito proporcional à sua velocidade s, e igual a $6\pi\eta Rs$, em que R é o seu raio e η (eta) é a viscosidade do meio. Qual é a velocidade final?
B.2(b) Uma partícula que cai através de um meio viscoso experimenta uma força de atrito proporcional à sua velocidade s, e igual a $6\pi\eta Rs$, em que R é o seu raio e η (eta) é a viscosidade do meio. Se a aceleração da gravidade é g, qual é a velocidade final de uma esfera de raio R e massa específica ρ?

B.3(a) Confirme que a solução geral da equação de movimento do oscilador harmônico $(m\mathrm{d}^2x/\mathrm{d}t^2 = -k_f x)$ é $x(t) = A \operatorname{sen} \omega t + B \cos \omega t$, com $\omega = (k_f/m)^{1/2}$.
B.3(b) Considere o oscilador harmônico com $B = 0$ (na notação do Exercício B.3(a)). Obtenha a relação entre a energia total em um dado instante e a amplitude de deslocamento máximo.

B.4(a) A constante de força da ligação C–H é $450\ \mathrm{N\ m^{-1}}$. Qual é o trabalho necessário para estirar a ligação em (i) 10 pm, (ii) 20 pm?
B.4(b) A constante de força da ligação H–H é $510\ \mathrm{N\ m^{-1}}$. Qual é o trabalho necessário para estirar a ligação em 20 pm?

B.5(a) Um elétron é acelerado a partir do repouso, em um microscópio eletrônico, por uma diferença de potencial $\Delta\phi = 100$ kV, e adquire uma energia $e\Delta\phi$. Qual é a sua velocidade final? Qual é sua energia em elétrons-volt (eV)?
B.5(b) Um íon $C_6H_4^{2+}$ é acelerado a partir do repouso, em um espectrômetro de massa, por uma diferença de potencial $\Delta\phi = 20$ kV, e adquire uma energia $e\Delta\phi$. Qual é a sua velocidade final? Qual é sua energia em elétrons-volt (eV)?

B.6(a) Calcule o trabalho que deve ser realizado a fim de levar um íon Na^+, afastado 200 pm de um íon Cl^-, ao infinito (no vácuo). Qual seria o trabalho necessário se a separação fosse realizada em água?
B.6(b) Calcule o trabalho que deve ser realizado a fim de levar um íon Mg^{2+}, afastado 250 pm de um íon O^{2-}, ao infinito (no vácuo). Qual seria o trabalho necessário se a separação fosse realizada em água?

B.7(a) Calcule o potencial coulombiano devido aos núcleos em um ponto em uma molécula de LiH localizado a 200 pm do núcleo de Li e 150 pm do núcleo de H.
B.7(b) Represente graficamente o potencial coulombiano devido aos núcleos em um ponto em um par iônico Na^+Cl^- localizado na linha a meia distância entre os núcleos (a separação nuclear é 283 pm) à medida que o ponto vem do infinito e termina no ponto médio entre os núcleos.

B.8(a) Um aquecedor elétrico é imerso em um frasco contendo 200 g de água, e uma corrente de 2,23 A proveniente de uma fonte de 15 V é passada por 12,0 minutos. Qual é a energia fornecida à água? Estime o aumente de temperatura (para a água, $C = 75{,}3\ \mathrm{J\ K^{-1}\ mol^{-1}}$).
B.8(b) Um aquecedor elétrico é imerso em um frasco contendo 150 g de etanol, e uma corrente de 1,12 A proveniente de uma fonte de 12,5 V é passada por 172 s. Qual é a energia fornecida à água? Estime o aumente de temperatura (para a água, $C = 111{,}5\ \mathrm{J\ K^{-1}\ mol^{-1}}$).

B.9(a) A capacidade calorífica de uma amostra de ferro é $3{,}67\ \mathrm{J\ K^{-1}}$. Qual será o aumento de sua temperatura se 100 J de energia forem transferidos como calor?
B.9(b) A capacidade calorífica de uma amostra de água é $5{,}77\ \mathrm{J\ K^{-1}}$. Qual será o aumento de sua temperatura se 50,0 kJ de energia forem transferidos como calor?

B.10(a) A capacidade calorífica molar do chumbo é $26{,}44\ \mathrm{J\ K^{-1}\ mol^{-1}}$. Quanta energia (sob a forma de calor) deve ser fornecida a 100 g de chumbo para aumentar a sua temperatura em 10 °C?
B.10(b) A capacidade calorífica molar da água é $75{,}2\ \mathrm{J\ K^{-1}\ mol^{-1}}$. Quanta energia deve ser fornecida pelo aquecimento de 10 g de chumbo para aumentar a sua temperatura em 10 °C?

B.11(a) A capacidade calorífica molar do etanol é $111{,}46\ \mathrm{J\ K^{-1}\ mol^{-1}}$. Qual é a sua capacidade calorífica específica?
B.11(b) A capacidade calorífica molar do sódio é $28{,}24\ \mathrm{J\ K^{-1}\ mol^{-1}}$. Qual é a sua capacidade calorífica específica?

B.12(a) A capacidade calorífica específica da água é $4{,}18\ \mathrm{J\ K^{-1}\ g^{-1}}$. Qual é a sua capacidade calorífica molar?
B.12(b) A capacidade calorífica específica do cobre é $0{,}384\ \mathrm{J\ K^{-1}\ g^{-1}}$. Qual é a sua capacidade calorífica molar?

B.13(a) De quanto difere a entalpia molar do hidrogênio de sua energia interna molar a 1000 °C? Admita um comportamento de gás perfeito.
B.13(b) A massa específica da água é $0{,}997\ \mathrm{g\ cm^{-3}}$. De quanto difere a entalpia molar da água de sua energia interna molar a 298 K?

B.14(a) Quem você espera ter a maior entropia a 298 K e 1 bar, a água líquida ou o vapor d'água?
B.14(b) Quem você espera ter a maior entropia a 0 °C e 1 atm, a água líquida ou o gelo?

B.15(a) Quem você espera ter a maior entropia, 100 g de ferro a 300 K ou a 3000 K?
B.15(b) Quem você espera ter a maior entropia, 100 g de ferro a 0 °C ou a 100 °C?

B.16(a) Dê três exemplos de um sistema que está em equilíbrio dinâmico.
B.16(b) Dê três exemplos de um sistema que está em equilíbrio estático.

B.17(a) Suponha que a diferença de energia entre dois estados seja de 1,0 eV (elétron-volt, veja o verso da capa deste livro); qual é a razão entre suas populações a (i) 300 K, (ii) 3000 K?
B.17(b) Suponha que a diferença de energia entre dois estados seja de 2,0 eV (elétrons-volt, veja o verso da capa deste livro); qual é a razão entre suas populações a (i) 200 K, (ii) 2000 K?

B.18(a) Suponha que a diferença de energia entre dois estados seja de 1,0 eV; o que pode ser dito sobre suas populações quando $T = 0$?

B.18(b) Suponha que a diferença de energia entre dois estados seja de 1,0 eV; o que pode ser dito sobre suas populações quando a temperatura é infinita?
B.19(a) Uma energia típica de excitação vibracional de uma molécula corresponde a um número de onda de 2500 cm^{-1} (faça a conversão para a separação de energia multiplicando esse valor por hc; veja *Fundamentos* C). Você espera encontrar moléculas em estados de vibração excitados à temperatura ambiente (20 °C)?
B.19(b) Uma energia típica de excitação rotacional de uma molécula corresponde a uma frequência de 100 GHz (faça a conversão para a separação de energia multiplicando esse valor por h; veja *Fundamentos* C). Você espera encontrar moléculas em fase gasosa em estados de rotação excitados à temperatura ambiente (20 °C)?

B.20(a) Sugira uma razão pela qual a maioria das moléculas sobrevive por longos períodos em temperatura ambiente.
B.20(b) Sugira uma razão pela qual as velocidades das reações químicas geralmente aumentam com a temperatura.

B.21(a) Calcule as velocidades médias relativas das moléculas de N_2 no ar a 0 °C e a 40 °C.
B.21(b) Calcule as velocidades médias relativas das moléculas de CO_2 no ar a 20 °C e a 30 °C.

B.22(a) Calcule as velocidades médias relativas das moléculas de N_2 e CO_2 no ar.
B.22(b) Calcule as velocidades médias relativas das moléculas de Hg_2 e H_2 em uma mistura gasosa.

B.23(a) Use o teorema da equipartição para calcular a contribuição do movimento translacional para a energia interna de 5,0 g de argônio a 25 °C.
B.23(b) Use o teorema da equipartição para calcular a contribuição do movimento translacional para a energia interna de 10,0 g de hélio a 30 °C.

B.24(a) Use o teorema da equipartição para calcular a contribuição para a energia interna total de 10,0 g de (i) dióxido de carbono, (ii) metano a 20 °C; leve em consideração os movimentos de translação e rotação, mas não o de vibração.
B.24(b) Use o teorema da equipartição para calcular a contribuição para a energia interna total de 10,0 g de chumbo a 20 °C; leve em consideração as vibrações dos átomos.

B.25(a) Use o teorema da equipartição para calcular a capacidade calorífica molar do argônio.
B.25(b) Use o teorema da equipartição para calcular a capacidade calorífica molar do hélio.

B.26(a) Use o teorema da equipartição para estimar a capacidade calorífica do (i) dióxido de carbono, (ii) metano.
B.26(b) Use o teorema da equipartição para estimar a capacidade calorífica do (i) vapor d'água, (ii) chumbo.

SEÇÃO C Ondas

Questões teóricas

C.1 Quantos tipos de movimento ondulatório você consegue identificar?

C.2 Qual é a natureza ondulatória do som de um repentino "*bang*"?

Exercícios

C.1(a) Qual é a velocidade da luz na água se o seu índice de refração é 1,33?
C.1(b) Qual é a velocidade da luz no benzeno se o seu índice de refração é 1,52?

C.2(a) O número de onda de uma transição vibracional típica de um hidrocarboneto é 2500 cm^{-1}. Calcule o comprimento de onda e a frequência correspondentes.
C.2(b) O número de onda de uma transição vibracional típica de uma ligação O–H é 3600 cm^{-1}. Calcule o comprimento de onda e a frequência correspondentes.

Atividades integradas

F.1 Na Seção 1B mostramos que, para o gás perfeito, a fração de moléculas que têm velocidades entre v e $v + dv$ é $f(v)dv$, em que

$$f(v)=4\pi\left(\frac{M}{2\pi RT}\right)^{3/2} v^2 e^{-Mv^2/2RT}$$

é a distribuição de Maxwell-Boltzmann (Eq. 1B.4). Use essa expressão e um software matemático ou uma planilha para os seguintes exercícios:

(a) Consulte o gráfico da Fig. B.6. Faça um gráfico de diferentes distribuições mantendo a massa molar constante em 100 g mol^{-1} e variando a temperatura da amostra entre 200 K e 2000 K.
(b) Avalie numericamente a fração de moléculas com velocidades na faixa de 100 m s^{-1} a 200 m s^{-1} a 300 K e a 1000 K.

F.2 Com base nas suas próprias observações, forneça uma interpretação molecular da temperatura.

CAPÍTULO 11

Simetria molecular

Neste capítulo moldaremos o conceito de "forma" numa definição precisa de "simetria" e mostraremos como a simetria pode ser discutida sistematicamente.

11A Elementos de simetria

Veremos como classificar as moléculas de acordo com a sua simetria e como aproveitar esta classificação para discutir a polaridade e a quiralidade das moléculas.

11B Teoria de grupos

O tratamento sistemático da simetria é a "teoria de grupos". Mostraremos que é possível representar o resultado de operações de simetria (como rotações e reflexões) usando matrizes. Essa etapa nos permite expressar numericamente as operações de simetria e, portanto, realizar manipulações numéricas. Um importante resultado é a capacidade de classificar várias combinações de orbitais atômicos segundo suas simetrias. Também é apresentado o importante conceito de "tabela de caracteres", que é o conceito mais utilizado em aplicações químicas da teoria de grupos.

11C Aplicações da simetria

A análise de simetria descrita nas duas seções anteriores é agora posta em prática. Veremos que ela oferece critérios simples para decidir se certas integrais desaparecem naturalmente ou não. Uma importante integral é a integral de sobreposição de dois orbitais. Sabendo os orbitais atômicos que têm sobreposição diferente de zero, podemos escolher os que podem contribuir para a formação de orbitais moleculares. Veremos também como escolher a combinação linear de orbitais atômicos que se adapta à simetria do esqueleto formado pelos núcleos. Finalmente, pelas propriedades de simetria das integrais veremos que é possível deduzir regras de seleção que regem as transições espectroscópicas.

11A Elementos de simetria

Tópicos

➤ Por que você precisa saber este assunto?

Argumentos de simetria podem ser utilizados para realizar avaliações imediatas das propriedades das moléculas, e, quando expressos quantitativamente (Seção 11B), podem ser empregados para economizar uma boa parte dos cálculos.

➤ Qual é a ideia fundamental?

As moléculas podem ser classificadas em grupos segundo seus elementos de simetria.

➤ O que você já deve saber?

Esta seção não se baseia diretamente em outras seções, mas será útil conhecer as formas de uma variedade de moléculas e íons simples encontrados nos cursos introdutórios de química.

Alguns objetos são "mais simétricos" do que outros. Uma esfera é mais simétrica do que um cubo, pois mantém a sua aparência, qualquer que seja o ângulo de rotação em torno de qualquer diâmetro. Um cubo, por sua vez, só reproduz a sua aparência se girar de certos ângulos em torno de certos eixos. Por exemplo, se girar 90°, ou 180° ou 270° em torno de um eixo que passe pelos centros de duas faces opostas (Fig. 11A.1), ou se girar 120° ou 240° em torno de um eixo que corte dois vértices opostos. Da mesma forma, a molécula de NH_3 é "mais simétrica" que a molécula de H_2O, pois o aspecto da molécula não se altera em uma rotação de 120° ou de 240° em torno do eixo que é visto na Fig. 11A.2, enquanto a de H_2O só mantém sua aparência em uma rotação de 180°.

Esta seção coloca essas noções intuitivas em uma base mais formal. Nela veremos que as moléculas podem ser agrupadas segundo sua simetria, com as espécies tetraédricas CH_4 e SO_4^{2-} em um grupo e as espécies piramidais NH_3 e SO_3^{2-} em outro. As moléculas de um mesmo grupo compartilham certas propriedades físicas, então, podem ser feitas previsões eficazes sobre toda uma série de moléculas uma vez conheçamos o grupo a que elas pertencem.

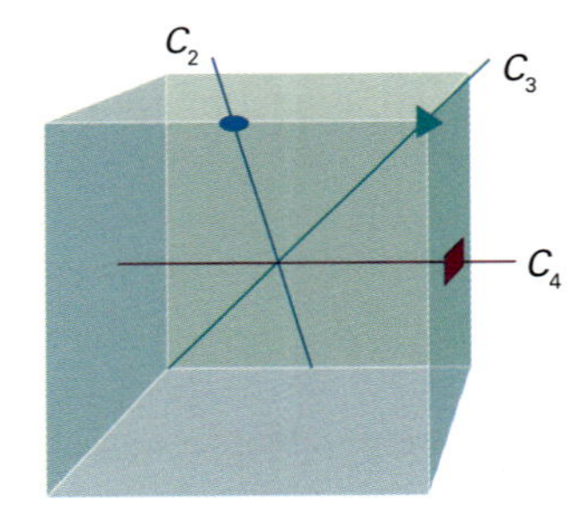

Figura 11A.1 Alguns elementos de simetria de um cubo. Os eixos binário, ternário e quaternário estão identificados pelos símbolos convencionais.

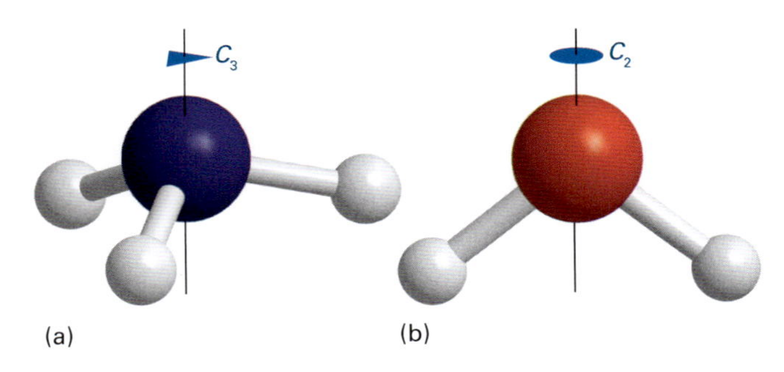

Figura 11A.2 (a) A molécula de NH_3 tem um eixo ternário (C_3) e (b) a de H_2O tem um eixo binário (C_2). As duas moléculas também têm outros elementos de simetria.

Temos usado o termo "grupo" no seu sentido convencional. Na verdade, um grupo em matemática tem um significado formal preciso e considerável poder, e dá origem ao nome "teoria de grupos" para o estudo quantitativo da simetria. Esse poder é revelado na Seção 11B.

11A.1 Operações de simetria e elementos de simetria

Uma operação que deixa a aparência de um objeto inalterada depois de ser efetuada é uma **operação de simetria**. Operações de simetria típicas incluem as rotações, as reflexões e as inversões. Para cada operação de simetria há um **elemento de simetria** correspondente, que é um ponto, uma reta (eixo) ou um plano em relação ao qual se faz a operação de simetria. Por exemplo, uma rotação (uma operação de simetria) é feita em torno de um eixo (o elemento de simetria correspondente). Veremos que podemos classificar as moléculas pela identificação de todos os seus elementos de simetria e reunindo em um mesmo grupo as que possuem o mesmo conjunto destes elementos. Esse procedimento, por exemplo, coloca as espécies piramidais triangulares, como NH_3 e SO_3^{2-}, em um grupo e as espécies angulares, como H_2O e SO_2, em outro grupo.

Uma **rotação *n*-ária** (a operação) em torno de um **eixo de simetria *n*-ário**, C_n (o elemento de simetria), é uma rotação de $360°/n$. Uma molécula de H_2O tem um eixo binário, C_2. Uma molécula de NH_3 tem um eixo ternário, C_3, o qual está associado a duas operações de simetria, uma rotação de 120° no sentido horário e uma rotação de 120° no sentido anti-horário. Há somente uma rotação binária associada ao eixo C_2 porque rotações de 180° horária e anti-horária produzem o mesmo resultado. Um pentágono tem um eixo C_5 com duas rotações (horária e anti-horária) de 72° associadas a ele. Tem também um eixo simbolizado por C_5^2, correspondente a duas rotações sucessivas em torno de C_5: uma de 144° no sentido horário e outra de 144° no sentido anti-horário. Um cubo tem três eixos C_4, quatro eixos C_3 e seis eixos C_2. No entanto, mesmo essa elevada simetria é superada pela da esfera, que tem um número infinito de eixos de simetria (cada qual coincidente com um diâmetro), para qualquer valor inteiro de n. Se uma molécula tiver diversos eixos de rotação, o que corresponder ao maior valor de n (ou um dos que corresponderem ao maior valor de n) é o **eixo principal**. O eixo principal da molécula de benzeno é um eixo C_6 perpendicular ao plano do anel hexagonal (**1**).

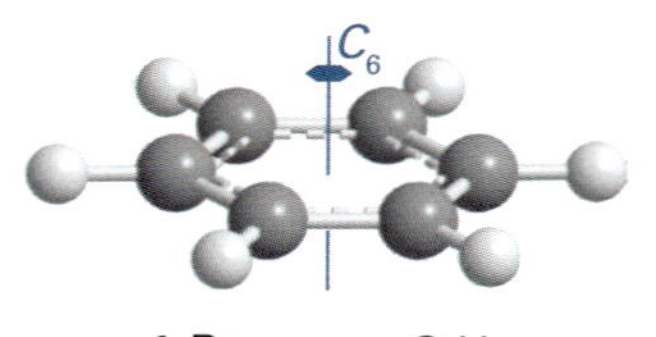

1 Benzeno, C_6H_6

Uma **reflexão** (a operação) em um **plano especular**, σ (o elemento) pode conter o eixo principal de uma molécula ou ser perpendicular a ele. Se o plano contém o eixo principal, ele é chamado "vertical" e simbolizado por σ_v. Uma molécula de H_2O tem dois planos de simetria verticais (Fig. 11A.3), e uma molécula de NH_3 tem três. Um plano especular vertical que é bissetriz do ângulo entre dois eixos C_2 é um "plano diédrico" e simbolizado por σ_d (Fig. 11A.4). Quando o plano de simetria é perpendicular ao eixo principal, é chamado "horizontal" e simbolizado por σ_h. A molécula C_6H_6 tem um eixo principal C_6 e um plano especular horizontal (além de diversos outros elementos de simetria).

Em uma **inversão** (a operação) por um **centro de simetria**, *i* (o elemento de simetria), imaginamos que cada ponto da molécula seja deslocado, retilineamente, até o centro da molécula e depois deslocado, sobre a mesma reta, até estar à mesma distância do centro que no início, porém no outro lado; isto é, um ponto de coordenadas (x, y, z) se transforma no ponto de coordenadas $(-x, -y, -z)$. A molécula de H_2O não tem centro de inversão, nem a molécula de NH_3; mas uma esfera e um cubo têm, cada qual, um centro de inversão. Uma molécula de C_6H_6 tem um centro de inversão; também um octaedro regular tem um centro de inversão (Fig. 11A.5); um tetraedro regular e uma molécula de CH_4 não têm centro de inversão.

Uma **rotação imprópria *n*-ária** (a operação) em torno de um **eixo de rotação impróprio *n*-ário**, S_n (o elemento de simetria), é constituída por duas transformações sucessivas. A primeira componente é uma rotação de $360°/n$, e a segunda é uma reflexão em relação a um plano perpendicular ao eixo de rotação; nenhuma operação isoladamente necessita ser uma operação de simetria. A molécula de CH_4 tem três eixos S_4 (Fig. 11A.6).

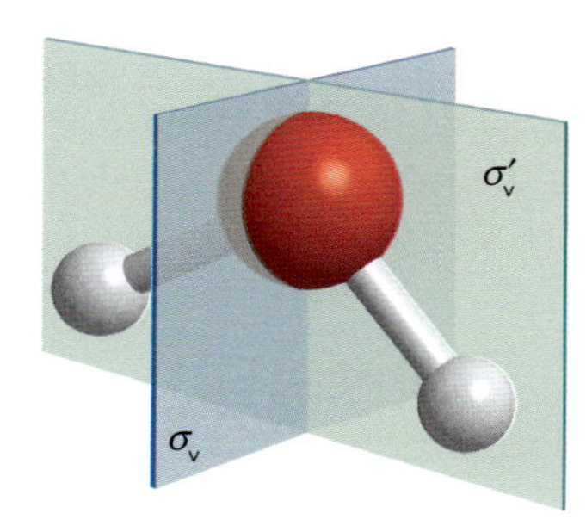

Figura 11A.3 A molécula de H_2O tem dois planos de simetria. Ambos são verticais (contêm o eixo principal) e são simbolizados por σ_v e σ_v'.

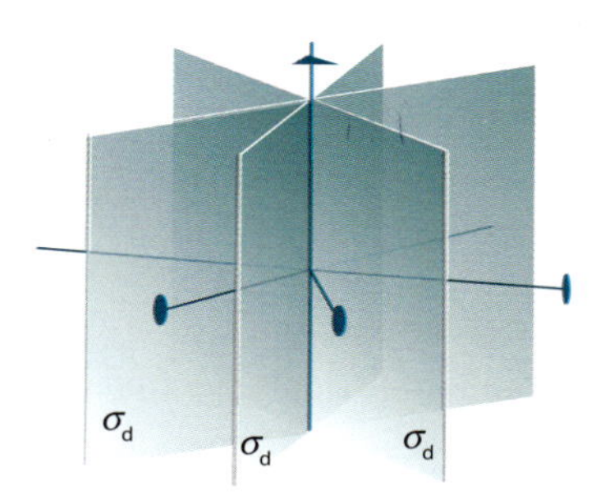

Figura 11A.4 Planos de simetria diédricos (σ_d) que são a bissetriz dos eixos C_2 perpendiculares ao eixo principal.

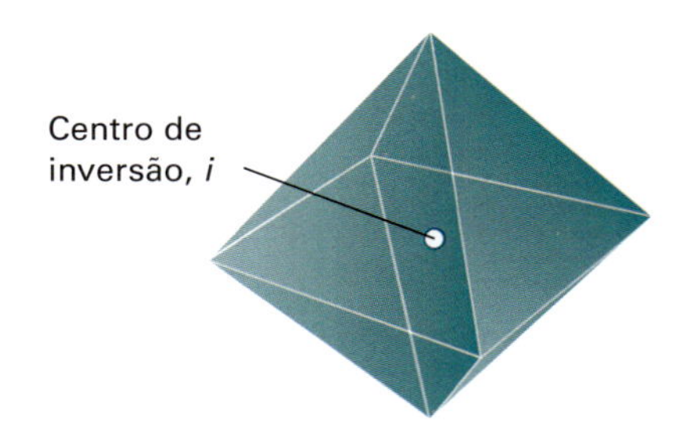

Figura 11A.5 O octaedro regular tem um centro de inversão (i).

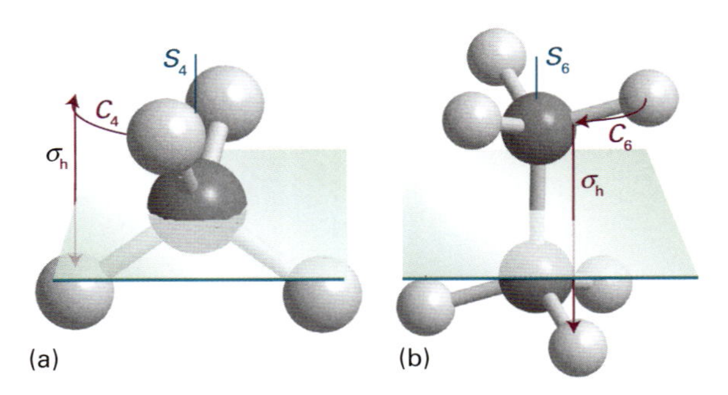

Figura 11A.6 (a) A molécula de CH_4 tem um eixo de rotação impróprio quaternário (S_4). A molécula é indistinguível da original depois de uma rotação de 90° seguida por uma reflexão no plano horizontal, mas nenhuma das duas operações, isoladamente, é uma operação de simetria. (b) A forma escalonada do etano tem um eixo S_6 composto por uma rotação de 60° seguida por uma reflexão.

A **identidade**, E, consiste em fazer nada; o elemento de simetria correspondente é o objeto todo. Como toda molécula é indistinguível de si mesma quando nada se faz sobre ela, toda molécula possui pelo menos o elemento identidade. Uma razão de incluir a identidade entre as operações é a existência de moléculas que só têm esse elemento de simetria (**2**).

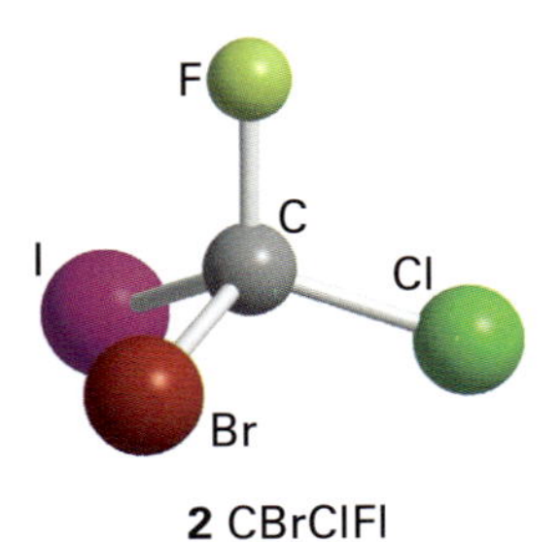

2 CBrClFI

Breve ilustração 11A.1 Elementos de simetria

Para identificar os elementos de simetria da molécula de naftaleno (**3**), primeiramente observamos que, como todas as moléculas, ela tem o elemento identidade, E. Há um eixo binário de rotação, C_2, perpendicular ao plano e dois outros, C_2', localizados no plano. Há uma imagem especular no plano da molécula, σ_h, e dois planos perpendiculares, σ_v, contendo o eixo de rotação C_2. Existe também um centro de inversão, i, através do ponto mediano da molécula. Observe que alguns desses elementos acarretam outros: o centro de inversão, por exemplo, surge devido a um plano σ_v e um eixo C_2'.

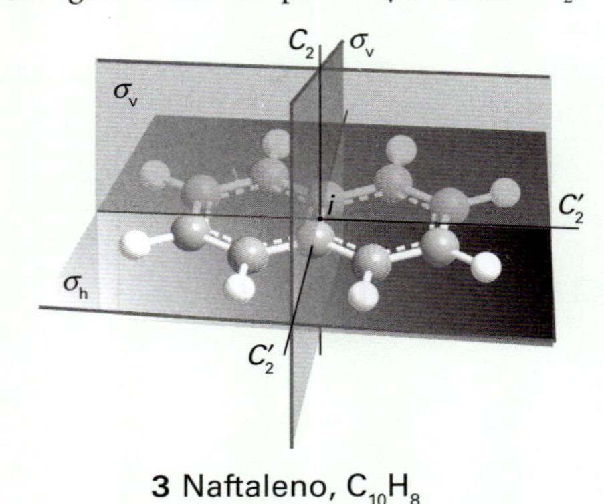

3 Naftaleno, $C_{10}H_8$

Exercício proposto 11A.1 Identifique os elementos de simetria de uma molécula de SF_6.

Resposta: E, $3S_4$, $3C_4$, $6C_2$, $4S_6$, $4C_3$, $3\sigma_h$, $6\sigma_d$, i

11A.2 Classificação da simetria das moléculas

A classificação dos objetos de acordo com os elementos de simetria das operações que deixam pelo menos um ponto comum inalterado leva à formação dos **grupos pontuais**. Há cinco espécies de operações de simetria (e cinco espécies de elementos de simetria) desse tipo. Quando analisamos os cristais (Seção 18A) encontramos simetrias provenientes de translações no espaço. Esses grupos, mais gerais, são denominados **grupos espaciais**.

Para classificar as moléculas pelas respectivas simetrias, relacionamos os elementos de simetria que elas possuem e reunimos num grupo as que exibirem os mesmos elementos. A denominação do grupo a que pertence a molécula é determinada pelos elementos de simetria que possui. Há dois sistemas de notação (Tabela 11A.1). O **sistema Schoenflies** (no qual se usa o símbolo C_{4v}, por exemplo) é o mais comum para a discussão das moléculas individuais, e o **sistema Hermann–Mauguin**, ou **sistema Internacional** (em que se usa o símbolo $4mm$, por exemplo), é usado quase que exclusivamente na discussão da simetria dos cristais. A identificação do grupo pontual de uma molécula de acordo com o sistema Schoenflies é simplificada através do fluxograma da Fig. 11A.7 e das formas mostradas na Fig. 11A.8.

Breve ilustração 11A.2 Classificação da simetria

Para identificar o grupo pontual ao qual pertence uma molécula de rutenoceno (**4**) utilizamos o fluxograma da Fig. 11A.7. O caminho a seguir é mostrado por uma linha azul;

ela termina em D_{nh}. Como a molécula tem um eixo de ordem cinco, ela pertence ao grupo D_{5h}. Se os anéis fossem alternados, como o são em um estado excitado do ferroceno, que fica 4 kJ mol^{-1} acima do estado fundamental (**5**), não haveria plano de reflexão horizontal, mas os planos diédricos estariam presentes.

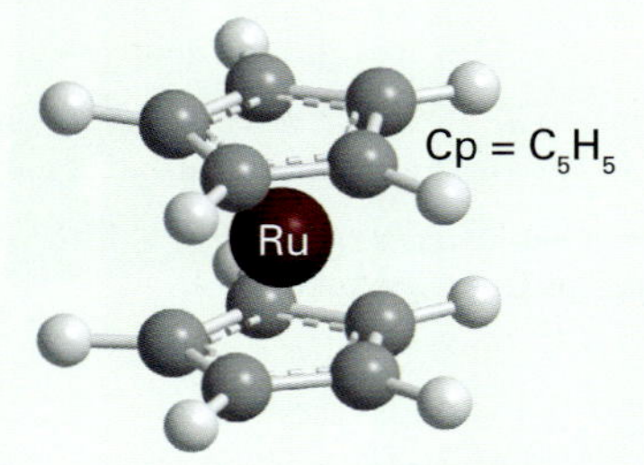

4 Rutenoceno, Ru(Cp)$_2$

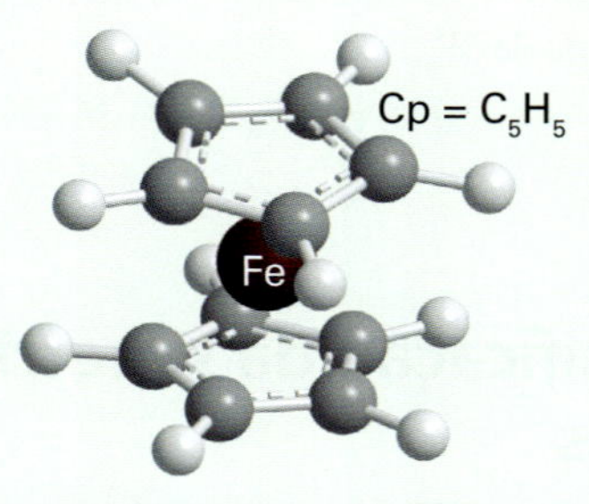

5 Ferroceno, Fe(Cp)$_2$
(estado excitado)

Exercício proposto 11A.2 Classifique o estado excitado antiprismático pentagonal do ferroceno (5).

Resposta: D_{5d}

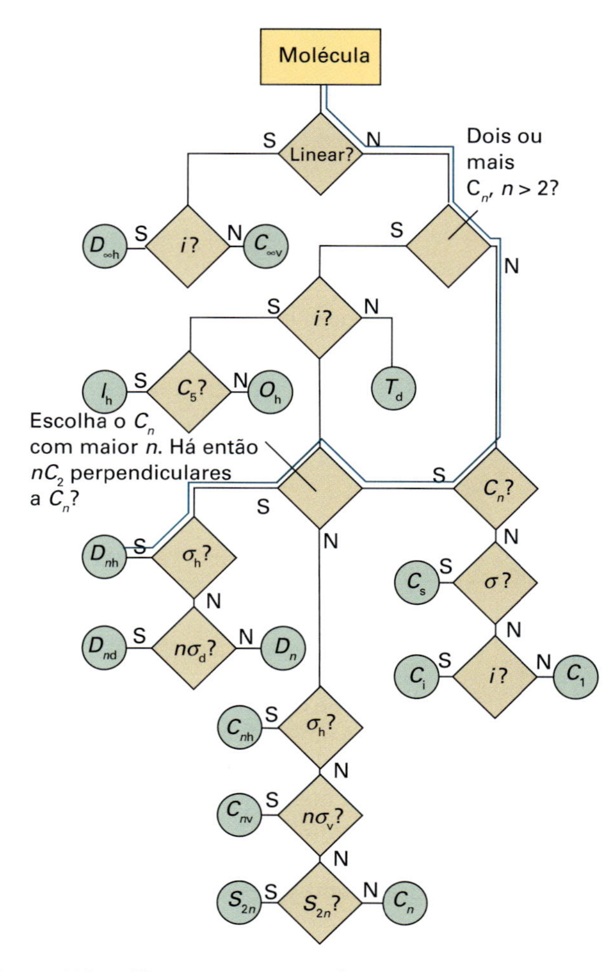

Figura 11A.7 Fluxograma para a determinação do grupo pontual a que pertence uma molécula. O início está no topo e as respostas às perguntas estão em cada losango (S = sim, N = não).

Tabela 11A.1 Notação para os grupos pontuais*

C_i	$\bar{1}$								
C_s	m								
C_1	1	C_2	2	C_3	3	C_4	4	C_6	6
		C_{2v}	$2mm$	C_{3v}	$3m$	C_{4v}	$4mm$	C_{6v}	$6mm$
		C_{2h}	$2/m$	C_{3h}	$\bar{6}$	C_{4h}	$4/m$	C_{6h}	$6/m$
		D_2	222	D_3	32	D_4	422	D_6	622
		D_{2h}	mmm	D_{3h}	$\bar{6}2m$	D_{4h}	$4/mmm$	D_{6h}	$6/mmm$
		D_{2d}	$\bar{4}2m$	D_{3d}	$\bar{3}m$	S_4	$\bar{4}/m$	S_6	$\bar{3}$
T	23	T_d	$\bar{4}3m$	T_h	$m3$				
O	432	O_h	$m3m$						

* Notação Schoenflies em preto, Hermann-Mauguin (sistema Internacional) em azul. No sistema de Hermann-Mauguin, um número n representa um eixo de simetria n-ário e m representa um plano especular. Uma barra (/) indica que o plano especular é perpendicular ao eixo de simetria. É importante distinguir elementos de simetria do mesmo tipo, mas de classes diferentes, como em $4/mmm$, em que existem três classes de planos especulares. Uma barra sobre um número indica que o elemento está combinado com uma inversão. Os únicos grupos que aparecem nesta tabela são os "grupos pontuais cristalográficos".

(a) Os grupos C_1, C_i e C_s

Nome	Elementos
C_1	E
C_i	E, i
C_s	E, σ

Uma molécula pertence ao grupo C_1 se não tiver outro elemento de simetria que não a identidade. Ela pertence ao grupo C_i se tiver somente a identidade e a inversão, e ao grupo C_S se tiver somente a identidade e um plano de simetria.

Breve ilustração 11A.3 C_1, C_i e C_s

A molécula CBrClFI (**2**) tem apenas o elemento identidade e, desse modo, pertence ao grupo C_1. O ácido *meso*-tartárico (**6**) tem os elementos identidade e de inversão e, assim, pertence ao grupo C_i. A quinolina (**7**) tem os elementos (E, σ) e, portanto, pertence ao grupo C_s.

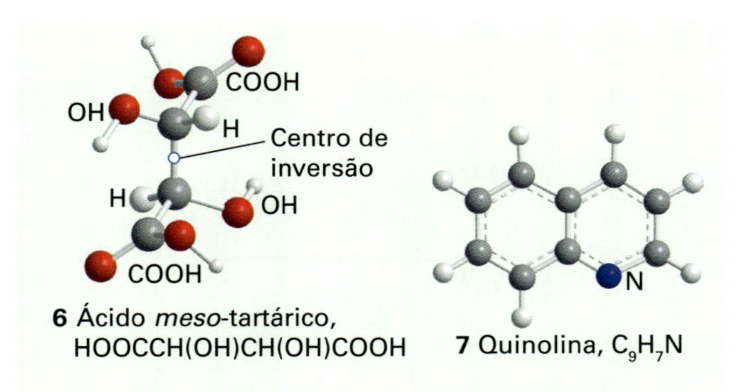

6 Ácido *meso*-tartárico, HOOCCH(OH)CH(OH)COOH

7 Quinolina, C_9H_7N

Exercício proposto 11A.3 Identifique o grupo ao qual pertence a molécula (**8**).

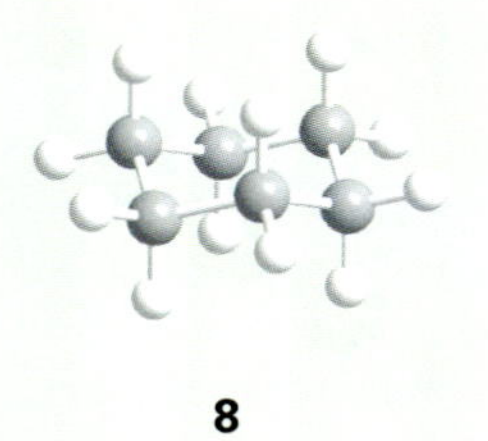

8

Resposta: C_{2v}

$n =$	2	3	4	5	6	∞
C_n						
D_n						
C_{nv}	Pirâmide					Cone
C_{nh}						
D_{nh}	Plano ou bipirâmide					
D_{nd}						
S_{2n}						

Figura 11A.8 Resumo das formas correspondentes aos diferentes grupos pontuais. O grupo a que pertence uma molécula pode ser identificado, muitas vezes, por meio deste diagrama, sem o procedimento formal da Fig. 11A.7.

(b) Os grupos C_n, C_{nv} e C_{nh}

Uma molécula pertence ao grupo C_n se possuir um eixo n-ário. Observe que o símbolo C_n tem agora um triplo sentido: simboliza um elemento de simetria, uma operação de simetria e o nome de um grupo. Se além do elemento identidade e de um eixo C_n a molécula tiver n planos de simetria verticais σ_v, ela pertencerá ao grupo C_{nv}. Os objetos que além do elemento identidade e um eixo principal n-ário também têm um plano de simetria horizontal, σ_h, pertencem aos grupos C_{nh}. A presença de certos elementos de simetria pode acarretar a presença de outros. Por exemplo, no C_{2h} as operações conjuntas C_2 e σ_h, acarretam a presença de um centro de inversão (Fig. 11A.9). Observe também que as tabelas especificam os *elementos*, não as *operações*; por exemplo, são duas as operações associadas a um eixo C_3 simples (rotações em +120° e −120°).

Nome	Elementos
C_n	E, C_n
C_{nv}	E, C_n, $n\sigma_v$
C_{nh}	E, C_n, σ_h

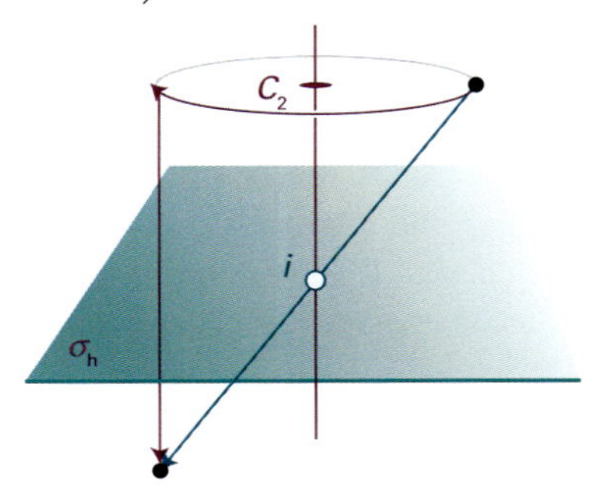

Figura 11A.9 A presença de um eixo binário juntamente com um plano de simetria horizontal acarreta a presença de um centro de inversão da molécula.

Breve ilustração 11A.4 C_n, C_{nv} e C_{nh}

A molécula de H_2O_2 (**9**) tem os elementos de simetria E e C_2, e, portanto, pertence ao grupo C_2. A molécula de H_2O tem os elementos de simetria E, C_2 e $2\sigma_v$, logo pertence ao grupo C_{2v}. A molécula de NH_3 tem os elementos de simetria E, C_3 e $3\sigma_v$, e, portanto, pertence ao grupo C_{3v}. Uma molécula diatômica heteronuclear, como o HCl, pertence ao grupo $C_{\infty v}$, pois todas as rotações em torno do seu eixo por qualquer ângulo e todas as reflexões em todos os números infinitos de planos que contêm o eixo são operações de simetria. Outros membros do grupo $C_{\infty v}$ são a molécula linear OCS e o cone. A molécula *trans*-CHCl=CHCl (**10**) tem os elementos E, C_2 e σ_h, de modo que pertence ao grupo C_{2h}.

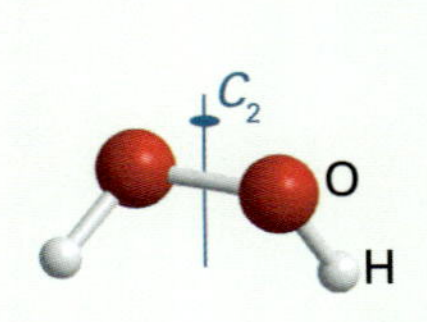

9 Peróxido de hidrogênio, H_2O_2

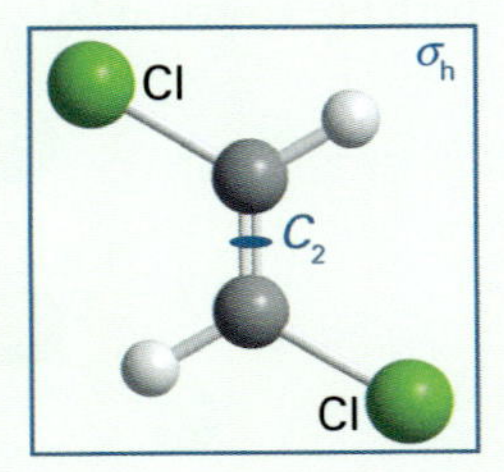

10 *trans*-CHCl=CHCl

Exercício proposto 11A.4 Identifique o grupo a que pertence a molécula de B(OH), na conformação apresentada em (**11**).

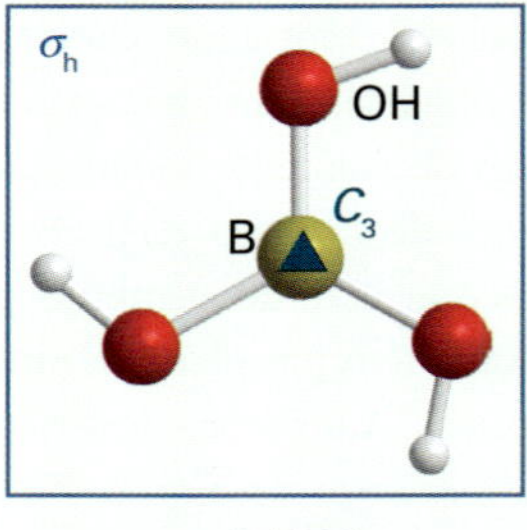

11 $B(OH)_3$

Resposta: C_{3h}

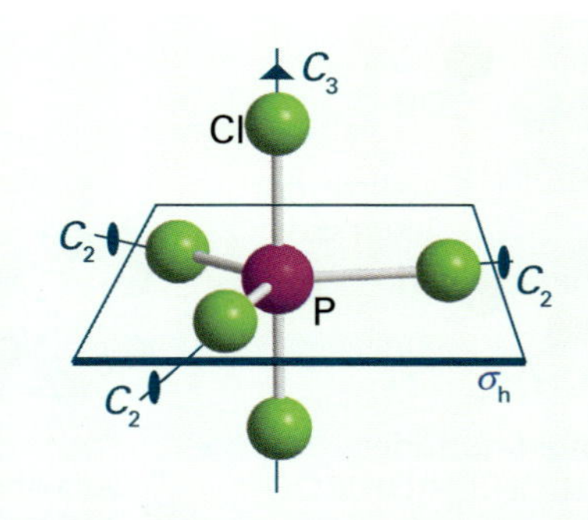

13 Pentacloreto de fósforo, PCl_5 (D_{3h})

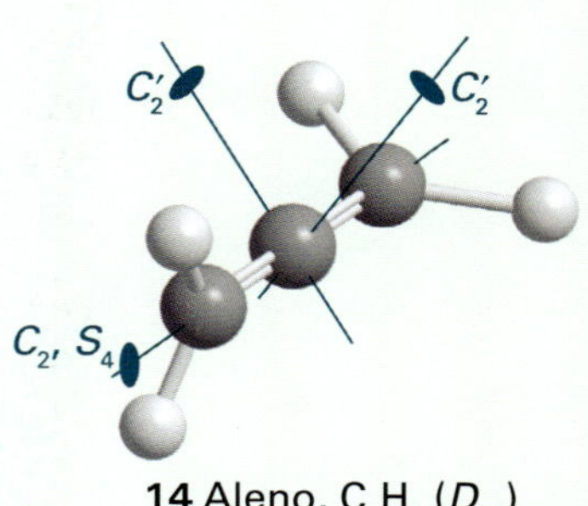

14 Aleno, C_3H_4 (D_{2d})

(c) Os grupos D_n, D_{nh} e D_{nd}

Vemos da Fig. 11A.7 que uma molécula que tiver um eixo principal n-ário e n eixos binários perpendiculares a C_n pertence ao grupo D_n. Uma molécula pertence a D_{nh} se tiver também um plano de simetria horizontal. As moléculas lineares OCO e HCCH e um cilindro uniforme também pertencem ao grupo $D_{\infty h}$. Uma molécula pertence ao grupo D_{nd} se, além dos elementos de D_n, possuir também n planos de simetria diédricos σ_d.

Nome	Elementos
D_n	E, C_n, nC_2'
D_{nh}	E, C_n, nC_2', σ_h
D_{nd}	$E, C_n, nC_2', n\sigma_d$

Breve ilustração 11A.5 D_n, D_{nh} e D_{nd}

A molécula plana triangular BF_3 tem os elementos E, C_3, $3C_2$ e σ_h (com um eixo C_2 ao longo de cada ligação B—F), de modo que pertence ao grupo D_{3h} (**12**). A molécula de C_6H_6 tem os elementos E, C_6, $3C_2$, $3C_2'$ e σ_h, além dos outros elementos de simetria provocados por estes, e então pertence ao grupo D_{6h}. Três dos eixos C_2 dividem as ligações C—C em duas partes iguais, e os outros três passam através dos vértices do hexágono formado pelo esqueleto carbônico da molécula. O sobrescrito em $3C_2'$ indica que os três eixos C_2 são diferentes dos outros três eixos C_2. Todas as moléculas diatômicas homonucleares, como o N_2, pertencem ao grupo $D_{\infty h}$, pois todas as rotações em torno do próprio eixo são operações de simetria, assim como são operações de simetria as rotações e as reflexões de ponta-cabeça. Outro exemplo de uma espécie D_{nh} é (**13**). O aleno (**14**) torcido de 90° pertence ao grupo D_{2d}.

12 Trifluoreto de boro, BF_3

Exercício proposto 11A.5 Identifique os grupos aos quais pertencem (a) o íon tetracloroaurato(III) (**15**) e (b) a conformação alternada do etano (**16**).

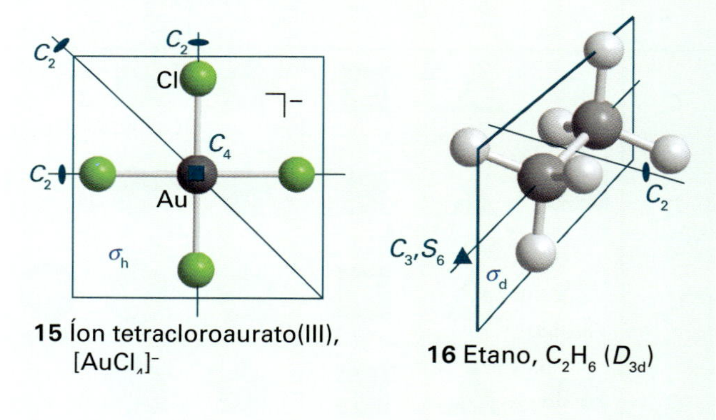

15 Íon tetracloroaurato(III), $[AuCl_4]^-$

16 Etano, C_2H_6 (D_{3d})

Resposta: (a) D_{4h}, (b) D_{3d}

(d) Os grupos S_n

As moléculas que não foram classificadas nos grupos anteriores, mas que possuem um eixo S_n, pertencem ao grupo S_n. Veja que o grupo S_2 coincide com C_i, de modo que uma molécula pertencente a este grupo já foi classificada como C_i.

Nome	Elementos
S_n	E, S_n e não classificada anteriormente

Breve ilustração 11A.6 S_n

O tetrafenilmetano (**17**) pertence ao grupo pontual S_4. São raras as moléculas que pertencem ao S_n, com $n > 4$.

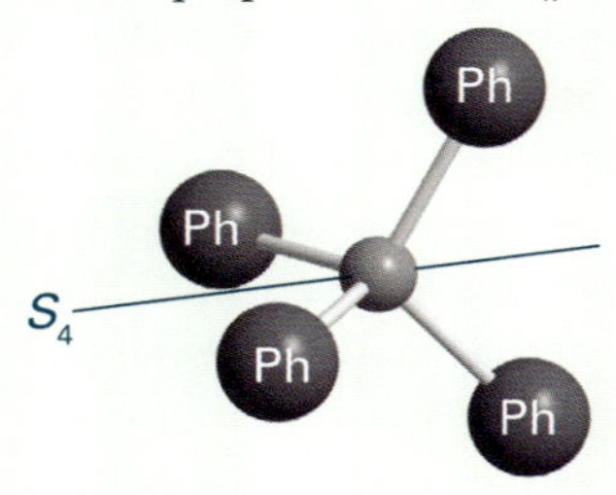

17 Tetrafenilmetano, $C(C_6H_5)_4$ (S_4)

Exercício proposto 11A.6 Identifique o grupo ao qual pertence o íon em (**18**).

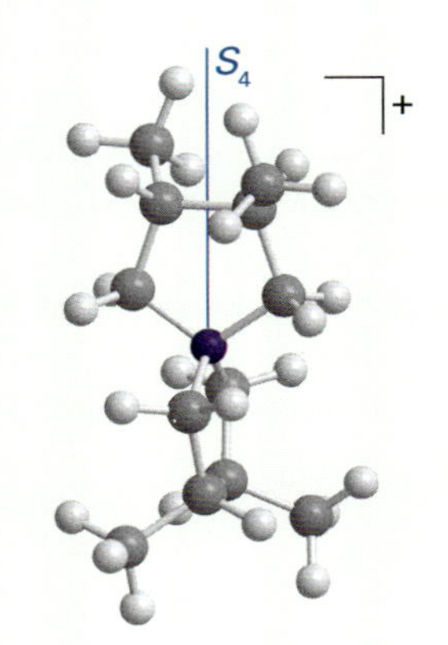

18 $N(CH_2CH(CH_3)CH(CH_3)CH_2)_2^+$

Resposta: S_4

(e) Os grupos cúbicos

Diversas moléculas muito importantes possuem mais de um eixo principal. A maioria enquadra-se nos **grupos cúbicos**, em particular nos **grupos tetraédricos** T, T_d e T_h (Fig. 11A.10a) ou nos **grupos octaédricos** O e O_h (Fig. 11A.10b). Também se conhecem algumas poucas moléculas icosaédricas (com 20 faces) que pertencem ao **grupo icosaédrico,** I (Fig. 11A.10c). Os grupos T_d e O_h são, respectivamente, os grupos do tetraedro regular e do octaedro regular. Se o objeto possuir a simetria de rotação do tetraedro, ou do octaedro, mas não os planos de reflexão, então ele pertencerá aos grupos mais simples T ou O (Fig. 11A.11). O grupo T_h é baseado no grupo T, mas também tem um centro de inversão (Fig. 11A.12).

Nome	Elementos
T	$E, 4C_3, 3C_2$
T_d	$E, 3C_2, 4C_3, 3S_4, 6\sigma_d$
T_h	$E, 3C_2, 4C_3, i, 4S_6, 3\sigma_h$
O	$E, 3C_4, 4C_3, 6C_2$
O_h	$E, 3S_4, 3C_4, 6C_2, 4S_6, 4C_3, 3\sigma_h, 6\sigma_d, i$
I	$E, 6C_5, 10C_3, 15C_2$
I_h	$E, 6S_{10}, 10S_6, 6C_5, 10C_3, 15C_2, 15\sigma, i$

Breve ilustração 11A.7 Os grupos cúbicos

As moléculas CH_4 e SF_6 pertencem, respectivamente, aos grupos T_d e O_h. Moléculas pertencentes ao grupo icosaédrico I incluem alguns dos boranos e o buckminsterfulereno, C_{60} (**19**). As moléculas ilustradas na Fig. 11A.11 pertencem aos grupos T e O, respectivamente.

19 Buckminsterfulereno, C_{60} (I)

Exercício proposto 11A.7 Identifique o grupo ao qual pertence o objeto apresentado em **20**.

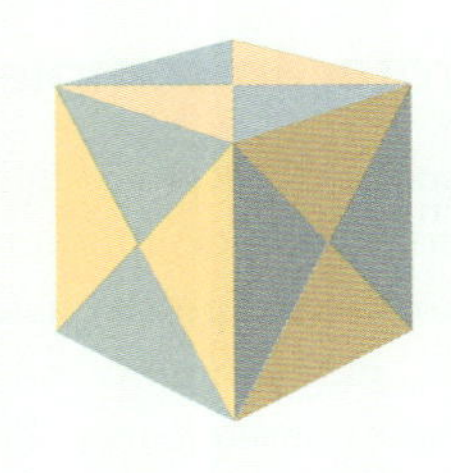

20

Resposta: T_h

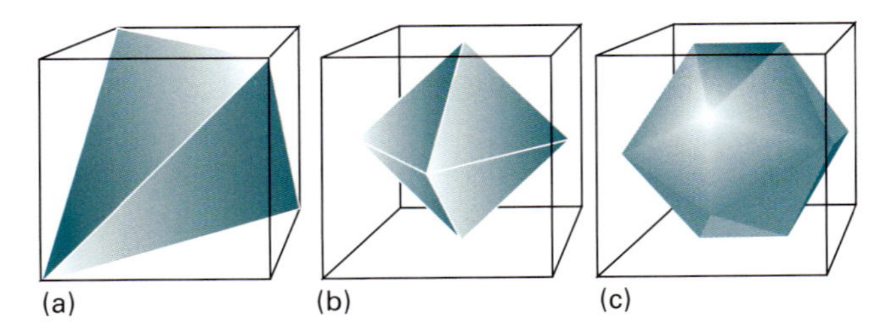

Figura 11A.10 Moléculas (a) tetraédrica, (b) octaédrica e (c) icosaédrica estão representadas de forma a mostrar as respectivas relações com um cubo. Elas pertencem aos grupos cúbicos T_d, O_h e I_h, respectivamente.

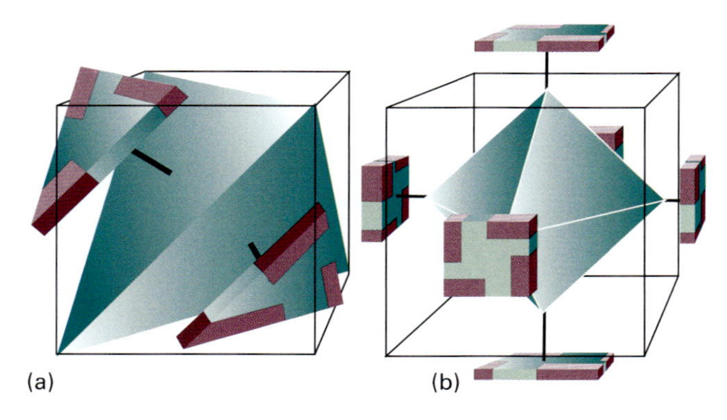

Figura 11A.11 Formas dos grupos pontuais (a) T e (b) O. A presença das estruturas com aletas reduz a simetria do objeto em relação a T_d e O_h, respectivamente.

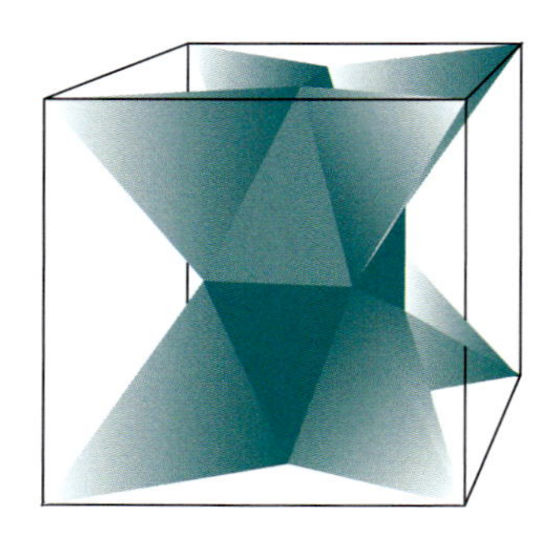

Figura 11A.12 Forma de um objeto pertencente ao grupo T_h.

(f) O grupo de rotação completo

O **grupo de rotação completo**, R_3 (o 3 simboliza as rotações em três dimensões), é constituído por um número infinito de eixos de rotação com todos os valores possíveis de n. Uma esfera e um átomo pertencem ao R_3, mas nenhuma molécula pertence a este grupo. A exploração das consequências do R_3 é uma maneira muito importante de aplicar os argumentos de simetria aos átomos e uma forma alternativa de abordar a teoria dos momentos angulares orbitais.

Nome	Elementos
R_3	$E, \infty C_2, \infty C_3, \ldots$

11A.3 Algumas consequências imediatas da simetria

É possível fazer várias afirmações sobre as propriedades das moléculas a partir da identificação do respectivo grupo pontual a que pertencem.

(a) Polaridade

Uma **molécula polar** é a que tem momento de dipolo elétrico permanente (como, por exemplo, HCl, O_3 e NH_3). Se a molécula pertencer ao grupo C_n, com $n > 1$, não pode ter uma distribuição de carga com momento de dipolo perpendicular ao eixo de simetria, pois a simetria da molécula implica que qualquer dipolo que exista numa direção perpendicular ao eixo é cancelado por um dipolo oposto (Fig. 11A.13a). Por exemplo, a componente perpendicular do dipolo associado a uma ligação O–H na molécula de H_2O é cancelada por uma componente igual, porém oposta, do dipolo da segunda ligação O–H. Assim, qualquer dipolo que a molécula tem deve ser paralelo ao eixo de simetria binário. No entanto, como o grupo não faz referências a operações em relação às duas extremidades da molécula, é possível que haja uma distribuição de carga que provoque um dipolo ao longo do eixo (Fig. 11A.13b), e a molécula de H_2O tem um momento de dipolo paralelo ao seu eixo de simetria binário.

Observações análogas aplicam-se ao grupo C_{nv} em geral, de modo que as moléculas que pertencem a quaisquer dos grupos C_{nv} podem ser polares. Em todos os outros grupos, como C_{3h}, D etc., há operações de simetria que levam uma ponta da molécula para a posição da outra. Então, além de não terem dipolo perpendicular ao eixo, essas moléculas não podem ter dipolo ao longo do eixo, pois então as operações mencionadas não seriam de simetria. Podemos concluir que *somente as moléculas que pertencem aos grupos C_n, C_{nv} e C_s podem ter momento de dipolo elétrico permanente.* Nas moléculas dos grupos C_n e C_{nv}, o momento de dipolo deve estar sobre o eixo de simetria.

Breve ilustração 11A.8 Moléculas polares

O ozônio, O_3, que é angular e pertence ao grupo C_{2v}, pode ser polar (e é), mas o dióxido de carbono, CO_2, que é linear e pertence ao grupo $D_{\infty h}$, é apolar.

Exercício proposto 11A.8 O tetrafenilmetano é polar?

Resposta: Não (S_4)

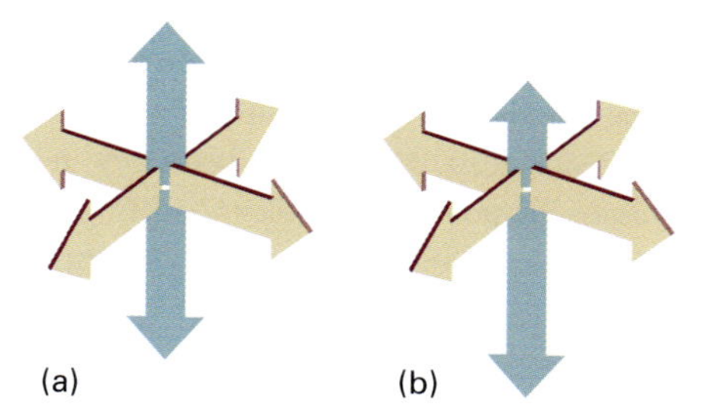

Figura 11A.13 (a) Uma molécula com um eixo C_n não pode ter um dipolo perpendicular ao eixo, mas pode ter (b) um paralelo ao eixo. As setas representam contribuições locais ao dipolo elétrico global, como as provenientes de pares de átomos vizinhos com diferentes eletronegatividades.

(b) Quiralidade

Uma **molécula quiral** (da palavra grega para "mão") é uma molécula que não se sobrepõe à sua imagem especular. Uma **molécula aquiral** é uma molécula que se sobrepõe à sua imagem especular. As moléculas quirais são **opticamente ativas** no sentido de provocarem a rotação do plano da luz polarizada. Uma molécula quiral e a sua imagem especular constituem um **par de enantiômeros**, isômeros que giram o plano de polarização da luz em sentidos iguais, porém opostos.

Uma molécula só pode ser quiral e, portanto, opticamente ativa se não possuir um eixo de rotação imprópria, S_n. Entretanto, devemos ter cuidado, pois esse eixo pode estar presente sob uma denominação diferente ou existir em virtude de outros elementos de simetria presentes na molécula. Por exemplo, as moléculas que pertencem aos grupos C_{nh} têm também um eixo S_n, pois possuem um eixo C_n e um plano σ_h, que são duas componentes de um eixo de rotação imprópria. Qualquer molécula que tenha um centro de inversão, i, também tem um eixo S_2, pois i é equivalente a C_2 em conjunto com σ_h, e a combinação desses dois elementos é um eixo S_2 (Fig. 11A.14). Conclui-se então que todas as moléculas com centros de inversão são aquirais; logo, não têm atividade óptica. Analogamente, como $S_1 = \sigma$, conclui-se que qualquer molécula com um plano de simetria especular é aquiral.

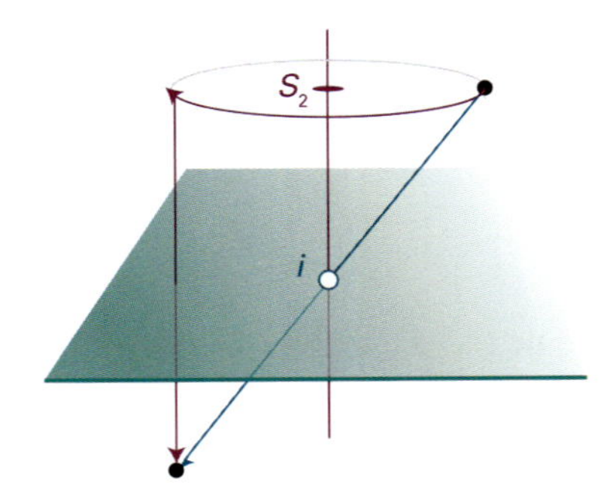

Figura 11A.14 Alguns elementos de simetria são consequência de outros do mesmo grupo. Qualquer molécula que contém um centro de inversão tem também, pelo menos, um elemento S_2, pois i e S_2 são equivalentes.

Breve ilustração 11A.9 Moléculas quirais

Uma molécula pode ser quiral se não tiver centro de inversão ou plano especular, o que é o caso do aminoácido alanina **(21)**, mas não da glicina **(22)**. Entretanto, a molécula pode ser aquiral mesmo que não tenha centro de inversão. Por exemplo, a espécie S_4 **(18)** é aquiral e opticamente inativa: embora não tenha um i (isto é, S_2), ela tem um eixo S_4.

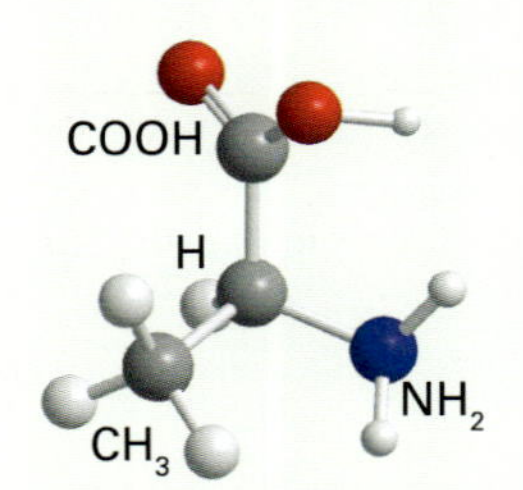

21 L-Alanina, $NH_2CH(CH_3)COOH$

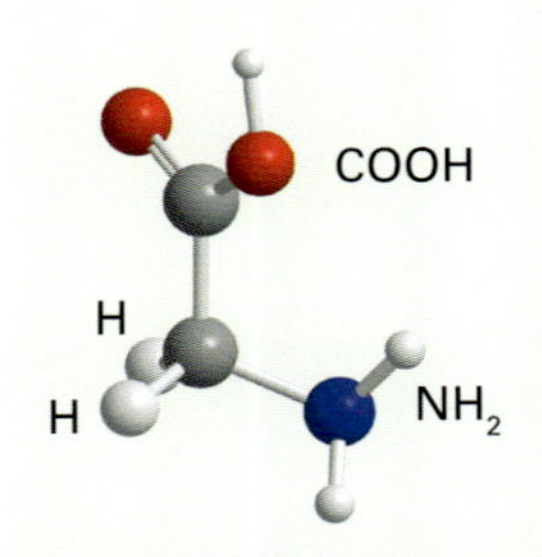

22 Glicina, NH_2CH_2COOH

Exercício proposto 11A.9 O tetrafenilmetano é quiral?

Resposta: Não (S_4)

Conceitos importantes

☐ 1. Uma **operação de simetria** é uma ação que deixa um objeto inalterado após ter sido realizada.

☐ 2. Um **elemento de simetria** é uma linha, um ponto ou um plano em relação ao qual é realizada uma operação de simetria.

☐ 3. A **notação** para grupos pontuais comumente utilizada para moléculas e sólidos está resumida na Tabela 11A.1.

☐ 4. Para ser **polar** uma molécula tem que pertencer a C_n, C_{nv} ou C_s (e não possuir nenhuma simetria).

☐ 5. Uma molécula pode ser **quiral** somente se não possuir um eixo de rotação imprópria, S_n.

Operações e elementos importantes

Operação de simetria	Símbolo	Elemento de simetria
Rotação *n*-ária	C_n	eixo *n*-ário de rotação
Reflexão	σ	plano de simetria
Inversão	i	centro de simetria
Rotação *n*-ária imprópria	S_n	eixo *n*-ário impróprio de rotação
Identidade	E	objeto inteiro

11B Teoria de grupos

Tópicos

➤ Por que você precisa saber este assunto?

A teoria de grupos apresenta as ideias qualitativas a respeito da simetria em uma base sistemática que pode ser aplicada a uma ampla variedade de cálculos; é utilizada para tirar conclusões que poderiam não ser imediatamente óbvias, e, como resultado, pode simplificar muito os cálculos. Também é a base da identificação de orbitais atômicos e moleculares que é empregada em toda a química.

➤ Qual é a ideia fundamental?

As operações de simetria podem ser representadas pelo efeito de matrizes em uma base.

➤ O que você já deve saber?

Você precisa saber a respeito dos tipos de operação e elementos de simetria apresentados na Seção 11A. Esta discussão é fundamentalmente baseada na álgebra matricial, principalmente a multiplicação de matrizes, conforme apresentado em *Revisão de matemática* 6.

A discussão sistemática de simetria é objeto da **teoria de grupos**. Boa parte desta teoria resume conclusões de bom senso sobre as simetrias dos objetos. Porém, como a teoria de grupos é sistemática, as suas regras podem ser aplicadas de maneira direta e mecânica. Na maioria dos casos, a teoria proporciona um método simples, direto, de se chegar a conclusões úteis com um mínimo de cálculos, e é esse aspecto que realçaremos neste capítulo. Em alguns casos, no entanto, ela conduz a resultados inesperados.

11B.1 Os elementos da teoria de grupos

Um **grupo** em matemática é um conjunto de transformações que satisfazem a quatro critérios. Assim, se escrevermos as transformações como R, R', ... (que podemos imaginar como reflexões, rotações e assim por diante, do tipo apresentado na Seção 11A), então elas formarão um grupo se:

1. Uma das transformações é a identidade (isto é: "não fazer nada").
2. Para cada transformação R, a transformação inversa R^{-1} está incluída no conjunto de modo que a combinação RR^{-1} (a transformação R^{-1} seguida de R) é equivalente à identidade.
3. A combinação RR' (a transformação R' seguida de R) é equivalente a um único membro do conjunto de transformações.
4. A combinação $R(R'R'')$, a transformação $(R'R'')$ seguida de R, é equivalente a $(RR')R''$, a transformação R'' seguida de (RR').

Exemplo 11B.1 Demonstração de que as operações de simetria formam um grupo

Mostre que $C_{2v} = \{E, C_2, 2\sigma_v\}$ (especificado pelos elementos), que consiste nas operações $\{E, C_2, \sigma_v, \sigma'_v\}$, é um grupo no sentido matemático.

Método Precisamos demonstrar que combinações das operações atendem ao critério mencionado acima. As operações são especificadas na Seção 11A.

Resposta O critério 1 é satisfeito porque o conjunto de operações de simetria inclui a identidade E. O critério 2 é satisfeito porque, em cada caso, o inverso de uma operação é a própria operação. Dessa maneira, duas rotações binárias sucessivas são equivalentes à identidade: $C_2C_2 = E$ e o mesmo para as duas reflexões e a própria identidade. O critério 3 é satisfeito porque, em cada caso, uma operação seguida de outra é a mesma que uma das quatro operações de simetria. Por exemplo, uma rotação binária C_2 seguida pela reflexão σ'_v é o mesmo que a reflexão simples σ_v (Fig. 11B.1). Assim, $\sigma'_v C_2 = \sigma_v$. O critério 4 é satisfeito, pois é irrelevante o modo como as operações são agrupadas. A tabela de multiplicação de grupos a seguir para o grupo pontual pode ser construída de maneira semelhante, em que os itens são operações de simetria produto RR':

$R\downarrow R'\rightarrow$	E	C_2	σ_v	σ'_v
E	E	C_2	σ_v	σ'_v
C_2	C_2	E	σ'_v	σ_v
σ_v	σ_v	σ'_v	E	C_2
σ'_v	σ'_v	σ_v	C_2	E

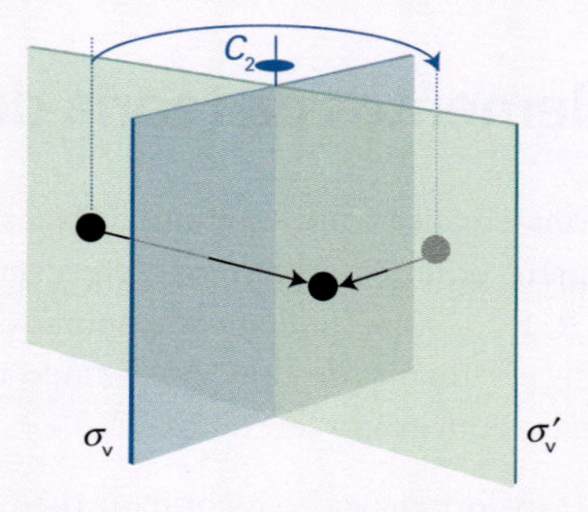

Figura 11B.1 A rotação binária C_2 seguida da reflexão σ'_v é o mesmo que a reflexão simples σ_v.

Exercício proposto 11B.1 Confirme que $C_{3v} = \{E,C_3,3\sigma_v\}$ e, consistindo nas operações $\{E,2C_3,3\sigma_v\}$, é um grupo.

Resposta: Os critérios são satisfeitos

Existe um ponto potencialmente muito confuso que precisa ser esclarecido desde o começo. As entidades que compõem um grupo são seus "elementos". Em química, esses elementos quase sempre são operações de simetria. No entanto, conforme explica a Seção 11A, fizemos a distinção entre "operações de simetria" e "elementos de simetria", os eixos, os planos e assim por diante com respeito aos quais a operação é realizada. Finalmente, há um terceiro uso da palavra "elemento", para simbolizar o número que fica em uma localização particular em uma matriz. Tenha bastante cautela ao distinguir *elemento* (de um grupo), *elemento de simetria* e *elemento de matriz.*

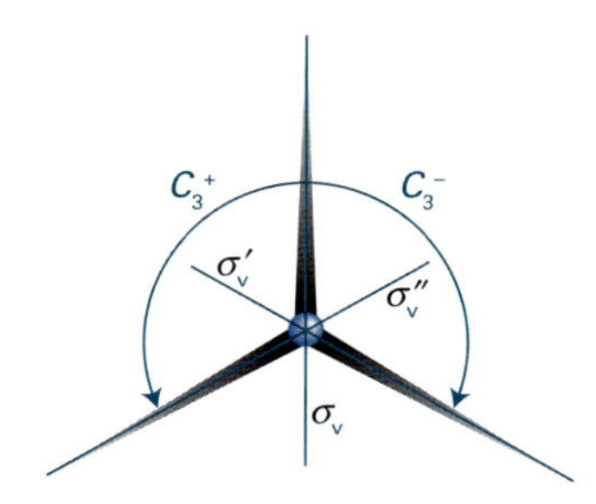

Figura 11B.2 Operações de simetria de uma mesma classe estão relacionadas umas às outras por operações de simetria do grupo. Assim, os três planos de simetria que aparecem na figura estão relacionados a rotações ternárias, e as duas rotações que são mostradas estão relacionadas pela reflexão em σ_v.

As operações de simetria caem em uma mesma **classe** se forem do mesmo tipo (por exemplo, rotações) e podem ser transformadas umas nas outras por operações de simetria do grupo. As duas rotações ternárias em C_{3v} pertencem à mesma classe, pois uma pode ser convertida na outra por uma reflexão (Fig. 11B.2); todas as três reflexões pertencem à mesma classe porque cada uma delas pode ser girada na outra por uma rotação ternária. A definição formal de uma classe é de que duas operações R e R' pertencem à mesma classe se houver um membro S do grupo tal que

$$R' = S^{-1}RS \qquad \text{Membro de uma classe} \qquad (11B.1)$$

em que S^{-1} é o inverso de S.

Breve ilustração 11B.1 Classes

Para mostrar que C_3^+ e C_3^- pertencem à mesma classe em C_{3v} (que intuitivamente sabemos ser o caso já que ambas são rotações em torno do mesmo eixo), admita $S = \sigma_v$. O recíproco de uma reflexão é a própria reflexão, então, $\sigma_v^{-1} = \sigma_v$. Usando as relações derivadas para confirmar o resultado do *Exercício proposto* 11B.1, segue que

$$\overbrace{\sigma_v^{-1}}^{\sigma_v} C_3^+\sigma_v = \sigma_v \overbrace{C_3^+\sigma_v}^{\sigma'_v} = \overbrace{\sigma_v\sigma'_v}^{C_3^-} = C_3^-$$

Portanto, C_3^+ e C_3^- estão relacionadas por uma equação que tem a forma da Eq. 11B.1 e, portanto, pertencem à mesma classe.

Exercício proposto 11B.2 Mostre que as duas reflexões do grupo C_{2v} caem em classes diferentes.

Resposta: Nenhuma operação do grupo admite $\sigma_v \rightarrow \sigma'_v$

11B.2 Representações matriciais

A teoria de grupos torna-se poderosa quando as ideias teóricas apresentadas até este ponto são expressas em termos de conjuntos de números em forma de matrizes.

(a) Representativas de operações

Considere o conjunto de três orbitais apresentados na molécula C_{2v} (SO_2) na Fig. 11B.3. Sob a operação de reflexão σ_v, ocorre a transformação (p_S, p_B, p_A) ← (p_S, p_A, p_B). Podemos expressar esta transformação usando a multiplicação de matrizes (*Revisão de matemática* 6):

$$(p_S, p_B, p_A) = (p_S, p_A, p_B)\overbrace{\begin{pmatrix} 1 & 0 & 0 \\ 0 & 0 & 1 \\ 0 & 1 & 0 \end{pmatrix}}^{D(\sigma_v)} = (p_S, p_A, p_B)D(\sigma_v) \quad (11B.2a)$$

A matriz $D(\sigma_v)$ é chamada a **representativa** da operação σ_v. As representativas têm formas diferentes conforme a **base**, isto é, o conjunto de orbitais que foi adotado. Neste caso, a base é (p_S, p_B, p_A).

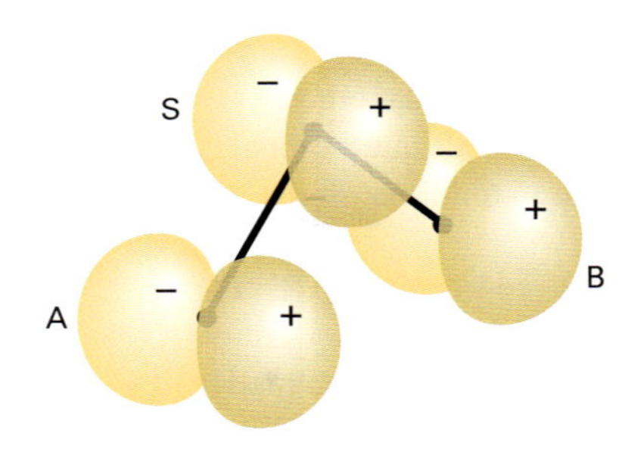

Figura 11B.3 Os três orbitais p_x que ilustram a construção da representação matricial em uma molécula C_{2v} (SO_2).

Breve ilustração 11B.2 Representativas

Podemos usar a mesma técnica para encontrar as matrizes que reproduzem outras operações de simetria. Por exemplo, C_2 tem o efeito ($-p_S$, $-p_B$, $-p_A$) ← (p_S, p_A, p_B), e a sua representativa é

$$D(\sigma'_v) = \begin{pmatrix} -1 & 0 & 0 \\ 0 & -1 & 0 \\ 0 & 0 & -1 \end{pmatrix} \quad (11B.2b)$$

O efeito de σ'_v é ($-p_S$, $-p_A$, $-p_B$) ← (p_S, p_A, p_B), e a sua representativa é

$$D(\sigma'_v) = \begin{pmatrix} -1 & 0 & 0 \\ 0 & -1 & 0 \\ 0 & 0 & -1 \end{pmatrix} \quad (11B.2c)$$

A operação identidade não tem efeito sobre a base, de modo que a sua representativa é a matriz identidade 3 × 3:

$$D(E) = \begin{pmatrix} 1 & 0 & 0 \\ 0 & 1 & 0 \\ 0 & 0 & 1 \end{pmatrix} \quad (11B.2d)$$

Exercício proposto 11B.3 Determine a representativa da operação restante do grupo, a reflexão σ_v.

Resposta: $D(\sigma_v) = \begin{pmatrix} 1 & 0 & 0 \\ 0 & 0 & 1 \\ 0 & 1 & 0 \end{pmatrix}$

(b) A representação de um grupo

O conjunto de matrizes que representam *todas* as operações do grupo é uma **representação matricial**, Γ (gama maiúsculo), do grupo para a base que foi escolhida. Simbolizamos esta representação "tridimensional" (uma representação que consiste em matrizes 3 × 3) por $\Gamma^{(3)}$. As matrizes de uma representação multiplicam-se da mesma maneira que as operações que representam. Desse modo, se, para quaisquer duas operações R e R', sabemos que $RR' = R''$, então, $D(R)D(R') = D(R'')$ para uma dada base.

Breve ilustração 11B.3 Representações de matrizes

No grupo C_{2v}, uma rotação binária seguida de uma reflexão em um plano de simetria é equivalente a uma reflexão no segundo plano de simetria: especificamente, $\sigma'_v C_2 = \sigma_v$. Quando utilizamos as representativas especificadas anteriormente, vemos que

$$D(\sigma'_v)D(C_2) = \begin{pmatrix} -1 & 0 & 0 \\ 0 & -1 & 0 \\ 0 & 0 & -1 \end{pmatrix}\begin{pmatrix} -1 & 0 & 0 \\ 0 & 0 & -1 \\ 0 & -1 & 0 \end{pmatrix} = \begin{pmatrix} 1 & 0 & 0 \\ 0 & 0 & 1 \\ 0 & 1 & 0 \end{pmatrix} = D(\sigma_v)$$

Essa multiplicação reproduz a multiplicação do grupo. O mesmo é válido para todos os pares de multiplicações de representativas, então as quatro matrizes formam uma representação do grupo.

Exercício proposto 11B.4 Confirme que $\sigma_v \sigma'_v = C_2$ utilizando as representações matriciais desenvolvidas aqui.

A descoberta da representação matricial do grupo significa a descoberta da ligação entre as manipulações simbólicas das operações e as manipulações algébricas envolvendo números.

(c) Representações irredutíveis

A inspeção das representativas mostra que elas são todas formadas por **blocos diagonais**:

$$D = \begin{pmatrix} \blacksquare & 0 & 0 \\ 0 & \blacksquare & \blacksquare \\ 0 & \blacksquare & \blacksquare \end{pmatrix} \quad \text{Forma de blocos diagonais} \quad (11B.3)$$

Os blocos diagonais que formam as representativas mostram que as operações de simetria de C_{2v} nunca misturam p_S com as outras duas funções. Consequentemente, a base pode ser dividida em duas partes, uma constituída somente por p_S e a outra por (p_A, p_B). Verifica-se com facilidade que o orbital p_S é, ele próprio, uma base para a representação unidimensional

$$D(E)=1 \quad D(C_2)=-1 \quad D(\sigma_v)=1 \quad D(\sigma_v')=-1$$

que simbolizaremos por $\Gamma^{(1)}$. As outras duas funções da base (p_A, p_B) são, por sua vez, a base de uma representação bidimensional, $\Gamma^{(2)}$:

$$D(E)=\begin{pmatrix}1 & 0\\ 0 & 1\end{pmatrix} \quad D(C_2)=\begin{pmatrix}0 & -1\\ -1 & 0\end{pmatrix}$$
$$D(\sigma_v)=\begin{pmatrix}0 & 1\\ 1 & 0\end{pmatrix} \quad D(\sigma_v')=\begin{pmatrix}-1 & 0\\ 0 & -1\end{pmatrix}$$

Essas matrizes coincidem com as da representação tridimensional original, exceto pela perda da primeira fila e da primeira coluna. Dizemos então que a representação tridimensional original foi **reduzida** a uma "soma direta" de uma representação unidimensional, "coberta" por p_S, e uma representação bidimensional, coberta por (p_A, p_B). Esta redução é coerente com o bom senso, que atribui ao orbital central um papel diferente do dos outros dois. A redução é simbolizada por[1]

$$\Gamma^{(3)}=\Gamma^{(1)}+\Gamma^{(2)} \qquad \text{Soma direta} \qquad (11B.4)$$

A representação unidimensional $\Gamma^{(1)}$ não pode ser reduzida ainda mais, e é denominada uma **representação irredutível** do grupo. Pode-se demonstrar que a representação bidimensional $\Gamma^{(2)}$ é redutível (com a base escolhida para esse grupo) tomando as combinações lineares $p_1 = p_A + p_B$ e $p_2 = p_A - p_B$. Estas combinações estão esquematizadas na Fig. 11B.4. As representativas da nova base se constroem a partir da antiga observando-se, por exemplo, que, sob σ_v, temos (p_B, p_A) ← (p_A, p_B). Dessa maneira encontramos as seguintes representações na nova base:

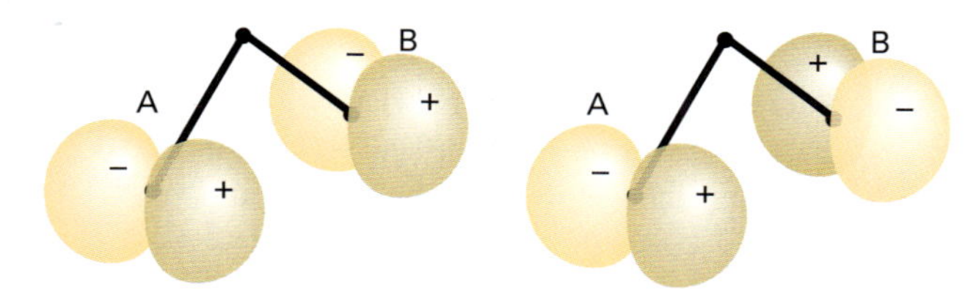

Figura 11B.4 Duas combinações lineares adaptadas à simetria dos orbitais da base apresentada na Fig. 11B.3. Cada combinação cobre uma representação unidimensional irredutível e as respectivas espécies de simetrias são diferentes.

[1]O símbolo ⊕ é, às vezes, empregado para indicar uma soma direta que a distingue de uma soma ordinária, em cujo caso a Eq. 11B.4 seria escrita como $\Gamma^{(3)}=\Gamma^{(1)}\oplus\Gamma^{(2)}$.

$$D(E)=\begin{pmatrix}1 & 0\\ 0 & 1\end{pmatrix} \quad D(C_2)=\begin{pmatrix}-1 & 0\\ 0 & 1\end{pmatrix}$$
$$D(\sigma_v)=\begin{pmatrix}1 & 0\\ 0 & -1\end{pmatrix} \quad D(\sigma_v')=\begin{pmatrix}-1 & 0\\ 0 & -1\end{pmatrix}$$

Essas novas representativas são todas formadas por blocos diagonais; neste caso, $\begin{pmatrix}\blacksquare & 0\\ 0 & \blacksquare\end{pmatrix}$, e as duas combinações não se misturam mutuamente em nenhuma operação do grupo. Conseguimos então a redução de $\Gamma^{(2)}$ à soma de duas representações unidimensionais. Assim, p_1 cobre

$$D(E)=1 \quad D(C_2)=-1 \quad D(\sigma_v)=1 \quad D(\sigma_v')=-1$$

que é a mesma representação unidimensional que a coberta por p_S, e p_2 cobre

$$D(E)=1 \quad D(C_2)=1 \quad D(\sigma_v)=-1 \quad D(\sigma_v')=-1$$

que é uma representação unidimensional diferente; simbolizaremos essas duas representações por $\Gamma^{(1)\prime}$ e $\Gamma^{(1)\prime\prime}$, respectivamente. Neste ponto reduzimos a representação original como segue:

$$\Gamma^{(3)}=\Gamma^{(1)}+\Gamma^{(1)\prime}+\Gamma^{(1)\prime\prime}$$

(d) Caracteres e espécies de simetria

O **caractere**, χ (qui), de uma operação em uma representação matricial particular é a soma dos elementos diagonais da representativa daquela operação. Assim, na base original que estamos usando os caracteres das representativas são

R	E	C_2	σ_v	σ_v'
$D(R)$	$\begin{pmatrix}1 & 0 & 0\\ 0 & 1 & 0\\ 0 & 0 & 1\end{pmatrix}$	$\begin{pmatrix}-1 & 0 & 0\\ 0 & 0 & -1\\ 0 & -1 & 0\end{pmatrix}$	$\begin{pmatrix}1 & 0 & 0\\ 0 & 0 & 1\\ 0 & 1 & 0\end{pmatrix}$	$\begin{pmatrix}-1 & 0 & 0\\ 0 & -1 & 0\\ 0 & 0 & -1\end{pmatrix}$
$\chi(R)$	3	−1	1	−3

Os caracteres das representativas unidimensionais são as próprias representativas. A soma dos caracteres da representação reduzida fica inalterada pela redução:

R	E	C_2	σ_v	σ_v'
$\chi(R)$ para $\Gamma^{(1)}$	1	−1	1	−1
$\chi(R)$ para $\Gamma^{(1)\prime}$	1	−1	1	−1
$\chi(R)$ para $\Gamma^{(1)\prime\prime}$	1	1	−1	−1
Soma:	3	−1	1	−3

Embora a notação $\Gamma^{(n)}$ possa ser empregada para representações gerais, é comum em aplicações químicas da teoria de grupos utilizar os identificadores A, B, E e T para simbolizar a **espécie de simetria** da representação:

A: representação unidimensional, caractere +1 sob a rotação principal

B: representação unidimensional, caractere −1 sob a rotação principal

E: representação irredutível bidimensional

T: representação irredutível tridimensional

Os índices inferiores distinguem as representações irredutíveis que são do mesmo tipo. Assim, A_1 é reservado para a representação com o caractere +1 para todas as operações; A_2 tem +1 para a rotação principal, mas −1 para reflexões. Todas as representações irredutíveis de C_{2v} são unidimensionais, e a tabela anterior é representada como segue:

Espécie de simetria	E	C_2	σ_v	σ'_v
B_2	1	−1	1	−1
B_1	1	−1	1	−1
A_2	1	1	−1	−1

Neste momento, observa-se que encontramos três representações irredutíveis do grupo C_{2v}. Estas são as únicas representações irredutíveis do grupo C_{2v}? Na realidade, só existe apenas mais uma espécie de representação irredutível desse grupo, pois um surpreendente teorema da teoria de grupos afirma que

$$\text{Número de espécies de simetria} = \text{número de classes}$$

Número de espécies (11B.5)

No C_{2v}, por exemplo, existem quatro classes de operações (quatro colunas na tabela de caracteres), de modo que existem somente quatro espécies de representação irredutível. A tabela de caracteres mostra, portanto, os caracteres de todas as representações irredutíveis desse grupo. Outro resultado expressivo relaciona a soma das dimensões, d_i, de todas as espécies de simetria $\Gamma^{(i)}$ à ordem do grupo, o número total de operações de simetria, h:

$$\sum_{\text{Espécies } i} d_i^2 = h$$

Dimensionalidade e ordem (11B.6)

Breve ilustração 11B.4 Espécies de simetria

Há três classes de operação no grupo C_{3v} com operações $\{E,2C_3,3\sigma_v\}$, então há três espécies de simetria (que são A_1, A_2 e E). A ordem do grupo é 6; assim, se já soubéssemos que duas das espécies de simetria são unidimensionais, poderíamos inferir que a representação irredutível restante é bidimensional (E) a partir de $1^2 + 1^2 + d^2 = 6$.

Exercício proposto 11B.5 Quantas espécies de simetria existem para o grupo T_d com operações $\{E,8C_3,3C_2,6\sigma_d,6S_4\}$? Você pode inferir suas dimensionalidades?

Resposta: 5 espécies; 2A + E + 2T para $h = 24$

11B.3 Tabelas de caracteres

As tabelas que vimos construindo são chamadas **tabelas de caracteres**, e, a partir de agora, trazemos essas tabelas para o centro da discussão. As colunas em uma tabela de caracteres são identificadas pelas operações de simetria do grupo. Por exemplo, para o grupo C_{3v} os topos das colunas são E, $2C_3$ e $3\sigma_v$ (Tabela 11B.1). Os números que multiplicam cada operação são os números de membros da cada classe. As linhas sob os indicadores das operações resumem as propriedades de simetria dos orbitais. Elas são identificadas com a espécie de simetria.

(a) Tabelas de caracteres e degenerescência de orbitais

Os caracteres da operação identidade E revelam a degenerescência dos orbitais. Assim, em uma molécula C_{3v}, qualquer orbital com o símbolo de simetria A_1 ou A_2 não é degenerado. Qualquer par de orbitais duplamente degenerados em C_{3v} deve ser identificado por E, pois, neste grupo, somente as espécies de simetria E têm caracteres maiores que 1. (Preste bem atenção para distinguir a operação identidade E (em itálico, topo de coluna) do símbolo de simetria E (redondo, um identificador de linha).)

Como não há caracteres maiores do que 2 na coluna E do C_{3v}, sabemos que não há orbitais triplamente degenerados em uma molécula C_{3v}. Este último ponto é um importante resultado da teoria dos grupos, pois ele significa que uma simples inspeção da tabela de caracteres de uma molécula permite estabelecer a degenerescência máxima possível dos seus orbitais.

Tabela 11B.1* Tabela de caracteres de C_{3v}

C_{3v}, $3m$	E	$2C_3$	$3\sigma_v$	$h=6$	
A_1	1	1	1	z	z^2, x^2+y^2
A_2	1	1	−1		
E	2	−1	0	(x, y)	$(xy, x^2-y^2), (yz, zx)$

* Outras tabelas são fornecidas na *Seção de dados*.

Exemplo 11B.2 Tabela de caracteres e degenerescência

Uma molécula plana triangular, como o BF_3, pode ter orbitais triplamente degenerados? Qual o número mínimo de átomos em uma molécula para que haja degenerescência tripla?

Método Inicialmente, identificam-se o grupo pontual e depois a tabela de caracteres correspondente na *Seção de dados*. O maior número na coluna da identidade E é a degenerescência máxima possível dos orbitais em uma molécula desse grupo pontual. Para resolver a segunda parte, analisam-se as formas que se podem conseguir com dois, três etc. átomos e encontra-se o número capaz de formar a molécula com orbitais de espécie de simetria T.

Resposta As moléculas planas triangulares pertencem ao grupo D_{3h}. A tabela de caracteres deste grupo mostra que a degenerescência máxima é 2, pois nenhum caractere é maior do que 2 na coluna de E. Não são possíveis, portanto, orbitais com degenerescência 3. Uma molécula tetraédrica (grupo de simetria T) tem uma representação irredutível com um tipo de simetria T. O número mínimo de átomos capaz de constituir essa molécula é quatro (por exemplo, o P_4).

Exercício proposto 11B.6 A molécula do buckminsterfulereno, C_{60}, pertence ao grupo pontual icosaédrico. Qual o grau máximo da degenerescência dos seus orbitais?

Resposta: 5

(b) As espécies de simetria dos orbitais atômicos

Os caracteres nas linhas identificadas por A e B e nas colunas cujos topos têm operações de simetria diferentes da operação identidade E indicam o comportamento de um orbital sob as operações correspondentes: a +1 indica a inalterabilidade do orbital, a −1 mostra que há mudança de sinal. É claro então que podemos identificar a simetria do orbital comparando as mudanças que ocorrem no orbital em cada operação e depois comparando os caracteres obtidos, +1 ou −1, com as entradas da tabela de caracteres do grupo respectivo. Por convenção, as representações irredutíveis são identificadas com letras romanas maiúsculas (como A_1 e E) e os orbitais aos quais elas se aplicam são identificados com as equivalentes minúsculas (assim, um orbital da espécie de simetria A_1 é chamado de orbital a_1). Exemplos de cada tipo de orbital são apresentados na Fig. 11B.5.

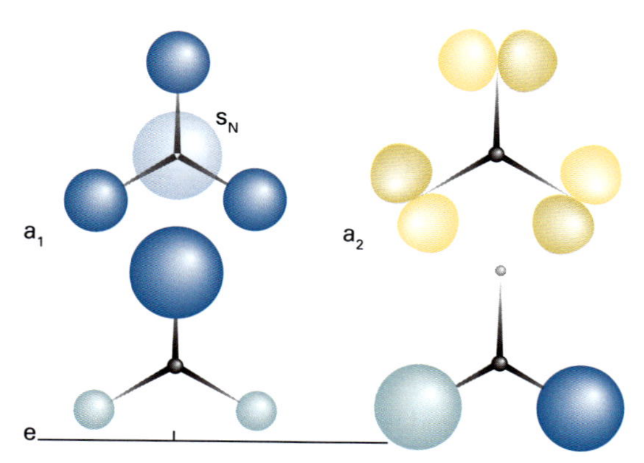

Figura 11B.5 Combinações lineares de orbitais típicas, adaptadas à simetria, em uma molécula C_{3v}.

Breve ilustração 11B.5 Espécies de simetria dos orbitais atômicos

Vejamos o orbital $O2p_x$ na H_2O (o eixo x é perpendicular ao plano molecular; o eixo y é paralelo à direção H–H; o eixo z é bissetriz do ângulo HOH). Como a molécula H_2O pertence ao grupo C_{2v}, sabemos, pela tabela de caracteres correspondente (Tabela 11B.2), que os símbolos dos orbitais são a_1, a_2, b_1 e b_2. Podemos identificar o símbolo apropriado do $O2p_x$ observando que, na rotação de 180° (C_2), o orbital troca de sinal (Fig. 11B.6), logo ele deve ser ou B_1 ou B_2, pois somente esses dois tipos de simetria têm o caractere −1 em C_2. O orbital $O2p_x$ também troca de sinal na reflexão σ'_v, o que o identifica como B_1. Como veremos, qualquer orbital molecular formado a partir desse orbital atômico também será um orbital b_1. De modo semelhante, o orbital $O2p_y$ muda de sinal sob C_2, mas não sob σ'_v; portanto, pode contribuir para orbitais b_2.

Tabela 11B.2* Tabela de caracteres de C_{2v}

C_{2v}, 2*mm*	E	C_2	σ_v	σ'_v	$h=4$	
A_1	1	1	1	1	z	z^2, y^2, x^2
A_2	1	1	−1	−1		xy
B_1	1	−1	1	−1	x	zx
B_2	1	−1	−1	1	y	yz

* Mais tabelas de caracteres são fornecidas na *Seção de dados*.

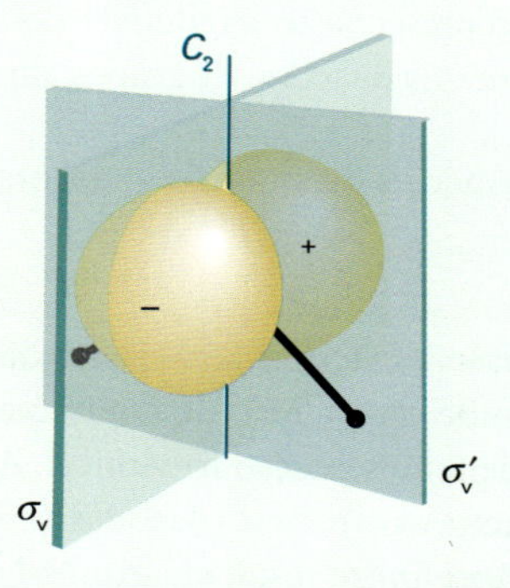

Figura 11B.6 Um orbital p_x no átomo central de uma molécula em C_{2v} e os elementos de simetria do grupo.

Exercício proposto 11B.7 Identifique as espécies de simetria dos orbitais d no átomo central de um complexo plano quadrado (D_{4h}).

Resposta: $A_{1g} + B_{1g} + B_{2g} + E_g$

Nas linhas identificadas por E ou T (que se referem ao comportamento de conjuntos de orbitais dupla ou triplamente degenerados, respectivamente), os caracteres em uma linha da tabela são as somas dos caracteres que resumem o comportamento de cada orbital da base. Assim, se um membro de um par de orbitais duplamente degenerados fica inalterado sob uma operação de simetria, mas o outro muda de sinal (Fig. 11B.7), então a entrada correspondente é $\chi = 1 - 1 = 0$. É conveniente ter bastante atenção com esses caracteres, pois as transformações dos orbitais podem

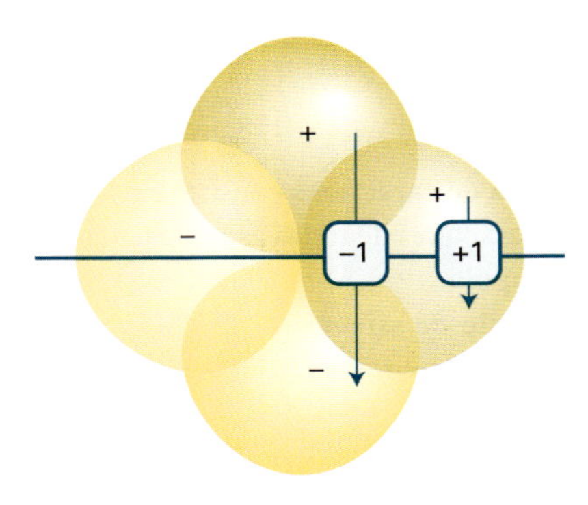

Figura 11B.7 Os dois orbitais mostrados nesta figura têm diferentes propriedades na reflexão pelo plano de simetria: um deles muda de sinal (caractere −1) e o outro não (caractere +1).

ser muito complicadas. Comumente, porém, as somas dos caracteres individuais são números inteiros.

O comportamento dos orbitais s, p e d de um átomo central sob as operações de simetria da molécula é tão importante que em geral se indicam, nas tabelas de caracteres, as espécies de simetria desses orbitais. Para identificar essas espécies usam-se formas em x, y e z, que aparecem à direita da tabela de caracteres. Assim, a posição de z na Tabela 11B.1 mostra que p_z (que é proporcional a $zf(r)$) tem a simetria A_1 em C_{3v}, enquanto p_x e p_y (que são proporcionais, respectivamente, a $xf(r)$ e $yf(r)$) são, em conjunto, da simetria E. Em termos técnicos, dizemos que p_x e p_y **cobrem** em conjunto uma representação irredutível da espécie de simetria E. Um orbital s em um átomo central sempre cobre a representação irredutível completamente simétrica (identificada normalmente por A_1, mas algumas vezes por A_1') de um grupo, pois ele se mantém inalterado sob qualquer operação de simetria do grupo.

Os cinco orbitais d de uma camada são identificados por xy para d_{xy} etc., e também aparecem na direita da tabela de caracteres. Podemos ver, por simples inspeção, que no C_{3v} os orbitais d_{xy} e $d_{x^2-y^2}$ de um átomo central pertencem em conjunto a E; logo, formam um par duplamente degenerado.

(c) As espécies de simetria das combinações lineares de orbitais

Até agora abordamos a classificação dos orbitais pelas respectivas simetrias. Podemos também usar a mesma abordagem para analisar as combinações lineares de orbitais atômicos que estão relacionados com as transformações de simetria de uma molécula; por exemplo, da combinação $\psi_1 = \psi_A + \psi_B + \psi_C$ dos três orbitais H1s da molécula C_{3v} do NH_3 (Fig. 11B.8). Esta combinação não se altera na rotação C_3 e em nenhuma das três reflexões verticais do grupo, de modo que os seus caracteres são

$$\chi(E)=1 \quad \chi(C_3)=1 \quad \chi(\sigma_v)=-1$$

A comparação com a tabela de caracteres de C_{3v} mostra que ψ_1 é da espécie de simetria A_1, e então contribui para os orbitais moleculares a_1 do NH_3.

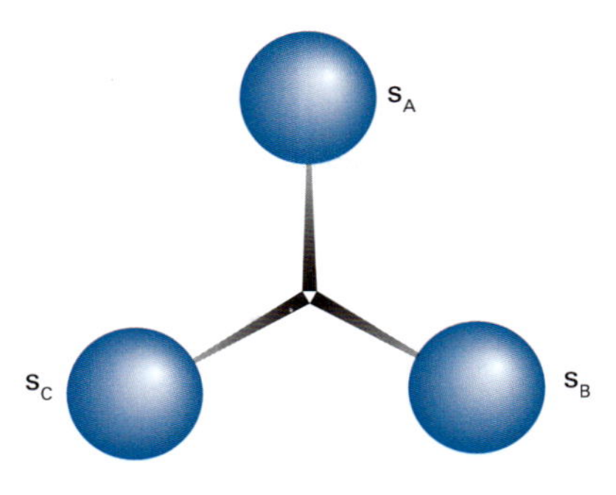

Figura 11B.8 Os três orbitais H1s usados para se construir uma combinação linear adaptada à simetria em uma molécula C_{3v}, como o NH_3.

Exemplo 11B.3 Identificação das espécies de simetria dos orbitais

Identifique a espécie de simetria do orbital $\psi = \psi_A - \psi_B$ da molécula NO_2, do grupo C_{2v}, sendo ψ_A um orbital O2p_x de um átomo de O e ψ_B um orbital O2p_x do outro átomo de O.

Método O sinal negativo de ψ mostra que o sinal de ψ_B é oposto ao de ψ_A. Precisamos saber como a combinação se altera em cada operação do grupo e depois identificar cada caractere como +1, −1 ou 0, como vimos anteriormente. Depois, comparamos os caracteres com cada linha da tabela de caracteres do grupo pontual e identificamos assim a espécie de simetria da combinação.

Resposta A combinação aparece na Fig. 11B.9. Sob C_2, ψ se transforma em si mesma, e o caractere é +1. Sob a reflexão σ_v, os dois orbitais trocam de sinal, e então $\psi \to -\psi$, e o caractere é −1. Sob σ_v', $\psi \to -\psi$, e o caractere dessa operação também é −1. Os caracteres são então

$$\chi(E)=1 \quad \chi(C_2)=1 \quad \chi(\sigma_v)=-1 \quad \chi(\sigma_v')=-1$$

Esses valores dos caracteres coincidem com os da espécie de simetria A_2, e então ψ pode contribuir para um orbital a_2.

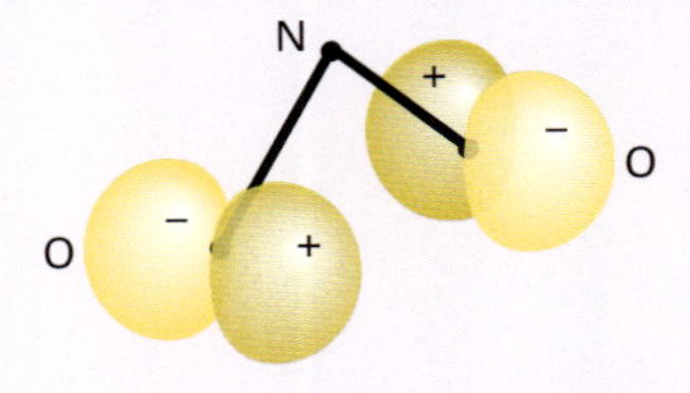

Figura 11B.9 Uma combinação linear de orbitais O2p_x, adaptada à simetria, em uma molécula C_{2v}, como a molécula de NO_2.

Exercício proposto 11B.8 Considere o $PtCl_4^-$, em que os ligantes Cl formam uma configuração plana quadrada do grupo pontual D_{4h} (**1**). Identifique o tipo de simetria da combinação $\psi_A - \psi_B + \psi_C - \psi_D$.

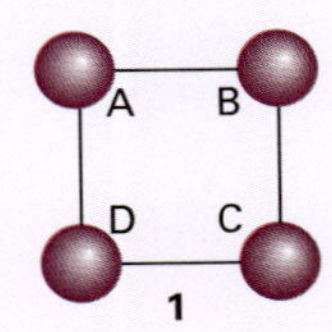

Resposta: B_{2g}

Conceitos importantes

☐ 1. Um **grupo** em matemática é um conjunto de transformações que satisfazem aos quatro critérios apresentados no início desta seção.

☐ 2. Uma **representativa matricial** é uma matriz que representa o efeito de uma operação em uma base.

☐ 3. O **caractere** é a soma dos elementos diagonais de uma representativa matricial de uma operação.

☐ 4. Uma **representação matricial** é o conjunto de representativas matriciais para as operações no grupo.

☐ 5. Uma **tabela de caracteres** consiste em entradas que mostram os caracteres de todas as representações irredutíveis de um grupo.

☐ 6. Uma **espécie de simetria** é um identificador de uma representação irredutível de um grupo.

☐ 7. O caractere da operação identidade E é a degenerescência dos orbitais que formam uma base para uma representação irredutível de um grupo.

Equações importantes

Propriedade	Equação	Comentário	Número da equação
Membro de uma classe	$R' = S^{-1}RS$	Todos os elementos são membros do grupo	11B.1
Regra do número de espécies	Número de espécies de simetria = número de classes		11B.5
Caractere e ordem	$\sum_{\text{Espécie } i} d_i^2 = h$	h é a ordem do grupo	11B.6

11C Aplicações da simetria

Tópicos

➤ Por que você precisa saber este assunto?

Esta seção explica como os conceitos apresentados nas Seções 11A e 11B são postos em prática. Os argumentos aqui são essenciais para o entendimento de como os orbitais moleculares são construídos e permeiam toda a espectroscopia.

➤ Qual é a ideia fundamental?

Uma integral é invariante sob transformações de simetria de uma molécula.

➤ O que você já deve saber?

Esta seção desenvolve o material iniciado na Seção 11A, onde a classificação de simetria das moléculas é apresentada com base nos seus elementos de simetria, e se baseia fortemente nas propriedades dos caracteres e tabelas de caracteres descritos na Seção 11B. Você precisa estar ciente de que muitas propriedades quânticas, inclusive as probabilidades de transição (Seção 9C), dependem de integrais sobre pares de funções de onda (Seção 7C).

A teoria de grupos mostra seu poder ao lidar com uma variedade de problemas em química, entre eles a construção de orbitais moleculares e a formação de regras de seleção espectroscópicas. Esta seção descreve essas duas aplicações após estabelecer um resultado geral que as relacionam a integrais. Na Seção 7C explica-se como as integrais ("elementos matriciais") são vitais para a formulação da mecânica quântica e como saber, com poucos cálculos, que várias integrais são necessariamente nulas, evitando um grande esforço de cálculo, bem como acrescentando conhecimento a respeito da origem das propriedades.

11C.1 Integrais evanescentes

Uma integral, que simbolizaremos como I, em uma dimensão é igual à área sob a curva. Em dimensões superiores, ela é igual ao volume e várias generalizações de volume. O ponto-chave é que o valor da área, volume etc., é independente da orientação dos eixos usados para expressar a função que está sendo integrada, o "integrando" (Fig. 11C.1). Na formulação da teoria de grupos essa condição é expressa dizendo-se que *I é invariante sob qualquer operação de simetria da molécula* e que cada operação leva à transformação trivial $I \rightarrow I$.

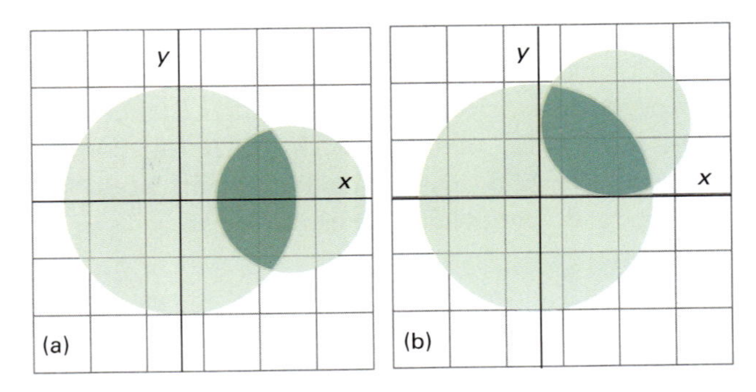

Figura 11C.1 O valor da integral I (por exemplo, a área sombreada) é independente do sistema de coordenadas que é usado para o cálculo. Isto é, I é uma base para a representação da espécie de simetria A_1 (ou de tipo equivalente).

(a) Integrais sobre o produto de duas funções

Imaginemos que se queira calcular a integral

$$I = \int f_1 f_2 \mathrm{d}\tau \qquad (11C.1)$$

em que f_1 e f_2 são funções e a integração é sobre todo o espaço. Por exemplo, f_1 pode ser um orbital atômico A de um átomo e f_2 o orbital atômico B de outro átomo. A integral I é, então, a integral de sobreposição dos dois orbitais. Se soubermos que a integral é nula, podemos dizer que não se forma orbital molecular pela sobreposição (A,B) na molécula. Veremos agora que a tabela de caracteres apresentada na Seção 11B proporciona uma maneira rápida de verificar se uma dada integral é necessariamente nula.

Como o elemento de volume $\mathrm{d}\tau$ é invariante sob qualquer operação de simetria, a integral só é diferente de zero se o próprio integrando, o produto $f_1 f_2$, ficar inalterado em qualquer operação de simetria do grupo pontual da molécula. Se o integrando mudasse de sinal em uma operação de simetria, a integral seria igual à soma de contribuições de iguais valores, mas de sinais opostos, e, portanto, seria nula. Então, a única contribuição para uma integral diferente de zero provém de funções tais que, em quaisquer operações de simetria do grupo pontual da molécula, se transformam como $f_1 f_2 \rightarrow f_1 f_2$ e têm os caracteres das operações todos iguais a +1. Assim, para que I não seja nula, *o integrando* $f_1 f_2$ *deve pertencer à espécie de simetria* A_1 (ou seu equivalente no grupo pontual correspondente da molécula).

Podemos adotar o seguinte procedimento para determinar a espécie de simetria coberta pelo produto $f_1 f_2$ e saber se cobre, realmente, A_1.

- Determina-se a espécie de simetria das funções f_1 e f_2 com a tabela de caracteres para o grupo pontual molecular em questão e escrevem-se os caracteres respectivos em duas linhas, na mesma ordem que na tabela.
- Multiplicam-se os números em cada coluna, escrevendo os resultados na mesma ordem.
- Analisa-se a linha obtida para ver se ela pode ou não ser expressa como a soma dos caracteres de cada coluna do grupo. A integral será nula se esta soma não contiver A_1.

Uma análise mais rápida que funciona quando f_1 e f_2 são bases para representações irredutíveis de um grupo é observar suas espécies de simetria; se elas forem diferentes (B_1 e A_2, por exemplo), então a integral do seu produto deve ser nula; se elas forem iguais (ambas B_1, por exemplo), então a integral pode ser diferente de zero.

É importante observar que a teoria de grupos aponta as condições em que a integral é necessariamente nula, mas as integrais que podem ser diferentes de zero eventualmente são iguais a zero em virtude de razões que nada têm a ver com a simetria. Por exemplo, a distância N–H na amônia pode ser tão grande que a integral de sobreposição (s_1, s_N) é nula simplesmente porque os orbitais estão muito longe um do outro.

Exemplo 11C.1 Determinando se uma integral deve ser zero (1)

A integral da função $f = xy$ pode ser diferente de zero quando avaliada sobre uma região com a forma de um triângulo equilátero centrado na origem (Fig. 11C.2)?

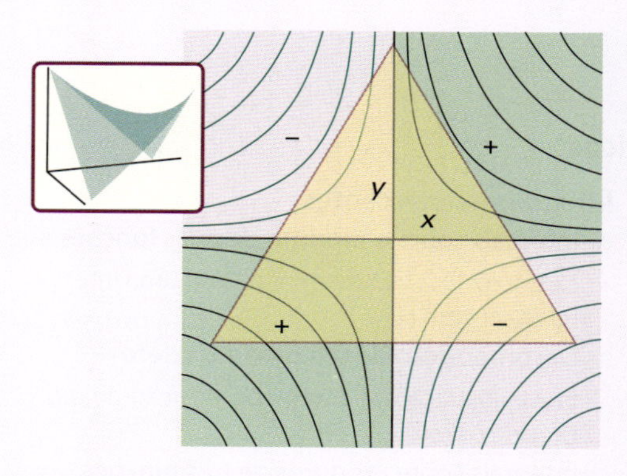

Figura 11C.2 A integral da função $f = xy$ sobre a região sombreada é nula. Neste caso o resultado é evidente por simples inspeção, mas a teoria de grupos pode ser usada para se obterem resultados similares nos casos menos óbvios. Na parte superior observa-se a forma da função em três dimensões.

Método Inicialmente, observamos que uma integral de uma única função é incluída na discussão anterior se consideramos $f_1 = f$ e $f_2 = 1$ na Eq. 11C.1. Portanto precisamos saber se f sozinha pertence ao tipo de simetria A_1 (ou seu equivalente) no grupo do sistema. Temos então que identificar o grupo e depois examinar a tabela de caracteres para ver se f pertence a A_1 (ou seu equivalente).

Resposta O grupo de simetria do triângulo equilátero é o D_{3h}. Se consultarmos a tabela de caracteres do grupo, veremos que xy é membro de uma base que cobre a representação irredutível E′. Então, a integral deve ser nula, pois o integrando não tem componente que cubra A_1'.

Exercício proposto 11C.1 A função $x^2 + y^2$ pode ter integral não nula sobre um pentágono regular centrado na origem?

Resposta: Sim, veja a Fig. 11C.3.

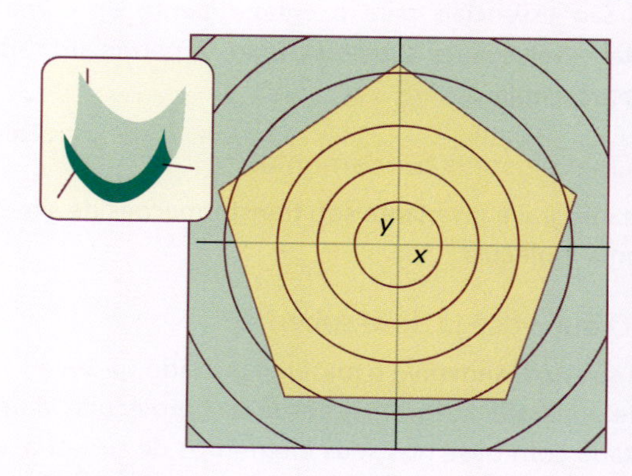

Figura 11C.3 Integração de uma função sobre uma região pentagonal. Na parte superior observa-se a forma da função em três dimensões.

(b) Decomposição de um produto direto

Em muitos casos, o produto das funções f_1 e f_2 cobre uma soma de representações irredutíveis. Por exemplo, em C_{2v} podemos encontrar os caracteres 2,0,0,–2 quando multiplicamos os caracteres de f_1 e f_2. Neste caso, observamos que esses caracteres são a soma dos caracteres para A_2 e B_1:

	E	C_{2v}	σ_v	σ'_v
A_2	1	1	−1	−1
B_1	1	−1	1	−1
A_2+B_1	2	0	0	−2

Para resumir esse resultado escrevemos a expressão simbólica $A_2 \times B_1 = A_2 + B_1$, que é denominada a **decomposição de um produto direto**. Esta expressão é simbólica. Os sinais × e +, nessa expressão, não são os sinais ordinários de multiplicação e de soma; formalmente eles representam operações com matrizes chamadas de "produto direto" e de "soma direta".[1] Como a soma na direita não inclui uma componente que é uma base para uma representação irredutível da espécie de simetria A_1, concluímos que a integral de $f_1 f_2$ sobre todo o espaço é zero em uma molécula C_{2v}.

Enquanto a decomposição dos caracteres 2,0,0,–2 pode ser feita por inspeção nesse caso simples, em outros casos e para grupos mais complexos a decomposição não é assim tão imediata. Por exemplo, se encontramos os caracteres 8,–2,–6,4, não seria óbvio que a soma contivesse A_1. A teoria de grupos, no entanto, fornece um modo sistemático de se usar os caracteres da representação coberta por um produto para encontrar a espécie de simetria das representações irredutíveis. O formalismo dessa abordagem é

$$n(\Gamma)=\frac{1}{h}\sum_{R}\chi^{(\Gamma)}(R)\chi(R) \qquad (11C.2)$$

Decomposição de um produto direto

Implementa-se essa expressão como segue:

1. Escreva uma tabela com o topo das colunas indicando as operações de simetria, R, do grupo. Inclua uma coluna para cada operação, não apenas as classes.
2. Na primeira linha escreva os caracteres da espécie de simetria da representação que queremos analisar: eles são os $\chi(R)$.
3. Na segunda linha escreva os caracteres da representação irredutível Γ em que estamos interessados: eles são os $\chi^{(\Gamma)}(R)$.
4. Multiplique as duas linhas, elemento a elemento, adicione os produtos e divida pela ordem do grupo, h.

O resultado, $n(\Gamma)$, é o número de vezes que Γ ocorre na decomposição.

[1]Conforme mencionado na Seção 11B, por essa razão uma soma direta é, às vezes, simbolizada como ⊕; da mesma forma, um produto direto é, às vezes, simbolizado como ⊗.

Breve ilustração 11C.1 Decomposição de um produto direto

Para descobrirmos se A_1 ocorre no produto com caracteres 8,–2,–6,4 em C_{2v}, construímos a seguinte tabela:

	E	C_{2v}	σ_v	$4\sigma'_v$	$h=4$ (a ordem do grupo)
f_1f_2	8	−2	−6	4	(os caracteres do produto)
A_1	1	1	1	1	(a espécie de simetria em que estamos interessados)
	8	−2	−6	4	(o produto dos dois conjuntos de caracteres)

A soma dos números na última linha é 4; quando se divide esse número pela ordem do grupo, obtemos 1, logo, A_1 ocorre uma vez na decomposição. Repetindo o procedimento para todas as quatro espécies de simetria, verificamos que $f_1 f_2$ cobre $A_1 + 2A_2 + 5B_2$.

Exercício proposto 11C.2 A representação irredutível A_2 ocorre entre as espécies de simetria das representações irredutíveis cobertas no produto com caracteres 7,–3,–1,5 em C_{2v}?

Resposta: Não

(c) Integrais sobre produtos de três funções

As integrais da forma

$$I=\int f_1 f_2 f_3 \mathrm{d}\tau \qquad (11C.3)$$

são comuns na mecânica quântica, pois incluem elementos da matriz dos operadores (Seção 7C), e é importante saber quando são necessariamente nulas. No caso de integrais sobre duas funções, para I não ser nula, *o produto $f_1 f_2 f_3$ deve cobrir A_1 (ou sua equivalente) ou conter um componente que cobre A_1*. Para verificar essa propriedade multiplicam-se os caracteres das três funções da mesma forma que nas regras que acabamos de enunciar.

Exemplo 11C.2 Determinando se uma integral deve ser zero (2)

A integral $\int(\mathrm{d}_{z^2})x(\mathrm{d}_{xy})\mathrm{d}\tau$ é nula em uma molécula C_{2v}?

Método Tomamos a tabela de caracteres de C_{2v} (Tabela 11B.2) e os caracteres das representações irredutíveis cobertas por $3z^2 - r^2$ (a forma do orbital d_{z^2}), x e xy. Depois procedemos como se explicou (com uma linha a mais para a multiplicação).

Resposta Montamos a seguinte tabela:

	E	C_2	σ_v	σ'_v	
$f_3=\mathrm{d}_{xy}$	1	1	−1	−1	A_2
$f_2=x$	1	−1	1	−1	B_1
$f_1=\mathrm{d}_{z^2}$	1	1	1	1	A_1
$f_1f_2f_3$	1	−1	−1	1	

Os caracteres são os de B_2. Portanto, a integral é necessariamente nula.

Exercício proposto 11C.3 A integral $\int(p_x)y(p_z)d\tau$ é necessariamente nula em um ambiente octaédrico?

Resposta: Não

11C.2 Aplicações aos orbitais

As regras que descrevemos nos permitem decidir que orbitais atômicos podem ter sobreposição diferente de zero em uma molécula. Também é muito útil ter um conjunto de procedimentos para construir combinações lineares de orbitais atômicos (CLOA) visando ter uma certa simetria, e, desse modo, saber antecipadamente se eles terão ou não sobreposição diferente de zero com outros orbitais.

(a) Sobreposição de orbitais

Uma integral de sobreposição, S, entre dois conjuntos de orbitais atômicos ψ_1 e ψ_2 é

$$S=\int\psi_2^*\psi_1 d\tau \quad \text{Integral de sobreposição} \quad (11C.4)$$

e claramente tem a mesma forma da Eq. 11C.1. Segue dessa discussão que *somente orbitais da mesma espécie de simetria podem ter sobreposição não nula* ($S \neq 0$), logo somente orbitais da mesma espécie de simetria formam combinações ligantes e antiligantes. Nas Seções 10B–10D explica-se que a escolha dos orbitais atômicos que tinham sobreposição mútua diferente de zero era a etapa inicial, e central, na construção dos orbitais moleculares pelo método CLOA. Estamos, portanto, exatamente no ponto de encontro entre a teoria de grupos e o material teórico exposto naquelas seções.

Exemplo 11C.3 Determinação de quais orbitais podem contribuir para a ligação

Os quatro orbitais H1s do metano cobrem $A_1 + T_2$. Com quais orbitais do átomo de C podem superpor-se? Qual seria a estrutura da ligação se o átomo de C tivesse orbitais d disponíveis?

Método Consultar a tabela de caracteres T_d (na *Seção de dados*) e procurar os orbitais s, p e d que cubram A_1 ou T_2.

Resposta Um orbital s cobre A_1, portanto pode ter sobreposição não nula com uma combinação de orbitais H1s do tipo A_1. Os orbitais C2p cobrem T_2 e podem ter sobreposição não nula com combinação do tipo T_2. Os orbitais d_{xy}, d_{yz} e d_{zx} cobrem T_2 e podem superpor-se com a mesma combinação. Nenhum dos outros orbitais d restantes cobre A_1 (eles cobrem, na realidade, E), de modo que permanecem orbitais não ligantes.

Conclui-se então que no metano há a sobreposição dos orbitais a_1 (C2s, H1s) e dos orbitais t_2 (C2p, H1s). Os orbitais C3d também podem contribuir para esta última sobreposição. A configuração de energia mais baixa é, provavelmente, $a_1^2t_2^6$, com todos os orbitais ligantes ocupados.

Exercício proposto 11C.4 Seja a molécula octaédrica SF_6, com ligações formadas pela sobreposição de orbitais do S e um orbital 2p de cada flúor dirigido para o átomo central de enxofre. Este cobre $A_{1g} + E_g + T_{1u}$. Que orbitais do S têm sobreposição não nula? Sugira a configuração provável do estado fundamental.

Resposta: $3s(A_{1g})$, $3p(T_{1u})$, $3d(E_g)$; $a_{1g}^2t_{1u}^6e_g^4$

(b) Combinações lineares adaptadas à simetria

Na discussão dos orbitais moleculares da NH_3 (Seção 10C) encontramos orbitais moleculares da forma $\psi = c_1s_N + c_2(s_1 + s_2 + s_3)$, em que s_N é um orbital atômico N2s e s_1, s_2 e s_3 são orbitais H1s. O orbital s_N tem sobreposição não nula com a combinação de orbitais H1s uma vez que estes últimos têm simetria correspondente. A combinação de orbitais H1s é um exemplo de uma **combinação linear de simetria adaptada** (SALC na sigla em inglês), que são orbitais construídos a partir de átomos equivalentes e que têm uma simetria específica. A teoria de grupos também dispõe do formalismo que admite uma **base** arbitrária ou de conjunto de orbitais atômicos (s_A etc.), como entrada e gera contribuições da simetria especificada. Conforme ilustra o exemplo do NH_3, as SALC são os blocos construtores dos orbitais moleculares CLOA e sua construção é o primeiro passo no tratamento de qualquer molécula pelo método dos orbitais moleculares.

A técnica de construção das SALC é derivada usando-se todo o poder da teoria de grupos e envolve o uso de um **operador de projeção**, $P^{(\Gamma)}$, um operador que considera um dos orbitais da base e, a partir dele, se gera – projeta-se a partir dele – uma SALC da espécie de simetria Γ:

$$P^{(\Gamma)}=\frac{1}{h}\sum_R \chi^{(\Gamma)}(R)R \quad \text{para} \quad \psi_m^{(\Gamma)}=P^{(\Gamma)}\chi_o \quad \text{Operador de projeção} \quad (11C.5)$$

Para implementar essa regra, faça o seguinte:

1. Escreva cada orbital de base no título da coluna e, em linhas sucessivas, mostre o efeito de cada operação R em cada orbital. Trate cada operação individualmente.
2. Multiplique cada membro da coluna pelo caractere, $\chi^{(\Gamma)}(R)$, da operação correspondente.
3. Some todos os orbitais em cada coluna com os fatores conforme determinados em (2).
4. Divida a soma pela ordem do grupo, h.

Exemplo 11C.4 Construção de orbitais adaptados à simetria

Construa a combinação linear adaptada à simetria A_1 de orbitais H1S para a NH_3.

Método Identifique o grupo pontual da molécula e tenha disponível sua tabela de caracteres. Então, aplique a técnica do operador de projeção.

Resposta Com a base (s_N, s_A, s_B, s_C) na molécula NH_3, organizamos a tabela a seguir com cada linha mostrando o efeito da operação mostrada à esquerda.

	s_N	s_A	s_B	s_C
E	s_N	s_A	s_B	s_C
C_3^+	s_N	s_B	s_C	s_A
C_3^-	s_N	s_C	s_A	s_B
σ_v	s_N	s_A	s_C	s_B
σ'_v	s_N	s_B	s_A	s_C
σ''_v	s_N	s_C	s_B	s_A

Para gerar uma combinação do tipo A_1, tomamos os caracteres de A_1 (que são 1,1,1,1,1,1) e depois aplicamos as regras 2 e 3, chegando a $\psi \propto s_N + s_N + ... = 6\, s_N$. A ordem do grupo (o número de elementos) é 6, por isso a combinação com a simetria A_1 que pode ser gerada por s_N é o próprio s_N. Aplicando a mesma técnica à coluna sob s_A vem

$$\psi = \tfrac{1}{6}(s_A + s_B + s_C + s_A + s_B + s_C) = \tfrac{1}{3}(s_A + s_B + s_C)$$

A mesma combinação é construída com as outras duas colunas, de modo que elas não nos proporcionam novas informações. A combinação anterior é exatamente a combinação s_1 que usamos na Seção 10D (a menos de fator numérico).

Exercício proposto 11C.5 Construa as combinações adaptadas à simetria A_1 de orbitais H1s para o CH_4.

Resposta: $\frac{1}{4}(s_A + s_B + s_C + s_D)$

Agora montamos o orbital molecular desejado pela combinação linear de todas as SALC da simetria desejada. Neste caso, o orbital molecular a_1 tem a forma $\psi = c_N s_N + c_1 s_1$, conforme especificado anteriormente. E aí termina o poder da teoria de grupos que podemos usar. Os coeficientes devem ser calculados pela resolução da equação de Schrödinger; eles não provêm diretamente da simetria do sistema.

Aparece um problema quando se tenta achar uma SALC da simetria do tipo E, pois, para representações de dimensão 2 ou mais, as regras geram somas de SALC. Podemos ilustrar o problema da seguinte maneira. No C_{3v}, os caracteres de E são 2,–1, –1,0,0,0, e a coluna sob s_N nos dá

$$\psi = \tfrac{1}{6}(2s_N - s_N - s_N + 0 + 0 + 0) = 0$$

As outras colunas nos proporcionam

$$\tfrac{1}{6}(2s_A - s_B - s_C) \qquad \tfrac{1}{6}(2s_B - s_A - s_C) \qquad \tfrac{1}{6}(2s_C - s_B - s_A)$$

Entretanto, qualquer dessas três expressões pode ser escrita como a soma das duas outras (as expressões não são "linearmente independentes"). A diferença entre a segunda e a terceira nos dá $\frac{1}{2}(s_B - s_C)$, e essa combinação e a primeira $\frac{1}{6}(2s_A - s_B - s_C)$ são as duas SALC (agora linearmente independentes) que usamos na discussão dos orbitais e.

11C.3 Regras de seleção

Vimos na Seção 9C, e veremos com mais detalhes nas Seções 12A, 12C–12E e 13A, que a intensidade de uma linha espectral proveniente de uma transição da molécula de um estado inicial, com a função de onda ψ_i, para um estado final, com a função de onda ψ_f, depende do momento de dipolo (elétrico) da transição, $\boldsymbol{\mu}_{fi}$. A componente z desse vetor é definida por

$$\mu_{z,fi} = -e\int \psi_f^* z \psi_i \, d\tau \qquad \text{Momento de dipolo da transição} \qquad (11C.6)$$

em que $-e$ é a carga do elétron. O momento da transição tem a forma da integral da Eq. 11C.3, de modo que, se soubermos as espécies de simetria dos estados, podemos usar a teoria de grupos para formular as regras de seleção para as transições.

Exemplo 11C.5 Dedução de uma regra de seleção

Em um ambiente tetraédrico, a transição $p_x \rightarrow p_y$ é permitida?

Método Devemos decidir se o produto $p_y q p_x$, *com* q igual a x, y ou z, cobre ou não A_1, usando a tabela de caracteres do T_d.

Resposta O procedimento está resumido na seguinte tabela:

	E	$8C_3$	$3C_2$	$6\sigma_d$	$6S_4$	
$f_3(p_y)$	3	0	−1	1	−1	T_2
$f_2(q)$	3	0	−1	1	−1	T_2
$f_1(p_x)$	3	0	−1	1	−1	T_2
$f_1f_2f_3$	27	0	−1	1	−1	

Podemos agora usar o procedimento de decomposição descrito para deduzir que A_1 aparece (uma vez) nesse conjunto de caracteres, de modo que $p_x \rightarrow p_y$ é uma transição permitida. Uma análise mais detalhada (usando matrizes representativas em lugar dos caracteres) mostra que somente $q = z$ proporciona uma integral que pode não ser nula, e a transição é então polarizada em z. Isto é, a radiação eletromagnética envolvida na transição tem o seu vetor elétrico alinhado na direção z.

Exercício proposto 11C.6 Quais as transições permitidas, e quais as polarizações correspondentes, da radiação de um elétron b_1 em uma molécula C_{4v}?

Resposta: $b_1 \rightarrow b_1(z)$; $b_1 \rightarrow e(x, y)$

Conceitos importantes

- ☐ 1. As tabelas de caracteres são empregadas para decidir se uma integral é necessariamente nula ou não.
- ☐ 2. Para ser diferente de zero, uma integral deve incluir uma componente que é uma base para a representação totalmente simétrica.
- ☐ 3. Apenas orbitais da mesma espécie de simetria podem ter sobreposição diferente de zero.
- ☐ 4. Uma **combinação linear de simetria adaptada** (SALC) é uma combinação linear de orbitais atômicos construídos a partir de átomos equivalentes e que tem uma simetria especificada.

Equações importantes

Propriedade	Equação	Comentário	Número da equação
Decomposição de produto direto	$n(\Gamma)=(1/h)\sum_R \chi^{(\Gamma)}(R)\chi(R)$	Caracteres reais*	11C.2
Integral de sobreposição	$S=\int \psi_2^*\psi_1 d\tau$	Definição	11C.4
Operador projeção	$P^{(\Gamma)}=(1/h)\sum_R \chi^{(\Gamma)}(R)R$	Para gerar $\psi_m^{(\Gamma)}=P^{(\Gamma)}\chi_o$	11C.5
Momento de dipolo da transição	$\mu_{z,\mathrm{fi}}=-e\int \psi_\mathrm{f}^* z\psi_\mathrm{i}\mathrm{d}\tau$	Componente z	11C.6

* Em geral, os caracteres podem ter números complexos; em todo o texto encontramos apenas números reais.

CAPÍTULO 11 Simetria molecular

SEÇÃO 11A Elementos de simetria

Questões teóricas

11A.1 Explique como uma molécula é atribuída a um grupo pontual.

11A.2 Dê as operações de simetria e os correspondentes elementos de simetria dos grupos pontuais.

11A.3 Explique os critérios de simetria que permitem que a molécula seja polar.

11A.4 Explique os critérios de simetria que permitem que a molécula seja opticamente ativa.

Exercícios

11A.1(a) A molécula CH_3Cl pertence ao grupo C_{3v}. Dê os elementos de simetria do grupo e localize-os em um desenho da molécula.
11A.1(b) A molécula CCl_4 pertence ao grupo T_d. Dê os elementos de simetria do grupo e localize-os em um desenho da molécula.

11A.2(a) Identifique o grupo a que pertence a molécula do naftaleno e localize os elementos de simetria em uma representação da molécula.
11A.2(b) Identifique o grupo a que pertence a molécula do antraceno e localize os elementos de simetria em uma representação da molécula.

11A.3(a) Identifique os grupos a que pertencem os seguintes objetos: (i) esfera; (ii) triângulo isósceles; (iii) triângulo equilátero; (iv) lápis cilíndrico sem ponta.
11A.3(b) Identifique o grupo a que pertencem os seguintes objetos: (i) lápis cilíndrico com ponta; (ii) hélice com três palhetas; (iii) mesa de quatro pernas; (iv) o corpo humano (aproximadamente).

11A.4(a) Dê os elementos de simetria das seguintes moléculas e identifique o grupo de simetria a que pertencem: (i) NO_2, (ii) N_2O, (iii) $CHCl_3$, (iv) $CH_2{=}CH_2$.
11A.4(b) Dê os elementos de simetria das seguintes moléculas e identifique o grupo de simetria a que pertencem: (i) furano (**1**), (ii) γ-pirano (**2**), (iii) 1,2,5-triclorobenzeno.

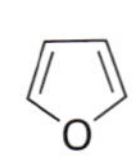

1 Furano

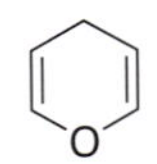

2 γ-Pirano

11A.5(a) Dê o grupo a que pertence (i) o *cis*-dicloroeteno e (ii) o *trans*-dicloroeteno.
11A.5(b) Identifique os grupos de simetria das seguintes moléculas: (i) HF, (ii) IF_7 (bipirâmide pentagonal), (iii) XeO_2F_2 (gangorra), (iv) $Fe_2(CO)_9$ (**3**), (v) cubano, C_8H_8, (vi) tetrafluorocubano, $C_8H_4F_4$ (**4**).

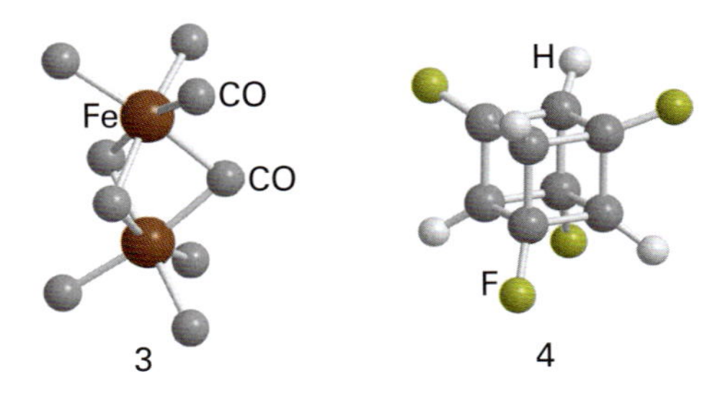

11A.6(a) Quais, dentre as seguintes moléculas, podem ser polares? (i) piridina, (ii) nitroetano, (iii) $HgBr_2$ em fase gasosa, (iv) $B_3N_3H_6$.
11A.6(b) Quais, dentre as moléculas seguintes, podem ser polares? (i) CH_3Cl, (ii) $HW_2(CO)_{10}$, (iii) $SnCl_4$.

11A.7(a) Identifique os grupos pontuais a que pertencem todos os isômeros do dicloronaftaleno.
11A.7(b) Identifique os grupos pontuais a que pertencem todos os isômeros do dicloroantraceno.

11A.8(a) As moléculas pertencentes aos grupos pontuais D_{2h} ou C_{3h} podem ser quirais? Explique sua resposta.
11A.8(b) As moléculas pertencentes aos grupos pontuais T_h ou T_d podem ser quirais? Explique sua resposta.

Problemas

11A.1 Dê os elementos de simetria das seguintes moléculas e identifique o grupo de simetria a que cada uma pertence: (a) CH_3CH_3 na conformação alternada, (b) ciclo-hexano na conformação cadeira e bote, (c) B_2H_6, (d) $[Co(en)_3]^{3+}$, em que en é a etilenodiamina (1,2-diaminoetano; não leve em conta a sua estrutura), (e) S_8 na forma coroa. Quais, dentre essas moléculas, podem ser (i) polares e (ii) quirais?

11A.2‡ No ânion complexo $[trans\text{-}Ag(CF_3)_2(CN)_2]^-$ os grupos Ag–CN são colineares. (a) Admitindo a rotação livre dos grupos CF_3 (isto é, não levando em conta os ângulos AgCF), identifique o grupo de simetria desse íon complexo. (b) Imagine agora que os grupos CF_3 não podem girar livremente (por estar, por exemplo, o íon fixo em um sólido). A estrutura (**5**) mostra um plano que corta simetricamente o eixo NC–Ag–CN e é perpendicular a ele. Dê o grupo de simetria do complexo na hipótese de cada CF_3 ter uma ligação CF nesse plano (de modo que os grupos CF_3 não apontam, preferencialmente, para nenhum dos dois grupos CN) e os grupos CF_3 estarem (i) alternados e (ii) eclipsados.

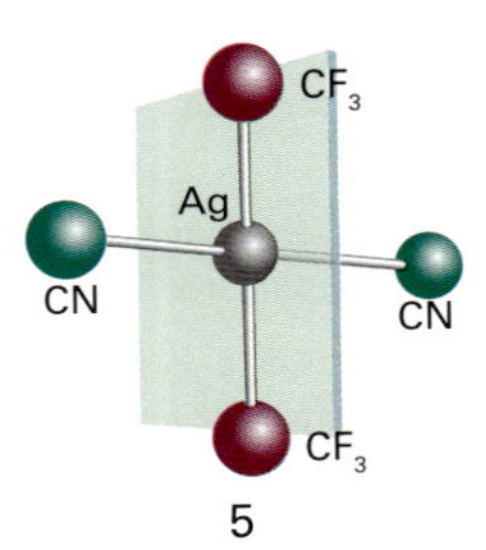

5

11A.3‡ B.A. Bovenzi e G.A. Pearse, Jr. (*J. Chem. Soc. Dalton Trans.*, 2763 (1997)) sintetizaram compostos de coordenação do ligante tridentado piridina-2,6-diamidoxima ($C_7H_9N_5O_2$, **6**). A reação com o $NiSO_4$ leva a um complexo que tem os dois ligantes, praticamente planos, ligados em ângulo reto a um único átomo de Ni. Identifique o grupo e as operações de simetria do cátion complexo $[Ni(C_7H_9N_5O_2)_2]^{2+}$ resultante da reação.

HO N N OH
H2N N NH2

6

SEÇÃO 11B Teoria de grupos

Questões teóricas

11B.1 Explique o que se quer dizer com "grupo".

11B.2 Explique o que significam, no contexto da teoria de grupos, (a) uma representativa e (b) uma representação.

11B.3 Explique a construção e o conteúdo de uma tabela de caracteres.

11B.4 Explique o que significa a redução de uma representação a uma soma direta de representações.

11B.5 Discuta o significado das letras e subscritos utilizados para simbolizar as espécies de simetria de uma representação.

Exercícios

11B.1(a) Use como base os orbitais p_z de valência de cada átomo do BF_3 para determinar a representativa da operação σ_h. Considere z perpendicular ao plano molecular.

11B.1(b) Use como base os orbitais p_z de valência de cada átomo do BF_3 para determinar a representativa da operação C_3. Considere z perpendicular ao plano molecular.

11B.2(a) Use as representativas matriciais da operação $\square_h$ e C_3 em uma base de orbitais de valência p_z em cada átomo do BF_3 para determinar a operação e sua representativa resultante de $\square_h C_3$. Considere z perpendicular ao plano molecular.

11B.2(b) Use as representativas matriciais da operação σ_h e C_3 em uma base de orbitais de valência p_z em cada átomo do BF_3 para determinar a operação e sua representativa resultante de $C_3\sigma_h$. Considere z perpendicular ao plano molecular.

11B.3(a) Mostre que todas as três operações C_3 no grupo D_{3h} pertencem à mesma classe.

11B.3(b) Mostre que todas as três operações σ_v no grupo D_{3h} pertencem à mesma classe.

11B.4(a) Qual é a degenerescência máxima de uma partícula confinada no interior de um buraco octaédrico de um cristal?

11B.4(b) Qual é a degenerescência máxima de uma partícula confinada no interior de uma nanopartícula icosaédrica?

11B.5(a) Qual é o grau máximo possível de degenerescência dos orbitais do benzeno?

11B.5(b) Qual é o grau máximo possível de degenerescência dos orbitais do 1,4-diclorobenzeno?

Problemas

11B.1 O grupo C_{2h} é constituído pelos elementos E, C_2, σ_h, i. Construa a tabela de multiplicação do grupo e dê um exemplo de uma molécula que pertença ao grupo.

11B.2 O grupo D_{2h} tem um eixo C_2 perpendicular ao eixo principal e um plano de simetria especular horizontal. Mostre que o grupo tem, necessariamente, um centro de inversão.

11B.3 Considere a molécula H_2O, que pertence ao grupo C_{2v}. Tome como base os dois orbitais H1s e os quatro orbitais de valência do átomo de O e construa as matrizes 6 × 6 que representam o grupo nesta base. Verifique, pela multiplicação explícita das matrizes, as seguintes multiplicações no grupo: (a) $C_2\sigma_v = \sigma_v'$ e (b) $\sigma_v\sigma_v' = C_2$. Confirme, pelo cálculo dos traços das matrizes, (a) que os elementos de simetria em uma mesma classe têm o mesmo caractere, (b) que a representação é redutível e (c) que a base cobre $3A_1 + B_1 + 2B_2$.

11B.4 Verifique se a componente z do momento angular orbital é uma base para a representação irredutível de simetria A_2 no grupo C_{3v}.

11B.5 Determine as representativas da operação do grupo T_d em uma base de quatro orbitais H1s, um em cada vértice de um tetraedro regular (conforme no CH_4).

11B.6 Verifique se as representativas construídas no Problema 11B.5 reproduzem as multiplicações do grupo $C_3^+C_3^- = E, S_4C_3 = S_4'$ e $S_4C_3 = \sigma_d$.

11B.7 As matrizes unidimensionais $\boldsymbol{D}(C_3) = 1$ e $\boldsymbol{D}(C_2) = 1$ e as matrizes $\boldsymbol{D}(C_3) = 1$ e $\boldsymbol{D}(C_2) = -1$ representam ambas a multiplicação $C_3C_2 = C_6$ no grupo C_{6v} com $\boldsymbol{D}(C_6) = +1$ e -1, respectivamente. Confirme esta observação com a tabela de caracteres. Quais são as representativas de σ_v e σ_d em cada caso?

11B.8 Construa a tabela de multiplicação das matrizes do spin de Pauli, σ, e da matriz unidade 2 × 2:

$$\sigma_x = \begin{pmatrix} 0 & 1 \\ 1 & 0 \end{pmatrix} \quad \sigma_y = \begin{pmatrix} 0 & -i \\ i & 0 \end{pmatrix} \quad \sigma_z = \begin{pmatrix} 1 & 0 \\ 0 & -1 \end{pmatrix} \quad \sigma_0 = \begin{pmatrix} 1 & 0 \\ 0 & 1 \end{pmatrix}$$

As quatro matrizes formam um grupo com relação à operação de multiplicação?

11B.9 As formas algébricas dos orbitais f são uma função radial multiplicada por um dos fatores: (a) $z(5z^2 - 3r^2)$, (b) $y(5y^2 - 3r^2)$, (c) $x(5x^2 - 3r^2)$, (d) $z(x^2 - y^2)$, (e) $y(x^2 - z^2)$, (f) $x(z^2 - y^2)$, (g) xyz. Identifique as representações irredutíveis cobertas por esses orbitais no (a) C_{2v}, (b) C_{3v}, (c) T_d, (d) O_h. Imagine um íon de lantanídeo no centro de (a) um complexo tetraédrico e (b) um complexo octaédrico. Em que conjuntos de orbitais os sete orbitais f se dividem?

‡ Estes problemas foram propostos por Charles Trapp e Carmen Giunta.

SEÇÃO 11C Aplicações da simetria

Questões teóricas

11C.1 Identifique e liste quatro aplicações das tabelas de caracteres.

11C.1 Explique como os argumentos de simetria são utilizados para construir orbitais moleculares.

Exercícios

11C.1(a) Com as propriedades de simetria determine se a integral $\int p_x z p_z d\tau$ é ou não necessariamente nula em uma molécula com a simetria C_{2v}.
11C.1(b) Com as propriedades de simetria determine se a integral $\int p_x z p_z d\tau$ é ou não necessariamente nula em uma molécula com a simetria D_{3h}.

11C.2(a) A transição $A_1 \rightarrow A_2$ é proibida como transição de dipolo elétrico em uma molécula C_{3v}?
11C.2(b) A transição $A_{1g} \rightarrow E_{2u}$ é proibida como transição de dipolo elétrico em uma molécula D_{6h}?

11C.3(a) Mostre que a função xy é da espécie de simetria B_2 no grupo C_{4v}.
11C.3(b) Mostre que a função xyz é da espécie de simetria A_1 no grupo D_2.

11C.4(a) Imagine a molécula NO_2 do C_{2v}. A combinação $p_x(A) - p_x(B)$ dos dois átomos de O (com x perpendicular ao plano) cobre A_2. Há algum orbital do átomo de N central que possa ter sobreposição não nula com esta combinação de orbitais dos O? Como seria o problema com o SO_2, em que estão disponíveis orbitais 3d?
11C.4(b) Imagine o íon NO_3^-. que pertence a C_{3v}. Há algum orbital do átomo de N central que possa ter sobreposição não nula com a combinação $2p_z(A) - p_z(B) - p_z(C)$ dos três átomos de O (com z perpendicular ao plano)? Como seria o problema com o SO_3, que tem orbitais 3d disponíveis?

11C.5(a) O estado fundamental do NO_2 é A_1 no grupo C_{2v}. A que estados ele pode ser excitado por uma transição de dipolo elétrico? Que polarização deve ter a luz para propiciar a excitação?
11C.5(b) Imagine que uma molécula de ClO_2 (que pertence ao C_{2v}) está confinada em um sólido. O seu estado fundamental é B_1. Luz polarizada paralela ao eixo dos y (isto é, paralela à separação entre os dois O) excita a molécula a um estado superior. Qual a espécie de simetria deste estado excitado?

11C.6(a) Verifica-se que uma base cobre uma representação redutível do grupo C_{4v} com caracteres 4,1,1,3,1 (na ordem das operações que aparecem na tabela de caracteres da *Seção de dados*). Quais são as representações irredutíveis que ela cobre?
11C.6(b) Verifica-se que uma base cobre uma representação redutível do grupo D_2 com caracteres 6,–2,0,0 (na ordem das operações que aparecem na tabela de caracteres da *Seção de dados*). Quais são as representações irredutíveis que ela cobre?

11C.7(a) Que estados do (i) benzeno e do (ii) naftaleno podem ser atingidos por transições de dipolo elétrico a partir dos respectivos estados fundamentais (que são totalmente simétricos)?
11C.7(b) Que estados do (i) antraceno e do (ii) coroneno (**7**) podem ser atingidos por transições de dipolo elétrico a partir dos respectivos estados fundamentais (que são totalmente simétricos)?

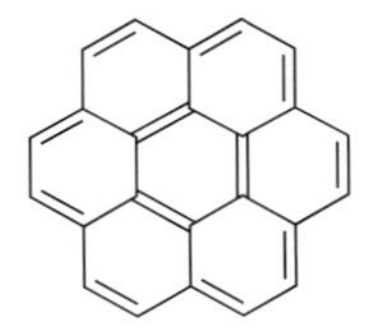

7 Coroneno

11C.8(a) Seja $f_1 = \text{sen}\,\theta$ e $f_2 = \cos\theta$. Mostre, por meio de argumentos de simetria, usando o grupo C_s, que a integral do produto das duas, sobre um intervalo simétrico em torno de $\theta = 0$, é nula.
11C.8(b) Seja $f_1 = x$ e $f_2 = 3x^2 - 1$. Mostre, através de argumentos de simetria, usando o grupo C_s, que a integral do produto das duas, sobre um intervalo simétrico em torno de $x = 0$, é nula.

Problemas

11C.1 Que representações irredutíveis os quatro orbitais H1s do CH_4 cobrem? Há orbitais s e p do átomo central de C que podem formar orbitais moleculares com eles? Os orbitais d, se estivessem presentes no átomo de C, poderiam ter um papel na formação de orbitais no CH_4?

11C.2 Imagine que a molécula de metano seja distorcida (a) pelo alongamento de uma das ligações, ficando com simetria do C_{3v} e (b) pela abertura de um ângulo e fechamento de outro, ficando com a simetria do C_{2v}. Em cada caso, maior número de orbitais d torna-se disponível para as ligações?

11C.3 O produto $3x^2 - 1$ é necessariamente evanescente quando integrado sobre (a) um cubo, (b) um tetraedro, (c) um prisma hexagonal, cada qual centrado na origem?

11C.4‡ Em uma investigação espectroscópica do C_{60}, Negri *et al.* (*J. Phys. Chem.* **100**, 10849 (1996)) localizaram picos no espectro de fluorescência. A molécula tem simetria icosaédrica (I_h). O estado eletrônico fundamental é A_{1g} e os estados excitados mais baixos são T_{1g} e G_g. (a) São permitidas transições induzidas por fótons entre o estado fundamental e qualquer desses estados excitados? Explique a resposta. (b) O que acontece se a molécula for distorcida ligeiramente de modo a remover seu centro de inversão?

11C.5 Para a molécula quadrada plana XeF_4, considere a combinação linear adaptada à simetria $p_1 = p_A - p_B + p_C - p_D$, em que p_A, p_B, p_C e p_D são orbitais atômicos $2p_z$ centrados nos átomos de flúor (identificados no sentido horário). Usando o grupo reduzido D_4 em lugar do grupo de ponto completo da molécula, determine quais dos vários orbitais atômicos s, p e d do átomo de Xe central podem formar orbitais moleculares com p_1.

11C.6 As clorofilas que participam da fotossíntese e os grupos heme dos citocromos são derivados do diânion porfirina (**8**), que pertence ao grupo de simetria D_{4h}. O estado eletrônico fundamental é A_{1g} e o estado excitado de mais baixa energia é E_u. É permitida a transição induzida por fótons entre o estado fundamental e esse estado excitado? Explique a resposta.

N N⁻ N⁻ N

8

CAPÍTULO 12

Espectros de rotação e de vibração

A origem das linhas (ou raias) espectrais na espectroscopia molecular é a absorção, a emissão ou o espalhamento de um fóton quando a energia de uma molécula varia. A diferença em relação à espectroscopia atômica (Seção 9C) é a de que a energia da molécula pode se alterar não apenas pelas transições eletrônicas, mas também pela alteração de mudanças de estados de rotação e de vibração. Por isso, os espectros moleculares são mais complicados do que os espectros atômicos. Por outro lado, propiciam informações sobre maior número de propriedades, e sua análise leva à determinação de valores para as forças, comprimentos e ângulos das ligações. Também oferecem um caminho para a determinação de diversas propriedades moleculares, como os momentos de dipolo.

A estratégia geral a ser adotada neste capítulo é estabelecer as expressões dos níveis de energia das moléculas e, então, inferir a forma dos espectros de rotação e vibração. Os espectros eletrônicos são considerados no Capítulo 13.

12A Aspectos gerais da espectroscopia molecular

Essa seção começa com uma discussão sobre a teoria da absorção e emissão da radiação, levando aos fatores que determinam a intensidade e a largura das linhas espectrais. Descrevemos, então, as características da instrumentação usada para monitorar a absorção, a emissão e o espalhamento de radiação cobrindo uma ampla faixa de frequências.

12B Rotação molecular

Nessa seção veremos como deduzir expressões dos valores dos níveis de energia de rotação de moléculas diatômicas e poliatômicas. O procedimento mais direto, e que iremos adotar, é identificar as expressões da energia e do momento angular obtidas pela mecânica clássica e, então, transformar essas expressões nas suas contrapartes quantomecânicas.

12C Espectroscopia rotacional

Essa seção está concentrada na interpretação dos espectros de rotação pura e Raman rotacional, nos quais somente o estado de rotação de uma molécula se altera. Explicaremos, em termos do spin nuclear e do princípio de Pauli, a observação de que nem todas as moléculas podem ocupar todos os estados de rotação.

12D Espectroscopia vibracional de moléculas diatômicas

Nessa seção vamos considerar os níveis de energia de vibração de moléculas diatômicas e verificar que podemos utilizar as propriedades do oscilador harmônico desenvolvidas na Seção 8B, embora devamos considerar os desvios do oscilador harmônico. Veremos também que os espectros vibracionais de amostras gasosas apresentam características que surgem das transições rotacionais que acompanham a excitação das vibrações.

12E Espectroscopia vibracional de moléculas poliatômicas

Os espectros de vibração de moléculas poliatômicas podem ser discutidos como se eles consistissem em um conjunto de osciladores harmônicos independentes. Assim, pode-se utilizar a mesma abordagem empregada para as moléculas diatômicas. Veremos também que as propriedades de simetria dos deslocamentos atômicos de moléculas poliatômicas são úteis para se decidir quais modos de vibração podem ser estudados espectroscopicamente.

Qual é o impacto deste material?

A espectroscopia molecular também é útil para cientistas de astrofísica e das ciências do meio ambiente. Em *Impacto* I12.1, vemos como a identidade das moléculas encontradas no espaço interestelar pode ser inferida a partir de seus espectros de rotação e de vibração. Em *Impacto* I12.2, voltamos nossa atenção para a Terra e analisamos como as propriedades vibracionais dos constituintes atmosféricos afetam o clima.

12A Aspectos gerais da espectroscopia molecular

Tópicos

➤ Por que você precisa saber este assunto?

Para interpretar os dados provenientes de uma ampla variedade de tipos de espectroscopia molecular, você precisa entender os aspectos teóricos e experimentais comuns a todos os tipos de espectros.

➤ Qual é a ideia fundamental?

Uma transição de um estado de baixa energia para um estado de energia mais alta pode ser estimulada pela absorção de radiação eletromagnética; a transição de um estado de mais alta energia para um de mais baixa energia pode ser espontânea (resultando em emissão de radiação) ou estimulada pela radiação.

➤ O que você já deve saber?

Você precisa estar familiarizado com a quantização da energia em moléculas (Seções 8A-8C) e com o conceito de regra de seleção em espectroscopia (Seção 9C).

Na **espectroscopia por emissão**, uma molécula sofre uma transição de um estado de energia elevada, E_1, para outro estado de energia mais baixa, E_2, e emite o excesso de energia na forma de um fóton. Na **espectroscopia por absorção**, a absorção líquida de uma radiação incidente é monitorada em função da variação da frequência. Chamamos de absorção *líquida* porque, quando a amostra é irradiada, absorção e emissão numa certa frequência são, simultaneamente, estimuladas e o detector mede a diferença entre os dois processos, a absorção líquida. Na **espectroscopia Raman**, alterações no estado molecular são exploradas examinando-se as frequências presentes na radiação espalhada pelas moléculas.

A energia, $h\nu$, do fóton emitido ou absorvido e, portanto, a frequência ν da radiação emitida ou absorvida, é dada pela condição de frequência de Bohr (Eq. 7A.12 da Seção 7A, $h\nu = |E_1 - E_2|$). A espectroscopia de emissão e absorção dá a mesma informação a respeito das separações dos níveis de energia eletrônica, vibracional ou rotacional, mas considerações práticas geralmente determinam que técnica é empregada.

Na espectroscopia Raman, a diferença entre as frequências da radiação espalhada e da radiação incidente é determinada pelas transições que ocorrem na molécula como resultado do impacto de um fóton incidente; esta técnica é usada para estudar vibrações e rotações moleculares. Cerca de 1 em 10^7 dos fótons incidentes colide com as moléculas, cedendo alguma energia, e emerge com energia menor. Esses fótons espalhados constituem a **radiação Stokes**, de menor frequência, da amostra (Fig. 12A.1). Outros fótons incidentes podem receber energia das moléculas (se elas já estão excitadas) e emergem como **radiação anti-Stokes**, de maior frequência. A componente da radiação espalhada sem alteração de frequência é chamada de **radiação Rayleigh**.

A espectroscopia atômica é discutida na Seção 9C. Vamos aqui estabelecer os conceitos para a discussão detalhada das transições moleculares rotacionais (Seções 12B e 12C), vibracionais (Seções

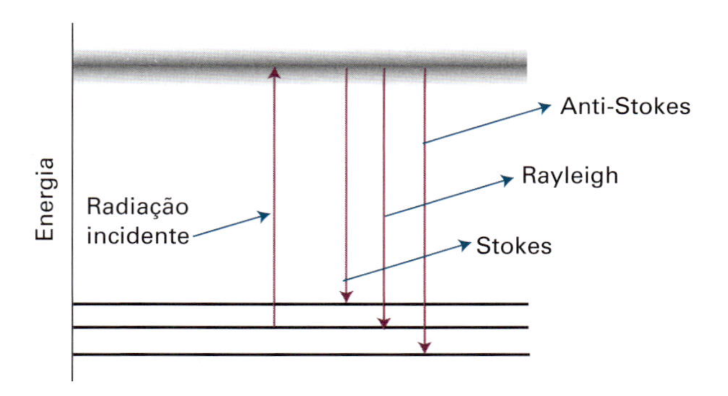

Figura 12A.1 Na espectroscopia Raman, um fóton incidente é espalhado a partir de uma molécula com um aumento na frequência, se a radiação retira energia da molécula, ou com uma diminuição na frequência, se ela perde energia para a molécula, dando origem às linhas anti-Stokes e Stokes, respectivamente. O espalhamento sem alteração da frequência produz a linha Rayleigh. O processo pode ser considerado como ocorrendo devido a uma excitação da molécula em uma ampla faixa de estados (representados pela banda sombreada), e subsequente retorno da molécula ao estado de mais baixa energia; a variação líquida de energia é então removida pelo fóton.

12D e 12E) e eletrônicas (as várias seções do Capítulo 13). As técnicas que investigam as transições entre os estados do spin dos elétrons e dos núcleos também são úteis. Elas são baseadas em abordagens experimentais especiais e considerações teóricas descritas no Capítulo 14.

12.A1 Absorção e emissão de radiação

Como foi mencionado em *Fundamentos* B, a separação entre os níveis de energia de rotação (em moléculas pequenas, $\Delta E \approx 0{,}01$ zJ, correspondendo a cerca de 0,01 kJ mol^{-1}) é menor que aquela entre os níveis de energia de vibração ($\Delta E \approx 10$ zJ, correspondendo a 10 kJ mol^{-1}), que, por sua vez, é menor que aquela entre os níveis de energia eletrônica ($\Delta E \approx 0{,}1-1$ aJ, correspondendo a cerca de 10^2–10^3 kJ mol^{-1}). A partir de $\nu = \Delta E/h$, segue que as transições rotacionais, vibracionais e eletrônicas são devidas à absorção ou emissão de radiação nas regiões de micro-ondas, infravermelho e infravermelho afastado/visível/ultravioleta (veja também o Capítulo 8). Vamos considerar agora as origens das transições espectroscópicas, com o foco nos conceitos que se aplicam a todas as variedades de espectroscopia em geral.

(a) Processos radiativos espontâneos e estimulados

Albert Einstein identificou três contribuições para as transições entre estados. Inicialmente, ele identificou a transição de um estado de energia baixa para outro de energia mais alta, impulsionada por um campo eletromagnético oscilante na frequência da transição. Este processo é chamado de **absorção estimulada**. A taxa desse tipo de transição é proporcional à intensidade da radiação incidente: quanto mais intensa a radiação incidente, maior a taxa de transições induzidas e, portanto, mais forte a absorção pela amostra. Einstein escreveu a taxa de transição como

$$w_{f\leftarrow i} = B_{fi}\rho \qquad \textit{Absorção estimulada} \quad \text{Taxa de transição} \qquad (12A.1)$$

A constante B_{fi} é o **coeficiente de absorção estimulada de Einstein,** e $\rho d\nu$ é a densidade de energia da radiação no intervalo de frequência entre ν e $\nu + d\nu$, sendo ν a frequência da transição. Por exemplo, quando um átomo ou uma molécula estão expostos à radiação de um corpo negro à temperatura T, ρ é dada pela distribuição de Planck (Eq. 7A.6 da Seção 7A):

$$\rho = \frac{8\pi h\nu^3/c^3}{e^{h\nu/kT}-1} \qquad \text{Distribuição de Planck} \qquad (12A.2)$$

Neste ponto, podemos imaginar B_{fi} como um parâmetro empírico que caracteriza a transição: se ele for grande, então uma dada intensidade da radiação incidente induzirá muitas transições e a amostra será fortemente absorvedora. A **taxa total de absorção**, $W_{f\leftarrow i}$, é igual ao produto da taxa de transição de uma única molécula multiplicada pelo número de moléculas N_i no estado mais baixo da transição:

$$W_{f\leftarrow i} = N_i w_{f\leftarrow i} = N_i B_{fi}\rho \qquad \text{Taxa total de absorção} \qquad (12A.3)$$

Einstein também admitiu que a radiação podia induzir a molécula em estado de energia alta a sofrer uma transição para um estado de energia mais baixa, gerando um fóton de frequência ν. Então, escreveu para a taxa desta **emissão estimulada**

$$w_{f\rightarrow i} = B_{if}\rho \qquad \textit{Emissão estimulada} \quad \text{Taxa de transição} \qquad (12A.4)$$

em que B_{if} é o **coeficiente de emissão estimulada de Einstein.** Como veremos mais adiante, esse coeficiente é, na verdade, igual ao coeficiente de absorção estimulada. Além disso, somente radiação com a mesma frequência da transição pode estimular a queda do estado excitado para o de energia mais baixa. Neste ponto, ficamos tentados a imaginar que a taxa total de emissão é essa taxa individual multiplicada pelo número de moléculas no estado de mais alta energia, N_f, e, portanto, escrever $W_{f\rightarrow i} = N_f B_{if}\rho$. Entretanto, há um problema: no equilíbrio (tal como em uma cavidade do tipo corpo negro), a taxa de emissão é igual à de absorção; logo, $N_i B_{fi}\rho = N_f B_{if}\rho$. Portanto, como $B_{if} = B_{fi}$, $N_i = N_f$. A conclusão de que as populações devem ser iguais no equilíbrio está em conflito com outra conclusão fundamental, a de que a razão entre as populações é dada pela distribuição de Boltzmann (*Fundamentos* B e Seção 15A), o que implica que $N_i \neq N_f$.

Einstein percebeu que, a fim de harmonizar a análise das taxas de transição com a distribuição de Boltzmann, deve haver outra via de decaimento do estado de mais alta energia para o de mais baixa, e escreveu

$$w_{f\to i} = A + B_{if}\rho \qquad \text{Taxa de emissão} \qquad (12A.5)$$

A constante A é o **coeficiente de emissão espontânea de Einstein.** Portanto, **a taxa total de emissão,** $W_{f\to i}$, é

$$W_{f\to i} = N_f w_{f\to i} = N_f(A + B_{if}\rho) \qquad \text{Taxa total de emissão} \qquad (12A.6)$$

Em equilíbrio térmico, N_i e N_f não variam com o tempo. Esta condição é atingida quando as taxas totais de emissão e de absorção são iguais:

$$N_i B_{fi}\rho = N_f(A + B_{if}\rho) \qquad \text{Equilíbrio térmico} \qquad (12A.7)$$

e, portanto,

$$\rho = \frac{N_f A}{N_i B_{fi} - N_f B_{if}} \overset{\text{dividir por } N_f B_{fi}}{=} \frac{A/B_{fi}}{N_i/N_f - B_{if}/B_{fi}} = \frac{A/B_{fi}}{e^{h\nu/kT} - B_{if}/B_{fi}} \qquad (12A.8)$$

Usamos a expressão de Boltzmann (*Fundamentos* B e Seção 15A) para a razão entre as populações do estado mais alto (com energia E_f) e do estado mais baixo (com energia E_i):

$$\frac{N_f}{N_i} = e^{-\overbrace{(E_f - E_i)}^{h\nu}/kT}$$

Esse resultado tem a mesma forma da distribuição de Planck (Eq. 12A.2), que descreve a densidade de radiação em equilíbrio térmico. De fato, quando comparamos as Eqs. 12A.2 e 12A.8, podemos concluir que $B_{if} = B_{fi}$ (como ficamos de mostrar), e que

$$A = \left(\frac{8\pi h\nu^3}{c^3}\right)B \qquad (12A.9)$$

O ponto importante sobre a Eq. 12A.9 é que ela mostra que a importância relativa da emissão espontânea aumenta com a terceira potência da frequência, sendo, portanto, de grande importância em frequências muito altas. Por outro lado, a emissão espontânea pode ser ignorada em frequências de transição baixas; neste caso, as intensidades dessas transições podem ser discutidas somente em termos de emissão e absorção estimuladas.

Breve ilustração 12A.1 Os coeficientes de Einstein

Uma frequência típica para a transição na região de micro-ondas do espectro eletromagnético (correspondente à excitação de uma rotação molecular) é 600 GHz (1 GHz = 10^9 Hz), ou $6{,}00 \times 10^{11}$ s^{-1}. Para avaliar a importância relativa da emissão espontânea, com taxa A, e da emissão estimulada, com taxa $B\rho$, a 298 K, reescrevemos a Eq. 12A.8, com $B = B_{fi} = B_{if}$, quando ela se torna

$$\rho = \frac{A/B}{e^{h\nu/kT} - 1}$$

para formar a razão

$$\frac{A}{B\rho} = e^{h\nu/kT} - 1 = e^{(6{,}626\times10^{-34}\,\text{J s})\times(6{,}00\times10^{11}\,\text{s}^{-1})/(1{,}381\times10^{-23}\,\text{J K}^{-1})\times(298\,\text{K})} - 1$$
$$= 0{,}101$$

e tanto a emissão estimulada quanto a espontânea são significativas nesse comprimento de onda.

Exercício proposto 12A.1 Calcule a razão $A/B\rho$, a 298 K, para uma transição na região do infravermelho do espectro eletromagnético, correspondente à excitação de uma vibração molecular, com número de onda 2000 cm^{-1}. Que conclusões você pode tirar?

Resposta: $A/B\rho = 1{,}6 \times 10^4$; para transições vibracionais, a emissão espontânea é mais significativa que a estimulada

(b) Regras de seleção e momentos de transição

Encontramos inicialmente o conceito de "regra de seleção", na Seção 9C, como uma proposição que caracterizava se uma transição é proibida ou permitida. As regras de seleção também se aplicam aos espectros moleculares e assumem formas que dependem do tipo de transição. A ideia clássica subjacente à análise é a de que a interação entre uma molécula e um campo eletromagnético oscilante, para absorção ou emissão de um fóton com a frequência ν, só se dá se a molécula tiver, pelo menos transientemente, um dipolo elétrico oscilando na frequência do campo. Vimos na Seção 9C que este dipolo transiente se exprime, na mecânica quântica, em termos do momento de dipolo da transição, μ_{fi}, entre os estados ψ_i e ψ_f:

$$\mu_{fi} = \int \psi_f^* \hat{\mu} \psi_i \, d\tau \qquad \textit{Definição} \quad \text{Momento de dipolo da transição} \qquad (12A.10)$$

em que $\hat{\mu}$ é o operador momento de dipolo elétrico. A grandeza do dipolo de transição pode ser considerada uma medida da redistribuição de cargas que acompanha a transição. A transição somente será ativa (e emitirá ou absorverá fótons) se a redistribuição de cargas que a acompanha for dipolar (Fig. 12A.2). Somente se o momento de transição for diferente de zero a transição contribuirá para o espectro. Portanto, para obter as regras de seleção, devemos examinar as condições para que o momento de dipolo $\mu_{fi} \neq 0$.

Uma **regra de seleção geral** especifica as características gerais que a molécula deve ter para exibir um espectro de certo tipo. Por exemplo, veremos na Seção 12C que a molécula só terá espectro de rotação se tiver momento de dipolo elétrico permanente.

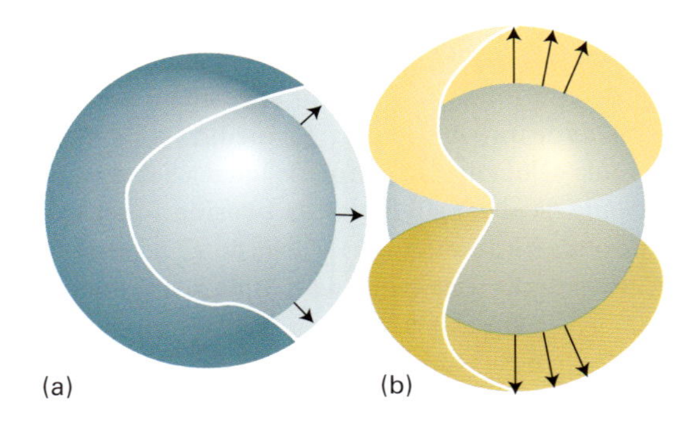

Figura 12A.2 (a) Quando um elétron 1s passa a um 2s, há uma migração esférica de carga; não há momento de dipolo associado a essa migração de carga e a transição de dipolo é proibida. (b) Ao contrário, quando um elétron 1s passa a 2p, há um dipolo associado à migração de carga; esta transição é permitida.

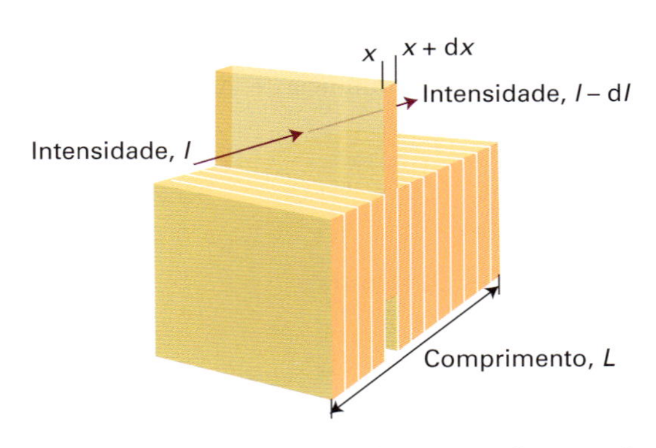

Figura 12A.3 Para estabelecer a lei de Beer-Lambert, supõe-se que a amostra é fatiada em um grande número de planos. A redução da intensidade causada por um plano é proporcional à intensidade nele incidente (após passar pelos planos que o precedem), à espessura do plano e à concentração da espécie absorvedora.

Esta regra, e outras semelhantes para outros tipos de transição, será explicada nas seções pertinentes no decorrer deste capítulo. Um estudo detalhado dos momentos de transição leva a **regras de seleção específicas** que exprimem as transições permitidas em termos de variações de números quânticos.

(c) Lei de Beer-Lambert

Considere a absorção de radiação por uma amostra. Observa-se experimentalmente que a intensidade transmitida varia com o comprimento da amostra L e com a concentração molar, [J], da espécie J absorvedora, conforme a **lei de Beer-Lambert:**

$$I = I_0 10^{-\varepsilon[\mathrm{J}]L} \qquad \text{Lei de Beer-Lambert} \qquad (12A.11)$$

em que I_0 é a intensidade incidente. O parâmetro ε (épsilon) é o **coeficiente de absorção molar** (ainda amplamente conhecido pelo antigo nome de "coeficiente de extinção"). O coeficiente de absorção molar depende da frequência da radiação incidente e é maior na frequência em que a absorção é mais intensa. Suas dimensões são 1/(concentração × comprimento), e é comum ser expresso em decímetros cúbicos por mol por centímetro ($\mathrm{dm^3\ mol^{-1}\ cm^{-1}}$). Nas unidades básicas do SI, ele é expresso em metro quadrado por mol ($\mathrm{m^2\ mol^{-1}}$). Esta unidade mostra que ε pode ser considerado uma seção eficaz de absorção (molar). Quanto maior a seção eficaz de absorção da molécula, maior a sua capacidade de impedir a passagem da radiação incidente. A lei de Beer-Lambert é uma lei empírica. É fácil, porém, justificar a sua forma, como é mostrado na *Justificativa* 12A.1.

Justificativa 12A.1 A lei de Beer-Lambert

Podemos imaginar que a amostra consiste em uma sucessão de camadas infinitesimais, como um pão de fôrma fatiado (Fig. 12A.3). A espessura de cada camada é dx. A variação da intensidade, dI, que ocorre quando a radiação eletromagnética passa através de uma camada específica, é proporcional à espessura da camada, à concentração da espécie absorvedora J e à intensidade incidente sobre cada camada da amostra; então, $\mathrm{d}I \propto [\mathrm{J}]I\mathrm{d}x$. Como d$I$ é negativo (a intensidade é reduzida pela absorção), podemos escrever

$$\mathrm{d}I = -\kappa[\mathrm{J}]I\mathrm{d}x$$

em que κ (capa) é um coeficiente de proporcionalidade. Dividindo ambos os lados por I obtemos

$$\frac{\mathrm{d}I}{I} = -\kappa[\mathrm{J}]\mathrm{d}x$$

Essa expressão aplica-se a cada camada sucessiva atravessada pela radiação na amostra.

Para obter a intensidade da radiação que emerge da amostra de espessura L, quando a intensidade incidente sobre uma face da amostra for I_0, basta fazer a soma de todas as variações sucessivas. Como a soma sobre incrementos infinitesimalmente pequenos é uma integral, escrevemos

$$\overbrace{\int_{I_0}^{I}\frac{\mathrm{d}I}{I}}^{\text{Integral A.2: }\ln(I/I_0)} = -\kappa\int_0^L [\mathrm{J}]\mathrm{d}x \overset{[\mathrm{J}]\text{ uniforme}}{=} -\kappa[\mathrm{J}]\overbrace{\int_0^L \mathrm{d}x}^{\text{Integral A.1: }L}$$

na segunda etapa, estamos admitindo que a concentração é uniforme, logo [J] é independente de x e pode ser retirada da integral. Portanto,

$$\ln\frac{I}{I_0} = -\kappa[\mathrm{J}]L$$

Como $\ln x = (\ln 10)\log x$, podemos escrever $\varepsilon = \kappa/\ln 10$ e obter

$$\log\frac{I}{I_0} = -\varepsilon[\mathrm{J}]L$$

que é a lei de Beer-Lambert (Eq. 12A.11) quando tomamos os antilogaritmos (decimais).

As características espectrais de uma amostra são normalmente descritas pela **transmitância**, T, da amostra a uma dada frequência:

$$T = \frac{I}{I_0} \quad \textit{Definição} \quad \text{Transmitância} \quad (12A.12)$$

e pela **absorbância**, A, da amostra:

$$A = \log \frac{I_0}{I} \quad \textit{Definição} \quad \text{Absorbância} \quad (12A.13)$$

As duas grandezas estão relacionadas por $A = -\log T$ (observe o logaritmo decimal), e a lei de Beer-Lambert fica então

$$A = \varepsilon[\mathrm{J}]L \quad (12A.14)$$

O produto $\varepsilon[\mathrm{J}]L$ era conhecido antigamente como a *densidade óptica* da amostra.

Exemplo 12A.1 Determinação do coeficiente de absorção molar

Radiação de comprimento de onda 280 nm passou através de 1,0 mm de uma solução contendo uma solução aquosa do aminoácido triptofano em uma concentração de 0,5 mmol dm^{-3}. A intensidade da luz foi reduzida a 54% de seu valor inicial (logo, $T = 0{,}54$). Calcule a absorbância e o coeficiente de absorção molar do triptofano em 280 nm. Qual seria a transmitância através de uma célula de espessura igual a 2,00 mm?

Método De $A = -\log T = \varepsilon[\mathrm{J}]L$, segue que $\varepsilon = -(\log T)/[\mathrm{J}]L$. Para a transmitância através da célula mais espessa, usamos $T = 10^{-A}$ e o valor de ε calculado aqui.

Solução O coeficiente de absorção molar é

$$\varepsilon = \frac{-\log 0{,}54}{(5{,}0\times10^{-4}\,\mathrm{mol\,dm^{-3}})\times(1{,}0\,\mathrm{mm})} = 5{,}4\times10^{2}\,\mathrm{dm^3\,mol^{-1}\,mm^{-1}}$$

Essas unidades são adequadas para o restante dos cálculos (mas o resultado poderia ser dado como $5{,}4\times10^3$ dm^3 mol^{-1} cm^{-1}, se desejado). A absorbância é

$$A = -\log 0{,}54 = 0{,}27$$

A absorbância de uma amostra de comprimento 2,0 mm é

$$A = (5{,}4\times10^{2}\,\mathrm{dm^3\,mol^{-1}\,mm^{-1}})\times(5{,}0\times10^{-4}\,\mathrm{mol\,dm^{-3}}) \times(2{,}0\,\mathrm{mm}) = 0{,}54$$

Segue que a transmitância é agora

$$T = 10^{-A} = 10^{-0{,}54} = 0{,}29$$

Ou seja, a luz que emerge é reduzida a 29% da sua intensidade incidente.

Exercício proposto 12A.2 A transmitância de uma solução aquosa que continha o aminoácido tirosina a uma concentração molar de 0,10 mmol dm^{-3} foi medida como 0,14 a 240 nm, em uma célula de comprimento igual a 5,0 mm. Calcule o coeficiente de absorção molar da tirosina àquele comprimento de onda e a absorbância da solução. Qual seria a transmitância através de uma célula de comprimento 1,0 mm?

Resposta: $1{,}1\times10^4$ dm^3 mol^{-1} cm^{-1}, $A = 0{,}17$, $T = 0{,}68$

O valor máximo do coeficiente de absorção molar, $\varepsilon_{\text{máx}}$, é uma indicação da intensidade de uma transição. Porém, as bandas de absorção, em geral, ocupam um intervalo de números de onda, e o coeficiente de absorção para um único comprimento de onda pode não dar uma indicação fidedigna da intensidade da transição. O **coeficiente de absorção integrado**, $\mathcal{A}$, é a soma dos coeficientes de absorção sobre toda a banda (Fig. 12A.4) e corresponde à área subtendida pela curva do coeficiente de absorção molar contra o número de onda:

$$\mathcal{A} = \int_{\text{banda}} \varepsilon(\tilde{\nu})\mathrm{d}\tilde{\nu} \quad \textit{Definição} \quad \text{Coeficiente de absorção integrado} \quad (12A.15)$$

No caso de linhas com larguras semelhantes, os coeficientes de absorção integrados são proporcionais às alturas dos máximos das linhas.

12A.2 Larguras das linhas espectrais

Muitos efeitos contribuem para as larguras das linhas espectroscópicas. Alguns deles podem ser modificados pela alteração das condições da amostra, e para se ter resolução elevada devemos saber como tornar mínimas as suas contribuições. Outros efeitos, porém, não podem ser alterados e estabelecem limites intrínsecos à resolução.

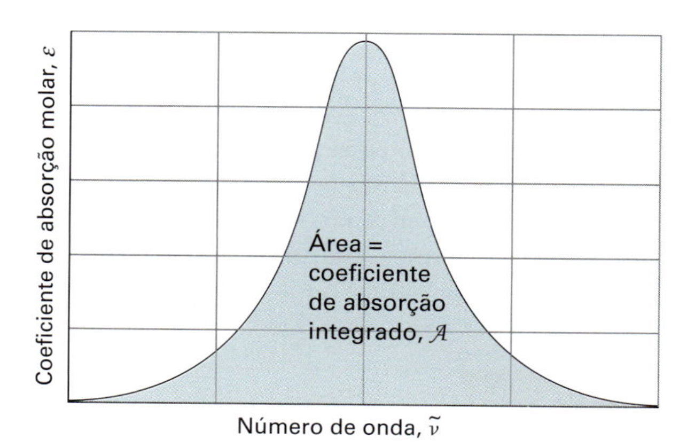

Figura 12A.4 O coeficiente de absorção integrado de uma transição é a área subtendida pela curva do coeficiente de absorção molar contra o número de onda da radiação incidente.

(a) Alargamento Doppler

Um importante processo de alargamento das linhas dos espectros de amostras gasosas é o **efeito Doppler.** Neste efeito, há deslocamento da frequência da radiação conforme a fonte esteja se aproximando ou se afastando do observador. Quando uma fonte emissora de radiação eletromagnética com a frequência ν se desloca com a velocidade s em relação a um observador, este detecta a radiação com a frequência dada por

$$\nu_{\text{afastamento}} = \left(\frac{1-s/c}{1+s/c}\right)^{1/2}\nu \qquad \nu_{\text{aproximação}} = \left(\frac{1+s/c}{1-s/c}\right)^{1/2}\nu$$

Deslocamento Doppler (12A.16a)

em que c é a velocidade da luz. No caso de velocidades não relativistas ($s \ll c$) essas expressões simplificam-se para

$$\nu_{\text{afastamento}} \approx \frac{\nu}{1+s/c} \qquad \nu_{\text{aproximação}} \approx \frac{\nu}{1-s/c} \qquad (12\text{A}.16\text{b})$$

Átomos e moléculas podem ter velocidades elevadas em todas as direções em um gás, e um observador estacionário observa as frequências num intervalo determinado pelos deslocamentos Doppler. Algumas moléculas aproximam-se do observador, outras se afastam, algumas são rápidas, outras são lentas, e a "linha" espectral observada é o perfil de absorção ou de emissão provocado pela superposição de todos os deslocamentos Doppler. Como é mostrado na *Justificativa* 12A.2, o perfil reflete a distribuição das velocidades paralelamente à reta de observação e tem a forma de uma curva de Gauss. O perfil da linha resultante do efeito Doppler também é gaussiano (Fig. 12A.5), e mostra-se na *Justificativa* 12A.2 que, quando a temperatura for T e a massa do átomo ou molécula for m, então a largura observada da linha a meia altura (em termos de frequência ou de comprimento de onda) é

$$\delta\nu_{\text{obs}} = \frac{2\nu}{c}\left(\frac{2kT\ln 2}{m}\right)^{1/2} \qquad \delta\lambda_{\text{obs}} = \frac{2\lambda}{c}\left(\frac{2kT\ln 2}{m}\right)^{1/2}$$

Alargamento Doppler (12A.17)

Intensidade de absorção; Frequência; T/3; T; 3T

Figura 12A.5 A forma gaussiana de uma linha espectral alargada pelo efeito Doppler reflete a distribuição de Maxwell de velocidades das moléculas da amostra na temperatura da experiência. Observe que a linha se alarga à medida que a temperatura se eleva.

O alargamento Doppler aumenta com a temperatura porque as moléculas adquirem uma faixa maior de velocidades. Portanto, para obter espectros com a maior nitidez possível, é melhor trabalhar com amostras frias.

Breve ilustração 12A.2 Alargamento Doppler

Para uma molécula como o N_2, a $T = 300$ K,

$$\frac{\delta\nu_{\text{obs}}}{\nu} = \frac{2}{c}\left(\frac{2kT\ln 2}{m_{N_2}}\right)^{1/2} = \frac{2}{2{,}998\times10^{8}\,\text{m s}^{-1}}$$
$$\times\left(\frac{2\times\left(1{,}380\times10^{-23}\ \overset{\text{kg m}^2\,\text{s}^{-2}}{\widehat{\text{J}}}\ \text{K}^{-1}\right)\times(300\,\text{K})\times\ln 2}{4{,}653\times10^{-26}\,\text{kg}}\right)^{1/2}$$
$$= 2{,}34\times10^{-6}$$

Para um número de onda de transição de 2331 cm^{-1} (que vem do espectro Raman do N_2), correspondente a uma frequência de 69,9 THz (1 THz = 10^{12}), a largura da linha é 164 MHz.

Exercício proposto 12A.3 Qual é a largura da linha do alargamento Doppler da transição a 821 nm no hidrogênio atômico a 300 K?

Resposta: 4,38 GHz

Justificativa 12A.2 Alargamento Doppler

Sabemos da distribuição de Boltzmann (*Fundamentos* B e Seção 15A) que a probabilidade de que um átomo ou molécula de massa m e velocidade s, em uma amostra com temperatura T, tenha energia cinética $E_k = \frac{1}{2}ms^2$ é proporcional a $e^{-ms^2/2kT}$. As frequências observadas, ν_{obs}, emitidas ou absorvidas pela molécula, estão relacionadas com a sua velocidade pela Eq. 12A.16b. Quando $s \ll c$, o deslocamento Doppler na frequência é

$$\nu_{\text{obs}} - \nu \approx \pm\nu s/c$$

Mais especificamente, a intensidade I de uma transição na ν_{obs} é proporcional à probabilidade de encontrar o átomo que emite ou absorve na ν_{obs}. Assim, segue da distribuição de Boltzmann, e da expressão para o deslocamento Doppler, $s = (\nu_{\text{obs}} - \nu)c/\nu$ que

$$I(\nu_{\text{obs}}) \propto e^{-mc^2(\nu_{\text{obs}}-\nu)^2/2\nu^2kT} \qquad (12\text{A}.18)$$

a qual tem a forma de uma função gaussiana. Como a largura na meia altura de uma função gaussiana $ae^{-(x-b)^2/2\sigma^2}$ (em que a, b e σ são constantes) é $\delta x = 2\sigma(2\ln 2)^{1/2}$, $\delta\nu_{\text{obs}}$ pode ser calculado diretamente do expoente da Eq. 12A.18 para dar a Eq. 12A.17.

(b) Alargamento do tempo de vida

Observa-se que as linhas espectroscópicas de amostras em fase gasosa não são perfeitamente definidas, mesmo quando se elimina o alargamento Doppler operando em temperaturas baixas. O alargamento residual das linhas é fruto de efeitos quânticos. Especificamente, quando a equação de Schrödinger é resolvida para um sistema que se altera no tempo, verifica-se que é impossível determinar os níveis de energia com rigorosa exatidão. Se, em média, um sistema permanece por um tempo τ (tau) em um certo estado, o tempo de vida do estado, então os níveis de energia correspondentes têm uma incerteza na energia da ordem de $\delta E \approx \hbar/\tau$. Quando se exprime a incerteza na energia em termos de número de onda, $\delta E = hc\delta\tilde{\nu}$, e introduzimos na expressão anterior os valores das constantes fundamentais, essa relação se torna

$$\delta\tilde{\nu} \approx \frac{5{,}3\ \text{cm}^{-1}}{\tau/\text{ps}} \qquad \text{Alargamento do tempo de vida} \qquad (12\text{A}.19)$$

e dá uma indicação do **alargamento do tempo de vida** das linhas espectrais. Nenhum estado excitado tem um tempo de vida infinito; portanto, todos os estados estão sujeitos a algum alargamento do tempo de vida. Quanto menor for o tempo de vida dos estados envolvidos numa transição, mais largas serão as linhas espectrais correspondentes.

Breve ilustração 12A.3 Alargamento do tempo de vida

Um tempo de vida típico de um estado eletrônico excitado é cerca de $\tau = 10^{-8}$ s = $1{,}0 \times 10^4$ ps, correspondendo a uma largura de linha de

$$\delta\tilde{\nu} \approx \frac{5{,}3\ \text{cm}^{-1}}{1{,}0\times 10^4} = 5{,}3\times 10^{-4}\ \text{cm}^{-1}$$

que corresponde a 16 MHz.

Exercício proposto 12A.4 Considere uma rotação molecular com tempo de vida de 10^3 s. Qual é a largura da linha espectral?

Resposta: 5×10^{-15} cm^{-1} (da ordem de 10^{-4} Hz).

Dois processos respondem pelos tempos de vida finitos dos estados excitados. O dominante nas transições de baixa frequência é a **desativação por colisão**, provocado pelas colisões entre os átomos ou dos átomos com as paredes do recipiente. Se o **tempo de vida entre colisões**, isto é, o intervalo de tempo médio entre duas colisões sucessivas, for τ_{col}, a largura da linha que é provocada por estas colisões é $\delta E_{col} \approx \hbar/\tau_{col}$. Como $\tau_{col} = 1/z$, em que z é a frequência de colisões e se sabe, pelo modelo cinético dos gases (Seção 1B), que z é proporcional à pressão, concluímos que a largura da linha resultante das colisões é proporcional à pressão. A largura da linha resultante das colisões pode, portanto, ser minimizada trabalhando-se a baixas pressões.

A velocidade de emissão espontânea não pode ser alterada. É um limite natural para o tempo de vida de um estado excitado, e o alargamento que provoca na linha espectral é uma **largura natural da linha** da transição. A largura natural da linha é uma propriedade intrínseca da transição, e não pode ser mudada modificando-se as condições. Como a taxa de emissão espontânea aumenta com ν^3, o tempo de vida do estado excitado diminui com ν^3, e a largura natural aumenta com a frequência da transição. As transições rotacionais (na região de micro-ondas) ocorrem em frequências muito mais baixas que as transições vibracionais (no infravermelho) e, consequentemente, têm tempos de vida muito maiores e larguras naturais de linha muito menores; a baixas pressões, as larguras das linhas são devidas principalmente ao efeito Doppler.

12A.3 Técnicas experimentais

Vamos considerar agora os aspectos práticos da espectroscopia molecular. O **espectrômetro** é um instrumento comum a todas as técnicas espectroscópicas. Através dele é possível detectar a composição da frequência da radiação eletromagnética espalhada, emitida ou absorvida por átomos e moléculas. Como exemplo, a montagem geral de um espectrômetro de absorção está esquematizada na Fig. 12A.6. Radiação, proveniente de uma fonte apropriada, é orientada na direção de uma amostra. A radiação transmitida atinge um dispositivo que separa a radiação em diferentes frequências. A intensidade da radiação em cada frequência é, então, analisada por um detector adequado.

(a) Fontes de radiação

Fontes de radiação ou são *monocromáticas*, aquelas que varrem uma faixa estreita de frequências em torno de um valor central, ou são *policromáticas*, aquelas que varrem uma extensa faixa de frequências. Fontes monocromáticas que podem ser sintonizadas num intervalo de frequências incluem o *klystron* e o *diodo Gunn*, que operam no intervalo de micro-ondas, e os lasers (Seção 13C).

Fontes policromáticas que utilizam as vantagens da radiação de corpo negro a partir de materiais aquecidos (Seção 7A) podem ser usadas das regiões do espectro eletromagnético

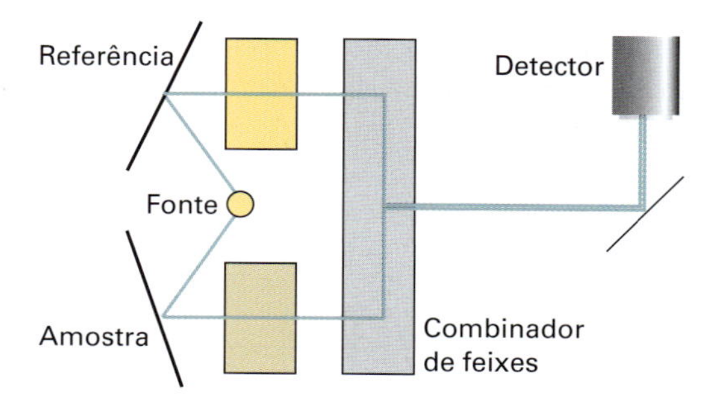

Figura 12A.6 Montagem de um espectrômetro de absorção típico, no qual o feixe da radiação de excitação passa alternadamente através de uma amostra e de uma célula de referência. O detector é sincronizado com elas, de forma que a absorção relativa pode ser determinada.

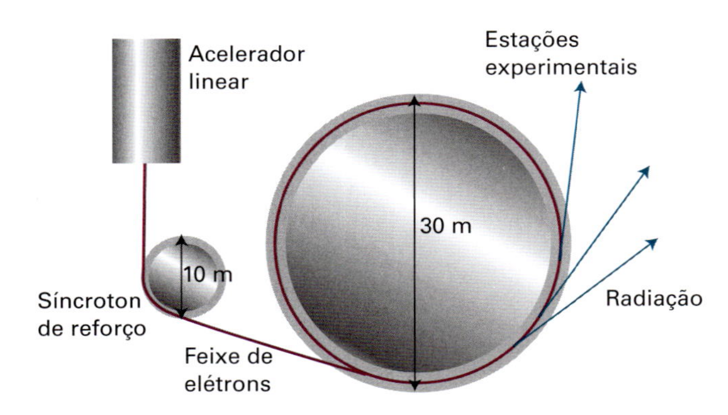

Figura 12A.7 Anel de um síncroton. Os elétrons injetados no anel, provenientes de um acelerador linear e de um síncroton de reforço, são acelerados a alta velocidade no anel principal. O elétron que percorre uma trajetória curva é continuamente acelerado, e uma carga acelerada irradia energia eletromagnética. Diferentes versões de síncrotons usam diferentes estratégias para gerar radiação de uma ampla faixa espectral, de modo que experimentos em frequências diferentes podem ser realizados simultaneamente.

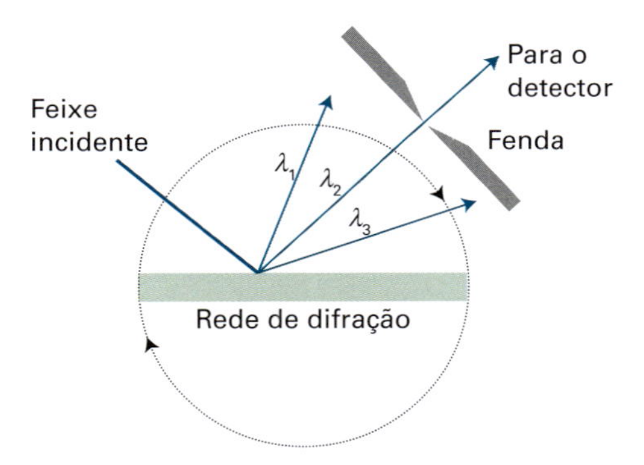

Figura 12A.8 Um feixe policromático é disperso por uma rede de difração em componentes de comprimentos de onda λ_1, λ_2 e λ_3. Na configuração mostrada aqui, somente a radiação com λ_2 passa através de uma estreita fenda e alcança o detector. A rotação da rede de difração (na direção mostrada pelas setas no círculo pontilhado) permite que λ_1 e λ_3 alcancem o detector.

que vão do infravermelho ao ultravioleta. Exemplos incluem arcos de mercúrio excitado dentro de uma ampola de quartzo ($35\ \text{cm}^{-1} < \tilde{\nu} < 200\ \text{cm}^{-1}$), *lâmpada de Nernst* ou um *globar* ($200\ \text{cm}^{-1} < \tilde{\nu} < 4000\ \text{cm}^{-1}$) e *lâmpadas de tungstênio-halogênio com invólucro de quartzo* ($320\ \text{nm} < \lambda < 2500\ \text{nm}$).

Uma fonte comum de radiação no ultravioleta e no visível é uma *lâmpada de descarga de gás*. Na *lâmpada de descarga de xenônio*, uma descarga elétrica faz com que os átomos de xenônio passem para estados excitados, ocorrendo então a emissão da radiação ultravioleta. Numa *lâmpada de deutério*, moléculas de D_2 excitadas se dissociam em átomos de D eletronicamente excitados, que então emitem intensa radiação entre 200 e 400 nm.

Em certas aplicações, a radiação síncroton é gerada no *anel de aceleração de um síncrotron*, que consiste em um feixe de elétrons deslocando-se numa trajetória circular com algumas centenas de metros de diâmetro. Quando elétrons percorrem uma trajetória circular, são acelerados constantemente pelas forças que os obrigam a este tipo de trajetória, e, devido a essa aceleração, geram radiação eletromagnética (Fig. 12A.7). A **radiação síncroton** cobre ampla faixa de frequências, incluindo o infravermelho e os raios X. Em geral, exceto na região de micro-ondas, a radiação síncroton é muito mais intensa do que a gerada pela maioria das fontes convencionais.

(b) Análise espectral

Um dispositivo comum para a análise dos comprimentos de onda (ou números de onda) em um feixe de radiação é uma *rede de difração*. Uma rede de difração é uma placa de vidro ou de cerâmica na qual foram traçadas ranhuras recobertas por um revestimento de alumínio refletor. Para operar na região visível do espectro, as ranhuras são cortadas com espaçamento em torno de 1000 nm entre si (um espaçamento comparável ao comprimento de onda da luz visível). A rede provoca a interferência entre as ondas refletidas pela sua superfície, e a interferência construtiva ocorre em ângulos específicos que dependem da frequência da radiação que está sendo utilizada. Assim, cada comprimento de onda de luz é direcionado para uma direção específica (Fig. 12A.8). Em um *monocromador*, uma fenda estreita de saída permite que somente um pequeno intervalo de comprimentos de onda alcance o detector. Através da rotação da rede em torno de um eixo perpendicular aos feixes incidente e difratado, é possível que comprimentos de onda diferentes sejam analisados; deste modo, o espectro de absorção é obtido num curto intervalo de comprimentos de onda num determinado instante. Em um *policromador*, não há nenhuma fenda, e um grande intervalo de comprimentos de onda pode ser simultaneamente analisado por um *arranjo de detectores*, tal como é discutido a seguir.

Atualmente, muitos espectrômetros, em particular os que operam no infravermelho e no infravermelho próximo, utilizam as **técnicas de transformada de Fourier** de detecção e análise espectrais. O coração de um espectrômetro que trabalha utilizando a transformada de Fourier é um *interferômetro de Michelson*, um dispositivo que analisa as frequências presentes em um sinal composto. O sinal total oriundo de uma amostra é como um acorde tocado em um piano, e a transformada de Fourier do sinal é equivalente à separação do acorde em suas notas individuais, ou seja, o seu espectro.

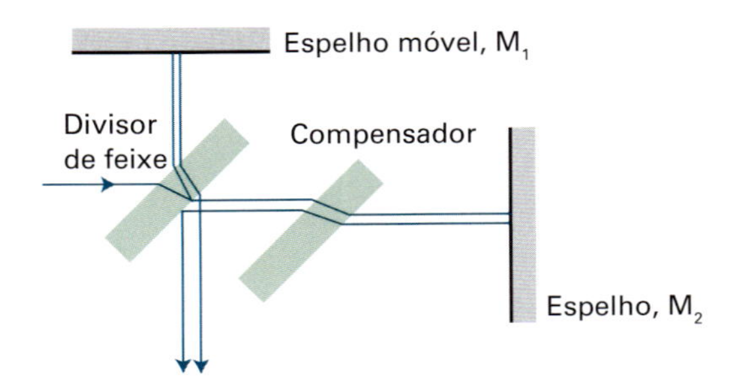

Figura 12A.9 Interferômetro de Michelson. O elemento divisor do feixe divide em dois o feixe incidente, e cada qual segue um percurso cuja diferença depende da posição do espelho M_1. Um compensador assegura que os dois feixes percorram a mesma distância no interior do material.

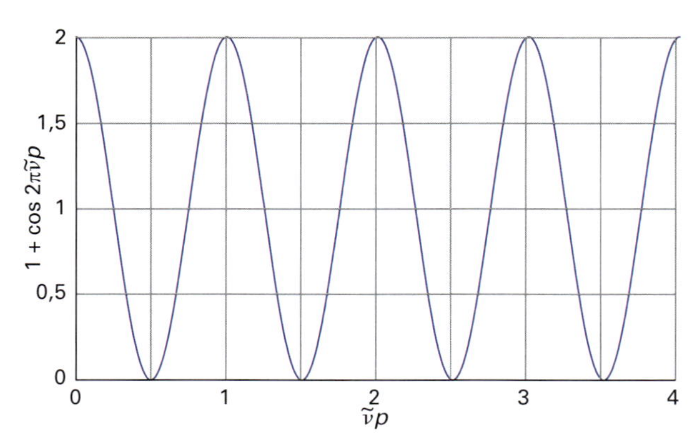

Figura 12A.10 Interferograma que se forma quando a diferença de percurso p se altera no interferômetro mostrado na Fig. 12A.9. Somente uma única componente de frequência está presente no sinal, de modo que a figura é um gráfico da função $I(p)=I_0(1+\cos 2\pi\tilde{\nu}p)$, em que I_0 é a intensidade da radiação.

O interferômetro de Michelson opera dividindo o feixe original da amostra em duas partes e introduzindo uma diferença variável de caminho óptico, p, entre elas (Fig. 12A.9). Quando as duas componentes se recombinam, há uma diferença de fase entre elas, e a interferência é construtiva ou destrutiva, conforme a diferença de percurso. O sinal detectado oscila à medida que as duas componentes ficam alternadamente em fase ou fora de fase, em função da diferença de percurso (Fig. 12A.10). Se o número de onda da radiação for $\tilde{\nu}$, a intensidade do sinal detectado, devido à radiação no intervalo de números de onda entre $\tilde{\nu}$ e $\tilde{\nu}+\mathrm{d}\tilde{\nu}$, que simbolizaremos por $I(p,\tilde{\nu})\mathrm{d}\tilde{\nu}$, varia com p conforme

$$I(p,\tilde{\nu})\mathrm{d}\tilde{\nu}=I(\tilde{\nu})(1+\cos 2\pi\tilde{\nu}p)\mathrm{d}\tilde{\nu} \qquad (12A.20)$$

Assim, o interferômetro converte a presença de uma certa componente, com um certo número de onda no sinal, numa variação de intensidade da radiação que atinge o detector. Um sinal real é constituído por grande número de componentes com vários números de ondas, e a intensidade total registrada, que representaremos por $I(p)$, é a soma das contribuições de todos os números de onda presentes no sinal:

$$I(p)=\int_0^\infty I(p,\tilde{\nu})\mathrm{d}\tilde{\nu}=\int_0^\infty I(\tilde{\nu})(1+\cos 2\pi\tilde{\nu}p)\mathrm{d}\tilde{\nu} \qquad (12A.21)$$

Um gráfico de $I(p)$ em função de p é um **interferograma**. O problema é então encontrar $I(\tilde{\nu})$, a variação da intensidade com o número de onda, que é o espectro que desejamos conhecer, a partir dos valores registrados de $I(p)$. Esta etapa é uma técnica padrão da matemática e se baseia na "transformada de Fourier", que dá nome a esta forma de espectroscopia (veja a *Revisão de matemática* 7 que se segue ao Capítulo 18). Especificamente:

$$I(\tilde{\nu})=4\int_0^\infty \{I(p)-\tfrac{1}{2}I(0)\}\cos 2\pi\tilde{\nu}p\,\mathrm{d}p \qquad \text{Transformação de Fourier} \qquad (12A.22)$$

em que $I(0)$ é dada pela Eq. 12A.21, com p = 0. Essa integração é efetuada numericamente num computador que faz parte do espectrômetro, e a saída do instrumento, $I(\tilde{\nu})$, é o espectro de transmissão da amostra.

Exemplo 12A.2 Cálculo de uma transformada de Fourier

Considere um sinal que consiste em três feixes monocromáticos com as seguintes características:

$\tilde{\nu}_i$ /cm^{-1}	150	250	450
$I(\tilde{\nu}_i)$	1	3	6

em que as intensidades são relativas ao primeiro valor listado. Represente graficamente o interferograma associado a esse sinal. A seguir, calcule e represente graficamente a transformada de Fourier do interferograma.

Método Para um sinal que consiste em alguns poucos feixes monocromáticos, a integral na Eq. 12A.21 pode ser substituída por uma soma sobre um número finito de números de onda. Segue que o interferograma é

$$I(p)=\sum_i I(\tilde{\nu}_i)(1+\cos 2\pi\tilde{\nu}_i p)$$

Na prática, a diferença de percurso p não varia continuamente, de modo que a integral sobre p na Eq. 12A.22 deve ser substituída por uma soma sobre comprimentos de percurso p_j. Neste caso, a equação a ser usada para gerar a transformada de Fourier $I(p)$ é

$$I(\tilde{\nu})=4\sum_j \{I(p_j)-\tfrac{1}{2}I(0)\}\cos 2\pi\tilde{\nu}_i p_j$$

É melhor somar sobre um grande número N de dados que varrem uma diferença de percurso relativamente grande P, com $p_i = jP/N$ (veja o Problema 12A.13). Por exemplo, podemos fazer j variar de 0 a 1000 com P = 1,0 cm, de forma que a diferença no comprimento do percurso aumenta em intervalos de (1,0/1000) cm = 10 μm.

Resposta A partir dos dados, o interferograma é

$$\begin{aligned}I(p)&=(1+\cos 2\pi\tilde{\nu}_1 p)+3\times(1+\cos 2\pi\tilde{\nu}_2 p)+6\times(1+\cos 2\pi\tilde{\nu}_3 p)\\&=10+\cos 2\pi\tilde{\nu}_1 p+3\cos 2\pi\tilde{\nu}_2 p+6\cos 2\pi\tilde{\nu}_3 p\end{aligned}$$

Essa função é representada graficamente na Fig. 12A.11. O cálculo da transformada de Fourier $I(\tilde{\nu})$ é facilitado pelo uso de um programa matemático. O resultado é mostrado na Fig. 12A.12.

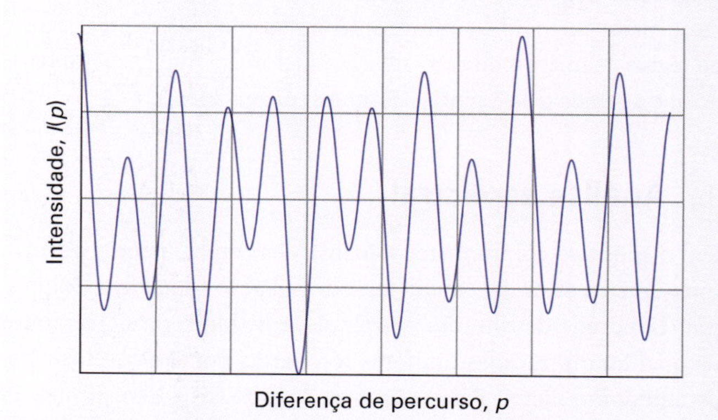

Figura 12A.11 O interferograma calculado a partir dos dados do *Exemplo* 12A.2.

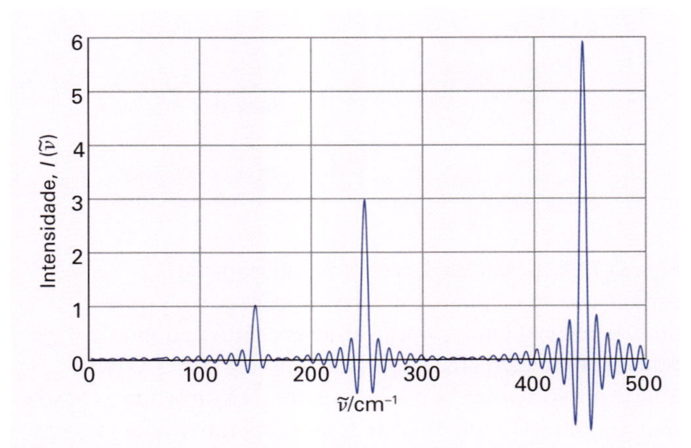

Figura 12A.12 A transformada de Fourier do interferograma mostrado na Fig. 12A.11.

Exercício proposto 12A.5 Explore o efeito de variar os números de onda das três componentes da radiação na forma do interferograma mudando o valor de $\tilde{\nu}_3$ para 550 cm^{-1}.

Resposta: Veja a Fig. 12A.13.

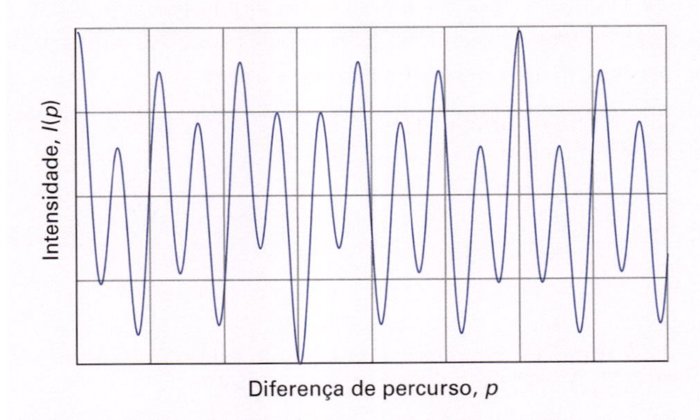

Figura 12A.13 O interferograma calculado a partir dos dados do *Exercício proposto* 12A.5.

(c) Detectores

O **detector** é um dispositivo que converte a radiação em um sinal elétrico para o processamento e registro gráfico adequados. Detectores podem consistir em um único elemento sensível à radiação ou em vários pequenos elementos distribuídos em arranjos uni ou bidimensionais.

Um detector de micro-onda é normalmente um *diodo de estado sólido* constituído por uma ponta de tungstênio em contato com um semicondutor. Os detectores mais comuns encontrados nos espectrômetros de infravermelho comerciais são sensíveis na região do infravermelho médio. Em um *dispositivo fotovoltaico*, a diferença de potencial varia de acordo com a exposição à radiação infravermelha. Em um *dispositivo piroelétrico*, a capacitância é sensível à temperatura e consequentemente à presença de radiação infravermelha.

Um detector comum para trabalhar nas regiões do ultravioleta e do visível é o *tubo fotomultiplicador* (PMT na sigla em inglês), no qual o efeito fotoelétrico (Seção 7A) é usado para gerar um sinal elétrico proporcional à intensidade de luz que atinge o detector. Uma alternativa comum ao PMT, mas menos sensível, é o *fotodiodo*, um dispositivo de estado sólido que conduz eletricidade quando é atingido por fótons, pois a luz induz reações de transferência de elétrons no material do detector e cria portadores de carga móveis (elétrons negativamente carregados e "buracos" positivamente carregados).

O *dispositivo sensível à carga* (CCD na sigla em inglês) é uma distribuição bidimensional de vários milhões de detectores constituídos por fotodiodos pequenos. Com um CCD, uma gama extensa de comprimentos de onda que emergem de um policromador é detectada simultaneamente, eliminando assim a necessidade de se medir a intensidade da luz numa gama de comprimento de onda estreita de uma vez. Detectores CCD são os dispositivos de imagem em câmeras digitais, mas também são amplamente usados em espectroscopia para medir absorção, emissão e espalhamento Raman.

(d) Exemplos de espectrômetros

Com a escolha adequada do espectrômetro, a espectroscopia de absorção pode investigar as transições eletrônicas, vibracionais e rotacionais em uma molécula. É frequentemente necessário modificar o esquema geral da Fig. 12A.6 a fim de detectar sinais fracos. Por exemplo, para detectar transições rotacionais com um espectrômetro de micro-ondas, é útil modular o sinal da intensidade transmitida variando os níveis de energia com um campo elétrico oscilante. Nessa **modulação Stark**, um campo elétrico da ordem de 10^5 V m^{-1} (1 kV m^{-1}) e uma frequência entre 10 e 100 kHz são aplicados sobre a amostra.

Praticamente todos os espectrômetros de absorção comerciais que operam na região do infravermelho e que foram desenvolvidos para estudar transições vibracionais usam técnicas de transformada de Fourier. Sua principal vantagem é que toda a radiação emitida pela fonte é monitorada continuamente, ao contrário de um espectrômetro no qual o monocromador descarta a maior parte da radiação gerada. Como resultado, os espectrômetros por transformada de Fourier têm maior sensibilidade do que os espectrômetros convencionais.

Transições rotacionais, vibracionais e eletrônicas podem ser investigadas monitorando-se o espectro da radiação emitida pela amostra. A emissão pelos estados eletrônicos excitados das moléculas pode ser de duas formas: **fluorescência**, que cessa alguns nanossegundos após a radiação excitadora se extinguir, e **fosforescência**, que pode persistir por um longo tempo (Seção 13B). Em um experimento de fluorescência convencional, a fonte é sintonizada, frequentemente com o uso de um monocromador, em um comprimento de onda que provoca a excitação eletrônica da molécula. Normalmente, a radiação emitida é detectada perpendicularmente à direção do feixe de radiação excitadora e analisada com um segundo monocromador (Fig. 12A.14).

Em um experimento típico de espectroscopia Raman, um feixe de laser incidente monocromático passa através da amostra e a

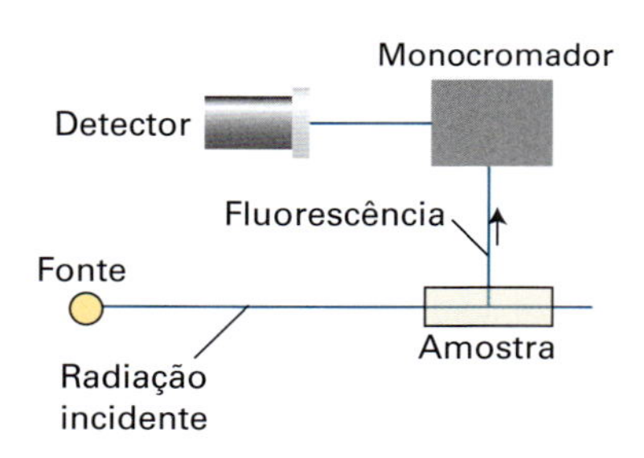

Figura 12A.14 Um espectrômetro de emissão simples para o monitoramento da fluorescência, onde a luz emitida é detectada em ângulos retos à direção de propagação do feixe incidente de radiação.

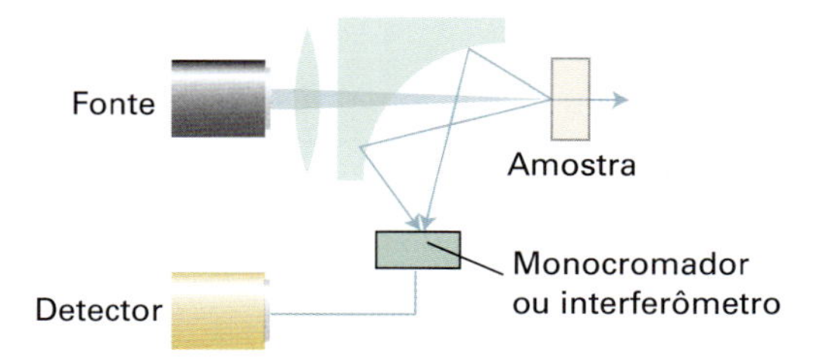

Figura 12A.15 Montagem comum utilizada na espectroscopia Raman. Um feixe de laser passa primeiro através de uma lente e então através de um pequeno orifício num espelho com uma superfície refletora curva. O feixe atinge então a amostra e a luz espalhada é defletida e focada pelo espelho. O espectro é analisado por um monocromador ou um interferômetro.

radiação espalhada a partir da face frontal da amostra é monitorada (Fig. 12A.15). Lasers são usados como fontes de radiação incidente porque um feixe intenso aumenta a intensidade da radiação espalhada. A monocromaticidade da radiação laser torna possível a observação de frequências da luz espalhada que diferem apenas levemente daquela da radiação incidente. Essa alta resolução é particularmente útil na observação de transições rotacionais por espectroscopia Raman. A monocromaticidade da radiação laser também permite que as observações sejam feitas muito próximo às frequências de absorção. São comuns os instrumentos que utilizam transformadas de Fourier, assim como são comuns espectrômetros que utilizam policromadores conectados a detectores CCD.

A espectroscopia Raman pode ser usada para estudar transições rotacionais, vibracionais e eletrônicas em moléculas. A maioria dos instrumentos comerciais é desenvolvida para estudos de vibrações, levando a aplicações na bioquímica, em restauração de arte e no acompanhamento de processos industriais. Os espectrômetros Raman também podem ser acoplados a microscópios, resultando em espectros de regiões muito pequenas da amostra.

Conceitos importantes

☐ 1. Na **espectroscopia Raman**, as mudanças no estado molecular são exploradas examinando as frequências presentes na radiação espalhada pelas moléculas.

☐ 2. A **radiação Stokes** é o resultado do espalhamento Raman de fótons que perdem alguma energia durante colisões com moléculas (e que depois emergem com frequência mais baixa).

☐ 3. A **radiação anti-Stokes** é o resultado do espalhamento Raman de fótons que ganham alguma energia durante colisões com moléculas (e que depois emergem com frequência mais alta).

☐ 4. A componente da radiação espalhada sem mudança de frequência é chamada de **radiação Rayleigh**.

☐ 5. Uma transição de um estado de baixa energia para um de energia mais alta impulsionada por um campo eletromagnético oscilante é chamada de **absorção estimulada**.

☐ 6. Uma transição impulsionada de um estado de alta energia para um de baixa energia é chamada de **emissão estimulada**.

☐ 7. Uma transição de um estado de alta energia para um de baixa energia ocorre pelo processo de **emissão espontânea** em uma taxa independente de qualquer radiação que esteja presente.

☐ 8. A importância relativa da emissão espontânea aumenta com o cubo da frequência de transição.

☐ 9. Uma **regra de seleção geral** especifica as características gerais que a molécula deve possuir para ter um certo tipo de espectro.

☐ 10. Uma **regra de seleção específica** expressa as transições permitidas em termos de variações nos números quânticos.

☐ 11. O **alargamento Doppler** de uma linha espectral é causado pela distribuição das velocidades moleculares e atômicas na amostra.

☐ 12. O **alargamento do tempo de vida** surge do tempo de vida finito de um estado excitado e da consequente incerteza dos níveis de energia.

☐ 13. As colisões entre os átomos podem afetar os tempos de vida dos estados excitados e a largura de uma linha espectral.

☐ 14. A **largura natural da linha** de uma transição é uma propriedade intrínseca que depende da taxa de emissão espontânea na frequência da transição.

☐ 15. Um **espectrômetro** é um instrumento que detecta as características da radiação espalhada, emitida ou absorvida por átomos e moléculas.

Equações importantes

Propriedades	Equação	Comentário	Número da equação
Razão entre os coeficientes de Einstein de emissão espontânea e estimulada	$A/B = 8\pi h\nu^3/c^3$	$B_{fi} = B_{if}$ $(= B)$	12A.9
Momento de dipolo da transição	$\boldsymbol{\mu}_{fi} = \int \psi_f^* \hat{\boldsymbol{\mu}} \psi_i \, d\tau$	Transições por dipolo elétrico	12A.10
Lei de Beer-Lambert	$I = I_0 10^{-\varepsilon[J]L}$	Amostra uniforme	12A.11
Absorbância	$A = \log(I_0/I) = -\log T$	Definição	12A.13
Coeficiente de absorção integrado	$\mathcal{A} = \int_{\text{banda}} \varepsilon(\tilde{\nu}) d\tilde{\nu}$	Definição	12A.15
Alargamento Doppler	$\delta\nu_{obs} = (2\nu/c)(2kT \ln 2/m)^{1/2}$ $\delta\lambda_{obs} = (2\lambda/c)(2kT \ln 2/m)^{1/2}$		12A.17
Alargamento do tempo de vida	$\delta\tilde{\nu} \approx 5{,}3 \text{ cm}^{-1}/(\tau/\text{ps})$		12A.19
Transformação de Fourier	$I(\tilde{\nu}) = 4\int_0^\infty \{I(p) - \frac{1}{2}I(0)\} \cos 2\pi\tilde{\nu}p \, dp$	Dados espectrais obtidos com um interferômetro de Michelson	12A.22

12B Rotação molecular

Tópicos

➤ Por que você precisa saber este assunto?

Para entender a origem do espectro rotacional e deduzir informações estruturais das moléculas, como o comprimento de ligação, a partir dele, você precisa entender o tratamento quântico da rotação de moléculas poliatômicas.

➤ Qual é a ideia fundamental?

Os níveis de energia de uma molécula modelada como um rotor rígido podem ser expressos em termos de números quânticos e parâmetros relacionados com o seu momento de inércia.

➤ O que você já deve saber?

Você precisa estar familiarizado com a descrição clássica do movimento de rotação (*Fundamentos* B). Você também precisa estar familiarizado com a partícula em um anel e a partícula sobre uma esfera como modelos quânticos do movimento de rotação (Seção 8C).

A Seção 8C explora os estados de rotação de moléculas diatômicas usando a partícula em um anel e a partícula sobre uma esfera, respectivamente, como modelos. Vamos utilizar aqui um modelo relacionado, porém mais sofisticado, que pode ser aplicado à rotação de moléculas poliatômicas.

12B.1 Momentos de inércia

O parâmetro molecular fundamental de que precisamos para a descrição da rotação molecular é o **momento de inércia**, *I*, da molécula. O momento de inércia de uma molécula é definido como a massa de cada átomo da molécula multiplicada pelo quadrado da distância do respectivo átomo até o eixo de rotação que passa pelo centro de massa da molécula (Fig. 12B.1):

$$I = \sum_i m_i x_i^2 \qquad \textit{Definição} \quad \text{Momento de inércia} \qquad (12B.1)$$

em que x_i é a distância perpendicular do átomo *i* ao eixo de rotação. O momento de inércia depende das massas dos átomos presentes e da geometria molecular, de modo que podemos suspeitar (e ver explicitamente na Seção 12C) que a espectroscopia de micro-ondas proporcionará informações sobre comprimentos e ângulos de ligação.

Em geral, as propriedades rotacionais de qualquer molécula podem ser expressas em termos dos momentos de inércia em relação a três eixos da molécula, perpendiculares entre si (Fig. 12B.2). A convenção adotada é simbolizar os momentos de inércia I_a, I_b e I_c, com os eixos escolhidos de modo $I_c \geq I_b \geq I_a$. Nas moléculas lineares, o momento de inércia em relação ao eixo internuclear é nulo (pois $x_i = 0$ para todos os átomos). As expressões explícitas dos momentos de inércia de algumas moléculas simétricas são dadas na Tabela 12B.1.

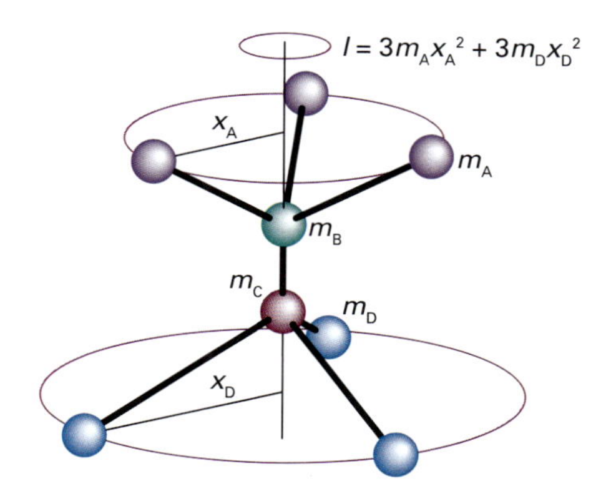

Figura 12B.1 Definição do momento de inércia. Nesta molécula três átomos idênticos estão presos ao átomo de B e três outros átomos, de outra espécie, mas mutuamente idênticos, estão presos ao átomo de C. Neste exemplo, o centro de massa se localiza em um eixo que atravessa os átomos de B e de C, e as distâncias são medidas perpendicularmente em relação a este eixo.

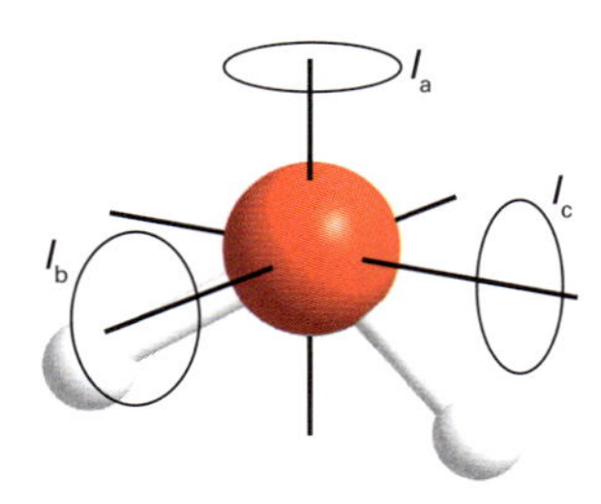

Figura 12B.2 Um rotor assimétrico tem três momentos de inércia diferentes; os três eixos de rotação passam pelo centro de massa da molécula.

Tabela 12B.1 Momentos de inércia*

1. *Moléculas diatômicas*

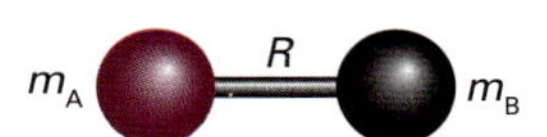

$$I = \mu R^2 \qquad \mu = \frac{m_A m_B}{m}$$

2. *Rotores lineares triatômicos*

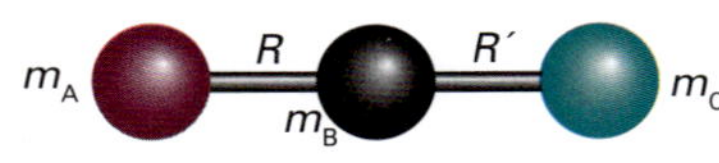

$$I = m_A R^2 + m_C R'^2 - \frac{(m_A R - m_C R'^2)}{m}$$

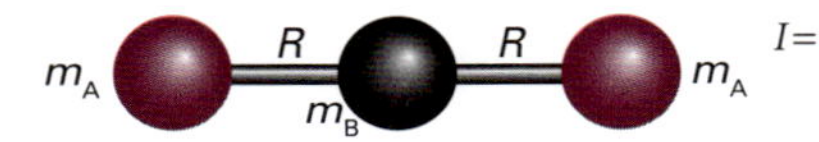

$$I = 2m_A R^2$$

3. *Rotores simétricos*

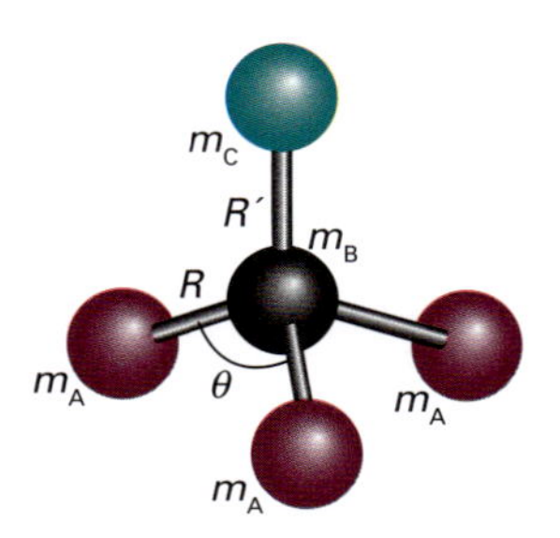

$$I_{\parallel} = 2m_A(1-\cos\theta)R^2$$

$$I_{\perp} = m_A(1-\cos\theta)R^2 + \frac{m_A}{m}\times(m_B + m_A)(1+2\cos\theta)R^2 + \frac{m_C}{m}\{(3m_A + m_B)R' + 6m_A R\left[\tfrac{1}{3}(1+2\cos\theta)\right]^{1/2}\}R'$$

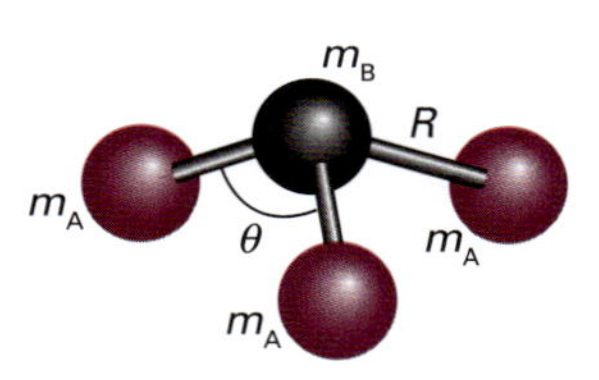

$$I_{\parallel} = 2m_A(1-\cos\theta)R^2$$

$$I_{\perp} = m_A(1-\cos\theta)R^2 + \frac{m_A m_B}{m}(1+2\cos\theta)R^2$$

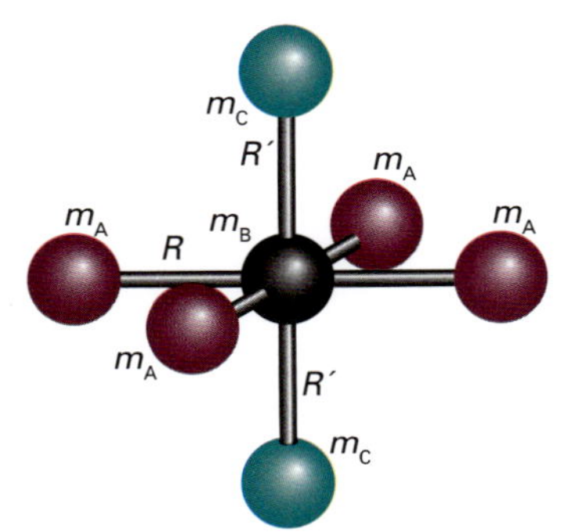

$$I_{\parallel} = 4m_A R^2$$

$$I_{\perp} = 2m_A R^2 + 2m_C R'^2$$

4. *Rotores esféricos*

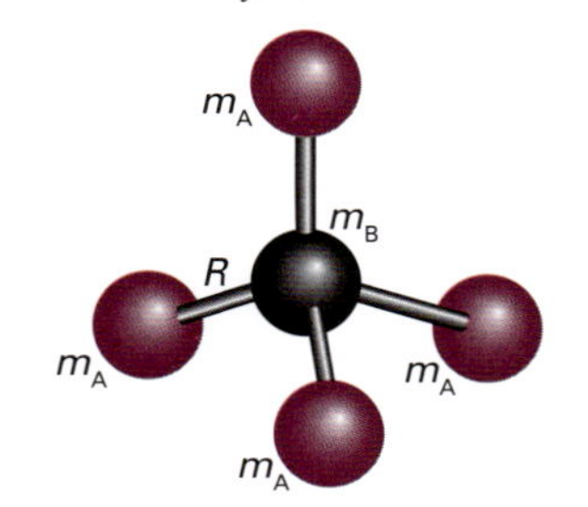

$$I = \tfrac{8}{3} m_A R^2$$

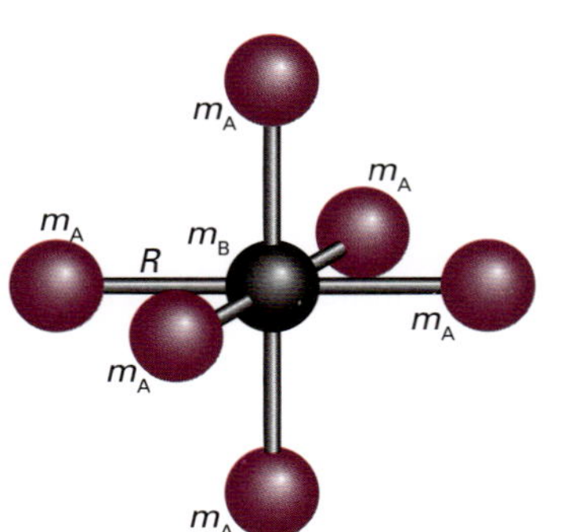

$$I = 4m_A R^2$$

* Em cada caso, m é a massa total da molécula.

Exemplo 12B.1 Cálculo do momento de inércia de uma molécula

Calcule o momento de inércia de uma molécula de H_2O em relação ao eixo definido pela bissetriz do ângulo HOH (**1**). O ângulo de ligação HOH é de 104,5° e o comprimento da ligação é 95,7 pm. Use $m(^1H) = 1{,}0078m_u$.

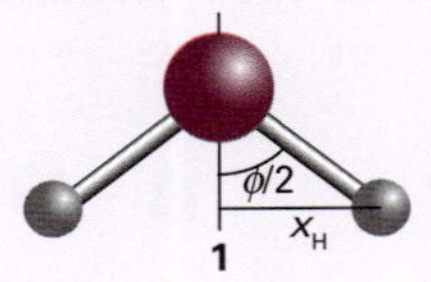

Método De acordo com a Eq. 12B.1, o momento de inércia é a soma dos produtos das massas pelos quadrados das distâncias de cada uma ao eixo de rotação. Estas distâncias determinam-se com facilidade pela trigonometria e com o conhecimento do ângulo e do comprimento das ligações.

Uma nota sobre a boa prática A massa a ser usada no cálculo do momento de inércia é a massa atômica real, não a massa molar do elemento; não esqueça de converter de massas relativas para massas reais usando a constante de massa atômica m_u.

Resposta A partir da Eq. 12B.1,

$$I = \sum_i m_i x_i^2 = m_H x_H^2 + 0 + m_H x_H^2 = 2m_H x_H^2$$

Se o ângulo de ligação da molécula é representado por 2ϕ, e se o comprimento de ligação for R, temos da trigonometria que $x_H = R \operatorname{sen} \frac{1}{2}\phi$. Então

$$I = 2m_H R^2 \operatorname{sen}^2 \tfrac{1}{2}\phi$$

Substituindo os dados numéricos temos

$$I = 2\times(1{,}0078\times1{,}6605\times10^{-27}\ \text{kg})\times(9{,}57\times10^{-11}\ \text{m})^2 \times\operatorname{sen}^2(\tfrac{1}{2}\times104{,}5°) = 1{,}92\times10^{-47}\ \text{kg m}^2$$

Observe que a massa do átomo de O não contribui para o momento de inércia neste modo de rotação, pois o átomo fica imóvel enquanto os átomos de H circulam em torno do eixo.

Exercício proposto 12B.1 Calcule o momento de inércia da molécula de $CH^{35}Cl_3$ em relação ao eixo de rotação que contém a ligação C–H. O comprimento da ligação C–Cl é 177 pm e o ângulo HCCl é de 107°; $m(^{35}Cl) = 34{,}97m_u$.

Resposta: $4{,}99 \times 10^{-45}$ kg m²

Admitiremos, inicialmente, que as moléculas sejam **rotores rígidos**, isto é, corpos que não se deformam sob as tensões da rotação. Podemos classificar os rotores rígidos em quatro tipos (Fig. 12B.3):

Rotores esféricos têm três momentos de inércia iguais (exemplos: CH_4, SiH_4 e SF_6).

Rotores simétricos têm dois momentos de inércia iguais e um terceiro que é não nulo (exemplos: NH_3, CH_3Cl e CH_3CN).

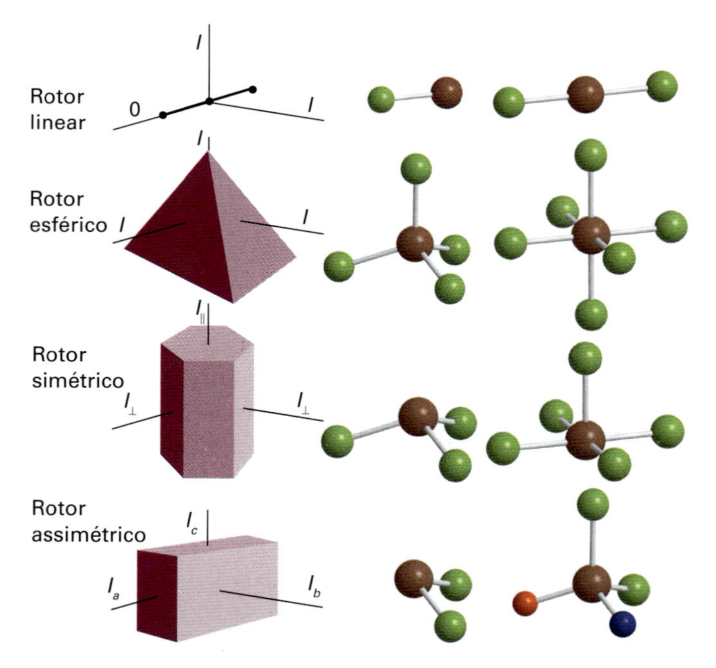

Figura 12B.3 Ilustração esquemática da classificação dos rotores rígidos.

Rotores lineares têm dois momentos de inércia iguais e um terceiro que é nulo (exemplos: CO_2, HCl, OCS e HC≡CH).

Rotores assimétricos têm três momentos de inércia diferentes e não nulos (exemplos: H_2O, H_2CO e CH_3OH).

Rotores esféricos, simétricos e assimétricos são também chamados de *piões esféricos*.

12B.2 Níveis de energia de rotação

Os níveis de energia de rotação de um motor rígido podem ser determinados pela resolução da equação de Schrödinger correspondente. Afortunadamente, porém, há um procedimento muito mais simples para chegar às expressões exatas que depende de se determinarem as expressões clássicas da energia de um corpo em rotação, expressando-as em termos do momento angular, e depois se usarem, nessas expressões, as expressões quânticas do momento angular.

A expressão clássica da energia de um corpo que gira em torno de um eixo a é

$$E_a = \tfrac{1}{2} I_a \omega_a^2 \qquad (12B.2)$$

em que ω_a é a velocidade angular em torno do eixo e I_a é o momento de inércia correspondente ao eixo. Um corpo que tenha a liberdade de girar em torno de três eixos tem a energia

$$E = \tfrac{1}{2} I_a \omega_a^2 + \tfrac{1}{2} I_b \omega_b^2 + \tfrac{1}{2} I_c \omega_c^2 \qquad (12B.3)$$

Como o momento angular clássico em torno do eixo a é $J_a = I_a\,\omega_a$ (Eq. B.3 de *Fundamentos* B), com expressões semelhantes para os outros eixos, vem que

$$E = \frac{J_a^2}{2I_a} + \frac{J_b^2}{2I_b} + \frac{J_c^2}{2I_c} \qquad (12B.4)$$

Expressão clássica Energia de rotação

Essa é a equação-chave, que pode ser usada juntamente com as propriedades quânticas do momento angular desenvolvidas na Seção 8C.

(a) Rotores esféricos

Quando os três momentos de inércia são iguais a I, como no CH_4 e no SF_6, a expressão clássica da energia é

$$E = \frac{J_a^2 + J_b^2 + J_c^2}{2I} = \frac{\mathcal{J}^2}{2I} \qquad (12B.5)$$

em que $\mathcal{J}^2 = J_a^2 + J_b^2 + J_c^2$ é o quadrado da magnitude do momento angular. Podemos determinar imediatamente a expressão quântica da energia fazendo a substituição

$$\mathcal{J}^2 \to J(J+1)\hbar^2 \quad J=0,1,2,\ldots$$

em que J é o número quântico de momento angular. Portanto, a energia de um rotor esférico está confinada aos valores

$$E_J = J(J+1)\frac{\hbar^2}{2I} \qquad J=0,1,2,\ldots \qquad \textit{Rotor esférico} \quad \text{Níveis de energia de rotação} \qquad (12B.6)$$

O escalonamento dos níveis de energia está ilustrado na Fig. 12B.4. Exprime-se, comumente, a energia em termos da **constante de rotação** (constante rotacional), $\tilde{B}$, da molécula, em que

$$hc\tilde{B} = \frac{\hbar^2}{2I} \text{ então } \tilde{B} = \frac{\hbar}{4\pi cI} \qquad \textit{Rotor esférico} \quad \text{Constante de rotação} \qquad (12B.7)$$

Segue que $\tilde{B}$ é um número de onda. A expressão da energia fica

$$E_J = hc\tilde{B}J(J+1) \quad J=0,1,2,\ldots \qquad \textit{Rotor esférico} \quad \text{Níveis de energia} \qquad (12B.8)$$

É também comum expressar a constante rotacional como uma frequência e representá-la simplesmente por B. Então, $B = \hbar/4\pi I$ e a energia é $E = hBJ(J + 1)$. As duas grandezas estão relacionadas por $B = c\tilde{B}$.

A energia de um estado de rotação é em geral dada por um **termo de rotação** (termo rotacional), $\tilde{F}(J)$, também um número de onda, que se obtém pela divisão de ambos os lados da Eq. 12B.8 por hc:

$$\tilde{F}(J) = \tilde{B}J(J+1) \qquad \textit{Rotor esférico} \quad \text{Termos de rotação} \qquad (12B.9)$$

Para exprimir o termo rotacional como uma frequência, use $F = c\tilde{F}$. A separação entre os níveis adjacentes é

$$\tilde{F}(J+1) - \tilde{F}(J) = \tilde{B}(J+1)(J+2) - \tilde{B}J(J+1) = 2\tilde{B}(J+1) \qquad (12B.10)$$

Uma vez que a constante de rotação é inversamente proporcional a I, as moléculas grandes têm níveis de energia de rotação muito próximos.

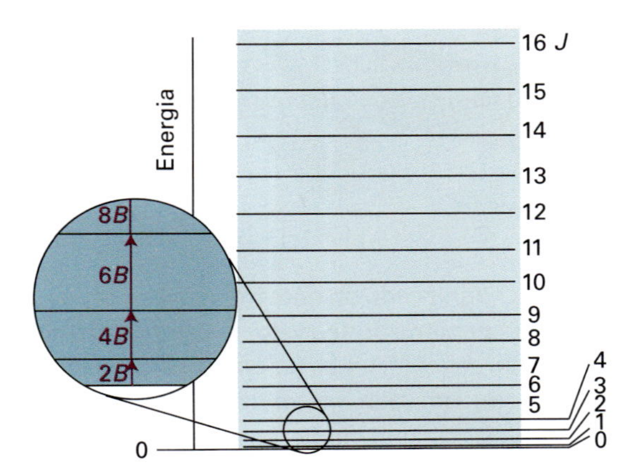

Figura 12B.4 Níveis de energia de rotação de um rotor linear ou esférico. Observe que a separação de energia entre os níveis adjacentes aumenta com o aumento de J.

Breve ilustração 12B.1 Rotores esféricos

Considere o $^{12}C^{35}Cl_4$: Da Tabela 12B.1, temos o comprimento da ligação C–Cl (R_{C-Cl}) = 177 pm) e a massa do nuclídeo ^{35}Cl ($m(^{35}Cl) = 34{,}97m_u$). Obtemos então

$$I = \tfrac{8}{3}m(^{35}\text{Cl})R_{\text{C-Cl}}^2$$
$$= \tfrac{8}{3} \times \overbrace{(5{,}807 \times 10^{-26}\ \text{kg})}^{34{,}97 \times (1{,}66054 \times 10^{-27}\ \text{kg})} \times (1{,}77 \times 10^{-10}\ \text{m})^2$$
$$= 4{,}85 \times 10^{-45}\ \text{kg m}^2$$

e, da Eq. 12B.7,

$$\tilde{B} = \frac{1{,}05457 \times 10^{-34}\ \overset{\text{kg m}^2\text{s}^{-2}}{\hat{\text{J}}}\ \text{s}}{4\pi \times (2{,}998 \times 10^8\ \text{m s}^{-1}) \times (4{,}85 \times 10^{-45}\ \text{kg m}^2)}$$
$$= 5{,}77\ \text{m}^{-1} = 0{,}0577\ \text{cm}^{-1}$$

Segue da Eq. 12B.10 que a separação de energia entre os níveis $J = 0$ e $J = 1$ é $\tilde{F}(1) - \tilde{F}(0) = 2\tilde{B} = 0{,}1154\ \text{cm}^{-1}$.

Exercício proposto 12B.2 Calcule $\tilde{F}(2) - \tilde{F}(0)$ para o $^{12}C^{35}Cl_4$.

Resposta: $6\tilde{B} = 0{,}3462\ \text{cm}^{-1}$

(b) Rotores simétricos

Nos rotores simétricos, todos os três momentos de inércia são não nulos, mas dois momentos de inércia são iguais e diferentes do terceiro (como nas moléculas CH_3Cl, NH_3 e C_6H_6). O único eixo da molécula é o seu **eixo principal** (ou *eixo da figura*). O momento de inércia em relação ao eixo principal será simbolizado por $I_{\parallel}$ e os outros dois como $I_{\perp}$. Se $I_{\parallel} > I_{\perp}$, o rotor é classificado como **oblato** (achatado, como uma panqueca, como o C_6H_6); se $I_{\parallel} < I_{\perp}$ ele é classificado como **prolato** (comprido, como um charuto, como o CH_3Cl). A expressão clássica da energia, Eq. 12B.5, fica

$$E = \frac{J_b^2 + J_c^2}{2I_{\perp}} + \frac{J_a^2}{2I_{\parallel}} \qquad (12B.11)$$

Essa expressão pode ser escrita em termos de $\mathcal{J}^2 = J_a^2 + J_b^2 + J_c^2$:

$$E = \frac{\mathcal{J}^2 - J_a^2}{2I_{\perp}} + \frac{J_a^2}{2I_{\parallel}} = \frac{\mathcal{J}^2}{2I_{\perp}} + \left(\frac{1}{2I_{\parallel}} - \frac{1}{2I_{\perp}}\right)J_a^2 \qquad (12B.12)$$

Geramos agora a expressão quântica pela substituição de $\mathcal{J}^2$ por $J(J + 1)\hbar^2$, em que J é o número quântico do momento angular. Sabemos também, pela teoria quântica do momento angular (Seção 8C), que a componente do momento angular sobre qualquer eixo está restrita aos valores $K\hbar$, com $K = 0, \pm 1, \ldots \pm J$. ($K$ é o número quântico que simboliza a componente sobre o eixo principal; M_J é o símbolo da componente sobre um eixo definido externamente à molécula.) Então, podemos substituir J_a^2 por $K^2\hbar^2$. Vem então que os termos de rotação são

$$\tilde{F}(J,K)=\tilde{B}J(J+1)+(\tilde{A}-\tilde{B})K^2 \qquad J=0,1,2,\ldots \quad K=0,\pm1,\ldots,\pm J$$ Rotor simétrico | Termos de rotação (12B.13)

com

$$\tilde{A}=\frac{\hbar}{4\pi c I_{\parallel}} \qquad \tilde{B}=\frac{\hbar}{4\pi c I_{\perp}} \tag{12B.14}$$

A Eq. 12B.13 traduz a dependência entre os níveis de energia e os dois momentos de inércia diferentes da molécula:

Interpretação física

- Quando $K = 0$, não há componente do momento angular em torno do eixo principal, e os níveis de energia dependem somente de $I_{\perp}$ (Fig. 12B.5).
- Quando $K = \pm J$, a quase totalidade do momento angular provém da rotação em torno do eixo principal e os níveis de energia são determinados, em grande parte, por $I_{\parallel}$.
- O sinal de K não afeta a energia, pois valores opostos de K correspondem a sentidos opostos de rotação e a energia não depende do sentido de rotação.

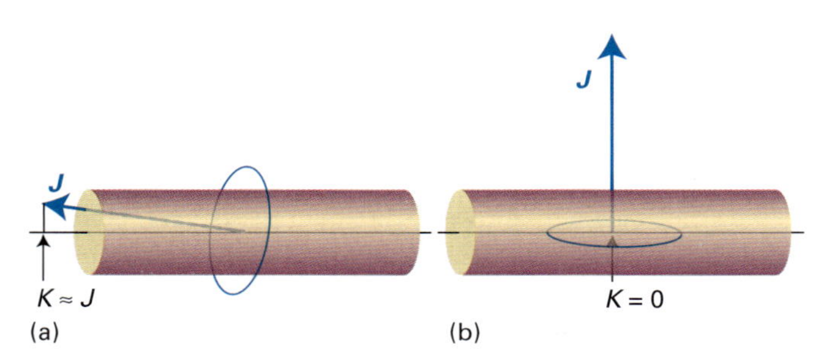

Figura 12B.5 O significado do número quântico K. (a) Quando $|K|$ está próximo do seu valor máximo, J, a maior parte da rotação da molécula se faz em torno do eixo principal. (b) Quando $K = 0$, a molécula não tem momento angular em torno do eixo principal: está girando de ponta-cabeça.

Exemplo 12B.2 Cálculo dos níveis de energia de rotação de um rotor simétrico

A molécula $^{14}NH_3$ é um rotor simétrico com o comprimento das ligações igual a 101,2 pm e o ângulo HNH de 106,7°. Calcule os seus termos de rotação.

Uma nota sobre a boa prática Para calcular momentos de inércia com precisão, é necessário especificar o nuclídeo.

Método Começamos pelo cálculo das constantes de rotação $\tilde{A}$ e $\tilde{B}$ mediante as expressões dos momentos de inércia que figuram na Tabela 12B.1 e na Eq. 12B.14. Então, o uso da Eq. 12B.13 leva aos termos de rotação.

Resposta Com $m_A = 1{,}0078m_u$, $m_B = 14{,}0031m_u$, $R = 101{,}2$ pm e $\theta = 106{,}7°$ na segunda expressão do rotor simétrico que figura na Tabela 12B.1, chegamos a $I_{\parallel} = 4{,}4128 \times 10^{-47}$ kg m² e $I_{\perp} = 2{,}8059 \times 10^{-47}$ kg m². Então, pelo mesmo tipo de cálculo realizado na *Breve ilustração* 12B.1, chegamos a $\tilde{A}=6{,}344$ cm⁻¹ e $\tilde{B}=9{,}977$ cm⁻¹. Conclui-se então da Eq. 12B.13 que

$$\tilde{F}(J,K)/\text{cm}^{-1}=9{,}977\times J(J+1)-3{,}933K^2$$

Multiplicando por c, $\tilde{F}(J,K)$ fica em termos de frequência e é simbolizado por $F(J,K)$:

$$F(J,K)/\text{GHz}=299{,}1\times J(J+1)-108{,}9K^2$$

Para $J = 1$, a energia necessária para a molécula girar em torno do seu eixo principal ($K = \pm J$) é equivalente a 16,32 cm⁻¹ (489,3 GHz), e para a rotação de ponta-cabeça ($K = 0$) corresponde a 19,95 cm⁻¹ (598,1 GHz).

Exercício proposto 12B.3 A molécula de $CH_3{}^{35}Cl$ tem o comprimento da ligação C–Cl de 178 pm e o da ligação C–H de 111 pm. O ângulo HCH é de 110,5°. Determine a expressão dos termos da energia de rotação.

Resposta: $\tilde{F}(J,K)/\text{cm}^{-1}=0{,}444J(J+1)+4{,}58K^2$; também $F(J,K)/\text{GHz}=13{,}3J(J+1)+137K^2$

A energia de um rotor simétrico depende de J e de K, e cada nível, exceto o que tem $K = 0$, é duplamente degenerado. Os estados com K e $-K$ têm a mesma energia. Não podemos esquecer, porém, que o momento angular da molécula tem uma componente sobre um eixo externo, fixo no laboratório. Esta componente é quantizada e os valores permitidos são M_J, com $M_J = 0, \pm1, \ldots, \pm J$, dando $2J + 1$ valores ao todo (Fig. 12B.6). O número quântico M_J não aparece na expressão da energia, mas é necessário para se ter a especificação completa do estado do rotor. Por isso, todas

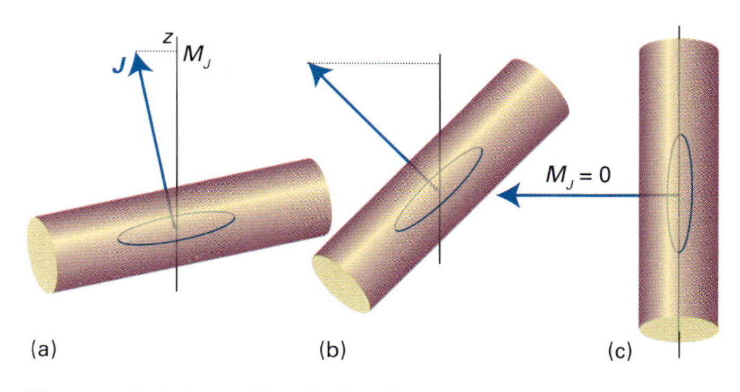

Figura 12B.6 O significado do número quântico M_J. (a) Quando M_J está próximo do seu valor máximo, J, a maior parte da rotação da molécula se faz em torno do eixo z fixo no laboratório. (b) Um valor intermediário de M_J. (c) Quando $M_J = 0$, a molécula não tem momento angular em torno de z. Os três diagramas correspondem a um estado com $K = 0$. Há diagramas correspondentes a outros valores de K, nos quais o momento angular faz diferentes ângulos com o eixo principal da molécula.

as $2J + 1$ orientações da molécula girante têm a mesma energia. Segue-se então que um nível de energia de um rotor simétrico é $2(2J + 1)$ vezes degenerado para $K \neq 0$ e $(2J + 1)$ vezes degenerado para $K = 0$.

Um rotor esférico pode ser imaginado como uma versão de um rotor simétrico, com $\tilde{A} = \tilde{B}$. O número quântico K ainda pode assumir qualquer dos $2J + 1$ valores, mas a energia é independente do valor ele que assume. Então, além de ter a degenerescência $(2J + 1)$ vezes provocada pela sua orientação no espaço, o rotor tem também uma degenerescência $(2J + 1)$ vezes provocada pela sua orientação em relação a um eixo arbitrário na molécula. Portanto, a degenerescência global do rotor simétrico com o número quântico J é $(2J + 1)^2$. Esta degenerescência aumenta muito rapidamente com J; quando $J = 10$, por exemplo, há 441 estados com a mesma energia.

(c) Rotores lineares

Nos rotores lineares (como CO_2, HCl e C_2H_2), nos quais os núcleos são considerados massas pontuais, a rotação ocorre somente em torno de um eixo perpendicular ao eixo internuclear e o momento angular é nulo em relação a este eixo. Portanto, a componente angular sobre o eixo principal (eixo da figura) do rotor linear é identicamente nula, e $K \equiv 0$ na Eq. 12B.13. Os termos de rotação de uma molécula linear são, portanto,

$$\tilde{F}(J) = \tilde{B}J(J+1) \qquad J = 0, 1, 2, \ldots \qquad \textit{Rotor linear} \quad \text{Termos de rotação} \qquad (12B.15)$$

Essa expressão coincide com a Eq. 12B.9, mas nós a obtivemos de maneira significativamente diferente. Neste caso, $K \equiv 0$, enquanto no rotor esférico $\tilde{A} = \tilde{B}$. Um rotor linear tem $2J + 1$ componentes sobre um eixo do laboratório e a sua degenerescência é $2J + 1$.

Breve ilustração 12B.2 Rotores lineares

A Eq. 12B.10 para a separação de energia de níveis adjacentes de um rotor esférico também é válida para rotores lineares. Para $^1H^{35}Cl$, $\tilde{F}(3) - \tilde{F}(2) = 63{,}56\ \text{cm}^{-1}$, e segue que $6\tilde{B} = 63{,}56\ \text{cm}^{-1}$ e $\tilde{B} = 10{,}59\ \text{cm}^{-1}$.

Exercício proposto 12B.4 Para $^1H^{81}Br$, $\tilde{F}(1) - \tilde{F}(0) = 16{,}93\ \text{cm}^{-1}$. Determine o valor de $\tilde{B}$.

Resposta: $8{,}465\ \text{cm}^{-1}$

(d) Distorção centrífuga

Tratamos as moléculas como se fossem rotores rígidos. Os átomos das moléculas girantes, porém, estão sujeitos a forças centrífugas que tendem a distorcer a geometria da molécula e a alterar os respectivos momentos de inércia (Fig. 12B.7). O efeito da distorção centrífuga sobre uma molécula diatômica é o de alongar a ligação e, portanto, aumentar o momento de inércia. A distorção centrífuga, assim, diminui a constante de rotação e provoca ligeira aproximação dos níveis de energia, diminuindo os afastamentos previstos pelo modelo do rotor rígido. O efeito é levado em conta de maneira empírica subtraindo uma parcela do termo da energia e escrevendo

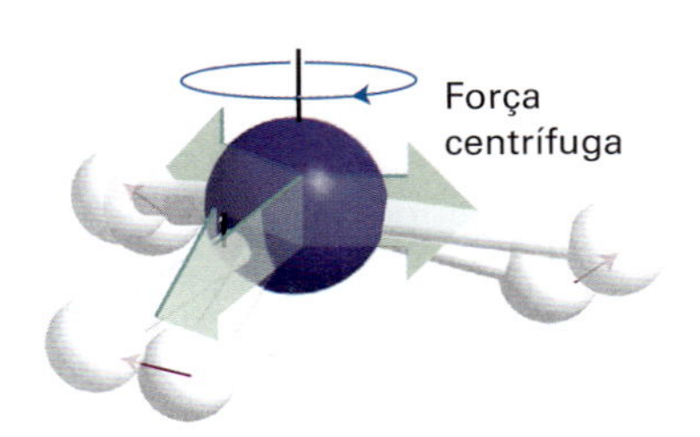

Figura 12B.7 O efeito da rotação sobre a molécula. As forças centrífugas provocadas pela rotação tendem a distorcer a molécula, abrindo os ângulos das ligações e alongando ligeiramente as ligações. O resultado é o aumento do momento de inércia da molécula e, portanto, a diminuição da constante de rotação.

$$\tilde{F}(J) = \tilde{B}J(J+1) - \tilde{D}_J J^2 (J+1)^2 \qquad \text{Termos rotacionais afetados pela distorção centrífuga} \qquad (12B.16)$$

O parâmetro $\tilde{D}_J$ é a **constante de distorção centrífuga**. Quando a ligação é facilmente alongada este parâmetro é grande. No caso de uma molécula diatômica, esse parâmetro está relacionado com o número de onda de vibração da ligação, $\tilde{\nu}$ (que é uma medida da rigidez da ligação, como veremos na Seção 12D), pela relação aproximada (veja Problema 12.2)

$$\tilde{D}_J = \frac{4\tilde{B}^3}{\tilde{\nu}^2} \qquad \text{Constante de distorção centrífuga} \qquad (12B.17)$$

Por isso, a convergência dos níveis de rotação, que se observa quando J aumenta, pode ser interpretada em termos da rigidez da ligação.

Breve ilustração 12B.3 O efeito da distorção centrífuga

Para o $^{12}C^{16}O$, $\tilde{B} = 1{,}931\ \text{cm}^{-1}$ e $\tilde{\nu} = 2170\ \text{cm}^{-1}$. Segue que

$$\tilde{D}_J = \frac{4 \times (1{,}931\ \text{cm}^{-1})^3}{(2170\ \text{cm}^{-1})^2} = 6{,}116 \times 10^{-6}\ \text{cm}^{-1}$$

e que, como $\tilde{D}_J \ll \tilde{B}$, a distorção centrífuga tem um efeito muito pequeno sobre os níveis de energia.

Exercício proposto 12B.5 A distorção centrífuga aumenta ou diminui a separação entre níveis de energia adjacentes?

Resposta: diminui

Conceitos importantes

- ☐ 1. Um **rotor rígido** é um corpo que não se distorce sob a tensão da rotação.
- ☐ 2. Os rotores rígidos são classificados como **esféricos, simétricos, lineares** ou **assimétricos** observando-se o número de momentos de inércia principais que são iguais.
- ☐ 3. Os **rotores simétricos** são classificados como prolatos ou oblatos.
- ☐ 4. Um rotor linear gira em torno de um eixo perpendicular à linha dos átomos.
- ☐ 5. As **degenerescências** dos rotores esféricos, simétricos ($K \neq 0$) e lineares são $(2J + 1)^2$, $2(2J + 1)$ e $2J + 1$, respectivamente.
- ☐ 6. A **distorção centrífuga** surge das forças que modificam a geometria de uma molécula.

Equações importantes

Propriedades	Equação	Comentário	Número da equação
Momento de inércia	$I = \sum_i m_i x_i^2$	x_i é a distância perpendicular do átomo i ao eixo de rotação	12B.1
Termos rotacionais de um rotor esférico ou linear	$\tilde{F}(J) = \tilde{B}J(J+1)$	$J = 0, 1, 2, \ldots$ $\tilde{B} = \hbar/4\pi cI$	12B.9, 12B.15
Termos rotacionais de um rotor simétrico	$\tilde{F}(J,K) = \tilde{B}J(J+1) + (\tilde{A} - \tilde{B})K^2$	$J = 0, 1, 2, \ldots$ $K = 0, \pm 1, \ldots, \pm J$ $\tilde{A} = \hbar/4\pi cI_{\parallel}$ $\tilde{B} = \hbar/4\pi cI_{\perp}$	12B.13
Termos rotacionais de um rotor esférico ou linear afetados pela distorção centrífuga	$\tilde{F}(J) = \tilde{B}J(J+1) - \tilde{D}_J J^2(J+1)^2$		12B.16
Constante de distorção centrífuga	$\tilde{D}_J = 4\tilde{B}^3/\tilde{\nu}^2$		12B.17

12C Espectroscopia rotacional

Tópicos

➤ Por que você precisa saber este assunto?

A espectroscopia rotacional fornece detalhes muito precisos de comprimentos e ângulos de ligação de moléculas em fase gasosa. As transições entre níveis rotacionais também contribuem para os espectros vibracionais e eletrônicos e são usadas na investigação de reações em fase gasosa, tais como as que ocorrem na atmosfera.

➤ Qual é a ideia fundamental?

A análise dos espectros rotacionais fornece os comprimentos de ligação e os momentos de dipolo de moléculas em fase gasosa.

➤ O que você já deve saber?

Você precisa estar familiarizado com o tratamento quântico da rotação molecular (Seção 12B), com os princípios gerais da espectroscopia molecular (Seção 12A) e com o princípio de Pauli (Seção 9B).

Espectros rotacionais puros, em que somente o estado rotacional de uma molécula se altera, podem ser observados somente em fase gasosa. Apesar da sua limitação, a espectroscopia rotacional pode fornecer muitas informações a respeito das moléculas, inclusive comprimentos de ligação e momentos de dipolo precisos.

Uma abordagem da descrição de espectros rotacionais consiste em desenvolver as regras de seleção gerais e específicas para transições rotacionais, examinando a aparência de espectros rotacionais e explorando as informações que podem ser obtidas dos espectros. Este material também é empregado na discussão dos pequenos detalhes finos dos espectros vibracionais (Seção 12D) e eletrônicos (Seção 13A). Nossa discussão da aparência de espectros rotacionais baseia-se principalmente na expressão para os termos rotacionais de um rotor linear desenvolvido na Seção 12B:

$$\text{Eq. 12B.9:}\quad \tilde{F}(J)=\tilde{B}J(J+1) \qquad \tilde{B}=\hbar/4\pi cI$$

em que I é o momento de inércia da molécula (as energias são $E_J = hc\tilde{F}(J)$). A mesma expressão aplica-se a rotores esféricos; a expressão para rotores simétricos é ligeiramente mais elaborada:

$$\text{Eq. 12B.13:}\quad \tilde{F}(J,K)=\tilde{B}J(J+1)+(\tilde{A}-\tilde{B})K^2$$
$$\tilde{A}=\hbar/4\pi cI_{\parallel} \quad \tilde{B}=\hbar/4\pi cI_{\perp}$$

Os valores permitidos para J, K e M_J (que não afeta a energia, mas é necessário para definir o estado completamente) são descritos na Seção 12B.

12C.1 Espectroscopia de micro-ondas

Os valores típicos da constante rotacional $\tilde{B}$ para moléculas pequenas estão no intervalo de 0,1 a 10 cm^{-1} (Seção 12B); dois exemplos são 0,356 cm^{-1} para o NF_3 e 10,59 cm^{-1} para o HCl). Segue que as transições rotacionais podem ser estudadas com a **espectroscopia de micro-ondas**, uma técnica que monitora a absorção ou a emissão de radiação na região de micro-ondas do espectro.

(a) Regras de seleção

Mostramos na *Justificativa* 12C.1 que a regra de seleção geral para a observação de uma transição rotacional pura em um espectro de micro-ondas é a de a molécula ter um momento de dipolo elétrico permanente. Isto é, *a molécula tem que ser polar para absorver ou emitir radiação de micro-ondas e sofrer uma transição rotacional pura*. A base clássica desta regra é o dipolo elétrico oscilante que uma molécula polar parece possuir ao girar, mas que não aparece em uma molécula apolar (Fig. 12C.1). O dipolo

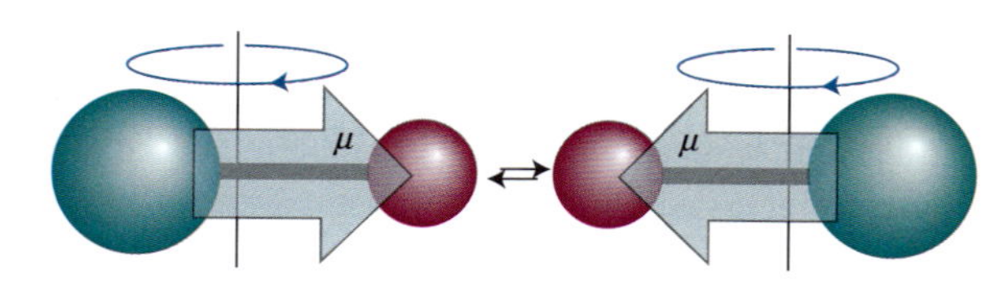

Figura 12C.1 Para um observador estacionário, uma molécula polar girante assemelha-se a um dipolo oscilante que pode provocar a oscilação de um campo eletromagnético (ou vice-versa na absorção). Esta figura é a origem clássica da regra de seleção geral para as transições rotacionais.

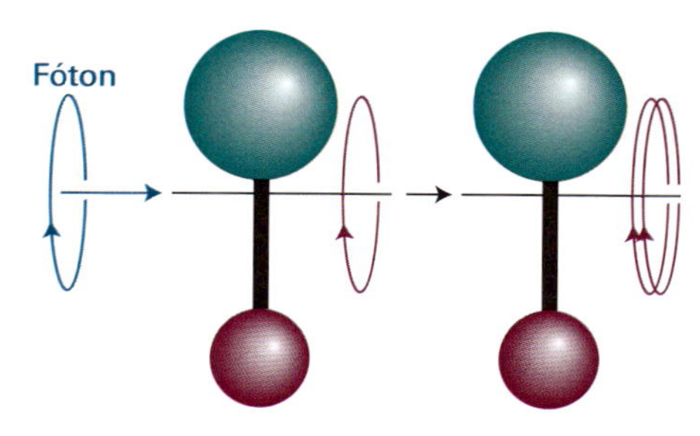

Figura 12C.2 Quando há absorção de um fóton por uma molécula, há conservação do momento angular do sistema combinado. Se a molécula estiver girando no mesmo sentido que o do spin do fóton incidente, então J é aumentado de 1.

permanente parece se comportar como um agitador que provoca a oscilação do campo eletromagnético (ou ao contrário na absorção).

Breve ilustração 12C.1 Regras de seleção gerais para a espectroscopia de micro-ondas

As moléculas diatômicas homonucleares e as moléculas lineares simétricas, como o CO_2, $CH_2{=}CH_2$ e C_6H_6, são rotacionalmente inativas. Por outro lado, OCS e H_2O são polares e têm espectros de micro-ondas. Os rotores esféricos não podem ter momentos de dipolo permanentes, a menos de deformações provocadas pela rotação, e por isso são rotacionalmente inativos, exceto em circunstâncias especiais. Exemplo de rotor esférico que se deforma o bastante para adquirir momento de dipolo é o do SiH_4, que tem o momento de dipolo da ordem de 8,3 μD gerado pela rotação quando $J \approx 10$ (para se ter uma ideia de ordens de grandeza, o momento de dipolo permanente do HCl é 1,1 D; na Seção 16A, discutiremos os momentos de dipolo das moléculas e suas respectivas unidades de medida).

Exercício proposto 12C.1 Que moléculas entre H_2, NO, N_2O, CH_4 podem ter espectro de rotação pura?

Resposta: NO, N_2O

As regras de seleção específicas para as transições rotacionais se encontram pelo cálculo do momento de dipolo da transição (Seção 12A) entre os estados de rotação. Mostramos na *Justificativa* 12C.1 que, no caso de uma molécula linear, o momento de transição é nulo a menos que se cumpram as seguintes condições:

$$\Delta J = \pm 1 \quad \Delta M_J = 0, \pm 1 \quad \textit{Rotores lineares} \qquad \text{Regras de seleção para transições rotacionais} \qquad (12C.1)$$

A transição $\Delta J = +1$ corresponde à absorção, e a transição $\Delta J = -1$ corresponde à emissão.

- A variação permitida de J provém da conservação do momento angular quando um fóton, partícula com spin 1, é emitido ou absorvido (Fig. 12C.2).
- A variação permitida de M_J também provém da conservação do momento angular quando um fóton é emitido ou absorvido a partir de uma direção específica.

Interpretação física

Justificativa 12C.1 Regras de seleção para espectros de micro-ondas

Nesta seção deduzimos as regras de seleção gerais e específicas para a espectroscopia de micro-ondas, de infravermelho, Raman rotacional e vibracional. O ponto de partida para a nossa discussão é a função de onda total para uma molécula, que pode ser escrita como $\psi_{\text{total}} = \psi_{\text{c.m.}}\,\psi$, em que $\psi_{\text{c.m.}}$ descreve o movimento do centro de massa e ψ, o movimento interno da molécula. Desprezando o efeito do spin do elétron, a aproximação de Born-Oppenheimer nos permite escrever ψ como um produto de uma parte eletrônica, ψ_ε, uma parte vibracional, ψ_v, e uma parte rotacional, que para moléculas diatômicas pode ser representada pelos harmônicos esféricos $Y_{J,M_J}(\theta,\phi)$ (Seção 8C). O momento de dipolo de transição para uma transição espectroscópica pode então ser escrito como

$$\boldsymbol{\mu}_{\text{fi}} = \int \psi^*_{\varepsilon_f}\psi^*_{v_f} Y^*_{J_f,M_{J,f}}\,\hat{\boldsymbol{\mu}}\,\psi_{\varepsilon_i}\psi_{v_i}Y_{J_i,M_{J,i}}\,\mathrm{d}\tau \qquad (12C.2)$$

e nossa tarefa é explorar as condições para as quais essa integral se anula ou tem um valor diferente de zero.

Durante uma transição rotacional pura, os estados eletrônico e vibracional inicial e final da molécula não se alteram. Identificamos $\boldsymbol{\mu}_i = \int \psi^*_{\varepsilon_i}\psi^*_{v_i}\hat{\boldsymbol{\mu}}\psi_{\varepsilon_i}\psi_{v_i}\mathrm{d}\tau$ com o momento de dipolo elétrico *permanente* da molécula no estado i. A Eq. 12C.2 se torna

$$\boldsymbol{\mu}_{\text{fi}} = \int Y^*_{J_f,M_{J,f}}\boldsymbol{\mu}_i Y_{J_i,M_{J,i}}\,\mathrm{d}\tau \qquad (12C.3)$$

A integração remanescente é feita sobre todos os ângulos que representam a orientação da molécula. Vemos imediatamente que a molécula deve ter um momento de dipolo permanente para que tenha espectro de micro-ondas. Esta é a regra de seleção geral para a espectroscopia de micro-ondas.

Deste ponto em diante, a dedução das regras de transição específicas é feita conforme no caso das transições atômicas (Seção 9C), usando do fato de as três componentes do momento de dipolo (Fig. 12C.3) serem

$$\mu_{i,x} = \mu_0 \operatorname{sen}\theta\cos\phi \quad \mu_{i,y} = \mu_0 \operatorname{sen}\theta \operatorname{sen}\phi \quad \mu_{i,z} = \mu_0\cos\theta \quad (12C.4)$$

e poderem ser expressas em termos dos harmônicos esféricos $Y_{j,m}$, com $J = 1$ e $m = 0, \pm 1$ (veja a *Justificativa* 9C.1). A condição para a integral sobre o produto de três harmônicos esféricos não ser nula, como descrito na Seção 9C, implica, então, que

$$\int Y^{*}_{J_f,M_{J,f}} Y_{j,m} Y_{J_i,M_{J,i}} \mathrm{d}\tau_{\text{ângulos}} = 0 \qquad (12C.5)$$

a não ser que $M_{j,f} = M_{j,i} + m$ e as linhas de comprimento J_f, J_i e j possam formar um triângulo (como 1, 2 e 3, ou 1, 1 e 1, mas não 1, 2 e 4). Pelo argumento exatamente igual à *Justificativa* 9C.1, concluímos que $J_f - J_i = M_{j,f} - M_{j,i} = 0$ ou ± 1.

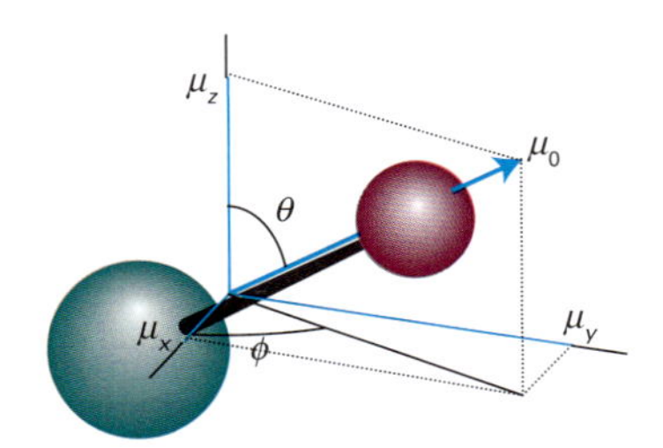

Figura 12C.3 O sistema de eixos empregado no cálculo dos momentos de dipolo das transições.

Quando se calcula o momento de transição para todas as orientações relativas possíveis entre a molécula e a reta de propagação do fóton, verifica-se que a intensidade total da transição $J + 1 \leftrightarrow J$ é proporcional a

$$|\mu_{J+1,J}|^2 = \left(\frac{J+1}{2J+1}\right)\mu_0^2 \qquad (12C.6)$$

em que μ_0 é o momento de dipolo elétrico permanente da molécula. A intensidade é proporcional ao quadrado de μ_0, e por isso as moléculas fortemente polares exibem linhas de transições rotacionais muito mais intensas do que as das moléculas menos polares.

Para os rotores simétricos, uma regra de seleção adicional estabelece que $\Delta K = 0$. Para entender essa regra, considere o rotor simétrico NH_3, em que o momento de dipolo elétrico é paralelo ao eixo principal. Essa molécula não pode passar para diferentes estados de rotação em torno do eixo principal pela absorção de radiação, de modo que $\Delta K = 0$. Portanto, para rotores simétricos, as regras de seleção são

$$\Delta J = \pm 1 \quad \Delta M_J = 0, \pm 1 \quad \Delta K = 0 \qquad \textit{Rotores simétricos} \qquad \text{Regras de seleção para transições rotacionais} \qquad (12C.7)$$

A degenerescência associada ao número quântico M_J (que dá a orientação da rotação no espaço) é parcialmente removida quando se aplica um campo elétrico a uma molécula polar (por exemplo, HCl ou NH_3), como ilustrado na Fig. 12C.4. O desdobramento dos estados provocado por um campo elétrico é o **efeito Stark**. O deslocamento de energia depende do momento de dipolo permanente μ_0, então a observação do efeito Stark pode ser usada para medir magnitudes de momentos de dipolo elétrico com um espectro rotacional.

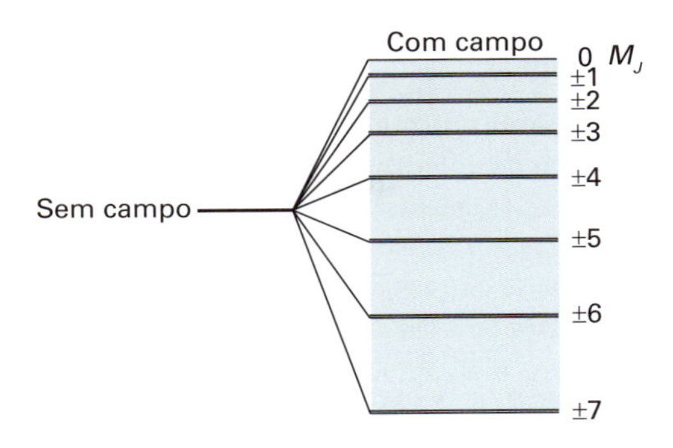

Figura 12C.4 O efeito de um campo elétrico nos níveis de energia de um rotor linear polar. Todos os níveis são duplamente degenerados, exceto o que tem $M_J = 0$.

(b) A aparência dos espectros de micro-ondas

Quando se aplicam essas regras de seleção às expressões dos níveis de energia de um rotor rígido, simétrico ou linear, conclui-se que os números de onda das absorções permitidas $J + 1 \leftarrow J$ são

$$\tilde{\nu}(J+1 \leftarrow J) = \tilde{F}(J+1) - \tilde{F}(J) = 2\tilde{B}(J+1) \quad J = 0,1,2,\ldots \qquad \textit{Rotores lineares e esféricos} \qquad \text{Números de onda das transições rotacionais} \qquad (12C.8a)$$

Levando-se em conta a distorção centrífuga (Seção 12B), a expressão correspondente obtida da Eq. 12B.16 fica

$$\tilde{\nu}(J+1 \leftarrow J) = 2\tilde{B}(J+1) - 4\tilde{D}_J(J+1)^3 \qquad (12C.8b)$$

A segunda parcela, porém, é muito pequena diante da primeira (veja a *Breve ilustração* 12B.3), e por isso a aparência do espectro é muito semelhante à dada pela Eq. 12C.8a.

Exemplo 12C.1 Previsão da aparência de um espectro de rotação

Dê a forma do espectro de rotação do $^{14}NH_3$, para o qual $\tilde{B} = 9{,}977\ \text{cm}^{-1}$.

Método A molécula do $^{14}NH_3$ é um rotor simétrico polar, e assim os termos rotacionais são dados por $\tilde{F}(J,K) = \tilde{B}J(J+1) + (\tilde{A} - \tilde{B})K^2$. Como $\Delta J = \pm 1$ e $\Delta K = 0$, a expressão dos números de onda das transições rotacionais é idêntica à Eq. 12C.8a e depende apenas de $\tilde{B}$. Na absorção, $\Delta J = +1$.

Resposta Podemos organizar a seguinte tabela das transições $J + 1 \leftarrow J$:

J	0	1	2	3	…
$\tilde{\nu}/\text{cm}^{-1}$	19,95	39,91	59,86	79,82	…
ν/GHz	598,1	1197	1795	2393	…

O espaçamento entre as linhas é de 19,95 cm^{-1} (598,1 GHz).

Exercício proposto 12C.2 Repita o problema anterior com o $CH_3{}^{35}Cl$, para o qual $\tilde{B}=0{,}444\ cm^{-1}$.

Resposta: Linhas com separação de 0,888 cm^{-1} (26,6 GHz)

A forma do espectro dada pela Eq. 12C.8 é a que está na Fig. 12C.5. O aspecto mais importante é o do conjunto de linhas com os números de onda $2\tilde{B}, 4\tilde{B}, 6\tilde{B}, \ldots$ e com a separação $2\tilde{B}$. A medida do espaçamento das linhas dá $\tilde{B}$, e daí o momento de inércia perpendicular ao eixo principal da molécula. Como as massas dos átomos são conhecidas, é simples obter o comprimento de ligação de uma molécula diatômica. Entretanto, no caso de uma molécula poliatômica, tal como OCS ou NH_3, a análise dá somente uma única grandeza, $I_\perp$, e não é possível obter os comprimentos de ligação (no OCS) ou o comprimento de ligação e o ângulo de ligação (no NH_3). Essa dificuldade pode ser superada usando-se moléculas substituídas isotopicamente, tal como ABC e A′BC; assim, considerando que R(A–B) = R(A′–B), os dois comprimentos de ligação A–B e B–C podem ser obtidos a partir dos dois momentos de inércia. Um exemplo famoso desse procedimento é o estudo do OCS; o cálculo real é desenvolvido no Problema 12C.5. A suposição de que os comprimentos de ligação não são alterados pela substituição isotópica é somente uma aproximação, mas é bem razoável na maioria dos casos. O spin nuclear (Seção 14A), que difere de um isótopo para outro, também afeta a aparência dos espectros rotacionais de alta resolução, pois o spin é uma fonte de momento angular e pode se acoplar com a rotação da molécula e afetar os níveis de energia de rotação.

As intensidades das linhas espectrais aumentam com o aumento de J e passam por um máximo, para depois decrescer com a continuada elevação de J. A razão mais importante para o máximo na intensidade é a existência de um máximo na população dos níveis rotacionais. A distribuição de Boltzmann (*Fundamentos* B e Seção 15A) implica que a população de cada estado decai exponencialmente com o aumento de J, mas a degenerescência dos níveis aumenta; esses dois efeitos opostos levam a população dos níveis de energia (distinta dos estados individuais) a passar por um máximo. Especificamente, a população de um nível de energia de rotação J é dada pela expressão de Boltzmann

$$N_J \propto N g_J e^{-E_J/kT}$$

em que N é o número total de moléculas e g_J é a degenerescência do nível J. O valor de J que corresponde ao máximo dessa expressão é determinado considerando-se J uma variável contínua, diferenciando-se em relação a J e então igualando o resultado a zero. O resultado é (veja Problema 12C.9)

$$J_{\text{máx}} \approx \left(\frac{kT}{2hc\tilde{B}}\right)^{1/2} - \frac{1}{2} \qquad \textit{Rotores lineares} \qquad \text{Estado rotacional com a maior população} \qquad (12C.9)$$

No caso de uma molécula típica (por exemplo, OCS, com $\tilde{B}=0{,}2\ cm^{-1}$) temos, na temperatura ambiente, $kT \approx 1000hc\tilde{B}$, de modo que $J_{\text{máx}} \approx 30$. Entretanto, não nos esqueçamos que a intensidade de cada transição também depende do valor de J (Eq. 12C.6) e da diferença de população entre os dois estados envolvidos na transição. Então, o valor de J correspondente à linha mais intensa não é necessariamente o valor de J correspondente ao nível mais ocupado.

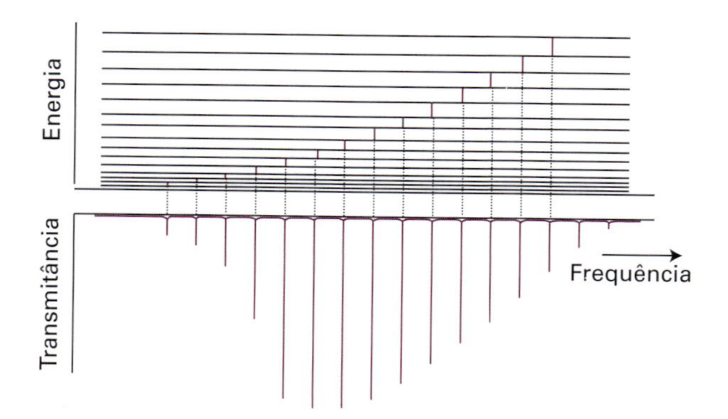

Figura 12C.5 Os níveis de energia de rotação de um rotor linear, as transições permitidas pela regra de seleção $\Delta J=+1$ e o espectro de rotação típico (na forma obtida pela observação da radiação transmitida através da amostra). As intensidades refletem as populações dos níveis iniciais, em cada caso, e as intensidades dos momentos de dipolo da transição.

12C.2 Espectroscopia Raman de rotação

O espalhamento Raman (Seção 12A) também pode levar a transições rotacionais. A regra de seleção geral para as transições Raman é *a molécula ser anisotropicamente polarizável*. Para entender esse critério precisamos saber que a deformação de uma molécula num campo elétrico é medida pela sua polarizabilidade, α (Seção 16A). Mais precisamente, se a intensidade do campo elétrico é $\mathcal{E}$, a molécula adquire um momento de dipolo induzido que é dado por

$$\mu = \alpha\mathcal{E} \qquad (12C.10)$$

além de qualquer momento de dipolo permanente que ela possa ter. Um átomo é isotropicamente polarizável. Isto é, a deformação induzida é sempre a mesma, qualquer que seja a direção do campo aplicado. A polarizabilidade de um rotor esférico também é isotrópica. Os rotores anesféricos, porém, têm polarizabilidades que dependem da direção do campo em relação à molécula, e por isso são anisotropicamente polarizáveis (Fig. 12C.6). A distribuição eletrônica no H_2, por exemplo, é mais facilmente deformada quando o campo aplicado é paralelo ao eixo da ligação do que quando o campo aplicado é perpendicular a esse eixo; no caso, escrevemos $\alpha_\parallel > \alpha_\perp$.

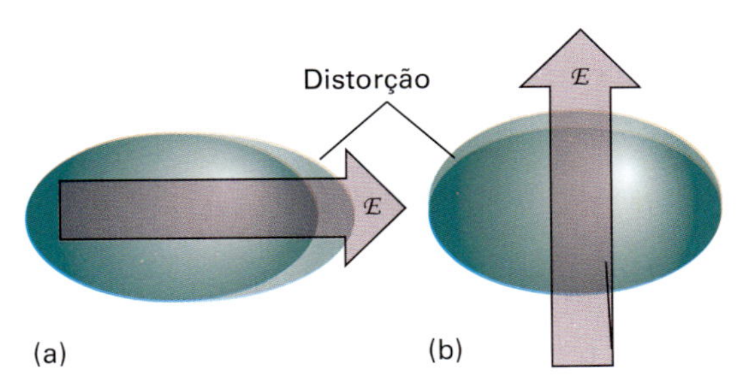

Figura 12C.6 Um campo elétrico aplicado a uma molécula provoca a deformação da molécula, que adquire uma contribuição ao momento de dipolo (mesmo que inicialmente seja apolar). A polarizabilidade pode ser uma quando o campo é aplicado (a) paralelamente ao eixo da molécula ou outra quando (b) o campo é aplicado perpendicularmente a esse eixo (ou, em geral, em direção oblíqua ao eixo). Nestas circunstâncias, a molécula tem polarizabilidade anisotrópica.

Todas as moléculas lineares e todas as diatômicas (homonucleares ou heteronucleares) têm polarizabilidades anisotrópicas e por isso são ativas na espectroscopia Raman de rotação. Essa atividade é uma das razões da importância dessa espectroscopia, pois a técnica pode ser adotada no estudo de muitas moléculas que são inacessíveis à espectroscopia de micro-ondas. Entretanto, os rotores esféricos, como CH_4 e SF_6, são inativos na espectroscopia Raman e também na de micro-ondas. Essa inatividade não significa que as moléculas nunca estejam em estados excitados de rotação. De fato, as colisões moleculares não obedecem às regras de seleção restritivas, e então as colisões entre as moléculas podem levá-las a quaisquer estados de rotação.

As regras de seleção específicas das transições Raman de rotação são

Rotores lineares: $\Delta J = 0, \pm 2$

Rotores simétricos: $\Delta J = 0, \pm 1, \pm 2$ $\quad \Delta K = 0$ (12C.11)

Regras de seleção para transições Raman rotacionais

As transições $\Delta J = 0$ não levam a deslocamentos na frequência dos fótons espalhados na espectroscopia Raman de rotação pura e contribuem para a radiação invariável (a radiação Rayleigh). Explora-se a regra de seleção específica para rotores lineares na *Justificativa* a seguir.

Justificativa 12C.2 Regras de seleção para espectros Raman de rotação

Entendemos a origem das regras de seleção gerais e específicas para a espectroscopia Raman de rotação usando uma molécula diatômica como exemplo. O campo elétrico incidente, $\mathcal{E}$, de uma onda de radiação eletromagnética de frequência ω_i, induz um momento de dipolo na molécula que é dado por

$$\mu_{ind} = \alpha\mathcal{E}(t) = \alpha\mathcal{E}\cos\omega_i t \quad (12C.12)$$

Se a molécula estiver girando com a frequência angular ω_R, para um observador externo a sua polarizabilidade também depende do tempo (se for anisotrópica), e podemos escrever

$$\alpha = \alpha_0 + \Delta\alpha\cos 2\omega_R t \quad (12C.13)$$

em que $\Delta\alpha = \alpha_{\parallel} - \alpha_{\perp}$ e α varia de $\alpha_0 + \Delta\alpha$ até $\alpha_0 - \Delta\alpha$, à medida que a molécula gira. O $2\omega_R$ aparece porque a polarizabilidade retorna duas vezes ao seu valor inicial em cada revolução (Fig. 12C.7). Levando essa expressão à do momento de dipolo induzido temos

$$\begin{aligned}\mu_{ind} &= (\alpha_0 + \Delta\alpha\cos 2\omega_R t)\times(\mathcal{E}\cos\omega_i t)\\ &= \alpha_0\mathcal{E}\cos\omega_i t + \mathcal{E}\Delta\alpha\cos 2\omega_R t\cos\omega_i t\\ &\overset{\cos x\cos y = \frac{1}{2}\{\cos(x+y)+\cos(x-y)\}}{=} \alpha_0\mathcal{E}\cos\omega_i t + \tfrac{1}{2}\mathcal{E}\Delta\alpha\{\cos(\omega_i + 2\omega_R)t\\ &\qquad + \cos(\omega_i - 2\omega_R)t\}\end{aligned} \quad (12C.14)$$

Esse cálculo mostra que o momento de dipolo induzido tem uma componente que oscila com a frequência incidente (e que gera a radiação Rayleigh), além de duas componentes com as frequências $\omega_i \pm 2\omega_R$, que geram as linhas deslocadas do efeito Raman. Essas linhas só aparecem se $\Delta\alpha \neq 0$; portanto a polarizabilidade tem que ser anisotrópica para que ocorram linhas Raman. Esta é a regra de seleção geral para a espectroscopia Raman de rotação.

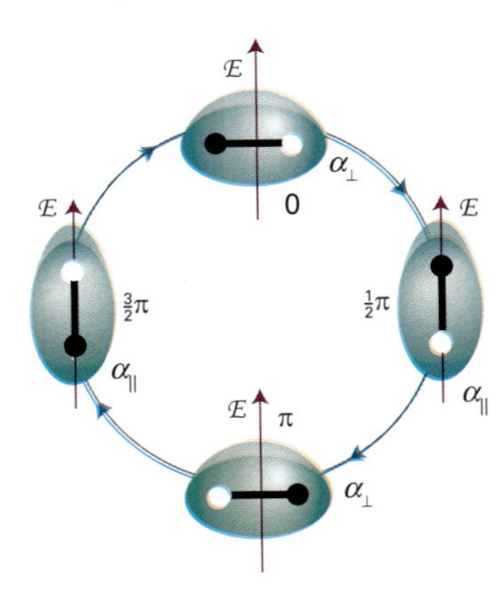

Figura 12C.7 A deformação induzida em uma molécula por um campo elétrico aplicado retorna ao seu valor inicial após uma rotação de somente 180° (ou seja, duas vezes por volta completa). Esta é a origem da regra de seleção $\Delta J = \pm 2$ na espectroscopia Raman de rotação.

Vemos também que a distorção induzida na molécula pelo campo elétrico incidente retorna ao seu valor original depois de uma rotação de 180° (isto é, duas vezes por volta completa). Essa é a origem da regra de seleção específica $\Delta J = \pm 2$.[1]

[1]Veja o livro *Molecular Quantum Mechanics* (Atkins e Friedman, 2011) para o cálculo quântico das regras de seleção para espectroscopia Raman de rotação.

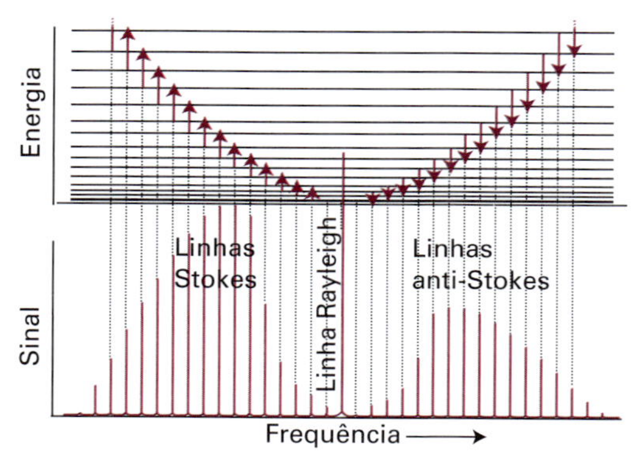

Figura 12C.8 Os níveis de energia de rotação de um rotor linear e as transições permitidas pela regra $\Delta J = \pm 2$ da espectroscopia Raman. A forma de um típico espectro Raman de rotação também é mostrada. A linha Rayleigh é muito mais forte do que é desenhada na figura; ela é mostrada como uma linha mais fraca para melhorar a visualização das linhas Raman.

Podemos imaginar a forma do espectro Raman de um rotor linear aplicando a regra de seleção $\Delta J = \pm 2$ aos níveis de energia de rotação (Fig. 12C.8). Quando a molécula faz uma transição com $\Delta J = +2$, a radiação espalhada deixa-a num estado de rotação de energia mais alta, e então o número de onda da radiação incidente, $\tilde{\nu}_i$, diminui. Essas transições respondem pelas linhas Stokes do espectro (as linhas de frequência mais baixa que a incidente, Seção 12A):

$$\tilde{\nu}(J+2 \leftarrow J) = \tilde{\nu}_i - \{\tilde{F}(J+2) - \tilde{F}(J)\} = \tilde{\nu}_i - 2\tilde{B}(2J+3) \quad \text{(12C.15a)}$$

Rotores lineares | Números de onda das linhas Stokes

As linhas Stokes têm frequências mais baixas do que a radiação incidente e os deslocamentos $6\tilde{B}, 10\tilde{B}, 14\tilde{B}, \ldots$ a partir de $\tilde{\nu}_i$, para $J = 0, 1, 2, \ldots$ Quando a molécula faz uma transição com $\Delta J = -2$, o fóton espalhado tem energia mais elevada que a inicial. Essas transições explicam as linhas anti-Stokes (as linhas em uma frequência mais alta que a incidente, Seção 12A) do espectro:

$$\tilde{\nu}(J-2 \leftarrow J) = \tilde{\nu}_i + \{\tilde{F}(J) - \tilde{F}(J-2)\} = \tilde{\nu}_i + 2\tilde{B}(2J-1) \quad \text{(12C.15b)}$$

Rotores lineares | Números de onda das linhas anti-Stokes

Essas linhas anti-Stokes ocorrem nos deslocamentos, para as frequências mais altas, de $6\tilde{B}, 10\tilde{B}, 14\tilde{B}, \ldots$(para $J = 2, 3, 4, \ldots$; o estado mais baixo que pode contribuir com a regra de seleção $\Delta J = -2$ é o que tem $J = 2$) em relação à frequência da radiação incidente. A separação entre as linhas adjacentes em ambas as regiões, Stokes e anti-Stokes, é $4\tilde{B}$, e a sua medida leva à determinação de $I_\perp$, que serve para a determinação dos comprimentos das ligações, exatamente como na espectroscopia de micro-ondas.

Exemplo 12C.2 Previsão da forma de um espectro Raman

Dê a forma do espectro Raman de rotação do $^{14}N_2$, que tem $\tilde{B} = 1{,}99\ \text{cm}^{-1}$, quando exposto à radiação monocromática com 336,732 nm de um laser.

Método A molécula é ativa na espectroscopia Raman de rotação, pois a sua rotação de ponta-cabeça modula a polarizabilidade para um observador estacionário. As linhas Stokes e anti-Stokes são dadas pela Eq. 12C.15.

Resposta Como λ_i = 336,732 nm corresponde a $\tilde{\nu}_i$ = 29.697,2cm^{-1}, as Eqs. 12C.15a e 12C.15b dão as posições das seguintes linhas:

J	0	1	2	3
Linhas Stokes				
$\tilde{\nu}$/cm^{-1}	29.685,3	29.677,3	29.669,3	29.661,4
λ/nm	336,867	336,958	337,048	337,139
Linhas anti-Stokes				
$\tilde{\nu}$/cm^{-1}			29.709,1	29.717,1
λ/nm			336,597	336,507

Haverá uma linha central forte, a 336,732 nm, ladeada por linhas de intensidade crescente e depois decrescente (em função de efeitos do momento de transição e da população dos estados). A faixa ocupada pelo espectro todo é muito estreita, e a luz incidente tem que ser muito monocromática.

Exercício proposto 12C.3 Repita o cálculo das linhas do espectro Raman de rotação do NH_3($\tilde{B} = 9{,}977\ \text{cm}^{-1}$).

Resposta: Linhas Stokes em 29.637,3; 29.597,4; 29.557,5; 29.517,6 cm^{-1}; linhas anti-Stokes em 29.757,1; 29.797,0 cm^{-1}

12C.3 Estatísticas nucleares e estados de rotação

Se a Eq. 12C.15 for usada na análise do espectro Raman de rotação do CO_2, a constante de rotação calculada não é compatível com outras medições do comprimento da ligação C–O. Os resultados só se tornam compatíveis quando se admite que a molécula pode existir apenas em estados com valores pares de J, de modo que as linhas Stokes são $2 \leftarrow 0, 4 \leftarrow 2 \ldots$, porém não $2 \leftarrow 0, 3 \leftarrow 1, 4 \leftarrow 2, 5 \leftarrow 3, \ldots$

A explicação das linhas ausentes se faz pelo princípio de Pauli (Seção 9B) e pelo fato de os núcleos de ^{16}O serem bósons de spin nulo. Assim como o princípio de Pauli exclui certos estados eletrônicos, também exclui certos estados de rotação da molécula. O princípio de Pauli, na forma enunciada na Seção 9B, afirma que, quando dois bósons idênticos são permutados, a função de onda correspondente se mantém inalterada, inclusive quanto ao respectivo sinal. Em particular, quando uma molécula de CO_2 gira de 180°, dois núcleos de O, idênticos, trocam de posição e então a função de onda da molécula deve permanecer inalterada. Porém, a forma das funções de onda rotacionais das moléculas (que têm a mesma forma que os orbitais *s*, *p* etc. dos átomos) mostra que mudam de sinal, nessa rotação, conforme $(-1)^J$ (Fig. 12C.9). Então, somente os valores de J pares são permitidos para o CO_2 e o espectro Raman só exibe linhas alternadas.

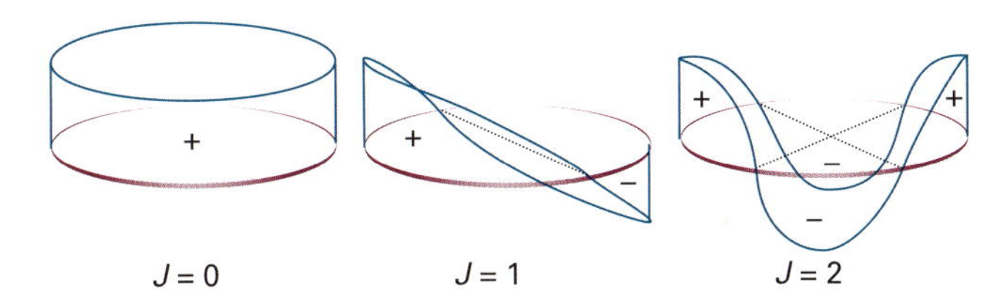

Figura 12C.9 As simetrias das funções de onda de rotação (na figura, por simplicidade, as de um rotor bidimensional) sob rotação de 180°. As funções de onda com J par não trocam de sinal, enquanto as que têm J ímpar trocam de sinal.

A ocupação seletiva dos estados de rotação determinada pelo princípio de Pauli é um exemplo da chamada **estatística nuclear**. Esta estatística tem que ser levada em conta sempre que uma rotação provoca permuta de núcleos equivalentes. No entanto, as consequências nem sempre são tão simples quanto no caso do CO_2, pois surgem aspectos complicados quando os núcleos têm spin diferente de zero. É possível, por exemplo, que diversas orientações do spin nuclear sejam compatíveis com os valores pares de J e outras orientações do spin sejam compatíveis com os valores ímpares de J. Para as moléculas de hidrogênio e de flúor, que têm ambos os núcleos idênticos com spin $\frac{1}{2}$, mostramos, na *Justificativa* 12C.3, que há três vezes mais formas de se chegar a um estado com J ímpar do que com J par, e por isso há uma alternância na razão 3:1 nas respectivas intensidades das linhas do espectro Raman de rotação (Fig. 12C.10). Em geral, no caso de uma molécula diatômica homonuclear com núcleos de spin I, os números de maneiras de se terem estados com J par ou ímpar estão na razão

$$\frac{\text{Número de maneiras de se ter } J \text{ ímpar}}{\text{Número de maneiras de se ter } J \text{ par}} = \begin{cases} (I+1)/I \text{ para núcleos de spin fracionário} \\ I/(I+1) \text{ para núcleos de spin inteiro} \end{cases}$$

Moléculas diatômicas homonucleares Estatística nuclear (12C.16)

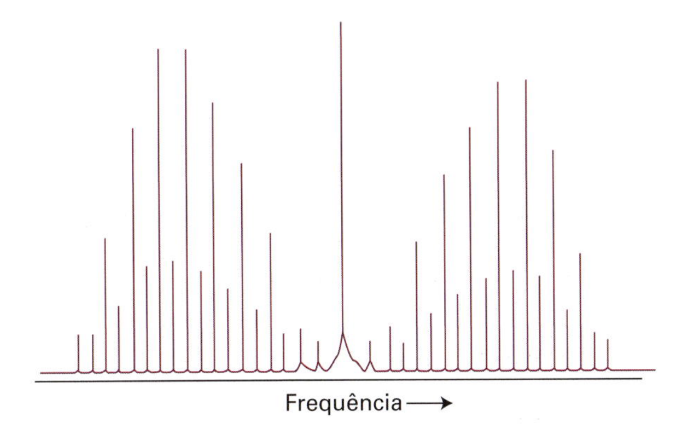

Figura 12C.10 O espectro Raman de rotação de uma molécula diatômica com dois núcleos idênticos de spin $\frac{1}{2}$ mostra uma alternância das intensidades das linhas devido à estatística nuclear. A linha Rayleigh é muito mais forte do que é desenhada na figura; ela é mostrada como uma linha mais fraca para melhorar a visualização das linhas Raman.

Para o hidrogênio, $I = \frac{1}{2}$, e a razão é 3:1. Para o N_2, com $I = 1$, a razão é 1:2.

Justificativa 12C.3 O efeito das estatísticas nucleares sobre os espectros rotacionais

Os núcleos de hidrogênio são férmions, de modo que o princípio de Pauli exige que a função de onda global mude de sinal na permuta considerada. Porém, a rotação da molécula de H_2 em 180° tem um efeito mais complicado do que a simples troca dos núcleos, pois há também troca dos spins se os spins nucleares estiverem emparelhados (↑↓; $I_{total} = 0$) mas não se estiverem paralelos (↑↑; $I_{total} = 1$).

Considere inicialmente o caso em que os spins estão paralelos e seus estados são $\alpha(A)\alpha(B)$, $\alpha(A)\beta(B) + \alpha(B)\beta(A)$ ou $\beta(A)\beta(B)$. As combinações $\alpha(A)\alpha(B)$ e $\beta(A)\beta(B)$ ficam inalteradas quando a molécula gira de 180°, logo a função de onda rotacional deve trocar de sinal para obtermos uma troca global de sinal. Portanto, somente valores ímpares de J são permitidos. Embora à primeira vista os spins devam ser permutados na combinação $\alpha(A)\beta(B) + \alpha(B)\beta(A)$ de forma a se obter a permutação simples $A \leftrightarrow B$ dos rótulos (Fig. 12C.11), $\beta(A)\alpha(B) + \beta(B)\alpha(A)$ é o mesmo que $\alpha(A)\beta(B) + \alpha(B)\beta(A)$, salvo pela ordem dos termos, e assim também somente valores ímpares de J são permitidos. Ao contrário, se os spins nucleares estiverem emparelhados, a função de onda correspondente é $\alpha(A)\beta(B) - \alpha(B)\beta(A)$. Essa combinação troca de sinal quando α e β são permutados (a fim de propiciar a simples troca global $A \leftrightarrow B$). Portanto, para que a função de onda global troque de sinal neste caso, a função de onda de rotação *não* deve trocar de sinal. Então somente serão permitidos valores pares de J quando os spins nucleares estiverem emparelhados. De acordo com as predições da Eq. 12C.16, há três formas de se obter J ímpar, mas somente uma de termos J par.

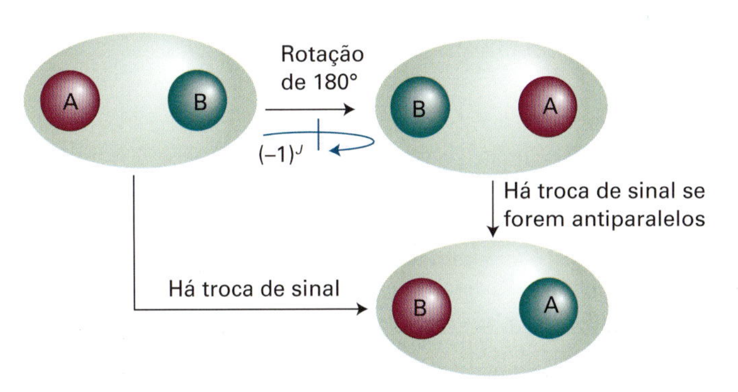

Figura 12C.11 A permuta de dois férmions idênticos provoca a mudança de sinal da função de onda global. A identificação dos dois núcleos se faz em duas etapas: na primeira, há uma rotação da molécula; na segunda, a troca dos spins diferentes (que na figura estão simbolizados pela tonalidade dos núcleos). A função de onda muda de sinal, na segunda etapa, se os núcleos tiverem os spins antiparalelos.

Breve ilustração 12C.2 *Orto-* e *para*-hidrogênio

As diferentes orientações relativas dos spins nucleares se alteram muito lentamente, de modo que uma molécula de H_2 com os spins nucleares paralelos permanece, durante períodos muito longos, diferente da molécula com os spins nucleares emparelhados. A forma com os spins nucleares paralelos é o ***orto*-hidrogênio**, e a outra forma, com spins nucleares emparelhados, é o ***para*-hidrogênio.** Como o orto-hidrogênio não pode existir no estado com $J = 0$, gira mesmo em temperaturas muito baixas e tem uma energia do ponto zero de rotação diferente de zero (Fig. 12C.12).

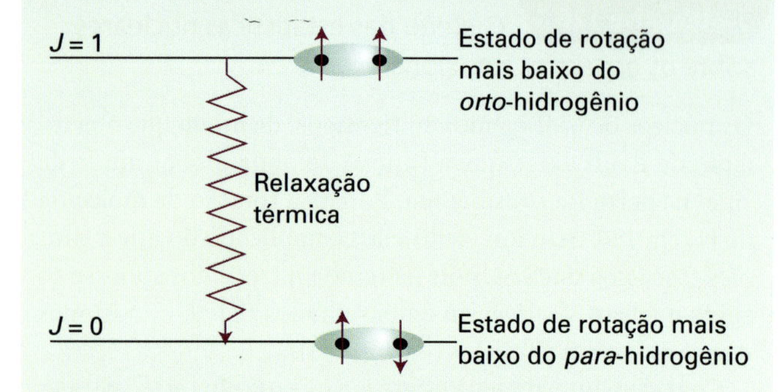

Figura 12C.12 Quando o hidrogênio é resfriado, as moléculas com os spins nucleares paralelos acumulam-se no estado de rotação mais baixo possível, com $J = 1$. Só podem passar para o estado de rotação mais baixo de todos (com $J = 0$) se os spins mudarem sua orientação relativa e ficarem antiparalelos. Este processo de passagem é lento, em circunstâncias normais, e a liberação de energia é também lenta.

Exercício proposto 12C.4 O BeF_2 existe nas formas *orto* e *para*? Sugestão: (a) Determine a geometria do BeF_3 e a seguir (b) decida se os núcleos do flúor são férmions ou bósons.

Resposta: Sim

Conceitos importantes

- ☐ 1. As transições rotacionais puras podem ser estudadas com a **espectroscopia de micro-ondas** e com a **espectroscopia Raman de rotação.**
- ☐ 2. Para uma molécula ter espectro rotacional puro, ela tem de ser polar.
- ☐ 3. As **regras de seleção específicas** para a espectroscopia de micro-ondas são $\Delta J = \pm 1$, $\Delta M_J = 0, \pm 1$, $\Delta K = 0$.
- ☐ 4. Comprimentos de onda e momentos de dipolo podem ser obtidos com a análise de espectros de rotação.
- ☐ 5. Uma molécula tem que ser **anisotropicamente polarizável** para ser rotacionalmente ativa no Raman.
- ☐ 6. As **regras de seleção específicas** para a espectroscopia Raman de rotação são: (i) rotores lineares, $\Delta J = 0, \pm 2$; (ii) rotores simétricos, $\Delta J = 0, \pm 1, \pm 2$; $\Delta K = 0$.
- ☐ 7. A aparência dos espectros rotacionais é afetada pela **estatística nuclear**, a ocupação seletiva de estados de rotação que vem do princípio de Pauli.

Equações importantes

Propriedade	Equação	Comentário	Número da equação
Números de onda de transições rotacionais	$\tilde{\nu}(J+1\leftarrow J)=2\tilde{B}(J+1)$	J=0, 1, 2, ... rotores esféricos e lineares	12C.8a
Estado rotacional com maior população	$J_{\text{máx}} \approx (kT/2hc\tilde{B})^{1/2}-\frac{1}{2}$	Rotores lineares	12C.9
Números de onda das (i) linhas Stokes e (ii) anti-Stokes no espectro Raman de rotores lineares	(i) $\tilde{\nu}(J+2\leftarrow J)=\tilde{\nu}_i-2\tilde{B}(2J+3)$ (ii) $\tilde{\nu}(J-2\leftarrow J)=\tilde{\nu}_i+2\tilde{B}(2J-1)$	J=0, 1, 2, ...	12C.15
Estatística nuclear	$\dfrac{\text{Número de maneiras de obter } J \text{ ímpar}}{\text{Número de maneiras de obter } J \text{ par}} = \begin{cases}(I+1)/I \text{ para núcleos de spin fracionário}\\ I/(I+1) \text{ para núcleos de spin inteiro}\end{cases}$	Moléculas diatômicas homonucleares	12C.16

12D Espectroscopia vibracional de moléculas diatômicas

Tópicos

➤ **Por que você precisa saber este assunto?**

A observação das frequências das transições entre os estados vibracionais de uma molécula fornece informações sobre a natureza da molécula e oferece informações quantitativas a respeito da flexibilidade das suas ligações. A espectroscopia no infravermelho é uma valiosa ferramenta analítica e é amplamente utilizada em laboratórios químicos.

➤ **Qual é a ideia fundamental?**

O espectro vibracional de uma molécula diatômica pode ser interpretado pela utilização do modelo do oscilador harmônico, com modificações que consideram a dissociação de ligações e o acoplamento do movimento rotacional e vibracional.

➤ **O que você já deve saber?**

Você deve estar familiarizado com os modelos do oscilador harmônico (Seção 8B) e do rotor rígido (Seção 12B) do movimento molecular, com os princípios gerais da espectroscopia (Seção 12A) e com a interpretação de espectros rotacionais (Seção 12C).

Vamos explorar agora os níveis de energia de vibração das moléculas diatômicas, estabelecendo as regras de seleção para transições espectroscópicas entre esses níveis. Veremos também como a excitação simultânea da rotação altera o aspecto de um espectro de vibração. Este material prepara a discussão sobre as vibrações de moléculas poliatômicas na Seção 12E.

12D.1 Movimento de vibração

Vamos basear a discussão na Fig. 12D.1, que mostra uma curva da energia potencial típica de uma molécula diatômica (trata-se essencialmente de uma reprodução da Fig. 8B.1 da Seção 8B). Nas regiões vizinhas a R_e, (no mínimo da curva), a energia potencial pode ser aproximada por uma parábola, de modo que escrevemos

$$V = \tfrac{1}{2}k_f x^2 \qquad x = R - R_e \qquad \text{Energia potencial parabólica} \qquad (12D.1)$$

em que k_f é a **constante de força** da ligação. Quanto mais acentuadas forem as fronteiras da curva do potencial (isto é, quanto mais rígida for a ligação), maior será a constante de força.

Para ver a relação entre a forma da curva da energia potencial da molécula e o valor de k_f, podemos expandir a energia potencial em torno do seu mínimo usando uma série de Taylor (*Revisão de matemática* 1, que segue o Capítulo 1), que é uma forma comum de exprimir como uma função varia em torno de um ponto selecionado (neste caso, o mínimo da curva em $x = 0$):

$$V(x) = V(0) + \left(\frac{dV}{dx}\right)_0 x + \tfrac{1}{2}\left(\frac{d^2V}{dx^2}\right)_0 x^2 + \cdots \qquad (12D.2)$$

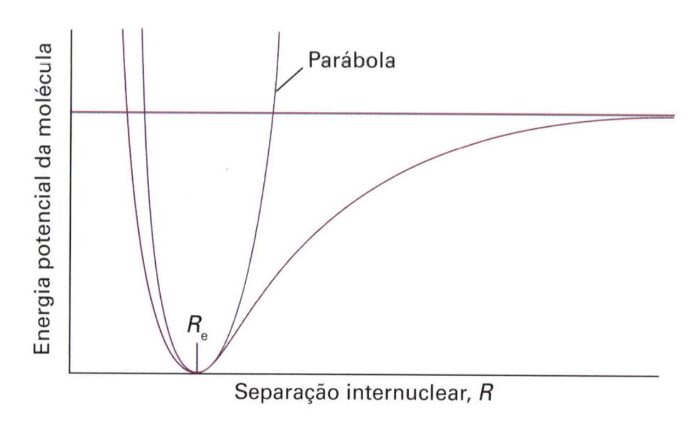

Figura 12D.1 Nas vizinhanças do fundo do poço de potencial, a curva da energia potencial da molécula pode ser aproximada por uma parábola. O potencial parabólico leva às oscilações harmônicas. Nos níveis de excitação elevados, porém, a aproximação parabólica é ruim (a curva do potencial verdadeiro é menos confinadora do que a parábola) e fica absolutamente errônea nas proximidades do limite de dissociação.

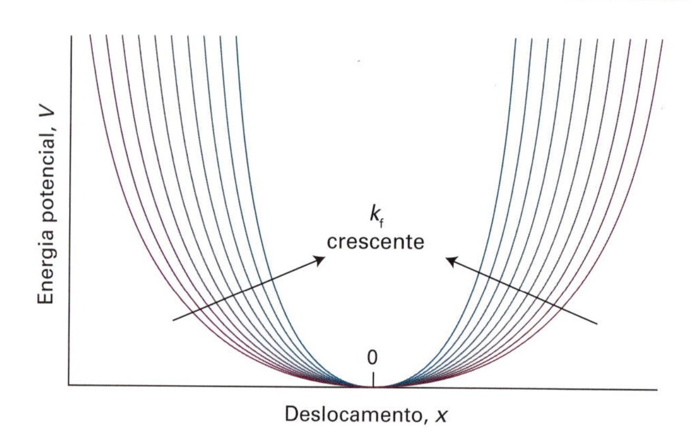

Figura 12D.2 A constante de força é uma medida da curvatura da curva de energia potencial nas proximidades do comprimento da ligação no equilíbrio. Um poço muito acentuado, fortemente confinante (com as paredes laterais abruptas, uma ligação rígida), corresponde a valores de k_f elevados.

A notação $(\ldots)_0$ indica que as derivadas são primeiro avaliadas e então se faz $x = 0$. O termo $V(0)$ pode ser igualado arbitrariamente a zero. A primeira derivada de V vale 0 no ponto correspondente ao mínimo. Então, o primeiro termo diferente de zero é proporcional ao quadrado do deslocamento. Para pequenos deslocamentos podemos ignorar todos os termos de ordem superior e escrever

$$V(x) \approx \tfrac{1}{2}\left(\frac{d^2V}{dx^2}\right)_0 x^2 \qquad (12D.3)$$

Portanto, numa primeira aproximação, a curva da energia potencial da molécula é a de um potencial parabólico, e a constante de força é identificada por

$$k_f = \left(\frac{d^2V}{dx^2}\right)_0 \qquad \textit{Definição formal} \quad \text{Constante de força} \qquad (12D.4)$$

Vemos então que, se a curva da energia potencial for muito acentuada nas vizinhanças do mínimo, a constante k_f será grande e a ligação, rígida. Ao contrário, se a curva for muito aberta e rasa, então a constante k_f será pequena e a ligação será facilmente estirada ou comprimida (Fig. 12D.2).

A equação de Schrödinger para o movimento relativo dos dois átomos de massas m_1 e m_2, com uma curva de energia potencial parabólica, é

$$-\frac{\hbar^2}{2m_{ef}}\frac{d^2\psi}{dx^2} + \tfrac{1}{2}k_f x^2\psi = E\psi \qquad (12D.5)$$

em que m_{ef}, é a **massa efetiva:**

$$m_{ef} = \frac{m_1 m_2}{m_1 + m_2} \qquad \textit{Definição} \quad \text{Massa efetiva} \qquad (12D.6)$$

Essas equações se deduzem da mesma forma que na Seção 8B, mas agora o procedimento da separação de variáveis é usado para separar o movimento relativo dos átomos do movimento da molécula como um todo.

Uma nota sobre a boa prática É importante distinguir entre *massa efetiva* e *massa reduzida*. A primeira é uma medida da massa deslocada durante a vibração. A outra é uma grandeza que surge da separação do movimento relativo interno e da translação como um todo. Para uma molécula diatômica, as duas grandezas coincidem, mas isso não é geralmente verdadeiro para a vibração de moléculas poliatômicas. Entretanto, muitos autores não fazem essa distinção e se referem a ambas as grandezas como "massa reduzida".

A equação de Schrödinger na Eq. 12D.5 coincide com a Eq. 8B.3 para o movimento harmônico de uma partícula de massa m. Portanto, podemos aproveitar os resultados da Seção 8B para escrever a expressão dos níveis de energia permitidos:

$$E_\nu = \left(\nu + \tfrac{1}{2}\right)\hbar\omega \qquad \omega = \left(\frac{k_f}{m_{eff}}\right)^{1/2} \qquad \nu = 0, 1, 2, \ldots$$

Molécula diatômica Níveis de energia de vibração (12D.7)

Os **termos vibracionais** da molécula, isto é, os seus estados vibracionais expressos em números de onda, são simbolizados por $\tilde{G}(\nu)$, e se tem $E_\nu = hc\tilde{G}(\nu)$, de modo que

$$\tilde{G}(\nu) = \left(\nu + \tfrac{1}{2}\right)\tilde{\nu} \qquad \tilde{\nu} = \frac{1}{2\pi c}\left(\frac{k_f}{m_{ef}}\right)^{1/2}$$

Molécula diatômica Termos vibracionais (12D.8)

As funções de onda vibracionais coincidem com as que vimos na Seção 8B para um oscilador harmônico.

É importante ressaltar que os termos vibracionais dependem da massa *efetiva* da molécula e não diretamente da massa total. Esta dependência é fisicamente razoável, pois se o átomo 1 fosse tão pesado quanto um tijolo de parede, então nós determinaríamos que $m_{ef} \approx m_2$, que é a massa do átomo mais leve. A vibração seria então a de um átomo leve em relação a um outro muito mais pesado, praticamente estacionário (isso é o que acontece, aproximadamente, no caso do HI, por exemplo, em que o átomo de I praticamente não se move e $m_{ef} \approx m_H$). Para uma molécula diatômica homonuclear $m_1 = m_2$ e a massa efetiva é igual à metade da massa total: $m_{ef} = \frac{1}{2}m$.

Breve ilustração 12D.1 A frequência vibracional de uma molécula diatômica

A constante de força da molécula de HCl é 516 N m^{-1}, um valor razoavelmente representativo para uma ligação simples. A massa efetiva do $^1H^{35}Cl$ é $1,63 \times 10^{-27}$ kg (observe que esta massa é quase igual à massa do átomo de hidrogênio, $1,67 \times 10^{-27}$ kg, de modo que o átomo de Cl se comporta como se fosse uma massa imóvel). Com esses valores temos:

$$\omega = \left(\frac{516 \overbrace{\text{N}}^{\text{kg m s}^{-2}} \text{m}^{-1}}{1,63 \times 10^{-27} \text{ kg}} \right)^{1/2} = 5,63 \times 10^{14} \text{ s}^{-1}$$

ou $\nu = \omega/2\pi = 89,5$ THz (1 THz = 10^{12} Hz).

Exercício proposto 12D.1 A frequência vibracional do $^{35}Cl_2$ é 16,94 THz. Calcule a constante de força da ligação.

Resposta: 327,8 N m^{-1}

12D.2 Espectroscopia no infravermelho

A regra de seleção geral para uma mudança de estado vibracional induzida pela absorção ou emissão de radiação é que *o momento de dipolo elétrico da molécula se altera quando os átomos são deslocados uns em relação aos outros.* As vibrações deste tipo são ditas **ativas no infravermelho**. A base clássica dessa regra é a da geração de um campo eletromagnético oscilante devido à vibração de um dipolo variável, e vice-versa (Fig. 12D.3). A base formal da regra aparece na *Justificativa* a seguir. Observe que a regra não impõe a existência de um dipolo permanente, mas somente a *variação* do momento de dipolo, inclusive em relação ao momento nulo. Algumas vibrações não afetam o momento de dipolo da molécula (por exemplo, o movimento de estiramento de molécula diatômica homonuclear), de modo que nem absorvem nem geram radiação. Essas vibrações são chamadas de **inativas no infravermelho**.

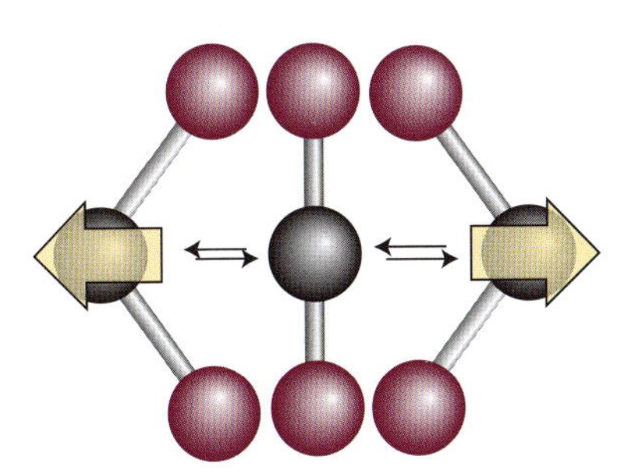

Figura 12D.3 A oscilação de uma molécula, mesmo que seja apolar, pode provocar o aparecimento de um dipolo oscilante capaz de interagir com o campo eletromagnético.

Breve ilustração 12D.2 A regra de seleção geral para espectroscopia de infravermelho

As moléculas diatômicas homonucleares são inativas no infravermelho, pois os respectivos momentos de dipolo são nulos qualquer que seja o comprimento da ligação. As moléculas diatômicas heteronucleares, ao contrário, são ativas no infravermelho. Transições fracas no infravermelho podem ser observadas em moléculas diatômicas homonucleares confinadas em diversos nanomateriais. Por exemplo, quando incorporadas ao C_{60} sólido, as moléculas de H_2 interagem através de forças de van der Waals com as moléculas de C_{60} à sua volta e adquirem um momento de dipolo, passando a ter, então, um espectro observável no infravermelho.

Exercício proposto 12D.2 Identifique as moléculas no grupo: N_2, NO e CO que são ativas no infravermelho.

Resposta: NO e CO

A regra de seleção específica, que se obtém da análise da expressão do momento da transição e das propriedades das integrais das funções de onda do oscilador harmônico (como mostrado na *Justificativa* 12D.1), é

$$\Delta v = \pm 1 \quad \textit{Espectroscopia de infravermelho} \quad \text{Regra de seleção específica} \quad (12D.9)$$

Justificativa 12D.1 Regras de seleção geral e específicas para espectros de infravermelho

A regra de seleção geral para a espectroscopia no infravermelho está baseada na análise do momento de dipolo de transição $\boldsymbol{\mu}_{fi} = \int \psi^*_{v_f} \hat{\boldsymbol{\mu}} \psi_{v_i} d\tau$ (Seção 12A), que surge a partir da Eq. 12C.2 ($\boldsymbol{\mu}_{fi} = \int \psi^*_{\varepsilon_f} \psi^*_{v_f} Y^*_{J_f,M_{J,f}} \hat{\boldsymbol{\mu}} \psi_{\varepsilon_i} \psi_{v_i} Y_{J_i,M_{J,i}} d\tau$) quando a molécula não muda o estado eletrônico ou rotacional. Para simplificar a análise, admitiremos que o oscilador seja unidimensional (como uma molécula diatômica, que só pode ser estirada e comprimida paralelamente à sua ligação). O operador momento de dipolo elétrico depende da localização de todos os elétrons e de todos os núcleos da molécula, de modo que ele muda quando a separação internuclear varia (Fig. 12D.4). Podemos escrever a sua variação com o deslocamento em relação ao equilíbrio, x, na forma

$$\hat{\boldsymbol{\mu}} = \hat{\boldsymbol{\mu}}_0 + \left(\frac{d\hat{\boldsymbol{\mu}}}{dx} \right)_0 x + \cdots$$

em que $\hat{\boldsymbol{\mu}}_0$ é o operador momento de dipolo elétrico quando os núcleos estão na separação de equilíbrio. Vem então que, com f ≠ i e mantendo apenas o termo linear para pequenos deslocamentos x,

$$\boldsymbol{\mu}_{fi} = \int \psi^*_{v_f} \hat{\boldsymbol{\mu}} \psi_{v_i} dx = \boldsymbol{\mu}_0 \overbrace{\int \psi^*_{v_f} \psi_{v_i} dx}^{0} + \left(\frac{d\boldsymbol{\mu}}{dx} \right)_0 \int \psi^*_{v_f} x \psi_{v_i} dx$$

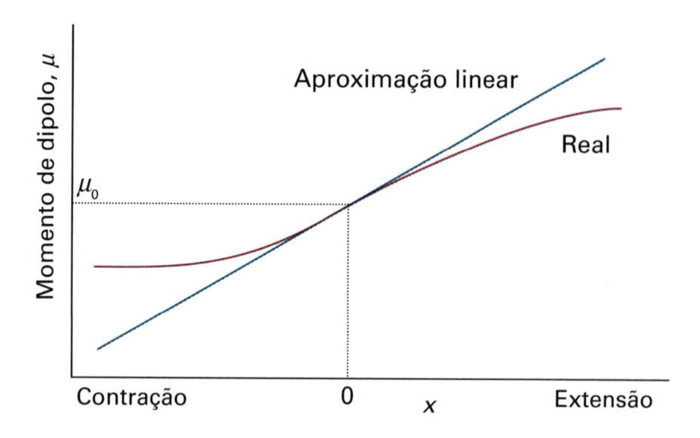

Figura 12D.4 O momento de dipolo elétrico de uma molécula diatômica heteronuclear varia como mostrado pela curva púrpura. Para pequenos deslocamentos a variação do momento de dipolo é proporcional ao deslocamento.

O termo proporcional a $\boldsymbol{\mu}_0$ é nulo, pois os estados com valores diferentes de v são ortogonais (Seção 8B). Vem então que o momento de dipolo da transição é

$$\boldsymbol{\mu}_{\rm fi}=\left(\frac{{\rm d}\boldsymbol{\mu}}{{\rm d}x}\right)_0\int\psi^*_{v_{\rm f}}x\psi_{v_{\rm i}}{\rm d}x$$

Vemos então que o lado direito é nulo, a menos que o momento de dipolo da molécula varie com o deslocamento. Esta é a regra de seleção geral para a espectroscopia de infravermelho.

A regra de seleção específica é determinada pela análise do valor de $\int\psi^*_{v_{\rm f}}x\psi_{v_{\rm i}}{\rm d}x$. Precisamos então das funções de onda em termos dos polinômios de Hermite, dados na Seção 8B, e das respectivas propriedades. Observamos que $x = \alpha y$, com $\alpha = (\hbar^2/m_{\rm ef}k_{\rm f})^{1/4}$ (esta é a Eq. 8B.8 da Seção 8B), e escrevemos

$$\int\psi^*_{v_{\rm f}}x\psi_{v_{\rm i}}{\rm d}x=N_{v_{\rm f}}N_{v_{\rm i}}\int_{-\infty}^{\infty}H_{v_{\rm f}}xH_{v_{\rm i}}{\rm e}^{-y^2}{\rm d}x$$
$$=\alpha^2N_{v_{\rm f}}N_{v_{\rm i}}\int_{-\infty}^{\infty}H_{v_{\rm f}}yH_{v_{\rm i}}{\rm e}^{-y^2}{\rm d}y$$

Para calcular a integral, usamos a fórmula de "recorrência":

$$yH_v=vH_{v-1}+\tfrac{1}{2}H_{v+1}$$

que leva a

$$\int\psi^*_{v_{\rm f}}x\psi_{v_{\rm i}}{\rm d}x$$
$$=\alpha^2N_{v_{\rm f}}N_{v_{\rm i}}\left\{v_{\rm i}\int_{-\infty}^{\infty}H_{v_{\rm f}}H_{v_{\rm i}-1}{\rm e}^{-y^2}{\rm d}y+\tfrac{1}{2}\int_{-\infty}^{\infty}H_{v_{\rm f}}H_{v_{\rm i}+1}{\rm e}^{-y^2}{\rm d}y\right\}$$

A primeira integral é nula, a menos que $v_{\rm f} = v_{\rm i} - 1$, e a segunda é nula, a menos que $v_{\rm f} = v_{\rm i} + 1$ (Tabela 8B.1). Conclui-se então que o momento de dipolo da transição é nulo, a menos que $\Delta v = \pm 1$.

As transições com $\Delta v = +1$ correspondem à absorção, e as que têm $\Delta v = -1$ correspondem à emissão. Conclui-se das regras de seleção específicas que os números de onda das transições vibracionais permitidas, simbolizados por $\Delta\tilde{G}_{v+\frac{1}{2}}$, para a transição $v+1 \leftarrow v$, são

$$\Delta\tilde{G}_{v+\frac{1}{2}}=\tilde{G}(v+1)-\tilde{G}(v)=\tilde{\nu} \qquad \text{(12D.10)}$$

Os números de onda de transições vibracionais correspondem àqueles da radiação na região infravermelha do espectro eletromagnético, e assim as transições vibracionais absorvem ou emitem radiação infravermelha.

Na temperatura ambiente, $kT/hc \approx 200\ {\rm cm}^{-1}$, e a maioria dos números de onda vibracionais é significativamente maior do que $200\ {\rm cm}^{-1}$. Conclui-se então, pela distribuição de Boltzmann (*Fundamentos* B e Seção 15A), que quase todas as moléculas estarão, inicialmente, nos respectivos estados fundamentais de vibração. Assim, a transição espectral dominante será a **transição fundamental** $1 \leftarrow 0$. Em consequência, o espectro será constituído por uma única linha de absorção. Se houver moléculas em estados de vibração excitados, como as moléculas excitadas de HF que se formam na reação $H_2 + F_2 \rightarrow 2HF^*$, em que o asterisco indica uma molécula vibracionalmente "quente", é possível que apareçam, no espectro de emissão, as linhas das transições $5 \rightarrow 4$, $4 \rightarrow 3$,... Na aproximação harmônica, todas essas linhas têm a mesma frequência e o espectro também é constituído por uma só linha. Veremos, porém, que a quebra da aproximação harmônica faz com que as transições tenham frequências ligeiramente diferentes, de modo que muitas linhas são observadas.

12D.3 Anarmonicidade

Os termos vibracionais da Eq. 12D.8 são apenas aproximados, pois se baseiam na aproximação parabólica para a curva de energia potencial real. É evidente que a parábola não pode ser a curva correta para nenhuns estiramentos, pois não leva ao rompimento da ligação. Nas excitações vibracionais elevadas, o afastamento entre os átomos (mais exatamente, o espalhamento da função de onda vibracional) faz com que a molécula atinja regiões da curva da energia potencial em que a aproximação parabólica é ruim, sendo necessário guardar outros termos além do primeiro termo diferente de zero na expansão de Taylor para V (Eq. 12D.2). O movimento é então **anarmônico**, no sentido de que a força restauradora deixa de ser proporcional ao deslocamento. Como a curva real é menos restritiva que a parábola, podemos antecipar que os níveis de energia, nas excitações elevadas, serão menos separados.

(a) A convergência dos níveis de energia

Uma abordagem para o cálculo dos níveis de energia na presença de anarmonicidade é adotar uma função semelhante, tanto quanto possível, à função energia potencial real. A **energia potencial de Morse** é

$$V = hc\tilde{D}_e\{1 - e^{-a(R-R_e)}\}^2 \qquad a = \left(\frac{m_{ef}\,\omega^2}{2hc\tilde{D}_e}\right)^{1/2}$$

Energia potencial de Morse (12D.11)

em que $\tilde{D}_e$ é a profundidade do mínimo de potencial (Fig. 12D.5). Nas vizinhanças do mínimo do poço de potencial, a variação de V com o deslocamento é semelhante a uma parábola (como se pode verificar pelo desenvolvimento da exponencial além do primeiro termo), mas, ao contrário de uma parábola, a Eq. 12D.11 traduz a dissociação da molécula quando os deslocamentos são muito grandes. A equação de Schrödinger pode ser resolvida com o potencial de Morse, e os níveis de energia permitidos são

$$\tilde{G}(v) = \left(v+\tfrac{1}{2}\right)\tilde{\nu} - \left(v+\tfrac{1}{2}\right)^2 x_e\tilde{\nu} \qquad x_e = \frac{a^2\hbar}{2m_{ef}\,\omega} = \frac{\tilde{\nu}}{4\tilde{D}_e}$$

Energia de potencial de Morse Termos vibracionais (12D.12)

O parâmetro adimensional x_e é a **constante de anarmonicidade**. O número de níveis vibracionais do oscilador Morse é finito, e $v = 0, 1, 2,\ldots, v_{máx}$, como mostra a Fig. 12D.6 (veja também o Problema 12D.7). A segunda parcela na expressão de $\tilde{G}$ é subtrativa, e seu efeito aumenta à medida que v aumenta, o que provoca a convergência dos níveis nos números quânticos elevados.

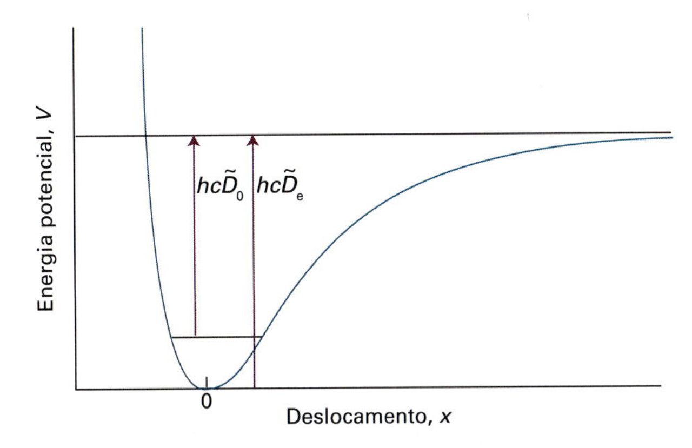

Figura 12D.5 A energia de dissociação de uma molécula, $hc\tilde{D}_0$ é diferente da energia que corresponde à profundidade do poço de potencial, $hc\tilde{D}_e$, devido à energia do ponto zero das vibrações da ligação.

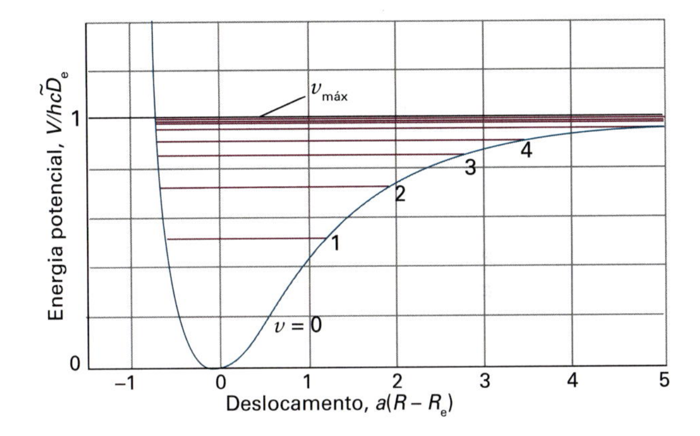

Figura 12D.6 A curva da energia potencial de Morse reproduz a forma geral da curva da energia potencial de uma molécula. A equação de Schrödinger correspondente pode ser resolvida e podem ser calculados os valores das energias. O número de níveis ligados é finito.

Exemplo 12D.1 Cálculo da constante de anarmonicidade

Calcule a constante de anarmonicidade x_e para o $^1H^{19}F$ com os dados da Tabela 12D.1 da *Seção de dados*.

Método Calcula-se a constante de anarmonicidade a partir de $\tilde{\nu}$, $\tilde{D}_e$, e da Eq. 12D.12. Entretanto, observe que a Tabela 12D.1 lista valores de $\tilde{D}_0 = \tilde{D}_e - \frac{1}{2}\tilde{\nu}$ (Fig. 12D.5), então calcule $\tilde{D}_e$ primeiro, antes de usar a Eq. 12D.12. Um fator de conversão útil é 1 kJ mol^{-1} = 83,593 cm^{-1}.

Resposta A profundidade do mínimo de potencial é

$$\tilde{D}_e = \tilde{D}_0 + \tfrac{1}{2}\tilde{\nu} = \overbrace{(4{,}718\times10^4\ \text{cm}^{-1})}^{564{,}4\ \text{kJmol}^{-1}\times\frac{83{,}593\ \text{cm}^{-1}}{1\ \text{kJmol}^{-1}}} + \tfrac{1}{2}\times(4138{,}32\ \text{cm}^{-1})$$
$$= (4{,}718\times10^4 + \tfrac{1}{2}\times4138{,}32)\ \text{cm}^{-1}$$

Conclui-se da Eq. 12D.12 que a constante de anarmonicidade é

$$x_e = \frac{4138{,}32\ \text{cm}^{-1}}{(4{,}718\times10^4 + \frac{1}{2}\times4138{,}32)\ \text{cm}^{-1}} = 2{,}101\times10^{-2}$$

Exercício proposto 12D.3 Calcule a constante de anarmonicidade para o $^1H^{81}Br$.

Resposta: $2{,}093\times10^{-2}$

Embora o oscilador Morse seja teoricamente bastante útil, é mais prático usar a expressão geral

$$\tilde{G}(v) = \left(v+\tfrac{1}{2}\right)\tilde{\nu} - \left(v+\tfrac{1}{2}\right)^2 x_e\tilde{\nu} + \left(v+\tfrac{1}{2}\right)^3 y_e\tilde{\nu} + \cdots \qquad (12D.13)$$

em que x_e, y_e, ... são constantes empíricas características da molécula, que se ajustam aos dados experimentais e propiciam o cálculo da energia de dissociação da molécula. Na presença de anarmonicidades, os números de onda das transições com $\Delta v = +1$ são

$$\Delta\tilde{G}_{v+\frac{1}{2}} = \tilde{G}(v+1) - \tilde{G}(v) = \tilde{\nu} - 2(v+1)x_e\tilde{\nu} + \cdots \qquad (12D.14)$$

A Eq. 12D.14 mostra que quando $x_e > 0$ as transições deslocam-se para números de onda mais baixos à medida que v aumenta.

A anarmonicidade também explica o aparecimento de linhas de absorção adicionais fracas correspondentes às transições $2 \leftarrow 0$, $3 \leftarrow 0$ ..., embora esses **harmônicos** sejam proibidos pela regra de seleção $\Delta v = \pm 1$. O primeiro harmônico, por exemplo, propicia uma absorção em

$$\tilde{G}(v+2)-\tilde{G}(v)=2\tilde{\nu}-2(2v+3)x_e\tilde{\nu}+\cdots \qquad (12D.15)$$

O aparecimento de harmônicos é resultado de a regra de seleção ter sido deduzida a partir das propriedades das funções de onda do oscilador harmônico, que são somente aproximadamente válidas quando existem anarmonicidades. Portanto, a regra de seleção também é apenas uma aproximação. Para um oscilador anarmônico, todos os valores de Δv são permitidos, mas as transições com $\Delta v > 1$ são fracamente permitidas quando a anarmonicidade é pequena.

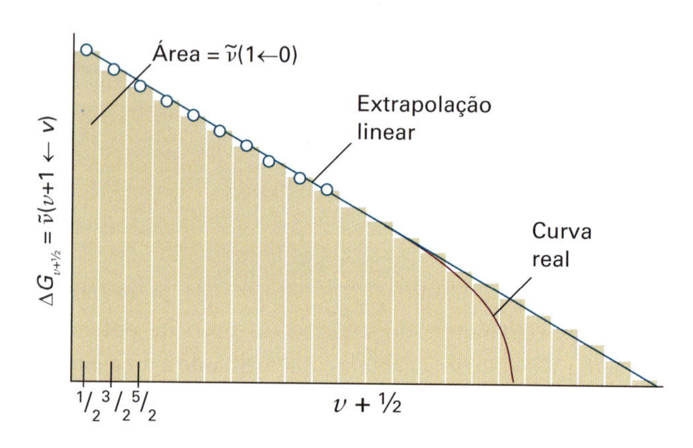

Figura 12D.8 A área subtendida pela curva do número de onda da transição contra o número quântico de vibração é igual à energia de dissociação da molécula. A hipótese de as diferenças tenderem linearmente para zero é a base da extrapolação de Birge–Sponer.

(b) O gráfico de Birge–Sponer

Quando estão presentes várias transições vibracionais observáveis, determina-se a energia de dissociação, $hc\tilde{D}_0$, da ligação mediante uma técnica gráfica conhecida como o **gráfico de Birge–Sponer**. A base dessa técnica é que a igualdade entre a soma dos sucessivos intervalos $\Delta\tilde{G}_{v+\frac{1}{2}}$ desde o nível do ponto zero até o limite de dissociação é a energia de dissociação:

$$\tilde{D}_0 = \Delta\tilde{G}_{1/2} + \Delta\tilde{G}_{3/2} + \cdots = \sum_v \Delta\tilde{G}_{v+1/2} \qquad (12D.16)$$

assim como a altura de uma escada é a soma das alturas dos respectivos degraus (Fig. 12D.7). A construção gráfica da Fig. 12D.8 mostra que a área subtendida pela curva de $\Delta\tilde{G}_{v+\frac{1}{2}}$ contra $v+\frac{1}{2}$ é igual à soma procurada e, portanto, a $\tilde{D}_0$. Os termos sucessivos diminuem linearmente quando se leva em conta apenas a constante de anarmonicidade x_e, e a parte inacessível do espectro pode ser estimada por uma extrapolação linear. A maioria dos gráficos que se obtêm na realidade difere do gráfico linear, como mostra a Fig. 12D.8, e o valor de $\tilde{D}_0$ que se obtém por eles superestima, dessa maneira, o valor real.

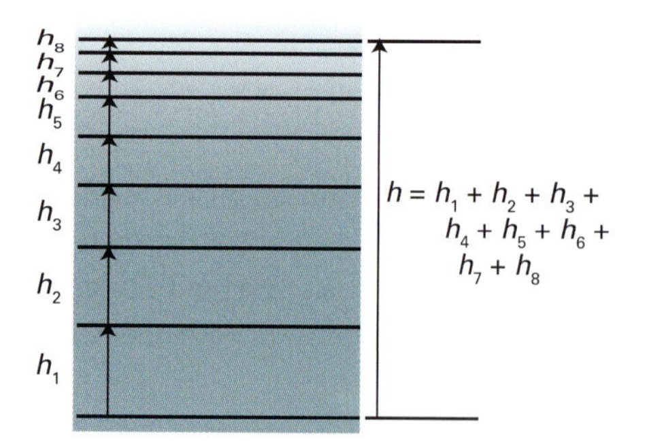

Figura 12D.7 A energia de dissociação é igual à soma das separações h_i entre os níveis de energia de vibração até o limite de dissociação, tal como a altura de uma escada é igual à soma das alturas dos respectivos degraus.

Exemplo 12D.2 Usando um gráfico de Birge–Sponer

Os seguintes intervalos (em cm^{-1}) das transições $1 \leftarrow 0$, $2 \leftarrow 1$, ..., foram medidos no espectro vibracional do H_2^+: 2191, 2064, 1941, 1821, 1705, 1591, 1479, 1368, 1257, 1145, 1033, 918, 800, 677, 548, 411. Determine a energia de dissociação da molécula.

Método Fazem-se gráficos das separações contra $v+\frac{1}{2}$, extrapola-se a reta até o eixo horizontal e mede-se a área subtendida pela curva.

Resposta O gráfico dos pontos está na Fig. 12D.9, e a extrapolação linear aparece na parte pontilhada da reta. A área subtendida pela reta (pela fórmula da área do triângulo ou pela contagem das quadrículas) é 214. Cada quadrícula corresponde a 100 cm^{-1} (veja a escala no eixo vertical). Então, a energia de dissociação é 21.400 cm^{-1} (correspondente a 256 kJ mol^{-1}).

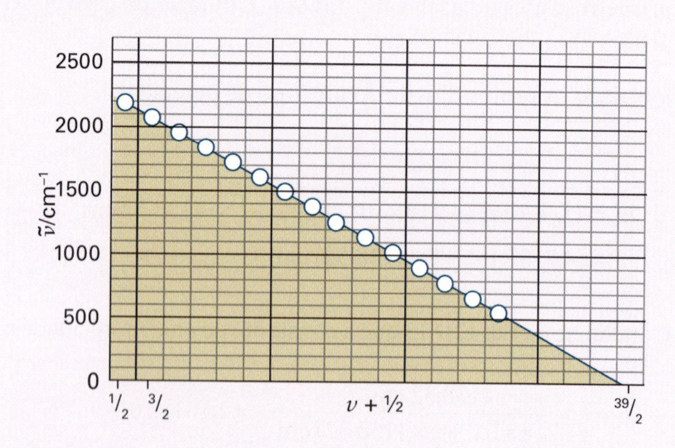

Figura 12D.9 O gráfico de Birge–Sponer usado no *Exemplo* 12D.2. A área pode ser obtida pela contagem das quadrículas abaixo da reta ou pela fórmula da área de um triângulo (área = $\frac{1}{2}$ × base × altura).

Exercício proposto 12D.4 Os níveis vibracionais do HgH convergem rapidamente e os intervalos sucessivos são 1203,7 (correspondente à transição 1 ← 0), 965,6, 632,4 e 172 cm^{-1}. Determine a energia de dissociação.

Resposta: 35,6 kJ mol^{-1}

12D.4 Espectros de vibração–rotação

Verifica-se, nos espectros de vibração de alta resolução de moléculas diatômicas heteronucleares em fase gasosa, que cada linha é constituída por um grande número de componentes cerradamente agrupadas (Fig. 12D.10). Consequentemente, o espectro é um **espectro de banda**. A separação entre as componentes é da ordem de 10 cm^{-1}, o que sugere que a estrutura seja devida a transições de rotação que acompanham a transição vibracional. É razoável esperar que haja mudança na rotação, pois classicamente a transição de vibração leva a um súbito aumento, ou a uma súbita diminuição, do comprimento instantâneo da ligação. Tal e qual os patinadores de gelo giram com maior rapidez quando juntam os braços ao corpo, e com menor rapidez quando abrem os braços, as rotações moleculares são aceleradas ou retardadas por uma transição vibracional.

(a) Ramos espectrais

A análise quântica detalhada das mudanças simultâneas de vibração e de rotação mostra que o número quântico de rotação J muda de ±1 em uma transição vibracional de uma molécula diatômica. Se a molécula também tiver momento angular em relação ao seu eixo, como no caso do momento angular orbital eletrônico da molécula paramagnética NO com sua configuração $\ldots\pi^1$, então a regra de seleção também permite $\Delta J = 0$.

O aspecto do espectro de vibração–rotação de uma molécula diatômica pode ser analisado pelos termos combinados de vibração–rotação, $\tilde{S}$:

$$\tilde{S}(v,J)=\tilde{G}(v)+\tilde{F}(J) \qquad (12D.17)$$

Se ignorarmos a anarmonicidade e a distorção centrífuga, podemos usar a Eq. 12D.8 para o primeiro termo à direita e a Eq. 12B.9 ($\tilde{F}(J)=\tilde{B}J(J+1)$) para o segundo, e obter

$$\tilde{S}(v,J)=\left(v+\tfrac{1}{2}\right)\tilde{\nu}+\tilde{B}J(J+1) \qquad (12D.18)$$

Em uma análise mais exata, admite-se que $\tilde{B}$ se altera com o estado de vibração, pois, à medida que v aumenta, a molécula fica ligeiramente maior e o momento de inércia se modifica. Inicialmente, porém, continuaremos com a expressão mais simples.

Quando há a transição $v+1 \leftarrow v$, a variação de J é ±1 e em alguns casos é igual a 0 (quando a transição $\Delta J = 0$ é permitida). As absorções se distribuem em três grupos denominados os **ramos** do espectro. O **ramo P** é constituído por todas as transições com $\Delta J = -1$:

$$\tilde{\nu}_P(J)=\tilde{S}(v+1,J-1)-\tilde{S}(v,J)=\tilde{\nu}-2\tilde{B}J \qquad \text{Transições do ramo P} \qquad (12D.19a)$$

Esse ramo é constituído pelas linhas $\tilde{\nu}-2\tilde{B}$, $\tilde{\nu}-4\tilde{B}$, ..., com uma distribuição de intensidade que reflete as populações dos níveis rotacionais e também o valor do momento da transição $J-1 \leftarrow J$ (Fig. 12D.11). O **ramo Q** é constituído por todas as linhas com $\Delta J = 0$, e os seus números de onda são todos

$$\tilde{\nu}_Q(J)=\tilde{S}(v+1,J)-\tilde{S}(v,J)=\tilde{\nu} \qquad \text{Transições do ramo Q} \qquad (12D.19b)$$

para todos os valores de J. Este ramo, quando existe (caso do NO), tem uma única linha no número de onda da transição vibracional.

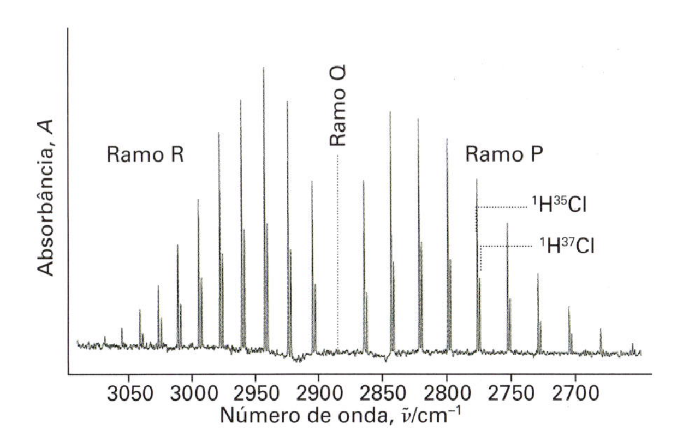

Figura 12D.10 Espectro de vibração–rotação do HCl em alta resolução. As linhas aparecem aos pares pela presença do $H^{35}Cl$ e do $H^{37}Cl$ (na abundância relativa de 3:1). Não há ramo Q, pois nesta molécula $\Delta J = 0$ é proibido.

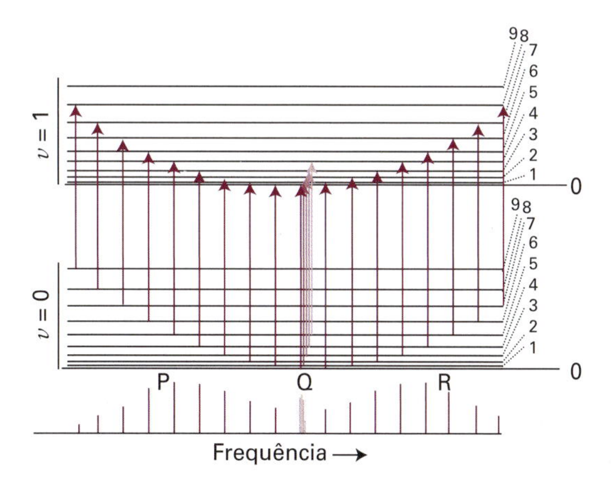

Figura 12D.11 A formação dos ramos P, Q e R no espectro de vibração–rotação. As intensidades refletem as populações dos níveis de rotação iniciais e as magnitudes dos momentos de transição.

Tabela 12D.1* Propriedades das moléculas diatômicas

	$\tilde{\nu}$/cm^{-1}	R_e/pm	$\tilde{B}$/cm^{-1}	k_f/(N m^{-1})	$hc\tilde{D}_0$/(kJ mol^{-1})
$^1H_2$	4400	74	60,86	575	432
$^1H^{35}Cl$	2991	127	10,59	516	428
$^1H^{127}I$	2308	161	6,51	314	295
$^{35}Cl_2$	560	199	0,244	323	239

* Mais valores são fornecidos na *Seção de dados*.

Na Fig. 12D. 11 há uma lacuna esperada no ramo Q, pois ele é proibido no HCl. O **ramo R** é constituído pelas linhas com $\Delta J = +1$:

$$\tilde{\nu}_R(J)=\tilde{S}(v+1,J+1)-\tilde{S}(v,J)=\tilde{\nu}+2\tilde{B}(J+1) \quad \text{Transições do ramo R} \quad (12D.19c)$$

Esse ramo é constituído por linhas deslocadas de $2\tilde{B}, 4\tilde{B}, \ldots$. em relação a $\tilde{\nu}$, no sentido dos números de onda grandes.

A separação entre as linhas nos ramos P e R de uma transição vibracional dá o valor de $\tilde{B}$. Então é possível estimar o comprimento da ligação sem ter que fazer apelo a um espectro de rotação pura nas micro-ondas. Este último, porém, é bem mais preciso, porque as frequências nas micro-ondas podem ser medidas com maior precisão que as frequências no infravermelho.

Breve ilustração 12D.3 Número de onda de uma transição do ramo R

A absorção pelo $^1H^{81}Br$ no infravermelho dá origem a um ramo R a partir de $v = 0$. Conclui-se da Eq. 12D.19c e dos dados na Tabela 12D.1 (na *Seção de dados*) que o número de onda da linha que tem origem no estado rotacional com $J = 2$ é

$$\tilde{\nu}_R(2)=\tilde{\nu}+6\tilde{B}=(2648{,}98\text{ cm}^{-1})+6\times(8{,}465\text{ cm}^{-1})$$
$$=2699{,}77\text{ cm}^{-1}$$

Exercício proposto 12D.5 A absorção pelo $^1H^{127}I$ no infravermelho dá origem a um ramo R a partir de $v = 0$. Qual é o número de onda da linha que se origina no estado rotacional com $J = 2$?

Resposta: 2347,16 cm^{-1}

(b) Combinação de diferenças

A constante de rotação do estado de vibração excitado, $\tilde{B}_1$ (em geral, $\tilde{B}_v$), é diferente da constante correspondente do estado fundamental de vibração, $\tilde{B}_0$. Uma contribuição para essa diferença é a anarmonicidade da vibração, que provoca ligeiro estiramento da ligação no estado mais alto. Entretanto, mesmo na ausência da anarmonicidade, o valor médio de $1/R^2$ ($\langle 1/R^2\rangle$) varia com o estado vibracional (veja os Problemas 12D.12 e 12D.13). Como resultado, o ramo Q (se ele existe) é constituído por uma série de linhas cerradamente aglomeradas. As linhas do ramo R convergem ligeiramente quando J aumenta e as do ramo P divergem:

$$\begin{aligned}\tilde{\nu}_P(J)&=\tilde{\nu}-(\tilde{B}_1+\tilde{B}_0)J+(\tilde{B}_1-\tilde{B}_0)J^2\\ \tilde{\nu}_Q(J)&=\tilde{\nu}+(\tilde{B}_1-\tilde{B}_0)J(J+1)\\ \tilde{\nu}_R(J)&=\tilde{\nu}+(\tilde{B}_1+\tilde{B}_0)(J+1)+(\tilde{B}_1-\tilde{B}_0)(J+1)^2\end{aligned} \quad (12D.20)$$

Para determinar as duas constantes de rotação individualmente, adota-se o método da **combinação de diferenças**. Este método é bastante usado em espectroscopia para se obterem informações sobre um determinado estado. O método envolve o cálculo das expressões da diferença entre os números de onda de transições para um estado comum a todas elas; a expressão obtida depende exclusivamente das propriedades do outro estado.

Como se vê pela Fig. 12D.12, as transições $\tilde{\nu}_R(J-1)$ e $\tilde{\nu}_P(J+1)$ têm um estado superior em comum e, portanto, dependem de $\tilde{B}_0$. De fato, pode-se mostrar, com facilidade, pela Eq. 12D.20, que

$$\tilde{\nu}_R(J-1)-\tilde{\nu}_P(J+1)=4\tilde{B}_0(J+\tfrac{1}{2}) \quad (12D.21a)$$

Portanto, o gráfico da combinação de diferenças contra $J+\frac{1}{2}$ deve ser uma reta com o coeficiente angular $4\tilde{B}_0$, de modo que a constante de rotação da molécula no estado $v = 0$ pode ser determinada. (Qualquer afastamento em relação a uma reta é consequência da distorção centrífuga, de modo que também se pode investigar este efeito.) Analogamente, $\tilde{\nu}_R(J)$ e $\tilde{\nu}_P(J)$ têm em comum o estado mais baixo, e então a combinação de diferenças dá informação sobre o estado superior:

$$\tilde{\nu}_R(J)-\tilde{\nu}_P(J)=4\tilde{B}_1(J+\tfrac{1}{2}) \quad (12D.21b)$$

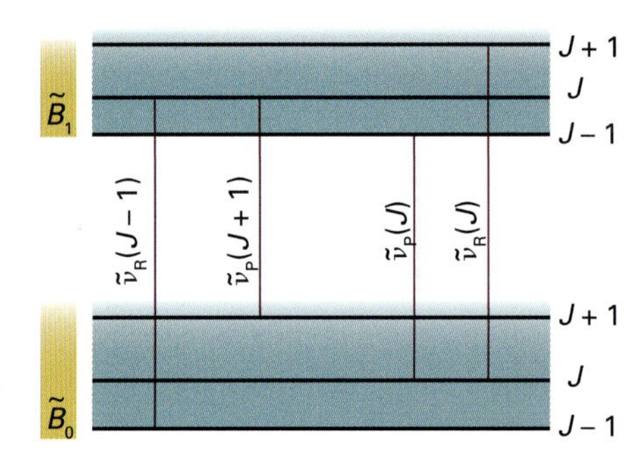

Figura 12D.12 O método de combinação das diferenças aproveita-se do nível comum compartilhado por algumas transições.

Breve ilustração 12D.4 Combinação de diferenças

Para se ter uma ideia dos valores relativos das constantes de rotação para diferentes estados vibracionais, podemos calcular as constantes de rotação de $\tilde{B}_0$ e $\tilde{B}_1$ a partir de um cálculo rápido que envolve apenas algumas transições. Para o $^1H^{35}Cl$, $\tilde{\nu}_R(0)-\tilde{\nu}_P(2)=62{,}6\text{ cm}^{-1}$, e conclui-se da Eq. 12D.21a, com J = 1, que $\tilde{B}_0=62{,}6/\{4\times(1+\frac{1}{2})\}\text{ cm}^{-1}=10{,}4\text{ cm}^{-1}$. De modo semelhante, $\tilde{\nu}_R(1)-\tilde{\nu}_P(1)=60{,}8\text{ cm}^{-1}$, e conclui-se da Eq. 12D.21b, novamente com $J=1$, que $\tilde{B}_1 = 60{,}8/\{4\times(1+\frac{1}{2})\}\ \mathrm{cm^{-1}} = 10{,}1\ \mathrm{cm^{-1}}$. O procedimento dos mínimos quadrados lineares aplicado a um conjunto de dados mais completo dá $\tilde{B}_0 = 10{,}440\ \mathrm{cm^{-1}}$ e $\tilde{B}_1 = 10{,}136\ \mathrm{cm^{-1}}$. Vemos que as duas constantes de rotação não diferem muito entre si.

Exercício proposto 12D.6 Para o $^{12}C^{16}O$, $\tilde{\nu}_R(0) = 2147{,}084\ \mathrm{cm^{-1}}$, $\tilde{\nu}_R(1) = 2150{,}858\ \mathrm{cm^{-1}}$, $\tilde{\nu}_P(1) = 2139{,}427\ \mathrm{cm^{-1}}$ e $\tilde{\nu}_P(2) = 2135{,}548\ \mathrm{cm^{-1}}$. Calcule os valores para $\tilde{B}_0$ e $\tilde{B}_1$.

Resposta: $\tilde{B}_0 = 1{,}923\ \mathrm{cm^{-1}}$, $\tilde{B}_1 = 1{,}905\ \mathrm{cm^{-1}}$

12D.5 Espectros Raman de vibração

A regra de seleção geral para as transições Raman vibracionais (veja a *Justificativa* a seguir) é a de *a polarizabilidade se alterar com a vibração da molécula*. A polarizabilidade desempenha um papel na espectroscopia Raman vibracional, pois as moléculas devem ser contraídas e estiradas pela radiação incidente para que uma excitação vibracional possa ocorrer durante a colisão fóton–molécula.

Breve ilustração 12D.5 A regra de seleção geral para espectros Raman vibracionais

Como as moléculas diatômicas homonucleares e heteronucleares expandem-se e contraem-se durante a vibração, o controle dos núcleos sobre os elétrons é variável, por isso a polarizabilidade da molécula se altera. Os dois tipos de molécula diatômica, portanto, são ativos no espectro Raman vibracional.

Exercício proposto 12D.7 Uma molécula linear apolar, como o CO_2, pode ter um espectro Raman?

Resposta: Sim

A regra de seleção específica para as transições Raman vibracionais na aproximação harmônica é $\Delta v = \pm 1$. A base formal para as regras de seleção geral e específica é dada na *Justificativa* vista a seguir.

Justificativa 12D.2 Regras de seleção geral e específica para espectros Raman vibracionais

Para simplificar, consideramos um oscilador harmônico unidimensional (como uma molécula diatômica). Primeiramente, observamos que o campo elétrico oscilante, $\mathcal{E}(t)$, da radiação eletromagnética incidente pode induzir um momento de dipolo que é proporcional à intensidade do campo. Escrevemos $\hat{\mu} = \alpha(x)\mathcal{E}(t)$, em que $\alpha(x)$ é a polarizabilidade da molécula (Seção 12B). Então, o momento de dipolo da transição é

$$\mu_{\mathrm{fi}} = \int \psi^*_{v_f}\hat{\mu}\psi_{v_i}\,\mathrm{d}\tau = \int \psi^*_{v_f}\alpha(x)\mathcal{E}(t)\psi_{v_i}\,\mathrm{d}x = \mathcal{E}(t)\int \psi^*_{v_f}\alpha(x)\psi_{v_i}\,\mathrm{d}x$$

A polarizabilidade varia com o comprimento da ligação, pois o controle dos núcleos sobre os elétrons varia com a alteração da sua posição; assim, $\alpha(x) = \alpha_0 + (\mathrm{d}\alpha/\mathrm{d}x)_0 x + \ldots$ Agora, o cálculo continua conforme na *Justificativa* 12D.1, mas $(\mathrm{d}\mu/\mathrm{d}x)_0$ é substituído por $\mathcal{E}(t)\mathrm{d}\alpha/\mathrm{d}x)_0$ na expressão para μ_{fi}. Para $\mathrm{f} \neq \mathrm{i}$,

$$\mu_{\mathrm{fi}} = \mathcal{E}(t)\left(\frac{\mathrm{d}\alpha}{\mathrm{d}x}\right)_0 \int \psi^*_{v_f} x \psi_{v_i}\,\mathrm{d}x$$

Portanto, a vibração é ativa no Raman somente se $(\mathrm{d}\alpha/\mathrm{d}x)_0 \neq 0$; isto é, somente se a polarizabilidade variar com o deslocamento e, conforme vimos na *Justificativa* 12D.1, se $v_f - v_i = \pm 1$.

As linhas de frequência mais alta que a da radiação incidente, na linguagem apresentada na Seção 12A, as "linhas anti-Stokes", são as que correspondem a $\Delta v = -1$. As linhas de frequência mais baixa, as "linhas Stokes", correspondem a $\Delta v = +1$. As intensidades das linhas anti-Stokes e Stokes são governadas principalmente pelas populações de Boltzmann dos estados vibracionais envolvidos na transição. Segue-se que as linhas anti-Stokes usualmente são fracas, pois são poucas as moléculas que estão, originalmente, em estados vibracionais excitados.

Nos espectros obtidos de amostras em fase gasosa, as linhas Stokes e anti-Stokes têm a estrutura de um ramo gerado pelas transições rotacionais que acompanham a excitação vibracional (Fig. 12D.13). As regras de seleção são $\Delta J = 0, \pm 2$ (como na espectroscopia Raman de rotação pura), e geram o **ramo O** ($\Delta J = -2$), o **ramo Q** ($\Delta J = 0$) e o **ramo S** ($\Delta J = +2$):

$$\begin{aligned}
\tilde{\nu}_O(J) &= \tilde{\nu}_i - \tilde{\nu} - 2\tilde{B} + 4\tilde{B}J && \text{Transições do ramo O}\\
\tilde{\nu}_Q(J) &= \tilde{\nu}_i - \tilde{\nu} && \text{Transições do ramo Q}\\
\tilde{\nu}_S(J) &= \tilde{\nu}_i - \tilde{\nu} - 6\tilde{B} - 4\tilde{B}J && \text{Transições do ramo S}
\end{aligned} \qquad (12D.22)$$

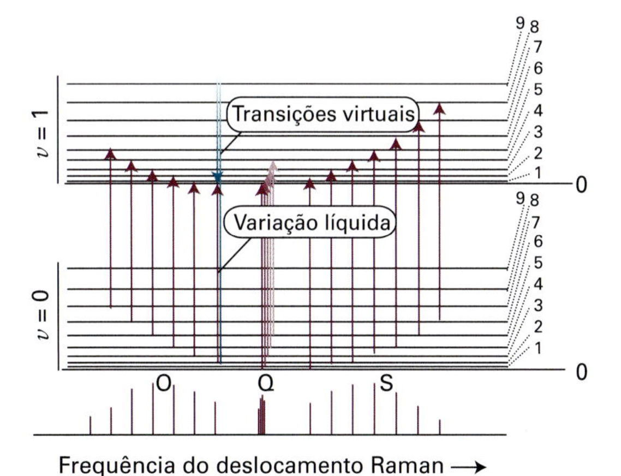

Figura 12D.13 A formação dos ramos O, Q e S do espectro Raman de vibração–rotação de um rotor linear. Veja que a escala de frequência tem o sentido oposto ao da escala da Fig. 12D.11, pois as transições de maior energia (à direita) extraem mais energia do feixe incidente, o que faz com que ele fique com frequência mais baixa.

em que $\tilde{\nu}_i$ é o número de onda da radiação incidente. Observe que, diferentemente do que acontece na espectroscopia de infravermelho, existe um ramo Q para todas as moléculas lineares. O espectro do CO, por exemplo, aparece na Fig. 12D.14: a estrutura do ramo Q é provocada pelas diferenças entre as constantes de rotação dos estados superior e inferior de vibração.

A informação obtida dos espectros Raman vibracionais junta-se à da espectroscopia no infravermelho, pois as moléculas homonucleares diatômicas também podem ser estudadas. Os espectros podem ser interpretados em termos de constantes de força, de energias de dissociação e comprimentos das ligações. Algumas informações aparecem na Tabela 12D.1.

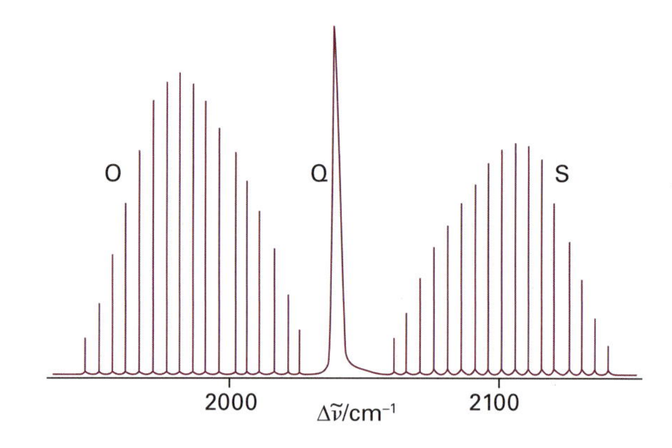

Figura 12D.14 Estrutura de uma linha de transição de vibração no espectro Raman do monóxido de carbono, mostrando os ramos O, Q e S. O eixo horizontal representa a diferença de número de onda entre a radiação incidente e a espalhada.

Conceitos importantes

☐ 1. Os níveis de energia de vibração de uma molécula diatômica, modelada na forma de um oscilador harmônico, dependem de uma **constante de força** k_f (uma medida da rigidez da ligação) e da **massa efetiva** da vibração.

☐ 2. A **regra de seleção geral** para espectros no infravermelho é a de que o momento de dipolo elétrico da molécula deve variar quando os átomos se deslocarem uns em relação aos outros.

☐ 3. A **regra de seleção específica** para espectros no infravermelho (na aproximação harmônica) é $\Delta \upsilon = \pm 1$.

☐ 4. A **função energia potencial de Morse** pode ser utilizada para modelar o movimento anarmônico.

☐ 5. As transições mais fortes no infravermelho são as **transições fundamentais** ($\upsilon=1 \leftarrow \upsilon=0$).

☐ 6. A anarmonicidade dá origem a **transições de harmônicos**, mais fracas ($\upsilon=2 \leftarrow \upsilon=0$, $\upsilon=3 \leftarrow \upsilon=0$ etc.).

☐ 7. Um gráfico de **Birge–Sponer** pode ser utilizado para determinar a energia de dissociação da ligação em uma molécula diatômica.

☐ 8. Em fase gasosa as transições vibracionais têm uma **estrutura de ramos P, Q, R** devido a transições rotacionais simultâneas.

☐ 9. Para uma vibração ser **ativa no Raman**, a polarizabilidade deve variar à medida que a molécula vibra.

☐ 10. A **regra de seleção específica** para espectros Raman de vibração (na aproximação harmônica) é $\Delta\upsilon=\pm1$.

☐ 11. Nos espectros em fase gasosa, as linhas Stokes e anti-Stokes de um espectro Raman têm uma **estrutura de ramos O, Q, S**.

Equações importantes

Propriedade	Equação	Comentário	Número da equação
Termos vibracionais	$\tilde{G}(\upsilon)=(\upsilon+\frac{1}{2})\tilde{\nu}, \tilde{\nu}=(1/2\pi c)(k_f/m_{ef})^{1/2}$	Moléculas diatômicas; oscilador harmônico simples	12D.8
Espectros no infravermelho (vibracionais)	$\Delta\tilde{G}_{\upsilon+\frac{1}{2}}=\tilde{\nu}$	Moléculas diatômicas; oscilador harmônico simples	12D.10
Energia potencial de Morse	$V=hc\tilde{D}_e\{1-e^{-a(R-R_e)}\}^2$, $a=(m_{ef}\omega^2/2hc\tilde{D}_e)^{1/2}$, $m_{ef}=m_1m_2/(m_1+m_2)$		12D.11
Termos vibracionais (moléculas diatômicas)	$\tilde{G}(\upsilon)=(\upsilon+\frac{1}{2})\tilde{\nu}-(\upsilon+\frac{1}{2})^2x_e\,\tilde{\nu}$, $x_e=\tilde{\nu}/4\tilde{D}_e$	Energia potencial de Morse	12D.12

(Contínua)

(Continuação)

Propriedade	Equação	Comentário	Número da equação
Espectros no infravermelho (vibracionais)	$\Delta\tilde{G}_{v+\frac{1}{2}}=\tilde{\nu}-2(v+1)x_e\tilde{\nu}+\cdots$	Oscilador anarmônico	12D.14
	$\tilde{G}(v+2)-\tilde{G}(v)=2\tilde{\nu}-2(2v+3)x_e\tilde{\nu}+\cdots$	Harmônicos	12D.15
Energia de dissociação	$\tilde{D}_0=\Delta\tilde{G}_{1/2}+\Delta\tilde{G}_{3/2}+\cdots=\sum_v \Delta\tilde{G}_{v+\frac{1}{2}}$	Gráfico de Birge-Sponer	12D.16
Termos de vibração-rotação (moléculas diatômicas)	$\tilde{S}(v,J)=(v+\frac{1}{2})\tilde{\nu}+\tilde{B}J(J+1)$	Rotação acoplada a vibração	12D.18
Espectros no infravermelho (vibração-rotação)	$\tilde{\nu}_P(J)=\tilde{S}(v+1,J-1)-\tilde{S}(v,J)=\tilde{\nu}-2\tilde{B}J$	Ramo P ($\Delta J=-1$)	12D.19a
	$\tilde{\nu}_Q(J)=\tilde{S}(v+1,J)-\tilde{S}(v,J)=\tilde{\nu}$	Ramo Q ($\Delta J=0$)	12D.19b
	$\tilde{\nu}_R(J)=\tilde{S}(v+1,J+1)-\tilde{S}(v,J)=\tilde{\nu}+2\tilde{B}(J+1)$	Ramo R ($\Delta J=+1$)	12D.19c
	$\tilde{\nu}_R(J-1)-\tilde{\nu}_P(J+1)=4\tilde{B}_0(J+\frac{1}{2})$ $\tilde{\nu}_R(J)-\tilde{\nu}_P(J)=4\tilde{B}_1(J+\frac{1}{2})$	Diferenças de combinação	12D.21
Espectros Raman (vibração-rotação)	$\tilde{\nu}_O(J)=\tilde{\nu}_i-\tilde{\nu}-2\tilde{B}+4\tilde{B}J$	Ramo O ($\Delta J=-2$)	12D.22
	$\tilde{\nu}_Q(J)=\tilde{\nu}_i-\tilde{\nu}$	Ramo Q ($\Delta J=0$)	
	$\tilde{\nu}_S(J)=\tilde{\nu}_i-\tilde{\nu}-6\tilde{B}-4\tilde{B}J$	Ramo S ($\Delta J=+2$)	

12E Espectroscopia vibracional de moléculas poliatômicas

Tópicos

➤ Por que você precisa saber este assunto?

A análise de espectros vibracionais oferece informações a respeito da natureza e da conformação de moléculas poliatômicas nas fases gasosa e condensada. Até sistemas complexos, como os materiais sintéticos e as células biológicas, podem ser estudados.

➤ Qual é a ideia fundamental?

O espectro vibracional de uma molécula poliatômica pode ser interpretado em termos do movimento coordenado, coletivo e harmônico de grupos de átomos.

➤ O que você já deve saber?

Você deve estar familiarizado com o oscilador harmônico (Seção 8B), com os princípios gerais da espectroscopia (Seção 12A) e com as regras de seleção para espectroscopia no infravermelho e Raman (Seção 12D). O tratamento dos aspectos de simetria de vibrações ativas no infravermelho e no Raman requer conceitos do Capítulo 11.

Só há um modo de vibração para uma molécula diatômica, aquele em que a ligação se alonga. Nas moléculas poliatômicas são vários os modos de vibração, às vezes centenas deles, pois todos os comprimentos de ligação e todos os ângulos podem se alterar e os espectros de vibração são muito complexos. Apesar disso, veremos que a espectroscopia no infravermelho e a espectroscopia Raman podem ser usadas para se obter informações sobre a estrutura de sistemas tão grandes quanto os tecidos de animais e de plantas. A espectroscopia Raman é particularmente útil na caracterização de nanomateriais, especialmente nanotubos de carbono.

12E.1 Modos normais

Começamos calculando o número total de modos de vibração de uma molécula poliatômica. Depois veremos que se podem escolher certas combinações desses deslocamentos atômicos que proporcionam a descrição mais simples das vibrações.

Como mostramos na *Justificativa* 12E.1, o número de modos independentes do movimento de uma molécula constituída por N átomos depende do fato de ela ser linear ou não linear.

Molécula linear:	$3N-5$
Molécula não linear:	$3N-6$

Breve ilustração 12E.1 Número de modos normais

A água, H_2O, é uma molécula triatômica não linear, $N = 3$, e tem $3N - 6 = 3$ modos de vibração (e três modos de rotação); o CO_2 é uma molécula triatômica, e tem $3N - 5 = 4$ modos de vibração (e somente dois de rotação). Uma macromolécula biológica com $N \approx 500$ átomos pode vibrar com quase 1500 modos de vibração distintos.

Exercício proposto 12E.1 Quantos modos normais tem o naftaleno ($C_{10}H_8$)?

Resposta: 48

Justificativa 12E.1 O número de modos vibracionais

O número total de coordenadas necessárias para especificar as localizações de N átomos é $3N$. Cada átomo pode modificar a sua localização pela alteração de uma das suas três coordenadas (x, y ou z), portanto o número de deslocamentos acessíveis é $3N$. Estes deslocamentos podem ser agrupados de modo fisicamente significativo. Por exemplo, três coordenadas são necessárias para se determinar a localização do centro de massa da molécula, de modo que três dos $3N$ deslocamentos correspondem ao movimento de translação da molécula como um todo. Os $3N - 3$ deslocamentos restantes correspondem a modos "internos" não translacionais da molécula.

Dois ângulos são necessários para se ter a orientação de uma molécula linear no espaço. De fato, basta dar a latitude e a longitude da direção que suporta o eixo da molécula (Fig. 12E.1a). No entanto, três ângulos são necessários para se ter a orientação de molécula não linear, pois precisamos também dar a orientação da molécula em relação à reta suporte da direção definida pela latitude e a longitude (Fig. 12E.1b). Então, dois deslocamentos internos (no caso de molécula linear) ou três (no caso de molécula não linear) dos $3N - 3$ deslocamentos internos são de rotação. Isso deixa $3N - 5$ (molécula linear) ou $3N - 6$ (molécula não linear) deslocamentos dos átomos uns em relação aos outros. Esses são os modos de vibração. Conclui-se então que o número de modos de vibração N_{vib} é $3N - 5$ para as moléculas lineares e $3N - 6$ para as não lineares.

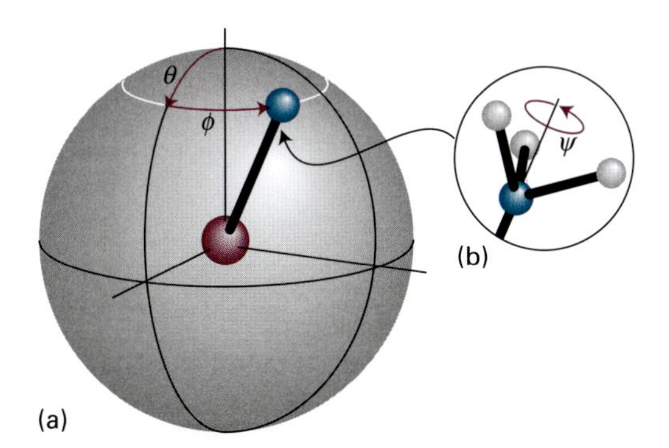

Figura 12E.1 (a) A orientação de uma molécula linear se faz com apenas dois ângulos. (b) A orientação de uma molécula não linear precisa de três ângulos para ser especificada.

A etapa seguinte é encontrar a melhor descrição dos modos de vibração. Uma escolha para os quatro modos do CO_2, por exemplo, poderia ser a da Fig. 12E.2a. Essa ilustração mostra o estiramento de uma ligação (modo ν_L), o estiramento da outra (ν_R) e dois modos de flexão perpendiculares (ν_2). A descrição, embora aceitável, tem uma desvantagem: quando uma vibração da ligação CO é excitada, o movimento do átomo de C induz o movimento da outra ligação, então a energia flui, alternadamente, entre ν_L e ν_R. Além disso, a posição do centro de massa da molécula varia com a evolução da vibração.

A descrição do movimento de vibração fica mais simples se tomarmos combinações lineares de ν_L e ν_R. Por exemplo, uma combinação é ν_1 na Fig. 12E.2b: este modo é o **estiramento simétrico**. Neste modo, o átomo de C é solicitado simultaneamente pelas forças simétricas, e o movimento continua indefinidamente. No outro modo, ν_2, o **estiramento antissimétrico,** os dois átomos de O se deslocam simultaneamente num mesmo sentido, oposto ao do deslocamento do átomo de C. Os dois modos são independentes, pois se um for excitado o outro não o será. São dois "modos normais" da molécula, que dão a forma dos deslocamentos coletivos, independentes, na vibração. Os outros dois modos normais são os modos de flexão ν_3. Em geral, um **modo normal** é um movimento síncrono, independente, de átomos ou de grupos de átomos, que pode ser excitado sem se provocar a excitação de nenhum outro modo normal e sem envolver translação ou rotação da molécula como um todo.

Os quatro modos normais do CO_2, e, em geral, os N_{vib} modos normais das moléculas poliatômicas, são a chave para a descrição das vibrações moleculares. Cada modo normal, q, comporta-se como um oscilador harmônico independente (desprezando-se a anarmonicidade), de modo que cada modo tem uma série de termos

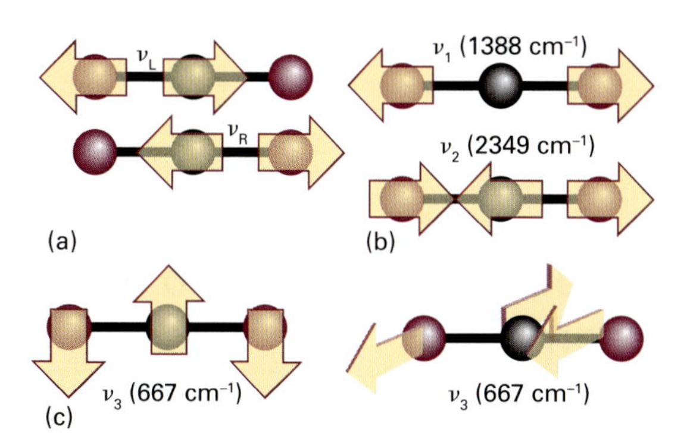

Figura 12E.2 Diferentes descrições das vibrações do CO_2. (a) Os modos de estiramento não são independentes, e se um grupo C–O principia a vibrar, o outro também entra em vibração. Eles não são modos normais de vibração. (b) Os estiramentos simétrico e antissimétrico são independentes, e um pode ser excitado sem afetar o outro: são modos normais. (c) As duas flexões perpendiculares são também modos normais.

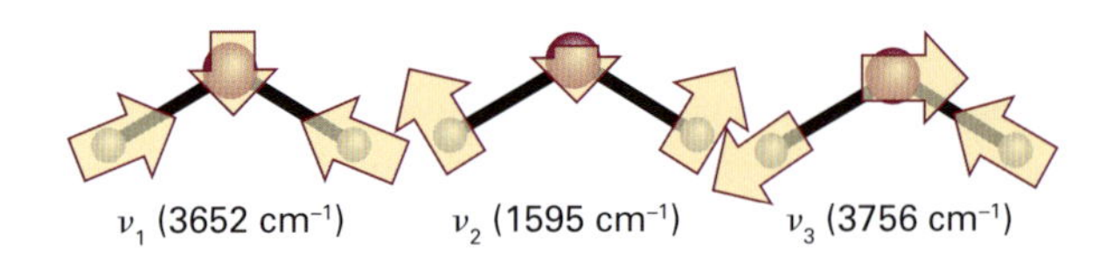

Figura 12E.3 Os três modos normais da H_2O. O modo ν_2 é predominantemente uma deformação angular e tem número de onda mais baixo que o dos outros dois.

$$\tilde{G}_q(\upsilon)=(\upsilon+\tfrac{1}{2})\tilde{\nu}_q \qquad \tilde{\nu}_q=\frac{1}{2\pi c}\left(\frac{k_{f,q}}{m_q}\right)^{1/2} \qquad \text{Termos vibracionais dos modos normais} \quad (12E.1)$$

em que $\tilde{\nu}_q$ é o número de onda do modo q e depende da constante de força $k_{f,q}$ do modo e da massa reduzida m_q do modo. A massa reduzida do modo é a medida da massa que é deslocada pela vibração e, em geral, é uma combinação das massas dos átomos. Por exemplo, no estiramento simétrico do CO_2, o átomo de C está estacionário e a massa reduzida depende exclusivamente das massas dos átomos de O. No estiramento antissimétrico e nas deformações angulares, todos os três átomos se movem e todos contribuem para a massa reduzida. Os três modos normais da H_2O aparecem na Fig. 12E.3: observe que o modo predominantemente de flexão (ν_2) tem uma frequência mais baixa que a dos outros, que são, de maneira predominante, modos de estiramentos. Geralmente as frequências dos movimentos de flexão são menores do que as de estiramento. É preciso acentuar que somente em casos especiais (como o da molécula de CO_2) os modos normais são estiramentos puros ou deformações angulares puras. Em geral, um modo normal é um movimento composto de estiramentos e deformações angulares simultâneos. Outro ponto a ressaltar é o de os átomos de grande massa em geral se deslocarem muito menos do que os de pequena massa nos modos normais de vibração.

O estado vibracional de uma molécula poliatômica é especificado pelo número quântico vibracional υ para cada um dos modos normais. Por exemplo, para a molécula da água com três modos normais, o estado vibracional é designado como $(\upsilon_1,\upsilon_2,\upsilon_3)$, em que υ_i é o número de quanta vibracional no modo normal i. O estado fundamental vibracional de uma molécula de H_2O é, portanto, (0,0,0).

12E.2 Espectros de absorção no infravermelho

A regra de seleção geral para a atividade no infravermelho é a de que *o movimento correspondente a um modo normal provoca alteração do momento de dipolo*. Muitas vezes, tudo que se precisa para avaliar se um modo normal é ativo no infravermelho é da simples inspeção do movimento atômico. Por exemplo, o estiramento simétrico do CO_2 deixa inalterado o momento de dipolo (e igual a zero; veja a Fig. 12E.2), de forma que esse modo é inativo no infravermelho. O estiramento antissimétrico, porém, altera o momento de dipolo, pois a molécula fica assimétrica na vibração; esse modo é ativo no infravermelho. Como a modificação do momento de dipolo é paralela ao eixo principal, as transições provocadas por esse modo são classificadas como **bandas paralelas** do espectro. Os dois modos de flexão são ativos no infravermelho. São acompanhados por alteração do momento de dipolo na direção perpendicular ao eixo principal, de modo que as transições correspondentes formam a **banda perpendicular** do espectro.

Exemplo 12E.1 Usando a regra de seleção geral para espectroscopia no infravermelho

Indique quais das seguintes moléculas são ativas no infravermelho: N_2O, OCS, H_2O, $CH_2{=}CH_2$.

Método Moléculas que são ativas no infravermelho têm momentos de dipolo que se alteram durante uma vibração. Sendo assim, veja se uma distorção da molécula pode alterar seu momento de dipolo (inclusive alterá-lo a partir do zero).

Resposta Todas as moléculas possuem pelo menos um modo normal que resulta em uma alteração do momento de dipolo; então, todas são ativas no infravermelho. Observe que nem todos os modos de moléculas complicadas são ativos no infravermelho. Por exemplo, uma vibração do $CH_2{=}CH_2$, em que a ligação C=C sofre estiramento e contração (enquanto as ligações C–H nem vibram nem sofrem estiramento e contração de modo síncrono), é inativa porque deixa o momento de dipolo inalterado (no zero, Fig. 12E.4).

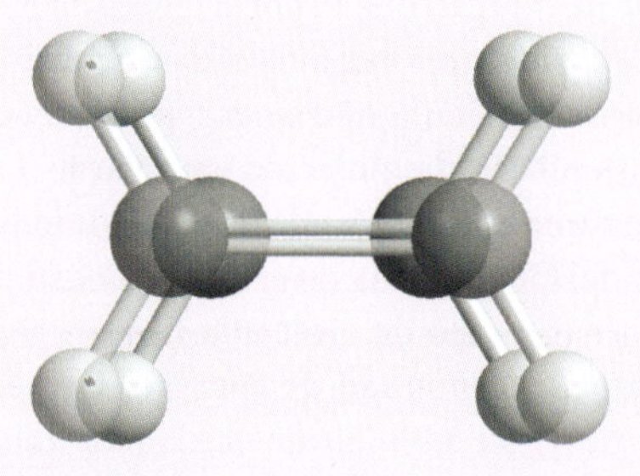

Figura 12E.4 Modo normal do $CH_2{=}CH_2$ (eteno) que não é ativo no infravermelho.

Exercício proposto 12E.2 Identifique um modo normal do C_6H_6 que não seja ativo no infravermelho.

Resposta: Um modo "de respiração" em que as ligações carbono-carbono se contraem e se estiram sincronicamente, enquanto as ligações C–H nem vibram nem se estiram nem se contraem sincronicamente (Fig. 12E.5)

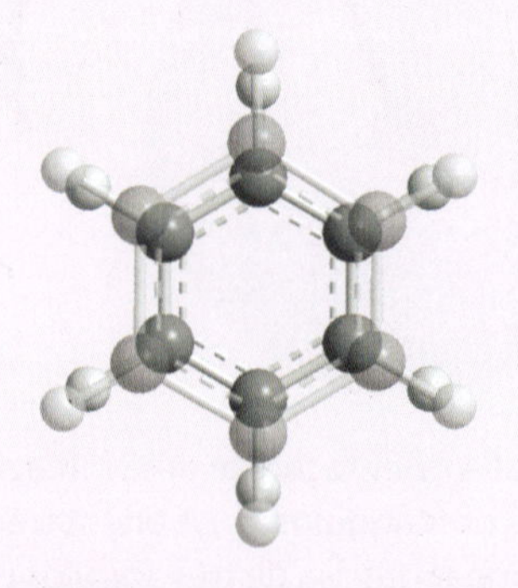

Figura 12E.5 Modo normal do C_6H_6 (benzeno) que não é ativo no infravermelho.

Os modos ativos estão sujeitos a uma regra de seleção específica dada por $\Delta v_q = \pm 1$ na aproximação harmônica, de modo que o número de onda da transição fundamental (o "primeiro harmônico") de cada modo ativo é $\tilde{\nu}_q$. Uma molécula poliatômica tem diversas transições fundamentais. Por exemplo, o espectro de uma molécula com três modos normais ativos no infravermelho apresenta três transições fundamentais (1,0,0) ← (0,0,0), (0,1,0) ← (0,0,0) e (0,0,1) ← (0,0,0). Também são possíveis **bandas de combinação** correspondentes à excitação de mais de um modo normal na transição, como em (1,1,0) ← (0,0,0). Além disso, transições de harmônicos, como (2,0,0) ← (0,0,0), podem aparecer no espectro quando a anarmonicidade é importante (Seção 12D).

Pela análise do espectro, pode-se ter ideia da rigidez das diversas partes da molécula. Isto é, podemos estabelecer o respectivo **campo de força,** o conjunto de constantes de força que correspondem a todos os deslocamentos dos átomos. O campo de força também pode ser calculado pelas técnicas computacionais descritas na Seção 10E. Sobrepondo-se a esse esquema simples do campo de força aparecem complicações provenientes das anarmonicidades e dos efeitos das rotações da molécula. Em fase gasosa, as transições rotacionais afetam o espectro de maneira semelhante ao seu efeito nas moléculas diatômicas (Seção 12D), mas, como as moléculas poliatômicas são rotores normalmente assimétricos, a estrutura de bandas resultante é muito complexa.

Moléculas não podem girar livremente em um líquido ou em um sólido. Em um líquido, por exemplo, uma molécula pode girar alguns poucos graus antes de ser obstada por outra molécula e por isso seu estado rotacional muda frequentemente. Essa modificação aleatória da orientação da molécula é a **basculação**. Como resultado dessa basculação intermolecular, os tempos de vida dos estados de rotação nos líquidos são muito curtos, e, na maioria dos casos, as energias de rotação são pouco definidas. As colisões ocorrem à taxa aproximada de 10^{13} s^{-1}, e, mesmo que somente 10% das colisões levem a uma mudança do estado de rotação, é fácil que ocorra um alargamento do tempo de vida (Eq. 12A.19, na forma $\delta\tilde{\nu} \approx 1/2\pi c\tau$) maior do que 1 cm^{-1}. A estrutura rotacional dos espectros de vibração fica então esmaecida por esse efeito, e os espectros das moléculas em fase condensada, no infravermelho, são usualmente constituídos por linhas largas que cobrem toda a faixa do espectro correspondente em fase gasosa e não evidenciam a estrutura dos ramos.

Importante aplicação da espectroscopia no infravermelho de fases condensadas, na qual o esmaecimento da estrutura rotacional pelas colisões aleatórias é uma simplificação favorável, é a análise química. Os espectros de vibração de diferentes grupos de uma molécula proporcionam absorções em frequências características, pois o modo normal, mesmo de uma molécula muito grande, é frequentemente dominado pelo movimento de um pequeno grupo de átomos. As intensidades das bandas de vibração que podem ser identificadas com os movimentos de pequenos grupos também se transferem de molécula para molécula. Por isso, as moléculas em uma amostra podem ser frequentemente identificadas analisando-se o espectro de infravermelho e por meio de uma tabela de frequências e intensidades características (Tabela 12E.1).

Tabela 12E.1* Números de onda vibracionais típicos, $\tilde{\nu}$/cm^{-1}

Tipo de vibração	$\tilde{\nu}$/cm^{-1}
Estiramento C—H	2850–2960
Flexão C—H	1340–1465
Estiramento, flexão C—C	700–1250
Estiramento C=C	1620–1680

* Outros valores são fornecidos na *Seção de dados*.

Exemplo 12E.2 Interpretação de um espectro no infravermelho

O espectro no infravermelho de um composto orgânico é apresentado na Fig. 12E.6. Sugira sua identificação.

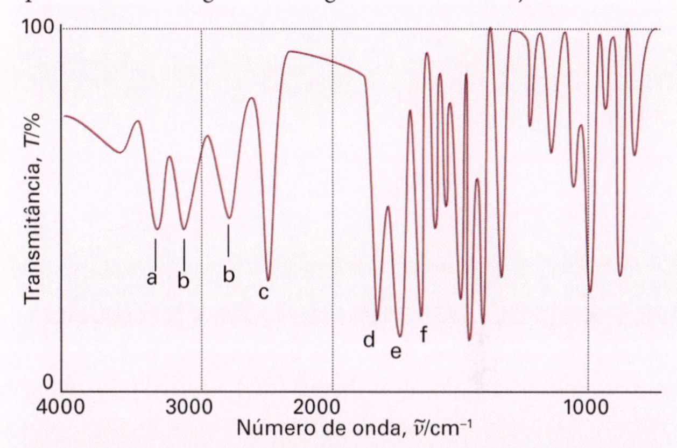

Figura 12E.6 Espectro de absorção no infravermelho típico produzido pela formação de uma amostra em um disco com brometo de potássio. Conforme explicado no *Exemplo* 12E.2, a substância pode ser identificada como $O_2NC_6H_4$—C≡C—COOH.

Método Alguns aspectos característicos para números de onda acima de 1500 cm^{-1} podem ser identificados por comparação com os dados da Tabela 12E.1.

Resposta Os aspectos característicos do espectro incluem: (a) estiramento C—H de um anel benzênico, indicando um benzeno substituído; (b) estiramento O—H de ácido carboxílico, indicando um ácido carboxílico; (c) a forte absorção de um grupo C≡C conjugado, indicando um alquino substituído; (d) essa forte absorção também é característica de um ácido carboxílico que é conjugado a uma múltipla ligação carbono-carbono; (e) uma vibração característica de um anel benzênico, conformando a dedução que se tira de (a); (f) uma absorção característica de um grupo nitro (—NO_2) conectado a um sistema de ligações múltiplas carbono-carbono, sugerindo um benzeno substituído por nitro. A molécula contém como seus componentes um anel benzênico, uma ligação aromática carbono-carbono, um grupo —COOH e um grupo -NO_2. A molécula é, de fato, o O_2N—C_6H_4—C≡C—COOH. Uma análise mais detalhada mostra ser o 1,4-isômero.

Exercício proposto 12E.3 Sugira uma identificação do composto orgânico responsável pelo espectro apresentado na Fig. 12E.7. (*Sugestão:* A fórmula molecular do composto é C_3H_5ClO.)

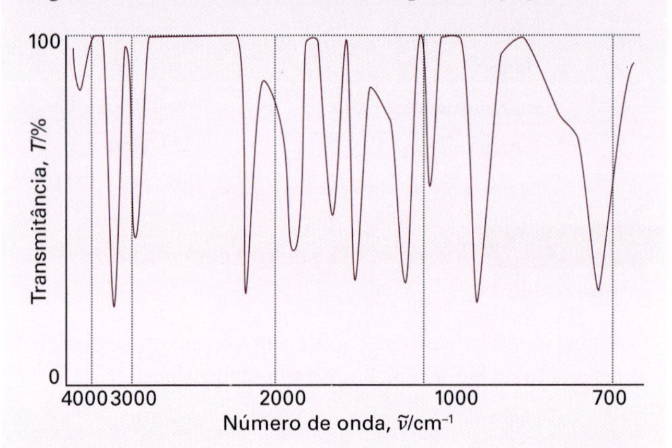

Figura 12E.7 O espectro considerado no *Exercício proposto* 12E.3.

Resposta: CH_2=$CClCH_2OH$

12E.3 Espectros Raman de vibração

Para as moléculas diatômicas (Seção 12D), os modos normais de vibração das moléculas são ativos no Raman se forem acompanhados por modificação da polarizabilidade. Um tratamento mais exato dos modos ativos no infravermelho e no Raman conduz à seguinte **regra de exclusão**:

> Se a molécula tiver um centro de simetria, nenhum modo de vibração pode ser simultaneamente ativo no infravermelho e no Raman. Regra de exclusão

(Um modo pode ser inativo nas duas modalidades espectroscópicas.) Como é possível, muitas vezes, julgar intuitivamente se um certo modo de vibração provoca ou não alteração do momento de dipolo da molécula, essa regra serve para identificar os modos que não são ativos no Raman.

Breve ilustração 12E.2 Modos ativos no Raman de moléculas poliatômicas

O estiramento simétrico do CO_2 expande e contrai alternadamente a molécula: esse movimento altera o tamanho e, dessa forma, a polarizabilidade da molécula, assim, o modo é ativo no Raman. Os outros modos do CO_2 deixam a polarizabilidade inalterada, então são inativos no Raman. Além disso, a regra da exclusão aplica-se ao CO_2 porque ele tem um centro de simetria.

Exercício proposto 12E.4 A regra da exclusão se aplica à H_2O ou ao CH_4?

Resposta: Não, nenhuma das moléculas possui centro de simetria

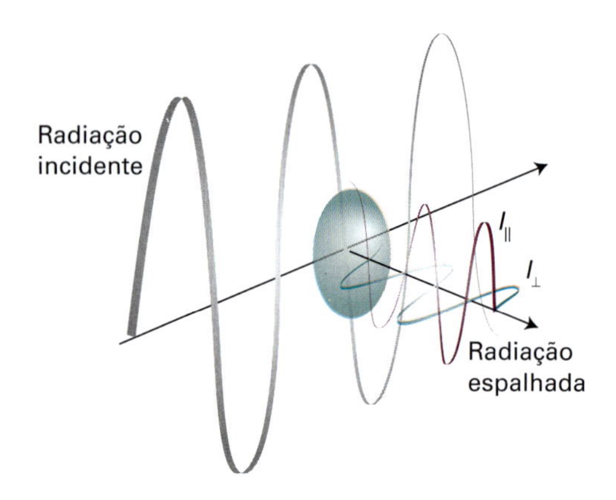

Figura 12E.8 Definição dos planos usados para a caracterização da razão de despolarização, ρ, no espalhamento Raman.

(a) Despolarização

A associação de uma certa linha Raman a um determinado modo de vibração é auxiliada notando-se o estado de polarização da luz espalhada. A **razão de despolarização**, ρ, de uma linha é a razão entre as intensidades, I, da luz espalhada com as polarizações perpendicular e paralela ao plano de polarização da radiação incidente:

$$\rho = \frac{I_{\perp}}{I_{\parallel}} \qquad \textit{Definição} \quad \text{Razão de despolarização} \qquad (12E.2)$$

Para determinar ρ, mede-se a intensidade da linha Raman com um filtro polarizador (uma "placa de meia-onda"), primeiro em uma direção paralela e depois perpendicular à polarização do feixe incidente. Se a luz emergente não for polarizada, as duas intensidades são iguais e ρ é próximo de 1. Se a luz mantém a polarização inicial, então $I_{\perp}$, de modo que $\rho = 0$ (Fig. 12E.8). Classifica-se uma linha como **despolarizada** se ρ é próximo ou maior que 0,75 e como **polarizada** se $\rho < 0{,}75$. Somente vibrações completamente simétricas geram linhas polarizadas nas quais se preserva, em grande parte, a polarização incidente. Vibrações que não sejam completamente simétricas proporcionam linhas despolarizadas, pois a radiação incidente gera também radiação com polarização perpendicular à sua polarização.

(b) Espectros Raman de ressonância

Uma modificação do efeito Raman básico envolve o uso de radiação incidente cuja frequência é quase coincidente com a frequência de uma transição eletrônica da amostra (Fig. 12E.9). Essa técnica é a **espectroscopia Raman de ressonância** e se caracteriza pela intensidade muito grande da radiação espalhada. Além disso, como é comum o caso de apenas poucos modos vibracionais contribuírem para o espalhamento mais intenso, o espectro resultante é muito simplificado.

A espectroscopia Raman de ressonância é usada para o estudo de moléculas biológicas que absorvem fortemente nas regiões ultravioleta e visível do espectro. Exemplos incluem os pigmentos β-caroteno e clorofila, que capturam a energia solar durante

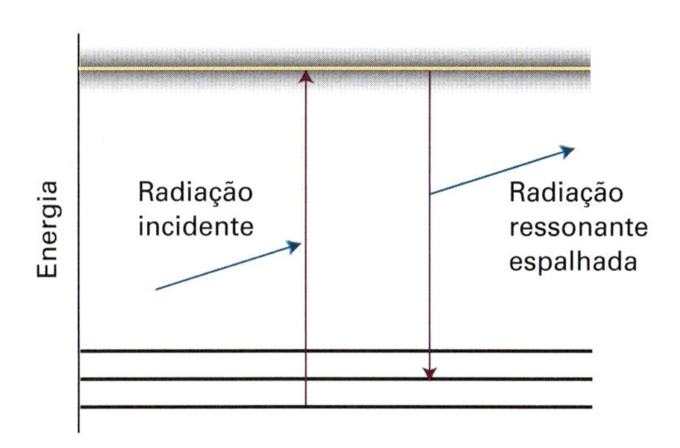

Figura 12E.9 No efeito Raman ressonante a radiação incidente tem uma frequência próxima de uma frequência de excitação eletrônica real da molécula. Um fóton é emitido quando o estado excitado retorna a um estado próximo do estado fundamental.

a fotossíntese. O espectro Raman de ressonância da Fig. 12E.10 mostra transições vibracionais de somente as poucas moléculas pigmentos que estão ligadas a proteínas muito grandes dissolvidas numa solução aquosa tamponada. Essa seletividade surge em virtude do fato de que a água (o solvente), os resíduos de aminoácido e o grupo peptídio não têm transições eletrônicas nos comprimentos de onda do laser usado na experiência; assim, seus espectros Raman convencionais são pouco intensos comparados aos espectros dos pigmentos. A comparação dos espectros nas Figs. 12E.10a e 12E.10b também mostra que, com a escolha apropriada do comprimento de onda de excitação, é possível examinar classes individuais de pigmentos ligados à mesma proteína: a excitação em 488 nm, onde o β-caroteno absorve fortemente, mostra bandas vibracionais somente do β-caroteno, enquanto a excitação em 407 nm, onde a clorofila *a* e o β-caroteno absorvem de modo semelhante, revela aspectos de ambos os tipos de pigmento.

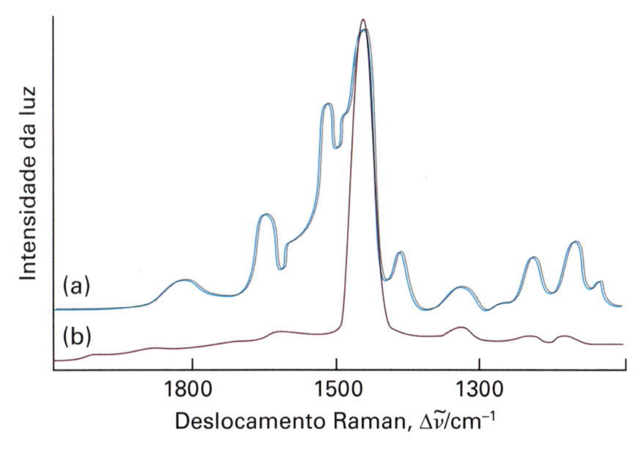

Figura 12E.10 Espectro Raman de ressonância de um complexo proteico responsável por alguns dos processos iniciais de transferência de elétrons na fotossíntese. (a) A excitação por laser em 407 nm mostra bandas Raman devidas tanto ao β-caroteno quanto à clorofila *a* ligados à proteína, pois ambos os pigmentos absorvem luz desse comprimento de onda. (b) A excitação por laser em 488 nm mostra apenas as bandas Raman do β-caroteno, pois a clorofila *a* não absorve intensamente nesse comprimento de onda. (Adaptado de D.F. Ghanotakis *et al.*, *Biochim. Biophys. Acta* **974**, 44 (1989).)

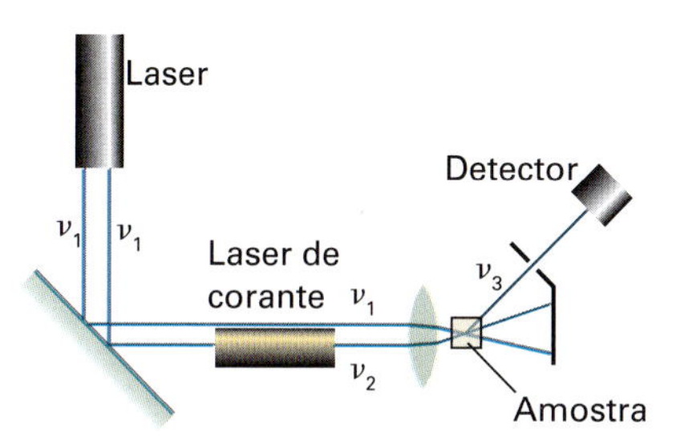

Figura 12E.11 Montagem experimental da espectroscopia Raman anti-Stokes coerente (CARS).

(c) Espectroscopia Raman anti-Stokes coerente

A intensidade das transições Raman pode ser realçada pela **espectroscopia Raman anti-Stokes coerente** (CARS na sigla em inglês, Fig. 12E.11). A técnica se baseia na mistura de dois raios de luz de laser com as frequências ν_1 e ν_2 que atravessam a amostra. Ao se misturarem, proporcionam radiação coerente com diferentes frequências, uma das quais é

$$\nu' = 2\nu_1 - \nu_2 \tag{12E.3a}$$

Imaginemos que ν_2 seja variada até coincidir com uma linha Stokes da amostra, por exemplo, com a frequência $\nu_1 - \Delta\nu$. Então a emissão coerente terá a frequência

$$\nu' = 2\nu_1 - (\nu_1 - \Delta\nu) = \nu_1 + \Delta\nu \tag{12E.3b}$$

que é a frequência correspondente à linha anti-Stokes. Essa radiação coerente propicia um feixe estreito, de grande intensidade.

Uma vantagem dessa técnica espectroscópica é a possibilidade de ser usada para estudar transições Raman na presença de radiação de fundo incoerente. Serve, por exemplo, para observar os espectros Raman de espécies presentes numa chama. Um exemplo é o espectro CARS de vibração–rotação do gás N_2 em uma chama de metano–ar, mostrado na Fig. 12E.12.

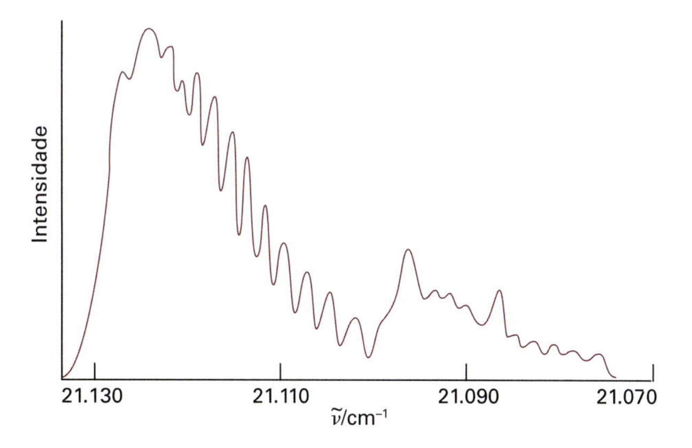

Figura 12E.12 Espectro CARS de uma chama de metano–ar a 2104 K. Os picos correspondem ao ramo Q do espectro de vibração–rotação do N_2. (Adaptado de J.F. Verdieck *et al.*, *J. Chem. Ed.* **59**, 495 (1982).)

12E.4 Aspectos de simetria das vibrações moleculares

Uma das maneiras mais eficientes de tratar os modos normais de vibração, especialmente no caso de moléculas complicadas, é classificando-as pelas respectivas simetrias. Esta seção faz uso extensivo dos conceitos e procedimentos apresentados na Seção 11C, que é o alicerce fundamental para esta discussão. Em particular, cada modo normal deve pertencer a uma espécie de simetria dos grupos de simetria da molécula, como vimos na seção mencionada.

Exemplo 12E.3 Identificação das espécies de simetria de um modo normal

Dê a espécie de simetria dos modos normais de vibração do CH_4, que pertence ao grupo T_d.

Método A primeira etapa é identificar a espécie de simetria das representações irredutíveis cobertas pelos $3N$ deslocamentos dos átomos usando os caracteres do grupo de simetria da molécula. Estes caracteres são encontrados atribuindo-se 1 ao deslocamento que não se altera sob a operação de simetria, −1 se o deslocamento muda de sinal, e 0 se o deslocamento se transforma em outro. Depois, subtraem-se as espécies de simetria das translações. Os deslocamentos translacionais cobrem a mesma espécie de simetria que x, y e z, de modo que podem ser obtidos pela coluna mais à direita da tabela de caracteres. Finalmente, subtraem-se as espécies de simetria de rotação, que também aparecem na tabela de caracteres (identificados por R_x, R_y ou R_z).

Resposta Há $3 \times 5 = 15$ graus de liberdade, dos quais $3 \times 5 - 6 = 9$ são de vibrações. Veja a Fig. 12E.13. Sob E, nenhuma coordenada de deslocamento se altera e o caractere é então 15. Sob C_3 nenhuma coordenada de deslocamento fica imutável, então o caractere é 0. Sob o C_2 indicado, o deslocamento z do átomo central fica imutável, e as componentes x e y trocam ambas de sinal. Portanto, $\chi(C_2) = 1 - 1 - 1 + 0 + 0 + ... = -1$. Sob o S_4 indicado, o deslocamento z do átomo central é invertido, de modo que $\chi(S_4) = -1$. Sob σ_d, os deslocamentos x e z do C, do H_3 e do H_4 ficam inalterados e os deslocamentos y são invertidos; então $\chi(\sigma_d) = 3 + 3 - 3 = 3$. Os caracteres são, portanto, 15, 0, − 1, − 1, 3. Por decomposição do produto direto (Seção 11C), encontramos que essa representação corresponde a $A_1 + E + T_1 + 3T_2$. As translações cobrem T_2; as rotações cobrem T_1. Então, as nove vibrações cobrem $A_1 + E + 2T_2$. Os modos estão mostrados na Fig. 12E.14. Veremos na próxima subseção que a análise pela simetria fornece uma maneira rápida de decidir que modos são ativos.

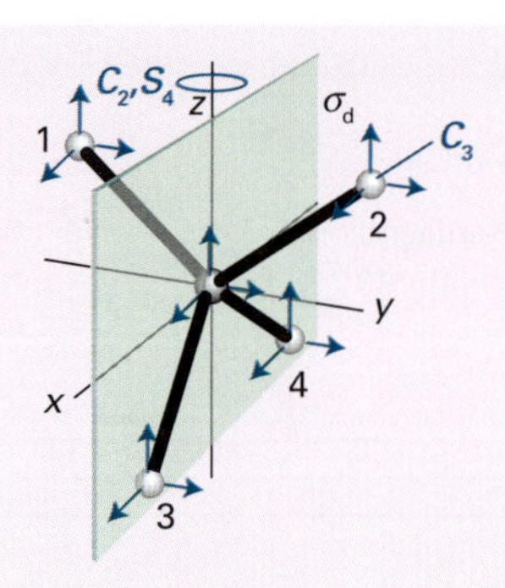

Figura 12E.13 Os deslocamentos atômicos do CH_4 e os elementos de simetria usados para calcular os caracteres correspondentes.

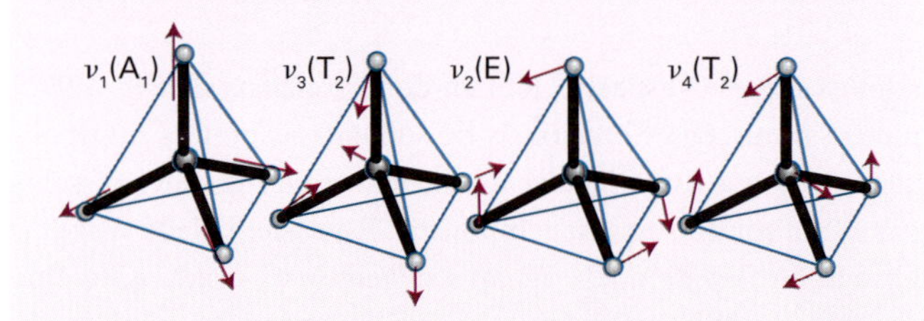

Figura 12E.14 Modos normais típicos de vibração de uma molécula tetraédrica. Há dois modos com o tipo de simetria E e três modos com cada tipo de simetria T_2.

Exercício proposto 12E.5 Estabeleça as espécies de simetria dos modos normais de vibração da H_2O.

Resposta: $2A_1 + B_2$

(a) Modos normais ativos no infravermelho

A teoria dos grupos proporciona a melhor maneira de analisar as atividades dos modos de vibração mais complexos. Isso é feito facilmente checando-se a tabela de caracteres do grupo de simetrias da molécula para as espécies de simetrias das representações irredutíveis cobertas por x, y e z, pois estas espécies são também as espécies de simetria das componentes do momento de dipolo elétrico. Depois, aplica-se a seguinte regra, desenvolvida na *Justificativa* 12E.2:

> Se a espécie de simetria de um modo normal coincidir com qualquer das espécies de simetria de x, y ou z, o modo será ativo no infravermelho

Teste de simetria para a atividade no Raman

Breve ilustração 12E.3 Modos normais ativos no infravermelho

Para decidir quais os modos de vibração do CH_4 são ativos no infravermelho, vimos no *Exemplo* 12E.3 que as espécies de simetria dos modos normais são $A_1 + E + 2T_2$. Portanto, como x, y e z cobrem T_2 no grupo T_d, somente os modos T_2 são ativos no infravermelho. As deformações que acompanham esses modos levam a alteração do momento de dipolo. O modo A_1, que é inativo, é o modo simétrico de "respiração" da molécula.

Exercício proposto 12E.6 Quais dentre os modos normais da H_2O são ativos no infravermelho?

Resposta: Todos três

Justificativa 12E.2 Uso da simetria para identificar modos normais ativos no infravermelho

A regra se apoia na forma do momento de dipolo da transição (Seção 12A): $\mu_{fi,x} \propto \int \psi^*_{v_f} x \psi_{v_i} dx$ no sentido de x, e expressões semelhantes valem para as duas outras componentes do momento de transição. Considere um oscilador harmônico na direção x que sofre uma transição do estado vibracional fundamental ($v_i = 0$) para o primeiro estado excitado ($v_f = 1$). Como $\psi_0 \propto e^{-x^2}$ e $\psi_1 \propto xe^{-x^2}$ (Seção 8B), as componentes do momento de dipolo da transição assumem as formas a seguir:

- $\int_{-\infty}^{+\infty} \overbrace{xe^{-x^2}}^{\text{Forma de } \psi_1} \overbrace{x}^{\text{Forma de } \mu_x} \overbrace{e^{-x^2}}^{\text{Forma de } \psi_0} dx = \int_{-\infty}^{+\infty} x^2 e^{-2x^2} dx$ na direção x.

  Conforme pode ser verificado por cálculo direto, essa integral não é evanescente.

- $\int_{-\infty}^{+\infty} xye^{-2x^2} dx$ e $\int_{-\infty}^{+\infty} xze^{-2x^2} dx$ nas direções y e z, respectivamente. Um cálculo direto mostra que ambas as integrais evanescem.

Por isso, a função de onda do estado excitado deve ter a mesma simetria que a do deslocamento x.

(b) Modos normais ativos no Raman

A teoria de grupos proporciona uma regra explícita para julgar a atividade Raman de um modo normal. Primeiramente, precisamos saber que a polarizabilidade se transforma da mesma maneira que as formas quadráticas (x^2, xy etc.) que aparecem na tabela de caracteres. Depois aplica-se a seguinte regra:

> Se a espécie de simetria de um modo normal coincidir com a espécie de simetria de uma forma quadrática, o modo pode ser ativo na espectroscopia Raman.

Teste de simetria para a atividade no Raman

Breve ilustração 12E.4 Modos normais ativos no Raman

Para decidir quais vibrações do CH_4 são ativas no Raman, consulta-se a tabela de caracteres do T_d. Pelo *Exemplo* 12E.3, as espécies de simetria dos modos normais são $A_1 + E + 2T_2$. Como as formas quadráticas cobrem $A_1 + E + T_2$, todos os modos normais são ativos no Raman. Combinando essa informação com a *Breve ilustração* 12E.3, vemos como os espectros no infravermelho e Raman do CH_4 são determinados. A caracterização dos modos T_2 é simples porque eles são os únicos ativos tanto no infravermelho como no Raman. Isso deixa apenas os modos A_1 e E para serem assinalados no espectro Raman. A medição da razão de despolarização permite a distinção entre esses modos, pois o modo A_1, totalmente simétrico, é polarizado e o modo E é despolarizado.

Exercício proposto 12E.7 Quais dentre os modos vibracionais da H_2O são ativos na espectroscopia Raman?

Resposta: Todos os três

Conceitos importantes

- ☐ 1. Um **modo normal** é um movimento síncrono independente de átomos ou de grupos de átomos que podem ser excitados sem levar à excitação de qualquer outro modo normal.
- ☐ 2. O **número de modos normais** é $3N - 6$ (para moléculas não lineares) ou $3N - 5$ (moléculas lineares).
- ☐ 3. Um modo normal é **ativo no infravermelho** se for acompanhado de uma alteração do momento de dipolo; a regra de seleção específica é $\Delta v_q = \pm 1$.
- ☐ 4. A **regra da exclusão** afirma que, se a molécula tem um centro de simetria, então nenhum modo pode ser ativo tanto no infravermelho quanto no Raman.
- ☐ 5. Vibrações totalmente simétricas dão origem a **linhas polarizadas**.
- ☐ 6. Um modo normal é ativo no infravermelho se sua espécie de simetria é a mesma que qualquer uma das espécies de simetria de x, y ou z.
- ☐ 7. Um modo normal é ativo no Raman se sua espécie de simetria é a mesma que a espécie de simetria de uma forma quadrática.

Equações importantes

Propriedade	Equação	Comentário	Número da equação
Termos vibracionais dos modos normais	$\tilde{G}_q(v)=(v+\frac{1}{2})\tilde{\nu}_q$, $\tilde{\nu}_q=(1/2\pi c)(k_{f,q}/m_q)^{1/2}$		12E.1
Razão de despolarização	$\rho=I_{\perp}/I_{\parallel}$	Linhas despolarizadas: ρ próximo de 0,75 ou maior que este valor. Linhas polarizadas: $\rho < 0,75$	12E.2

CAPÍTULO 12 Espectros de rotação e de vibração

Observação: As massas dos nuclídeos são apresentadas na Tabela 0.2 da *Seção de dados*.

SEÇÃO 12A Aspectos gerais da espectroscopia molecular

Questões teóricas

12A.1 Qual é a interpretação física de uma regra de seleção?

12A.2 Descreva as origens físicas das larguras das linhas nos espectros de absorção e de emissão de gases, líquidos e sólidos. Você espera as mesmas contribuições para espécies nas fases condensada e gasosa?

12A.3 Descreva os arranjos experimentais básicos comumente utilizados na espectroscopia de absorção, de emissão e Raman.

Exercícios

12A.1(a) Calcule a razão A/B para transições com as seguintes características: (i) raios X de 70,8 pm, (ii) luz visível em 500 nm, (iii) radiação no infravermelho de 3000 cm^{-1}.
12A.1(b) Calcule a razão A/B para transições com as seguintes características: (i) radiação de radiofrequência de 500 MHz, (ii) radiação de micro-ondas de 3,0 cm.

12A.2(a) Sabe-se que o coeficiente de absorção molar de uma substância dissolvida em hexano é de 723 dm^3 mol^{-1} cm^{-1}, a 260 nm. Calcule a redução percentual da intensidade quando a luz desse comprimento de onda atravessa 2,50 mm de uma solução de concentração 4,25 mmol dm^{-3}.
12A.2(b) Sabe-se que o coeficiente de absorção molar de uma substância dissolvida em hexano é de 227 dm^3 mol^{-1} cm^{-1}, a 290 nm. Calcule a redução percentual da intensidade quando a luz desse comprimento de onda atravessa 2,00 mm de uma solução de concentração 2,52 mmol dm^{-3}.

12A.3(a) Uma solução de um componente desconhecido de uma amostra biológica, quando colocada em uma célula de absorção com percurso óptico de 1,00 cm, transmite 18,1 por cento de luz de 320 nm incidente sobre ela. Se a concentração do componente é 0,139 mmol dm^{-3}, qual é o coeficiente de absorção molar?
12A.3(b) Quando a luz de comprimento de onda de 400 nm atravessa 2,50 mm de uma solução de uma substância absorvente a uma concentração de 0,717 mmol dm^{-3}, a transmissão é 61,5 por cento. Calcule o coeficiente de absorção molar do soluto a esse comprimento de onda e expresse a resposta em cm^2 mol^{-1}.

12A.4(a) O coeficiente de absorção molar de um soluto, a 540 nm, é 386 dm^3 mol^{-1} cm^{-1}. Quando a luz desse comprimento de onda atravessa uma célula de 5,00 mm contendo uma solução do soluto, 38,5 por cento da luz é absorvida. Qual é a concentração molar do soluto?
12A.4(b) O coeficiente de absorção molar de um soluto, a 440 nm, é 423 dm^3 mol^{-1} cm^{-1}. Quando a luz desse comprimento de onda atravessa uma célula de 5,00 mm contendo uma solução do soluto, 48,3 por cento da luz é absorvida. Qual é a concentração molar do soluto?

12A.5(a) Os dados a seguir foram obtidos para a absorção pelo Br_2 em tetracloreto de carbono utilizando uma célula de 2,0 mm. Calcule o coeficiente de absorção molar do bromo no comprimento de onda empregado:

$[Br_2]$/(mol dm^{-3})	0,0010	0,0050	0,0100	0,0500
T/(por cento)	81,4	35,6	12,7	$3,0\times10^{-3}$

12A.5(b) Os dados vistos a seguir foram obtidos para a absorção por um corante dissolvido em metilbenzeno utilizando uma célula de 2,50 mm. Calcule o coeficiente de absorção molar do corante no comprimento de onda empregado:

[dye]/(mol dm^{-3})	0,0010	0,0050	0,0100	0,0500
T/(por cento)	68	18	3,7	$1,03\times10^{-5}$

12A.6(a) Encheu-se uma célula de 2,0 mm com uma solução de benzeno em um solvente não absorvente. A concentração do benzeno era de 0,010 mol dm^{-3} e o comprimento de onda da radiação era de 256 nm (onde há um máximo na absorção). Calcule o coeficiente de absorção molar do benzeno nesse comprimento de onda, dado que a transmissão era de 48 por cento. Qual será a transmitância em uma célula de 4,0 mm no mesmo comprimento de onda?
12A.6(b) Encheu-se uma célula de 5,00 mm com uma solução de um corante. A concentração do corante era de 18,5 mmol dm^{-3}. Calcule o coeficiente de absorção molar do corante nesse comprimento de onda, dado que a transmissão era de 29 por cento. Qual será a transmitância em uma célula de 2,5 mm no mesmo comprimento de onda?

12A.7(a) Um mergulhador, ao descer a grandes profundidades no mar, entra (num certo sentido) em um mundo mais sombrio. O coeficiente de absorção molar médio da água do mar, na região visível, é $6,2 \times 10^{-3}$ dm^{-1} mol^{-1} cm^{-1}. Calcule a profundidade à qual um mergulhador sentirá (i) a metade da intensidade luminosa da superfície, (ii) um quarto da intensidade da superfície.
12A.7(b) O coeficiente de absorção molar máximo de uma molécula que contém um grupo carbonila é 30 dm^3 mol^{-1} cm^{-1} a cerca de 280 nm. Calcule a espessura de uma amostra que resultará em (i) metade da intensidade inicial de radiação, (ii) um décimo da intensidade inicial.

12A.8(a) A absorção associada a uma transição particular começa em 220 nm, tem um pico pronunciado em 270 nm e termina em 300 nm. O valor máximo do coeficiente de absorção molar é $2,21 \times 10^4$ dm^3 mol^{-1} cm^{-1}. Calcule o coeficiente de absorção integrado da transição, admitindo uma forma triangular simétrica.
12A.8(b) A absorção associada a uma transição particular começa em 156 nm, tem um pico pronunciado em 210 nm e termina em 275 nm. O valor máximo do coeficiente de absorção molar é $3,35 \times 10^4$ dm^3 mol^{-1} cm^{-1}. Calcule o coeficiente de absorção integrado da transição, admitindo uma forma parabólica invertida (Fig. 12.1).

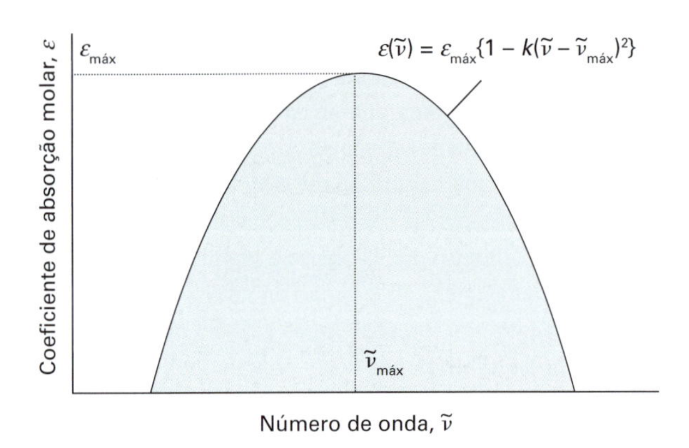

Figura 12.1 Modelo de forma de absorção parabólica.

12A.9(a) As bandas de absorção eletrônica de muitas moléculas em solução têm meias larguras a meias alturas de cerca de 5000 cm^{-1}. Calcule os coeficientes de absorção integrados de uma banda na qual (i) $\varepsilon_{máx} \approx 1 \times 10^4$ dm^3 mol^{-1} cm^{-1}, (ii) $\varepsilon_{máx} \approx 5 \times 10^2$ dm^3 mol^{-1} cm^{-1}.

12A.9(b) A banda de absorção eletrônica de um composto em solução tem uma forma gaussiana e uma meia largura à meia altura de 4233 cm^{-1} e $\varepsilon_{máx} \approx$ 1,54 × 10^4 dm^3 mol^{-1} cm^{-1}. Calcule o coeficiente de absorção integrado.

Problemas

12A.1 O fluxo de fótons visíveis que chegam à Terra provenientes da estrela Polar é de cerca de 4 × 10^3 mm^{-2} s^{-1}. Desses fótons, 30% são absorvidos ou espalhados pela atmosfera e 25% dos fótons sobreviventes são espalhados pela superfície da córnea do olho. Outros 9% são absorvidos no interior da córnea. A área da pupila, à noite, é de aproximadamente 40 mm^2, e o tempo de resposta do olho é de cerca de 0,1 s. Dos fótons que atravessam a pupila, cerca de 43% são absorvidos no meio ocular. Quantos fótons da estrela Polar atingem a retina em 0,1 s? Para a continuação dessa história, veja R.W. Rodieck, *The first steps in seeing*, Sinauer, Sunderland (1998).

12A.2 Um *colorímetro de Dubosq* consiste em uma célula de percurso constante e em uma célula de percurso variável. Ajustando-se o comprimento de percurso da última célula até a transmissão pelas duas células ser o mesmo, a concentração da segunda solução pode ser inferida a partir da concentração da primeira. Suponha que um corante vegetal de concentração de 25 μg dm^{-3} seja adicionado à célula fixa, cujo comprimento é 1,55 cm. Em seguida, uma solução do mesmo corante, porém de concentração desconhecida, é adicionada à segunda célula. Observa-se que é obtida a mesma transmitância quando o comprimento da segunda célula é ajustado para 1,18 cm. Qual é a concentração da segunda solução?

12A.3 A lei de Beer–Lambert é deduzida considerando-se que a concentração de espécies absorventes é uniforme. Em vez disso, admita que a concentração caia exponencialmente segundo $[J] = [J]_0 e^{-x/\lambda}$. Obtenha uma expressão para a variação de I com o comprimento da amostra; suponha que $L >> \lambda$.

12A.4 É comum medir a absorbância em dois comprimentos de onda e usá-los para determinar as concentrações individuais de dois componentes A e B de uma mistura. Mostre que as concentrações molares de A e B são

$$[\mathrm{A}]=\frac{\varepsilon_{\mathrm{B}2}A_1-\varepsilon_{\mathrm{B}1}A_2}{(\varepsilon_{\mathrm{A}1}\varepsilon_{\mathrm{B}2}-\varepsilon_{\mathrm{A}2}\varepsilon_{\mathrm{B}2})L} \qquad [\mathrm{B}]=\frac{\varepsilon_{\mathrm{A}1}A_2-\varepsilon_{\mathrm{A}2}A_1}{(\varepsilon_{\mathrm{A}1}\varepsilon_{\mathrm{B}2}-\varepsilon_{\mathrm{A}2}\varepsilon_{\mathrm{B}1})L}$$

em que A_1 e A_2 são absorbâncias da mistura nos comprimentos de onda λ_1 e λ_2, e os coeficientes de extinção molar de A (e B) nesses comprimentos de onda são ε_{A1} e ε_{A2} (e ε_{B1} e ε_{B2}).

12A.5 Quando piridina é adicionada a uma solução de iodo em tetracloreto de carbono, a banda de absorção de 520 nm desloca-se para 450 nm. No entanto, a absorbância da solução, a 490 nm, permanece constante: essa característica é chamada de *ponto isosbéstico*. Mostre que o ponto isosbéstico deve ocorrer quando duas espécies absorventes estão em equilíbrio.

12A.6‡ O ozônio absorve radiação ultravioleta em uma parte do espectro eletromagnético com energia suficiente para desestabilizar o DNA em organismos biológicos e que não é absorvida por nenhum outro constituinte atmosférico abundante. Essa faixa espectral, identificada como UV-B, cobre os comprimentos de onda de cerca de 290 nm a 320 nm. O coeficiente de extinção molar do ozônio nessa faixa é dado na tabela vista a seguir (DeMore *et al.*, *Chemical kinetics and photochemical data for use in stratospheric modeling: Evaluation Number 11*, JPL Publication 94–26 (1994)).

λ/nm	292,0	296,3	300,8	305,4	310,1	315,0	320,0
ε/(dm^3 mol^{-1} cm^{-1})	1512	865	477	257	135,9	69,5	34.5

Calcule o coeficiente de absorção integrado do ozônio na faixa de comprimento de onda 290-320 nm. (*Sugestão:* $\varepsilon(\tilde{\nu})$ pode ser bem ajustado a uma função exponencial.)

12A.7 Em muitos casos é possível supor que uma banda de absorção tem uma forma gaussiana (proporcional a e^{-x^2}) centrada no máximo da banda. Suponha essa forma e mostre que $\mathcal{A}=\int\varepsilon(\tilde{\nu})\mathrm{d}\tilde{\nu}\approx1{,}0645\,\varepsilon_{máx}\Delta\tilde{\nu}_{1/2}$, em que $\Delta\tilde{\nu}_{1/2}$ é a largura à meia altura. O espectro de absorção do azoetano ($CH_3CH_2N_2$) entre 24.000 cm^{-1} e 34.000 cm^{-1} é apresentado na Fig. 12.2. Primeiramente, calcule $\mathcal{A}$ para a banda admitindo que seja gaussiana. Em seguida, use um programa matemático para ajustar um polinômio à banda de absorção (ou uma gaussiana) e integre o resultado analiticamente.

12A.8‡ Wachewsky *et al.* (*J. Phys. Chem.* **100**, 11559 (1990)) investigaram o espectro de absorção no UV do CH_3I, uma espécie de interesse envolvida na química do ozônio na estratosfera. Eles descobriram que o coeficiente de absorção integrado depende da temperatura e da pressão de maneira incompatível com as alterações estruturais internas em moléculas de

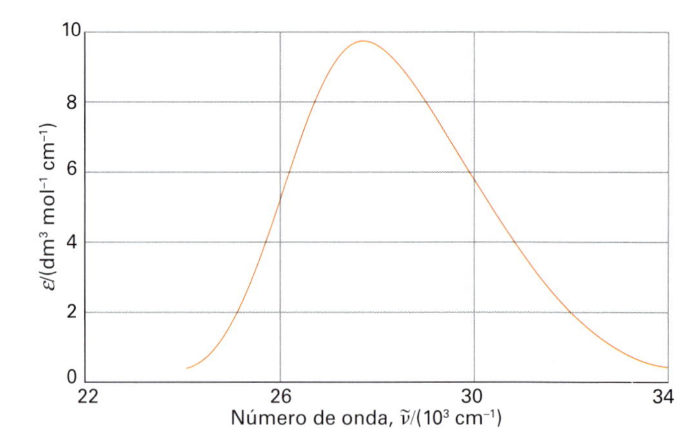

Figura 12.2 Espectro de absorção do azoetano.

‡ Estes problemas foram propostos por Charles Trapp e Carmen Giunta.

CH_3I; eles explicaram as modificações pela dimerização de uma fração substancial do CH_3I, um processo que naturalmente depende da pressão e da temperatura. (a) Calcule o coeficiente de absorção integrado com uma forma de banda de perfil triangular no intervalo de 31.250 a 34.483 cm^{-1} e um coeficiente de absorção molar máximo de 150 dm^3 mol^{-1} cm^{-1}, a 31.250 cm^{-1}. (b) Suponha que 1,0% das unidades de CH_3I em uma amostra, a 2,4 torr e 373 K, exista na forma de dímeros. Calcule a absorbância esperada em 31.250 cm^{-1} em uma célula de amostra de 12,0 cm de comprimento. (c) Suponha que 18% das unidades de CH_3I em uma amostra, a 100 torr e 373 K, existem na forma de dímeros. Calcule a absorbância esperada em 31.250 cm^{-1} em uma célula de amostra de 12,0 cm de comprimento; calcule o coeficiente de absorção molar que se teria com essa medida da absorbância caso a dimerização não fosse considerada.

12A.9 O espectro de uma estrela é usado para medir sua *velocidade radial* em relação ao Sol, a componente do vetor de velocidade da estrela que é paralela a um vetor que liga o centro da estrela ao centro do Sol. A medição baseia-se no efeito Doppler. Quando uma estrela que emite radiação eletromagnética de frequência ν move-se com uma velocidade s em relação a um observador, este detecta radiação de frequência $\nu_{\text{afastamento}} = \nu f$ ou $\nu_{\text{aproximação}} = \nu/f$, em que $f = \{(1 - s/c)/(1 + s/c)\}^{1/2}$ e c é a velocidade da luz. (a) Três linhas de Fe I da estrela HDE 271.182, que pertence à Grande Nuvem de Magalhães, ocorrem em 438,882 nm, 441,000 nm e 442,020 nm. As mesmas linhas ocorrem a 438,392 nm, 440,510 nm e 441,510 nm no espectro de um arco de ferro terrestre. Determine se a HDE 271.182 está se afastando da Terra ou se aproximando dela e calcule a velocidade radial da estrela em relação à Terra. (b) De que informações adicionais você necessitaria para calcular a velocidade radial da HDE 271.182 em relação ao Sol?

12A.10 No Problema 12A.9, vimos que os deslocamentos Doppler de linhas espectrais atômicas são usadas para o cálculo da velocidade de afastamento ou aproximação de uma estrela. Foi observado que uma linha espectral de $^{48}Ti^{8+}$ (de massa 47,95 m_u) em uma estrela distante se deslocou de 654,2 nm para 706,5 nm com um alargamento de 61,8 pm. Quais são a velocidade de afastamento e a temperatura da superfície da estrela?

12A.11 A forma gaussiana de uma linha espectral com alargamento Doppler reflete a distribuição de Maxwell de velocidades na amostra à temperatura do experimento. Em um espectrômetro que utiliza a *detecção sensível à fase* o sinal de saída é proporcional à derivada primeira da intensidade do sinal, $dI/d\nu$. Faça o gráfico da forma resultante para várias temperaturas. Como é a separação dos picos em relação à temperatura?

12A.12 A frequência z de colisão de uma molécula de massa m em um gás a uma pressão p é $z = 4\sigma(kT/\pi m)^{1/2}p/kT$, em que σ é a seção de choque de colisão. Determine uma expressão para o tempo de vida limitado por colisão de um estado excitado supondo que cada colisão seja efetiva. Calcule a largura da transição rotacional no HCl ($\sigma = 0{,}30$ nm^2), a 25 °C e 1,0 atm. Até que valor a pressão do gás deve ser reduzida para garantir que o alargamento por colisões seja menos importante do que o alargamento Doppler?

12A.13 Observe a Fig. 12A.9, que ilustra um interferômetro Michelson. O espelho M_1 move-se em incrementos de distância finitos, então a diferença p de percurso também é incrementada em passos finitos. Explore o efeito do aumento do tamanho do passo na forma do interferograma de um feixe monocromático de número de onda $\tilde{\nu}$ e intensidade I_0. Ou seja, trace gráficos de $I(p)/I_0$ em função de $\tilde{\nu}p$, cada um com um número diferente de pontos cobrindo o mesmo percurso total seguido pelo espelho móvel M_1.

12A.14 Usando um programa matemático, desenvolva os resultados do *Exemplo* 12A.2 (a) explorando o efeito que a variação dos números de onda e das intensidades das três componentes da radiação tem na forma do interferograma e (b) calculando as transformadas de Fourier das funções que você gerou na parte (a).

SEÇÃO 12B Rotação molecular

Questões teóricas

12B.1 Explique a degenerescência rotacional dos vários tipos de rotor rígido. Sua falta de rigidez afetaria suas conclusões?

12B.2 Descreva as diferenças entre um rotor simétrico oblato e um prolato e dê vários exemplos de cada um deles.

Exercícios

12B.1(a) Calcule o momento de inércia em torno do eixo C_2 (a bissetriz do ângulo OOO) e a correspondente constante rotacional de uma molécula de $^{18}O_3$ (ângulo de ligação 117°; comprimento da ligação OO 128 pm).

12B.1(b) Calcule o momento de inércia em torno do eixo C_3 (o eixo de simetria ternário) e a correspondente constante rotacional de uma molécula de $^{31}P_1H_3$ (ângulo de ligação 93,5°; comprimento da ligação PH 142 pm).

12B.2(a) Faça o gráfico das expressões de dois momentos de inércia de uma versão C_{3v} de um pião simétrico para uma molécula AB_4 (Tabela 12B.1), com comprimentos de ligação iguais, mas com o eixo θ aumentando de 90° para o ângulo tetraédrico.

12B.2(b) Faça o gráfico das expressões de dois momentos de inércia de uma versão C_{3v} de um pião simétrico para uma molécula AB_4 (Tabela 12B.1), com θ igual ao ângulo tetraédrico, mas com uma ligação A–B variando. *Sugestão:* Escreva $\rho = R'_{AB}/R_{AB}$ e deixe que ρ varie de 2 para 1.

12B.3(a) Classifique os rotores a seguir: (i) O_3, (ii) CH_3CH_3, (iii) XeO_4, (iv) $FeCp_2$ (Cp simboliza o grupo ciclopentadienila, C_5H_5).

12B.3(b) Classifique os rotores a seguir: (i) $CH_2{=}CH_2$, (ii) SO_3, (iii) ClF_3, (iv) N_2O.

12B.4(a) Determine os comprimentos das ligações HC e CN no HCN a partir das constantes de rotação $B(^1H^{12}C^{14}N) = 44{,}316$ GHz, $B(^2H^{12}C^{14}N) = 36{,}208$ GHz.

12B.4(b) Determine os comprimentos das ligações CO e CS no OCS a partir das constantes de rotação $B(^{16}O^{12}C^{32}S) = 6081{,}5$ MHz, $B(^{16}O^{12}C^{34}S) = 5932{,}8$ MHz.

12B.5(a) Calcule a constante de distorção centrífuga para o $^1H^{127}I$, para o qual $\tilde{B} = 6{,}511$ cm^{-1} e $\tilde{\nu} = 2308$ cm^{-1}. Por que fator a constante se alteraria se o ^1H fosse substituído pelo ^2H?

12B.5(b) Calcule a constante de distorção centrífuga para o $^{79}Br^{81}Br$, para o qual $\tilde{B} = 0{,}0809$ cm^{-1} e $\tilde{\nu} = 323{,}2$ cm^{-1}. Por que fator a constante se alteraria se o ^{79}Br fosse substituído pelo ^{81}Br?

Problemas

12B.1 Mostre que o momento de inércia de uma molécula diatômica com átomos de massas m_A e m_B e comprimento da ligação R é igual a $m_{ef}R^2$, em que $m_{ef} = m_Am_B/(m_A + m_B)$.

12B.2 Confirme a expressão dada na Tabela 12B.1 para o momento de inércia de uma molécula linear ABC. *Sugestão:* Comece localizando o centro de massa.

SEÇÃO 12C Espectroscopia rotacional

Questões teóricas

12C.1 Discuta as origens físicas das regras gerais de seleção para a espectroscopia de micro-ondas.

12C.2 Discuta as origens físicas das regras gerais de seleção para as espectroscopias Raman de rotação.

12C.3 Descreva o papel da estatística nuclear na ocupação dos níveis de energia no $^1H^{12}C{\equiv}^{12}C^1H$, $^1H^{13}C{\equiv}^{13}C^1H$ e $^2H^{12}C{\equiv}^{12}C^2H$. Para dados do spin nuclear, veja a Tabela 14A.2.

12C.4 Explique a existência de uma energia de ponto zero rotacional no hidrogênio molecular.

Exercícios

12C.1(a) Quais, dentre as seguintes moléculas, podem ter espectro de absorção de rotação pura na região de micro-ondas? (i) H_2, (ii) HCl, (iii) CH_4, (iv) CH_3Cl, (v) CH_2Cl_2.
12C.1(b) Quais, dentre as seguintes moléculas, podem ter espectro de absorção de rotação pura na região de micro-ondas? (i) H_2O, (ii) H_2O_2, (iii) NH_3, (iv) N_2O.

12C.2(a) Calcule a frequência da transição $J = 3 \leftarrow 2$ no espectro de rotação pura do $^{14}N^{16}O$. O comprimento da ligação no equilíbrio é 115 pm. A frequência aumenta ou diminui se a distorção centrífuga for considerada?
12C.2(b) Calcule a frequência da transição $J = 2 \leftarrow 1$ no espectro de rotação pura do $^{12}C^{16}O$. O comprimento da ligação no equilíbrio é 112,81 pm. A frequência aumenta ou diminui se a distorção centrífuga for considerada?

12C.3(a) Se o número de onda da transição rotacional $J = 3 \leftarrow 2$ do $^1H^{35}Cl$, considerado um rotor rígido, for 63,56 cm^{-1}, qual é o comprimento da ligação H–Cl?
12C.3(b) Se o número de onda da transição rotacional $J = 1 \leftarrow 0$ do $^1H^{81}Br$, considerado um rotor rígido, for 16,93 cm^{-1}, qual é o comprimento da ligação H–Br?

12C.4(a) Sabendo que o espaçamento entre as linhas do espectro de micro-ondas do $^{27}Al^1H$ é igual a 12,604 cm^{-1}, calcule o momento de inércia e o comprimento da ligação da molécula.
12C.4(b) Sabendo que o espaçamento das linhas do espectro de micro-ondas do $^{31}Cl^{19}F$ é igual a 1,033 cm^{-1}, calcule o momento de inércia e o comprimento da ligação da molécula.

12C.5(a) Qual é o nível rotacional mais populado do Cl_2 a (i) 25 °C, (ii) 100 °C? Considere $\tilde{B}=0{,}244\ cm^{-1}$.
12C.5(b) Qual é o nível rotacional mais populado do Br_2 a (i) 25 °C, (ii) 100 °C? Considere $\tilde{B}=0{,}0809\ cm^{-1}$.

12C.6(a) Quais dentre as moléculas vistas a seguir podem apresentar um espectro Raman de rotação pura: (i) H_2, (ii) HCl, (iii) CH_4, (iv) CH_3Cl?
12C.6(b) Quais dentre as moléculas vistas a seguir podem apresentar um espectro Raman de rotação pura: (i) CH_2Cl_2, (ii) CH_3CHJ_3, (iii) SF_6, (iv) N_2O?

12C.7(a) O número de onda da radiação incidente num espectrômetro Raman é 20.487 cm^{-1}. Qual o número de onda da radiação Stokes espalhada na transição $J = 2 \leftarrow 0$ do $^{14}N_2$?
12C.7(b) O número de onda da radiação incidente num espectrômetro Raman é 20.623 cm^{-1}. Qual o número de onda da radiação Stokes espalhada na transição $J = 4 \leftarrow 2$ do $^{16}O_2$?

12C.8(a) O espectro Raman de rotação do $^{35}Cl_2$ exibe uma série de linhas Stokes separadas por 0,9752 cm^{-1} e uma série semelhante de linhas anti-Stokes. Estime o comprimento da ligação da molécula.
12C.8(b) O espectro Raman de rotação do $^{19}F_2$ exibe uma série de linhas Stokes separadas por 3,5312 cm^{-1} e uma série semelhante de linhas anti-Stokes. Estime o comprimento da ligação da molécula.

12C.9(a) Qual é a razão de pesos de populações devido aos efeitos da estatística nuclear no $^{35}Cl_2$?
12C.9(b) Qual é a razão entre as populações devido aos efeitos da estatística nuclear no $^{12}C^{32}S_2$? Que efeito é observado quando o ^{12}C é substituído pelo ^{13}C? Para dados do spin nuclear, veja a Tabela 14A.2.

Problemas

12C.1 A constante de rotação do NH_3 é equivalente a 298 GHz. Calcule a separação das linhas no espectro de rotação pura, em giga-hertz (para a frequência), em centímetros recíprocos (para o número de onda) e em milímetros (para o comprimento de onda), e mostre que o valor de $\tilde{B}$ é compatível com um comprimento de 101,4 pm para a ligação N–H e com um ângulo de ligação de 106,78°.

12C.2 Os seguintes números de onda foram determinados para as linhas de absorção de rotação do $^1H^{35}Cl$ gasoso (R.L. Hausler and R.A. Oetjen, *J. Chem. Phys.* **21**, 1340 (1953)): 83,32, 104,13, 124,73, 145,37, 165,89, 186,23, 206,60 e 226,86 cm^{-1}. Estime o momento de inércia e o comprimento da ligação da molécula. Estime as posições das linhas correspondentes do $^2H^{35}Cl$.

12C.3 O comprimento da ligação no HCl é igual ao da ligação no DCl? Os números de onda da transição de rotação $J = 1 \leftarrow 0$ do $H^{35}Cl$ e do $^2H^{35}Cl$ são, respectivamente, 20,8784 e 10,7840 cm^{-1}. As massas atômicas exatas são 1,007 825m_u para o ^1H e 2,0140m_u para o ^2H. A massa do ^{35}Cl é 34,96885m_u. Somente com estas informações é possível saber se os comprimentos das ligações são iguais ou diferentes nas duas moléculas?

12C.4 Considerações termodinâmicas sugerem que os monoaletos de cobre CuX devem existir como polímeros em fase gasosa. A confirmação experimental dessa suposição ficou em aberto durante muito tempo, pois a obtenção de monômeros em abundância suficiente para serem detectados espectroscopicamente se mostrou ser muito difícil. Esse problema foi superado ao se fazer passar o halogênio gasoso pelo cobre aquecido a 1100 K (Manson *et al.* (*J. Chem. Phys* **63**, 2724 (1975))). Para o CuBr, as transições J = 13–14, 14–15 e 15–16 ocorreram em 84.421,34, 90.449,25 e 96.476,72 MHz, respectivamente. Calcule a constante de rotação e o comprimento da ligação do CuBr.

12C.5 O espectro de micro-ondas do $^{16}O^{12}CS$ exibe as seguintes linhas de absorção (em GHz):

J	1	2	3	4
^{32}S	24,325 92	36,48882	48,651 64	60,814 08
^{34}S	23,732 33		47,462 40	

Com as expressões dos momentos de inércia da Tabela 12B.1 e com a hipótese de os comprimentos das ligações serem invariáveis, calcule os comprimentos das ligações CO e CS no OCS.

12C.6 A Eq. 12C.8b pode ser rearranjada em:

$$\tilde{\nu}(J+1\leftarrow J)/\{2(J+1)\}=\tilde{B}-2\tilde{D}_J(J+1)^2$$

que é a equação de uma reta quando o lado esquerdo é representado graficamente em função de $(J + 1)^2$. Os seguintes números de onda de transições (em cm^{-1}) foram observados para o $^{12}C^{16}O$:

J:	0	1	2	3	4
	3,845 033	7,689 919	11,534 510	15,378 662	19,222 223

Determine $\tilde{B}$, $\tilde{D}_J$, e o comprimento da ligação em equilíbrio do CO.

12C.7‡ Numa investigação do espectro de rotação do radical linear FeCO, Tanaka *et al.* (*J. Chem. Phys.* **106**, 6820 (1997)) obtiverem os seguintes dados para as transições $J + 1 \leftarrow J$:

J	24	25	26	27	28	29
MHz	214.777,7	223.379,0	231.981,2	240.584,4	249.188,5	257.793,5

Estime a constante de rotação da molécula. Estime também o valor de J para o nível de energia de rotação com maior população a 298 K e a 100 K.

12C.8 Os termos rotacionais de um pião simétrico, considerando a distorção centrífuga, normalmente são escritos como

$$\tilde{F}(J,K)=\tilde{B}J(J+1)+(\tilde{A}-\tilde{B})K^2-\tilde{D}_J J^2(J+1)^2-\tilde{D}_{JK}J(J+1)K^2-\tilde{D}_K K^4$$

(a) Desenvolva uma expressão para os números de onda das transições rotacionais permitidas. (b) As seguintes frequências de transição (em gigahertz, GHz) foram observadas para o CH_3F:

51,0718	102,1426	102,1408	153,2103	153,2076

Determine na expressão para os termos rotacionais os valores de tantas constantes quantas esses valores permitirem.

12C.9 Deduza uma expressão para o valor de J correspondente ao nível de energia de rotação mais populado de um rotor diatômico na temperatura T, lembrando que a degenerescência de cada nível é $2J + 1$. Estime a expressão para o caso do ICl (que tem $\tilde{B}=0{,}1142\ \text{cm}^{-1}$) a 25 °C. Repita a resolução do problema no caso de rotor esférico, levando em conta que a degenerescência de cada nível é $(2J + 1)^2$. Estime a expressão para o CH_4 (que tem $\tilde{B}=5{,}24\ \text{cm}^{-1}$) a 25 °C.

12C.10 A. Dalgarno em *Chemistry in the interstellar medium, Frontiers of Astrophysics*, E.H. Avrett (ed.), Harvard University Press, Cambridge (1976), observou que, embora ambos os espectros do CH e CN apareçam notavelmente no meio interestelar na constelação do Ofiúcio, o espectro do CN se tornou o padrão na determinação da temperatura da radiação cósmica de fundo nas micro-ondas. Mostre através de um cálculo por que o CH não é tão útil quanto o CN para essa finalidade. A constante rotacional $\tilde{B}_0$ do CH é 14,190 cm^{-1}.

12C.11 O espaço imediatamente vizinho às estrelas, também chamado *espaço circum-estelar*, é significativamente mais quente porque as estrelas são emissores muito potentes de radiação de corpo negro, com temperaturas da ordem de alguns quilokelvins. Discuta como fatores tais como a temperatura da nuvem, densidade de partículas e velocidade das partículas podem afetar o espectro do CO em uma nuvem interestelar. Que novos aspectos no espectro do CO podem ser observados no gás ejetado por uma estrela, e ainda próximo dela, com temperaturas em torno de 1000 K em relação ao gás em uma nuvem com temperatura de 10 K? Explique como esses aspectos podem ser usados para fazer a distinção entre o material circum-estelar do interestelar com base no espectro de rotação do CO.

12C.12 Os espectros Raman de rotação pura do C_6H_6 gasoso e do C_6D_6 gasoso levam às seguintes constantes de rotação: $\tilde{B}(C_6H_6)=0{,}18960\ \text{cm}^{-1}$, $\tilde{B}(C_6D_6)=0{,}15681\ \text{cm}^{-1}$. Os momentos de inércia das moléculas em relação a um eixo perpendicular ao eixo C_6 foram calculados a partir desses dados e são, em kg m²: $I(C_6H_6) = 1{,}4759 \times 10^{-45}$, $I(C_6D_6) = 1{,}7845 \times 10^{-45}$. Calcule os comprimentos das ligações CC, CH e CD.

Seção 12D Espectroscopia vibracional de moléculas diatômicas

Questões teóricas

12D.1 Discuta os pontos fortes e as limitações das funções parabólicas e de Morse como descritores da curva de energia potencial de uma molécula diatômica.

12D.2 Descreva o efeito da excitação vibracional na constante de rotação de uma molécula diatômica.

12D.3 Como é utilizado o método das diferenças de combinação em espectroscopia de rotação–vibração para determinar constantes de rotação?

12D.4 Como os espectros de rotação e vibração das moléculas podem ser alterados pela substituição isotópica?

Exercícios

12D.1(a) Um corpo com a massa de 100 g está pendurado numa tira de borracha e oscila com a frequência de 2,0 Hz. Calcule a constante de força da tira de borracha.

12D.1(b) Um corpo com a massa de 1,0 g está pendurado à extremidade de uma mola e tem uma frequência vibracional de 10,0 Hz. Calcule a constante de força da mola.

12D.2(a) Calcule a diferença percentual entre os números de onda das vibrações fundamentais do $^{23}Na^{35}Cl$ e $^{23}Na^{37}Cl$ na hipótese de as respectivas constantes de força serem iguais.

12D.2(b) Calcule a diferença percentual entre os números de onda das vibrações fundamentais do $^{1}H^{35}Cl$ e $^{1}H^{37}Cl$ na hipótese de as respectivas constantes de força serem iguais.

12D.3(a) O número de onda da transição de vibração fundamental do $^{35}Cl_2$ é 564,9 cm^{-1}. Calcule a constante de força da ligação.

12D.3(b) O número de onda da transição de vibração fundamental no $^{79}Br^{81}Br$ é 323,2 cm^{-1}. Calcule a constante de força da ligação.

12D.4(a) Os haletos de hidrogênio têm os seguintes números de onda fundamentais na vibração: 4141,3 cm^{-1} (HF); 2988,9 cm^{-1} ($H^{35}Cl$); 2649,7 cm^{-1} ($H^{81}Br$); 2309,5 cm^{-1} ($H^{127}I$). Calcule as constantes de força das ligações entre o hidrogênio e os halogênios.

12D.4(b) Com os dados do Exercício 12D.4(a), estime os números de onda das vibrações fundamentais dos haletos de deutério.

12D.5(a) Calcule os números relativos de moléculas de Cl_2 ($\tilde{\nu}=559{,}7\ \text{cm}^{-1}$) no estado fundamental e no primeiro estado excitado de vibração a (i) 298 K, (ii) 500 K.

12D.5(b) Calcule os números relativos de moléculas de Br_2 ($\tilde{\nu}=321\ \text{cm}^{-1}$) no segundo e no primeiro estado excitado de vibração a (i) 298 K, (ii) 800 K.

12D.6(a) Para a molécula de $^{16}O_2$, os valores de $\Delta\tilde{G}$ as transições $v = 1 \leftarrow 0, 2 \leftarrow 0$ e $3 \leftarrow 0$ são, respectivamente, 1556,22, 3088,28 e 4596,21 cm^{-1}. Calcule $\tilde{\nu}$ e x_e. Admita que y_e é nulo.

12D.6(b) Para a molécula $^{14}N_2$, os valores de $\Delta\tilde{G}$ das transições $v = 1 \leftarrow 0, 2 \leftarrow 0$ e $3 \leftarrow 0$ são, respectivamente, 2329,91, 46321,20 e 6903,69 cm^{-1}. Calcule $\tilde{\nu}$ e x_e. Admita que y_e é nulo.

12D.7(a) Os cinco primeiros níveis de energia vibracional do HCl estão a 1481,86, 4367,50, 7149,04, 9826,48 e 12.399,8 cm^{-1}. Calcule a energia de dissociação da molécula em centímetros recíprocos e em elétrons-volt.

12D.7(b) Os cinco primeiros níveis de energia vibracional do HI estão a 1144,83, 3374,90, 5525,51, 7596,66 e 9588,35 cm^{-1}. Calcule a energia de dissociação da molécula em centímetros recíprocos e em elétrons-volt.

Problemas

12D.1 Deduza uma expressão para a constante de força de um oscilador que pode ser modelado por um potencial de Morse (Eq. 12D.14).

12D.2 Suponha que uma partícula está confinada em um material microporoso que tem uma energia potencial da forma $V(x)=V_0(e^{-a^2/x^2}-1)$. Esboce a forma da energia potencial. Qual é o valor da constante de força correspondente a essa energia potencial? A partícula sofreria movimento harmônico simples? Esboce a forma provável das duas primeiras funções de onda vibracionais.

12D.3 Os níveis de energia de vibração do NaI estão nos números de onda 142,81, 427,31, 710,31 e 991,81 cm^{-1}. Mostre que eles se ajustam à expressão $(\upsilon+\frac{1}{2})\tilde{\nu}-(\upsilon+\frac{1}{2})^2 x_e\tilde{\nu}$, e deduza então a constante de força, a energia do ponto zero e a energia de dissociação da molécula.

12D.4 A molécula de HCl é bem descrita pelo potencial de Morse com $hc\tilde{D}_e=5{,}33$ eV, $\tilde{\nu}=2989{,}7\ cm^{-1}$ e $x_e\tilde{\nu}=52{,}05\ cm^{-1}$. Admitindo que o potencial seja inalterado pela substituição do hidrogênio pelo deutério, estime as energias de dissociação ($hc\tilde{D}_0$), em elétrons-volt, do (a) HCl e do (b) DCl.

12D.5 O potencial de Morse (Eq. 12D.14) é bastante útil como aproximação simples da energia potencial real de uma molécula. Para o RbH, por exemplo, tem-se $\tilde{\nu}=936{,}8\ cm^{-1}$ e $x_e\tilde{\nu}=14{,}15\ cm^{-1}$. Faça o gráfico da curva entre 50 pm e 800 pm em torno de R_e = 236,7 pm. Depois analise como a rotação da molécula pode enfraquecer a ligação levando em conta a energia cinética de rotação e fazendo o gráfico de $V^*=V+hc\tilde{B}J(J+1)$ com $\tilde{B}=\hbar/4\pi c\mu R^2$. Lance os gráficos das curvas nos mesmos eixos e observe como a energia de dissociação é afetada pela rotação, tomando J = 40, 80 e 100. (O cálculo fica bem simples se tomarmos, no comprimento de ligação de equilíbrio, $\tilde{B}=3{,}020\ cm^{-1}$)

12D.6‡ Luo *et al.* (*J. Chem. Phys.* **98**, 3564 (1993)) publicaram dados experimentais sobre o complexo He_2, que durante muito tempo escapou de observações diretas. As observações foram feitas em temperaturas da ordem de 1 mK, compatíveis com os estudos computacionais que sugeriam o valor de $hc\tilde{D}_e$ para o He_2 como cerca de $1{,}51 \times 10^{-23}$ J, o valor de 2×10^{-26} J para $hc\tilde{D}_e$ e R_e igual a cerca de 297 pm. (a) Estime o número de onda da vibração fundamental, a constante de força, o momento de inércia e a constante de rotação com base na aproximação do oscilador harmônico e do rotor rígido. (b) Um complexo com uma ligação tão fraca dificilmente será rígido. Estime o número de onda mencionado e a constante de anarmonicidade com base no potencial de Morse.

12D.7 Mostre que um oscilador de Morse tem um número finito de estados ligados e obtenha o valor de $v_{máx}$ para o estado ligado mais alto.

12D.8 Com os termos de ordem superior ignorados, a Eq. 12D.17, para os números de onda vibracionais de um oscilador anarmônico, $\Delta\tilde{G}_{\upsilon+\frac{1}{2}}=\tilde{\nu}-2(\upsilon+1)x_e\tilde{\nu}+\cdots$, é a equação de uma reta quando o lado esquerdo é representado graficamente em função de υ + 1. Use os dados vistos a seguir sobre o CO para determinar os valores de $\tilde{\nu}$ e $x_e\tilde{\nu}$ para o CO.

υ	0	1	2	3	4
$\Delta\tilde{G}_{\upsilon+\frac{1}{2}}/cm^{-1}$	2143,1	2116,1	2088,9	2061,3	2033,5

12D.9 A constante de rotação do CO é 1,9314 cm^{-1} no estado fundamental e 1,6116 cm^{-1} no primeiro estado excitado de vibração. De quanto se altera a distância entre os núcleos em consequência dessa transição?

12D.10 O espaçamento médio entre as linhas de rotação dos ramos P e R do $^{12}C_2{}^1H_2$ e do $^{12}C_2{}^2H_2$ é 2,352 cm^{-1} e 1,696 cm^{-1}, respectivamente. Calcule os comprimentos das ligações CC e CH.

12D.11 Foram observadas absorções no espectro de vibração–rotação υ = 1 ← 0 do $^1H^{35}Cl$ nos seguintes números de onda (em cm^{-1}):

2998,05	2981,05	2963,35	2944,99	2925,92
2906,25	2865,14	2843,63	2821,59	2799,00

Indique os números quânticos de rotação e use o método das diferenças de combinação para determinar as constantes de rotação dos dois níveis vibracionais.

12D.12 Considere que a distância internuclear pode ser escrita como $R = R_e + x$, em que R_e é o comprimento de equilíbrio da ligação. Também suponha que o poço de potencial é simétrico e limita o oscilador a pequenos deslocamentos. Deduza expressões para $1/\langle R\rangle^2$, $1/\langle R^2\rangle$ e $\langle 1/R^2\rangle$ para a potência não nula mais baixa de $\langle x^2\rangle/R_e$ e comprove que os valores não são os mesmos.

12D.13 Continue o desenvolvimento do Problema 12D.12 usando a expressão do virial para relacionar $\langle x^2\rangle$ ao número quântico vibracional. O seu resultado implica que a constante rotacional aumenta ou diminui com o aumento da excitação do oscilador a estados quânticos mais altos? Qual seria o efeito da anarmonicidade?

12D.14 A constante de rotação de uma molécula diatômica no estado vibracional com número quântico υ normalmente se ajusta à expressão $\tilde{B}_\upsilon=\tilde{B}_e-a(\upsilon+\frac{1}{2})$. Para a molécula do inter-halogênio IF, observa-se que $\tilde{B}_e=0{,}27971\ cm^{-1}$ e a = 0,187 m^{-1} (observe a mudança de unidades). Calcule $\tilde{B}_0$ e $\tilde{B}_1$ e utilize esses valores para calcular as números de onda das transições $J' \rightarrow 3$ dos ramos P e R. Você precisará das informações adicionais a seguir: $\tilde{\nu}=610{,}258\ cm^{-1}$ e $x_e\tilde{\nu}=3{,}141\ cm^{-1}$. Calcule a energia de dissociação da molécula de IF.

12D.15 Em baixa resolução, a banda de absorção mais intensa do espectro de absorção no infravermelho do $^{12}C^{16}O$ está centrada em 2150 cm^{-1}. Sob investigação mais detalhada, em alta resolução, verifica-se que a banda se divide em dois conjuntos de picos cerradamente espaçados, cada conjunto localizando-se em cada lado do centro do espectro a 2143,26 cm^{-1}. A separação entre os picos localizados imediatamente à direita e à esquerda do centro é de 7,655 cm^{-1}. Utilizando a aproximação do oscilador harmônico e do rotor rígido para esse conjunto de dados, calcule (a) o número de onda vibracional de uma molécula de CO, (b) sua energia vibracional molar do ponto zero, (c) a constante de força da ligação CO, (d) a constante rotacional $\tilde{B}$ e (e) o comprimento da ligação do CO.

12D.16 A análise das diferenças de combinações resumida no texto tratou dos ramos R e P. Amplie a análise para os ramos O e S de um espectro Raman.

SEÇÃO 12E Espectroscopia vibracional de moléculas poliatômicas

Questões teóricas

12E.1 Descreva as origens físicas das regras de seleção gerais para a espectroscopia no infravermelho.

12E.2 Descreva as origens físicas das regras de seleção gerais para a espectroscopia Raman de vibração.

12E.3 Admita que você deseje caracterizar os modos normais do benzeno gasoso. Por que é importante obter os espectros de absorção no infravermelho e Raman da amostra?

Exercícios

12E.1(a) Quais dentre as moléculas vistas a seguir pode apresentar espectros de absorção no infravermelho: (i) H_2, (ii) HCl, (iii) CO_2, (iv) H_2O?
12E.1(b) Quais dentre as moléculas vistas a seguir pode apresentar espectros de absorção no infravermelho: (i) CH_3CH_3, (ii) CH_4, (iii) CH_3Cl, (iv) N_2?

12E.2(a) Quantos modos normais de vibração tem cada molécula seguinte: (i) H_2O, (ii) H_2O_2, (iii) C_2H_4?
12E.2(b) Quantos modos normais de vibração tem cada molécula seguinte: (i) C_6H_6, (ii) $C_6H_5CH_3$, (iii) HC≡C–C≡CH?

12E.3(a) Quantos modos de vibração existem na molécula NC–(C≡C–C≡C–)$_{10}$CN detectada em uma nuvem interestelar?
12E.3(b) Quantos modos de vibração existem na molécula NC–(C≡C–C≡C–)$_8$CN detectada em uma nuvem interestelar?

12E.4(a) Escreva uma expressão para o termo de vibração do estado vibracional fundamental da H_2O em termos dos números de onda dos modos normais. Desconsidere as anarmonicidades da Eq. 12E.1.
12E.4(b) Escreva uma expressão para o termo de vibração do estado vibracional fundamental do SO_2 em termos dos números de onda dos modos normais. Desconsidere as anarmonicidades da Eq. 12E.1.

12E.5(a) Quais, dentre as três vibrações de uma molécula AB_2, são ativas no infravermelho ou na espectroscopia Raman quando a molécula é (i) angular ou (ii) linear?

12E.5(b) Quais, dentre as vibrações da molécula AB_3, são ativas no infravermelho ou na espectroscopia Raman quando a molécula é (i) plana triangular ou (ii) piramidal triangular?

12E.6(a) Imagine o modo vibracional que corresponde à expansão uniforme do anel do benzeno. Este modo é ativo (i) na espectroscopia Raman, (ii) no infravermelho?
12E.6(b) Imagine o modo vibracional que corresponde à flexão do anel do benzeno semelhante a um bote. Este modo é ativo (i) na espectroscopia Raman, (ii) no infravermelho?

12E.7(a) A molécula CH_2Cl_2 pertence ao grupo de simetria C_{2v}. Os deslocamentos dos átomos cobrem $5A_1 + 2A_2 + 4B_1 + 4B_2$. Quais são as simetrias dos modos normais de vibração?
12E.7(b) A molécula de dissulfeto de carbono pertence ao grupo $D_{\infty h}$. Os nove deslocamentos dos três átomos cobrem $A_{1g} + A_{1u} + A_{2g} + 2E_{1u} + E_{1g}$. Quais são as simetrias dos modos normais de vibração?

12E.8(a) Quais dos modos normais do CH_2Cl_2 (Exercício 12E.7(a)) são ativos no infravermelho? Quais são ativos no Raman?
18E.8(b) Quais dos modos normais do dissulfeto de carbono (Exercício 12E.7(b)) são ativos no infravermelho? Quais são ativos no Raman?

Problemas

12E.1 Suponha que a distorção fora do plano de uma molécula plana seja descrita pela energia potencial $V = V_0(1 - e^{-bh^4})$, em que h é a distância através da qual o átomo central é deslocado. Represente esquematicamente a energia potencial em função de h (admita que h seja negativo e positivo). O que se poderia dizer sobre (a) a constante de força, (b) as vibrações? Faça um esquema da forma da função de onda no estado fundamental.

12E.2 Dê a forma do íon nitrônio, NO_2^+, conforme a respectiva estrutura de Lewis e o modelo RPECV. O íon tem um modo de vibração ativo no Raman em 1400 cm^{-1}, dois modos ativos e fortes no infravermelho em 2360 e 540 cm^{-1} e um modo fraco no infravermelho em 3735 cm^{-1}. Estes dados são coerentes com a forma da molécula? Identifique os modos de vibração correspondentes aos números de onda citados.

12E.3 Considere a molécula de CH_3Cl. (a) A que grupo pontual a molécula pertence? (b) Quantos modos normais de vibração tem a molécula? (a) Quais são as simetrias desses modos normais? (d) Quais desses modos são ativos no infravermelho? (e) E no Raman?

12E.4 Suponha que são propostas três conformações para a molécula não linear H_2O_2 (**1**, **2** e **3**). O espectro de absorção no infravermelho da H_2O_2 tem bandas em 870, 1370, 2869 e 3417 cm^{-1}. O espectro Raman da mesma amostra apresenta bandas em 877, 1408, 1435 e 3407 cm^{-1}. Todas as bandas correspondem ao número de onda da vibração fundamental, e pode-se admitir que (a) as bandas em 870 e 877 cm^{-1} correspondem ao mesmo modo normal e (b) o mesmo se dá com as bandas em 3417 e 3407 cm^{-1}. (i) Se a H_2O_2 fosse linear, quantos modos normais de vibração teria? (ii) Dê o grupo de simetria de cada uma das três conformações propostas da H_2O_2 não linear. (iii) Determine qual das conformações propostas é inconsistente com os dados espectroscópicos. Justifique sua resposta.

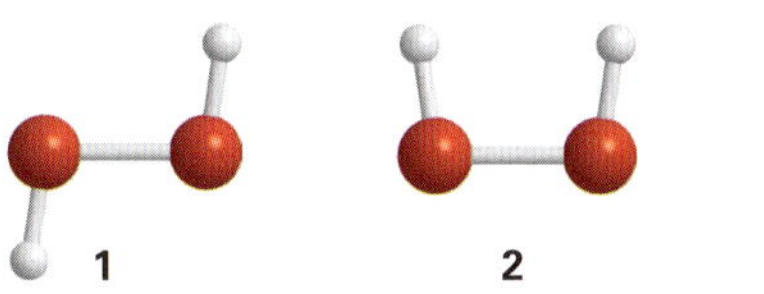

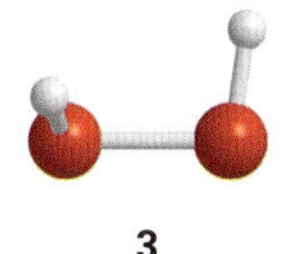

Atividades integradas

12.1 Na linguagem da teoria de grupos desenvolvida nas Seções 11A–11C, um rotor esférico é uma molécula que pertence a um grupo cúbico ou icosaédrico, um rotor simétrico tem pelo menos um eixo ternário de simetria e um rotor assimétrico é uma molécula que não contém um eixo ternário (ou de ordem superior). Moléculas lineares são rotores lineares. Classifique cada uma das seguintes moléculas como um rotor esférico, simétrico, assimétrico ou linear, usando argumentos baseados na teoria de grupos para justificar suas respostas: (a) CH_4, (b) CH_3CN, (c) CO_2, (d) CH_3OH, (e) benzeno, (f) piridina.

12.2 Obtenha a Eq. 12B.17 ($\tilde{D}_J = 4\tilde{B}^3/\tilde{\nu}^2$) para a constante de distorção centrífuga D_J de uma molécula diatômica de massa efetiva m_{ef}. Trate a ligação como uma mola elástica com constante de força k_f e comprimento de equilíbrio r_e, que é submetida a uma distorção centrífuga para um novo comprimento r_c. Inicie a dedução imaginando que as partículas estão sujeitas a uma força restauradora de magnitude $k_f(r_c - r_e)$ perfeitamente equilibrada por uma força centrífuga $m_{ef}\omega^2 r_e$, em que ω é a velocidade angular da molécula em rotação. Considere então os efeitos quânticos exprimindo o momento angular por $\{J(J+1)\}^{1/2}\hbar$. Por fim, obtenha uma expressão para a energia da molécula em rotação, compare-a com a Eq. 12B.16 e escreva uma expressão para $\tilde{D}_J$.

12.3‡ O íon H_3^+ foi encontrado recentemente no espaço interestelar e nas atmosferas de Júpiter, Saturno e Urano. Os níveis de energia de rotação do H_3^+, que pode ser considerado um rotor simétrico oblato, são dados pela Eq. 12B.13, com $\tilde{C}$ em lugar de $\tilde{A}$, ignorando-se a distorção centrífuga e outras complicações. Os valores medidos das constantes de rotação e de vibração são $\tilde{\nu}(E')$=2521,6 cm^{-1}, $\tilde{B}$=43,55 cm^{-1}, e $\tilde{C}$=20,71 cm^{-1}. (a) Mostre que, para uma molécula plana não linear (como o H_3^+) se tem $I_C = 2I_B$. As grandes diferenças observadas em relação aos valores experimentais se devem aos fatores ignorados pela Eq. 12B.13. (b) Estime o valor aproximado do comprimento da ligação H–H no H_3^+. (c) O valor de R_e obtido por cálculo quântico bastante exato por J.B. Anderson, (*J. Chem. Phys.* **96**, 3702 (1991)) é 87,32 pm. Use esse resultado para estimar os valores das constantes de rotação $\tilde{B}$ e $\tilde{C}$. (d) Admitindo que a geometria e a constante de força são idênticas no D_3^+ e H_3^+, calcule as constantes espectroscópicas do D_3^+. O íon molecular D_3^+ foi observado por Shy *et al.* (*Phys. Rev. Lett.* **45**, 535 (1980)), que observaram a banda $\nu_2(E')$ no infravermelho.

12.4 Use um programa de modelagem molecular e o método computacional da sua escolha para construir curvas de energia potencial molecular semelhantes à apresentada na Fig. 12D.1. Considere os haletos de hidrogênio (HF, HCl, HBr e HI): (a) faça o gráfico da energia calculada de cada molécula em função do comprimento de ligação e (b) identifique a ordem das constantes de força das ligações H–Hal.

12.5 Os métodos computacionais discutidos na Seção 10E podem ser usados para simular o espectro de vibração da molécula, permitindo então que se determine a correspondência entre uma frequência vibracional e os deslocamentos atômicos que originam um dado modo normal. (a) Usando um programa de modelagem molecular e o método computacional de sua escolha, calcule os números de onda de vibração fundamental e visualize graficamente os modos normais de vibração do SO_2 em fase gasosa. (b) Os valores experimentais dos números de onda de vibração fundamental do SO_2 em fase gasosa são 525 cm^{-1}, 1151 cm^{-1} e 1336 cm^{-1}. Compare os valores calculados com os experimentais. Se a concordância não for boa, é possível estabelecer uma correlação entre um dado valor experimental do número de onda de vibração e um modo de vibração específico?

12.6 Use um programa de estrutura eletrônica apropriado para realizar cálculos da H_2O e CO_2 com bases da sua escolha ou do seu professor. (a) Calcule as energias no estado fundamental, as geometrias de equilíbrio e as frequências de vibração para cada molécula. (b) Calcule a magnitude do momento de dipolo da H_2O; o valor experimental é 1,854 D. (c) Compare os valores calculados com os experimentais e sugira razões para quaisquer discrepâncias.

12.7 A proteína hemoritrina é responsável pela ligação e transporte de O_2 em alguns invertebrados. Cada molécula de proteína tem dois íons Fe^{2+} muito próximos e que atuam conjuntamente para ligar uma molécula de O_2. O grupo Fe_2O_2 da molécula oxigenada é colorido, apresentando uma banda de absorção eletrônica a 500 nm. O espectro Raman de ressonância da hemoritrina oxigenada, obtido com um laser a 500 nm, tem uma banda a 844 cm^{-1}; essa banda corresponde ao modo de estiramento O–O do $^{16}O_2$ ligado. (a) Por que se escolhe a espectroscopia Raman de ressonância, em vez da espectroscopia no infravermelho, para o estudo do O_2 ligado à hemoritrina? (b) Prove que a banda a 844 cm^{-1} que é originada de uma espécie O_2 ligada pode ser obtida através de experimentos em que a hemoritrina é misturada a $^{18}O_2$, em vez de a $^{16}O_2$. Determine o número de onda da vibração fundamental do modo de estiramento do ^{18}O–^{18}O numa amostra de hemoritrina tratada com $^{18}O_2$. (c) Os números de onda da vibração fundamental para o estiramento O–O do O_2, O_2^- (ânion superóxido) e O_2^{2-} (ânion peróxido) são 1555, 1107 e 878 cm^{-1}, respectivamente. Explique essa tendência em termos das estruturas eletrônicas do O_2, O_2^- e do O_2^{2-}. *Sugestão:* Reveja a Seção 10C. Quais são as ordens de ligação do O_2, O_2^- e do O_2^{2-}? (d) Com base nos dados anteriores, quais das seguintes espécies descrevem melhor o grupo Fe_2O_2 na hemoritrina: $Fe_2^{2+}O_2$, $Fe^{2+}Fe^{3+}O_2^-$, ou $Fe_2^{3+}O_2^{2-}$? Justifique sua resposta. (e) O espectro Raman de ressonância da hemoritrina misturada ao $^{16}O^{18}O$ tem duas bandas que podem ser atribuídas ao estiramento O–O do oxigênio ligado. Discuta como essa observação pode ser utilizada para descartar um ou mais dos quatro esquemas (**4**–**7**) propostos para a ligação do O_2 ao Fe_2 da hemoritrina.

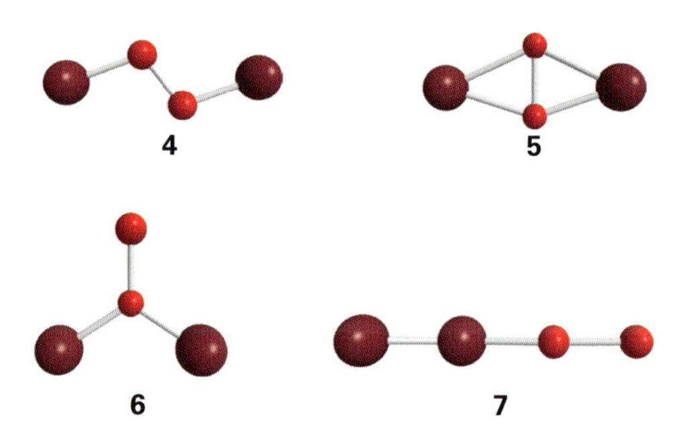

12.8 Os momentos de inércia dos haletos de mercúrio(II) lineares são muito grandes, e os ramos O e S dos espectros Raman de vibração exibem pouca estrutura rotacional. Não obstante, os picos dos dois ramos podem ser identificados e foram usados na medição das constantes de rotação das moléculas (R.J.H. Clark e D.M. Rippon, *J. Chem. Soc. Faraday Soc. II*, **69**, 1496 (1973)). Mostre, a partir do valor de J que corresponde ao máximo de intensidade, que a separação entre os picos dos ramos O e S é dada pela relação de Placzek–Teller $\delta=(32\tilde{B}kT/hc)^{1/2}$. Foram determinadas as seguintes larguras, em diferentes temperaturas:

	$HgCl_2$	$HgBr_2$	HgI_2
θ/°C	282	292	292
δ/cm^{-1}	23,8	15,2	11,4

Calcule os comprimentos das ligações nas três moléculas.

12.9‡ Uma mistura de dióxido de carbono (2,1%) e hélio, a 1,00 bar e 298 K e numa célula de gás de 10 cm de comprimento, tem uma banda de absorção no infravermelho centrada em 2349 cm^{-1}, com absorbâncias, $A(\tilde{\nu})$, dadas por

$$A(\tilde{\nu})=\frac{a_1}{1+a_2(\tilde{\nu}-a_3)^2}+\frac{a_4}{1+a_5(\tilde{\nu}-a_6)^2}$$

em que os coeficientes são a_1 = 0,932, a_2 = 0,005050 cm^2, a_3 = 2333 cm^{-1}, a_4 = 1,504, a_5 = 0,01521 cm^2 e a_6 = 2362 cm^{-1}. (a) Faça gráficos de $A(\tilde{\nu})$ Qual é a origem da banda e da largura da banda? Quais são as transições permitidas e proibidas dessa banda? (b) Calcule os números de onda das transições e as absorbâncias da banda usando o modelo simples do oscilador harmônico e do rotor rígido e compare os resultados com os espectros experimentais. O comprimento da ligação do CO é de 116,2 pm. (c) Em que altura, h, a radiação emitida da superfície da Terra nessa banda é quase que totalmente absorvida pelo dióxido de carbono atmosférico? A fração molar do CO_2 na atmosfera é $3{,}3\times10^{-4}$ e T/K = 288 – 0,0065(h/m) abaixo de 10 km. Represente graficamente uma superfície da transmitância atmosférica da banda em função da altura e do número de onda.

CAPÍTULO 13

Transições eletrônicas

Diferentemente dos modos de rotação e de vibração, não existem expressões analíticas simples para os níveis de energia eletrônica das moléculas. Portanto, este capítulo se concentra nos aspectos qualitativos das transições eletrônicas.

13A Espectros eletrônicos

Uma ideia comum que permeia todo o capítulo é que as transições eletrônicas ocorrem com a estrutura nuclear estacionária. Esta seção começa com uma discussão dos espectros eletrônicos de moléculas diatômicas. Veremos que, em fase gasosa, é possível observar simultaneamente as transições vibracionais e rotacionais que acompanham a transição eletrônica. Descreveremos, então, características dos espectros eletrônicos de moléculas poliatômicas.

13B Decaimento dos estados excitados

Começamos essa seção com uma descrição da emissão espontânea pelas moléculas, incluindo os fenômenos de "fluorescência" e de "fosforescência". Veremos, então, que o decaimento não radiativo dos estados excitados pode resultar em transferência de energia como calor para as vizinhanças, ou pode resultar em dissociação molecular.

13C Lasers

Essa seção está concentrada na interpretação dos espectros de rotação pura e Raman rotacional, nos quais somente o estado de rotação de uma molécula se altera. Explicaremos, em termos do spin nuclear e do princípio de Pauli, a observação de que nem todas as moléculas podem ocupar todos os estados de rotação.

Qual é o impacto deste material?

As espectroscopias de absorção e de emissão também são úteis para os bioquímicos. Em *Impacto* I13,1, disponível como Material Suplementar, descrevemos como a absorção da radiação visível por moléculas especiais do olho inicia o processo da visão. Em *Impacto* I13.2, vemos como as técnicas de fluorescência podem ser empregadas para tornar visíveis amostras muito pequenas, indo desde compartimentos especializados no interior das células até as moléculas simples.

13A Espectros eletrônicos

Tópicos

➤ Por que você precisa saber este assunto?

Muitas das cores dos objetos presentes no mundo à nossa volta vêm de transições nas quais um elétron é promovido de um orbital de uma molécula ou de um íon para outro. Em certos casos, a realocação de um elétron pode ser tão extensiva que resulta na quebra de uma ligação e no início de uma reação química. Para entender esses fenômenos físicos e químicos, você precisa explorar as origens das transições eletrônicas nas moléculas.

➤ Qual é a ideia fundamental?

As transições eletrônicas ocorrem com o esqueleto da molécula, constituído pelos núcleos, estacionário.

➤ O que você já deve saber?

Você precisa estar familiarizado com as características gerais da espectroscopia (Seção 12A), com as origens quânticas das regras de seleção (Seções 9C, 12C e 12D) e com os espectros de vibração–rotação (Seção 12D). Seria útil estar ciente dos símbolos dos termos atômicos (Seção 9C). Um dos exemplos utiliza o método da combinação de diferenças que descrevemos na Seção 12D.

Considere uma molécula no estado vibracional mais baixo do seu estado eletrônico fundamental. Os núcleos estão (em um sentido clássico) em equilíbrio e não sofrem a ação de nenhuma força líquida devido aos elétrons e aos outros núcleos na molécula. Imediatamente depois de uma transição eletrônica ter ocorrido, a distribuição eletrônica sofre alteração e os núcleos estão sujeitos a forças diferentes. Em resposta, eles começam a vibrar em torno de sua nova posição de equilíbrio e as transições vibracionais que acompanham a transição eletrônica dão origem à **estrutura vibracional** da transição eletrônica. Essa estrutura pode ser vista nas amostras gasosas, mas nos líquidos ou sólidos as linhas se confundem e formam bandas largas, quase informes (Fig. 13A.1).

As energias necessárias para alterar a distribuição de elétrons nas moléculas são da ordem de vários elétrons-volt (1 eV é equivalente a cerca de 8000 cm^{-1} ou 100 kJ mol^{-1}). Consequentemente, os fótons emitidos ou absorvidos nessas alterações estão nas

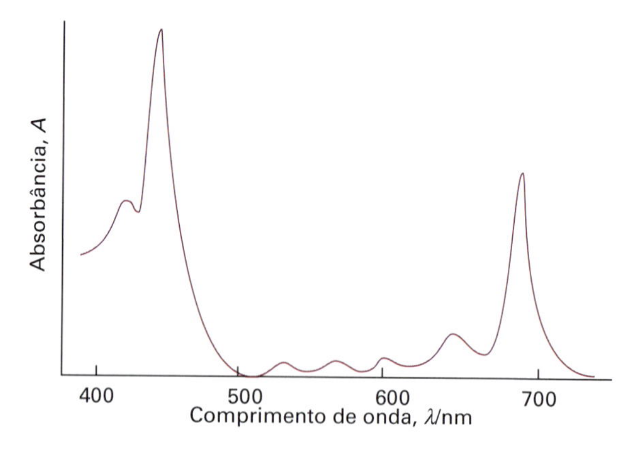

Figura 13A.1 Espectro de absorção da clorofila na região do visível. Veja que a clorofila absorve no vermelho e no azul, e que a luz verde não é absorvida.

Tabela 13A.1* Cor, frequência e energia da luz

Cor	λ/nm	$\nu/(10^{14}$ Hz)	E/(kJ mol^{-1})
Infravermelho	>1000	<3,0	<120
Vermelho	700	4,3	170
Amarelo	580	5,2	210
Azul	470	6,4	250
Ultravioleta	<400	>7,5	>300

* Outros valores podem ser encontrados na *Seção de dados*.

regiões do visível ou ultravioleta do espectro (Tabela 13A.1). Apresentamos a seguir uma discussão dos processos de absorção. Os processos de emissão serão tratados na Seção 13B.

13A.1 Moléculas diatômicas

Vimos na Seção 9C como os estados dos átomos são expressos usando-se os símbolos dos termos e que as regras de seleção para as transições eletrônicas podem ser expressas em termos desses símbolos. Muito do que foi dito vale para as moléculas diatômicas; uma diferença fundamental é a substituição da simetria completamente esférica dos átomos pela simetria cilíndrica definida pelo eixo da molécula. Uma segunda diferença importante é o fato de uma molécula diatômica poder vibrar e girar.

(a) Símbolos dos termos

Os símbolos dos termos das moléculas lineares (os análogos dos símbolos ^{2}P etc. para átomos) são construídos de modo semelhante aos dos átomos, com letras romanas maiúsculas (o P neste exemplo para átomos) representando o momento angular orbital total dos elétrons em torno dos núcleos. Em uma molécula linear, e em particular em uma molécula diatômica, uma letra grega maiúscula representa o momento angular orbital total dos elétrons em torno do eixo internuclear. Se essa componente do momento angular orbital total é $\Lambda\hbar$, com $\Lambda = 0, \pm1, \pm2, \ldots$, usamos a seguinte identificação:

$\vert\Lambda\vert$	0	1	2	…
	Σ	Π	Δ	…

Esses identificadores são análogos a S, P, D, … para os átomos para estados com $L = 0, 1, 2, \ldots$ Para decidir o valor de L para átomos usamos a série de Clebsch–Gordan (Seção 9C) para acoplar os momentos angulares individuais. O procedimento para determinar Λ é muito mais simples para moléculas diatômicas porque simplesmente adicionamos os valores das componentes individuais de cada elétron, $\lambda\hbar$:

$$\Lambda = \lambda_1 + \lambda_2 + \cdots \qquad (13A.1)$$

Observamos que:

- Um único elétron num orbital σ tem $\lambda = 0$.

O orbital é cilindricamente simétrico e não tem nenhum nó angular quando é visto ao longo do eixo internuclear. Portanto, se existe um único elétron presente, $\Lambda = 0$. O símbolo do termo para o estado fundamental do H_2^+ com configuração eletrônica $1\sigma_g^2$ é, então, Σ.

- Um elétron π em uma molécula diatômica tem uma unidade de momento angular orbital em torno do eixo internuclear ($\lambda = \pm1$).

Se ele é o único elétron fora de uma camada fechada, dá origem a um termo Π. Se existem dois elétrons π (como no estado fundamental do O_2, com configuração $\ldots1\pi_g^2$), há dois resultados possíveis. Se os elétrons estão se deslocando em direções opostas, então $\lambda_1 = +1$ e $\lambda_2 = -1$ (ou vice-versa) e $\Lambda = 0$, correspondendo a um termo Σ. Alternativamente, os elétrons podem ocupar o mesmo orbital π, e $\lambda_1 = \lambda_2 = +1$ (ou -1) e $\Lambda = \pm 2$, correspondendo a um termo Δ. No O_2, é energeticamente favorável aos dois elétrons ocupar orbitais diferentes, logo o termo fundamental é Σ.

Como nos átomos, usamos um sobrescrito à esquerda com o valor $2S + 1$ para representar a multiplicidade do termo, em que S é o número quântico do spin total dos elétrons.

Breve ilustração 13A.1 A multiplicidade de um termo

Segue do procedimento para determinar a multiplicidade dos termos que, para $S = s = \frac{1}{2}$ como existe somente um elétron, o símbolo do termo é $^2\Sigma$, um termo dupleto. No O_2, como no estado fundamental os dois elétrons π ocupam orbitais diferentes (como vimos anteriormente), eles podem ter spins paralelos ou antiparalelos; a energia mais baixa é obtida (como para os átomos) se os spins são paralelos, logo $S = 1$ e o estado fundamental é $^3\Sigma$.

Exercício proposto 13A.1 Qual é o valor de S e o símbolo do termo para o estado fundamental do H_2?

Resposta: $S = 0$, $^1\Sigma$

A paridade global do termo (sua simetria em relação à inversão através do centro da molécula) é adicionada como um subscrito à direita do símbolo. Para o H_2^+ a paridade do único orbital ocupado ($1\sigma_g$) é g. Assim, o próprio termo também é g e, portanto, a identificação completa do termo é $^2\Sigma_g$. Se houvesse vários elétrons, a paridade global seria calculada observando-se a paridade de cada orbital ocupado e usando

$$g\times g = g \quad u\times u = g \quad u\times g = u \qquad (13A.2)$$

Essas regras são geradas interpretando g como +1 e u como −1. Como consequência:

- O símbolo do termo para o estado fundamental de qualquer molécula diatômica homonuclear de camada fechada é $^1\Sigma_g$, pois o spin é zero (um termo simpleto, em que todos os elétrons estão emparelhados), não há nenhum momento angular orbital proveniente da camada fechada e a paridade global é g.

- Se a molécula é heteronuclear, a paridade é irrelevante e o estado fundamental de uma espécie de camadas fechadas, como o CO, é $^1\Sigma$.

Breve ilustração 13A.2 Símbolo do termo para O_2 1

A paridade do estado fundamental do O_2 é g×g = g, logo, é representado como $^3\Sigma_g$. Uma configuração excitada do O_2 é ... $1\pi_g^2$, com ambos os elétrons π no mesmo orbital. Como já vimos, $|\Lambda| = 2$, simbolizado por Δ. Os dois elétrons devem estar emparelhados se eles ocupam o mesmo orbital, logo $S = 0$. A paridade global é g×g = g. Portanto, o símbolo do termo é $^1\Delta_g$.

Exercício proposto 13A.2 O símbolo do termo para um dos estados excitados mais baixos do H_2 é $^3\Pi_u$. A que configuração no estado excitado corresponde esse símbolo do termo?

Resposta: $1\sigma_g^1 1\pi_u^1$

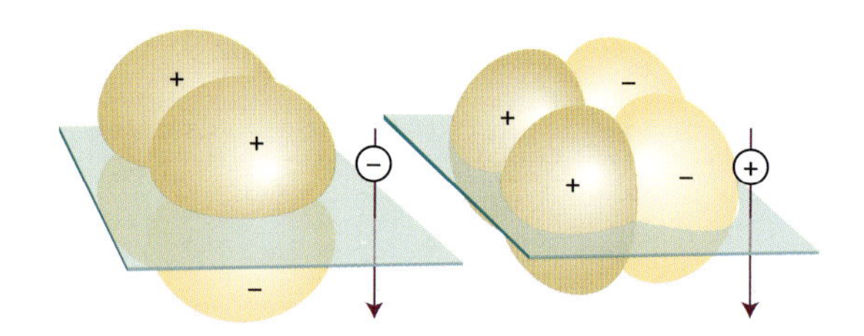

Figura 13A.2 O + ou o − no símbolo de um termo refere-se à simetria global de uma função de onda eletrônica sob reflexão num plano contendo os dois núcleos.

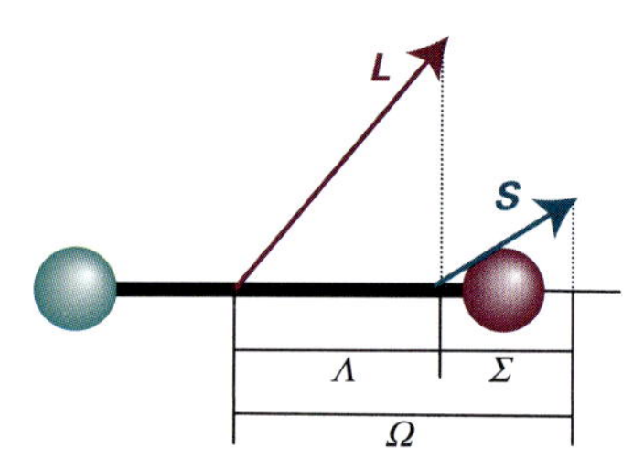

Figura 13A.3 Acoplamento do momento angular de spin e do momento angular orbital numa molécula linear: somente as componentes ao longo do eixo internuclear são conservadas.

Há uma operação de simetria adicional que distingue os diferentes tipos de termo Σ: a reflexão em um plano que contém o eixo internuclear. Um sobrescrito +, à direita, em Σ é usado para representar uma função de onda que não troca de sinal sob essa reflexão, e um sinal − é usado se a função de onda troca de sinal (Fig. 13A.2).

Breve ilustração 13A.3 Símbolo do termo de O_2 2

Se consideramos o O_2 no seu estado fundamental como tendo um elétron em $1\pi_{g,x}$, que muda de sinal na reflexão no plano yz, e o outro elétron em $1\pi_{g,y}$, que não muda de sinal na reflexão no mesmo plano, a simetria da reflexão global é (camada fechada) × (+) × (−) = (−), e o símbolo do termo do estado fundamental do O_2 é $^3\Sigma_g^-$. Alternativamente, se consideramos a configuração como $1\pi_+^1 1\pi_-^1$, com $\pi_\pm \propto \pi_{g,x} \pm i\pi_{g,y}$ sendo dois estados de momento angular orbital definido, porém opostos, em torno do eixo, então, para o estado simpleto, devemos considerar a combinação linear $\Psi(1,2) \propto \pi_+(1)\pi_-(2) - \pi_+(2)\pi_-(1)$. Uma vez que, sob reflexão no plano yz, $\pi_+ \rightarrow -\pi_-$ e $\pi_- \rightarrow -\pi_-$, $\Psi(1,2) \rightarrow \pi_-(1)\pi_+(2) - \pi_-(2)\pi_+(1) = -\Psi(1,2)$, e o estado também é (−).

Exercício proposto 13A.3 Qual é o símbolo do termo total do estado eletrônico fundamental do Li_2^+?

Resposta: $^2\Sigma_g^+$

Tal como nos átomos, às vezes é necessário representar o momento angular eletrônico total. Nos átomos ele é identificado pelo número quântico J e aparece como um subscrito à direita do símbolo do termo, como em $^2P_{1/2}$, com os diferentes valores de J correspondendo a diferentes *níveis* de um termo. Em uma molécula linear, somente o momento angular em torno do eixo internuclear é precisamente definido e tem o valor $\Omega \cdot \hbar$. Para moléculas leves, em que o acoplamento spin–órbita é fraco, Ω é obtido pela adição dos componentes do momento angular orbital em torno do eixo (o valor de Λ) ao componente do spin eletrônico naquele eixo (Fig. 13A.3). Este último é representado por Σ, em que $\Sigma = S, S-1, S-2, \ldots, -S$. (É importante distinguir entre o símbolo do termo Σ e o número quântico Σ, que é inclinado.) Assim,

$$\Omega = \Lambda + \Sigma \tag{13A.3}$$

O valor de $|\Omega|$ pode então ser acrescentado ao símbolo do termo como um subscrito à direita (tal como J é usado para átomos) para representar os diferentes níveis. Esses níveis diferem em energia, como nos átomos, devido ao acoplamento spin–órbita.

Breve ilustração 13A.4 Símbolo do termo do NO

A configuração eletrônica fundamental do NO é $\ldots\pi_g^1$, logo é um termo $^2\Pi$, com $\Lambda = \pm 1$ e $\Sigma = \pm\frac{1}{2}$. Portanto, o termo tem dois níveis, um com $\Omega = \pm\frac{1}{2}$ e outro com $\pm\frac{3}{2}$, representados por $^2\Pi_{1/2}$ e $^2\Pi_{3/2}$, respectivamente. Cada nível é duplamente degenerado (correspondendo aos sinais opostos de Ω). No NO, $^2\Pi_{1/2}$ fica levemente abaixo de $^2\Pi_{3/2}$.

Exercício proposto 13A.4 Quais são os níveis do termo para o estado eletrônico fundamental do O_2^-?

Resposta: $^2\Pi_{1/2}$, $^2\Pi_{3/2}$

(b) Regras de seleção

Algumas regras de seleção governam quais transições podem ser observadas no espectro eletrônico de uma molécula. As regras de seleção relacionadas com as mudanças no momento angular são

$$\Delta\Lambda = 0, \pm 1 \quad \Delta S = 0 \qquad \Delta\Sigma = 0 \quad \Delta\Omega = 0, \pm 1$$ *Moléculas lineares* — Regras de seleção para espectros eletrônicos (13A.4)

Como nos átomos (Seção 9C), as origens dessas regras de seleção são a conservação do momento angular durante uma transição e o fato de que um fóton tem um spin 1.

Existem duas regras de seleção relacionadas com as mudanças de simetria. Na primeira, conforme mostramos na *Justificativa* 13A.1,

Para os termos Σ, somente as transições $\Sigma^+ \leftrightarrow \Sigma^+$ e $\Sigma^- \leftrightarrow \Sigma^-$ são permitidas.

A segunda, a **regra de seleção de Laporte** para moléculas centrossimétricas (aquelas com um centro de inversão), estabelece que *as únicas transições permitidas são as transições que são acompanhadas por uma mudança da paridade.* Isto é,

Para moléculas centrossimétricas, somente as transições $u \rightarrow g$ e $g \rightarrow u$ são permitidas — Regra de seleção de Laporte

Justificativa 13A.1 As regras de seleção baseadas em simetria

As duas últimas regras de seleção resultam do fato de que o momento de dipolo elétrico de transição introduzido na Seção 9C, $\boldsymbol{\mu}_{fi} = \int \psi_f^* \hat{\boldsymbol{\mu}} \psi_i d\tau$ é nulo, a menos que o integrando seja invariante sob todas as operações de simetria da molécula.

A componente z do operador momento de dipolo é a única componente de $\boldsymbol{\mu}$ responsável pela transição $\Sigma \leftrightarrow \Sigma$ (as demais componentes têm simetria Π e não podem contribuir). A componente z de $\boldsymbol{\mu}$ tem simetria (+) em relação à reflexão num plano contendo o eixo internuclear. Portanto, para uma transição $(+) \leftrightarrow (-)$ a simetria global do momento de dipolo de transição é $(+)\times(+)\times(-) = (-)$, de modo que ele deve ser zero. Portanto, as transições $\Sigma^+ \leftrightarrow \Sigma^-$ são proibidas. As integrais para $\Sigma^+ \leftrightarrow \Sigma^+$ e $\Sigma^- \leftrightarrow \Sigma^-$ se transformam conforme $(+)\times(+)\times(+) = (+)$ e $(-)\times(+)\times(-) = (+)$, e ambas as transições são permitidas.

As três componentes do operador momento de dipolo se transformam como x, y e z, e, em uma molécula centrossimétrica, todas são u. Portanto, para uma transição $g \rightarrow g$, a paridade global do momento de dipolo de transição é $g \times u \times g = u$, de modo que o momento de dipolo de transição deve ser zero. Semelhantemente, para a transição $u \rightarrow u$, a paridade global é $u \times u \times u = u$, e assim o momento de dipolo de transição deve também se anular. Logo, as transições sem mudança de paridade são proibidas. Para uma transição $g \leftrightarrow u$, a integral se transforma conforme $g \times u \times u = g$, e é permitida.

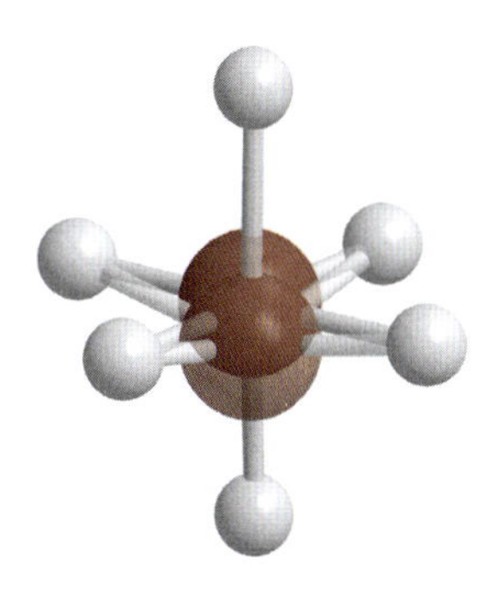

Figura 13A.4 Uma transição d–d é proibida por paridade, pois ela corresponde a uma transição g–g. Entretanto, uma vibração da molécula pode destruir a simetria de inversão da molécula e a classificação g e u não se aplica mais. A remoção do centro de simetria dá origem a uma transição vibronicamente permitida.

Uma transição $g \rightarrow g$ proibida pode se tornar permitida se o centro de simetria é eliminado por uma vibração assimétrica, tal como a que é mostrada na Fig. 13A.4. Quando o centro de simetria é perdido, as transições $g \rightarrow g$ e $u \rightarrow u$ não são mais proibidas por paridade e tornam-se fracamente permitidas. Uma transição cuja intensidade deriva de uma vibração assimétrica de uma molécula é chamada de uma **transição vibrônica**.

Breve ilustração 13A.5 Transições permitidas no O_2

Se encontrássemos as seguinte transições possíveis no espectro eletrônico do O_2, isto é, $^3\Sigma_g^- \leftarrow {}^3\Sigma_u^-$, $^3\Sigma_g^- \leftarrow {}^1\Delta_g$, $^3\Sigma_g^- \leftarrow {}^3\Sigma_u^+$, poderíamos decidir quais são permitidas construindo a tabela vista a seguir e nos referindo às regras. Os valores proibidos estão em vermelho.

	ΔS	$\Delta\Lambda$	$\Sigma^\pm \leftarrow \Sigma^\pm$	Mudança de paridade	
$^3\Sigma_g^- \leftarrow {}^3\Sigma_u^-$	0	0	$\Sigma^- \leftarrow \Sigma^-$	$g \leftarrow u$	Permitida
$^3\Sigma_g^- \leftarrow {}^1\Delta_g$	+1	−2	Não se aplica	$g \leftarrow g$	Proibida
$^3\Sigma_g^- \leftarrow {}^1\Delta_g$	0	0	$\Sigma^- \leftarrow \Sigma^+$	$g \leftarrow u$	Proibida

Exercício proposto 13A.5 Quais das seguintes transições eletrônicas são permitidas no O_2: $^3\Sigma_g^- \leftrightarrow {}^1\Sigma_g^+$ e $^3\Sigma_g^- \leftrightarrow {}^3\Delta_u$?

Resposta: Nenhuma delas

O grande número de fótons em um feixe incidente gerado por um laser dá origem a um ramo qualitativamente diferente da espectroscopia, pois a densidade de fótons é tão grande que mais de um fóton pode ser absorvido por uma única molécula e dar origem a **processos multifóton**. Uma das aplicações dos processos multifóton é a de que estados inacessíveis pela espectroscopia de um fóton se tornam observáveis devido à transição global que ocorre sem nenhuma mudança da paridade. Por exemplo, na espectroscopia de um fóton, são observáveis apenas as transições $g \leftrightarrow u$; no entanto, na espectroscopia de dois fótons, o resultado global da absorção de dois fótons é uma transição $g \leftarrow g$ ou uma $u \leftarrow u$.

(c) Estrutura vibracional

Para explicar a origem da estrutura vibracional nos espectros eletrônicos das moléculas (Fig. 13A.5), aplicamos o **princípio de Franck–Condon**:

> Em virtude de os núcleos serem muito mais pesados do que os elétrons, uma transição eletrônica ocorre com rapidez muito maior do que aquela em que os núcleos podem responder.

Princípio de Franck–Condon

Em consequência da transição, a densidade eletrônica aumenta rapidamente em novas regiões da molécula e diminui em outras. Em termos clássicos, os núcleos, inicialmente estacionários, sofrem a ação de um novo campo de forças, ao qual eles respondem começando a vibrar e (em termos clássicos) oscilam em torno da sua posição original (que foi mantida durante a rápida excitação eletrônica). A separação de equilíbrio estacionária entre os núcleos, no estado eletrônico inicial, torna-se, portanto, um ponto de reversão estacionário no estado eletrônico final (Fig. 13A.6). Podemos imaginar a transição como ocorrendo ao longo da linha vertical na Fig. 13A.6. Essa interpretação é a origem da expressão **transição vertical**, usada para denotar uma transição eletrônica que ocorre sem mudança na geometria nuclear e, em termos clássicos, com os núcleos mantendo-se estacionários.

A estrutura vibracional do espectro depende da posição relativa horizontal das duas curvas de energia potencial, e uma longa **progressão vibracional**, uma grande parte da estrutura vibracional, é estimulada se a curva de energia potencial superior está apreciavelmente deslocada horizontalmente em relação à curva inferior. A curva superior está geralmente deslocada para comprimentos de ligação de equilíbrio maiores porque os estados excitados eletronicamente costumam ter caráter mais antiligante do que os estados eletrônicos fundamentais. A separação das linhas vibracionais depende das energias vibracionais do estado eletrônico *superior*.

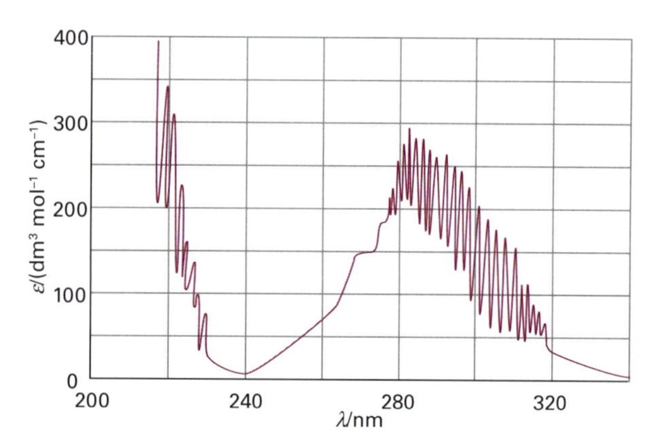

Figura 13A.5 Os espectros eletrônicos de algumas moléculas mostram significativa estrutura vibracional. Vemos aqui o espectro ultravioleta do SO_2 gasoso a 298 K. Conforme explicado no texto, as linhas agudas neste espectro são devidas às transições de um estado eletrônico mais baixo para níveis vibracionais diferentes de um estado eletrônico mais elevado. A estrutura vibracional devida a transições para dois diferentes estados eletrônicos excitados é clara.

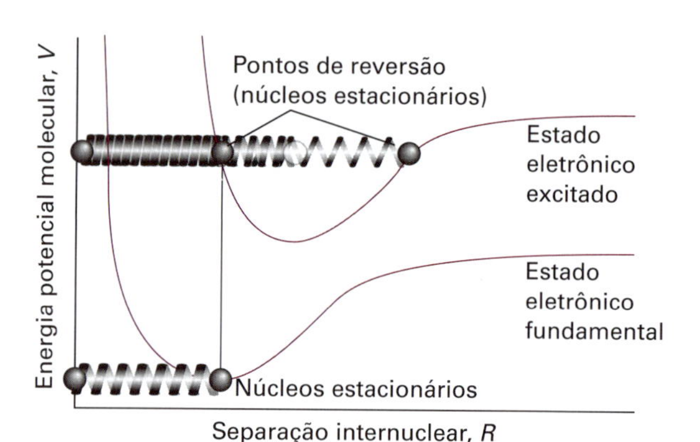

Figura 13A.6 De acordo com o principio de Franck–Condon, a transição vibrônica mais intensa se dá do estado de vibração fundamental para o estado de vibração que está sobre a vertical acima dele. Em consequência da transição vertical, os núcleos sofrem um novo campo de força, ao qual eles respondem através do seu movimento vibracional. A separação de equilíbrio entre os núcleos, no estado eletrônico inicial, torna-se, desse modo, um ponto de reversão no estado eletrônico final. As transições para outros estados de vibração também ocorrem, mas são de intensidade menor.

A versão quântica do princípio de Franck–Condon aperfeiçoa essa imagem. Em vez de dizermos que os núcleos permanecem nas mesmas posições e ficam estacionários durante a transição, dizemos que *eles retêm seu estado dinâmico inicial*. Em mecânica quântica, o estado dinâmico é expresso pela função de onda, logo, um enunciado equivalente é dizer que a função de onda nuclear não se altera durante a transição. Inicialmente a molécula está no estado de vibração mais baixo do seu estado eletrônico fundamental, com uma função de onda na forma de sino centrada na distância de equilíbrio da ligação (Fig. 13A.7). Para obter o estado nuclear no qual a transição ocorre,

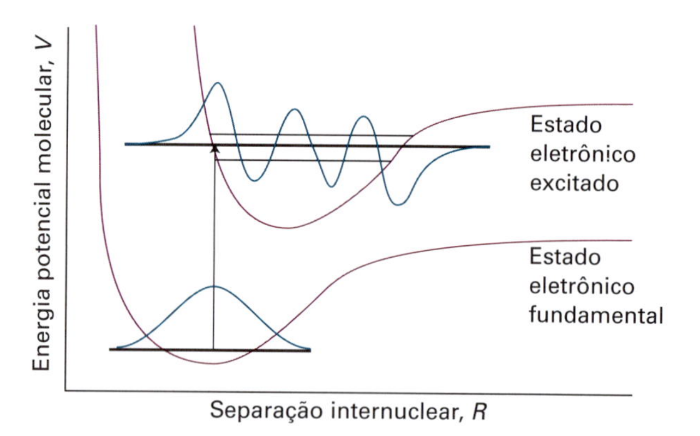

Figura 13A.7 Versão quântica do princípio de Franck–Condon. A molécula sofre uma transição para o estado de vibração superior cuja função de onda vibracional é a mais parecida possível com a função de onda vibracional do estado fundamental. As duas funções desta figura têm maior integral de sobreposição do que quaisquer outros estados vibracionais do estado eletrônico mais alto e logo são as duas funções que mais se assemelham uma à outra.

procuramos a função de onda vibracional que mais se assemelha a essa função de onda inicial, pois ela corresponde ao estado dinâmico nuclear que menos varia na transição. Intuitivamente, vemos que a função de onda final é a que tem um pico pronunciado próximo à posição da função inicial em forma de sino. Como vimos na Seção 8B, uma vez que o número quântico vibracional não é zero, os picos mais pronunciados da função de onda vibracional ocorrem próximo das extremidades do potencial de confinamento. Assim, podemos esperar que a transição ocorra para esses estados vibracionais, conforme a descrição clássica. Entretanto, vários estados vibracionais têm seus picos mais pronunciados em posições semelhantes, e podemos esperar que ocorram transições para diversos estados vibracionais, como realmente se observa.

A formulação quantitativa do princípio de Franck–Condon e a justificativa da descrição precedente são deduzidas da expressão do momento de dipolo da transição (como na *Justificativa* 13A.1). O operador momento de dipolo é o somatório sobre todos os núcleos e elétrons da molécula:

$$\hat{\mu} = -e\sum_i \boldsymbol{r}_i + e\sum_I Z_I \boldsymbol{R}_I \qquad (13A.5)$$

em que os vetores são as distâncias medidas a partir do centro de cargas da molécula. A intensidade da transição é proporcional ao quadrado do módulo, $|\mu_{fi}|^2$, do momento de dipolo da transição. Na *Justificativa* 13A.2, mostramos que essa intensidade é proporcional ao quadrado do módulo da integral de sobreposição, $S(v_f, v_i)$, entre os estados vibracionais dos estados eletrônicos inicial e final. Essa integral de sobreposição é uma medida da conformidade entre as funções de onda do estado superior e do estado inferior. Quando $S = 1$, há conformidade perfeita, e quando $S = 0$, não há nenhuma semelhança entre elas.

Justificativa 13A.2 A aproximação de Franck–Condon

O estado global da molécula é constituído por uma parte eletrônica, identificada por ε, e uma parte vibracional, identificada por v. Portanto, na aproximação de Born–Oppenheimer, o momento de dipolo da transição exprime-se da seguinte maneira:

$$\begin{aligned}\mu_{fi} &= \int \psi^*_{\varepsilon,f}\psi^*_{v,f}\left\{-e\sum_i \boldsymbol{r}_i + e\sum_I Z_I \boldsymbol{R}_I\right\}\psi_{\varepsilon,i}\psi_{v,i}\,d\tau \\ &= -e\sum_i \int \psi^*_{\varepsilon,f}\boldsymbol{r}_i\psi_{\varepsilon,i}\,d\tau_e \int \psi^*_{v,f}\psi_{v,i}\,d\tau_n \\ &\quad + e\sum_I Z_I \overbrace{\int \psi^*_{\varepsilon,f}\psi_{\varepsilon,i}\,d\tau_e}^{0} \int \psi^*_{v,f}\boldsymbol{R}_I\psi_{v,i}\,d\tau_n\end{aligned}$$

O segundo termo na direita da última linha (incluindo o termo em azul) é nulo, pois dois estados eletrônicos diferentes são ortogonais. Portanto,

$$\mu_{fi} = -e\sum_i \overbrace{\int \psi^*_{\varepsilon,f}\boldsymbol{r}_i\psi_{\varepsilon,i}\,d\tau_e}^{\mu_{\varepsilon,fi}} \overbrace{\int \psi^*_{v,f}\psi_{v,i}\,d\tau_n}^{S(v_f,v_i)} = \mu_{\varepsilon,fi}S(v_f, v_i)$$

A grandeza $\mu_{\varepsilon,fi}$ é o momento de dipolo elétrico da transição provocado pela redistribuição eletrônica (e é uma medida do "impulso" que essa redistribuição transfere ao campo eletromagnético, e vice-versa, no caso da absorção). O fator $S(v_f, v_i)$ é a integral de sobreposição entre o estado vibracional v_i no estado eletrônico inicial da molécula e o estado vibracional com o número quântico v_f no estado eletrônico final da molécula.

Como a intensidade da transição é proporcional ao quadrado do módulo do momento de dipolo da transição, a intensidade da absorção é proporcional a $|S(v_f,v_i)|^2$, que é conhecido como o **fator de Franck–Condon** da transição:

$$|S(v_f, v_i)|^2 = \left(\int \psi^*_{v,f}\psi_{v,i}\,d\tau_n\right)^2 \qquad \text{Fator de Franck–Condon} \qquad (13A.6)$$

Segue que, quanto maior for a sobreposição entre a função de onda vibracional do estado eletrônico superior e a função de onda vibracional do estado eletrônico inferior, maior será a intensidade da absorção dessa transição eletrônica e vibracional simultânea.

Exemplo 13A.1 Cálculo de um fator de Franck–Condon

Imaginemos uma transição de um estado eletrônico para outro, com os comprimentos das ligações R_e e R_e' e com as constantes de força iguais. Calculemos o fator de Franck–Condon para a transição 0–0 e mostremos que a transição é mais intensa quando os comprimentos da ligação são iguais.

Método Precisamos calcular a integral de sobreposição das duas funções de onda vibracionais, $S(0,0)$, no estado fundamental, e depois tomar o respectivo quadrado. A diferença entre as funções de onda vibracionais harmônica e anarmônica é desprezível para $v = 0$, e podemos por isso utilizar as funções de onda do oscilador harmônico (Tabela 8B.1).

Resposta Usamos as funções de onda (reais)

$$\psi_0 = \left(\frac{1}{\alpha\pi^{1/2}}\right)^{1/2} e^{-x^2/2\alpha^2} \qquad \psi_0' = \left(\frac{1}{\alpha\pi^{1/2}}\right)^{1/2} e^{-x'^2/2\alpha^2}$$

em que $x = R - R_e$ e $x' = R - R_e'$, com $\alpha = (\hbar^2/mk_f)^{1/4}$ (Seção 8B). A integral de sobreposição é então

$$S(0,0) = \int_{-\infty}^{\infty} \psi_0'\psi_0\,dR = \frac{1}{\alpha\pi^{1/2}}\int_{-\infty}^{\infty} e^{-(x^2+x'^2)/2\alpha^2}\,dx$$

Escrevemos agora $\alpha z = R - \tfrac{1}{2}(R_e + R_e')$ e transformamos a expressão em

$$S(0,0) = \frac{1}{\pi^{1/2}} e^{-(R_e-R_e')^2/4\alpha^2} \overbrace{\int_{-\infty}^{\infty} e^{-z^2}\,dz}^{\pi^{1/2}} = e^{-(R_e-R_e')^2/4\alpha^2}$$

O fator de Franck–Condon é, portanto,

$$S(0,0)^2 = e^{-(R_e - R_e')^2/2\alpha^2}$$

Esse fator é igual a 1 quando $R_e' = R_e$ e diminui quando os comprimentos de equilíbrio são diferentes um do outro (Fig. 13A.8).

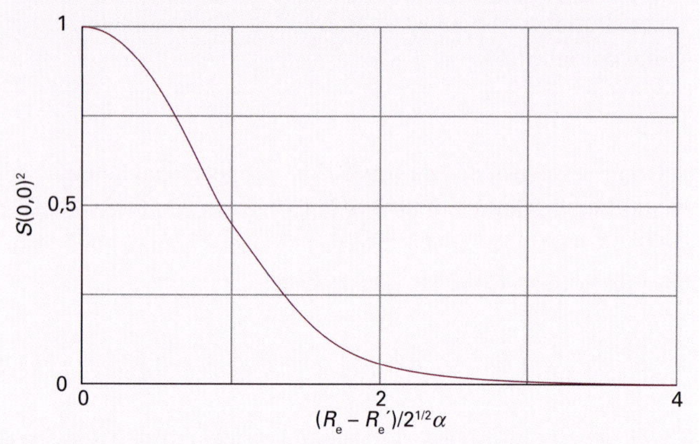

Figura 13A.8 O fator de Franck–Condon da transição discutida no *Exemplo* 13A.1.

No caso do Br_2, R_e = 228 pm e há um estado excitado com $R_e' = 266$ pm. Tomando o número de onda vibracional como 250 cm^{-1}, tem-se $S(0,0)^2 = 5{,}1 \times 10^{-10}$. Assim, a intensidade da transição 0–0 é apenas $5{,}1 \times 10^{-10}$ vezes a que teria se as curvas da energia potencial estivessem situadas uma diretamente acima da outra.

Exercício proposto 13A.6 Imaginemos que as funções de onda vibracionais possam ser representadas, aproximadamente, por funções retangulares com as larguras W e W', centradas nos comprimentos de equilíbrio das ligações (Fig. 13A.9). Determine os fatores de Franck–Condon quando os centros coincidirem e $W' < W$.

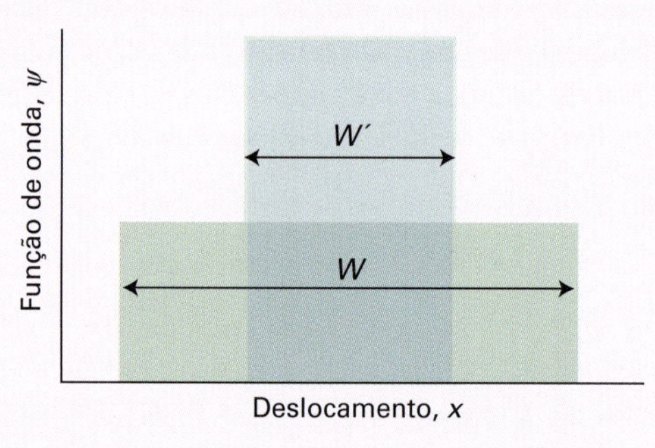

Figura 13A.9 Funções de onda do modelo usado no *Exercício proposto* 13A.6.

Resposta: $S^2 = W'/W$

(d) Estrutura rotacional

Assim como na espectroscopia de vibração, em que uma transição vibracional é acompanhada pela excitação rotacional, também transições rotacionais acompanham a excitação vibracional que acompanha a excitação eletrônica. Vemos, portanto, os ramos P, Q e R para cada transição vibracional, e a transição eletrônica tem uma estrutura muita rica. Entretanto, a principal diferença é que a excitação eletrônica pode provocar mudanças no comprimento de ligação muito maiores do que aquela que é provocada somente pela excitação vibracional, e os ramos rotacionais têm uma estrutura mais complexa do que no espectro rotacional–vibracional.

Admitamos que as constantes rotacionais dos estados eletrônicos fundamental e excitado sejam $\tilde{B}$ e $\tilde{B}'$, respectivamente. Os níveis da energia de rotação dos estados inicial e final são

$$E(J) = hc\tilde{B}J(J+1) \qquad E(J') = hc\tilde{B}'J'(J'+1) \qquad (13A.7)$$

Quando uma transição ocorre com $\Delta J = -1$, o número de onda da componente vibracional da transição eletrônica se desloca de $\tilde{\nu}$ para

$$\tilde{\nu} + \tilde{B}'(J-1)J - \tilde{B}J(J+1) = \tilde{\nu} - (\tilde{B}' + \tilde{B})J + (\tilde{B}' - \tilde{B})J^2$$

Essa transição contribui para o ramo P (tal como na Seção 12D). Há transições correspondentes para os ramos Q e R, com números de onda que podem ser calculados de maneira semelhante. Os três ramos são:

$$\text{Ramo P}(\Delta J = -1): \quad \tilde{\nu}_P(J) = \tilde{\nu} - (\tilde{B}' + \tilde{B})J + (\tilde{B}' - \tilde{B})J^2$$

Estrutura de ramos (13A.8a)

$$\text{Ramo Q}\ (\Delta J = 0): \quad \tilde{\nu}_Q(J) = \tilde{\nu} + (\tilde{B}' - \tilde{B})J(J+1) \qquad (13A.8b)$$

$$\text{Ramo R}\ (\Delta J = +1): \quad \tilde{\nu}_R(J) = \tilde{\nu} + (\tilde{B}' + \tilde{B})(J+1) + (\tilde{B}' - \tilde{B})(J+1)^2 \qquad (13A.8c)$$

Essas expressões são os análogos da Eq. 12D.19.

Exemplo 13A.2 Cálculo de constantes rotacionais a partir de espectros eletrônicos

As seguintes transições rotacionais foram observadas na banda 0–0 da transição eletrônica $^1\Sigma^+ \leftarrow {}^1\Sigma^+$ do $^{63}Cu^2H$: $\tilde{\nu}_R(3) = 23.347{,}69\,\text{cm}^{-1}$, $\tilde{\nu}_P(3) = 23.298{,}85\,\text{cm}^{-1}$, e $\tilde{\nu}_P(5) = 23.275{,}77\,\text{cm}^{-1}$. Calcule os valores de $\tilde{B}'$ e de $\tilde{B}$.

Método Use o método da combinação de diferenças apresentado na Seção 12D: forme as diferenças $\tilde{\nu}_R(J) - \tilde{\nu}_P(J)$ e $\tilde{\nu}_R(J-1) - \tilde{\nu}_P(J+1)$ a partir das Eqs. 13A.8a e 13A.8b. Em seguida, use as expressões resultantes para calcular as constantes de rotação $\tilde{B}'$ e $\tilde{B}$ a partir dos números de onda fornecidos.

Resposta Com as Eqs. 13A.8a e 13A.8b conclui-se que

$$\begin{aligned}\tilde{\nu}_R(J) - \tilde{\nu}_P(J) &= (\tilde{B}' + \tilde{B})(J+1) + (\tilde{B}' - \tilde{B})(J+1)^2 \\ &\quad - \{-(\tilde{B}' + \tilde{B})J + (\tilde{B}' - \tilde{B})J^2\} = 4\tilde{B}'(J + \tfrac{1}{2})\end{aligned}$$

$$\begin{aligned}\tilde{\nu}_R(J-1) - \tilde{\nu}_P(J+1) &= (\tilde{B}' + \tilde{B})J + (\tilde{B}' - \tilde{B})J^2 \\ &\quad - \{-(\tilde{B}' + \tilde{B})(J+1) + (\tilde{B}' - \tilde{B})(J+1)^2\} = 4\tilde{B}(J + \tfrac{1}{2})\end{aligned}$$

(Essas equações são análogas das Eqs. 12D.21a e 12D.21b.) Após utilizar os dados fornecidos, obtemos:

$$\text{Para } J=3: \quad \tilde{\nu}_R(3)-\tilde{\nu}_P(3)= \overbrace{48{,}84}^{23.347{,}69-23.298{,}85} \text{ cm}^{-1}=14\tilde{B}'$$

$$\text{Para } J=4: \quad \tilde{\nu}_R(3)-\tilde{\nu}_P(5)= \overbrace{71{,}92}^{23.347{,}69-23.275{,}77} \text{ cm}^{-1}=18\tilde{B}$$

e calculamos $\tilde{B}'=3{,}489\,\text{cm}^{-1}$ e $\tilde{B}=3{,}996\,\text{cm}^{-1}$.

Exercício proposto 13A.7 As seguintes transições rotacionais foram observadas na transição eletrônica ${}^1\Sigma^+ \leftarrow {}^1\Sigma^+$ do RhN: $\tilde{\nu}_R(5)=22.387{,}06\,\text{cm}^{-1}$, $\tilde{\nu}_P(5)=22.376{,}87\,\text{cm}^{-1}$ e $\tilde{\nu}_P(7)=22.373{,}93\,\text{cm}^{-1}$. Calcule os valores de $\tilde{B}'$ e de $\tilde{B}$.

Resposta: $\tilde{B}'=0{,}4632\,\text{cm}^{-1}$, $\tilde{B}=0{,}5042\,\text{cm}^{-1}$

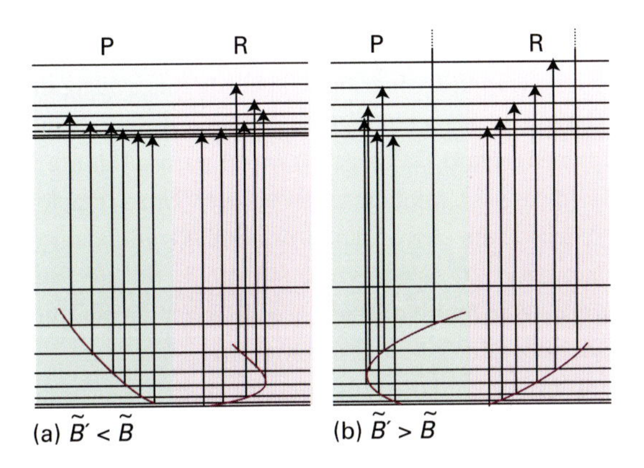

Figura 13A.10 Quando as constantes rotacionais de uma molécula diatômica diferem muito nos estados inicial e final de uma transição eletrônica, os ramos P e R mostram uma cabeça. (a) A formação de uma cabeça no ramo R quando $\tilde{B}'<\tilde{B}$; (b) a formação de uma cabeça no ramo P quando $\tilde{B}'>\tilde{B}$.

Admita que o comprimento de ligação no estado eletronicamente excitado seja maior do que no estado fundamental; então $\tilde{B}'<\tilde{B}$ e $\tilde{B}'-\tilde{B}$ é negativo. Neste caso, as linhas do ramo R convergem com o aumento de J e, quando J é tal que $|\tilde{B}'-\tilde{B}|(J+1)>\tilde{B}'+\tilde{B}$ as linhas começam a aparecer em número de onda decrescente. Isto é, o ramo R tem uma **cabeça de banda** (Fig. 13A.10a). Quando o comprimento da ligação é menor no estado excitado do que no estado fundamental, $\tilde{B}'>\tilde{B}$ e $\tilde{B}'-\tilde{B}$ é positiva. Neste caso, as linhas do ramo P começam a convergir e geram uma cabeça quando J é tal que $|\tilde{B}'-\tilde{B}|J>\tilde{B}'+\tilde{B}$ (Fig. 13A.10b).

13A.2 Moléculas poliatômicas

A absorção de um fóton pode ser relacionada, em muitos casos, com a excitação de certos tipos de elétrons ou a elétrons que pertencem a um pequeno grupo de átomos numa molécula poliatômica. Por exemplo, quando há na molécula um grupo carbonila ($\rangle$C=O) observa-se normalmente uma absorção em cerca de 290 nm,

Tabela 13A.2* Características de absorção de alguns grupos e moléculas

Grupo	$\tilde{\nu}$/cm^{-1}	$\lambda_{máx}$/nm	$\varepsilon_{máx}$/(dm^3 mol^{-1} cm^{-1})
C=C ($\pi^* \leftarrow \pi$)	61.000	163	15.000
C=O ($\pi^* \leftarrow$ n)	35.000–37.000	270–290	10–20
H_2O ($\pi^* \leftarrow$ n)	60.000	167	7000

* Mais valores podem ser encontrados na *Seção de Dados*.

embora a localização exata dependa da natureza do resto da molécula. Os grupos que têm absorções ópticas características são chamados de **cromóforos** (do grego, "portadores de cor"), e sua presença é frequentemente responsável pela coloração das substâncias (Tabela 13A.2).

(a) Complexos de metal d

Em um átomo livre, todos os cinco orbitais d de uma certa camada são degenerados. Em um complexo de metal de transição d, o ambiente do átomo metálico não é esférico, os orbitais d não são todos degenerados e os elétrons podem absorver energia fazendo transições entre esses níveis.

Para compreender a origem desse desdobramento em um complexo octaédrico como o $[Ti(OH_2)_6]^{3+}$ (**1**), consideremos os seis ligantes como cargas puntiformes negativas que repelem os elétrons d do íon central (Fig. 13A.11). Como consequência desse arranjo, os orbitais d se dividem em dois grupos, com os orbitais $d_{x^2-y^2}$ e d_{z^2} apontando diretamente para as posições dos ligantes e os orbitais d_{xy}, d_{yz} e d_{zx} apontando entre eles. Um elétron ocupando um orbital do primeiro grupo tem uma energia potencial menos favorável do que teria se ocupasse qualquer um dos três orbitais do outro grupo. Portanto, os orbitais d se desdobram nos dois conjuntos mostrados em (**2**), com uma diferença de energia de Δ_O: o conjunto triplamente degenerado formado pelos orbitais d_{xy}, d_{yz} e d_{zx} e identificado por t_{2g}, e o conjunto duplamente degenerado formado pelos orbitais $d_{x^2-y^2}$ e d_{z^2} e identificado por e_g. Os três orbitais t_{2g} ficam abaixo dos dois orbitais e_g. A diferença entre a energia dos dois é Δ_O e é conhecida como o **parâmetro de desdobramento do campo ligante** (o índice O simboliza a simetria octaédrica). O desdobramento do campo ligante é da ordem de 10% da energia total de interação entre os ligantes e o átomo de metal central, sendo predominantemente responsável pela existência do complexo. Os orbitais d também se dividem em dois conjuntos num complexo tetraédrico, mas nesse caso os orbitais e ficam abaixo dos orbitais t_2 (a classificação g,u não é mais válida, pois um complexo tetraédrico não tem centro de inversão) e a separação entre eles é Δ_T.

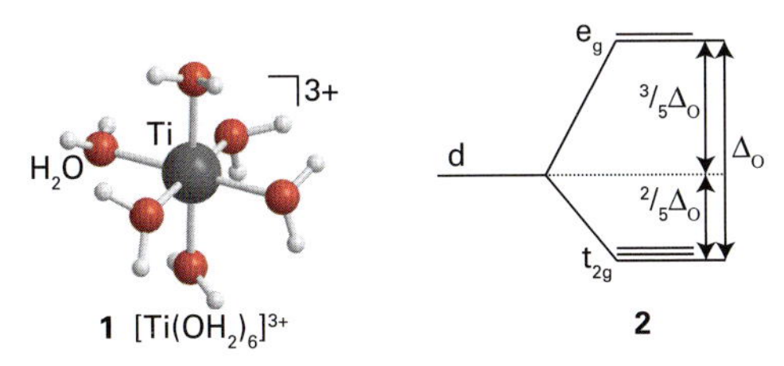

1 $[Ti(OH_2)_6]^{3+}$ **2**

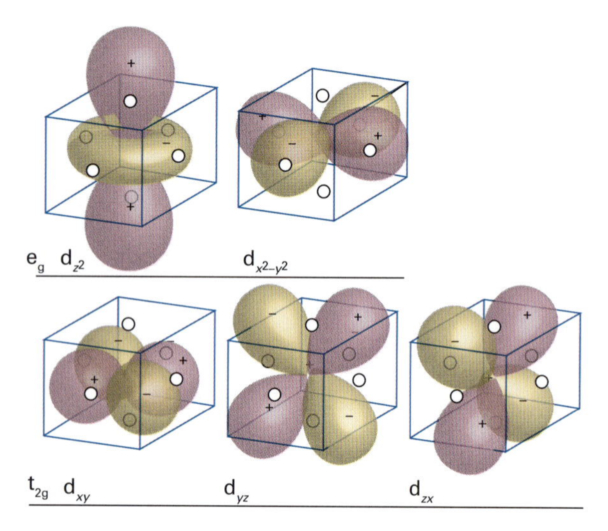

Figura 13A.11 A classificação dos orbitais d em um ambiente octaédrico. Os círculos abertos representam as posições dos seis ligantes (de carga pontual).

Nem Δ_O nem Δ_T é grande, de modo que as transições entre os dois conjuntos de orbitais ocorrem, tipicamente, na região visível do espectro. Essas transições são as responsáveis por muitas das cores características dos metais de transição d.

Breve ilustração 13A.6 O espectro eletrônico de um complexo de metal d

A Fig. 13A.12 mostra o espectro do $[Ti(OH_2)_6]^{3+}$ (**1**) nas proximidades de 20.000 cm^{-1} (500 nm). O pico de absorção pode ser atribuído à promoção do único elétron d do orbital t_{2g} para o orbital e_g. O número de onda do máximo de absorção sugere que, para esse complexo, $\Delta_O \approx 20.000$ cm^{-1}, o que corresponde a aproximadamente 2,5 eV.

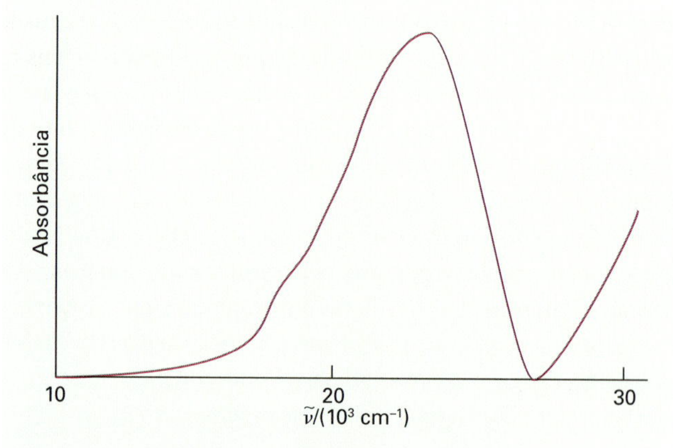

Figura 13A.12 Espectro de absorção eletrônica do $[Ti(OH_2)_6]^{3+}$ em solução aquosa.

Exercício proposto 13A.8 Um complexo do íon Zn^{2+} pode ter uma transição eletrônica d–d? Explique sua resposta.

Resposta: Não; todos os cinco orbitais d estão totalmente ocupados

De acordo com a regra de Laporte (Seção 13A.1b), as transições d–d são proibidas por paridade nos complexos octaédricos, pois são transições g → g (mais especificamente, são transições $e_g \leftarrow t_{2g}$). Entretanto, elas se tornam permitidas, embora com fraca intensidade, como **transições vibrônicas**, transições vibracionais e eletrônicas combinadas, devido ao acoplamento de vibrações assimétricas, como a ilustrada na Fig. 13A.4.

É possível que um complexo de metal d absorva radiação pela transferência de um elétron de um ligante para os orbitais d do átomo central, ou vice-versa. Nessas **transições de transferência de carga**, o elétron movimenta-se sobre distância considerável, e o momento de dipolo da transição pode ser grande e a absorção muito intensa. No íon permanganato, MnO_4^-, a redistribuição de carga que acompanha a migração de um elétron dos átomos de O para o átomo de Mn central resulta em uma transição intensa na faixa de 420–700 nm, que explica a forte coloração violeta do íon. Esse tipo de migração eletrônica dos ligantes para o metal corresponde a uma **transição de transferência de carga de ligante para metal** (LMCT na sigla em inglês). A migração inversa, a **transição de transferência de carga do metal para o ligante** (MLCT na sigla em inglês), também pode ocorrer. Um exemplo é o da transferência de um elétron d para os orbitais π antiligantes de um ligante aromático. O estado excitado fruto da transferência pode ter tempo de vida muito dilatado se o elétron π estiver muito deslocalizado sobre diversos anéis aromáticos.

As intensidades das transições de transferência de carga são proporcionais, como normalmente ocorre, ao quadrado do momento de dipolo de transição. Podemos pensar no momento de transição como uma medida da distância percorrida pelo elétron quando ele migra do metal para o ligante e vice-versa, com uma grande distância de migração correspondendo a um grande momento de dipolo de transição e, portanto, a uma intensidade de absorção grande. Entretanto, como o integrando no dipolo de transição é proporcional ao produto das funções de onda inicial e final, ele é nulo a não ser que as duas funções de onda tenham valores diferentes de zero na mesma região do espaço. Logo, embora distâncias grandes de migração favoreçam intensidades altas, a diminuição da sobreposição entre as funções de onda inicial e final para separações grandes entre o metal e os ligantes favorece intensidades baixas (veja o Problema 13A.9).

(b) Transições $\pi^* \leftarrow \pi$ e $\pi^* \leftarrow n$

A absorção numa dupla ligação C=C excita um elétron em π para um orbital π* antiligante (Fig. 13A.13). A atividade do cromóforo se deve então a uma **transição $\pi^* \leftarrow \pi$** (lê-se transição π para π estrela). Sua energia é cerca de 7 eV para uma dupla ligação não conjugada, o que corresponde à absorção a 180 nm (no ultravioleta). Quando a dupla ligação é parte de uma cadeia conjugada, as energias dos orbitais moleculares aproximam-se mutuamente, e a transição $\pi^* \leftarrow \pi$ desloca-se para os comprimentos de onda maiores; pode inclusive estar na região visível do espectro se o sistema conjugado for suficientemente comprido.

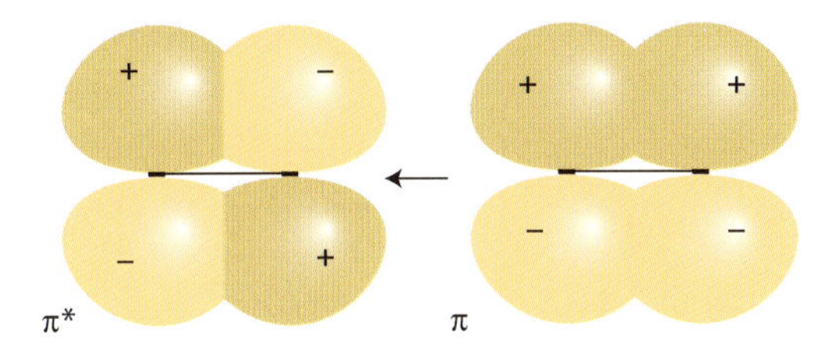

Figura 13A.13 Uma dupla ligação C=C atua como cromóforo. Uma das suas transições importantes é $\pi^* \leftarrow \pi$, na qual há a transição de um elétron de um orbital π para o orbital antiligante correspondente.

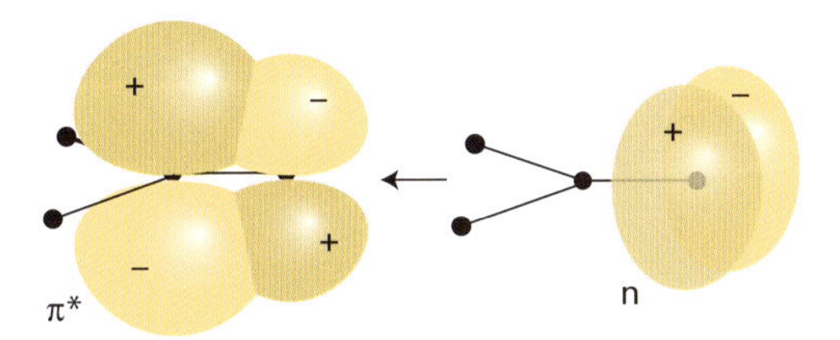

Figura 13A.14 Um grupo carbonila (C=O) atua como cromóforo principalmente pela excitação de um elétron de um par isolado do O não ligante para um orbital antiligante π do grupo CO.

Uma das transições responsáveis pela absorção dos compostos com carbonila pode ser atribuída aos pares isolados de elétrons do átomo de O. O conceito de Lewis de "par isolado" de elétrons corresponde, na teoria dos orbitais moleculares, a um par de elétrons num orbital confinado em grande parte num só átomo e que não está apreciavelmente envolvido na formação de ligação. Um desses elétrons pode ser excitado para um orbital vazio π^* do grupo carbonila (Fig. 13A.14), que proporciona a **transição $\pi^* \leftarrow$ n** (uma transição "n para π estrela"). As energias típicas da absorção são da ordem de 4 eV (290 nm). Como as transições $\pi^* \leftarrow$ n são proibidas nas carbonilas, pela simetria, as absorções são fracas. Por outro lado, a transição $\pi^* \leftarrow \pi$ em uma carbonila, que corresponde à excitação de um elétron π da dupla ligação C=O, é permitida por simetria e resulta em uma absorção relativamente intensa.

Breve ilustração 13A.7 Transições $\pi^* \leftarrow \pi$ e $\pi^* \leftarrow$ n

O composto $CH_3CH{=}CHCHO$ tem uma forte absorção no ultravioleta a 46.950 cm^{-1} (213 nm) e uma absorção fraca a 30.000 cm^{-1} (330 nm). A primeira é uma transição $\pi^* \leftarrow \pi$ associada ao sistema π deslocalizado C=C—C=O. A deslocalização estende a faixa da transição $\pi^* \leftarrow \pi$ C=O para números de onda inferiores (comprimentos de onda maiores). A segunda é uma transição $\pi^* \leftarrow$ n associada ao cromóforo carbonila.

Exercício proposto 13A.9 Explique a observação de que a propanona (acetona, $(CH_3)_2CO$)) tem uma intensa absorção em 189 nm e uma absorção mais fraca em 280 nm.

Resposta: Ambas as transições são associadas ao cromóforo C=O, sendo a mais fraca uma transição $\pi^* \leftarrow$ n e a mais forte, uma transição $\pi^* \leftarrow \pi$.

(c) Dicroísmo circular

Espectros eletrônicos podem revelar detalhes adicionais da estrutura molecular quando os experimentos são realizados com **luz polarizada**, radiação eletromagnética com os campos elétrico e magnético oscilando apenas em certas direções. Um modo de polarização é a **polarização circular**, na qual os campos elétrico e magnético giram em torno da direção de propagação, tanto no sentido horário como no anti-horário, embora se mantenham perpendiculares àquela direção e perpendiculares um ao outro (Fig. 13A.15). Moléculas quirais apresentam **dicroísmo circular**: elas absorvem luz circularmente polarizada à esquerda ou à direita com intensidades diferentes. Por exemplo, os espectros de dicroísmo circular (CD na sigla em inglês) dos pares de enantiômeros dos complexos quirais de metais d são distintamente diferentes, enquanto há pouca diferença entre os seus espectros de absorção (Fig. 13A.16).

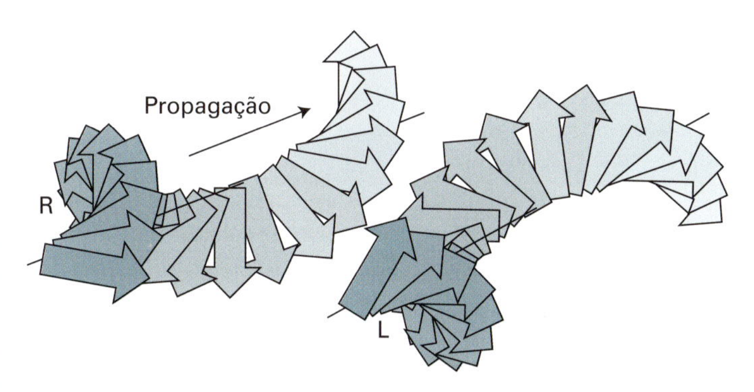

Figura 13A.15 Na luz circularmente polarizada, o campo elétrico gira ao longo da direção de propagação. O conjunto de setas nas ilustrações nesta figura mostra a rotação do campo elétrico quando a luz vem na nossa direção: (a) luz circularmente polarizada à direita, (b) luz circularmente polarizada à esquerda.

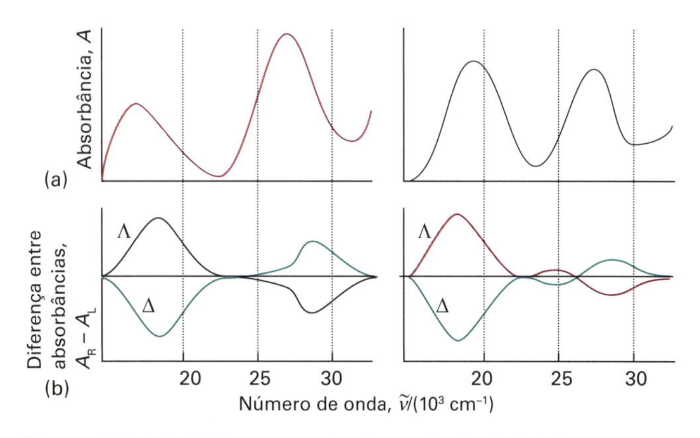

Figura 13A.16 (a) Espectros de absorção de dois isômeros do $[Co(ala)_3]$, simbolizados por mer e fac, em que ala é a base conjugada da alanina e (b) os correspondentes espectros de CD. As formas dextro e levo desses isômeros apresentam espectros de absorção idênticos. Entretanto, os espectros de CD são consideravelmente diferentes, e as configurações absolutas (representadas por Λ e Δ) foram identificadas por comparação com os espectros de CD de um complexo de configuração absoluta conhecida.

Conceitos importantes

- ☐ 1. Os símbolos dos termos de moléculas diatômicas expressam os componentes do momento angular eletrônico em torno do eixo internuclear.
- ☐ 2. As regras de seleção para transições eletrônicas são baseadas em considerações de momento angular e simetria.
- ☐ 3. A **regra de seleção de Laporte** estabelece que, para moléculas centrossimétricas, apenas as transições u ⟶ g e g ⟶ u são permitidas.
- ☐ 4. O **princípio de Franck-Condon** oferece uma base para explicar a estrutura vibracional das transições eletrônicas.
- ☐ 5. Em amostras em fase gasosa, a estrutura rotacional também está presente e pode dar origem a **cabeças de banda**.
- ☐ 6. **Cromóforos** são grupos com absorções ópticas características.
- ☐ 7. Nos complexos de metal d, a presença de ligantes remove a degenerescência dos orbitais d, podendo ocorrer entre eles **transições d-d** vibracionalmente permitidas.
- ☐ 8. **Transições de transferência de carga** envolvem normalmente a migração de elétrons entre os ligantes e o átomo metálico central.
- ☐ 9. Outros cromóforos incluem duplas ligações (**transições** $\pi^* \leftarrow \pi$) e grupos carbonila (**transições** $\pi^* \leftarrow n$).
- ☐ 10. **Dicroísmo circular** é a absorção diferencial de luz circularmente polarizada à esquerda e à direita.

Equações importantes

Propriedade	Equação	Comentário	Número da equação
Regras de seleção (momento angular)	$\Delta\Lambda=0, \pm1$; $\Delta S=0$; $\Delta\Sigma=0$; $\Delta\Omega=0, \pm1$	Moléculas lineares	13A.4
Fator de Franck-Condon	$\lvert S(v_f, v_i)\rvert^2 = \left(\int \psi_{v,f}^* \psi_{v,i} d\tau_n\right)^2$	Supõe a aplicação do princípio de Franck-Condon	13A.6
Estrutura rotacional de espectros eletrônicos (moléculas diatômicas)	$\tilde{\nu}_P(J)=\tilde{\nu}-(\tilde{B}'+\tilde{B})J+(\tilde{B}'-\tilde{B})J^2$	Ramo P ($\Delta J=-1$)	13A.8a
	$\tilde{\nu}_Q(J)=\tilde{\nu}+(\tilde{B}'-\tilde{B})J(J+1)$	Ramo Q ($\Delta J=0$)	13A.8b
	$\tilde{\nu}_R(J)=\tilde{\nu}+(\tilde{B}'+\tilde{B})(J+1)+(\tilde{B}'-\tilde{B})(J+1)^2$	Ramo R ($\Delta J=+1$)	13A.8c

13B Decaimento dos estados excitados

Tópicos

➤ Por que você precisa saber este assunto?

Podem ser obtidas informações consideráveis a respeito da estrutura eletrônica de uma molécula a partir dos fótons emitidos, quando os estados eletrônicos excitados sofrem decaimento radiativo, voltando ao estado fundamental.

➤ Qual é a ideia fundamental?

As moléculas em estados eletrônicos excitados descartam seu excesso de energia através de emissão de radiação eletromagnética, transferência na forma de calor para a vizinhança ou fragmentação.

➤ O que você já deve saber?

Você deve estar familiarizado com as transições eletrônicas em moléculas (Seção 13A), com a diferença entre emissão espontânea e estimulada de radiação (Seção 12A) e com as características gerais da espectroscopia (Seção 12A). Você precisa estar ciente da diferença entre estados simpleto e tripleto (Seção 9C) e do princípio de Franck–Condon (Seção 13A).

Um **processo de decaimento radiativo** é um processo em que uma molécula se livra da energia de excitação pela emissão de um fóton (Seção 12A). Nesta seção damos atenção particular ao processo de decaimento radiativo espontâneo, que inclui a fluorescência e a fosforescência. O processo de evolução mais comum de uma molécula eletronicamente excitada é o **decaimento não radiativo**, no qual a energia em excesso é transferida para vibrações, rotações e translações das moléculas vizinhas. Essa degradação térmica converte a energia de excitação no movimento térmico do ambiente (isto é, em "calor"). Uma molécula excitada também pode participar de uma reação química (Seção 20G).

13B.1 Fluorescência e fosforescência

Na **fluorescência**, a emissão espontânea de radiação ocorre enquanto a amostra está sendo irradiada e cessa de nanossegundos a milissegundos depois de a radiação excitadora desaparecer (Fig. 13B.1). Na **fosforescência**, a emissão espontânea persiste durante intervalos de tempo longos (até horas, mas segundos ou frações de segundos nos casos mais característicos) depois da excitação. A diferença sugere que a fluorescência é uma conversão rápida da radiação absorvida em energia reemitida e que a fosforescência envolve o armazenamento da energia em um reservatório de onde lentamente se esvai.

A Fig. 13B.2 mostra a sequência de etapas envolvidas na fluorescência de cromóforos em solução. A absorção estimulada inicial leva a molécula para um estado eletrônico excitado, e, se o espectro de absorção fosse registrado, ele seria semelhante ao da Fig. 13B.3a. A molécula excitada está sujeita a colisões com as moléculas vizinhas e vai cedendo energia de forma não radiativa, em etapas, ao longo (tipicamente em picossegundos) da sequência de níveis vibracionais, até atingir o nível de vibração mais baixo do estado eletrônico excitado da molécula. É possível, no entanto, que as moléculas circundantes não recebam a grande diferença de energia que leva a molécula até o estado eletrônico fundamental. Por isso, a molécula excitada pode ter vida suficientemente longa para sofrer emissão espontânea e emitir o excesso de energia remanescente na forma de radiação. A transição eletrônica para baixo é vertical, de acordo com o princípio de

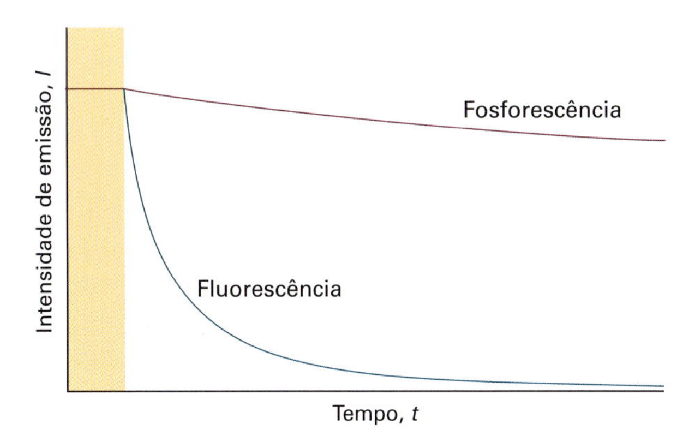

Figura 13B.1 A diferença empírica (baseada na observação) entre a fluorescência e a fosforescência é que a primeira desaparece imediatamente depois de a fonte de excitação desaparecer, enquanto a segunda persiste durante um tempo dilatado, com intensidade que diminui lentamente.

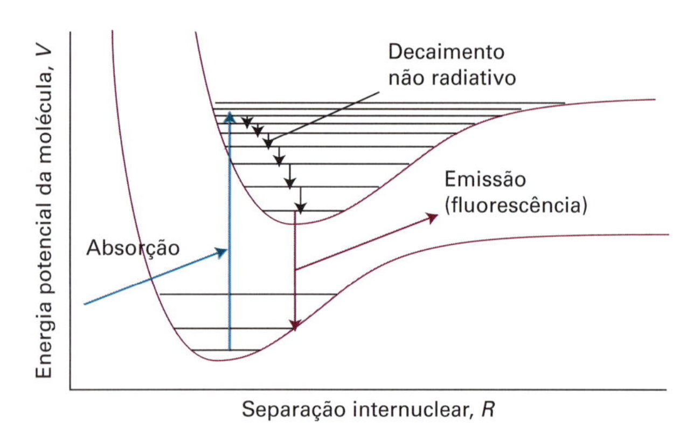

Figura 13B.2 A sequência de etapas que leva à fluorescência. Depois da absorção inicial, os estados vibracionais do estado mais alto sofrem decaimento não radiativo e cedem energia para as vizinhanças. Há então uma transição radiativa a partir do estado fundamental de vibração do estado eletrônico mais alto.

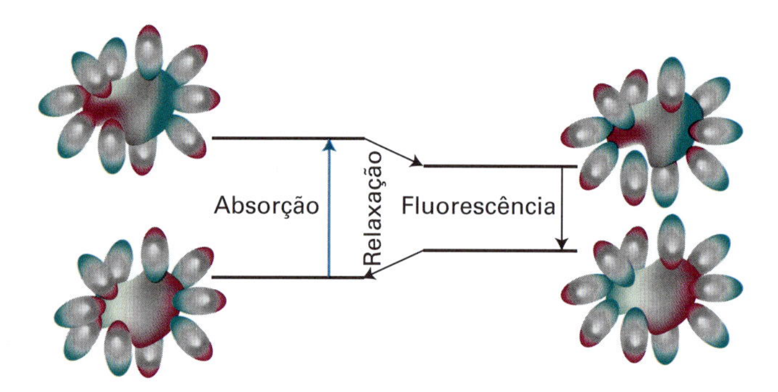

Figura 13B.4 O solvente pode deslocar o espectro de fluorescência em relação ao espectro de absorção. À esquerda vemos que a absorção ocorre com o solvente (as moléculas elipsoidais) na organização característica do estado eletrônico fundamental da molécula do soluto (esfera). Entretanto, antes de a emissão de fluorescência ocorrer, as moléculas do solvente se reorganizam, e esse novo ambiente é preservado durante a transição radiativa subsequente.

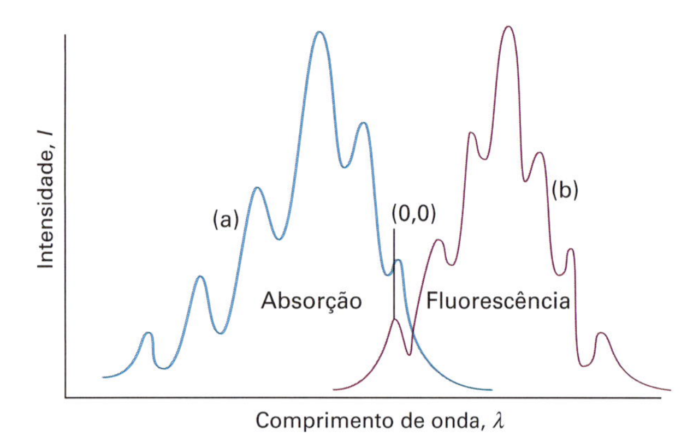

Figura 13B.3 Espectro de absorção (a) mostrando uma estrutura vibracional característica do estado superior. O espectro de fluorescência (b) exibe uma estrutura característica do estado de energia mais baixa; também está deslocado para as frequências mais baixas (embora as transições 0–0 sejam coincidentes) e parece a imagem especular do espectro de absorção.

Franck-Condon (Seção 13A), e o espectro de fluorescência tem uma estrutura vibracional característica do estado eletrônico *mais baixo* (Fig. 13B.3b).

Desde que possam ser vistas, as transições de absorção e de fluorescência 0–0 serão possivelmente coincidentes. O espectro de absorção provém das transições $1 \leftarrow 0$, $2 \leftarrow 0$ etc., e os picos se deslocam para os números de onda sucessivamente maiores, com intensidades governadas pelo princípio de Franck-Condon. O espectro de fluorescência provém de transições *para baixo* $0 \rightarrow 0$, $0 \rightarrow 1$ etc., e os picos deslocam-se para os números de onda decrescentes. Os picos de absorção 0–0 e de fluorescência 0-0 podem não ser exatamente coincidentes, pois o solvente pode ter interações diferentes com o soluto no estado fundamental e nos estados excitados (por exemplo, as estruturas das ligações hidrogênio podem ser diferentes). Como as moléculas do solvente não têm tempo suficiente para se reorganizarem durante a transição, a absorção ocorre em um ambiente característico do soluto solvatado no estado fundamental; entretanto, a fluorescência ocorre no ambiente característico do estado excitado solvatado (Fig. 13B.4).

A fluorescência ocorre em frequências mais baixas (comprimentos de onda mais longos) do que a da radiação incidente, pois a transição radiativa só se dá depois de parte da energia vibracional se ter dispersado no ambiente. As cores laranja e verde, muito vivas, dos corantes fluorescentes são manifestação bem comuns desse efeito: os corantes absorvem no ultravioleta e no azul e fluorescem no visível. O mecanismo também sugere que a intensidade da fluorescência depende da capacidade de as moléculas do solvente aceitarem os quanta eletrônicos e vibracionais. Observa-se, na realidade, que um solvente com moléculas que têm níveis de vibração muito espaçados (como a água) pode, em alguns casos, aceitar um grande quantum de energia eletrônica e, deste modo, "extinguir" a fluorescência. A velocidade com que a fluorescência é extinta por outras moléculas também dá valiosas informações cinéticas (Seção 20G).

A Fig. 13B.5 mostra a sequência de eventos que leva à fosforescência de uma molécula com um simpleto no estado fundamental. As primeiras etapas são semelhantes às da fluorescência, mas a presença de um estado excitado tripleto com uma energia próxima daquela do estado excitado simpleto proporciona efeito determinante. Os estados excitados simpleto e tripleto têm uma geometria comum no ponto em que as respectivas curvas de energia potencial se cruzam. Logo, se houver uma possibilidade de desemparelhar os spins dos dois elétrons (e converter $\uparrow\downarrow$ em $\uparrow\uparrow$), a molécula pode efetuar um **cruzamento intersistema**, uma transição não radiativa entre estados de diferente multiplicidade, e passar para um estado tripleto. Vimos, na discussão dos espectros atômicos (Seção 9C), que as transições entre simpleto e tripleto podem ocorrer na presença de acoplamento spin-órbita. Podemos esperar que o cruzamento intersistema seja importante quando a molécula contiver um átomo

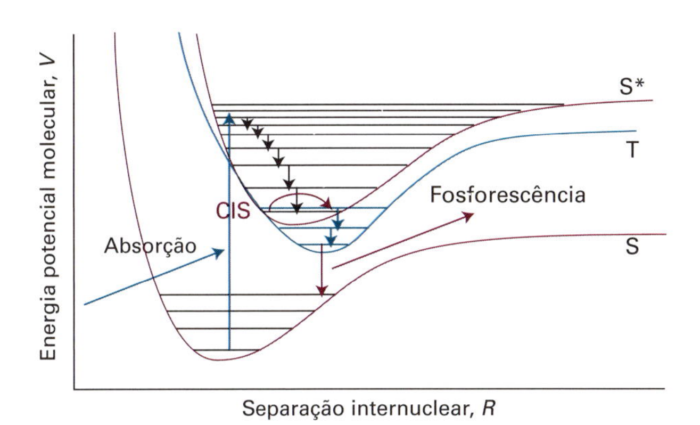

Figura 13B.5 Sequência de etapas que leva à fosforescência. A etapa decisiva é o cruzamento intersistema (CIS), a passagem do estado simpleto para o tripleto, propiciado pelo acoplamento spin–órbita. O estado tripleto atua como um reservatório que irradia lentamente a energia, pois o retorno ao estado fundamental é proibido pelo spin.

moderadamente pesado (como o do enxofre), pois então o acoplamento spin–órbita será grande.

Se uma molécula excitada passa para o estado tripleto, ela continua a dissipar energia para o ambiente. Agora, porém, desce a sequência de estados vibracionais do tripleto. Acontece que o estado tripleto tem energia mais baixa que o estado simpleto correspondente (regra de Hund, Seção 9B). O solvente não pode absorver o grande quantum final da energia de excitação eletrônica e a molécula não pode irradiar a sua energia, pois o retorno ao estado fundamental é proibido pelo spin. A transição radiativa, no entanto, não é completamente proibida, pois o acoplamento spin–órbita, responsável pelo cruzamento intersistema, também rompe com a regra de seleção. As moléculas podem, então, emitir fracamente e a emissão pode continuar muito depois de o estado excitado inicial se ter formado.

Esse mecanismo explica a observação de a energia de excitação parecer estar confinada num reservatório que vaza lentamente. Sugere também (e a experiência confirma a sugestão) que a fosforescência deve ser mais intensa nas amostras sólidas. Nestas, a transferência de energia é menos eficiente e o cruzamento intersistema dispõe de bastante tempo para ocorrer quando o estado excitado simpleto passa lentamente pelo ponto de interseção. O mecanismo também sugere que a eficiência da fosforescência deve depender da presença de um átomo moderadamente pesado (com forte acoplamento spin–órbita), o que se observa na realidade.

Os diferentes tipos de transições radiativas e não radiativas que as moléculas podem ter são representados no **diagrama de Jablonski**, exemplificado na Fig. 13B.6.

Breve ilustração 13B.1 Fluorescência e fosforescência de moléculas orgânicas

A eficiência da fluorescência diminui, e a da fosforescência aumenta, na série de compostos: naftaleno, 1-cloronaftaleno, 1-bromonaftaleno e 1-iodonaftaleno. A substituição de um átomo de H por um átomo sucessivamente mais pesado reforça ambos, com o cruzamento intersistema do primeiro estado simpleto excitado ao primeiro estado tripleto excitado (diminuindo, dessa forma, a eficiência da fluorescência) e a transição radiativa do primeiro estado tripleto excitado para o estado simpleto fundamental (aumentando, dessa forma, a eficiência da fosforescência).

Exercício proposto 13B.1 Considere uma solução aquosa de um cromóforo que fluoresce fortemente. A adição do íon iodeto à solução favorece o aumento ou a diminuição da eficiência de fosforescência do cromóforo?

Resposta: o aumento

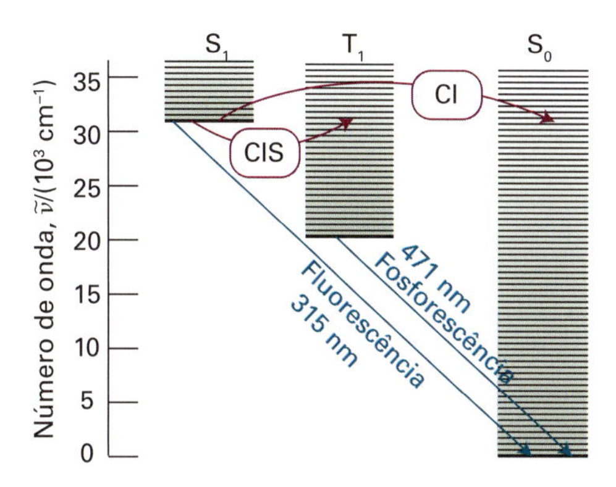

Figura 13B.6 O diagrama de Jablonski (na figura, o do naftaleno) é imagem simplificada das posições relativas dos níveis de energia eletrônicos de uma molécula. Os níveis vibracionais dos estados ficam uns sobre os outros, mas a localização horizontal de cada coluna não tem nenhuma relação com a separação nuclear nos estados. Os estados vibracionais fundamentais de cada estado estão corretamente localizados na vertical, mas os outros estados de vibração aparecem esquematicamente. (CI: conversão interna (a sigla em inglês é IC); CIS: cruzamento intersistema (a sigla em inglês é ISC).)

13B.2 Dissociação e pré-dissociação

Outra evolução que uma molécula eletronicamente excitada pode ter é a **dissociação**, isto é, o rompimento das ligações (Fig. 13B.7). O começo da dissociação pode ser detectado em um espectro de absorção observando-se que a estrutura vibracional de uma banda termina em uma certa energia. Acima desse **limite de dissociação**, a absorção ocorre em uma banda contínua, pois no estado final os fragmentos da molécula estão em movimento de translação não quantizado. A localização do limite de dissociação é uma maneira valiosa de determinar a energia de dissociação da ligação.

Em certos casos, a estrutura vibracional desaparece, mas reaparece em energias mais elevadas dos fótons. Essa **pré-dissociação** pode ser interpretada em termos das curvas de energia potencial que estão na Fig. 13B.8. Quando uma molécula é excitada até um

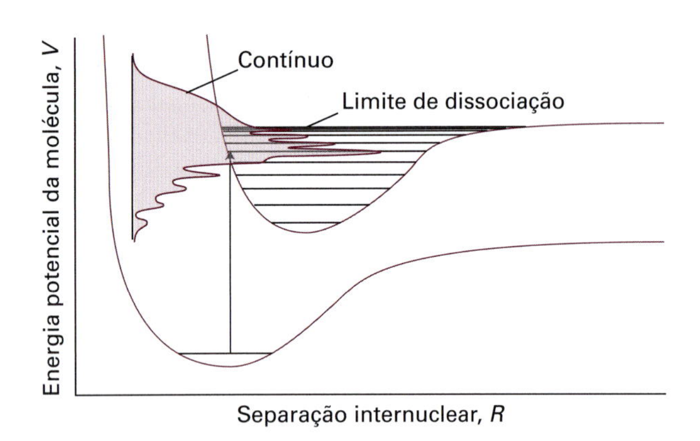

Figura 13B.7 Quando a absorção leva a estados não ligados do estado eletrônico superior, a molécula se dissocia e a absorção é um contínuo. Abaixo do limite de dissociação, o espectro eletrônico exibe a estrutura normal de vibração.

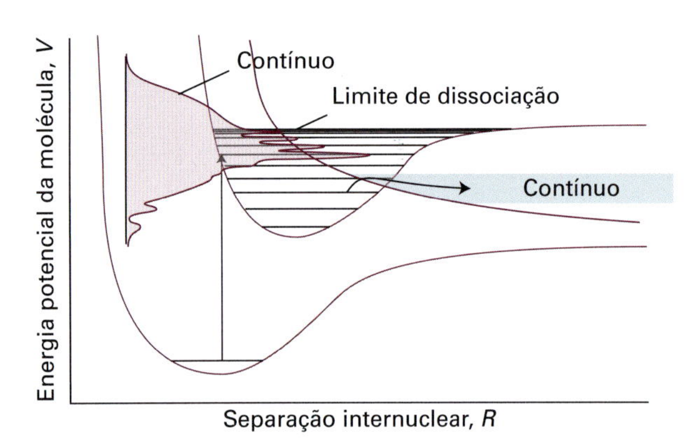

Figura 13B.8 Quando a curva do estado dissociativo corta a dos estados ligados, as moléculas excitadas até os níveis vizinhos ao cruzamento podem se dissociar. Esse processo é a pré-dissociação, e se percebe no espectro pelo desaparecimento da estrutura vibracional, que reaparece em frequências mais elevadas.

certo nível de vibração, é possível que os seus elétrons sofram uma reorganização que leva a uma **conversão interna**, isto é, a uma conversão não radiativa para outro estado de multiplicidade igual à inicial. Uma conversão interna ocorre com maior facilidade no ponto de interseção das duas curvas de energia potencial da molécula, pois neste ponto coincidem as geometrias dos núcleos nos dois estados. O estado para o qual passa a molécula pode ser dissociativo, e por isso os estados nas proximidades da conversão têm um tempo de vida finito e energias pouco definidas (alargamento do tempo de vida, Seção 12A). Essa é a razão de o espectro de absorção ser pouco nítido nas vizinhanças da interseção. Quando um fóton com suficiente energia excita a molécula a um nível de vibração bem acima do da interseção, a conversão interna não ocorre (pois é pouco provável que as geometrias dos núcleos coincidam). Por isso, os níveis vibracionais reaparecem, com estrutura e energias bem definidas, e o espectro de linhas nítidas reaparece no lado das frequências altas, além da região esmaecida.

Breve ilustração 13B.2 O efeito da pré-dissociação em um espectro eletrônico

A molécula de O_2 absorve radiação ultravioleta em uma transição do seu estado eletrônico fundamental ${}^3\Sigma_g^-$ para um estado excitado ${}^3\Sigma_u^-$ que é energeticamente próximo a um estado dissociativo ${}^3\Pi_u$. Neste caso, o efeito da pré-dissociação é mais sutil do que a abrupta perda da estrutura vibracional-rotacional no espectro; em vez disso, a estrutura vibracional simplesmente se alarga em vez de ser perdida completamente. Conforme vimos anteriormente, o alargamento é explicado pelos curtos tempos de vida dos estados vibracionais excitados nas proximidades da interseção das curvas que descrevem os estados eletrônicos excitados ligados e dissociativos.

Exercício proposto 13B.2 O que se pode calcular a partir do número de onda do começo da pré-dissociação?

Resposta: Veja a Fig. 13B.8; um limite superior na energia de dissociação do estado eletrônico fundamental

Conceitos importantes

- ☐ 1. **Fluorescência** é o decaimento radiativo entre estados da mesma multiplicidade; ela cessa tão logo a fonte de excitação é removida.
- ☐ 2. **Fosforescência** é o decaimento radiativo entre estados de multiplicidade diferente; ela persiste após a remoção da radiação de excitação.
- ☐ 3. **Cruzamento intersistema** é a conversão não radiativa para um estado de multiplicidade diferente.
- ☐ 4. Um **diagrama de Jablonski** é um diagrama esquemático dos tipos de transições não radiativas e radiativas que podem ocorrer nas moléculas.
- ☐ 5. Outra evolução que pode ter uma espécie eletronicamente excitada é a **dissociação**.
- ☐ 6. **Conversão interna** é uma conversão não radiativa para um estado da mesma multiplicidade.
- ☐ 7. **Pré-dissociação** é a observação dos efeitos da dissociação antes de o limite de dissociação ser atingido.

13C Lasers

Tópicos

➤ Por que você precisa saber este assunto?

O decaimento radiativo tem grande importância tecnológica: os lasers trouxeram precisão sem precedentes para a espectroscopia e são empregados em medicina, telecomunicações e muitos aspectos da vida diária.

➤ Qual é a ideia fundamental?

A ação de laser é a emissão estimulada de radiação coerente que ocorre entre estados relacionados por uma inversão de população.

➤ O que você já deve saber?

Você deve estar familiarizado com as transições eletrônicas nas moléculas (Seção 13A), a diferença entre emissão espontânea e estimulada de radiação (Seção 12A) e os aspectos gerais da espectroscopia (Seções 12A e 13B).

A palavra laser é um acrônimo do inglês *light **a**mplification by **s**timulated **e**mission of **r**adiation*. Na emissão estimulada (Seção 12A), um estado excitado emite um fóton pelo estímulo de radiação com frequência idêntica à do fóton; quanto maior o número desses fótons presentes, maior a probabilidade da emissão. O aspecto essencial da ação de laser é uma realimentação positiva: quanto mais fótons com a frequência apropriada estiverem presentes, maior será a velocidade com a qual cada vez mais fótons com essa frequência serão estimulados a se formar.

A radiação laser tem várias características notáveis (Tabela 13C.1). Cada uma delas (às vezes combinada com outras) abre diversas oportunidades na físico-química. A espectroscopia Raman floresceu devido à radiação monocromática de alta intensidade disponível nos lasers (Seção 12A), e a fotoquímica permitiu que as reações sejam estudadas na escala de femtossegundos ou até attossegundos devido aos pulsos ultracurtos que os lasers podem gerar.

13C.1 Inversão de população

Uma exigência da ação de laser é a da existência de um **estado excitado metastável**, isto é, de um estado excitado cujo tempo de vida seja suficientemente longo para que possa participar da emissão estimulada. Outra exigência é a de a população do estado metastável ser maior do que a do estado final da transição, pois então haverá predomínio da emissão líquida de radiação. Como no equilíbrio térmico o que ocorre é o oposto, é preciso haver **inversão de população**, com o estado de energia mais alta mais ocupado do que o de energia mais baixa.

Tabela 13C.1 Características da radiação de laser e suas aplicações químicas

Característica	Vantagens	Aplicações
Potência elevada	Processos multifóton	Espectroscopia
	Ruído baixo no detector	Sensibilidade elevada
	Grande intensidade da radiação espalhada	Espectroscopia Raman (Seções 12C–12E)
Monocromaticidade	Alta resolução	Espectroscopia
	Seleção dos estados	Estudos fotoquímicos (Seção 20G)
		Dinâmica de reação de estado a estado (Seção 21D)
Feixe colimado	Percursos ópticos grandes	Sensibilidade amplificada
	Observação da radiação espalhada para a frente	Espectroscopia Raman (Seções 12C–12E)
Coerência	Interferência entre feixes separados	Espectroscopia Raman anti-Stokes coerente (CARS, Seção 12E)
Pulsada	Controle preciso do tempo de excitação	Reações rápidas (Seções 13C, 20G e 21C)
		Relaxação (Seção 20C)
		Transferência de energia (Seção 20C)

Uma maneira de conseguir essa inversão de população está ilustrada na Fig. 13C.1. A molécula é excitada a um estado intermediário I, que cede parte da sua energia, não radiativamente, passando para um estado A de energia mais baixa. A transição do laser é o retorno de A até o estado fundamental X. Como esse processo envolve três níveis de energia, o laser resultante é um **laser de três níveis**. Na realidade, o estado I é um conjunto de vários estados que podem se converter no estado A de energia mais alta na ação de laser. A transição I ← X é estimulada por um intenso pulso de luz, num processo denominado **bombeamento**. Este bombeamento se faz, muitas vezes, por descarga elétrica através de xenônio ou pela luz de um laser. A conversão de I para A deve ser rápida, mas a transição de A para X deve ser relativamente lenta.

Uma desvantagem do laser de três níveis é a dificuldade de se conseguir a inversão da população, pois são muitas as moléculas que devem passar, no bombeamento, do estado fundamental para o estado excitado. No **laser de quatro níveis** essa dificuldade é contornada fazendo com que o estado final da ação de laser seja um estado A′ acima do estado fundamental (Fig. 13C.2). Como inicialmente A′ está desocupado, qualquer população que ocupe A corresponde a uma inversão de população e pode-se ter a ação de laser se A for suficientemente metastável. Além disso, a inversão de população pode ser mantida se as transições A′ → X forem rápidas, pois então contribuirão para esvaziar o estado A′, que se manterá relativamente vazio.

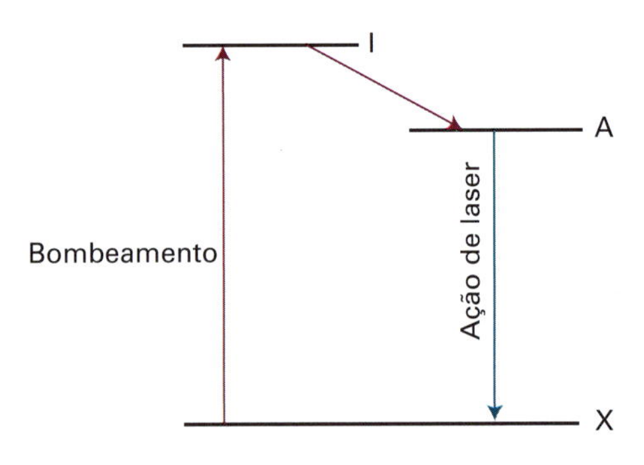

Figura 13C.1 As transições num tipo de laser de três níveis. O pulso de bombeamento provoca a ocupação do estado I, que por sua vez decai para o estado de laser A. A transição de laser é a emissão estimulada A → X.

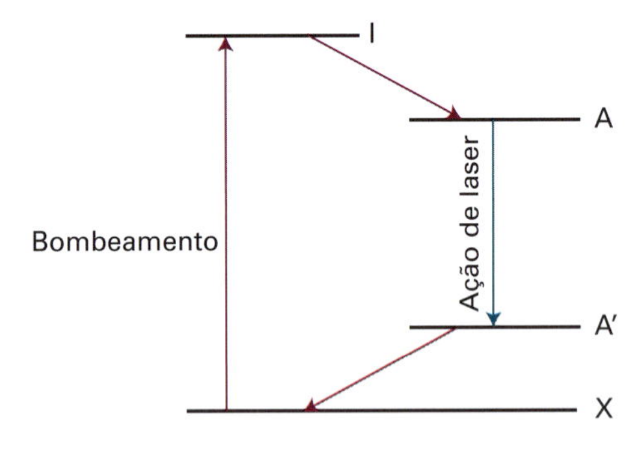

Figura 13C.2 As transições de um laser de quatro níveis. Como a transição de laser termina em um estado excitado (A′), a inversão de população entre A e A′ é muito mais fácil de se conseguir.

Breve ilustração 13C.1 Lasers simples

O laser de rubi é um exemplo de um laser de três níveis (Fig. 13C.3). O rubi é o Al_2O_3 contendo uma pequena proporção de íons Cr^{3+}. O nível inferior da transição do laser é o estado fundamental $^4A_2$ do íon Cr^{3+}. O processo de bombeamento da maioria dos íons Cr^{3+} para os estados excitados $^4T_2$ e $^4T_1$ é seguido de uma transição não radiativa para o estado excitado ^2E. A transição de laser é $^2E \rightarrow {}^4A_2$, e dá origem à radiação vermelha de 694 nm.

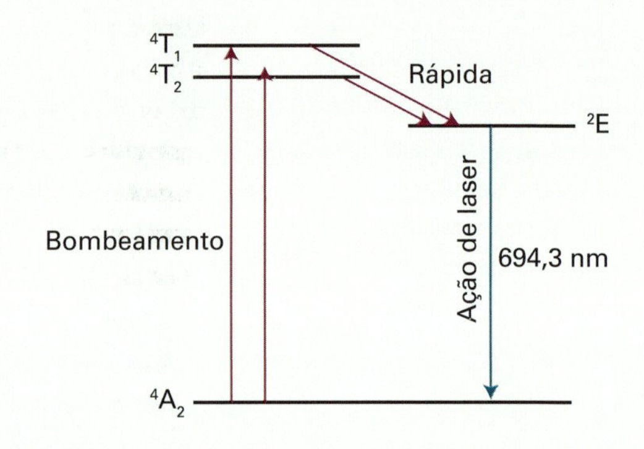

Figura 13C.3 A transição envolvida no laser de rubi.

O laser de neodímio é um exemplo de um laser de quatro níveis (Fig. 13C.4). Em uma forma ele consiste em íons Nd^{3+} em baixa concentração em uma granada de alumínio e ítrio (YAG, especificamente $Y_3Al_5O_{12}$), e é, então, conhecido como laser Nd:YAG. Um laser de neodímio opera em uma série de comprimentos de onda no infravermelho, e a banda mais comum é a de 1064 nm.

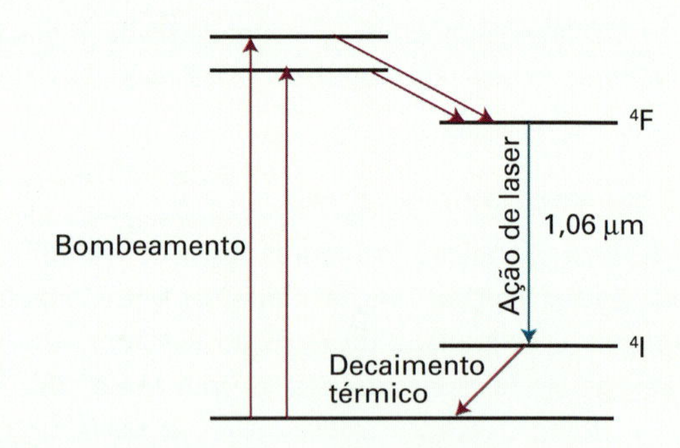

Figura 13C.4 As transições envolvidas no laser de neodímio.

Exercício proposto 13C.1 No arranjo discutido nesta *Breve ilustração*, o laser de rubi gera pulsos de luz ou um feixe luminoso contínuo?

Resposta: Pulsos

13C.2 Características da cavidade e dos modos

O meio ativo do laser fica confinado numa cavidade que assegura somente a geração abundante de fótons com uma certa frequência, certa direção de propagação e certo estado de polarização. A cavidade, essencialmente, é uma região que fica limitada por dois espelhos que refletem alternadamente, de um para outro lado, a luz no espaço entre os dois. Essa montagem pode ser interpretada como uma versão material de uma partícula em uma caixa, sendo a partícula, no caso, um fóton. Como vimos no tratamento de uma partícula numa caixa (Seção 8A), os únicos comprimentos de onda que podem ser sustentados satisfazem à condição

$$n\times\tfrac{1}{2}\lambda=L \quad \text{Modos ressonantes} \quad (13C.1)$$

em que n é um inteiro e L é o comprimento da cavidade. Ou seja, somente um número inteiro de meios comprimentos de onda se ajusta à cavidade. As ondas cujos comprimentos de onda não cumprem essa exigência sofrem interferência destrutiva e se anulam. Além disso, nem todos os comprimentos de onda que podem ser sustentados na cavidade são amplificados pelo meio ativo do laser (por não estarem no intervalo das frequências das transições do laser), e somente poucos contribuem para a radiação do laser. Esses comprimentos de onda constituem os **modos ressonantes** do laser.

Breve ilustração 13C.2 Modos ressonantes

Segue da Eq. 13C.1 que as frequências dos modos ressonantes são $\nu = c/\lambda = (c/2L) \times n$. Para uma cavidade de laser de 30,0 cm de comprimento, as frequências permitidas são

$$\nu=\frac{\overbrace{2{,}998\times10^{8}\,\mathrm{m\,s^{-1}}}^{c}}{\underbrace{2\times(0{,}300\,\mathrm{m})}_{L}}\times n=(5{,}00\times10^{8}\,\mathrm{s^{-1}})\times n=(500\,\mathrm{MHz})\times n$$

com n = 1, 2, ..., e, portanto, ν = 500 MHz, 1000 MHz, ...

Exercício proposto 13C.2 Considere uma cavidade de laser com 1,0 m de comprimento. Qual é a diferença de frequência entre modos ressonantes sucessivos?

Resposta: 150 MHz

Os fótons com o comprimento de onda correspondente aos modos ressonantes da cavidade e com a frequência correta para estimular a transição do laser são muito amplificados. Um fóton pode ser gerado espontaneamente e propagar-se no meio. Nessa propagação, estimula a emissão de outro fóton, que por sua vez estimula a emissão de outros mais (Fig. 13C.5). A cascata de energia aumenta rapidamente de volume e a cavidade logo se transforma em reservatório intenso de radiação em todos os modos ressonantes que pode sustentar. Parte dessa radiação pode escapar se um dos espelhos for parcialmente transmissor.

Os modos ressonantes da cavidade têm diversas características naturais e, em certa medida, podem ser selecionados. Somente os

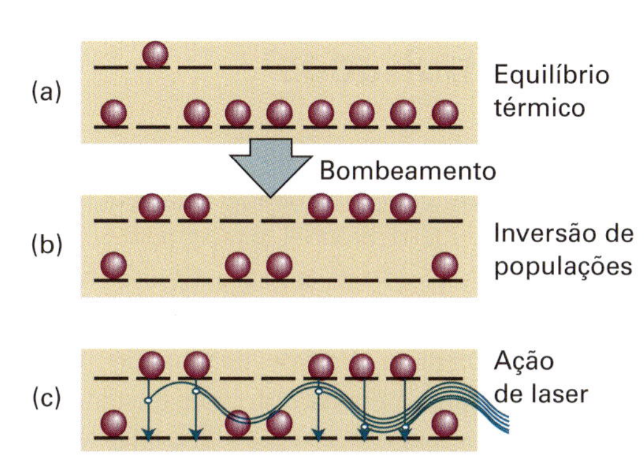

Figura 13C.5 Uma ilustração esquemática das etapas que levam à ação de laser. (a) Populações de Boltzmann dos estados com mais átomos no estado fundamental. (b) Quando há absorção pelo estado inicial, as populações se invertem (os átomos são bombeados para o estado excitado). (c) Desencadeia-se uma cascata de radiação quando um fóton emitido estimula a emissão de outro átomo e assim por diante. A radiação é coerente (isto é, as ondas estão em fase).

fótons que se deslocam em trajetórias exatamente paralelas ao eixo da cavidade sofrem mais do que um par de reflexões, de modo que apenas eles são amplificados. Todos os outros simplesmente desaparecem no ambiente. Por isso, a luz de um laser geralmente é emitida na forma de um feixe muito pouco divergente. O feixe também pode ser polarizado, com o vetor elétrico num certo plano (ou em outro estado de polarização). Consegue-se esse efeito pela inclusão de um polarizador na cavidade ou pelo aproveitamento das transições polarizadas em um meio sólido.

A radiação do laser é **coerente**, pois as ondas eletromagnéticas estão todas em fase. Na **coerência espacial** as ondas estão em fase sobre uma seção reta do feixe que sai da cavidade. Na **coerência temporal** as ondas ficam em fase ao longo do feixe. É comum exprimir esse tipo de coerência pelo **comprimento de coerência**, l_C, que está relacionado com o intervalo de comprimentos de onda, $\Delta\lambda$, presentes no feixe:

$$l_C=\frac{\lambda^2}{2\Delta\lambda} \quad \text{Comprimento de coerência} \quad (13C.2)$$

Quando muitos comprimentos de onda estão presentes, e $\Delta\lambda$ é grande, as ondas ficam fora de fase depois de cobrirem pequena distância e os comprimentos de coerência são muito pequenos.

Breve ilustração 13C.3 Comprimento de coerência

A luz de uma lâmpada de incandescência normal tem o comprimento de coerência de apenas 400 nm. Por outro lado, a luz de um laser de He–Ne, com λ = 633 nm e $\Delta\lambda \approx$ 2,0 pm, tem o comprimento de coerência da ordem de

$$l_C=\frac{\overbrace{(633\,\mathrm{nm})^2}^{\lambda^2}}{\underbrace{2\times(0{,}0020\,\mathrm{nm})}_{\Delta\lambda}}=1{,}0\times10^{8}\,\mathrm{nm}=0{,}10\,\mathrm{m}=10\,\mathrm{cm}$$

Exercício proposto 13C.3 Qual é a condição que levaria a um comprimento de coerência infinito?

Resposta: Um feixe perfeitamente monocromático, ou $\Delta\lambda = 0$

13C.3 Lasers pulsados

Um laser pode gerar radiação enquanto se mantiver a inversão de população. A operação pode ser contínua se o calor for dissipado eficientemente, pois então é possível manter, pelo bombeamento, a população do estado de energia mais alta. Quando há problemas de superaquecimento, o laser só pode ser operado aos pulsos, cuja duração é da ordem do microssegundo ou do milissegundo, de modo que o meio ativo possa se resfriar ou o estado mais baixo ficar desocupado. Entretanto, às vezes é desejável ter pulsos de radiação em lugar de um feixe contínuo, com grande potência concentrada em pequeno intervalo de tempo. Uma das maneiras de se ter esse efeito é o **chaveamento Q**, que se baseia na alteração das características de ressonância da cavidade do laser. O nome provém do "fator Q", parâmetro de medida da qualidade de uma cavidade ressonante na tecnologia de micro-ondas.

Exemplo 13C.1 Relação entre a potência e a energia de um laser

Um laser, de 0,10 J, pode gerar radiação em pulsos de 3,0 ns com uma frequência (repetição de pulsos) de 10 Hz. Considerando que os pulsos são retangulares, calcule a potência de pico de saída e a potência média de saída desse laser.

Método A potência de saída é igual à energia emitida em um intervalo de tempo dividida pela duração do intervalo. Exprime-se em watts (1 W = 1 J s^{-1}). Para calcular a potência de pico de saída, P_{pico}, dividimos a energia emitida pelo tempo de duração do pulso. A potência média de saída, $P_{\text{média}}$, é a energia total emitida por um número grande de pulsos dividida pelo tempo de duração em que a energia total foi medida. Se cada pulso libera uma energia E_{pulso} e, em um intervalo Δt, existem N pulsos, a energia total liberada é NE_{pulso} e a potência média é $P_{\text{média}} = NE_{\text{pulso}}/\Delta t$. No entanto, $\Delta t/N$ é o intervalo entre pulsos e, portanto, o inverso da frequência de repetição dos pulsos, $\nu_{\text{repetição}}$. Segue que $P_{\text{média}} = E_{\text{pulso}}\nu_{\text{repetição}}$.

Resposta A partir dos dados,

$$P_{\text{pico}} = \frac{0{,}10\,\text{J}}{3{,}0\times10^{-9}\,\text{s}} = 3{,}3\times10^{7}\,\text{J s}^{-1} = 33\,\text{MJ s}^{-1} = 33\,\text{MW}$$

A frequência de repetição dos pulsos é 10 Hz. Segue-se que a potência média de saída é

$$P_{\text{média}} = 0{,}10\,\text{J}\times10\,\text{s}^{-1} = 1{,}0\,\text{J s}^{-1} = 1{,}0\,\text{W}$$

A potência de pico é muito maior do que a potência média, pois esse laser emite luz por somente 30 ns durante cada segundo de operação.

Exercício proposto 13C.4 Calcule a potência de pico e a potência média de saída de um laser que tem um pulso de 2,0 mJ, uma duração de pulso de 30 ps e uma velocidade de repetição de pulsos de 38 MHz.

Resposta: P_{pico} = 67 MW, $P_{\text{média}}$ = 76 kW

O objetivo do chaveamento Q é o de conseguir a inversão de população na ausência da cavidade ressonante e depois expor o meio, com a população invertida, ao ambiente da cavidade ressonante. Consegue-se assim um súbito e intenso pulso de radiação. O chaveamento pode ser conseguido pela suspensão das características ressonantes da cavidade durante o bombeamento e pela restauração súbita dessas características no instante desejado (Fig. 13C.6). Uma técnica aproveita a capacidade de alguns cristais de alterarem suas propriedades ópticas quando é aplicada uma diferença de potencial elétrico. Por exemplo, um cristal de di-hidrogenofosfato de potássio (KH_2PO_4), que gira o plano de polarização da luz em diferentes extensões quando uma diferença de potencial é ligada e desligada. Assim, a energia pode ser armazenada ou liberada em uma cavidade do laser, levando a um pulso intenso de emissão estimulada.

A técnica da **modulação dos modos** pode produzir pulsos de duração do picossegundo ou menos. Um laser irradia em diversas frequências, dependendo dos detalhes das características de ressonância da cavidade e, em especial, o número de meios comprimentos de onda da radiação que podem ficar confinados entre os espelhos (os modos da cavidade). A diferença de frequência entre os modos ressonantes é um múltiplo de $c/2L$ (*Breve ilustração* 13C.4). Normalmente, esses modos têm fases aleatórias. É possível, porém, modulá-las e fazer com que fiquem em uníssono. Mostramos na *Justificativa* 13C.1 que a interferência ocorre então em uma sequência de picos agudos, e a energia do laser é emitida em pulsos da ordem do picossegundo (Fig. 13C.7). Mais especificamente, a intensidade, I, da radiação varia com o tempo segundo

$$I(t) \propto \mathcal{E}_0^2\,\frac{\text{sen}^2(N\pi ct/2L)}{\text{sen}^2(\pi ct/2L)} \qquad \text{Saída do laser com modulação de modos} \qquad (13\text{C}.3)$$

em que $\mathcal{E}_0$ é a amplitude da onda eletromagnética que descreve o feixe de laser e N é o número de modos modulados. Essa função é mostrada na Fig. 13C.8. Vemos que se trata de uma série de picos com máximos separados por $t = 2Lc$, o tempo de trânsito de ida e volta da luz na cavidade, e que os picos se tornam mais agudos à medida que N aumenta. Em um laser com a cavidade de 30 cm, os picos estarão separados por 2 ns. Se 1000 modos contribuírem para o pulso, a largura será de 4 ps.

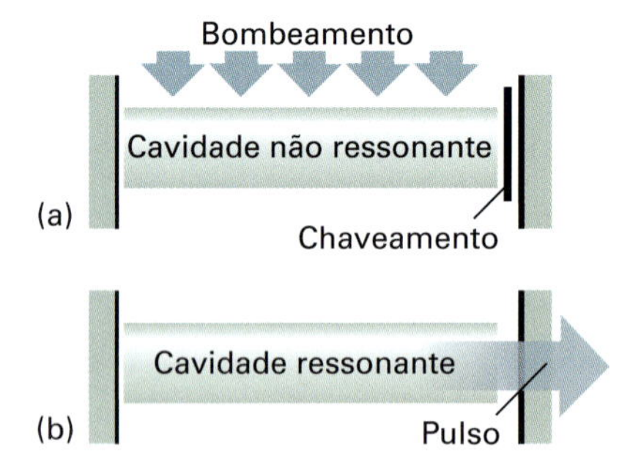

Figura 13C.6 O princípio do chaveamento Q. (a) O estado excitado é ocupado com a cavidade em um estado não ressonante. (b) Depois, subitamente, as características de ressonância são restauradas e a emissão estimulada aparece como um pulso gigantesco.

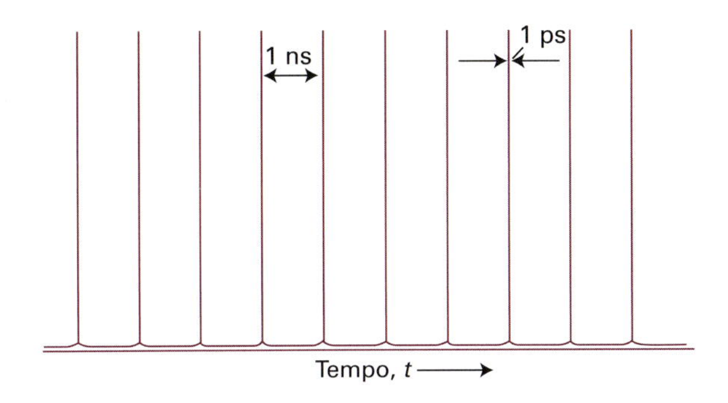

Figura 13C.7 A saída de um laser com modulação de modos é uma sequência de pulsos muito estreitos (neste caso, com 1 ps de duração) separados por intervalos iguais ao intervalo de tempo que a luz leva para cobrir, de ida e volta, o comprimento da cavidade (aqui, de 1 ns).

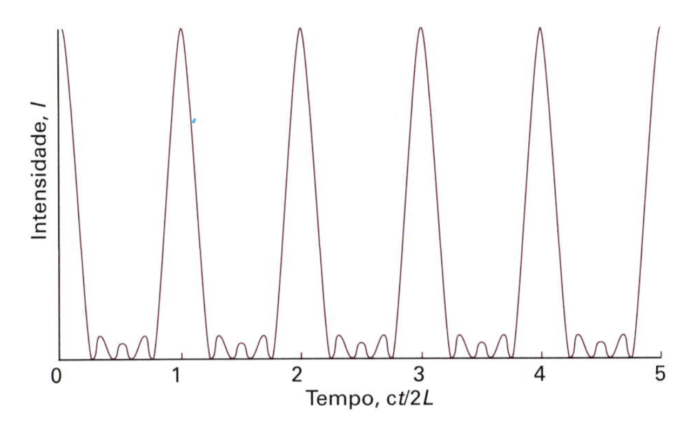

Figura 13C.8 A estrutura dos pulsos gerados por um laser com modulação de modos.

Justificativa 13C.1 A origem da modulação dos modos

A expressão geral de uma onda (complexa) de amplitude $\mathcal{E}_0$ e frequência ω é $\mathcal{E}_0 e^{i\omega t}$. Então, cada onda que pode ser suportada por uma cavidade com o comprimento L tem a forma

$$\mathcal{E}_n(t) = \mathcal{E}_0 e^{2\pi i(\nu + nc/2L)t}$$

em que ν é a frequência mais baixa. Uma onda formada pela sobreposição de N modos, com $n = 0, 1, \ldots, N-1$, tem a forma

$$\mathcal{E}(t) = \sum_{n=0}^{N-1} \mathcal{E}_n(t) = \mathcal{E}_0 e^{2\pi i\nu t} \overbrace{\sum_{n=0}^{N-1} e^{i\pi nct/L}}^{S(N)} = \mathcal{E}_0 e^{2\pi i\nu t} S(N)$$

A soma simplifica-se para:

$$S(N) = 1 + e^{i\pi ct/L} + e^{2i\pi ct/L} + \cdots + e^{(N-1)i\pi ct/L}$$

A soma de uma série geométrica é

$$1 + e^x + e^{2x} + \cdots + e^{(N-1)x} = \frac{e^{Nx} - 1}{e^x - 1}$$

assim, com $x = i\pi ct/L$

$$S(N) = \frac{e^{Ni\pi ct/L} - 1}{e^{i\pi ct/L} - 1}$$

Multiplicando o numerador e o denominador por $e^{-i\pi ct/2L}$, e após um pequeno rearranjo, essa expressão torna-se

$$S(N) = \frac{e^{Ni\pi ct/2L} - e^{-Ni\pi ct/2L}}{e^{i\pi ct/2L} - e^{-i\pi ct/2L}} \times e^{(N-1)i\pi ct/2L}$$

Neste ponto usamos $\text{sen}\, x = (1/2i)(e^{ix} - e^{-ix})$, e obtemos

$$S(N) = \frac{\text{sen}(N\pi ct/2L)}{\text{sen}(\pi ct/2L)} \times e^{(N-1)i\pi ct/2L}$$

A intensidade, $I(t)$, da radiação é proporcional ao quadrado do módulo da amplitude total, de modo que

$$I(t) \propto \mathcal{E}^* \mathcal{E} = \mathcal{E}_0^2 \frac{\text{sen}^2(N\pi ct/2L)}{\text{sen}^2(\pi ct/2L)}$$

que é igual à Eq. 13C.3.

A modulação dos modos pode ser conseguida pela variação periódica, com a frequência $c/2L$, do fator Q da cavidade. A modulação pode ser imaginada como a abertura periódica de um diafragma em sincronia com o tempo de trânsito dos fótons na cavidade. Desta maneira, somente os fótons que cobrem o percurso dentro da cavidade nesse intervalo de tempo são amplificados. Consegue-se a modulação acoplando um prisma, colocado no interior da cavidade, a um transdutor ativado por uma fonte de radiofrequência $c/2L$. O transdutor excita vibrações de onda estacionária no prisma e modula a perda que ele introduz na cavidade.

Outro mecanismo para lasers com modulação de modos é baseado no **efeito óptico de Kerr**, que se origina de uma mudança no índice de refração de um meio ativo bem escolhido, o **meio de Kerr**, quando é exposto a pulsos de laser intensos. Como um feixe de luz varia de direção quando passa de um meio de um índice de refração para um meio com um índice diferente, as variações do índice de refração resultam na autofocalização de um pulso de laser intenso à medida que passa através do meio de Kerr (Fig. 13C.9).

Para provocar a modulação de modos, um meio de Kerr é incluído na cavidade do laser, e próximo a ele fica um pequeno obturador. O procedimento aproveita-se do fato de o **ganho**, o aumento da intensidade, de um componente de frequência da radiação, na cavidade, ser muito sensível à amplificação, e, uma vez que uma frequência particular tenha iniciado seu crescimento, ela pode rapidamente prevalecer. Quando a potência no interior da cavidade é baixa, parte dos fótons será bloqueada pelo obturador, criando uma perda significativa. Pode ser que uma flutuação espontânea da intensidade – um agrupamento de fótons – comece a acionar o efeito óptico de Kerr e as variações do índice de refração do meio de Kerr resultarão em uma **lente de Kerr**, que é o autofoco do feixe de laser. O agrupamento de fótons

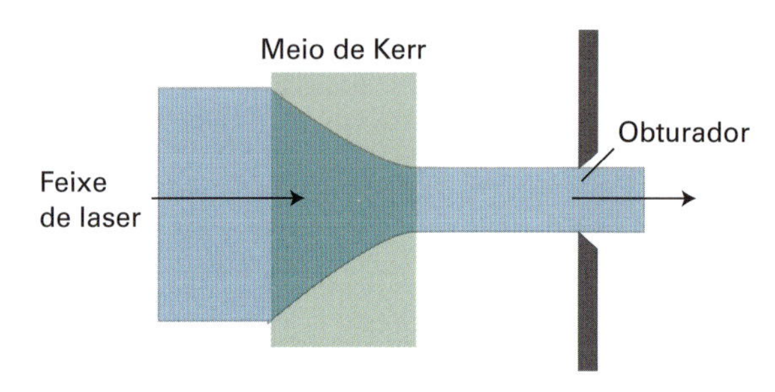

Figura 13C.9 Ilustração do efeito de Kerr. Um feixe de laser intenso é focado no interior de um meio de Kerr e atravessa um pequeno obturador na cavidade do laser. Esse efeito pode ser utilizado para modular um modo do laser, conforme se explica no texto.

pode atravessar e se propagar até ao extremo remoto da cavidade, amplificando-se enquanto faz o percurso. A lente de Kerr imediatamente desaparece (se o meio for bem escolhido), mas é recriada quando o pulso intenso retorna do espelho na extremidade afastada. Dessa maneira, o agrupamento particular de fótons pode crescer a uma intensidade considerável, porque, sozinho, ele está estimulando a emissão na cavidade.

13C.4 Espectroscopia resolvida no tempo

A capacidade de os lasers produzirem pulsos de duração muito curta é particularmente útil na química, quando queremos monitorar processos no tempo. Na **espectroscopia resolvida no tempo**, os pulsos de laser são empregados para obter o espectro de absorção, de emissão ou Raman de reagentes, intermediários, produtos e até mesmo estados de transição de reações. É também possível o estudo de transferência de energia, rotações moleculares, vibrações e conversões de um modo de movimento para outro.

O arranjo apresentado na Fig. 13C.10 é frequentemente utilizado para o estudo de reações químicas ultrarrápidas que podem ser iniciadas pela luz (Seção 20G). Um pulso de laser forte e curto, o *bombeamento*, promove uma molécula A para um estado eletrônico excitado A* que pode ou emitir um fóton (na forma de fluorescência ou fosforescência) ou reagir com outra espécie B gerando um produto C:

$$\mathrm{A}+h\nu \rightarrow \mathrm{A}^* \qquad \text{(absorção)}$$

$$\mathrm{A}^* \rightarrow \mathrm{A} \qquad \text{(emissão)}$$

$$\mathrm{A}^*+\mathrm{B} \rightarrow [\mathrm{AB}] \rightarrow \mathrm{C} \qquad \text{(reação)}$$

Aqui, [AB] representa um intermediário ou um complexo ativado. As velocidades de aparecimento e desaparecimento das várias espécies são determinadas pela observação de variações dependentes do tempo no espectro de absorção da amostra no transcurso da reação. Esse monitoramento é realizado passando-se um pulso fraco de luz branca, a *sonda*, pela amostra em tempos

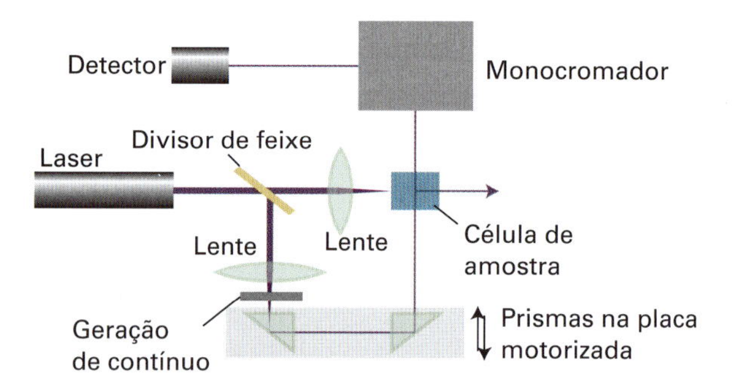

Figura 13C.10 Configuração utilizada para espectroscopia resolvida no tempo, na qual o mesmo pulso de laser é usado para gerar um pulso de bombeamento monocromático e, após a geração de um contínuo em um líquido apropriado, um pulso de sonda de luz "branca". O retardo de tempo entre os pulsos de bombeamento e de sonda pode ser variado.

diferentes após o pulso de laser. O pulso de luz "branca" pode ser gerado diretamente do pulso de laser pelo fenômeno de **geração de contínuo**, em que o foco de um pulso de laser curto sobre o recipiente que contém água, tetracloreto de carbono ou safira resulta na saída de um feixe com uma ampla distribuição de frequências. Um retardo de tempo entre o pulso de laser forte e o pulso de luz "branca" pode ser introduzido permitindo-se que um dos feixes percorra uma distância maior antes de chegar à amostra. Por exemplo, uma diferença de percurso de $\Delta d = 3$ mm corresponde a um retardo de tempo $\Delta t = \Delta d/c \approx 10$ entre os dois feixes, em que c é a velocidade da luz. As distâncias relativas percorridas pelos dois feixes na Fig. 13C.10 são controladas pelo direcionamento do feixe de luz "branca" para uma placa motorizada que contém um par de espelhos.

Podem ser empregadas variações do arranjo da Fig. 13C.10 para a observação do decaimento de um estado excitado e dos espectros Raman resolvidos no tempo durante o transcurso da reação. O tempo de vida de A* pode ser determinado excitando-se A como anteriormente e medindo-se o decaimento da intensidade de fluorescência após o pulso com um sistema de fotodetector rápido. Neste caso, a geração contínua não é necessária. Os espectros Raman de ressonância resolvidos no tempo de A, A*, B, [AB] ou C podem ser obtidos iniciando-se a reação com um forte pulso de laser de um certo comprimento de onda e, então, um pouco depois, irradiando-se a amostra com outro pulso de laser que possa excitar o espectro Raman de ressonância da espécie desejada. Também neste caso a geração de contínuo é desnecessária.

13C.5 Exemplos de lasers práticos

A Fig. 13C.11 resume as exigências para a operação eficiente de um laser. Na prática, as exigências podem ser cumpridas por diversos sistemas. Já consideramos os lasers de rubi e de neodímio, e nesta seção veremos alguns que são comumente adotados. Também incluímos alguns lasers que operam com transições

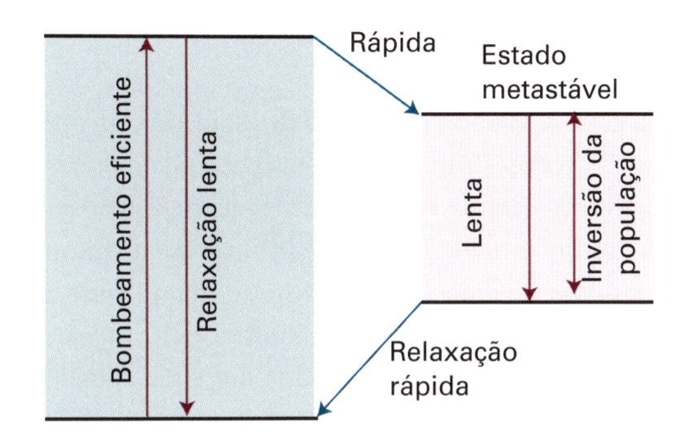

Figura 13C.11 Resumo dos aspectos necessários para uma ação de laser eficiente.

diferentes das transições eletrônicas. Destacamos a ausência, nesta discussão, dos lasers de diodos emissores de luz, que serão vistos na Seção 18D.

(a) Lasers de gás

Como podem ser resfriados por um rápido escoamento do gás através da cavidade, os lasers de gás podem ser usados como fontes de elevada potência. O bombeamento se faz normalmente, com um gás diferente do gás responsável pela emissão do laser.

No **laser de hélio-neônio**, o meio ativo é uma mistura de hélio e neônio na razão molar da ordem de 5:1 (Fig. 13C.12). A etapa inicial é a excitação dos átomos de He para a configuração metastável $1s^12s^1$, mediante uma descarga elétrica (as colisões entre elétrons e íons provocam transições que não estão sujeitas às regras de seleção das transições de dipolo elétrico). A energia de excitação dessa transição coincide com a energia de excitação do neônio, e na colisão entre os átomos de He e Ne pode haver transferência eficiente de energia, levando à formação de átomos de Ne, metastáveis, muito excitados, com os estados intermediários mais baixos vazios. Ocorre então a ação de laser, gerando radiação de 633 nm (entre cerca de 100 outras linhas).

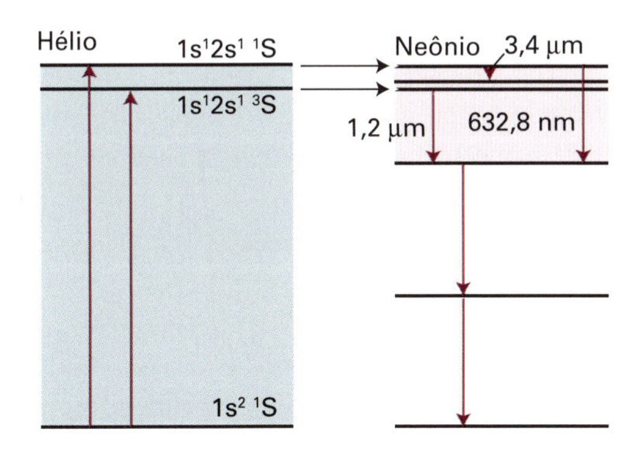

Figura 13C.12 As transições envolvidas em um laser de hélio–neônio. O bombeamento (do neônio) depende da igualdade fortuita entre as separações de energia do hélio e do neônio. Com esta configuração, os átomos de He podem transferir o excesso de energia para os átomos de Ne durante uma colisão.

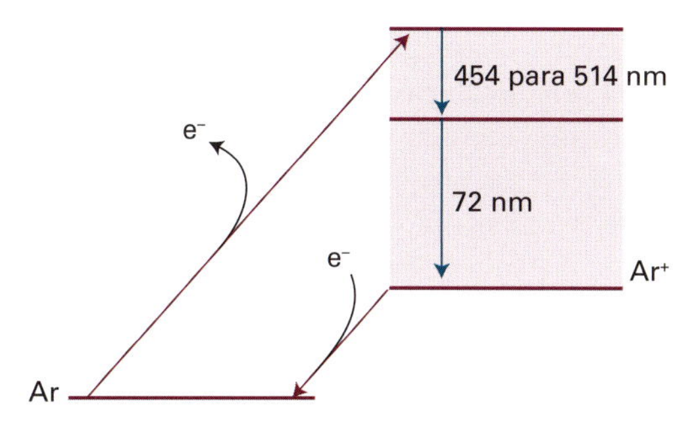

Figura 13C.13 Transições envolvidas em um laser de íon de argônio.

O **laser de íon de argônio** (Fig. 13C.13) é um dentre muitos "lasers de íons". Sua cavidade contém argônio, à pressão por volta de 1 torr, através do qual passa uma descarga elétrica. A descarga provoca a formação dos íons Ar^+ e Ar^{2+}, em estados excitados, que sofrem transição de laser para um estado mais baixo. Os íons então retornam ao estado fundamental emitindo radiação ultravioleta dura (pequeno comprimento de onda) (a 72 nm) e são neutralizados por uma série de eletrodos na cavidade do laser. Um dos problemas da montagem é dispor de materiais que resistam a essa radiação residual bastante agressiva. São muitas as linhas de transição do laser, pois os íons excitados podem fazer transições para muitos estados de menor energia, mas as duas emissões fortes do Ar^+ são em 488 nm (no azul) e 514 nm (no verde); há outras transições no visível, no infravermelho e no ultravioleta. O **laser de íon de criptônio** opera de forma semelhante. É menos eficiente, mas proporciona radiações em ampla faixa de comprimentos de onda, sendo a mais intensa a 647 nm (no vermelho), mas ele também pode emitir linhas no amarelo, no verde e no violeta.

O **laser de dióxido de carbono** opera de forma ligeiramente diferente (Fig. 13C.14), pois a sua radiação (entre 9,2 μm e 10,8 μm, com a emissão mais forte a 10,6 μm, no infravermelho) provém de transições de vibração. A maior parte do gás ativo é nitrogênio, que fica com as vibrações excitadas pelas colisões eletrônicas e iônicas em uma descarga elétrica. Os níveis de vibração coincidem com

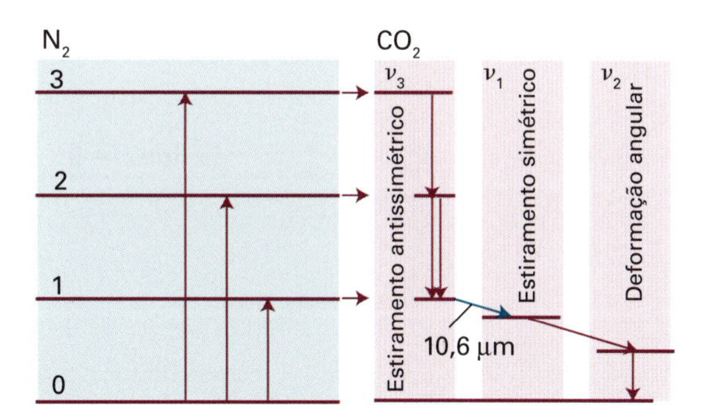

Figura 13C.14 Transições envolvidas em um laser de dióxido de carbono. O bombeamento também depende de uma igualdade fortuita de separações de energia. Neste caso, as moléculas de N_2 com as vibrações excitadas têm energias em excesso que correspondem às energias das vibrações do alongamento antissimétrico do CO_2. A transição de ação de laser se dá de $v = 1$ do modo ν_3 para $v = 1$ do modo ν_1.

os níveis de energia do alongamento antissimétrico (ν_3, veja a Fig. 12E.2) do CO_2; a molécula então recebe energia nas colisões. A ação de laser ocorre pela transição entre o nível excitado mais baixo de ν_3 para o nível excitado mais baixo do alongamento simétrico (ν_1), que permaneceu desocupado durante as colisões. Essa transição é permitida pela presença de anarmonicidades na energia potencial da molécula. O gás tem um pouco de hélio que ajuda a remover energia desse estado mais baixo e a manter a inversão de população.

No **laser de nitrogênio**, a eficiência da transição estimulada (a 337 nm, no ultravioleta, $C^3\Pi_u \rightarrow B^3\Pi_g$) é tão grande que uma única passagem de um pulso de radiação é suficiente para gerar a radiação de laser, tornando inúteis os espelhos. Lasers desse tipo são denominados **super-radiantes**.

(b) Lasers a exciplex

Consegue-se por meio mais engenhoso a inversão de populações essencial à ação de laser nos **lasers a exciplex**, que não têm (como veremos), na realidade, o estado de energia mais baixa. Essa curiosa situação se consegue pela formação de um **exciplex**, combinação de dois átomos que só sobrevive em um estado excitado e que se dissocia tão logo seja descartada a energia de excitação. Um exciplex pode ser formado em uma mistura de xenônio, cloro e neônio (que atua como gás de tamponamento). Uma descarga elétrica através da mistura produz átomos de Cl excitados, que se ligam aos átomos de Xe, dando o exciplex $XeCl^*$. O exciplex dura cerca de 10 ns, intervalo de tempo suficiente para participar de ação de laser a 308 nm (no ultravioleta). Tão logo o $XeCl^*$ emita um fóton, os átomos se separam, pois a curva da energia potencial da molécula no estado fundamental é dissociativa, e por isso esse estado não pode ser ocupado (Fig. 13C.15). O exciplex KrF^* proporciona outro exemplo, emitindo radiação a 249 nm.

O termo "laser excímero" também é muito encontrado e largamente usado, embora "laser a exciplex" seja mais apropriado. Um exciplex tem a forma AB^*, enquanto um excímero, um dímero excitado, é AA^*.

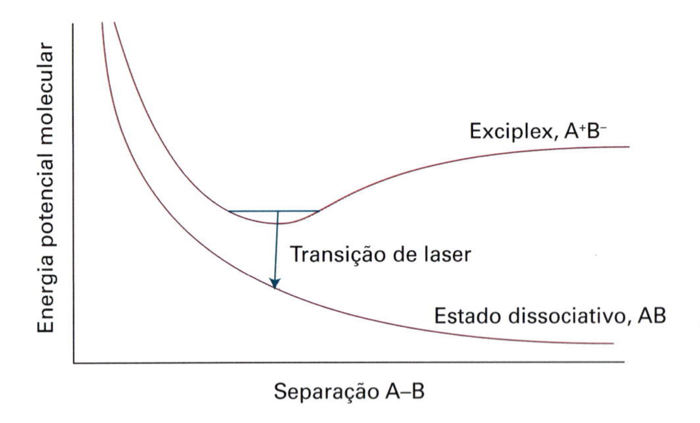

Figura 13C.15 Curvas de energia potencial molecular de um exciplex. A espécie só existe em um estado excitado (neste caso, um complexo de transferência de carga, A^+B^-), pois, ao perder energia, entra no estado mais baixo, dissociativo. Como só o estado mais alto pode ser ocupado, nunca há população no estado mais baixo.

(c) Lasers de corante

Os lasers a gás e a maioria dos lasers de estado sólido operam em frequências discretas. Embora se possa selecionar, mediante montagem óptica apropriada, uma certa frequência, não é possível sintonizar continuamente o laser. O problema da sintonização é superado usando-se um laser de safira de titânio (veja a seguir) ou um **laser de corante**, que tem características espectrais bem amplas, graças à ação do solvente, que amplia e transforma em bandas a estrutura vibracional das transições. É possível, assim, pela simples rotação de uma rede de difração montada na cavidade, cobrir o comprimento de onda continuamente dentro de um amplo intervalo e conseguir a ação de laser em qualquer comprimento de onda dentro desse intervalo. Um corante comumente usado é a rodamina 6G em metanol (Fig. 13C.16). Como o ganho é muito alto, o percurso óptico através do corante pode ser muito curto. Os estados excitados do meio ativo, no caso o corante, são sustentados por outro laser ou por uma lâmpada de flash. Para evitar degradação térmica, a solução de corante flui através de uma célula na cavidade do laser.

(d) Lasers vibrônicos

O **laser de safira de titânio** ("laser Ti:safira") consiste em íons Ti^{3+} em baixa concentração em um cristal de alumina (Al_2O_3). O espectro de absorção eletrônica do íon Ti^{3+} na safira é muito semelhante ao apresentado na Fig. 13A.12, com uma ampla banda de absorção centrada em torno de 500 nm que surge das transições d–d vibronicamente permitidas do íon Ti^{3+} em um ambiente octaédrico promovido por átomos de oxigênio da rede hospedeira. Como resultado, o espectro de emissão do Ti^{3+} na safira também é amplo, e a ação de laser ocorre sobre uma larga faixa de comprimentos de onda (Fig. 13C.17). Dessa forma, o laser de safira de titânio é um exemplo de **laser vibrônico**, no qual as transições de laser se originam nas transições vibrônicas no meio ativo do laser. O laser de safira de titânio geralmente é bombeado por outro laser, como um laser Nd:YAG ou um laser de íons de argônio, podendo ser operado de uma maneira contínua ou pulsada.

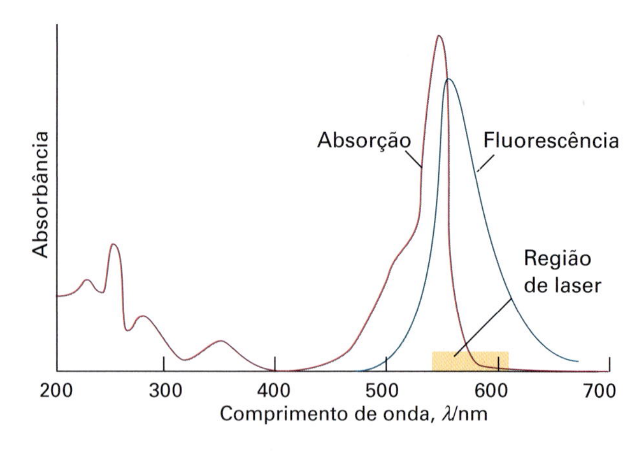

Figura 13C.16 Espectro de absorção óptica do corante rodamina 6G e a região aproveitada para a ação de laser.

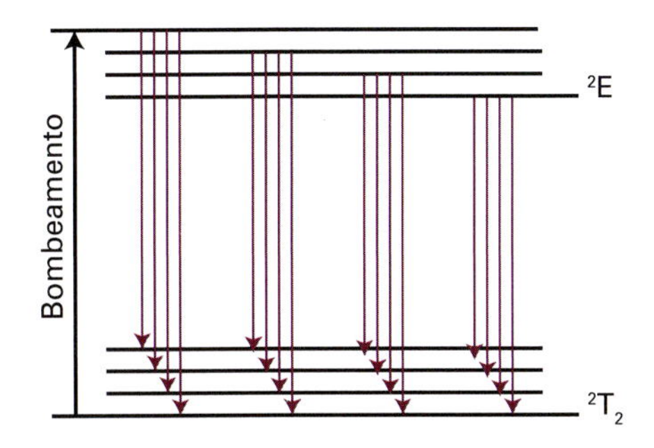

Figura 13C.17 As transições envolvidas em um laser de Ti:safira. A luz monocromática de um laser bombeado induz uma transição $^2E \leftarrow {}^2T_2$ em um íon Ti^{3+} que reside em um sítio com simetria octaédrica. Após a excitação vibracional sem radiação no estado ^2E, ocorre a emissão de laser a partir de um enorme número de estados vibrônicos de pequeno espaçamento, do meio ativo. Como resultado, o laser emite radiação sobre um amplo espectro que cobre desde cerca de 700 nm até aproximadamente 1000 nm.

A safira é um exemplo de um meio de Kerr que facilita a modulação de modos dos lasers de safira de titânio, resultando em pulsos muito curtos (10–100 fs, 1 fs = 10^{-15} s). Quando consideradas em conjunto com uma ampla sintonização de comprimentos de onda (700–1000 nm), essas características do laser de safira de titânio justificam seu largo uso em espectroscopia e fotoquímica modernas.

Conceitos importantes

- ☐ 1. **Ação de laser** é a emissão estimulada de radiação coerente entre estados relacionados por uma inversão de população.
- ☐ 2. **Inversão de população** é uma condição na qual a população de um estado mais alto é maior do que a de um estado mais baixo relevante.
- ☐ 3. Os **modos ressonantes** de um laser são os comprimentos de onda de radiação sustentados no interior da cavidade de um laser.
- ☐ 4. Os pulsos de laser são gerados pelas técnicas de **chaveamento *Q*** e **modulação de modos**.
- ☐ 5. Na **espectroscopia resolvida no tempo**, os pulsos de laser são utilizados para obter o espectro de absorção, de emissão ou Raman de reagentes, intermediários, produtos e até mesmo estados de transição das reações.
- ☐ 6. Os lasers práticos incluem os **lasers de gás**, **de corantes**, **de exciplex** e **vibrônicos**.

Equações importantes

Propriedade	Equação	Comentário	Número da equação
Modos ressonantes	$n \times \frac{1}{2}\lambda = L$	Cavidade de laser de comprimento L	13C.1
Comprimento de coerência	$l_C = \lambda^2/2\Delta\lambda$		13C.2
Saída de laser com modulação de modos	$I(t) \propto \mathcal{E}_0^2\{\mathrm{sen}^2(N\pi ct/2L)/\mathrm{sen}^2(\pi ct/2L)\}$	N modos modulados	13C.3

CAPÍTULO 13 Transições eletrônicas

SEÇÃO 13A Espectros eletrônicos

Questões teóricas

13A.1 Explique a origem do símbolo do termo $^3\Sigma_g^-$ para o estado fundamental do dioxigênio.

13A.2 Explique a base do princípio de Franck–Condon e como ele conduz à formação de uma progressão vibracional.

13A.3 Como surgem as cabeças de banda nos ramos P e R? O ramo Q pode mostrar uma cabeça de banda?

13A.4 Explique como as moléculas podem dar origem a cores.

13A.5 Suponha que você é um químico de cores e foi solicitado a intensificar a cor de um corante sem alterar o tipo de composto, e que o corante em questão é um polieno conjugado. (a) Você escolheria diminuir ou aumentar a cadeia? (b) A modificação do comprimento da cadeia deslocaria a cor aparente do corante para o vermelho ou para o azul?

Exercícios

13A.1(a) Um dos estados excitados da molécula de C_2 tem uma configuração para os elétrons de valência que é dada por $1\sigma_g^2 1\sigma_u^2 1\pi_u^3 1\pi_g^1$. Dê a multiplicidade e a paridade do termo.
13A.1(b) Um dos estados excitados da molécula de C_2 tem uma configuração para os elétrons de valência que é dada por $1\sigma_g^2 1\sigma_u^2 1\pi_u^3 1\pi_g^2$. Dê a multiplicidade e a paridade do termo.

13A.2(a) Quais das seguintes transições são permitidas por dipolo elétrico? (i) $^2\Pi \leftrightarrow {}^2\Pi$, (ii) $^1\Sigma \leftrightarrow {}^1\Sigma$, (iii) $\Sigma \leftrightarrow \Delta$, (iv) $\Sigma^+ \leftrightarrow \Sigma^-$, (v) $\Sigma^+ \leftrightarrow \Sigma^+$.
13A.2(b) Quais das seguintes transições são permitidas por dipolo elétrico? (i) $^1\Sigma_g^+ \leftrightarrow {}^1\Sigma_u^+$, (ii) $^3\Sigma_g^+ \leftrightarrow {}^3\Sigma_u^+$, (iii) $\pi^* \leftrightarrow n$.

13A.3(a) A função de onda do estado fundamental de uma certa molécula é descrita pela função de onda vibracional $\psi_0 = N_0 e^{-ax^2}$. Calcule o fator de Franck–Condon para uma transição vibracional para um estado descrito pela função de onda $\psi_v = N_v e^{-a(x-x_0)^2/2}$.
13A.3(b) A função de onda do estado fundamental de uma certa molécula é descrita pela função de onda vibracional $\psi_0 = N_0 e^{-ax^2}$. Calcule o fator de Franck–Condon para uma transição vibracional para um estado descrito pela função de onda $\psi_v = N_v x e^{-a(x-x_0)^2/2}$.

13A.4(a) Suponha que o estado vibracional fundamental de uma molécula seja modelado usando-se a função de onda da partícula em uma caixa $\psi_0 = (2/L)^{1/2}\text{sen}(\pi x/L)$ para $0 \le x \le L$ e 0 em outro lugar. Calcule o fator de Franck–Condon para uma transição para um estado vibracional descrito pela função de onda $\psi' = (2/L)^{1/2}\text{sen}[\pi(x - L/4)/L]$ para $L/4 \le x \le 5L/4$ e 0 em outro lugar.
13A.4(b) Suponha que o estado vibracional fundamental de uma molécula seja modelado usando-se a função de onda da partícula em uma caixa $\psi_0 = (2/L)^{1/2}\text{sen}(\pi x/L)$ para $0 \le x \le L$ e 0 em outro lugar. Calcule o fator de Franck–Condon para uma transição para um estado vibracional descrito pela função de onda $\psi' = (2/L)^{1/2}\text{sen}[\pi(x - L/2)/L]$ para $L/2 \le x \le 3L/2$ e 0 em outro lugar.

13A.5(a) Use a Eq. 13A.8a para inferir o valor de J correspondente à localização da cabeça de banda do ramo P de uma transição.
13A.5(b) Use a Eq. 13A.8c para inferir o valor de J correspondente à localização da cabeça de banda do ramo R de uma transição.

13A.6(a) Os seguintes parâmetros descrevem os estados eletrônicos fundamental e excitado do SnO: $\tilde{B} = 0{,}3540\ \text{cm}^{-1}$, $\tilde{B}' = 0{,}3101\ \text{cm}^{-1}$. Que ramo da transição entre esses estados mostrará uma cabeça de banda? Em que valor de J isso ocorrerá?
13A.6(b) Os seguintes parâmetros descrevem os estados eletrônicos fundamental e excitado do BeH: $\tilde{B} = 10{,}308\ \text{cm}^{-1}$, $\tilde{B}' = 10{,}470\ \text{cm}^{-1}$. Que ramo da transição entre esses estados mostrará uma cabeça de banda? Em que valor de J isso ocorrerá?

13A.7(a) O ramo R da transição $^1\Pi_u \leftarrow {}^1\Sigma_g^+$ do H_2 mostra uma cabeça de banda no valor muito baixo de $J = 1$. A constante rotacional do estado fundamental é 60,80 cm^{-1}. Qual é a constante rotacional do estado superior? O comprimento da ligação aumentou ou diminuiu nessa transição?
13A.7(b) O ramo P da transição $^2\Pi \leftarrow {}^2\Sigma^+$ do CdH mostra uma cabeça de banda em $J = 25$. A constante rotacional do estado fundamental é 5,437 cm^{-1}. Qual é a constante rotacional do estado superior? O comprimento da ligação aumentou ou diminuiu nessa transição?

13A.8(a) O íon complexo $[Fe(H_2O)_6]^{3-}$ tem um espectro de absorção eletrônica com um máximo em 700 nm. Estime o valor de Δ_O para o complexo.
13A.8(b) O íon complexo $[Fe(CN)_6]^{3-}$ tem um espectro de absorção eletrônica com um máximo em 305 nm. Estime o valor de Δ_O para o complexo.

13A.9(a) Admita que possamos modelar uma transição por transferência de carga em um sistema unidimensional como um processo em que uma função de onda retangular não nula no intervalo $0 \le x \le a$ faz uma transição para uma função de onda retangular não nula no intervalo $\frac{1}{2}a \le x \le b$. Calcule o momento da transição $\int \psi_f x \psi_i dx$. (Admita $a < b$.)
13A.9(b) Admita que possamos modelar uma transição por transferência de carga em um sistema unidimensional como um processo em que uma função de onda retangular não nula no intervalo $0 \le x \le a$ sofre uma transição para uma função de onda retangular não nula no intervalo $ca \le x \le a$, em que $0 \le x \le 1$. Calcule o momento da transição $\int \psi_f x \psi_i dx$ e explore sua dependência em relação a c.

13A.10(a) Admita que possamos modelar uma transição por transferência de carga em um sistema unidimensional como um processo em que uma função de onda gaussiana centrada em $x = 0$ e largura a sofre uma transição para uma função de onda gaussiana centrada em $x = \frac{1}{2}a$. Calcule o momento da transição $\int \psi_f x \psi_i dx$.
13A.10(b) Admita que possamos modelar uma transição por transferência de carga em um sistema unidimensional como um processo em que um elétron descrito por uma função de onda gaussiana centrada em $x = 0$ e largura a sofre uma transição para uma função de onda gaussiana de largura $a/2$ e centrada em $x = 0$. Calcule o momento da transição $\int \psi_f x \psi_i dx$.

13A.11(a) Os dois compostos 2,3-dimetil-2-buteno (**1**) e 2,5-dimetil-2,4-hexadieno (**2**) se distinguem pelos respectivos espectros de absorção no ultravioleta. A absorção máxima de um composto está em 192 nm e a do outro a 243 nm. Atribua cada máximo a um dos compostos e justifique a resposta.

1 2,3-Dimetil-2-buteno

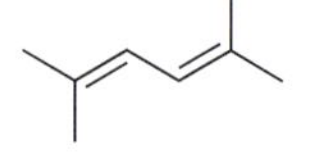

2 2,5-Dimetil-2,4-hexadieno

13A.11(b) A molécula de 3-buten-2-ona (**3**) tem uma absorção intensa a 213 nm e uma absorção fraca a 320 nm. Justifique essas características e identifique que banda corresponde a que transição de absorção no ultravioleta.

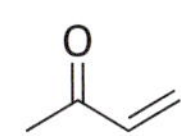

3 3-Buten-2-ona

Problemas

13A.1‡ J.G. Dojahn *et al.* (*J. Phys. Chem.* **100**, 9649 (1996)) caracterizaram as curvas da energia potencial do estado fundamental e dos estados eletrônicos dos ânions dos halogênios diatômicos homonucleares. Estes ânions têm um estado fundamental $^2\Sigma_u^+$ e estados excitados $^2\Pi_g$, $^2\Pi_u$ e $^2\Sigma_g^+$. Para quais desses estados excitados são permitidas as transições de dipolo elétrico? Explique.

13A.2 O número de onda vibracional da molécula de oxigênio, no seu estado eletrônico fundamental, é 1580 cm^{-1}, e o do primeiro estado excitado ($B^3\Sigma_u^-$), para o qual há uma transição eletrônica permitida, é 700 cm^{-1}. Se a separação de energia entre os mínimos das curvas de energia potencial dos dois estados eletrônicos for de 6,175 eV, qual o número de onda da transição de menor energia na banda de transições que começa no estado de vibração $\upsilon = 0$ do estado eletrônico fundamental para o estado excitado? Ignore os efeitos rotacionais e de anarmonicidade.

13A.3 Uma transição de importância particular no O_2 dá surgimento à banda de Schumann–Runge na região do ultravioleta. Os números de onda (em cm^{-1}) das transições a partir do estado fundamental para os níveis vibracionais do primeiro estado excitado ($^3\Sigma_u^-$) são 50.062,6, 50.725,4, 51.369,0, 51.988,6, 52.579,0, 53.143,4, 53.679,6, 54.177,0, 54.641,8, 55.078,2, 55.460,0, 55.803,1, 56.107,3, 56.360,3, 56.570,6. Qual é a energia de dissociação do estado eletrônico superior? (Use um gráfico de Birge–Sponer, Seção 12D.) Sabe-se que o mesmo estado excitado se dissocia em um átomo de O no estado fundamental e um átomo num estado excitado com uma energia de 190 kJ mol^{-1} acima do estado fundamental. (Este átomo excitado é responsável por um grande dano fotoquímico na atmosfera.) O_2 no estado fundamental se dissocia em dois átomos no estado fundamental. Use esta informação para calcular a energia de dissociação do O_2 no estado fundamental a partir dos dados de Schumann–Runge.

13A.4 Estamos agora prontos para entender com maior profundidade as características dos espectros de fotoelétron (Seção 10B). A Fig. 13.1 apresenta o espectro de fotoelétron do HBr. Ignorando, por ora, a estrutura fina, as linhas do HBr caem em dois grupos principais. Os elétrons com ligação menos firme (com as mais baixas energias de ionização e, por conseguinte, as mais altas energias cinéticas, quando ejetados) são aqueles nos pares isolados do átomo de Br. A energia de ionização seguinte localiza-se em 15,2 eV, correspondendo à remoção de um elétron da ligação σ do HBr. (a) O espectro mostra que a ejeção de um elétron σ é acompanhada de uma considerável quantidade de excitação vibracional. Use o princípio de Franck-Condon para explicar essa observação. (b) Agora explique por que a falta de muita estrutura vibracional na outra banda é consistente com o papel não ligante dos elétrons dos pares isolados $Br4p_x$ e $Br4p_y$.

13A.5 Os elétrons de maior energia cinética no espectro de fotoelétron da H_2O, obtido usando-se radiação de 21,22 eV, estão em cerca de 9 eV e mostram um espaçamento vibracional extenso de 0,41 eV. O modo de estiramento simétrico da molécula de H_2O neutra apresenta uma frequência de 3652 cm^{-1}. (a) Que conclusão pode ser obtida sobre a natureza do orbital do qual o elétron é removido? (b) No mesmo espectro da molécula de H_2O, a banda próxima a 7,0 eV mostra uma longa série vibracional com um espaçamento de 0,125 eV. O modo de flexão da molécula apresenta uma frequência de 1596 cm^{-1}. Que conclusões você pode tirar sobre as características do orbital ocupado por esse fotoelétron?

13A.6 Os espectros no ultravioleta proporcionam muitas informações sobre os níveis de energia e as funções de onda de moléculas inorgânicas pequenas. O espectro do SO_2 gasoso, a 25 °C, que aparece na Fig. 13A.5, é um exemplo de um espectro com considerável estrutura vibracional.

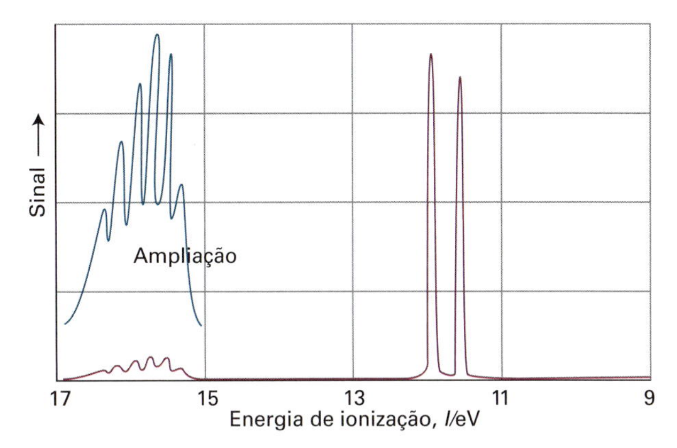

Figura 13.1 O espectro de fotoelétron do HBr.

Estime o coeficiente de absorção integrado da transição. Que estados eletrônicos são acessíveis a partir do estado fundamental A_1 desta molécula C_{2v} por transições de dipolo elétrico?

13A.7 Admita que os estados dos elétrons π de uma molécula conjugada possam ser descritos pelas funções de onda de uma partícula em uma caixa unidimensional. Admita também que o momento de dipolo possa ser relacionado com o deslocamento ao longo do comprimento da caixa por $\mu = -ex$. Mostre que a probabilidade da transição $n = 1 \rightarrow n = 2$ não é nula, enquanto a transição $n = 1 \rightarrow n = 3$ é nula. *Sugestão*: A relação a seguir será útil: $\text{sen}\, x\, \text{sen}\, y = \frac{1}{2}\cos(x-y) - \frac{1}{2}\cos(x+y)$. As respectivas integrais são encontradas na *Seção de dados*.

13A.8 O 1,3,5-hexatrieno (uma espécie de benzeno "linear") foi convertido a benzeno. Com base no modelo do orbital molecular de um elétron livre (no qual o hexatrieno é tratado como se fosse uma caixa linear e o benzeno, como um anel), espera-se que a energia de absorção mais baixa aumente ou diminua na conversão?

13A.9 Estime o momento de dipolo de uma transição de transferência de carga modelada como a migração de um elétron de um orbital H1*s* em um átomo para outro orbital H1*s* de outro átomo à distância *R* do primeiro. Tome como aproximação do momento de transição o produto $-eRS$, em que *S* é a integral de sobreposição dos dois orbitais. Dê a curva da variação do momento de transição em função de *R* aproveitando a curva da variação de *S* dada na Fig. 10C.7. Por que a intensidade cai a zero quando *R* tende para zero ou para infinito?

13A.10 A Fig. 13.2 mostra os espectros de absorção no UV-visível de uma seleção de aminoácidos. Sugira razões para suas diferentes aparências em termos das estruturas das moléculas.

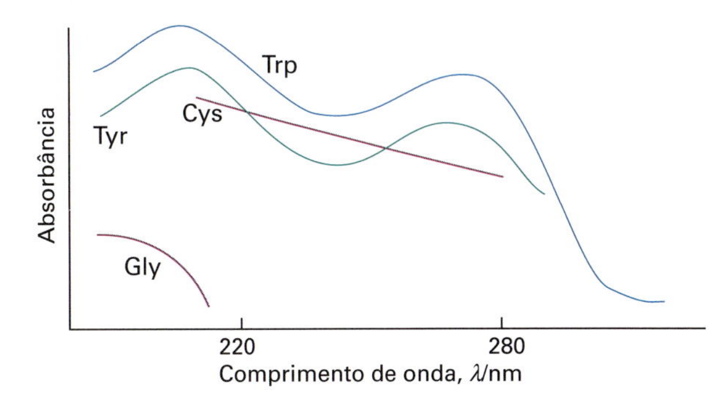

Figura 13.2 Espectros de absorção eletrônica de aminoácidos selecionados.

‡ Estes problemas foram propostos por Charles Trapp e Carmem Giunta.

SEÇÃO 13B Evolução dos estados excitados

Questões teóricas

13B.1 Descreva o mecanismo de fluorescência. Até que ponto um espectro de fluorescência não é a imagem especular exata do espectro de absorção correspondente?

13B.2 Qual é a evidência de que o mecanismo de fluorescência está correto?

Exercícios

13B.1(a) A curva A na Fig. 13.3 é o espectro de fluorescência da benzofenona em solução sólida em etanol a baixas temperaturas, observado quando a amostra está iluminada com luz de 360 nm de radiação no ultravioleta. O que pode ser dito sobre os níveis de energia de vibração do grupo carbonila (i) no seu estado eletrônico fundamental e (ii) no seu estado eletrônico excitado?

13B.1(b) Quando se ilumina o naftaleno com luz de 360 nm de radiação no ultravioleta não há absorção, porém a curva identificada por B na Fig. 13.3 é o espectro de fosforescência de uma solução sólida de uma mistura de naftaleno e benzofenona em etanol. Pode-se perceber, nesse espectro, uma componente da fluorescência do naftaleno. Explique essa observação.

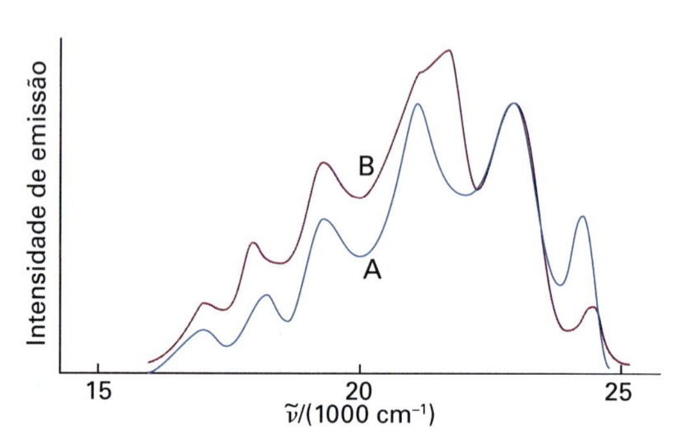

Figura 13.3 Espectros de fluorescência e fosforescência de duas soluções.

13B.2(a) A molécula de oxigênio absorve radiação ultravioleta em uma transição do estado eletrônico fundamental $^3\Sigma_g^-$ para um estado excitado energeticamente próximo de um estado dissociativo $^5\Pi_u$. A banda de absorção tem uma largura de linha experimental relativamente grande. Explique essa observação.

13B.2(b) A molécula de hidrogênio absorve radiação ultravioleta em uma transição do estado eletrônico fundamental $^1\Sigma_g^+$ para um estado excitado energeticamente próximo de um estado dissociativo $^1\Sigma_u^+$. A banda de absorção tem uma largura de linha experimental relativamente grande. Explique essa observação.

Problema

13B.1 O espectro de fluorescência do vapor de antraceno exibe uma série de picos de intensidade crescente com os máximos a 440 nm, 410 nm, 390 nm e 370 nm, seguidos por nítido corte nos comprimentos de onda menores. O espectro de absorção eleva-se rapidamente a partir do zero até um máximo a 360 nm, com uma sequência de picos de intensidade decrescente a 345 nm, 330 nm e 305 nm. Explique essas observações.

SEÇÃO 13C Lasers

Questões teóricas

13C.1 Descreva os princípios da ação de laser (a) de onda contínua e (b) pulsada.

13C.2 Como você empregaria um laser com chaveamento Q ou com modulação de modos no estudo de uma reação química muito rápida que possa ser iniciada por absorção de luz?

Exercícios

13C.1(a) Considere que um laser tem uma cavidade evacuada de comprimento igual a 1,0 m. Quais são os comprimentos de onda e as frequências permitidas dos modos ressonantes?

13C.1(b) Considere que um laser tem uma cavidade evacuada de comprimento igual a 3,0 m. Quais são os comprimentos de onda e as frequências permitidas dos modos ressonantes?

13C.2(a) Um laser pulsado de 0,10 mJ pode gerar radiação com potência de pico de saída de 5,0 MW e uma potência média de saída de 7,0 kW. Determine a duração do pulso e a frequência de repetição dos pulsos.

13C.2(b) Um laser pulsado de 20,0 μJ pode gerar radiação com potência de pico de saída de 100 kW e uma potência média de saída de 0,40 mW. Determine a duração do pulso e a velocidade de repetição dos pulsos.

Problemas

13C.1 A degradação de moléculas induzida pela luz, também chamada *fotodescoramento*, é um problema sério na microscopia por fluorescência. Uma molécula de um corante fluorescente, geralmente usada para identificar biopolímeros, pode resistir a aproximadamente 10^6 excitações por fótons antes que reações induzidas pela luz destruam seu sistema π e a molécula já não fluoresça. Por quanto tempo uma única molécula de corante fluorescerá enquanto for excitada por 1,0 mW de uma radiação a 488 nm proveniente de um laser de íon de argônio de onda contínua? Você pode assumir que o corante tem um espectro de absorção com picos em 488 nm e que todo fóton emitido pelo laser é absorvido pela molécula.

13C.2 Use um programa matemático ou uma planilha eletrônica para simular a saída de um laser com modulação de modos (ou seja, um gráfico como o mostrado na Fig. 13C.8) para $L = 30$ cm e $N = 100$ e 1000.

Atividades integradas

13.1‡ Um dos principais métodos de se obter os espectros eletrônicos de radicais instáveis é a investigação dos espectros de cometas, que consistem quase inteiramente em espectros de radicais. Muitos desses espectros foram encontrados nos cometas, entre os quais o do CN. Esses radicais se formam nos cometas pela absorção, por seus compostos principais, de radiação solar no ultravioleta remoto. Depois, fluorescem sob a excitação de luz solar de comprimento de onda mais elevado. Os espectros do cometa Hale–Bopp (C/1995 O1) foram objeto de muitos estudos recentes. Um deles é o do espectro de fluorescência do CN na coma (a nuvem que constitui a parte principal da cabeça do cometa) do cometa, a grandes distâncias heliocêntricas, feito por R.M. Wagner e D.G. Schleicher (*Science* **275**, 1918 (1997)). Nesse artigo, os autores determinam a distribuição espacial e a taxa de produção do CN na coma. A banda da vibração (0–0) está centrada em 387,6 nm, e a banda (1–1), mais fraca, com intensidade relativa 0,1, em 386,4 nm. As cabeças das bandas (0–0) e (0–1) são, respectivamente, 388,3 e 421,6 nm. Com esses dados, calcule a energia do estado excitado S_1 em relação ao estado fundamental S_0. Calcule os números de onda das vibrações e a diferença entre os números de onda vibracionais dos dois estados. Calcule as populações relativas dos níveis vibracionais $\upsilon = 0$ e $\upsilon = 1$, do estado S_1. Estime também a temperatura efetiva da molécula no estado excitado S_1. Aparentemente, somente oito níveis de rotação do estado S_1 estão ocupados. Essa observação é compatível com a temperatura efetiva do estado S_1?

13.2 Mediante argumentos da teoria dos grupos, diga quais, dentre as transições seguintes, são transições de dipolo elétrico permitidas: (a) a transição $\pi^* \leftarrow \pi$ no eteno, (b) a transição $\pi^* \leftarrow$ n em um grupo carbonila em um ambiente C_{2v}.

13.3 Use a molécula (**4**) como um modelo da conformação *trans* do cromóforo encontrado na rodopsina. Nesse modelo, o grupo metila ligado ao átomo de nitrogênio da base de Schiff protonada substitui a proteína. (a) Usando um software de modelagem molecular e um método computacional da escolha do seu professor, calcule a separação de energia entre HOMO e LUMO de (**4**). (b) Repita o cálculo para a forma 11-*cis* de (**4**). (c) Com base em seus resultados das partes (a) e (b), você espera que a frequência experimental para a absorção no visível $\pi^* \leftarrow \pi$ da forma *trans* de (**4**) seja mais alta ou mais baixa que para a forma 11-*cis* de (**4**)?

C11
N
H
4

13.4 Observam-se transições eletrônicas de transferência de carga em complexos formados por hidrocarbonetos aromáticos e I_2. O hidrocarboneto atua como um doador de elétron e o I_2, como um receptor de elétron. As energias $h\nu_{máx}$ das transições de transferência de carga para vários complexos hidrocarboneto–I_2 podem ser vistas a seguir:

Hidrocarboneto	benzeno	bifenila	naftaleno	fenantreno	pireno	antraceno
$h\nu_{máx}$/eV	4,184	3,654	3,452	3,288	2,989	2,890

Investigue a hipótese de que existe uma correlação entre a energia do HOMO do hidrocarboneto (a partir do qual vem o elétron que participa da transição de transferência de carga) e $h\nu_{máx}$. Use um dos métodos de estrutura eletrônica molecular discutidos na Seção 10E para determinar a energia do HOMO de cada um dos hidrocarbonetos presentes na tabela anterior.

13.5 O momento angular de spin é conservado quando uma molécula se dissocia em átomos. Quais as multiplicidades atômicas que são permitidas quando: (a) uma molécula de O_2 se dissocia em átomos; (b) uma molécula de N_2 se dissocia em átomos?

CAPÍTULO 14

Ressonância magnética

As técnicas de "ressonância magnética" investigam transições entre os estados de spin de núcleos e elétrons das moléculas. A espectroscopia de "ressonância magnética nuclear" (RMN), o foco deste capítulo, é um dos procedimentos de mais ampla utilização em química para a exploração de propriedades estruturais e dinâmicas de moléculas de todos os tamanhos, até as tão grandes quanto os biopolímeros.

14A Princípios gerais

O capítulo inicia com uma explicação dos princípios que regem as transições espectroscópicas entre estados de spin de núcleos e elétrons das moléculas. Descreve também arranjos experimentais simples para a detecção dessas transições. Os conceitos desenvolvidos nessa seção preparam o campo para uma discussão das aplicações químicas da RMN e da "ressonância paramagnética do elétron" (RPE).

14B Características dos espectros de RMN

Essa seção contém uma discussão da RMN convencional, mostrando como as propriedades de um núcleo magnético são afetadas por seu ambiente eletrônico e pela presença de núcleos magnéticos na sua vizinhança. Esses conceitos levam ao entendimento de como a estrutura molecular rege o aspecto dos espectros de RMN.

14C Técnicas de pulsos na RMN

Nessa seção consideramos as modernas versões de RMN, que se baseiam no uso de pulsos de radiação eletromagnética e no processamento do sinal resultante por técnicas de "transformada de Fourier". É pela aplicação dessas técnicas de pulsos que a espectroscopia de RMN pode investigar um amplo leque de moléculas pequenas e grandes em uma variedade de contextos.

14D Ressonância paramagnética do elétron

As técnicas experimentais para RPE assemelham-se às empregadas nos primórdios da RMN. As informações obtidas são utilizadas para investigar espécies com elétrons desemparelhados. Essa seção inclui um pequeno levantamento das aplicações da RPE ao estudo de radicais orgânicos e complexos de metais d.

Qual é o impacto deste material?

As técnicas de ressonância magnética são onipresentes em química, pois são uma técnica analítica e estrutural muito poderosa, principalmente na química orgânica e na bioquímica. Uma das aplicações mais marcantes da ressonância magnética nuclear é em medicina. A formação de "imagem por ressonância magnética" (IRM) é a representação das concentrações de prótons em um objeto sólido (*Impacto* I14.1). A técnica é particularmente útil para diagnosticar doenças. No *Impacto* I14.2, destaca-se também uma aplicação da ressonância paramagnética eletrônica na ciência dos materiais e na bioquímica: o uso de uma "sonda de spin", um radical que interage com o biopolímero ou uma nanoestrutura e tem um espectro de RPE que revela suas propriedades estruturais e dinâmicas.

14A Princípios gerais

Tópicos

➤ Por que você precisa saber este assunto?

A espectroscopia de ressonância magnética nuclear é amplamente utilizada na química e na medicina. Para entender o poder da ressonância magnética, você precisa entender os princípios que regem as transições espectroscópicas entre estados de spin dos elétrons e núcleos das moléculas.

➤ Qual é a ideia fundamental?

A absorção ressonante ocorre quando a separação dos níveis de energia dos spins em um campo magnético se iguala à energia dos fótons incidentes.

➤ O que você já deve saber?

Você precisa estar familiarizado com o conceito quântico de spin (Seção 9B), com a distribuição de Boltzmann (*Fundamentos* B e Seção 15A) e com as características gerais da espectroscopia (Seção 12A).

Quando dois pêndulos estão suspensos em um suporte ligeiramente flexível, o movimento de um deles provoca a oscilação forçada do outro, graças à ligação entre ambos. Há então um fluxo de energia entre os dois pêndulos. A transferência de energia ocorre mais eficientemente quando as frequências de oscilação dos dois pêndulos são idênticas. A condição do acoplamento forte e eficaz quando as frequências das duas oscilações são idênticas é chamada de **ressonância**. A ressonância é a base de muitos fenômenos da vida diária, entre os quais a operação dos aparelhos radiorreceptores, que respondem às oscilações muito fracas do campo eletromagnético gerado por um transmissor situado, em geral, a grande distância. Historicamente, as técnicas espectroscópicas que medem as transições entre os estados do spin dos núcleos e dos elétrons mantêm o termo "ressonância" em seus nomes porque dependem do ajustamento de um conjunto de níveis de energia à energia de uma radiação monocromática e da observação da forte absorção que ocorre na ressonância. De fato, toda espectroscopia é uma forma de acoplamento ressonante entre o campo eletromagnético e as moléculas; o que distingue a **ressonância magnética** é que os próprios níveis de energia são modificados pela aplicação de um campo magnético.

A experiência de Stern–Gerlach (Seção 9B) forneceu evidência para o spin do elétron. Acontece que muitos núcleos possuem também momento angular de spin. Momentos angulares orbital e de spin dão origem a momentos magnéticos, e dizer que elétron e núcleos têm momentos magnéticos significa que, de alguma forma, eles se comportam de forma semelhante a pequenos ímãs, com energias que dependem da sua orientação em um campo magnético aplicado. Inicialmente, estabelecemos como as energias de elétrons e núcleos dependem do campo aplicado. Este material cria as condições para a exploração da estrutura e da dinâmica de moléculas pela espectroscopia de ressonância magnética (Seções 14B–14D).

14A.1 Ressonância magnética nuclear

A aplicação da ressonância que descreveremos aqui depende do fato de muitos núcleos possuírem momento angular de spin caracterizado por um **número quântico de spin nuclear** I (o análogo de s para os elétrons). Para entender a **ressonância magnética nuclear** (RMN) precisamos descrever o comportamento dos núcleos nos campos magnéticos e, então, as técnicas básicas para detectar transições espectroscópicas.

(a) As energias dos núcleos nos campos magnéticos

O número quântico de spin nuclear, I, é uma propriedade imutável e característica do núcleo em seu estado fundamental (o único estado que consideramos), e, dependendo do nuclídeo, pode ser um inteiro ou um semi-inteiro (Tabela 14A.1). Um núcleo com número quântico de spin I tem as seguintes propriedades:

Tabela 14A.1 Constituição do núcleo e o número quântico de spin nuclear*

Número de prótons	Número de nêutrons	I
Par	Par	0
Ímpar	Ímpar	Inteiro (1, 2, 3, ...)
Par	Ímpar	Semi-inteiro $(\frac{1}{2}, \frac{3}{2}, \frac{5}{2}, \ldots)$
Ímpar	Par	Semi-inteiro $(\frac{1}{2}, \frac{3}{2}, \frac{5}{2}, \ldots)$

* O spin de um núcleo pode ser diferente se ele está em um estado excitado; ao longo deste capítulo consideramos apenas o estado fundamental do núcleo.

- Um momento angular com o módulo igual a $\{I(I+1)\}^{1/2}\hbar$.
- Um componente do momento angular $m_I\hbar$ sobre um eixo arbitrário ("o eixo z"), em que $m_I = I, I-1, \ldots, -I$.
- Se $I > 0$, um momento magnético com um módulo constante e uma orientação que é determinada pelo valor de m_I.

Interpretação física

De acordo com a segunda propriedade, o spin, e, portanto, o momento magnético do núcleo, pode ter $2I + 1$ orientações diferentes em relação a um eixo no espaço. Um próton tem $I = \frac{1}{2}$ e o seu spin pode ter apenas duas orientações; o núcleo ^{14}N tem $I = 1$ e o seu spin pode ter três orientações; o ^{12}C e o ^{16}O têm spin nuclear nulo, e, portanto, momento magnético nulo.

Classicamente, a energia de um momento magnético $\boldsymbol{\mu}$ em um campo magnético $\mathcal{B}$ é igual ao produto escalar (*Revisão de matemática* 5, que acompanha o Capítulo 9)

$$E = -\boldsymbol{\mu} \cdot \mathcal{B} \tag{14A.1}$$

Mais formalmente, $\mathcal{B}$ é a indução magnética que é medida em tesla, T; 1 T = 1 kg s^{-2} A^{-1}. A unidade gauss, G (não é do SI), é utilizada eventualmente: 1 T = 10^4 G. No âmbito da mecânica quântica, escrevemos o hamiltoniano como

$$\hat{H} = -\hat{\boldsymbol{\mu}} \cdot \mathcal{B} \tag{14A.2}$$

Para escrever uma expressão para $\hat{\boldsymbol{\mu}}$, usamos o fato de que, tal como para os elétrons (Seção 9B), o momento magnético de um núcleo é proporcional ao momento angular. Os operadores na Eq. 14A.2, então, são:

$$\hat{\boldsymbol{\mu}} = \gamma_N \hat{\boldsymbol{I}} \quad \text{e} \quad \hat{H} = -\gamma_N \mathcal{B} \cdot \hat{\boldsymbol{I}} \tag{14A.3a}$$

em que γ_N é a **razão giromagnética nuclear** do núcleo em questão, uma característica determinada empiricamente que surge da sua estrutura interna (Tabela 14A.2). Para um campo magnético $\mathcal{B}_0$ ao longo da direção z, o hamiltoniano na Eq. 14A.3a se torna

$$\hat{H} = -\gamma_N \mathcal{B}_0 \hat{I}_z \tag{14A.3b}$$

Como o operador $\hat{I}_z$ tem autovalores $m_I\hbar$, os autovalores desse hamiltoniano são

$$E_{m_I} = -\gamma_N \hbar \mathcal{B}_0 m_I \tag{14A.4a}$$

Energias de um spin nuclear em um campo magnético

Quando escrito em termos do **magnéton nuclear**, $\boldsymbol{\mu}_N$,

$$\mu_N = \frac{e\hbar}{2m_p} = 5{,}051 \times 10^{-27}\ \text{J T}^{-1} \tag{14A.4b}$$

Magnéton nuclear

(em que m_p é a massa do próton) e uma constante empírica chamada de **fator g nuclear**, g_I, a energia na Eq. 14A.4a torna-se

$$E_{m_I} = -g_I \mu_N \mathcal{B}_0 m_I \quad g_I = \frac{\gamma_N \hbar}{\mu_N} \tag{14A.4c}$$

Energias de um spin nuclear em um campo magnético

Os fatores g nucleares são grandezas adimensionais determinadas experimentalmente com valores normalmente entre -6 e +6 (Tabela 14A.2). Os valores positivos de g_I e γ_N representam um momento magnético localizado na mesma direção que o vetor do momento angular do spin; valores negativos indicam que o momento magnético e o spin se localizam em direções opostas. Um magneto nuclear é cerca de 2000 vezes mais fraco que o magneto associado ao spin do elétron.

Para o restante da nossa discussão de ressonância magnética nuclear supomos que γ_N seja positivo, conforme é o caso para a maioria dos núcleos. Nesses casos, segue da Eq. 14A.4c que estados com $m_I > 0$ se localizam abaixo dos estados com $m_I < 0$. Segue que a separação de energia entre o estado inferior $m_I = +\frac{1}{2}(\alpha)$ e o

Tabela 14A.2* Propriedades do spin nuclear

Nuclídeo	Abundância natural/%	Spin I	Fator g, g_I	Razão giromagnética, $\gamma_N/(10^7\ \text{T}^{-1}\ \text{s}^{-1})$	Frequência de RMN a 1 T, ν/MHz
^1n		$\frac{1}{2}$	−3,826	−18,32	29,164
^1H	99,98	$\frac{1}{2}$	5,586	26,75	42,576
^2H	0,02	1	0,857	4,11	6,536
^{13}C	1,11	$\frac{1}{2}$	1,405	6,73	10,708
^{14}N	99,64	1	0,404	1,93	3,078

* Mais valores são fornecidos na *Seção de dados*.

estado superior $m_I = -\frac{1}{2}(\beta)$ de um **núcleo de spin** $\frac{1}{2}$, um núcleo com $I = \frac{1}{2}$, é

$$\Delta E = E_{-1/2} - E_{+1/2} = \tfrac{1}{2}\gamma_N \hbar \mathcal{B}_0 - (-\tfrac{1}{2}\gamma_N \hbar \mathcal{B}_0) = \gamma_N \hbar \mathcal{B}_0 \qquad (14A.5)$$

e a absorção ressonante ocorre quando a condição de ressonância

$$h\nu = \gamma_N \hbar \mathcal{B}_0 \quad \text{ou} \quad \nu = \frac{\gamma_N \mathcal{B}_0}{2\pi} \qquad \textit{Núcleo de spin } \tfrac{1}{2} \quad \text{Condição de ressonância} \qquad (14A.6)$$

é satisfeita (Fig. 14A.1). Na ressonância há um forte acoplamento entre os spins e a radiação, e a absorção ocorre quando os spins passam do estado de energia inferior para o estado superior.

Às vezes é útil comparar as imagens da mecânica quântica e da física clássica dos núcleos magnéticos representados como pequenos ímãs de barra. Um ímã de barra em um campo magnético externamente aplicado sofre o movimento denominado **precessão** quando gira em torno da direção do campo (Fig. 14A.2). A velocidade da precessão ν_L é chamada de **frequência de precessão de Larmor**:

$$\nu_L = \frac{\gamma_N \mathcal{B}_0}{2\pi} \qquad \textit{Definição} \quad \text{Frequência de Larmor de um núcleo} \qquad (14A.7)$$

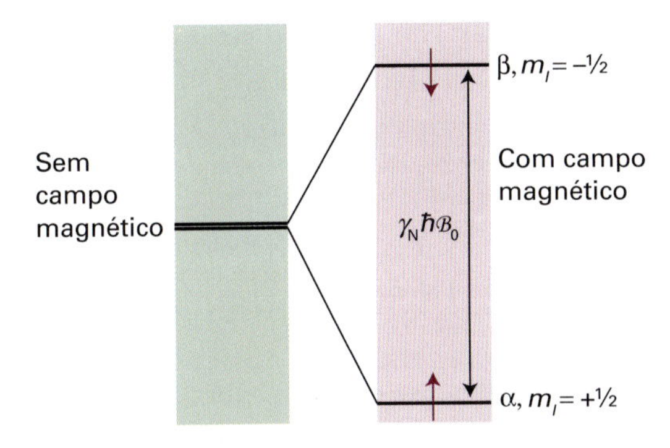

Figura 14A.1 Níveis de energia do spin nuclear de um núcleo com spin $\frac{1}{2}$ e com razão giromagnética positiva (por exemplo, ^{1}H e ^{13}C) em um campo magnético. A ressonância ocorre quando a separação de energia dos níveis equivale à energia dos fótons no campo eletromagnético.

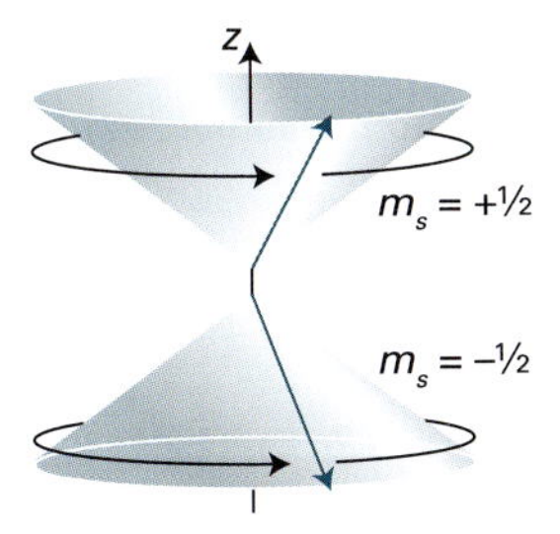

Figura 14A.2 As interações entre os estados m_I de um núcleo de spin $\frac{1}{2}$ e um campo magnético externo podem ser visualizadas como a precessão dos vetores que representam o momento angular.

Segue, por comparação dessa expressão com a Eq. 14A.6, que a absorção ressonante por núcleos de spin $\frac{1}{2}$ ocorre quando a frequência de precessão de Larmor ν_L é a mesma que a frequência do campo eletromagnético aplicado, ν.

Breve ilustração 14A.1 A condição de ressonância em RMN

Para calcular a frequência com que a radiação entra em ressonância com os spins do próton ($I = \frac{1}{2}$) em um campo magnético de 12,0 T usamos a Eq. 14A.6 da seguinte maneira:

$$\nu = \frac{\overbrace{(2{,}6752\times10^8\ \mathrm{T^{-1}\,s^{-1}})}^{\gamma_N}\times\overbrace{(12{,}0\ \mathrm{T})}^{\mathcal{B}_0}}{2\pi} = 5{,}11\times10^8\ \mathrm{s^{-1}}$$
$$= 511\ \mathrm{MHz}$$

Exercício proposto 14A.1 Determine a frequência de ressonância para núcleos do ^{31}P, para os quais $\gamma_N = 1{,}0841 \times 10^8\ \mathrm{T^{-1}\,s^{-1}}$, nas mesmas condições.

Resposta: 207 MHz

(b) O espectrômetro de RMN

Em sua forma mais simples, a ressonância magnética nuclear (RMN) é o estudo das propriedades de moléculas que contêm núcleos magnéticos aplicando-se um campo magnético e observando-se a frequência do campo eletromagnético ressonante. As frequências de Larmor dos núcleos nos campos normalmente empregados (cerca de 12 T) tipicamente caem na região de radiofrequência do espectro eletromagnético (próximo a 500 MHz), de forma que RMN é uma técnica de radiofrequência. Na maior parte deste capítulo consideraremos núcleos com spin $\frac{1}{2}$, embora a RMN seja aplicável a núcleos com qualquer spin diferente de zero. Além dos prótons, que são os núcleos mais comumente estudados por RMN, outros núcleos com spin $\frac{1}{2}$ são o ^{13}C, o ^{19}F e o ^{31}P.

Um espectrômetro de RMN é constituído por fontes apropriadas de radiação de radiofrequência e um ímã que pode produzir um campo magnético intenso e uniforme. A maioria dos instrumentos modernos usa um campo magnético supercondutor que pode produzir campos da ordem de 10 T ou mais (Fig. 14A.3). A amostra é submetida a um rápido movimento de rotação para se removerem irregularidades magnéticas. Embora seja essencial para a investigação de moléculas pequenas, a rotação pode levar a resultados irreprodutíveis para moléculas grandes e frequentemente é evitada. O ímã supercondutor (Seção 18C) opera na temperatura do hélio líquido (4 K), mas a amostra, normalmente, está na temperatura ambiente ou mantida em uma faixa de temperatura variável, tipicamente entre −150 a +100 °C.

A espectroscopia de RMN moderna emprega pulsos de radiação de radiofrequência. Essas técnicas de RMN com transformada de Fourier (FT) possibilitam a determinação de estruturas de moléculas muito grandes em solução e em sólidos. Elas são abordadas na Seção 14C.

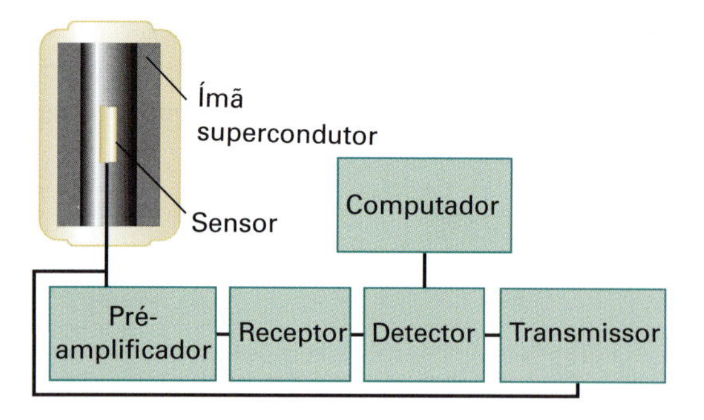

Figura 14A.3 Esquema da montagem de um espectrômetro de RMN. A ligação entre o transmissor e o detector simboliza a subtração da alta frequência do transmissor do sinal de alta frequência recebida pelo detector, de modo que se possa processar um sinal de baixa frequência.

A intensidade de uma transição em RMN depende de diversos fatores. Mostramos na *Justificativa* a seguir que

$$\text{Intensidade} \propto (N_\alpha - N_\beta)\mathcal{B}_0 \quad (14A.8a)$$

em que

$$N_\alpha - N_\beta \approx \frac{N\gamma_N \hbar \mathcal{B}_0}{2kT} \quad \textit{Núcleos} \quad \text{Diferença de população} \quad (14A.8b)$$

com N sendo o número total de spins ($N = N_\alpha + N_\beta$). Segue que a diminuição da temperatura aumenta a intensidade da transição com o aumento da diferença de população.

Breve ilustração 14A.2 Populações de spins nucleares

Para prótons, $\gamma_N = 2{,}675 \times 10^8\ \text{T}^{-1}\,\text{s}^{-1}$. Portanto, para 1.000.000 de prótons em um campo de 10 T, a 20 °C

$$N_\alpha - N_\beta \approx \frac{\overbrace{1.000.000}^{N} \times \overbrace{(2{,}675\times10^8\ \text{T}^{-1}\text{s}^{-1})}^{\gamma_N} \times \overbrace{(1{,}055\times10^{-34}\ \text{J s})}^{\hbar} \times \overbrace{10\,\text{T}}^{\mathcal{B}_0}}{2\times\underbrace{(1{,}381\times10^{-23}\ \text{J K}^{-1})}_{k}\times\underbrace{(293\,\text{K})}_{T}}$$

$$\approx 35$$

Mesmo em um campo tão forte há apenas um pequeno desbalanceamento de população de cerca de 35 em um milhão.

Exercício proposto 14A.2 Para núcleos de ^{13}C, $\gamma_N = 6{,}7283 \times 10^7\ \text{T}^{-1}\,\text{s}^{-1}$. Determine o campo magnético que seria necessário para induzir o mesmo desbalanceamento na distribuição de spins de ^{13}C, a 20 °C.

Resposta: 40 T

Justificativa 14A.1 Intensidades nos espectros de RMN

Das considerações gerais sobre intensidades de transições expostas na Seção 12A, sabemos que a velocidade de absorção da radiação eletromagnética é proporcional à população do estado de mais baixa energia (N_α, no caso de uma transição de prótons na RMN) e a velocidade de emissão estimulada é proporcional à população do estado de mais alta energia (N_β). Nas baixas frequências típicas da ressonância magnética, podemos desprezar a emissão espontânea, pois ela é muito lenta. Portanto, a velocidade líquida de absorção é proporcional à diferença entre as populações, e podemos escrever

$$\text{Velocidade de absorção} \propto N_\alpha - N_\beta$$

A intensidade da absorção, a velocidade com que a energia é absorvida, é proporcional ao produto da velocidade de absorção (a velocidade com que os fótons são absorvidos) e a energia de cada fóton. Esta energia é proporcional à frequência ν da radiação incidente (pois $E = h\nu$). Na ressonância, essa frequência é proporcional ao campo magnético aplicado (através de $\nu = \gamma_N \mathcal{B}_0/2\pi$), e podemos escrever

$$\text{Velocidade de absorção} \propto (N_\alpha - N_\beta)\mathcal{B}_0$$

como na Eq. 14A.8a. Para obter uma expressão para diferença de população, usamos a distribuição de Boltzmann (*Fundamentos* B e Seção 15A) para escrever a razão entre as populações como

$$\frac{N_\beta}{N_\alpha} = \text{e}^{-\overbrace{\gamma_N \hbar \mathcal{B}_0}^{\Delta E}/kT} \overset{\text{e}^{-x}=1-x+\cdots}{\approx} 1 - \frac{\gamma_N \hbar \mathcal{B}_0}{kT}$$

A expansão do termo exponencial é adequada para $\Delta E = \gamma_N \hbar \mathcal{B}_0 \ll kT$, uma condição normalmente satisfeita para os spins nucleares. Segue que

$$\frac{N_\alpha - N_\beta}{\underbrace{N_\alpha + N_\beta}_{N}} = \frac{N_\alpha(1 - N_\beta/N_\alpha)}{N_\alpha(1 + N_\beta/N_\alpha)} = \frac{1 - \overbrace{N_\beta/N_\alpha}^{1-\gamma_N\hbar\mathcal{B}_0/kT}}{1 + \underbrace{N_\beta/N_\alpha}_{1-\gamma_N\hbar\mathcal{B}_0/kT}}$$

$$\approx \frac{1-(1-\gamma_N\hbar\mathcal{B}_0/kT)}{1+\underbrace{(1-\gamma_N\hbar\mathcal{B}_0/kT)}_{\approx 1}} = \frac{\gamma_N\hbar\mathcal{B}_0/kT}{2}$$

que é a Eq. 14A.8b.

A combinação das Eqs. 14A.8a e 14A.8b mostra que a intensidade é proporcional a $\mathcal{B}_0^2$. Assim, a intensidade das transições na RMN pode ser significativamente aumentada pelo aumento da intensidade do campo magnético aplicado. Veremos também que o uso de campos magnéticos intensos simplifica o aspecto do espectro (um ponto a ser explicado na Seção 14B), o que facilita sobremaneira a respectiva interpretação. Pode-se também concluir que as absorções de núcleos com elevada razão giromagnética (^{1}H, por exemplo) são mais intensas que as de núcleos com pequena razão giromagnética (^{13}C, por exemplo).

14A.2 Ressonância paramagnética do elétron

A **ressonância paramagnética do elétron** (RPE) ou **ressonância do spin do elétron** (RSE) é o estudo de moléculas e íons que contêm elétrons desemparelhados, através da observação do campo magnético com que eles entram em ressonância com radiação de frequência conhecida. Tal como fizemos para a RMN, escreveremos expressões para a condição de ressonância na RPE e, então, descreveremos as características gerais dos espectrômetros de RPE.

(a) As energias dos elétrons nos campos magnéticos

O momento magnético do spin de um elétron, que tem um número quântico de spin $s=\frac{1}{2}$ (Seção 9B), é proporcional ao seu momento angular de spin. O operador momento magnético de spin e o hamiltoniano são, respectivamente,

$$\hat{\boldsymbol{\mu}}=\gamma_e\hat{s} \quad \text{e} \quad \hat{H}=-\gamma_e\mathcal{B}\cdot\hat{s} \tag{14A.9a}$$

em que $\hat{s}$ é o operador momento angular de spin e γ_e é a **razão giromagnética do elétron**:

$$\gamma_e=-\frac{g_e e}{2m_e} \qquad \textit{Elétrons} \qquad \text{Razão giromagnética} \tag{14A.9b}$$

com g_e = 2,002 319… como o **valor *g* do elétron**. (Observe que a convenção atual é incluir o valor *g* na definição da razão giromagnética.) A teoria relativística de Dirac, a modificação da equação de Schrödinger para torná-la consistente com a teoria da relatividade de Einstein, dá g_e = 2; o valor adicional 0,002 319… se origina das interações do elétron com as flutuações eletromagnéticas no vácuo ao redor do elétron. O sinal negativo de γ_e (que se origina no sinal da carga do elétron) mostra que o momento magnético é oposto à direção do vetor de momento angular.

Para um campo magnético de intensidade $\mathcal{B}_0$ na direção *z*,

$$\hat{H}=-\gamma_e\mathcal{B}_0\hat{s}_z \tag{14A.10}$$

Como o operador $\hat{s}_z$ tem autovalores $m_s\hbar$, com $m_s=+\frac{1}{2}(\alpha)$ e $m_s=-\frac{1}{2}(\beta)$, segue que a energia do spin de um elétron em um campo magnético é

$$E_{m_s}=-\gamma_e\hbar\mathcal{B}_0 m_s \qquad \text{Energia do spin do elétron em um campo magnético} \tag{14A.11a}$$

Elas também podem ser expressas em termos do **magnéton de Bohr**, μ_B, como

$$E_{m_s}=g_e\mu_B\mathcal{B}_0 m_s \qquad \text{Energia do spin do elétron em um campo magnético} \tag{14A.11b}$$

em que

$$\mu_B=\frac{e\hbar}{2m_e}=9{,}274\times10^{-24}\,\text{J}\,\text{T}^{-1} \qquad \text{Magnéton de Bohr} \tag{14A.11c}$$

O magnéton de Bohr, uma grandeza positiva, é frequentemente visto como o quantum fundamental do momento magnético.

Na ausência de um campo magnético, os estados com diferentes valores de m_s são degenerados. Quando um campo é aplicado, a degenerescência é removida: o estado com $m_s=+\frac{1}{2}$ tem sua energia aumentada de $\frac{1}{2}g_e\mu_B\mathcal{B}_0$ e o estado com $m_s=-\frac{1}{2}$ tem sua energia diminuída de $\frac{1}{2}g_e\mu_B\mathcal{B}_0$. A partir da Eq. 14A.11b, a separação entre os níveis (superior) $m_s=+\frac{1}{2}(\alpha)$ e (inferior) $m_s=-\frac{1}{2}(\beta)$ do spin de um elétron em um campo magnético de módulo $\mathcal{B}_0$ na direção *z* é

$$\begin{aligned}\Delta E&=E_{+1/2}-E_{-1/2}=\tfrac{1}{2}g_e\mu_B\mathcal{B}_0-(-\tfrac{1}{2}g_e\mu_B\mathcal{B}_0)\\&=g_e\mu_B\mathcal{B}_0\end{aligned} \tag{14A.12a}$$

As separações de energia entram em ressonância com a radiação eletromagnética de frequência ν quando

$$h\nu=g_e\mu_B\mathcal{B}_0 \qquad \textit{Elétrons} \qquad \text{Condição de ressonância} \tag{14A.12b}$$

Essa é a condição de ressonância para RPE (Fig. 14A.4). Na ressonância há um forte acoplamento entre os spins do elétron e a radiação, ocorrendo uma forte absorção quando os spins fazem a transição $\alpha \leftarrow \beta$.

Breve ilustração 14A.3 A condição de ressonância em RPE

Campos magnéticos de cerca de 0,30 T (o valor utilizado na maioria dos espectrômetros de RPE comerciais) correspondem à ressonância em

$$\nu=\frac{\overbrace{(2{,}0023)}^{g_e}\times\overbrace{(9{,}274\times10^{-24}\,\text{J}\,\text{T}^{-1})}^{\mu_B}\times\overbrace{(0{,}30\,\text{T})}^{\mathcal{B}_0}}{\underbrace{6{,}626\times10^{-34}\,\text{J}\,\text{s}}_{h}}$$

$$=8{,}4\times10^{9}\,\text{s}^{-1}=8{,}4\,\text{GHz}$$

que corresponde a um comprimento de onda de 3,6 cm.

Exercício proposto 14A.3 Determine o campo magnético para transições na RPE em um espectrômetro que emprega radiação de comprimento de onda de 0,88 cm.

Resposta: 1,2 T

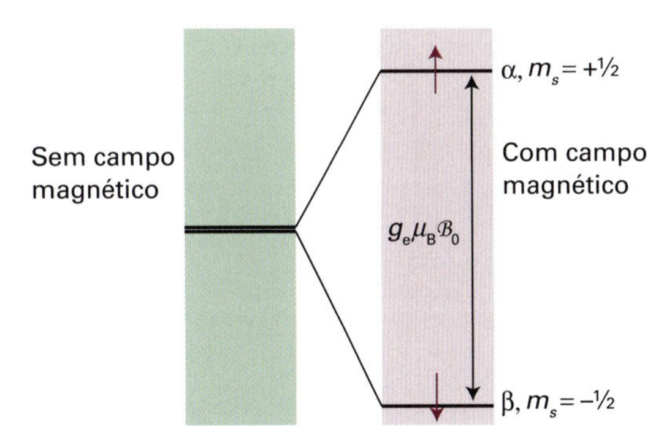

Figura 14A.4 Níveis de energia do spin do elétron num campo magnético. Observe que o estado β tem energia mais baixa que o estado α (pois a razão giromagnética do elétron é negativa). A ressonância ocorre quando a frequência da radiação incidente equivale à frequência correspondente à separação de energia.

(b) O espectrômetro de RPE

Segue da *Breve ilustração* 14A.3 que a maioria dos espectrômetros de RPE comerciais opera em comprimentos de onda de aproximadamente 3 cm. Como a radiação de 3 cm fica na região de micro-ondas do espectro eletromagnético, a RPE é uma técnica de micro-ondas.

São disponíveis os espectrômetros de RPE com transformada de Fourier (FT) e de onda contínua (CW). O instrumento RPE-FT é baseado em conceitos desenvolvidos na Seção 14C para espectroscopia de RMN, exceto que pulsos de micro-ondas são usados para excitar os spins dos elétrons na amostra. O esquema do espectrômetro RPE-CW mais comum é mostrado na Fig. 14A.5. Ele consiste em uma fonte de micro-ondas (um klystron ou um oscilador de Gunn), uma cavidade na qual a amostra é inserida em um recipiente de vidro ou de quartzo, um detector de micro-ondas e um campo magnético que pode ser variado na região de 0,3 T. O espectro de RPE é obtido monitorando-se a absorção de micro-ondas quando o campo varia. A Fig. 14A.6 mostra um espectro típico de RPE (do radical aniônico do benzeno, $C_6H_6^-$). O aspecto característico do espectro é o fato de que a derivada primeira da absorção, que é obtida a partir da técnica de detecção, é sensível ao coeficiente angular da curva (Fig. 14A.7).

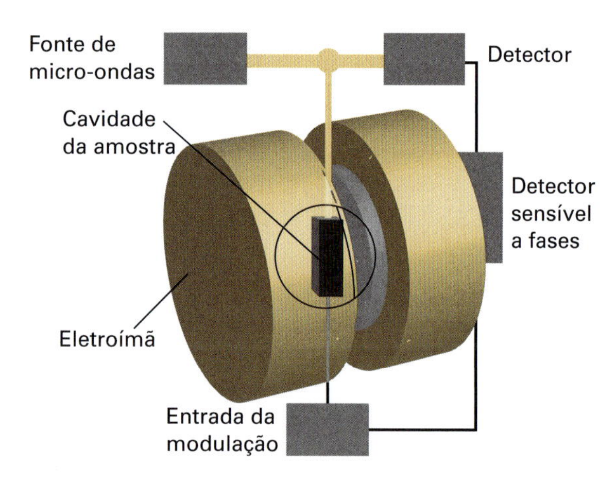

Figura 14A.5 Esquema da montagem de um espectrômetro de RPE de onda contínua. O campo magnético típico é de 0,3 T, o que requer para a ressonância micro-ondas com frequências de 9 GHz (3 cm).

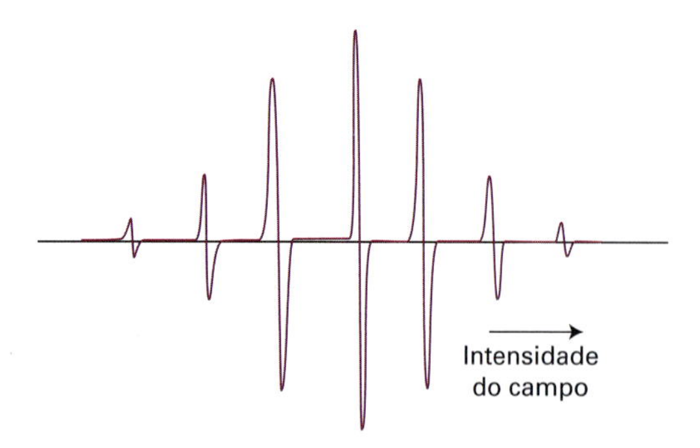

Figura 14A.6 O espectro de RPE do radical aniônico do benzeno, $C_6H_6^-$, em solução fluida.

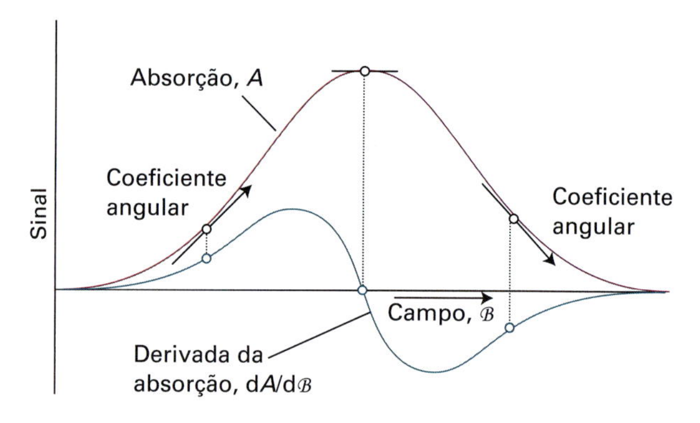

Figura 14A.7 Quando se utiliza a detecção do sinal sensível à fase, o sinal registrado é a derivada primeira da curva da intensidade da absorção. Observe que o pico da absorção corresponde ao ponto em que a derivada passa pelo zero.

Como sempre, as intensidades das linhas espectrais na RPE dependem da diferença de populações entre os estados fundamental e excitado. Para um elétron, o estado β fica abaixo do estado α em energia e, por argumento semelhante ao usado para núcleos,

$$N_\beta - N_\alpha \approx \frac{N g_e \mu_B \mathcal{B}_0}{2kT} \quad \textit{Elétrons} \quad \text{Diferença de populações} \tag{14A.13}$$

em que N é o número total de spins.

Breve ilustração 14A.4 Populações de spins do elétron

Quando 1000 spins de elétrons são expostos a um campo magnético de 1,0 T, a 20 °C (293 K),

$$N_\beta - N_\alpha \approx \frac{\overbrace{1000}^{N}\times\overbrace{2{,}0023}^{g_e}\times\overbrace{(9{,}274\times10^{-24}\,\mathrm{J\,T^{-1}})}^{\mu_B}\times\overbrace{(1{,}0\,\mathrm{T})}^{\mathcal{B}_0}}{2\times\underbrace{(1{,}381\times10^{-23}\,\mathrm{J\,K^{-1}})}_{k}\times\underbrace{(293\,\mathrm{K})}_{T}}$$

$$\approx 2{,}3$$

Há um desbalanceamento de populações de apenas cerca de 2 elétrons em mil. No entanto, o desbalanceamento é muito maior para os spins de elétrons do que para spins nucleares (*Breve ilustração* 14A.2) porque a separação de energias entre os estados de spin dos elétrons é maior do que para os spins nucleares, mesmo nas intensidades mais baixas do campo magnético normalmente empregadas.

Exercício proposto 14A.4 É comum realizar experimentos de RPE em temperaturas muito baixas. A que temperatura o desbalanceamento das populações de spins seria de 5 elétrons em 100, com $\mathcal{B}_0 = 0{,}30$ T?

Resposta: 4 K

Conceitos importantes

- ☐ 1. O **número quântico de spin nuclear**, I, de um núcleo ou é um inteiro não negativo ou um semi-inteiro.
- ☐ 2. Núcleos com diferentes valores de m_I têm energias diferentes na presença de um campo magnético.
- ☐ 3. **Ressonância magnética nuclear** (RMN) é a observação da absorção ressonante de radiação eletromagnética de radiofrequência pelos núcleos em um campo magnético.
- ☐ 4. Os espectrômetros de RMN consistem em uma fonte de radiação de radiofrequência e um ímã que fornece um campo uniforme e intenso.
- ☐ 5. A intensidade de absorção de ressonância aumenta com a intensidade do campo magnético aplicado (segundo $\mathcal{B}_0^2$).
- ☐ 6. Elétrons com diferentes valores de m_s têm diferentes energias na presença de um campo magnético.
- ☐ 7. **Ressonância paramagnética do elétron** (RPE) é a observação da absorção ressonante de radiação eletromagnética de micro-ondas por elétrons desemparelhados em um campo magnético.
- ☐ 8. Os espectrômetros de RPE consistem em uma fonte de micro-ondas, uma cavidade na qual a amostra é inserida, um detector de micro-ondas e um eletroímã.

Equações importantes

Propriedade	Equação	Comentário	Número da equação
Magnéton nuclear	$\mu_N = e\hbar/2m_p$	$\mu_N = 5{,}051 \times 10^{-27}\ \mathrm{J\,T^{-1}}$	14A.4b
Energia de um spin nuclear em um campo magnético	$E_{m_I} = -\gamma_N \hbar \mathcal{B}_0 m_I = -g_I \mu_N \mathcal{B}_0 m_I$		14A.4c
Condição de ressonância (núcleos de spin $\frac{1}{2}$)	$h\nu = \gamma_N \hbar \mathcal{B}_0$	$\gamma_N > 0$	14A.6
Frequência de Larmor	$\nu_L = \gamma_N \mathcal{B}_0 / 2\pi$	$\gamma_N > 0$	14A.7
Diferença de populações (núcleos)	$N_\alpha - N_\beta \approx N\gamma_N \hbar \mathcal{B}_0 / 2kT$		14A.8b
Razão giromagnética (elétrons)	$\gamma_e = -g_e e/2m_e$	$g_e = 2{,}002\ 319$	14A.9b
Energia de um spin de elétron em um campo magnético	$E_{m_s} = -\gamma_e \hbar \mathcal{B}_0 m_s = g_e \mu_B \mathcal{B}_0 m_s$		14A.11b
Magnéton de Bohr	$\mu_B = e\hbar/2m_e$	$\mu_B = 9{,}274 \times 10^{-24}\ \mathrm{J\,T^{-1}}$	14A.11c
Condição de ressonância (elétrons)	$h\nu = g_e \mu_B \mathcal{B}_0$		14A.12b
Diferença de populações (elétrons)	$N_\beta - N_\alpha \approx N g_e \mu_B \mathcal{B}_0 / 2kT$		14A.13

14B Características dos espectros de RMN

Tópicos

➤ Por que você precisa saber este assunto?

Para avançar com a análise de espectros de RMN e extrair a riqueza de informações que eles contêm você precisa entender como a aparência de um espectro se correlaciona com a estrutura molecular.

➤ Qual é a ideia fundamental?

A frequência de ressonância de um núcleo magnético é afetada por seu ambiente eletrônico e pela presença de núcleos magnéticos na sua vizinhança.

➤ O que você já deve saber?

Você deve estar familiarizado com os princípios gerais da ressonância magnética (Seção 14A) e especificamente que a ressonância ocorre quando a frequência do campo de radiofrequência se iguala à frequência de Larmor.

Os momentos magnéticos nucleares interagem com o campo magnético *local*. Esse campo pode ser diferente do campo aplicado, pois o campo externo induz momentos angulares orbitais dos elétrons (isto é, induz a circulação de correntes eletrônicas) que propiciam pequeno campo magnético adicional $\delta\mathcal{B}$ no núcleo. Esse campo extra é proporcional ao campo aplicado e se escreve, convencionalmente, como

$$\delta\mathcal{B} = -\sigma\mathcal{B}_0 \qquad \textit{Definição} \quad \text{Constante de blindagem} \qquad (14B.1)$$

em que a grandeza adimensional σ é chamada de **constante de blindagem** do núcleo (usualmente σ é positiva, mas pode ser negativa). A capacidade do campo externo aplicado em induzir correntes eletrônicas na molécula, e dessa forma afetar a intensidade do campo magnético local resultante que atua sobre o núcleo, depende da estrutura eletrônica nas vizinhanças do núcleo de interesse. Por isso, núcleos que estejam em grupos químicos diferentes têm constantes de blindagem diferentes. O cálculo de valores confiáveis das constantes de blindagem é muito difícil, mas se entendem bastante bem as tendências das suas variações; vamos focalizar essas tendências.

14B.1 O deslocamento químico

Uma vez que o campo local total $\mathcal{B}_{loc}$ é

$$\mathcal{B}_{loc} = \mathcal{B}_0 + \delta\mathcal{B} = (1-\sigma)\mathcal{B}_0 \qquad (14B.2)$$

a frequência de Larmor nuclear (Eq. 14A.7 da Seção 14A, $\nu_L = \gamma_N\mathcal{B}/2\pi$) se torna

$$\nu_L = \frac{\gamma_N \mathcal{B}_{loc}}{2\pi} = \frac{\gamma_N \mathcal{B}_0}{2\pi}(1-\sigma) \quad (14B.3)$$

Essa frequência varia conforme o ambiente em que está o núcleo. Por isso, núcleos diferentes, ainda que do mesmo elemento, entram em ressonância em frequências diferentes se eles estão em ambientes moleculares diferentes.

O **deslocamento químico** de um núcleo é a diferença entre a frequência de ressonância do núcleo e a de um padrão de referência. O padrão para os prótons é a ressonância do próton no tetrametilsilano ($Si(CH_3)_4$, normalmente simbolizado pela sigla TMS), que tem muitos prótons e se dissolve, sem reação química, em muitos solventes. Para o ^{13}C, por exemplo, a frequência de referência é a da ressonância do ^{13}C no TMS. Para o ^{31}P é a da ressonância do ^{31}P no $H_3PO_4(aq)$ a 85%. Para outros núcleos, adotam-se outros padrões. A separação entre a ressonância de um grupo particular de núcleos e a do padrão aumenta com a intensidade do campo magnético aplicado, pois o campo induzido é proporcional ao campo aplicado; quanto mais intenso este último, maior o deslocamento.

Os deslocamentos químicos são expressos na **escala δ**, que é definida como

$$\delta = \frac{\nu - \nu^\circ}{\nu^\circ} \times 10^6 \qquad \textit{Definição} \quad \text{Escala } \delta \quad (14B.4)$$

em que ν° é a frequência de ressonância do padrão. A vantagem dessa escala é a de os deslocamentos serem independentes do campo aplicado (pois o numerador e o denominador são proporcionais a esse campo). No entanto, as próprias frequências de ressonância dependem do campo aplicado pela relação

$$\nu = \nu^\circ + (\nu^\circ/10^6)\delta \quad (14B.5)$$

Breve ilustração 14B.1 A escala δ

Um núcleo com $\delta = 1{,}00$ em um espectrômetro em que ν° = 500 MHz (um "espectrômetro de RMN de 500 MHz") terá um deslocamento, em relação à referência, de

$$\nu - \nu^\circ = (500\,\text{MHz}/10^6) \times 1{,}00 = (500\,\text{Hz}) \times 1{,}00 = 500\,\text{Hz}$$

pois 1 MHz = 10^6 Hz. Em um espectrômetro que operasse a ν° = 100 MHz, o deslocamento seria de apenas 100 Hz.

Uma nota sobre a boa prática Na literatura, os deslocamentos químicos são comumente expressos em partes por milhão, ppm, devido à presença da potência 10^6 na definição. Essa prática é desnecessária. Se você encontrar "δ = 10 ppm", interprete e use essa informação na Eq. 14B.5 como $\delta = 10$.

Exercício proposto 14B.1 Qual é o deslocamento da ressonância, a partir do TMS, de um grupo de núcleos com $\delta = 3{,}50$ e uma frequência de operação de 350 MHz?

Resposta: 1,23 kHz

A relação entre δ e σ se obtém substituindo a Eq. 14B.3 na Eq. 14B.4:

$$\delta = \frac{(1-\sigma)\mathcal{B}_0 - (1-\sigma^\circ)\mathcal{B}_0}{(1-\sigma^\circ)\mathcal{B}_0} \times 10^6 = \frac{\sigma^\circ - \sigma}{1-\sigma^\circ} \times 10^6 \approx (\sigma^\circ - \sigma) \times 10^6 \qquad \text{Relação entre } \delta \text{ e } \sigma \quad (14B.6)$$

A última linha segue de $\sigma^\circ \ll 1$. Assim, quando a constante de blindagem σ diminui, o deslocamento δ aumenta. Por isso, os núcleos que têm grande deslocamento químico são qualificados como fortemente **desblindados**. Na Fig. 14B.1 aparecem alguns deslocamentos químicos típicos. A ilustração mostra que os núcleos de elementos diferentes têm intervalos muito diferentes de deslocamentos químicos. Os intervalos traduzem a diversidade dos ambientes eletrônicos dos núcleos nas moléculas: quanto maior o número atômico do elemento, maior é o número de elétrons ao redor do núcleo e, portanto, maior o intervalo de blindagens. Por convenção, os espectros de RMN são traçados com δ aumentando da direita para a esquerda.

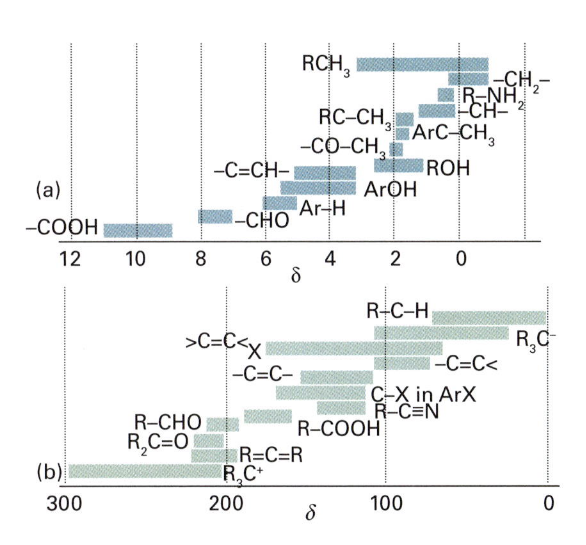

Figura 14B.1 Intervalos dos deslocamentos químicos típicos (a) nas ressonâncias do ^1H e (b) nas ressonâncias do ^{13}C.

Exemplo 14B.1 Interpretação do espectro de RMN do etanol

A Fig. 14B.2 mostra o espectro de RMN do etanol. Explique os deslocamentos químicos observados.

Método Considere o efeito de um átomo retirador de elétrons: ele desblinda fortemente os prótons aos quais está ligado e tem um efeito menor em prótons distantes.

Resposta O espectro é consistente com as atribuições a seguir:

- Os prótons do CH_3 formam um grupo de núcleos com δ = 1.

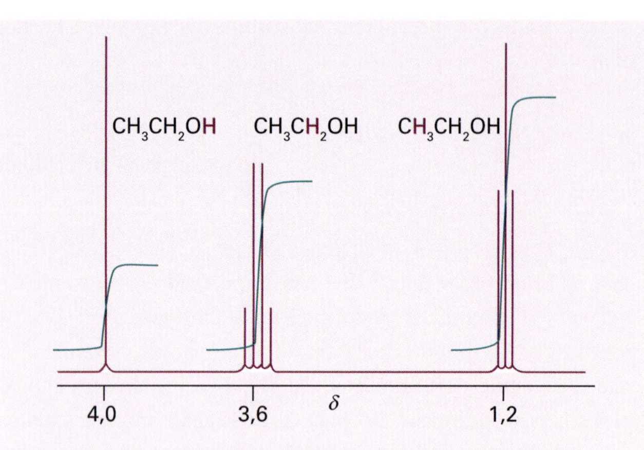

Figura 14B.2 Espectro de RMN do ^1H do etanol. As letras realçadas identificam os prótons responsáveis pelo pico de ressonância, e a curva escalonada é o sinal integrado.

- Os dois prótons do CH_2 estão em uma parte diferente da molécula e sofrem a ação de um campo magnético local diferente; a respectiva ressonância é em $\delta = 3$.
- O próton do OH está em outro ambiente e tem um deslocamento químico $\delta = 4$.

O aumento do valor de δ (isto é, a diminuição na blindagem) é compatível com a eletronegatividade do átomo de O: ela reduz a densidade eletrônica em torno do próton do OH e faz com que esse núcleo seja fortemente desblindado. O efeito do oxigênio sobre a densidade eletrônica do grupo metila, mais distante, é menor e os prótons do grupo ficam menos desblindados.

As intensidades relativas do sinal são representadas como as alturas das curvas escalonadas sobrepostas ao espectro, como na Fig. 14B.2 No etanol, as intensidades dos grupos estão na razão 3:2:1, pois há três prótons no CH_3, dois no CH_2 e um no OH, em cada molécula.

Exercício proposto 14B.2 O espectro de RMN do acetaldeído (etanal) tem linhas em $\delta = 2{,}20$ e $\delta = 9{,}80$. Qual δ pode ser atribuído ao próton no CHO?

Repostas: $\delta = 9{,}80$

14B.2 A origem das constantes de blindagem

O cálculo das constantes de blindagem é muito difícil, mesmo no caso de pequenas moléculas, pois exige informações minuciosas (usando as técnicas apresentadas na Seção 10E) sobre a distribuição da densidade eletrônica no estado fundamental e nos estados excitados e sobre as energias de excitação da molécula. Contudo, foi alcançado um considerável sucesso nos cálculos para moléculas pequenas tais como as da H_2O e do CH_4, e mesmo moléculas maiores, como proteínas, estão inseridas em alguns tipos de cálculo. Entretanto, é mais fácil entender as diversas contribuições aos deslocamentos químicos pelo estudo do conjunto considerável de informações empíricas agora disponíveis.

A abordagem empírica admite que a constante de blindagem que se mede é a soma de três contribuições:

$$\sigma = \sigma(\text{local}) + \sigma(\text{vizinho})\,\sigma + (\text{solvente}) \quad (14B.7)$$

A **contribuição local**, σ(local), é essencialmente a contribuição dos elétrons do átomo que contém o núcleo que está sendo observado. A **contribuição dos grupos vizinhos**, σ(vizinhança), é a contribuição dos grupos de átomos que formam o restante da molécula. A **contribuição do solvente**, σ(solvente), é a contribuição das moléculas do solvente.

(a) A contribuição local

É conveniente considerar a contribuição local à constante de blindagem como a soma de uma **contribuição diamagnética**, σ_d, e uma **contribuição paramagnética**, σ_p:

$$\sigma(\text{local}) = \sigma_d + \sigma_p \quad \text{Contribuição local para a constante de blindagem} \quad (14B.8)$$

A contribuição diamagnética para σ(local) se opõe ao campo magnético aplicado e blinda o núcleo em questão, enquanto a contribuição paramagnética para σ(local) reforça o campo magnético aplicado e desblinda o núcleo em questão. Portanto, $\sigma_d > 0$ e $\sigma_p < 0$. A contribuição local total é positiva se a contribuição diamagnética for predominante, e negativa se a contribuição paramagnética for mais forte.

A contribuição diamagnética provém da capacidade de o campo aplicado gerar a circulação de carga na distribuição eletrônica do estado fundamental do átomo. A circulação gera um campo magnético que se opõe ao campo aplicado e, portanto, blinda o núcleo. O valor de σ_d depende da densidade eletrônica nas proximidades do núcleo e pode ser calculada pela **fórmula de Lamb**:[1]

$$\sigma_d = \frac{e^2\mu_0}{12\pi m_e}\left\langle \frac{1}{r} \right\rangle \quad \text{Fórmula de Lamb} \quad (14B.9)$$

em que μ_0 é a permeabilidade do vácuo (uma constante fundamental, veja a contracapa) e r é a distância entre o elétron e o núcleo.

Exemplo 14B.2 Usando a fórmula de Lamb

Calcule a constante de equilíbrio para o próton em um átomo livre de H.

Método Para calcular σ_d, a partir da fórmula de Lamb, para o próton em um átomo livre de H, necessitamos calcular o valor esperado de $1/r$ para um orbital 1s do hidrogênio. Funções de onda são dadas na Tabela 9A.1.

Resposta A função de onda para o orbital 1s do hidrogênio é

[1] Para uma dedução, veja *Molecular Quantum Mechanics* (Atkins e Friedman, 2011).

$$\psi = \left(\frac{1}{\pi a_0^3}\right)^{1/2} e^{-r/a_0}$$

Como $d\tau = r^2\,dr\,\text{sen}\,\theta\,d\theta\,d\phi$, o valor esperado de $1/r$ é

$$\left\langle \frac{1}{r} \right\rangle = \int \frac{\psi^*\psi}{r} d\tau = \frac{1}{\pi a_0^3} \overbrace{\int_0^{2\pi} d\phi}^{2\pi} \overbrace{\int_0^{\pi} \sin\theta\, d\theta}^{2} \overbrace{\int_0^{\infty} r e^{-2r/a_0} dr}^{\text{Integral E.1}}$$
$$= \frac{1}{\pi a_0^3} \times 4\pi \times \frac{a_0^2}{4} = \frac{1}{a_0}$$

Portanto,

$$\sigma_d = \frac{e^2 \mu_0}{12\pi m_e a_0} = \frac{(1{,}602\times10^{-19}\,\text{C})^2 \times \left(4\pi\times10^{-7}\,\overbrace{\text{J}}^{\text{kg m}^2\,\text{s}^{-2}}\,\text{s}^2\,\text{C}^{-2}\,\text{m}^{-1}\right)}{12\pi\times(9{,}109\times10^{-31}\,\text{kg})\times(5{,}292\times10^{-11}\,\text{m})}$$
$$= 1{,}775\times10^{-5}$$

Exercício proposto 14B.3 Deduza a expressão geral para σ_d que se aplica a todos os átomos hidrogenoides.

Resposta: $Ze^2\mu_0/12\pi m_e a_0$

A contribuição diamagnética é a única contribuição em átomos livres de camada fechada. É também a única contribuição à blindagem local quando a distribuição eletrônica tem simetria esférica ou cilíndrica. Assim, é a única contribuição à blindagem local do caroço dos átomos, pois os cernes atômicos conservam a respectiva esfericidade, embora o átomo possa fazer parte de uma molécula e ter a distribuição dos elétrons de valência significativamente deformada. A contribuição diamagnética é proporcional à densidade eletrônica do átomo a que pertence o núcleo de interesse. Por isso, a blindagem diminui se a densidade eletrônica do átomo se reduz pela influência de átomos eletronegativos vizinhos. Essa redução da blindagem devido ao aumento da eletronegatividade dos átomos vizinhos corresponde a um aumento do deslocamento químico δ (Fig. 14B.3).

A contribuição paramagnética local, σ_p, provém da capacidade de o campo aplicado forçar os elétrons a circularem através da molécula utilizando-se de orbitais desocupados no estado fundamental. É nula nos átomos livres e em torno do eixo de moléculas lineares (como o etino, HC≡CH), onde os elétrons podem circular livremente e onde um campo aplicado longitudinalmente não pode forçar os elétrons a passarem para outros orbitais. Podemos esperar grandes contribuições paramagnéticas a partir de pequenos átomos (porque as correntes induzidas estão próximas dos núcleos) presentes em moléculas com estados excitados de baixa energia (porque um campo aplicado pode então induzir correntes significativas). Na realidade, a contribuição paramagnética é a contribuição local dominante para os átomos que não o hidrogênio.

(b) Contribuição de grupos vizinhos

A contribuição dos grupos vizinhos provém de correntes induzidas em grupos de átomos próximos. Consideremos a influência

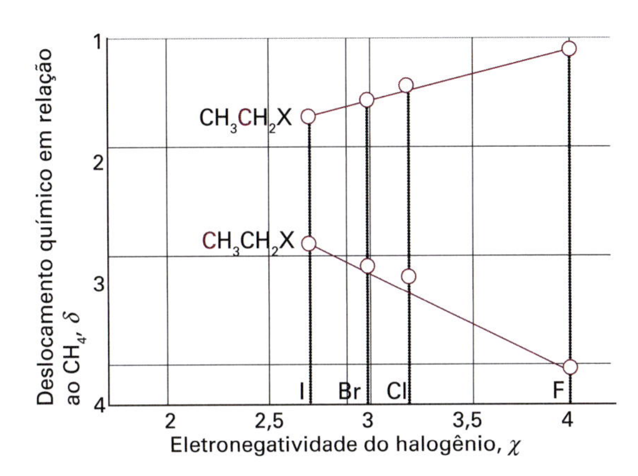

Figura 14B.3 Variação da blindagem química com a eletronegatividade. Os deslocamentos dos prótons da metila coincidem com a tendência que se espera em função do aumento da eletronegatividade. Porém, para acentuar que o deslocamento químico é um efeito mais complicado do que parece, observe que a tendência dos prótons do metileno é oposta à esperada. Para esses prótons, outra contribuição (a anisotropia magnética das ligações C–H e C–X) é a dominante.

do grupo X da vizinhança sobre o próton H em uma molécula tal como H–X. O campo aplicado gera correntes na distribuição eletrônica de X e provoca o aparecimento de um momento magnético induzido proporcional ao campo aplicado: a constante de proporcionalidade é a suscetibilidade magnética, χ (qui), do grupo X: $\boldsymbol{\mu}_{\text{ind}} = \chi \mathcal{B}_0$. A suscetibilidade é negativa para um grupo diamagnético porque o momento induzido se opõe à direção do campo aplicado. O momento induzido dá origem a um campo magnético com um componente paralelo ao campo aplicado e, à distância r e ângulo θ (**1**), tem a forma (*Ferramentas do químico* 14B.1):

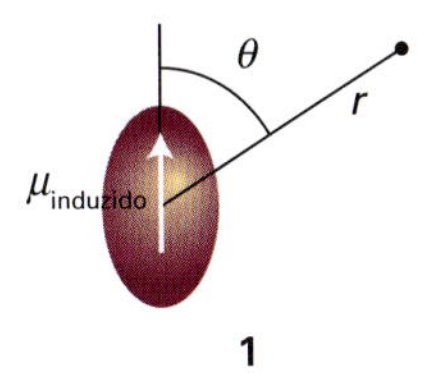

1

$$\mathcal{B}_{\text{local}} \propto \frac{\mu_{\text{induzido}}}{r^3}(1-3\cos^2\theta) \quad \text{Campo dipolar local} \quad (14B.10a)$$

Ferramentas do químico 14B.1 Campos dipolares

A teoria eletromagnética clássica dá o campo magnético em um ponto r a partir de um dipolo magnético $\boldsymbol{\mu}$ como

$$\mathcal{B} = \frac{\mu_0}{4\pi r^3}\left(\boldsymbol{\mu} - \frac{3(\boldsymbol{\mu}\cdot\boldsymbol{r})\boldsymbol{r}}{r^2}\right)$$

em que μ_0 é a permeabilidade do vácuo (uma constante fundamental com valor $4\pi\times10^{-7}\,\text{T}^2\,\text{J}^{-1}\,\text{m}^3$). O campo elétrico devido a um dipolo elétrico pontual é dado por uma expressão semelhante:

$$\mathcal{E}=\frac{1}{4\pi\varepsilon_0 r^3}\left(\mu-\frac{3(\mu\cdot r)r}{r^2}\right)$$

em que ε_0 é a permissividade do vácuo, relacionada com μ_0 por $\varepsilon_0 = 1/\mu_0 c^2$. O componente do campo magnético na direção z é

$$\mathcal{B}_z=\frac{\mu_0}{4\pi r^3}\left(\mu_z-\frac{3(\mu\cdot r)z}{r^2}\right)$$

com $z = r\cos\theta$ sendo o componente do vetor posição $\boldsymbol{r}$ na direção z. Se o dipolo magnético é também paralelo à direção z, segue que

$$\mathcal{B}_z=\frac{\mu_0}{4\pi r^3}\left(\overbrace{\mu}^{\mu_z}-\frac{3\overbrace{(\mu r\cos\theta)}^{\mu\cdot r}\overbrace{(r\cos\theta)}^{z}}{r^2}\right)=\frac{\mu\mu_0}{4\pi r^3}(1-3\cos^2\theta)$$

Vemos que a intensidade do campo magnético adicional sentido pelo próton é inversamente proporcional ao cubo da distância r entre H e X. Além disso, se a suscetibilidade magnética é independente da orientação da molécula (é "isotrópica"), pois $1 - 3\cos^2\theta$ é zero quando promediado sobre uma esfera (veja o Problema 14B.7), o campo local tem média nula. Em uma boa aproximação, a constante de blindagem σ(vizinho) depende da distância r

$$\sigma(\text{vizinho})\propto(\chi_{\parallel}-\chi_{\perp})\left(\frac{1-3\cos^2\theta}{r^3}\right) \qquad \text{Contribuição de grupos vizinhos} \qquad (14B.10b)$$

2

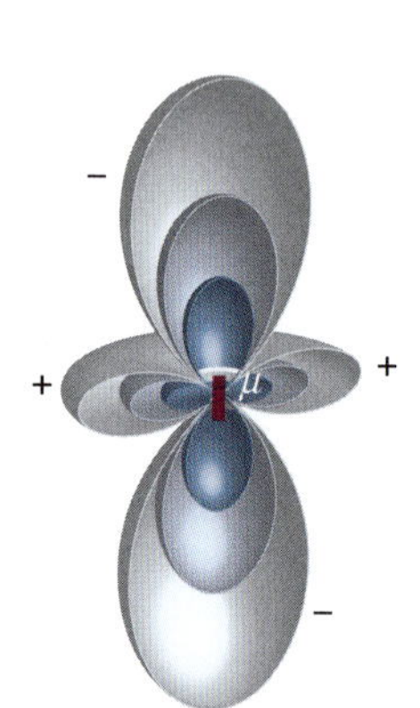

Figura 14B.4 Visualização do campo que surge a partir de um dipolo magnético. Os três matizes de cor representam a intensidade do campo diminuindo com a distância (conforme $1/r^3$), e cada superfície mostra a dependência angular do componente z do campo para cada distância.

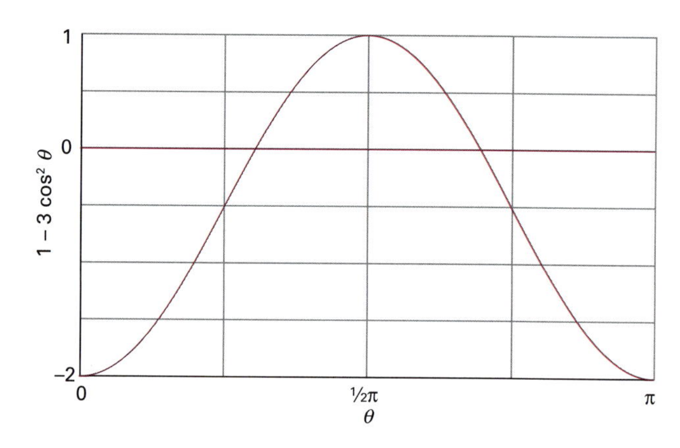

Figura 14B.5 A variação da função $1 - 3\cos^2\theta$ com o ângulo θ.

em que $\chi_{\parallel}$ e $\chi_{\perp}$ são, respectivamente, os componentes paralelo e perpendicular da suscetibilidade magnética, e onde θ é o ângulo entre o eixo X–H e o eixo de simetria do grupo vizinho (**2**). A Eq. 14B.10b mostra que a contribuição de grupos vizinhos pode ser positiva ou negativa, conforme os valores relativos das duas suscetibilidades magnéticas e a orientação relativa do núcleo com relação a X. Se $54{,}7° < \theta < 125{,}3°$, então $1 - 3\cos^2\theta$ é positivo; para outros ângulos, é negativo (Figs. 14B.4 e 14B.5).

Breve ilustração 14B.2 Correntes anulares

Um caso especial de efeito de grupo vizinho encontra-se nos compostos aromáticos. A forte anisotropia da suscetibilidade magnética do anel de benzeno é atribuída à capacidade de o campo gerar uma *corrente anular* na circunferência do anel, quando aplicado perpendicularmente ao plano da molécula. Os prótons no plano não estão blindados (Fig. 14B.6), mas os que estiverem acima ou abaixo do plano (como membros de substituintes do anel) estão blindados.

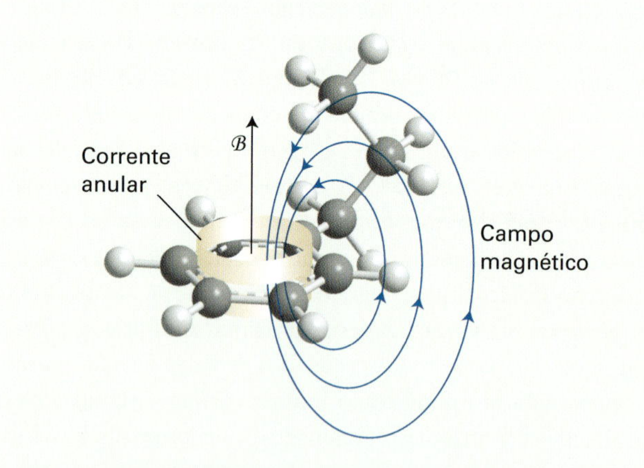

Figura 14B.6 Os efeitos de blindagem e de desblindagem da corrente anular induzida no anel de benzeno pelo campo aplicado. Os prótons ligados ao anel são desblindados, mas um próton ligado a um substituinte que fica acima ou abaixo do plano do anel fica blindado.

Exercício proposto 14B.4 Considere o etino, HC≡CH. Seus prótons são blindados ou desblindados por correntes induzidas pela ligação tripla?

Resposta: Blindados

(c) A contribuição do solvente

Um solvente pode influenciar de muitas maneiras o campo magnético local que atua sobre o núcleo. Alguns desses efeitos provêm de interações bem determinadas entre o soluto e o solvente (por exemplo, formação de ligação de hidrogênio e outras formas de complexos ácido–base de Lewis). A anisotropia da suscetibilidade magnética das moléculas do solvente, especialmente se elas forem aromáticas, também pode ser fonte de um campo magnético local. Além disso, se houver interações estéricas que provoquem uma interação fraca, porém específica, entre as moléculas do soluto e do solvente, os prótons das moléculas do soluto podem ficar mais ou menos blindados, conforme sua localização em relação às moléculas do solvente.

Breve ilustração 14B.3 O efeito dos solventes aromáticos

Um solvente aromático, como o benzeno, pode provocar correntes locais que blindam ou desblindam um próton em uma molécula do soluto. O arranjo apresentado a seguir na Fig. 14B.7 leva à blindagem de um próton na molécula do soluto.

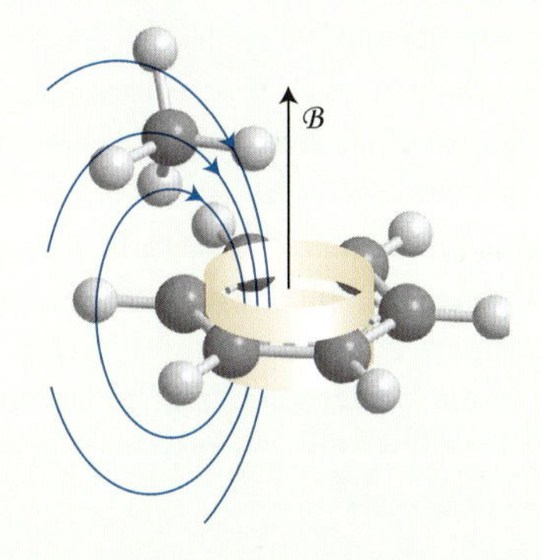

Figura 14B.7 Um solvente aromático (no caso o benzeno) pode provocar correntes locais que blindam ou expõem um próton em uma molécula do soluto. Na posição relativa das moléculas do solvente e do soluto ilustradas na figura, o próton na molécula do soluto está blindado.

Exercício proposto 14B.5 Refira-se à Fig. 14B.7 e sugira um arranjo que leve à desblindagem de um próton na molécula do soluto.

Resposta: Próton na molécula do soluto no mesmo plano do anel benzênico

14B.3 A estrutura fina

O desdobramento das ressonâncias em linhas separadas pelo acoplamento spin–spin, como na Fig. 14B.2, é chamado de a **estrutura fina** do espectro. Provém do efeito que cada núcleo magnético pode ter sobre o campo local em que está o outro núcleo, modificando a respectiva frequência de ressonância. A intensidade da interação exprime-se em termos da **constante de acoplamento escalar**, J. A constante de acoplamento escalar é assim denominada porque a energia de interação que ela descreve é proporcional ao produto escalar dos dois spins que estão interagindo: $E \propto \boldsymbol{I}_1 \cdot \boldsymbol{I}_2$. Como é explicado na *Revisão matemática* 5, um produto escalar depende do ângulo entre os dois vetores; logo, escrever a expressão da energia nessa forma é simplesmente uma maneira de dizer que a energia de interação entre dois spins depende de suas orientações relativas. A constante de proporcionalidade nessa expressão é $hJ/\hbar^2$ (de modo que $E = (hJ/\hbar^2)\,\boldsymbol{I}_1 \cdot \boldsymbol{I}_2$); como cada momento angular é proporcional a $\hbar$, E é proporcional a hJ e assim J é uma frequência (com unidades de hertz, Hz). Para núcleos restritos a se alinharem com o campo magnético aplicado em uma direção z, a única contribuição para $\boldsymbol{I}_1 \cdot \boldsymbol{I}_2$ é $I_{1z}I_{2z}$, com autovalores $m_1m_2\hbar^2$; logo, a energia devido ao acoplamento spin–spin é

$$E_{m_1m_2} = hJm_1m_2 \quad \text{Energia de acoplamento spin–spin} \quad (14B.11)$$

(a) A aparência do espectro

Na exposição descritiva da RMN, as letras do alfabeto que são distantes (por exemplo, A e X) simbolizam núcleos com deslocamentos químicos bastante diferentes. As letras que ficam próximas umas das outras (por exemplo, A e B) simbolizam núcleos com deslocamentos químicos semelhantes. Analisaremos, inicialmente, um sistema AX, isto é, uma molécula que tem os núcleos A e X, cada um deles com spin $\frac{1}{2}$, com deslocamentos químicos muito diferentes, qual seja, a diferença no deslocamento químico corresponde a uma frequência que é muito grande comparada com J.

Para um sistema AX de spin $\frac{1}{2}$, existem quatro estados de spin: $\alpha_A\alpha_X$, $\alpha_A\beta_X$, $\beta_A\alpha_X$, $\beta_A\beta_X$. A energia depende da orientação dos spins no campo magnético externo, e, se o acoplamento spin-spin é desprezado, teremos

$$\begin{aligned} E_{m_Am_X} &= -\gamma_N\hbar(1-\sigma_A)\mathcal{B}_0 m_A - \gamma_N\hbar(1-\sigma_X)\mathcal{B}_0 m_X \\ &= -h\nu_A m_A - h\nu_X m_X \end{aligned} \quad (14B.12a)$$

em que ν_A e ν_X são as frequências de Larmor de A e de X e m_A e m_X são os números quânticos correspondentes ($m_A = \pm\frac{1}{2}, m_X = \pm\frac{1}{2}$). Essa expressão leva aos quatro níveis que estão à esquerda da Fig. 14B.8. Quando o acoplamento spin–spin é incluído, os níveis de energia são

$$E_{m_Am_X} = -h\nu_A m_A - h\nu_X m_X + hJm_Am_X \quad (14B.12b)$$

Se $J > 0$, o estado de energia mais baixa corresponde a $m_Am_X < 0$, o que é o caso se um spin for α e o outro, β. O estado de maior energia corresponde a ambos os spins α ou β. Conclusões opostas valem no caso de $J < 0$. O nível de energia resultante (com $J > 0$) aparece à direita da Fig. 14B.8. Vemos que os estados αα e ββ

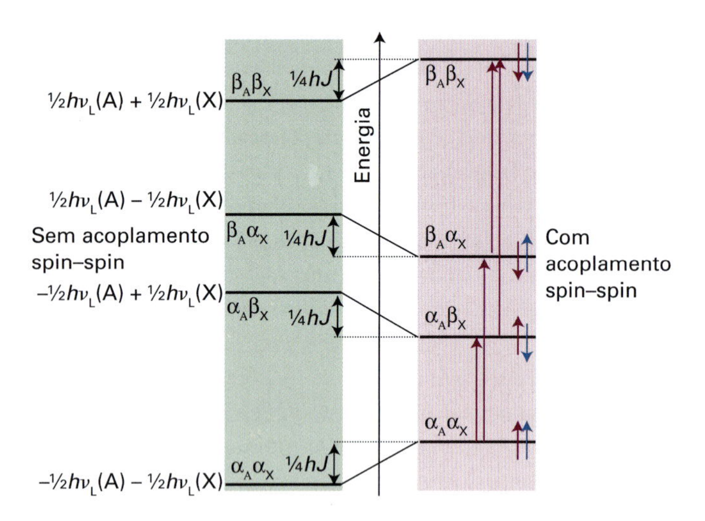

Figura 14B.8 Os níveis de energia do sistema AX. Os quatro níveis à esquerda são os dos dois spins na ausência de acoplamento spin–spin. Os quatro níveis à direita mostram como uma constante positiva de acoplamento spin–spin afeta as energias. As transições são $\beta \leftarrow \alpha$ para A ou para X, ficando o outro núcleo (X ou A, respectivamente) imutável. O efeito foi exagerado para fins didáticos; na prática, o desdobramento causado pelo acoplamento spin–spin é muito menor que o causado pelo campo aplicado.

são ambos elevados por $\frac{1}{4}hJ$ e que os estados $\alpha\beta$ e $\beta\alpha$ são ambos diminuídos por $\frac{1}{4}hJ$.

Quando há uma transição do núcleo A, o núcleo X permanece imutável. Então, a ressonância de A é uma transição em que $\Delta m_A = +1$ e $\Delta m_X = 0$. Há duas dessas transições, uma com $\beta_A \leftarrow \alpha_A$ e o núcleo X em α e outra com $\beta_A \leftarrow \alpha_A$ e o núcleo X em β. Ambas aparecem na Fig. 14B.8 e de forma ligeiramente diferente na Fig. 14B.9. As energias das transições são

$$\Delta E = h\nu_A \pm \tfrac{1}{2}hJ \qquad (14B.13a)$$

Portanto, a ressonância A é constituída por um dupleto de separação J centrado no deslocamento químico de A (como na Fig. 14B.10). Observações semelhantes valem para a ressonância de X,

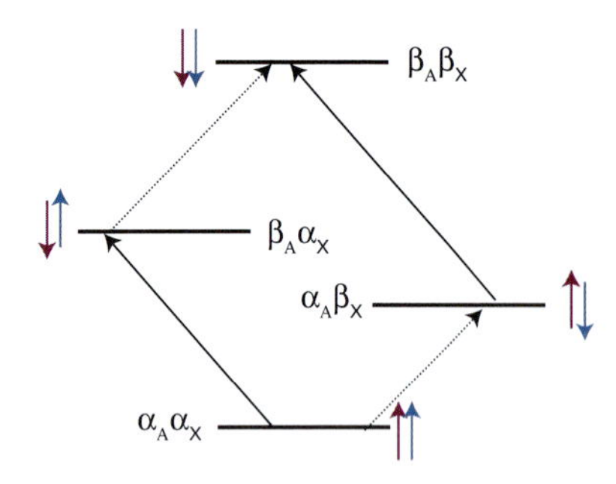

Figura 14B.9 Outra maneira de representar os níveis de energia e as transições que aparecem na Fig. 14B.8. Novamente, o efeito do acoplamento spin–spin foi exagerado.

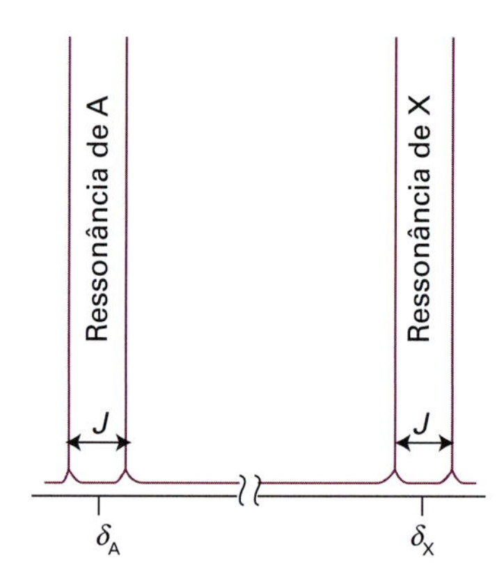

Figura 14B.10 O efeito do acoplamento spin–spin sobre um espectro AX. Cada ressonância é desdobrada em duas linhas separadas por J. Os pares das ressonâncias estão centrados nos deslocamentos químicos dos prótons na ausência do acoplamento spin–spin.

constituída por duas transições que dependem de o núcleo A estar no estado α ou β (Fig. 14B.9). As energias das transições são

$$\Delta E = h\nu_X \pm \tfrac{1}{2}hJ \qquad (14B.13b)$$

Conclui-se então que a ressonância de X também é constituída por duas linhas separadas por J e centradas no deslocamento químico de X (como na Fig. 14B.10).

Se houver outro núcleo X na molécula com o mesmo deslocamento químico do primeiro X (dando uma espécie AX_2), a ressonância de X da espécie AX_2 é desdobrada em um dupleto por A, conforme é no caso AX discutido anteriormente (Fig. 14B.11). A ressonância de A é desdobrada em um dupleto por um dos X e cada linha do dupleto é desdobrada, outra vez, e pela mesma grandeza, pela ação do segundo X (Fig. 14B.12). Esse desdobramento leva à formação de três linhas com as intensidades na razão 1:2:1 (pois a linha de frequência central é formada de duas maneiras diferentes).

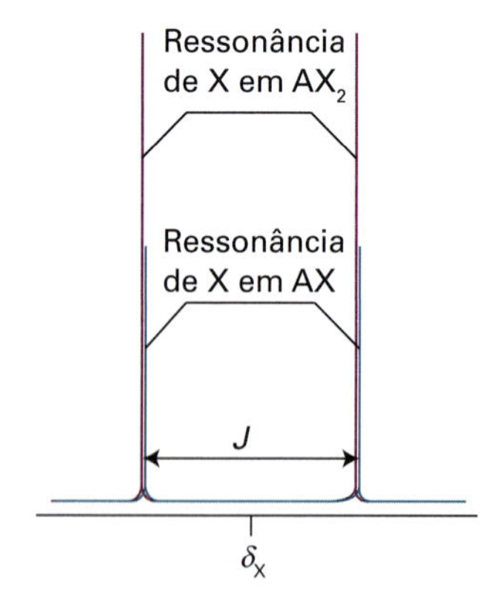

Figura 14B.11 A ressonância de X em uma espécie AX_2 também é um dupleto, pois os dois núcleos X equivalentes agem como se fossem um só núcleo. A absorção total, porém, é o dobro da que se observaria na espécie AX.

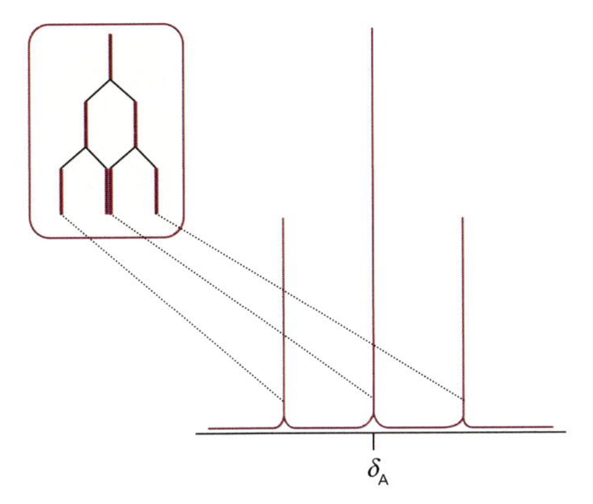

Figura 14B.12 A origem do tripleto 1:2:1 na ressonância de A em uma espécie AX_2. A ressonância de A é desdobrada em duas pelo acoplamento com um dos núcleos X (como mostra o detalhe), e depois cada linha é novamente desdobrada em duas pelo acoplamento com o segundo núcleo. Como cada núcleo X provoca o mesmo desdobramento, as duas transições centrais são coincidentes e provocam o aparecimento de uma linha de absorção que tem a intensidade duas vezes maior do que a das duas linhas laterais.

Três núcleos X equivalentes (uma espécie AX_3) desdobram a ressonância de A em quatro linhas com a razão entre as intensidades 1:3:3:1 (Fig. 14B.13). A ressonância de X, porém, continua a ser um dupleto resultante do desdobramento provocado por A. Em geral, N núcleos equivalentes de spin $\frac{1}{2}$ desdobram a ressonância de um spin vizinho, ou de um grupo de spins equivalentes vizinhos, em $N + 1$ linhas com uma distribuição de intensidades dada pelo triângulo de Pascal, em que cada entrada é a soma de duas outras imediatamente acima (**3**). As fileiras sucessivas desse triângulo são formadas somando os dois números adjacentes da linha acima.

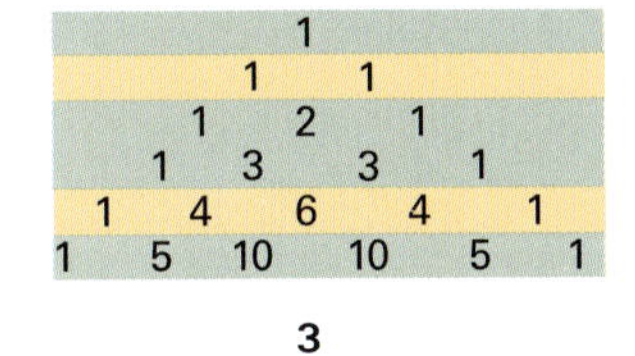

3

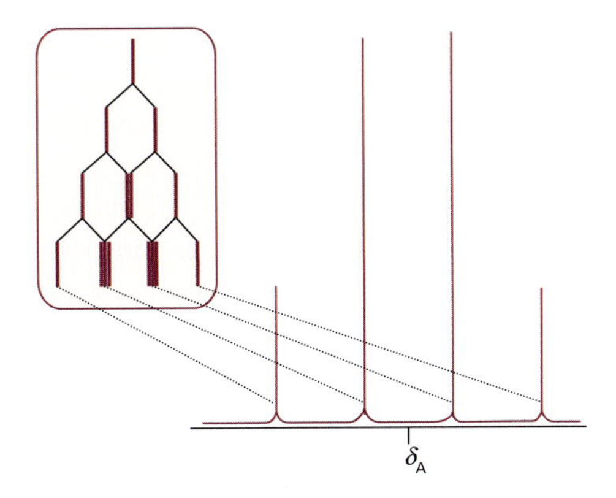

Figura 14B.13 A origem do quarteto 1:3:3:1 na ressonância de A da espécie AX_3. O terceiro núcleo X desdobra cada linha que aparece na Fig. 14B.11, da espécie AX_2, em um dupleto, e a distribuição de intensidades reflete o número de transições que têm a mesma energia.

Exemplo 14B.3 Explicação da estrutura fina de um espectro

Explique a estrutura fina do espectro de RMN dos prótons C–H do etanol.

Método Analisa-se como cada grupo de prótons equivalentes (por exemplo, os três prótons do grupo metila) desdobra a ressonância dos outros grupos de prótons. Não há desdobramento no interior do grupo de prótons equivalentes. As intensidades das linhas desdobradas são dadas pelas linhas do triângulo de Pascal.

Resposta Os três prótons do grupo CH_3 desdobram a ressonância dos prótons do CH_2 em um quarteto com a separação J e as intensidades na razão 1:3:3:1. Semelhantemente, os dois prótons do grupo CH_2 desdobram a ressonância dos prótons CH_3 em um tripleto 1:2:1, com a separação também igual a J. A ressonância do OH não é desdobrada porque os prótons do OH migram rapidamente de molécula a molécula (incluindo moléculas de impurezas da amostra) e esse efeito tem média nula. No etanol gasoso, onde essa migração não ocorre, a ressonância do OH aparece como um tripleto, mostrando que os prótons do CH_2 interagem com o próton do OH.

Exercício proposto 14B.6 Que estrutura fina se espera para os prótons no $^{14}NH_4^+$? O número quântico do spin nuclear do nitrogênio 14 é 1.

Resposta: Tripleto 1:1:1 a partir do N

(b) Os valores das constantes de acoplamento

A constante de acoplamento escalar de dois núcleos separados por N ligações é simbolizada por ^NJ, com índices para identificar os tipos de núcleos envolvidos. Assim, $^1J_{CH}$ é a constante de acoplamento de um próton unido diretamente a um átomo de ^{13}C, e $^2J_{CH}$ é a constante de acoplamento entre os mesmos dois núcleos separados por duas ligações (por exemplo, $^{13}C–C–H$). Os valores representativos de $^1J_{CH}$ ficam no intervalo 120 a 250 Hz. Os de $^2J_{CH}$ ficam entre −10 e +20 Hz. Os acoplamentos ^3J e ^4J levam a efeitos perceptíveis em um espectro, mas acoplamentos sobre maior número de ligações podem, em geral, ser ignorados. Um dos acoplamentos mais longos que foi detectado é o $^9J_{HH}$ = 0,4 Hz entre os prótons do $CH_3C{\equiv}C{-}C{\equiv}C{-}C{\equiv}C{-}CH_2OH$.

Como já indicamos (na discussão que se segue à Eq. 14B.12b), o sinal de J_{XY} mostra se a energia dos dois spins é mais baixa quando eles são paralelos ($J < 0$) ou quando são antiparalelos ($J > 0$). Observa-se que $^1J_{CH}$ é frequentemente positiva, $^2J_{HH}$ é frequentemente negativa, $^3J_{HH}$ é frequentemente positiva etc. Outro ponto a comentar é a variação de J com o ângulo entre as ligações (Fig. 14B.14). Assim, a constante de acoplamento $^3J_{HH}$ depende muitas vezes do ângulo ϕ (**4**) de acordo com a **equação de Karplus**:

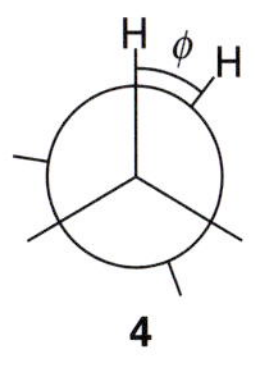

4

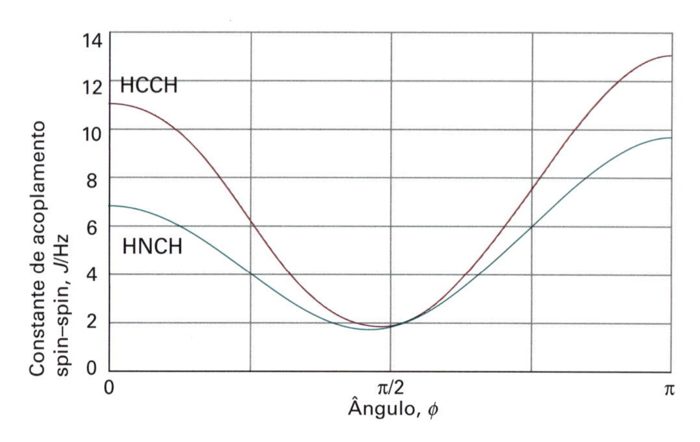

Figura 14B.14 A variação da constante de acoplamento spin–spin com o ângulo, dada pela equação de Karplus, para um grupo HCCH e um grupo HNCH.

$$^3J_{HH} = A + B\cos\phi + C\cos 2\phi \qquad \text{Equação de Karplus} \qquad (14B.14)$$

com A, B e C constantes empíricas com valores vizinhos a +7 Hz, −1 Hz e +5 Hz, respectivamente, para um fragmento HCCH. Segue que a medida de $^3J_{HH}$ em uma série de compostos correlatos pode ser utilizada para determinar suas conformações. A constante de acoplamento $^1J_{CH}$ também depende da hibridização do átomo de C, como mostram os seguintes valores:

	sp	sp²	sp³
$^1J_{CH}$/Hz	250	160	125

Breve ilustração 14B.4 A equação de Karplus

A investigação dos acoplamentos H—N—C—H em polipeptídios pode auxiliar a revelar sua conformação. Para o acoplamento $^3J_{HH}$ em um desses grupos, A = +5,1 Hz, B = −1,4 Hz e C = +3,2 Hz. Para um polímero helicoidal, ϕ fica próximo dos 120°, o que daria $^3J_{HH} \approx 4$ Hz. Para a conformação em folha, ϕ fica próximo de 180°, o que daria $^3J_{HH} \approx 10$ Hz.

Exercício proposto 14B.7 Experimentos de RMN revelam que, para o acoplamento H—C—C—H em polipeptídios, A = +3,5 Hz, B = −1,6 Hz e C = +4,3 Hz. Em uma investigação do polipeptídio flavodoxina, a constante de acoplamento $^3J_{HH}$ para um agrupamento desses foi determinada como 2,1 Hz. Esse valor é consistente com uma conformação helicoidal ou em folha?

Resposta: Conformação helicoidal

(c) A origem do acoplamento spin–spin

O acoplamento spin–spin é um fenômeno muito sutil e é melhor tratar J como um parâmetro empírico do que usar valores calculados. Entretanto, considerando a análise das interações magnéticas nas moléculas podemos conseguir alguma compreensão sobre as suas origens e, em alguns casos, sobre o seu valor – e sempre sobre o seu sinal.

Um núcleo com a projeção de spin m_I provoca um campo magnético com a componente z, $\mathcal{B}_{\text{núc}}$, à distância R, dada, em uma boa aproximação, por

$$\mathcal{B}_{\text{núc}} = -\frac{\gamma_N \hbar \mu_0}{4\pi R^3}(1-3\cos^2\theta)m_I \qquad (14B.15)$$

O ângulo θ está definido em (**1**); vimos uma versão dessa expressão na Eq. 14B.10a.

Breve ilustração 14B.5 Campos magnéticos de núcleos

A componente z do campo magnético que surge de um próton ($m_I = \frac{1}{2}$) em R = 0,30 nm, com seu momento magnético paralelo ao eixo z (θ = 0), é

$$\mathcal{B}_{\text{núc}} = -\frac{\overbrace{(2{,}821\times10^{-26}\,\text{J}\,\text{T}^{-1})}^{\gamma_N\hbar}\times\overbrace{4\pi\times10^{-7}\,\text{T}^2\,\text{J}^{-1}\,\text{m}^3}^{\mu_0}}{4\pi\times\underbrace{(3{,}0\times10^{-10}\,\text{m})^3}_{R}}\times\overbrace{(-1)}^{(1-3\cos^2\theta)m_I}$$

$$=1{,}0\times10^{-4}\ \text{T} = 0{,}10\,\text{mT}$$

Um campo dessa magnitude pode provocar o desdobramento de sinais de ressonância em amostras sólidas. Em um líquido, o ângulo θ assume qualquer valor à medida que a molécula bascula, e o fator $1 - 3\cos^2\theta$ tem média nula. Então, a interação dipolar direta entre os spins não pode explicar a estrutura fina dos espectros de moléculas que basculam rapidamente.

Exercício proposto 14B.8 No gesso, $CaSO_4 \cdot 2H_2O$, o desdobramento na ressonância da H_2O pode ser interpretado em termos de um campo magnético de 0,715 mT gerado por um dos prótons e sofrido pelo outro. Com θ = 0, qual é a separação dos prótons na molécula da H_2O?

Resposta: 158 pm

O acoplamento spin–spin das moléculas em solução pode ser explicado por um **mecanismo de polarização**, que admite que a interação é transmitida através das ligações. O caso mais simples de ser analisado é o da constante $^1J_{XY}$, em que X e Y são núcleos de spin $\frac{1}{2}$ unidos por uma ligação envolvendo um par de elétrons. O mecanismo de acoplamento depende de a energia ser função da orientação relativa dos elétrons ligantes e dos spins nucleares. O acoplamento entre o elétron e o núcleo é de origem magnética e pode ser ou uma interação dipolar ou uma **interação de contato de Fermi**. Uma descrição qualitativa da interação de contato de Fermi é a seguinte. Inicialmente, consideramos o momento magnético do núcleo como surgindo da circulação de uma corrente em espira diminuta com raio semelhante ao do núcleo (Fig. 14B.15). Distante do núcleo, o campo magnético desta espira não se distingue do campo de um dipolo magnético diminuto. Nas vizinhanças da espira, porém, o campo é bem diferente do de um dipolo puntiforme. A interação magnética entre esse campo, que não é dipolar, e o momento magnético do elétron é uma interação de contato. A interação de contato – essencialmente a falha

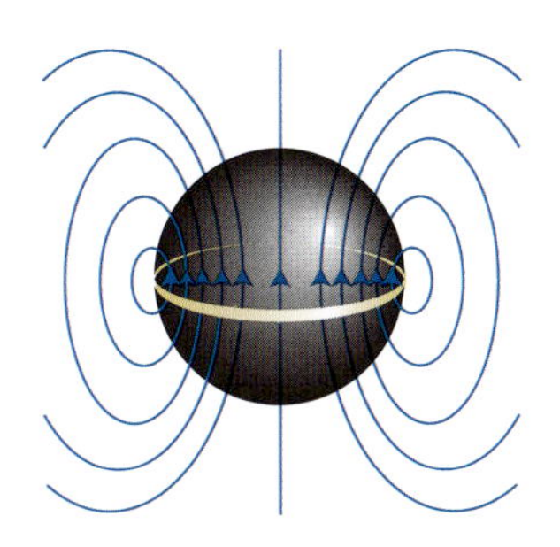

Figura 14B.15 A origem da interação de contato de Fermi. Em pontos distantes, a configuração do campo magnético de uma corrente anular (que representa as cargas rotatórias do núcleo, a esfera central) é semelhante à de um dipolo minúsculo. No entanto, se o elétron estiver experimentando o campo nas vizinhanças da região central, a distribuição do campo é bastante diferente da do dipolo magnético. Por exemplo, se o elétron penetrar na esfera, a média do campo que ele sofre não é nula.

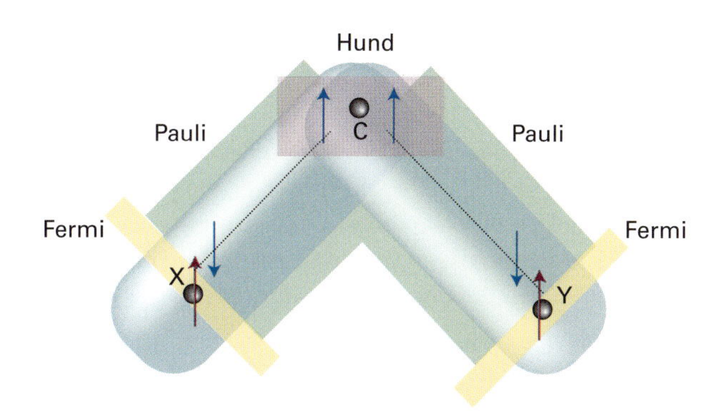

Figura 14B.17 O mecanismo da polarização do acoplamento $^2J_{HH}$. A informação sobre o spin é transmitida de uma ligação para a seguinte por um mecanismo que leva em conta a energia mais baixa dos elétrons com spins paralelos em diferentes orbitais atômicos (regra de Hund sobre o máximo da multiplicidade). Neste caso, $J < 0$, e a energia é mais baixa quando os spins nucleares são paralelos.

por causa da aproximação de dipolo pontual - depende de uma grande aproximação entre um elétron e o núcleo e, portanto, pode ocorrer somente se o elétron ocupa um orbital *s* (o que explica o fato de $^1J_{CH}$ depender da hibridização). Consideraremos que ele é energeticamente favorável para um spin do elétron e um spin do núcleo que sejam antiparalelos (por exemplo, para o próton e o elétron no átomo de hidrogênio).

Se o núcleo X for α, um elétron β do par ligante tenderá a estar nas suas proximidades, pois essa configuração é favorecida pela energia (Fig. 14B.16). O segundo elétron da ligação deve ser α se o outro é β (pelo princípio de Pauli; Seção 9B), e será preferencialmente encontrado na extremidade mais afastada da ligação, pois os elétrons tendem a se manter afastados a fim de ser mínima a repulsão entre ambos. Como é preferível, do ponto de vista da energia, que o spin de Y seja antiparalelo ao spin do elétron, um núcleo Y com spin β terá energia mais baixa do que um núcleo Y com spin α. O oposto é correto quando X for β, pois então o spin α de Y proporcionará energia mais baixa. Resumindo, a configuração dos spins nucleares antiparalelos corresponde à energia mais baixa do que a configuração dos spins paralelos, graças ao

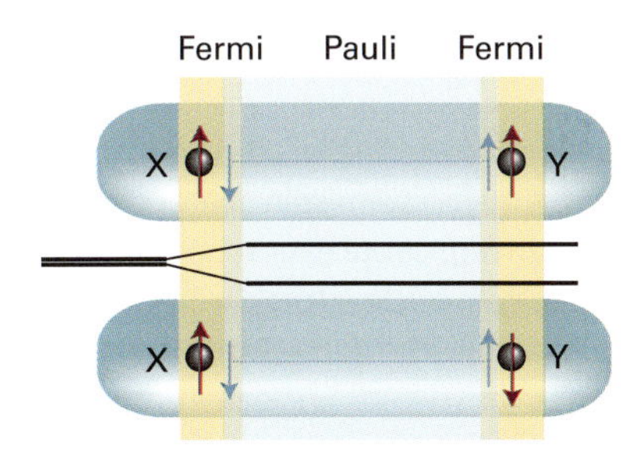

Figura 14B.16 O mecanismo de polarização do acoplamento spin–spin ($^1J_{HH}$). As duas configurações têm energias ligeiramente diferentes. Neste caso, J é positivo, e a energia mais baixa corresponde à configuração com os spins antiparalelos.

acoplamento magnético com os elétrons da ligação. Neste caso, $^1J_{HH}$ será positiva.

Para explicar o valor de $^2J_{XY}$, por exemplo, no H–C–H, precisamos explicar como se transmite o alinhamento dos spins através do átomo central de C (que pode ser o do ^{12}C, sem spin nuclear). Neste caso (Fig. 14B.17), um núcleo X, com spin α, polariza os elétrons da sua ligação e o elétron α estará, provavelmente, nas proximidades do núcleo de C. A configuração energeticamente mais favorável dos dois elétrons no mesmo átomo é a que tem os spins paralelos (regra de Hund, Seção 9B), e assim a configuração mais favorável tem o elétron α da ligação vizinha nas vizinhanças do núcleo do C. Então, o elétron β dessa ligação estará, provavelmente, nas proximidades do núcleo Y, e este núcleo terá energia mais baixa se for α. Portanto, de acordo com esse esquema, a energia mais baixa do spin Y corresponderá ao estado com o spin paralelo ao de X. Isto é, $^2J_{HH}$ será negativa.

O acoplamento entre o spin nuclear e o spin do elétron, pela interação de contato de Fermi, é muito importante para os spins dos prótons, mas não é, necessariamente, o mecanismo mais importante para outros núcleos. Os núcleos podem interagir por um mecanismo de dipolo magnético e momentos magnéticos dos elétrons, ou com os movimentos orbitais dos elétrons, e não há maneira simples de determinar se J é positiva ou negativa.

(d) Núcleos equivalentes

Um grupo de núcleos é **quimicamente equivalente** se estiverem relacionados por uma operação de simetria da molécula e possuírem os mesmos deslocamentos químicos. Os núcleos quimicamente equivalentes são núcleos que seriam considerados "equivalentes" de acordo com os critérios químicos comuns. Os núcleos são **magneticamente equivalentes** se, além de serem quimicamente equivalentes, possuírem interações spin–spin idênticas com outros núcleos magnéticos da molécula.

Breve ilustração 14B.6 Equivalência química e magnética

A diferença entre a equivalência química e a magnética é bem ilustrada pelo CH_2F_2 e pelo $H_2C{=}CF_2$, cujos prótons, em ambas as moléculas, são quimicamente equivalentes. De fato, eles estão relacionados por simetria e participam das mesmas reações químicas. Porém, embora os prótons do CH_2F_2 sejam magneticamente equivalentes, os do $CH_2{=}CF_2$ não o são. Um dos prótons desse último composto tem uma interação de acoplamento de spin com um núcleo F em posição *cis* enquanto o outro próton tem uma interação *trans* com o mesmo núcleo. Ao contrário, no CH_2F_2 os dois prótons estão presos a um determinado núcleo F por ligações idênticas, de modo que não há nenhuma distinção entre eles.

Exercício proposto 14B.9 Os prótons do CH_3 em etanol são magneticamente não equivalentes?

Resposta: Sim, graças a suas diferentes interações com os prótons do CH_2 no grupo seguinte

Os prótons do CH_3 não são, rigorosamente falando, magneticamente equivalentes. Acontece, porém, que a rápida rotação do grupo CH_3 faz com que, em média, fiquem anuladas quaisquer diferenças, tornando-os, na prática, magneticamente equivalentes. Espécies que não sejam magneticamente equivalentes podem gerar espectros muito complicados (por exemplo, os espectros do próton e do ^{19}F no $H_2C{=}CF_2$ têm 12 linhas cada) e não serão analisados daqui por diante.

Importante aspecto dos núcleos magnéticos quimicamente equivalentes é o de não terem efeito sobre o aspecto do espectro, embora se acoplem uns com os outros. A razão qualitativa da invisibilidade do acoplamento é que todas as transições dos spins nucleares permitidas são reorientações *coletivas* dos grupos de spins nucleares equivalentes, que não alteram as orientações relativas no interior do grupo (Fig. 14B.18). Uma vez que essas orientações relativas dos spins nucleares não se alteram em nenhuma transição, a magnitude do acoplamento entre elas é imperceptível. Assim, um grupo CH_3 isolado gera uma única linha, não desdobrada, pois as transições permitidas do grupo dos três prótons ocorrem sem modificação das orientações relativas dos spins.

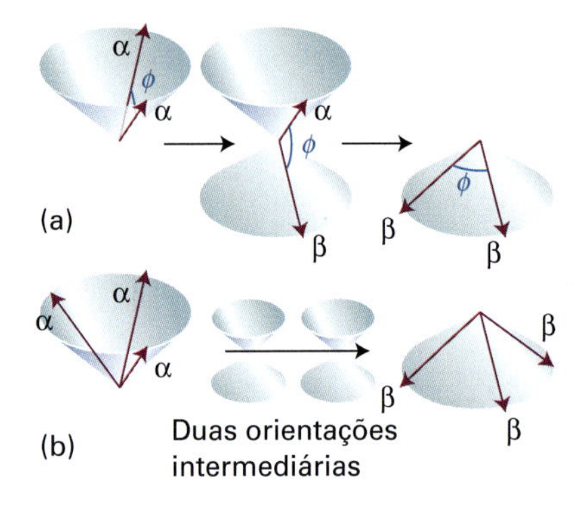

Figura 14B.18 (a) Quando há uma absorção ressonante, um grupo de dois núcleos equivalentes se realinha sem modificação do ângulo entre os spins. Comporta-se então como um só núcleo e o acoplamento spin–spin entre os spins do grupo é imperceptível. (b) Três núcleos equivalentes também se realinham como um grupo sem modificação das orientações relativas.

Para expressar estas conclusões de maneira mais qualitativa, primeiramente precisamos estabelecer os níveis de energia de um conjunto de núcleos equivalentes. Conforme mostrado na *Justificativa* 14B.1, para um sistema A_2 eles têm os mesmos valores ilustrados à direita da Fig. 14B.19.

Justificativa 14B.1 Níveis de energia de um sistema A_2

Imaginemos um sistema A_2 de dois núcleos de spin $\frac{1}{2}$. Inicialmente, vejamos os níveis de energia na ausência de acoplamento spin–spin. Há quatro estados do spin (exatamente como no caso de dois elétrons), que podem ser classificados pelo spin total I (análogo ao número quântico S para dois elétrons) e pela projeção desse spin, M_I, sobre o eixo dos z. Os estados são análogos aos estados singleto e tripleto que vimos para dois elétrons (Seção 9C):

Spins paralelos, $I=1$:	$M_I=+1$	$\alpha\alpha$
	$M_I=0$	$(1/2^{1/2})\{\alpha\beta+\beta\alpha\}$
	$M_I=-1$	$\beta\beta$
Spins emparelhados, $I=0$:	$M_I=0$	$(1/2^{1/2})\{\alpha\beta-\beta\alpha\}$

O sinal em $\alpha\beta + \beta\alpha$ significa um alinhamento de spins em fase e $I = 1$; o sinal – em $\alpha\beta - \beta\alpha$ significa um alinhamento fora de fase por π, e assim $I = 0$. O efeito do campo magnético sobre

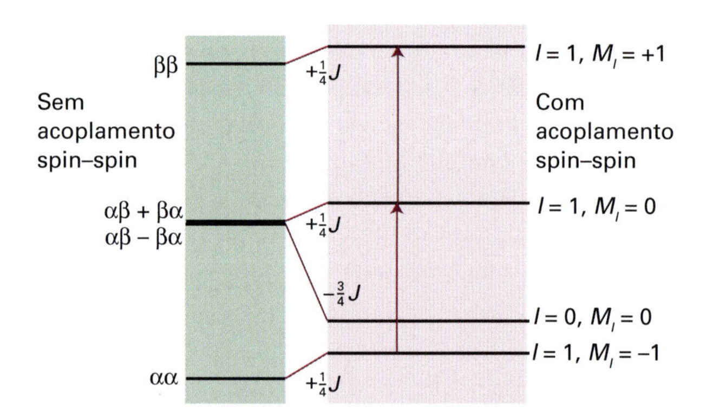

Figura 14B.19 Os níveis de energia de um sistema A_2 na ausência de acoplamento spin–spin aparecem à esquerda. Os níveis à direita levam em conta esse acoplamento. Veja que os três estados com o spin nuclear total $I = 1$ correspondem a spins paralelos e levam ao mesmo aumento de energia (J é positivo); o estado único com $I = 0$ (spins nucleares antiparalelos) tem energia mais baixa na presença de acoplamento spin–spin. As únicas transições permitidas são as que preservam o ângulo entre os spins e ocorrem entre os três estados com $I = 1$. Ocorrem na mesma frequência de ressonância que teriam na ausência de acoplamento spin–spin.

esses quatro estados é mostrado na Fig. 14B.19. As energias dos dois estados com $M_I = 0$ não se alteram no campo, pois eles são constituídos por iguais proporções de spins α e β.

A energia do acoplamento spin–spin é proporcional ao produto escalar dos vetores que representam os spins, e escrevemos $E = (hJ/\hbar^2)\boldsymbol{I}_1 \cdot \boldsymbol{I}_2$. O produto escalar pode ser expresso em termos do spin nuclear total $\boldsymbol{I} = \boldsymbol{I}_1 + \boldsymbol{I}_2$ observando-se que

$$I^2 = (\boldsymbol{I}_1 + \boldsymbol{I}_2)\cdot(\boldsymbol{I}_1 + \boldsymbol{I}_2) = I_1^2 + I_2^2 + 2\boldsymbol{I}_1 \cdot \boldsymbol{I}_2$$

rearranjando essa expressão em

$$\boldsymbol{I}_1 \cdot \boldsymbol{I}_2 = \tfrac{1}{2}\{I^2 - I_1^2 - I_2^2\}$$

e substituindo os módulos pelos respectivos equivalentes valores quânticos:

$$\boldsymbol{I}_1 \cdot \boldsymbol{I}_2 = \tfrac{1}{2}\{I(I+1) - I_1(I_1+1) - I_2(I_2+1)\}\hbar^2$$

Então, como $I_1 = I_2 = \frac{1}{2}$, vem

$$E = \tfrac{1}{2}hJ\{I(I+1) - \tfrac{3}{2}\}$$

No caso de spins paralelos, $I = 1$ e $E = +\frac{1}{4}hJ$. Se os spins forem antiparalelos, $I = 0$ e $E = -\frac{3}{4}hJ$, como na Fig. 14B.19. Vemos que três dos estados se deslocam, em energia, em um sentido, e que o quarto (com spins antiparalelos) se move no sentido oposto, mas em um deslocamento três vezes maior.

Vamos considerar agora as transições permitidas entre os estados de um sistema A_2 ilustrado na Fig. 14B.18. O campo de radiofrequência afeta da mesma maneira dois prótons equivalentes e não altera a orientação de um em relação ao outro. Por isso, as transições ocorrem dentro do conjunto de estados que correspondem aos spins paralelos (os estados simbolizados por $I = 1$) e nenhum estado com spins paralelos pode se converter em um estado com spins antiparalelos (estados com $I = 0$). Dito de outra forma, as transições permitidas cumprem a regra de seleção $\Delta I = 0$. Esta regra de seleção existe além da outra regra, $\Delta M_I = \pm 1$, que provém da conservação do momento angular e do momento unitário do fóton. Na Fig. 14B.19 assinalam-se as transições permitidas. Só há duas delas que ocorrem na mesma frequência de ressonância que os núcleos teriam na ausência de acoplamento spin–spin. Assim, a interação do acoplamento spin–spin não afeta o aspecto do espectro.

(e) Núcleos fortemente acoplados

Os espectros de RMN são, comumente, bem mais complicados do que sugere a análise anterior. Descrevemos um caso extremo em que as diferenças dos deslocamentos químicos são muito maiores do que as constantes do acoplamento spin–spin. Nestes casos, é fácil identificar os grupos de núcleos magneticamente equivalentes e imaginar que os grupos de spins nucleares se reorientem uns em relação aos outros. Os espectros gerados são denominados **espectros de primeira ordem**.

Não se pode, porém, atribuir transições a grupos definidos quando as diferenças entre os respectivos deslocamentos químicos são comparáveis às constantes das interações dos acoplamentos spin–spin. Os espectros complicados que são então obtidos são chamados de **espectros fortemente acoplados** (ou "espectros de segunda ordem") e são bem mais difíceis de analisar.

Breve ilustração 14B.7 Espectros fortemente acoplados

A Fig. 14B.20 apresenta espectros de RMN de um sistema A_2 (em cima) e de um sistema AX (em baixo). Ambos são simples espectros de "primeira ordem". Com valores relativos intermediários da diferença entre os deslocamentos químicos e o acoplamento spin–spin, os espectros obtidos são "fortemente acoplados". Observe como as duas linhas interiores do espectro de baixo se deslocam para o centro, aumentam de intensidade e fundem-se em uma única linha central no espectro de cima. As linhas exteriores diminuem de intensidade e desapareceram nesse mesmo espectro.

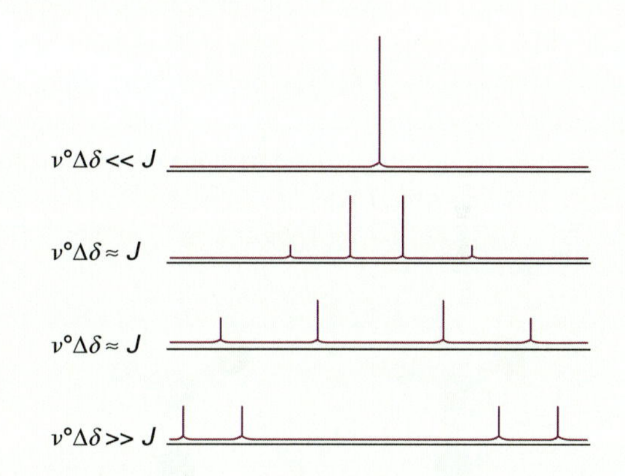

Figura 14B.20 Espectro de RMN de um sistema A_2 (em cima) e de um sistema AX (em baixo). Os dois são simples e constituem "espectros de primeira ordem".

Exercício proposto 14B.10 Explique por que, em certos casos, um espectro de segunda ordem pode ficar mais simples (e de primeira ordem) em campos altos.

Resposta: A diferença entre as frequências de ressonância aumenta com o campo, mas as constantes do acoplamento spin–spin são independentes do campo.

Uma chave para analisar os espectros é dada pela notação para os tipos de spins envolvidos. Assim, em um sistema AX (constituído por dois núcleos com grande diferença de deslocamentos químicos) o espectro é de primeira ordem. Em um sistema AB, por outro lado (com dois núcleos que têm deslocamentos químicos semelhantes), forma-se um espectro típico de sistema fortemente acoplado. Um sistema AX pode ter frequências de Larmor muito diferentes, pois A e X são núcleos de elementos diferentes (por exemplo, ^{13}C e ^{1}H), caso em que constituem um **sistema heteronuclear de spins**. AX pode ser também um **sistema homonuclear**

de spins, em que os núcleos são do mesmo elemento, porém em ambientes muito diferentes.

14B.4 Conversão conformacional e processos de troca

A aparência de um espectro de RMN se altera se os núcleos magnéticos puderem mudar rapidamente de ambiente. Imaginemos uma molécula como a *N*,*N*-dimetilformamida, que pode passar de uma para outra conformação; neste caso, o deslocamento do grupo metila vai depender de estar em posição *cis* ou *trans* em relação ao grupo carbonila (Fig. 14B.21). Quando a velocidade de conversão é pequena, o espectro mostra dois conjuntos de linhas, um para cada conformação da molécula. Quando a interconversão é rápida, o espectro mostra uma única linha, na média dos dois deslocamentos químicos. Nas velocidades intermediárias, a linha é muito larga. Esse alargamento máximo ocorre quando o tempo de vida, τ, de uma conformação provoca uma largura de linha que é comparável à diferença, $\delta\nu$, das duas frequências de ressonância. Nessas circunstâncias, as duas linhas se fundem em uma linha muito larga. A fusão das duas linhas ocorre quando

$$\tau = \frac{2^{1/2}}{\pi\delta\nu} \quad \text{Condição de coalescência de duas linhas RMN} \quad (14B.16)$$

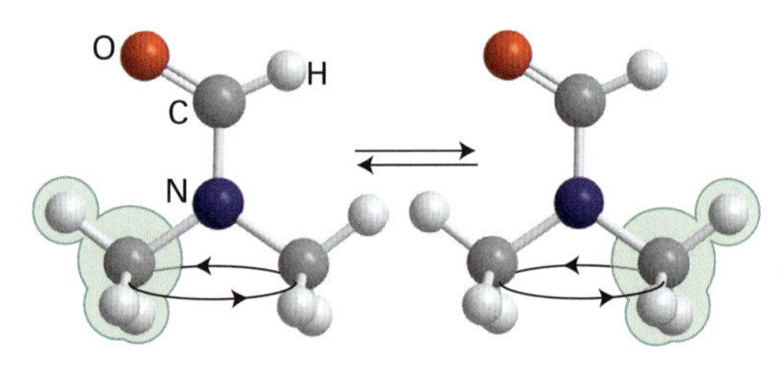

Figura 14B.21 Quando uma molécula passa de uma conformação para outra, as posições dos seus prótons são permutadas e há passagem de alguns deles para um ambiente magnético diferente do original.

Breve illustração 14B.8 O efeito da troca química nos espectros de RMN

O grupo NO na *N*,*N*-dimetilnitrosamina, $(CH_3)_2N{-}NO$ (**5**), gira em torno da ligação N–N e, por isso, os ambientes magnéticos dos dois grupos CH_3 trocam entre si. Em um espectrômetro a 600 MHz, as duas ressonâncias do CH_3 estão separadas por 390 Hz. Segundo a Eq. 14B.16,

$$\tau = \frac{2^{1/2}}{\pi \times (390\,\text{s}^{-1})} = 1{,}2\,\text{ms}$$

Segue que o sinal será somente uma linha quando a velocidade da interconversão for maior do que $1/\tau = 830\ \text{s}^{-1}$.

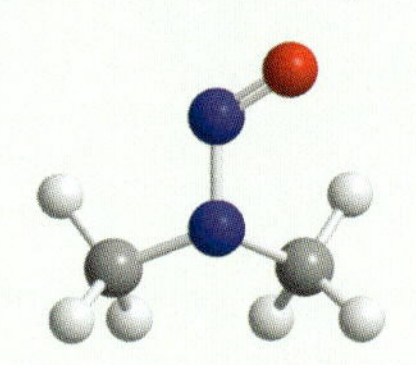

5 *N*,*N*-dimetilnitrosamina

Exercício proposto 14B.11 O que se poderia deduzir da observação de uma única linha, da mesma molécula que no exemplo anterior, em um espectrômetro de 300 MHz?

Resposta: Tempo de vida da conformação menor que 2,3 ms

Explicação semelhante elucida a perda de estrutura fina em solventes que trocam prótons com a amostra. Por exemplo, os prótons da hidroxila podem se permutar com os da água. Quando essa **troca química** ocorre, uma molécula ROH, com um próton de spin α (simbolizada por ROH_α), pode se converter rapidamente em ROH_β e, talvez, depois novamente em ROH_α, pois os prótons proporcionados pelas moléculas do solvente, nas trocas sucessivas, têm orientações aleatórias dos spins. Por isso, em lugar de se ter um espectro composto pelas contribuições das moléculas ROH_α e ROH_β (isto é, um espectro mostrando uma estrutura de dupleto devida ao próton da OH) obtemos um espectro que não mostra nenhum desdobramento causado pelo acoplamento do próton da OH (como na Fig. 14B.2 e conforme discutido no Exemplo 14B.3). O efeito é observado quando o tempo de vida da molécula, em virtude da troca química, é tão curto que o alargamento devido a ele é maior do que o desdobramento do dupleto. Como esse desdobramento é, muitas vezes, bastante pequeno (da ordem de poucos Hz), um próton deve ficar ligado à mesma molécula durante cerca de 0,1 s a fim de o desdobramento ser observável. Na água, a velocidade de troca é muito maior do que essa, e por isso os álcoois em água não exibem desdobramento dos prótons da OH. No dimetilsulfóxido (DMSO na sigla em inglês) seco, a velocidade de troca pode ser suficientemente lenta para que o desdobramento possa ser detectado.

Conceitos importantes

☐ 1. O **deslocamento químico** de um núcleo é a diferença entre sua frequência de ressonância e a de um padrão de referência.

☐ 2. A **constante de blindagem** é a soma de uma contribuição local, uma contribuição de grupos vizinhos e uma contribuição do solvente.

☐ 3. A **contribuição local** é a soma de uma contribuição diamagnética e uma contribuição paramagnética.

☐ 4. A contribuição de grupos **vizinhos** surge das correntes induzidas por grupos próximos de átomos.

☐ 5. A **contribuição do solvente** pode surgir de interações moleculares específicas entre o soluto e o solvente.

☐ 6. **Estrutura fina** é o desdobramento de ressonâncias em linhas individuais pelo acoplamento spin–spin.

☐ 7. O **acoplamento spin–spin** é expresso em termos de uma **constante de acoplamento spin–spin** J e depende da orientação relativa dos dois spins nucleares.

☐ 8. A constante de acoplamento diminui à medida que o número de ligações que separam os dois núcleos aumenta.

☐ 9. O acoplamento spin–spin pode ser explicado em termos do **mecanismo de polarização** e da **interação de contato de Fermi**.

☐ 10. Núcleos química e magneticamente equivalentes têm os mesmos deslocamentos químicos.

☐ 11. Em **espectros fortemente acoplados**, as transições não podem ser atribuídas a grupos definidos.

☐ 12. A coalescência de duas linhas de RMN ocorre quando uma conversão conformacional ou uma troca química entre os núcleos é rápida.

Equações importantes

Propriedade	Equação	Comentário	Número da equação
Escala δ de deslocamentos químicos	$\delta=\{(\nu-\nu^\circ)/\nu^\circ\}\times10^6$	Definição	14B.4
Relação entre deslocamento químico e constante de blindagem	$\delta\approx(\sigma^\circ-\sigma)\times10^6$		14B.6
Contribuição local para a constante de blindagem	$\sigma(\text{local})=\sigma_d+\sigma_p$		14B.8
Fórmula de Lamb	$\sigma_d=(e^2\mu_0/12\pi m_e)\langle 1/r\rangle$		14B.9
Contribuição de grupos vizinhos para a constante de blindagem	$\sigma(\text{vizinho})\propto(\chi_\parallel-\chi_\perp)\{(1-3\cos^2\theta)/r^3\}$	O ângulo θ é definido em (1)	14B.10b
Equação de Karplus	$^3J_{HH}=A+B\cos\phi+C\cos 2\phi$	A, B e C são constantes empíricas	14B.14
Condição para coalescência de duas linhas de RMN	$\tau=2^{1/2}/\pi\delta\nu$	Conversões conformacionais e processos de troca	14B.16

14C Técnicas de pulsos na RMN

Tópicos

➤ Por que você precisa saber este assunto?

Para entender como a espectroscopia de ressonância magnética nuclear é usada no estudo de moléculas grandes e até no diagnóstico de doenças, você precisa entender como as informações espectrais são obtidas através da análise da resposta dos núcleos à aplicação de fortes pulsos de radiação de radiofrequência.

➤ Qual é a ideia fundamental?

A espectroscopia de RMN com transformada de Fourier é a análise da radiação emitida por spins nucleares à medida que retornam ao equilíbrio após estímulo por um ou mais pulsos de radiação de radiofrequência.

➤ O que você já deve saber?

Você precisa estar familiarizado com os princípios gerais da ressonância magnética (Seção 14A), com as características dos espectros de RMN (Seção 14B), com o modelo vetorial do momento angular (Seção 8B), com as propriedades magnéticas das moléculas (Seção 8C) e com transformadas de Fourier (Seção 12A e *Revisão matemática* 7). O desenvolvimento deste material utiliza o conceito de precessão na frequência de Larmor (Seção 14A).

Os métodos modernos de observação da separação entre as energias dos estados dos spins nucleares na espectroscopia de RMN são mais elaborados do que a simples busca da frequência de ressonância. Uma das melhores analogias para ilustrar a forma preferida de observação dos espectros de RMN é a que se faz com a investigação das vibrações de um sino. Podemos estimular o sino com uma vibração suave em uma frequência que aumenta gradualmente e anotar as frequências em que o sino amplifica o estímulo. Muito tempo seria perdido com estímulos de frequências entre as dos modos de vibração do sino e as que teriam respostas nulas. Se, porém, ativássemos o sino por um único golpe do badalo, imediatamente obteríamos um som composto por todas as frequências capazes de serem produzidas. O procedimento equivalente na RMN é o de acompanhar a radiação emitida pelos spins nucleares ao retornarem ao estado de equilíbrio, depois de serem convenientemente excitados. A técnica é a **RMN com transformada de Fourier** (RMN-TF), que tem grande sensibilidade e abre toda a tabela periódica à análise espectroscópica de ressonância. Além disso, a RMN-TF com pulsos múltiplos proporciona aos químicos controle inigualável sobre a informação e a apresentação dos espectros.

14C.1 O vetor magnetização

Imaginemos uma amostra constituída por muitos núcleos idênticos de spin $\frac{1}{2}$. Por analogia com a discussão dos momentos angulares na Seção 8C, um spin nuclear pode ser representado por um vetor de comprimento $\{I(I+1)\}^{1/2}$ unidades, com uma componente de comprimento m_I unidades sobre o eixo dos z. Como o princípio da incerteza não permite que sejam especificadas as componentes x e y desse vetor momento angular, tudo o que sabemos é que o vetor está sobre uma superfície cônica com eixo nos z. Para $I = \frac{1}{2}$, o comprimento do vetor é $\frac{1}{2}3^{1/2}$ e, quando $m_I = +\frac{1}{2}$, ele faz um ângulo de $\arccos(\frac{1}{2}/(\frac{1}{2}3^{1/2})) = 55°$ com o eixo dos z (Fig. 14C.1).

Na ausência de campo magnético, a amostra é constituída por spins nucleares α e β, em números iguais, com os vetores orientados aleatoriamente sobre os respectivos cones. Esses ângulos

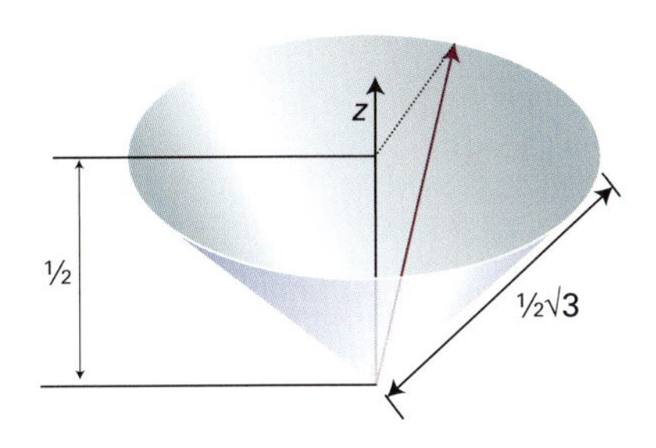

Figura 14C.1 O modelo vetorial do momento angular para um núcleo de spin $\frac{1}{2}$. O ângulo em torno do eixo dos *z* é indeterminado.

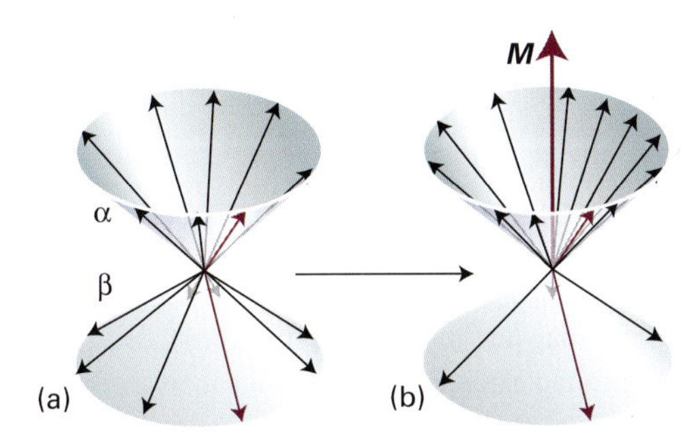

Figura 14C.2 A magnetização de uma amostra de núcleos de spin $\frac{1}{2}$ é a resultante de todos os seus momentos magnéticos. (a) Na ausência de campo magnético externo, os números de spins α e β, com orientações aleatórias em torno do eixo dos z (o da direção do campo), são iguais e a magnetização é nula. (b) Na presença do campo, os spins varrem os respectivos cones (há uma diferença de energia entre os estados α e β e por isso o número de spins α é ligeiramente maior do que o de β). Há então uma magnetização resultante ao longo do eixo dos *z*.

são imprevisíveis, e podemos imaginar, por instantes, que os vetores dos spins sejam estacionários. A **magnetização, *M***, da amostra é o momento magnético nuclear resultante e, no caso, é nula (Fig. 14C.2a).

Duas mudanças ocorrem na magnetização quando existe um campo magnético $\mathcal{B}_0$ alinhado na direção *z*:

- As energias dos dois estados de orientação se alteram, os estados de spin α deslocando-se para as energias mais baixas e os de spin β para as mais altas (admitindo-se que $\gamma_N > 0$).

A 10 T, a frequência de Larmor para os prótons é 427 MHz, e no modelo vetorial imagina-se que os vetores do spin precessem com essa frequência. Esse movimento é uma representação figurada da variação de energia dos estados dos spins (não é uma representação da realidade, mas é inspirada no movimento real de um ímã de barra clássico em um campo magnético). À medida que o campo magnético aumenta, a frequência de Larmor também aumenta e a precessão se torna mais rápida.

- As populações dos dois estados de spin (isto é, os números de spins α e β) em equilíbrio térmico se alteram, e os spins α são ligeiramente mais numerosos do que os β (veja a Seção 14A).

Apesar de pequena, essa diferença faz com que haja uma magnetização resultante que podemos representar por um vetor ***M*** apontando na direção do eixo dos *z* e com um comprimento proporcional à diferença de população (Fig. 14C.2b).

(a) O efeito do campo de radiofrequência

Vejamos agora o efeito provocado por um campo de radiofrequência circularmente polarizado no plano *xy*, de forma que a componente magnética do campo eletromagnético (a única que precisamos considerar) gira em torno da direção *z*, tal como na precessão de Larmor. A intensidade do campo magnético oscilante é $\mathcal{B}_1$.

Para interpretar o efeito dos pulsos de radiofrequência sobre a magnetização, é conveniente observar o sistema de spins sobre uma plataforma, o chamado **referencial rotatório,** que gira em torno do campo aplicado. Suponha que escolhemos a frequência do campo de radiofrequência como igual à frequência de Larmor dos spins, $\nu_L = \gamma_N\mathcal{B}_0/2\pi$; essa escolha é equivalente a selecionar a condição de ressonância em um experimento convencional. O campo magnético rotatório está em fase com os spins que precessam, os núcleos sofrem a ação de campo estacionário $\mathcal{B}_1$ e precessam em torno dele a uma frequência $\gamma_N\mathcal{B}_1/2\pi$ (Fig. 14C.3). Suponha agora que o campo $\mathcal{B}_1$ é aplicado na forma de um pulso de duração $\Delta\tau = \frac{1}{4}\times 2\pi/\gamma_N\mathcal{B}_1$, a magnetização gira de um ângulo $\frac{1}{4}\times 2\pi = \pi/2$ (90°) no referencial rotatório, e dizemos que o pulso aplicado é um **pulso a 90°**, ou um "pulso a π/2" (Fig. 14C.4a).

Breve ilustração 14C.1 Pulsos de radiofrequência

A duração do pulso de radiofrequência depende da intensidade do campo $\mathcal{B}_1$. Se um pulso a 90° requer 10 μs, então, para os prótons

$$\mathcal{B}_1 = \frac{\pi}{2\times\underbrace{(2{,}675\times10^{-8}\,\mathrm{T^{-1}\,s^{-1}})}_{\gamma_N}\times\underbrace{(1{,}0\times10^{-5}\,\mathrm{s})}_{\Delta\tau}} = 5{,}9\times10^{-4}\,\mathrm{T}$$

ou 0,59 mT.

Exercício proposto 14C.1 Quanto tempo um pulso de 180° exigiria para os prótons?

Resposta: 20 μs.

Vamos imaginar agora que saímos do referencial rotatório. Para um observador externo estacionário (o papel desempenhado por uma bobina de detecção de radiofrequência), o vetor magnetização gira no plano *xy* com a frequência de Larmor (Fig. 14C.4b). A magnetização rotatória provoca na bobina de detecção um sinal que oscila na frequência de Larmor e pode ser amplificado e analisado. Na prática, a análise é feita depois da subtração de uma componente constante de alta frequência (a radiofrequência usada para $\mathcal{B}_1$), de modo que toda a manipulação do sinal ocorre em frequências de alguns quilo-hertz.

À medida que o tempo passa, os spins individuais ficam fora de fase (em parte porque precessam com frequências ligeiramente

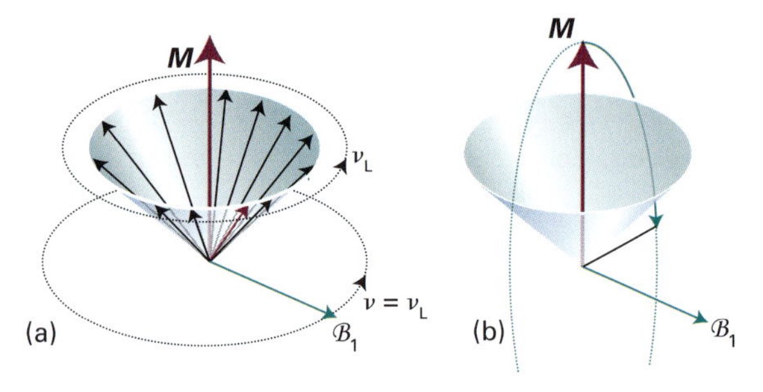

Figura 14C.3 (a) Em uma experiência de ressonância, aplica-se um campo magnético $\mathcal{B}_1$ de radiofrequência, circularmente polarizado, no plano *xy* (o vetor magnetização está sobre o eixo dos *z*). (b) Em um referencial que gira com a radiofrequência, $\mathcal{B}_1$ parece estacionário, bem como a magnetização ***M***, se a sua frequência coincidir com a de Larmor. Quando as duas frequências coincidem, o vetor magnetização da amostra gira em torno da direção do campo $\mathcal{B}_1$.

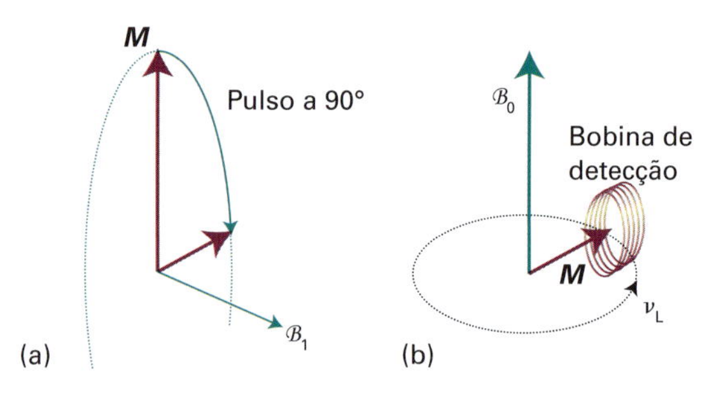

Figura 14C.4 (a) Se o campo de radiofrequência for aplicado durante um certo tempo, o vetor magnetização gira e fica no plano *xy*. (b) Para um observador externo, estacionário (a bobina de detecção), o vetor magnetização gira com a frequência de Larmor e induz um sinal na bobina.

diferentes, como veremos adiante), e o vetor magnetização diminui exponencialmente com uma constante de tempo T_2 e induz um sinal cada vez mais fraco na bobina de detecção. A forma do sinal que podemos esperar é, portanto, a de um sinal oscilante com **decaimento livre de indução** (FID na sigla em inglês), mostrado na Fig. 14C.5. A componente *y* do vetor magnetização varia com o tempo de acordo com

$$M_y(t) = M_0 \cos(2\pi\nu_L t)e^{-t/T_2} \quad \text{Decaimento livre de indução} \quad (14C.1)$$

Consideramos o efeito de um pulso $\mathcal{B}_1$ aplicado com exatamente a frequência de Larmor. Entretanto, os efeitos são praticamente os mesmos fora da ressonância, desde que a frequência do pulso seja próxima de ν_L. Se a diferença de frequência for pequena diante do inverso da duração do pulso a 90°, a magnetização se alinha no plano *xy*. Não é preciso que a frequência de Larmor seja conhecida com antecedência: o pulso de curta duração é equivalente ao golpe no sino e excita as frequências em um certo intervalo. O sinal detectado mostra que uma certa frequência de ressonância foi excitada.

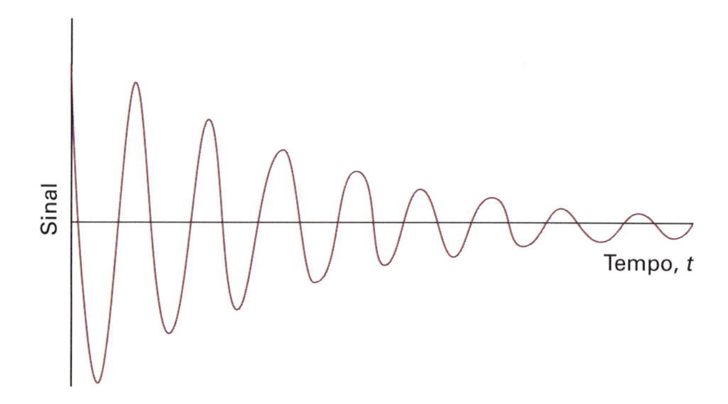

Figura 14C.5 Um simples decaimento de indução livre de uma amostra de spins com uma única frequência de ressonância.

(b) Espectros no domínio do tempo e no domínio da frequência

Podemos imaginar que o vetor magnetização de um sistema de spin AX, homonuclear, com constante de acoplamento spin–spin $J = 0$, seja constituído por duas partes, uma formada pelos spins A e outra pelos spins X. Quando se aplica o pulso a 90°, os dois vetores magnetização giram no plano *xy*. Porém, como os núcleos A e X precessam com frequências diferentes, induzem dois sinais nas bobinas sensoras, e a curva FID global pode ser a da Fig. 14C.6a. Essa curva FID composta é análoga à curva da resposta de um sino emitindo um tom rico composto de todas as frequências (neste caso, apenas as duas frequências de ressonância dos núcleos A e X desacoplados) nas quais ele pode vibrar.

O problema que temos de resolver é o de recuperar as frequências de ressonância presentes num decaimento livre de indução. Sabemos que a curva FID é uma soma de funções oscilantes; assim, o problema é decompô-la nas suas componentes por meio de uma transformada de Fourier. A análise da curva FID é obtida pela técnica matemática padrão da transformada de Fourier, que está explicada com mais detalhes na *Revisão matemática* 7, que acompanha o Capítulo 18.

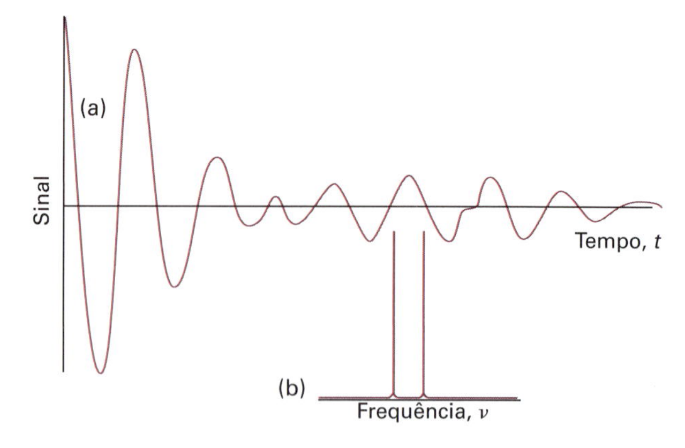

Figura 14C.6 (a) A curva do sinal de decaimento livre de indução de uma amostra da espécie AX e (b) a sua análise nos respectivos componentes de frequência.

Começamos observando que o sinal $S(t)$ no domínio do tempo, a curva FID total, é a soma (mais precisamente, a integral) sobre todas as frequências contribuintes

$$S(t)=\int_{-\infty}^{\infty} I(\nu)\mathrm{e}^{-2\pi i\nu t}\,\mathrm{d}\nu \qquad (14C.2)$$

Como $\mathrm{e}^{2\pi i\nu t} = \cos(2\pi\nu t) + i\,\mathrm{sen}(2\pi\nu t)$, essa expressão é um somatório sobre funções harmonicamente oscilantes, cada qual ponderada pela intensidade (ν).

Precisamos de $I(\nu)$, o espectro no domínio da frequência; pode-se obtê-lo pelo cálculo da integral

$$I(\nu)=2\mathrm{Re}\int_{0}^{\infty} S(t)\mathrm{e}^{2\pi i\nu t}\,\mathrm{d}t \qquad (14C.3)$$

em que Re significa considerar a parte real da expressão a vista seguir. Essa integral dá um valor diferente de zero, e $S(t)$ contém um componente que se ajusta à função oscilante $\mathrm{e}^{2\pi i\nu t}$. A integração é efetuada em uma série de frequências ν em um computador acoplado ao espectrômetro. Quando o sinal na Fig. 14C.6a é transformado desta maneira, obtemos o espectro no domínio das frequências mostrado na Fig. 14C.6b. Uma linha representa a frequência de Larmor do núcleo A e a outra, a do núcleo X.

Breve ilustração 14C.2 Análise de Fourier

A análise de Fourier é uma característica comum da maioria dos pacotes de programas matemáticos, mas um exemplo simples é a transformada de Fourier da função

$$S(t)=S(0)\cos(2\pi\nu_{\mathrm{L}}t)\mathrm{e}^{-t/T_2}$$

que descreve o comportamento do sinal FID na Eq. 14C.1. O resultado é (Problema 14C.3)

$$I(\nu)=\frac{S(0)T_2}{1+(\nu_{\mathrm{L}}-\nu)^2(2\pi T_2)^2}$$

que é a chamada forma "lorentziana", com uma intensidade máxima em $I(\nu_{\mathrm{L}}) = S(0)T_2$.

Exercício proposto 14C.2 Qual é a largura a meia-altura, $\Delta\nu_{1/2}$, da função lorentziana vista anteriormente?

Resposta: $\Delta\nu_{1/2} = 1/\pi T_2$

A curva FID na Fig. 14C.7 é a de uma amostra de etanol. O espectro no domínio das frequências obtido a partir dele pela transformada de Fourier é o que já discutimos na Seção 14B (veja a Fig. 14B.2). Podemos ver agora a razão de a curva FID na Fig. 14C.7 ser tão complexa: ela é fruto da precessão de um vetor magnetização que tem oito componentes, cada qual com uma frequência característica.

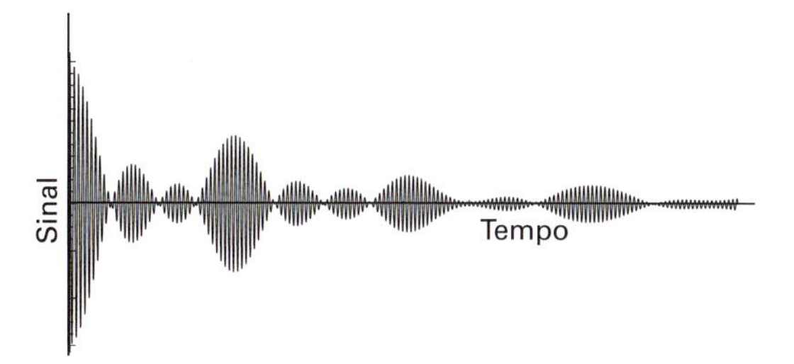

Figura 14C.7 O sinal de decaimento livre de indução de uma amostra de etanol. A transformada de Fourier desse sinal é o espectro no domínio das frequências que aparece na Fig. 14B.2. O comprimento total da imagem corresponde a cerca de 1 s.

14C.2 Relaxação do spin

Há duas razões que explicam a diminuição da componente do vetor magnetização no plano xy. Ambas refletem a ausência de equilíbrio térmico entre os spins nucleares e as suas vizinhanças (pois então $\boldsymbol{M}$ é paralelo a z). Em equilíbrio térmico os spins seguem uma distribuição de Boltzmann com mais spins α do que spins β e ficam em orientações aleatórias sobre seus cones de precessão. O processo de retorno dos spins ao equilíbrio é chamado de **relaxação do spin**.

(a) Relaxação longitudinal e transversal

Considere o efeito de um pulso de 180°, que pode ser visualizado como uma reversão do vetor magnetização resultante de uma direção ao longo do eixo z (com mais spins α do que β) para a direção oposta (com mais spins β do que α). Depois do pulso, as populações revertem exponencialmente para os seus respectivos valores do equilíbrio térmico. Nesse processo, a componente z da magnetização também retorna ao seu valor de equilíbrio, M_0, com uma constante de tempo denominada **tempo de relaxação longitudinal**, T_1 (Fig. 14C.8):

$$M_z(t)-M_0 \propto \mathrm{e}^{-t/T_1} \qquad \textit{Definição} \quad \text{Tempo de relaxação longitudinal} \quad (14C.4)$$

Uma vez que esse processo de relaxação envolve a transferência de energia para as vizinhanças (no caso, para a "rede"), quando os spins β passam a spins α, a constante de tempo T_1 também é conhecida como o **tempo de relaxação spin–rede**. Esta relaxação é provocada por campos magnéticos locais que flutuam em uma frequência próxima à frequência de ressonância da transição $\beta \rightarrow \alpha$. Tais campos podem ser provenientes do movimento de basculação das moléculas em uma amostra fluida. Se a basculação molecular é muito lenta ou muito rápida comparada à frequência de ressonância, ela dará origem a um campo magnético flutuante com uma frequência que nem é muito baixa nem muito alta para estimular uma mudança de spin de β para α, de modo que T_1 será longo. Somente se as moléculas basculam em torno da frequência

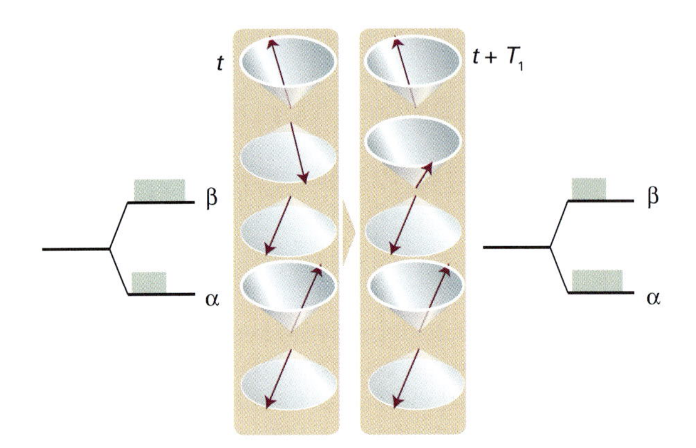

Figura 14C.8 Na relaxação longitudinal, os spins retornam às suas respectivas populações do equilíbrio térmico. À esquerda estão os cones da precessão representando os momentos angulares de spin $\frac{1}{2}$, e não há equilíbrio térmico (há mais spins β do que α). À direita, que representa a amostra depois do tempo T_1, as populações são características da distribuição de Boltzmann. Na realidade, T_1 é a constante de tempo para relaxação da distribuição da direita e T_1 ln 2 é a meia-vida da distribuição na esquerda.

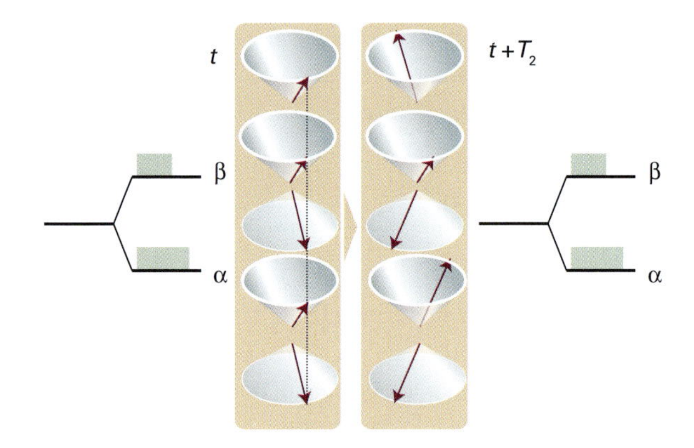

Figura 14C.10 O tempo de relaxação transversal, T_2, é a constante de tempo necessária para que as fases dos spins se distribuam ao acaso (a randomização é outra condição do equilíbrio) e passem da configuração ordenada à esquerda para a desordenada à direita (muito depois de um tempo T_2 ter transcorrido). Observe que as populações dos estados não se alteram e só há relaxação das fases relativas dos spins. Na realidade, T_2 é a constante de tempo para relaxação da distribuição da direita e T_2 ln 2 é a meia-vida da distribuição na esquerda.

de ressonância o campo magnético flutuante será capaz efetivamente de induzir mudanças de spin, e somente então T_1 será curto. A velocidade da basculação molecular aumenta com a temperatura e com a diminuição da viscosidade do solvente, de modo que esperamos uma dependência semelhante àquela mostrada na Fig. 14C.9. O tratamento quantitativo dos tempos de relaxação depende de se estabelecerem modelos de movimento molecular, por exemplo, a equação da difusão (Seção 19C) adaptada para o movimento rotacional.

Vamos considerar agora os eventos que se seguem a um pulso a 90°. O vetor magnetização no plano *xy* é grande quando todos os spins estão aglomerados, imediatamente depois do pulso a 90°.

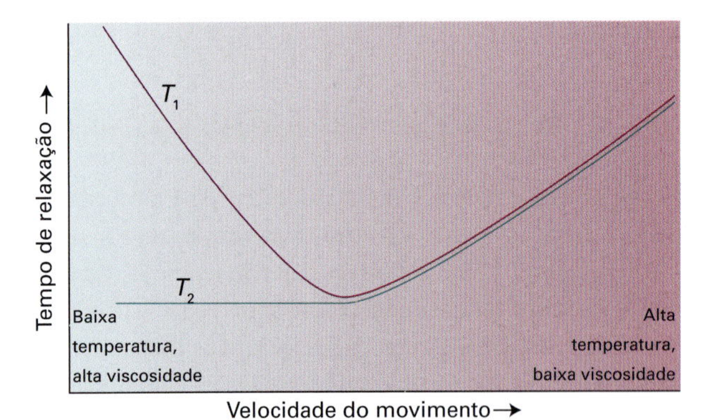

Figura 14C.9 Variação dos dois tempos de relaxação com a velocidade de movimentação das moléculas (tanto por basculação quanto por migração através da solução). O eixo horizontal pode representar tanto a temperatura como a viscosidade. Observe que, quando o movimento é rápido, os dois tempos de relaxação coincidem.

Porém, essa aglomeração ordenada dos spins não é um estado de equilíbrio, e, mesmo sem a relaxação spin–rede, podemos esperar que os spins se espalhem até que estejam uniformemente distribuídos em torno do eixo dos *z* (Fig. 14C.10). Neste ponto, a componente do vetor magnetização no plano seria zero. A randomização das direções dos spins se dá exponencialmente no tempo, com uma constante de tempo conhecida como **tempo de relaxação transversal**, T_2:

$$M_y(t) \propto e^{-t/T_2} \quad \textit{Definição} \quad \text{Tempo de relaxação transversal} \qquad (14C.5)$$

Como essa relaxação envolve as orientações relativas dos spins em torno dos seus respectivos cones, a constante T_2 também é conhecida como **tempo de relaxação spin–spin**. Qualquer processo de relaxação que mude o balanço entre os spins α e β também contribuirá para essa randomização; assim, a constante de tempo T_2 é sempre menor ou igual a T_1.

Campos magnéticos locais também afetam a relaxação spin–spin. Quando as flutuações são lentas, cada molécula demora em seu ambiente magnético e a orientação do spin rapidamente se torna randômica em torno dos seus cones. Se as moléculas se movem rapidamente de um ambiente magnético para o outro, os efeitos das diferenças no campo magnético local médio são nulos em média: spins individuais não precessam em velocidades muito diferentes, eles podem permanecer agrupados por um longo tempo e a relaxação spin–spin não ocorre tão rapidamente. Em outras palavras, movimento molecular lento corresponde a T_2 curto e movimento rápido corresponde a T_2 longo (como é mostrado na Fig. 14C.9). Cálculos mostram que, quando o movimento é rápido, o efeito randomizador principal surge das transições β → α em vez das diferentes velocidades de precessão dos cones, e $T_2 \approx T_1$.

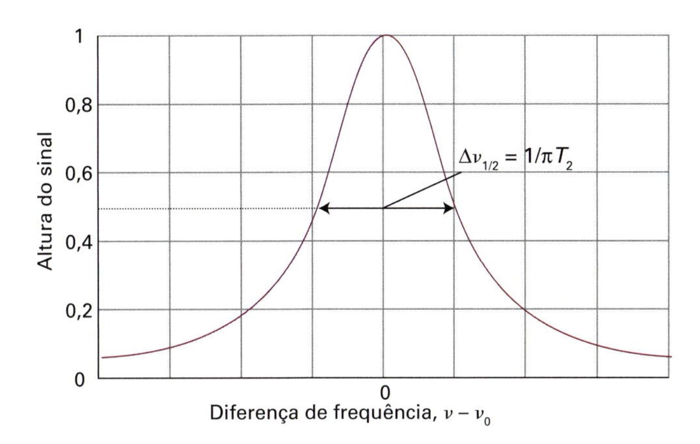

Figura 14C.11 Linha de absorção de Lorentz. A largura, a meia-altura, é inversamente proporcional ao parâmetro T_2, e quanto mais dilatado for o tempo de relaxação transversal, mais agudo é o perfil da curva.

Se a componente y da magnetização decair com a constante de tempo T_2, a linha espectral será alargada (Fig. 14C.11) e a sua largura, à meia-altura, torna-se (veja a *Breve ilustração* 14C.2)

$$\Delta\nu_{1/2} = \frac{1}{\pi T_2} \quad \text{Largura à meia-altura de uma linha RMN} \quad (14C.6)$$

Valores típicos de T_2 na RMN do próton são da ordem do segundo; portanto, podemos prever que as larguras das linhas são em torno de 0,1 Hz. Este resultado concorda de modo geral com as observações experimentais.

Até agora admitimos que o equipamento, e em particular o ímã, sejam perfeitos. As diferenças entre as frequências de Larmor provêm exclusivamente de interações na amostra. Na prática, o ímã não é perfeito, e o campo é diferente em diferentes pontos da amostra. Esta desuniformidade alarga a ressonância e, na maioria dos casos, este **alargamento não homogêneo** supera o alargamento que até agora mencionamos. É usual exprimir o grau de alargamento não homogêneo em termos de um **tempo de relaxação transversal efetivo**, T_2^*, adotando uma fórmula semelhante à da Eq. 14C.6, mas escrevendo

$$T_2^* = \frac{1}{\pi \Delta\nu_{1/2}} \quad \textit{Definição} \quad \text{Tempo de relaxação transversal efetivo} \quad 14C.7)$$

em que $\Delta\nu_{1/2}$ é a largura que se observa à meia-altura de uma linha com uma curva de Lorentz da forma $I \propto 1/(1 + \nu^2)$.

Breve ilustração 14C.3 Alargamento não homogêneo

Considere uma linha em um espectro com uma largura de 10 Hz. Segue-se da Eq. 14C.7 que o tempo de relaxação transversal efetivo é

$$T_2^* = \frac{1}{\pi \times (10\,\text{s}^{-1})} = 32\,\text{ms}$$

Exercício proposto 14C.3 Dê o nome de dois processos que poderiam contribuir para o maior alargamento da linha de RMN.

Resposta: Conversão conformacional ou troca química (Seção 14B)

(b) A medição de T_1 e T_2

O tempo de relaxação longitudinal T_1 pode ser medido pela **técnica de recuperação da inversão**. A primeira etapa é a aplicação de um pulso a 180° na amostra. Um pulso a 180° é obtido pela aplicação do campo $\mathcal{B}_1$ durante o dobro do intervalo de tempo da aplicação do pulso a 90°, de modo que o vetor magnetização precessa através de um ângulo de 180° e aponta na direção z (Fig. 14C.12). Não se recebe nenhum sinal nessa etapa, pois não há componente da magnetização no plano xy (onde as bobinas sensoras são sensíveis). Os spins β começam então a relaxar, retornando aos spins α, e o vetor magnetização diminui exponencialmente, tendendo para o seu valor no equilíbrio térmico, M_0. Depois de um intervalo de tempo τ, aplica-se um pulso a 90° que gira a magnetização restante para o plano xy, onde gera um sinal FID. Depois, tem-se o espectro no domínio de frequências pela transformada de Fourier.

A intensidade do espectro obtido dessa maneira depende do valor do vetor magnetização que gira no plano xy. O comprimento desse vetor retorna exponencialmente ao seu valor no equilíbrio à medida que o intervalo entre os dois pulsos aumenta, de modo que a intensidade do espectro também retorna exponencialmente à intensidade no equilíbrio com o aumento de τ. Podemos então determinar T_1 ajustando uma curva exponencial a uma série de espectros obtidos com diferentes valores de τ.

A medição de T_2 (diferentemente da de T_2^*) depende da possibilidade de se eliminarem os efeitos das inomogeneidades sobre o alargamento. A engenhosidade de que se precisa constitui a raiz de alguns dos avanços mais importantes que se fizeram na RMN desde a sua descoberta.

O **eco do spin** é o análogo magnético do eco acústico. Provoca-se uma magnetização transversal por um pulso de radiofrequência. A magnetização decai, é refletida por um segundo pulso e cresce formando um eco. A sequência de eventos está esquematizada na Fig. 14C.13. Podemos imaginar que a magnetização global seja constituída por diversas magnetizações, cada qual proveniente de um **grupo de spins** de núcleos com frequências de precessão muito semelhantes. O espalhamento dessas frequências é consequência de o campo aplicado $\mathcal{B}_0$ não ser homogêneo, de modo que partes diferentes da amostra sofrem a ação de campos diferentes. As frequências de precessão também diferem se mais de um deslocamento

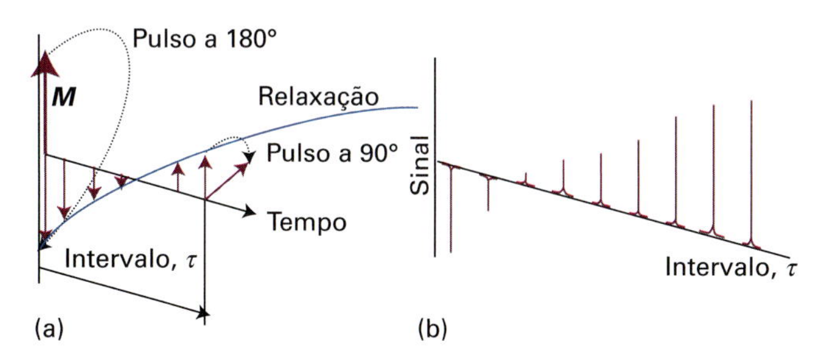

Figura 14C.12 (a) O efeito da aplicação de um pulso a 180° sobre a magnetização no referencial rotatório e o efeito de um outro pulso subsequente, a 90°. (b) A amplitude do espectro no domínio de frequências varia com o intervalo entre os dois pulsos, pois há tempo para a relaxação spin–rede.

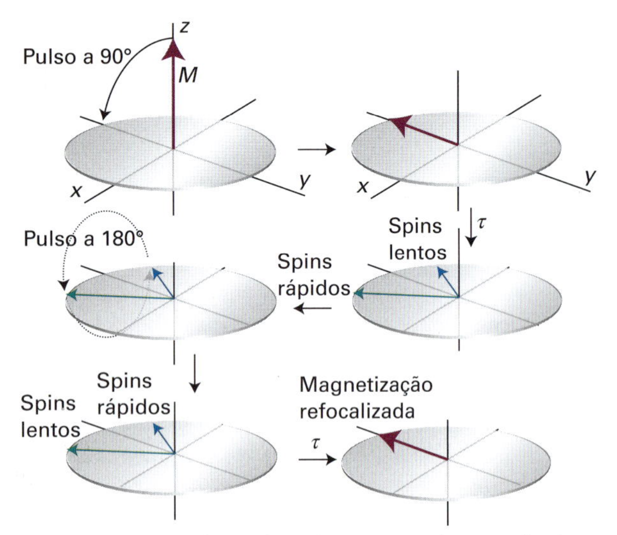

Figura 14C.13 Sequência de pulsos para a observação do eco do spin.

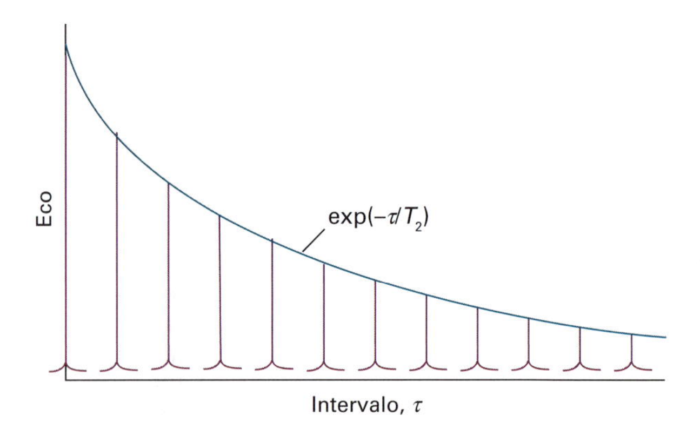

Figura 14C.14 O decaimento exponencial do eco do spin pode ser utilizado na determinação do tempo de relaxação transversal.

químico estiver presente. Como veremos, a importância do eco do spin é a supressão dos efeitos das inomogeneidades e dos deslocamentos químicos.

Inicialmente, aplica-se na amostra um pulso a 90°. Seguimos a sequência de eventos usando um referencial que está rodando com a mesma frequência que o campo magnético de radiofrequência do pulso, de modo que $\mathcal{B}_1$ é estacionário ao longo do eixo dos x e provoca a rotação da magnetização para o plano xy. Os grupos de spin começam então a se separar angularmente, pois têm frequências de Larmor diferentes, algumas maiores que a radiofrequência, outras menores. O sinal percebido depende da resultante dos vetores magnetização dos grupos de spins, e decai com a constante de tempo T_2^*, pois o decaimento é fruto dos efeitos combinados da inomogeneidade do campo e da relaxação spin–spin.

Depois de um intervalo de tempo τ, aplica-se à amostra um pulso a 180°, agora, porém, em torno do eixo dos y do referencial rotatório (o eixo do pulso muda de x para y por um deslocamento de 90° na fase da radiação de radiofrequência). O pulso provoca o deslocamento angular dos vetores magnetização dos grupos de spins mais rápidos para as porções ocupadas anteriormente pelos grupos de spins mais lentos e vice-versa. Então, os vetores continuam a precessar, com os vetores rápidos atrás dos lentos. O afastamento angular principia a diminuir e o sinal resultante começa a crescer como se fosse um eco. Após outro intervalo de tempo τ, todos os vetores estão novamente alinhados ao longo do eixo dos y, e se diz que o espalhamento angular provocado pela inomogeneidade do campo foi **refocalizado**: o eco de spin atingiu, então, o seu valor máximo.

Importante característica da técnica é a independência entre a intensidade do eco e quaisquer campos locais que tenham permanecido constantes durante os dois intervalos de tempo τ. Por exemplo, se um grupo de spins é "rápido" em virtude de ser composto de spins de uma região da amostra que sofre um campo mais intenso do que o campo médio, continuará rápido durante os dois intervalos, e o que ganhar no primeiro intervalo será compensado no segundo. Então, o valor do eco é independente das inomogeneidades do campo magnético, pois elas não se alteram. A relaxação transversal real provém de campos que flutuam em uma escala de distância molecular, e não há garantia de um grupo de spins "rápidos" continuar a ser "rápido" na fase de refocalização. Por isso, os spins no interior dos grupos se espalham, angularmente, com a constante de tempo T_2. Assim, os efeitos da verdadeira relaxação não são refocalizados e o valor do eco decai com a constante de tempo T_2 (Fig. 14C.14).

14C.3 Desacoplamento do spin

O carbono 13 é uma **espécie de spin diluído** no sentido de ser muito improvável que mais de um núcleo de ^{13}C esteja presente em uma pequena molécula (a menos que a amostra tenha sido propositadamente enriquecida no isótopo; a abundância natural do ^{13}C é de apenas 1,1%). Mesmo em moléculas grandes, em que possa estar presente mais do que um núcleo de ^{13}C, é pouco provável que eles sejam vizinhos de modo a proporcionarem desdobramentos perceptíveis. Por isso, em geral, não é necessário levar em conta o acoplamento spin–spin ^{13}C–^{13}C na molécula.

Os prótons são uma **espécie de spin abundante**, pois é muito provável que uma molécula tenha muitos deles. Por isso, o espectro de RMN do ^{13}C é em geral muito complicado, em virtude do acoplamento entre um núcleo de ^{13}C e os prótons presentes na molécula. Para simplificar a observação, usa-se a técnica do **desacoplamento dos prótons** no levantamento dos espectros de RMN do ^{13}C. Por exemplo, se os prótons do CH_3 no etanol forem irradiados por uma segunda fonte de radiofrequência ressonante, intensa, sofrem rápida reorientação dos spins e o núcleo de ^{13}C sofre a ação de uma orientação média. Então, a respectiva linha de ressonância é única e não um quarteto 1:3:3:1. O desacoplamento dos prótons tem outra vantagem, a de realçar a sensibilidade, pois a intensidade se concentra em uma única frequência de transição e não se distribui por diversas frequências. Tomando o cuidado de se manterem constantes os parâmetros que influenciam a intensidade do sinal de ressonância, as intensidades dos espectros com desacoplamento de prótons são proporcionais ao número de núcleos de ^{13}C presentes. A técnica é muito usada para caracterizar os polímeros sintéticos.

14C.4 O efeito Overhauser nuclear

Uma das vantagens dos prótons na RMN é a de terem uma grande razão giromagnética. Isso proporciona diferenças de populações grandes, pela distribuição de Boltzmann, e também forte acoplamento com o campo de radiofrequência, fazendo com que as intensidades de ressonância sejam bastante mais apreciáveis que para outros núcleos. No **efeito Overhauser nuclear** (EON; NOE na sigla em inglês), aproveitam-se os processos de relaxação que envolvem interações internucleares dipolo–dipolo para deslocar essa vantagem de diferença de populações para outro núcleo (tal como o ^{13}C, ou outro próton), de modo a modificar as ressonâncias desse segundo núcleo. Em uma interação dipolo–dipolo entre dois núcleos, um dos núcleos influencia o comportamento de outro núcleo quase da mesma maneira que a orientação de um ímã em barra é influenciada pela presença de outro ímã em barra na vizinhança.

Para entender o efeito, consideramos as populações dos quatro níveis de um sistema homonuclear AX (prótons, por exemplo) como mostrado na Fig. 14B.9. No equilíbrio térmico, a população do nível $\alpha_A\alpha_X$ é a maior e a do nível $\beta_A\beta_X$ é a menor; os outros dois níveis têm quase que a mesma energia e uma população intermediária. As intensidades de absorção em equilíbrio térmico refletem essas populações, como mostrado na Fig. 14C.15. Agora, consideramos o efeito combinado de saturação da transição de X e da relaxação do spin. Quando saturamos a transição de X, as populações dos níveis de X são igualadas ($N_{\alpha X} = N_{\beta X}$) e todas as transições envolvendo $\alpha_X \leftrightarrow \beta_X$ não são mais observadas. Nesse estágio, não há nenhuma mudança nas populações dos níveis de A. Se isso fosse tudo que pudesse ocorrer, o que veríamos seria a perda da ressonância de X e nenhum efeito sobre a ressonância de A.

Considere agora o efeito da relaxação do spin. A relaxação pode ocorrer de vários modos, caso exista uma interação dipolar entre os spins de A e de X. Uma possibilidade é de que o campo magnético atuando entre os dois spins faça com que eles troquem de β para α, de modo que os estados $\alpha_A\alpha_X$ e $\beta_A\beta_X$ recuperem suas populações de equilíbrio térmico. Entretanto, as populações dos níveis $\alpha_A\beta_X$ e $\beta_A\alpha_X$ permanecem inalteradas nos valores característicos da saturação. Como se vê da Fig. 14C.16, a diferença de

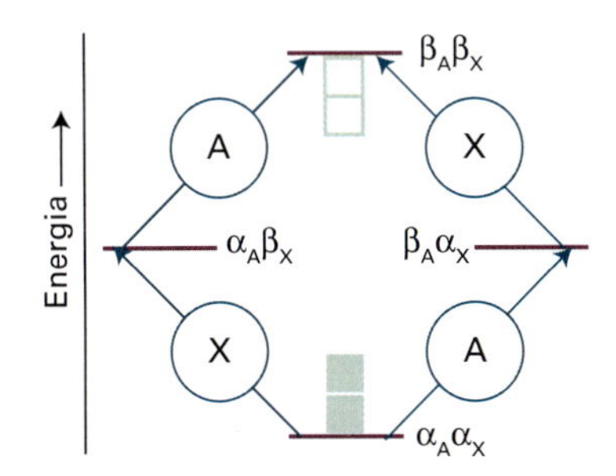

Figura 14C.15 Os níveis de energia de um sistema AX e uma indicação das suas populações relativas. Cada quadrado verde acima da linha representa um excesso de população, e cada quadrado branco abaixo da linha representa um déficit de população. As transições de A e X estão assinaladas.

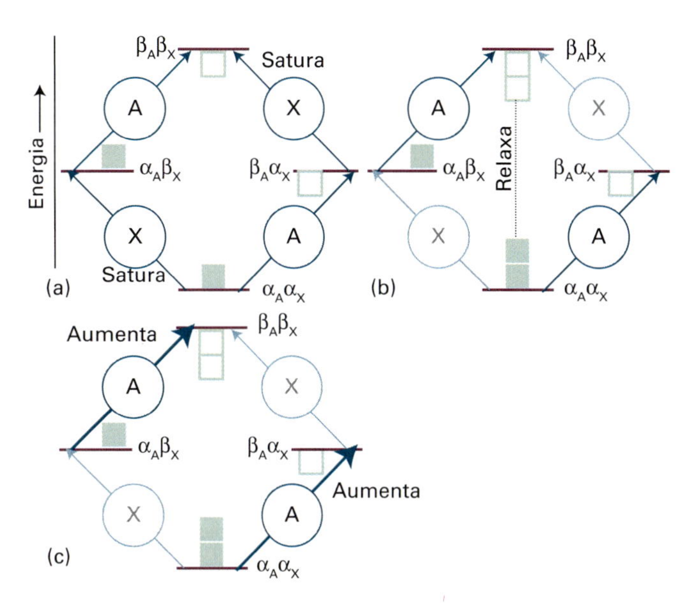

Figura 14C.16 (a) Quando a transição de X é saturada, as populações dos seus dois estados são igualadas e o excesso e o déficit de população ficam como é mostrado (usando os mesmos símbolos que na Fig. 14C.15). (b) A relaxação dipolo–dipolo relaxa as populações dos estados mais alto e mais baixo e eles recuperam as suas populações originais. (c) As transições de A refletem a diferença nas populações que resultam das mudanças anteriores, e são aumentadas em comparação com aquelas mostradas na Fig. 14C.15.

população entre os estados unidos pelas transições de A é agora maior do que no equilíbrio, de modo que a absorção de ressonância é aumentada. Outra possibilidade é a interação dipolar entre os dois spins fazer com que α_A passe para β_A e β_X passe para α_X (ou vice-versa). Essa transição equilibra as populações de $\alpha_A\beta_X$ e $\beta_A\alpha_X$, mas deixa as populações de $\alpha_A\alpha_X$ e $\beta_A\beta_X$ inalteradas. Vemos agora da ilustração que as diferenças de população nos estados envolvidos nas transições de A diminuem, de modo que a absorção de ressonância decresce.

Qual o efeito que predomina? O EON aumenta ou diminui a absorção de A? Como na discussão dos tempos de relaxação na Seção 14C.2, a eficiência do aumento da intensidade da relaxação $\beta_A\beta_X \leftrightarrow \beta_A\alpha_X$ é alta se o campo do dipolo oscila em uma frequência próxima à frequência da transição, que neste caso é aproximadamente 2ν. Do mesmo modo, a eficiência da diminuição da intensidade da relaxação $\alpha_A\beta_X \leftrightarrow \beta_A\alpha_X$ é alta se o campo do dipolo é estacionário (quando não existe nenhuma diferença de frequência entre os estados inicial e final). Uma molécula grande gira tão lentamente que há muito pouco movimento em 2ν; assim, esperamos uma diminuição da intensidade (Fig. 14C.17). Uma molécula pequena gira rapidamente, e então podemos esperar que exista um movimento significativo em 2ν, e, consequentemente, um aumento do sinal. Na prática, o aumento fica entre os dois extremos e é registrado em termos do parâmetro η (eta), em que

$$\eta = \frac{I_A - I_A^\circ}{I_A^\circ} \quad \text{Parâmetro de amplificação EON} \quad (14C.8)$$

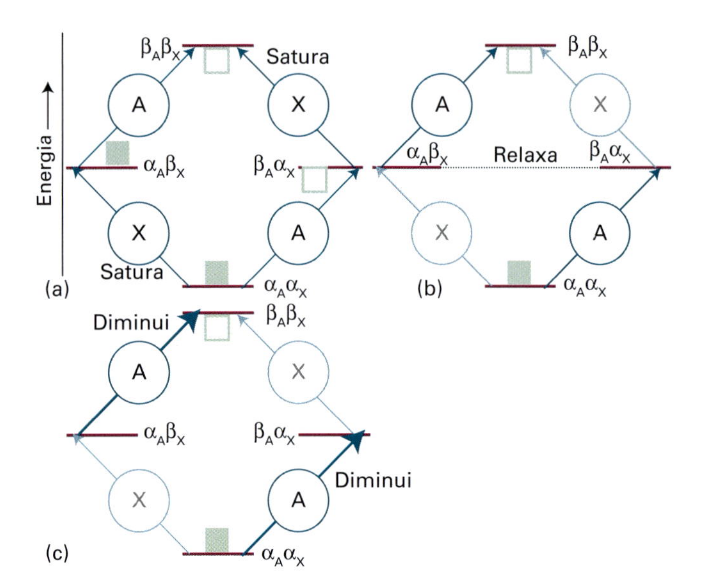

Figura 14C.17 (a) Assim como na Fig. 14C.16, quando a transição de X é saturada as populações dos seus dois estados são igualadas e o excesso e o déficit de população ficam como é mostrado. (b) A relaxação dipolo–dipolo relaxa as populações dos dois estados intermediários e eles recuperam as suas populações originais. (c) As transições de A refletem a diferença nas populações que resulta das mudanças anteriores, e são diminuídas em comparação com aquelas mostradas na Fig. 14C.15.

Nessa expressão, I_A° e I_A são as intensidades dos sinais de RMN devidos ao núcleo de A antes e depois da aplicação do pulso de radiofrequência longo ($> T_1$) que satura as transições devido ao núcleo de X. Quando A e X são núcleos da mesma espécie, por exemplo prótons, η fica entre -1(diminuição) e $+\frac{1}{2}$ (aumento). Entretanto, η depende também dos valores das razões giromagnéticas de A e de X. No caso do aumento máximo, é possível mostrar que

$$\eta = \frac{\gamma_X}{2\gamma_A} \tag{14C.9}$$

em que γ_A e γ_X são as razões giromagnéticas dos núcleos A e X, respectivamente.

Breve ilustração 14C.4 Amplificação EON

Da Eq. 14C.9 e dos dados da Tabela 14A.2, o parâmetro de amplificação EON para o ^{13}C próximo de um próton saturado é

$$\eta = \frac{\overbrace{2{,}675\times10^{8}\,\mathrm{T^{-1}\,s^{-1}}}^{\gamma_{^1H}}}{\underbrace{2\times(6{,}73\times10^{7}\,\mathrm{T^{-1}\,s^{-1}})}_{\gamma_{^{13}C}}} = 1{,}99$$

que mostra que um aumento por um fator de aproximadamente 2 pode ser obtido.

Exercício proposto 14C.4 Interprete as seguintes características dos espectros de RMN de uma proteína: (a) saturação da ressonância de um próton atribuída à cadeia lateral de um resíduo de metionina muda as intensidades das ressonâncias da proteína atribuídas às cadeias laterais de um resíduo de triptofano e de tirosina; (b) saturação das ressonâncias do próton atribuídas ao resíduo de triptofano não afeta o espectro do resíduo de tirosina.

Resposta: Os resíduos de triptofano e de tirosina estão próximos ao resíduo de metionina, mas muito distantes entre si.

O EON também é usado para determinar as distâncias entre os prótons. O aumento do efeito Overhauser sobre o sinal do próton A gerado pela saturação de um spin de X depende da relaxação spin–rede de A, provocada pela interação dipolar do próton com X. Como o campo dipolar é proporcional a r^{-3}, com r sendo a distância entre os núcleos, e o efeito é proporcional ao quadrado do campo e, portanto, a r^{-6}, o EON pode ser usado para determinar as geometrias das moléculas em solução. A determinação da estrutura de uma pequena molécula de proteína em solução envolve centenas de medidas do EON, que efetivamente traçam uma rede sobre os prótons presentes. A enorme importância desse procedimento é que podemos determinar a conformação de macromoléculas em um ambiente aquoso e não necessitamos tentar obter monocristais que são essenciais para a investigação através da difração de raios X (Seção 18A).

14C.5 RMN bidimensional

Um espectro de RMN exibe uma grande soma de informações e é bastante complicado se muitos prótons estiverem presentes. Até mesmo um espectro de primeira ordem pode ser complicado, pois as estruturas finas dos diferentes grupos de linhas podem se superpor. A complexidade poderia ser reduzida se fossem usados dois eixos para registrar os dados, com as ressonâncias pertinentes a grupos diferentes localizadas em pontos diferentes no segundo eixo. Essa separação é a que se faz na **RMN bidimensional**.

Muitos dos trabalhos modernos de RMN se fazem com o uso de técnicas tais como a **espectroscopia de correlação** (conhecida pela sigla em inglês COSY), na qual uma escolha conveniente de pulsos e técnicas de transformadas de Fourier faz com que seja possível determinar todos os acoplamentos spin–spin em uma molécula. Um resultado típico para um sistema AX é mostrado na Fig. 14C.18. O diagrama mostra contornos de igual intensidade de sinal de um gráfico da intensidade em função das coordenadas de frequência ν_1 e ν_2. Os **picos diagonais** são sinais centrados em (δ_A,δ_A) e (δ_X,δ_X) e se localizam ao longo da diagonal $\nu_1 = \nu_2$. Ou seja, o espectro ao longo da diagonal é equivalente ao espectro unidimensional obtido com a técnica de RMN convencional (Fig. 14B.2). Os **picos cruzados** (ou *picos fora da diagonal*) são sinais centrados em (δ_A,δ_X) e (δ_X,δ_A) e devem sua existência ao acoplamento entre A e X.

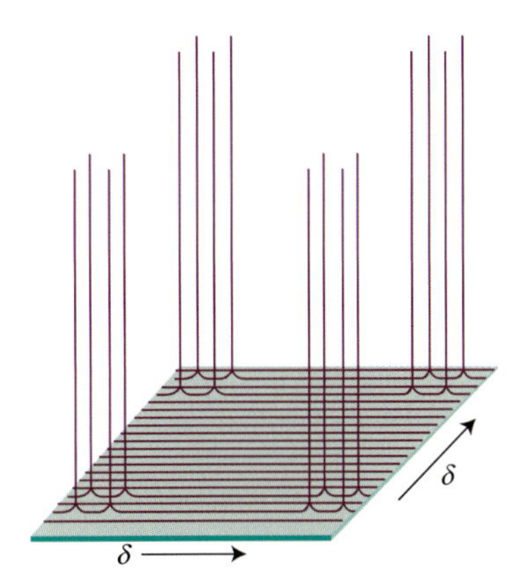

Figura 14C.18 Uma idealização de um espectro COSY de um sistema de spins AX.

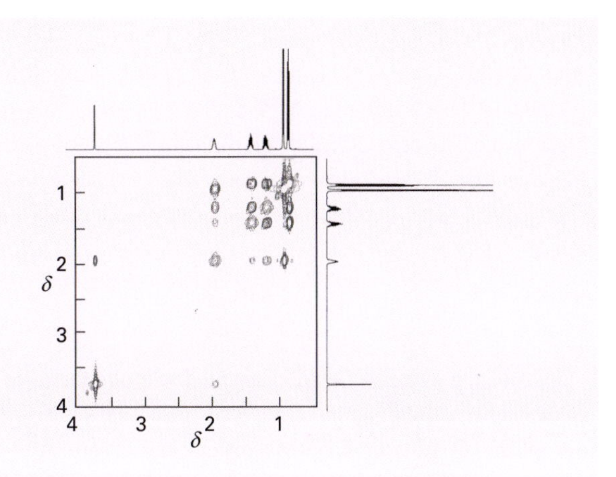

Figura 14C.19 Espectro COSY de prótons da isoleucina. (O *Exemplo* e o espectro correspondente são adaptados de K.E. van Holde et al., *Principles of physical biochemistry*, Prentice Hall, Upper Saddle River (1998).)

Embora a informação obtida pela espectroscopia de RMN bidimensional seja trivial para um sistema AX, ela pode ser de enorme ajuda na interpretação de espectros mais complicados, permitindo o mapeamento dos acoplamentos entre os spins e a determinação da rede de ligações em moléculas complexas. De fato, o espectro de um polímero sintético ou biológico seria impossível de ser interpretado em RMN unidimensional, mas pode ser interpretado em tempo relativamente curto usando-se RMN bidimensional.

Exemplo 14C.1 Interpretação de um espectro de RMN bidimensional

A Fig. 14C.19 é uma parte do espectro COSY do aminoácido isoleucina (**1**). Atribua as ressonâncias associadas aos prótons ligados aos átomos de carbono.

1 Isoleucina

Método Os picos cruzados desse espectro originam-se no acoplamento de prótons que estão separados como em H—C—C—H. Ou seja, a estrutura fina no espectro é determinada pelos valores de constantes de acoplamento $^3J_{HH}$ (Seção 14B). Identifique os acoplamentos esperados a partir do arranjo de ligações na estrutura molecular. Então, combine as características espectrais e moleculares, levando em consideração os efeitos da equivalência química e magnética (Seção 14B). Por exemplo, espere o aparecimento de dois picos cruzados a partir do acoplamento de um próton a dois prótons não equivalentes, mesmo se ambos os prótons forem ligados ao mesmo átomo de carbono.

Resposta Da estrutura molecular da isoleucina, esperamos que: (i) o próton C_a—H esteja acoplado apenas com o próton C_b—H, (ii) os prótons C_b—H estejam acoplados aos prótons C_a—H, C_c—H e C_d—H, (iii) os prótons não equivalentes C_d—H estejam acoplados aos prótons C_b—H e C_e—H. Observamos que:

- A ressonância com $\delta = 1{,}9$ divide um pico cruzado com ressonâncias em $\delta = 3{,}6$, 1,4, 1,2 e 0,9.

Somente o próton C_b—H está acoplado aos prótons com quatro ressonâncias diferentes: o próton C_a—H, o próton equivalente C_c—H e os dois prótons não equivalentes C_d—H. Segue-se que a ressonância em $\delta = 1{,}9$ corresponde ao próton C_b—H.

- A ressonância em $\delta = 3{,}6$ divide um pico cruzado com somente outra ressonância, que ocorre em $\delta = 1{,}9$.

Já sabemos que a ressonância em $\delta = 1{,}9$ corresponde ao próton C_b—H. Somente o próton C_a—H está acoplado ao próton C_b-H e a nenhum outro. Segue-se que a ressonância em $\delta = 3{,}6$ corresponde ao próton C_a—H.

- O próton com ressonância em $\delta = 0{,}8$ não está acoplado ao próton com ressonância em $\delta = 1{,}9$. Portanto, atribuímos a ressonância em $\delta = 0{,}8$ aos prótons C_b—H.

Somente os prótons C_e—H equivalentes não estão acoplados ao próton C_b—H, ao qual já atribuímos a ressonância em $\delta = 1{,}9$. Por isso, atribuímos a ressonância em $\delta = 0{,}8$ aos prótons C_e—H.

- As ressonâncias em $\delta = 1{,}4$ e 1,2 não dividem picos cruzados com a ressonância em $\delta = 0{,}9$.

Resta-nos atribuir as ressonâncias correspondentes aos prótons C_c—H e C_d—H. À luz dos acoplamentos esperados, as ressonâncias dos prótons C_d—H não compartilham picos cruzados com a ressonância dos prótons C_c—H equivalentes. Segue-se que a ressonância em $\delta = 0{,}9$ pode ser atribuída aos prótons C_c—H equivalentes e as ressonâncias em $\delta = 1{,}4$ e 1,2, aos prótons não equivalentes C_d—H.

Exercício proposto 14C.5 Os deslocamentos químicos dos prótons para os grupos NH, $C_\alpha H$ e $C_\beta H$ da alanina, ($H_2NCH(CH_3)COOH$) são 8,25, 4,35 e 1,39, respectivamente. Descreva o espectro COSY da alanina entre δ= 1,00 e 8,50.

Resposta: Espera-se que apenas os prótons NH e C_α–H e os prótons $C_\alpha H$ e $C_\beta H$ apresentem acoplamento. Sendo assim, o espectro tem somente dois picos fora da diagonal, um em (8,25, 4,35) e o outro em (4,35 e 1,39)

Já vimos que o efeito Overhauser nuclear pode fornecer informações sobre distâncias internucleares pela análise dos padrões de amplificação no espectro RMN antes e após a saturação de ressonâncias selecionadas. Na **espectroscopia do efeito Overhauser nuclear** (NOESY na sigla em inglês), é possível mapear todas as interações EON na molécula usando uma escolha apropriada de pulsos de radiofrequência e técnicas de transformada de Fourier. Tal como um espectro COSY, um espectro NOESY consiste em uma série de picos diagonais que correspondem ao espectro de RMN unidimensional da amostra. Os picos fora da diagonal indicam quais núcleos estão próximos o suficiente para dar origem ao efeito Overhauser nuclear. Os dados obtidos por NOESY permitem revelar distâncias internucleares de até 0,5 nm.

14C.6 RMN de estado sólido

A principal dificuldade da aplicação da RMN aos sólidos é a baixa resolução característica das amostras sólidas. Há, porém, boas razões para tentar superar essas dificuldades. Entre elas, por exemplo, a instabilidade de um composto em solução, ou a insolubilidade, que impossibilitam as técnicas correntes de RMN. Além disso, muitas substâncias, como os polímeros e os nanomateriais, são interessantes na forma sólida, e é importante determinar as respectivas estruturas e dinâmicas quando as técnicas de difração de raios X falham.

Há três contribuições principais para as larguras das linhas nos sólidos. Uma delas é a interação dipolar magnética direta entre os spins nucleares. Como vimos na discussão do acoplamento spin–spin (Seção 14B), um momento magnético nuclear provocará um campo magnético local que aponta em diferentes direções em diferentes locais em torno do núcleo. Se estamos interessados somente na componente paralela à direção do campo magnético aplicado (pois somente essa componente tem um efeito significativo), então, contanto que sejam ignorados certos efeitos sutis que se originam na transformação do referencial estático para o rotatório, podemos usar a expressão clássica de *Ferramentas do químico* 14B.1 para escrever o módulo desse campo magnético como

$$\mathcal{B}_{\text{loc}} = -\frac{\gamma_N \hbar \mu_0 m_I}{4\pi R^3}(1-3\cos^2\theta) \tag{14C.10}$$

Esse campo não tem média nula, ao contrário do que acontece em solução. Muitos núcleos podem contribuir para o campo local de um certo núcleo, e núcleos diferentes em uma amostra podem estar sob a ação de ampla diversidade de campos. Campos de dipolo típicos são da ordem de 1 mT, o que corresponde a desdobramentos e larguras de linhas da ordem 10 kHz.

Breve ilustração 14C.5 Campos dipolares em sólidos

Quando um ângulo θ pode variar apenas entre 0 e $\theta_{\text{máx}}$, a Eq. 14C.10 fica como é visto a seguir

$$\mathcal{B}_{\text{loc}} = \frac{\gamma_N \hbar \mu_0 m_I}{4\pi R^3}(\cos^2\theta_{\text{máx}} + \cos\theta_{\text{máx}})$$

Quando $\theta_{\text{máx}}$ = 30° e R = 160 pm, o campo local gerado por um próton é

$$\mathcal{B}_{\text{loc}} = \frac{\overbrace{(3{,}546\cdots\times10^{-32}\,\text{T m}^3)}^{\gamma_N\hbar\mu_0}\times\overbrace{(\tfrac{1}{2})}^{m_I}\times\overbrace{1{,}616}^{\cos^2\theta_{\text{máx}}+\cos\theta_{\text{máx}}}}{4\pi\times\underbrace{(1{,}60\times10^{-10}\,\text{m})}_{R}{}^3}$$
$$= 5{,}57\times10^{-4}\,\text{T} = 0{,}557\,\text{mT}$$

Exercício proposto 14C.6 Calcule a distância à qual o campo local é 0,50 mT a partir do núcleo de ^{13}C, com $\theta_{\text{máx}}$ = 40°.

Resposta: R = 99 pm

Uma segunda fonte de alargamento das linhas é a anisotropia do deslocamento químico. Vimos que os deslocamentos químicos provêm da capacidade de o campo aplicado gerar correntes de elétrons nas moléculas. Em geral essa capacidade depende da orientação da molécula em relação ao campo aplicado. Em solução, quando a molécula bascula rapidamente, somente o valor médio do deslocamento químico é relevante. No caso das moléculas estacionárias de um sólido, porém, a anisotropia não tem média nula e moléculas com orientações diferentes têm ressonâncias em frequências diferentes. A anisotropia do deslocamento

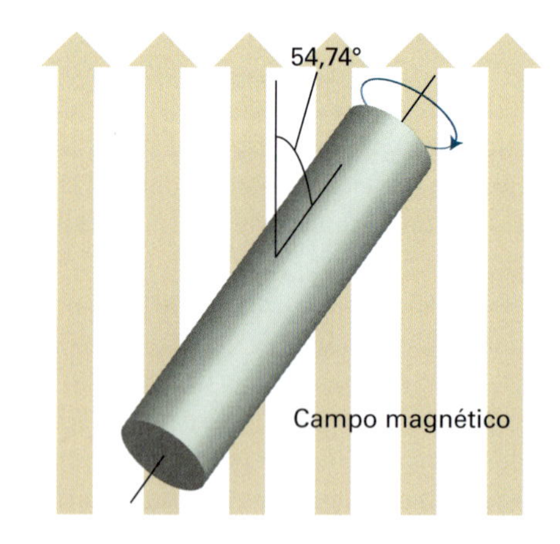

Figura 14C.20 Na rotação no ângulo mágico, a amostra gira fazendo um ângulo de 54,74° (isto é, arc cos $1/3^{1/2}$) com a direção do campo magnético aplicado. O movimento rápido, sob esse ângulo, promedeia em zero as interações dipolo–dipolo e as anisotropias do deslocamento químico.

químico também varia com o ângulo entre o campo aplicado e o eixo principal da molécula de acordo com $1 - 3\cos^2\theta$.

A terceira contribuição é a interação de quadrupolo elétrico. Núcleos com $I > \frac{1}{2}$ têm um momento de quadrupolo elétrico, uma medida da extensão à qual a distribuição de carga sobre o núcleo não é uniforme (por exemplo, uma carga positiva pode estar concentrada em torno do equador ou nos polos). Um quadrupolo elétrico interage com um gradiente de campo elétrico, tal como o resultante de uma distribuição anesférica de carga em torno do núcleo. Essa interação também varia de acordo com $1 - 3\cos^2\theta$.

Felizmente, existem técnicas de redução das larguras das linhas das amostras sólidas. Uma delas, a **rotação no ângulo mágico** (MAS na sigla em inglês) leva em conta a dependência em $1 - 3\cos^2\theta$ da interação dipolo–dipolo, da anisotropia do deslocamento químico e da interação de quadrupolo elétrico. O "ângulo mágico" é o ângulo em que $1 - 3\cos^2\theta = 0$ e corresponde a 54,74°. Na prática, a amostra gira a alta velocidade, fazendo esse ângulo com o campo aplicado (Fig. 14C.20). Todas as interações dipolares e todas as anisotropias ficam promediadas no valor que teriam nesse ângulo mágico, mas nesse ângulo são todas nulas. A dificuldade da técnica MAS está na frequência de rotação, que não deve ser menor que a largura do espectro, isto é, da ordem do quilo-hertz. Entretanto, dispõe-se, atualmente, de motores impulsionados a gás que podem chegar a frequências de rotação de 25 kHz, e bastante pesquisa tem sido feita com eles.

Para reduzir as larguras das linhas também se pode lançar mão de técnicas de pulsos semelhantes àquelas descritas na seção anterior. Também se usam sequências de pulsos elaboradas para reduzir as larguras das linhas através de procedimentos de promediação que envolvem a orientação do vetor magnetização segundo complexa série de ângulos.

Conceitos importantes

☐ 1. **Decaimento de indução livre** (FID) é o decaimento da magnetização após a aplicação de um pulso de radiofrequência.

☐ 2. A transformada de Fourier da curva FID dá o espectro de RMN.

☐ 3. Durante a **relaxação longitudinal** (ou **spin–rede**), os spins β revertem aos spins α.

☐ 4. A **relaxação transversal** (ou **spin–spin**) é a randomização das direções do spin em torno do eixo z.

☐ 5. O **tempo de relaxação longitudinal** T_1 pode ser medido pela **técnica da recuperação da inversão**.

☐ 6. O **tempo de relaxação transversal** T_2 pode ser medido observando-se os **ecos do spin**.

☐ 7. No **desacoplamento de prótons** dos espectros de RMN de ^{13}C, os prótons são submetidos a reorientações de spin rápidas e o núcleo de ^{13}C sente uma orientação média.

☐ 8. O **efeito Overhauser nuclear** (EON) é a modificação da intensidade de uma ressonância pela saturação de outra.

☐ 9. Na **RMN bidimensional**, os espectros são exibidos em dois eixos, com ressonâncias pertencentes a diferentes grupos situados em diferentes locais no segundo eixo.

☐ 10. A **rotação no ângulo mágico** (MAS) é a técnica na qual as larguras das linhas de RMN em uma amostra sólida são reduzidas, fazendo a amostra girar em um ângulo de 54,74° em relação ao campo magnético aplicado.

Equações importantes

Propriedade	Equação	Comentário	Número da equação
Decaimento de indução livre	$M_y(t) = M_0\cos(2\pi\nu_L t)e^{-t/T_2}$	T_2 é o tempo de relaxação transversal	14C.1
Relaxação longitudinal	$M_z(t) - M_0 \propto e^{-t/T_1}$	T_1 é o tempo de relaxação spin–spin	14C.4
Relaxação transversal	$M_y(t) \propto e^{-t/T_2}$		14C.5
Largura a meia-altura de uma linha de RMN	$\Delta\nu_{1/2} = 1/\pi T_2$		14C.6
Tempo de relaxação transversal efetiva	$T_2^* = 1/\pi\Delta\nu_{1/2}$	Definição; alargamento não homogêneo	14C.7
Parâmetro de amplificação EON	$\eta = (I_A - I_A^\circ)/I_A^\circ$	Definição	14C.8

14D Ressonância paramagnética do elétron

Tópicos

➤ Por que você precisa saber este assunto?

Muitos materiais e sistemas biológicos contêm espécies que possuem elétrons desemparelhados. Além disso, algumas reações químicas geram intermediários que possuem elétrons desemparelhados. Você precisa saber como caracterizar as estruturas dessas espécies com técnicas espectroscópicas especiais.

➤ Qual é a ideia fundamental?

O espectro de ressonância paramagnética do elétron de um radical surge da capacidade de o campo magnético aplicado induzir correntes eletrônicas locais e da interação magnética entre o elétron desemparelhado e os núcleos com spin.

➤ O que você já deve saber?

Você precisar estar familiarizado com os conceitos de spin do elétron (Seção 9B) e com os princípios gerais da ressonância magnética (Seção 14A). A discussão refere-se ao acoplamento spin–órbita nos átomos (Seção 9C) e à interação de contato de Fermi nas moléculas (Seção 14B).

A ressonância paramagnética do elétron (RPE), também conhecida como ressonância do spin do elétron (SER), é empregada no estudo de radicais formados durante reações químicas ou por radiação, radicais que agem como sondas de estrutura biológica, muitos complexos de metais d e moléculas em estados tripletos (como as envolvidas na fosforescência, Seção 13B). A amostra pode ser um gás, líquido ou sólido, mas a rotação livre das moléculas em fase gasosa dá origem a complicações.

14D.1 O fator g

A frequência de ressonância para uma transição entre os níveis $m_s = -\frac{1}{2}$ e $m_s = +\frac{1}{2}$ de um elétron é

$$h\nu = g_e \mu_B \mathcal{B}_0 \qquad \text{Elétron livre} \quad \text{Condição de ressonância} \qquad (14D.1)$$

em que $g_e \approx 2{,}0023$ (Seção 14A). O momento magnético de um elétron desemparelhado num radical também interage com um campo externo, mas o campo que ele sente é diferente do campo aplicado devido aos campos magnéticos locais provenientes de correntes elétricas induzidas no esqueleto molecular. Essa diferença é levada em consideração substituindo-se g_e por g e expressando a condição de ressonância como

$$h\nu = g \mu_B \mathcal{B}_0 \qquad \text{Condição de ressonância RPE} \qquad (14D.2)$$

em que g é conhecido como o **fator g** do radical.

Breve ilustração 14D.1 O fator g de um radical

O centro do espectro de RPE do radical metila está em 329,40 mT, em um espectrômetro operando a 9,2330 GHz (radiação que pertence à banda X da região de micro-ondas). O fator g do radical é então

$$g = \frac{\overbrace{(6{,}626\,08\times10^{-34}\,\text{J s})}^{h}\times\overbrace{(9{,}2330\times10^{9}\,\text{s}^{-1})}^{\nu}}{\underbrace{(9{,}2740\times10^{-24}\,\text{J T}^{-1})}_{\mu_B}\times\underbrace{(0{,}329\,40\,\text{T})}_{\mathcal{B}_0}} = 2{,}0027$$

Exercício proposto 14D.1 Em que campo magnético o radical metila entraria em ressonância num espectrômetro operando a 34,000 GHz (radiação pertencente à banda Q da região de micro-ondas)?

Resposta: 1,213 T

O fator g está relacionado com a facilidade de o campo aplicado induzir correntes eletrônicas locais no esqueleto

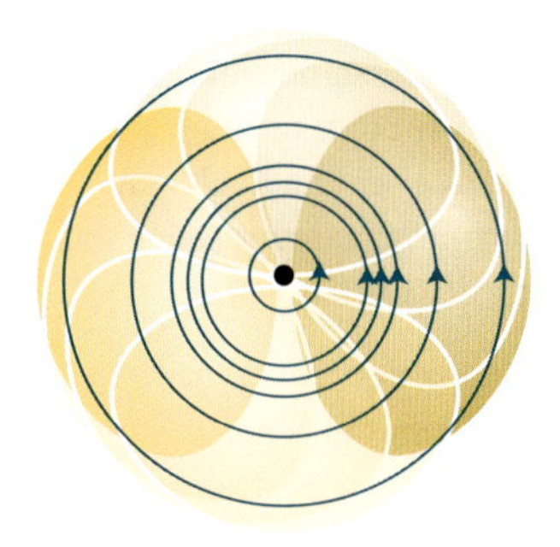

Figura 14D.1 Um campo magnético aplicado pode induzir o movimento circular dos elétrons que utilizam os orbitais dos estados excitados (mostrados com uma linha branca).

molecular e à intensidade dos campos gerados por essas correntes. Portanto, o fator g dá informação sobre a estrutura eletrônica, exercendo na RPE um papel semelhante ao das constantes de blindagem na RMN.

Dois fatores são responsáveis pela diferença entre o fator g e o g_e. Elétrons podem migrar através do esqueleto molecular utilizando os estados excitados (Fig. 14D.1). Essa circulação dos elétrons produz um campo magnético local que se soma ao campo aplicado. Assim, a facilidade de induzir correntes é inversamente proporcional à separação entre os níveis de energia, ΔE, do radical ou do complexo. Em segundo lugar, a intensidade do campo sofrida pelo spin do elétron como resultado dessas correntes eletrônicas é proporcional à constante de acoplamento spin–órbita molecular, ξ (Seção 9C). Concluímos que o fator g difere de g_e por uma grandeza proporcional a $\xi/\Delta E$. Essa proporcionalidade é amplamente observada. Muitos radicais orgânicos, para os quais ΔE é grande e ξ (para o carbono) é pequeno, têm fator g próximo a 2,0027, não muito distante do próprio g_e, e radicais inorgânicos, que normalmente são construídos a partir de átomos mais pesados e, portanto, têm constantes de acoplamento spin–órbita maiores, têm fator g, normalmente, na faixa de 1,9 a 2,1. O fator g de complexos de metal d paramagnéticos frequentemente difere consideravelmente de g_e, variando de 0 a 6, pois ΔE é pequeno para esses compostos por causa do pequeno desdobramento dos orbitais d devido às interações com os ligantes (Seção 13A).

O fator g é anisotrópico, ou seja, seu valor depende da orientação do radical em relação ao campo aplicado. A anisotropia surge do fato de a extensão à qual um campo aplicado induz correntes na molécula e, portanto, do módulo do campo local, depender da orientação relativa das moléculas e do campo. Em solução, quando a molécula bascula rapidamente, somente o valor médio do fator g é observado. Portanto, a anisotropia do fator g só é observada em radicais confinados em sólidos.

14D.2 Estrutura hiperfina

O aspecto mais importante dos espectros de RPE é a sua **estrutura hiperfina**, isto é, o desdobramento das linhas de ressonância em várias componentes. Em geral, o conceito de "estrutura hiperfina" em espectroscopia identifica a estrutura do espectro que pode ser atribuída às interações dos elétrons com os núcleos diferentes da interação de duas cargas elétricas puntiformes. A fonte da estrutura hiperfina dos espectros de RPE é a interação magnética do spin do elétron com os momentos de dipolo magnético dos núcleos do radical que dão origem a campos magnéticos locais.

(a) Os efeitos do spin nuclear

Vejamos o efeito de um núcleo único de H, localizado no radical, sobre o espectro de RPE. O spin do próton é uma fonte de campo magnético, e, conforme a orientação do spin nuclear, este campo pode aumentar ou diminuir o campo aplicado. O campo local total é, portanto,

$$\mathcal{B}_{\text{loc}} = \mathcal{B}_0 + am_I \quad m_I = \pm\tfrac{1}{2} \tag{14D.3}$$

em que a é a **constante de acoplamento hiperfino**. A metade dos radicais, na amostra, tem $m_I = +\frac{1}{2}$, de modo que a metade entra em ressonância quando o campo aplicado satisfaz a condição

$$h\nu = g\mu_B(\mathcal{B}_0 + \tfrac{1}{2}a) \quad \text{ou} \quad \mathcal{B}_0 = \frac{h\nu}{g\mu_B} - \tfrac{1}{2}a \tag{14D.4a}$$

A outra metade (com $m_I = -\frac{1}{2}$) entra em ressonância quando

$$h\nu = g\mu_B(\mathcal{B}_0 - \tfrac{1}{2}a) \quad \text{ou} \quad \mathcal{B}_0 = \frac{h\nu}{g\mu_B} + \tfrac{1}{2}a \tag{14D.4b}$$

Portanto, em lugar de uma única linha, aparecem no espectro duas linhas, cada uma com a metade da intensidade original, separadas por a e centradas no campo determinado por g (Fig. 14D.2).

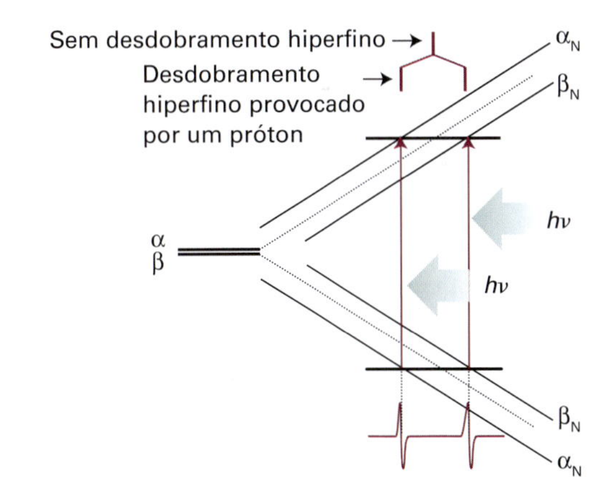

Figura 14D.2 A interação hiperfina entre um elétron e um núcleo de spin $\frac{1}{2}$ resulta na formação de quatro níveis em lugar dos dois iniciais. Assim, o espectro é constituído por duas linhas (de intensidades iguais) em lugar de uma. A distribuição de intensidade pode ser resumida em um nomograma simples. As retas diagonais mostram as energias dos estados em função do campo aplicado crescente. A ressonância ocorre quando a separação entre os estados é igual à energia fixa do fóton de micro-ondas.

Se o radical contém um átomo de ^{14}N ($I = 1$), o espectro de EPR mostra três linhas com intensidades iguais, pois o núcleo de ^{14}N tem três orientações possíveis do spin e cada orientação é a de um terço de todos os radicais na amostra. Em geral, um núcleo de spin I desdobra o espectro em $2I + 1$ linhas hiperfinas de intensidades iguais.

Quando são vários os núcleos magnéticos presentes no radical, cada qual contribui para a estrutura hiperfina. No caso de prótons equivalentes (por exemplo, os dois prótons do CH_2 no radical CH_3CH_2), algumas linhas hiperfinas são coincidentes. Não é difícil mostrar que, se o radical tiver N prótons equivalentes, existirão $N + 1$ linhas hiperfinas com uma distribuição de intensidades dada pelo triângulo de Pascal (Seção 14B, reproduzido aqui como **1**). O espectro do ânion do radical benzeno, na Fig. 14D.3, tem sete linhas com as intensidades na razão 1:6:15:20:15:6:1, compatível com um radical que tem seis prótons equivalentes. De modo mais geral, se o radical contém N núcleos equivalentes com número quântico do spin I, então existem $2NI + 1$ linhas hiperfinas com uma distribuição de intensidade baseada em uma versão modificada do triângulo de Pascal, como é mostrado no *Exemplo* a seguir.

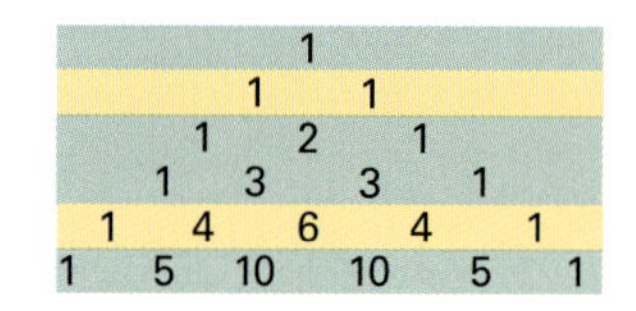

1

Figura 14D.3 O espectro de RPE do radical aniônico do benzeno, $C_6H_6^-$, em solução fluida. O parâmetro a é o desdobramento hiperfino do espectro. O centro do espectro é determinado pelo fator g do radical.

Exemplo 14D.1 Previsão da estrutura hiperfina de um espectro de RPE

Um radical tem um núcleo de ^{14}N ($I = 1$) com a constante hiperfina de 1,61 mT e dois prótons equivalentes ($I = \frac{1}{2}$) com a constante hiperfina de 0,35 mT. Dê a forma do espectro de RPE.

Método Analisa-se, sucessivamente, a estrutura hiperfina que cada tipo de núcleo, ou cada grupo de núcleos equivalentes, provoca. Por exemplo, uma linha é desdobrada por um núcleo; depois, cada linha do desdobramento é desdobrada por um segundo núcleo (ou grupo de núcleos) e assim sucessivamente. É mais prático começar com o núcleo que tenha o maior desdobramento hiperfino. Qualquer sequência, porém, pode ser adotada, e a ordem dos núcleos não altera a conclusão.

Resposta Os núcleos de ^{14}N dão três linhas hiperfinas de intensidades iguais, separadas por 1,61 mT. Cada linha é desdobrada em dupletos com o espaçamento de 0,35 mT pelo primeiro próton. Depois, cada linha de cada dupleto é desdobrada pelo segundo próton em dupletos separados também por 0,35 mT (Fig. 14D.4). As linhas centrais de cada dupleto coincidem, de modo que o desdobramento do próton leva a tripletos 1:2:1 com a separação interna de 0,35 mT. Então, o espectro será constituído por três tripletos equivalentes 1:2:1.

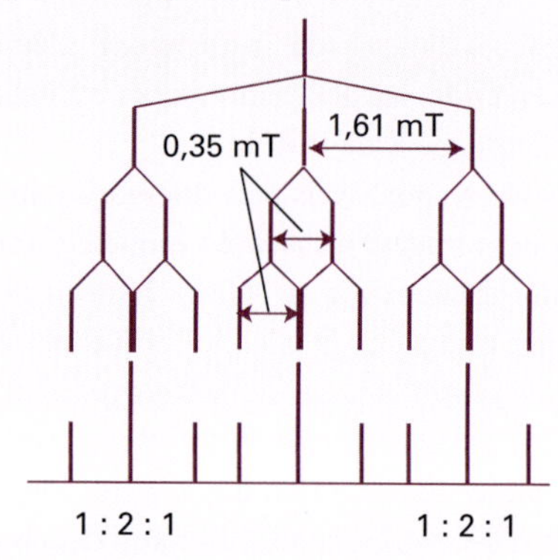

Figura 14D.4 Análise da estrutura hiperfina de radicais contendo um núcleo de ^{14}N ($I = 1$) e dois prótons equivalentes.

Exercício proposto 14D.2 Dê a forma do espectro de RPE de um radical com três núcleos ^{14}N equivalentes.

Resposta: Veja a Fig. 14D.5.

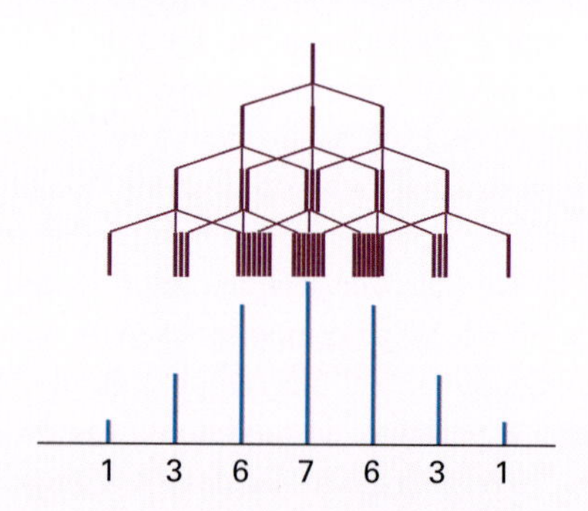

Figura 14D.5 Análise da estrutura hiperfina dos radicais contendo três núcleos de ^{14}N equivalentes.

(b) A equação de McConnell

A estrutura hiperfina de um espectro de RPE é uma espécie de impressão digital que ajuda a identificar os radicais presentes na amostra. Além disso, uma vez que a grandeza do desdobramento depende da distribuição do elétron não emparelhado nas vizinhanças dos núcleos magnéticos presentes, o espectro também ajuda a mapear o orbital molecular ocupado pelo elétron. Por exemplo, como o desdobramento na estrutura hiperfina do espectro do $C_6H_6^-$ é 0,375 mT, e um próton está vizinho a um átomo de C com apenas um sexto da densidade de spin do elétron não emparelhado (pois o elétron está distribuído uniformemente sobre o anel), o desdobramento hiperfino provocado por um próton sobre o spin do elétron inteiramente confinado a um único átomo de C adjacente seria 6 × 0,375 mT = 2,25 mT. Se em outro radical aromático encontrarmos uma constante de desdobramento hiperfino a, então a **densidade de spin**, ρ, isto é, a probabilidade de um elétron não emparelhado estar no átomo, pode ser calculada pela **equação de McConnell**:

$$a = Q\rho \qquad \text{Equação de McConnell} \qquad (14D.5)$$

com Q = 2,25 mT. Nessa equação, ρ é a densidade de spin sobre um átomo de C e a é o desdobramento hiperfino observado para o átomo de H ligado a esse C. Essa expressão representa simplesmente o fato de o acoplamento hiperfino ao átomo de H ser mais provavelmente proporcional à densidade de spin no átomo de C ao qual está ligado.

Breve ilustração 14D.2 A equação de McConnell

A estrutura hiperfina do espectro de RPE do $C_{10}H_8^-$, o radical aniônico (naftaleno), pode ser interpretada como proveniente de dois grupos de quatro prótons equivalentes. Os prótons nas posições 1, 4, 5 e 8 do anel têm a = 0,490 mT, e aqueles nas posições 2, 3, 6 e 7 têm a = 0,183 mT. As densidades obtidas pela equação de McConnell são, respectivamente (**2**),

$$\rho = \frac{\overbrace{0{,}490\,\text{mT}}^{a}}{\underbrace{2{,}25\,\text{mT}}_{Q}} = 0{,}218 \quad \text{e} \quad \rho = \frac{0{,}183\,\text{mT}}{2{,}25\,\text{mT}} = 0{,}0813$$

0,22
0,08
2

Exercício proposto 14D.3 A densidade de spin no $C_{14}H_{10}^-$, o ânion do radical antraceno, aparece em (**3**). Dê a forma do seu espectro de RPE.

0,097 0,193
0,048
3

Resposta: Um tripleto 1:2:1 com desdobramento de 0,43 mT se desdobra em um quinteto 1:4:6:4:1 com desdobramento 0,22 mT, se desdobra em um quinteto 1:4:6:4:1 com desdobramento 0,11 mT, dando 3 × 5 × 5 = 75 linhas no total

(c) A origem da interação hiperfina

A interação hiperfina é uma interação entre os momentos magnéticos de um elétron não emparelhado e os núcleos. Há duas contribuições para essa interação.

Um elétron num orbital p centrado no núcleo pouco se aproxima do núcleo e sofre, por isso, a ação de um campo que parece ser o de um dipolo magnético puntiforme. A interação resultante é uma **interação dipolo–dipolo**. A contribuição de um núcleo magnético para o campo local que atua sobre o elétron não emparelhado é dada por uma expressão semelhante à Eq. 14B.10a (uma dependência proporcional a $(1 - 3\cos^2\theta)/r^3$). Uma característica desse tipo de interação é ser anisotrópica. Além disso, como no caso da RMN, a interação dipolo–dipolo tem média nula quando o radical tem liberdade de bascular. Portanto, a estrutura hiperfina devido à interação dipolo–dipolo só é observada em radicais confinados em sólidos.

Um elétron s distribui-se com simetria esférica em torno de um núcleo e por isso tem interação dipolo–dipolo com média nula, mesmo em uma amostra sólida. Porém, como a probabilidade de o elétron s estar no núcleo não é nula, não é correto tratar a interação como a de dois dipolos puntiformes. Um elétron s tem uma interação de contato de Fermi com o núcleo, que, como vimos na Seção 14B, é uma interação magnética que ocorre quando a aproximação de dipolo puntiforme não é válida. A interação de contato é isotrópica (isto é, independente da orientação do radical) e por isso é exibida mesmo por moléculas que basculam rapidamente nos fluidos (desde que a densidade de spin tenha pelo menos certo caráter s).

As interações dipolo–dipolo dos elétrons p e a interação de contato de Fermi dos elétrons s podem ser muito grandes. Por exemplo, um elétron 2p no átomo de nitrogênio está em um campo médio da ordem de 3,4 mT do núcleo de ^{14}N. Um elétron 1s em um átomo de hidrogênio está em um campo da ordem de 50 mT provocado pela interação de contato de Fermi com o próton central. Na Tabela 14D.1 aparecem outros valores. As magnitudes das interações de contato nos radicais podem ser interpretadas em termos do caráter s do orbital molecular ocupado pelo elétron não emparelhado, enquanto a interação dipolo–dipolo pode ser interpretada em termos do caráter p. A análise da estrutura hiperfina proporciona, portanto, informação sobre a composição do orbital e, especialmente, sobre a hibridização dos orbitais atômicos.

Tabela 14D.1* Constantes de acoplamento hiperfino para átomos, a/mT

Nuclídeo	Acoplamento isotrópico	Acoplamento anisotrópico
^1H	50,8 (1s)	
^2H	7,8 (1s)	
^{14}N	55,2 (2s)	4,8 (2p)
^{19}F	1720 (2s)	108,4 (2p)

*Mais valores são fornecidos na *Seção de dados*.

Breve ilustração 14D.3 A composição de um orbital molecular a partir da análise da estrutura hiperfina

Usando a Tabela 14D.1, a interação hiperfina entre um elétron 2s e o núcleo de um átomo de nitrogênio é 55,2 mT. O espectro de RPE do NO_2 apresenta uma interação hiperfina isotrópica de 5,7 mT. O caráter s do orbital molecular ocupado pelo elétron desemparelhado é a proporção 5,7/55,2 = 0,10. Para a continuação desta história, veja o Problema 14D.6.

Exercício proposto 14D.4 No NO_2 a parte anisotrópica do acoplamento hiperfino é 1,3 mT. Qual é o caráter p do orbital molecular ocupado pelo elétron desemparelhado?

Resposta: 0,38

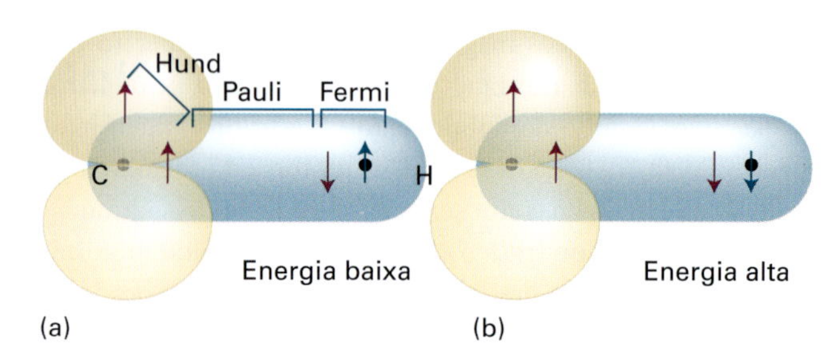

Figura 14D.6 Mecanismo de polarização para as interações hiperfinas em radicais com elétrons π. A configuração em (a) tem energia mais baixa do que em (b), e por isso há um acoplamento efetivo entre o elétron não emparelhado e o próton.

Ainda precisamos explicar a origem da estrutura hiperfina do ânion $C_6H_6^-$ e de outros radicais aromáticos aniônicos. Como a amostra é fluida e os radicais basculam aleatoriamente, a estrutura hiperfina não pode ser provocada por interação dipolo–dipolo. Além disso, os prótons estão no plano nodal do orbital π ocupado pelo elétron não emparelhado, e assim a estrutura não pode ser provocada por interação de contato de Fermi. A explicação é um **mecanismo de polarização** semelhante àquele responsável pelo acoplamento spin–spin na RMN. Há uma interação magnética entre um próton e os elétrons α ($m_s = \pm\frac{1}{2}$) que faz ser mais provável que um dos elétrons esteja nas vizinhanças do próton (Fig. 14D.6). O elétron com o spin oposto tende a ficar mais perto do átomo de C, na outra ponta da ligação. O elétron não emparelhado do átomo de C tem energia mais baixa se estiver com o spin paralelo ao spin desse elétron (a regra de Hund favorece o paralelismo dos elétrons nos átomos) e o elétron não emparelhado pode perceber, indiretamente, o spin do próton. O cálculo com esse modelo leva a uma interação hiperfina com o valor de 2,25 mT, compatível com as observações experimentais.

Conceitos importantes

- ☐ 1. A condição de ressonância RPE é escrita em termos do **fator *g*** do radical.
- ☐ 2. O valor de *g* depende da capacidade do campo aplicado de induzir correntes eletrônicas locais em um radical.
- ☐ 3. A **estrutura hiperfina** de um espectro de RPE é o desdobramento das linhas de ressonância individuais em componentes pela interação magnética entre o elétron e os núcleos com spin.
- ☐ 4. Se um radical contém N núcleos equivalentes com número quântico do spin I, então há $2NI + 1$ linhas hiperfinas com uma distribuição de intensidades dada por uma versão modificada do triângulo de Pascal.
- ☐ 5. A estrutura hiperfina pode ser explicada pelas **interações dipolo-dipolo**, pelas **interações de contato de Fermi** e pelo **mecanismo de polarização**.
- ☐ 6. A **densidade de spin** é a probabilidade de que um elétron desemparelhado esteja no átomo.

Equações importantes

Propriedade	Equação	Comentário	Número da equação
Condição de ressonância RPE	$h\nu = g\mu_B \mathcal{B}_0$	Não há interação hiperfina	14D.2
	$h\nu = g\mu_B(\mathcal{B}_0 \pm \frac{1}{2}a)$	Interação hiperfina entre um elétron e um próton	14D.4
Equação de McConnell	$a = Q\rho$	Q=2,25 mT	14D.5

CAPÍTULO 14 Ressonância magnética

SEÇÃO 14A Princípios gerais

Questões teóricas

14A.1 Para determinar as estruturas de macromoléculas por espectroscopia de RMN, os químicos utilizam espectrômetros que operam nos mais altos campos e frequências possíveis. Justifique essa escolha.

14A.2 Compare os efeitos dos campos magnéticos nas energias dos núcleos e nas energias dos elétrons.

14A.3 O que é frequência de Larmor? Que papel ela desempenha na ressonância magnética?

Exercícios

14A.1(a) Sendo g um número adimensional, quais são as unidades de γ_N expressas em tesla e hertz?
14A.1(b) Sendo g um número adimensional, quais são as unidades de γ_N expressas em unidades básicas do SI?

14A.2(a) Para um próton, quais são o módulo do momento angular do spin e seus componentes permitidos ao longo do eixo z? Quais são as orientações possíveis do momento angular em termos do ângulo que ele faz com o eixo z?
14A.2(b) Para um núcleo de ^{14}N, quais são o módulo do momento angular do spin e seus componentes permitidos ao longo do eixo z? Quais são as orientações possíveis do momento angular em termos do ângulo que ele faz com o eixo z?

14A.3(a) Qual a frequência de ressonância de um próton em um campo magnético de 13,5 T?
14A.3(b) Qual a frequência de ressonância de um núcleo de ^{19}F em um campo magnético de 17,1 T?

14A.4(a) O ^{33}S tem um spin nuclear de $\frac{3}{2}$ e um valor g nuclear de 0,4289. Calcule as energias dos estados de spin em um campo magnético de 6,800 T.
14A.4(b) O ^{14}N tem um spin nuclear de 1 e um valor g nuclear de 0,404. Calcule as energias dos estados de spin em um campo magnético de 10,50 T.

14A.5(a) Calcule a separação, em frequência, dos níveis de energia dos estados do spin nuclear do núcleo de ^{13}C em um campo magnético de 15,4 T, sabendo que a razão giromagnética é de $6{,}73 \times 10^7\ T^{-1}\ s^{-1}$.
14A.5(b) Calcule a separação, em frequência, entre os níveis de energia dos estados do spin nuclear do ^{14}N em um campo magnético de 14,4 T, sabendo que a razão giromagnética é de $1{,}93 \times 10^7\ T^{-1}\ s^{-1}$.

14A.6(a) Quem tem a maior separação entre os níveis de energia, (i) um próton em um espectrômetro de RMN a 600 MHz ou (ii) um dêuteron no mesmo espectrômetro?
14A.6(b) Quem tem a maior separação dos níveis de energia, (i) um núcleo de ^{14}N em um espectrômetro de RMN (para prótons) operando a 600 MHz, ou (ii) um elétron em um radical em um campo de 0,300 T?

14A.7(a) Calcule as diferenças relativas de população ($\delta N/N$, em que δN representa uma pequena diferença $N_\alpha - N_\beta$) para os prótons nos campos de (i) 0,30 T, (ii) 1,5 T e (iii) 10 T, a 25 °C.
14A.7(b) Calcule as diferenças relativas de população ($\delta N/N$, em que δN representa uma pequena diferença $N_\alpha - N_\beta$) para os núcleos de ^{13}C em campos de (i) 0,50 T, (ii) 2,5 T e (iii) 15,5 T, a 25 °C.

14A.8(a) Os primeiros espectrômetros de RMN que tiveram uso geral operavam à frequência de 60 MHz; nos dias de hoje, são comuns os que trabalham a 800 MHz. Quais as diferenças relativas das populações dos estados de spin do ^{13}C em cada tipo de espectrômetro, a 25 °C?
14A.8(b) Quais são as diferenças relativas das populações de estados de spin do ^{19}F em espectrômetros operando a 60 MHz e 450 MHz, a 25 °C?

14A.9(a) Qual a intensidade do campo magnético necessária em um espectrômetro de RPE, na banda X (9 GHz), para se observar a RMN do ^1H, e em um espectrômetro de RMN a 300 MHz para se observar a RPE?
14A.9(b) Alguns espectrômetros de RPE comerciais operam com radiação de micro-ondas de 8 mm ("banda Q"). Que campo magnético corresponde à condição de ressonância?

Problemas

14A.1 Um cientista investiga a possibilidade de uma ressonância do spin de um nêutron e opera com um espectrômetro de RMN na frequência de 300 MHz. Qual o campo necessário para a ressonância? Qual a diferença relativa das populações à temperatura ambiente? Qual o estado de spin de energia mais baixa do nêutron?

14A.2‡ A sensibilidade relativa das linhas de RMN para números iguais de núcleos diferentes, à temperatura constante, para uma dada frequência, é $R_\nu \propto (I+1)\mu^3$, enquanto, para um dado campo, ela é $R_B \propto \{(I+1)/I^2\}\mu^3$. (a) Com os dados da Tabela 14A.2, calcule essas sensibilidades para o dêuteron, ^{13}C, ^{14}N, ^{19}F e ^{31}P em relação ao próton. (b) Deduza a equação para R_B a partir da equação para R_ν.

14A.3 Com técnicas especiais, coletivamente conhecidas como imagem por ressonância magnética (IRM), é possível obter espectros de RMN de organismos inteiros. É fundamental para a IRM a aplicação de um campo magnético que varie linearmente através da amostra. Considere um frasco com água mantido em um campo que varia na direção z, segundo $\mathcal{B}_0 + \mathcal{G}_z z$, em que $\mathcal{G}_z$ é o gradiente do campo ao longo da direção z. Então, os prótons da água entrarão em ressonância nas frequências

$$\nu_L(z) = \frac{\gamma_N}{2\pi}(\mathcal{B}_0 + \mathcal{G}_z z)$$

(Equações semelhantes podem ser escritas ao longo das direções x e y.) A aplicação de um pulso de radiofrequência a 90° com $\nu = \nu_L(z)$ resulta em um sinal com intensidade proporcional aos números de prótons na posição z. Agora suponha que um órgão discoide uniforme esteja em um gradiente linear de campo e que o sinal de IRM seja proporcional ao número de prótons em uma fatia de largura δz em cada distância horizontal z do centro do disco. Faça o esquema da forma da intensidade de absorção para a imagem por IRM do disco antes que tenha sido efetuada qualquer manipulação computadorizada.

‡ Estes problemas foram propostos por Charles Trapp e Carmem Giunta.

SEÇÃO 14B Características dos espectros de RMN

Questões teóricas

14B.1 Descreva o significado do deslocamento químico em relação aos termos "campo alto" e "campo baixo".

14B.2 Discuta em detalhes as origens das contribuições local, de grupo vizinho e do solvente para a constante de blindagem.

14B.3 Explique por que grupos de prótons equivalentes não exibem o acoplamento spin–spin que existe entre eles.

14B.4 Explique a diferença entre núcleos magneticamente e quimicamente equivalentes e dê dois exemplos de cada caso.

14B.5 Discuta como a interação de contato de Fermi e o mecanismo de polarização contribuem para os acoplamentos spin–spin em RMN.

Exercícios

14B.1(a) Quais são os valores relativos dos deslocamentos químicos observados para núcleos nos espectrômetros mencionados no Exercício 14A.9a em termos de (i) valores de δ, (ii) frequências?
14B.1(b) Quais são os valores relativos dos deslocamentos químicos observados para núcleos nos espectrômetros mencionados no Exercício 14A.9b em termos de (i) valores de δ, (ii) frequências?

14B.2(a) O deslocamento químico dos prótons do CH_3 no acetaldeído (etanal) é $\delta = 2{,}20$, e o do próton do CHO é 9,80. Qual a diferença entre os campos magnéticos locais em cada região da molécula, quando o campo aplicado é (i) 1,5 T e (ii) 15 T?
14B.2(b) O deslocamento químico dos prótons do CH_3 no éter dietílico é $\delta = 1{,}16$, e o dos prótons do CH_2 é 3,36. Qual a diferença entre os campos magnéticos locais em cada região da molécula, quando o campo aplicado é (i) 1,9 T e (ii) 16,5 T?

14B.3(a) Esboce o espectro de RMN-^{1}H do acetaldeído (etanal) usando J = 2,90 Hz e os dados mencionados no Exercício 14B.2(a), num espectrômetro que opera (i) a 250 MHz, (ii) a 800 MHz.
14B.3(b) Esboce o espectro de RMN-^{1}H do éter dietílico com J = 6,97 Hz e com os dados mencionados no Exercício 14B.2(b), num espectrômetro que opera (i) a 400 MHz, (ii) a 650 MHz.

14B.4(a) Esboce a forma dos espectros RMN-^{19}F de uma amostra natural de $^{10}BF_4^-$ e de $^{11}BF_4^-$.
14B.4(b) Esboce a forma dos espectros RMN-^{31}P de uma amostra natural de $^{31}PF_6^-$.

14B.5(a) Com os dados da Tabela 14A.2, estime a frequência necessária para a ressonância do ^{19}F em um espectrômetro de RMN desenvolvido para observar a ressonância do próton a 800 MHz. Mostre as ressonâncias do próton e do ^{19}F no espectro de RMN do FH_2^+.

14B.5(b) Com os dados da Tabela 14A.2, estime a frequência necessária para a ressonância do ^{31}P em um espectrômetro de RMN desenvolvido para observar a ressonância do próton a 500 MHz. Mostre as ressonâncias do próton e do ^{31}P no espectro de RMN do PH_4^+.

14B.6(a) Construa uma versão do triângulo de Pascal para mostrar a estrutura fina que pode surgir do acoplamento spin–spin de um grupo de quatro núcleos de spins $\frac{3}{2}$.
14B.6(b) Construa uma versão do triângulo de Pascal para mostrar a estrutura fina que pode surgir do acoplamento spin-spin de um grupo de três núcleos de spins $\frac{5}{2}$.

14B.7(a) Esboce a forma do espectro do $A_3M_2X_4$, sendo A, M e X prótons com deslocamentos químicos muito diferentes e $J_{AM} > J_{AX} > J_{MX}$.
14B.7(b) Esboce a forma do espectro do $A_2M_2X_5$, sendo A, M e X prótons que têm deslocamentos químicos muito diferentes e $J_{AM} > J_{AX} > J_{MX}$.

14B.8(a) Quais, dentre as seguintes moléculas, têm conjuntos de núcleos quimicamente equivalentes, porém não magneticamente equivalentes? (i) CH_3CH_3, (ii) $CH_2{=}CH_2$.
14B.8(b) Quais, dentre as seguintes moléculas, têm conjuntos de núcleos quimicamente equivalentes, porém não magneticamente equivalentes? (i) $CH_2{=}C{=}CF_2$, (ii) $[Mo(CO)_4(PH_3)_2]$ *cis* e *trans*.

14B.9(a) Um próton se desloca entre duas posições com $\delta = 2{,}7$ e $\delta = 4{,}8$. Com que velocidade de interconversão os dois sinais se fundem em uma única linha em um espectrômetro que opera a 550 MHz?
14B.9(b) Um próton se desloca entre duas posições com $\delta = 4{,}2$ e $\delta = 5{,}5$. Com que velocidade de interconversão os dois sinais se fundem em uma única linha em um espectrômetro que opera a 350 MHz?

Problemas

14B.1 Você está projetando um espectrômetro de IRM (veja o Problema 14A.3). Qual é o gradiente de campo (em microtesla por metro, $\mu T\ m^{-1}$) necessário para produzir uma separação de 100 Hz entre dois prótons afastados pelo longo diâmetro de um rim humano (considere como 8 cm), dado que eles se encontram em ambientes com $\delta = 3{,}4$? O campo de radiofrequência do espectrômetro está em 400 MHz, e o campo aplicado é 9,4 T.

14B.2 Consulte a Fig. 14B.14 e use um programa matemático ou uma planilha para construir uma família de curvas que mostre a variação de $^3J_{HH}$ com ϕ para a qual $A = +7{,}0$ Hz, $B = -1{,}0$ Hz e C varie suavemente em torno do valor típico de +5,0 Hz. Qual é o efeito de mudar o valor do parâmetro C na forma da curva? De maneira semelhante, explore também o efeito dos valores de A e de B na forma da curva.

14B.3‡ Diversas versões da equação de Karplus (Eq. 14B.14) foram usadas para correlacionar os dados das constantes de acoplamento de prótons vicinais em sistemas do tipo $R_1R_2CHCHR_3R_4$. A versão original (M. Karplus, *J. Am. Chem. Soc.* **85**, 2870 (1963)) é $^3J_{HH} = A\cos^2\phi_{HH} + B$. Quando $R_3 = R_4 = H$, $^3J_{HH} = 7{,}3$ Hz. Quando $R_3 = CH_3$ e $R_4 = H$, $^3J_{HH} = 8{,}0$ Hz. Quando $R_3 = R_4 = CH_3$, $^3J_{HH}$ = 11,2 Hz. Admita que apenas as conformações escalonadas sejam importantes e determine qual versão da equação de Karplus melhor se ajusta aos dados experimentais.

14B.4‡ Pode parecer surpreendente que a equação de Karplus, deduzida para as constantes de acoplamento $^3J_{HH}$, também se aplique ao acoplamento entre núcleos vicinais de metais como o estanho. T.N. Mitchell e B. Kowall (*Magn. Reson. Chem.* **33**, 325 (1995)) estudaram a relação entre $^3J_{HH}$ e $^3J_{SnSn}$ em compostos do tipo $Me_3SnCH_2CHRSnMe_3$ e descobriram que $^3J_{SnSn} = 78{,}86\ ^3J_{HH} + 27{,}84$ Hz. (a) Esse resultado justifica uma equação do tipo da de Karplus para o estanho? Explique o raciocínio. (b) Obtenha a equação de Karplus para $^3J_{SnSn}$ e faça o seu gráfico em função do ângulo do diedro. (c) Mostre qual a conformação mais favorecida.

14B.5 Mostre que a constante de acoplamento, expressa pela equação de Karplus, passa por um mínimo quando $\cos\phi = B/4C$.

14B.6 Em um líquido, o campo magnético dipolar tem média nula: mostre esse resultado calculando a média do campo dado na Eq. 14B.15. *Sugestão:* O elemento de área de superfície é sen $\theta\, d\theta d\phi$ em coordenadas polares.

SEÇÃO 14C Técnicas de pulsos na RMN

Questões teóricas

14C.1 Discuta em detalhes o efeito de um pulso a 90° e de um pulso a 180° sobre um sistema de núcleos de spin $\frac{1}{2}$ em um campo magnético estático.

14C.2 Sugira uma razão por que os tempos de relaxação dos núcleos de ^{13}C são normalmente muito maiores do que os dos núcleos de ^{1}H.

14C.3 Sugira uma explicação para o fato de o tempo de relaxação spin-rede de uma molécula pequena (como o benzeno) em um solvente de hidrocarbônico deuterado móvel aumentar com a temperatura e o de uma molécula grande (como um polímero), no mesmo solvente, diminuir.

14C.4 Discuta a origem do efeito Overhauser nuclear e como ele pode ser utilizado para medir distâncias entre prótons em um biopolímero.

14C.5 Discuta as origens dos picos diagonais e cruzados no espectro COSY de um sistema AX.

Exercícios

14C.1(a) A duração de um pulso a 90° ou a 180° depende da intensidade do campo $\mathcal{B}_1$. Se um pulso a 180° dura 12,5 μs, qual a intensidade do campo $\mathcal{B}_1$? Qual seria a duração correspondente do pulso a 90°?
14C.1(b) A duração de um pulso a 90° ou a 180° depende da intensidade do campo $\mathcal{B}_1$. Se um pulso a 90° dura 5 μs, qual a intensidade do campo $\mathcal{B}_1$? Qual seria a duração correspondente do pulso a 180°?

14C.2(a) Qual é o tempo de relaxação transversal efetivo quando a largura de uma linha de ressonância é de 1,5 Hz?
14C.2(b) Qual é o tempo de relaxação transversal efetivo quando a largura de uma linha de ressonância é de 12 Hz?

14C.3(a) Prediga o aumento máximo (em valores de η) que pode ser obtido em uma observação de EON na qual ^{31}P está acoplado a prótons.
14C.3(b) Prediga o aumento máximo (em valores de η) que pode ser obtido em uma observação de EON na qual ^{19}F está acoplado a prótons.

14C.4(a) A Fig. 14.1 mostra o espectro COSY do 1-nitropropano. Explique o aparecimento de picos cruzados no espectro.
14C.4(b) Os deslocamentos químicos dos prótons dos grupos NH, $C_{\alpha}H$ e $C_{\beta}H$ da alanina são 8,25 ppm, 4,35 ppm e 1,39 ppm, respectivamente. Esboce o espectro COSY da alanina entre 1,00 e 8,50 ppm.

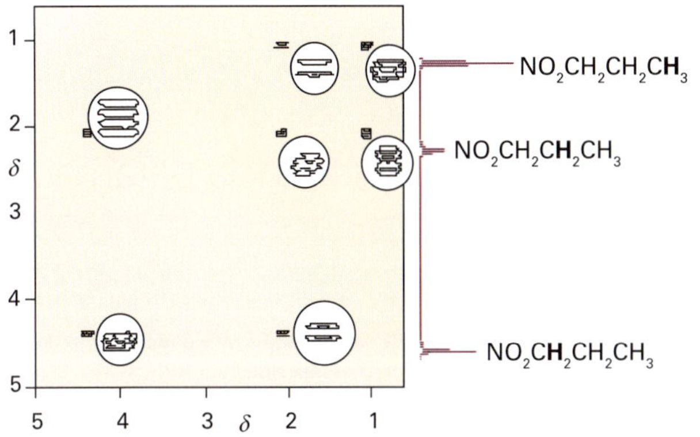

Figura 14.1 O espectro COSY do 1-nitropropano ($NO_2CH_2CH_2CH_3$). Os círculos mostram imagens ampliadas das características espectrais. (Espectro fornecido pelo Prof. G. Morris.)

Problemas

14C.1‡ Suponha que a curva FID na Fig. 14C.5 fosse registrada em um espectrômetro a 400 MHz e que o intervalo entre os máximos na oscilação na curva FID fosse 0,12s. Qual é a frequência de Larmor dos núcleos e o tempo de relaxação spin-spin?

14C.2 Use um programa matemático para construir a curva FID para um conjunto de três núcleos com ressonâncias em δ = 3,2, 4,1 e 5,0 em um espectrômetro que opera a 800 MHz. Suponha que T_2 = 1,0 s. Faça o gráfico das curvas FID que mostram como elas variam quando o campo magnético do espectrômetro é alterado.

14C.3 Para desenvolver uma compreensão do trabalho numérico realizado por computadores em interface com espectrômetros de RMN, efetue os cálculos a seguir. (a) A curva FID total $F(t)$ de um sinal contendo muitas frequências, cada qual correspondente a um núcleo diferente, é dada por

$$F(t)=\sum_j S_{0j}\cos(2\pi\nu_{\mathrm{L}j}t)\mathrm{e}^{-t/T_{2j}}$$

em que, para cada núcleo j, S_{0j} é a intensidade máxima do sinal, $\nu_{\mathrm{L}j}$ é a frequência de Larmor e T_{2j} é o tempo de relaxação spin-spin. Faça o gráfico do FID para o caso

$$S_{01}=1{,}0 \quad \nu_{\mathrm{L}1}=50\,\mathrm{MHz} \quad T_{21}=0{,}50\,\mu\mathrm{s}$$
$$S_{02}=3{,}0 \quad \nu_{\mathrm{L}2}=10\,\mathrm{MHz} \quad T_{22}=1{,}0\,\mu\mathrm{s}$$

(b) Explore como a forma da curva FID varia com variações da frequência de Larmor e do tempo de relaxação spin-spin. (c) Use um programa matemático para calcular e representar graficamente as transformadas de Fourier das curvas FID que você calculou nas partes (a) e (b). Como as larguras das linhas espectrais variam com o valor de T_2? *Sugestão:* Esta operação pode ser realizada com uma rotina de "transformada de Fourier rápida", disponível na maioria dos pacotes de programas matemáticos. Consulte o manual do usuário do pacote para mais detalhes.

14C.4 (a) Em muitos casos é possível aproximar a forma da linha de RMN pelo uso de uma *função lorentziana* da forma

$$I_{\mathrm{lorentziana}}(\omega)=\frac{S_0T_2}{1+T_2^2(\omega-\omega_0)^2}$$

em que $I(\omega)$ é a intensidade como função da frequência angular $\omega = 2\pi\nu$, ω_0 é a frequência de ressonância, S_0 é uma constante e T_2 é o tempo de relaxação spin-spin. Confirme que para essa largura de forma de linha a meia-altura é $1/\pi T_2$. (b) Em certas circunstâncias, as linhas de RMN são funções gaussianas da frequência, dadas por

$$I_{\mathrm{gaussiana}}(\omega)=S_0T_2\mathrm{e}^{-T_2^2(\omega-\omega_0)^2}$$

Confirme que, para a forma de linha gaussiana, a largura, a meia-altura, é igual a $2(\ln 2)^{1/2}/T_2$. (c) Compare e diferencie as formas das linhas lorentziana e gaussiana representando graficamente duas linhas com os mesmos valores de S_0, T_2 e ω_0.

14C.5 A forma de uma linha espectral, $I(\omega)$, está relacionada com o sinal de decaimento livre de indução, $G(t)$, por

$$I(\omega)=a\,\mathrm{Re}\int_0^{\infty} G(t)\mathrm{e}^{\mathrm{i}\omega t}\,\mathrm{d}t$$

em que a é constante e "Re" é a parte real da função. Calcule a forma da linha correspondente a uma função de decaimento oscilante $G(t) = \cos \omega t\ \mathrm{e}^{-t/\tau}$.

14C.6 Na linguagem do Problema 14C.5, mostre que, se $G(t) = (a \cos \omega t + b \cos \omega t)\mathrm{e}^{-t/\tau}$, então o espectro consiste em duas linhas com intensidades proporcionais a a e a b e localizadas em $\omega = \omega_1$ e ω_2, respectivamente.

14C.7 A componente z do campo magnético a uma distância R de um momento magnético paralelo ao eixo z é dada pela Eq. 14C.10. Em um sólido, um próton a uma distância R um do outro pode experimentar esse campo e a medida do desdobramento que ele causa no espectro pode ser usada para calcular R. No gesso, por exemplo, o desdobramento na ressonância da H_2O pode ser interpretado em termos de um campo magnético de 0,715 mT gerado por um dos prótons e sofrido pelo outro. Qual é a separação dos prótons na molécula da H_2O?

14C.8 Interprete as seguintes características dos espectros de RMN da lisozima da galinha: (a) a saturação de uma ressonância de próton atribuído à cadeia lateral da metionina-105 altera a intensidade das ressonâncias de próton atribuídas às cadeias laterais do triptofano-28 e da tirosina-23; (b) a saturação das ressonâncias de próton atribuídas ao triptofano-28 não afeta o espectro da tirosina-23.

14C.9 Em um cristal líquido, uma molécula pode não girar livremente em todas as direções e a média da interação dipolar pode não ser nula. Suponha que uma molécula seja confinada de modo que, embora o vetor que separa dois prótons possa girar livremente em torno do eixo z, a colatitude pode variar apenas entre 0 e θ'. Utilize um programa matemático para calcular a média do campo dipolar sobre essa faixa restrita de orientação e confirme que a média se anula quando θ' é igual a π (correspondendo à rotação livre sobre uma esfera). Qual é o valor médio do campo dipolar local para a molécula da H_2O no Problema 14C.7, se ela for dissolvida em um cristal líquido que lhe permita girar até $\theta' = 30°$?

SEÇÃO 14D Ressonância paramagnética do elétron

Questões teóricas

14D.1 Discuta como a interação de contato de Fermi e o mecanismo de polarização contribui para as interações hiperfinas em RPE.

14D.2 Explique como o espectro de RPE de um radical orgânico pode ser utilizado para identificar e mapear o orbital molecular ocupado pelo elétron desemparelhado.

Exercícios

14D.1(a) O centro do espectro de RPE do hidrogênio atômico está a 329,12 mT em um espectrômetro que opera a 9,2231 GHz. Qual o valor do fator g do elétron no átomo?

14D.1(b) O centro do espectro de RPE do deutério atômico está a 330,02 mT em um espectrômetro que opera a 9,2482 GHz. Qual o valor do fator g do elétron no átomo?

14D.2(a) Um radical com dois prótons equivalentes exibe um espectro de três linhas com as intensidades na razão 1:2:1. As linhas estão a 330,2 mT, 332,5 mT e 334,8 mT. Qual a constante de acoplamento hiperfino de cada próton? Qual o fator g do radical, sabendo-se que o espectrômetro opera a 9,319 GHz?

14D.2(b) Um radical com três prótons equivalentes exibe um espectro de quatro linhas com as intensidades na razão 1:3:3:1. As linhas estão a 331,4 mT, 333,6 mT, 335,8 mT e 338,0 mT. Qual a constante de acoplamento hiperfino de cada próton? Qual o fator g do radical, sabendo-se que o espectrômetro opera a 9,332 GHz?

14D.3(a) Um radical, com dois prótons não equivalentes, com as constantes hiperfinas de 2,0 mT e 2,6 mT, exibe um espectro centrado em 332,5 mT. Em que campos ocorrem as linhas do desdobramento hiperfino e quais as intensidades relativas?

14D.3(b) Um radical, com três prótons não equivalentes, com as constantes hiperfinas de 2,11 mT, 2,87 mT e 2,89 mT, exibe um espectro centrado em 332,8 mT. Em que campos aparecem as linhas do desdobramento hiperfino e quais as intensidades relativas?

14D.4(a) Estime a distribuição de intensidades das linhas do desdobramento hiperfino nos espectros de RPE do (i) $\cdot CH_3$ e (ii) $\cdot CD_3$.

14D.4(b) Estime a distribuição de intensidades das linhas do desdobramento hiperfino dos espectros de RPE do (i) $\cdot CH_2CH_3$ e (ii) $\cdot CD_2CD_3$.

14D.5(a) O radical benzeno aniônico tem g = 2,0025. Em que campo deve haver a ressonância em um espectrômetro de RPE que opera a (i) 9,313 GHz e (ii) 33,80 GHz?

14D.5(b) O radical naftaleno aniônico tem g = 2,0024. Em que campo deve haver a ressonância em um espectrômetro de RPE que opera a (i) 9,501 GHz e (ii) 34,77 GHz?

14D.6(a) O espectro de RPE de um radical que tem um único núcleo magnético é desdobrado em quatro linhas de intensidades iguais. Qual o spin do núcleo?

14D.6(b) O espectro de RPE de um radical com dois núcleos equivalentes de um certo tipo é desdobrado em cinco linhas cujas intensidades estão na razão 1:2:3:2:1. Qual o spin dos núcleos?

14D.7(a) Dê as estruturas hiperfinas dos radicais XH_2 e XD_2, sendo X um núcleo com $I=\frac{5}{2}$.

14D.7(b) Dê as estruturas hiperfinas dos radicais XH_3 e XD_3 sendo X um núcleo com $I=\frac{3}{2}$.

Problemas

14D.1 É possível produzir campos magnéticos muito altos sobre pequenos volumes pelo uso de técnicas especiais. Qual seria a frequência de ressonância do spin de um elétron em um radical orgânico em um campo de 1,0 kT? Como se compara essa frequência com as separações entre os níveis de energias rotacional, vibracional e eletrônica de moléculas típicas?

14D.2 A molécula de NO_2 é angular e tem um único elétron não emparelhado. É possível confinar essa molécula em uma matriz sólida ou prepará-la no interior de um cristal de nitrito provocando-se a transformada dos íons NO_2^- mediante a ação de radiação apropriada. Em um espectrômetro de RPE que opera a 9,302 GHz, com o campo aplicado paralelamente à direção OO, o centro do espectro está a 333,64 mT. Quando o campo está na direção da bissetriz do ângulo ONO, a ressonância está em 331,94 mT. Quais são os valores do fator g das duas orientações?

14D.3 A constante de acoplamento hiperfino do $\cdot CH_3$ é 2,3 mT. Com os dados da Tabela 14D.1, estime o desdobramento entre as linhas hiperfinas do espectro do $\cdot CD_3$. Em cada caso, quais são as larguras totais dos espectros hiperfinos?

14D.4 O radical *p*-dinitrobenzeno aniônico pode ser preparado pela redução do *p*-dinitrobenzeno. Esse radical aniônico tem dois núcleos N equivalentes ($I = 1$) e quatro prótons equivalentes. Esboce o espectro de RPE com $a(N) = 0{,}148$ mT e $a(H) = 0{,}112$ mT.

14D.5 A seguir estão assinaladas as constantes de acoplamento hiperfino dos radicais aniônicos **1**, **2** e **3** (todas em militesla, mT). Use o valor do radical benzeno aniônico para mapear a probabilidade de se encontrar o elétron não emparelhado no orbital π de cada átomo de C.

NO_2, NO_2, 0,011, 0,0172, 0,011, 0,0172

1

NO_2, 0,450, 0,272, 0,108, 0,450, NO_2

2

NO_2, 0,112, 0,112, 0,112, 0,112, NO_2

3

14D.6 Quando um elétron ocupa um orbital 2s em um átomo de N, ele tem uma interação hiperfina de 55,2 mT com o núcleo. O espectro de NO_2 mostra uma interação hiperfina isotrópica de 5,7 mT. Em que proporção de seu tempo o elétron desemparelhado de NO_2 está ocupando um orbital 2s? A constante de acoplamento hiperfino para um elétron em um orbital 2s de um átomo de N é 4,8 mT. No NO_2 a parte anisotrópica do acoplamento hiperfino é 1,3 mT. Que proporção de seu tempo o elétron desemparelhado passa no orbital 2p do átomo de N no NO_2? Qual é a probabilidade total de o elétron ser encontrado (a) nos átomos de N, (b) nos átomos de O? Qual é a proporção de hibridização do átomo de N? A hibridização corrobora o ponto de vista de que o NO_2 é angular?

14D.7 Esquematize o espectro de RPE do radical nitróxido de di-*terc*-butila (**4**), a 292 K, no limite de concentrações muito baixas (onde a troca de elétrons é desprezível), em concentrações moderadas (onde os efeitos da troca de elétrons começam a ser importantes) e em altas concentrações (onde os efeitos se tornam predominantes).

4 Nitróxido de di-*terc*-butila

Atividades integradas

14.1 Considere as seguintes moléculas: benzeno, metilbenzeno, trifluorometilbenzeno, benzonitrila e nitrobenzeno, em que os substituintes *para* em relação ao átomo de C de interesse são H, CH_3, CF_3, CN e NO_2, respectivamente. (a) Utilize o método computacional da sua escolha para calcular a carga líquida no átomo de C *para* em relação a esses substituintes nessa série de moléculas orgânicas. (b) Observa-se empiricamente que o deslocamento químico do ^{13}C do átomo de C *para* aumenta na ordem a seguir: metilbenzeno, benzeno, trifluorometilbenzeno, benzonitrila, nitrobenzeno. Existe correlação entre o comportamento do deslocamento químico do ^{13}C e a carga líquida, calculada, sobre o átomo de ^{13}C? (c) Os deslocamentos químicos de ^{13}C dos átomos de C *para* em cada uma das moléculas que você examinou computacionalmente são dados a seguir:

Substituinte	CH_3	H	CF_3	CN	NO_2
δ	128,4	128,5	128,9	129,1	129,4

Há uma correlação linear entre a carga líquida e o deslocamento químico do ^{13}C do átomo de C *para* nessa série de moléculas? (d) Se a sua resposta da parte (c) for afirmativa, explique a origem física dessa correlação.

14.2 As técnicas computacionais descritas na Seção 10E mostraram que o aminoácido tirosina participa de reações biológicas de transferência de elétrons, incluindo o processo de oxidação da água a O_2 na fotossíntese das plantas e a redução do O_2 a água na fosforilação oxidativa. Durante essas reações de transferência de elétrons, um radical tirosina é formado, com a densidade de spin deslocalizada sobre a cadeia lateral do aminoácido. (a) O radical fenóxi mostrado em **5** é um modelo adequado do radical tirosina. Usando um programa de modelagem molecular e o método computacional de sua escolha (semiempírico ou *ab initio*), calcule as densidades de spin no átomo de O e em todos os átomos de C em **5**. (b) Faça a previsão da forma do espectro de EPR de **5**.

5 Radical fenóxi

14.3 Dois grupos de prótons têm $\delta = 4{,}0$ e $\delta = 5{,}2$ e se interconvertem pela modificação conformacional de uma molécula fluxional. Em um espectrômetro operando a 60 MHz, o espectro exibe uma única linha em 280 K, mas em um outro espectrômetro a 300 MHz a unificação das linhas só ocorre quando a temperatura é aumentada para 300 K. Qual é a energia de ativação da interconversão?

14.4 A espectroscopia de RMN pode ser usada para a determinação da constante de equilíbrio para a dissociação de um complexo formado entre uma molécula pequena, como um inibidor enzimático I, e uma proteína, como uma enzima E:

$$EI \rightleftharpoons E + I \qquad K_I = [E][I]/[EI]$$

No limite de troca química lenta, o espectro de RMN de um próton em I consiste em duas ressonâncias, uma em ν_I, para I livre, e outra a ν_{EI}, para I ligado. Em troca química rápida, o espectro de RMN do mesmo próton consiste em uma única linha, com frequência de ressonância, ν, dada por $\nu = f_I\nu_I + f_{EI}\nu_{EI}$, em que $f_I = [I]/([I]+[EI])$ e $f_{EI} = [EI]/([I]+[EI])$ são, respectivamente, as frações de I livre e de I ligado. Para facilitar a análise dos dados, é conveniente definir as diferenças de frequência $\delta\nu = \nu - \nu_I$ e $\Delta\nu = \nu_{EI} - \nu_I$. Mostre que, quando a concentração inicial de I, $[I]_0$, é muito maior que a concentração inicial de E, $[E]_0$, o gráfico de $[I]_0$ contra $(\delta\nu)^{-1}$ é linear, com coeficiente angular $[E]_0\Delta\nu$ e interseção $y - K_I$.

CAPÍTULO 15

Termodinâmica estatística

A termodinâmica estatística faz a ligação entre as propriedades microscópicas e as propriedades macroscópicas da matéria. Ela oferece um meio para calcular propriedades termodinâmicas a partir de dados estruturais e espectroscópicos e dá uma visão das origens moleculares das propriedades químicas.

15A A distribuição de Boltzmann

A "distribuição de Boltzmann", que é utilizada para determinar as populações dos estados de sistemas em equilíbrio térmico, está entre as mais importantes equações da química, pois resume as populações dos estados; além disso, dá uma percepção da natureza da "temperatura". A estrutura dessa seção separa suas implicações importantes da sua dedução, bastante complexa.

15B As funções de partição molecular

A distribuição de Boltzmann introduz o conceito de "função de partição", que é o conceito matemático central do restante deste capítulo. Veremos como interpretar a função de partição e como determiná-la em alguns casos simples.

15C Energias moleculares

A função de partição é a versão termodinâmica da função de onda, e contém todas as informações termodinâmicas a respeito de um sistema. Como primeira etapa da extração das informações, veremos como utilizar funções de partição para calcular os valores médios dos modos básicos do movimento de um conjunto de moléculas independentes.

15D O ensemble canônico

As moléculas interagem umas com as outras, e a termodinâmica estatística estaria incompleta se não fosse capaz de considerar essas interações. Essa seção mostra como isso é feito em princípio, introduzindo o "ensemble canônico" e indicações de como esse conceito pode ser empregado.

15E A energia interna e a entropia

A tarefa principal desse capítulo é mostrar como as funções de partição molecular são utilizadas para calcular (e elucidar) as duas funções termodinâmicas básicas, a energia interna e a entropia. Esta última é baseada em outra equação central introduzida por Boltzmann, a sua definição de "entropia estatística".

15F Funções termodinâmicas auxiliares

Com expressões que relacionam a energia interna e a entropia às funções de partição, estaremos prontos para desenvolver expressões para as funções termodinâmicas auxiliares, como as energias de Helmholtz e de Gibbs. Em seguida, com a energia de Gibbs disponível, poderemos dar o último passo para o cálculo de expressões quimicamente significativas, mostrando como as constantes de equilíbrio podem ser calculadas a partir de dados estruturais e espectroscópicos.

Qual é o impacto deste material?

São numerosas as aplicações dos argumentos estatísticos na química e na bioquímica. Escolhemos uma das mais diretamente relacionadas com as funções de partição: *Impacto* I15.1 descreve o equilíbrio hélice–cadeia em um polipeptídeo e o papel do comportamento cooperativo.

15A A distribuição de Boltzmann

Tópicos

➤ Por que você precisa saber este assunto?

A distribuição de Boltzmann é a chave para se entender uma boa parte da química. Todas as propriedades termodinâmicas podem ser interpretadas com base nessa distribuição, como também pode ser interpretada a dependência que as constantes de equilíbrio e as velocidades reações químicas têm em relação à temperatura. Ela ainda esclarece o significado da temperatura. Talvez não exista, em química, conceito unificador mais importante.

➤ Qual é a ideia fundamental?

A distribuição mais provável de moléculas nos níveis de energia disponíveis sujeita a certas restrições depende de um único parâmetro: a temperatura.

➤ O que você já deve saber?

Você precisa estar ciente de que as moléculas só podem existir em certos níveis discretos de energia (*Fundamentos* B e Seção 7A) e de que, em alguns casos, mais de um estado tem a mesma energia. As ferramentas matemáticas principais utilizadas nesta seção são a teoria de probabilidades simples e os multiplicadores de Lagrange; estes últimos são explicados nas *Ferramentas do químico* 15A.1.

O problema a ser considerado nesta seção é o cálculo das populações dos estados para qualquer tipo de molécula em qualquer modo de movimento e a qualquer temperatura. A única restrição é de que as moléculas devem ser independentes, no sentido de que a energia total do sistema seja a soma das suas energias individuais. Estamos desconsiderando (nesta etapa) a possibilidade de que, em um sistema real, uma contribuição para a energia total possa surgir de interações entre moléculas. Também adotamos o **princípio das iguais probabilidades *a priori***, a hipótese de que todas as possibilidades de distribuição da energia são igualmente prováveis. "*A priori*" neste contexto tem o significado de "tanto quanto é possível saber". Não temos nenhuma razão para fazer suposições que não a de que, para um conjunto de moléculas em equilíbrio térmico, um estado vibracional de uma certa energia, por exemplo, tenha tanta probabilidade de estar ocupado como um estado rotacional de mesma energia.

Uma conclusão muito importante que surgirá da análise a seguir é a de que as populações muito mais prováveis dos estados disponíveis dependem de um único parâmetro, a "temperatura". Ou seja, a tarefa que realizamos aqui oferece uma justificativa molecular para o conceito de temperatura e uma maior clareza sobre essa grandeza crucialmente importante.

15A.1 Configurações e pesos estatísticos

Qualquer molécula individual pode estar nos estados com as energias ε_0, ε_1, ... Por questões que se tornarão claras, vamos sempre considerar ε_0, o estado mais baixo, como o zero de energia (isto é, $\varepsilon_0 = 0$), e vamos medir todas as outras energias em relação a esse estado. Para obter a energia interna real do sistema, pode ser necessário somar uma constante à energia do sistema calculada dessa forma. Por exemplo, se estivermos considerando a contribuição das vibrações para a energia, devemos somar a energia do ponto zero de todos os osciladores na amostra.

(a) Configurações instantâneas

Em qualquer instante, N_0 moléculas estarão no estado com a energia ε_0, N_1 no de energia ε_1, e assim por diante, com $N_0 + N_1 + \ldots = N$, o número total de moléculas no sistema. Inicialmente admitimos que todos os estados têm exatamente a mesma energia. A especificação do conjunto das populações, N_0, N_1, ..., representado na forma $\{N_0,N_1,\ldots\}$, é a **configuração** instantânea do sistema. A configuração instantânea flutua no tempo, pois a população dos estados se altera com o tempo, talvez como resultado de colisões. Neste estágio as energias de todas as configurações são idênticas; logo, não há nenhuma restrição sobre quantas das N moléculas estão em cada estado.

Podemos escrever um grande número de configurações instantâneas distintas. Uma delas, por exemplo, pode ser $\{N,0,0,\ldots\}$, em que todas as moléculas estão no estado 0. Outra poderia ser $\{N-2,2,0,0,\ldots\}$, com duas moléculas no estado 1. Essa segunda configuração é intrinsecamente mais provável do que a primeira, pois pode ser obtida por maior número de maneiras. A configuração $\{N,0,0,\ldots\}$ só pode ser obtida de uma única maneira, enquanto a configuração $\{N-2,2,0,\ldots\}$ pode ser obtida de $\frac{1}{2}N(N-1)$ maneiras diferentes (Fig. 15A.1; veja a *Justificativa* 15A.1). Se, em virtude das colisões, o sistema pudesse flutuar entre as configurações $\{N,0,0,\ldots\}$ e $\{N-2,2,0,\ldots\}$, ele seria quase sempre encontrado na segunda, o estado mais provável, especialmente se N fosse muito grande. Em outras palavras, se o sistema tiver a liberdade de flutuar entre as duas configurações, as suas propriedades características serão, quase unicamente, da segunda configuração. Uma configuração geral $\{N_0,N_1,\ldots\}$ pode ser obtida de $\mathcal{W}$ maneiras diferentes, em que $\mathcal{W}$ é denominado o **peso estatístico** (ou, simplesmente, o **peso**) da configuração. O peso da configuração $\{N_0,N_1,\ldots\}$ é dado pela expressão

$$\mathcal{W}=\frac{N!}{N_0!N_1!N_2!\cdots} \quad \text{O peso de uma configuração} \quad (15A.1)$$

com $x! = x(x-1)\ldots1$ e, por definição, $0! = 1$. A Eq. 15A.1 é uma generalização da fórmula $\mathcal{W}=\frac{1}{2}N(N-1)$, e reduz-se a ela para a configuração $\{N-2,2,0,\ldots\}$.

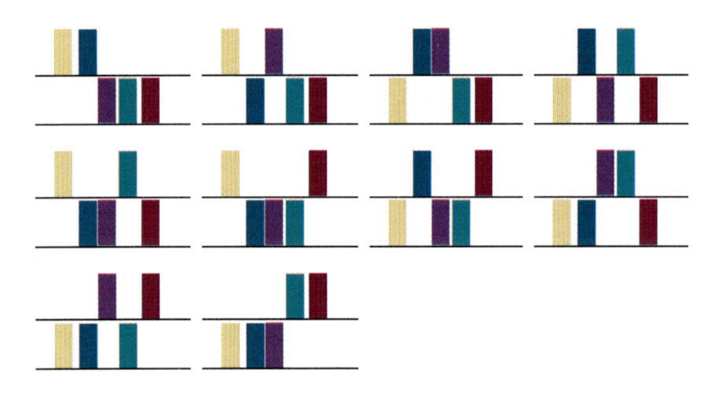

Figura 15A.1 A configuração {5,0,0,...} só pode ser obtida de uma maneira, enquanto a configuração {3,2,0,...} pode ser obtida de dez maneiras distintas, como mostrado na figura. As moléculas diferentes estão representadas por blocos de cores diferentes.

Breve ilustração 15A.1 O peso estatístico de uma configuração

Para se calcular o número de maneiras de repartir 20 objetos idênticos com a distribuição 1, 0, 3, 5, 10, 1, observamos que a configuração é {1,0,3,5,10,1}, com $N = 20$; assim, o peso estatístico é dado por:

$$\mathcal{W}=\frac{20!}{1!0!3!5!10!1!}=9{,}31\times10^{8}$$

Exercício proposto 15A.1 Calcule o peso estatístico da configuração em que 20 objetos idênticos têm a distribuição 0, 1, 5, 0, 8, 0, 3, 2, 0, 1.

Resposta: $4{,}19\times10^{10}$

Justificativa 15A.1 O peso estatístico de uma configuração

Inicialmente, vamos considerar o peso da configuração $\{N-2,2,0,0,\ldots\}$, que provém da configuração $\{N,0,0,0,\ldots\}$ pela migração de duas moléculas do estado 0 para o estado 2. Uma molécula candidata à promoção para o estado 1 pode ser escolhida de N maneiras. Restam então $N-1$ candidatas para a segunda escolha da molécula a ser promovida, de modo que o número total de escolhas é $N(N-1)$. Porém, não se pode distinguir entre a escolha (João e Maria) e a escolha (Maria e João), pois ambas representam a mesma configuração. Portanto, somente a metade das escolhas leva a configurações distinguíveis, e o número total de escolhas distinguíveis é dado por $\frac{1}{2}N(N-1)$.

Vamos agora generalizar esse resultado. Calculemos o número de maneiras de distribuir N bolas em diferentes urnas. A primeira bola pode ser escolhida de N maneiras diferentes, a segunda, de $N-1$ maneiras diferentes, dentre as bolas restantes, e assim sucessivamente. Portanto, existem $N(N-1)\ldots1 = N!$ maneiras de escolher as bolas para distribuí-las entre as urnas. Entretanto, se existem N_0 bolas em uma urna identificada por ε_0, haveria $N_0!$ maneiras diferentes de essas bolas terem sido escolhidas (Fig. 15A.2).

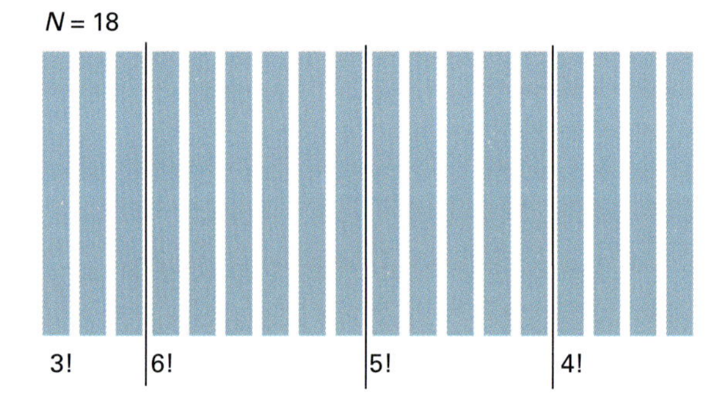

Figura 15A.2 As 18 moléculas mostradas na figura podem ser distribuídas de 18! formas diferentes em quatro urnas (separadas pelas linhas verticais). Porém, as 3! formas de se escolher as três moléculas da primeira urna são equivalentes, e também são equivalentes as 6! formas de se escolher as seis moléculas da segunda urna, e assim sucessivamente. Logo, o número de arranjos distinguíveis é dado por 18!/3!6!5!4!, ou cerca de 515 milhões.

Analogamente, $N_1!$ seria o número de maneiras diferentes de colocar as N_1 bolas na urna identificada por ε_1, e assim sucessivamente. Então, o número total de maneiras distintas de se distribuir as bolas, de modo que N_0 estejam na urna ε_0, N_1 na urna ε_1 etc., independentemente da ordem de escolha das bolas, é $N!/N_0!N_1!\ldots$, que corresponde à Eq. 15A.1.

Veremos que será mais conveniente operar com o logaritmo natural do peso estatístico, $\ln\mathcal{W}$, do que com o peso propriamente dito. Precisaremos, assim, usar a expressão

$$\ln\mathcal{W}=\ln\frac{N!}{N_0!N_1!N_2!\cdots} \overset{\ln(x/y)=\ln x-\ln y}{=} \ln N!-\ln N_0!N_1!N_2!\cdots$$

$$\overset{\ln xy=\ln x+\ln y}{=} \ln N!-\ln N_0!-\ln N_1!-\ln N_2!-\cdots=\ln N!-\sum_i \ln N_i!$$

Uma das razões de se utilizar ln $\mathcal{W}$ é que se podem fazer aproximações mais facilmente. Em particular, podemos simplificar um fatorial utilizando a *aproximação de Stirling* na forma

$$\ln x! \approx \left(x+\tfrac{1}{2}\right)\ln x - x + \tfrac{1}{2}\ln 2\pi \qquad x \gg 1 \qquad \text{Aproximação de Stirling} \qquad (15A.2a)$$

Essa aproximação tem um erro menor que 1% quando x é maior do que 10. Como lidamos com valores muito maiores de x, a versão simplificada

$$\ln x! \approx x\ln x - x \qquad x \gg 1 \qquad \text{Aproximação de Stirling} \qquad (15A.2b)$$

é adequada. Assim, a expressão aproximada do peso estatístico é

$$\begin{aligned}\ln \mathcal{W} &= \{N\ln N - N\} - \sum_i \{N_i \ln N_i - N_i\} \\ &= N\ln N - N - \sum_i N_i \ln N_i + N \quad [\text{porque} \sum_i N_i = N] \\ &= N\ln N - \sum_i N_i \ln N_i \end{aligned} \qquad (15A.3)$$

(b) A distribuição mais provável

Vimos que a configuração $\{N-2,2,0,\ldots\}$ domina a configuração $\{N,0,0,\ldots\}$, e não é difícil imaginar que outras configurações tenham pesos muito maiores do que ambas. Veremos adiante que há uma configuração com um peso tão grande que ela domina as demais em um grau tal que o sistema quase sempre se encontra nela. As propriedades do sistema, por isso, serão características dessa configuração dominante. Podemos encontrá-la buscando os valores de N_i que levam a um máximo de $\mathcal{W}$. Como $\mathcal{W}$ é função de todos os N_i, podemos fazer essa procura variando os N_i e determinando os valores que correspondem a $d\mathcal{W} = 0$ (como na determinação do máximo de qualquer função), ou equivalentemente, que correspondem a um máximo da função ln $\mathcal{W}$. Entretanto, existem duas dificuldades para realizar esse procedimento.

Neste ponto permitimos que os estados tenham energias diferentes. A primeira dificuldade está relacionada ao fato de que as únicas configurações permitidas são aquelas que correspondem a um determinado valor de energia total do sistema constante. Essa restrição exclui muitas configurações. Por exemplo, as configurações $\{N,0,0,\ldots\}$ e $\{N-2,2,0,\ldots\}$ têm energias diferentes (a menos que ε_0 e ε_1 tenham a mesma energia), de modo que ambas não podem ocorrer no mesmo sistema isolado. Assim, ao procurar a configuração de maior peso, temos que assegurar que a configuração também satisfaz a condição

$$\sum_i N_i\varepsilon_i = E \qquad \textit{Energia constante} \qquad \text{Restrição de energia} \qquad (15A.4)$$

em que E é a energia total do sistema.

A segunda restrição é que, como o número total de moléculas presentes é também constante (igual a N), não podemos variar simultaneamente todas as populações de forma arbitrária. Por isso, se a população de um estado aumenta em uma unidade, a de um outro estado tem que diminuir em uma unidade. Portanto, a busca do máximo de $\mathcal{W}$ também está sujeita à condição

$$\sum_i N_i = N \qquad \textit{Número total de moléculas constante} \qquad \text{Restrição de número} \qquad (15A.5)$$

Mostramos na seção a seguir que as populações da configuração de maior peso, sujeita às duas restrições descritas pelas Eqs. 15A.4 e 15A.5, dependem da energia do estado de acordo com a **distribuição de Boltzmann**:

$$\frac{N_i}{N} = \frac{e^{-\beta\varepsilon_i}}{\sum_i e^{-\beta\varepsilon_i}} \qquad \text{Distribuição de Boltzmann} \qquad (15A.6a)$$

O denominador da Eq. 15A.6a é representado por q e chamado de **função de partição**:

$$q = \sum_i e^{-\beta\varepsilon_i} \qquad \textit{Definição} \qquad \text{Função de partição} \qquad (15A.6b)$$

Neste estágio, a função de partição nada mais é que uma abreviatura conveniente do somatório; porém, na Seção 15B, veremos que ela é central para a interpretação estatística das propriedades termodinâmicas.

A Eq. 15A.6a justifica a observação de que um único parâmetro, aqui representado por β, determina a população mais provável dos estados do sistema. Veremos na Seção 15D e antecipamos nesta seção que

$$\beta = \frac{1}{kT} \qquad (15A.7)$$

em que T é a temperatura termodinâmica e k é a constante de Boltzmann. Em outras palavras:

> A temperatura termodinâmica é o parâmetro único que determina as populações mais prováveis dos estados de um sistema em equilíbrio térmico.

Breve ilustração 15A.2 A distribuição de Boltzmann

Suponha que duas conformações de uma molécula tenham uma diferença de energia de 5,0 kJ mol^{-1} (correspondente a 8,3 zJ para uma única molécula; 1 zJ = 10^{-21} J); assim, a conformação A tem energia 0 e a conformação B tem energia ε = 8zJ. A 20 °C (293 K), o denominador da Eq. 15A.6a é

$$\sum_i e^{-\beta\varepsilon_i} = 1 + e^{-\varepsilon/kT} = 1 + e^{-(8{,}3\times10^{-21}\,\text{J})/(1{,}381\times10^{-23}\,\text{J K}^{-1})\times(293\,\text{K})} = 1{,}13$$

Portanto, a proporção de moléculas na conformação B, a essa temperatura, é

$$\frac{N_B}{N}=\frac{e^{-(8{,}3\times10^{-21}\,J)/(1{,}381\times10^{-23}\,J\,K^{-1})\times(293\,K)}}{1{,}13}=0{,}11$$

ou 11% das moléculas.

Exercício proposto 15A.2 Suponha que exista uma terceira conformação 0,50 kJ mol^{-1} acima de B. Que proporção de moléculas estará agora na conformação B?

Resposta: 0,10, ou 10%

(c) A população relativa dos estados

Se estivermos interessados apenas nas populações relativas dos estados, o somatório no denominador da distribuição de Boltzmann não precisa ser calculado, pois ele se cancela quando consideramos a razão:

$$\frac{N_i}{N_j}=\frac{e^{-\beta\varepsilon_i}}{e^{-\beta\varepsilon_j}}=e^{-\beta(\varepsilon_i-\varepsilon_j)}$$ *Equilíbrio térmico* | Razão de populações de Boltzmann | (15A.8a)

Que $\beta \propto 1/T$ é plausível é demonstrado observando-se, na Eq. 15A.8a, que, para uma dada separação de energias, a razão entre as populações N_1/N_0 diminui à medida que β aumenta, que é o que se espera quando a temperatura cai. Em T = 0 ($\beta = \infty$), toda a população está no estado fundamental e a razão é nula. A Eq. 15A.8a é de enorme importância para se entender uma ampla gama de fenômenos químicos e é a forma pela qual a distribuição de Boltzmann normalmente é utilizada (por exemplo, na discussão das intensidades de transições espectrais, Seções 12A e 14.A). Ela nos diz que a população relativa de dois estados diminui exponencialmente com sua diferença de energia.

Um ponto muito importante é que a distribuição de Boltzmann fornece as populações relativas dos *estados*, não dos *níveis* de energia. Diversos estados podem corresponder à mesma energia, e cada estado tem uma população dada pela Eq. 15A.6. Se quisermos considerar as populações relativas dos níveis de energia, em vez dos estados, precisamos levar em conta essa degenerescência. Assim, se o nível de energia ε_i é g_i vezes degenerado (no sentido de que há g_i estados com essa energia), e o nível de energia ε_j é g_j vezes degenerado, então as populações relativas totais dos níveis são dadas por

$$\frac{N_i}{N_j}=\frac{g_i e^{-\beta\varepsilon_i}}{g_j e^{-\beta\varepsilon_j}}=\frac{g_i}{g_j}e^{-\beta(\varepsilon_i-\varepsilon_j)}$$ *Equilíbrio térmico, degenerescências* | Razão das populações de Boltzmann | (15A.8b)

Exemplo 15A.1 Cálculo das populações relativas dos estados de rotação

Calcule as populações relativas dos estados rotacionais J = 1 e J = 0, a 25 °C.

Método Embora o estado fundamental não seja degenerado, o nível com J = 1 é triplamente degenerado (M_J = 0, ±1); veja a Seção 12B. Da Seção 12B, a energia do estado com número quântico J é $\varepsilon_J = hc\tilde{B}J(J+1)$. Use $\tilde{B}=10{,}591$ cm^{-1}. Uma relação útil é KT/hc = 207,22 cm^{-1}, a 298,15 K.

Resposta A separação entre as energias dos estados com J = 1 e J = 0 é

$$\varepsilon_1-\varepsilon_0=2hc\tilde{B}$$

A razão entre a população de um estado com J = 1 e qualquer *um* dos seus três estados M_J em relação à população do único estado com J = 0 é, portanto,

$$\frac{N_{J,M_J}}{N_0}=e^{-2hc\tilde{B}\beta}$$

As populações relativas dos *níveis*, levando-se em conta a tripla degenerescência do estado superior, são

$$\frac{N_J}{N_0}=3e^{-2hc\tilde{B}\beta}$$

A inserção de $hc\tilde{B}\beta = hc\tilde{B}/kT$ = (10,591 cm^{-1})/(207,22 cm^{-1}) = 0,0511..., então, dá

$$\frac{N_J}{N_0}=3e^{-2\times0{,}0511\ldots}=2{,}708$$

Vemos que, como o nível J = 1 é triplamente degenerado, ele tem uma população mais elevada do que o nível com J = 0, apesar de ser de energia superior. Conforme ilustra o exemplo, é muito importante observar se o que é pedido são as populações relativas dos estados individuais ou de um nível de energia (possivelmente degenerado).

Exercício proposto 15A.3 Qual é a razão entre as populações dos níveis com J = 2 e J = 1, à mesma temperatura?

Resposta: 1,359

15A.2 Dedução da distribuição de Boltzmann

Já comentamos que é mais fácil trabalhar com ln $\mathcal{W}$ do que com $\mathcal{W}$. Portanto, para obter a expressão da distribuição de Boltzmann, precisamos encontrar a condição de ln $\mathcal{W}$ ser máximo em vez de $\mathcal{W}$ ser máximo. Como ln $\mathcal{W}$ depende de todos os N_i, quando uma configuração se altera e passa de N_i para N_i + dN_i a função ln $\mathcal{W}$ passa a ln $\mathcal{W}$ + d ln $\mathcal{W}$, em que

$$\mathrm{d}\ln\mathcal{W}=\sum_i\left(\frac{\partial\ln\mathcal{W}}{\partial N_i}\right)\mathrm{d}N_i$$

Essa expressão indica que uma variação em ln $\mathcal{W}$ é a soma das contribuições provenientes das variações em cada valor de N_i.

(a) O papel das restrições

No máximo, d ln $\mathcal{W}$ = 0. Entretanto, as variações dos números N_i estão sujeitas a duas restrições

$$\sum_i \varepsilon_i \mathrm{d}N_i = 0 \quad \sum_i \mathrm{d}N_i = 0 \qquad \text{Restrições} \qquad (15\text{A}.9)$$

A primeira restrição mostra que a energia total não se altera; a segunda, que o número total de moléculas também não se altera. Essas duas restrições impedem que se resolva a equação d ln $\mathcal{W}$ = 0 simplesmente igualando todas as derivadas $(\partial \ln \mathcal{W}/\partial N_i) = 0$, pois nem todos os N_i são independentes.

A maneira pela qual as restrições são consideradas foi desenvolvida pelo matemático francês Lagrange e é conhecida como o **método dos multiplicadores indeterminados** (*Ferramentas do químico* 15A.1). A resolução exige que:

- Cada equação que represente uma restrição seja multiplicada por uma constante e depois que os produtos sejam adicionados à equação de variação principal.
- As variáveis são então tratadas como independentes.
- As constantes são encontradas no final do cálculo.

Ferramentas do químico 15A.1 O método dos multiplicadores indeterminados

Suponha que precisemos determinar o máximo (ou mínimo) de alguma função f que depende de diversas variáveis $x_1, x_2, \ldots, x_n$. Quando as variáveis sofrem uma pequena variação de x_i para $x_i + \delta x_i$, a função muda de f para $f + \delta f$, em que

$$\delta f = \sum_{i=1}^{n} \left(\frac{\partial f}{\partial x_i}\right) \delta x_i$$

Em um mínimo ou em um máximo, $\delta f = 0$, logo,

$$\sum_{i=1}^{n} \left(\frac{\partial f}{\partial x_i}\right) \delta x_i = 0$$

Se os x_i fossem todos independentes, todos os δx_i seriam arbitrários, e essa equação poderia ser resolvida tomando-se cada $(\partial f/\partial x_i) = 0$ individualmente. Quando os x_i não são todos independentes, os δx_i não são todos independentes, e a solução simples deixa de ser válida. Procedemos então da maneira seguinte.

Admitimos que a restrição que liga as variáveis seja uma equação da forma $g = 0$. A restrição $g = 0$ é sempre válida; então, g continua inalterada quando os x_i são variados:

$$\delta g = \sum_{i=1}^{n} \left(\frac{\partial g}{\partial x_i}\right) \delta x_i = 0$$

Como δg é zero, podemos multiplicá-lo por um parâmetro, λ, e adicioná-lo à equação anterior:

$$\sum_{i=1}^{n} \left\{\left(\frac{\partial f}{\partial x_i}\right) + \lambda \left(\frac{\partial g}{\partial x_i}\right)\right\} \delta x_i = 0$$

Essa equação pode ser resolvida para um dos δx, δx_n, por exemplo, em termos de todos os outros δx_i. Todos esses outros δx_i (i = 1, 2, ..., n − 1) são independentes, pois só existe uma restrição no sistema. Porém, λ é arbitrário; portanto, podemos escolhê-lo de modo que

$$\left(\frac{\partial f}{\partial x_n}\right) + \lambda \left(\frac{\partial g}{\partial x_n}\right) = 0 \qquad (\text{A})$$

Então,

$$\sum_{i=1}^{n-1} \left\{\left(\frac{\partial f}{\partial x_i}\right) + \lambda \left(\frac{\partial g}{\partial x_i}\right)\right\} \delta x_i = 0$$

Agora as n − 1 variações δx_i *são* independentes, logo, a solução dessa equação é

$$\left(\frac{\partial f}{\partial x_i}\right) + \lambda \left(\frac{\partial g}{\partial x_i}\right) = 0 \quad i = 1, 2, \ldots, n-1$$

No entanto, a Eq. A tem exatamente a mesma forma dessa equação; então, o máximo ou mínimo de f pode ser determinado resolvendo-se

$$\left(\frac{\partial f}{\partial x_i}\right) + \lambda \left(\frac{\partial g}{\partial x_i}\right) = 0 \quad i = 1, 2, \ldots, n$$

Se houver mais de uma restrição, $g_1 = 0, g_2 = 0, \ldots$, e esse resultado final generaliza-se em

$$\left(\frac{\partial f}{\partial x_i}\right) + \lambda_1 \left(\frac{\partial g_1}{\partial x_i}\right) + \lambda_2 \left(\frac{\partial g_2}{\partial x_i}\right) + \cdots = 0, \ i = 1, 2, \ldots, n$$

com um multiplicador correspondente, $\lambda_1, \lambda_2, \ldots$ para cada restrição.

Então, como são duas as restrições, introduzimos as duas constantes α e $-\beta$ e escrevemos

$$\sum_i \left(\frac{\partial \ln \mathcal{W}}{\partial N_i}\right) \mathrm{d}N_i + \alpha \sum_i \mathrm{d}N_i - \beta \sum_i \varepsilon_i \mathrm{d}N_i$$
$$= \sum_i \left\{\left(\frac{\partial \ln \mathcal{W}}{\partial N_i}\right) + \alpha - \beta\varepsilon_i\right\} \mathrm{d}N_i = 0$$

Agora, todos os dN_i são tratados como independentes. Então, a única forma de se ter d ln $\mathcal{W}$ = 0 é, para cada i,

$$\left(\frac{\partial \ln \mathcal{W}}{\partial N_i}\right) + \alpha - \beta\varepsilon_i = 0 \qquad (15\text{A}.10)$$

para os N_i correspondentes aos seus valores mais prováveis. Mostramos na *Justificativa* a seguir que

$$\frac{\partial \ln \mathcal{W}}{\partial N_i} = -\ln \frac{N_i}{N} \qquad (15A.11)$$

Segue da Eq. 15A.10 que

$$-\ln \frac{N_i}{N} + \alpha - \beta\varepsilon_i = 0$$

e, portanto, que

$$\frac{N_i}{N} = e^{\alpha - \beta\varepsilon_i} \qquad (15A.12)$$

que é muito próxima da distribuição de Boltzmann.

Justificativa 15.A.2 A derivada do peso estatístico

A Eq. 15A.3 para $\mathcal{W}$ é

$$\ln \mathcal{W} = N \ln N - \sum_i N_i \ln N_i$$

Há um pequeno procedimento que efetuamos antes de diferenciar ln $\mathcal{W}$ em relação a N_i: esta equação é idêntica a

$$\ln \mathcal{W} = N \ln N - \sum_j N_j \ln N_j$$

porque tudo que fizemos foi mudar o "nome" dos estados de i para j. Essa etapa assegura que não confundamos o i na variável de diferenciação (N_i) com o i no somatório. Agora a diferenciação dessa expressão dá

$$\frac{\partial \ln \mathcal{W}}{\partial N_i} = \frac{\partial (N \ln N)}{\partial N_i} - \sum_j \frac{\partial (N_j \ln N_j)}{\partial N_i}$$

A derivada da primeira parcela (em azul) à direita é obtida como segue:

$$\frac{\partial (N \ln N)}{\partial N_i} = \overbrace{\left(\frac{\partial N}{\partial N_i}\right)}^{1} \ln N + N \overbrace{\left(\frac{\partial \ln N}{\partial N_i}\right)}^{(1/N)\partial N/\partial N_i}$$

$$= \ln N + \overbrace{\frac{\partial N}{\partial N_i}}^{1} = \ln N + 1$$

O ln N (azul) a primeira parcela à direita na segunda linha surge porque $N = N_1 + N_2 + \ldots$ e a sua derivada em relação a qualquer N_i é igual a 1: isto é, $\partial N/\partial N_i = 1$. A segunda parcela à direita na segunda linha surge porque $\partial(\ln N)/\partial N_i = (1/N)\partial N/\partial N_i$. O 1 final é obtido como previamente discutido, usando $\partial N/\partial N_i = 1$.

Para a derivada da segunda parcela, notamos inicialmente que

$$\frac{\partial \ln N_j}{\partial N_i} = \frac{1}{N_j}\left(\frac{\partial N_j}{\partial N_i}\right)$$

Se $i \neq j$, N_j é independente de N_i; portanto, $\partial N_j/\partial N_i = 0$. Entretanto, se $i = j$, $\partial N_i/\partial N_i = 0$. Portanto,

$$\frac{\partial N_j}{\partial N_i} = \delta_{ij}$$

com δ_{ij} sendo o delta de Kronecker ($\delta_{ij} = 1$, se $i = j$; $\delta_{ij} = 0$, se $i \neq j$). Então

$$\sum_j \frac{\partial N_j \ln N_j}{\partial N_i} = \sum_j \left\{ \overbrace{\left(\frac{\partial N_j}{\partial N_i}\right)}^{\delta_{ij}} \ln N_j + N_j \overbrace{\left(\frac{\partial \ln N_j}{\partial N_i}\right)}^{(1/N_j)\partial N_j/\partial N_i} \right\}$$

$$= \sum_j \left\{ \delta_{ij} \ln N_j + \overbrace{\left(\frac{\partial N_j}{\partial N_i}\right)}^{\delta_{ij}} \right\} = \sum_j \delta_{ij}\left(\ln N_j + 1\right)$$

$$= \ln N_i + 1$$

Reunindo os dois termos, podemos escrever

$$\frac{\partial \ln \mathcal{W}}{\partial N_i} = \ln N + 1 - (\ln N_i + 1) = -\ln \frac{N_i}{N}$$

como na Eq. 15A.11.

(b) Os valores das constantes

Neste estágio observamos que

$$N = \sum_i N_i = \sum_i N e^{\alpha - \beta\varepsilon_i} = N e^{\alpha} \sum_i e^{-\beta\varepsilon_i}$$

Como o N se cancela em cada lado dessa igualdade, segue que

$$e^{\alpha} = \frac{1}{\sum_i e^{-\beta\varepsilon_i}} \qquad (15A.13)$$

e, portanto,

$$\frac{N_i}{N} = e^{\alpha - \beta\varepsilon_i} = e^{\alpha} e^{-\beta\varepsilon_i} = \frac{e^{-\beta\varepsilon_i}}{\sum_i e^{-\beta\varepsilon_i}} \qquad \text{Distribuição de Boltzmann} \qquad (15A.14)$$

que é a Eq. 15A.6a.

O desenvolvimento dos conceitos estatísticos da termodinâmica começa com a distribuição de Boltzmann, com a teoria quântica (Capítulo 7) indicando as maneiras de calcular as energias ε_i na Eq. 15A.14.

Conceitos importantes

- ☐ 1. O **princípio das iguais probabilidades *a priori*** supõe que todas as possibilidades para a distribuição de energia têm igual probabilidade.
- ☐ 2. A **configuração instantânea** de um sistema de N moléculas é a especificação do conjunto de populações N_0, N_1, ... dos níveis de energia ε_0, ε_1, ...
- ☐ 3. A **distribuição de Boltzmann** fornece o número de moléculas em cada estado de um sistema a qualquer temperatura.
- ☐ 4. As **populações relativas** dos níveis de energia, em oposição aos estados, devem levar em consideração as degenerescências dos níveis de energia.

Equações importantes

Propriedade	Equação	Comentário	Número da equação
Distribuição de Boltzmann	$N_i/N = e^{-\beta\varepsilon_i}/q$	$\beta = 1/kT$	15A.6a
Função de partição	$q = \sum_i e^{-\beta\varepsilon_i}$	veja a Seção 15B	15A.6b
Razão de populações de Boltzmann	$N_i/N_j = (g_i/g_j)e^{-\beta(\varepsilon_i-\varepsilon_j)}$	g_i, g_j são degenerescências	15A.8b

15B As funções de partição molecular

Tópicos

➤ Por que você precisa saber este assunto?

A termodinâmica estatística oferece a ligação entre as propriedades moleculares que foram calculadas ou deduzidas da espectroscopia e as propriedades termodinâmicas, incluindo-se os conceitos de equilíbrio. A ligação é a função de partição. Portanto, este material é a base para o entendimento das propriedades físicas e químicas da matéria em termos das propriedades das moléculas constituintes.

➤ Qual é a ideia fundamental?

A função de partição é calculada utilizando-se informações estruturais calculadas ou deduzidas espectroscopicamente sobre as moléculas.

➤ O que você já deve saber?

Você precisa saber que a distribuição de Boltzmann expressa a distribuição mais provável de moléculas sobre os níveis de energia disponíveis (Seção 15A). Nesta seção introduzimos o conceito da função de partição, que é desenvolvido aqui. Você precisa saber as expressões dos níveis rotacionais e vibracionais das moléculas (Seções 12B e 12D) e dos níveis de energia de uma partícula em uma caixa (Seção 8A).

A função de partição $q=\sum_i e^{-\beta\varepsilon_i}$ é introduzida na Seção 15A simplesmente como um símbolo para a soma sobre estados que ocorre no denominador da distribuição de Boltzmann (Eq. 15A.6a, $p_i = e^{-\beta\varepsilon_i}/q$, com $p_i = N_i/N$), mas ela é muito mais importante do que isso possa sugerir. Por exemplo, ela contém todas as informações necessárias para o cálculo das propriedades macroscópicas de um sistema de partículas independentes. Nesse aspecto q desempenha um papel para a matéria muito semelhante ao desempenhado pela função de onda na mecânica quântica de moléculas individuais: q é uma espécie de função de onda térmica. Esta seção mostra como a função de partição é calculada em diversos casos importantes como uma preparação para se ver como as informações termodinâmicas são extraídas (nas Seções 15C e 15E).

15B.1 O significado da função de partição

A **função de partição molecular** é

$$q=\sum_{\text{estados } i} e^{-\beta\varepsilon_i} \quad \textit{Definição} \quad \text{Função de partição molecular} \quad (15B.1a)$$

em que $\beta = 1/kT$. Conforme enfatizamos na Seção 15A, a soma é sobre os *estados*, não sobre os *níveis* de energia. Se g_i estados têm a mesma energia ε_i (então o nível é g_i vezes degenerado), escrevemos

$$q=\sum_{\text{níveis } i} g_i e^{-\beta\varepsilon_i} \quad \textit{Definição alternativa} \quad \text{Função de partição molecular} \quad (15B.1b)$$

em que a soma agora é sobre os níveis de energia (conjuntos de estados com a mesma energia), não sobre os estados individuais. Também conforme enfatizamos na Seção 15A, sempre consideramos o estado acessível mais baixo como o zero de energia, e fazemos $\varepsilon_0 = 0$.

Breve ilustração 15B.1 Uma função de partição

Suponha que uma molécula esteja confinada nos níveis de energia não degenerados a seguir: 0, ε, 2ε, ... (Fig. 15B.1; posteriormente veremos que essa série de níveis é usada quando se considera a vibração molecular). Então, a função de partição molecular é

$$q = 1 + e^{-\beta\varepsilon} + e^{-2\beta\varepsilon} + \cdots = 1 + e^{-\beta\varepsilon} + (e^{-\beta\varepsilon})^2 + \cdots$$

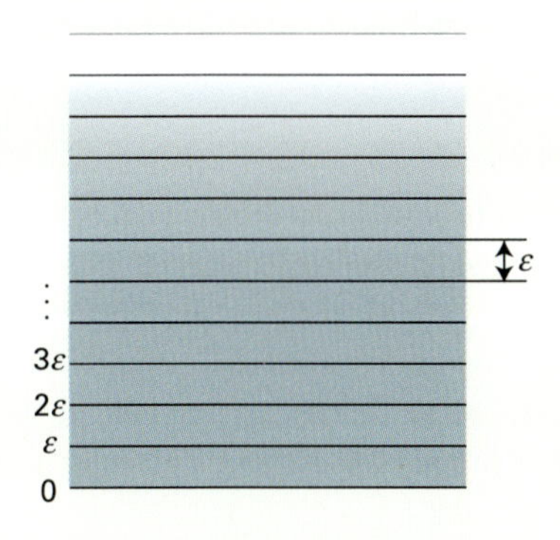

Figura 15B.1 Níveis de energia, igualmente espaçados, para o cálculo da função de partição. Um oscilador harmônico tem este mesmo espectro de níveis.

A soma da série geométrica $1 + x + x^2 + \ldots$ é $1/(1 - x)$. Assim, neste caso,

$$q = \frac{1}{1 - e^{-\beta\varepsilon}}$$

Essa função está representada graficamente na Fig. 15B.2.

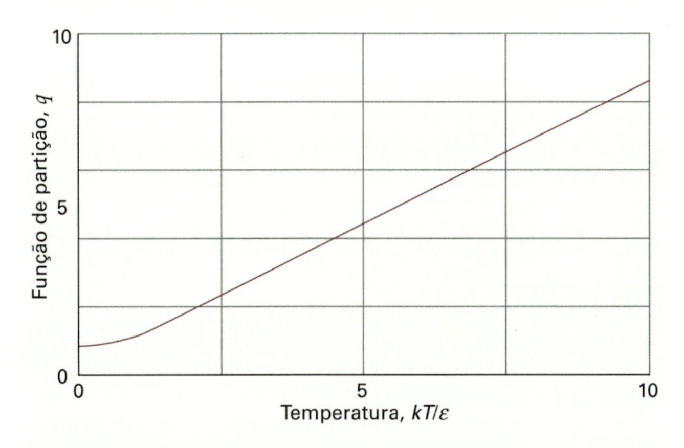

Figura 15B.2 Função de partição do sistema apresentado na Fig. 15B.1 (um oscilador harmônico) em função da temperatura.

Exercício proposto 15B.1 Suponha que uma molécula possa existir em apenas dois estados, com energias 0 e ε. Deduza e represente graficamente a expressão da função de partição.

Resposta: $q = 1 + e^{-\beta\varepsilon}$, Fig.15 B.3

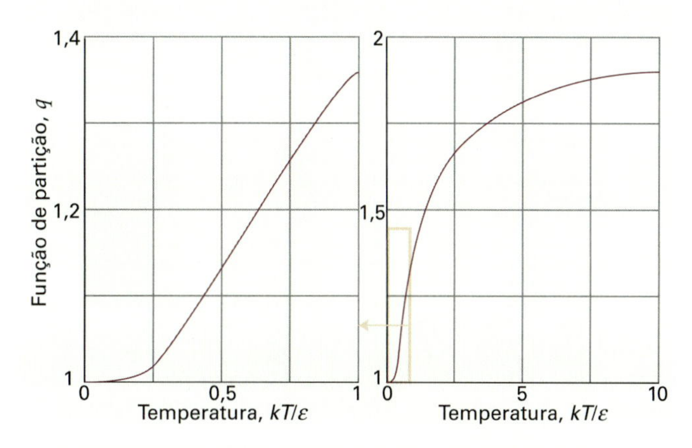

Figura 15B.3 Função de partição de um sistema com dois níveis de energia em função da temperatura. Os dois gráficos diferem na escala de temperatura, no eixo horizontal, para mostrar, o primeiro, como a função tende a 1 quando $T \rightarrow 0$ e, o segundo, como a função lentamente tende a 2 quando $T \rightarrow \infty$.

Deduzimos a importante expressão a seguir para a função de partição de um conjunto de estados com espaçamento uniforme ε:

$$q = \frac{1}{1 - e^{-\beta\varepsilon}} \quad \textit{Escada uniforme} \quad \text{Função de partição} \quad (15B.2a)$$

Podemos empregar essa expressão para interpretar o significado físico da função de partição. Para isso, primeiro observamos que a distribuição de Boltzmann para esse arranjo de níveis de energia dá a fração, $p_i = N_i/N$, de moléculas no estado com energia ε_i como

$$p_i = \frac{e^{-\beta\varepsilon_i}}{q} = (1 - e^{-\beta\varepsilon})e^{-\beta\varepsilon_i} \quad \textit{Escada uniforme} \quad \text{População} \quad (15B.2b)$$

A variação de p_i com a temperatura está ilustrada na Fig. 15B.4. Em temperaturas muito baixas (β grande), quando q é próximo de 1, somente o estado de energia mais baixa está significativamente populado. Quando a temperatura se eleva, parte das moléculas sai do estado de energia mais baixa e começa a popular estados de maior energia. Ao mesmo tempo, a função de partição aumenta de 1 para 2, e o seu valor dá uma indicação da faixa de estados populados em qualquer temperatura dada. A denominação "função de partição" reflete o fato de q medir como o número total de moléculas se distribui – se reparte – entre os estados disponíveis.

As expressões correspondentes para um sistema de dois níveis, deduzidas no *Exercício proposto* 15B.1, são

$$q = 1 + e^{-\beta\varepsilon} \quad \textit{Sistema de dois níveis} \quad \text{Função de partição} \quad (15B.3a)$$

$$p_i = \frac{e^{-\beta\varepsilon_i}}{q} = \frac{e^{-\beta\varepsilon_i}}{1 + e^{-\beta\varepsilon}} \quad \textit{Sistema de dois níveis} \quad \text{População} \quad (15B.3b)$$

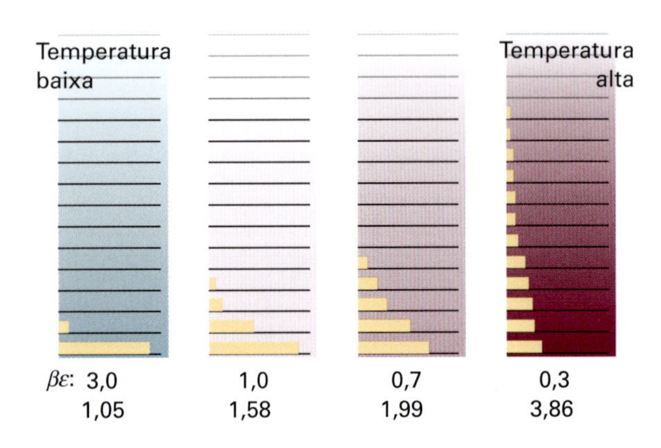

Figura 15B.4 Populações dos níveis de energia do sistema esquematizado na Fig. 15B.1, em diferentes temperaturas, e os correspondentes valores da função de partição calculados a partir da Eq. 15B.2b. Observe que $\beta = 1/kT$.

Neste caso, como $\varepsilon_0 = 0$ e $\varepsilon_1 = \varepsilon$,

$$p_0 = \frac{1}{1+e^{-\beta\varepsilon}} \quad p_1 = \frac{e^{-\beta\varepsilon}}{1+e^{-\beta\varepsilon}} \qquad (15B.4)$$

Essas funções estão representadas graficamente na Fig. 15B.5. Observe como as populações são $p_0 = 1$ e $p_1 = 0$ e a função de partição é $q = 1$ (um estado ocupado), a $T = 0$. No entanto, as populações tendem a se igualar $(p_0 = \frac{1}{2}, p_1 = \frac{1}{2})$ e $q = 2$ (dois estados ocupados), quando $T \to \infty$.

Uma nota sobre a boa prática Um erro comum é achar que quando $T = \infty$ todas as moléculas estão no estado de energia mais elevado. Pela Eq. 15B.4 vemos, ao contrário, que, quando $T \to \infty$, as populações dos estados ficam iguais. A mesma conclusão vale para os sistemas com muitos níveis de energia. Quando $T \to \infty$, todos os estados ficam igualmente populados.

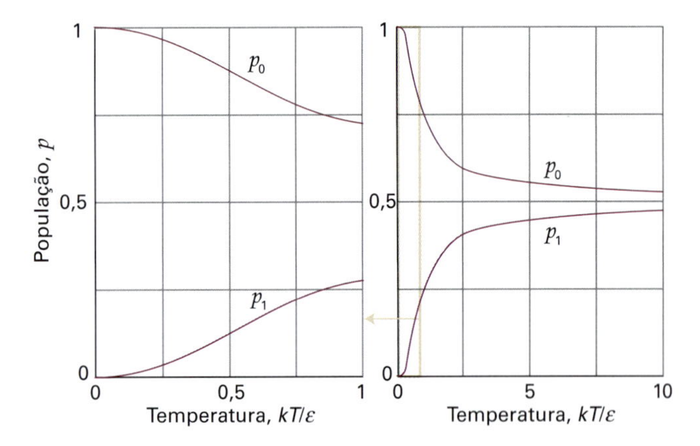

Figura 15B.5 Fração das populações dos dois estados de um sistema de dois níveis em função da temperatura (Eq. 15B.4). Observe que quando a temperatura tende a infinito, as populações dos dois estados tendem a ficar iguais (e ambas as frações se aproximam de 0,5).

Podemos agora generalizar a conclusão de que a função de partição indica o número de estados termicamente acessíveis. Quando T for próximo a zero, o parâmetro $\beta = 1/kT$ é próximo a infinito. Então, todos os termos da soma que define q, exceto o primeiro, são nulos, pois têm a forma e^{-x} com $x \to \infty$. A exceção é o termo com $\varepsilon_0 \equiv 0$ (ou os estados g_0 com a energia nula, se o estado fundamental tiver degenerescência g_0), pois então $\varepsilon_0/kT \equiv 0$, qualquer que seja a temperatura, incluindo zero. Como só resta um termo na soma quando $T = 0$ e o seu valor é g_0, temos que

$$\lim_{T \to 0} q = g_0$$

Isto é, em $T = 0$ a função de partição é igual à degenerescência do estado fundamental (comumente, mas não necessariamente, 1).

Consideramos agora o caso em que T é tão elevada que em cada termo da soma $\varepsilon_j/kT \approx 0$. Então, como $e^{-x} = 1$ quando $x = 0$, cada termo na soma contribui agora com 1. Vem então que a soma é igual ao número de estados moleculares, que em geral é infinitamente grande:

$$\lim_{T \to \infty} q = \infty$$

Em alguns casos idealizados, a molécula só pode ter um número finito de estados; então o limite superior de q é igual ao número de estados, conforme vimos para o sistema de dois níveis.

Em suma, vemos que:

> A função de partição molecular dá uma indicação sobre o número de estados que são termicamente acessíveis a uma molécula na temperatura do sistema.

Em $T = 0$, somente o estado fundamental é acessível e $q = g_0$. Em temperaturas muito elevadas, praticamente todos os estados são acessíveis, e q, por isso, é muito grande.

15B.2 Contribuições para a função de partição

A energia de uma molécula é a soma das contribuições dos diferentes modos de movimento:

$$\varepsilon_i = \varepsilon_i^{T} + \varepsilon_i^{R} + \varepsilon_i^{V} + \varepsilon_i^{E} \qquad (15B.5)$$

em que T simboliza a translação, R, a rotação, V, a vibração e E, a contribuição eletrônica. A contribuição eletrônica não é realmente um "modo de movimento", mas é incluída, por conveniência, nessa expressão. A separação dos termos na Eq. 15B.5 é somente aproximada (exceto no que se refere à translação), pois os modos não são completamente independentes uns dos outros; na maioria dos casos, porém, é satisfatória. A separação entre os movimentos eletrônico e vibracional é justificada, desde que somente o estado eletrônico fundamental esteja ocupado (pois de outro modo as características de vibração dependem do estado eletrônico) e, para o estado eletrônico fundamental, admite-se que a aproximação de Born–Oppenheimer é válida (Seção 10A). A separação entre os modos de vibração e de rotação vale na medida em que a constante rotacional (Seção 12B) é independente do estado de vibração.

Se a energia é a soma de contribuições independentes, a função de partição se decompõe em um produto de contribuições:

$$q=\sum_i e^{-\beta\varepsilon_i}=\sum_{i\,(\text{todos os estados})} e^{-\beta\varepsilon_i^{T}-\beta\varepsilon_i^{R}-\beta\varepsilon_i^{V}-\beta\varepsilon_i^{E}}$$

$$=\sum_{i\,(\text{translação})}\ \sum_{i\,(\text{rotação})}\ \sum_{i\,(\text{vibração})}\ \sum_{i\,(\text{eletrônica})} e^{-\beta\varepsilon_i^{T}-\beta\varepsilon_i^{R}-\beta\varepsilon_i^{V}-\beta\varepsilon_i^{E}}$$

$$=\left(\sum_{i\,(\text{translação})} e^{-\beta\varepsilon_i^{T}}\right)\left(\sum_{i\,(\text{rotação})} e^{-\beta\varepsilon_i^{R}}\right)\left(\sum_{i\,(\text{vibração})} e^{-\beta\varepsilon_i^{V}}\right)$$

$$\times\left(\sum_{i\,(\text{eletrônica})} e^{-\beta\varepsilon_i^{E}}\right)$$

Isto é,

$$q=q^{T}q^{R}q^{V}q^{E} \qquad \text{Fatoração da função de partição} \qquad (15B.6)$$

Essa decomposição mostra que podemos investigar, separadamente, cada contribuição. Em geral, não se podem obter expressões analíticas exatas para funções de partição. No entanto, expressões aproximadas podem ser frequentemente encontradas e provam ser muito importantes para que a compreensão dos fenômenos químicos; elas são deduzidas nas seções a seguir e agrupadas ao final desta seção.

(a) A contribuição translacional

A função de partição de translação de uma partícula de massa m, livre para se mover em uma caixa unidimensional de comprimento X, pode ser calculada utilizando o fato de a separação dos níveis de energia ser muito pequena e de grandes números de estados serem acessíveis a temperaturas normais. Conforme mostrado na *Justificativa* a seguir, neste caso,

$$q=\frac{X}{\Lambda}$$

$$q_X^{T}=\left(\frac{2\pi m}{h^2\beta}\right)^{1/2}X \qquad \textit{Caixa unidimensional} \qquad \text{Função de partição translacional} \qquad (15B.7a)$$

É conveniente antecipar, uma vez mais, que $\beta = 1/kT$, e escrever essa expressão como $q_X^{T}=X/\Lambda$, com

$$\Lambda=\frac{h}{(2\pi mkT)^{1/2}} \qquad \textit{Definição} \qquad \text{Comprimento de onda térmico} \qquad (15B.7b)$$

A grandeza Λ (lambda maiúscula) tem as dimensões de comprimento e é chamada de **comprimento de onda térmico** (às vezes, o "comprimento de onda térmico de de Broglie") da molécula. O comprimento de onda térmico diminui com o aumento da massa e da temperatura. Essa expressão mostra que a função de partição para o movimento de translação aumenta com o comprimento da caixa e da massa da partícula, pois, em cada caso, a separação dos níveis de energia torna-se menor e mais níveis tornam-se termicamente acessíveis. Para uma dada massa e comprimento da caixa, a função de partição também aumenta com o aumento da temperatura (β decrescente), pois mais estados tornam-se acessíveis.

Justificativa 15B.1 A função de partição para uma partícula em uma caixa unidimensional

Os níveis de energia de uma molécula de massa m em uma caixa de comprimento X são dados pela Eq. 8A.6b ($E_n = n^2h^2/8mL^2$) com $L = X$:

$$E_n=\frac{n^2h^2}{8mX^2}$$

O nível mais baixo ($n = 1$) tem energia $h^2/8mX^2$, assim, as energias relativas a esse nível são

$$\varepsilon_n=(n^2-1)\varepsilon \qquad \varepsilon=h^2/8mX^2$$

A soma a ser calculada é, portanto,

$$q_X^{T}=\sum_{n=1}^{\infty} e^{-(n^2-1)\beta\varepsilon}$$

Os níveis de energia translacional são muito próximos uns dos outros em uma caixa do tamanho de um frasco típico de laboratório; desse modo, a soma pode ser aproximada por uma integral:

$$q_X^{T}=\int_1^{\infty} e^{-(n^2-1)\beta\varepsilon}\,dn\approx\int_0^{\infty} e^{-n^2\beta\varepsilon}\,dn$$

A extensão do limite inferior até $n = 0$ e a substituição de $n^2 - 1$ por n^2 introduzem erro insignificante, mas tornam a integral em uma forma padrão. Fazemos a substituição $x^2 = n^2\beta\varepsilon$, implicando que $dn = dx/(\beta\varepsilon)^{1/2}$, e, portanto, que

$$q_X^{T}=\left(\frac{1}{\beta\varepsilon}\right)^{1/2}\overbrace{\int_0^{\infty} e^{-x^2}dx}^{\text{Integral G.1: } \pi^{1/2}/2}=\left(\frac{1}{\beta\varepsilon}\right)^{1/2}\frac{\pi^{1/2}}{2}=\left(\frac{2\pi m}{h^2\beta}\right)^{1/2}X$$

Essa relação tem a forma da Eq. 15B.7a, $q = X/\Lambda$, desde que Λ seja identificado como

$$\Lambda=\left(\frac{h^2\beta}{2\pi m}\right)^{1/2}\overset{\beta=1/kT}{=}\frac{h}{(2\pi mkT)^{1/2}}$$

como na Eq. 15B.7b.

A energia total de uma molécula livre para se mover em três dimensões é a soma das suas energias de translação em todas as três direções:

$$\varepsilon_{n_1n_2n_3}=\varepsilon_{n_1}^{(X)}+\varepsilon_{n_2}^{(Y)}+\varepsilon_{n_3}^{(Z)} \qquad (15B.8)$$

em que n_1, n_2 e n_3 são os números quânticos para o movimento nas direções x, y e z, respectivamente. Portanto, como $e^{a+b+c} = e^a e^b e^c$, a função de partição pode ser fatorada como segue:

$$q^{\mathrm{T}} = \sum_{\text{todos os } n} e^{-\beta\varepsilon_{n_1}^{(X)} - \beta\varepsilon_{n_2}^{(Y)} - \beta\varepsilon_{n_3}^{(Z)}} = \sum_{\text{todos os } n} e^{-\beta\varepsilon_{n_1}^{(X)}} e^{-\beta\varepsilon_{n_2}^{(Y)}} e^{-\beta\varepsilon_{n_3}^{(Z)}}$$

$$= \left(\sum_{n_1} e^{-\beta\varepsilon_{n_1}^{(X)}}\right)\left(\sum_{n_2} e^{-\beta\varepsilon_{n_2}^{(Y)}}\right)\left(\sum_{n_3} e^{-\beta\varepsilon_{n_3}^{(Z)}}\right)$$

Isto é,

$$q^{\mathrm{T}} = q_X^{\mathrm{T}} q_Y^{\mathrm{T}} q_Z^{\mathrm{T}} \qquad (15B.9)$$

A Eq. 15B.7a dá a função de partição do movimento translacional na direção x. A única modificação para as outras direções é substituir o comprimento X pelos comprimentos Y ou Z. Assim, a função de partição para o movimento em três dimensões é

$$q^{\mathrm{T}} = \left(\frac{2\pi m}{h^2\beta}\right)^{3/2} XYZ = \frac{(2\pi mkT)^{3/2}}{h^3} XYZ \qquad (15B.10a)$$

O produto dos comprimentos XYZ é o volume, V, do recipiente; portanto, podemos escrever

$$q^{\mathrm{T}} = \frac{V}{\Lambda^3} \qquad \textit{Caixa tridimensional} \qquad \text{Função de partição translacional} \qquad (15B.10b)$$

com Λ definido como na Eq. 15B.7b. Assim como no caso unidimensional, a função de partição aumenta com a massa da partícula (segundo $m^{3/2}$) e com o volume do recipiente (segundo V); para uma massa e um volume dados, a função de partição aumenta com a temperatura (segundo $T^{3/2}$). Tal como em uma dimensão, $q^{\mathrm{T}} \to \infty$ quando $T \to \infty$, pois um número infinito de estados fica acessível à medida que a temperatura se eleva. Mesmo à temperatura ambiente, $q^{\mathrm{T}} \approx 2 \times 10^{28}$ para uma molécula de O_2 em um recipiente de 100 cm³.

Breve ilustração 15B.2 A função de partição translacional

Para calcular a função de partição translacional de uma molécula de H_2 confinada a um recipiente de 100 cm³, a 25 °C, usamos $m = 2{,}016m_u$; em seguida, a partir de $\Lambda = h/(2\pi mkT)^{1/2}$,

$$\Lambda = \frac{6{,}626\times10^{-34}\ \overbrace{\mathrm{J}}^{1\,\mathrm{J}=1\,\mathrm{kg\,m^2\,s^{-2}}}\ \mathrm{s}}{\left\{2\pi\times(2{,}016\times1{,}6605\times10^{-27}\ \mathrm{kg})\times\left(1{,}381\times10^{-23}\ \underbrace{\mathrm{J}}_{1\,\mathrm{J}=1\,\mathrm{kg\,m^2\,s^{-2}}}\ \mathrm{K^{-1}}\right)\times(298\ \mathrm{K})\right\}^{1/2}}$$

$$= 7{,}12\times10^{-11}\ \mathrm{m}$$

Portanto,

$$q^{\mathrm{T}} = \frac{1{,}00\times10^{-4}\ \mathrm{m}^3}{(7{,}12\times10^{-11}\ \mathrm{m})^3} = 2{,}77\times10^{26}$$

Cerca de 10^{26} estados quânticos são termicamente acessíveis, mesmo à temperatura ambiente, para essa molécula leve. Muitos estados são ocupados se o comprimento de onda térmico (que, neste caso, é 71,2 pm) é pequeno comparado com as dimensões lineares do recipiente.

Exercício proposto 15B.2 Calcule a função de partição translacional para uma molécula de D_2 nas mesmas condições.

Resposta: $q^{\mathrm{T}} = 7{,}8 \times 10^{26}$, $2^{3/2}$ vezes maior

A validade das aproximações que levaram à Eq. 15B.10 pode ser expressa em termos da separação média, d, das partículas no recipiente. Como q é o número total de estados acessíveis, o número médio de estados translacionais por molécula é q^{T}/N. Para esse valor ser grande, é necessário que $V/N\Lambda^3 \gg 1$. No entanto, V/N é o volume ocupado por uma única partícula, e, dessa forma, a separação média das partículas é $d = (V/N)^{1/3}$. A condição para haver muitos estados disponíveis por molécula, portanto, é $d^3/\Lambda^3 \gg 1$, e, desse modo, $d \gg \Lambda$. Isto é, para a Eq. 15B.10 ser válida, *a separação média entre as partículas tem que ser muito maior do que seu comprimento de onda térmico*. Para moléculas de H_2, a 1 bar e 298 K, a separação média é de 3 nm, que é significativamente maior do que seu comprimento de onda térmico (71,2 pm).

A validade da Eq. 15B.10 pode ser expressa de uma maneira diferente, observando-se que as aproximações que levaram até ela são válidas se muitos estados estiverem ocupados, o que requer que V/Λ^3 seja grande. Assim será se Λ for pequeno em comparação com as dimensões lineares do recipiente. No caso do H_2 a 25 °C, $\Lambda = 71$ pm, que é muito menor do que as dimensões dos recipientes comuns (porém comparável às dimensões dos poros nas zeólitas ou das cavidades nos clatratos). Para o O_2, uma molécula mais pesada, $\Lambda = 18$ pm.

(b) A contribuição da rotação

Os níveis de energia de um rotor linear são $\varepsilon_J = hc\tilde{B}J(J+1)$, com $J = 0, 1, 2, \ldots$ (Seção 12B). O estado de energia mais baixa tem energia zero, então, não é necessário qualquer ajuste para as energias dadas por essa expressão. Cada nível consiste em $2J + 1$ estados degenerados. Portanto, a função de partição de um rotor linear assimétrico (AB) é

$$q^{\mathrm{R}} = \sum_J \overbrace{(2J+1)}^{g_J} e^{-\beta \overbrace{hc\tilde{B}J(J+1)}^{\varepsilon_J}} \qquad (15B.11)$$

O método direto do cálculo de q^{R} é o de substituir os valores experimentais dos níveis de energia de rotação nessa expressão e efetuar numericamente o cálculo do somatório.

Na temperatura ambiente, $kT/hc \approx 200$ cm⁻¹. As constantes de rotação de muitas moléculas têm valor próximo de 1 cm⁻¹ (Tabela 12D.1) e muitas vezes são ainda menores (embora a molécula

Exemplo 15B.1 Cálculo explícito da função de partição rotacional

Calcule a função de partição de rotação do $^1H^{35}Cl$ a 25 °C, sendo $\tilde{B} = 10{,}591\ cm^{-1}$.

Método Com a Eq. 15B.11, calcula-se cada termo. É útil ter a relação $kT/hc = 207{,}224\ cm^{-1}$, a 298,15 K. A soma é fácil de calcular utilizando-se um programa matemático.

Resposta Para mostrar a contribuição de cada termo, montamos a tabela vista a seguir, onde utilizamos $hc\tilde{B}/kT = 0{,}05111$ (Fig. 15B.6):

J	0	1	2	3	4	...	10
$(2J+1)e^{-0{,}05111J(J+1)}$	1	2,71	3,68	3,79	3,24	...	0,08

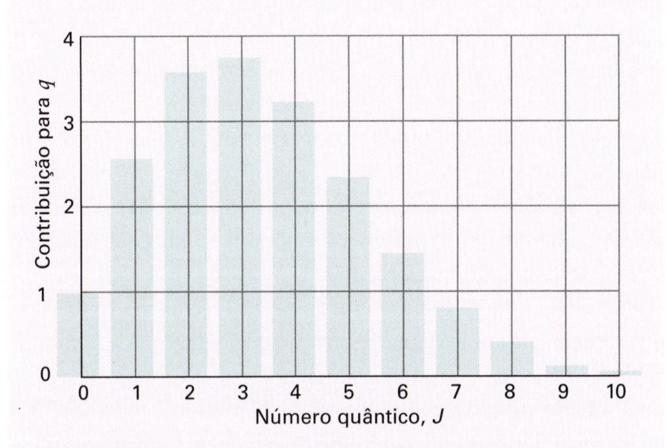

Figura 15B.6 As contribuições para a função de partição rotacional de uma molécula de HCl, a 25 °C. No eixo vertical estão os valores de $(2J+1)e^{-\beta hc\tilde{B}J(J+1)}$. Os termos sucessivos, proporcionais às populações dos níveis, passam por um máximo, pois a população dos estados diminui exponencialmente, mas a degenerescência dos níveis aumenta com J.

A soma na Eq. 15B.11 (isto é, a soma dos números na segunda linha da tabela anterior) é 19,9; logo, $q^R = 19{,}9$ na temperatura mencionada. Tomando J até 50 tem-se $q^R = 19{,}902$. Observe que cerca de dez níveis J estão significativamente ocupados, mas que o número de estados ocupados é bem maior em virtude da degenerescência $(2J + 1)$ de cada nível.

Exercício proposto 15B.3 Estime a função de partição de rotação do $^1H^{35}Cl$, a 0 °C.

Resposta: 18,26

muito leve de H_2, para a qual $\tilde{B} = 60{,}9\ cm^{-1}$, seja uma exceção). Vem então que muitos níveis de rotação estarão ocupados em temperaturas próximas da temperatura ambiente. Quando esse é o caso, mostramos, na *Justificativa* 15B.2, que a função de partição pode ser aproximada por:

$$q^R = \frac{kT}{hc\tilde{B}} \quad \text{Rotor linear} \quad \text{Função de partição rotacional} \qquad (15B.12a)$$

$$q^R = \left(\frac{kT}{hc}\right)^{3/2}\left(\frac{\pi}{\tilde{A}\tilde{B}\tilde{C}}\right)^{1/2} \quad \text{Rotor não linear} \quad \text{Função de partição rotacional} \qquad (15B.12b)$$

em que $\tilde{A}$, $\tilde{B}$ e $\tilde{C}$ são as constantes de rotação da molécula. Antes de usar essas expressões, veja as Eqs. 15B.13 e 15B.14.

Justificativa 15B.2 A contribuição rotacional para moléculas lineares

Quando os estados de rotação ocupados forem muito numerosos e quando kT for muito maior do que a separação de energia entre estados vizinhos, a soma na função de partição pode ser aproximada por uma integral, tal como fizemos no caso do movimento de translação:

$$q^R = \int_0^\infty (2J+1)e^{-\beta hc\tilde{B}J(J+1)}dJ$$

Essa integral pode ser calculada sem muito esforço substituindo-se $x = \beta hc\tilde{B}J(J + 1)$, de modo que $dx/dJ = \beta hc\tilde{B}(2J + 1)$ e, portanto, $(2J + 1)dJ = dx/\beta hc\tilde{B}$. Então,

$$q^R = \frac{1}{\beta hc\tilde{B}}\overbrace{\int_0^\infty e^{-x}dx}^{\text{Integral E.1: } 1} = \frac{1}{\beta hc\tilde{B}}$$

que (como $\beta = 1/kT$) é a Eq. 15B.12a.

Breve ilustração 15B.3 A contribuição rotacional

Para o $^1H^{35}Cl$, a 298,15 K, usamos $kT/hc = 207{,}224\ cm^{-1}$ e $\tilde{B} = 10{,}591\ cm^{-1}$. Então,

$$q^R = \frac{kT}{hc\tilde{B}} = \frac{207{,}224\ cm^{-1}}{10{,}591\ cm^{-1}} = 19{,}59$$

O valor está em bom acordo com o valor exato (19,02) e com muito menos trabalho.

Exercício proposto 15B.4 Calcule a contribuição da rotação para a função de partição do $^1H^{35}Cl$, a 0 °C.

Resposta: 17,93

Justificativa 15B.3 A contribuição rotacional para moléculas não lineares

As energias de um rotor simétrico (Seção 12B) são

$$E_{J,K,M_J} = hc\tilde{B}J(J+1) + hc\left(\tilde{A}-\tilde{B}\right)K^2$$

com $J = 0, 1, 2, \ldots$, $K = J, J - 1, \ldots, -J$ e $M_J = J, J - 1, \ldots, -J$. Em vez de considerar essas faixas, os mesmos valores podem ser

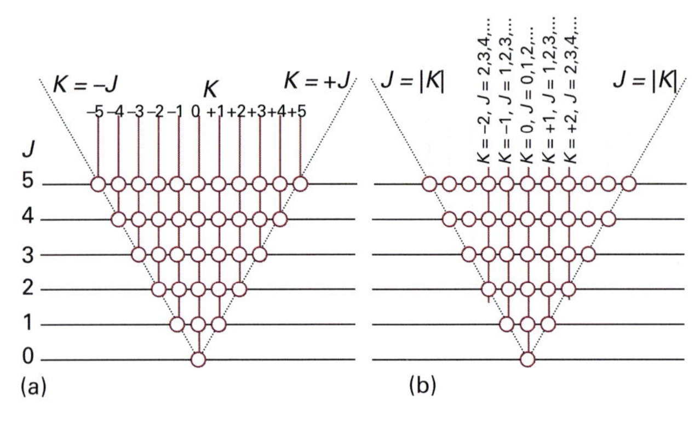

Figura 15B.7 (a) A soma sobre $J = 0, 1, 2, \ldots$, e $K = J, J - 1, \ldots, -J$ (mostrado pelos círculos) pode ser coberta (b) permitindo-se que K varie de $-\infty$ a ∞, com J confinado a $|K|, |K| + 1, \ldots, \infty$ para cada valor de K.

cobertos permitindo-se que K varie de $-\infty$ a ∞, com J confinado a $|K|$, $|K| + 1, \ldots, \infty$ para cada valor de K (Fig. 15B.7). Como a energia é independente de M_J e há $2J + 1$ valores de M_J para cada valor de J, cada valor de J é $(2J + 1)$ vezes degenerado. Segue que a função de partição

$$q = \sum_{J=0}^{\infty} \sum_{K=-J}^{J} \sum_{M_J=-J}^{J} \mathrm{e}^{-\beta E_{J,K,M_J}}$$

pode ser escrita de modo equivalente como

$$q = \sum_{J=0}^{\infty} \sum_{K=-J}^{J} (2J+1)\mathrm{e}^{-\beta E_{J,K,M_J}} = \sum_{K=-\infty}^{\infty} \sum_{J=|K|}^{\infty} (2J+1)\mathrm{e}^{-\beta E_{J,K,M_J}}$$

$$= \sum_{K=-\infty}^{\infty} \mathrm{e}^{-hc\beta(\tilde{A}-\tilde{B})K^2} \sum_{J=|K|}^{\infty} (2J+1)\mathrm{e}^{-hc\beta\tilde{B}J(J+1)}$$

Assim como na *Justificativa* 15B.2, admitimos que a temperatura seja tão elevada que numerosos estados estejam ocupados e que as somas possam ser aproximadas por integrais. Então,

$$q = \int_{-\infty}^{\infty} \mathrm{e}^{-hc\beta(\tilde{A}-\tilde{B})K^2} \int_{|K|}^{\infty} (2J+1)\mathrm{e}^{-hc\beta\tilde{B}J(J+1)} \mathrm{d}J\, \mathrm{d}K$$

Como anteriormente, a integral sobre J pode ser identificada como a integral da derivada de uma função, que é a própria função; logo, conforme você poderá verificar,

$$\int_{|K|}^{\infty} (2J+1)\mathrm{e}^{-hc\beta\tilde{B}J(J+1)}\, \mathrm{d}J = \frac{1}{hc\beta\tilde{B}} \mathrm{e}^{-hc\beta\tilde{B}K^2}$$

Também admitimos que $|K| \gg 1$ para a maioria das contribuições e substituímos $|K|(|K| + 1)$ por K^2. Agora podemos escrever

$$q = \frac{1}{hc\beta\tilde{B}} \int_{-\infty}^{\infty} \mathrm{e}^{-hc\beta(\tilde{A}-\tilde{B})K^2} \mathrm{e}^{-hc\beta\tilde{B}K^2}\, \mathrm{d}K = \frac{1}{hc\beta\tilde{B}} \overbrace{\int_{-\infty}^{\infty} \mathrm{e}^{-hc\beta\tilde{A}K^2} \mathrm{d}K}^{\text{Integral G.1}}$$

$$= \frac{1}{hc\beta\tilde{B}} \left(\frac{\pi}{hc\beta\tilde{A}} \right)^{1/2}$$

Concluímos que

$$q = \frac{1}{(hc\beta)^{3/2}} \left(\frac{\pi}{\tilde{A}\tilde{B}^2} \right)^{1/2} = \left(\frac{kT}{hc} \right)^{3/2} \left(\frac{\pi}{\tilde{A}\tilde{B}^2} \right)^{1/2}$$

Para um motor assimétrico, um dos $\tilde{B}$ é substituído por $\tilde{C}$, para dar a Eq. 15B.12b.

Uma maneira prática de exprimir a temperatura acima da qual a aproximação rotacional é válida baseia-se na definição da **temperatura rotacional característica**, $\theta^{\mathrm{R}} = hc\tilde{B}/k$. Então, "temperatura elevada" significa $T \gg \theta^{\mathrm{R}}$ e, nessas condições, a função de partição de rotação de uma molécula linear é simplesmente T/θ^{R}. A Tabela 15B.1 apresenta alguns valores típicos de θ^{R}. O valor da temperatura para o $^1H_2$ é excepcionalmente elevado, e é preciso cautela com as aproximações que envolvam essa molécula.

A conclusão geral que podemos tirar com as observações que fizemos até agora é que moléculas com momentos de inércia grandes (e, portanto, constantes de rotação pequenas e temperaturas de rotação características pequenas) têm funções de partição grandes. Um valor elevado de q^{R} reflete a proximidade, em energia (diante de kT), dos estados de rotação das moléculas grandes, pesadas, e o grande número desses estados que são acessíveis nas temperaturas ambientes.

Devemos, porém, tomar cuidado de não incluir na soma estados rotacionais em excesso. Numa molécula diatômica homonuclear, ou numa molécula linear simétrica (como CO_2 ou HC≡CH), uma rotação de 180° leva a um estado da molécula indistinguível do estado anterior. Logo, o número de estados termicamente acessíveis é apenas a metade do número dos que podem ser ocupados por uma molécula diatômica heteronuclear, nas quais a rotação de 180° leva a um estado perfeitamente distinguível dos anteriores. Portanto, para uma molécula linear simétrica,

$$q^{\mathrm{R}} = \frac{kT}{2hc\tilde{B}} = \frac{T}{2\theta^{\mathrm{R}}} \qquad \textit{Rotor linear simétrico} \qquad \text{Função de partição rotacional} \qquad (15B.13a)$$

As equações das moléculas simétricas e das assimétricas podem ser combinadas numa única expressão mediante o **número de simetria**, σ, que é o número de orientações indistinguíveis da molécula. Assim,

$$q^{\mathrm{R}} = \frac{T}{\sigma\theta^{\mathrm{R}}} \qquad \textit{Rotor linear} \qquad \text{Função de partição rotacional} \qquad (15B.13b)$$

Tabela 15B.1* Temperaturas rotacionais de moléculas diatômicas

	θ^{R}/K
$^1H_2$	87,6
$^1H^{35}Cl$	15,2
$^{14}N_2$	2,88
$^{35}Cl_2$	0,351

* Para mais valores, veja Tabela 12D.1 na *Seção de dados*.

Uma molécula diatômica heteronuclear tem $\sigma = 1$; uma diatômica homonuclear ou uma molécula linear simétrica tem $\sigma = 2$.

Justificativa 15B.4 A origem do número de simetria

A origem quântica do número de simetria é o princípio de Pauli, que proíbe a ocupação de certos estados. Vimos, na Seção 12C, que o H_2 só pode ocupar estados de rotação com J par se os spins nucleares estiverem emparelhados (*para*-hidrogênio), e estados de rotação com J ímpar se os spins nucleares forem paralelos (*orto*-hidrogênio). Há três estados do *orto*-H_2 para cada valor de J (pois há três estados de spins paralelos dos dois núcleos).

Para ter a função de partição de rotação, observamos que o hidrogênio molecular "comum" é uma mistura de uma parte de *para*-H_2 (que só tem os estados de rotação com J par ocupados) e três partes de *orto*-H_2 (que só tem ocupados os estados de rotação com J ímpar). Portanto, a função de partição média por molécula é

$$q^R = \frac{1}{4}\sum_{J\ \text{par}}(2J+1)e^{-\beta hc\tilde{B}J(J+1)} + \frac{3}{4}\sum_{J\ \text{ímpar}}(2J+1)e^{-\beta hc\tilde{B}J(J+1)}$$

Os estados com J ímpar têm peso muito maior do que os estados com J par (Fig. 15B.8). Pela ilustração vemos que chegaríamos, aproximadamente, à mesma resposta para a função de partição (isto é, para a soma estendida a toda a população) se cada termo J contribuísse para a soma com metade do seu valor normal. Isto é, a equação anterior pode ser aproximada, razoavelmente, por

$$q^R = \frac{1}{2}\sum_{J}(2J+1)e^{-\beta hc\tilde{B}J(J+1)}$$

essa aproximação é bastante boa quando muitos termos contribuírem (isto é, quando a temperatura for elevada, $T \gg 87{,}6$ K).

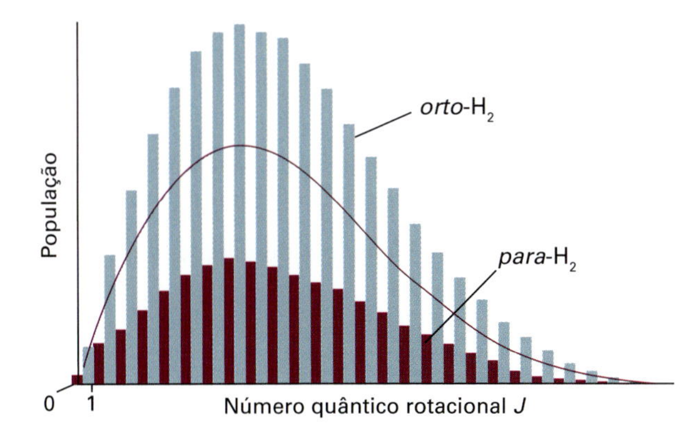

Figura 15B.8 Os valores dos termos individuais $(2J+1)e^{-\beta hc\tilde{B}J(J+1)}$ contribuindo para a função de partição média de uma mistura 3:1 de *orto*- e *para*-H_2. A função de partição é a soma de todos esses termos. Em temperaturas elevadas, a soma é aproximadamente igual à soma dos termos para todos os valores de J, cada um com um peso de $\frac{1}{2}$. Esta é a soma das contribuições indicada pela curva.

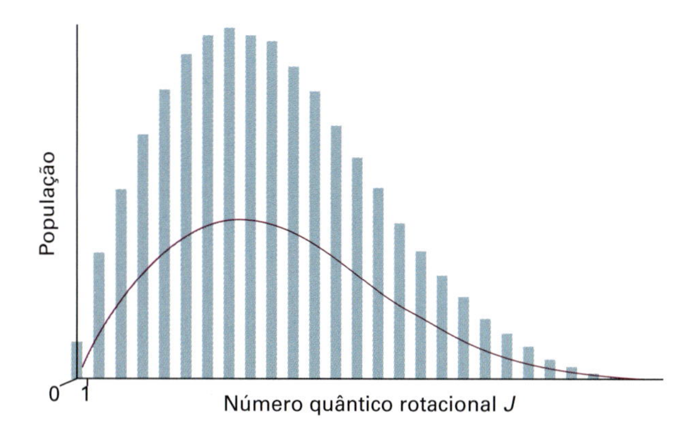

Figura 15B.9 Populações relativas dos níveis de energia de rotação do CO_2. Só são ocupados os estados com J par. A curva contínua mostra a população média dos níveis.

O mesmo raciocínio se reproduz no caso de moléculas simétricas lineares em que bósons idênticos são permutados pela rotação (como no CO_2). Conforme comentamos na Seção 12C, se o spin nuclear dos bósons for 0, então somente os estados com J par são acessíveis. Como apenas metade dos estados de rotação estará ocupada, a função de partição de rotação será igual apenas à metade do valor que se calcularia admitindo-se a contribuição dos estados com todos os valores de J (Fig. 15B.9).

O mesmo cuidado terá que ser tomado no caso de outros tipos de moléculas simétricas, e se a molécula for não linear escreveremos

$$q^R = \frac{1}{\sigma}\left(\frac{kT}{hc}\right)^{3/2}\left(\frac{\pi}{\tilde{A}\tilde{B}\tilde{C}}\right)^{1/2} \quad \textit{Rotor não linear} \quad \text{Função de partição rotacional} \qquad (15B.14)$$

Na Tabela 15B.2 figuram alguns valores típicos de números de simetria. Para verificar a maneira como a teoria dos grupos é usada para identificar o valor do número de simetria, veja o Problema 15B.9.

Tabela 15B.2* Números de simetria de moléculas

	σ
$^1H_2$	2
$^1H^2H$	1
NH_3	3
C_6H_6	12

* Para mais valores, veja Tabela 12D.1 na *Seção de dados*.

Breve ilustração 15B.4 O número de simetria

O valor $\sigma(H_2O) = 2$ reflete o fato de a rotação de 180° em torno do eixo bissetor da ligação H—O—H permutar dois átomos indistinguíveis. No NH_3, são três as orientações indistinguíveis em torno do eixo mostrado em **1**. No CH_4, qualquer uma dentre três rotações de 120° em torno de uma das quatro ligações C—H deixa a molécula em um estado indistinguível do original, e então o número de simetria é 3 × 4 = 12. Para o benzeno, qualquer das seis orientações em relação ao eixo perpendicular ao plano da molécula deixa a molécula aparentemente inalterada (Fig. 15B.10); também deixa a molécula inalterada qualquer rotação de 180° em torno de cada um dos seis eixos no plano da molécula (três dos quais passando pelas ligações C—H e os três restantes passando através de cada uma das ligações C—C no plano da molécula).

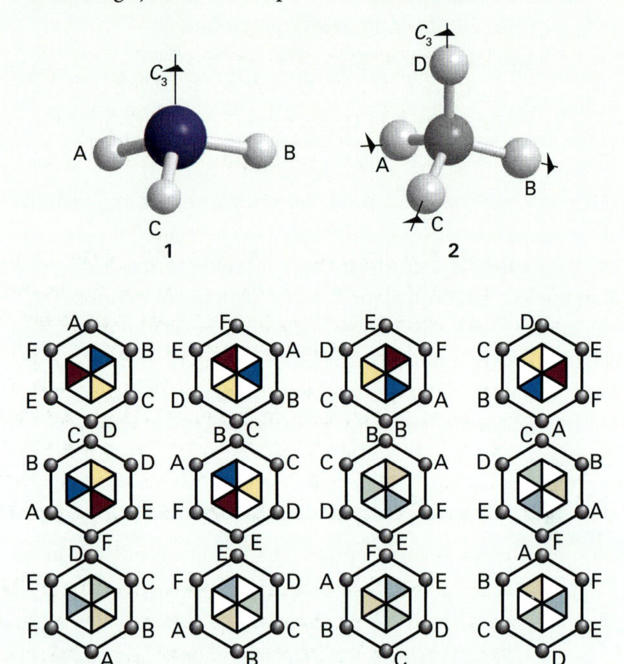

Figura 15B.10 As 12 orientações equivalentes de uma molécula de benzeno que podem ser alcançadas por rotações puras, e dão origem a um número de simetria de 12. As seis cores claras são o plano inferior do hexágono após ter sua face girada para aparecer.

Exercício proposto 15B.5 Qual é o número de simetria de uma molécula de naftaleno?

Resposta: 3

(c) A contribuição vibracional

A função de partição de vibração de uma molécula é calculada pela substituição dos níveis de energia de vibração nas exponenciais da definição de q^V, efetuando-se em seguida a soma numérica correspondente. No entanto, desde que seja admissível supor que as vibrações são harmônicas, há uma maneira muito mais simples. Nesse caso, os níveis de energia vibracional são uniformemente separados, com separação $hc\tilde{\nu}$ (Seções 8B e 12D), exatamente o problema que foi abordado na *Breve ilustração* 15B.1 e resumido na Eq. 15B.2a. Assim, podemos usar esse resultado com $\varepsilon = hc\tilde{\nu}$ e concluir imediatamente que

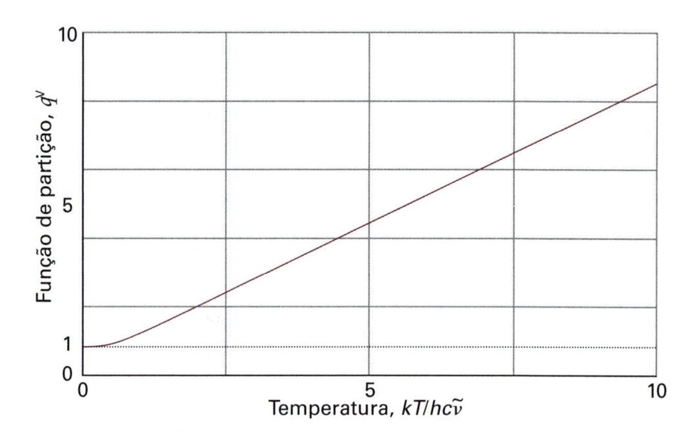

Figura 15B.11 A função de partição vibracional de uma molécula na aproximação harmônica. Observe que a função de partição é linearmente proporcional à temperatura quando esta tem um valor elevado ($T \gg \theta^V$).

$$q^V = \frac{1}{1 - e^{-\beta hc\tilde{\nu}}} \qquad \textit{Aproximação harmônica} \qquad \text{Função de partição vibracional} \qquad (15B.15)$$

Essa função está representada graficamente na Fig. 15B.11 (que é essencialmente a mesma da Fig. 15B.1). De forma semelhante, a população de cada estado é dada pela Eq. 15B.2b.

Breve ilustração 15B.5 A função de partição vibracional

Para calcular a função de partição da molécula de I_2, a 298,15 K, observamos na Tabela 12D.1 que seu número de onda vibracional é 214,6 cm^{-1}. Então, como, a 298,15 K, kT/hc = 207,224 cm^{-1}, temos que

$$\beta\varepsilon = \frac{hc\tilde{\nu}}{kT} = \frac{214{,}6\ \text{cm}^{-1}}{207{,}244\ \text{cm}^{-1}} = 1{,}035\ldots$$

Então, concluímos da Eq. 15B.15 que

$$q^V = \frac{1}{1 - e^{-1{,}035\ldots}} = 1{,}55$$

Podemos inferir que somente o estado fundamental e o primeiro estado excitado são significativamente ocupados.

Exercício proposto 15B.6 Calcule as populações dos três primeiros estados vibracionais.

Resposta: $p_0 = 0{,}645$, $p_1 = 0{,}229$, $p_2 = 0{,}081$

Em uma molécula poliatômica, cada modo normal (Seção 12E) tem sua própria função de partição (desde que as anarmonicidades sejam tão pequenas que os modos, por sua vez, sejam independentes). A função de partição de vibração global é o produto das funções de partição dos modos individuais, e podemos escrever $q^V = q^V(1)q^V(2)\ldots$, em que $q^V(K)$ é a função de partição do K-ésimo modo normal e é calculada pela somação direta das exponenciais com os níveis espectroscópicos observados.

Exemplo 15B.2 Cálculo de uma função de partição vibracional

Os números de onda dos três modos normais de vibração de H_2O são 3656,7 cm^{-1}, 1594,8 cm^{-1} e 3755,8 cm^{-1}. Calcular a função de partição de vibração a 1500 K.

Método Usamos a Eq. 15B.15 para cada modo e depois encontramos o produto das três contribuições. A 1500 K, $kT/hc = 1042{,}6\ cm^{-1}$.

Resposta Podemos montar a seguinte tabela com as contribuições de cada modo:

Modo:	1	2	3
$\tilde{\nu}/cm^{-1}$	3656,7	1594,8	3755,8
$hc\tilde{\nu}/kT$	3,507	1,530	3,602
q^V	1,031	1,276	1,028

A função de partição vibracional total é então

$$q^V = 1{,}031 \times 1{,}276 \times 1{,}028 = 1{,}352$$

Os três modos normais da H_2O têm números de onda tão elevados que, mesmo a 1500 K, a maior parte das moléculas está no estado fundamental de vibração. Entretanto, podem existir tantos modos normais de vibração em uma molécula grande que, embora cada modo não seja apreciavelmente excitado, a excitação geral é significativa. Por exemplo, uma molécula não linear contendo 10 átomos possui $3N - 6 = 24$ modos normais (Seção 12E). Se admitirmos que o valor típico da função de partição vibracional de um modo normal é aproximadamente 1,1, a função de partição total é, aproximadamente, $q^V \approx (1{,}1)^{24} = 9{,}8$, que indica uma excitação vibracional apreciável quando comparada à de uma molécula menor, como a molécula H_2O.

Exercício proposto 15B.7 Repita o cálculo anterior para o CO_2, cujos números de onda das vibrações são 1388 cm^{-1}, 667,4 cm^{-1} e 2349 cm^{-1}, sendo o segundo um modo de deformação angular duplamente degenerado.

Resposta: 6,79

Muitas moléculas têm os números de onda das vibrações tão grandes que $\beta hc\tilde{\nu} > 1$. Por exemplo, o menor número de onda de vibração do CH_4 é 1306 cm^{-1}, de modo que $\beta hc\tilde{\nu} = 6{,}3$ na temperatura ambiente. O estiramento da ligação C–H tem, normalmente, os números de onda entre 2850 e 2960 cm^{-1}, de modo que para eles $\beta hc\tilde{\nu} \approx 14$. Nesses casos, a exponencial $e^{-\beta hc\tilde{\nu}}$ no denominador da expressão de q^V é quase nula (por exemplo, $e^{-6,3} = 0{,}002$) e a função de partição de um único modo é quase igual a 1 ($q^V = 1{,}002$ quando $\beta hc\tilde{\nu} = 6{,}3$). Isso quer dizer que apenas o nível da energia do ponto zero está significativamente ocupado.

Tabela 15B.3* Temperaturas vibracionais de moléculas diatômicas

	θ^V/K
$^1H_2$	6332
$^1H^{35}Cl$	4304
$^{14}N_2$	3393
$^{35}Cl_2$	805

* Mais valores são encontrados na *Seção de dados*, Tabela 12D.1.

Vejamos agora o caso de ligações tão fracas que $\beta hc\tilde{\nu} \ll 1$. Quando essa condição é válida, a função de partição pode ser aproximada expandindo-se a exponencial do denominador ($e^x = 1 + x + \ldots$):

$$q^V = \frac{1}{1-e^{-\beta hc\tilde{\nu}}} = \frac{1}{1-(1-\beta hc\tilde{\nu}+\cdots)}$$

Isto é, para as ligações fracas em temperaturas altas,

$$q^V \approx \frac{kT}{hc\tilde{\nu}} \quad \textit{Aproximação de altas temperaturas} \quad \text{Função de partição vibracional} \quad (15B.16)$$

As temperaturas para as quais a Eq. 15B.16 é válida podem ser expressas em termos da **temperatura vibracional característica**, $\theta^V = hc\tilde{\nu}/k$ (Tabela 15B.3). O valor dessa temperatura para o H_2 (6332 K) é excepcionalmente elevado, pois os átomos são muito leves, e, assim, as frequências de vibração são muito altas. Em termos da temperatura vibracional, uma "temperatura elevada" é aquela em que $T \gg \theta^V$, e, quando essa condição é satisfeita, $q^V = T/\theta^V$ (o análogo da expressão rotacional).

(d) A contribuição eletrônica

As separações das energias dos estados eletrônicos excitados a partir do estado fundamental são, em geral, muito grandes, de modo que na maioria dos casos $q^E = 1$, pois apenas o estado fundamental está ocupado. Importante exceção é a dos átomos e moléculas que têm estado fundamental degenerado, para os quais $q^E = g^E$, em que g^E é a degenerescência do estado eletrônico fundamental. Os átomos dos metais alcalinos, por exemplo, têm estados fundamentais duplamente degenerados (correspondentes a duas orientações do spin do elétron), de modo que $q^E = 2$.

Breve ilustração 15B.6 A função de partição eletrônica

Alguns átomos e moléculas têm estados eletrônicos excitados com energia baixa. Um exemplo é o do NO, cuja configuração tem a forma $\ldots\pi^1$ (Seção 10C). A energia dos dois estados com os momentos orbital e do spin paralelos (dando o termo $^2\Pi_{3/2}$, Fig. 15B.12) é ligeiramente maior do que a dos outros dois estados degenerados, com os momentos antiparalelos (dando o termo $^2\Pi_{1/2}$).

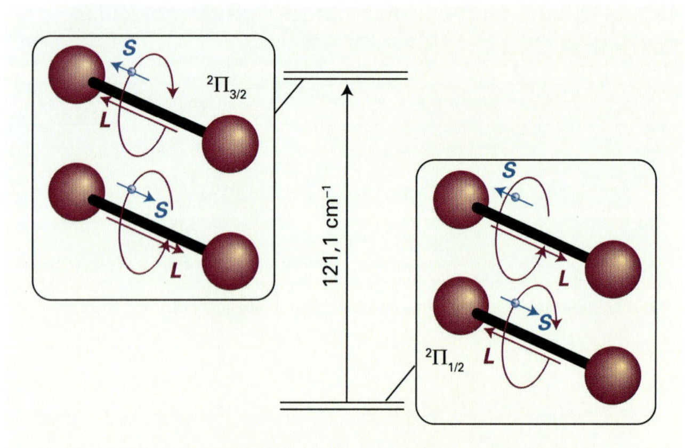

Figura 15B.12 O nível eletrônico fundamental do NO, duplamente degenerado (com o momento do spin e o momento angular orbital em direções opostas), e o primeiro nível excitado, também duplamente degenerado (com momento do spin e momento angular orbital paralelos). O nível superior é termicamente acessível na temperatura ambiente.

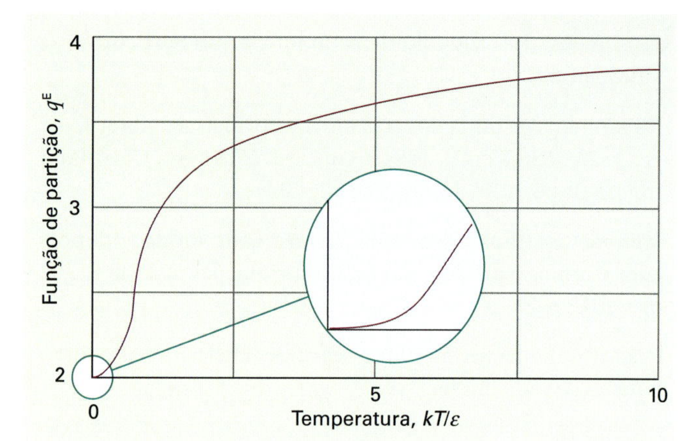

Figura 15B.13 Variação da função de partição eletrônica da molécula do NO com a temperatura. A curva é parecida com a de um sistema com somente dois níveis (Fig. 15B.3), mas parte de 2 (a degenerescência do nível inferior) e tende a 4 (o número total de estados) em temperaturas elevadas.

A separação proporcionada pelo acoplamento spin–órbita é de apenas 121 cm^{-1}. Se representamos as energias dos dois níveis como $E_{1/2} = 0$ e $E_{3/2} = \varepsilon$, a função de partição eletrônica é

$$q^E = \sum_{\text{níveis } i} g_i e^{-\beta\varepsilon_i} = 2 + 2e^{-\beta\varepsilon}$$

Essa função pode ser vista na Fig. 15B.13. Em $T = 0$, $q^E = 2$, pois somente é acessível o estado fundamental duplamente degenerado. Em temperaturas mais elevadas, $q^E \to 4$, pois todos os quatro estados são acessíveis. A 25 °C, tem-se $q^E = 3{,}1$.

Exercício proposto 15B.8 Um certo átomo tem um estado fundamental quatro vezes degenerado e um estado excitado seis vezes degenerado, a 400 cm^{-1} acima do estado fundamental. Calcule sua função de partição eletrônica, a 25 °C.

Resposta: 4,87

Conceitos importantes

- ☐ 1. A **função de partição molecular** é uma indicação do número de estados termicamente acessíveis à temperatura de interesse.
- ☐ 2. Se a **energia de uma molécula** é dada pela soma das contribuições, então a função de partição molecular é o produto das contribuições provenientes dos diferentes modos.
- ☐ 3. O **número de simetria** leva em consideração o número de orientações indistinguíveis de uma molécula simétrica.
- ☐ 4. A **função de partição vibracional** de uma molécula pode ser aproximada pela de um oscilador harmônico.
- ☐ 5. Como as separações das energias eletrônicas do estado fundamental geralmente são muito grandes, a **função de partição eletrônica**, na maioria dos casos, é igual à degenerescência do estado eletrônico fundamental.

Equações importantes

Propriedade	Equação	Comentário	Número da equação
Função de partição molecular	$q = \sum_{\text{estados } i} e^{-\beta\varepsilon_i}$	Definição, moléculas independentes	15B.1a
	$q = \sum_{\text{níveis } i} g_i e^{-\beta\varepsilon_i}$	Definição, moléculas independentes	15B.1b

(Continua)

(*Continuação*)

Propriedade	Equação	Comentário	Número da equação
Escada uniforme	$q=1/(1-e^{-\beta\varepsilon})$		15B.2a
Sistema de dois níveis	$q=1+e^{-\beta\varepsilon}$		15B.3a
Comprimento de onda térmico	$\Lambda=h/(2\pi mkT)^{1/2}$		15B.7b
Translação	$q^{\mathrm{T}}=V/\Lambda^3$		15B.10b
Rotação	$q^{\mathrm{R}}=kT/\sigma hc\tilde{B}$	$T\gg\theta^{\mathrm{R}}$, rotor linear	15B.13
	$q^{\mathrm{R}}=(1/\sigma)(kT/hc)^{3/2}(\pi/\tilde{A}\tilde{B}\tilde{C})^{1/2}$	$T\gg\theta^{\mathrm{R}}$, rotor não linear, $\theta^{\mathrm{R}}=hc\tilde{B}/k$	15B.14
Vibração	$q^{\mathrm{V}}=1/(1-e^{-\beta hc\tilde{\nu}})$	Aproximação harmônica, $\theta^{\mathrm{V}}=hc\tilde{\nu}/k$	15B.15

15C Energias moleculares

Tópicos

➤ Por que você precisa saber este assunto?

A função de partição contém informações termodinâmicas, mas estas precisam ser extraídas. Aqui mostraremos como extrair uma propriedade particular, a energia média das moléculas, que desempenha um papel central na termodinâmica.

➤ Qual é a ideia fundamental?

A energia média de uma molécula em um conjunto de moléculas independentes pode ser calculada a partir da função de partição molecular somente.

➤ O que você já deve saber?

Você precisa saber como calcular a função de partição molecular a partir de dados calculados ou espectroscópicos (Seção 15B) e seu significado como medida do número de estados acessíveis. Esta seção utiliza as expressões para as energias rotacional e vibracional das moléculas (Seções 12B e 12D).

Esta seção estabelece as equações fundamentais que mostram como utilizar a função de partição molecular quando se calcula a energia média de um conjunto de moléculas independentes. Na Seção 15E veremos como essas energias médias são utilizadas no cálculo de propriedades termodinâmicas. As equações para um conjunto de moléculas que interagem são muito semelhantes (Seção 15D), mas muito mais difíceis de se implementar.

15C.1 As equações fundamentais

Começaremos considerando um conjunto de N moléculas que não interagem umas com as outras. Qualquer membro do conjunto pode existir em um estado i de energia ε_i medida a partir do estado de mais baixa energia da molécula. A energia média de uma molécula $\langle\varepsilon\rangle$, relativa à sua energia no seu estado fundamental, é a energia total do conjunto, E, dividida pelo número total de moléculas:

$$\langle\varepsilon\rangle=\frac{E}{N}=\frac{1}{N}\sum_i N_i\varepsilon_i \tag{15C.1}$$

A Seção 15A mostra que a população muito mais provável de um estado em um conjunto, a uma temperatura T, é dada pela distribuição de Boltzmann, Eq. 15A.6a ($N_i/N=(1/q)\mathrm{e}^{-\beta\varepsilon_i}$); logo, podemos escrever que

$$\langle\varepsilon\rangle=\frac{1}{q}\sum_i\varepsilon_i\mathrm{e}^{-\beta\varepsilon_i} \tag{15C.2}$$

Com $\beta=1/kT$. Para obtermos essa expressão em uma forma que envolva apenas q, observamos que

$$\varepsilon_i\mathrm{e}^{-\beta\varepsilon_i}=-\frac{\mathrm{d}}{\mathrm{d}\beta}\mathrm{e}^{-\beta\varepsilon_i}$$

Segue que

$$\langle\varepsilon\rangle=-\frac{1}{q}\sum_i\frac{\mathrm{d}}{\mathrm{d}\beta}\mathrm{e}^{-\beta\varepsilon_i}=-\frac{1}{q}\frac{\mathrm{d}}{\mathrm{d}\beta}\sum_i\mathrm{e}^{-\beta\varepsilon_i}=-\frac{1}{q}\frac{\mathrm{d}q}{\mathrm{d}\beta} \tag{15C.3}$$

É preciso comentar diversos pontos em relação à Eq. 15C.3. Como $\varepsilon_0=0$ (medimos todas as energias a partir do nível mais baixo disponível), $\langle\varepsilon\rangle$ deve ser interpretado como o valor da energia média relativa à sua energia no estado fundamental. Se, de fato, a energia mais baixa de uma molécula é $\varepsilon_{\text{fund}}$, em vez de 0, então a verdadeira energia média é $\varepsilon_{\text{fund}}+\langle\varepsilon\rangle$. Por exemplo, para um oscilador harmônico, faríamos $\varepsilon_{\text{fund}}$ igual à energia no ponto zero, $\frac{1}{2}hc\tilde{\nu}$. Em segundo lugar, como a função de partição pode depender de variáveis diferentes da temperatura (por exemplo, o volume), a derivada em relação a β na Eq. 15C.3 é, na realidade, uma derivada *parcial* com essas outras variáveis mantidas constantes. A expressão completa que relaciona a função de partição molecular à energia média de uma molécula é, portanto,

$$\langle\varepsilon\rangle=\varepsilon_{\mathrm{gs}}-\frac{1}{q}\left(\frac{\partial q}{\partial\beta}\right)_V \qquad \text{Energia molecular média} \qquad (15\text{C}.4\text{a})$$

Uma forma equivalente é obtida observando-se que $\mathrm{d}x/x = \mathrm{d}\ln x$:

$$\langle\varepsilon\rangle=\varepsilon_{\mathrm{gs}}-\left(\frac{\partial \ln q}{\partial\beta}\right)_V \qquad \text{Energia molecular média} \qquad (15\text{C}.4\text{b})$$

Essas duas equações confirmam que precisamos saber apenas a função de partição (como uma função da temperatura) para calcular a energia média.

Breve ilustração 15C.1 A energia média de um sistema de dois níveis

Se uma molécula tem apenas dois níveis de energia disponíveis, um em 0 e o outro em uma energia ε, sua função de partição é

$$q=1+\mathrm{e}^{-\beta\varepsilon}$$

Portanto, a energia média de um conjunto dessas moléculas, em uma temperatura T, é

$$\langle\varepsilon\rangle=-\frac{1}{1+\mathrm{e}^{-\beta\varepsilon}}\frac{\mathrm{d}\left(1+\mathrm{e}^{-\beta\varepsilon}\right)}{\mathrm{d}\beta}=\frac{\varepsilon\mathrm{e}^{-\beta\varepsilon}}{1+\mathrm{e}^{-\beta\varepsilon}}=\frac{\varepsilon}{\mathrm{e}^{\beta\varepsilon}+1}$$

Essa função está representada graficamente na Fig. 15C.1. Observe como a energia média é zero em $T = 0$, quando somente o estado inferior (com zero de energia) está ocupado, e se eleva para $\frac{1}{2}\varepsilon$ à medida que $T\rightarrow\infty$, quando os dois níveis ficam igualmente ocupados.

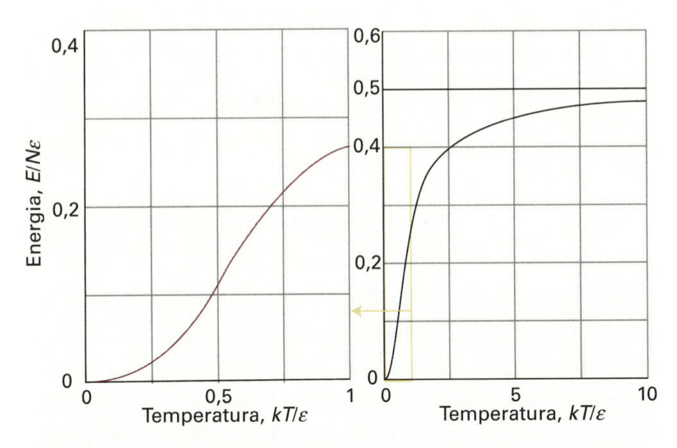

Figura 15C.1 Energia total de um sistema de dois níveis (expressa na forma de um múltiplo de $N\varepsilon$) em função da temperatura, em duas escalas de temperatura. O gráfico à esquerda mostra a lenta elevação a partir do zero de energia, a baixas temperaturas; o coeficiente angular da curva, em $T = 0$, é 0. O gráfico à direita mostra a lenta elevação a 0,5 à medida que $T\rightarrow\infty$, quando ambos os estados ficam igualmente ocupados.

Exercício proposto 15C.1 Deduza uma expressão para a energia média quando cada molécula pode existir em estados com energias 0, ε e 2ε.

Resposta: $\langle\varepsilon\rangle = \varepsilon(1 + 2x)x/(1 + x + x^2)$, $x = \mathrm{e}^{-\beta\varepsilon}$

15C.2 Contribuições dos modos fundamentais de movimento

No restante desta seção vamos estabelecer expressões para três tipos fundamentais de movimento, translação (T), rotação (R) e vibração (V), e, em seguida, veremos como incorporar os estados eletrônicos das moléculas (E) e o spin dos elétrons ou núcleos (S).

(a) A contribuição translacional

Para um sistema unidimensional, de comprimento X, para o qual $q^{\mathrm{T}} = X/\Lambda$ com $\Lambda = h(\beta/2\pi m)^{1/2}$ (Seção 15B), observamos que Λ é igual ao produto de uma constante multiplicada por $\beta^{1/2}$, e obtemos

$$\begin{aligned}\langle\varepsilon^{\mathrm{T}}\rangle&=-\frac{1}{q^{\mathrm{T}}}\left(\frac{\partial q^{\mathrm{T}}}{\partial\beta}\right)_V=-\frac{\Lambda}{X}\left(\frac{\partial}{\partial\beta}\frac{X}{\Lambda}\right)_V\\&=-\frac{\text{constante}\times\beta^{1/2}}{X}\times X\times\frac{\mathrm{d}}{\mathrm{d}\beta}\left(\frac{1}{\text{constante}\times\beta^{1/2}}\right)\\&=-\beta^{1/2}\overbrace{\frac{\mathrm{d}}{\mathrm{d}\beta}\frac{1}{\beta^{1/2}}}^{-\frac{1}{2}\beta^{-\frac{3}{2}}}=\frac{1}{2\beta}\end{aligned}$$

Isto é,

$$\langle\varepsilon^{\mathrm{T}}\rangle=\tfrac{1}{2}kT \qquad \textit{Uma dimensão} \qquad \text{Energia média translacional} \qquad (15\text{C}.5\text{a})$$

Se a molécula puder se mover nas três dimensões, um cálculo semelhante ao anterior leva a

$$\langle\varepsilon^{\mathrm{T}}\rangle=\tfrac{3}{2}kT \qquad \textit{Três dimensões} \qquad \text{Energia média translacional} \qquad (15\text{C}.5\text{b})$$

(b) A contribuição rotacional

A energia média de rotação de uma molécula linear se obtém pela função de partição rotacional (Eq. 15B.11):

$$q^{\mathrm{R}}=\sum_J(2J+1)\mathrm{e}^{-\beta hc\tilde{B}J(J+1)}$$

Quando a temperatura é baixa (no sentido de ser $T < \theta^{\mathrm{R}} = hc\tilde{B}/k$), as séries devem ser somadas termo a termo, o que, para uma molécula diatômica heteronuclear ou outra molécula linear assimétrica, dá

$$q^{\mathrm{R}} = 1 + 3e^{-2\beta hc\tilde{B}} + 5e^{-6\beta hc\tilde{B}} + \cdots$$

Logo, como

$$\frac{dq^{\mathrm{R}}}{d\beta} = -hc\tilde{\beta}(6e^{-2\beta hc\tilde{B}} + 30e^{-6\beta hc\tilde{B}} + \cdots)$$

(q^{R} é independente de V; consequentemente, a derivada parcial foi substituída por uma derivada ordinária) encontramos

$$\langle\varepsilon^{\mathrm{R}}\rangle = -\frac{1}{q^{\mathrm{R}}}\frac{dq^{\mathrm{R}}}{d\beta} = \frac{hc\tilde{B}\left(6e^{-2\beta hc\tilde{B}} + 30e^{-6\beta hc\tilde{B}} + \cdots\right)}{1 + 3e^{-2\beta hc\tilde{B}} + 5e^{-6\beta hc\tilde{B}} + \cdots}$$

Molécula linear assimétrica | Energia média rotacional | (15C.6a)

O gráfico dessa função é mostrado na Fig. 15C.2. Em temperaturas elevadas ($T \gg \theta^{\mathrm{R}}$), a função q^{R} é dada pela Eq. 15B.13b ($q^{\mathrm{R}} = T/\sigma\theta^{\mathrm{R}}$) sob a forma $q^{\mathrm{R}} = 1/\sigma\beta hc\tilde{B}$, em que $\sigma = 1$ para uma molécula diatômica heteronuclear. Segue, então, que

$$\langle\varepsilon^{\mathrm{R}}\rangle = -\frac{1}{q^{\mathrm{R}}}\frac{dq^{\mathrm{R}}}{d\beta} = -\sigma\beta hc\tilde{B}\frac{d}{d\beta}\left(\frac{1}{\sigma\beta hc\tilde{B}}\right) = -\beta\overbrace{\frac{d}{d\beta}\frac{1}{\beta}}^{-1/\beta^2}$$

e, portanto, que

$$\langle\varepsilon^{\mathrm{R}}\rangle = \frac{1}{\beta} = kT$$

Molécula linear, temperatura elevada ($T \gg \theta^{\mathrm{R}}$) | Energia média rotacional | (15C.6b)

O resultado, válido para as temperaturas elevadas, quando muitos estados rotacionais estão ocupados, também concorda com o teorema da equipartição da energia, pois a expressão clássica da energia de um rotor linear é $E_{\mathrm{k}} = \frac{1}{2}I_{\perp}\omega_a^2 + \frac{1}{2}I_{\perp}\omega_b^2$. (Não há rotação em torno do eixo que contém os átomos.) Segue do teorema da equipartição (*Fundamentos* B) que a energia média de rotação é $2 \times \frac{1}{2}kT = kT$.

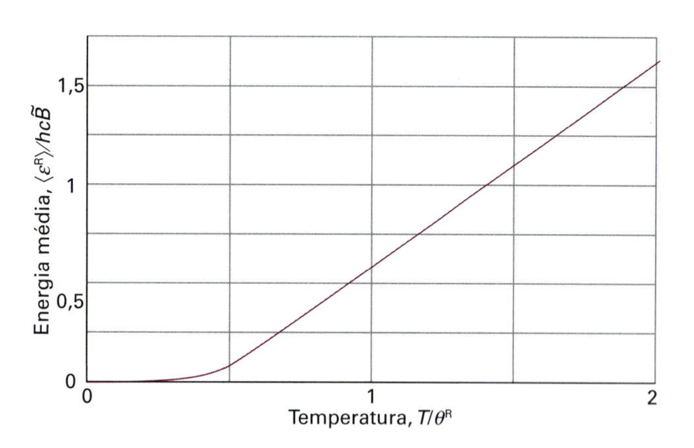

Figura 15C.2 Energia média de rotação de um rotor linear assimétrico em função da temperatura. Em temperaturas elevadas ($T \gg \theta^{\mathrm{R}}$), a energia é linearmente proporcional à temperatura, conforme o teorema da equipartição da energia.

Breve ilustração 15C.2 Energia média rotacional

Para calcular a energia média de uma molécula não linear reconhecemos que sua energia cinética rotacional (a única contribuição para sua energia rotacional) é $E_{\mathrm{k}} = \frac{1}{2}I_a\omega_a^2 + \frac{1}{2}I_b\omega_b^2 + \frac{1}{2}I_c\omega_c^2$. Como são três as contribuições quadráticas, sua energia média rotacional é $\frac{3}{2}kT$. A contribuição molar é $\frac{3}{2}RT$. A 25 °C, essa contribuição é 3,7 kJ mol^{-1}, a mesma que a contribuição translacional, para um total de 7,4 kJ mol^{-1}. Um gás monoatômico não tem contribuição rotacional.

Exercício proposto 15C.2 Quanta energia é necessária para elevar a temperatura de 1 mol de H_2O(g) de 100 °C para 200 °C? Considere apenas as contribuições translacionais e rotacionais para a capacidade calorífica.

Resposta: 2,5 kJ

(c) A contribuição vibracional

A função de partição de vibração, na aproximação do oscilador harmônico, é dada pela Eq. 15B.15 ($q^{\mathrm{V}} = 1/(1 - e^{-\beta hc\tilde{\nu}})$). Como q^{V} é independente do volume, segue que

$$\frac{dq^{\mathrm{V}}}{d\beta} = \frac{d}{d\beta}\left(\frac{1}{1 - e^{-\beta hc\tilde{\nu}}}\right) = -\frac{hc\tilde{\nu}e^{-\beta hc\tilde{\nu}}}{(1 - e^{-\beta hc\tilde{\nu}})^2} \qquad (15C.7)$$

e, assim, de

$$\langle\varepsilon^{\mathrm{V}}\rangle = -\frac{1}{q^{\mathrm{V}}}\frac{dq^{\mathrm{V}}}{d\beta} = \left(1 - e^{-\beta hc\tilde{\nu}}\right)\frac{hc\tilde{\nu}e^{-\beta hc\tilde{\nu}}}{\left(1 - e^{-\beta hc\tilde{\nu}}\right)^2} = \frac{hc\tilde{\nu}e^{-\beta hc\tilde{\nu}}}{1 - e^{-\beta hc\tilde{\nu}}}$$

que

$$\langle\varepsilon^{\mathrm{V}}\rangle = \frac{hc\tilde{\nu}}{e^{\beta hc\tilde{\nu}} - 1}$$

Aproximação harmônica | Energia média vibracional | (15C.8)

A energia do ponto zero, $\frac{1}{2}hc\tilde{\nu}$, pode ser somada ao segundo membro para se medir a energia média a partir do 0 e não do nível mais baixo atingível (o nível do ponto zero). A variação da energia média com a temperatura está ilustrada na Fig. 15C.3. Em temperaturas elevadas, quando $T \gg \theta^{\mathrm{V}}$, ou $\beta hc\tilde{\nu} \ll 1$ (lembre-se da Seção 15B que $\theta^{\mathrm{V}} = hc\tilde{\nu}/k$), as funções exponenciais podem ser expandidas ($e^x = 1 + x + \ldots$) e todos os termos, exceto os dois primeiros, desprezados. Essa aproximação leva a

$$\langle\varepsilon^{\mathrm{V}}\rangle = \frac{hc\tilde{\nu}}{(1 + \beta hc\tilde{\nu} + \cdots) - 1} \approx \frac{1}{\beta} = kT$$

Aproximação de temperaturas elevadas ($T \gg \theta^{\mathrm{V}}$) | Energia média vibracional | (15C.9)

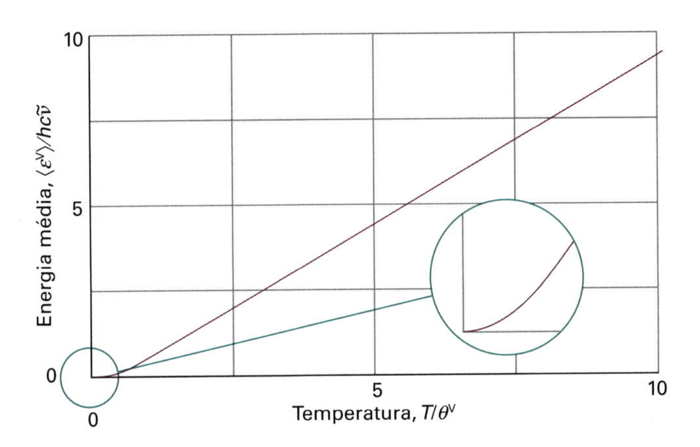

Figura 15C.3 Energia média vibracional de uma molécula, na aproximação do oscilador harmônico, em função da temperatura. Em temperaturas elevadas ($T \gg \theta^V$), a energia é linearmente proporcional à temperatura, conforme o teorema da equipartição da energia.

Esse resultado está em acordo com o valor previsto pelo teorema clássico da equipartição da energia, pois a energia de um oscilador unidimensional é $E = \frac{1}{2}mv_x^2 + \frac{1}{2}k_f x^2$ e o valor médio de cada termo quadrático é $\frac{1}{2}kT$. Porém, tenha em mente que a condição $T \gg \theta^V$ raramente é satisfeita.

Breve ilustração 15C.3 A energia média vibracional

Para calcular a energia média de vibração das moléculas de I_2, a 298,15 K, observamos na Tabela 12D.1 que seu número de onda vibracional é 214,6 cm⁻¹. Então, como, a 298,15 K, kT/hc = 207,224 cm^{-1}, a partir da Eq. 15C.8 com

$$\beta\varepsilon = \frac{hc\tilde{\nu}}{kT} = \frac{214{,}6\,\text{cm}^{-1}}{207{,}244\,\text{cm}^{-1}} = 1{,}036$$

segue da Eq. 15C.8 que

$$\langle\varepsilon^V\rangle/hc = \frac{214{,}6\,\text{cm}^{-1}}{e^{1{,}036}-1} = 118{,}0\ \text{cm}^{-1}$$

A adição da energia do ponto zero (correspondente a $\frac{1}{2}\times 214{,}6$ cm^{-1}) aumenta esse valor para 225,3 cm^{-1}. O resultado da equipartição é 207,224 cm^{-1}, sendo que a discrepância reflete o fato de que, neste caso, não é verdadeiro que $T \gg \theta^V$ e de somente o estado fundamental e o primeiro estado excitado estarem significativamente ocupados.

Exercício proposto 15C.3 Qual deve ser a temperatura antes que a energia calculada pelo teorema da equipartição esteja a 2% da energia dada pela Eq. 15C.8?

Resposta: 625 K; use uma planilha

Quando são diversos os modos normais que podem ser tratados como harmônicos, a função de partição vibracional global é o produto de cada função de partição individual, e a energia média vibracional total é a soma da energia média de cada modo.

(d) A contribuição eletrônica

Vamos considerar dois tipos de contribuição eletrônica: um proveniente dos estados eletronicamente excitados de uma molécula e outro, da contribuição do spin.

Na maioria dos casos, os estados eletrônicos dos átomos e das moléculas estão tão separados que somente o estado eletrônico fundamental está ocupado. Como estamos adotando a convenção de que todas as energias são medidas a partir do estado fundamental de cada modo, podemos escrever

$$\langle\varepsilon^E\rangle = 0 \qquad \text{Energia eletrônica média} \qquad (15C.10)$$

Em certos casos, há estados termicamente acessíveis na temperatura de interesse. Nesse caso, a função de partição e, portanto, a energia eletrônica média são mais bem calculadas pela soma direta sobre os estados disponíveis. Deve-se ter cuidado para levar em conta quaisquer degenerescências, conforme ilustramos no *Exemplo* a seguir.

Exemplo 15C.1 Cálculo da contribuição eletrônica para a energia

Um certo átomo tem um estado fundamental eletrônico duplamente degenerado e um estado excitado quatro vezes degenerado a 600 cm^{-1} acima do estado fundamental. Qual é a energia média, a 25 °C, expressa na forma de um número de onda?

Método Escreva a expressão para a função de partição a uma temperatura geral T (em termos de β) e, então, deduza a energia média derivando em relação a β. Finalmente, substitua os dados. Use $\varepsilon = hc\tilde{\nu}$, $\langle\varepsilon^E\rangle = hc\langle\tilde{\nu}^E\rangle$, e (da contracapa) kT/hc = 207,226 cm^{-1}, a 25 °C.

Resposta A função de partição é $q^E = 2 + 4e^{-\beta\varepsilon}$. A energia média, portanto, é

$$\langle\varepsilon^E\rangle = -\frac{1}{q^E}\frac{dq^E}{d\beta} = -\frac{1}{2+4e^{-\beta\varepsilon}}\overbrace{\frac{d}{d\beta}(2+4e^{-\beta\varepsilon})}^{-4\varepsilon e^{-\beta\varepsilon}}$$
$$= \frac{4\varepsilon e^{-\beta\varepsilon}}{2+4e^{-\beta\varepsilon}} = \frac{\varepsilon}{\frac{1}{2}e^{\beta\varepsilon}+1}$$

e expressa como um número de onda

$$\langle\tilde{\nu}^E\rangle = \frac{\tilde{\nu}}{\frac{1}{2}e^{hc\tilde{\nu}/kT}+1}$$

A partir dos dados,

$$\langle\tilde{\nu}^E\rangle = \frac{600\ \text{cm}^{-1}}{\frac{1}{2}e^{600/207{,}226}+1} = 59{,}7\,\text{cm}^{-1}$$

Exercício proposto 15C.4 Repita o problema para um átomo que tem um estado fundamental triplamente degenerado e um estado excitado sete vezes degenerado 400 cm^{-1} acima.

Resposta: 101 cm^{-1}

(e) A contribuição do spin

O spin de um elétron em um campo magnético $\mathcal{B}$ tem dois estados de energia possíveis que dependem da orientação do spin conforme expresso pelo número quântico magnético m_s e que são dados por

$$E_{m_s} = 2\mu_B \mathcal{B} m_s \quad \text{Energias do spin do elétron} \quad (15C.11)$$

em que μ_B é o magnéton de Bohr (veja a contracapa interna). Essas energias são discutidas com mais detalhes na Seção 14A, onde vemos que o inteiro 2 precisa ser substituído por um número muito próximo de 2. O estado mais baixo tem $m_s = -\frac{1}{2}$, assim, os dois níveis de energia disponíveis ao elétron ficam (de acordo com nossa convenção) em $\varepsilon_{-1/2} = 0$ e em $\varepsilon_{+1/2} = 2\mu_B\mathcal{B}$. A função de partição do spin é, portanto,

$$q^S = \sum_{m_s} e^{-\beta\varepsilon_{m_s}} = 1 + e^{-2\beta\mu_B\mathcal{B}} \quad \text{Função de partição do spin} \quad (15C.12)$$

A energia média do spin, portanto, é

$$\langle\varepsilon^S\rangle = -\frac{1}{q^S}\frac{dq^S}{d\beta} = -\frac{1}{1+e^{-2\beta\mu_B\mathcal{B}}}\overbrace{\frac{d}{d\beta}\left(1+e^{-2\beta\mu_B\mathcal{B}}\right)}^{-2\mu_B\mathcal{B}e^{-2\beta\mu_B\mathcal{B}}}$$

$$= \frac{2\mu_B\mathcal{B}e^{-2\beta\mu_B\mathcal{B}}}{1+e^{-2\beta\mu_B\mathcal{B}}}$$

Ou seja,

$$\langle\varepsilon^S\rangle = \frac{2\mu_B\mathcal{B}}{e^{2\beta\mu_B\mathcal{B}}+1} \quad \text{Energia média do spin} \quad (15C.13)$$

Essa função é essencialmente a mesma que a do gráfico da Fig. 15C.1.

Breve ilustração 15C.4 A contribuição do spin para a energia

Suponha que um conjunto de radicais seja exposto a um campo magnético de 2,3 T (T significa tesla). Com $\mu_B = 9{,}274 \times 10^{-24}$ J T^{-1} e uma temperatura de 25 °C,

$$2\mu_B\mathcal{B} = 2\times(9{,}274\times10^{-24}\,\text{J T}^{-1})\times 2{,}5\,\text{T} = 4{,}6\ldots\times10^{-23}\,\text{J}$$

$$2\beta\mu_B\mathcal{B} = \frac{2\,(9{,}274\;10^{-24}\,\text{J T}^{-1})\times(2{,}5\,\text{T})}{(1{,}381\times10^{-23}\,\text{J K}^{-1})\times(298\,\text{K})} = 0{,}011\ldots$$

Portanto, a energia média é

$$\langle\varepsilon^S\rangle = \frac{4{,}6\ldots\times10^{-23}\,\text{J}}{e^{0{,}011\ldots}+1} = 2{,}3\;10^{-23}\,\text{J}$$

Essa energia é equivalente a 14 J mol^{-1} (observe que são joules, não quilojoules).

Exercício proposto 15C.5 Repita o cálculo para uma espécie com $S = 1$ no mesmo campo magnético.

Resposta: 0,0046 zJ, 28 J mol^{-1}

Conceitos importantes

☐ 1. A **energia molecular média** pode ser calculada a partir da função de partição molecular.

☐ 2. A função de partição molecular é calculada a partir de parâmetros estruturais da molécula obtidos por espectroscopia ou cálculos computacionais.

Equações importantes

Propriedade	Equação	Comentário	Número da equação
Energia molecular média	$\langle\varepsilon\rangle = \varepsilon_{gs} - (1/q)(\partial q/\partial\beta)_V$		15C.4a
	$\langle\varepsilon\rangle = \varepsilon_{gs} - (\partial \ln q/\partial\beta)_V$	Versão alternativa	15C.4b
Translação	$\langle\varepsilon^T\rangle = \frac{d}{2}kT$	Em d dimensões, d = 1, 3	15C.5

(Continua)

(Continuação)

Propriedade	Equação	Comentário	Número da equação
Rotação	$\langle \varepsilon^{\mathrm{R}} \rangle = kT$	Molecular linear, $T \gg \theta^{\mathrm{R}}$	15C.6b
Vibração	$\langle \varepsilon^{\mathrm{V}} \rangle = hc\tilde{\nu}/(\mathrm{e}^{\beta hc\tilde{\nu}}-1)$	Aproximação harmônica	15C.8
	$\langle \varepsilon^{\mathrm{V}} \rangle = kT$	$T \gg \theta^{\mathrm{V}}$	15C.9
Spin	$\langle \varepsilon^{\mathrm{S}} \rangle = 2\mu_{\mathrm{B}}\mathcal{B}/(\mathrm{e}^{2\beta\mu_{\mathrm{B}}\mathcal{B}}+1)$	$s=\frac{1}{2}$	15C.13

15D O ensemble canônico

Tópicos

➤ Por que você precisa saber este assunto?

Embora os tópicos 15B e 15C tratem de moléculas independentes, na prática, as moléculas interagem. Portanto, esse material é essencial para a construção de modelos de gases reais, líquidos e sólidos e de qualquer sistema em que as interações intermoleculares não possam ser desprezadas.

➤ Qual é a ideia fundamental?

Um sistema constituído de moléculas interagindo é descrito em termos de uma função de partição canônica, a partir da qual suas propriedades termodinâmicas podem ser deduzidas.

➤ O que você já deve saber?

Este material usam os cálculos da Seção 15A: os cálculos aqui são análogos àqueles e não são repetidos em detalhes. Esta seção também usa o cálculo de energias a partir das funções de partição (Seção 15C); os cálculos aqui também são análogos aos apresentados lá.

Consideraremos aqui o formalismo apropriado para os sistemas em que as moléculas interagem umas com as outras, como nos gases reais e líquidos. O conceito crucial que precisamos para abordar sistemas de partículas que apresentam interação é o de "ensemble". Como muitos termos científicos, este tem, em essência, o sentido normal de "conjunto", mas o seu significado foi se desenvolvendo, tornando-se extremamente preciso.

15D.1 O conceito de ensemble

Para se construir um ensemble, tomamos um sistema fechado, de volume, composição e temperatura constantes, e imaginamos que ele seja reproduzido $\tilde{N}$ vezes (Fig. 15D.1). Considera-se que todos os sistemas fechados assim imaginados estão em contato térmico entre si, de modo que podem trocar energia. A energia total de todos os sistemas é $\tilde{E}$ e, como estão em equilíbrio térmico, todos têm a mesma temperatura T. O volume de cada membro do ensemble é o mesmo, por isso os níveis de energia disponíveis para as moléculas são os mesmos em cada sistema, e cada membro contém o mesmo número de moléculas; logo, há um número fixo de moléculas para serem distribuídas em cada sistema. Esse conjunto imaginário de réplicas do sistema real, com uma temperatura comum, é denominado **ensemble canônico**. A palavra "canônico" significa "de acordo com uma regra".

Há outros dois tipos de ensemble importantes. No **ensemble microcanônico** a condição de temperatura constante é modificada pela exigência de que todos os sistemas tenham exatamente a mesma energia: cada sistema, individualmente, está isolado. No

Figura 15D.1 Representação de um ensemble canônico com $\tilde{N}=20$. As réplicas individuais do sistema real têm todas a mesma composição e o mesmo volume. Todas estão em contato térmico entre si e têm a mesma temperatura. É possível a transferência de energia entre elas, na forma de calor, e por isso nem todas têm a mesma energia. A energia total $\tilde{E}$ de todas as 20 réplicas é constante, pois o ensemble está, como um todo, isolado.

ensemble grande canônico o volume e a temperatura de cada sistema são iguais, mas os sistemas são abertos, de modo que pode haver troca de massa entre eles. A composição pode variar, mas nesse caso o potencial químico (Seção 15A) é o mesmo em todos eles. Resumindo:

Ensemble	Propriedades comuns
Microcanônico	V, E, N
Canônico	V, T, N
Grande canônico	V, T, μ

O ensemble microcanônico é a base da discussão na Seção Tópica 15A; não vamos considerar explicitamente o ensemble grande canônico.

O ponto importante sobre o ensemble é o de ser um conjunto de réplicas *imaginárias* do sistema, de modo que temos a liberdade de fazer o número de membros tão grande quanto quisermos. Se for necessário podemos fazer $\tilde{N}$ tender a infinito. O número de membros do ensemble em um estado com a energia E_i é simbolizado por $\tilde{N}_i$. Podemos também ter a configuração do ensemble (por analogia com a configuração do sistema, usada na Seção 15A) e também o respectivo peso, $\tilde{\mathcal{W}}$. Veja que $\tilde{N}$ não tem relação com N, o numero de moléculas do sistema real. $\tilde{N}$ é o numero de réplicas *imaginárias* desse sistema.

(a) Configurações dominantes

Como na Seção 15A, algumas configurações do ensemble são muito mais prováveis do que outras. Por exemplo, é muito pouco provável que a energia total, $\tilde{E}$, se acumule em um dos sistemas. Por analogia com a discussão que já fizemos, podemos prever que haverá uma configuração dominante e que podemos estimar as propriedades termodinâmicas tomando uma média sobre o ensemble usando essa única configuração mais provável, dominante. No **limite termodinâmico** de $\tilde{N} \rightarrow \infty$, essa configuração dominante é esmagadoramente a mais provável e domina praticamente de forma completa as propriedades do sistema.

A discussão quantitativa segue a argumentação da Seção 15A, com a modificação de que N e N_i são substituídos por $\tilde{N}$ e $\tilde{N}_i$. O peso $\tilde{\mathcal{W}}$ de uma configuração $\{\tilde{N}_0, \tilde{N}_1, \ldots\}$ é

$$\tilde{\mathcal{W}} = \frac{\tilde{N}!}{\tilde{N}_1!\tilde{N}_2!\cdots} \quad \text{Peso} \quad (15D.1)$$

A configuração de maior peso, sujeita às restrições de a energia total do ensemble ser constante e igual a $\tilde{E}$ e de o número total de membros ser também constante e igual a $\tilde{N}$, é dada pela **distribuição canônica**:

$$\frac{\tilde{N}_i}{\tilde{N}} = \frac{e^{-\beta E_i}}{Q} \quad \text{Distribuição canônica} \quad (15D.2a)$$

em que

$$Q = \sum_i e^{-\beta E_i} \quad \textit{Definição} \quad \text{Função de partição canônica} \quad (15D.2b)$$

em que a soma é sobre todos os membros do ensemble, cada qual tendo uma energia E_i. A grandeza Q, que é função da temperatura, é denominada **função de partição canônica**. Assim como a função de partição molecular, a função de partição canônica contém todas as informações termodinâmicas sobre um sistema, mas, nesse caso, permitindo a possibilidade de interações entre as moléculas constituintes.

Breve ilustração 15D.1 A distribuição canônica

Suponha que estejamos considerando uma amostra de um gás real monoatômico que contém 1,00 mol de átomos; então, a 298 K, sua energia total está próxima de $\frac{3}{2}nRT = \frac{3}{2}(1{,}00\ \text{mol}) \times (8{,}3145\ \text{J K}^{-1}\ \text{mol}^{-1}) \times (298\ \text{K}) = 3{,}72\ \text{kJ}$. Suponha que, por um instante, as moléculas estejam presentes em separações onde a energia total é 3,72 kJ e, em um instante mais tarde, estejam presentes onde a energia total é menor que 3,72 kJ em 0,00 000 001% (isto é, $3{,}72 \times 10^{-7}$). Para prever a razão entre os números de membros do ensemble com essas duas energias usamos a Eq. 15D.2a na forma

$$\frac{\tilde{N}(\text{menor})}{\tilde{N}(\text{maior})} = e^{-(-3{,}70\times10^{-7}\ \text{J})/(1{,}381\times10^{-23}\ \text{J K}^{-1})\times(298\ \text{K})}$$
$$= e^{3{,}33\times10^{7}}$$

À primeira vista, o número de membros com energia menor supera em muito o número com energia maior. Nem sempre esse é o caso, como se explica a seguir.

Exercício proposto 15D.1 Repita o cálculo para membros do mesmo ensemble com energia que diferem em $1{,}0 \times 10^{-20}$ %.

Resposta: $\tilde{N}(\text{menor})/\tilde{N}(\text{maior}) = e^{90} \approx 1\times10^{39}$

(b) Flutuações em relação à distribuição mais provável

A forma da distribuição canônica na Eq. 15D.2a é, apenas aparentemente, uma função exponencial decrescente da energia do sistema. Temos que notar que a equação dá a probabilidade de ocorrência, para o sistema como um todo, de membros num certo estado i com a energia E_i. Na realidade, podem ser muitos os estados com energias quase idênticas. Por exemplo, em um gás, as identidades das moléculas que se movem lentamente ou rapidamente podem se alterar sem que necessariamente fique alterada a energia total. A **densidade de estados**, isto é, o número de estados em um certo intervalo de energia dividido pela largura desse intervalo (Fig. 15D.2), é uma função fortemente crescente da energia. Segue que a probabilidade de um membro do ensemble ter uma certa energia (o que é diferente de estar em um certo estado) é dada

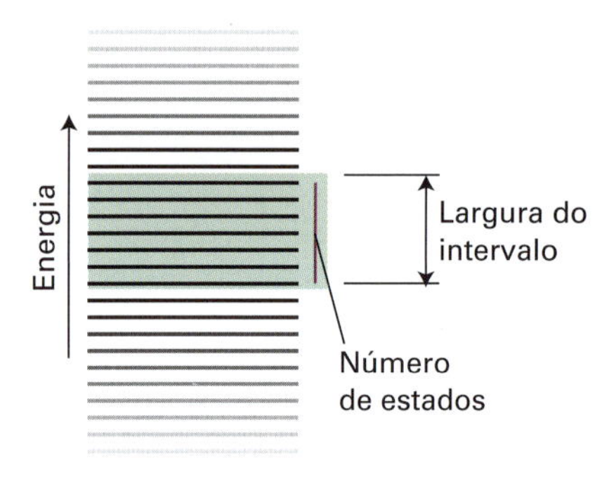

Figura 15D.2 A densidade de energia dos estados é o número de estados em um dado intervalo de energia dividido pela largura desse intervalo.

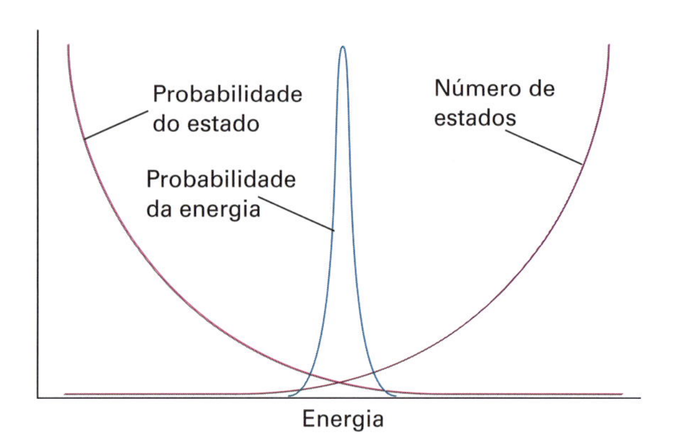

Figura 15D.3 Para obter a forma da distribuição dos membros de um ensemble canônico em termos das suas energias, multiplicamos a probabilidade de qualquer deles estar em um estado com certa energia, Eq. 15D.2a, pela densidade de estados correspondentes a essa energia (que é uma função acentuadamente crescente). O produto é uma função com um máximo muito acentuado em torno da energia média, o que mostra que quase todos os membros do ensemble têm essa energia média.

pela Eq. 15D.2a, uma função fortemente decrescente, multiplicada por uma função fortemente crescente (Fig. 15D.3). Portanto, a distribuição global é uma função com um máximo acentuado. Concluímos que a maior parte dos membros do ensemble tem uma energia muito próxima do valor médio.

Breve ilustração 15D.2 O papel da densidade de estados

Uma função que cresce rapidamente é x^N, com N sendo um valor alto. Uma função que decresce rapidamente é e^{-Nx}, novamente com N sendo um valor alto. O produto dessas duas funções, normalizadas de modo que todos os máximos para diferentes valores de N coincidam,

$$f(x) = e^N x^N e^{-Nx}$$

está representado graficamente na Fig. 15D.4. Vemos que a largura do produto realmente diminui à medida que N aumenta.

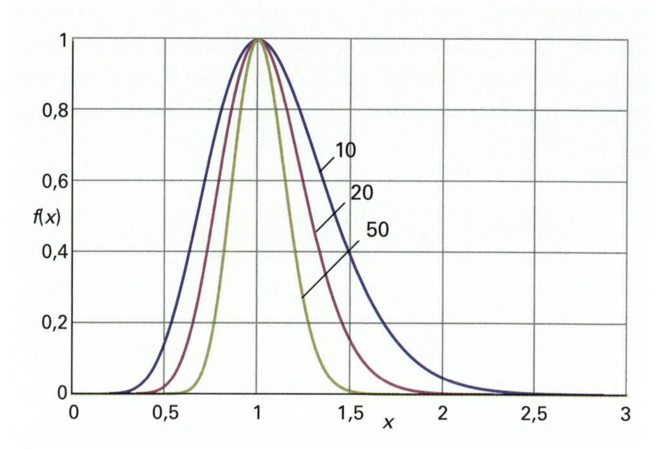

Figura 15D.4 O produto das duas funções discutidas na *Breve ilustração* 15D.2, para três valores diferentes de N.

Exercício proposto 15D.2 Mostre que o produto das funções x^{2N} e e^{-Nx}, devidamente normalizadas, tem comportamento semelhante.

Resposta: Faça o gráfico de $f(x) = (1/2)^{2N} e^{2N} x^{2N} e^{-Nx}$ para $0 \leq x \leq 4$

15D.2 A energia média de um sistema

Exatamente como a função de partição molecular, a função de partição canônica pode ser utilizada para calcular o valor médio de uma propriedade molecular; logo, a função de partição canônica pode ser usada para calcular a energia média de um sistema formado por moléculas (que podem estar ou não interagindo umas com as outras). Assim, Q é mais geral do que a função q, pois não se baseia na hipótese de as moléculas serem independentes. Podemos então usar Q para discutir as propriedades de fases condensadas e dos gases reais, nos quais as interações moleculares são importantes.

Sendo a energia total do ensemble $\tilde{E}$, e $\tilde{N}$ o número total dos seus membros, a energia média de um membro é $\langle E \rangle = \tilde{E}/\tilde{N}$. Como a fração, $\tilde{p}_i$, de membros do ensemble em um estado i com a energia E_i é dada por uma equação análoga à Eq. 15A.6 ($p_i = e^{-\beta\varepsilon_i}/q$ com $p_i = N_i/N$) como

$$\tilde{p}_i = \frac{e^{-\beta E_i}}{Q} \quad (15D.3)$$

vem então que

$$\langle E \rangle = \sum_i \tilde{p}_i E_i = \frac{1}{Q} \sum_i E_i e^{-\beta E_i} \quad (15D.4)$$

Com a mesma argumentação que nos levou à Eq. 15C.4 ($\langle \varepsilon \rangle = -(1/q)(\partial q/\partial \beta)_V$, quando $\varepsilon_{\text{fund}} = 0$),

$$E = -\frac{1}{Q}\left(\frac{\partial Q}{\partial \beta}\right)_V = -\left(\frac{\partial \ln Q}{\partial \beta}\right)_V \quad \text{Energia média de sistema} \quad (15D.5)$$

Como no caso da energia molecular média, devemos somar a essa expressão a energia no estado fundamental do sistema como um todo, se não for igual a zero.

Breve ilustração 15D.3 A expressão da energia

Se a função de partição canônica é um produto da função de partição molecular de cada molécula (que veremos a seguir como o caso em que as N moléculas do sistema são independentes), então podemos escrever $Q = q^N$ e inferir que a energia do sistema é

$$\langle E \rangle = -\frac{1}{q^N}\left(\frac{\partial q^N}{\partial \beta}\right)_V = -\frac{Nq^{N-1}}{q^N}\left(\frac{\partial q}{\partial \beta}\right)_V = -\frac{N}{q}\left(\frac{\partial q}{\partial \beta}\right)_V = N\langle \varepsilon \rangle$$

Isto é, a energia média do sistema é N vezes a energia média de uma única molécula.

Exercício proposto 15D.3 Confirme que a mesma expressão é obtida se $Q = q^N/N!$, que é outro caso descrito a seguir.

15D.3 Moléculas independentes

Veremos agora como recuperar a função de partição molecular a partir da função de partição canônica mais geral quando as moléculas forem independentes. Quando as moléculas forem independentes e distinguíveis (no sentido explicado em breve), mostramos na *Justificativa* a seguir que a relação entre Q e q é dada por

$$Q = q^N \qquad (15D.6)$$

Justificativa 15D.1 A relação entre Q e q

A energia total de um conjunto de N moléculas independentes é a soma das energias das moléculas. Podemos então escrever a energia total de um estado i do sistema como

$$E_i = \varepsilon_i(1) + \varepsilon_i(2) + \cdots + \varepsilon_i(N)$$

Nessa expressão, $\varepsilon_i(1)$ é a energia da molécula 1 quando o sistema está no estado i, $\varepsilon_i(2)$ é a energia da molécula 2 quando o sistema está no mesmo estado i e assim por diante. A função de partição canônica é então

$$Q = \sum_i e^{-\beta\varepsilon_i(1) - \beta\varepsilon_i(2) - \cdots - \beta\varepsilon_i(N)}$$

A soma sobre todos os estados do sistema pode ser reproduzida fazendo cada molécula ocupar todos os seus próprios estados individuais (embora com importante restrição que logo mencionaremos). Portanto, em lugar de somar sobre todos os estados i do sistema, podemos fazer a soma sobre todos os estados i da molécula 1, sobre todos os estados i da molécula 2 e assim por diante. A expressão original fica então

$$Q = \left(\sum_j e^{-\beta\varepsilon_j}\right)\left(\sum_j e^{-\beta\varepsilon_j}\right)\cdots\left(\sum_j e^{-\beta\varepsilon_j}\right) = q^N$$

Se todas as moléculas forem idênticas e puderem se deslocar por todo o espaço, não podemos distingui-las e a relação $Q = q^N$ não é válida. Imaginemos que a molécula 1 esteja em um certo estado a, a molécula 2, no estado b, a molécula 3, no estado c, e que um membro do ensemble tenha uma energia $E = \varepsilon_a + \varepsilon_b + \varepsilon_c$. Este membro, porém, é indistinguível de um outro formado pela molécula 1 no estado b, a molécula 2 no estado c e a molécula 3 no estado a, ou qualquer outra permutação. Há seis dessas permutações, e, sendo N o número de moléculas, $N!$ permutações. No caso de moléculas indistinguíveis, conclui-se que ao escrever $Q = q^N$ superestimamos o valor de Q, pois contamos muitos estados a mais ao passarmos da soma sobre os estados do sistema para a soma sobre os estados das moléculas. A análise exata do problema é bastante complexa, mas dela se conclui que, exceto em temperaturas muito baixas, o fator de correção é $1/N!$. Portanto:

Para moléculas independentes e indistinguíveis: $Q = q^N$ (15D.7a)

Para moléculas independentes e distinguíveis: $Q = q^N/N!$ (15D.7b)

Breve ilustração 15D.4 Indistinguibilidade

Para serem indistinguíveis, as moléculas têm que ser da mesma espécie: um átomo de Ar nunca é indistinguível de um átomo de Ne. No entanto, sua identidade não é o único critério. Cada molécula idêntica em uma rede cristalina, por exemplo, pode "receber o nome" com um conjunto de coordenadas. Moléculas idênticas em uma rede podem, portanto, ser tratadas como distinguíveis, pois seus sítios são distinguíveis, e usamos a Eq.15D.7a. Por outro lado, moléculas idênticas em um gás podem se movimentar para diferentes locais, e não há uma maneira de identificar uma dada molécula; dessa maneira, utilizamos a Eq. 15D.7b.

Exercício proposto 15D.4 Moléculas idênticas em um líquido são indistinguíveis?

Resposta: Sim

15D.4 A variação da energia com o volume

Quando há interações entre as moléculas, a energia de um conjunto depende da distância média entre elas, e, portanto, do volume ocupado por um número fixo. Essa dependência do volume é particularmente importante para a discussão de gases reais (Seção 1C).

Precisamos calcular $(\partial\langle E\rangle/\partial V)_T$, a variação da energia de um sistema com volume a uma temperatura constante. (Nas Seções 2D e 3D, essa grandeza é identificada como a "pressão interna" de um gás e simbolizada por π_T.) Para prosseguir, substituímos a Eq. 15D.5 e obtemos

$$\left(\frac{\partial E}{\partial V}\right)_T = -\left(\frac{\partial}{\partial V}\left(\frac{\partial \ln Q}{\partial \beta}\right)_V\right)_T \tag{15D.8}$$

Precisamos considerar a contribuição translacional para Q pois os níveis de energia translacional dependem do volume, mas, para desenvolver a Eq. 15D.8, precisamos também encontrar uma maneira de inserir uma expressão para a energia intermolecular potencial na expressão para Q.

A energia cinética total de um gás é a soma das energias cinéticas das moléculas individuais. Assim, mesmo em um gás real a função de partição canônica fatora em uma parte proveniente da energia cinética que, para um gás perfeito, é $Q=V^N/\Lambda^{3N}N!$, em que Λ é o comprimento de onda térmico, Eq. 15B.7b ($\Lambda = h/2\pi mkT)^{1/2}$, e um fator chamado de **integral de configuração**, Z, que depende dos potenciais intermoleculares (não confunda este Z com o fator de compressibilidade Z, na Seção 1C). Então, escrevemos

$$Q = \frac{Z}{\Lambda^{3N}} \tag{15D.9}$$

com Z substituindo $V^N/N!$, sendo que Z é igual a $V^N/N!$ para um gás perfeito (veja a próxima *Breve ilustração*). Segue então que

$$\begin{aligned}\left(\frac{\partial E}{\partial V}\right)_T &= -\left(\frac{\partial}{\partial V}\left(\frac{\partial \ln(Z/\Lambda^{3N})}{\partial \beta}\right)_V\right)_T \\ &= -\left(\frac{\partial}{\partial V}\left(\frac{\partial \ln Z}{\partial \beta}\right)_V\right)_T - \left(\frac{\partial}{\partial V}\left(\frac{\partial \ln(1/\Lambda^{3N})}{\partial \beta}\right)_V\right)_T \\ &= -\left(\frac{\partial}{\partial V}\left(\frac{\partial \ln Z}{\partial \beta}\right)_V\right)_T - \left(\frac{\partial}{\partial \beta}\overbrace{\left(\frac{\partial \ln(1/\Lambda^{3N})}{\partial V}\right)_T}^{0}\right)_V \\ &= -\left(\frac{\partial}{\partial V}\left(\frac{\partial \ln Z}{\partial \beta}\right)_V\right)_T = -\left(\frac{\partial}{\partial V}\frac{1}{Z}\left(\frac{\partial Z}{\partial \beta}\right)_V\right)_T\end{aligned} \tag{15D.10}$$

Na terceira linha, para obter e calcular o termo em azul temos que empregar a relação $(\partial^2 f/\partial x\partial y) = (\partial^2 f/\partial y\partial x)$ e, então, observamos que Λ é independente do volume; logo, sua derivada em relação ao volume é zero.

Para um gás real de átomos (para os quais as interações intermoleculares são isotrópicas), Z está relacionado com a energia potencial total E_p de interação de todas as partículas, que depende de todas as suas localizações relativas, através de

$$Z = \frac{1}{N!}\int e^{-\beta E_p}\, d\tau_1 d\tau_2 \cdots d\tau_N \quad \text{Integral de configuração} \tag{15D.11}$$

em que $d\tau_i$ é o elemento volume para o átomo i. A origem física desse termo é que a probabilidade de ocorrência de cada arranjo de moléculas possível na amostra é dada por uma distribuição de Boltzmann, na qual o expoente é dado pela energia potencial correspondente àquele arranjo.

Breve ilustração 15D.5 Uma integral de configuração

A Eq. 15D.11 é muito difícil de manipular na prática, mesmo para potenciais intermoleculares muito simples, exceto para um gás perfeito, para o qual $E_p = 0$. Nesse caso, a função exponencial torna-se 1 e

$$Z = \frac{1}{N!}\int d\tau_1 d\tau_2 \cdots d\tau_N = \frac{1}{N!}\left(\int d\tau\right)^N = \frac{V^N}{N!}$$

exatamente como deveria ser para um gás perfeito.

Exercício proposto 15D.5 Mostre que, para um gás perfeito, $(\partial\langle E\rangle/\partial V)_T = 0$.

Resposta: Neste caso, Z é independente da temperatura

Se o potencial tem a forma de uma esfera rígida central cercada por um poço atrativo raso (Fig. 15D.5), então o cálculo detalhado, que é muito complexo para reproduzir aqui, leva a

$$\left(\frac{\partial\langle E\rangle}{\partial V}\right)_T = \frac{an^2}{V^2} \quad \text{Potencial de atração} \tag{15D.12}$$

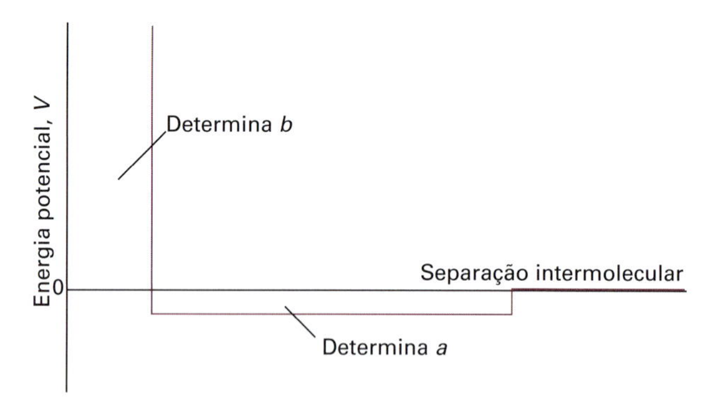

Figura 15D.5 A energia intermolecular potencial das moléculas em um gás real pode ser modelada com uma esfera rígida central b cercada por um poço atrativo raso com uma área proporcional a a. Conforme se discute no texto, cálculos baseados nesse modelo produzem resultados que são consistentes com a equação de estado de van der Waals (Seção 1C).

em que n é a quantidade de moléculas presentes no volume V e a é uma constante que é proporcional à área sob a parte de atração do potencial. No *Exemplo* 3D.2, Seção 3D, deduzimos exatamente a mesma expressão (na forma $\pi_T = an^2/V^2$) a partir da equação de estado de van der Waals. Neste ponto podemos concluir que, se houver interações de atração entre as moléculas em um gás, então sua energia aumenta à medida que se expande isotermicamente (porque $(\partial\langle E\rangle/\partial V)_T>0$, e o coeficiente angular de $\langle E\rangle$ em relação a V é positivo). A energia aumenta porque, em separações médias maiores, as moléculas passam menos tempo em regiões onde interagem favoravelmente.

Conceitos importantes

- ☐ 1. O **ensemble canônico** é um conjunto imaginário de réplicas do sistema real com uma temperatura comum.
- ☐ 2. A **distribuição canônica** dá o número de membros do ensemble com uma energia total específica.
- ☐ 3. A energia média dos membros do ensemble pode ser calculada a partir da **função de partição canônica**.

Equações importantes

Propriedade	Equação	Comentário	Número da equação
Distribuição canônica	$\tilde{N}_i/\tilde{N} = e^{-\beta E_i}/Q$		15D.2a
Função de partição canônica	$Q = \sum_i e^{-\beta E_i}$	Definição	15D.2b
Energia média	$\langle E\rangle = -(1/Q)(\partial Q/\partial\beta)_V = -(\partial \ln Q/\partial\beta)_V$		15D.5
Integral de configuração	$Q = Z/\Lambda^{3N}$ $Z = \frac{1}{N!}\int e^{-\beta E_p} d\tau_1 d\tau_2 \ldots d\tau_N$	Interação isotrópica	15D.11
Variação da energia média com o volume	$(\partial\langle E\rangle/\partial V)_T = an^2/V^2$	Gás de van der Waals	15D.12

15E A energia interna e a entropia

Contents

➤ Por que você precisa saber este assunto?

A importância da função de partição molecular é que ela contém toda a informação necessária para o cálculo das propriedades termodinâmicas de um sistema de partículas independentes. Nesse aspecto, q tem um papel na termodinâmica estatística semelhante ao da função de onda na mecânica quântica. A importância desta discussão é também a visão clara que uma interpretação molecular oferece das propriedades termodinâmicas.

➤ Qual é a ideia fundamental?

A função de partição contém todas as informações termodinâmicas sobre um sistema e, dessa maneira, oferece uma ponte entre a espectroscopia e a termodinâmica.

➤ O que você já deve saber?

Você precisa saber como calcular a função de partição molecular a partir de dados estruturais (Seção 15B); você deverá também estar familiarizado com os conceitos de energia interna (Seção 2A) e de entropia (Seção 3A). Esta seção utiliza os cálculos de energias moleculares médias dados na Seção 15C.

Nesta seção veremos como obter qualquer função termodinâmica, uma vez conhecida a função de partição. As duas propriedades fundamentais da termodinâmica são a energia interna, U, e a entropia, S. Tão logo essas duas propriedades tenham sido calculadas, é possível obter as funções termodinâmicas auxiliares, como a energia de Gibbs, G (Seção 15F).

15E.1 A energia interna

Começamos revelando a importância de q mostrando como obter uma expressão para a energia interna do sistema.

(a) O cálculo da energia interna

Ficou estabelecido na Seção 15C que a energia média de um conjunto de moléculas independentes está relacionada à função de partição molecular por

$$\langle \varepsilon \rangle = -\frac{1}{q}\left(\frac{\partial q}{\partial \beta}\right)_V \qquad (15E.1)$$

Com $\beta = 1/kT$. A energia total de um sistema composto de N moléculas é, portanto, $N\langle\varepsilon\rangle$, e, assim, a energia interna, $U(T) = U(0) + N\langle\varepsilon\rangle$, está relacionada com a função de partição molecular por

$$U(T) = U(0) + N\langle\varepsilon\rangle = U(0) - \frac{N}{q}\left(\frac{\partial q}{\partial \beta}\right)_V$$

Moléculas independentes Energia interna (15E.2a)

Em muitos casos, a expressão para $\langle\varepsilon\rangle$ já estabelecida para cada modo de movimento na Seção 15C pode ser usada e não é necessário voltar à expressão para q, exceto para algumas manipulações formais. Uma forma alternativa dessa relação é

$$U(T) = U(0) - N\left(\frac{\partial \ln q}{\partial \beta}\right)_V$$

Moléculas independentes Energia interna (15E.2b)

Uma expressão muito semelhante é usada para um sistema de moléculas com interação entre elas. Nesse caso usamos a função de partição canônica, Q, e escrevemos

$$U(T)=U(0)-\left(\frac{\partial \ln Q}{\partial \beta}\right)_V \quad \textit{Moléculas com interação umas com as outras} \quad \text{Energia interna} \quad (15E.2c)$$

Breve ilustração 15E.1 A energia interna de um conjunto de osciladores

Ficou estabelecido na Seção 15C (Eq. 15C.8) que a energia média de um conjunto de osciladores harmônicos é $\langle\varepsilon^{V}\rangle=hc\tilde{\nu}/(e^{\beta hc\tilde{\nu}}-1)$. Segue que a energia interna molar desse conjunto é

$$U_{\mathrm{m}}^{\mathrm{V}}(T)=U_{\mathrm{m}}^{\mathrm{V}}(0)+\frac{N_{\mathrm{A}}hc\tilde{\nu}}{e^{\beta hc\tilde{\nu}}-1}$$

Para moléculas de I_2, a 298,15 K, observamos na Tabela 12D.1 que seu número de onda vibracional é 214,6 cm^{-1}. Então, como, a 298,15 K, kT/hc = 207,224 cm^{-1}, $hc\tilde{\nu}$=4.26zJ, e

$$\beta hc\tilde{\nu}=\frac{hc\tilde{\nu}}{kT}=\frac{214{,}6\,\mathrm{cm}^{-1}}{207{,}244\,\mathrm{cm}^{-1}}=1{,}035\ldots$$

segue que a contribuição vibracional para a energia molar interna é

$$\begin{aligned}U_{\mathrm{m}}^{\mathrm{V}}(T)&=U_{\mathrm{m}}^{\mathrm{V}}(0)+\frac{(6{,}022\times10^{23}\,\mathrm{mol}^{-1})\times(4{,}26\times10^{-21}\,\mathrm{J})}{e^{1{,}035\ldots}-1}\\&=U_{\mathrm{m}}^{\mathrm{V}}(0)+1{,}41\,\mathrm{kJ\,mol}^{-1}\end{aligned}$$

Exercício proposto 15E.1 Qual é a energia interna molar de um gás de moléculas lineares?

Resposta: $U_{\mathrm{m}}(T)=U_{\mathrm{m}}(0)+\frac{5}{2}RT$

(b) Capacidade calorífica

A capacidade calorífica a volume constante (Seção 2A) é definida como $C_V = (\partial U/\partial T)_V$. Assim, como a energia vibracional média de um conjunto de osciladores harmônicos (Eq. 15C.8), $\langle\varepsilon^{V}\rangle=hc\tilde{\nu}/(e^{\beta hc\tilde{\nu}}-1)$ pode ser escrita em termos da temperatura vibracional $\theta^{V}=hc\tilde{\nu}/k$ como

$$\langle\varepsilon^{V}\rangle=\frac{k\theta^{V}}{e^{\theta^{V}/T}-1}$$

segue que a contribuição vibracional para a capacidade calorífica molar a volume constante é

$$C_{V,\mathrm{m}}^{\mathrm{V}}=\frac{\mathrm{d}N_{\mathrm{A}}\langle\varepsilon^{V}\rangle}{\mathrm{d}T}=R\theta^{V}\frac{\mathrm{d}}{\mathrm{d}T}\frac{1}{e^{\theta^{V}/T}-1}=R\left(\frac{\theta^{V}}{T}\right)^{2}\frac{e^{\theta^{V}/T}}{(e^{\theta^{V}/T}-1)^{2}}$$

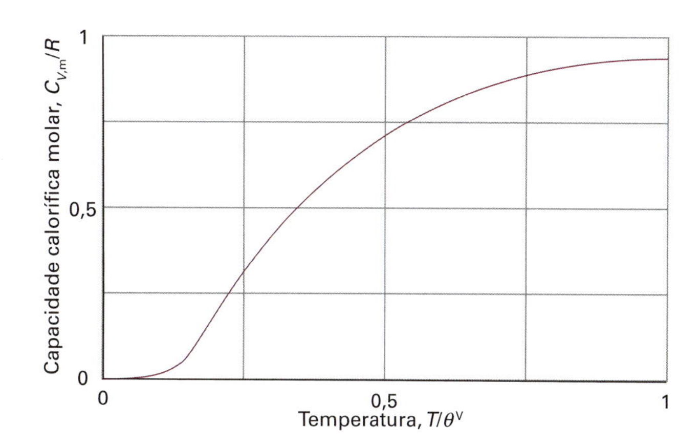

Figura 15E.1 Dependência entre a capacidade calorífica de vibração, na aproximação harmônica, e a temperatura, dada pela Eq. 15E.3. Observe que a capacidade calorífica apresenta uma diferença menor que 10% em relação ao seu valor clássico nas temperaturas superiores a θ^{V}.

Essa expressão pode ser reescrita como

$$C_{V,\mathrm{m}}^{\mathrm{V}}=Rf(T) \qquad f(T)=\left(\frac{\theta^{V}}{T}\right)^{2}\left(\frac{e^{-\theta^{V}/2T}}{1-e^{-\theta^{V}/T}}\right)^{2} \quad \text{Contribuição vibracional para } C_V \quad (15E.3)$$

A curva da Fig. 15E.1 mostra como a capacidade calorífica de vibração depende da temperatura. Observe-se que, mesmo quando a temperatura é pouco superior a θ^{V}, a capacidade calorífica é próxima do seu valor clássico dado pela equipartição da energia. A Eq. 15E.3 é essencialmente idêntica à fórmula de Einstein para a capacidade calorífica de um sólido (Eq. 7A.9), com θ^{V} no lugar da temperatura Einstein, θ_{E}. A única diferença está nas três dimensões em que ocorrem as vibrações nos sólidos.

Há vezes em que é mais conveniente converter a derivada em relação a T em uma derivada em relação a β usando

$$\frac{\mathrm{d}}{\mathrm{d}T}=\frac{\mathrm{d}\beta}{\mathrm{d}T}\frac{\mathrm{d}}{\mathrm{d}\beta}=-\frac{1}{kT^{2}}\frac{\mathrm{d}}{\mathrm{d}\beta}=-k\beta^{2}\frac{\mathrm{d}}{\mathrm{d}\beta} \quad (15E.4)$$

Segue que

$$C_V=-k\beta^{2}\left(\frac{\partial U}{\partial \beta}\right)_V=-Nk\beta^{2}\left(\frac{\partial\langle\varepsilon\rangle}{\partial\beta}\right)_V\overset{\text{Eq. 15E.1}}{=}Nk\beta^{2}\left(\frac{\partial^{2}\ln q}{\partial\beta^{2}}\right)_V \quad \text{Capacidade calorífica} \quad (15E.5)$$

Quando a equipartição da energia é válida, que é o caso quando $T \gg \theta^{M}$, com θ^{M} sendo a temperatura característica do modo M ($\theta^{V}=hc\tilde{\nu}/k$ para vibração, $\theta^{R}=hc\tilde{B}/k$ para rotação), há um caminho muito mais simples. Podemos estimar a capacidade calorífica pela contagem do número de modos ativos. Nos gases, os três modos de translação estão sempre ativos e contribuem com $\frac{3}{2}R$ para a capacidade calorífica molar. Se representarmos o número de modos de rotação ativos por ν^{R*} (de modo que, para a maioria das moléculas nas temperaturas normais, $\nu^{R*} = 2$ para as moléculas lineares e 3 para as não lineares), então a contribuição da rotação é $\frac{1}{2}\nu^{R*}R$. Se a temperatura for bastante elevada para se terem ν^{V*} modos de vibração ativos, a contribuição vibracional para a capacidade calorífica molar é $\nu^{V*}R$. Na maioria dos casos, porém, $\nu^{V*} \approx 0$. Vem então que a capacidade calorífica molar total é aproximadamente

$$C_{V,m} = \tfrac{1}{2}(2 + \nu^{R*} + 2\nu^{V*})R \quad T \gg \theta^{M} \qquad \text{Capacidade calorífica total} \qquad (15E.6)$$

Breve ilustração 15E.2 A capacidade calorífica a volume constante

As temperaturas características das vibrações para H_2O (em números redondos) são 5300 K, 2300 K e 5400 K. Portanto, as vibrações não estão excitadas a 373 K. Os três modos de rotação para H_2O têm as temperaturas características de 40 K, 21 K e 13 K, de modo que eles estão completamente excitados, como os três modos de translação. A contribuição da translação é $\frac{3}{2}R = 12{,}5\ \text{J K}^{-1}\ \text{mol}^{-1}$. As rotações completamente excitadas contribuem com outros $12{,}5\ \text{J K}^{-1}\ \text{mol}^{-1}$. Então, o valor da capacidade calorífica deve ser próximo de $25\ \text{J K}^{-1}\ \text{mol}^{-1}$. O valor experimental é $26{,}1\ \text{J K}^{-1}\ \text{mol}^{-1}$. A diferença entre os dois valores provém, possivelmente, de afastamentos em relação ao comportamento de gás perfeito.

Exercício proposto 15E.2 Calcule a capacidade calorífica molar a volume constante do I_2 gasoso a 25 °C ($\tilde{B} = 0{,}037\ \text{cm}^{-1}$; veja a Tabela 12D.1 para mais dados).

Resposta: $29\ \text{J K}^{-1}\ \text{mol}^{-1}$

15E.2 A entropia

Uma das mais famosas equações da termodinâmica estatística é a **equação de Boltzmann** para a entropia:

$$S = k \ln \mathcal{W} \qquad \text{Equação de Boltzmann para a entropia} \qquad (15E.7)$$

Nessa expressão, que é deduzida na *Justificativa* 15E.1, $\mathcal{W}$ é o peso (estatístico) da configuração mais provável do sistema (conforme se discute na Seção 15A).

Justificativa 15E.1 A fórmula de Boltzmann

A energia interna $U(T) = U(0) + N\langle\varepsilon\rangle$, com $\langle\varepsilon\rangle = (1/N)\sum_i N_i\varepsilon_i$ pode ser escrita como

$$U(T) = U(0) + \sum_i N_i \varepsilon_i$$

Uma variação de $U(T)$ pode surgir de uma alteração dos níveis de energia de um sistema (quando ε_i muda para $\varepsilon_i + \mathrm{d}\varepsilon_i$) ou de uma alteração das populações (quando N_i muda para $N_i + \mathrm{d}N_i$). Portanto, a variação mais geral é

$$\mathrm{d}U(T) = \mathrm{d}U(0) + \sum_i N_i\,\mathrm{d}\varepsilon_i + \sum_i \varepsilon_i\,\mathrm{d}N_i$$

Como os níveis de energia não mudam quando um sistema é aquecido a volume constante (Fig. 15E.2), na ausência de outras mudanças além do aquecimento, apenas o terceiro termo (em azul) à direita sobrevive. Sabemos da termodinâmica (particularmente da Eq. 3D.1 ($\mathrm{d}U = T\mathrm{d}S - p\mathrm{d}V$)) que sob essas mesmas condições $\mathrm{d}U = T\mathrm{d}S$. Portanto,

$$\mathrm{d}S = \frac{\mathrm{d}U}{T} = \frac{1}{T}\sum_i \varepsilon_i\,\mathrm{d}N_i = k\beta\sum_i \varepsilon_i\,\mathrm{d}N_i$$

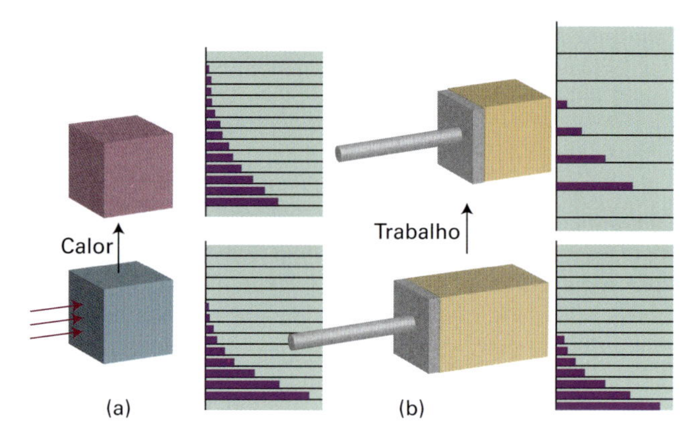

Figura 15E.2 (a) Quando se aquece um sistema, não se alteram os níveis de energia, mas sim as suas populações. (b) Quando se faz trabalho sobre o sistema, há alteração dos próprios níveis de energia. Os níveis neste caso são os níveis de energia de uma partícula em uma caixa unidimensional da Seção 8A. Esses níveis dependem do comprimento da caixa e se afastam entre si quando o comprimento é diminuído.

Para variações na configuração mais provável (a única que vamos considerar), sabemos da Eq. 15A.10 ($\partial(\ln \mathcal{W})/\partial N_i + \alpha - \beta\varepsilon_i = 0$) que $\beta\varepsilon_i = \partial(\ln \mathcal{W})/\partial N_i + \alpha$; portanto,

$$\mathrm{d}S = k\overbrace{\sum_i\left(\frac{\partial \ln \mathcal{W}}{\partial N_i}\right)\mathrm{d}N_i}^{\mathrm{d}\ln\mathcal{W}} + k\alpha\overbrace{\sum_i \mathrm{d}N_i}^{0} = k(\mathrm{d}\ln \mathcal{W})$$

Essa relação sugere fortemente a definição $S = k \ln S = k \ln \mathcal{W}$, como na Eq. 15E.7.

(a) Entropia e função de partição

A entropia estatística comporta-se exatamente da mesma maneira que a entropia termodinâmica. Assim, quando a temperatura diminui, o valor de $\mathcal{W}$, e, portanto, o de S, diminui, pois menos configurações são compatíveis com a energia total. No limite de $T \to 0$, $\mathcal{W} = 1$, e então $\ln \mathcal{W} = 0$, pois apenas uma configuração (todas as moléculas no nível mais baixo) é compatível com $E = 0$. Vem então que $S \to 0$ quando $T \to 0$, o que é compatível com a Terceira Lei da termodinâmica, de que as entropias de todos os cristais perfeitos tendem para um mesmo valor quando $T \to 0$ (Seção 3B).

Relacionamos agora a fórmula de Boltzmann para a entropia com a função de partição. Como a *Justificativa* vista a seguir mostra, a relação para um sistema de moléculas *distinguíveis* sem interação umas com as outras é

$$S(T)=\frac{U(T)-U(0)}{T}+Nk\ln q$$

Moléculas independentes distinguíveis Entropia (15E.8a)

Para moléculas indistinguíveis (como as de um gás de moléculas idênticas)

$$S(T)=\frac{U(T)-U(0)}{T}+Nk\ln\frac{q}{N}$$

Moléculas independentes indistinguíveis Entropia (15E.8b)

A expressão correspondente para moléculas com interação umas com as outras é baseada na função de partição canônica, e é

$$S(T)=\frac{U(T)-U(0)}{T}+k\ln Q$$

Moléculas com interação umas com as outras Entropia (15E.8c)

Justificativa 15E.2 A entropia estatística

Para um sistema composto de N moléculas distinguíveis, a Eq. 15A.3 ($\ln\mathcal{W}=N\ln N-\sum_i N_i\ln N_i$) com $N=\sum_i N_i$ é

$$\ln\mathcal{W}=\sum_i N_i\ln N-\sum_i N_i\ln N_i$$
$$=\sum_i N_i(\ln N-\ln N_i)=-\sum_i N_i\ln\frac{N_i}{N}$$

A Eq. 15E.7 ($S = k\ln\mathcal{W}$), então, torna-se

$$S=-k\sum_i N_i\ln\frac{N_i}{N}$$

O valor de N_i/N para a distribuição mais provável é dado pela distribuição de Boltzmann, $N_i/N = e^{-\beta\varepsilon}/q$, e, assim,

$$\ln\frac{N_i}{N}=\ln e^{-\beta\varepsilon_i}-\ln q=-\beta\varepsilon_i-\ln q$$

Portanto,

$$S=k\beta\overbrace{\sum_i N_i\varepsilon_i}^{N\langle\varepsilon\rangle}+k\sum_i N_i\ln q=Nk\beta\langle\varepsilon\rangle+Nk\ln q$$

Finalmente, como $N\langle\varepsilon\rangle = U - U(0)$ e $\beta = 1/kT$, obtemos a Eq. 15E.8a.

Para tratar um sistema composto de N moléculas *in*distinguíveis, precisamos reduzir o peso $\mathcal{W}$ por um fator de $1/N!$, porque as $N!$ permutações das moléculas entre os estados resultam no mesmo estado do sistema. Então, como $\ln(\mathcal{W}/N!) = \ln\mathcal{W} - \ln N!$, a equação na primeira linha desta *Justificativa* se torna

$$\ln\mathcal{W}=N\ln N-\sum_i N_i\ln N_i-\overbrace{\ln N!}^{N\ln N-N}$$
$$=\sum_i N_i\ln N-\sum_i N_i\ln N_i-\overbrace{N}^{\sum_i N_i}\ln N+N$$
$$=-\sum_i N_i\ln N_i+N$$

em que utilizamos a aproximação de Stirling para escrever $\ln N! = N\ln N - N$. Conforme consideramos anteriormente, substituímos N_i pelo valor de Boltzmann, $N_i=Ne^{-\beta\varepsilon_i}/q$:

$$\sum_i N_i\ln N_i=\sum_i N_i(\ln N-\beta\varepsilon_i-\ln q)$$
$$=N\ln N-N\beta\langle\varepsilon\rangle-N\ln q=-N\beta\langle\varepsilon\rangle-N\ln\frac{q}{N}$$

A entropia neste caso é, portanto,

$$S=Nk\beta\langle\varepsilon\rangle+Nk\ln\frac{q}{N}+Nk$$

Agora observe que Nk pode ser escrito como $Nk\ln e$ e $Nk\ln q/N + Nk\ln e = Nk\ln qe/N$, que dá a Eq. 15E.8b.

A Eq. 15E.8a expressa a entropia de um conjunto de moléculas independentes em termos da energia interna e da função de partição molecular. No entanto, na Seção 15C mostra-se que, em boa aproximação, a energia de uma molécula é a soma das contribuições independentes, como a translacional (T), a rotacional (R), a vibracional (V) e a eletrônica (E). Assim, a função de partição é fatorada em um produto de contribuições. Como resultado, a entropia é também a soma das contribuições individuais. Para partículas independentes distinguíveis, cada contribuição é a forma da Eq. 15E.8a, e, para um modo M, escrevemos

$$S^{\rm M}=\frac{\{U-U(0)\}^{\rm M}}{T}+Nk\ln q^{\rm M}$$

Partículas independentes distinguíveis, M ≠ T — Entropia devida ao modo M (15E.9)

Essa expressão aplica-se a M = R, V e E; a versão análoga da Eq. 15E.8b deve ser utilizada para M = T, pois as moléculas são, então, indistinguíveis.

Breve ilustração 15E.3 A entropia de um sistema de dois níveis

Das Seções 15B e 15C, as funções de partição e a energia média são $q = 1 + e^{-\beta\varepsilon}$ e $\langle\varepsilon\rangle = \varepsilon/(e^{\beta\varepsilon} + 1)$. A contribuição para a entropia molar, com $1/T = k\beta$, é, portanto,

$$S_{\rm m}=R\left\{\frac{\beta\varepsilon}{1+e^{\beta\varepsilon}}+\ln\left(1+e^{-\beta\varepsilon}\right)\right\}$$

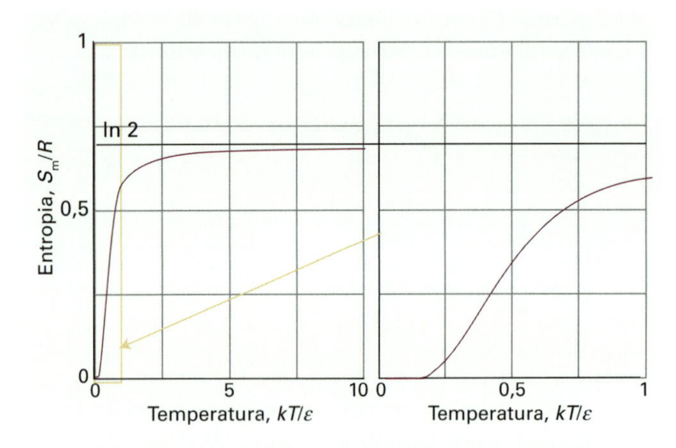

Figura 15E.3 A variação de temperatura da entropia molar de uma coleção de sistemas de dois níveis expressa como um múltiplo de $R = N/k$. À medida que $T \to \infty$, os dois estados se tornam igualmente populados e S_m se aproxima de $R \ln 2$.

Essa função complicada está representada na Fig. 15E.3. Deve-se observar que, à medida que $T \to \infty$ (correspondendo a $\beta \to 0$), a entropia molar se aproxima de $R \ln 2$.

Exercício proposto 15E.3 Deduza uma expressão para a entropia molar de um sistema de três níveis igualmente espaçados.

Resposta: $S_m/R = \beta\varepsilon/(1 + e^{-\beta\varepsilon} + e^{-2\beta\varepsilon}) + \ln(1 + e^{-\beta\varepsilon} + e^{-2\beta\varepsilon})$

(b) A contribuição translacional

As expressões que deduzimos para a entropia estão de acordo com o que devemos esperar para ela se ela é uma medida da dispersão das populações de moléculas sobre os estados disponíveis. Por exemplo, mostramos na *Justificativa* 15E.3 que a **equação de Sackur–Tetrode** para a entropia molar de um gás perfeito monoatômico, em que o único movimento é a translação em três dimensões, é

$$S_m = R\ln\left(\frac{V_m e^{5/2}}{N_A \Lambda^3}\right) \quad \textit{Gás perfeito monoatômico} \quad \text{Equação de Sackur–Tetrode} \quad (15E.10a)$$

em que Λ é o comprimento de onda térmico ($\Lambda = h/(2\pi mkT)^{1/2}$). Para calcular a entropia molar padrão, observamos que $V_m = RT/p$, e fazemos $p = p^{\ominus}$:

$$S_m^{\ominus} = R\ln\left(\frac{RTe^{5/2}}{p^{\ominus} N_A \Lambda^3}\right) = R\ln\left(\frac{kTe^{5/2}}{p^{\ominus}\Lambda^3}\right) \quad (15E.10b)$$

Usamos $R/N_A = k$. Essas expressões são baseadas na aproximação de temperaturas elevadas das funções de partição, que admite que muitos níveis estejam ocupados; portanto, elas não se aplicam quando T é igual ou muito próximo de zero.

Breve ilustração 15E.4 A entropia molar de um gás

Para calcular a entropia molar padrão do argônio gasoso a 25 °C, usamos a Eq. 15E.10b com $\Lambda = h/(2\pi mkT)^{1/2}$. A massa de um átomo de Ar é $m = 39{,}95m_u$. A 25 °C, o seu comprimento de onda térmico é 16,0 pm e $kT = 4{,}12 \times 10^{-21}$ J. Portanto,

$$S_m^{\ominus} = R\ln\left\{\frac{(4{,}12\times10^{-21}\,\text{J})\times e^{5/2}}{(10^5\,\text{N m}^{-2})\times(1{,}60\times10^{-11}\,\text{m})^3}\right\}$$
$$= 18{,}6R = 155\,\text{J K}^{-1}\,\text{mol}^{-1}$$

Podemos afirmar, com base no número de estados acessíveis a uma molécula mais leve, que a entropia molar padrão do Ne seria menor do que a do Ar. De fato, o seu valor é $17{,}60R$ a 298 K.

Exercício proposto 15E.4 Calcule a contribuição da translação para a entropia molar padrão do H_2 a 25 °C.

Resposta: $14{,}2R$

A interpretação física dessas equações é a que segue:

Interpretação física

- Como a massa molecular aparece no numerador (porque aparece no denominador de Λ), a entropia molar de um gás perfeito de moléculas pesadas é maior do que a de um gás perfeito de moléculas leves nas mesmas condições. Podemos entender essa característica em termos de os níveis de energia de uma partícula em uma caixa estarem mais próximos para partículas pesadas do que para partículas leves; logo, mais estados são termicamente acessíveis.
- Como o volume molar aparece no numerador, a entropia molar aumenta com o volume molar de um gás. O motivo é semelhante: grandes recipientes possuem níveis de energia com uma separação menor do que recipientes pequenos, de modo que, mais uma vez, mais estados são termicamente acessíveis.
- Como a temperatura aparece no numerador (porque, assim como m, aparece no denominador de Λ), a entropia molar aumenta com o aumento da temperatura. A razão para esse comportamento é que mais níveis de energia se tornam acessíveis à medida que a temperatura é elevada.

Justificativa 15E.3 A equação de Sackur–Tetrode

Começamos com a Eq. 15E.8b para um conjunto de partículas independentes indistinguíveis e escrevemos $N = nN_A$, em que N_A é o número de Avogadro. O único modo de movimento para um gás de átomos é a translação e $U - U(0) = \frac{3}{2}nRT$. A função de partição é $q = V/\Lambda^3$ (Eq. 15B.7a), em que Λ é o comprimento de onda térmico. Portanto,

$$S=\overbrace{\frac{U-U(0)}{T}}^{\frac{3}{2}nRT}+Nk\ln\frac{qe}{N}=\tfrac{3}{2}nR+\overbrace{Nk}^{nR}\ln\frac{Ve}{nN_A\Lambda^3}$$

$$=nR\left\{\overbrace{\tfrac{3}{2}}^{\ln e^{3/2}}+\ln\frac{V_m e}{N_A\Lambda^3}\right\}=nR\ln\frac{V_m e^{5/2}}{N_A\Lambda^3}$$

em que $V_m = V/n$ é o volume molar do gás, e usamos $\frac{3}{2} = \ln e^{\frac{3}{2}}$. A divisão de ambos os lados por n resulta na Eq. 15E.10a.

A equação de Sackur–Tetrode escrita na forma

$$S=nR\ln\frac{Ve^{5/2}}{nN_A\Lambda^3}=nR\ln aV,\quad a=\frac{e^{5/2}}{nN_A\Lambda^3}$$

implica que, quando um gás perfeito monoatômico se expande isotermicamente de V_i até V_f, a sua entropia varia de

$$\Delta S=nR\ln aV_f-nR\ln aV_i=nR\ln\frac{V_f}{V_i}$$ *Gás perfeito* Variação da entropia na expansão isotérmica (15E.11)

Essa expressão é a mesma que obtivemos no início da definição termodinâmica de entropia (Seção 3A).

(c) A contribuição rotacional

A contribuição rotacional para a entropia molar, S_m^R, pode ser calculada uma vez conhecida a função de partição molecular. Para uma molécula linear, o limite de alta temperatura de q é $kT/\sigma hc\tilde{B}$ (Eq. 15B.13b, $q^R = T/\sigma\theta^R$ com $\theta^R = hc\tilde{B}/k$) e o teorema da equipartição dá a contribuição rotacional para a energia interna molar como RT; portanto, da Eq. 15E.8a:

$$S_m^R=\overbrace{\frac{U_m-U_m(0)}{T}}^{RT}+R\ln\overbrace{q^R}^{kT/\sigma hc\tilde{B}}$$

e a contribuição a uma temperatura elevada é

$$S_m^R=R\left\{1+\ln\frac{kT}{\sigma hc\tilde{B}}\right\}$$ *Molécula linear, temperatura elevada ($T\gg\theta^R$)* Contribuição rotacional (15E.12a)

Em termos dessa temperatura rotacional,

$$S_m^R=R\left\{1+\ln\frac{T}{\sigma\theta^R}\right\}$$ *Molécula linear, temperatura elevada ($T\gg\theta^R$)* Contribuição rotacional (15E.12b)

Essa função está representada graficamente na Fig. 15E.4. Vemos que:

- A contribuição rotacional para a entropia aumenta com a temperatura, pois mais estados rotacionais tornam-se acessíveis.
- A contribuição rotacional é grande quando $\tilde{B}$ é pequena, pois, então, os níveis de energia rotacional ficam juntos.

Interpretação física

Assim, moléculas grandes e pesadas têm uma contribuição rotacional grande para sua entropia. Conforme mostraremos na *Breve ilustração* 15E.5, a contribuição rotacional para a entropia molar do $^{35}Cl_2$ é 58,6 J K^{-1} mol^{-1}, enquanto a do H_2 é de apenas 12,7 J K^{-1} mol^{-1}. Podemos considerar o Cl_2 um gás mais rotacionalmente desordenado do que o H_2, no sentido de que, a uma dada temperatura, o Cl_2 ocupa um número maior de estados rotacionais do que o H_2.

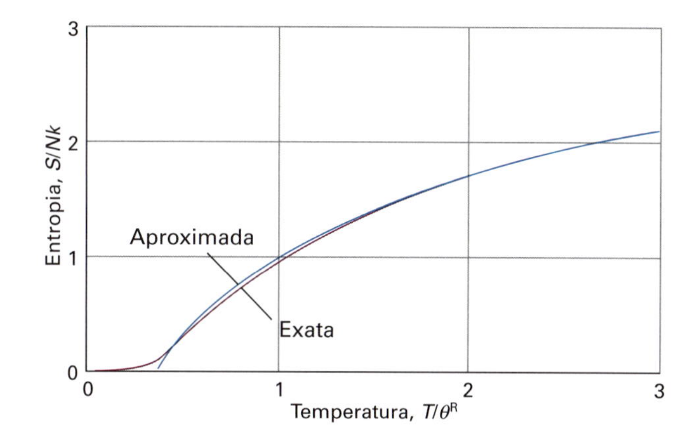

Figura 15E.4 Variação da contribuição rotacional para a entropia de uma molécula linear ($\sigma = 1$) usando a aproximação de alta temperatura e a expressão exata (esta última calculada até $J = 20$).

Breve ilustração 15E.5 A contribuição rotacional para a entropia

A contribuição rotacional para o $^{35}Cl_2$, a 25 °C, por exemplo, é calculada observando-se que $\sigma = 2$ para essa molécula diatômica homonuclear e fazendo-se $\tilde{B} = 0{,}2441$ cm^{-1} (correspondente a 24,42 m^{-1}). A temperatura rotacional da molécula é

$$\theta^R=\frac{(6{,}626\times10^{-34}\,\text{J s})\times(2{,}998\times10^{8}\,\text{m s}^{-1})\times(24{,}42\,\text{m}^{-1})}{1{,}381\times10^{-23}\,\text{J K}^{-1}}=0{,}351\,\text{K}$$

Portanto,

$$S_m^R=R\left\{1+\ln\frac{298\,\text{K}}{2\times(0{,}351\,\text{K})}\right\}=7{,}05R=58{,}6\,\text{J K}^{-1}\,\text{mol}^{-1}$$

Exercício proposto 15E.5 Calcule a contribuição rotacional para a entropia molar do H_2.

Resposta: 12,7 J K^{-1} mol^{-1}

A Eq. 15E.12 é válida a temperaturas elevadas ($T \gg \theta^R$); para investigar a contribuição rotacional até temperaturas baixas seria necessário usar a forma completa da função de partição rotacional (Seção 15B; veja o Problema 15E.10); a curva resultante tem a forma mostrada na Fig. 15E.4. De fato, vemos que a curva aproximada se ajusta muito bem à curva exata para T/θ^R maior do que aproximadamente 1.

(d) A contribuição vibracional

A contribuição vibracional para a entropia molar, S_m^V, é obtida pela combinação da expressão para a função de partição molecular (Eq. 15B.15, $q^V = 1/(1 - e^{-\beta\varepsilon})$) com a expressão para a energia média (Eq. 15C.8, $\langle\varepsilon^V\rangle = \varepsilon/(e^{\beta\varepsilon} - 1)$),

$$S_m^V = \frac{\overbrace{U_m - U_m(0)}^{N_A\langle\varepsilon^V\rangle}}{\underbrace{T}_{1/k\beta}} + R\ln q^V = \frac{\overbrace{N_A k}^{R}\beta\varepsilon}{e^{\beta\varepsilon}-1} + R\ln\frac{1}{1-e^{-\beta\varepsilon}}$$

$$= R\left\{\frac{\beta\varepsilon}{e^{\beta\varepsilon}-1} - \ln\left(1-e^{-\beta\varepsilon}\right)\right\}$$

Agora reconhecemos que $\varepsilon = hc\tilde{\nu}$ e obtemos

$$S_m^V = R\left\{\frac{\beta hc\tilde{\nu}}{e^{\beta hc\tilde{\nu}}-1} - \ln\left(1-e^{-\beta hc\tilde{\nu}}\right)\right\} \quad \text{Contribuição vibracional para a entropia} \quad (15E.13a)$$

Uma vez mais é conveniente expressar essa fórmula em termos de uma temperatura característica; neste caso, a temperatura vibracional $\theta^V = hc\tilde{\nu}/k$:

$$S_m^V = R\left\{\frac{\theta^V/T}{e^{\theta^V/T}-1} - \ln\left(1-e^{-\theta^V/T}\right)\right\} \quad \text{Contribuição vibracional para a entropia} \quad (15E.13b)$$

Essa função está representada graficamente na Fig. 15E.5. Como sempre, é útil interpretá-la com o gráfico em mente:

Interpretação física

- Ambos os termos que multiplicam R tornam-se zero quando $T \to 0$; assim, a entropia é zero quando $T = 0$.
- A entropia molar aumenta quando a temperatura aumenta, pois mais estados vibracionais tornam-se disponíveis.
- A entropia molar é mais alta a uma dada temperatura para moléculas com átomos pesados ou baixa constante de força do que para moléculas com átomos leves ou alta constante de força. Os níveis de energia vibracional são mais próximos no primeiro caso do que no último, logo são mais termicamente acessíveis.

Breve ilustração 15E.6 A contribuição vibracional para a entropia

O número de onda vibracional do I_2 é 214,5 cm^{-1}, correspondendo a $2{,}145 \times 10^4$ m^{-1}, assim, sua temperatura vibracional é 309 K. Portanto, a 25 °C, por exemplo, $\beta\varepsilon = 1{,}036$; então,

$$S_m^V = R\left\{\frac{309/298}{e^{309/298}-1} - \ln\left(1-e^{-309/298}\right)\right\} = 1{,}01R = 8{,}38\,\mathrm{J\,K^{-1}\,mol^{-1}}$$

Exercício proposto 15E.6 Calcule a contribuição vibracional para a entropia molar do $^1H_2$, a 25 °C (θ^V= 6332 K).

Resposta: 0,11 μJ K^{-1}

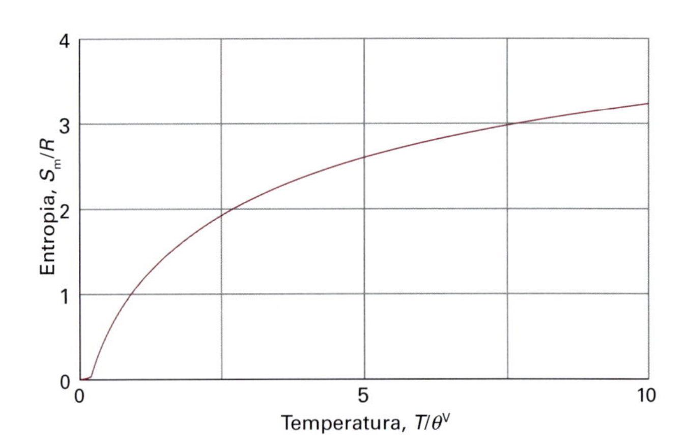

Figura 15E.5 Variação da entropia molar em função da temperatura para um conjunto de osciladores harmônicos, expressa como um múltiplo de $R = Nk$. A entropia molar aproxima-se do zero quando $T \to 0$, e aumenta sem limite quando $T \to \infty$.

(e) Entropias residuais

As entropias podem ser calculadas a partir de dados espectroscópicos e também podem ser medidas experimentalmente (Seção 3B). Em muitos casos, há boa concordância entre os resultados, mas em outros casos a entropia experimental é menor do que a calculada. Uma possibilidade é a de a determinação experimental não ter levado em conta uma transição de fase e incorretamente ter omitido uma parcela da forma $\Delta_{trs}H/T_{trs}$ da soma. Outra possibilidade é a da presença de certo grau de desordem no sólido, mesmo a $T = 0$. A entropia a $T = 0$ é então maior do que zero e é denominada **entropia residual**.

Pode-se explicar a origem e o valor da entropia residual pela análise de um cristal constituído por moléculas AB, em que A e B são átomos semelhantes (por exemplo, CO, que tem momento de dipolo elétrico muito pequeno). É possível que a diferença de energia entre a configuração ... AB AB AB AB... e a configuração ... AB BA BA AB..., ou outras configurações, seja tão pequena que as moléculas adotam as orientações AB e BA aleatoriamente no sólido. Podemos calcular com facilidade a entropia proveniente da desordem residual pela fórmula de Boltzmann, $S = k \ln \mathcal{W}$. Imaginemos, para fazer o cálculo, que as duas orientações sejam igualmente prováveis e que a amostra tenha N moléculas. Como se pode ter a mesma energia de 2^N maneiras diferentes (pois cada molécula pode ter uma de duas orientações possíveis), o número total de meios de conseguir a mesma energia é $\mathcal{W} = 2^N$. Vem então que

$$S = k\ln 2^N = Nk\ln 2 = nR\ln 2 \quad (15E.14a)$$

Podemos, portanto, esperar uma entropia residual molar de $R \ln 2 = 5{,}8\ \mathrm{J\ K^{-1}\ mol^{-1}}$ no caso de sólidos compostos por moléculas que podem ter uma de duas orientações em $T = 0$. Se forem possíveis s orientações, a entropia residual molar será

$$S_m(0) = R \ln s \qquad \text{Entropia residual} \qquad (15E.14b)$$

Para o CO, a entropia residual medida é $5\ \mathrm{J\ K^{-1}\ mol^{-1}}$, valor próximo de $R \ln 2$, que seria o de uma estrutura aleatória com a forma ... CO CO OC CO OC OC ....

Breve ilustração 15E.7 Entropia residual

Considere uma amostra de gelo com N moléculas de H_2O. Cada átomo de O está circundado por quatro átomos de H, localizados nos vértices de um tetraedro. As ligações com dois dos átomos são ligações σ, curtas, e aquelas com os outros dois são ligações hidrogênio, longas (Fig. 15E.6). Segue que cada um dos $2N$ átomos de H pode estar em uma de duas posições (próxima ou distante de um átomo de O, como mostra a Fig. 15E.6), resultando em 2^{2N} configurações possíveis.

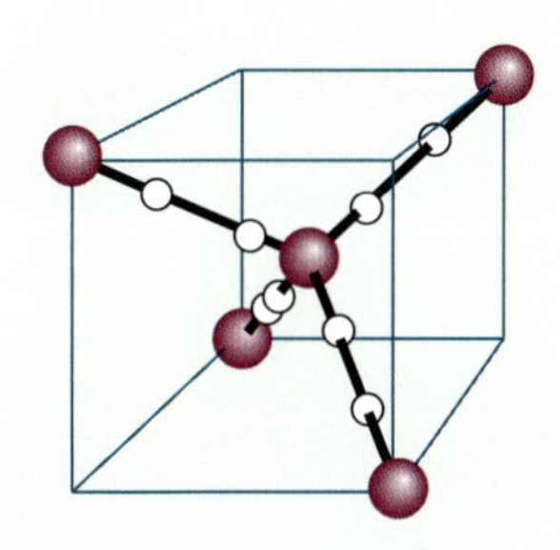

Figura 15E.6 As localizações possíveis dos átomos de H (esferas vazadas) em torno do átomo central de O num cristal de gelo. Somente um sítio em cada ligação pode ser ocupado por um átomo, e dois átomos de H devem estar próximos do átomo de O e dois átomos de H devem estar afastados do átomo de O.

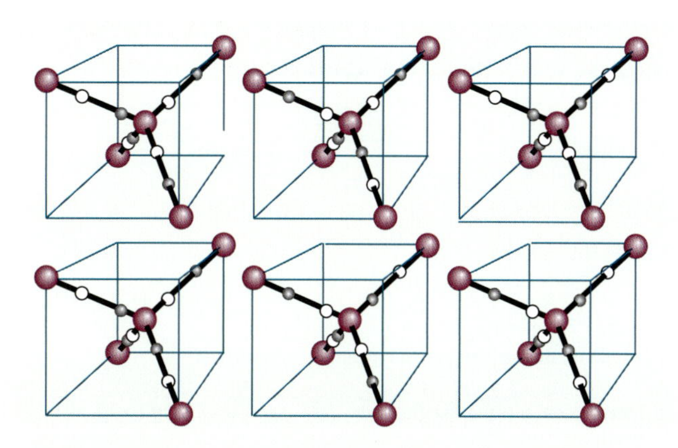

Figura 15E.7 As seis configurações possíveis dos átomos de H nos sítios identificados na Fig. 15E.6. Os sítios ocupados estão representados por esferas escuras, e os desocupados, por esferas claras.

Entretanto, nem todas essas configurações são aceitáveis. Na realidade, das $2^4 = 16$ maneiras de distribuir quatro átomos de H em torno de um átomo de O, somente 6 têm duas distâncias OH curtas e duas longas, sendo então aceitáveis (Fig. 15E.7). Portanto, o número de configurações permitidas é $\mathcal{W} = 2^{2N}(6/16)^N = (\frac{3}{2})^N$. Segue então que a entropia residual molar é $S(0) \approx k \ln (\frac{3}{2})^N = kN \ln \frac{3}{2}$, e seu valor molar é $S(0) \approx R \ln \frac{3}{2} = 3{,}4\ \mathrm{J\ K^{-1}\ mol^{-1}}$, que está em boa concordância com o valor experimental de $3{,}4\ \mathrm{J\ K^{-1}\ mol^{-1}}$. O modelo, no entanto, não é exato, pois ele ignora a possibilidade de que os vizinhos seguintes aos mais próximos, e outros mais distantes, influenciem a configuração local de ligações.

Exercício proposto 15E.7 Calcule a entropia molar residual do $FClO_3$; cada molécula pode adotar quatro orientações com quase a mesma energia.

Resposta: $R \ln 4 = 1{,}51\ \mathrm{J\ K^{-1}\ mol^{-1}}$; experimental: $10{,}1\ \mathrm{J\ K^{-1}\ mol^{-1}}$

Conceitos importantes

- ☐ 1. A **energia interna** é proporcional à derivada da função de partição em relação à temperatura.
- ☐ 2. A **capacidade calorífica a volume constante** pode ser calculada a partir da função de partição molecular.
- ☐ 3. A **capacidade calorífica total** de uma substância molecular é a soma da contribuição de cada modo.
- ☐ 4. A entropia estatística é definida pela **fórmula de Boltzmann**, podendo ser expressa em termos da função de partição molecular.
- ☐ 5. A **entropia residual** é uma entropia não nula a $T = 0$ proveniente da desordem molecular.

Equações importantes

Propriedade	Equação	Comentário	Número da equação
Energia interna	$U(T)=U(0)-(N/q)(\partial q/\partial\beta)_V=-N(\partial \ln q/\partial\beta)_V$	Moléculas independentes	15E.2b
Capacidade calorífica	$C_V=Nk\beta^2(\partial^2 \ln q/\partial\beta^2)_V$	Moléculas independentes	15E.5
	$C_{V,\mathrm{m}}=\frac{1}{2}(2+\nu^{R*}+2\nu^{V*})R$	$T\gg\theta^{\mathrm{M}}$	15E.6
Fórmula de Boltzmann para a entropia	$S=k\ln\mathcal{W}$	Definição	15E.7
A entropia em termos da função de partição	$S=\{U-U(0)\}/T+Nk\ln q$	Moléculas distinguíveis	15E.8a
	$S=\{U-U(0)\}/T+Nk\ln(q/N)$	Moléculas indistinguíveis	15E.8b
Equação de Sackur-Tetrode	$S_{\mathrm{m}}(T)=R\ln(V_{\mathrm{m}}\mathrm{e}^{5/2}/N_{\mathrm{A}}\Lambda^3)$	Entropia de um gás perfeito monoatômico	15E.10a
Entropia molar residual	$S_{\mathrm{m}}(0)=R\ln s$	s é o número de sítios equivalentes	15E.14b

15F Funções termodinâmicas auxiliares

Tópicos

➤ Por que você precisa saber este assunto?

O poder da termodinâmica química surge da implementação de diversas funções termodinâmicas auxiliares, particularmente a entalpia e a energia de Gibbs. Por isso, é importante relacionar essas funções às características estruturais através de funções de partição. Uma grandeza de enorme importância, que tem seu significado elucidado dessa maneira, é a constante de equilíbrio.

➤ Qual é a ideia fundamental?

A função de partição oferece uma ligação entre dados espectroscópicos e estruturais e as propriedades termodinâmicas, principalmente a constante de equilíbrio.

➤ O que você já deve saber?

Esta seção amplia a discussão sobre a energia interna e a entropia (Seção 15E). Você precisa saber as relações entre essas propriedades e a entalpia (Seção 2B) e as energias de Helmholtz e de Gibbs (Seção 3C). A seção final utiliza a relação entre a energia de Gibbs padrão e a constante de equilíbrio (Seção 6A).

A termodinâmica clássica utiliza extensamente várias funções auxiliares. Assim, na termoquímica o foco é na entalpia, e em discussões de espontaneidade o foco é na energia de Gibbs, desde que a pressão e a temperatura sejam constantes. Nesta seção, mostraremos como essas propriedades podem ser relacionadas e compreendidas em termos das funções de partição. Todas essas propriedades são derivadas da energia interna e da entropia, as quais, em termos da função de partição canônica, são dadas por

$$U(T)=U(0)-\left(\frac{\partial \ln Q}{\partial \beta}\right)_V \qquad \text{Energia interna} \qquad (15\text{F}.1\text{a})$$

$$S(T)=\frac{U(T)-U(0)}{T}+k\ln Q \qquad \text{Entropia} \qquad (15\text{F}.1\text{b})$$

Essas duas expressões gerais podem ser adaptadas para conjuntos de moléculas independentes escrevendo-se $Q = q^N$ para moléculas distinguíveis e $Q = q^N/N!$ para moléculas indistinguíveis (como em um gás).

15F.1 As deduções

A energia de Helmholtz, A, é definida como $A = U - TS$. Essa relação mostra que $A(0) = U(0)$, de modo que a substituição de $U(T)$ e de $S(T)$ leva a uma relação muito simples

$$A(T)=A(0)-kT\ln Q \qquad \text{Energia de Helmholtz} \qquad (15\text{F}.2)$$

Uma variação infinitesimal das condições muda a energia de Helmholtz em $\mathrm{d}A = -p\mathrm{d}V - S\mathrm{d}T$ (o análogo da expressão para $\mathrm{d}G$ deduzida na Seção 3D (Eq. 3D.7, $\mathrm{d}G = V\mathrm{d}p - S\mathrm{d}T$). Portanto, se considerarmos a temperatura constante ($\mathrm{d}T = 0$), a pressão e a energia de Helmholtz estão relacionadas por $p = -(\partial A/\partial V)_T$. Assim, segue da Eq. 15F.2 que

$$p=kT\left(\frac{\partial \ln Q}{\partial V}\right)_T \qquad \text{Pressão} \qquad (15\text{F}.3)$$

Essa relação é absolutamente geral e aplica-se a qualquer tipo de substância, incluindo gases perfeitos, gases reais e líquidos. Como, em geral, Q é uma função do volume, da temperatura e do número de mols da substância, a Eq. 15E.3 é uma equação de estado do tipo discutido na Seção 1C.

Exemplo 15F.1 Dedução de uma equação de estado

Deduza a expressão para a pressão de um gás de partículas independentes.

Método Pode-se esperar que a pressão seja dada pela lei dos gases perfeitos. Para operar sistematicamente, substituímos a fórmula explícita de Q para um gás de moléculas independentes indistinguíveis.

Resposta Para um gás de moléculas independentes indistinguíveis, $Q = q^N/N!$ e $q = V/\Lambda^3$:

$$p = kT\left(\frac{\partial \ln Q}{\partial V}\right)_T = \frac{kT}{Q}\left(\frac{\partial Q}{\partial V}\right)_T = \frac{N!kT}{q^N}\left(\frac{\partial(q^N/N!)}{\partial V}\right)_T$$
$$= \frac{kT}{q^N}\left(\frac{\partial q^N}{\partial V}\right)_T = \frac{NkT}{q}\left(\frac{\partial q}{\partial V}\right)_T$$
$$= \frac{NkT}{V/\Lambda^3}\left(\frac{\partial(V/\Lambda^3)}{\partial V}\right)_T = \frac{NkT}{V} = \frac{nN_AkT}{V} = \frac{nRT}{V}$$

O cálculo mostra que a equação de estado de um gás de moléculas independentes é, na realidade, a equação dos gases perfeitos, $pV = nRT$.

Exercício proposto 15F.1 Deduza a equação de estado de uma amostra que tenha $Q = q^N f/N!$, com $q = V/\Lambda^3$, em que f é uma função do volume.

Resposta: $p = nRT/V + kT(\partial \ln f/\partial V)_T$

Agora, com as expressões de U e de p, e com a definição $H = U + pV$, podemos obter uma expressão para a entalpia, H, de qualquer substância:

$$H(T) = H(0) - \left(\frac{\partial \ln Q}{\partial \beta}\right)_V + kTV\left(\frac{\partial \ln Q}{\partial V}\right)_T \qquad \text{Entalpia} \qquad (15F.4)$$

O fato de a Eq. 15F.4 ser bastante complexa é sinal de que a entalpia não é uma propriedade fundamental: conforme mostrado na Seção 2B, trata-se mais de uma conveniência. Para um gás de partículas independentes $U - U(0) = \frac{3}{2}nRT$ e $pV = nRT$. Portanto, para um gás desse tipo,

$$H - H(0) = \tfrac{5}{2}nRT \qquad (15F.5)$$

Uma das funções termodinâmicas mais importantes para a química é a energia de Gibbs, $G = H - TS = A + pV$. Vamos, agora, exprimir essa função em termos da função de partição combinando as expressões de A e de p:

$$G(T) = G(0) - kT\ln Q + kTV\left(\frac{\partial \ln Q}{\partial V}\right)_T \qquad \text{Energia de Gibbs} \qquad (15F.6)$$

Essa expressão assume uma forma mais simples no caso de um gás de moléculas independentes, pois o produto pV na expressão $G = A + pV$ pode ser substituído por nRT:

$$G(T) = G(0) - kT\ln Q + nRT \qquad (15F.7)$$

Além disso, como $Q = q^N/N!$, e, portanto, $\ln Q = N\ln q - \ln N!$, podemos escrever, com a aproximação de Stirling ($\ln N! = N\ln N - N$), que

$$G(T) = G(0) - NkT\ln q + kT\ln N! + nRT \qquad (15F.8)$$
$$= G(0) - nRT\ln q + kT(N\ln N - N) + nRT$$
$$= G(0) - nRT\ln\frac{q}{N}$$

em que $N = nN_A$. Temos agora outra interpretação da energia de Gibbs: como q é o número de estados termicamente acessíveis e N é o número de moléculas, a diferença $G(T) - G(0)$ é uma função proporcional ao logaritmo do número médio de estados termicamente acessíveis, por molécula.

É prático, como veremos, definir a **função de partição molar**, $q_m = q/n$ (nas unidades mol^{-1}), pois então

$$G(T) = G(0) - nRT\ln\frac{q_m}{N_A} \qquad \textit{Moléculas independentes} \qquad \text{Energia de Gibbs} \qquad (15F.9)$$

Para usar essa expressão, $G(0)$ é identificado com a energia do sistema quando todas as moléculas estão em seu estado fundamental, E_0. Para calcular a energia de Gibbs padrão, a função de partição tem seu valor padrão, $q_m^\ominus$, que é calculada tornando-se o volume molar na contribuição translacional igual ao volume molar padrão; assim, $q_m^\ominus = (V_m^\ominus/\Lambda^3)q^R q^V$ com $V_m^\ominus = RT/p^\ominus$.

Exemplo 15F.2 Cálculo da energia de Gibbs padrão de formação a partir de funções de partição

Calcule a energia de Gibbs padrão de formação da $H_2O(g)$, a 25 °C.

Método Escreva a equação química da reação de formação e, em seguida, a expressão da energia de Gibbs padrão de formação em termos da energia de Gibbs de cada molécula; então, expresse as energias de Gibbs em termos da função de partição molecular de cada espécie. Ignore a vibração molecular, pois é pouco provável que esteja excitada a 25 °C. Consulte valores numéricos na *Seção de dados* junto com as seguintes constantes de rotação da H_2O: 27,877, 14,512 e 9,285 cm^{-1}. Considere o valor de -237 kJ mol^{-1} para a energia de atomização da H_2O.

Resposta A reação química é $H_2(g) + \frac{1}{2}O_2(g) \rightarrow H_2O(g)$. Portanto,

$$\Delta_f G^\ominus = G_m^\ominus(H_2O,g) - G_m^\ominus(H_2,g) - \tfrac{1}{2}G_m^\ominus(O_2,g)$$

Escreva agora as energias de Gibbs molares padrão em termos das funções de partição molar padrão de cada espécie J:

$$G_m^\ominus(J) = E_{0,m}(J) - RT\ln\frac{q_m^\ominus(J)}{N_A}$$
$$q_m^\ominus(J) = q_m^{T\ominus}(J)q^R(J) = \frac{V_m^\ominus}{\Lambda(J)^3}q^R(J)$$

Portanto,

$$\Delta_f G^{\ominus} = \left\{ E_{0,m}(H_2O) - RT \ln \frac{q_m^{\ominus}(H_2O)}{N_A} \right\}$$

$$- \left\{ E_{0,m}(H_2) - RT \ln \frac{q_m^{\ominus}(H_2)}{N_A} \right\}$$

$$- \tfrac{1}{2} \left\{ E_{0,m}(O_2) - RT \ln \frac{q_m^{\ominus}(O_2)}{N_A} \right\}$$

$$= \Delta E_{0,m} - RT \ln \frac{\overbrace{\{V_m^{\ominus}/N_A \Lambda(H_2O)^3\} q^R(H_2O)}^{q_m^{\ominus}(H_2O)/N_A}}{\left[\underbrace{\{V_m^{\ominus}/N_A \Lambda(H_2)^3\} q^R(H_2)}_{q_m^{\ominus}(H_2)/N_A}\right] \times \left[\underbrace{\{V_m^{\ominus}/N_A \Lambda(O_2)^3\} q^R(O_2)}_{q_m^{\ominus}(O_2)/N_A}\right]^{1/2}}$$

$$= \Delta E_m - RT \ln \frac{N_A^{1/2} \{\Lambda(H_2)\Lambda(O_2)^{1/2}/\Lambda(H_2O)\}^3}{V_m^{\ominus 1/2} \{q^R(H_2) q^R(O_2)^{1/2}/q^R(H_2O)\}}$$

em que

$$\Delta E_{0,m} = E_{0,m}(H_2O) - E_{0,m}(H_2) - \tfrac{1}{2} E_{0,m}(O_2)$$

Neste ponto introduzimos os comprimentos de onda térmicos e as funções de partição de rotação da Seção 15B:

$$\Lambda(J) = \frac{h}{\{2\pi m(J) kT\}^{1/2}}$$

$$\overbrace{q^R = \frac{kT}{2hc\tilde{B}}}^{\text{Molécula linear, } \sigma=2} \quad \text{e} \quad \overbrace{q^R = \frac{1}{2}\left(\frac{kT}{hc}\right)^{3/2} \left(\frac{\pi}{\tilde{A}\tilde{B}\tilde{C}}\right)^{1/2}}^{\text{Molécula não linear, } \sigma=2}$$

Agora substitua os dados, e temos

Segue, então, que

$$\Delta_f G^{\ominus} = \Delta E_{0,m} - RT \ln 0{,}0291 = \Delta E_{0,m} + 8{,}77\,\text{kJ mol}^{-1}$$

Agora use $\Delta E_{0,m} = -237$ kJ mol^{-1} e obtenha $\Delta_f G^{\ominus} = -228$ kJ mol^{-1}. O valor mostrado na Tabela 2C.1 da *Seção de dados* é –228,57 kJ mol^{-1}.

Exercício proposto 15F.2 Calcule a energia de Gibbs padrão de formação do $NH_3(g)$, a 25 °C. Considere a energia de atomização como +79 kJ mol^{-1}.

Resposta= –16 kJ mol^{-1}

15F.2 Constantes de equilíbrio

A energia de Gibbs de um gás de moléculas independentes foi dada na Eq. 15F.9 em termos da respectiva função de partição molar, $q_m = q/n$. A constante de equilíbrio K de uma reação está relacionada com a energia de Gibbs padrão da reação pela Eq. 6A.14 da Seção 6A ($\Delta_r G^{\ominus} = -RT \ln K$). Para calcular a constante de equilíbrio, basta combinar as duas equações. Analisaremos as reações em fase gasosa, nas quais as constantes de equilíbrio se exprimem em termos das pressões parciais dos reagentes e produtos.

(a) A relação entre *K* e a função de partição

Para obter a expressão da energia de Gibbs padrão de reação precisamos ter as expressões das energias de Gibbs molar padrão, $G^{\ominus}/n$, para cada espécie. Segue, então, conforme mostra a *Justificativa* a seguir, que a constante de equilíbrio da reação aA + bB → cC + dD é dada pela expressão

$$K = \frac{(q_{C,m}^{\ominus}/N_A)^c (q_{D,m}^{\ominus}/N_A)^d}{(q_{A,m}^{\ominus}/N_A)^a (q_{B,m}^{\ominus}/N_A)^b} e^{-\Delta_r E_0/RT} \qquad (15F.10a)$$

em que $\Delta_r E_0$ é a diferença entre as energias molares, nos respectivos estados fundamentais, dos produtos e reagentes (este termo é definido mais precisamente na *Justificativa* 15F.1) e se calcula pelas energias de dissociação das ligações das espécies químicas (Fig. 15F.1). Em termos dos números estequiométricos introduzidos na Seção 2B, podemos escrever

$$K = \left\{ \prod_J \left(\frac{q_{J,m}^{\ominus}}{N_A} \right)^{\nu_J} \right\} e^{-\Delta_r E_0/RT} \qquad \text{Constante de equilíbrio} \qquad (15F.10b)$$

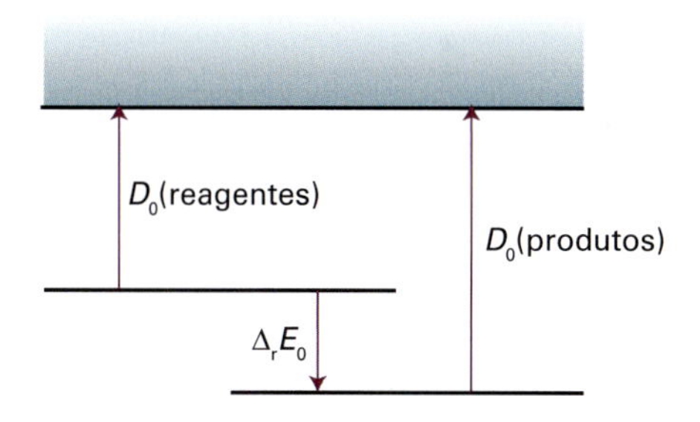

Figura 15F.1 A definição de $\Delta_r E_0$ para o cálculo das constantes de equilíbrio.

Justificativa 15F.1 A constante de equilíbrio em termos da função de partição 1

A energia de Gibbs molar padrão da reação para a reação é

$$\Delta_r G^{\ominus} = cG_m^{\ominus}(C) + dG_m^{\ominus}(D) - \{aG_m^{\ominus}(A) + bG_m^{\ominus}(B)\}$$

$$= cG_m^{\ominus}(C,0) + dG_m^{\ominus}(D,0) - \{aG_m^{\ominus}(A,0) + bG_m^{\ominus}(B,0)\}$$

$$-RT \left\{ c \ln \frac{q_{C,m}^{\ominus}}{N_A} + d \ln \frac{q_{D,m}^{\ominus}}{N_A} - a \ln \frac{q_{A,m}^{\ominus}}{N_A} - b \ln \frac{q_{B,m}^{\ominus}}{N_A} \right\}$$

Uma vez que $G(\mathrm{J},0) = E_{0,\mathrm{m}}(\mathrm{J})$, a energia molar do estado fundamental da espécie J, o primeiro termo à direita, é

$$cE_{0,\mathrm{m}}(\mathrm{C},0)+dE_{0,\mathrm{m}}(\mathrm{D},0)-\{aE_{0,\mathrm{m}}(\mathrm{A},0)+bE_{0,\mathrm{m}}(\mathrm{B},0)\}=\Delta_\mathrm{r}E_0$$

Então, usando $a \ln x = \ln x^a$ e $\ln x + \ln y = \ln xy$, podemos escrever

$$\Delta_\mathrm{r}G^\ominus=\Delta_\mathrm{r}E_0-RT\ln\frac{(q^\ominus_{\mathrm{C,m}}/N_\mathrm{A})^c(q^\ominus_{\mathrm{D,m}}/N_\mathrm{A})^d}{(q^\ominus_{\mathrm{A,m}}/N_\mathrm{A})^a(q^\ominus_{\mathrm{B,m}}/N_\mathrm{A})^b}$$
$$=-RT\left\{-\frac{\Delta_\mathrm{r}E_0}{RT}+\ln\frac{(q^\ominus_{\mathrm{C,m}}/N_\mathrm{A})^c(q^\ominus_{\mathrm{D,m}}/N_\mathrm{A})^d}{(q^\ominus_{\mathrm{A,m}}/N_\mathrm{A})^a(q^\ominus_{\mathrm{B,m}}/N_\mathrm{A})^b}\right\}$$

Podemos conseguir, sem dificuldade, uma expressão para K se compararmos esta equação com $\Delta_\mathrm{r}G^\ominus=-RT\ln K$, o que nos dá

$$\ln K=-\frac{\Delta_\mathrm{r}E_0}{RT}+\ln\frac{(q^\ominus_{\mathrm{C,m}}/N_\mathrm{A})^c(q^\ominus_{\mathrm{D,m}}/N_\mathrm{A})^d}{(q^\ominus_{\mathrm{A,m}}/N_\mathrm{A})^a(q^\ominus_{\mathrm{B,m}}/N_\mathrm{A})^b}$$

Essa expressão transforma-se facilmente na Eq. 15F.10a tomando-se a exponencial em ambos os lados.

(b) Equilíbrio de dissociação

Ilustraremos a aplicação da Eq. 15F.10 para um equilíbrio em que uma molécula diatômica X_2 se dissocia em seus átomos:

$$\mathrm{X_2(g)}\rightleftharpoons 2\mathrm{X(g)}\qquad K=\frac{p_\mathrm{X}^2}{p_{\mathrm{X_2}}p^\ominus}$$

De acordo com a Eq. 15F.10 (com $a = 1$, $b = 0$, $c = 2$ e $d = 0$):

$$K=\frac{(q^\ominus_{\mathrm{X,m}}/N_\mathrm{A})^2}{q^\ominus_{\mathrm{X_2,m}}/N_\mathrm{A}}\mathrm{e}^{-\Delta_\mathrm{r}E_0/RT}=\frac{(q^\ominus_{\mathrm{X,m}})^2}{q^\ominus_{\mathrm{X_2,m}}N_\mathrm{A}}\mathrm{e}^{-\Delta_\mathrm{r}E_0/RT}\qquad(15\mathrm{F}.11\mathrm{a})$$

com

$$\Delta_\mathrm{r}E_0=2E_{0,\mathrm{m}}(\mathrm{X},0)-E_{0,\mathrm{m}}(\mathrm{X_2},0)=N_\mathrm{A}hc\tilde{D}_0(\mathrm{X{-}X})\qquad(15\mathrm{F}.11\mathrm{b})$$

em que $N_\mathrm{A}hc\tilde{D}_0(\mathrm{X{-}X})$ é a energia de dissociação (molar) da ligação X–X. As funções de partição molar padrão dos átomos X são

$$q^\ominus_{\mathrm{X,m}}=\overbrace{g_\mathrm{X}}^{q^\mathrm{E}}\times\overbrace{\frac{V^\ominus_\mathrm{m}}{\Lambda_\mathrm{X}^3}}^{q^\mathrm{T}}=\frac{g_\mathrm{X}RT}{p^\ominus\Lambda_\mathrm{X}^3}$$

em que g_X é a degenerescência do estado eletrônico fundamental de X. A molécula diatômica X_2 também tem graus de liberdade rotacionais e vibracionais; assim, sua função de partição molar padrão é

$$q^\ominus_{\mathrm{X_2,m}}=g_{\mathrm{X_2}}\frac{V^\ominus_\mathrm{m}}{\Lambda^3_{\mathrm{X_2}}}q^\mathrm{R}_{\mathrm{X_2}}q^\mathrm{V}_{\mathrm{X_2}}=\frac{g_{\mathrm{X_2}}RTq^\mathrm{R}_{\mathrm{X_2}}q^\mathrm{V}_{\mathrm{X_2}}}{p^\ominus\Lambda^3_{\mathrm{X_2}}}$$

em que $g_{\mathrm{X_2}}$ é a degenerescência do estado eletrônico fundamental de X_2. Segue que

$$K=\frac{(g_\mathrm{X}RT/p^\ominus\Lambda_\mathrm{X}^3)^2}{g_{\mathrm{X_2}}N_\mathrm{A}RTq^\mathrm{R}_{\mathrm{X_2}}q^\mathrm{V}_{\mathrm{X_2}}/p^\ominus\Lambda^3_{\mathrm{X_2}}}\mathrm{e}^{-N_\mathrm{A}hc\tilde{D}_0/RT}$$
$$=\frac{g_\mathrm{X}^2kT\Lambda^3_{\mathrm{X_2}}}{g_{\mathrm{X_2}}p^\ominus q^\mathrm{R}_{\mathrm{X_2}}q^\mathrm{V}_{\mathrm{X_2}}\Lambda_\mathrm{X}^6}\mathrm{e}^{-hc\tilde{D}_0/kT}\qquad(15\mathrm{F}.12)$$

em que usamos $R/N_\mathrm{A} = k$. Todas as grandezas nessa expressão podem ser calculadas mediante dados espectroscópicos.

Exemplo 15F.3 Cálculo da constante de equilíbrio

Calcule a constante de equilíbrio da dissociação $\mathrm{Na_2(g)} \rightleftharpoons 2\,\mathrm{Na(g)}$, a 1000 K.

Método Obtenha os dados na *Seção de dados*, observando que o Na tem um estado fundamental duplo. Use a Eq. 15F.12 e as expressões para as funções de partição apresentadas na Seção 15B.

Resposta Use os seguintes dados: $\tilde{B} = 0{,}1547\ \mathrm{cm^{-1}}$, $\tilde{\nu} = 159{,}2\ \mathrm{cm^{-1}}$, $N_\mathrm{A}hc\tilde{D}_0 = 70{,}4\ \mathrm{kJ\ mol^{-1}}$. Para uma molécula diatômica homonuclear, $\sigma = 2$. A função de partição e outras grandezas necessárias são as seguintes:

$\Lambda(\mathrm{Na_2})=8{,}14\,\mathrm{pm}$	$\Lambda(\mathrm{Na})=11{,}5\,\mathrm{pm}$
$q^\mathrm{R}(\mathrm{Na_2})=2246$	$q^\mathrm{V}(\mathrm{Na_2})=4{,}885$
$g(\mathrm{Na})=2$	$g(\mathrm{Na_2})=1$

Então, a partir da Eq. 15F.12, obtém-se

$$K=\frac{2^2\times(1{,}381\times10^{-19}\,\mathrm{J\,K^{-1}})\times(1000\,\mathrm{K})\times(8{,}14\times10^{-12}\,\mathrm{m})}{(10^5\,\mathrm{Pa})\times2246\times4{,}885\times(1{,}15\times10^{-11}\,\mathrm{m})}\times\mathrm{e}^{-8{,}47\ldots}$$
$$=2{,}45$$

em que usamos $1\ \mathrm{J} = 1\ \mathrm{kg\ m^2\ s^{-2}}$ e $1\ \mathrm{Pa} = 1\ \mathrm{kg\ m^{-1}\ s^{-1}}$.

Exercício proposto 15F.3 Calcule K, a 1500 K. A resposta é consistente com a dissociação ser endotérmica?

Resposta: 52; sim

(c) Contribuições à constante de equilíbrio

Podemos agora estabelecer as bases físicas das constantes de equilíbrio. Para entender os aspectos importantes envolvidos, imaginemos o equilíbrio simples em fase gasosa $\mathrm{R} \rightleftharpoons \mathrm{P}$ (com R simbolizando os reagentes e P, os produtos).

A Fig. 15F.2 mostra dois conjuntos de níveis de energia. Um deles é pertinente a R e o outro, a P. As populações dos estados são dadas pela distribuição de Boltzmann e são independentes de um certo estado qualquer pertencer a R ou a P. Podemos, portanto, imaginar uma única distribuição de Boltzmann englobando, sem distinção, os dois conjuntos de estados. Se os espaçamentos entre

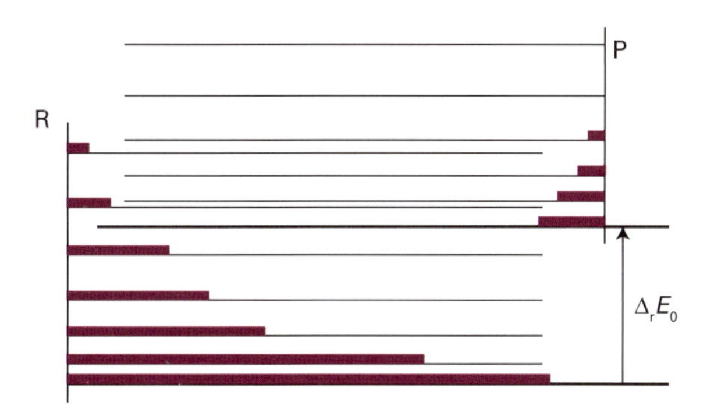

Figura 15F.2 Conjunto dos níveis de energia dos reagentes (R) e dos produtos (P). No equilíbrio, todos são acessíveis (em graus diferentes, que dependem da temperatura). A composição de equilíbrio do sistema reflete a distribuição de Boltzmann global das populações. À medida que $\Delta_r E_0$ aumenta, R se torna dominante.

os níveis de R e de P forem semelhantes (como na Fig. 15F.2) e se P estiver acima de R, o diagrama mostra que R será predominante na mistura em equilíbrio. Porém, se P tiver uma densidade de estados elevada (isto é, um grande número de estados em um certo intervalo de energia, como na Fig. 15F.3), então será possível que P predomine na mistura em equilíbrio, embora sua energia do ponto zero seja mais elevada do que a de R.

É bastante fácil mostrar (veja *Justificativa* 15F.2) que a razão entre os números de moléculas de R e de P no equilíbrio é dada por

$$\frac{N_P}{N_R} = \frac{q_P}{q_R} e^{-\Delta_r E_0/RT} \qquad (15F.13a)$$

e que, portanto, a constante de equilíbrio da reação é

$$K = \frac{q_P}{q_R} e^{-\Delta_r E_0/RT} \qquad (15F.13b)$$

tal como temos na Eq. 15F.12.

Justificativa 15F.2 A constante de equilíbrio em termos da função de partição 2

A população de um dado estado i de um sistema composto (R,P) é $N_i = Ne^{-\beta\varepsilon_i}/q$, em que N é o número total de moléculas. O número total de moléculas de R é dado pela soma dessas populações para os estados pertencendo a R; representamos esses estados como o índice r tendo energias ε_r. O número total de moléculas P é a soma para os estados pertencendo a P; representamos esses estados como o índice p tendo energias ε'_p (o índice superior é explicado a seguir):

$$N_R = \sum_r N_r = \frac{N}{q}\sum_r e^{-\beta\varepsilon_r} \qquad N_P = \sum_p N_p = \frac{N}{q}\sum_p e^{-\beta\varepsilon'_p}$$

A soma para os estados R é a sua função de partição q_R, assim, $N_R = Nq_R/q$. A soma para os estados P também é uma função de partição, mas as energias são medidas a partir do estado fundamental do sistema combinado, que é o estado fundamental de R. Entretanto, como $\varepsilon'_p = \varepsilon_p + \Delta\varepsilon_0$, em que $\Delta\varepsilon_0$ é a separação das energias do ponto zero (como na Fig. 15F.3),

$$N_p = \frac{N}{q}\sum_p e^{-\beta(\varepsilon_p+\Delta\varepsilon_0)} = \frac{N}{q}\left(\sum_p e^{-\beta\varepsilon_p}\right)e^{-\beta\Delta\varepsilon_0} = \frac{Nq_P}{q}e^{-\beta\Delta\varepsilon_0}$$
$$= \frac{Nq_P}{q}e^{-\Delta_r E_0/RT}$$

A passagem de $\Delta\varepsilon_0/k$ para $\Delta_r E_0/R$ na última etapa corresponde à conversão da energia por molécula para a energia por mol.

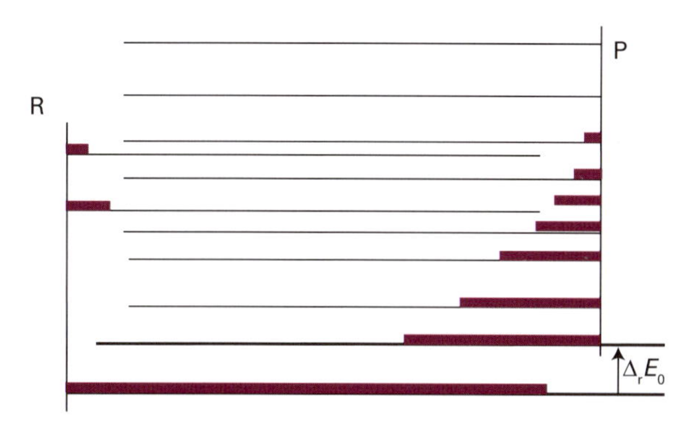

Figura 15F.3 É importante considerar as densidades dos estados das moléculas. Embora P possa estar acima de R em energia (isto é, $\Delta_r E_0$ é positiva), P pode ter tantos estados que a sua população global supera a de R na mistura. Na termodinâmica clássica, esta circunstância se traduz na necessidade de se considerar tanto a entropia quanto a entalpia na análise do equilíbrio.

A constante de equilíbrio da reação R ⇌ P é proporcional à razão entre os números dos dois tipos de moléculas. Portanto,

$$K = \frac{N_P}{N_R} = \frac{q_P}{q} e^{-\Delta_r E_0/RT}$$

que é a Eq. 15F.13b. Para um equilíbrio R ⇌ P, os fatores V na função de partição se cancelam; então, o aparecimento de q em lugar de $q^{\ominus}$ não tem nenhum efeito. No caso de uma reação mais geral, a conversão de q em $q^{\ominus}$ surge na etapa de conversão das pressões que ocorrem em K para várias moléculas.

O significado da Eq. 15F.13 fica mais evidente quando se exageram as características moleculares que contribuem para ele. Vamos supor que R só tenha um nível acessível, o que implica que $q_R = 1$. Vamos admitir também que P tenha grande número de níveis uniformemente separados, muito próximos entre si (Fig. 15F.4). A função de partição de P é então $q_p = kT/\varepsilon$. Neste sistema hipotético, a constante de equilíbrio é

$$K = \frac{kT}{\varepsilon} e^{-\Delta_r E_0/RT} \qquad (15F.14)$$

Quando $\Delta_r E_0$ é muito grande, o fator exponencial será dominante e $K \ll 1$, o que implica que a quantidade de P presente no equilíbrio será muito pequena. Quando $\Delta_r E_0$ for pequeno, mas positivo, K pode ser maior do que 1, pois o fator kT/ε pode ser suficientemente grande para superar o pequeno tamanho do termo exponencial. O tamanho de K reflete então a predominância de P no equilíbrio em virtude da elevada densidade dos seus estados. Em temperaturas baixas, $K \ll 1$, e o sistema é constituído, no equilíbrio, inteiramente por R. Em temperaturas elevadas, a função exponencial tende a 1 e o fator pré-exponencial é grande. Logo, P é a espécie dominante no equilíbrio. Vemos então que nesta reação endotérmica (pois P está acima de R) a elevação da temperatura favorece a formação de P, uma vez que os seus estados se tornam mais acessíveis. Esse comportamento é aquele que foi estabelecido, por uma abordagem macroscópica, na Seção 6B.

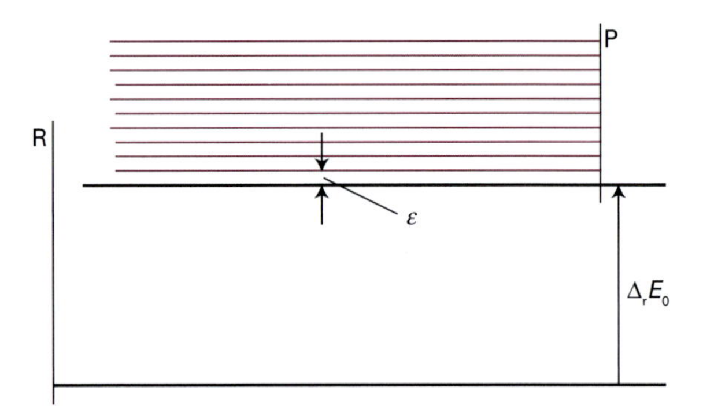

Figura 15F.4 Modelo usado no texto para analisar os efeitos das separações entre os níveis de energia e das densidades de estados sobre os equilíbrios. Os produtos P dominam desde que $\Delta_r E_0$ não seja muito grande e que P tenha uma densidade de estados apreciável.

Esse modelo também mostra por que a energia de Gibbs, G, e não apenas a entalpia, é a função que determina a posição do equilíbrio. O modelo mostra que a densidade de estados (e, portanto, a entropia) de cada espécie, além das energias relativas, controla a distribuição das populações dos estados e, por isso, o valor da constante de equilíbrio.

Conceitos importantes

- ☐ 1. As **funções termodinâmicas** A, p, H e G podem ser calculadas a partir da função de partição canônica.
- ☐ 2. Para um gás perfeito, G depende do logaritmo da função de partição molecular.
- ☐ 3. A **constante de equilíbrio** pode ser escrita em termos da função de partição.
- ☐ 4. A constante de equilíbrio para dissociação de uma molécula diatômica em fase gasosa pode ser calculada a partir de dados espectroscópicos.
- ☐ 5. A **base física do equilíbrio químico** pode ser entendida em termos de uma competição entre separações de energia e densidades de estados.

Equações importantes

Propriedade	Equação	Comentário	Número da equação
Energia de Helmholtz	$A(T)=A(0)-kT\ln Q$		15F.2
Pressão	$p=kT(\partial \ln Q/\partial V)_T$		15F.3
Entalpia	$H(T)=H(0)-(\partial \ln Q/\partial \beta)_V+kTV(\partial \ln Q/\partial V)_T$		15F.4
Energia de Gibbs	$G(T)=G(0)-kT\ln Q+kTV(\partial \ln Q/\partial V)_T$		15F.6
	$G(T)=G(0)-nRT\ln(q_m/N_A)$	Gás perfeito	15F.9
Constante de equilíbrio	$K=\left\{\prod_J (q^{\ominus}_{J,m}/N_A)^{\nu_J}\right\} e^{-\Delta_r E_0/RT}$	Gás perfeito	15F.10b

CAPÍTULO 15 Termodinâmica estatística

Admita que todos os gases são perfeitos e que os dados se referem a 298 K, a menos que seja especificado de outra forma.

SEÇÃO 15A A distribuição de Boltzmann

Questões teóricas

15A.1 Discuta a relação entre os conceitos de "população", "configuração" e "peso". Qual é a importância da distribuição mais provável?

15A.2 Quais são o significado e a importância do princípio das iguais probabilidades *a priori*?

15A.3 O que é temperatura?

15A.4 Faça um resumo do papel da distribuição de Boltzmann na química.

Exercícios

15A.1(a) Determine o peso da configuração na qual 16 objetos são distribuídos de acordo com o seguinte arranjo: 0, 1, 2, 3, 8, 0, 0, 0, 0, 2.
15A.1(b) Determine o peso da configuração na qual 21 objetos são distribuídos de acordo com o seguinte arranjo: 6, 0, 5, 0, 4, 0, 3, 0, 2, 0, 0, 1.

15A.2(a) Calcule 8! usando (i) a fórmula exata, (ii) a aproximação de Stirling, Eq. 15A.2b; (iii) a versão mais acurada da aproximação de Stirling, Eq. 15A.2a.
15A.2(b) Calcule 10! usando (i) a fórmula exata, (ii) a aproximação de Stirling, Eq. 15A.2b; (iii) a versão mais acurada da aproximação de Stirling, Eq. 15A.2a.

15A.3(a) Quais as populações relativas dos estados de um sistema com dois níveis quando a temperatura é infinitamente elevada?
15A.3(b) Quais as populações relativas dos estados de um sistema com dois níveis quando a temperatura tende a zero?

15A.4(a) Qual é a temperatura em que a população do estado superior de um sistema de dois níveis é igual a um terço da população do estado inferior, sendo de 400 cm^{-1} a separação entre os níveis?
15A.4(b) Qual é a temperatura em que a população do estado superior de um sistema de dois níveis é igual à metade da população do estado inferior, sendo de 300 cm^{-1} a separação entre os níveis?

15A.5(a) Calcule as populações relativas de um rotor linear entre os níveis $J = 0$ e $J = 5$, sabendo que $\tilde{B} = 2{,}71$ cm^{-1} e que a temperatura é 298 K.
15A.5(b) Calcule as populações relativas de um rotor esférico entre os níveis $J = 0$ e $J = 5$, sabendo que $\tilde{B} = 2{,}71$ cm^{-1} e que a temperatura é 298 K.

15A.6(a) Uma dada molécula apresenta um estado excitado não degenerado situado 540 cm^{-1} acima do estado fundamental, também não degenerado. Em que temperatura 10% das moléculas ocupam o estado superior?
15A.6(b) Uma certa molécula tem um estado excitado duplamente degenerado a 360 cm^{-1} acima do estado fundamental, não degenerado. A que temperatura 15% das moléculas ocupam o estado superior?

Problemas

15A.1 Uma amostra, com cinco moléculas, tem a energia total 5ε. Cada molécula pode ocupar estados de energia $j\varepsilon$, com $j = 0, 1, 2 \ldots$ (a) Calcule o peso da configuração que apresenta as moléculas distribuídas uniformemente entre os estados disponíveis. (b) Organize uma tabela com a energia dos estados e todas as configurações compatíveis com a energia total. Calcule os pesos de cada configuração e identifique as configurações mais prováveis.

15A.2 Uma amostra contendo nove moléculas pode ser analisada numericamente e está no limiar de ser termodinamicamente significativa. Organize uma tabela de configurações com $N = 9$ e energia total 9ε, em um sistema cujos níveis de energia sejam $j\varepsilon$ (como no Problema 15A.1). Antes de achar os pesos das configurações, estime (procurando a distribuição mais "exponencial" das populações) qual das configurações seria a mais provável. Depois, calcule numericamente todos os pesos e identifique a configuração mais provável.

15A.3 Utilize um programa matemático para calcular $\mathcal{W}$, quando $N = 20$, para diversas distribuições com um dado valor de energia total constante. Considere o caso de níveis de energia uniformemente espaçados. Identifique a configuração de maior peso e compare-a com aquela fornecida pela expressão de Boltzmann. Verifique o que acontece quando o valor da energia total é modificado.

15A.4 Um certo átomo tem um estado fundamental duplamente degenerado e um estado excitado, com degenerescência quádrupla, 450 cm^{-1} acima do estado fundamental. Num feixe desses átomos observa-se que 30% estão no estado excitado e que a temperatura de translação do feixe é de 300 K. Os estados eletrônicos desse átomo estão em equilíbrio térmico com os seus estados de translação?

15A.5 Considere a consequência da utilização da versão completa da aproximação de Stirling, $x! \approx (2\pi)^{1/2} x^{x+1/2} e^{-x}$, na dedução da expressão da distribuição de maior peso. A utilização da aproximação mais exata tem um efeito significativo na expressão final da distribuição de Boltzmann?

15A.6 A configuração mais provável pode ser caracterizada por um parâmetro que é conhecido como a "temperatura". As temperaturas dos sistemas mencionados nos Problemas 15A.1 e 15A.2 devem ser tais que o valor médio da energia de cada molécula seja ε e a energia total seja $N\varepsilon$ para o sistema. (a) Mostre que a temperatura pode ser calculada pelo gráfico de p_j contra j, em que p_j é a fração (mais provável) das moléculas no estado com a energia $j\varepsilon$. Aplique esse procedimento ao sistema do Problema 15A.2. Qual a temperatura do sistema quando ε corresponder a 50 cm^{-1}? (b) Repita o procedimento anterior com uma configuração que não seja a mais provável e mostre que a linha reta da interpolação é pouco definida, o que sugere a pouca definição da temperatura do sistema.

15A.7‡ A variação da pressão atmosférica p com a altitude h é dada pela *fórmula barométrica*: $p = p_0\,e^{-h/H}$, em que p_0 é a pressão ao nível do mar, $H = RT/Mg$; com M representado a massa molar média e T a temperatura média do ar atmosférico. A partir da distribuição de Boltzmann, demonstre a fórmula barométrica. Lembre-se de que a energia potencial de uma partícula à altura h acima da superfície da terra é mgh. Converta a fórmula barométrica, em termos da pressão, a uma fórmula em termos da densidade numérica, $\mathcal{N}$. Compare as densidades numéricas relativas, $\mathcal{N}(h)/\mathcal{N}(0)$ para o O_2 e a H_2O, na altura h = 8,0 km, típica da altitude de cruzeiro de aeronaves comerciais.

15A.8‡ Com o passar do tempo, os planetas perdem as respectivas atmosferas, a menos que haja mecanismos de compensação das perdas. A análise do processo é bastante complicada, pois é preciso levar em conta o raio do planeta, a temperatura, a composição da atmosfera e outros fatores. Prove que a atmosfera de um planeta não pode estar em equilíbrio, demonstrando que a distribuição de Boltzmann leva a uma densidade numérica finita e uniforme quando $r \to \infty$. *Sugestão*: Em um campo gravitacional, a energia potencial é $V(r) = -GMm/r$, com G a constante de gravitação universal, M a massa do planeta e m a massa da partícula.

SEÇÃO 15B As funções de partição molecular

Questões teóricas

15B.1 Descreva o significado físico da função de partição.

15B.2 Explique como a energia média de um sistema de dois níveis varia com a temperatura.

15B.3 Qual é a diferença entre "estado" e "nível de energia"? Por que é importante fazermos essa distinção?

15B.4 Por que e quando é necessário incluir o número de simetria no cálculo da função de partição?

Exercícios

15B.1(a) Calcule (i) o comprimento de onda térmico e (ii) a função de partição de translação, a 300 K e a 3000 K, de uma molécula de massa molar 150 g mol^{-1}, em um recipiente de 1,00 cm^3 de volume.

15B.1(b) Calcule (i) o comprimento de onda térmico e (ii) a função de partição de translação de um átomo de Ne numa caixa cúbica com 1,00 cm de aresta a 300 K e a 3000 K.

15B.2(a) Calcule a razão entre as funções de partição de translação do H_2 e do He nas mesmas condições de temperatura e volume.

15B.2(b) Calcule a razão entre as funções de partição de translação do Ar e do Xe nas mesmas condições de temperatura e volume.

15B.3(a) O comprimento da ligação do O_2 é de 120,75 pm. Use a aproximação para altas temperaturas para calcular a função de partição rotacional dessa molécula a 300 K.

15B.3(b) O comprimento da ligação do N_2 é de 109,75 pm. Use a aproximação para altas temperaturas para calcular a função de partição rotacional dessa molécula a 300 K.

15B.4(a) A molécula de NOF é um rotor assimétrico com as seguintes constantes rotacionais: 3,1752 cm^{-1}, 0,3951 cm^{-1} e 0,3505 cm^{-1}. Calcule a função de partição rotacional dessa molécula a (i) 25 °C, (ii) 100 °C.

15B.4(b) A molécula de H_2O é um rotor assimétrico com as seguintes constantes rotacionais: 27,877 cm^{-1}, 14,512 cm^{-1} e 9,285 cm^{-1}. Calcule a função de partição rotacional dessa molécula a (i) 25 °C, (ii) 100 °C.

15B.5(a) A constante rotacional do CO é 1,391 cm^{-1}. Calcule a função de partição rotacional explicitamente (sem aproximações), e faça o seu gráfico em função da temperatura. Para qual temperatura o seu valor apresenta um desvio de 5% em relação ao valor calculado pela fórmula aproximada?

15B.5(b) A constante rotacional do HI é 6,511 cm^{-1}. Calcule a função de partição rotacional explicitamente (sem aproximações), e faça o seu gráfico em função da temperatura. Para qual temperatura o seu valor apresenta um desvio de 5% em relação ao valor calculado pela fórmula aproximada?

15B.6(a) A constante rotacional do CH_4 é 5,241 cm^{-1}. Calcule a função de partição rotacional explicitamente (sem aproximações, mas ignorando a contribuição da estatística dos movimentos nucleares), e faça o seu gráfico em função da temperatura. Para qual temperatura o seu valor apresenta um desvio de 5% em relação ao valor calculado pela fórmula aproximada?

15B.6(b) A constante rotacional do CCl_4 é 0,0572 cm^{-1}. Calcule a função de partição rotacional explicitamente (sem aproximações, mas ignorando a contribuição dos movimentos nucleares), e faça o seu gráfico em função da temperatura. Para qual temperatura o seu valor apresenta um desvio de 5% em relação ao valor calculado pela fórmula aproximada?

15B.7(a) As constantes rotacionais do CH_3Cl são $\tilde{A}$ = 5,097 cm^{-1} e $\tilde{B}$ = 0,443 cm^{-1}. Calcule a função de partição rotacional explicitamente (sem aproximações, mas ignorando a contribuição da estatística dos movimentos nucleares), e faça o seu gráfico em função da temperatura. Para qual temperatura o seu valor apresenta um desvio de 5% em relação ao valor calculado pela fórmula aproximada?

15B.7(b) As constantes rotacionais do NH_3 são $\tilde{A}$ = 6,196 cm^{-1} e $\tilde{B}$ = 9,444 cm^{-1}. Calcule a função de partição rotacional explicitamente (sem aproximações, mas ignorando a contribuição da estatística dos movimentos nucleares), e faça o seu gráfico em função da temperatura. Para qual temperatura o seu valor apresenta um desvio de 5% em relação ao valor calculado pela fórmula aproximada?

15B.8(a) Dê os números de simetria para cada uma das moléculas a seguir: (i) CO, (ii) O_2, (iii) H_2S, (iv) SiH_4 e (v) $CHCl_3$.

15B.8(b) Dê os números de simetria para cada uma das moléculas a seguir: (i) CO_2, (ii) O_3, (iii) SO_3, (iv) SF_6 e (v) Al_2Cl_6.

15B.9(a) Calcule a função de partição de rotação do eteno a 25 °C. Sabe-se que $\tilde{A}$ = 4,828 cm^{-1}, $\tilde{B}$ = 1,0012 cm^{-1} e $\tilde{C}$ = 0,8282 cm^{-1}. Considere o número de simetria da molécula.

15B.9(b) Calcule a função de partição de rotação da piridina, C_5H_5N, na temperatura ambiente. Sabe-se que $\tilde{A}$ = 0,2014 cm^{-1}, $\tilde{B}$ = 0,1936 cm^{-1} e $\tilde{C}$ = 0,0987 cm^{-1}. Considere o número de simetria da molécula.

15B.10(a) O número de onda vibracional do Br_2 é 323,2 cm^{-1}. Calcule a função de partição vibracional explicitamente (sem aproximações), e faça o seu gráfico em função da temperatura. Para qual temperatura o seu valor apresenta um desvio de 5% em relação ao valor calculado pela fórmula aproximada?

15B.10(b) O número de onda vibracional do I_2 é 214,5 cm^{-1}. Calcule a função de partição vibracional explicitamente (sem aproximações), e faça o seu gráfico em função da temperatura. Para qual temperatura o seu valor apresenta um desvio de 5% em relação ao valor calculado pela fórmula aproximada?

‡ Estes problemas foram propostos por Charles Trapp e Carmen Giunta.

15B.11(a) Calcule a função de partição de vibração do CS_2 a 500 K. São dados os seguintes números de onda: 658 cm^{-1} (estiramento simétrico), 397 cm^{-1} (deformação angular, dois modos) e 1535 cm^{-1} (estiramento assimétrico).

15B.11(b) Calcule a função de partição de vibração do HCN a 900 K. São dados os seguintes números de onda: 3311 cm^{-1} (estiramento simétrico), 712 cm^{-1} (deformação angular, dois modos) e 2097 cm^{-1} (estiramento assimétrico).

15B.12(a) Calcule a função de partição de vibração do CCl_4 a 500 K. São dados os seguintes números de onda: 459 cm^{-1} (estiramento simétrico, A), 217 cm^{-1} (deformação, E), 776 cm^{-1} (deformação, T) e 314 cm^{-1} (deformação, T).

15B.12(b) Calcule a função de partição de vibração do CI_4 a 500 K. São dados os seguintes números de onda: 178 cm^{-1} (estiramento simétrico, A), 90 cm^{-1} (deformação, E), 555 cm^{-1} (deformação, T) e 125 cm^{-1} (deformação, T).

15B.13(a) Um certo átomo tem um nível fundamental com degenerescência igual a quatro, um nível eletrônico excitado, não degenerado, a 2500 cm^{-1}, e um nível duplamente degenerado, a 3500 cm^{-1}. Calcule a função de partição desses estados eletrônicos a 1900 K. Qual é a população relativa de cada nível a 1900 K?

15B.13(b) Um certo átomo tem um nível fundamental triplamente degenerado, um nível eletrônico excitado, não degenerado, a 850 cm^{-1} e um nível cinco vezes degenerado a 1100 cm^{-1}. Calcule a função de partição desses estados eletrônicos a 2000 K. Qual é a população relativa de cada nível a 2000 K?

Problemas

15B.1 Aconselha-se o uso de um programa matemático para este problema. A Eq. 15B.15 fornece a função de partição de um oscilador harmônico. Considere, agora, um oscilador de Morse (Seção 12.D) cujos níveis de energia são dados pela Eq. 12D.12:

$$E_v = \left(v+\tfrac{1}{2}\right)hc\tilde{\nu} - \left(v+\tfrac{1}{2}\right)^2 hcx_e\tilde{\nu}$$

Calcule a função de partição desse oscilador. Lembre-se de calcular as energias em relação ao nível de mais baixa energia e de observar que existe somente um número finito de níveis. Faça um gráfico da função de partição contra x_e, e – no mesmo gráfico – compare esses resultados com aqueles para o oscilador harmônico.

15B.2 Investigue as condições nas quais a aproximação "integral" da função de partição de translação não é válida, analisando a função de partição de translação de um átomo de H numa caixa unidimensional de comprimento comparável ao de uma nanopartícula típica, 100 nm. Determine a temperatura em que, de acordo com a aproximação integral, $q = 10$, e calcule a função de partição exata na temperatura encontrada.

15B.3 (a) Calcule a função de partição eletrônica de um átomo de telúrio a (i) 298 K, (ii) 5000 K, mediante uma soma direta utilizando os seguintes dados: (b) Qual a proporção dos átomos de Te no termo fundamental e no termo identificado por 2 em cada uma das duas temperaturas?

Termo	Degenerescência	Número de onda/cm^{-1}
Fundamental	5	0
1	1	4707
2	3	4751
3	5	10.559

15B.4 Os quatro níveis eletrônicos mais baixos de um átomo de Ti são $^3F_2$, $^3F_3$, $^3F_4$ e $^5F_1$, em 0, 170, 387 e 6557 cm^{-1}, respectivamente. Existem muitos outros estados eletrônicos em energias maiores. O ponto de ebulição do titânio é 3287 °C. Quais são as populações relativas desses níveis no ponto de ebulição? *Dica:* As degenerescências dos níveis são $2J + 1$.

15B.5‡ J. Sugar e A. Musgrove (*J. Phys. Chem. Ref. Data* **22**, 1213 (1993)) publicaram tabelas com os níveis de energia de átomos de germânio e de cátions do Ge^+ até o Ge^{+31}. Os níveis de energia mais baixos dos átomos do Ge neutro são:

	$^3P_0$	$^3P_1$	$^3P_2$	$^1D_2$	$^1S_0$
(E/hc)/cm^{-1}	0	557,1	1410,0	7125,3	16367,3

Calcule a função de partição eletrônica a 298 K e a 1000 K, por somação direta. *Sugestão*: A degenerescência de um nível é $2J + 1$.

15B.6 O espectro de micro-ondas, de rotação pura, do HCl tem as seguintes linhas de absorção em números de onda (em cm^{-1}): 21,19, 42,37, 63,56, 84,75, 105,93, 127,12, 148,31, 169,49, 190,68, 211,87, 233,06, 254,24, 275,43, 296,62, 317,89, 338,99, 360,18, 381,36, 402,55, 423,74, 444,92 466,11, 487,30, 508,48. Calcule a função de partição de rotação, a 25 °C, por somação direta.

15B.7 Calcule, por somação explícita, a função de partição de vibração e a contribuição vibracional à energia interna molar das moléculas de I_2 a (a) 100 K, (b) 298 K, sabendo que os níveis vibracionais estão nos seguintes números de onda acima do nível de energia do ponto zero: 0, 213,30, 425,39, 636,27 e 845,93 cm^{-1}. Que frações das moléculas do I_2 estão no nível fundamental e nos dois primeiros níveis excitados, em cada temperatura mencionada?

15B.8‡ Considere a função de partição eletrônica do hidrogênio atômico, considerado um gás perfeito, de densidade $1{,}99 \times 10^{-4}$ kg m^{-3}, a 5780 K. Estas são as condições médias na fotosfera solar, camada superficial de aproximadamente 190 km de espessura. (a) A função de partição para esse sistema envolve a soma sobre um número infinito de estados quânticos correspondentes às soluções da equação de Schrödinger para um átomo de hidrogênio isolado. Mostre que essa função de partição é infinita. (b) Desenvolva uma argumentação teórica que permita o truncamento da soma. Estime o número máximo de estados quânticos que contribuem para esta soma. (c) Calcule a probabilidade de equilíbrio de um elétron do hidrogênio atômico estar em cada estado quântico. Existe alguma consideração geral a respeito dos estados eletrônicos que possa ser observada em outros átomos ou moléculas? Seria adequado aplicar estes cálculos no estudo da fotosfera solar?

15B.9 Um modo formal de se obter ao valor do número de simetria é observar que σ é a ordem (o número de elementos) do *subgrupo de rotação* da molécula, isto é, a ordem do grupo de simetria da molécula com todas as operações de simetria removidas, exceto a operação identidade e as de rotação. O subgrupo de rotação da H_2O é $\{E,C_2\}$, de modo que $\sigma = 2$. O subgrupo de rotação do NH_3 é $\{E,2C_3\}$, assim, $\sigma = 3$. Essa regra facilita a determinação dos números de simetria de moléculas mais complicadas. O subgrupo de rotação do CH_4 é obtido a partir da tabela de caracteres T como $\{E,8C_3,3C_2\}$, portanto, $\sigma = 12$. Para o benzeno, o subgrupo de rotação de D_{6h} é $\{E,2C_6,2C_3,C_2,3C_2',3C_2''\}$, então $\sigma = 12$. (a) Estime a função de partição de rotação do eteno, a 25 °C, dado que $\tilde{A} = 4{,}828$ cm^{-1}, $\tilde{B} = 1{,}0012$ cm^{-1}, e $\tilde{C} = 0{,}8282$ cm^{-1}. (b) Estime a função de partição de rotação da piridina, C_5H_5N, à temperatura ambiente ($\tilde{A} = 0{,}2014$ cm^{-1}, $\tilde{B} = 0{,}1936$ cm^{-1} e $\tilde{C} = 0{,}0987$ cm^{-1}).

SEÇÃO 15C Energias moleculares

Questão teórica

15C.1 Identifique as condições sob as quais as energias preditas pelo teorema da equipartição coincidem com as energias calculadas usando as funções de partição.

Exercícios

15C.1(a) Calcule a energia média, a 298 K, de um sistema de dois níveis com uma separação de energia equivalente a 500 cm^{-1}.
15C.1(b) Calcule a energia média, a 400 K, de um sistema de dois níveis com uma separação de energia equivalente a 600 cm^{-1}.

15C.2(a) Calcule, por somação explícita, a energia rotacional média do CO, e faça um gráfico de seu valor em função da temperatura. Para que temperatura o valor da equipartição está a 5% do valor exato? $\tilde{B}$ (CO) = 1,931 cm^{-1}.
15C.2(b) Calcule, por somação explícita, a energia rotacional média do HI, e faça um gráfico de seu valor em função da temperatura. Para que temperatura o valor da equipartição está a 5% do valor exato? $\tilde{B}$ (HI) = 6,511 cm^{-1}.

15C.3(a) Calcule, por somação explícita, a energia rotacional média do CH_4, e faça um gráfico de seu valor em função da temperatura. Para que temperatura o valor da equipartição está a 5% do valor exato? $\tilde{B}$ (CH_4) = 5,241 cm^{-1}.
15C.3(b) Calcule, por somação explícita, a energia rotacional média do CCl_4, e faça um gráfico de seu valor em função da temperatura. Para que temperatura o valor da equipartição está a 5% do valor exato? $\tilde{B}$ (CCl_4) = 0,0572 cm^{-1}.

15C.4(a) Calcule, por somação explícita, a energia rotacional média do CH_3Cl, e faça um gráfico de seu valor em função da temperatura. Para que temperatura o valor da equipartição está a 5% do valor exato? $\tilde{A}$ = 5,097 cm^{-1}e $\tilde{B}$ = 0,443 cm^{-1}.
15C.4(b) Calcule, por somação explícita, a energia rotacional média do NH_3, e faça um gráfico de seu valor em função da temperatura. Para que temperatura o valor da equipartição está a 5% do valor exato? $\tilde{A}$ = 6,196 cm^{-1}e $\tilde{B}$ = 9,444 cm^{-1}.

15C.5(a) Calcule, por somação explícita, a energia vibracional média do Br_2, e faça um gráfico de seu valor em função da temperatura. Para que temperatura o valor da equipartição está a 5% do valor exato? Use $\tilde{\nu}$ = 323,2 cm^{-1}.
15C.5(b) Calcule, por somação explícita, a energia vibracional média do I_2, e faça um gráfico de seu valor em função da temperatura. Para que temperatura o valor da equipartição está a 5% do valor exato? Use $\tilde{\nu}$ = 214,5 cm^{-1}.

15C.6(a) Calcule, por somação explícita, a energia vibracional média do CS_2, e faça um gráfico de seu valor em função da temperatura. Para que temperatura o valor da equipartição está a 5% do valor exato? Use os números de onda 658 cm^{-1} (estiramento simétrico), 397 cm^{-1} (torção; dois modos) e 1535 cm^{-1} (estiramento assimétrico). Os modos A não são degenerados, os modos E são duplamente degenerados e os modos T são triplamente degenerados.
15C.6(b) Calcule, por somação explícita, a energia vibracional média do HCN, e faça um gráfico de seu valor em função da temperatura. Para que temperatura o valor da equipartição está a 5% do valor exato? Use os números de onda 3311 cm^{-1} (estiramento simétrico), 712 cm^{-1} (torção; dois modos) e 2097 cm^{-1} (estiramento assimétrico). Os modos A não são degenerados, os modos E são duplamente degenerados e os modos T são triplamente degenerados.

15C.7(a) Calcule, por somação explícita, a energia vibracional média do CCl_4, e faça um gráfico de seu valor em função da temperatura. Para que temperatura o valor da equipartição está a 5% do valor exato? Use os números de onda 459 cm^{-1} (estiramento simétrico, A), 217 cm^{-1} (deformação, E), 776 cm^{-1} (deformação, T) e 314 cm^{-1} (deformação, T).
15C.7(b) Calcule, por somação explícita, a energia vibracional média do CI_4 e faça um gráfico de seu valor em função da temperatura. Para que temperatura o valor da equipartição está a 5% do valor exato? Use os números de onda 178 cm^{-1} (estiramento simétrico, A), 90 cm^{-1} (deformação, E) , 555 cm^{-1} (deformação, T) e 125 cm^{-1} (deformação, T).

15C.8(a) Calcule a contribuição média à energia eletrônica, a 1900 K, de uma amostra dos átomos mencionados no Exercício 15B.13(a).
15C.8(b) Calcule a contribuição média à energia eletrônica, a 2000 K, de uma amostra dos átomos mencionados no Exercício 15B.13(b).

Problemas

15C.1 Um elétron confinado em um poço esférico profundo de raio R, tal como pode ser encontrado na investigação de nanopartículas, tem energias dadas pela expressão $E_{nl} = h^2X_{nl}^2/2m_eR^2$, com os valores de X_{nl} obtidos ao se encontrar os zeros das funções de Bessel esféricas. Os seis primeiros valores (com uma degenerescência do nível de energia correspondente a $2l + 1$) são os seguintes:

n	1	1	1	2	1	2
l	0	1	2	0	3	1
X_{nl}	3,142	4,493	5,763	6,283	6,988	7,725

Calcule a função de partição e a energia média de um elétron em função da temperatura. Escolha uma faixa de temperatura e de raio pequenos o suficiente para que somente esses seis primeiros níveis de energia sejam considerados. *Sugestão*: Lembre-se de medir as energias em relação ao nível mais baixo.

15C.2 A molécula de NO tem um nível eletrônico excitado duplamente degenerado que fica 121,1 cm^{-1} acima do termo eletrônico fundamental, também duplamente degenerado. Calcule a função de partição eletrônica do NO e faça o respectivo gráfico de T = 0 até T = 1000 K. Calcule (a) as populações dos termos e (b) a energia eletrônica média à energia interna molar, a 300 K.

15C.3 Seja um sistema com os níveis de energia $\varepsilon_j = j\varepsilon$ e N moléculas. (a) Mostre que, se a energia média por molécula for $a\varepsilon$, então a temperatura é dada por

$$\beta = \frac{1}{\varepsilon}\ln\left(1+\frac{1}{a}\right)$$

Calcule a temperatura de um sistema no qual a energia média seja ε igual a 50 cm^{-1}. (b) Calcule a função de partição molecular q do sistema quando a sua energia média for $a\varepsilon$.

15C.4 Deduza uma expressão para a raiz da energia média quadrática, $\langle\varepsilon^2\rangle^{1/2}$, em termos da função de partição, e, consequentemente, uma expressão para a raiz do desvio médio quadrático, $\Delta\varepsilon = (\langle\varepsilon^2\rangle - \langle\varepsilon\rangle^2)^{1/2}$. Obtenha a expressão resultante para o oscilador harmônico.

SEÇÃO 15D O ensemble canônico

Questões teóricas

15D.1 Por que o conceito de ensemble é necessário?

15D.2 Explique o significado do termo ensemble e o porquê da sua importância na termodinâmica estatística.

15D.3 Sob quais circunstâncias podem partículas idênticas ser consideradas distinguíveis?

15D.4 O que se entende por "limite termodinâmico"?

Exercícios

15D.1(a) Identifique, dentre os sistemas a seguir, aqueles para os quais é essencial ter o fator $1/N!$ ao se passar de Q para q: (i) uma amostra de hélio gasoso, (ii) uma amostra de monóxido de carbono gasoso, (iii) uma amostra de monóxido de carbono sólido, (iv) vapor de água.

15D.1(b) Identifique, dentre os sistemas a seguir, aqueles para os quais é essencial ter o fator $1/N!$ ao se passar de Q para q: (i) amostra de dióxido de carbono gasoso, (ii) amostra de grafite, (iii) amostra de diamante, (iv) gelo.

Problema

15D.1‡ Para um gás perfeito, a função de partição canônica Q está relacionada à função de partição molecular q por $Q = q^N/N!$. Na Seção 15F, demonstra-se que $p = kT(\partial \ln Q/\partial V)_T$. Use a expressão de q para deduzir a equação dos gases perfeitos, $pV = nRT$.

SEÇÃO 15E A energia interna e a entropia

Questões teóricas

15E.1 Descreva as características moleculares que determinam os valores das capacidades caloríficas a volume constante de uma substância molecular.

15E.2 Discuta e ilustre o conceito de que $1/T$ é uma grandeza mais natural do que a própria temperatura T.

15E.3 Discuta a relação entre a definição termodinâmica e a definição estatística da entropia.

15E.4 Justifique as diferenças entre a expressão da função de partição para a entropia de partículas distinguíveis daquela para a entropia de partículas indistinguíveis.

15E.5 Justifique a dependência da entropia de um gás perfeito com a temperatura e com o volume em termos da distribuição de Boltzmann.

15E.6 Explique a origem da entropia residual.

Exercícios

15E.1(a) Com o teorema da equipartição da energia, estime a capacidade calorífica molar, a volume constante, das seguintes substâncias em fase gasosa, a 25 °C: (i) I_2, (ii) CH_4 e (iii) C_6H_6.

15E.1(b) Com o teorema da equipartição da energia, estime a capacidade calorífica molar, a volume constante, das seguintes substâncias em fase gasosa, a 25 °C: (i) O_3, (ii) C_2H_6 e (iii) CO_2.

15E.2(a) Estime os valores de $\gamma = C_p/C_V$ para a amônia e o metano, ambos em fase gasosa. Faça esse cálculo com e sem a contribuição das vibrações para a energia. Que resultado deve apresentar maior concordância com o valor experimental a 25 °C?

15E.2(b) Estime o valor de $\gamma = C_p/C_V$ para o dióxido de carbono. Faça a estimativa com e sem a contribuição das vibrações à energia. Que resultado deve apresentar uma maior concordância com o valor experimental a 25 °C?

15E.3(a) O estado fundamental do Cl é ${}^2P_{3/2}$ e um nível ${}^2P_{1/2}$ está 881 cm^{-1} acima dele. Calcule a contribuição eletrônica à capacidade calorífica dos átomos de Cl a (i) 500 K e (ii) 900 K.

15E.3(b) O primeiro estado eletrônico excitado do O_2 é ${}^1\Delta_g$ e está 7918,1 cm^{-1} acima do estado fundamental, que é ${}^3\Sigma_g^-$. Calcule a contribuição eletrônica à capacidade calorífica eletrônica das moléculas de O_2 a 400 K.

15E.4(a) Faça o gráfico da capacidade calorífica molar de um conjunto de osciladores harmônicos em função de T/θ^V, e estime a capacidade calorífica de vibração do etino a (i) 298 K e (ii) 500 K. Os modos normais (com as respectivas degenerescências entre parênteses) ocorrem em números de onda (em cm^{-1}) de 612(2), 729(2), 1974, 3287 e 3374.

15E.4(b) Faça o gráfico da entropia molar de um conjunto de osciladores harmônicos em função de T/θ^V, e estime a entropia molar padrão do etino a (i) 298 K e (ii) 500 K. Use os dados do exercício anterior.

15E.5(a) Calcule a entropia molar padrão, a 298 K, (i) do hélio gasoso, (ii) do neônio gasoso.

15E.5(b) Calcule a contribuição translacional à entropia molar padrão, a 298 K, (i) do H_2O(g), (ii) do CO_2(g).

15E.6(a) À que temperatura a entropia molar padrão do hélio é igual à do xenônio a 298 K?

15E.6(b) À que temperatura a contribuição translacional para a entropia molar padrão do $CO_2(g)$ é igual à da $H_2O(g)$ a 298 K?

15E.7(a) Calcule a função de partição de rotação da H_2O a 298 K a partir dos valores das constantes de rotação: 27,878 cm^{-1}, 14,509 cm^{-1} e 9,287 cm^{-1}. Use seu resultado para calcular a contribuição rotacional à entropia molar da água gasosa a 25 °C.

15E.7(b) Calcule a função de partição rotacional do SO_2 a 298 K a partir dos valores das constantes de rotação: 2,027 36 cm^{-1}, 0,344 17 cm^{-1} e 0,293 535 cm^{-1}. Use seu resultado para calcular a contribuição rotacional à entropia molar do dióxido de carbono a 25 °C.

15E.8(a) O estado fundamental do íon Co^{2+} no $CoSO_4{\cdot}7H_2O$ pode ser considerado $^4T_{9/2}$. A entropia do sólido em temperaturas abaixo de 1 K provém, quase inteiramente, do spin do elétron. Estime a entropia molar desse sólido nessas temperaturas.

15E.8(b) Estime a contribuição do spin à entropia molar de uma amostra sólida de um complexo de metal d com $S=\frac{5}{2}$.

15E.9(a) Preveja a entropia molar padrão do ácido metanoico (ácido fórmico, HCCOH) (i) a 298 K, (ii) a 500 K. Os modos normais ocorrem nos números de onda 3570, 2943, 1770, 1387, 1229, 1105, 625, 1033 e 638 cm^{-1}.

15E.9(b) Preveja a entropia molar padrão do etino (i) a 298 K, (ii) a 500 K. Os modos normais (com suas degenerescências entre parênteses) ocorrem nos números de onda 612(2), 729(2), 1974, 3287 e 3374 cm^{-1}.

Problemas

15E.1 A molécula de NO tem um estado fundamental eletrônico duplamente degenerado e um estado excitado, também duplamente degenerado, em 121,1 cm^{-1}. Calcule e faça um gráfico da contribuição eletrônica à capacidade calorífica molar dessa molécula até a temperatura de 500 K.

15E.2 Analise a influência de um campo magnético sobre a capacidade calorífica de uma molécula paramagnética calculando a contribuição eletrônica à capacidade calorífica de uma molécula de NO_2 num campo magnético. Estime a capacidade calorífica total a volume constante pelo teorema da equipartição da energia e calcule a variação percentual da capacidade calorífica provocada por um campo magnético de 5,0 T (a) a 50 K e (b) a 298 K.

15E.3 Os níveis de energia de um grupo CH_3 ligado a um fragmento molecular grande são dados pela expressão dos níveis de uma partícula num anel, desde que o grupo possa girar livremente. Qual a contribuição, a 25 °C, à capacidade calorífica e à entropia, desse grupo livremente rotatório, na aproximação de temperatura elevada? O momento de inércia do CH_3 em relação ao seu eixo C_3 (o eixo que passa através do átomo de carbono e do centro do triângulo equilátero formado pelos átomos de H) é $5{,}341 \times 10^{-47}$ kg m^2.

15E.4 Calcule a dependência em relação à temperatura da capacidade calorífica do p-H_2 (no qual só são ocupados os estados de rotação com J par) em temperaturas baixas. Admita que só sejam relevantes os níveis $J = 0$ e $J = 2$, que constituem um sistema de dois níveis com o nível superior degenerado. Use $\tilde{B} = 60{,}864$ cm^{-1} e esboce a curva da capacidade calorífica. A capacidade calorífica do p-H_2, obtida experimentalmente, exibe um máximo em baixas temperaturas.

15E.5‡ Em uma investigação espectroscópica sobre o buckminsterfulereno C_{60}, F. Negri *et al.* (*J. Phys. Chem.* **100**, 10849 (1996)) fizeram uma revisão dos números de onda de todos os modos de vibração da molécula.

Modo	Número	Degenerescência	Número de onda/cm^{-1}
A_u	1	1	976
T_{1u}	4	3	525, 578, 1180 e 1430
T_{2u}	5	3	354, 715, 1037, 1190, 1540
G_u	6	4	345, 757, 776, 963, 1315, 1410
H_u	7	5	403, 525, 667, 738, 1215, 1342, 1566

Quantos modos de vibração têm temperatura característica de vibração θ^V abaixo de 1000 K? Estimar a capacidade calorífica molar, a volume constante, do C_{60} a 1000 K, contando como ativos todos os modos com as temperaturas θ^V inferiores a 1000 K.

15E.6 Utilize um programa matemático para calcular a capacidade calorífica dos estados ligados de um oscilador de Morse (veja o Problema 15B.1). Faça um gráfico da capacidade calorífica em função da temperatura. Seria possível desenvolver um método para incluir os estados não ligados que se localizam acima do limite de dissociação?

15E.7 Embora expressões como $\langle\varepsilon\rangle = -\,\mathrm{d}\ln q/\mathrm{d}\beta$ sejam úteis nas derivações formais da termodinâmica estatística, e para se obter fórmulas analíticas compactas das funções termodinâmicas, nas aplicações práticas essas expressões são muitas vezes mais difíceis de se utilizar. Quando se tem uma tabela de níveis de energia é frequentemente muito mais conveniente estimar diretamente as seguintes somas:

$$q=\sum_j \mathrm{e}^{-\beta\varepsilon_j} \qquad \dot{q}=\sum_j \beta\varepsilon_j\mathrm{e}^{-\beta\varepsilon_j} \qquad \ddot{q}=\sum_j (\beta\varepsilon_j)^2\mathrm{e}^{-\beta\varepsilon_j}$$

(a) Deduza as expressões da energia interna, da capacidade calorífica e da entropia em termos destas três funções. (b) Use esta técnica para calcular a contribuição eletrônica à capacidade calorífica molar, a volume constante, do vapor de magnésio a 5000 K, usando os seguintes dados:

Termo	^1S	$^3P_0$	$^3P_1$	$^3P_2$	$^1P_1$	$^3S_1$
Degenerescência	1	1	3	5	3	3
$\tilde{\nu}/cm^{-1}$	0	21.850	21.870	21.911	35.051	41.197

15E.8 Mostre como a capacidade calorífica de um rotor linear está relacionada com a seguinte soma:

$$\xi(\beta)=\frac{1}{q^2}\sum_{J,J'}\{\varepsilon(J)-\varepsilon(J')\}^2\, g(J')\mathrm{e}^{-\beta\{\varepsilon(J)+\varepsilon(J')\}}$$

com

$$C=\frac{1}{2}Nk\beta^2\xi(\beta)$$

em que $\varepsilon(J)$ representa os níveis de energia rotacional e $g(J)$, suas degenerescências. Mostre graficamente que a contribuição total para a capacidade calorífica de um rotor linear pode ser considerada uma soma de contribuições devido às transições 0⟶1, 0⟶2, 1⟶2, 1⟶3 etc. Desta maneira, construa a Fig. 15.1 para as capacidades caloríficas de rotação de uma molécula linear.

15E.9 Desenvolva um cálculo semelhante ao do Problema 15E.8 para analisar a contribuição vibracional para a capacidade calorífica em termos de excitações entre níveis de vibração, e ilustre seus resultados graficamente de forma semelhante à Fig. 15.1.

15E.10 Use a expressão exata da função de partição rotacional encontrada no Problema 15B.6 para o HCl(g) para calcular a contribuição rotacional à entropia molar em um intervalo de temperatura, e represente graficamente essa contribuição como uma função da temperatura.

15E.11 Calcule a entropia molar padrão do $N_2(g)$, a 298 K, a partir da sua constante de rotação $\tilde{B} = 1{,}9987$ cm^{-1} e do seu número de onda de vibração $\tilde{\nu} = 2358$ cm^{-1}. O valor termoquímico é 192,1 J K^{-1} mol^{-1}. O que este resultado sugere sobre o sólido a $T = 0$?

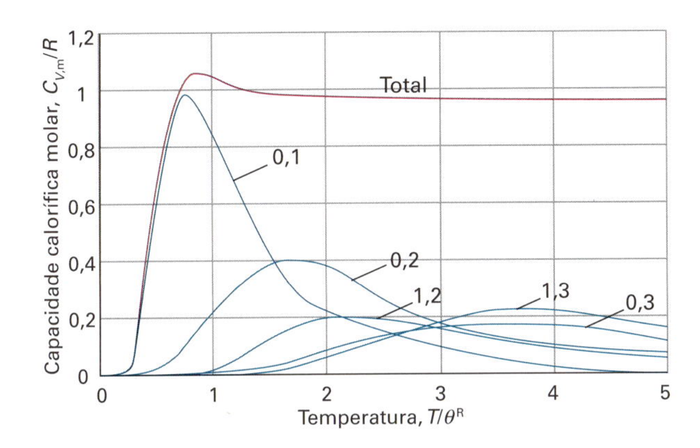

Figura 15.1 Contribuições para a capacidade calorífica rotacional de uma molécula linear.

15E.12‡ J. G. Dojahn *et al.* (*J. Phys. Chem.* **100**, 9649 (1996)) estudaram as curvas da energia potencial dos estados fundamental e eletrônico dos ânions diatômicos homonucleares dos halogênios. O estado fundamental do F_2^- é $^2\Sigma_u^+$ com o número de onda da vibração fundamental de 450,0 cm^{-1}. A distância internuclear de equilíbrio é de 190,0 pm. Os dois primeiros estados excitados estão 1,609 e 1,702 eV acima do estado fundamental. Calcule a entropia molar padrão do F_2^- a 298 K.

15E.13‡ Aplique conceitos da termodinâmica estatística de equilíbrio para estudar as propriedades especificadas a seguir do monóxido de carbono, considerado um gás perfeito, no intervalo de temperatura 100–1000 K, e a 1 bar. Utilize os seguintes dados: $\tilde{\nu}$ = 2169,8 cm^{-1}, $\tilde{B}$ = 1,931 cm^{-1} e $hc\tilde{D}_0$ = 11,09 eV; desconsidere os efeitos de anarmonicidade e de distorção centrífuga. (a) Examine a distribuição de probabilidade das moléculas entre os estados rotacionais e vibracionais disponíveis. (b) Discuta as diferenças numéricas, caso existam, entre a energia de partição rotacional molecular calculada com uma distribuição discreta de energia e a calculada com uma distribuição de energia contínua (clássica). (c) Calcule as contribuições individuais dos graus de liberdade translacional, rotacional e vibracional para: $U_m(T) - U_m(100\text{ K})$, $C_{V,m}(T)$, e $S_m(T) - S_m(100\text{ K})$.

15E.14 Os níveis de energia de um oscilador de Morse são dados no Problema 15B.1. Obtenha a expressão da entropia molar de um conjunto de osciladores de Morse e represente graficamente essa expressão em função da temperatura para uma série de anarmonicidades. Considere apenas o número finito de estados ligados. No mesmo gráfico, represente a entropia de um oscilador harmônico e analise a forma pela qual as duas entropias divergem.

15E.15 Explore como a entropia de um conjunto de sistema de dois níveis se comporta quando, formalmente, se permite que a temperatura se torne negativa. Você também deve construir um gráfico no qual a temperatura é substituída pela variável $\beta = 1/kT$. Explique fisicamente a aparência do gráfico.

15E.16 Deduza a equação de Sackur-Tetrode para um gás monoatômico confinado numa superfície bidimensional e daí deduza a expressão da entropia molar padrão de condensação para formação de um filme superficial móvel.

15E.17‡ Para o H_2, em temperaturas muito baixas, só se observam as contribuições da translação para a capacidade calorífica. Em temperaturas acima de $\theta^R = hc\tilde{B}/k$, a contribuição das rotações fica significativa. Em temperaturas ainda mais altas, acima de $\theta^V = h\nu/k$, as vibrações também contribuem. Porém, neste último caso, é preciso levar em conta a dissociação da molécula em átomos. (a) Explique a origem das fórmulas de θ^R e de θ^V e calcule os respectivos valores para o hidrogênio. (b) Dê a expressão da capacidade calorífica molar, a pressão constante, do hidrogênio a qualquer temperatura, levando em conta a dissociação do hidrogênio. (c) Faça o gráfico da capacidade calorífica molar a pressão constante, em função da temperatura, na região das temperaturas elevadas, na qual a dissociação da molécula é importante.

15E.18 A razão entre as capacidades caloríficas de um gás determina a velocidade do som no gás através da fórmula $c_s = (\gamma RT/M)^{1/2}$, em que $\gamma = C_p/C_V$, e M é a massa molar do gás. Deduza a expressão da velocidade do som num gás perfeito de moléculas (a) diatômicas, (b) triatômicas lineares e (c) triatômicas não lineares, em temperaturas elevadas (com as translações e rotações ativas). Estime a velocidade do som no ar a 25 °C.

15E.19 A molécula de DNA dos seres humanos tem em média 5×10^8 binucleotídeos (os degraus da estrutura escalonada do DNA) de quatro tipos diferentes. Se cada degraú fosse escolhido aleatoriamente entre esses quatro tipos distintos, qual seria a entropia residual associada a uma molécula de DNA?

15E.20 É possível escrever uma expressão aproximada para a função de partição de uma molécula de proteína incluindo as contribuições somente de dois estados: as formas nativa e desnaturada do polímero. Embora seja um modelo muito aproximado, ele nos permite interpretar como a desnaturação contribui para a capacidade calorífica de uma proteína. Segundo esse modelo, a energia total de um sistema com N moléculas de proteína é

$$E = \frac{N\varepsilon e^{-\varepsilon/kT}}{1+e^{-\varepsilon/kT}}$$

em que ε é a diferença de energia entre as formas desnaturada e nativa.
(a) Mostre que a capacidade calorífica molar a volume constante é dada por

$$C_{V,m} = f(T)R \qquad f(T) = \frac{(\varepsilon/kT)^2 e^{-\varepsilon/kT}}{(1+e^{-\varepsilon/kT})^2}$$

(b) Faça o gráfico da variação de $C_{V,m}$ com a temperatura. (c) Caso a função $C_{V,m}(T)$ tenha um máximo ou um mínimo, obtenha uma expressão para a temperatura em que ele ocorre.

SEÇÃO 15F Funções termodinâmicas auxiliares

Questões teóricas

15F.1 Sugira uma interpretação física para a relação entre a pressão e a função de partição.

15F.2 Sugira uma interpretação física para a relação entre a constante de equilíbrio e as funções de partição dos reagentes e produtos.

15F.3 Como os dados estatísticos da constante de equilíbrio explicam a sua dependência em relação à temperatura?

Exercícios

15F.1(a) A molécula de CO_2 é linear e tem os números de onda de vibração, em cm^{-1}, de 1388,2, 2349,2 e 667,4, sendo este último duplamente degenerado e os outros não degenerados. A constante de rotação da molécula é 0,3902 cm^{-1}. Calcule as contribuições das rotações e das vibrações à energia de Gibbs molar, a 298 K.

15F.1(b) A molécula do O_3 é angular e os seus números de onda de vibração são 1110 cm^{-1}, 705 cm^{-1} e 1042 cm^{-1}. As constantes de rotação da molécula são 3,553 cm^{-1}, 0,4452 cm^{-1} e 0,3948 cm^{-1}. Calcule as contribuições das rotações e das vibrações à energia de Gibbs molar, a 298 K.

15F.2(a) Utilize as informações do Exercício 15E.3(a) para calcular a contribuição eletrônica à capacidade calorífica dos átomos de Cl a (i) 500 K e (ii) 900 K.

15F.2(b) Utilize as informações do Exercício 15E.3(b) para calcular a contribuição eletrônica à capacidade calorífica do O_2 a 400 K.

15F.3(a) Calcule a constante de equilíbrio da reação $I_2(g) \rightleftharpoons 2\,I(g)$, a 1000 K, a partir dos seguintes dados do I_2: $\tilde{\nu} = 214{,}36\ cm^{-1}$, $\tilde{B} = 0{,}0373\ cm^{-1}$, $hc\tilde{D}_e = 1{,}5422$ eV. O estado fundamental dos átomos de I é $^2P_{3/2}$ sendo, portanto, quadruplamente degenerado.

15F.3(b) Calcule a constante de equilíbrio, a 298 K, da reação de troca isotópica em fase gasosa $2\,^{79}Br^{81}Br \rightleftharpoons {}^{79}Br^{79}Br + {}^{81}Br^{81}Br$. A molécula de Br_2 tem um estado fundamental não degenerado e nenhum estado eletrônico excitado nas suas proximidades. Baseie o seu cálculo no número de onda de vibração do $^{79}Br^{81}Br$, que é 323,33 cm^{-1}.

Problemas

15F.1 Calcule e represente em um gráfico, em função da temperatura, no intervalo de 300 K a 1000 K, a constante de equilíbrio da reação $CD_4(g) + HCl(g) \rightleftharpoons CHD_3(g) + DCl(g)$ usando os seguintes dados (os números entre parênteses são as degenerescências):

Molécula	$\tilde{\nu}/cm^{-1}$	$\tilde{B}/cm^{-1}$	$\tilde{A}/cm^{-1}$
CHD_3	2993 (1), 2142 (1), 1003 (3), 1291 (2), 1036 (2)	3,28	2,63
CD_4	2109 (1), 1092 (2), 2259 (3), 996 (3)	2,63	
HCl	2991 (1)	10,59	
DCl	2145 (1)	5,445	

15F.2 A troca do deutério entre um ácido e a água é importante tipo de equilíbrio, e podemos estudá-lo mediante os dados espectroscópicos das moléculas. Calcule a constante de equilíbrio para a reação de troca em fase gasosa $H_2O + DCl \rightleftharpoons HDO + HCl$, a (a) 298 K e (b) 800 K, a partir dos seguintes dados:

Molécula	$\tilde{\nu}/cm^{-1}$	$\tilde{A}/cm^{-1}$	$\tilde{B}/cm^{-1}$	$\tilde{C}/cm^{-1}$
H_2O	3656,7, 1594,8, 3755,8	27,88	14,51	9,29
HDO	2726,7, 1402,2, 3707,5	23,38	9,102	6,417
HCl	2991		10,59	
DCl	2145		5,449	

15F.3 Determine se um campo magnético pode influenciar o valor da constante de equilíbrio. Imagine o equilíbrio $I_2(g) \rightleftharpoons 2\,I(g)$, a 1000 K, e calcule a razão entre as constantes de equilíbrio $K(\mathcal{B})/K$, em que $K(\mathcal{B})$ é a constante de equilíbrio quando um campo magnético $\mathcal{B}$ está presente e remove a degenerescência dos quatro estados do nível $^2P_{3/2}$. No Exercício 15F.3(a), são apresentados os dados sobre as espécies químicas. O valor g eletrônico dos átomos é $\frac{4}{3}$. Calcule o campo magnético capaz de provocar a mudança de 1% na constante de equilíbrio.

15F.4‡ R. Viswanathan *et al.* (*J. Phys. Chem.* **100**, 10784 (1996)) estudaram, experimental e teoricamente, as propriedades termodinâmicas de diversos compostos de boro-silício em fase gasosa. Estas substâncias aparecem na deposição química de vapor (em inglês: *chemical vapour deposition*, CVD), em altas temperaturas, para a preparação de semicondutores de silício. Entre os cálculos que publicaram estão os da função de Gibbs do BSi(g) a várias temperaturas, com base no estado fundamental $^4\Sigma^-$, com distância internuclear de equilíbrio de 190,5 pm e número de onda de vibração de 772 cm^{-1} e também utilizando o primeiro nível excitado $^2P_0$, 8000 cm^{-1} acima do estado fundamental. Calcule a energia de Gibbs molar padrão $G_m^{\ominus}(2000\,K) - G_m^{\ominus}(0)$.

15F.5‡ A molécula de Cl_2O_2 que se acredita que participa do processo de destruição sazonal da camada de ozônio da Antártica foi estudada por diferentes maneiras. M. Birk *et al.* (*J. Chem. Phys.* **91**, 6588 (1989)) publicaram os valores das constantes rotacionais (B) como 13109,4, 2409,8 e 2139,7 MHz. Também publicaram que o espectro de rotação mostra que a molécula possui o número de simetria de 2. Por outro lado, J. Jacobs *et al.* (*J. Amer. Chem. Soc.* **116**, 1106 (1994)) publicaram os números de onda de vibração como: 753, 542, 310, 127, 646 e 419 cm^{-1}. Calcule $G_m^{\ominus}(200\,K) - G_m^{\ominus}(0)$ para o Cl_2O_2.

15F.6‡ J. Hutter *et al.* (*J. Amer. Chem. Soc.* **116**, 750 (1994)) examinaram a estrutura geométrica e de vibração de diversas moléculas de carbono com a fórmula geral C_n. Dado que o estado fundamental para o C_3, uma molécula que se encontra no espaço interestelar e também nas chamas, é um simpleto de uma molécula angular com os momentos de inércia de 39,340, 39,032 e 0,3082 m_u Å^2 (em que 1 Å = 10^{-10} m) e com os números de onda de vibração de 63,4, 1224,5 e 2040 cm^{-1}, calcule $G_m^{\ominus}(10.00\,K) - G_m^{\ominus}(0)$ e $G_m^{\ominus}(100{,}0\,K) - G_m^{\ominus}(0)$ para o C_3.

Atividade integrada

15.1 Use um software matemático ou uma planilha para as seguintes atividades: (a) Considere um sistema de três níveis, com níveis 0, ε e 2ε. Faça o gráfico da função de partição contra kT/ε. (b) Faça o gráfico da função dS/dT, o coeficiente de temperatura de sua entropia, para um sistema de dois níveis, contra kT/ε. Há uma temperatura em que esse coeficiente passa por um máximo? Se esse máximo for encontrado, explique fisicamente a sua origem. (c) Represente graficamente, para diversos valores do número de onda vibracional, a dependência que a contribuição vibracional para a função de partição molecular tem em relação à temperatura. Estime a partir de seus gráficos a temperatura acima da qual o oscilador harmônico é o limite em altas temperaturas.

CAPÍTULO 16

Interações moleculares

Neste capítulo vamos examinar interações moleculares e interpretá-las em termos das propriedades elétricas das moléculas. Veremos aqui, e mais detalhadamente no Capítulo 17, que as interações moleculares governam as estruturas e as funções dos agregados moleculares.

16A Propriedades elétricas das moléculas

O capítulo começa com uma descrição das propriedades elétricas das moléculas, tais como os "momentos de dipolo elétrico" e as "polarizabilidades". Essas propriedades refletem o grau de controle dos núcleos dos átomos sobre os elétrons de uma molécula, seja pela acumulação de elétrons em certas regiões, seja pela influência na resposta dos elétrons, com maior ou menor intensidade, à ação de campos elétricos externos.

16B Interações entre moléculas

Essa seção descreve a teoria básica de diversas interações moleculares importantes, com foco especial nas "interações de van der Waals" entre moléculas de camada fechada. Também discute a "ligação de hidrogênio" e a "interação hidrofóbica". Todos os líquidos e sólidos estão ligados por uma ou mais das diversas interações coesivas que exploraremos nessa seção. Além disso, essas interações também são importantes para a organização estrutural das macromoléculas.

16C Líquidos

Essa seção começa com a teoria básica das interações moleculares nos líquidos; em seguida, passa a descrever as propriedades das superfícies líquidas. Veremos como importantes efeitos, tais como "tensão superficial", "ação capilar", formação de "filmes superficiais" e condensação, podem ser explicados por argumentos da termodinâmica.

Qual é o impacto deste material?

As interações moleculares desempenham importante papel na bioquímica e na biomedicina. A ligação de um medicamento, uma pequena molécula ou proteína a um sítio receptor específico de uma molécula-alvo, como uma proteína maior ou um ácido nucleico, resulta na formação de um agregado que inibe o progresso de algumas doenças. A manipulação de interações moleculares pode ter significativas consequências tecnológicas: o "projeto" de agregados que podem armazenar e liberar hidrogênio gasoso com eficiência faz com que o hidrogênio possa se tornar um combustível viável para o desenvolvimento comercial de vários dispositivos.

16A Propriedades elétricas das moléculas

Tópicos

➤ Por que você precisa saber este assunto?

Como as interações moleculares são responsáveis pela formação de fases condensadas e grandes agregados moleculares surgem das propriedades elétricas das moléculas, você precisa saber como as estruturas eletrônicas das moléculas levam a essas propriedades.

➤ Qual é a ideia fundamental?

Os núcleos dos átomos exercem controle sobre os elétrons de uma molécula, podendo fazer com que elétrons se acumulem em certas regiões, ou permitindo que eles respondam com maior ou menor intensidade a campos externos.

➤ O que você já deve saber?

Você precisa estar familiarizado com a lei de Coulomb (*Fundamentos* B), a geometria molecular e a teoria do orbital molecular, principalmente com a importância da lacuna de energia entre o HOMO e o LUMO (Seção 10E).

As propriedades elétricas das moléculas são responsáveis por muitas das propriedades da matéria. Os pequenos desequilíbrios de distribuição de carga nas moléculas permitem-lhes interagir umas com as outras e responder a campos externamente aplicados.

16A.1 Momentos de dipolo elétrico

Um **dipolo elétrico** é constituído por duas cargas elétricas $+Q$ e $-Q$ separadas por uma distância R. Um **dipolo elétrico puntiforme** é um dipolo elétrico em que R é muito pequena em relação à sua distância do observador. O **momento de dipolo elétrico** é um vetor μ (**1**) que aponta da carga negativa para a carga positiva e tem um módulo dado por

$$\mu = QR \quad \textit{Definição} \quad \text{Módulo do momento de dipolo elétrico} \qquad (16A.1)$$

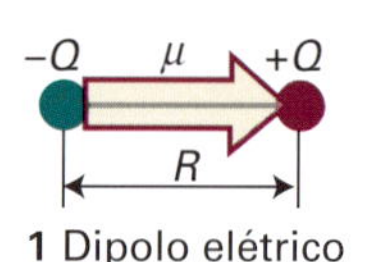

1 Dipolo elétrico

Embora a unidade do SI do momento de dipolo elétrico seja o coulomb metro (C m), é ainda comum apresentar os momentos de dipolo em debyes, D, unidade que não é do SI, cujo nome é uma homenagem a Peter Debye, um pioneiro da investigação dos momentos de dipolo das moléculas:

$$1\,\text{D} = 3{,}335\,64 \times 10^{-30}\,\text{C m} \qquad (16A.2)$$

O módulo do momento de dipolo de um par de cargas $+e$ e $-e$, separadas por 100 pm, é $1{,}6 \times 10^{-29}$ C m, correspondendo a 4,8 D. Os valores dos momentos de dipolo de moléculas pequenas são da ordem de 1 D, nos casos comuns.[1]

Uma **molécula polar** é uma molécula que tem momento de dipolo elétrico permanente. Esse **momento de dipolo permanente** provém das cargas parciais dos átomos na molécula devido às diferenças de eletronegatividade ou, em tratamentos mais sofisticados, das variações da densidade eletrônica através da molécula (Seção 10E). As moléculas apolares adquirem um **momento de dipolo induzido** num campo elétrico em virtude da deformação que o campo provoca na distribuição dos elétrons e nas posições dos núcleos. Entretanto, esse momento induzido é temporário e desaparece logo que o campo indutor é removido. As moléculas polares também têm os respectivos momentos de dipolo modificados temporariamente pela aplicação de um campo elétrico.

Todas as moléculas diatômicas heteronucleares são polares, e valores típicos de μ são 1,08 D para o HCl e 0,42 D para o HI (Tabela 16A.1). A simetria molecular é de fundamental

[1] O fator de conversão na Eq. 16A.2 se deve à definição original do debye em termos das unidades c.g.s.: 1 D é o momento de dipolo de duas cargas iguais e opostas, de módulo igual a 1 u.e.c., separadas por 1 Å.

Tabela 16A.1* Momentos de dipolo (μ) e polarizabilidades volumares (α')

	μ/D	$\alpha'/(10^{-30}\ m^3)$
CCl_4	0	10,5
H_2	0	0,819
H_2O	1,85	1,48
HCl	1,08	2,63
HI	0,42	5,45

* Outros valores são apresentados na *Seção de dados*.

importância para se determinar se uma molécula é polar ou não (veja também a Seção 11A). De fato, ela é mais importante do que a questão de os átomos da molécula corresponderem ou não ao mesmo elemento químico. Por essa razão, conforme veremos na *Breve ilustração* 16A.1, as moléculas poliatômicas homonucleares podem ser polares quando tiverem baixa simetria ou quando os átomos estiverem em posições não equivalentes.

Breve ilustração 16A.1 Simetria e a polaridade das moléculas

A molécula angular do ozônio, O_3 (**2**), é homonuclear. No entanto, ela é polar, pois o átomo de O central é diferente dos demais (está ligado a dois átomos, enquanto cada um dos outros dois está ligado a apenas um). Além disso, os momentos de dipolo associados a cada ligação fazem um ângulo entre si e não se cancelam. A molécula triatômica linear heteronuclear CO_2, por exemplo, é apolar porque, apesar de haver cargas parciais em todos os três átomos, o momento de dipolo associado à ligação OC aponta na mesma direção e no sentido oposto ao do associado à ligação CO, e os dois se cancelam (**3**).

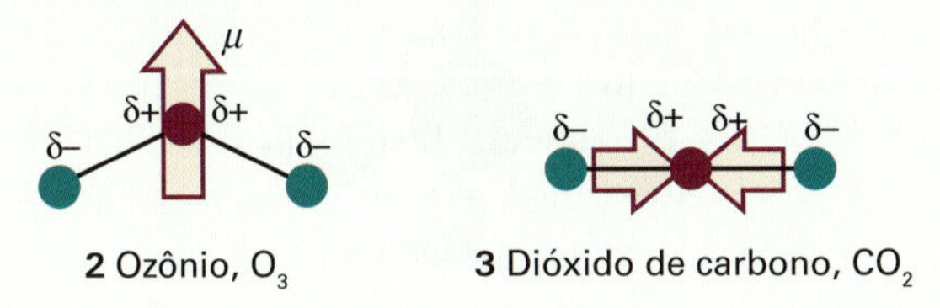

2 Ozônio, O_3 **3** Dióxido de carbono, CO_2

Exercício proposto 16A.1 O SO_2 é polar?

Resposta: Sim

O momento de dipolo de uma molécula poliatômica pode ser calculado a partir das contribuições dos diversos grupos de átomos da molécula e das suas localizações relativas (Fig. 16A.1). Assim, o 1,4-diclorobenzeno é apolar por simetria, em virtude do cancelamento de dois momentos iguais, porém opostos, associados às ligações C–Cl (exatamente como no dióxido de carbono). Entretanto, o 1,2-diclorobenzeno tem um momento de dipolo aproximadamente igual à resultante de dois momentos de dipolo do clorobenzeno formando um ângulo de 60° entre si. Essa técnica de "adição vetorial" pode ser aplicada com um relativo êxito a

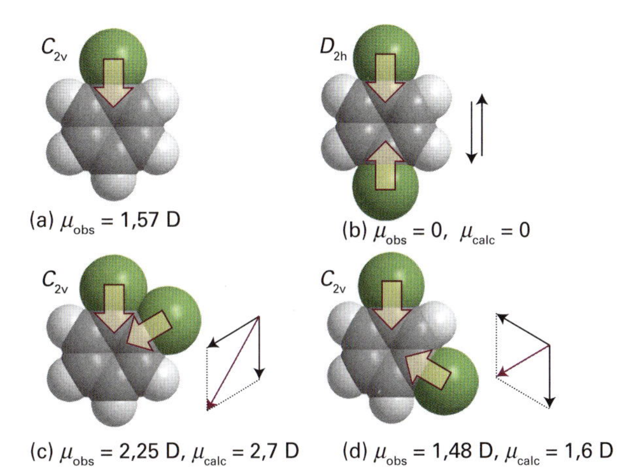

Figura 16A.1 Os momentos de dipolo resultantes (simbolizados pela seta vermelha em (c) e (d)) dos isômeros do diclorobenzeno (de b até d) podem ser determinados, aproximadamente, pela soma vetorial de dois momentos de dipolo do clorobenzeno (mostrado em (a), com μ_{obs} = 1,57 D). (Os grupos pontuais das moléculas também estão indicados.)

outras séries de moléculas relacionadas. A resultante $\boldsymbol{\mu}_{res}$ da soma de dois momentos de dipolo $\boldsymbol{\mu}_1$ e $\boldsymbol{\mu}_2$ que fazem entre si um ângulo θ (**4**) é dada aproximadamente por (veja *Revisão de matemática* 5 ao final do Capítulo 9)

$$\mu_{res} \approx \left(\mu_1^2 + \mu_2^2 + 2\mu_1\mu_2\cos\theta\right)^{1/2} \qquad (16A.3a)$$

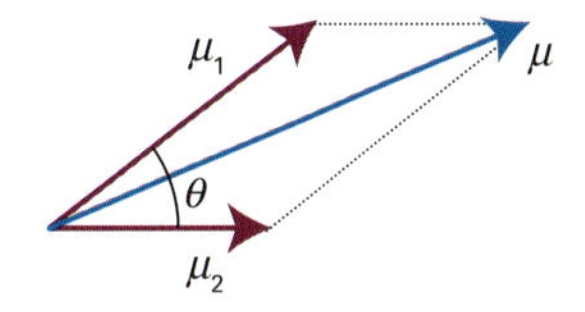

4 Adição de momentos de dipolo

Quando os dois momentos de dipolo são iguais (como no caso dos diclorobenzenos), a equação fica simplificada para

$$\mu_{res} \approx \{2\mu_1^2(1+\cos\theta)\}^{1/2} = 2\mu_1\cos\tfrac{1}{2}\theta \qquad (16A.3b)$$

Breve ilustração 16A.2 Momentos de dipolo moleculares

Considere os benzenos *orto* (1,2-) e *meta* (1,3-) dissubstituídos, para os quais θ_{orto} = 60° e θ_{meta} = 120°. Segue da Eq. 16A.3b que a razão entre os módulos do momento de dipolo elétrico é:

$$\frac{\mu_{res,\,orto}}{\mu_{res,meta}} = \frac{\cos\frac{1}{2}\theta_{orto}}{\cos\frac{1}{2}\theta_{meta}} = \frac{\cos\frac{1}{2}(60°)}{\cos\frac{1}{2}(120°)} = \frac{3^{1/2}/2}{1/2} = 3^{1/2} \approx 1{,}7$$

Exercício proposto 16A.2 Calcule a resultante de dois momentos de dipolo de módulos 1,5 D e 0,80 D que fazem um ângulo de 109,5° entre si.

Resposta: 1,4 D

Uma abordagem mais confiável para o cálculo do momento de dipolo é levar em consideração a localização e o módulo das cargas parciais de todos os átomos. As cargas parciais são incluídas nos arquivos de saída de muitos programas computacionais de estrutura molecular. Para calcular a componente x do momento de dipolo, por exemplo, precisamos saber a carga parcial sobre cada átomo e a componente x da posição do átomo relativa a um ponto na molécula. Forma-se então a soma

$$\mu_x = \sum_J Q_J x_J \qquad (16A.4a)$$

Nessa equação, Q_J é a carga parcial do átomo J, x_J é a coordenada x do átomo J, e a soma é realizada sobre todos os átomos da molécula. Expressões análogas são usadas para as componentes y e z. Para uma molécula eletricamente neutra, a origem das coordenadas é arbitrária, e é escolhida de forma a simplificar as medições. Como em todos os vetores, o módulo de $\boldsymbol{\mu}$ relaciona-se com as suas três componentes μ_x, μ_y e μ_z por

$$\mu = \left(\mu_x^2 + \mu_y^2 + \mu_z^2\right)^{1/2} \qquad (16A.4b)$$

Exemplo 16A.1 Cálculo do momento de dipolo molecular

Calcule o módulo e a orientação do momento de dipolo elétrico do grupo amida, mostrado em (**5**), usando as cargas parciais (como múltiplos de e) e as localizações indicadas dos átomos, com as distâncias em picômetros.

(182,−87,0) +0,18H; (132,0,0) N −0,36; +0,45 C (0,0,0); O (−62,107,0) −0,38

5

Método Usamos a Eq. 16A.4a para calcular cada uma das componentes do momento de dipolo e a Eq. 16A.4b para combinar as três componentes no módulo do momento de dipolo. Observe que as cargas parciais são múltiplos da carga elementar, $e = 1{,}609 \times 10^{-19}$ C.

Resposta A expressão para μ_x é:

$$\begin{aligned}\mu_x &= (-0{,}36e)\times(132\,\text{pm}) + (0{,}45e)\times(0\,\text{pm}) + (0{,}18e)\times(182\,\text{pm})\\ &\quad + (-0{,}38e)\times(-62{,}0\ \text{pm})\\ &= 8{,}8e\,\text{pm}\\ &= 8{,}8\times(1{,}602\times10^{-19}\,\text{C})\times(10^{-12}\,\text{m}) = 1{,}4\times10^{-30}\,\text{C m}\end{aligned}$$

que corresponde a $\mu_x = +0{,}42$ D. A expressão para μ_y é:

$$\begin{aligned}\mu_y &= (-0{,}36e)\times(0\,\text{pm}) + (0{,}45e)\times(0\,\text{pm}) + (0{,}18e)\times(-87\,\text{pm})\\ &\quad + (-0{,}38e)\times(107\,\text{pm})\\ &= -56e\,\text{pm}\\ &= -19{,}0\times10^{-30}\,\text{C m}\end{aligned}$$

Segue que $\mu_y = -2{,}7$ D. O grupo amida é plano; portanto $\mu_z = 0$ e

$$\mu = \{(0{,}42\,\text{D})^2 + (-2{,}7\,\text{D})^2\}^{1/2} = 2{,}7\,\text{D}$$

Podemos obter a orientação do momento de dipolo através de uma seta de tamanho igual a 2,7 unidades de comprimento e com componentes x, y e z com valores de 0,42, −2,7 e 0 unidades, respectivamente. A orientação está indicada em (**5**).

Exercício proposto 16A.3 Calcule o momento de dipolo elétrico do formaldeído pelas informações dadas em (**6**).

−0,38 O (0,118,0); +0,45 C (0,0,0); +0,18 H (−94,−61,0); +0,18 (94,−61,0)

6

Resposta: 2,3 D

As moléculas podem ter **multipolos** de ordem mais elevada ou distribuições de cargas puntiformes (Fig. 16A.2). Especificamente, um ***n* polo** é um arranjo de cargas puntiformes que tem um momento de n polo, mas não tem nenhum momento de ordem inferior. Assim, um **monopolo** (n = 1) é uma carga puntiforme, e o momento de monopolo é o que em geral denominamos carga total. Um dipolo (n = 2), como visto anteriormente, é um arranjo de cargas que não tem momento de monopolo (não tem carga líquida). Um **quadrupolo** (n = 3) é um arranjo de cargas puntiformes que não tem carga líquida nem momento de dipolo (por exemplo, as moléculas de CO_2, **3**). Um **octupolo** (n = 4) é um arranjo de cargas puntiformes que tem o somatório de cargas igual a zero e não tem momento de dipolo nem momento de quadrupolo (por exemplo, as moléculas de metano, CH_4, (**7**)).

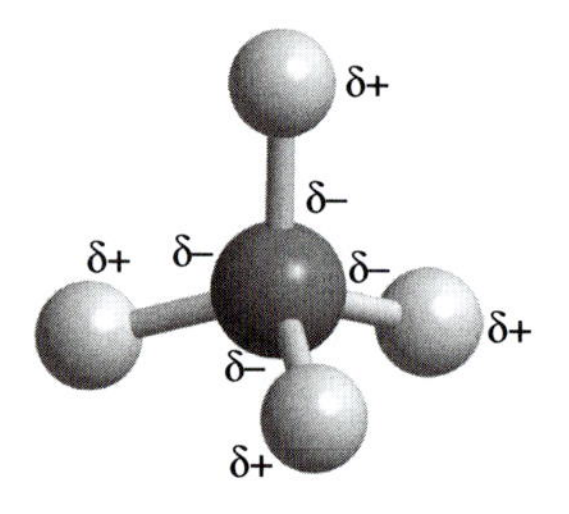

7 Metano, CH_4

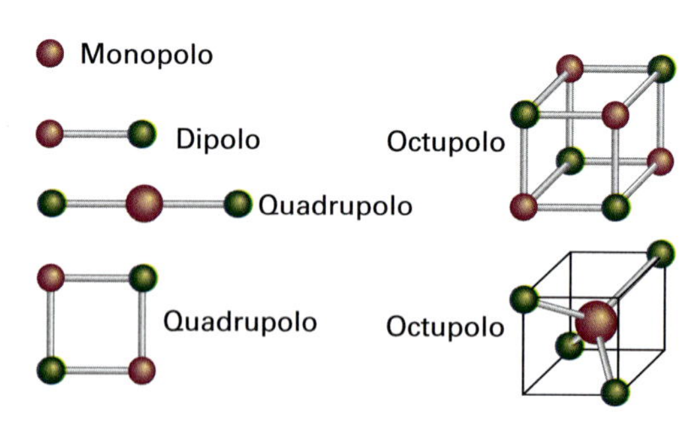

Figura 16A.2 Distribuições de carga típicas correspondentes a multipolos elétricos. O campo proveniente de uma distribuição de cargas finitas arbitrária pode ser expresso como a superposição dos campos que surgem de uma superposição de multipolos.

16A.2 Polarizabilidades

A falha das cargas nucleares em deixar de controlar totalmente os elétrons que as envolvem significa que esses elétrons podem responder a campos externos. A aplicação de um campo elétrico externo pode alinhar o momento de dipolo permanente de uma molécula e também provocar a deformação da molécula. O **momento de dipolo induzido**, μ^*, é proporcional à intensidade do campo, $\mathcal{E}$, e podemos escrever

$$\mu^* = \alpha\mathcal{E} \quad \textit{Definição} \quad \text{Polarizabilidade} \quad (16A.5a)$$

A constante de proporcionalidade α corresponde à **polarizabilidade** da molécula. Quanto maior for a polarizabilidade, maior será o momento de dipolo induzido para um dado campo elétrico. Em um tratamento rigoroso, grandezas vetoriais devem ser utilizadas, de forma a permitir que o momento de dipolo induzido não se alinhe paralelamente ao campo aplicado, caso em que o escalar α é substituído por $\boldsymbol{\alpha}$, uma matriz 3 × 3. Vamos ignorar essa complicação.

Quando o campo aplicado é muito intenso (como em feixes de laser de foco concentrado), o módulo do momento de dipolo induzido não é rigorosamente linear nem função da intensidade do campo, e escrevemos

$$\mu^* = \alpha\mathcal{E} + \tfrac{1}{2}\beta\mathcal{E}^2 + \cdots \quad \textit{Definição} \quad \text{Hiperpolarizabilidade} \quad (16A.5b)$$

O coeficiente β é a (primeira) **hiperpolarizabilidade** da molécula.

A polarizabilidade tem as unidades (coulomb metro)^2 por joule, ($C^2\ m^2\ J^{-1}$). Esse conjunto de unidades é incômodo, de modo que α é frequentemente expresso como uma **polarizabilidade volumar**, α', usando-se a relação

$$\alpha' = \frac{\alpha}{4\pi\varepsilon_0} \quad \textit{Definição} \quad \text{Polarizabilidade volumar} \quad (16A.6)$$

em que ε_0 é a permissividade do vácuo (*Fundamentos* B). Como as unidades de $4\pi\varepsilon_0$ são coulomb quadrado por joule por metro ($C^2\ J^{-1}\ m^{-1}$), vê-se que α' tem as dimensões de volume (daí o seu nome). As polarizabilidades volumares têm valores da ordem dos volumes moleculares reais (isto é, da ordem de $10^{-30}\ m^3$, ou $10^{-3}\ nm^3$, ou 1 Å^3).

Breve ilustração 16A.3 O momento de dipolo induzido

A polarizabilidade volumar da H_2O é $1{,}48 \times 10^{-30}\ m^3$. Segue das Eqs. 16A.4a e 16A.5 que $\mu^* = 4\pi\varepsilon_0\alpha'\mathcal{E}$ e que o módulo do momento de dipolo induzido da molécula por um campo elétrico aplicado de intensidade $1{,}0 \times 10^5\ V\ m^{-1}$ (além do momento de dipolo permanente) é

$$\mu^* = 4\pi \times (8{,}854\times10^{-12}\,J^{-1}\,C^2 m^{-1}) \times (1{,}48\times10^{-30}\,m^3) \times (1{,}0\times10^5\,J\,C^{-1}m^{-1})$$

$$\overset{1V=1JC^{-1}}{=} 31{,}6\times10^{-35}\,C\,m = 4{,}9\times10^{-6}\,D = 4{,}9\,\mu D$$

Exercício proposto 16A.4 Que intensidade de campo elétrico é necessária para induzir um momento de dipolo elétrico de 1,0 μD em uma molécula de polarizabilidade volumar de $2{,}6 \times 10^{-30}\ m^3$ (como o CO_2)?

Resposta: $11\ kV\ m^{-1}$

A Tabela 16A.1 apresenta valores das polarizabilidades volumares de algumas moléculas. Como se mostra na *Justificativa* 16A.1, existe uma correlação entre a energia da separação HOMO–LUMO, de átomos e moléculas, e a polarizabilidade volumar (Seção 10E). A distribuição eletrônica pode ser facilmente deformada se o LUMO estiver próximo, em energia, do HOMO, e então a polarizabilidade será grande. Porém, se o LUMO estiver muito acima do HOMO, um campo elétrico aplicado não pode alterar significativamente a distribuição eletrônica e a polarizabilidade será pequena. As moléculas que têm a separação HOMO–LUMO pequena são, comumente, moléculas grandes, com muitos elétrons.

Justificativa 16A.1 Polarizabilidades e a estrutura molecular

A expressão quantomecânica da polarizabilidade molecular na direção z é dada por[2]

$$\alpha = 2\sum_{n\neq0} \frac{|\mu_{z,0n}|^2}{E_n^{(0)} - E_0^{(0)}}$$

em que $\mu_{z,n0} = \int \psi_n^* \hat{\mu}_z \psi_0 \mathrm{d}\tau$ é o momento de dipolo de *transição* na direção z, isto é, uma medida de quanto a carga elétrica é deslocada quando um elétron migra do estado fundamental para criar um estado excitado. O somatório deve ser feito sobre os estados excitados, com energias E_n. Pode-se perceber o significado dessa equação quando se aproximam as energias de excitação por um valor médio ΔE (uma indicação da separação HOMO–LUMO) e se admite, também, que o momento de dipolo de transição mais importante é aproximadamente igual ao produto da carga do elétron pelo raio, R, da molécula. Então,

$$\alpha \approx \frac{2e^2R^2}{\Delta E}$$

Essa expressão mostra que α aumenta com o tamanho da molécula e com a facilidade da excitação (isto é, com um menor valor de ΔE).

Se a energia da excitação for igualada à energia necessária para remover um elétron, à distância R de uma carga positiva, podemos escrever $\Delta E \approx e^2/4\pi\varepsilon_0 R$. Quando essa expressão é substituída em $\alpha \approx 2e^2R^2/\Delta E$ para obter $\alpha \approx 2(4\pi\varepsilon_0)(R)^3$ e os dois membros divididos por $4\pi\varepsilon_0$, chega-se a $\alpha' \approx R^3$, ignorando-se um fator de 2. O resultado é da mesma ordem de grandeza que o volume molecular.

[2] Para a dedução dessa equação, veja o livro, dos mesmos autores, *Quanta, Matéria e Mudança* (LTC, 2011).

Para a maioria das moléculas, a polarizabilidade é anisotrópica, isto é, depende da orientação da molécula em relação ao campo. Por exemplo, a polarizabilidade volumar do benzeno quando o campo é perpendicular ao plano do anel é 0,0067 nm^3, e quando o campo é aplicado paralelamente ao plano do anel é 0,0123 nm^3. A anisotropia da polarizabilidade determina se a molécula é ou não ativa no efeito Raman de rotação (Seção 12C).

16A.3 Polarização

A **polarização**, P, de uma amostra é a densidade de momento de dipolo elétrico, isto é, o produto do momento de dipolo médio das moléculas, $\langle\mu\rangle$, pela densidade numérica, $\mathcal{N}$:

$$P=\langle\mu\rangle\mathcal{N} \qquad \textit{Definição} \quad \text{Polarização} \qquad (16\text{A}.7)$$

No texto que vem a seguir, nos referimos à amostra como um **dielétrico**, que significa um meio não condutor, polarizável.

(a) A dependência da frequência da polarização

Na ausência de campo elétrico externo, a polarização de uma amostra fluida isotrópica é nula, pois as moléculas estão permanentemente mudando suas orientações aleatoriamente devido ao movimento térmico; assim, $\langle\mu\rangle = 0$. Na presença de um campo pouco intenso, existe uma flutuação nas orientações nos momentos de dipolo elétrico moleculares. Assim, mostra-se na *Justificativa* 16A.2 que, na temperatura T, o valor médio do momento de dipolo de uma amostra é dado por

$$\langle\mu_z\rangle=\frac{\mu^2\mathcal{E}}{3kT} \qquad \textit{Campo elétrico fraco} \quad \text{Valor médio do momento de dipolo} \qquad (16\text{A}.8)$$

em que z é a direção do campo aplicado, $\mathcal{E}$. Sob ação de um campo elétrico muito elevado, as orientações dos dipolos moleculares flutuam menos em torno da direção do campo externo, e assim o momento de dipolo médio tende ao seu valor máximo $\langle\mu_z\rangle=\mu$.

Justificativa 16A.2 O momento de dipolo médio em uma certa temperatura

A probabilidade dp de o dipolo ter uma orientação no intervalo angular θ, $\theta+\mathrm{d}\theta$, é dada pela distribuição de Boltzmann (Seção 15A), que, neste caso, é

$$\mathrm{d}p=\frac{\mathrm{e}^{-E(\theta)/kT}\operatorname{sen}\theta\,\mathrm{d}\theta}{\int_0^{\pi}\mathrm{e}^{-E(\theta)/kT}\operatorname{sen}\theta\,\mathrm{d}\theta}$$

em que $E(\theta)$ é a energia do dipolo no campo: $E(\theta)=-\mu\mathcal{E}\cos\theta$, com $0\leq\theta\leq\pi$. O valor médio da componente do momento de dipolo paralela ao campo elétrico aplicado é então

$$\langle\mu_z\rangle=\int\mu\cos\theta\,\mathrm{d}p=\mu\int\cos\theta\,\mathrm{d}p=\frac{\mu\int_0^{\pi}\mathrm{e}^{x\cos\theta}\cos\theta\operatorname{sen}\theta\,\mathrm{d}\theta}{\int_0^{\pi}\mathrm{e}^{x\cos\theta}\operatorname{sen}\theta\,\mathrm{d}\theta}$$

com $x=-\mu\mathcal{E}/kT$. A integral tem aparência mais simples quando escrevemos $y=\cos\theta$, e $\mathrm{d}y=-\operatorname{sen}\theta\,\mathrm{d}\theta$, e mudam-se os limites de integração para $y=-1$ (para $\theta=\pi$) e $y=1$ (para $\theta=0$):

$$\langle\mu_z\rangle=\frac{\mu\overbrace{\int_{-1}^{1}y\mathrm{e}^{xy}\mathrm{d}y}^{\text{Integral E.4}}}{\underbrace{\int_{-1}^{1}\mathrm{e}^{xy}\mathrm{d}y}_{\text{Integral E.3}}}$$

Agora, com uma pequena manipulação algébrica, chega-se a

$$\langle\mu_z\rangle=\mu L(x) \qquad L(x)=\frac{\mathrm{e}^x+\mathrm{e}^{-x}}{\mathrm{e}^x-\mathrm{e}^{-x}}-\frac{1}{x} \qquad x=\frac{\mu E}{kT}$$

A função $L(x)$ é denominada **função de Langevin**.

Na maioria das condições experimentais, x é muito pequeno (por exemplo, se $\mu=1$ D e $T=300$ K, x só será maior do que 0,01 se a intensidade do campo for maior do que 100 kV cm^{-1}; a maioria das medidas é realizada, porém, com campos muito mais baixos). As exponenciais da função de Langevin podem ser desenvolvidas em série como $\mathrm{e}^x=1+x+\frac{1}{2}x^2+\frac{1}{6}x^3+\cdots$; para campos suficientemente baixos, $x\ll 1$, os termos de ordem superior podem ser abandonados. Vem então

$$L(x)=\tfrac{1}{3}x+\cdots$$

Daí se conclui que o momento de dipolo médio é dado pela Eq. 16A.8.

Quando o campo aplicado às moléculas altera lentamente sua direção, o momento de dipolo permanente tem tempo para se reorientar – a molécula gira por inteiro para uma nova direção –, acompanhando a modificação do campo. Quando, porém, a frequência do campo é alta, a molécula não pode alterar a sua direção com rapidez suficiente para acompanhar a modificação da orientação do campo. Neste caso, o momento de dipolo permanente não faz nenhuma contribuição à polarização da amostra. Nessas circunstâncias, dizemos que a **polarização de orientação**, isto é, a polarização proveniente dos momentos de dipolo permanentes, foi perdida para essas frequências muito altas. Como uma molécula leva cerca de 1 ps para girar de um ângulo de 1 radiano num fluido, a perda dessa contribuição à polarização de orientação ocorre quando se fazem medidas a frequências maiores do que cerca de 10^{11} Hz (na região de micro-ondas).

A outra contribuição que se perde para a polarização quando a frequência é aumentada é a **polarização de distorção**, a polarização proveniente da deformação nas posições dos núcleos pelo campo elétrico externo. A molécula pode ser flexionada ou alongada pelo campo aplicado, e o momento de dipolo se altera em função da deformação. O intervalo de tempo necessário para a flexão de uma molécula é aproximadamente igual ao inverso da frequência da vibração da molécula. Por isso, a polarização de distorção desaparece quando a frequência da radiação aumenta e passa para a região do infravermelho.

O desaparecimento da polarização ocorre em etapas. Como se mostra na *Justificativa* 16A.3, cada etapa se instala quando a frequência do campo aplicado supera a frequência de um certo modo de vibração. Para frequências ainda mais elevadas, na região do visível, apenas os elétrons são móveis o suficiente para responder à rápida variação na direção do campo aplicado. A polarização remanescente é então totalmente devida à distorção da distribuição eletrônica, e essa contribuição à polarizabilidade molecular é chamada de **polarizabilidade eletrônica**.

Justificativa 16A.3 A dependência das polarizabilidades com a frequência

A expressão quântica da polarizabilidade de uma molécula na presença de um campo elétrico que oscila com a frequência ω na direção z é dada por[3]

$$\alpha(\omega)=\frac{2}{\hbar}\sum_{n\neq 0}\frac{\omega_{n0}|\mu_{z,0n}|^2}{\omega_{n0}^2-\omega^2}$$

As variáveis nessa expressão (que vale quando ω não for próximo de ω_{n0}) são as mesmas da *Justificativa* 16A.1, com $\hbar\omega_{n0}=E_n-E_0$. Quando $\omega\to 0$, a equação se reduz à expressão da polarizabilidade estática na *Justificativa* 16A.1. À medida que ω aumenta (e fica muito maior do que qualquer frequência de excitação da molécula, de forma a poder desprezar o termo ω_{n0}^2 que aparece no denominador), a polarizabilidade se torna

$$\alpha(\omega)=-\frac{2}{\hbar\omega^2}\sum_n\omega_{n0}|\mu_{0n}|^2\to 0 \qquad \text{quando } \omega\to\infty$$

Isto é, quando a frequência do campo externo for muito maior do que qualquer frequência de excitação, a polarizabilidade se torna nula. O raciocínio se aplica a cada tipo de excitação, seja de vibração, seja eletrônica, e explica as sucessivas diminuições da polarizabilidade ao longo do processo de crescimento da frequência.

(b) Polarização molar

Quando duas cargas Q_1 e Q_2 estão separadas por uma distância r no vácuo, a energia potencial coulombiana da respectiva interação é (*Fundamentos* B):

$$V=\frac{Q_1Q_2}{4\pi\varepsilon_0 r} \qquad (16A.9a)$$

[3]Para a dedução desta equação, veja o livro, dos mesmos autores, *Quanta, Matéria e Mudança* (LTC, 2011).

Quando as mesmas duas cargas estão imersas em um meio (por exemplo, no ar, ou em um líquido), sua energia potencial se reduz a

$$V=\frac{Q_1Q_2}{4\pi\varepsilon r} \qquad (16A.9b)$$

em que ε é a **permissividade** do meio. A permissividade se exprime, comumente, em termos da **permissividade relativa**, ε_r, adimensional (antigamente denominada *constante dielétrica*, embora ainda seja um termo bastante utilizado) do meio:

$$\varepsilon_r=\frac{\varepsilon}{\varepsilon_0} \qquad \textit{Definição} \quad \text{Permissividade relativa} \quad (16A.10)$$

A permissividade relativa pode ter efeito significativo sobre a intensidade das interações dos íons em solução. Por exemplo, a permissividade relativa da água é 78, a 25 °C; assim, a energia da interação coulombiana dos íons é reduzida aproximadamente duas ordens de grandeza na água em relação ao seu valor no vácuo. Algumas consequências dessa redução nas soluções de eletrólitos são estudadas na Seção 5F.

A permissividade relativa de uma substância é grande se as suas moléculas forem polares ou muito polarizáveis. A relação quantitativa entre a permissividade relativa e as propriedades elétricas das moléculas é obtida considerando-se a polarização do meio, sendo dada pela **equação de Debye**:

$$\frac{\varepsilon_r-1}{\varepsilon_r+2}=\frac{\rho P_m}{M} \qquad \text{Equação de Debye} \quad (16A.11)$$

em que ρ é a massa específica da amostra, M é a massa molar das moléculas e P_m é a **polarização molar**, que é definida por

$$P_m=\frac{N_A}{3\varepsilon_0}\left(\alpha+\frac{\mu^2}{3kT}\right) \qquad \textit{Definição} \quad \text{Polarização molar} \quad (16A.12)$$

(em que α é a polarizabilidade, e não a polarizabilidade volumar α'). A parcela $\mu^2/3kT$ provém da promediação dos momentos de dipolo na presença do campo aplicado (Eq. 16A.8), levando-se em conta a agitação térmica. A expressão correspondente sem a contribuição do momento de dipolo permanente é a **equação de Clausius–Mossotti**:

$$\frac{\varepsilon_r-1}{\varepsilon_r+2}=\frac{\rho N_A\alpha}{3M\varepsilon_0} \qquad \text{Equação de Clausius–Mossotti} \quad (16A.13)$$

A equação de Clausius–Mossotti é aplicada quando não há contribuição de momentos de dipolo permanentes à polarização, seja por serem as moléculas apolares, seja por ser a frequência do campo aplicado tão elevada que as moléculas não podem se orientar com rapidez suficiente para acompanhar as variações da direção do campo.

Exemplo 16A.2 Determinação do momento de dipolo e da polarizabilidade

A permissividade relativa de uma substância é medida pelo quociente da capacitância de um capacitor com e sem a amostra presente (respectivamente, C e C_0), e utilizando-se $\varepsilon_r = C/C_0$. A permissividade relativa da cânfora (**8**) foi medida numa série de temperaturas. Os resultados figuram na tabela a seguir. Determine o momento de dipolo e a polarizabilidade da molécula.

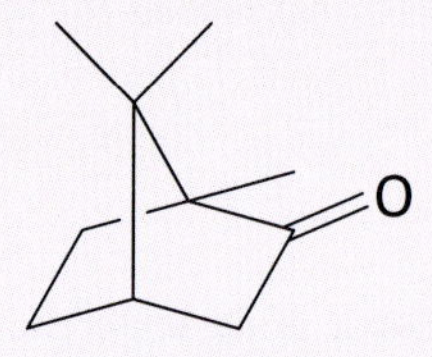

8 Cânfora

θ/°C	ρ/(g cm^{-3})	ε_r
0	0,99	12,5
20	0,99	11,4
40	0,99	10,8
60	0,99	10,0
80	0,99	9,50
100	0,99	8,90
120	0,97	8,10
140	0,96	7,60
160	0,95	7,11
200	0,91	6,21

Método A permissividade relativa depende da polarização molar (Eq. 16A.11), que, por sua vez, depende da temperatura, da polarizabilidade e do módulo do momento de dipolo permanente (Eq. 16A.12). Segue que a polarizabilidade e o momento de dipolo elétrico permanente das moléculas em uma amostra podem ser determinados da seguinte maneira:

- Medindo ε_r em uma série de temperaturas, calculamos $(\varepsilon_r - 1)/(\varepsilon_r + 2)$ a cada temperatura e, então, multiplicamos por M/ρ para obter P_m a partir da Eq. 16A.11;
- Fazemos o gráfico de P_m em função de $1/T$. Como a Eq. 16A.16 se rearranja em

$$P_m = \overbrace{\frac{N_A\alpha}{3\varepsilon_0}}^{\text{coeficiente linear}} + \overbrace{\frac{N_A\mu^2}{9\varepsilon_0 k}}^{\text{coeficiente angular}} \times \frac{1}{T}$$

o coeficiente angular do gráfico é $N_A\mu^2/9\varepsilon_0 k$ e o coeficiente linear (também chamado interseção), em $1/T = 0$, é $N_A\alpha/3\varepsilon_0$.

Resposta A massa molar da cânfora é M = 152,23 g mol^{-1}. Podemos então usar os dados para montar a seguinte tabela:

θ/°C	(10^{3}K)/T	ε_r	$(\varepsilon_r-1)/(\varepsilon_r+2)$	P_m/(cm^3 mol^{-1})
0	3,66	12,5	0,793	122
20	3,41	11,4	0,776	119
40	3,19	10,8	0,766	118
60	3,00	10,0	0,750	115
80	2,83	9,50	0,739	114
100	2,68	8,90	0,725	111
120	2,54	8,10	0,703	110
140	2,42	7,60	0,688	109
160	2,31	7,11	0,670	107
200	2,11	6,21	0,634	106

Os pontos estão representados graficamente na Fig. 16A.3. O coeficiente linear no eixo vertical em P_m/(cm^3 mol^{-1}) é 82,9; assim, $N_A\alpha/3\varepsilon_0$ = 82,9 cm^3 mol^{-1} = 8,29 × 10^{-4} m^3 mol^{-1}; segue, então, que

$$\alpha = \frac{3\times\overbrace{(8{,}854\times10^{-12}\,\mathrm{J^{-1}C^2m^{-1}})}^{\varepsilon_0}}{\underbrace{6{,}02\times10^{23}\,\mathrm{mol^{-1}}}_{N_A}} \times \overbrace{8{,}29\times10^{-4}\,\mathrm{m^3\,mol^{-1}}}^{\text{coeficiente linear}}$$
$$= 3{,}53\times10^{-38}\,\mathrm{C^2\,m^2\,J^{-1}}$$

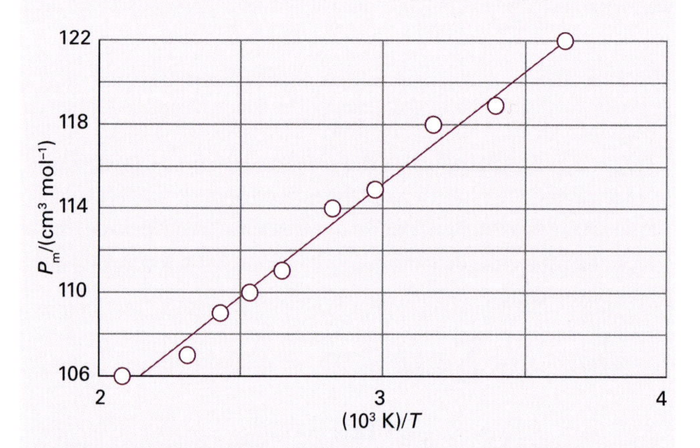

Figura 16A.3 Gráfico de P_m/(cm^3 mol^{-1}) contra (10^3 K)/T, usado no *Exemplo* 16A.2, para a determinação da polarizabilidade e do momento de dipolo da cânfora.

A partir da Eq. 16A.6, segue que α' = 3,18 × 10^{-28} m^3 = 3,18 × 10^{-23} cm^3. O coeficiente angular é 10,7; logo, $N_A\mu^2/9\varepsilon_0 k$ = 10,7 cm^3 mol^{-1} K = 1,07 × 10^{-4} m^3 mol^{-1} K; assim, a partir da expressão para P_m no *Método*, segue que

$$\mu = \left(\frac{9\times\overbrace{(8{,}854\times10^{-12}\,\mathrm{J^{-1}C^2m^{-1}})}^{\varepsilon_0}\times\overbrace{(1{,}381\times10^{-23}\,\mathrm{J\,K^{-1}})}^{k}}{\underbrace{6{,}022\times10^{23}\,\mathrm{mol^{-1}}}_{N_A}}\right)^{1/2} \times \left(\overbrace{1{,}07\times10^{-4}\,\mathrm{m^3\,mol^{-1}\,K}}^{\text{coeficiente angular}}\right)^{1/2}$$
$$= 4{,}42\times10^{-31}\,\mathrm{C\,m} = 0{,}134\,\mathrm{D}$$

Como a equação de Debye aplica-se a moléculas que têm liberdade de girar, os dados mostram que a cânfora tem liberdade de rotação mesmo em fase sólida, pois o seu ponto de fusão é 175 °C. A molécula da cânfora é, aproximadamente, esférica.

Exercício proposto 16A.5 A permissividade relativa do clorobenzeno é 5,71 a 20 °C e 5,62 a 25 °C. Admitindo que a massa específica seja constante (1,11 g cm^{-3}), calcule a polarizabilidade volumar e o momento de dipolo dessa substância.

Resposta: $1{,}4\times10^{-23}$ cm^3, 1,2 D

As equações de Maxwell, que descrevem as propriedades da radiação eletromagnética, relacionam o índice de refração a uma certa frequência (no visível ou no ultravioleta) com a permissividade relativa na mesma frequência por:

$$n_r = \varepsilon_r^{1/2} \quad \text{Relação entre o índice de refração e a permissividade relativa} \quad (16A.14)$$

em que o índice de refração, n_r, do meio é a razão entre a velocidade da luz no vácuo, c, e a velocidade, c', no meio considerado: $n_r = c/c'$. Um feixe de luz muda de direção ("se curva") quando passa de uma região com um índice de refração para outra com um índice de refração diferente. A polarização molar, P_m, e, portanto, a polarizabilidade molecular, α, podem ser medidas em frequências típicas da luz visível (cerca de 10^{15} a 10^{16} Hz) pela simples medida do índice de refração da amostra e aplicação da equação de Clausius-Mossotti.

Conceitos importantes

- ☐ 1. Um **dipolo elétrico** consiste em duas cargas elétricas $+Q$ e $-Q$ separadas por um vetor $\boldsymbol{R}$.
- ☐ 2. O **momento de dipolo elétrico** μ é um vetor que aponta da carga negativa para a carga positiva de um dipolo; seu valor é μ.
- ☐ 3. Uma **molécula polar** é uma molécula com um momento de dipolo elétrico permanente.
- ☐ 4. As moléculas podem ter multipolos elétricos de ordens maiores; um ***n* polo** é um conjunto de cargas pontuais com um momento de n polo, mas nenhum momento inferior.
- ☐ 5. A **polarizabilidade** é uma medida da capacidade de um campo elétrico induzir um momento de dipolo em uma molécula.
- ☐ 6. **Polarizabilidades** (e polarizabilidades volumares) correlacionam-se com as separações HOMO–LUMO em átomos e moléculas.
- ☐ 7. Para a maior parte das moléculas, a polarizabilidade é anisotrópica.
- ☐ 8. A **polarização** de um meio é a densidade de momento de dipolo elétrico.
- ☐ 9. **Polarização de orientação** é a polarização proveniente dos momentos de dipolo permanentes.
- ☐ 10. **Polarização de distorção** é a polarização proveniente da distorção das posições dos núcleos causada pelo campo aplicado.
- ☐ 11. **Polarizabilidade eletrônica** é a polarizabilidade devida à distorção da distribuição eletrônica.

Equações importantes

Propriedade	Equação	Comentário	Número de equação
Módulo do momento de dipolo elétrico	$\mu = QR$	Definição	16A.1
Módulo da resultante de dois momentos de dipolo	$\mu_{res} \approx (\mu_1^2+\mu_2^2+2\mu_1\mu_2\cos\theta)^{1/2}$		16A.3a
Módulo do momento de dipolo induzido	$\mu^* = \alpha\mathcal{E}$	Aproximação linear; α é a polarizabilidade	16A.5a
	$\mu^* = \alpha\mathcal{E}+\frac{1}{2}\beta\mathcal{E}^2$	Aproximação quadrática; β é a hiperpolarizabilidade	16A.5b
Polarizabilidade volumar	$\alpha' = \alpha/4\pi\varepsilon_0$	Definição	16A.6
Polarização	$P = \langle\mu\rangle\mathcal{N}$	Definição	16A.7
Energia potencial de interação entre duas cargas em um meio	$V = Q_1Q_2/4\pi\varepsilon r$	A permissividade relativa do meio é $\varepsilon_r = \varepsilon/\varepsilon_0$	16A.9b
Equação de Debye	$(\varepsilon_r-1)/(\varepsilon_r+2) = \rho P_m/M$		16A.11
Polarização molar	$P_m = (N_A/3\varepsilon_0)(\alpha+\mu^2/3kT)$	Definição	16A.12
Equação de Clausius–Mossotti	$(\varepsilon_r-1)/(\varepsilon_r+2) = \rho N_A\alpha/3M\varepsilon_0$		16A.13

16B Interações entre moléculas

Tópicos

➤ Por que você precisa saber este assunto?

Você precisa entender os muitos tipos de interações moleculares responsáveis pela formação de fases condensadas e grandes agregados moleculares. As interações moleculares descritas nesta seção são de suma importância para a resolução de um dos grandes problemas da biologia molecular: como moléculas complexas, tais como proteínas e ácidos nucleicos, se dobram em suas estruturas tridimensionais.

➤ Qual é a ideia fundamental?

As interações atrativas resultam em coesão, mas as interações repulsivas evitam o completo colapso da matéria para densidades nucleares.

➤ O que você já deve saber?

Você precisa estar familiarizado com os aspectos elementares da eletrostática, especificamente as interações de Coulomb (*Fundamentos* B) e as relações entre a estrutura e as propriedades elétricas de uma molécula, especificamente seu momento de dipolo e sua polarizabilidade (Seção 16A).

Começamos examinando as interações entre as cargas parciais de moléculas polares. Em seguida, discutiremos as **interações de van der Waals**: interações atrativas entre moléculas de camada fechada que dependem do inverso da sexta potência ($V \propto 1/r^6$) da separação entre as moléculas, embora esse critério preciso seja frequentemente estendido de forma a incluir todas as interações não ligantes. Finalmente, veremos que as interações repulsivas provêm das forças coulombianas e, indiretamente, do princípio de Pauli (Seção 9B) e da exclusão de elétrons de regiões do espaço onde os orbitais de espécies vizinhas se sobrepõem.

16B.1 Interações entre cargas parciais

Em geral, os átomos das moléculas têm cargas parciais provenientes da variação espacial de densidade eletrônica no estado fundamental. Se essas cargas fossem separadas por um meio, elas se atrairiam ou se repeliriam de acordo com a lei de Coulomb, e escreveríamos (como na Seção 16A):

$$V = \frac{Q_1 Q_2}{4\pi\varepsilon r} \quad \text{Energia potencial coulombiana em um meio} \quad (16B.1)$$

em que Q_1 e Q_2 são as cargas parciais, r é sua separação e ε é a permissividade do meio que fica entre as cargas. A *Breve ilustração* a seguir examina o efeito da permissividade do meio na intensidade da interação.

Breve ilustração 16B.1 A energia de interação de duas cargas parciais

Diferentes valores da permissividade do meio levam em conta a possibilidade de outras partes da molécula, ou outras moléculas, se localizarem entre as cargas. Por exemplo, a energia de interação entre uma carga parcial de −0,36 (isto é, $Q_1 = -0{,}36e$) no átomo de N do grupo amida e a carga parcial de +0,45 ($Q_2 = +0{,}45e$) no átomo de C da carbonila a uma distância de 3,0 nm, com base na suposição de que o meio entre elas seja um vácuo, é

$$V = \frac{(-0{,}36e)\times(0{,}45e)}{4\pi\varepsilon_0 \times (3{,}0\,\text{nm})}$$
$$= -\frac{0{,}36\times 0{,}45\times(1{,}602\times10^{-19}\,\text{C})^2}{4\pi\times(8{,}854\times10^{-2}\,\text{J}^{-1}\text{C}^{-2}\text{m}^{-1})\times(3{,}0\times10^{-9}\,\text{m})}$$
$$= -1{,}2\times10^{-20}\,\text{J}$$

em que ε_0 é a permissividade no vácuo. Essa energia (após multiplicação pela constante de Avogadro) corresponde a −7,5 kJ mol^{-1}. Entretanto, se o meio tem uma permissividade relativa "típica" $\varepsilon_r = \varepsilon/\varepsilon_0 = 3{,}5$ (Seção 16A), então a energia de interação é reduzida por esse fator a −2,1 kJ mol^{-1}.

Exercício proposto 16B.1 Repita o cálculo para a água como meio.

Resposta: −0,96 kJ mol^{-1}

16B.2 Interações de dipolos

A maior parte da discussão desta seção e das que a seguem se baseia na energia potencial coulombiana da interação de duas cargas (Eq. 16B.1). É fácil modificar essa expressão para ter a energia potencial de uma carga puntiforme e um dipolo e generalizá-la para ter a interação de dois dipolos.

(a) Interações carga–dipolo

Um **dipolo puntiforme** é um dipolo em que a separação entre as cargas é muito menor do que a distância em que o dipolo está sendo observado, ($l \ll r$). Mostramos, na *Justificativa* 16B.1, que a energia potencial da interação de um dipolo puntiforme com um momento de dipolo de $\mu_1 = Q_1 l$ e uma carga puntiforme Q_2 no arranjo mostrado em (**1**) é

$$V = -\frac{\mu_1 Q_2}{4\pi\varepsilon_0 r^2} \quad (16B.2)$$

Energia de interação entre um dipolo puntiforme e uma carga puntiforme

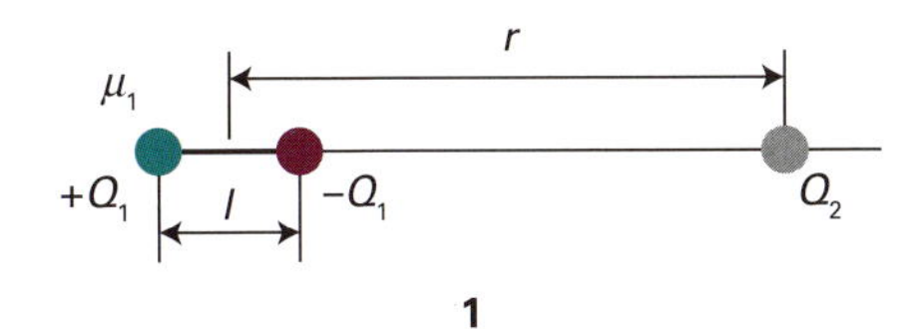

1

Com μ_1 em coulomb metros, Q_2 em coulombs e r em metros, V é dado em joules (e, na orientação mostrada em (**1**), é negativo,

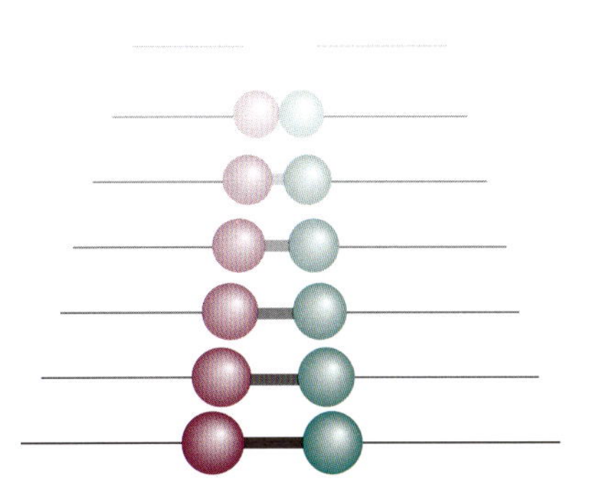

Figura 16B.1 Há duas contribuições para a diminuição do campo elétrico de um dipolo com a distância (na figura, o dipolo está sendo visto de lado). O potencial das cargas diminui com a distância (diminuição simbolizada na figura pelo clareamento das imagens) e as duas cargas parecem se fundir uma na outra. Assim, os dois efeitos provocam uma aproximação do zero mais rápida do que o efeito apenas da distância.

representando uma atração líquida). A energia potencial aumenta tendendo a zero (o valor a uma separação infinita entre a carga e o dipolo) mais rapidamente (com $1/r^2$) do que a energia potencial entre duas cargas puntiformes (que varia com $1/r$), pois, sob o ponto de vista da carga puntiforme, à medida que a distância r aumenta, as cargas parciais do dipolo parecem se fundir e se cancelar mutuamente (Fig. 16B.1).

Justificativa 16B.1 Interação entre uma carga puntiforme e um dipolo puntiforme

A soma das energias potenciais de repulsão entre as cargas iguais e a atração entre as cargas opostas, na configuração mostrada em (**1**), é

$$V = \frac{1}{4\pi\varepsilon_0}\left(-\frac{Q_1Q_2}{r-\frac{1}{2}l} + \frac{Q_1Q_2}{r+\frac{1}{2}l}\right) = \frac{Q_1Q_2}{4\pi\varepsilon_0 r}\left(-\frac{1}{1-x} + \frac{1}{1+x}\right)$$

em que $x = l/2r$. Como $l \ll r$, para um dipolo puntiforme, essa expressão pode ser simplificada expandindo-se os termos em x através de (*Revisão matemática* 1)

$$\frac{1}{1+x} = 1 - x + x^2 - \cdots \qquad \frac{1}{1-x} = 1 + x + x^2 + \cdots$$

e retendo apenas o termo principal:

$$V = \frac{Q_1Q_2}{4\pi\varepsilon_0 r}\{-(1+x+\cdots)+(1-x+\cdots)\} \approx -\frac{2xQ_1Q_2}{4\pi\varepsilon_0 r} = -\frac{Q_1Q_2 l}{4\pi\varepsilon_0 r^2}$$

Com $\mu_1 = Q_1 l$ essa expressão se torna a Eq. 16B.2. Essa expressão deve ser multiplicada por cos θ quando a carga puntiforme estiver em um ângulo θ com o eixo do dipolo.

Breve ilustração 16B.2 A energia de interação de uma carga puntiforme e um dipolo puntiforme

Considere um íon Li^+ e uma molécula de água (μ = 1,85 D) separados por 1,0 nm, com uma carga puntiforme no íon e o dipolo na molécula dispostos como em (**1**). A energia de interação é dada pela Eq. 16B.2 como

$$V=-\frac{\overbrace{(1{,}602\times10^{-19}\,\text{C})}^{Q_{Li^+}}\times\overbrace{(1{,}85\times3{,}336\times10^{-30}\,\text{C m})}^{\mu_{H_2O}}}{4\pi\times\underbrace{(8{,}854\times10^{-12}\,\text{J}^{-1}\text{C}^{-1}\text{m}^{-1})}_{\varepsilon_0}\times\underbrace{(1{,}0\times10^{-9}\,\text{m})^2}_{r}}$$
$$=-8{,}9\times10^{-21}\,\text{J}$$

Essa energia corresponde a –5,4 kJ mol^{-1}.

Exercício proposto 16B.2 Considere a configuração em **1** e calcule a energia molar necessária para inverter a direção da molécula de água, quando ela está a 300 pm do íon Li^+.

Resposta: 119 kJ mol^{-1}

(b) Interações dipolo–dipolo

Mostraremos na *Justificativa* 16B.2 que a discussão precedente pode ser estendida até a interação de dois dipolos dispostos como em (**2**). O resultado é

$$V=-\frac{\mu_1\mu_2}{2\pi\varepsilon_0 r^3}\qquad \textit{Arranjo como em 2}\qquad \text{Energia de interação entre dois dipolos}\qquad (16B.3)$$

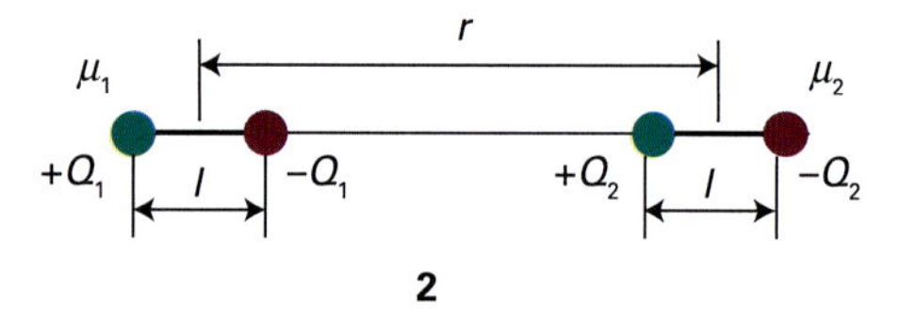

2

Essa energia de interação aproxima-se de zero mais rapidamente (com $1/r^3$) do que para o caso anterior: agora ambas as entidades em interação parecem neutras entre si quando as separações são grandes.

Justificativa 16B.2 A energia de interação de dois dipolos

Para calcular a energia potencial de interação de dois dipolos separados por r na configuração mostrada em (**2**) faremos exatamente o mesmo que na *Justificativa* 16B.1, porém, desta vez, a energia de interação total é a soma de quatro termos em pares, duas atrações entre cargas opostas, que contribuem com termos negativos para a energia potencial, e duas repulsões entre cargas iguais, que contribuem com termos positivos.

A soma das quatro contribuições é

$$V=\frac{1}{4\pi\varepsilon_0}\left(-\frac{Q_1Q_2}{r+l}+\frac{Q_1Q_2}{r}+\frac{Q_1Q_2}{r}-\frac{Q_1Q_2}{r-l}\right)$$
$$=-\frac{Q_1Q_2}{4\pi\varepsilon_0 r}\left(\frac{1}{1+x}-2+\frac{1}{1-x}\right)$$

com $x = l/r$. Como anteriormente, contanto que $l \ll r$, podemos expandir os dois termos em séries de x e reter apenas o primeiro termo sobrevivente, que é igual a $2x^2$. Esta etapa resulta na expressão

$$V=-\frac{2x^2Q_1Q_2}{4\pi\varepsilon_0 r}$$

Portanto, uma vez que $\mu_1 = Q_1l$ e $\mu_2 = Q_2l$, a energia potencial de interação no alinhamento apresentado em (**2**) é dada pela Eq. 16B.3.

A *Justificativa* anterior representa apenas uma orientação possível de dois dipolos. De maneira mais geral, a energia potencial da interação de duas moléculas polares é função complicada da orientação relativa de ambas. Quando dois dipolos são paralelos (como em (**3**)), a energia potencial é simplesmente

$$V=\frac{\mu_1\mu_2 f(\theta)}{4\pi\varepsilon_0 r^3}\qquad f(\theta)=1-3\cos^2\theta\qquad \text{Energia de interação entre dois dipolos fixos e paralelos}\qquad (16B.4)$$

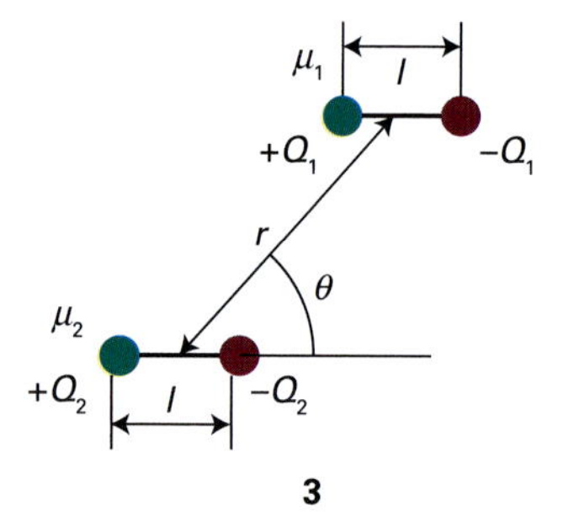

3

Breve ilustração 16B.3 A interação dipolar

Podemos usar a Eq. 16B.4 para calcular a energia potencial molar da interação dipolar entre dois grupos amida. Admitindo que os grupos estejam separados por 3,0 nm com θ= 180° (de modo que cos θ= –1 e 1 – 3 $\cos^2\theta$= –2), fazemos μ_1 = μ_2 = 2,7 D, correspondendo a 9,1 × 10^{-30} C m, e determinamos

$$V=\frac{\overbrace{(9{,}1\times10^{-30}\,\text{C m})^2}^{\mu_1\mu_2}\times\overbrace{(-2)}^{1-3\cos^2\theta}}{4\pi\times\underbrace{(8{,}854\times10^{-12}\,\text{J}^{-1}\,\text{C}^2\,\text{m}^{-1})}_{\varepsilon_0}\times\underbrace{(3{,}0\times10^{-9}\,\text{m})^3}_{r^3}}$$
$$=\frac{(9{,}1\times10^{-30})^2\times(-2)}{4\pi\times(8{,}854\times10^{-12})\times(3{,}0\times10^{-9})^3}\,\frac{\text{C}^2\text{m}^2}{\text{J}^{-1}\text{C}^2\text{m}^{-1}\text{m}^3}$$
$$=-5{,}5\times10^{-23}\,\text{J}$$

Esse valor corresponde a -33 J mol^{-1}. Observe que essa energia é consideravelmente menor do que aquela entre duas cargas parciais com a mesma separação (veja a *Breve ilustração* 16B.1).

Exercício proposto 16B.3 Repita o cálculo para um grupo amida e uma molécula de água separados por 3,5 nm com $\theta = 90°$, em um meio com geometria relativa de 3,5.

Resposta: $-2{,}1$ kJ mol^{-1}

A Eq. 16B.4 aplica-se a moléculas polares, com orientações fixas e paralelas entre si, num sólido. Num fluido de moléculas que giram livremente, a interação dos dipolos tem média nula, pois $f(\theta)$ muda de sinal quando a orientação se altera e tem o valor médio nulo. Podemos interpretar fisicamente o resultado: as duas cargas parciais de mesmo sinal de duas moléculas que giram livremente ficam, em média, na mesma distância uma da outra que duas cargas parciais de sinais opostos, e a repulsão entre as primeiras é cancelada pela atração entre as últimas. Matematicamente, esse resultado pode ser explicado pelo fato de que, conforme mostrado na *Justificativa* 16B.3, a média (ou o valor médio) da função $1 - 3\cos^2\theta$ é zero.

Justificativa 16B.3 A interação dipolar entre duas moléculas que giram livremente

Considere a esfera unitária apresentada na Fig. 16B.2. O valor médio de $f(\theta) = 1 - 3\cos^2\theta$ é a soma dos seus valores em cada uma das regiões infinitesimais na superfície da esfera (ou seja, a integral da função sobre a superfície) dividida pela área da superfície da esfera (que é igual a 4π).

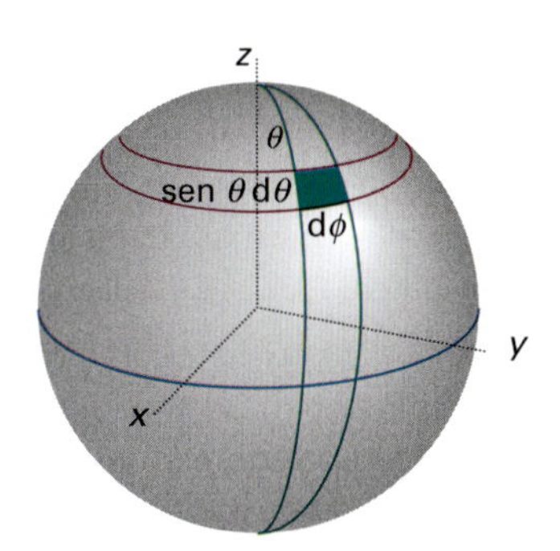

Figura 16B.2 Uma esfera unitária mostrando o elemento de área sen θdθdϕ.

Com o elemento de área em coordenadas polares esféricas igual a sen θdθdϕ, com θ variando de 0 a π, e ϕ variando de 0 a 2π, o valor médio de $f(\theta)$, $\langle f(\theta)\rangle$, é

$$\langle f(\theta)\rangle = \frac{1}{4\pi}\int_0^{2\pi}\int_0^{\pi}(1-3\cos^2\theta)\operatorname{sen}\theta\,d\theta\,d\phi$$

$$= \frac{1}{4\pi}\int_0^{2\pi}d\phi\int_0^{\pi}(1-3\cos^2\theta)\operatorname{sen}\theta\,d\theta$$

$$= \frac{1}{2}\int_0^{\pi}(1-3\cos^2\theta)\operatorname{sen}\theta\,d\theta$$

A integral é calculada como segue:

$$\int_0^{\pi}(1-3\cos^2\theta)\operatorname{sen}\theta\,d\theta = \int_0^{\pi}\operatorname{sen}\theta\,d\theta - 3\int_0^{\pi}\cos^2\theta\overbrace{\operatorname{sen}\theta\,d\theta}^{-d\cos\theta}$$

$$\overset{\text{Integrais T.1 e A.1}}{=} -\cos\theta\Big|_0^{\pi} - 3\left(-\frac{1}{3}\cos^3\theta\Big|_0^{\pi}\right)$$

$$= \overbrace{-\cos\theta\Big|_0^{\pi}}^{+2} + \overbrace{\cos^3\theta\Big|_0^{\pi}}^{-2} = 0$$

Segue que $\langle f(\theta)\rangle = 0$, e, da Eq. 16B.6, que a interação dipolar entre duas moléculas que giram livremente desaparece quando promediada sobre uma esfera.

A energia média da interação de dois dipolos que giram *livremente* é nula. Porém, como a energia potencial mútua depende da orientação de um diante do outro, as moléculas não têm, na realidade, liberdade de girar livremente, mesmo que estejam em fase gasosa. Na realidade, as orientações de menor energia são ligeiramente favorecidas, de modo que a interação fica promediada em um valor não nulo quando as moléculas são polares. Mostramos na *Justificativa* 16B.4 que a energia potencial de duas moléculas girantes, separadas pela distância r, é

$$\langle V\rangle = -\frac{C}{r^6} \qquad C = \frac{2\mu_1^2\mu_1^2}{3(4\pi\varepsilon_0)^2 kT} \qquad \text{Energia potencial média de duas moléculas polares e girantes} \qquad (16B.5)$$

Essa expressão descreve a **interação de Keesom**, sendo a primeira das contribuições para a interação de van der Waals (quando considerada como uma interação $1/r^6$).

Justificativa 16B.4 A interação de Keesom

O cálculo detalhado da energia da interação de Keesom é bastante complicado, mas é possível dar a forma da resposta final com relativa facilidade. Inicialmente, observamos que a energia média de interação de duas moléculas polares que giram com uma separação fixa r entre elas é dada por

$$\langle V\rangle = \frac{\mu_1\mu_2\langle f(\theta)\rangle}{4\pi\varepsilon_0 r^3}$$

em que $\langle f(\theta)\rangle$ é um fator de ponderação no processo de promediação que corresponde à probabilidade de uma certa orientação ser adotada. Essa probabilidade é dada pela distribuição de Boltzmann, $p \propto e^{-E/kT}$, em que E pode ser interpretado como a energia potencial da interação dos dois dipolos com uma dada orientação. Isto é,

$$p \propto e^{-V/kT} \qquad V = \frac{\mu_1\mu_2 f(\theta)}{4\pi\varepsilon_0 r^3}$$

Quando a energia potencial de interação dos dois dipolos é muito pequena diante da energia da agitação térmica, podemos fazer $V \ll kT$ e desenvolver a função exponencial em p, retendo apenas os dois primeiros termos:

$$p \propto 1 - V/kT + \cdots$$

A média ponderada de $f(\theta)$ é então

$$\langle f(\theta) \rangle = \frac{\int_0^{\pi} f(\theta) p \mathrm{d}\theta}{\int_0^{\pi} \mathrm{d}\theta} = \frac{1}{\pi}\int_0^{\pi} f(\theta) p \mathrm{d}\theta = \frac{1}{\pi}\int_0^{\pi} f(\theta)(1 - V/kT)\mathrm{d}\theta + \cdots$$

E assim temos

$$\begin{aligned}
\langle f(\theta) \rangle &= \frac{1}{\pi}\int_0^{\pi} f(\theta) p \mathrm{d}\theta - \frac{1}{\pi}\int_0^{\pi} f(\theta)(V/kT)\mathrm{d}\theta + \cdots \\
&= \frac{1}{\pi}\int_0^{\pi} f(\theta) p \mathrm{d}\theta - \frac{1}{\pi}\int_0^{\pi} \frac{\mu_1^2\mu_2^2}{(4\pi\varepsilon_0)^2 kTr^6} f(\theta)^2 \mathrm{d}\theta + \cdots \\
&= \overbrace{\frac{1}{\pi}\int_0^{\pi} f(\theta) p \mathrm{d}\theta}^{\langle f(\theta) \rangle_0} - \frac{\mu_1^2\mu_2^2}{(4\pi\varepsilon_0)^2 kTr^6} \overbrace{\left(\int_0^{\pi} \frac{1}{\pi} f(\theta)^2 \mathrm{d}\theta\right)}^{\langle f(\theta)^2 \rangle_0} + \cdots \\
&= \langle f(\theta)_0 \rangle - \frac{\mu_1^2\mu_2^2}{(4\pi\varepsilon_0)^2 kTr^6} \langle f(\theta)^2 \rangle_0 + \cdots
\end{aligned}$$

em que $\langle \ldots \rangle_0$ indica média esférica não ponderada. O valor da média esférica de $f(\theta)$ é zero (conforme na *Justificativa* 16B.3); assim, a primeira parcela na expressão de $\langle f(\theta) \rangle$ é nula. Porém, o valor médio de $f(\theta)^2$ não é nulo, uma vez que $f(\theta)^2$ é positivo em qualquer orientação, de modo que podemos escrever

$$\langle V \rangle = -\frac{\mu_1^2\mu_2^2 \langle f(\theta)^2 \rangle_0}{(4\pi\varepsilon_0)^2 kTr^6}$$

O valor médio $\langle f(\theta)^2 \rangle_0$ é $\frac{2}{3}$, como se pode verificar em um cálculo completo. O resultado final é a Eq. 16B.5.

Os aspectos importantes da Eq. 16B.5 são:

- O sinal negativo indica que a interação média é atrativa.
- A dependência entre a energia média de interação e o inverso da sexta potência da separação a caracteriza como uma interação de van der Waals.
- A variação com o inverso da temperatura reflete a forma de o movimento térmico mais enérgico superar, nas temperaturas mais elevadas, os efeitos da orientação mútua dos dipolos.
- O inverso da sexta potência da separação provém da dependência que a energia potencial de interação tem com o inverso da terceira potência da separação e da ponderação da energia na distribuição de Boltzmann, que também depende dessa mesma potência da separação.

Interpretação física

Breve ilustração 16B.4 A interação de Keesom

Suponha que uma molécula de água (μ_1 = 1,85 D) possa girar afastando-se 1,0 nm de um grupo amida (μ_2 = 2,7 D). A energia média da interação, a 25 °C (198 K), é

$$\langle V \rangle = -\frac{2 \times (\overbrace{1{,}85 \times 3{,}336 \times 10^{-30}\ \mathrm{C\ m}}^{\mu_1})^2 \times (\overbrace{2{,}7 \times 3{,}336 \times 10^{-30}\ \mathrm{C\ m}}^{\mu_2})^2}{3 \times \underbrace{(1{,}710 \times 10^{-43}\ \mathrm{J^{-1}\ C^4\ m^{-2}\ K^{-1}})}_{(4\pi\varepsilon_0)^2 k} \times \underbrace{(298\ \mathrm{K})}_{T} \times (\underbrace{1{,}0 \times 10^{-9}\ \mathrm{m}}_{r})^6}$$

$$= -4{,}0 \times 10^{-23}\ \mathrm{J}$$

Essa energia de interação corresponde (após multiplicação pela constante de Avogadro) a $-24\ \mathrm{J\ mol^{-1}}$, sendo muito menor do que as energias envolvidas na formação e quebra de ligações químicas.

Exercício proposto 16B.4 Calcule a energia média de interação para pares de moléculas em fase gasosa com μ = 1 D, quando a separação é 0,5 nm, a 298 K. Compare essa energia com a energia cinética média das moléculas.

Resposta: $\langle V \rangle = -0{,}07\ \mathrm{kJ\ mol^{-1}} \ll \frac{3}{2}RT = 3{,}7\ \mathrm{kJ\ mol^{-1}}$

A Tabela 16B.1 resume as diversas expressões das interações de cargas e de dipolos. É bastante fácil generalizar as fórmulas mencionadas e chegar a expressões para a energia de interação de multipolos mais altos (os multipolos elétricos são descritos na Seção 16A). A característica a ser lembrada é a de que a energia de interação diminui tão mais rapidamente quanto mais elevada for a ordem do multipolo. Para a interação de um n polo com um m polo, a energia potencial varia com a distância de acordo com

$$V \propto \frac{1}{r^{n+m-1}} \qquad \text{Energia de interação entre multipolos} \qquad (16B.6)$$

A razão de a diminuição com a distância ser ainda mais acentuada é semelhante à que já comentamos. O conjunto de cargas parece se cancelar em função do afastamento tão mais rapidamente quanto maior o número de cargas que contribuem para o multipolo. Observe que uma dada molécula pode ter uma distribuição de carga correspondente à superposição de diversos multipolos diferentes, e, nesses casos, a energia da interação é a soma dos termos dados na Eq. 16B.6.

Tabela 16B.1 Energias potenciais de interações

Tipo da interação	Dependência entre a energia potencial com a distância	Energia típica/ (kJ mol^{-1})	Comentário
Íon–íon	$1/r$	250	Somente entre íons
Ligação de hidrogênio		20	Ocorre em X–H···Y, com X, Y = N, O ou F
Íon–dipolo	$1/r^2$	15	
Dipolo–dipolo	$1/r^3$	2	Entre moléculas polares estacionárias
	$1/r^6$	0,3	Entre moléculas polares girantes
London (dispersão)	$1/r^6$	2	Entre todos os tipos de moléculas e íons

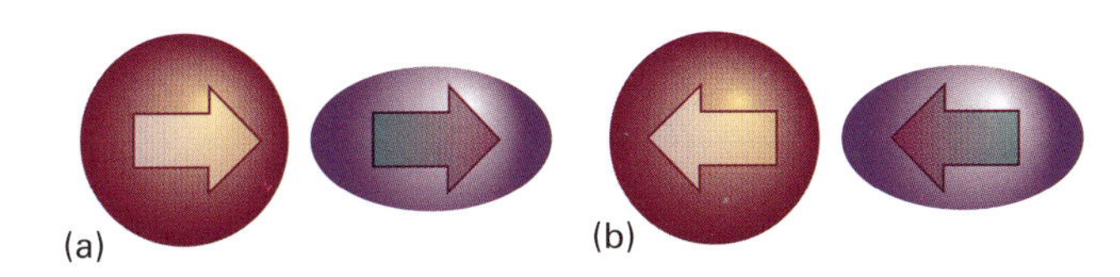

Figura 16B.3 (a) Uma molécula polar pode induzir um dipolo em uma molécula apolar. (b) A orientação da molécula apolar acompanha a da polar, de modo que a média da interação não é nula.

(c) Interações dipolo–dipolo induzido

Uma molécula polar pode induzir um dipolo em uma molécula polarizável vizinha a ela (Fig. 16B.3). O dipolo induzido interage com o dipolo permanente da primeira molécula, e as duas são mutuamente atraídas. A energia média de interação, quando a separação entre as moléculas é r, é

$$V=-\frac{C}{r^6} \qquad C=\frac{\mu_1^2\alpha_2'}{4\pi\varepsilon_0} \qquad (16B.7)$$

Energia potencial de uma molécula polar e uma molécula polarizável

em que α_2' é a polarizabilidade volumar (Seção 16A) da molécula 2 e μ_1 é o momento de dipolo permanente da molécula 1. Veja que o parâmetro C nessa expressão é diferente do C na Eq. 16B.5 e em outras equações a seguir. Usamos o mesmo símbolo nas fórmulas em C/r^6 para acentuar a semelhança entre as expressões.

A interação dipolo–dipolo induzido não depende da temperatura, pois o movimento térmico não tem influência sobre o processo de promediação da energia. Além disso, a energia potencial, como no caso da interação dipolo–dipolo, depende de $1/r^6$. Essa dependência provém da variação do campo (e, portanto, do módulo do dipolo induzido) em $1/r^3$ e da dependência, também em $1/r^3$, da energia potencial de interação dos dipolos permanente e induzido.

Breve ilustração 16B.5 A interação dipolo–dipolo induzido

Para uma molécula com μ = 1,0 D (3,3 × 10^{-30} C m, por exemplo, o HCl) separada por 0,30 nm de uma molécula de polarizabilidade volumar α' = 10 × 10^{-30} m³ (como o benzeno, Tabela 16A.1), a energia média de interação é

$$V=-\frac{(3{,}3\times10^{-30}\,\mathrm{C\,m})^2\times(10\times10^{-30}\,\mathrm{m}^3)}{4\pi\times(8{,}854\times10^{-12}\,\mathrm{J^{-1}\,C^2\,m^{-1}})\times(3{,}0\times10^{-10}\,\mathrm{m})^6}$$
$$=-1{,}4\times10^{-21}\,\mathrm{J}$$

que, após ser multiplicada pela constante de Avogadro, corresponde a −0,83 kJ mol⁻¹.

Exercício proposto 16B.5 Calcule a energia média de interação, em unidades de joules por mol (J mol⁻¹), entre uma molécula de água e uma molécula de benzeno separadas por 1,0 nm.

Resposta: −2,1 J mol⁻¹

(d) Interações dipolo induzido–dipolo induzido

As moléculas apolares (incluindo os átomos de camadas fechadas, como o Ar) atraem-se mutuamente, embora não possuam momentos de dipolo permanentes. Os indícios da existência de interações nessas moléculas são abundantes, entre os quais o da formação de fases condensadas de substâncias apolares, por exemplo, a condensação do hidrogênio e do argônio a líquido em temperaturas baixas, e também o da existência de líquidos apolares, como o benzeno, em temperaturas ambientes.

A interação entre moléculas apolares é fruto dos dipolos transientes que todas as moléculas exibem em consequência das flutuações das posições instantâneas dos elétrons. Para apreciar a origem da interação, imaginemos que os elétrons em uma molécula tenham, num certo instante, uma configuração que atribua à molécula um momento de dipolo instantâneo μ_1^*. Este dipolo gera um campo elétrico que polariza outra molécula e induz, nesta outra, um momento de dipolo instantâneo μ_2^*. Os dois dipolos se atraem mutuamente e a energia potencial do par de moléculas diminui. Eventualmente, na primeira molécula o dipolo instantâneo pode se alterar em valor e direção com o tempo. Assim, a distribuição eletrônica na segunda molécula acompanha essas modificações, ou seja, os dois dipolos têm as direções correlacionadas (Fig. 16B.4). Graças a essa correlação, a atração entre os dois dipolos instantâneos não tem média nula e provoca uma interação dipolo induzido–dipolo induzido. Esta interação é chamada de **interação de dispersão** ou **interação de London** (em homenagem a Fritz London, que primeiro a estudou).

A intensidade das interações de dispersão depende da polarizabilidade da primeira molécula, pois o momento de dipolo instantâneo μ_1^* depende do pequeno grau de controle que a carga nuclear exerce sobre os elétrons mais externos. Esta intensidade também depende da polarizabilidade da segunda molécula, pois

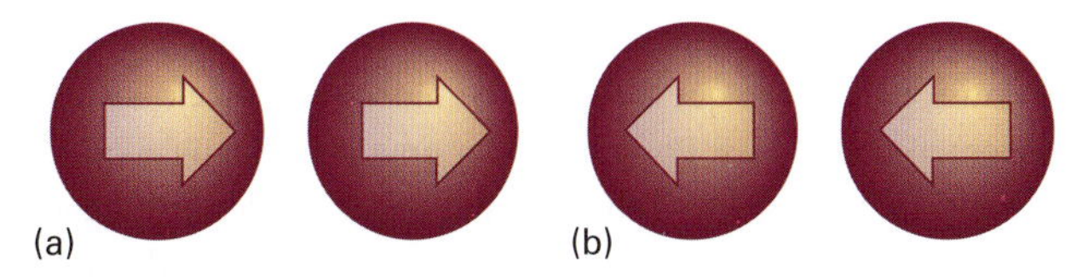

Figura 16B.4 (a) Na interação de dispersão, um dipolo instantâneo em uma molécula induz um dipolo em outra molécula, e os dois dipolos interagem levando a uma diminuição da energia. (b) Os dois dipolos instantâneos estão correlacionados. Embora tenham orientações diferentes em instantes diferentes, a média da interação não é nula.

é ela que determina a facilidade com que um dipolo pode ser induzido por outra molécula. O cálculo detalhado da interação de dispersão é bastante complicado. A **fórmula de London** fornece uma aproximação razoável da energia de interação de dispersão:

$$V=-\frac{C}{r^6} \qquad C=\tfrac{3}{2}\alpha_1'\alpha_2'\frac{I_1I_2}{I_1+I_2} \qquad \text{Fórmula de London} \qquad (16B.8)$$

em que I_1 e I_2 são as energias de ionização das duas moléculas (Tabela 9B.2). Esta energia de interação também é proporcional ao inverso da sexta potência da separação entre as moléculas, o que a caracteriza como a terceira componente da interação de van der Waals. A interação de dispersão, em geral, domina todas as outras interações moleculares, exceto as das ligações de hidrogênio.

Breve ilustração 16B.6 A interação de London

No caso de duas moléculas de CH_4 separadas por 0,30 nm, podemos usar a Eq. 16B.9 com $\alpha' = 2{,}6 \times 10^{-30}$ m^3 e $I \approx 700$ kJ mol^{-1} e obter

$$V=-\frac{\tfrac{3}{2}\times(2{,}6\times10^{-30}\,\text{m}^3)^2}{(0{,}30\times10^{-9}\,\text{m})^6}\times\frac{(7{,}00\times10^5\,\text{J mol}^{-1})^2}{2\times(7{,}00\times10^5\,\text{J mol}^{-1})}$$
$$=-4{,}9\,\text{kJ mol}^{-1}$$

Uma verificação muito aproximada desse valor é dada pela entalpia de vaporização do metano, 8,2 kJ mol^{-1}. A comparação entre os dois valores é, porém, pouco confiável, em parte por ser a entalpia de vaporização uma grandeza que depende da interação de muitas moléculas e em parte por não ser segura a hipótese da validade, a grandes distâncias, das expressões usadas.

Exercício proposto 16B.6 Calcule a energia da interação de London para dois átomos de He separados por 1,0 nm.

Resposta: – 0,071 kJ mol^{-1}

16B.3 Ligação de hidrogênio

As interações que até agora mencionamos são universais, pois ocorrem para todas as moléculas, independentemente das respectivas identidades. Entretanto, existe um outro tipo de interação, pertinente às moléculas que têm uma certa constituição. A **ligação de hidrogênio** é uma interação atrativa de duas espécies que provém de uma ligação da forma A–H···B, em que A e B são elementos muito eletronegativos e B tem um par isolado de elétrons. É comum admitir-se que a ligação de hidrogênio esteja limitada aos elementos N, O e F. Porém, se B for uma espécie aniônica (por exemplo, Cl^-), também é possível que participe de uma ligação de hidrogênio. Não há uma fronteira nítida na capacidade de formar ligação de hidrogênio. Os elementos mencionados, N, O e F, porém, participam dela com maior frequência.

A formação da ligação de hidrogênio pode ser encarada tanto pela aproximação de duas cargas parciais, uma carga positiva no H e uma negativa em B, como também pela formação de um orbital molecular deslocalizado; neste caso, A, B e H fornecem, cada

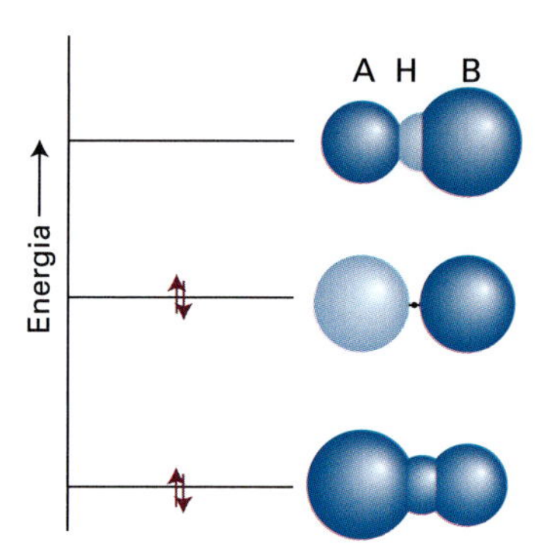

Figura 16B.5 Interpretação da ligação de hidrogênio A–H···B pela utilização de orbitais moleculares. Com os três orbitais, um de A, outro de H e o terceiro de B, se formam três orbitais moleculares (as contribuições relativas estão simbolizadas pelos tamanhos das esferas). Somente os dois de energia mais baixa estão ocupados; por isso pode haver uma diminuição líquida de energia em comparação com as espécies AH e B separadas.

qual, um orbital atômico que contribui para a construção de três orbitais moleculares (Fig. 16B.5). Dados experimentais e formulações teóricas têm sido apresentados a favor de ambas as hipóteses, e ainda não existe uma conclusão definitiva sobre esse tema. O modelo de interação eletrostática pode ser facilmente explicado a partir da discussão apresentada na Seção 16B.1. A seguir, vamos desenvolver o modelo baseado nos orbitais moleculares.

Assim, se uma ligação A–H é formada pela sobreposição de um orbital em A, χ_A, um orbital 1s do hidrogênio, χ_H, e o par isolado em B, que ocupa um orbital em B, χ_B. Então, quando as duas moléculas estão próximas, podemos construir três orbitais moleculares a partir da base formada pelos três orbitais atômicos:

$$\psi=c_1\chi_A+c_2\chi_H+c_3\chi_B$$

Um dos orbitais moleculares é ligante, um é praticamente não ligante e o terceiro é antiligante. Esses orbitais precisam acomodar quatro elétrons (dois da ligação original A–H e dois do par isolado de B). Assim, dois deles entram no orbital ligante e os outros dois no orbital não ligante. Como o orbital antiligante está vazio, o efeito líquido – que depende da localização exata do orbital praticamente não ligante – pode significar o abaixamento da energia.

Na prática, a intensidade da ligação de hidrogênio é da ordem de 20 kJ mol^{-1} (há duas ligações de hidrogênio por molécula na água líquida, e sua entalpia padrão de vaporização, segundo a Tabela 2C.2, é 44 kJ mol^{-1}). Como a ligação depende da sobreposição de orbitais, é, essencialmente, uma interação de contato, que ocorre quando AH encosta em B e é nula quando o contato é rompido. Quando presente, a ligação de hidrogênio domina todas as outras interações intermoleculares. As propriedades da água líquida e da água sólida, por exemplo, são dominadas pela ligação de hidrogênio entre as moléculas de H_2O. A estrutura do DNA, e, portanto, a transmissão da informação genética, é fortemente dependente da intensidade das ligações de hidrogênio entre os pares de bases. A evidência estrutural para as ligações de hidrogênio vem da observação de ser a distância internuclear entre átomos formalmente não ligados menor que sua distância de contato de van der Waals, sugerindo a presença de uma interação atrativa dominante. Por exemplo, com base nos raios de van der Waals, esperaríamos ser a distância O–O em O–H···O igual a 280 pm; o valor encontrado em compostos característicos é de 270 pm. Da mesma forma, o valor esperado da distância H···O é de 260 pm, enquanto o determinado é de apenas 170 pm.

As ligações de hidrogênio podem ser simétricas ou assimétricas. Em uma ligação de hidrogênio simétrica, o átomo de H fica na metade da distância entre os dois outros átomos. Essa configuração é rara, mas ocorre no F–H···F^-, onde ambos os comprimentos de ligação são de 120 pm. É mais comum a configuração assimétrica, em que a ligação A–H é menor do que a ligação H···B. Argumentos eletrostáticos simples, que permitem tratar o arranjo A–H···B como uma coleção de cargas puntiformes (com cargas parciais negativas em A e B e positiva em H), sugerem que a energia mais baixa corresponde a uma configuração linear, pois neste caso as duas cargas negativas estão afastadas o máximo. A evidência experimental, obtida de estudos estruturais, dá suporte a uma configuração linear ou quase linear.

Breve ilustração 16B.7 A ligação de hidrogênio

Uma ligação de hidrogênio comum é a que se forma entre grupos O–H e átomos de O, como na água líquida e no gelo. No Problema 16B.6, pede-se que você empregue o modelo eletrostático para calcular a dependência entre a energia potencial de interação e o ângulo OOH, simbolizado por θ em (**4**), e cujos resultados estão no gráfico da Fig. 16B.6. Vemos que a força da ligação é maior em $\theta = 0$, quando os átomos de OHO ficam em uma reta; a energia molar potencial, então, é –19 kJ mol^{-1}.

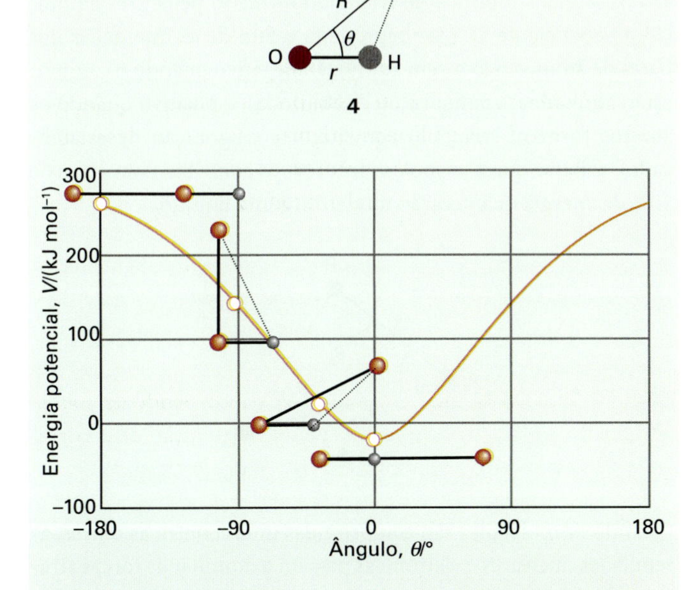

Figura 16B.6 Variação da energia de interação (segundo o modelo eletrostático) de uma ligação de hidrogênio quando o ângulo entre os grupos O–H e :O é alterado.

Exercício proposto 16B.7 Use a Fig. 16B.6 para explorar a dependência que a energia de interação tem do ângulo: em que ângulo a energia de interação se torna negativa?

Resposta: Apenas ±12°, de modo que a energia é negativa (e a interação é atrativa) somente quando os átomos estão próximos de um arranjo linear

16B.4 A interação hidrofóbica

Moléculas apolares dissolvem-se pouco em solventes polares, porém interações fortes entre o solvente e o soluto não podem ocorrer, e, como resultado, cada molécula do soluto fica envolta em uma gaiola de moléculas do solvente (Fig. 16B.7). Para entender as consequências desse efeito, consideremos a termodinâmica da transferência de um soluto hidrocarbônico apolar de um solvente apolar para a água, que é um solvente polar. Os experimentos indicam que o processo é endoérgico ($\Delta_{transf}G > 0$), como esperado pelo aumento da polaridade do solvente, e exotérmico ($\Delta_{transf}H < 0$). Portanto, ocorre grande diminuição da entropia do sistema ($\Delta_{transf}S < 0$), que explica o valor positivo da energia de Gibbs de transferência. Por exemplo, o processo

$$CH_4(\text{em } CCl_4) \rightarrow CH_4(aq)$$

tem $\Delta_{transf}G = +12$ kJ mol^{-1}, $\Delta_{transf}H = -10$ kJ mol^{-1} e $\Delta_{transf}S = -75$ J K^{-1} mol^{-1} a 298 K. Substâncias que têm uma energia de Gibbs de transferência de um solvente apolar para um polar positiva são denominadas **hidrofóbicas**.

É possível quantificar a hidrofobicidade de um grupo molecular pequeno R definindo a **constante de hidrofobicidade**, π, como

$$\pi = \log \frac{S}{S_0} \qquad \textit{Definição} \qquad \text{Constante de hidrofobicidade} \qquad (16B.9)$$

em que S é a razão entre a solubilidade molar do composto R–A no octanol, um solvente apolar, e na água, e S_0 é a razão entre

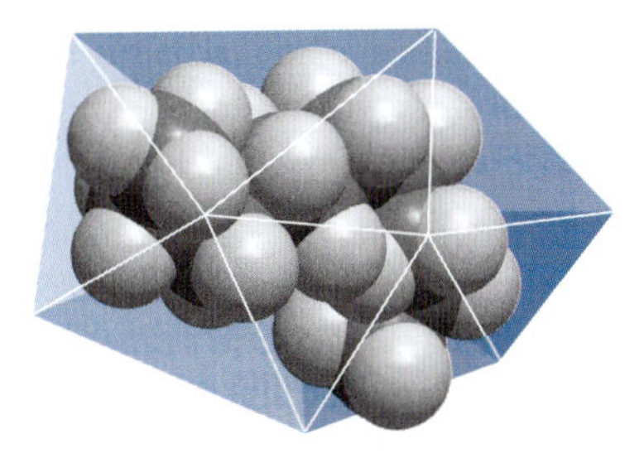

Figura 16B.7 Quando uma molécula de hidrocarboneto é envolta por água, as moléculas de H_2O formam uma gaiola. A entropia da água diminui devido à formação dessa estrutura e a dispersão do hidrocarboneto na água não é entropicamente favorecida; sua coalescência, ao contrário, é favorecida pela entropia.

as solubilidades do composto H–A no mesmo par de solventes. Portanto, valores positivos de π indicam que o composto é hidrofóbico, e valores negativos indicam que o composto é hidrofílico, ou seja, que, sob o aspecto termodinâmico, prefere a água como solvente. Observa-se experimentalmente que o valor de π para a maioria dos grupos não depende da natureza de A. Entretanto, as medições sugerem que os valores de π são aditivos para os vários grupos, como visto pelos dados a seguir:

R	CH_3	CH_3CH_2	$CH_3(CH_2)_2$	$CH_3(CH_2)_3$	$CH_3(CH_2)_4$
π	0,5	1,0	1,5	2,0	2,5

Concluímos assim que os hidrocarbonetos acíclicos saturados se tornam mais hidrofóbicos com o aumento da cadeia carbônica. Essa tendência é explicada pelo fato de $\Delta_{\text{transf}}H$ ficar mais positivo e de $\Delta_{\text{transf}}S$ ficar mais negativo com o aumento do número de átomos de carbono na cadeia.

Em nível molecular, a formação da gaiola de solvente em torno de uma molécula hidrofóbica envolve a formação de novas ligações de hidrogênio entre as moléculas do solvente. Este é um processo exotérmico e explica os valores negativos de $\Delta_{\text{transf}}H$. Por outro lado, o aumento da ordem associada à formação de um grande número de pequenas gaiolas de solvente diminui a entropia do sistema e explica os valores negativos de $\Delta_{\text{transf}}S$. Entretanto, quando há aglomeração de muitas moléculas do soluto, menos gaiolas (embora maiores) são necessárias, permitindo assim que mais moléculas do solvente fiquem livres. O efeito líquido da formação de grandes aglomerados de moléculas hidrofóbicas é a diminuição da organização das moléculas do solvente, levando a um *aumento* na entropia do sistema. O aumento da entropia é suficiente para tornar espontâneo o processo de associação de moléculas hidrofóbicas em solventes polares.

O aumento de entropia decorrente da menor exigência estrutural imposta na aglomeração de moléculas apolares em um solvente polar é a origem da **interação hidrofóbica**, responsável pela estabilização de aglomerações de grupos hidrofóbicos em micelas e biopolímeros (Seção 17C). A interação hidrofóbica é um exemplo de um processo de ordenamento devido a uma tendência a maior desordem por parte do solvente.

16B.5 Interação total

Vamos considerar moléculas que não formem ligações de hidrogênio. A energia de interação atrativa total de moléculas que podem girar é então a soma das interações dipolo–dipolo, dipolo–dipolo induzido e de dispersão. Se as duas moléculas forem apolares, só há a interação de dispersão. Em uma fase fluida, as três contribuições à energia potencial variam com o inverso da sexta potência da distância entre as moléculas, e então podemos escrever:

$$V=-\frac{C_6}{r^6} \qquad (16B.10)$$

em que C_6 é um coeficiente que depende da natureza das moléculas.

Embora as interações atrativas entre as moléculas se exprimem correntemente na forma da Eq. 16B.10, é preciso lembrar que a validade desta equação é limitada. Primeiro, porque só levamos em conta as interações dipolares de diversos tipos, que têm o maior alcance e são dominantes quando a separação média das moléculas é grande. Em uma análise completa do problema, porém, deveríamos também levar em conta as interações quadrupolares e de multipolos de ordem mais elevada, especialmente se as moléculas não tiverem momentos de dipolo elétrico permanentes. Em segundo lugar, deduzimos as expressões admitindo que as moléculas possam realizar rotações razoavelmente livres. Nos sólidos, porém, este não é o caso; nos meios rígidos a interação dipolo–dipolo é proporcional a $1/r^3$ (como na Eq. 16B.3), pois a influência da promediação de Boltzmann é irrelevante quando as moléculas estão aprisionadas em uma certa orientação fixa.

Outro tipo de limitação da Eq. 16B.10 é o de levar em conta somente as interações de pares de moléculas. Não há razão para supor que a energia de interação de três (ou mais) moléculas seja dada somente pela soma das energias de interação dos pares de moléculas. A energia de dispersão total de três átomos com camadas eletrônicas fechadas, por exemplo, é dada aproximadamente pela **fórmula de Axilrod–Teller**:

Fórmula de Axilrod–Teller

$$V=-\frac{C_6}{r_{AB}^6}-\frac{C_6}{r_{BC}^6}-\frac{C_6}{r_{CA}^6}+\frac{C'}{(r_{AB}r_{BC}r_{CA})^3} \qquad (16B.11a)$$

em que

$$C'=a(3\cos\theta_A\cos\theta_B\cos\theta_C+1) \qquad (16B.11b)$$

O parâmetro a é aproximadamente igual a $\frac{3}{4}\alpha' C_6$. Os ângulos θ são os ângulos internos do triângulo formado pelos três átomos (**5**). O coeficiente C' (que representa o fato de as interações dos pares de átomos não serem aditivas) é negativo quando os átomos estão alinhados (configuração estabilizada), e positivo quando os átomos formam triângulo equilátero (configuração desestabilizada). Sabe-se que o termo dos três corpos contribui com cerca de 10% da energia de interação total no argônio líquido.

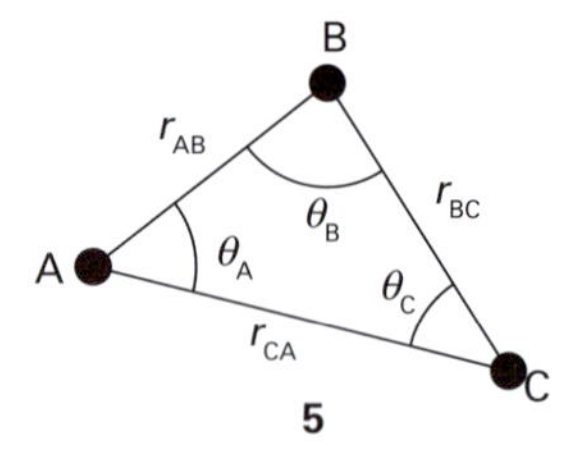

5

Quando as moléculas são comprimidas umas contra as outras, as repulsões nucleares e eletrônicas passam a dominar as forças atrativas. As repulsões crescem acentuadamente com a diminuição da separação. A forma dessa função pode ser deduzida com cálculos longos e complicados de estrutura molecular, do tipo descrito no Seção 10E (Fig. 16B.8).

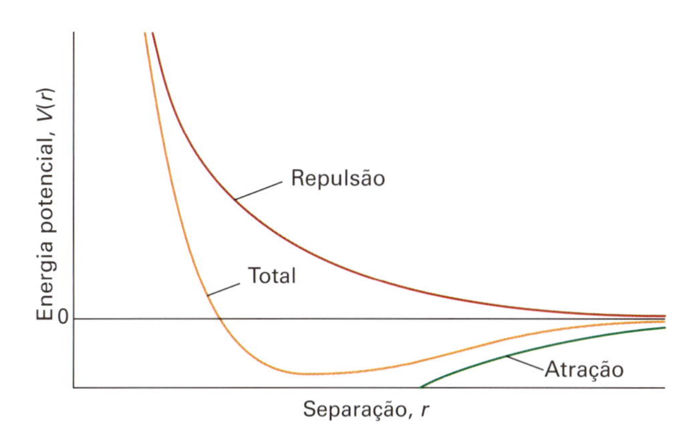

Figura 16B.8 Forma geral de uma curva de energia potencial intermolecular (o gráfico da energia potencial de duas espécies com camadas fechadas quando a distância entre elas é alterada). Para longo alcance a interação é atrativa (negativa), mas a interação repulsiva (positiva) aumenta mais acentuadamente quando as moléculas entram em contato.

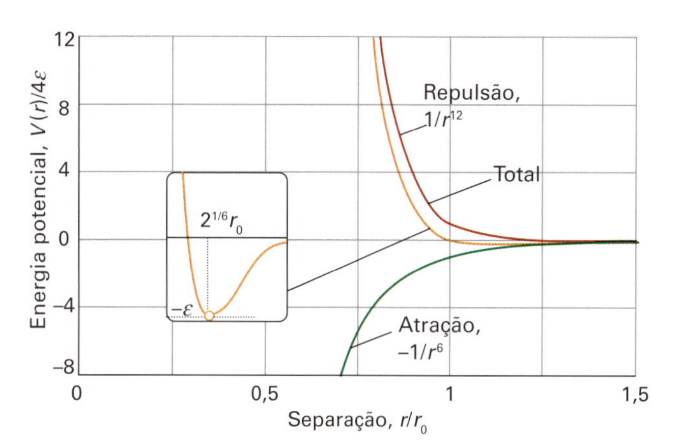

Figura 16B.9 O potencial de Lennard-Jones é outra aproximação das curvas de energia potencial intermolecular verdadeiras. Ele modela a componente atrativa por meio de uma contribuição que é proporcional a $1/r^6$ e a componente repulsiva através de uma contribuição que é proporcional a $1/r^{12}$. Especificamente, essas escolhas resultam no potencial de Lennard-Jones (12,6). Embora haja boas razões teóricas para a primeira escolha, há muitos indícios que mostram que $1/r^{12}$ é uma aproximação muito ruim da parte repulsiva da curva.

Em muitos casos, no entanto, é possível utilizar como modelo uma representação muito simplificada da energia potencial, na qual são ignorados os detalhes, e os aspectos gerais são representados por meio de alguns parâmetros ajustáveis. Um desses modelos é o do **potencial de esferas rígidas**, que admite que a energia potencial assuma valores infinitamente grandes assim que a distância entre as partículas é d:

$$V=\infty \text{ para } r\leq d \qquad V=0 \text{ para } r>d \qquad \text{Potencial de esferas rígidas} \qquad (16B.12)$$

Esse potencial bastante simples é surpreendentemente útil na estimativa de muitas propriedades. Outra aproximação muito usada é a **energia potencial de Mie**:

$$V=\frac{C_n}{r^n}-\frac{C_m}{r^m} \qquad \text{potencial de Mie} \qquad (16B.13)$$

com $n > m$. A primeira parcela representa as repulsões e a segunda, as atrações. A **energia potencial de Lennard-Jones** é um caso especial do potencial de Mie, com $n = 12$ e $m = 6$ (Fig. 16B.9), e que se escreve comumente na forma

$$V=4\varepsilon\left\{\left(\frac{r_0}{r}\right)^{12}-\left(\frac{r_0}{r}\right)^{6}\right\} \qquad \text{potencial de Lennard-Jones} \qquad (16B.14)$$

Os dois parâmetros são ε, a profundidade do poço de potencial (não confundir com o símbolo da permissividade do meio usado na Seção 16B.1), e r_0, a separação em que $V = 0$ (Tabela 16B.2).

Tabela 16B.2* Parâmetros do potencial de Lennard-Jones (12,6)

	$\varepsilon/(\text{kJ mol}^{-1})$	r_0/pm
Ar	128	342
Br_2	536	427
C_6H_6	454	527
Cl_2	368	412
H_2	34	297
He	11	258
Xe	236	406

* Outros valores são apresentados na *Seção de dados*.

Embora o potencial de Lennard–Jones seja usado em muitos cálculos, há bastantes indicativos que sugerem ser a parcela em $1/r^{12}$ uma representação muito aproximada do potencial de repulsão e que uma forma exponencial do tipo e^{-r/r_0} é muito superior. Uma função exponencial representa mais fielmente o decaimento exponencial das funções de onda atômicas a grandes distâncias e, por isso, representa melhor a sobreposição que é responsável pela repulsão. O potencial com um termo repulsivo exponencial e um outro atrativo em $1/r^6$ é o potencial denominado **potencial exp-6**. Estes potenciais podem ser usados no cálculo dos coeficientes do virial dos gases, como foi explicado na Seção 1C, e por meio deles também podem ser calculadas diversas propriedades dos gases reais, como o coeficiente Joule–Thompson (Seção 2D). Os potenciais também são usados para modelar as estruturas dos fluidos condensados.

Com o advento da **microscopia de força atômica** (AFM na sigla em inglês), na qual se acompanha a força entre um sensor de dimensões moleculares e uma superfície (Seção 22A), tornou-se possível a investigação direta das forças que atuam entre as moléculas. Como a força, F, é o negativo do coeficiente angular do potencial, no caso da energia potencial de Lennard-Jones entre duas moléculas podemos escrever

$$F=-\frac{dV}{dr}=\frac{24\varepsilon}{r_0}\left\{2\left(\frac{r_0}{r}\right)^{13}-\left(\frac{r_0}{r}\right)^{7}\right\} \quad (16B.15)$$

Exemplo 16B.1 Cálculo de uma força intermolecular a partir do potencial de Lennard-Jones

Utilize a expressão do potencial de Lennard-Jones para calcular a força atrativa líquida maior entre duas moléculas de N_2.

Método O valor da força é maior à distância r em que $dF/dr = 0$. Portanto, derivamos a Eq. 16B.15 em relação a r, igualamos a expressão resultante a zero e resolvemos para r. Finalmente, usamos o valor de r na Eq. 16B.15 para calcular o valor correspondente de F.

Resposta Como $dx^n/dx = nx^{n-1}$, a derivada de F em relação a r é

$$\frac{dF}{dr}=\frac{24\varepsilon}{r_0}\left\{2\left(-\frac{13r_0^{13}}{r^{14}}\right)-\left(-\frac{7r_0^{7}}{r^{8}}\right)\right\}=24\varepsilon r_0^6\left\{\frac{7}{r^8}-\frac{26r_0^6}{r^{14}}\right\}$$

Segue que $dF/dx = 0$ quando

$$\frac{7}{r^8}-\frac{26r_0^6}{r^{14}}=0 \quad \text{ou} \quad 7r^6-26r_0^6=0$$

ou

$$r=\left(\frac{26}{7}\right)^{1/6} r_0=1{,}244\, r_0$$

Nessa separação, a força é

$$F=\frac{24\varepsilon}{r_0}\left\{2\left(\frac{r_0}{1{,}244r_0}\right)^{13}-\left(\frac{r_0}{1{,}244r_0}\right)^{7}\right\}=-\frac{2{,}396\varepsilon}{r_0}$$

Da Tabela 16B.2, $\varepsilon = 1{,}268 \times 10^{-21}$ J e $r_0 = 3{,}919 \times 10^{-10}$ m. Então,

$$F=-\frac{2{,}396\times(1{,}268\times10^{-21}\,\text{J})}{3{,}919\times10^{-10}\,\text{m}} = -7{,}752\times10^{-12}\,\text{N}$$

Ou seja, o valor da força é de aproximadamente 8 pN.

Exercício proposto 16B.8 Em que separação r_e ocorre o mínimo da curva de energia potencial para um potencial de Lennard-Jones?

Resposta: $r_e = 2^{1/6}r_0$

Conceitos importantes

- ☐ 1. A **interação da van der Waals** entre moléculas com camadas fechadas é inversamente proporcional à sexta potência da separação entre elas.
- ☐ 2. As seguintes interações moleculares são importantes: **carga-carga**, **carga-dipolo**, **dipolo-dipolo**, **dipolo-dipolo induzido**, **dispersão (London)**, **ligação de hidrogênio** e **interação hidrofóbica**.
- ☐ 3. Uma ligação de hidrogênio é uma interação da forma X–H···Y, em que X e Y são normalmente N, O ou F.
- ☐ 4. A **interação hidrofóbica** propicia a aglomeração de moléculas apolares em solventes polares.
- ☐ 5. O **potencial de Lennard-Jones** é um modelo da energia potencial intermolecular total.

Equações importantes

Propriedade	Equação	Comentário	Número da equação
Energia potencial de interação entre duas cargas puntiformes em um meio	$V=Q_1Q_2/4\pi\varepsilon r$	A permissividade relativa do meio é $\varepsilon_r=\varepsilon/\varepsilon_0$	16B.1
Energia de interação entre um dipolo puntiforme e uma carga puntiforme	$V=-\mu_1Q_2/4\pi\varepsilon_0r^2$		16B.2
Energia de interação entre dois dipolos fixos	$V=\mu_1\mu_2f(\theta)/4\pi\varepsilon_0r^3$, $f(\theta)=1-3\cos^2\theta$	Dipolos paralelos	16B.4
Energia de interação entre dois dipolos que giram	$\langle V\rangle=-2\mu_1^2\mu_2^2/3(4\pi\varepsilon_0)^2kTr^6$		16B.5

(*Continua*)

(*Continuação*)

Propriedade	Equação	Comentário	Número da equação
Energia de interação entre uma molécula polar e uma molécula polarizável	$V=-\mu_1^2\alpha_2'/4\pi\varepsilon_0 r^6$		16B.7
Fórmula de London	$V=-\frac{3}{2}\alpha_1'\alpha_2'\{(I_1I_2/(I_1+I_2))\}/r^6$		16B.8
Constante de hidrofobicidade	$\pi=\log(S/S_0)$	Definição	16B.9
Fórmula de Axilrod–Teller	$V=-C_6/r_{AB}^6-C_6/r_{BC}^6-C_6/r_{CA}^6+C'/(r_{AB}r_{BC}r_{CA})^3$	Aplica-se a átomos com camadas fechadas	16B.11a
Potencial de Lennard-Jones	$V=4\varepsilon\{(r_0/r)^{12}-(r_0/r)^6\}$		16B.14

16C Líquidos

Tópicos

➤ Por que você precisa saber este assunto?

Muitas reações químicas, inclusive as que ocorrem em células biológicas e reatores químicos, ocorrem em líquidos; assim, você precisa entender a estrutura dos líquidos, como as interações moleculares favorecem a condensação de um gás em um líquido, as propriedades termodinâmicas dos líquidos e como as superfícies líquidas se formam.

➤ Qual é a ideia fundamental?

As atrações entre as moléculas são responsáveis pela condensação de gases em líquidos a baixas temperaturas.

➤ O que você já deve saber?

Você precisa entender a natureza das interações moleculares (Seção 16B), os conceitos de energias de Helmholtz e de Gibbs (Seção 3C) e a distribuição de Boltzmann (Seção 15A).

Quando a temperatura é suficientemente baixa, as moléculas do gás não têm energia cinética suficiente para escapar da atração que exercem umas sobre as outras, e se mantêm juntas. Porém, embora as moléculas se atraiam quando estão afastadas entre si uns poucos diâmetros moleculares, elas se repelem quando entram em contato. Esta repulsão é responsável pelo fato de os líquidos e sólidos terem volume definido e não colapsarem em um único ponto infinitesimal. As moléculas se mantêm unidas por interações moleculares, mas suas energias cinéticas são comparáveis às energias potenciais. Como resultado, embora as moléculas do líquido não estejam completamente livres para escapar do seio do líquido, a estrutura é muito móvel como um todo, e podemos falar apenas da localização relativa *média* das moléculas. Nesta seção, tendo com base esses conceitos, acrescentamos argumentos termodinâmicos para descrever a superfície de um líquido e a condensação de um gás em um líquido.

16C.1 Interações moleculares em líquidos

O ponto de partida para a discussão dos sólidos é a estrutura bem ordenada dos cristais perfeitos, que será estudada na Seção 18A. No caso dos gases, é a distribuição completamente desordenada das moléculas de um gás perfeito, como vimos na Seção 1A. Os líquidos ficam entre esses dois extremos. Veremos que as propriedades estruturais e termodinâmicas dos líquidos dependem da natureza das interações intermoleculares e que uma equação de estado pode ser obtida de maneira semelhante àquela usada para os gases reais.

(a) A função de distribuição radial

As posições relativas médias das partículas de um líquido são expressas em termos da **função de distribuição radial**, $g(r)$. Esta função é definida de forma que $\mathcal{N}g(r)r^2\mathrm{d}r$, em que $\mathcal{N}$ é a densidade numérica de moléculas ($\mathcal{N} = N/V$), dá a probabilidade de encontrar uma molécula no intervalo de distância entre r e $r + \mathrm{d}r$ a partir de outra molécula. Em um cristal perfeito, $g(r)$ é uma sequência periódica de picos agudos, representando a certeza (na ausência de defeitos e movimento térmico) de que as moléculas (ou íons) estão em locais definidos. Essa regularidade continua até a extremidade do cristal, e então dizemos que os cristais possuem uma **ordem de longo alcance**. Quando o cristal se funde, a ordem de longo alcance é destruída, e, a grandes distâncias de uma dada molécula, a probabilidade de se encontrar outra molécula, onde quer que seja, é a mesma. Nas vizinhanças de uma dada molécula, no entanto, as moléculas mais próximas podem ainda adotar aproximadamente suas posições originais, e mesmo que haja deslocamento dessas partículas por outras estas outras podem ocupar de forma aproximada as mesmas posições regulares desocupadas. É, ainda, possível determinar, em torno de uma dada molécula, uma esfera de vizinhos mais próximos, a uma distância r_1, e talvez além deles uma esfera de vizinhos seguintes aos mais próximos, em r_2. A existência dessa **ordem de curto alcance** significa que se deve esperar que a função de distribuição radial oscile em curtas distâncias, com um pico em r_1, um pico menor em r_2, e talvez até sinais de alguma estrutura em distâncias maiores.

A função de distribuição radial dos átomos de oxigênio na água líquida é mostrada na Fig. 16C.1. Uma análise mais detalhada mostra que qualquer molécula de H_2O é cercada de outras moléculas que se dispõem nos vértices de um tetraedro. A forma de $g(r)$ a 100 °C mostra que as interações intermoleculares (neste caso, em grande parte, ligações de hidrogênio) são fortes o bastante para afetar a estrutura local até a temperatura de ebulição. Os espectros Raman indicam que na água líquida a maioria das moléculas participa de três ou quatro ligações de hidrogênio. Os espectros de infravermelho mostram que 90% das ligações de hidrogênio estão intactas no ponto de fusão do gelo, caindo para 20% na temperatura de ebulição.

A expressão formal da função de distribuição radial para as moléculas 1 e 2 em um fluido com N partículas é dada pela equação

$$g(r)=\frac{N(N-1)\int\int\cdots\int e^{-\beta V_N}d\tau_3 d\tau_4\cdots d\tau_N}{\mathcal{N}^2\int\int\cdots\int e^{-\beta V_N}d\tau_1 d\tau_2\cdots d\tau_N}$$

Função de distribuição radial (16C.1)

em que $\beta = 1/kT$ e V_N é a energia potencial das N partículas. Apesar da aparência assustadora, a expressão reflete simplesmente a distribuição de Boltzmann das posições relativas de duas moléculas no campo fornecido por todas as outras moléculas do sistema.

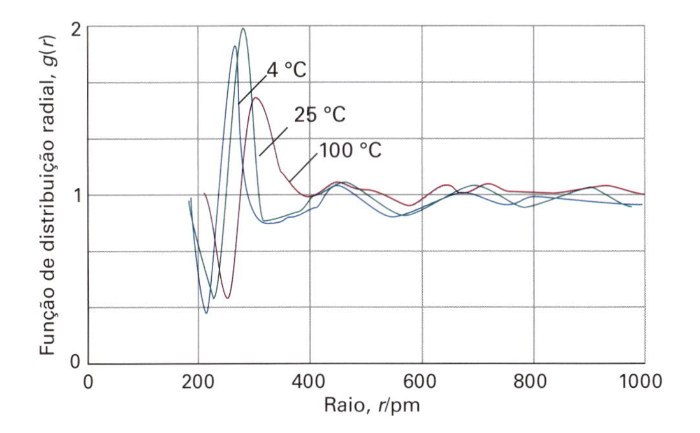

Figura 16C.1 Função de distribuição radial dos átomos de oxigênio na água em estado líquido, em três temperaturas. Observe a expansão à medida que a temperatura vai aumentando. (Baseada em: A.H. Narten, M.D. Danford, H.A. Levy, *Discuss. Faraday Soc.* **43**, 97 (1967).)

(b) Cálculo de $g(r)$

Uma vez que a função de distribuição radial pode ser calculada fazendo-se diferentes hipóteses sobre a forma das interações intermoleculares, ela pode ser utilizada para testar a validade das teorias sobre a estrutura dos líquidos. Entretanto, mesmo um fluido de esferas rígidas sem interações atrativas (uma coleção de bilhas, esferas de aço, em um recipiente) tem uma função que oscila próximo à origem (Fig. 16C.2), e um dos fatores que influencia, e muitas vezes domina, a estrutura de um líquido é o problema geométrico de empilhar esferas com um certo grau de rigidez. De fato, a função de distribuição radial de um líquido de esferas rígidas apresenta oscilações mais pronunciadas, em uma dada temperatura, que qualquer outro tipo de líquido. A introdução da parte atrativa do potencial modifica essa estrutura básica, mas às vezes apenas levemente. Uma das razões da dificuldade em descrever os líquidos teoricamente é a importância similar das componentes atrativa e repulsiva (núcleos rígidos) do potencial.

Existem várias maneiras de se considerar o potencial intermolecular no cálculo de $g(r)$. Métodos numéricos utilizam uma caixa contendo aproximadamente 10^3 partículas (e esse número tende a aumentar com o aumento da capacidade dos computadores), simulando o restante do líquido por réplicas da caixa original que a envolvem (Fig. 16C.3). Assim, quando uma molécula sai da caixa por uma de suas faces, a sua imagem entra na caixa pela face oposta. As interações de uma molécula na caixa são obtidas considerando que ela interage com todas as moléculas da caixa, com todas as réplicas periódicas dessas moléculas e com suas próprias réplicas nas outras caixas.

No **método de Monte Carlo**, as partículas na caixa são deslocadas, aleatoriamente, de pequena distância, e a variação da energia potencial total das N partículas na caixa, ΔV_N, é calculada. A nova configuração obtida é aceita ou rejeitada mediante as seguintes regras:

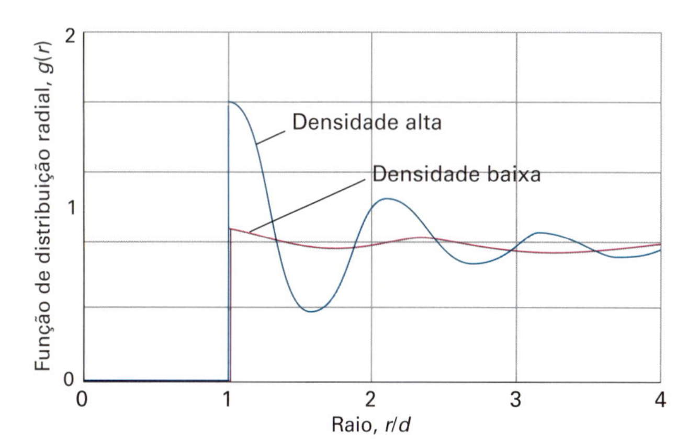

Figura 16C.2 Função de distribuição radial dada pela simulação de um líquido usando o modelo de esferas rígidas (bilhas) impenetráveis.

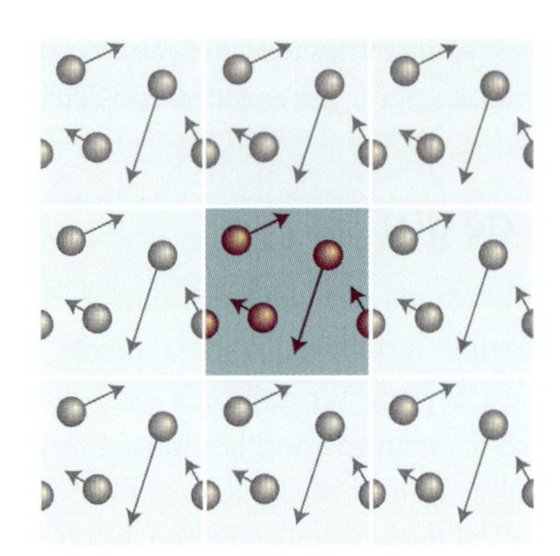

Figura 16C.3 Em uma simulação bidimensional de um líquido que utiliza condições periódicas de contorno, quando uma partícula sai da célula sua imagem especular entra pela face oposta.

- Se a energia potencial não é maior que a obtida antes da mudança, a nova configuração é aceita.

Se a energia potencial é maior que a obtida antes da mudança, então é necessário verificar se a nova configuração é razoável e pode existir em equilíbrio com as configurações de energia potencial menor em uma dada temperatura. Dando continuidade ao método, usamos o resultado de que, no equilíbrio, a razão entre as populações dos dois estados com separação de energia ΔV_N é $e^{-\Delta V_N/kT}$. Como estamos testando a viabilidade de uma configuração com uma energia potencial maior do que a configuração anterior no cálculo, $\Delta V_N > 0$ e o fator exponencial varia entre 0 e 1. No método de Monte Carlo, a segunda regra é, portanto:

- O fator exponencial é comparado com um número randômico entre 0 e 1; se o fator é maior que o número randômico, então a configuração é aceita; se o fator não é maior, a configuração é rejeitada.

As configurações geradas com os cálculos de Monte Carlo podem ser usadas para construir $g(r)$ simplesmente contando o número de pares de partículas separadas por r e promediando o resultado sobre todas as configurações.

Na abordagem da **dinâmica molecular**, monitora-se uma configuração inicial calculando as trajetórias de todas as partículas sob a influência dos potenciais intermoleculares e as forças a elas relacionadas. Um cálculo de dinâmica molecular fornece uma série de instantâneos de um líquido, e $g(r)$ pode ser calculada como antes. A temperatura do sistema pode ser obtida calculando-se a energia cinética média das partículas e usando o teorema da equipartição (*Fundamentos* B):

$$\langle \tfrac{1}{2}mv_q^2 \rangle = \tfrac{1}{2}kT \qquad (16C.2)$$

para cada coordenada q.

Breve ilustração 16C.1 A função de distribuição radial

Uma função de distribuição simples de pares tem a forma

$$g(r) = 1 + \cos\left(\frac{4r}{r_0} - 4\right) e^{-(r/r_0 - 1)}$$

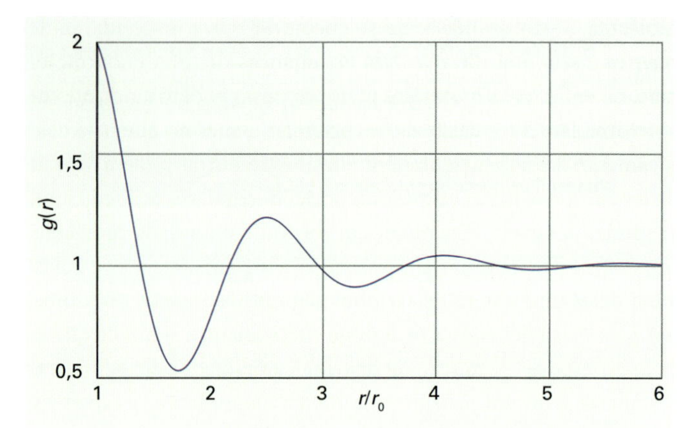

Figura 16C.4 Exemplo de uma função de distribuição radial para duas partículas com energia de interação dada pela função de energia potencial de Lennard-Jones.

para $r \geq r_0$ e $g(r) = 0$ para $r < r_0$. Aqui o parâmetro r_0 é a separação na qual a função de energia potencial de Lennard-Jones (Eq. 16B.13; $V = 4\varepsilon\{(r_0/r)^{1/2} - (r_0/r)^6\}$) é igual a zero. A função $g(r)$ tem seu gráfico na Fig. 16C.4, e vemos que se assemelha à forma apresentada na Fig. 16C.2.

Exercício proposto 16C.1 Use um programa matemático para representar graficamente a função $v_2(r) = r(dV/dr)$. A significância dessa função logo se tornará aparente.

Resposta: Veja a Fig. 16C.5.

(c) As propriedades termodinâmicas dos líquidos

Uma vez obtida $g(r)$, as propriedades termodinâmicas dos líquidos podem ser calculadas. Por exemplo, a contribuição do potencial intermolecular aditivo entre pares, V_2, para a energia interna é dada pela integral

$$U_{\text{interação}}(T) = \frac{2\pi N^2}{V} \int_0^\infty g(r) V_2 r^2 dr \qquad (16C.3)$$

Contribuição das interações aditivas entre pares para a energia interna

Ou seja, $U_{\text{interação}}$ é essencialmente a média da energia potencial entre duas partículas ponderada por $g(r)r^2dr$, que dá a probabilidade de um par de partículas ter a separação entre r e $r + dr$. Da mesma forma, a contribuição que as interações entre pares fazem para a pressão é

$$\frac{pV}{nRT} = 1 - \frac{2\pi N}{3kTV} \int_0^\infty g(r) v_2 r^2 dr \qquad v_2 = r\frac{dV_2}{dr} \qquad (16C.4a)$$

A grandeza v_2 é o **virial** (de onde vem o termo "equação de estado do virial"). A dependência que v_2 tem de r é mostrada através de uma forma simples de $g(r)$ na Fig. 16C.5. Para entender o conteúdo físico dessa equação, reescrevemo-la como

$$p = \frac{nRT}{V} - \frac{2\pi}{3}\left(\frac{N}{V}\right)^2 \int_0^\infty g(r) v_2 r^2 dr \qquad (16C.4b)$$

Pressão em termos de $g(r)$

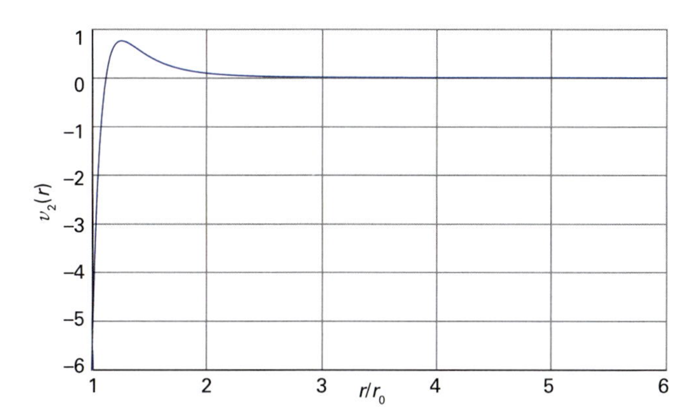

Figura 16C.5 O virial $v_2(r)$ associado à função de energia potencial de Lennard–Jones.

e, então, observamos que

- O primeiro termo à direita é a **pressão cinética**, a contribuição, para a pressão, devida aos impactos das moléculas em movimentação livre.
- O segundo termo é essencialmente a pressão interna, $\pi_T = (\partial U/\partial V)_T$ (Seção 2D), que representa a contribuição, para a pressão, das forças intermoleculares.

Interpretação física

Para relacionarmos essas grandezas, devemos reconhecer que $-\mathrm{d}V_2/\mathrm{d}r$ (em v_2) é a força necessária para separar as duas moléculas a uma distância r, e assim, $-r(\mathrm{d}V_2/\mathrm{d}r)$ é o trabalho necessário para separar as duas moléculas a essa mesma distância, r. Logo, o segundo termo é a média desse trabalho sobre o intervalo de separações entre pares de moléculas no líquido, representada pela probabilidade de encontrar duas moléculas a uma distância entre r e $r + \mathrm{d}r$, ou seja, por $g(r)r^2\mathrm{d}r$. Resumindo, a integral multiplicada pelo quadrado da densidade numérica é a variação da energia interna do sistema quando este se expande, ou seja, é a sua pressão interna.

16C.2 A interface líquido–vapor

Vamos agora nos concentrar nas fronteiras físicas entre as fases, como é o caso da superfície de um sólido em contato com um líquido ou de um líquido em contato com o seu vapor. Nesta seção estudaremos a interface líquido–vapor, que é interessante por ser muito móvel. Na Seção 22A abordaremos as superfícies sólidas.

(a) Tensão superficial

Os líquidos tendem a adotar formas que tornam mínima a sua área superficial, de modo que o número máximo de moléculas fica no interior da fase líquida, envolvidas pelas moléculas vizinhas e interagindo com elas. As gotículas de líquido, por isso, tendem a ser esféricas, pois a esfera é a forma geométrica que apresenta a menor razão entre área superficial e o volume. Entretanto, é possível que outras forças também estejam presentes competindo contra a tendência do líquido em adquirir essa forma ideal, em particular a força da gravidade terrestre, que tende a achatar as esferas em poças ou oceanos.

Tabela 16C.1* Tensão superficial de alguns líquidos a 293 K, $\gamma/(\mathrm{mN\ m^{-1}})$

	$\gamma/(\mathrm{mN\ m^{-1}})$
Benzeno	28,88
Mercúrio	472
Metanol	22,6
Água	72,75

*Outros valores são apresentados na *Seção de dados*. Observe que $1\ \mathrm{N\ m^{-1}} = 1\ \mathrm{J\ m^{-2}}$.

Os efeitos superficiais podem ser expressos na linguagem das energias de Helmholtz e de Gibbs (Seção 3C). A ligação entre essas funções termodinâmicas e a área superficial se faz pelo trabalho necessário para modificar a área de um dado valor, pois dA e dG são iguais (em condições diferentes) ao trabalho feito para alterar a energia do sistema. O trabalho necessário para modificar a área superficial, σ, de uma amostra, de uma grandeza infinitesimal dσ, é proporcional a dσ e se escreve como

$$\mathrm{d}w = \gamma \mathrm{d}\sigma \qquad \textit{Definição} \quad \text{Tensão superficial} \qquad (16C.5)$$

A constante de proporcionalidade, γ, é denominada **tensão superficial**; suas dimensões são de energia/área e suas unidades geralmente são joules por metro quadrado (J m^{-2}). Entretanto, como mostra a Tabela 16C.1, valores de γ também são muitas vezes registrados em newtons por metro (N m^{-1}, pois 1 J = 1 N m^{-1}). O trabalho de formação de uma área superficial, a volume e temperatura constantes, pode ser igualado à variação da energia de Helmholtz, e então

$$\mathrm{d}A = \gamma \mathrm{d}\sigma \qquad (16C.6)$$

Como a energia de Helmholtz diminui (dA < 0) se a área da superfície diminuir (dσ < 0), as superfícies têm, naturalmente, a tendência a se contrair. Este é o enunciado formal que traduz o que descrevemos anteriormente.

Exemplo 16C.1 Aplicação da tensão superficial

Calcule o trabalho necessário para erguer um fio metálico de comprimento l na superfície de um líquido e formar uma película líquida de altura h, conforme o esquema da Fig. 16C.6. Não leve em conta a energia potencial gravitacional.

Método De acordo com a Eq. 16C.5, o trabalho necessário para criar uma película de área superficial, σ, admitindo-se que a tensão superficial não varia à medida que a película é formada, é $w = \gamma\sigma$. Portanto, precisamos calcular a área superficial do retângulo de duas faces formado pela elevação do fio metálico a partir da superfície do líquido.

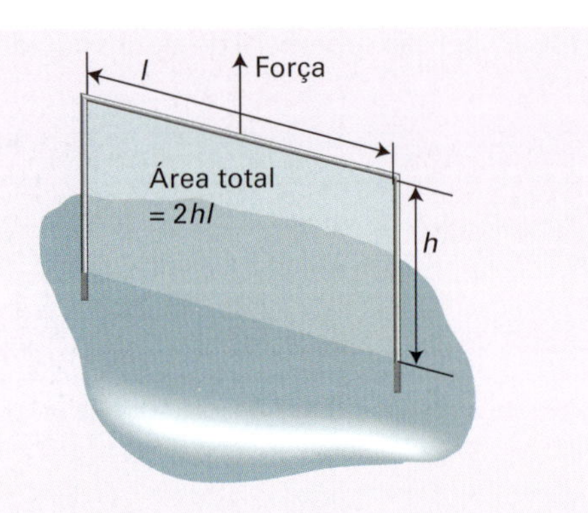

Figura 16C.6 Modelo utilizado para o cálculo do trabalho de formação de uma película líquida quando um fio metálico de comprimento *l* é erguido da superfície de um líquido e arrasta o líquido até uma altura *h*.

Resposta Quando o fio de comprimento l se eleva até a altura h, a área do líquido aumenta do dobro da área do retângulo (pois a película de líquido tem duas faces). O aumento total de área é então $2lh$ e o trabalho realizado é $2\gamma lh$.

O trabalho realizado dado pela expressão $2\gamma lh$ pode ser expresso como o produto força × distância, escrevendo-o como $2\gamma l \times h$. Identifica-se γl como uma força de oposição que atua sobre o fio metálico de comprimento l. É por isso que γ se denomina uma tensão, e as suas unidades comuns de medida são newtons por metro (de modo que γl é uma força em newtons).

Exercício proposto 16C.2 Calcule o trabalho necessário para se formar uma cavidade esférica de raio r em um líquido de tensão superficial γ.

Resposta: $4\pi r^2\gamma$

(b) Superfícies curvas

A minimização da área superficial de um líquido pode levar à formação de superfícies curvas. Uma **bolha** é uma região em que vapor (e também, possivelmente, ar atmosférico) está confinado por uma fina película de líquido. Uma **cavidade** é uma região cheia de vapor em um líquido. Geralmente, quando se diz que existem "bolhas" em um líquido, o que existe, na realidade, são cavidades. As bolhas têm duas superfícies (uma em cada face da película de líquido); as cavidades só têm uma superfície. A análise do comportamento de bolhas ou de cavidades é semelhante uma à outra, mas o fator 2 aparece na das bolhas em virtude da área superficial dupla. Uma **gotícula** é um pequeno volume de líquido em equilíbrio imerso no seu vapor (e também, possivelmente, ar atmosférico).

A pressão no lado côncavo, interno, de uma interface, p_{int}, é sempre maior do que a pressão no lado convexo, externo, p_{ext}. A relação entre as duas é dada pela **equação de Laplace**, que está deduzida na *Justificativa* 16C.1:

$$p_{int} = p_{ext} + \frac{2\gamma}{r} \quad \text{Equação de Laplace} \quad (16C.7)$$

Justificativa 16C.1 A equação de Laplace

As cavidades em um líquido estão em equilíbrio quando a tendência de sua área superficial em diminuir é contrabalançada pela elevação da pressão interna provocada por essa diminuição. Quando a pressão no interior da cavidade é p_{int} e o raio da cavidade é r, a força que atua de dentro para fora da cavidade é

$$\text{pressão} \times \text{área} = 4\pi r^2 p_{int}$$

As forças que atuam de fora para dentro provêm da pressão externa e da tensão superficial. O módulo da primeira vale $4\pi r^2 p_{ext}$. A segunda se calcula como segue. A variação da área superficial provocada pela variação do raio da esfera, de r para $r + dr$, é

$$d\sigma = 4\pi(r+dr)^2 - 4\pi r^2 = 8\pi r dr$$

(O infinitésimo de segunda ordem, $(dr)^2$, é ignorado.) O trabalho feito quando a superfície sofre esse estiramento é, então,

$$dw = 8\pi\gamma r dr$$

Como o trabalho é igual ao produto força × distância, a força que se opõe ao deslocamento dr quando o raio vale r é

$$F = 8\pi\gamma r$$

A força total de fora para dentro da cavidade é então $4\pi r^2 p_{ext} + 8\pi\gamma r$. No equilíbrio, a força para fora equilibra a força para dentro, e então temos

$$4\pi r^2 p_{int} = 4\pi r^2 p_{ext} + 8\pi\gamma r$$

que, simplificada e reordenada, é a Eq. 16C.7.

A equação de Laplace mostra que a diferença entre as pressões tende a zero quando o raio de curvatura tende a infinito (quando a superfície é plana, Fig. 16C.7). As cavidades pequenas têm raios de curvatura pequenos, de modo que a diferença de pressão entre as duas faces da superfície é bastante grande.

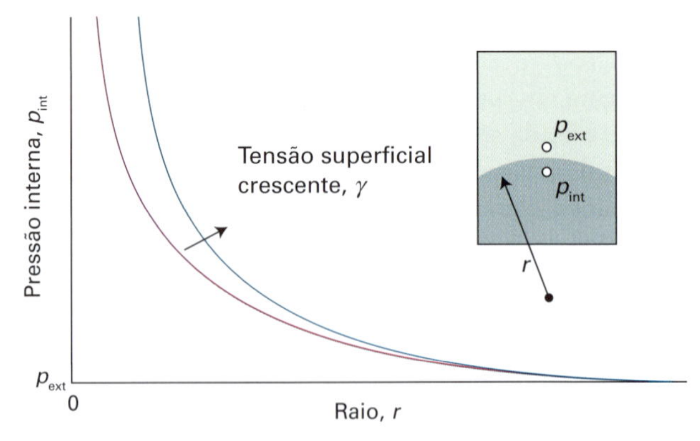

Figura 16C.7 Dependência entre a pressão no interior de uma superfície curva e o raio de curvatura da superfície, no caso de dois valores diferentes da tensão superficial.

Breve ilustração 16C.2 A equação de Laplace

A diferença de pressão da água na superfície de uma gotícula esférica de raio 200 nm, a 20 °C, é

$$p_{int} - p_{ext} = \frac{2\times\overbrace{(72{,}75\times10^{-3}\,\mathrm{N\,m^{-1}})}^{\gamma_{\text{água}}\ \text{a}\ 20\,°\text{C}}}{\underbrace{2{,}00\times10^{-7}\,\mathrm{m}}_{r}}$$

$$= 7{,}28\times10^{5}\,\mathrm{N\,m^{-2}} = 728\,\mathrm{kPa}$$

Exercício proposto 16C.3 Calcule a diferença de pressão do etanol na superfície de uma gotícula esférica de raio 220 nm, a 20 °C. A tensão superficial do etanol, a essa temperatura, é de 22,39 nM m^{-1}.

Resposta: 204 kPa

(c) Capilaridade

A tendência de líquidos ascenderem nos tubos capilares (tubos de pequeno diâmetro; o termo provém da palavra para "cabelo" em latim), que é chamada de **capilaridade** ou ação capilar, é uma consequência da tensão superficial. Analisemos o que acontece quando um tubo capilar de vidro é imerso em água ou em qualquer líquido que tenha a tendência de aderir ao vidro. A energia é a mais baixa possível quando uma película fina do líquido cobre o máximo possível do vidro. Quando a película de líquido sobe se espalhando pela parede interna do capilar, a superfície do líquido fica curva no interior do tubo. Esta curvatura faz com que a pressão logo abaixo do menisco curvo seja menor do que a pressão atmosférica de, aproximadamente, $2\gamma/r$, em que r é o raio do tubo e se admite que a superfície seja hemisférica. A pressão imediatamente sob a superfície plana do líquido fora do tubo é p, a pressão atmosférica, mas no interior do tubo, sob a superfície curva, é somente $p - 2\gamma/r$. A pressão externa em excesso impulsiona o líquido para cima do tubo até que o equilíbrio hidrostático (pressões iguais a profundidades iguais) seja atingido (Fig. 16C.8).

Para calcular a altura atingida pelo líquido em ascensão, notamos que a pressão de uma coluna vertical de líquido com a densidade ρ e a altura h é

$$p = \rho gh \qquad (16C.8)$$

Essa pressão hidrostática anula a diferença de pressões $2\gamma/r$, quando o equilíbrio é atingido. Portanto, a altura da coluna em equilíbrio é obtida igualando $2\gamma/r$ e ρgh, o que nos dá:

$$h = \frac{2\gamma}{\rho gr} \qquad (16C.9)$$

Essa expressão simples proporciona uma maneira razoavelmente exata para a medição da tensão superficial de líquidos. A tensão superficial diminui com a elevação da temperatura (Fig. 16C.9).

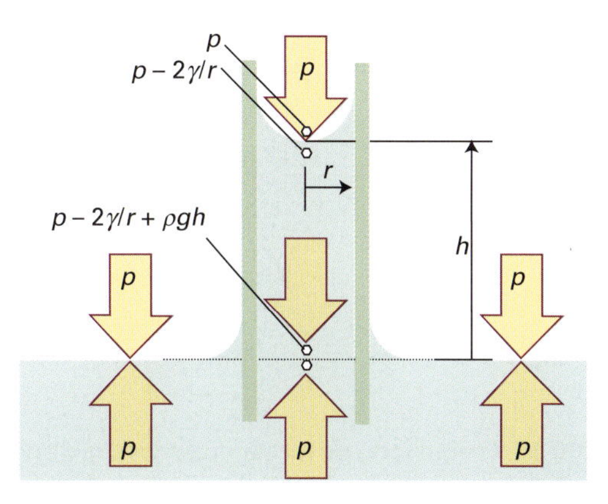

Figura 16C.8 Quando um tubo capilar é imerso na vertical em um líquido, o líquido ascende no tubo, formando uma superfície curva. A pressão imediatamente abaixo do menisco é menor do que a pressão atmosférica, e a diferença entre ambas é $2\gamma/r$. A pressão fica igualada em todas as partes do líquido se a pressão hidrostática (que é igual a ρgh) for igual à diferença de pressão provocada pela curvatura do menisco.

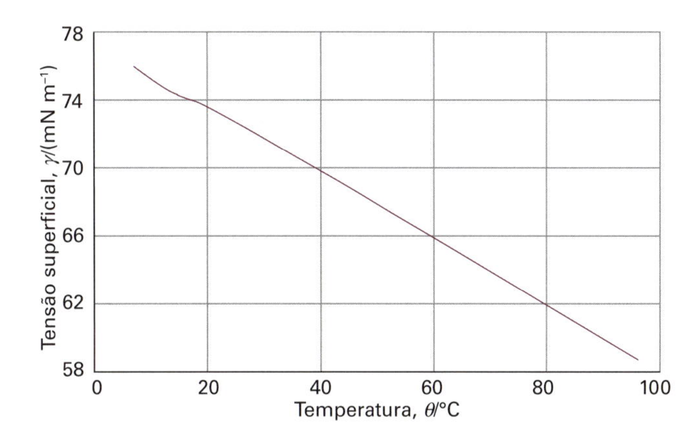

Figura 16C.9 A variação da tensão superficial da água com a temperatura.

Breve ilustração 16C.3 Capilaridade

Se a água, a 25 °C, ascende a uma altura de 7,36 cm em um capilar de 0,20 mm de raio, a tensão superficial da água, nessa temperatura, é dada por

$$\gamma = \tfrac{1}{2}\rho ghr$$

$$= \tfrac{1}{2}\times(997{,}1\,\mathrm{kg\,m^{-3}})\times(9{,}81\,\mathrm{m\,s^{-2}})\times(7{,}36\times10^{-2}\,\mathrm{m})$$

$$\times(2{,}0\times10^{-4}\,\mathrm{m})$$

$$\overset{1\,\mathrm{kg\,m\,s^{-2}}=1\,\mathrm{N}}{=}\ 72\,\mathrm{mN\,m^{-1}}$$

Exercício proposto 16C.4 Calcule a tensão superficial da água, a 30 °C, dado que, a essa temperatura, a água ascende a uma altura de 9,11 cm em um tubo capilar de vidro limpo de raio interno igual a 0,320 nm. A massa específica da água, a 30 °C, é 0,9956 g cm^{-3}.

Resposta: 142 mN m^{-1}

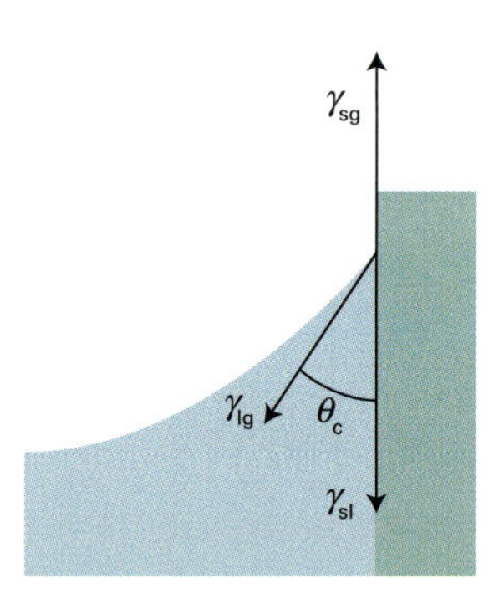

Figura 16C.10 O equilíbrio de forças que provoca o ângulo de contato, θ_c.

Quando as forças adesivas entre o líquido e o material das paredes do capilar são mais fracas do que as forças coesivas do próprio líquido (como é o caso do mercúrio no vidro), o líquido no capilar se afasta das paredes. Essa retração faz com que a curvatura da superfície seja côncava, ficando o lado da pressão alta para baixo. Para se igualarem as pressões em todas as partes do líquido à mesma profundidade, a superfície no capilar desce, a fim de compensar o excesso de pressão provocado pela curvatura do menisco do líquido. Essa compensação traduz-se na depressão capilar.

Em muitos casos há um ângulo não nulo entre a superfície do menisco e a parede do sólido. Se esse ângulo de contato for θ_c, o segundo membro da Eq. 16C.9 deve ser modificado pela multiplicação por cos θ_c. A origem do ângulo de contato pode ser estabelecida a partir do equilíbrio de forças que atuam na linha de contato entre o líquido e o sólido (Fig. 16C.10). Se as tensões nas interfaces sólido–gás, sólido–líquido e líquido–gás (essencialmente as energias necessárias para se formar uma superfície de área unitária em cada interface) forem simbolizadas, respectivamente, por γ_{sg}, γ_{sl} e γ_{lg}, então as componentes verticais das forças estão em equilíbrio se

$$\gamma_{sg} = \gamma_{sl} + \gamma_{lg}\cos\theta_c \qquad (16C.10)$$

Essa expressão se resolve em

$$\cos\theta_c = \frac{\gamma_{sg} - \gamma_{sl}}{\gamma_{lg}} \qquad (16C.11)$$

Se notarmos que o trabalho superficial de adesão do líquido ao sólido (trabalho de adesão dividido pela de área de contato) é

$$w_{ad} = \gamma_{sg} + \gamma_{lg} - \gamma_{sl} \qquad (16C.12)$$

a Eq. 16C.11 pode ser escrita como

$$\cos\theta_c = \frac{w_{ad}}{\gamma_{lg}} - 1 \qquad \text{Ângulo de contato} \qquad (16C.13)$$

Vemos então que:

Interpretação física

- O líquido "molha" completamente (espalha-se sobre) a superfície do sólido, o que corresponde a $0 < \theta_c < 90°$, quando $1 < w_{ad}/\gamma_{lg} < 2$ (Fig. 16C.11).
- Se o líquido não molhar a superfície do sólido, o que corresponde a $90° < \theta_c < 180°$, teremos $0 < w_{ad}/\gamma_{lg} < 1$.

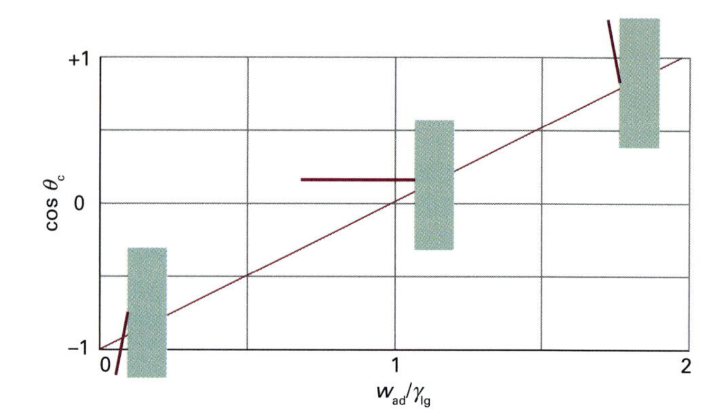

Figura 16C.11 A variação do ângulo de contato (simbolizado por uma barra fina) em função da variação da razão w_{ad}/γ_{lg}.

No caso do mercúrio em contato com o vidro, $\theta_c = 140°$, o que corresponde a $w_{ad}/\gamma_{lg} = 0{,}23$, mostrando um trabalho de adesão relativamente pequeno entre o mercúrio e o vidro, o que pode ser explicado pelas intensas forças coesivas no mercúrio.

16C.3 Filmes superficiais

As composições das camadas superficiais têm sido investigadas por uma técnica simples (porém tecnicamente elegante) de se retirar camadas delgadas da superfície das soluções para analisar as respectivas composições. Também se investigam as propriedades físicas das películas superficiais. Os filmes superficiais que têm a espessura de uma só molécula são denominados **monocamadas**. Quando se transfere uma monocamada para um suporte sólido, ela é chamada de **filme de Langmuir–Blodgett**. É assim denominada por terem Irving Langmuir e Katherine Blodgett desenvolvido técnicas experimentais para o seu estudo.

(a) Pressão superficial

O principal dispositivo para a investigação das monocamadas superficiais é a **balança de filme superficial** (Fig. 16C.12). O aparelho consiste em uma cuba rasa e uma barreira que pode ser deslocada sobre a superfície do líquido contido na cuba e comprimir a monocamada na superfície do líquido. A **pressão superficial**, π, é a diferença entre a tensão superficial do solvente puro e a tensão superficial da solução ($\pi = \gamma^* - \gamma$) e se mede mediante a torção de um fio preso a um flutuador de mica colocado na superfície do líquido, e que pressiona um dos lados da monocamada. As partes do dispositivo que ficam em contato com o líquido são revestidas por politetrafluoretileno, a fim de se eliminarem os efeitos provocados na interface líquido–sólido. Em uma experiência típica, dissolve-se pequena quantidade do surfactante (cerca de 0,01 mg) em um solvente volátil e a solução é cuidadosamente depositada na superfície da água na cuba. A barreira de compressão é então acionada e a pressão superficial sobre o sensor de mica é medida.

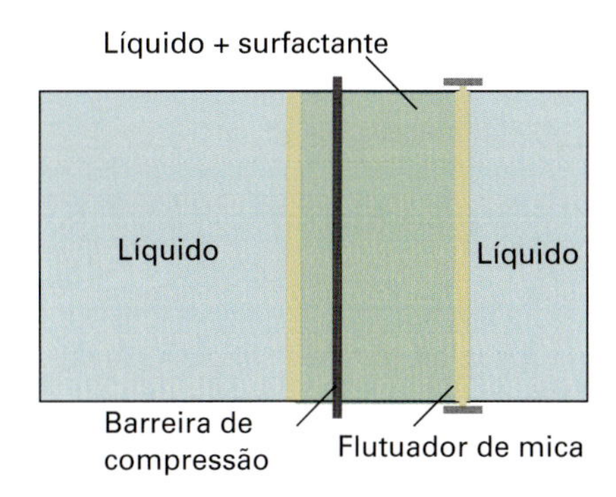

Figura 16C.12 Esquema da montagem experimental usada para medir a pressão superficial e outras características dos filmes superficiais. O surfactante é espalhado na superfície do líquido contido na cuba e depois comprimido horizontalmente pelo movimento da barreira de compressão no sentido do flutuador de mica. Esse flutuador está ligado a um fio de torção, e assim é possível medir a diferença entre as forças de um e outro lado do flutuador.

Na Fig. 16C.13 aparecem alguns resultados típicos. Um parâmetro que se deduz das isotermas é a área ocupada pelas moléculas da monocamada quando estão compactamente agrupadas. Essa grandeza é obtida pela extrapolação da parte de maior inclinação da isoterma até o eixo horizontal. A figura mostra que, embora o ácido esteárico (**1**) e o ácido isoesteárico (**2**) sejam quimicamente muito parecidos (diferem somente pela localização de um grupo metila na extremidade de uma comprida cadeia hidrocarbônica), eles ocupam áreas muito diferentes em uma monocamada. Nenhum dos dois, porém, ocupa área tão grande quanto a molécula do fosfato de tri-*p*-cresila (**3**), que mais se assemelha a um arbusto largo do que a uma árvore esguia.

1 Ácido esteárico, $C_{17}H_{35}COOH$

2 Ácido isoesteárico, $C_{17}H_{35}COOH$

3 Fosfato de tri-*p*-cresila

A segunda característica a realçar na Fig. 16C.13 é a inclinação muito menor da isoterma do fosfato de tri-*p*-cresila em relação às

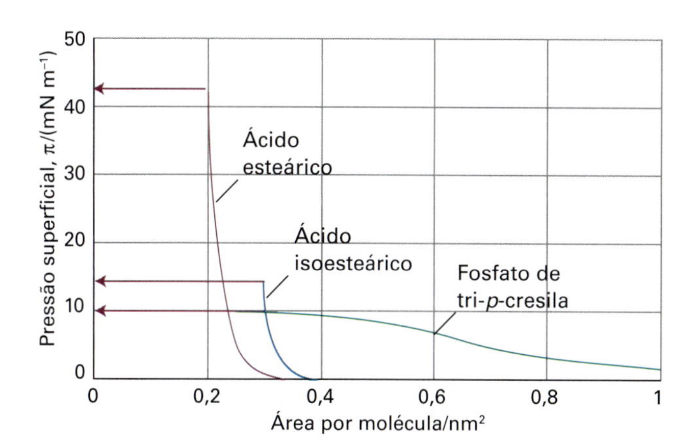

Figura 16C.13 Variação da pressão superficial com a área ocupada por cada molécula de surfactante. A pressão de colapso está assinalada pelas setas horizontais.

isotermas dos ácidos esteáricos. Essa diferença mostra que o filme do fosfato de tri-*p*-cresila é mais compressível que os filmes dos ácidos esteáricos, o que é compatível com as respectivas estruturas moleculares.

Um terceiro aspecto das isotermas é o da existência de uma **pressão de colapso**, a pressão superficial máxima. Quando a monocamada é comprimida além da pressão de colapso, a monocamada se deforma, colapsando-se em um filme com espessura de várias moléculas. As isotermas da Fig. 16C.13 mostram que a pressão de colapso do ácido esteárico é bastante elevada, mas a do fosfato de tri-*p*-cresila é muito menor, indicando que o filme é muito menos resistente.

(b) A termodinâmica das camadas superficiais

Um **surfactante** é uma espécie química que está presente na interface entre duas fases, por exemplo, na interface de uma fase hidrofílica e outra hidrofóbica. O surfactante se acumula na interface e modifica a tensão superficial e, portanto, a pressão superficial. Para deduzir a relação entre a concentração do surfactante na superfície e a variação da tensão superficial que provoca, consideremos duas fases α e β em contato e suponhamos que o sistema tem diversos componentes J, cada qual com o número total de mols n_J. Se os componentes se distribuíssem uniformemente através das duas fases, até a interface, que por hipótese é um plano de área superficial σ, a energia de Gibbs total, G, seria igual à soma das energias de Gibbs de cada fase, $G = G(\alpha) + G(\beta)$. Entretanto, a distribuição dos componentes não é uniforme, pois é possível que um deles se acumule na interface. Por isso, a soma das duas energias de Gibbs é diferente de G, e a diferença é denominada **energia de Gibbs da superfície**, $G(\sigma)$:

$$G(\sigma) = G - \{G(\alpha) + G(\beta)\} \qquad \textit{Definição} \quad \text{Energia de Gibbs da superfície} \qquad (16C.14)$$

Analogamente, se admitirmos que a concentração de um componente J é uniforme até a interface, poderíamos afirmar, pelo volume de cada fase, que $n_J(\alpha)$ mol de J estariam na fase α e $n_J(\beta)$

mols de J na fase β. Como um componente pode se acumular na interface, a quantidade total de mols de J difere da soma desses dois números de mols e tem-se $n_J(\sigma) = n_J - \{n_J(\alpha) + n_J(\beta)\}$. Essa diferença é expressa em termos do **excesso de concentração superficial**, Γ_J:

$$\Gamma_J = \frac{n_J(\sigma)}{\sigma} \quad \textit{Definição} \quad \text{Excesso de concentração superficial} \quad (16C.15)$$

O excesso de concentração superficial pode ser positivo (há acúmulo de J na interface) ou negativo (há um déficit de J na interface).

A relação entre a variação da tensão superficial e a composição de uma superfície (expressa pelo excesso de concentração superficial) foi demonstrada por Gibbs. Na *Justificativa* 16C.2 deduzimos a **isoterma de Gibbs**, que dá a relação entre as variações dos potenciais químicos das substâncias presentes na interface e a variação da tensão superficial:

$$d\gamma = -\sum_J \Gamma_J d\mu_J \quad \text{Isoterma de Gibbs} \quad (16C.16)$$

Justificativa 16C.2 A isoterma de Gibbs

A variação total de G é provocada por variações de T, de p e dos n_J:

$$dG = -SdT + Vdp + \gamma d\sigma + \sum_J \mu_J dn_J$$

Aplicando essa relação a G, $G(\alpha)$ e $G(\beta)$, temos

$$dG(\sigma) = -S(\sigma)dT + \gamma d\sigma + \sum_J \mu_J dn_J(\sigma)$$

pois no equilíbrio o potencial químico de cada componente é o mesmo para todas as fases, $\mu_J(\alpha) = \mu_J(\beta) = \mu_J(\sigma)$. Como vimos na discussão sobre as grandezas parciais molares (Capítulo 5), a equação anterior se integra a temperatura constante para dar

$$G(\sigma) = \gamma\sigma + \sum_J \mu_J n_J(\sigma)$$

Queremos uma relação entre a variação da tensão superficial $d\gamma$ e a variação da composição na interface. Adotamos então o mesmo procedimento que, na Seção 5A, nos levou à equação de Gibbs–Duhem (Eq. 5A.12b); mas agora, comparando a expressão

$$dG(\sigma) = \gamma d\sigma + \sum_J \mu_J dn_J(\sigma)$$

(que é válida a temperatura constante) com a expressão da mesma variação deduzida da equação anterior:

$$dG(\sigma) = \gamma d\sigma + \sigma d\gamma + \sum_J \mu_J dn_J(\sigma) + \sum_J n_J(\sigma) d\mu_J$$

A comparação implica que, a uma temperatura constante,

$$\sigma d\gamma + \sum_J n_J(\sigma) d\mu_J = 0$$

Dividindo a equação por σ obtém-se a Eq. 16C.16.

Imaginemos agora um modelo simplificado da interface em que as fases "óleo" e "água" estão separadas por uma superfície de geometria plana. Nesse modelo, somente o surfactante, S, acumula-se na interface, e então $\Gamma_{\text{óleo}}$ e $\Gamma_{\text{água}}$ são ambos nulos. A equação da isoterma de Gibbs fica então

$$d\gamma = -\Gamma_S d\mu_S \quad (16C.17)$$

Para soluções diluídas,

$$d\mu_S = RT \ln c \quad (16C.18)$$

em que c é a concentração molar do surfactante. Assim,

$$d\gamma = -RT\Gamma_S \frac{dc}{c}$$

a uma temperatura constante, ou

$$\left(\frac{\partial \gamma}{\partial c}\right)_T = -\frac{RT\Gamma_S}{c} \quad \text{Dependência entre a tensão superficial e a concentração do surfactante} \quad (16C.19)$$

Se houver acúmulo do surfactante na interface, o excesso de concentração superficial é positivo e a Eq. 16C.19 mostra que $(\partial\gamma/\partial c)_T < 0$. Ou seja, a tensão superficial diminui quando o surfactante se acumula em uma superfície. Inversamente, se a dependência entre γ e a concentração for conhecida, é possível calcular o excesso de concentração superficial e, assim, estimar a área ocupada por cada molécula do surfactante na superfície.

Exemplo 16C.2 Cálculo do excesso de concentração superficial

Calcule o excesso de concentração superficial do ácido 1-aminobutanoico em uma solução aquosa 0,10 mol dm^{-3}, a 20 °C, sabendo que $d\gamma/d(\ln c) = -40$ μN m^{-1}. Converta a resposta no número de moléculas por metro quadrado.

Método Use a relação $d(\ln x) = (1/x)dx$ para converter a Eq. 16C.19 em uma expressão para $\partial\gamma/\partial(\ln c)$; a seguir, rearranje-a e obtenha uma expressão para o excesso de concentração superficial Γ_S. Multiplique o excesso de concentração superficial pela constante de Avogadro e obtenha o número de moléculas por metro quadrado.

Resposta Como $d(\ln c) = (1/c)$ e $dc = cd(\ln c)$, a Eq. 16C.19 pode ser escrita como

$$\left(\frac{\partial \gamma}{\partial(\ln c)}\right)_T = -RT\Gamma_S$$

Segue-se que

$$\Gamma_S = \frac{1}{RT}\left(\frac{\partial\gamma}{\partial(\ln c)}\right)_T$$
$$= \frac{1}{(8{,}314\,\mathrm{J\,K^{-1}\,mol^{-1}})\times(293\,\mathrm{K})}\times(-4{,}0\times10^{-5}\,\mathrm{N\,m^{-1}})$$
$$= 1{,}6\times10^{-8}\,\mathrm{mol\,m^{-2}}$$

O número de moléculas por metro quadrado, $\mathcal{N}$, é

$$\mathcal{N} = N_A\Gamma_S = (6{,}02\times10^{23}\,\mathrm{mol^{-1}})\times(1{,}6\times10^{-8}\,\mathrm{mol\,m^{-2}})$$
$$= 9{,}6\times10^{15}\,\mathrm{m^{-2}}$$

Exercício proposto 16C.5 Use o resultado do *Exemplo* 16C.2 para calcular a área ocupada por uma molécula.

Resposta: $1{,}0\times10^2\,\mathrm{nm^2}$

16C.4 Condensação

Vamos agora juntar conceitos desta seção e da Seção 4B para explicar a condensação de um gás em um líquido. Vimos, na Seção 4B, que a pressão de vapor de um líquido depende da pressão aplicada ao líquido. Como a curvatura de uma superfície provoca uma pressão extra de $2\gamma/r$, é de esperar que a pressão do vapor em equilíbrio com uma superfície curva seja diferente da pressão de vapor em equilíbrio com uma superfície plana. Substituindo a expressão dessa diferença de pressão na Eq. 4B.3 ($p = p^* e^{V_m\Delta P/RT}$, em que p^* é a pressão de vapor quando a diferença de pressão é nula), chegamos à equação de Kelvin para a pressão de vapor de um líquido disperso como gotículas de raio r:

$$p = p^* e^{2\gamma V_m/rRT} \qquad \text{Equação de Kelvin} \qquad (16C.20)$$

A expressão análoga para a pressão do vapor no interior de uma cavidade pode ser escrita sem dificuldade. A pressão do líquido no exterior da cavidade é menor do que a pressão no seu interior; a única modificação na fórmula anterior é o sinal do expoente. No caso de gotículas de água com o raio de 1 μm, a 25 °C, a razão p/p^* é cerca de 1,001, e para gotículas com o raio de 1 nm a mesma razão é 3. Este segundo valor, embora bastante grande, é pouco confiável, pois o raio da gotícula é menor do que o comprimento correspondente ao diâmetro de 10 moléculas, por isso talvez o cálculo anterior não seja aplicável. O primeiro valor mostra que o efeito da curvatura geralmente é pequeno, embora ele possa ter consequências importantes.

Analisemos, por exemplo, a formação de uma nuvem. O ar quente e úmido se eleva para regiões mais altas e mais frias da atmosfera. Em certa altitude, a temperatura é suficientemente baixa para que o vapor de água esteja em um estado termodinamicamente instável diante do líquido, e a tendência é a de haver a sua condensação numa nuvem de gotículas de líquido. A etapa inicial dessa condensação pode ser imaginada como a congregação de um enxame de moléculas de água em uma gotícula microscópica. Como a gotícula que se forma é muito pequena, sua pressão de vapor é mais alta do que a normal. Então, em lugar de aumentar de diâmetro, a gota se evapora. Esse efeito estabiliza o vapor, pois a tendência inicial à condensação é contrabalançada pela tendência acentuada à evaporação. A fase vapor é dita então **supersaturada**. Ela é uma fase termodinamicamente instável em relação ao líquido, mas não é instável em relação às pequenas gotículas que precisam se formar antes do aparecimento de uma quantidade apreciável da fase líquida. Assim, a formação dessa última fase por um simples mecanismo de formação direta fica impedida.

No entanto, é evidente que as nuvens se formam e que deve haver um mecanismo eficiente de formação. Dois processos são possíveis. O primeiro é o da agregação de número suficientemente grande de moléculas de água em uma única gotícula tão grande que o efeito do aumento da evaporação se torna pouco importante. A probabilidade de formação de um desses **centros de nucleação espontânea** é baixa, e na formação de chuva esse mecanismo não é dominante. O processo mais importante depende da presença, na atmosfera, de pequeninas partículas de poeira ou de outros materiais que possam existir na atmosfera. Estas partículas **nucleiam** a condensação (isto é, proporcionam centros onde pode ocorrer a nucleação), oferecendo superfícies sobre as quais as moléculas de água podem se ligar.

É possível **superaquecer** um líquido além da temperatura de ebulição, ou **super-resfriar** um líquido abaixo da temperatura de congelamento, sem que, em cada caso, seja atingida a fase termodinamicamente estável, em virtude de uma estabilização cinética que ocorre na ausência de centros de nucleação. Por exemplo, há superaquecimento porque a pressão de vapor no interior de uma cavidade é artificialmente baixa, de modo que qualquer cavidade que se forme tende a desaparecer. Esse tipo de instabilidade é comum quando se aquece a água em um bécher sem agitação, pois a temperatura pode elevar-se acima do ponto de ebulição. É possível que ocorra, então, ebulição violenta e tumultuada quando a nucleação espontânea provoca a formação de bolhas suficientemente grandes para sobreviverem. Para que a ebulição seja tranquila na temperatura de ebulição real, é preciso introduzir no líquido centros de nucleação, na forma de pequenos fragmentos pontiagudos de cerâmica ou vidro, ou de bolhas (cavidades) de ar.

Conceitos importantes

- [ ] 1. A **função de distribuição radial**, $g(r)$, é uma densidade da probabilidade no sentido de que $g(r)\mathrm{d}r$ é a probabilidade de uma molécula ser encontrada no intervalo $\mathrm{d}r$ a uma distância r de uma outra molécula.

☐ 2. A função de distribuição radial pode ser calculada com as técnicas de **Monte Carlo** e de **dinâmica molecular**.
☐ 3. A energia interna e a pressão de um fluido podem ser expressas em termos da função de distribuição radial.
☐ 4. Os líquidos tendem a adotar formas que minimizam sua área de superfície.
☐ 5. A minimização da área de superfície resulta na formação de bolhas, cavidades e gotículas.
☐ 6. A **capilaridade** é a tendência dos líquidos de ascenderem por tubos estreitos.
☐ 7. A **pressão superficial** é a diferença entre a tensão superficial do solvente puro e da solução.
☐ 8. A **pressão de colapso** é a pressão superficial máxima que um filme superficial pode sustentar.
☐ 9. Um **surfactante** modifica a tensão superficial e a pressão superficial.
☐ 10. A **nucleação** oferece superfícies às quais as moléculas podem se ligar e, daí, induzir a **condensação**.

Equações importantes

Propriedade	Equação	Comentário	Número de equação
Função de distribuição radial	$g(r_{12})=A/B$, $A=N(N-1)\int\int\cdots\int e^{-\beta V_N}d\tau_3 d\tau_4\ldots d\tau_N$, $B=\mathcal{N}^2\int\int\cdots\int e^{-\beta V_N}d\tau_1 d\tau_2\ldots d\tau_N$		16C.1
Contribuição das interações para a energia interna	$U_{\text{interação}}(T)=(2\pi N^2/V)\int_0^\infty g(r)V_2 r^2 dr$	V_2 é a energia potencial intermolecular	16C.3
Pressão em termos de $g(r)$	$p=nRT/V-(2\pi/3)(N/V)^2\int_0^\infty g(r)v_2 r^2 dr$		16C.4b
Equação de Laplace	$p_{\text{int}}=p_{\text{ext}}+2\gamma/r$	γ é a tensão superficial	16C.7
Ângulo de contato	$\cos\theta_c=(w_{\text{ad}}/\gamma_{\text{lg}})-1$		16C.13
Energia de Gibbs de superfície	$G(\sigma)=G-\{G(\alpha)+G(\beta)\}$	Definição	16C.14
Energia de excesso	$\Gamma_J=n_J(\sigma)/\sigma$	Definição	16C.15
Isoterma de Gibbs	$d\gamma=-\sum_J \Gamma_J d\mu_J$		16C.16
Dependência entre a tensão superficial e a concentração do surfactante	$(\partial\gamma/\partial c)_T=-RT\Gamma_S/c$		16C.19
Equação de Kelvin	$p=p^* e^{2\gamma V_m/rRT}$		16C.20

CAPÍTULO 16 Interações moleculares

SEÇÃO 16A Propriedades elétricas das moléculas

Questões teóricas

16A.1 Explique como surgem o momento de dipolo permanente e a polarizabilidade de uma molécula.

16A.2 Explique por que a polarizabilidade de uma molécula diminui a altas frequências.

16A.3 Descreva os procedimentos experimentais disponíveis para a determinação do momento de dipolo elétrico de uma molécula.

Exercícios

16A.1(a) Que moléculas, dentre as seguintes, podem ser polares? ClF_3, O_3, H_2O_2.
16A.1(b) Que moléculas, dentre as seguintes, podem ser polares? SO_3, XeF_4, SF_4.

16A.2(a) Calcule a resultante de dois momentos de dipolo, com os módulos de 1,5 D e 0,80 D, que fazem entre si um ângulo de 109,5°.
16A.2(b) Calcule a resultante de dois momentos de dipolo, com os módulos de 2,5 D e 0,50 D, que fazem entre si um ângulo de 120°.

16A.3(a) Calcule o módulo e a direção do momento de dipolo da seguinte disposição de cargas no plano *xy*: uma carga $3e$ em (0, 0), outra $-e$ em (0,32 nm, 0) e uma terceira $-2e$ à distância de 0,23 nm da origem, sobre uma reta fazendo um ângulo de 20° com o eixo *x*.
16A.3(b) Calcule o módulo e a direção do momento de dipolo da seguinte disposição de cargas no plano *xy*: uma carga $4e$ em (0, 0), outra $-2e$ em (162 pm, 0) e uma terceira $-2e$ a 143 pm da origem, sobre uma reta fazendo um ângulo de 30° com o eixo *x*.

16A.4(a) A polarização molar do vapor de fluorobenzeno varia linearmente com T^{-1} e é 70,62 $cm^3\ mol^{-1}$ a 351,0 K e 62,47 $cm^3\ mol^{-1}$ a 423,2 K. Calcule a polarizabilidade e o momento de dipolo da molécula.
16A.4(b) A polarização molar do vapor de um composto varia linearmente com T^{-1} e é 75,74 $cm^3\ mol^{-1}$ a 320,0 K e 71,43 $cm^3\ mol^{-1}$ a 421,7 K. Calcule a polarizabilidade e o momento de dipolo da molécula.

16A.5(a) A 0 °C, a polarização molar do trifluoreto de cloro líquido é 27,18 $cm^3\ mol^{-1}$ e a sua massa específica é 1,89 g cm^{-3}. Calcule a permissividade relativa do líquido.
16A.5(b) A 0 °C, a polarização molar de um líquido é 32,16 $cm^3\ mol^{-1}$ e a sua massa específica é 1,92 g cm^{-3}. Calcule a permissividade relativa do líquido. Use $M = 85{,}0$ g mol^{-1}.

16A.6(a) O índice de refração do CH_2I_2 é 1,732 para a luz de 656 nm. Sua massa específica, a 20 °C, é 3,32 g cm^{-3}. Calcule a polarizabilidade da molécula no comprimento de onda mencionado.
16A.6(b) O índice de refração de um composto é 1,622 para luz de 643 nm. Sua massa específica, a 20 °C, é de 2,99 g cm^{-3}. Calcule a polarizabilidade da molécula no comprimento de onda mencionado. Use $M= 65{,}5$ g mol^{-1}.

16A.7(a) A polarizabilidade volumar da H_2O nas frequências ópticas é de $1{,}5 \times 10^{-24}$ cm^3. Estime o índice de refração da água. O valor medido experimentalmente para esse índice é de 1,33. Qual a origem da diferença observada?
16A.7(b) A polarizabilidade volumar de um líquido cuja massa molar é de 72,3 g mol^{-1} é de $2{,}2 \times 10^{-30}$ m^3 nas frequências ópticas. A massa específica do líquido é de 865 kg mol^{-1}. Estime o índice de refração deste líquido.

16A.8(a) O momento de dipolo do clorobenzeno é 1,57 D e sua polarizabilidade volumar é $1{,}23 \times 10^{-23}$ cm^3. Estime a sua permissividade relativa a 25 °C, sendo de 1,173 g cm^{-3} a massa específica do líquido.
16A.8(b) O momento de dipolo do bromobenzeno é $5{,}17 \times 10^{-30}$ C m e sua polarizabilidade volumar é $1{,}5 \times 10^{-19}$ m^3, aproximadamente. Estime sua permissividade relativa a 25 °C, sendo de 1491 kg m^{-3} a massa específica do liquido.

Problemas

16A.1 O momento de dipolo elétrico do tolueno (metilbenzeno) é 0,4 D. Determine o momento de dipolo dos três xilenos (dimetilbenzenos). Qual seria a resposta que você esperaria?
16A.2 Faça um gráfico do módulo do momento de dipolo elétrico do peróxido de hidrogênio quando o ângulo ϕ (azimutal) do H–O–O–H varia de 0 a 2π. Use os dados mostrados em **1**.

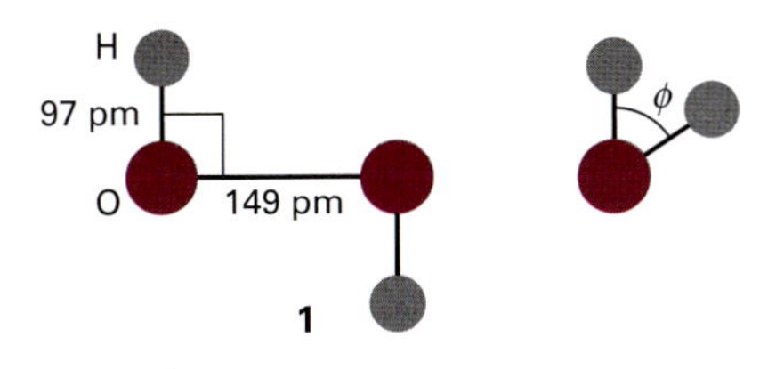

16A.3 O vapor de ácido acético contém uma certa quantidade de dímeros planos, unidos por ligação de hidrogênio (**2**). O módulo do momento de dipolo permanente das moléculas de ácido acético puro aumenta com a elevação da temperatura. Sugira uma interpretação para esta observação.

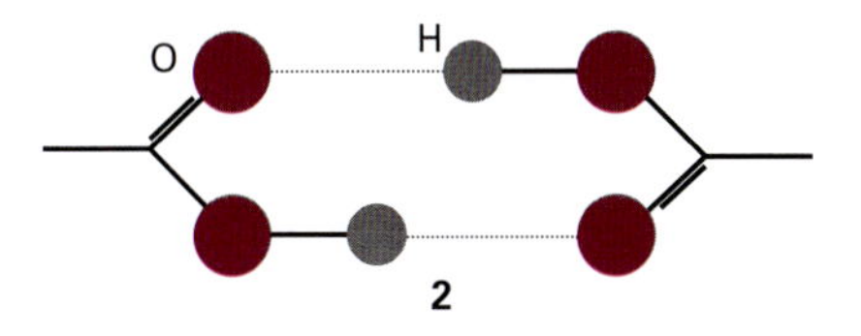

16A.4‡ D.D. Nelson *et al.* (*Science* **238**, 1670 (1987)) examinaram diversos complexos de amônia, fracamente ligados, em fase gasosa, em busca de exemplos de formação de ligações hidrogênio através dos átomos de H do NH_3. Entretanto, não encontraram nenhuma formação de ligações hidrogênio. Descobriram, por exemplo, que o complexo de NH_3 com o CO_2

‡ Estes problemas foram propostos por Charles Trapp e Carmen Giunta.

tinha o átomo de carbono muito próximo do nitrogênio (afastados de 299 pm). A molécula de CO_2 ficava em ângulo reto com a "ligação" C–N e os átomos de H da NH_3 ficavam o mais longe possível do CO_2. O módulo do momento de dipolo permanente deste complexo é de 1,77 D. Se os átomos de N e de C forem os centros das distribuições de carga negativa e positiva, respectivamente, qual o valor dessas cargas parciais (em múltiplos de e)?

16A.5 A polarizabilidade volumar da NH_3 é $2{,}22 \times 10^{-30}$ m³. Calcule o momento de dipolo da molécula (além do momento de dipolo permanente) induzido por um campo elétrico externo de intensidade 15,0 kV m⁻¹.

16A.6 O valor do campo elétrico a uma distância r de uma carga puntiforme Q é igual a $Q/4\pi\varepsilon_0 r^2$. Qual a proximidade que um próton pode alcançar de uma molécula de água (com polarizabilidade volumar $1{,}48 \times 10^{-30}$ m³) antes que o momento de dipolo induzido pelo próton tenha um valor igual ao momento de dipolo permanente da molécula (1,85 D)?

16A.7 A permissividade relativa do clorofórmio foi medida para diferentes temperaturas, e é apresentada na tabela a seguir:

θ/°C	−80	−70	−60	−40	−20	0	20
ε	3,1	3,1	7,0	6,5	6,0	5,5	5,0
ρ/(g cm⁻³)	1,65	1,64	1,64	1,61	1,57	1,53	1,50

O ponto de congelamento do clorofórmio é −64 °C. Explique os resultados da tabela e estime o momento de dipolo e a polarizabilidade volumar da molécula.

16A.8 As permissividades relativas do metanol (ponto de fusão a −95 °C) corrigidas pela variação da massa específica são as da tabela seguinte. Que informações sobre a molécula se pode tirar desses valores? Utilize $\rho = 0{,}791$ g cm⁻³, a 200 °C.

θ/°C	−185	−170	−150	−140	−110	−80	−50	−20	0	20
ε_r	3,2	3,6	4,0	5,1	67	57	49	43	38	34

16A.9 No seu livro clássico *Polar molecules*, Debye registra algumas das primeiras medidas da polarizabilidade da amônia. Com os dados da tabela a seguir, determine o momento de dipolo e a polarizabilidade volumar da molécula.

T/K	292,2	309,0	333,0	387,0	413,0	446,0
P_m/(cm³ mol⁻¹)	57,57	55,01	51,22	44,99	42,51	39,59

O índice de refração da amônia a 273 K e 100 kPa é de 1,000 379 (para a luz amarela do sódio). Calcule a polarizabilidade molar do gás na temperatura mencionada e também a 292,2 K. Combine o valor calculado com o da polarizabilidade molar estática, a 292,2 K, e obtenha exclusivamente com estas informações o momento de dipolo da molécula.

16A.10 Os valores da polarização molar da água em fase gasosa, a 100 kPa, determinados por medições de capacitância, aparecem na tabela a seguir em função da temperatura.

T/K	384,3	420,1	444,7	484,1	521,0
P_m/(cm³ mol⁻¹)	57,4	53,5	50,1	46,8	43,1

Calcule o momento de dipolo da H_2O e a sua polarizabilidade volumar.

16A.11 Pelos dados da Tabela 16A.1, calcule a polarização molar, a permissividade relativa e o índice de refração do metanol a 20 °C. A massa específica do líquido, nessa temperatura, é 0,7914 g cm⁻³.

16A.12 Mostre que, em um gás (cujo índice de refração é próximo de 1), o índice de refração depende da pressão na forma $n_r = 1 + \text{const.} \times p$ e encontre a constante da função linear. A seguir, mostre como estimar a polarizabilidade volumar de uma molécula a partir das medidas do índice de refração de uma amostra gasosa.

16A.13 O vapor de ácido acético contém uma certa quantidade de dímeros planos, unidos por ligação de hidrogênio. A permissividade relativa do ácido acético líquido puro é 7,14 a 290 K, e aumenta com a elevação da temperatura. Sugira uma interpretação para esta última observação. Que efeito a diluição isotérmica de ácido acético em benzeno teria sobre a permissividade relativa das soluções?

SEÇÃO 16B Interações entre moléculas

Questões teóricas

16B.1 Identifique os termos e os limites de aplicabilidade em cada uma das seguintes expressões: (a) $V=-Q_2\mu_1/4\pi\varepsilon_0 r^2$, (b) $V=-Q_2\mu_1\cos\theta/4\pi\varepsilon_0 r^2$ e (c) $V=\mu_2\mu_1(1-3\cos^2\theta)/4\pi\varepsilon_0 r^3$.

16B.2 Esboce exemplos de arranjos de cargas elétricas que correspondam a monopolos, dipolos, quadrupolos e octupolos. Discuta as razões para as diferentes dependências dos seus respectivos campos elétricos em relação à distância.

16B.3 Justifique a conclusão teórica de que muitas interações atrativas entre as moléculas variam com a distância segundo $1/r^6$.

16B.4 Descreva a formação da ligação de hidrogênio em termos (a) das interações eletrostáticas e (b) dos orbitais moleculares. Como você identificaria o melhor modelo?

16B.5 Explique a interação hidrofóbica e discuta suas manifestações.

16B.6 Alguns polímeros têm propriedades incomuns. Por exemplo, o kevlar (**3**) é resistente o suficiente para ser o material de escolha para as vestimentas à prova de balas e é estável até temperaturas da ordem de 600 K. Que interações moleculares contribuem para a formação e a estabilidade térmica desse polímero?

3 Kevlar

Exercícios

16B.1(a) Calcule a energia molar necessária para reverter a direção de uma molécula de H_2O localizada a 100 pm do íon Li^+. Sabe-se que o momento de dipolo da água é 1,85 D.

16B.1(b) Calcule a energia molar necessária para reverter a direção de uma molécula de HCl localizada a 300 pm do íon Mg^{2+}. Sabe-se que o momento de dipolo do HCl é 1,08 D.

16B.2(a) Calcule a energia potencial da interação de dois quadrupolos lineares quando eles estão colineares e seus centros estão separados pela distância *r*.
16B.2(b) Calcule a energia potencial de interação de dois quadrupolos lineares quando eles estão paralelos um ao outro e separados pela distância *r*.

16B.3(a) Determine a energia da interação de dispersão (utilize a fórmula de London) para dois átomos de He separados por uma distância de 1,0 nm. Os dados necessários podem ser encontrados na *Seção de dados* no final do livro.
16B.3(b) Determine a energia da interação de dispersão (utilize a fórmula de London) para dois átomos de Ar separados por uma distância de 1,0 nm. Os dados necessários podem ser encontrados na *Seção de dados* no final do livro.

16B.4(a) Qual é a energia necessária (em kJ mol^{-1}) para quebrar uma ligação de hidrogênio no vácuo ($\varepsilon_r = 1$)? Utilize o modelo eletrostático da ligação de hidrogênio.
16B.4(b) Qual é a energia necessária (em kJ mol^{-1}) para quebrar uma ligação de hidrogênio na água ($\varepsilon_r \approx 80{,}0$)? Utilize o modelo eletrostático da ligação de hidrogênio.

Problemas

16B.1 Uma molécula de H_2O está alinhada por um campo elétrico externo de intensidade de 1,0 kV m^{-1} e dela se aproxima, lentamente, um átomo de Ar ($\alpha' = 1{,}66 \times 10^{-30}$ m^3). A aproximação é lateral. A que separação é mais favorável, quanto à energia, que a molécula de H_2O gire e fique com o seu momento de dipolo apontado diretamente para o átomo de Ar?

16B.2 Imaginemos que uma molécula de H_2O ($\mu = 1{,}85$ D) se aproxime de um ânion. Qual a orientação favorável da molécula? Calcule o campo elétrico (em volts por metro) que age sobre o ânion quando o dipolo da água está à distância de (a) 1,0 nm, (b) 0,3 nm e (c) 30 nm do íon.

16B.3 A fenilalanina (Phe, **4**) é um aminoácido de ocorrência natural. Qual é a energia de interação entre o grupo fenila e o momento de dipolo elétrico de um grupo peptídico vizinho? Considere que a distância entre os grupos é de 4,0 nm e trate o grupo fenila como uma molécula de benzeno. O momento de dipolo do grupo peptídico é $\mu = 2{,}7$ D e a polarizabilidade volumar do benzeno é $\alpha' = 1{,}04 \times 10^{-29}$ m^3.

H_2N OH O

4 Fenilalanina

16B.4 Considere agora a interação de London entre os grupos fenila de dois resíduos de Phe (veja Problema 16B.3). (a) Calcule a energia potencial de interação entre dois desses anéis (tratados como moléculas de benzeno) separados por 4,0 nm. Use $I = 5{,}0$ eV para a energia de ionização. (b) Sendo a força o negativo do coeficiente angular do potencial, calcule a dependência, em relação à distância, da força que atua entre dois grupos de átomos não ligados, tal como os grupos fenila da Phe, em duas cadeias polipeptídicas distintas em que possa haver interação de dispersão de London entre elas. Qual é a separação na qual a força entre os grupos fenila (tratados como moléculas de benzeno) de dois resíduos de Phe é nula? (*Sugestão*: Calcule o coeficiente angular considerando a energia potencial em r e $r + \delta r$, com $\delta r << r$, e avaliando $\{V(r + \delta r) - V(r)\}/\delta r$. Ao final do cálculo, faça δr ficar infinitamente pequeno.)

16B.5 Sendo $F = -\mathrm{d}V/\mathrm{d}r$, calcule a dependência, com a distância, da força que atua entre dois grupos de átomos não ligados em uma cadeia polimérica que têm uma interação de dispersão de London entre eles.

16B.6 Considere o arranjo, mostrado em (**5**), para um sistema formado por um grupo O–H e um átomo de O. Use o modelo eletrostático da ligação de hidrogênio para calcular a dependência da energia potencial molar de interação em relação ao ângulo θ.

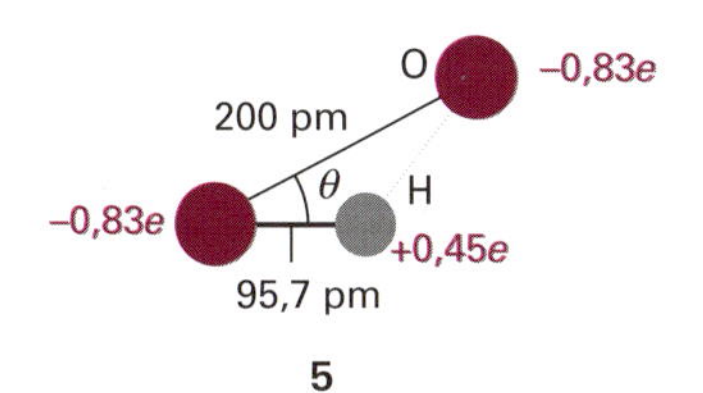

5

16B.7 Suponha que você não acredita no potencial de Lennard-Jones (12,6) para investigar uma determinada conformação de um polipeptídeo, e substitui o termo repulsivo por uma função exponencial com a forma e^{-r/r_0}. (a) Faça um esboço da curva da energia potencial e localize a distância em que ela tem um valor mínimo. (b) Identifique a distância para a qual o potencial exp-6 é um mínimo.

16B.8 Define-se a *densidade de energia de coesão*, $\mathcal{U}$, pelo quociente U/V, com U sendo a energia potencial média de atração na amostra e V, seu volume. Mostre que $\mathcal{U} = \frac{1}{2}\mathcal{N}\int V(R)\mathrm{d}\tau$ em que $\mathcal{N}$ é a densidade numérica das moléculas e $V(R)$ é a energia potencial atrativa. A integração se faz sobre d a ∞ e sobre todos os ângulos. Mostre, ainda, que a densidade de energia de coesão de uma distribuição uniforme de moléculas que interagem por meio de uma atração do tipo de van der Waals da forma $-C_6/R^6$ é dada por $(2\pi/3)(N_A^2/d^3M^2)\rho^2C_6$, em que ρ é a massa específica da amostra sólida e M é a massa molar das moléculas.

SEÇÃO 16C Líquidos

Questão teórica

16C.1 Descreva o processo de condensação.

Exercícios

16C.1(a) Calcule a pressão de vapor de uma gotícula esférica de água com raio de 10 nm, a 25 °C. A pressão de vapor da água nessa temperatura é 2,3 kPa, e sua massa específica é 0,9982 g cm^{-3}.

16C.1(b) Calcule a pressão de vapor de uma gotícula esférica de água com raio de 20 nm, a 35 °C. A pressão de vapor da água nessa temperatura é 5,623 kPa, e sua massa específica é 994,0 kg m^{-3}.

16C.2(a) O ângulo de contato da água no vidro limpo é próximo de zero. Calcule a tensão superficial da água a 20 °C, sendo que, nessa temperatura, a água se eleva a uma altura de 4,96 cm em um tubo capilar de vidro limpo de raio interno de 0,300 mm. A massa específica da água a 20 °C é 998,2 kg m^{-3}.

16C.2(b) O ângulo de contato da água no vidro muito limpo é próximo de zero. Calcule a tensão superficial da água a 30 °C, sendo que, nessa temperatura, a água se eleva a uma altura de 9,11 cm em um tubo capilar de vidro limpo de raio interno de 0,320 mm. A massa específica da água a 30 °C é 0,9956 g cm^{-3}.

16C.3(a) Calcule a diferença de pressão da água em uma superfície de uma gotícula esférica com raio de 200 nm, a 20 °C.

16C.3(b) Calcule a diferença de pressão do etanol em uma superfície de uma gotícula esférica com raio de 220 nm, a 20 °C. A tensão superficial do etanol nessa temperatura é de 22,39 mN m^{-1}.

Problema

16C.1 As tensões superficiais de diferentes soluções aquosas de um dado surfactante A foram medidas a 20 °C, e são apresentadas a seguir:

$[A]/(mol\ dm^{-3})$	0	0,10	0,20	0,30	0,40	0,50
$\gamma/(mN\ m^{-1})$	72,8	70,2	67,7	65,1	62,8	59,8

Calcule o excesso de concentração de superfície.

Atividades integradas

16.1 Mostre que a energia de interação média de N átomos com o diâmetro d e energia potencial de interação com a forma C_6/R^6 tem a forma $U = -2N^2C_6/3Vd^3$, em que V é o volume ocupado pelas moléculas e se ignoram os efeitos da formação de aglomerados. Determine depois a relação entre a constante de van der Waals a e C_6, utilizando a expressão $n^2a/V^2 = (\partial U/\partial V)_T$.

16.2‡ F. Luo *et al.* (*J. Chem. Phys.* **98**, 3564 (1993)) publicaram observações experimentais do complexo He_2, espécie química que por muito tempo nunca tinha sido detectada. As observações se fizeram em temperaturas nas vizinhanças de 1 mK, o que é compatível com estudos computacionais que sugerem que, para o He_2, o $hc\tilde{D}_e$ é aproximadamente $1{,}51 \times 10^{-23}$ J, o $hc\tilde{D}_0$ é aproximadamente 2×10^{-26} J e R é aproximadamente 297 pm. (a) Determine os parâmetros de Lennard-Jones, r_0 e ε, e faça um gráfico do potencial de Lennard-Jones para a interação He–He. (b) Faça um gráfico do potencial de Morse, sendo $a = 5{,}79 \times 10^{10}\ m^{-1}$.

16.3 Cálculos com orbitais moleculares podem ser usados para predizer estruturas de complexos intermoleculares. As ligações hidrogênio entre as bases purina e pirimidina são responsáveis pela estrutura de dupla hélice do DNA (veja a Seção 17A). Considere a metiladenina (**6**, com R = CH_3) e a metiltimina (**7**, com R = CH_3) como modelos para duas bases que podem formar ligações hidrogênio no DNA. (a) Usando um programa de modelagem molecular e o método computacional de sua escolha, calcule as cargas atômicas sobre todos os átomos na metiladenina e na metiltimina. (b) Com base em sua tabulação das cargas atômicas, identifique os átomos, na metiladenina e na metiltimina, capazes de participar de ligações hidrogênio. (c) Desenhe todos os possíveis pares adenina-timina que podem ser ligados por ligações hidrogênio, lembrando que os arranjos lineares dos fragmentos A–H···B são preferidos no DNA. Para esta etapa, você pode querer utilizar seu programa de modelagem molecular para alinhar as moléculas adequadamente. (c) Consulte a Seção 17A e determine quais dos pares que você desenhou na parte (c) ocorrem naturalmente na molécula de DNA. (e) Repita as partes (a)–(d) para a citosina e a guanina, que também formam pares de bases no DNA (para a estrutura dessas bases, veja a Seção 17A).

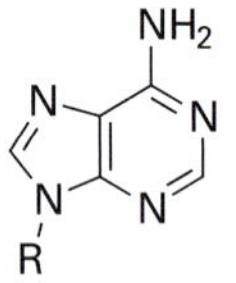

6

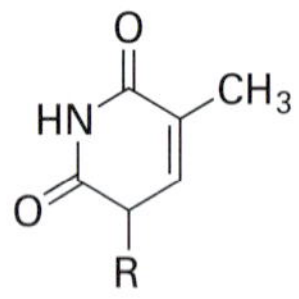

7

16.4 Cálculos com orbitais moleculares podem ser usados para prever o momento de dipolo de moléculas. (a) Usando um programa de modelagem molecular e o método computacional de sua escolha, calcule o momento de dipolo da ligação peptídica modelada como uma *trans-N*-metilacetamida (**8**). Faça o gráfico da energia de interação entre esses dipolos em função do ângulo θ para r = 3,0 nm (veja a Eq. 16B.4). (b) Compare o valor máximo da energia de interação dipolo–dipolo obtido na parte (a) com o valor 20 kJ mol^{-1}, valor característico da energia de interação da ligação de hidrogênio em sistemas biológicos.

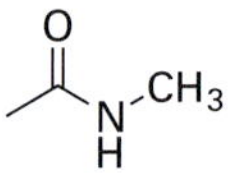

8 *trans-N*-metilacetamida

16.5 Este problema ilustra uma aplicação simples da *relação entre atividade e estrutura* (QSAR na sigla em inglês). A ligação dos grupos apolares de aminoácidos a sítios hidrofóbicos no interior de proteínas é regida majoritariamente por interações hidrofóbicas. (a) Considere a família de hidrocarbonetos R–H. As constantes de hidrofobicidade, π, para R=CH_3, CH_2CH_3, $(CH_2)_2CH_3$, $(CH_2)_3CH_3$ e $(CH_2)_4CH_3$ são, 0,5, 1,0, 1,5, 2,0 e 2,5, respectivamente. Use esses dados para prever o valor de π para o $(CH_2)_6CH_3$. (b) As constantes de equilíbrio K_I para a dissociação de inibidores (**9**) da enzima quimotripsina foram determinadas para diferentes substituintes R:

R	CH_3CO	CN	NO_2	CH_3	Cl
π	−0,20	−0,025	0,33	0,5	0,9
$\log K_I$	−1,73	−1,90	−2,43	−2,55	−3,40

Faça um gráfico de $\log K_I$ contra π. O gráfico sugere uma relação linear? Em caso afirmativo, determine o coeficiente angular e a interseção no eixo $\log K_I$ da reta que melhor ajusta os dados. (c) Faça uma previsão do valor de K_I para o caso R=H.

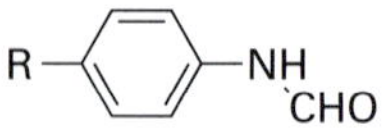

9

16.6 Os derivados do composto TIBO (**10**) inibem a enzima transcriptase reversa, que catalisa a conversão do RNA retroviral em DNA. Uma análise QSAR da atividade A do número de derivados de TIBO sugere a seguinte equação:

$$\log A = b_0 + b_1 S + b_2 W$$

em que S é um parâmetro relacionado com a solubilidade da droga em água e W é um parâmetro relacionado com a largura do primeiro átomo em um substituinte X, como mostrado em **10**. (a) Use os dados a seguir para determinar os valores de b_0, b_1 e b_2. *Sugestão*: A equação de QSAR relaciona uma variável dependente, log A, a duas variáveis independentes, S e W. Para ajustar os dados, você deve usar o procedimento matemático de *regressão múltipla*, que pode ser realizado com um programa matemático ou com uma planilha eletrônica.

X	H	Cl	SCH_3	OCH_3	CN	CHO	Br	CH_3	CCH
log A	7,36	8,37	8,3	7,47	7,25	6,73	8,52	7,87	7,53
S	3,53	4,24	4,09	3,45	2,96	2,89	4,39	4,03	3,80
W	1,00	1,80	1,70	1,35	1,60	1,60	1,95	1,60	1,60

(b) Qual deveria ser o valor de W para uma droga com S = 4,84 e log A = 7,60?

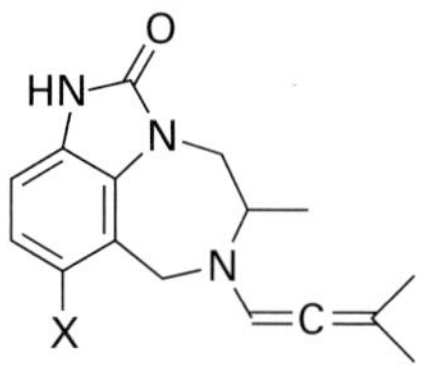

10

CAPÍTULO 17

Macromoléculas e agregados

As macromoléculas são formadas por componentes covalentemente ligados. Elas estão por toda parte, dentro do nosso organismo e fora dele. Algumas são naturais: os polissacarídeos (como a celulose), os polipeptídios (como as enzimas), os polinucleotídeos (como o ácido desoxirribonucleico (ADN, DNA na sigla em inglês)). Outras são sintéticas, (como o náilon e o poliestireno). Moléculas grandes e pequenas podem se aglutinar, formando partículas grandes, num processo que é chamado de "auto-organização" e que dá surgimento aos agregados, que de certa forma se comportam como macromoléculas. Um exemplo é a agregação da proteína actina em filamentos no tecido muscular. Neste capítulo, vamos examinar a estrutura e as propriedades de macromoléculas e agregados.

17A As estruturas das macromoléculas

As macromoléculas adotam formas que são ditadas pelas interações moleculares descritas na Seção 16B. A forma global de uma proteína, por exemplo, é mantida por interações de van der Waals, ligações de hidrogênio e o efeito hidrofóbico. Nessa seção consideramos uma variedade de estruturas, iniciando com uma "cadeia randômica" sem estrutura, cadeias parcialmente estruturadas e, então, as proteínas estruturalmente precisas que atuam e os ácidos nucleicos.

17B Propriedades das macromoléculas

Macromoléculas naturais diferem em certos aspectos das macromoléculas sintéticas, particularmente na sua composição e nas estruturas resultantes, mas as duas compartilham de várias propriedades comuns. Vamos nos concentrar, nessa seção, nas propriedades mecânicas, térmicas e elétricas.

17C Auto-organização

Átomos, moléculas pequenas e macromoléculas podem formar grandes agregados, algumas vezes por processos envolvendo auto-organização, que são mantidos juntos por uma, ou mais de uma, das interações moleculares descritas na Seção 16B. Nessa seção investigaremos os "coloides", as "micelas" e membranas biológicas, que são agregados com algumas das propriedades típicas de moléculas, mas também com suas características peculiares. Também vamos considerar exemplos nos quais o desenvolvimento controlado de novos materiais com propriedades otimizadas se dá pelo entendimento das propriedades subjacentes aos agregados.

17D Determinação de tamanho e forma

As macromoléculas, naturais ou sintéticas, e os agregados devem ser caracterizados em termos de suas massas molares, seus tamanhos e suas formas. Nessa seção, vamos considerar como essas propriedades são determinadas experimentalmente.

Qual é o impacto deste material?

O impacto deste material é imenso, pois ele permeia toda a discussão sobre os fenômenos biológicos e as propriedades de muitos novos materiais. As aplicações estão inseridas no desenvolvimento dos conceitos apresentados.

17A As estruturas das macromoléculas

Tópicos

➤ Por que você precisa saber este assunto?

As macromoléculas dão origem a problemas típicos que incluem a investigação e a descrição de suas formas e a determinação de seus tamanhos. Você precisa saber como descrever as características estruturais das macromoléculas para entender suas propriedades físicas e químicas.

➤ Qual é a ideia fundamental?

O conceito de "estrutura" de uma macromolécula assume diferentes significados dependendo do nível que se considere a disposição da cadeia ou o arranjo de seus blocos de construção.

➤ O que você já deve saber?

Você precisa estar familiarizado com os argumentos estatísticos (Seção 15A). A discussão das formas das macromoléculas biológicas depende da compreensão sobre as interações não ligantes que atuam entre as moléculas (Seção 16B).

Macromoléculas são moléculas muito grandes formadas a partir de moléculas menores biossinteticamente nos organismos, pelos químicos nos laboratórios ou em um reator industrial. Macromoléculas de ocorrência natural incluem os polissacarídeos, como a celulose, os polipeptídios, como as enzimas, e os polinucleotídeos, como o ácido desoxirribonucleico (ADN, DNA na sigla em inglês). Macromoléculas sintéticas incluem os **polímeros**, como o náilon e o poliestireno, que são produzidos pelo agrupamento sequencial e (às vezes) pela formação de ligações cruzadas entre pequenas unidades conhecidas como **monômeros** (Fig. 17A.1).

17A.1 Os diferentes níveis de estrutura

O conceito de "estrutura" de uma macromolécula assume significados diferentes dependendo do nível em que se considere a disposição da cadeia ou o arranjo de monômeros. A **estrutura primária** de uma macromolécula é a sequência dos pequenos fragmentos moleculares que constituem o polímero. Os fragmentos podem formar uma cadeia, como no polietileno, ou uma rede mais complexa, em que a reticulação acopla diversas cadeias, como na poliacrilamida reticulada. No caso de um polímero sintético, quase todos os fragmentos são idênticos e a molécula fica caracterizada pelo monômero usado na preparação. Assim, no polietileno e seus derivados, a unidade que se repete é o $-CHXCH_2-$ e a estrutura primária da cadeia é especificada ao ser simbolizada por $-(CHXCH_2)_n-$.

O conceito de estrutura primária deixa de ser trivial no caso de copolímeros sintéticos e de macromoléculas biológicas, pois em geral essas substâncias têm cadeias formadas a partir de moléculas

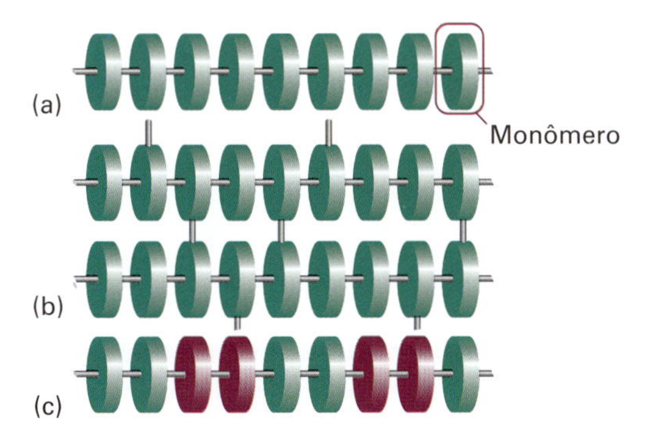

Figura 17A.1 Três espécies de polímeros: (a) um polímero linear simples, (b) um polímero reticulado (com ligações cruzadas) e (c) um tipo de copolímero.

diferentes. As proteínas, por exemplo, são **polipeptídios**, formados por aminoácidos diferentes (ocorrem naturalmente cerca de vinte), unidos pela **ligação peptídica**, –CONH–. A determinação da estrutura primária é, portanto, um problema muito complicado de análise química, conhecido como **sequenciamento**. A **degradação** de um polímero é provocada pela destruição da estrutura primária, quando a cadeia se rompe em fragmentos menores.

O termo **conformação** refere-se à disposição espacial das diferentes partes de uma cadeia. Uma conformação pode se transformar em outra pela rotação de uma parte da cadeia em torno de uma ligação. A conformação de uma macromolécula é relevante em três níveis de estrutura. A **estrutura secundária** de uma macromolécula é a disposição espacial (muitas vezes de caráter local) de uma cadeia. A estrutura secundária de uma molécula de polietileno em um bom solvente é normalmente uma cadeia randômica; na ausência de um solvente o polietileno forma cristais lamelares com uma dobra em forma de grampo de cabelo a cada 100 unidades monoméricas; provavelmente devido ao número de monômeros, a energia potencial intermolecular (neste caso *intra*molecular) é suficiente para vencer a desordem térmica. A estrutura secundária de uma proteína é uma disposição muito organizada, determinada em grande parte por ligações de hidrogênio, e que assume a forma de cadeias randômicas, hélices (Fig. 17A. 2a) ou folhas em vários segmentos da molécula.

A **estrutura terciária** é a estrutura espacial tridimensional global de uma macromolécula. Por exemplo, a proteína hipotética mostrada na Fig. 17.2b tem regiões helicoidais acopladas por curtas cadeias randômicas. As hélices interagem, formando uma estrutura terciária compacta. A desnaturação também pode ocorrer nesse nível, com a estrutura terciária perdida mas a estrutura secundária grandemente preservada.

A **estrutura quaternária** de uma macromolécula é a maneira pela qual moléculas grandes são formadas pela agregação de outras moléculas. A Fig. 17A.3 mostra como quatro subunidades moleculares, cada uma delas com uma estrutura terciária específica, se agregam. Estruturas quaternárias são muito importantes

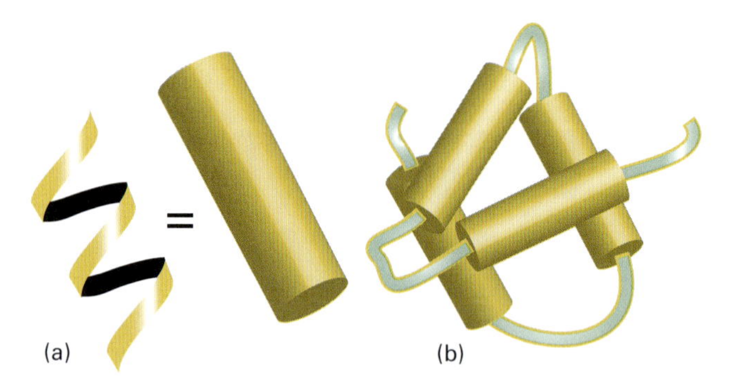

Figura 17A.2 (a) Um polímero assume uma conformação helicoidal muito organizada, um exemplo de uma estrutura secundária. A hélice está representada como um cilindro. (b) Vários segmentos helicoidais, acoplados por curtas cadeias randômicas, se aglomeram, fornecendo um exemplo de estrutura terciária.

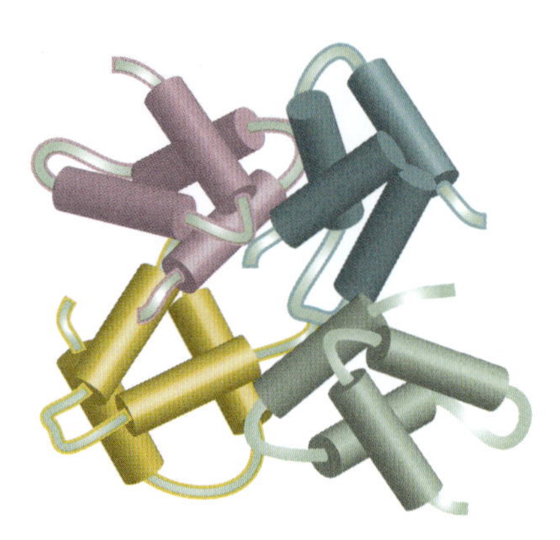

Figura 17A.3 Várias subunidades com estruturas terciárias específicas se agregam, fornecendo um exemplo de estrutura quaternária.

em biologia. Por exemplo, a hemoglobina, que é a proteína responsável pelo transporte do oxigênio, é constituída por quatro subunidades que trabalham juntas captando e liberando o O_2.

17A.2 Cadeias randômicas

A conformação mais provável de uma cadeia de unidades idênticas que não formam ligações de hidrogênio nem outro tipo de ligação específica é uma **cadeia randômica**. O polietileno é um exemplo simples. O modelo da cadeia randômica é um ponto de partida útil para a estimativa das ordens de grandeza das propriedades hidrodinâmicas de polímeros e de proteínas desnaturadas em solução.

O modelo mais simples de uma cadeia randômica é o da **cadeia com articulações livres**, na qual cada ligação pode fazer qualquer ângulo com a ligação anterior (Fig. 17A.4). Por hipótese, admite-se que os fragmentos da cadeia tenham volume nulo, de modo que partes diferentes da cadeia podem ocupar, praticamente, a mesma região do espaço. Este modelo é obviamente uma supersimplificação, pois uma ligação, na realidade, tem suas posições limitadas a um cone de direções definidas pelas ligações vizinhas (Fig. 17A.5) e as cadeias reais evitam-se mutuamente no sentido de que partes distantes da mesma cadeia não podem ocupar o mesmo espaço.

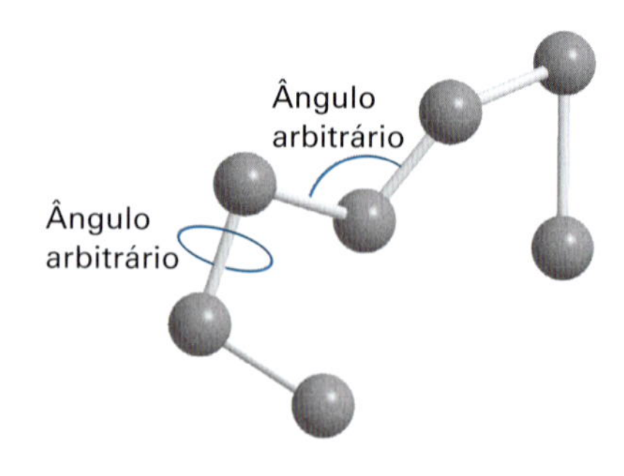

Figura 17A.4 Uma cadeia com articulações livres é semelhante a uma marcha tridimensional ao acaso. Cada passo tem direção e sentido arbitrários, mas sempre do mesmo comprimento.

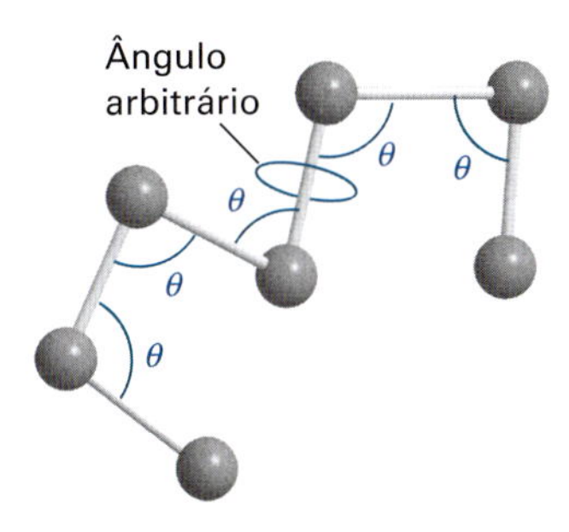

Figura 17A.5 Uma descrição mais exata da cadeia é obtida fixando-se os ângulos de ligação (por exemplo, no seu valor tetraédrico). A rotação é livre em torno da direção da ligação.

Em uma cadeia com articulações livres unidimensional hipotética, todos os resíduos ficam em uma linha reta e o ângulo entre vizinhos é 0° ou 180°. Os resíduos em uma cadeia com articulações livres tridimensional não estão restritos a ficar em uma reta ou um plano.

(a) Medidas do tamanho

Como se mostra na *Justificativa* a seguir, a probabilidade, P, de as extremidades de uma cadeia com articulações livres unidimensional, composta de N unidades de comprimento l (e, portanto, de comprimento total Nl), estarem distantes nl uma da outra é dada por:

$$P=\left(\frac{2}{\pi N}\right)^{1/2} e^{-n^2/2N} \quad \textit{Cadeia randômica unidimensional} \quad \text{Distribuição de probabilidade} \quad (17A.1)$$

Essa função aparece no gráfico da Fig. 17A.6.

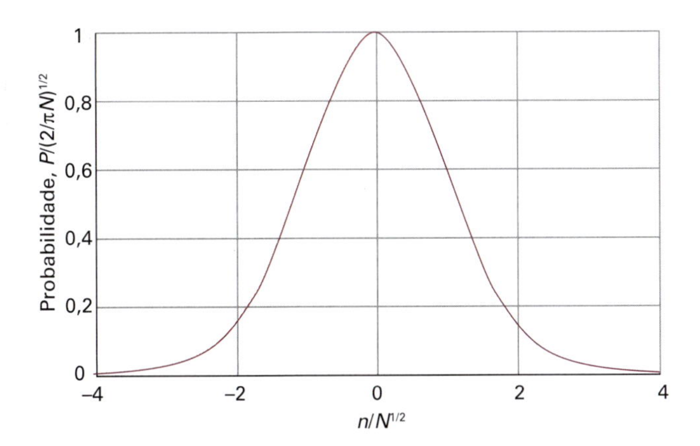

Figura 17A.6 Distribuição da probabilidade da separação entre as extremidades de uma cadeia randômica unidimensional. A separação das extremidades é nl, em que l é o comprimento da ligação na cadeia.

Breve ilustração 17A.1 Cadeias randômicas unidimensionais

Suponha que $N = 1000$ e $l = 150$ pm; a probabilidade de que as extremidades de uma cadeia randômica unidimensional estejam afastadas 3 nm é dada pela Eq. 17A.1 fazendo-se $n = (3 \times 10^3 \text{ pm})/(150 \text{ pm}) = 20{,}0$:

$$P=\left(\frac{2}{\pi\times 1000}\right)^{1/2} e^{-20{,}0^2/(2\times 1000)}=0{,}0207$$

que indica 1 chance em 48 de ser encontrada ali.

Exercício proposto 17A.1 Qual é a probabilidade de as extremidades de uma cadeia de polieteno, de massa molar 85 kg mol^{-1}, estarem afastadas de 10 nm quando a cadeia é tratada como uma cadeia unidimensional de articulações livres?

Resposta: $9{,}8\times 10^{-3}$

Justificativa 17A.1 Cadeias randômicas unidimensionais

Consideremos um polímero unidimensional com articulações livres. A conformação da molécula pode ser expressa pelo número de ligações que apontam para a direita (N_R) e pelo número das que apontam para a esquerda (N_L). A distância entre as extremidades da cadeia é $(N_R - N_L)l$, em que l é o comprimento de cada ligação individual. Seja $n = N_R - N_L$ e N o número total de ligações, $N = N_R + N_L$. Posteriormente, no cálculo, usaremos $N_R = \frac{1}{2}(N + n)$ e $N_L = \frac{1}{2}(N - n)$.

A probabilidade, P, de a separação das extremidades de um polímero selecionado ao acaso seja nl é

$$P=\frac{\text{número de polímeros com distância entre as extremidades } nl}{\text{número total de conformações possíveis}}$$

Cada uma das N ligações do polímero pode, em princípio, se localizar à esquerda ou à direita, de modo que o número total de conformações possíveis é 2^N. O número total de maneiras W de se ter uma cadeia com um determinado comprimento ponta a ponta nl é igual ao número de maneiras de ter N_R ligações apontando para a direita e N_L ligações apontando para a esquerda. Portanto, para calcular W precisamos determinar o número de maneiras de obter N_R ligações apontando para a direita dado um total de N ligações. Trata-se do mesmo problema que selecionar N_R objetos de um conjunto de N objetos (veja a Seção 15A), e é

$$W=\frac{N!}{N_R!(N-N_R)!}=\frac{N!}{N_R!N_L!}=\frac{N!}{\left\{\frac{1}{2}(N+n)\right\}!\left\{\frac{1}{2}(N-n)\right\}!}$$

Assim,

$$P=\frac{W}{2^N}=\frac{N!}{\left\{\frac{1}{2}(N+n)\right\}!\left\{\frac{1}{2}(N-n)\right\}!2^N}$$

Quando a cadeia é compacta no sentido de que $n \ll N$, é mais conveniente calcular $\ln P$; neste caso, os fatoriais são grandes e podemos usar a aproximação de Stirling (Seção 15A) na forma

$$\ln x! \approx \ln(2\pi)^{1/2}+\left(x+\tfrac{1}{2}\right)\ln x - x$$

O resultado, depois de alguma manipulação algébrica (veja o Problema 17A.7), é

$$\ln P \approx \ln\left(\frac{2}{\pi N}\right)^{1/2} - \tfrac{1}{2}(N+n+1)\ln(1+\nu)-\tfrac{1}{2}(N-n+1)\ln(1-\nu)$$

em que $\nu = n/N$. Para uma cadeia compacta ($\nu \ll 1$) podemos usar a aproximação $\ln(1 \pm \nu) \approx \pm\nu - \frac{1}{2}\nu^2$ e então chegar a

$$\ln P \approx \ln\left(\frac{2}{\pi N}\right)^{1/2} - \tfrac{1}{2}N\nu^2$$

que se reescreve como a Eq. 17A.1.

Para mostrar que a probabilidade total das extremidades da cadeia está em qualquer separação, integramos P sobre todos os valores de n. Entretanto, como n pode variar apenas em passos de 2, o passo da integração é $\frac{1}{2}\mathrm{d}n$, e não $\mathrm{d}n$. Assim (permitindo que N se torne infinito),

$$\sum_{n=-N}^{N} P \to \int_{-\infty}^{\infty} P(n)(\tfrac{1}{2}\mathrm{d}n) = \tfrac{1}{2}\left(\frac{2}{\pi N}\right)^{1/2}\int_{-\infty}^{\infty} \mathrm{e}^{-n^2/2N}\mathrm{d}n \overset{\text{Integral G.1}}{=} 1$$

Mostramos na *Justificativa* a seguir que a Eq. 17A.1 pode ser utilizada para calcular a probabilidade de as extremidades de uma cadeia tridimensional longa livremente articulada estarem localizadas no intervalo entre r e $r + \mathrm{d}r$. Escrevemos tal probabilidade como $f(r)\mathrm{d}r$, em que

$$f(r) = 4\pi\left(\frac{a}{\pi^{1/2}}\right)^3 r^2 \mathrm{e}^{-a^2r^2} \qquad a = \left(\frac{3}{2Nl^2}\right)^{1/2}$$

Cadeia randômica tridimensional — Distribuição de probabilidade (17A.2)

Para um pequeno intervalo de distâncias δr, a densidade de probabilidade pode ser tratada como uma constante, e a probabilidade pode ser calculada a partir de $f(r)\delta r$. Outra interpretação dessa expressão é a de considerar que cada cadeia numa amostra passa incessantemente de uma conformação para outra. Então, $f(r)\mathrm{d}r$ é a probabilidade de, num certo instante, a cadeia ter a separação entre as suas extremidades no intervalo entre r e $r + \mathrm{d}r$.

Justificativa 17A.2 Cadeias randômicas tridimensionais

A formação de uma cadeia randômica tridimensional pode ser considerada o resultado de um passo randômico tridimensional, em que cada ligação de comprimento l representa um passo de comprimento l dado em uma direção randômica. O comprimento de um passo pode ser expresso em termos de suas projeções em cada um dos eixos ortogonais como $l^2 = l_x^2 + l_y^2 + l_z^2$. Os valores médios de l_x^2, l_y^2, e l_z^2 são os mesmos em um ambiente esfericamente simétrico. Assim, o comprimento médio de um passo na direção x (ou em qualquer das outras duas direções) pode ser obtido fazendo-se $l^2 = 3\langle l_x^2\rangle$, e vale $x = \langle l_x^2\rangle^{1/2} = l/3^{1/2}$. A probabilidade de um deslocamento randômico terminar a uma distância x da origem é dada pela Eq. 17A.1 com $n = x/(l/3^{1/2}) = 3^{1/2}x/l$:

$$P(x) = \left(\frac{2}{\pi N}\right)^{1/2} \mathrm{e}^{-3x^2/2Nl^2}$$

Se considerarmos x uma variável contínua, precisamos substituir essa probabilidade por uma densidade de probabilidade $f(x)$ tal que $f(x)\mathrm{d}x$ seja a probabilidade de as extremidades da cadeia serem encontradas entre x e $x + \mathrm{d}x$. Como $\mathrm{d}x = 2(l/3^{1/2})\mathrm{d}n$ (veja o comentário ao final da *Justificativa* 17A.1 para explicar o fator 2), $\mathrm{d}n = (3^{1/2}/2l)\mathrm{d}x$, logo

$$f(x) = \frac{1}{2l}\left(\frac{6}{\pi N}\right)^{1/2} \mathrm{e}^{-3x^2/2Nl^2}$$

Como as probabilidades de marcar passos ao longo de todas as três coordenadas são independentes, a probabilidade de encontrar as extremidades da cadeia em uma região de volume $\mathrm{d}V = \mathrm{d}x\mathrm{d}y\mathrm{d}z$ à distância r é o produto dessas densidades:

$$f(x,y,z)\mathrm{d}V = f(x)f(y)f(z)\mathrm{d}x\mathrm{d}y\mathrm{d}z = \frac{1}{8l^3}\left(\frac{6}{\pi N}\right)^{3/2} \mathrm{e}^{-3r^2/2Nl^2}\mathrm{d}V$$

O volume de uma casca esférica a uma distância r é $4\pi r^2$; logo, a probabilidade total de encontrar as extremidades a uma separação entre r e $r + \mathrm{d}r$, independentemente da orientação, é

$$f(r)\mathrm{d}r = \frac{4\pi}{8l^3}\left(\frac{6}{\pi N}\right)^{3/2} r^2\mathrm{e}^{-3r^2/2Nl^2}\mathrm{d}r$$

a partir da qual $f(r)$ pode ser identificada (em azul), como na Eq. 17A.2.

Em algumas cadeias, as extremidades podem estar muito distantes uma da outra, enquanto em outras cadeias a separação entre elas é pequena. Estamos ignorando o fato de que a cadeia não pode ser maior que Nl. Embora a Eq. 17A.2 dê uma probabilidade não nula para $r > Nl$, os valores são tão pequenos que os erros cometidos em se considerar que r se estende até o infinito são desprezíveis.

Breve ilustração 17A.2 Cadeias randômicas tridimensionais

Considere a cadeia descrita na *Breve ilustração* 17A.1, com $N = 1000$ e $l = 150$ pm. Se a cadeia é tridimensional, fazemos

$$a = \left(\frac{3}{2\times1000\times(150\,\mathrm{pm})^2}\right)^{1/2} = 2{,}58\ldots\times10^{-4}\,\mathrm{pm}^{-1}$$

Então, a densidade de probabilidade em $r = 3{,}00$ nm é dada pela Eq. 17A.2 como

$$\begin{aligned} f(3{,}00\,\mathrm{nm}) &= 4\pi\times\left(\frac{2{,}58\ldots\times10^{-4}\,\mathrm{pm}^{-1}}{\pi^{1/2}}\right)^3 \\ &\quad\times(3{,}00\times10^3\,\mathrm{pm})^2\times\mathrm{e}^{-(2{,}58\ldots\times10^{-4}\,\mathrm{pm}^{-1})^2(3{,}00\times10^3\,\mathrm{pm})^2} \\ &= 1{,}92\times10^{-4}\,\mathrm{pm}^{-1} \end{aligned}$$

A probabilidade de as extremidades serem encontradas em um pequeno intervalo de largura $\delta r = 10{,}0$ pm a 3,00 nm (independentemente da direção) é, portanto,

$$f(3{,}00\,\mathrm{nm})\delta r = (1{,}92\times10^{-4}\,\mathrm{pm}^{-1})\times(10{,}0\,\mathrm{pm}) = 1{,}92\times10^{-3}$$

ou aproximadamente 1 em 5200.

Exercício proposto 17A.2 Qual é a probabilidade de as extremidades de uma cadeia de polietileno de massa 85 kg mol^{-1} estarem entre 15,0 nm e 15,1 nm de distância, quando o polímero é tratado como uma cadeia tridimensional com articulações livres?

Resposta: $5{,}9\times10^{-3}$

Há diversas medidas das dimensões geométricas de uma cadeia randômica. O **comprimento máximo** (ou **comprimento de contorno**), R_c, é o comprimento da macromolécula medido ao longo do seu esqueleto, de átomo para átomo. Se o polímero tiver N unidades monoméricas, cada qual com o comprimento l, o comprimento máximo será

$$R_c = Nl \quad \textit{Cadeia randômica} \quad \text{Comprimento de contorno} \qquad (17A.3)$$

A raiz da separação quadrática média, R_{rsqm}, é uma medida da separação média das duas extremidades de uma cadeia randômica. Ela é a raiz quadrada do valor médio de R^2. Para determinar seu valor, notamos que o vetor que une as extremidades de uma cadeia é o vetor soma dos vetores que unem monômeros vizinhos: $\boldsymbol{R}=\sum_{i=1}^{N}\boldsymbol{r}_i$ (Fig. 17A.7). A separação quadrática média das extremidades da cadeia é, então,

$$\langle R^2\rangle=\langle \boldsymbol{R}\cdot\boldsymbol{R}\rangle=\sum_{i,j}^{N}\langle \boldsymbol{r}_i\cdot\boldsymbol{r}_j\rangle=\sum_{i}^{N}\overbrace{\langle r_i^2\rangle}^{l^2}+\sum_{i\neq j}^{N}\langle \boldsymbol{r}_i\cdot\boldsymbol{r}_j\rangle$$

Quando N é grande (o que vamos admitir daqui para a frente), a segunda soma se anula porque os vetores individuais estão em todas as direções. A primeira soma é Nl^2, pois todos os comprimentos de ligação são iguais (a l); assim, após extrairmos a raiz quadrada para obter $R_{rsqm}=\langle R^2\rangle^{1/2}$, concluímos que

$$R_{rsqm} = N^{1/2}l \quad \textit{Cadeia randômica} \quad \text{Raiz da separação quadrática média} \qquad (17A.4)$$

Vimos que, quando o número de unidades monoméricas cresce, a raiz da separação quadrática média de suas extremidades aumenta com $N^{1/2}$ (Fig. 17A.8) e, consequentemente, o volume da cadeia cresce com $N^{3/2}$. O resultado tem que ser multiplicado por um fator quando a cadeia não é livremente articulada (veja seção a seguir).

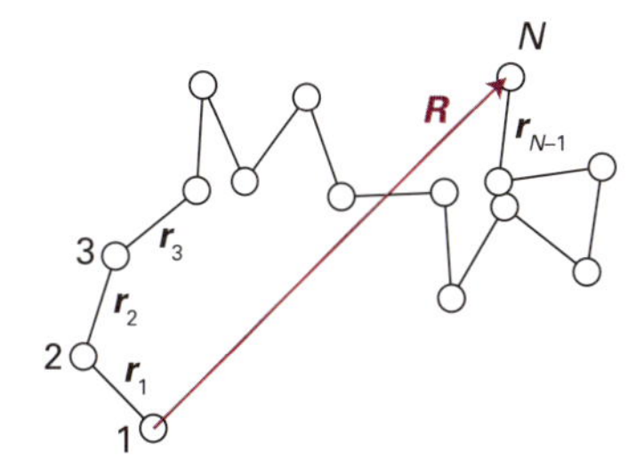

Figura 17A.7 Ilustração esquemática do cálculo da raiz da separação quadrática média das extremidades de uma cadeia randômica.

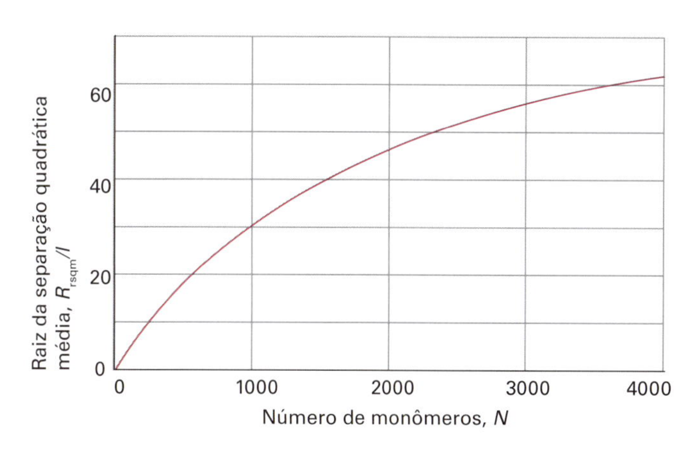

Figura 17A.8 Variação da raiz da separação quadrática média entre as extremidades de uma cadeia randômica tridimensional, R_{rsqm}, com o número de monômeros da cadeia.

Outra medida conveniente do tamanho é o **raio de giração**, R_g, que é o raio de uma esfera oca que tem momento de inércia (e, portanto, características rotacionais) da molécula real de mesma massa. Mostramos na *Justificativa* a seguir que

$$R_g = N^{1/2}l \quad \textit{Cadeia randômica unidimensional} \quad \text{Raio de giração} \qquad (17A.5)$$

Um cálculo semelhante para uma cadeia randômica tridimensional dá

$$R_g = \left(\frac{N}{6}\right)^{1/2} l \quad \textit{Cadeia randômica tridimensional} \quad \text{Raio de giração} \qquad (17A.6)$$

O raio de giração é menor neste caso porque as dimensões extras permitem que a cadeia fique mais compacta. O raio de giração pode ser calculado também para outras geometrias. Por exemplo, uma esfera sólida uniforme de raio R tem $R_g=(\frac{3}{5})^{1/2}R$, e uma haste comprida, fina, uniforme de comprimento l tem $R_g = l/(12)^{1/2}$ para rotação em torno do eixo perpendicular ao eixo longo. Uma esfera sólida com o mesmo raio e mesma massa que uma cadeia randômica tem um raio de giração maior, por ser completamente densa em seu interior.

Breve ilustração 17A.3 Medidas do tamanho de uma cadeia randômica

Com um microscópio potente é possível ver que uma porção grande do DNA é flexível e se retorce como se fosse uma cadeia randômica. No entanto, pequenos segmentos da macromolécula resistem à deformação angular, de modo que é mais apropriado visualizar o DNA como uma cadeia com articulações livres com N e l como o número e o comprimento, respectivamente, dessas unidades rígidas. O comprimento l de uma unidade rígida é de aproximadamente 45 nm. Segue-se que, para uma porção do DNA com $N = 200$, calculamos (usando 10^3 nm = 1 μm)

Da Eq. 17A.3: $R_c=200\times45\,\text{nm}=9{,}0\,\mu\text{m}$

Da Eq. 17A.4: $R_{rsqm}=(200)^{1/2}\times45\,\text{nm}=0{,}64\,\mu\text{m}$

Da Eq. 17A.6: $R_g=\left(\frac{200}{6}\right)^{1/2}\times45\,\text{nm}=0{,}26\,\mu\text{m}$

Exercício proposto 17A.3 Calcule o comprimento de contorno e a raiz do comprimento médio quadrático de uma cadeia polimérica modelada na forma de uma cadeia randômica com $N = 1000$ e $l = 150$ pm.

Resposta: $R_c = 150$ nm, $R_{rsqm} = 4{,}74$ nm

Justificativa 17A.3 O raio de giração

Para uma cadeia randômica unidimensional com $N + 1$ monômeros idênticos (e, portanto, N ligações) cada um de massa m, o momento de inércia em torno do centro da cadeia (que é também em torno do primeiro monômero, porque os passos ocorrem em números iguais à esquerda e à direita) é

$$I = \sum_{i=0}^{N} m_i r_i^2 = m\sum_{i=0}^{N} r_i^2$$

Esse momento de inércia se iguala a $m_{tot}R_g^2$, em que m_{tot} é a massa total do polímero, $m_{tot} = (N + 1)\,m$. Portanto, após promediação sobre todas as conformações,

$$R_g^2 = \frac{1}{N+1}\sum_{i=0}^{N}\langle r_i^2\rangle$$

Para uma cadeia randômica linear, $\langle r_i^2\rangle = Nl^2$, e, como há N + 1 desses termos na soma, obtemos

$$R_g^2 = Nl^2$$

A Eq. 17A.5 então se segue após extrairmos a raiz quadrada de cada lado.

O modelo da cadeia randômica ignora o papel do solvente: um mau solvente tende a provocar o enovelamento da cadeia, de modo a ser mínimo o contato entre o solvente e o soluto; um bom solvente atua de maneira contrária. Portanto, cálculos baseados nesse modelo devem ser encarados como os limites inferiores das dimensões de um polímero num bom solvente e como um limite superior para um polímero num mau solvente. O modelo é mais confiável para um polímero numa amostra macroscópica sólida, em que a cadeia tem provavelmente a sua dimensão natural.

(b) Cadeias com articulações limitadas

Melhora-se o modelo da cadeia com articulações livres quando se limita a liberdade de os ângulos das ligações assumirem quaisquer valores. No caso de cadeias longas, podemos simplesmente tomar grupos de ligações vizinhas e analisar a direção da resultante. Embora cada ligação individual sucessiva esteja restrita a um único cone com o ângulo θ em relação à sua vizinha, a resultante de diversas ligações está numa direção aleatória. Trabalhando com esses grupos, e não com as ligações, chega-se à conclusão de que, para cadeias longas, a raiz da separação quadrática média e o raio de giração, dados anteriormente, devem ser multiplicados por

$$F = \left(\frac{1-\cos\theta}{1+\cos\theta}\right)^{1/2} \qquad (17A.7)$$

Por exemplo, se as ligações forem tetraédricas, para as quais $\cos\theta = \frac{1}{3}$ (isto é, $\theta = 109{,}5°$), tem-se $F = 2^{1/2}$. Portanto,

$$R_{rsqm} = (2N)^{1/2}l \qquad R_g = \left(\frac{N}{3}\right)^{1/2} l \qquad \text{Dimensões de uma cadeia limitada tetraedricamente} \qquad (17A.8)$$

O modelo de uma molécula com uma cadeia enovelada aleatoriamente é uma aproximação, mesmo depois de se levar em conta a limitação dos ângulos, pois admite que dois ou mais átomos possam ocupar a mesma posição no espaço. A impossibilidade dessa circunstância tende a aumentar o volume da cadeia enovelada (na ausência de efeitos do solvente). Por isso, os valores de R_{rsqm} e de R_g devem ser encarados como limites inferiores dos valores reais.

(c) Cadeias parcialmente rígidas

Uma medida importante da flexibilidade de uma cadeia é o **comprimento de persistência**, l_p, uma medida do comprimento sobre o qual a direção do primeiro monômero–monômero é mantida. Se a cadeia é uma haste rígida, o comprimento de persistência é o mesmo que o de contorno. Para uma cadeia randômica com articulações livres, o comprimento de persistência é simplesmente o comprimento da ligação monômero–monômero. Portanto, o comprimento de persistência pode ser considerado uma medida da rigidez da cadeia. Em geral, o comprimento de persistência de uma cadeia de monômeros idênticos de comprimento l é definido como o valor médio da projeção do vetor que liga as extremidades sobre a primeira ligação da cadeia (Fig. 17A.9):

$$l_p = \left\langle \frac{r_1}{l}\cdot R \right\rangle = \frac{1}{l}\sum_{i=1}^{N-1}\langle r_1 \cdot r_i\rangle \qquad \textit{Definição} \quad \text{Comprimento de persistência} \qquad (17A.9)$$

(A soma termina em $N - 1$ porque o último átomo é o átomo N e a última ligação é formada pelos átomos $N - 1$ e N.) Alguns valores experimentais de comprimentos de persistência são

poli(glicina)	poli(L-alanina)	poli(L-prolina)
0,6 nm	2 nm	22 nm

Esses valores sugerem que a rigidez da cadeia aumenta da esquerda para a direita na série apresentada.

Espera-se que a distância quadrática média entre as extremidades de uma cadeia com comprimento de persistência maior do que o comprimento do monômero seja maior que para uma cadeia randômica, pois a rigidez parcial da cadeia não permite que ela se enovele tão fortemente. Mostramos na *Justificativa* a seguir que

$$R_{rsqm} = N^{1/2}lF \quad \text{em que } F = \left(\frac{2l_p}{l} - 1\right)^{1/2} \qquad (17A.10)$$

Para uma cadeia randômica, $l_p = l$; logo, $R_{rsqm} = N^{1/2}l$, conforme já obtido. Para $l_p > l$, $F > 1$ e a cadeia se expande, como já foi previsto.

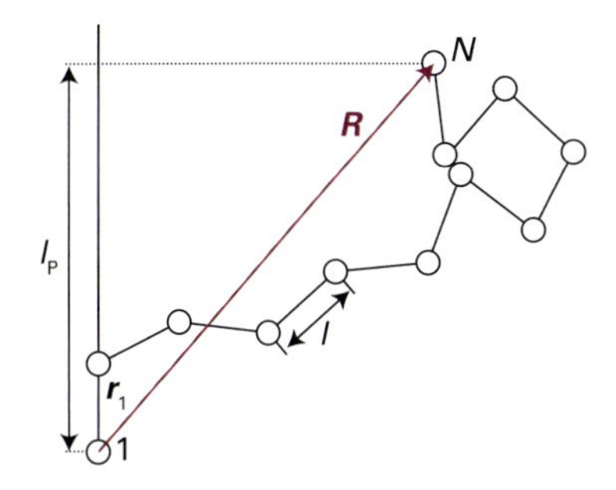

Figura 17A.9 O comprimento de persistência é definido como o valor médio da projeção do vetor que liga as extremidades sobre a primeira ligação da cadeia.

Justificativa 17A.4 Cadeias parcialmente rígidas

Em cada um dos seguintes passos usamos $N \to \infty$ quando necessário. Começamos de

$$\langle R^2 \rangle = \sum_i \overbrace{\langle r_i^2 \rangle}^{l^2} + \sum_{i \neq j}^{N} \langle r_i \cdot r_j \rangle$$

O primeiro termo é Nl^2 independente da rigidez da cadeia. O segundo termo pode ser escrito como

$$\sum_{i \neq j}^{N} \langle r_i \cdot r_j \rangle = 2\sum_{i=2}^{N} \langle r_1 \cdot r_i \rangle + 2\sum_{i=3}^{N} \langle r_2 \cdot r_i \rangle + \ldots$$

Há $N - 1$ desses termos, e, desde que N possa ser infinito, todas as somas à direita têm o mesmo valor; logo,

$$\sum_{i \neq j}^{N} \langle r_i \cdot r_j \rangle = 2(N-1)\sum_{i=2}^{N} \langle r_1 \cdot r_i \rangle \approx 2N \sum_{i=2}^{N} \langle r_1 \cdot r_i \rangle$$

A soma final à direita (em azul) é aproximadamente o quadrado do comprimento de persistência. Especificamente (da Eq. 17A.9),

$$\sum_{j=2}^{N} \langle r_1 \cdot r_j \rangle = \sum_{j=1}^{N} \langle r_1 \cdot r_j \rangle - \langle r_1^2 \rangle = ll_p - l^2$$

Agora juntamos as três partes do cálculo:

$$\langle R^2 \rangle = Nl^2 + 2N(ll_p - l^2) = 2Nll_p - Nl^2$$

que, após extrair a raiz quadrado de ambos os lados, é a Eq. 17A.10.

Exemplo 17A.1 Cálculo da raiz da separação quadrática média de uma cadeia parcialmente rígida

De que porcentagem a raiz da separação quadrática média das extremidades de uma cadeia polimérica com $N = 1000$ aumenta ou diminui quando o comprimento de persistência varia de l (comprimento da ligação) para 2,5% do comprimento de contorno?

Método Quando $l_p = l$, a cadeia é randômica. Da Eq. 17A.4, escreva a raiz da separação quadrática média das extremidades da cadeia no limite de cadeia randômica como $R_{\text{rsqm,cadeia randômica}} = N^{1/2}l$. Então, segue da Eq. 17A.10 que a raiz da separação quadrática média das extremidades da cadeia, R_{rsqm}, da cadeia parcialmente rígida com comprimento de persistência l_p é

$$R_{\text{rsqm}} = R_{\text{rsqm,cadeia randômica}} \left(\frac{2l_p}{l} - 1 \right)^{1/2}$$

Da Eq. 17A.3, escrevemos $R_c = Nl$ e obtemos $l_p = 0{,}025R_c$, que pode, portanto, ser interpretada como $0{,}025Nl$. Dessas expressões, calcule a variação fracionária da raiz da separação quadrática média, $(R_{\text{rsqm}} - R_{\text{rsqm,cadeia randômica}})/R_{\text{rsqm,cadeia randômica}}$, e expresse o resultado em porcentagem.

Resposta Escrevemos a variação fracionária da raiz da separação quadrática média como

$$\begin{aligned}\frac{R_{\text{rsqm}} - R_{\text{rsqm,cadeia randômica}}}{R_{\text{rsqm,cadeia randômica}}} &= \frac{R_{\text{rsqm}}}{R_{\text{rsqm,cadeia randômica}}} - 1 \\ &= \left(\frac{2l_p}{l} - 1 \right)^{1/2} - 1 \\ &= \left(\frac{2 \times 0{,}025Nl}{l} - 1 \right)^{1/2} - 1 \\ &= (0{,}050N - 1)^{1/2} - 1\end{aligned}$$

Com $N = 1000$, a variação fracionária é 6,00, de modo que a raiz da separação quadrática média aumenta em 600%.

Exercício proposto 17A.4 Calcule a variação fracionária do volume da mesma cadeia.

Resposta: 340

17A.3 Macromoléculas biológicas

Uma proteína é um polipeptídio composto de α-aminoácidos ligados, $NH_2CHRCOOH$, em que R é um de cerca de 20 grupos. Para uma proteína operar corretamente, é necessário que ela tenha uma conformação bem determinada. Uma enzima, por exemplo, tem sua eficiência catalítica máxima apenas quando se encontra numa conformação específica. A sequência de aminoácidos de uma proteína contém a informação necessária para criar a conformação ativa da proteína assim que ela é formada. Entretanto, a previsão da conformação a partir da estrutura primária, o chamado *problema do dobramento das proteínas*, é muito difícil e ainda é assunto de muita pesquisa. A outra classe de macromoléculas biológicas que consideraremos inclui os ácidos nucleicos, que são componentes fundamentais do mecanismo de armazenamento e transferência de informação genética em células biológicas. O ácido desoxirribonucleico (DNA) contém as instruções para a síntese de proteínas, a qual é feita pelas várias formas do ácido ribonucleico (ARN, RNA na sigla em inglês).

(a) Proteínas

A origem das estruturas secundárias das proteínas encontra-se nas regras formuladas por Linus Pauling e Robert Corey em 1951, que buscam identificar as contribuições principais ao abaixamento da energia da molécula focalizando no papel das ligações de hidrogênio e das ligações peptídicas, –CONH–. Estas podem atuar tanto como doadores de átomos de H (pelo grupo NH da ligação) quanto como aceitadores (pelo grupo CO). As **regras de Corey-Pauling** são as seguintes (Fig. 17A.10):

1. Os quatro átomos de uma ligação peptídica estão num plano relativamente rígido.

A planaridade da ligação é devida à deslocalização dos elétrons π sobre os átomos de O, C e N e à manutenção da sobreposição máxima de seus orbitais p.

2. Os átomos N, H e O de uma ligação de hidrogênio estão alinhados sobre uma reta (com o H afastado em não mais do que 30° em relação ao vetor N–O).
3. Todos os grupos NH e CO participam de ligações de hidrogênio.

Essas regras são cumpridas em duas estruturas. Uma delas, em que a ligação de hidrogênio entre ligações peptídicas leva a uma estrutura helicoidal, é uma *hélice*, que pode ser arranjada como um parafuso girando para a direita ou para a esquerda. A outra, em que as ligações de hidrogênio entre ligações peptídicas levam a uma estrutura plana, é uma *folha*. Esta última forma, por exemplo, é a da estrutura secundária da fibroína, proteína constituinte da seda.

Como a ligação peptídica plana é relativamente rígida, a geometria de uma cadeia polipeptídica pode ser caracterizada pelos dois ângulos que duas ligações peptídicas planas vizinhas fazem entre si. A Fig. 17A.11 mostra os dois ângulos ϕ e ψ que normalmente são usados para caracterizar essa orientação relativa. A convenção de sinais é a de um ângulo ser positivo, se o átomo frontal girar no sentido horário para ficar eclipsando o átomo distal. Para a forma de uma cadeia all-*trans*, todos os ângulos ϕ e ψ são iguais a 180°. Uma hélice se forma quando todos os ϕ e também todos os ψ são iguais entre si. Numa hélice dextrogira, uma hélice α (Fig. 17A.12), têm-se todos os ϕ iguais a 57° e todos os ψ iguais a –47°. Numa hélice levogira, os dois ângulos são positivos. A contribuição da torção para a energia potencial total é

$$V_{\text{torção}} = A(1+\cos 3\phi)+B(1+\cos 3\psi) \qquad (17A.11)$$

em que A e B são constantes da ordem de 1 kJ mol^{-1}. Como são necessários apenas dois ângulos para identificar a conformação de uma hélice, e como esses ângulos podem variar de –180° a +180°, é possível representar a energia potencial de torção da molécula inteira com o **gráfico de Ramachandran**, um diagrama de contorno onde em um eixo se lança ϕ e no outro ψ.

A Fig. 17A.13 mostra os gráficos de Ramachandran para a forma helicoidal das cadeias polipeptídicas formadas a partir do aminoácido glicina (R = H) aquiral e do aminoácido L-alanina (R = CH_3), quiral. O gráfico da glicina é simétrico, com mínimos de igual profundidade em ϕ = –80°, ψ = –90° e em ϕ = +80° e ψ = –90°. O gráfico da L-alanina, porém, é assimétrico, e há três conformações diferentes de baixa energia (identificadas por I, II e III). Os mínimos das regiões I e II estão vizinhos dos ângulos típicos das hélices

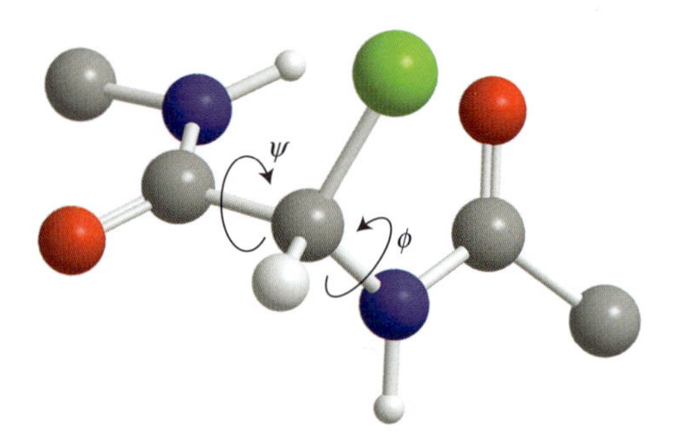

Figura 17A.11 A definição dos ângulos de torção ψ e ϕ entre duas unidades peptídicas. Neste caso (α-L-polipeptídio) a cadeia foi desenhada na sua forma all-*trans*, com $\psi = \phi$ =180°.

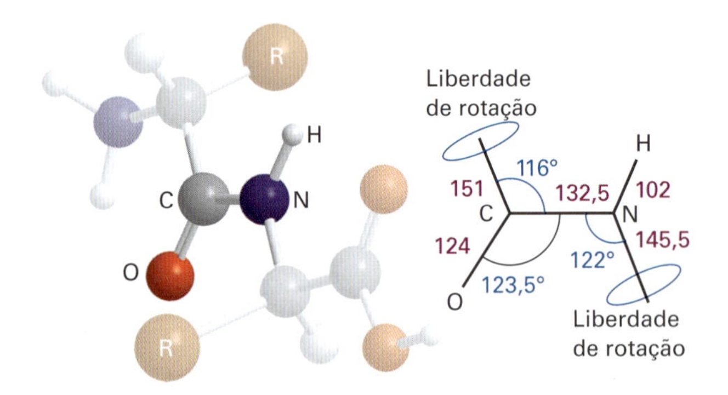

Figura 17A.10 As dimensões características da ligação peptídica. Os átomos C–NH–CO–C definem um plano (a ligação C–N tem caráter parcial de dupla ligação), mas há liberdade de rotação em torno das ligações C–CO e N–C.

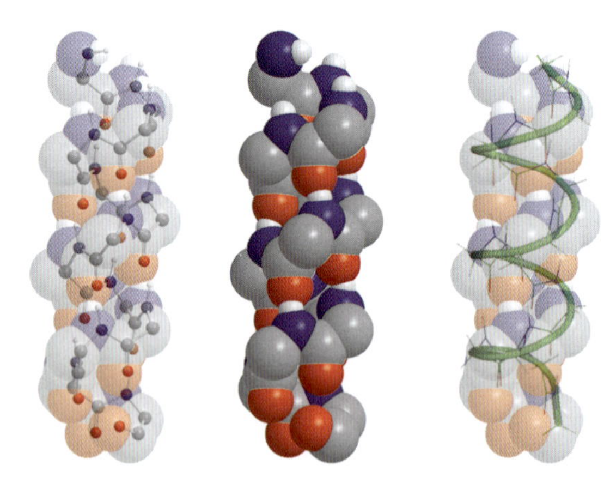

Figura 17A.12 Hélice α de polipeptídios, com a poli-L-glicina como exemplo. Há 3,6 resíduos por volta e uma translação ao longo do eixo da hélice de 150 pm por resíduo. O passo da hélice é, por isso, de 540 pm. O diâmetro da hélice (ignorando-se as cadeias laterais) é de cerca de 600 pm.

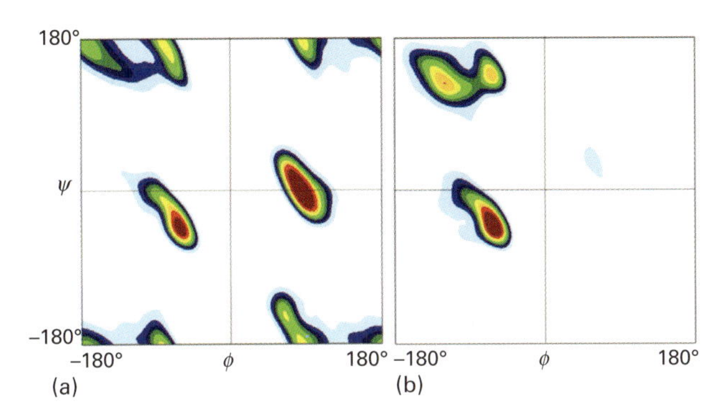

Figura 17A.13 Gráficos de contorno da energia potencial contra os ângulos de torção ϕ e ψ, também conhecidos como diagramas de Ramachandran, (a) do resíduo glicina de uma cadeia polipeptídica e (b) de um resíduo alanila. O diagrama da glicina é simétrico, mas o da alanina é assimétrico, e o mínimo global corresponde a uma hélice α. (Reproduzido com permissão, T. Hovmöller *et al.*, *Acta Cryst.* **D58**, 768 (2002).)

dextrogiras e levogiras. O primeiro, porém, é mais baixo do que o segundo, o que é compatível com a formação preferencial das hélices dextrogiras a partir dos L-aminoácidos naturais.

Uma **folha β** (também chamada **folha pregueada β**) é formada pela ligação de hidrogênio entre duas cadeias polipeptídicas estendidas (valores absolutos grandes dos ângulos de torção ϕ e ψ). Numa **folha β antiparalela** (Fig. 17A.14a), $\phi = 139°$, $\psi = 113°$, e os átomos de N–H···O das ligações de hidrogênio formam uma reta. Essa disposição é uma consequência do arranjo antiparalelo das cadeias: cada ligação N–H em uma cadeia está alinhada com uma ligação C–O de outra cadeia. Folhas β antiparalelas são muito comuns em proteínas. Em uma **folha β paralela** (Fig. 17A.14b), $\phi = 119°$, $\psi = 113°$, e os átomos de N–H···O das ligações de hidrogênio não estão alinhados perfeitamente. Essa disposição é um resultado do arranjo paralelo das cadeias: cada ligação N–H em uma cadeia está alinhada com uma ligação N–H de outra cadeia, e, como resultado, cada ligação C–O em uma cadeia está alinhada com uma ligação C–O de outra cadeia. Essas estruturas não são comuns em proteínas.

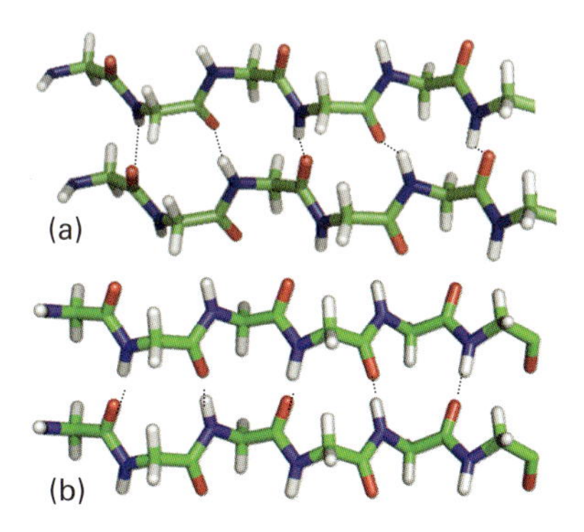

Figura 17A.14 Os dois tipos de folha β: (a) antiparalela ($\phi = -139°$, $\psi = 113°$), em que os átomos de N–H–O das ligações de hidrogênio formam uma reta; (b) paralela ($\phi = -119°$, $\psi = 113°$), em que os átomos de N–H–O das ligações de hidrogênio não estão perfeitamente alinhados.

As interações covalentes e não covalentes podem fazer as cadeias polipeptídicas, com estruturas secundárias bem definidas, dobrarem em estruturas terciárias. Embora não saibamos todas as regras que governam a dobra das proteínas, umas poucas conclusões gerais podem ser obtidas a partir de estudos de difração de raios X de proteínas naturais solúveis em água e polipeptídios sintéticos. Em meio aquoso, a cadeia dobra de tal modo a posicionar os grupos R apolares no interior (que não é frequentemente muito acessível ao solvente) e os grupos R carregados na superfície (em contato direto com o solvente polar). Outros fatores que promovem o dobramento de proteínas incluem ligações dissulfeto covalentes (–S–S–), interações coulombianas entre os íons (que dependem do grau de protonação dos grupos e, portanto, do pH), ligação de hidrogênio, interações de van der Waals e interações hidrofóbicas (Seção 16B). A formação de aglomerados de aminoácidos apolares, hidrofóbicos, no interior de uma proteína é conduzida principalmente por interações hidrofóbicas.

(b) Ácidos nucleicos

O DNA e o RNA são *polinucleotídeos* (**1**), em que as unidades base–açúcar–fosfato estão unidas por ligações de fosfodiéster. No RNA o açúcar é a β-D-ribose, e no DNA é a β-D-2-desoxirribose (como mostrado em **1**). As bases mais comuns são adenina (A, **2**), citosina (C, **3**), guanina (G, **4**), timina (T, só encontrada no DNA, **5**) e uracila (U, só encontrada no RNA, **6**). No pH fisiológico, cada grupo fosfato da cadeia tem uma carga negativa e as bases são desprotonadas e neutras. Essa distribuição de carga conduz a duas propriedades importantes. A primeira é que a cadeia polinucleotídica é um **polieletrólito**, uma macromolécula com muitos sítios diferentes carregados, tendo uma carga superficial global grande e negativa. A segunda é que as bases podem interagir através de ligações de hidrogênio, como mostrado para os pares de bases A–T (**7**) e C–G (**8**). As estruturas secundárias e terciárias do DNA e do RNA surgem principalmente do padrão das ligações de hidrogênio entre as bases de uma ou mais cadeias.

1 D-ribose (R = OH) e 2′-desoxi-D-ribose(R = H)

2 Adenina, A

3 Citosina, C

4 Guanina, G

5 Timina, T

6 Uracila

7 Par de bases A-T

8 Par de bases C-G

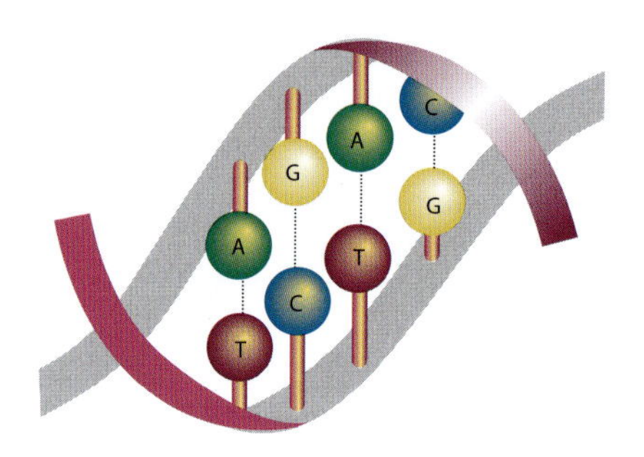

Figura 17A.15 A dupla hélice do DNA na qual duas cadeias polinucleotídicas estão ligadas por ligações de hidrogênio entre adenina (A) e timina (T) e entre citosina (C) e guanina (G).

No DNA, duas cadeias polinucleotídicas se envolvem uma ao redor da outra para formar uma dupla hélice (Fig. 17A.15). As cadeias estão unidas por ligações que envolvem pares de bases A—T e C—G, que se localizam paralelamente uma em relação à outra e perpendicularmente ao eixo principal da hélice. A estrutura é estabilizada posteriormente por meio de interações entre os sistemas π planos das bases. No B-DNA, a forma mais comum de DNA encontrada em células biológicas, a hélice é dextrogira com um diâmetro de 2,0 nm e um passo de 3,4 nm.

Conceitos importantes

- ☐ 1. A **estrutura primária** de uma macromolécula é a sequência de pequenos fragmentos moleculares que compõem o polímero.
- ☐ 2. A **estrutura secundária** é o arranjo espacial de uma cadeia de resíduos.
- ☐ 3. A **estrutura terciária** é a estrutura tridimensional global de uma macromolécula.
- ☐ 4. A **estrutura quaternária** é a maneira pela qual moléculas grandes são formadas pela agregação de outras.
- ☐ 5. Em uma **cadeia com articulações livres** qualquer ligação em um polímero é livre para formar qualquer ângulo com respeito ao precedente.
- ☐ 6. O modelo da cadeia com articulações livres pode ser aprimorado pela remoção da liberdade dos ângulos de ligação de assumirem qualquer valor.
- ☐ 7. A conformação menos estruturada de uma macromolécula é uma **cadeia randômica**, que pode ser modelada como uma cadeia com articulações livres.
- ☐ 8. A estrutura secundária de uma proteína é o arranjo espacial da cadeia polipeptídica e inclui **hélices** e a **folha β**.
- ☐ 9. As cadeias polipeptídicas helicoidais e em forma de folha são dobradas em uma estrutura terciária por influências de ligações entre os resíduos da cadeia.
- ☐ 10. Algumas proteínas têm uma estrutura quaternária como agregados de duas ou mais cadeias polipeptídicas.
- ☐ 11. No DNA, duas cadeias polipeptídicas mantidas juntas por pares de base ligados por hidrogênio se envolvem uma ao redor da outra para formar uma dupla hélice.
- ☐ 12. No RNA, as cadeias simples dobram-se em estruturas complexas pela formação de pares de bases especificas.

Equações importantes

Propriedade	Equação	Comentário	Número de equação
Distribuição de probabilidade	$P=(2/\pi N)^{1/2}e^{-n^2/2N}$	Cadeia randômica unidimensional	17A.1
	$f(r)=4\pi(a/\pi^{1/2})^3r^2e^{-a^2r^2}$ $a=(\frac{3}{2}Nl^2)^{1/2}$	Cadeia randômica tridimensional	17A.2
Comprimento de contorno de uma cadeia randômica	$R_c=Nl$		17A.3

(*Continua*)

(Continuação)

Propriedade	Equação	Comentário	Número de equação
Raiz da separação quadrática média de uma cadeia randômica	$R_{rsqm} = N^{1/2}l$	Cadeia com articulações limitadas	17A.4
Raio de giração de uma cadeia randômica	$R_g = N^{1/2}l$	Cadeia unidimensional sem articulações limitadas	17A.5
	$R_g = (N/6)^{1/2}l$	Cadeia tridimensional sem articulações limitadas	17A.6
Raiz da separação quadrática média de uma cadeia randômica	$R_{rsqm} = (2N)^{1/2}l$	Cadeia tetraédrica com articulações limitadas	17A.8
Raio de giração de uma cadeia randômica	$R_g = (N/3)^{1/2}l$	Cadeia tetraédrica com articulações limitadas	17A.8

17B Propriedades das macromoléculas

Tópicos

➤ Por que você precisa saber este assunto?

As macromoléculas são importantes na tecnologia moderna. Elas também são blocos de construção de células biológicas. Para entender o porquê de isso ser assim, você precisa explorar as propriedades físicas características das macromoléculas.

➤ Qual é a ideia fundamental?

As propriedades singulares das macromoléculas estão relacionadas às suas características estruturais singulares.

➤ O que você já deve saber?

Você precisa estar familiarizado com as características estruturais das macromoléculas (Seção 17A), principalmente as propriedades de uma cadeia randômica. Você também precisa estar familiarizado com a interpretação estatística da entropia (Seção 15E) e o conceito de energia interna (Seção 2A).

As macromoléculas possuem propriedades físicas especiais que são provenientes dos detalhes das suas estruturas. Nesta seção vamos explorar as propriedades mecânicas, térmicas e elétricas das macromoléculas sintéticas e biológicas.

17B.1 Propriedades mecânicas

Pode-se adquirir um conhecimento significativo das consequências do estiramento e da contração de um polímero com base no modelo da cadeia com articulações livres (Seção 17A).

(a) Entropia de conformação

A cadeia randômica é a conformação menos estruturada da cadeia de um polímero e corresponde ao estado de maior entropia. Qualquer perda de enovelamento da cadeia introduz certa ordem e reduz a entropia. Inversamente, a formação de uma cadeia randômica a partir de uma forma mais alongada é um processo espontâneo (na hipótese de não haver interferências entálpicas). Como é mostrado na *Justificativa* a seguir, podemos usar o mesmo modelo para deduzir que a variação da **entropia de conformação**, a entropia estatística que surge a partir da disposição das ligações quando uma cadeia unidimensional contendo N ligações de comprimento l é alongada ou comprimida de nl, é

$$\Delta S = -\tfrac{1}{2}kN\ln\{(1+\nu)^{1+\nu}(1-\nu)^{1-\nu}\} \qquad \nu = n/N \qquad \text{Cadeia randômica} \quad \text{Entropia de conformação} \quad (17\text{B}.1)$$

Essa função é representada na Fig. 17B.1, e, como podemos ver, a extensão mínima corresponde à entropia máxima.

Breve ilustração 17B.1 Entropia de conformação

Suponha que $N = 1000$ e $l = 150$ pm. A variação de entropia quando a cadeia randômica (unidimensional) é estirada de 1,5 nm (correspondendo a $n = 10$ e $\nu = 1/100$) é

$$\Delta S = -\tfrac{1}{2}k\times(1000)\times(\ln\left\{\left(1+\frac{1}{100}\right)^{1+(1/100)}\left(1-\frac{1}{100}\right)^{1-(1/100)}\right\}$$
$$= -0{,}050k$$

Como $R = N_A k$, a variação de entropia molar é $\Delta S_m = -0{,}050R$ ou $-0{,}42$ J K^{-1} mol^{-1}.

Exercício proposto 17B.1 Qual a variação da entropia de conformação quando a mesma cadeia randômica, inicialmente completamente enroscada, é estirada em 10 por cento?

Resposta: $-0{,}042$ J K^{-1} mol^{-1}

Justificativa 17B.1 A entropia de conformação de uma cadeia livremente articulada

A entropia de conformação da cadeia é dada pela fórmula de Boltzmann, $S = k \ln \mathcal{W}$ (Eq. 15E.7). No presente caso, identificamos $\mathcal{W}$ com o número de maneiras de obter uma cadeia com uma dada extensão, sendo $\mathcal{W}$ calculado na Eq. 17A.2:

$$W=\frac{N!}{\left\{\frac{1}{2}(N+n)\right\}!\left\{\frac{1}{2}(N-n)\right\}!}$$

Portanto,

$$S/k=\ln N!-\ln\left\{\tfrac{1}{2}(N+n)\right\}!-\ln\left\{\tfrac{1}{2}(N-n)\right\}!$$

Como os fatoriais são grandes (exceto no caso de alongamento muito grande), podemos usar a aproximação de Stirling (Seção $\ln x!\approx\left(x+\frac{1}{2}\right)\ln x-x+\frac{1}{2}\ln 2\pi$) para obter

$$S/k=\ln(2\pi)^{1/2}+\left(N+1\right)\ln 2-\left(N+\tfrac{1}{2}\right)\ln N-\tfrac{1}{2}\ln\{(N+n)^{N+n+1}(N+n)^{N-n+1}\}$$

Vimos que a conformação mais provável da cadeia é aquela cujas extremidades estão bem próximas uma da outra (n = 0). Essa conformação também corresponde ao máximo de entropia, como pode ser confirmado por derivação. Então, a entropia máxima é

$$S/k=\ln(2\pi)^{1/2}+(N+1)\ln 2+\tfrac{1}{2}\ln N$$

A variação de entropia quando a cadeia é alongada ou comprimida de nl é a diferença das duas expressões anteriores, e a expressão resultante, após certa manipulação algébrica, é a Eq. 17B.1.

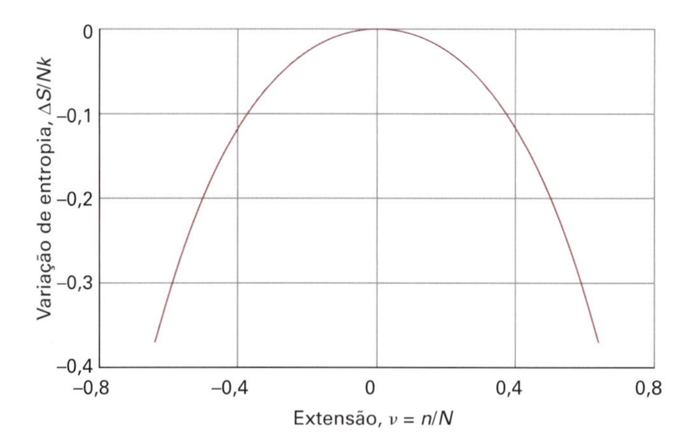

Figura 17B.1 Variação da entropia molar de um elastômero perfeito quando sua extensão varia. Quando $\nu = 1$ tem-se o alongamento completo; quando $\nu = 0$, tem-se a cadeia randômica, que corresponde à conformação de maior entropia.

(b) Elastômeros

Os conceitos fundamentais para a discussão das propriedades mecânicas dos sólidos são a tensão e a deformação. A **tensão** em um objeto é a força aplicada dividida pela área à qual é aplicada. A **deformação** é a distorção resultante da amostra. O campo geral das relações entre tensão e deformação é chamado de **reologia**.

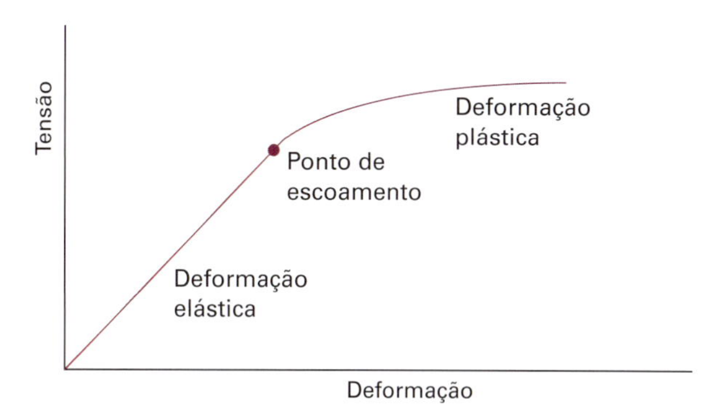

Figura 17B.2 Curva típica de tensão–deformação.

A curva de tensão–deformação da Fig. 17B.2 mostra como um material responde à tensão. A região de **deformação elástica** é onde a deformação é proporcional à tensão e é reversível: quando a tensão é removida, a amostra retorna à sua forma inicial. Como veremos com mais detalhes na Seção 18C, o coeficiente angular da curva de tensão–deformação nessa região é o "módulo de Young", E, do material. No **ponto de escoamento**, a deformação linear reversível dá lugar à **deformação plástica**, onde a deformação não é mais linearmente proporcional à tensão, e a forma inicial da amostra não é mais recuperada quando a tensão é removida. Plásticos termossensíveis têm uma faixa elástica muito pequena; os termoplásticos têm geralmente (mas não universalmente) uma faixa plástica grande. Um **elastômero** é um polímero com uma faixa elástica grande. Eles têm, tipicamente, numerosas ligações cruzadas (como as ligações de enxofre na borracha vulcanizada) que fazem com que retornem à sua forma original quando a tensão é removida.

Embora os elastômeros práticos sejam geralmente formados por muitas ligações cruzadas, mesmo uma cadeia com articulações livres se comporta como um elastômero em pequenas extensões. É um modelo de um **elastômero perfeito**, um polímero em que a energia interna é independente da extensão. Na *Justificativa* a seguir, também vemos que a força de restauração, F, de uma cadeia randômica unidimensional quando a cadeia é estirada ou comprimida de nl é

$$F=\frac{kT}{2l}\ln\frac{1+\nu}{1-\nu}\qquad \nu=n/N \qquad \textit{Cadeia randômica unidimensional} \qquad \text{Força de restauração} \qquad (17B.2a)$$

em que N é o número total de ligações de comprimento l. O gráfico dessa função é visto na Fig. 17B.3. Em pequenas extensões, quando $\nu \ll 1$ podemos utilizar $\ln\,(1+x)=x-\frac{1}{2}x^2+\cdots$ e obter (retendo somente o termo linear)

$$F\approx\frac{\nu kT}{l}=\frac{nkT}{Nl} \qquad \textit{Cadeia randômica unidimensional, pequenas extensões} \qquad \text{Força de restauração} \qquad (17B.2b)$$

Ou seja, para pequenos deslocamentos, a amostra segue a lei de Hooke: a força restauradora é proporcional ao deslocamento (que é proporcional a n). Para pequenos deslocamentos, portanto, a cadeia inteira vibra com um simples movimento harmônico. Quando essa equação é reescrita na forma

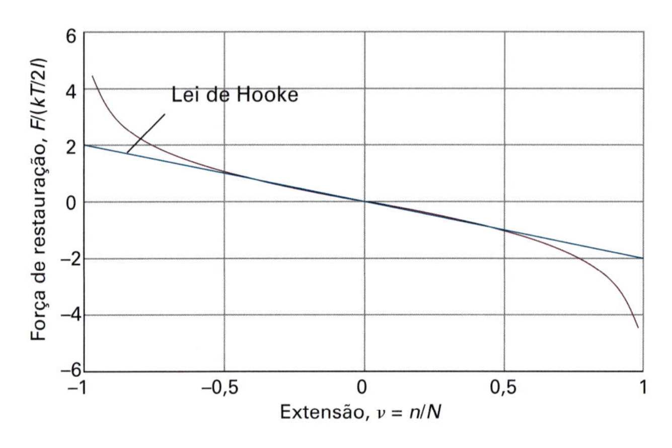

Figura 17B.3 A força restauradora, *F*, de um elastômero perfeito unidimensional. Para pequenas deformações, *F* é linearmente proporcional à extensão, correspondendo à lei de Hooke.

$$nl = \left(\frac{Nl^2}{kT}\right)F \qquad (17B.2c)$$

vemos que, para pequenos deslocamentos, a deformação, medida pela extensão nl, é proporcional à força aplicada, que é característica da região de deformação elástica de um elastômero.

Breve ilustração 17B.2 A força de restauração

Considere uma cadeia polimérica com $N = 5000$ e $l = 0{,}15$ nm. Se as extremidades da cadeia são separadas em 1,5 nm, então $n = (1{,}5\text{ nm})/(0{,}15\text{ nm}) = 10$ e $\nu = n/N = 10/5000 = 2{,}0 \times 10^{-3}$. Como $\nu \ll 1$, a força de restauração, a 293 K, é dada pela Eq. 17B.2b como

$$F = \frac{10 \times (1{,}381 \times 10^{-23}\ \overbrace{\text{J}}^{\text{N m}}\ \text{K}^{-1}) \times (293\text{ K})}{5000 \times (1{,}5 \times 10^{-10}\text{ m})} = 5{,}4 \times 10^{-14}\text{ N}$$

ou 54 fN.

Exercício proposto 17B.2 Repita o cálculo para $N = 6{,}0 \times 10^3$ e um deslocamento de 2,0 nm, a 298 K.

Resposta: 61 fN

Justificativa 17B.2 Lei de Hooke

O trabalho feito sobre um elastômero quando ele é estendido de uma distância dx é Fdx, em que F é a força restauradora. A variação de energia interna é, portanto,

$$\mathrm{d}U = T\mathrm{d}S + F\mathrm{d}x$$

Segue que

$$\left(\frac{\partial U}{\partial x}\right)_T = T\left(\frac{\partial S}{\partial x}\right)_T + F$$

Em um elastômero perfeito, assim como num gás perfeito, a energia interna é independente das dimensões (a uma temperatura constante), de modo que $(\partial U/\partial x)_T = 0$. A força restauradora é, portanto,

$$F = -T\left(\frac{\partial S}{\partial x}\right)_T$$

Se substituirmos agora a Eq. 17B.1 nessa expressão, obtemos

$$F = -\frac{T}{l}\left(\frac{\partial S}{\partial n}\right)_T = \frac{T}{Nl}\left(\frac{\partial S}{\partial \nu}\right)_T = \frac{kT}{2l}\ln\left(\frac{1+\nu}{1-\nu}\right)$$

como na Eq. 17B.2a.

17B.2 Propriedades térmicas

A cristalinidade dos polímeros sintéticos pode ser destruída pelo movimento térmico em temperaturas suficientemente elevadas. Essa mudança de cristalinidade pode ser vista como uma espécie de fusão intramolecular de um sólido cristalino para uma cadeia randômica mais fluida. A fusão de um polímero também ocorre numa **temperatura de fusão** específica, T_f, que aumenta com a força e o número das interações intermoleculares no material. Assim, o polietileno, que tem cadeias que interagem somente fracamente no sólido, tem $T_f = 414$ K, e o náilon-66, em que existem fortes ligações de hidrogênio entre as cadeias, tem $T_f = 530$ K. Altas temperaturas de fusão são desejáveis na maioria das aplicações práticas envolvendo fibras e plásticos.

Todos os polímeros sintéticos sofrem uma transição de um estado de alta para baixa mobilidade de cadeia na **temperatura de transição vítrea**, T_v. Para visualizar a transição vítrea, consideramos o que ocorre com um elastômero quando abaixamos sua temperatura. Existe energia suficiente disponível na temperatura ambiente para ocorrer movimento de rotação limitado e a cadeia flexível se retorcer. Em temperaturas menores, a amplitude do movimento de retorcimento diminui até que uma temperatura específica, T_v, é alcançada e o movimento é completamente congelado e a amostra forma um vidro. Temperaturas de transição vítrea bem abaixo de 300 K são desejáveis em elastômeros que são usados em temperatura ambiente. Tanto a temperatura de transição vítrea como a temperatura de fusão de um polímero podem ser medidas por métodos calorimétricos. Como o movimento dos segmentos de uma cadeia polimérica aumenta na temperatura de transição vítrea, T_v pode ser determinada também a partir de um gráfico do volume específico de um polímero (o inverso da sua massa específica) contra a temperatura (Fig. 17B.4).

As proteínas e os ácidos nucleicos são relativamente instáveis em relação à **desnaturação** (perda da estrutura) química e térmica. A desnaturação térmica é semelhante à fusão dos polímeros sintéticos. A desnaturação é um **processo cooperativo** no sentido de que o biopolímero fica cada vez mais suscetível à desnaturação, uma vez iniciado o processo. Essa cooperatividade é observada como um pico bem acentuado em um gráfico da fração de polímero desdobrado contra temperatura. A temperatura de fusão,

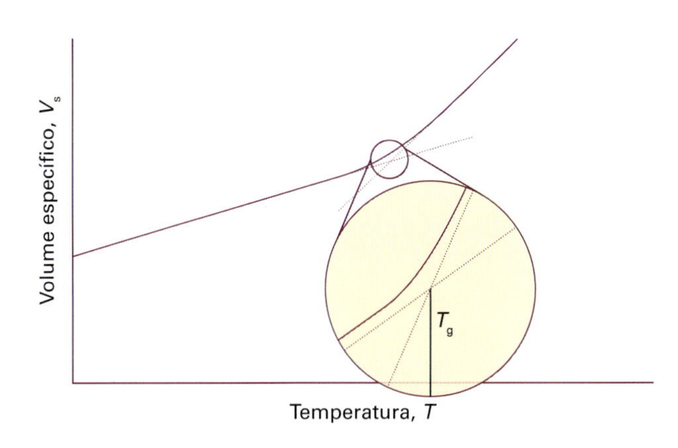

Figura 17B.4 Variação do volume específico com a temperatura de um polímero sintético. A temperatura de transição vítrea, T_v, é o ponto da interseção obtido das extrapolações das duas partes lineares da curva.

T_f, é a temperatura em que a fração de polímero desdobrado é igual a 0,5 (Fig. 17B.5). Por exemplo, a temperatura de fusão da ribonuclease T_1 (uma enzima que rompe o RNA na célula) é $T_f = 320$ K, um valor baixo se comparado com a temperatura em que a enzima tem que operar (em torno da temperatura do corpo, 310 K). Mais surpreendentemente, a energia de Gibbs para a desnaturação da ribonuclease T_1, a pH 7,0 e 298 K, é somente 19,5 kJ mol^{-1}, que é comparável à energia necessária para quebrar uma única ligação de hidrogênio (aproximadamente 20 kJ mol^{-1}). A estabilidade de uma proteína não aumenta de um modo simples com o número de ligações de hidrogênio. Embora as razões para a baixa estabilidade das proteínas não sejam conhecidas, sabe-se que a resposta provavelmente reside em um equilíbrio delicado de todas as interações intra e intermoleculares que permitem que uma proteína dobre para a sua conformação ativa, e no papel do ambiente aquoso. Por outro lado, a temperatura de fusão do DNA pode ser prevista com razoável exatidão examinando-se sua estrutura, conforme vemos no *Exemplo* a seguir.

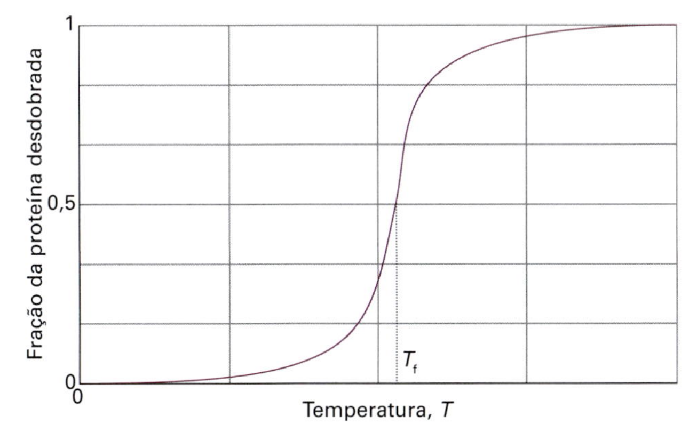

Figura 17B.5 Uma proteína se desdobra quando a temperatura da amostra aumenta. A forma pronunciada do gráfico da fração de proteína desdobrada contra a temperatura indica que a transição é cooperativa. A temperatura de fusão, T_f, é a temperatura na qual a fração de polímero desdobrado é 0,5.

Exemplo 17B.1 Previsão da temperatura de fusão do DNA

A temperatura de fusão de uma molécula de DNA (no sentido de ser a temperatura na qual ele sofre desnaturação) pode ser determinada por métodos calorimétricos. Os dados a seguir foram obtidos em Na_3PO_4(aq) 0,010 M para uma série de moléculas de DNA com variada composição de bases em pares, sendo f a fração de pares da base G—C:

f	0,375	0,509	0,589	0,688	0,750
T_f/K	339	344	348	351	354

Calcule a temperatura de fusão de uma molécula de DNA contendo 40% de pares da base G—C.

Método Obtenha uma relação quantitativa entre a temperatura de fusão e a composição do DNA. Comece fazendo um gráfico de T_f em função da fração de pares da base G—C e examinando a forma da curva. Se a inspeção visual do gráfico sugerir uma relação linear, então o ponto de fusão, independentemente da composição, poderá ser previsto a partir da equação da reta que se ajusta aos dados.

Resposta A Fig. 17B.6 mostra que T_f varia linearmente com a fração de pares da base G—C, pelo menos nessa faixa de composição. A equação da reta que se encaixa nos dados é

$$T_f/\text{K} = 325 + 39{,}7f$$

Segue que $T_f = 341$ K para 40% dos pares da base G—C (com $f = 0{,}400$). A estabilidade térmica do DNA aumenta com o número de pares da base G—C na sequência, porque cada par da base G—C tem três ligações de hidrogênio, enquanto cada par da base T—A tem apenas duas (Seção 17A). Mais energia, e, portanto, uma temperatura mais elevada, é necessária para desenrolar uma hélice dupla que tem uma maior proporção de interações de ligações de hidrogênio por par de base.

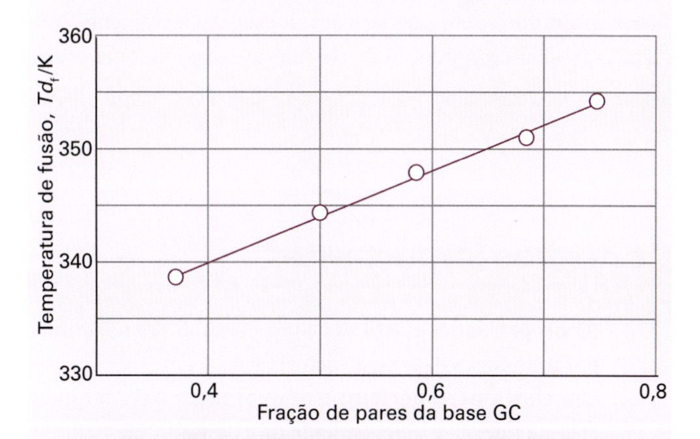

Figura 17B.6 Dados para o *Exemplo* 17B.1 mostrando a variação da temperatura de fusão das moléculas de DNA com a fração de pares da base G—C. Todas as amostras também contêm $1{,}0 \times 10^{-2}$ mol dm^{-3} de Na_3PO_4.

Uma nota sobre a boa prática Neste exemplo não temos uma boa teoria para nos guiar quanto à escolha de um modelo matemático que descreva o comportamento do sistema sobre uma ampla gama de condições. Ficamos limitados a encontrar uma relação puramente empírica – neste caso, uma equação polinomial de primeira ordem – que se ajuste aos dados disponíveis. Assim, não devemos tentar prever a propriedade de um sistema que fica fora da estreita margem dos dados empregados para obter o ajuste, uma vez que o modelo matemático pode ter de ser aprimorado (por exemplo, pelo uso de equações polinomiais de ordem superior) para descrever o sistema sobre uma faixa mais ampla de condições. No presente caso, não devemos tentar prever a T_f de moléculas de DNA fora da faixa de $0{,}375 < f < 0{,}750$.

Exercício proposto 17B.3 Os dados calorimétricos vistos a seguir foram obtidos em soluções que continham NaCl(aq) 0,15 M para a mesma série de moléculas de DNA estudadas no *Exemplo* 17B.1. Calcule a temperatura de fusão de uma molécula de DNA que contém 40,0% de pares da base G—C nessas condições.

f	0,375	0,509	0,589	0,688	0,750
T_f/K	359	364	368	371	374

Resposta: 360 K

17B.3 Propriedades elétricas

A maioria das macromoléculas e estruturas auto-organizadas consideradas neste capítulo é isolante, ou condutor elétrico muito ruim. Entretanto, uma variedade de materiais macromoleculares desenvolvidos recentemente tem condutividades elétricas que competem com os semicondutores baseados no silício e mesmo com os condutores metálicos. Examinamos um exemplo em detalhe: **polímeros condutores**, em que ligações duplas extensivamente conjugadas facilitam a condução de elétrons ao longo de uma cadeia polimérica. Em 2000, o Prêmio Nobel de química foi dado a A. J. Heeger, A. G. MacDiarmid e H. Shirakawa por seu trabalho pioneiro na síntese e caracterização de polímeros condutores.

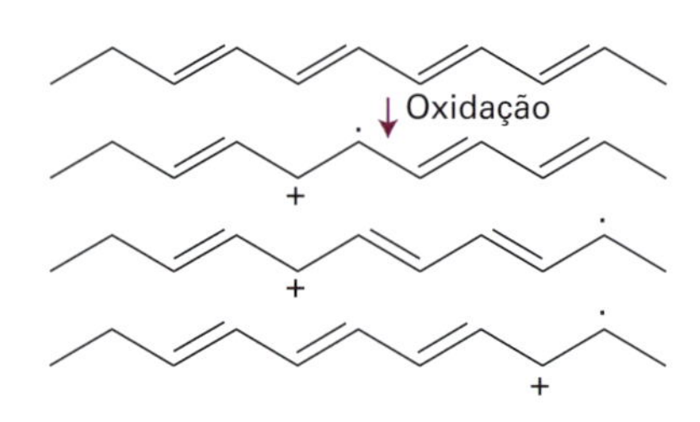

Figura 17B.7 O mecanismo da migração de um radical catiônico parcialmente localizado, ou polaron, no poliacetileno.

Um exemplo de um polímero condutor é o poliacetileno (polietino, Fig. 17B.7). Enquanto as ligações π deslocalizadas sugerem que elétrons podem se mover para cima e para baixo na cadeia, a condutividade elétrica do poliacetileno aumenta significativamente quando ele é oxidado parcialmente pelo I_2 ou por outro oxidante forte. O produto resultante da oxidação é um **polaron**, um radical catiônico parcialmente localizado que se desloca (trocando sua identidade com um vizinho) por praticamente toda a cadeia, como mostrado na Fig. 17B.7. Uma oxidação posterior do polímero forma qualquer um dos **bipolarons**: ou um dicátion que se move como uma unidade pela cadeia, ou **solitons**, dois radicais catiônicos separados que se movem independentemente. Polarons e solitons contribuem para o mecanismo da condução de carga no poliacetileno.

Polímeros condutores são condutores elétricos ligeiramente melhores que semicondutores de silício, mas muito piores que os condutores metálicos. Eles são atualmente usados em vários dispositivos, como eletrodos de baterias, capacitores eletrolíticos e sensores. Estudos recentes da emissão de fótons por polímeros condutores podem conduzir a novas tecnologias para os diodos emissores de luz e *displays* planos. Os polímeros condutores também se mostram promissores como fios moleculares que podem ser incorporados em dispositivos eletrônicos com tamanhos de nanômetros.

Conceitos importantes

- ☐ 1. As **propriedades elásticas** de um material são resumidas por uma curva de tensão-deformação.
- ☐ 2. Um **elastômero perfeito** é um polímero para o qual a energia interna é independente da extensão.
- ☐ 3. A quebra da ordem de longo alcance em um polímero ocorre na **temperatura de fusão**.
- ☐ 4. Polímeros sintéticos sofrem uma transição de um estado de alta para baixa mobilidade da cadeia na **temperatura de transição vítrea**.
- ☐ 5. A **temperatura de fusão**, T_f, de uma proteína ou ácido nucleico é a temperatura na qual a fração de polímero desnaturado é 0,5.
- ☐ 6. Nos **polímeros condutores** as ligações duplas conjugadas permitem a condução de elétrons ao longo da cadeia.

Equações importantes

Propriedade	Equação	Comentário	Número da equação
Entropia de conformação de uma cadeia randômica	$\Delta S=-\frac{1}{2}kN\ln\{(1+\nu)^{1+\nu}(1-\nu)^{1-\nu}\}$	$\nu=n/N$	17B.1
Força de restauração de uma cadeia randômica unidimensional	$F=(kT/2l)\ln\{(1+\nu)/(1-\nu)\}$		17B.2a
	$F\approx nkT/Nl$	Pequenas extensões	17B.2b

17C Auto-organização

Tópicos

➤ Por que você precisa saber este assunto?

Agregados de moléculas grandes e pequenas formam a base de muitas tecnologias (como os detergentes e a nanotecnologia) e são abundantes nas células biológicas. Para ver por que este é o caso, você precisa entender suas estruturas e propriedades.

➤ Qual é a ideia fundamental?

Coloides, micelas e membranas biológicas formam-se espontaneamente pela auto-organização das moléculas ou macromoléculas e são mantidos juntos por interações moleculares.

➤ O que você já deve saber?

Você precisa estar familiarizado com as interações moleculares (Seção 16B), a formação dos líquidos (Seção 16C) e as interações entre íons (Seção 5F).

Auto-organização é a formação espontânea de estruturas complexas de moléculas ou de macromoléculas que se mantêm unidas por interações moleculares, tais como as interações coulombianas, as interações de dispersão, a ligação de hidrogênio ou as interações hidrofóbicas. Exemplos de auto-organização incluem a formação de cristais líquidos, as estruturas quaternárias de proteínas a partir de duas ou mais cadeias polipeptídicas (Seção 17A) e (por implicação) de uma hélice dupla de DNA a partir de duas cadeias de polinucleotídeos (Seção 17A). Agora, vamos nos concentrar nas propriedades específicas de sistemas auto-organizados adicionais, incluindo aqueles que estão se tornando importantes no desenvolvimento da nanotecnologia.

17C.1 Coloides

Um **coloide**, ou **fase dispersa**, é uma dispersão de pequenas partículas de um material em outro e que não decanta sob a ação da gravidade. Neste contexto, "pequeno" caracteriza uma dimensão menor do que cerca de 500 nm de diâmetro (aproximadamente o comprimento de onda da luz visível). Muitos coloides são suspensões de nanopartículas (partículas de dimensão até 100 nm). Em geral, as partículas coloidais são agregados de numerosos átomos, ou moléculas, mas muito pequenas para serem vistas nos microscópios ópticos comuns. Essas partículas passam através da maioria dos papéis de filtro, mas podem ser observadas pelo espalhamento da luz e pela sedimentação (Seção 17D).

(a) Classificação e preparação

O nome dado a um coloide depende das duas fases presentes:

- Um **sol** é uma dispersão de um sólido num líquido (por exemplo, de aglomerados de átomos de ouro em água) ou de um sólido num sólido (por exemplo, o vidro rubi, que é um sol de ouro no vidro, e cuja cor é fruto do espalhamento da luz).
- Um **aerossol** é uma dispersão de um líquido num gás (como a bruma e muitos sprays) ou de um sólido num gás (por exemplo, fumaça). Nestes casos as partículas são quase sempre suficientemente grandes para serem vistas com um microscópio.
- Uma **emulsão** é uma dispersão de um líquido num líquido (por exemplo, o leite). Uma **espuma** é uma dispersão de um gás em um líquido.

Outra classificação dos coloides divide-os em duas classes: a dos coloides **liófilos**, que atraem o solvente, e a dos coloides **liófobos**, que repelem o solvente. Se o solvente for a água, em vez dos termos anteriores diz-se que os coloides são **hidrófilos** ou **hidrófobos**, respectivamente. Entre os coloides liófobos estão os sóis de metais. Os coloides liófilos têm, em geral, certa semelhança química com o solvente como um grupo –OH capaz de formar ligações de hidrogênio. Um **gel** é um sistema semirrígido de um sol liófilo.

A preparação de um aerossol pode ser tão simples quanto um espirro (que gera um aerossol imperfeito). No laboratório e na indústria lança-se mão de diversas técnicas. É possível fragmentar o material (por exemplo, quartzo) na presença do meio de dispersão. Uma corrente elétrica intensa circulando através de uma célula eletrolítica pode provocar a desagregação de um eletrodo e a formação de partículas coloidais. O disparo de um arco elétrico entre eletrodos imersos num meio adequado também produz um coloide. A precipitação química leva, muitas vezes, à formação de um coloide. Um precipitado já formado (por exemplo, de iodeto de prata) pode ser dispersado pela adição de um agente peptizante (por exemplo, iodeto de potássio). As argilas podem ser peptizadas pelos álcalis, sendo o íon OH^- o agente ativo.

As emulsões se preparam, comumente, pela agitação vigorosa dos dois componentes misturados, embora alguma espécie de agente emulsificante tenha que ser adicionada para estabilizar o produto. Esse agente emulsificante pode ser um sabão (o sal de um ácido carboxílico de cadeia longa) ou outra espécie **surfactante** (ativo superficialmente), ou então um sol liófilo que forma uma película protetora em torno das partículas da fase dispersa. No leite, que é uma emulsão de gorduras em água, o agente emulsificante é a caseína, uma proteína que tem grupos fosfato. A formação do creme de leite na superfície da emulsão mostra que a caseína não tem pleno êxito na estabilização do leite: as gotículas de gorduras dispersas na água coalescem em gotículas maiores que flutuam na superfície da emulsão. Esse processo de coagulação pode ser impedido se a emulsão for finamente dispersada inicialmente. É o que se consegue pela intensa agitação provocada por ondas ultrassônicas, no chamado leite "homogeneizado".

Uma maneira de preparar um aerossol é pulverizar um líquido pela ação de um jato de gás. A dispersão fica facilitada se uma carga elétrica é aplicada ao líquido, pois então a repulsão eletrostática facilita a desagregação em gotículas. Esse procedimento também pode ser adotado na preparação de emulsões, fazendo-se um jato de líquido carregado incidir sobre uma massa de outro líquido.

Os coloides são frequentemente purificados por **diálise**. O procedimento visa a remover boa parte (mas não a totalidade, em virtude de razões que exporemos adiante) do material iônico que pode ter acompanhado a sua formação. É selecionada uma membrana (por exemplo, uma película de celulose) que seja permeável ao solvente e aos íons, porém não às partículas coloidais. A diálise é muito lenta e é comum que seja acelerada pela aplicação de um campo elétrico. Neste caso, aproveita-se a carga elétrica que é carregada por muitas partículas coloidais. O procedimento é chamado de **eletrodiálise**.

(b) Estrutura e estabilidade

Os coloides são termodinamicamente instáveis em relação à fase contínua. Essa instabilidade pode ser expressa termodinamicamente observando-se que a variação da energia de Helmholtz, dA, quando há alteração da área superficial de uma amostra de $d\sigma$, a temperatura e a pressão constantes, é $dA = \gamma d\sigma$, em que γ é a tensão interfacial (Seção 16C). Ou seja, a contração da superfície ($d\sigma < 0$) é espontânea ($dA < 0$). A existência dos coloides se deve então à cinética da diminuição da área superficial. Os coloides são termodinamicamente instáveis, mas cineticamente não são lábeis.

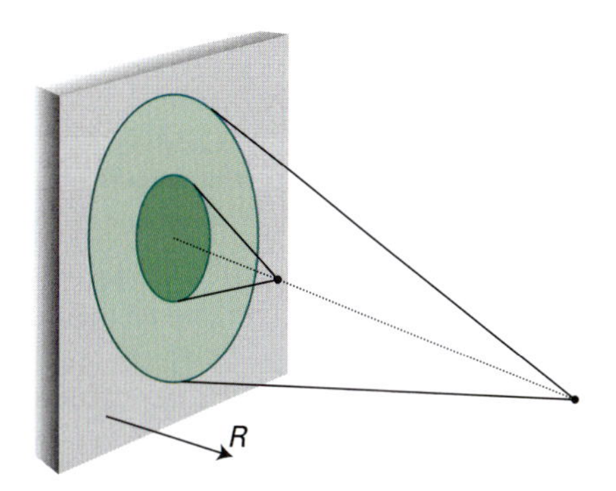

Figura 17C.1 Embora a atração entre moléculas individuais seja proporcional a $1/R^6$, mais moléculas estão na faixa a distâncias grandes (região clara) que a pequena distância (região escura), de forma que a energia de interação total cai mais lentamente e é proporcional a uma potência inferior de R.

À primeira vista, o argumento cinético parece falso. As partículas coloidais se atraem a longa distância, de modo que há uma força de longo alcance que tende a condensá-las numa massa indivisa. O raciocínio que justifica esta argumentação é o seguinte. A energia da atração entre dois átomos individuais i e j, separados pela distância R_{ij}, cada átomo numa partícula coloidal, varia com sua separação segundo $1/R_{ij}^6$ (Seção 16B). A soma das interações de todos os pares de átomos, porém, diminui aproximadamente com $1/R^2$ (a variação precisa depende da forma e da proximidade das partículas), em que R é a separação entre os centros das partículas. A variação na potência de 6 para 2 surge do fato de que, a pequena distância, somente umas poucas moléculas interagem, mas a longa distância muitas moléculas individuais estão aproximadamente à mesma distância umas das outras e contribuem igualmente para a soma (Fig. 17C.1). Logo, a interação total não cai tão rápido como em uma única interação molécula–molécula.

Diversos fatores, porém, se opõem a essa atração de dispersão de longo alcance. É possível, por exemplo, que existam películas protetoras na superfície das partículas coloidais que estabilizam a interface e não são rompidas quando duas partículas entram em contato. A superfície dos átomos de um sol de platina em água reage quimicamente e se transforma em $-Pt(OH)_3H_3$. Essa camada envolve a partícula como uma carapaça. Uma gordura pode ser emulsificada por um sabão, pois a cadeia hidrocarbônica longa do sabão penetra no óleo da gordura, enquanto as cabeças carboxílicas (ou de outros grupos hidrófilos nos detergentes sintéticos) ficam na superfície, onde formam ligações de hidrogênio com a água. Forma-se assim uma película de cargas negativas que repele qualquer outra partícula analogamente carregada que se aproxime.

(c) A dupla camada elétrica

A fonte mais importante da estabilidade cinética dos coloides é a carga elétrica na superfície das partículas. Graças a essa carga, os íons com cargas de sinais opostos tendem a se agrupar em torno delas e forma-se uma atmosfera iônica, de maneira semelhante ao que acontece com os íons (Seção 5F).

Há duas regiões nessa atmosfera que devem ser distinguidas. A primeira é uma camada de íons, quase imóvel, que adere firmemente à superfície da partícula coloidal e que pode incluir moléculas de água (nos meios aquosos). O raio da esfera que captura essa camada rígida é chamado de **raio de cisalhamento** e é o fator principal na determinação da mobilidade das partículas. O potencial elétrico na região do raio de cisalhamento, medido em relação a um ponto distante, no seio do meio contínuo, é chamado de **potencial zeta**, ζ, ou **potencial eletrocinético**. A segunda região é uma atmosfera de íons móveis, atraídos pela unidade carregada. A camada interna de carga e a atmosfera iônica externa constituem a **dupla camada elétrica**.

A teoria da estabilidade das dispersões liofóbicas foi desenvolvida por B. Derjaguin e L. Landau e, independentemente, por E. Verwey e J.T.G. Overbeek, e é conhecida como a **teoria DLVO**.[1] O modelo teórico admite que há um equilíbrio entre a interação repulsiva das cargas das duplas camadas elétricas sobre as partículas vizinhas e a interação atrativa das forças de van der Waals entre as moléculas nas partículas. A energia potencial da repulsão das duplas camadas sobre as partículas de raio a tem a forma

$$V_{\text{repulsão}} = +\frac{Aa^2\zeta^2}{R}\,e^{-s/r_D} \quad (17C.1)$$

em que A é uma constante, ζ é o potencial zeta, R é a separação entre os centros, s é a separação entre as superfícies das duas partículas ($s = R - 2a$, no caso de partículas esféricas de raio a) e r_D é a espessura da dupla camada. Essa expressão vale para pequenas partículas com uma dupla camada espessa ($a \ll r_D$). Quando a dupla camada é delgada ($r_D \ll a$) a expressão fica

$$V_{\text{repulsão}} = +\tfrac{1}{2}Aa^2\zeta^2\ln(1+e^{-s/r_D}). \quad (17C.2)$$

Em cada caso, a espessura da dupla camada pode ser estimada por uma expressão semelhante à da espessura da atmosfera iônica na teoria de Debye–Hückel (Seção 5F), na qual existe uma competição entre as influências organizadoras da atração entre cargas opostas e o efeito desagregador do movimento térmico:

$$r_D = \left(\frac{\varepsilon RT}{2\rho F^2 I b^{\ominus}}\right)^{1/2} \quad \text{Espessura da dupla camada elétrica} \quad (17C.3)$$

em que I é a força iônica da solução, ρ a sua massa específica e $b^{\ominus} = 1\ \text{mol kg}^{-1}$ (F é a constante de Faraday e ε é a permissividade, $\varepsilon = \varepsilon_r\varepsilon_0$). A energia potencial proveniente da interação atrativa tem a forma

[1]A dedução da expressão apresentada aqui é muito complicada para ser incluída neste texto. Para uma descrição completa, veja o Volume 1 de R.J. Hunter, *Foundations of Colloid Science*, Oxford University Press (1987).

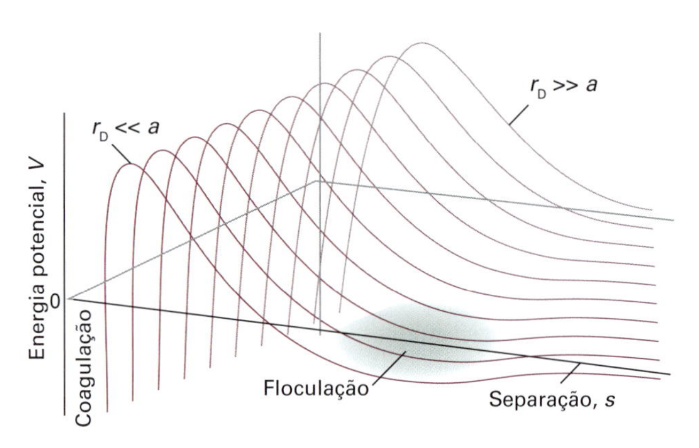

Figura 17C.2 A energia potencial de interação como uma função da separação entre os centros de duas partículas e sua variação com a razão entre o tamanho da partícula (raio a para partículas esféricas) e a espessura r_D da dupla camada elétrica. Nas regiões identificadas por coagulação e floculação existem mínimos nas curvas de energia potencial, e é nelas que esses processos ocorrem.

$$V_{\text{atração}} = -\frac{B}{s} \quad (17C.4)$$

em que B é outra constante. A variação da energia potencial total com a separação aparece na Fig. 17C.2.

Quando a força iônica é elevada, a atmosfera iônica é densa e o potencial exibe um mínimo secundário em separações grandes. A agregação de partículas provocada pelo efeito estabilizador desse mínimo secundário é chamada de **floculação**. O material floculado pode ser redispersado, muitas vezes por simples agitação, pois o poço de potencial é bastante raso. A **coagulação** é a agregação irreversível de partículas diferentes, constituindo partículas maiores. Ocorre quando a separação entre as partículas é tão pequena que o mínimo primário da curva de energia potencial é atingido e as forças de van der Waals passam a ser dominantes.

A força iônica aumenta pela adição de íons ao sistema, especialmente de íons com carga elevada. Esses íons atuam como agentes de floculação. Essa ação é a base da **regra de Schulze-Hardy**, que afirma serem os coloides hidrofóbicos floculados com maior eficiência por íons de carga oposta e com número de carga elevado. Os íons Al^{3+} do alume são muito eficientes e aproveitados para induzir a coagulação do sangue. Quando as águas de um rio contendo argilas coloidais são despejadas no mar, a água salgada provoca floculação e coagulação, e esta é a causa principal do assoreamento dos estuários.

Os sóis de óxidos metálicos tendem a ter carga positiva, enquanto os de enxofre e metais nobres tendem a ter carga negativa. Macromoléculas de ocorrência natural também adquirem uma carga, quando dispersas em água, e uma característica importante das proteínas e outras macromoléculas naturais é que sua carga global depende do pH do meio. Por exemplo, em ambientes ácidos os prótons ligam-se a grupos básicos e a carga líquida das macromoléculas é positiva; em meios básicos a carga líquida é negativa como resultado da perda de prótons. No **ponto isoelétrico** o pH é tal que não há nenhuma carga na macromolécula.

Exemplo 17C.1 Determinação do ponto isoelétrico de uma proteína

A velocidade com que a albumina de soro bovino (BSA na sigla em inglês) se desloca na água sob a influência de um campo elétrico foi monitorada em diversos valores de pH, e os dados são listados a seguir. Qual é o ponto isoelétrico da proteína?

pH	4,20	4,56	5,20	5,65	6,30	7,00
Velocidade/(μm s^{-1})	0,50	0,18	−0,25	−0,65	−0,90	−1,25

Método Se representarmos graficamente a velocidade em função do pH, poderemos utilizar uma interpolação para determinar em que pH a velocidade é nula, que é o pH para o qual a molécula tem carga líquida nula.

Resposta Os dados são mostrados no gráfico da Fig. 17C.3. A velocidade passa pelo zero em pH = 4,8; portanto, o pH = 4,8 é o ponto isoelétrico.

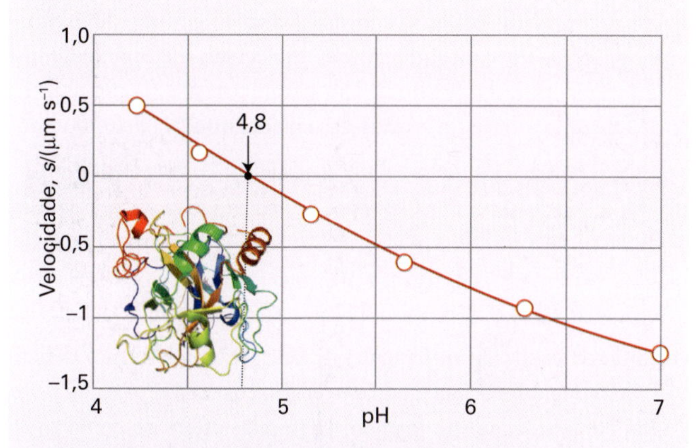

Figura 17C.3 O gráfico da velocidade de uma macromolécula em movimento em função do pH permite detectar o ponto isoelétrico como o pH no qual a velocidade é nula. Os dados vêm do *Exemplo* 17C.1.

Exercício proposto 17C.1 Os dados vistos a seguir foram obtidos para outra proteína:

pH	3,5	4,5	5,0	5,5	6,0
Velocidade/(μm s^{-1})	0,10	−0,10	−0,20	−0,30	−0,40

Calcule o pH do ponto isoelétrico.

Resposta: 4,0

O papel primário da dupla camada elétrica é conferir às partículas estabilidade cinética. A colisão das partículas coloidais só rompe a dupla camada e provoca a coalescência entre elas se tiver energia suficiente para destruir as camadas de íons e das moléculas de solvatação, ou se a agitação térmica perturbar a acumulação de cargas na superfície. Essa destruição pode ocorrer em temperaturas elevadas, e esta é a explicação da precipitação dos sóis pelo aquecimento.

17C.2 Micelas e membranas biológicas

Em soluções aquosas, as moléculas ou os íons de surfactantes podem se aglomerar em **micelas**, que são grupos de moléculas de tamanho coloidal, pois suas caudas hidrofóbicas tendem a se reunir umas às outras (através de interações hidrofóbicas – veja a Seção 16B), enquanto as cabeças hidrofílicas formam uma película protetora (Fig. 17C.4).

(a) Formação de micela

As micelas só se formam acima da **concentração micelar crítica** (CMC) e acima da **temperatura Krafft**. A CMC é percebida pela descontinuidade pronunciada nas propriedades físicas da solução, especialmente pela descontinuidade da condutividade molar (Fig. 17C.5). Não há nenhuma mudança abrupta das propriedades na

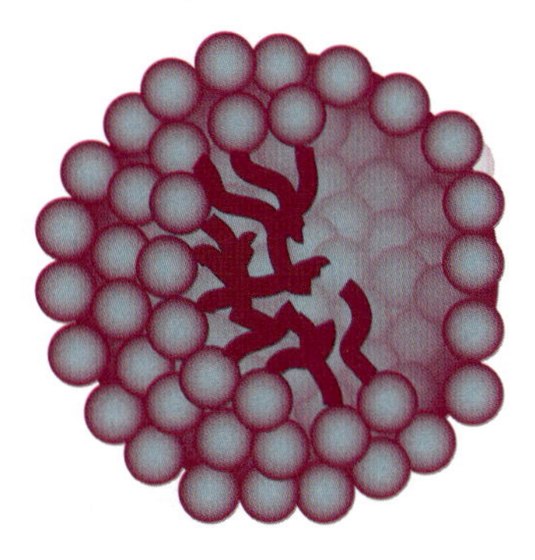

Figura 17C.4 Versão esquemática de uma micela esférica. Os grupos hidrófilos são representados pelas esferas, e as cadeias hidrocarbônicas hidrófobas são representadas pelos filamentos. Estes filamentos são móveis.

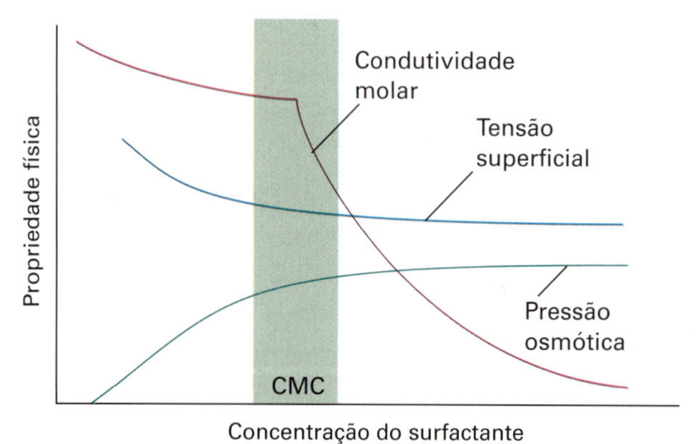

Figura 17C.5 Variação típica de algumas das propriedades físicas das soluções aquosas do dodecilsulfato de sódio nas vizinhanças da concentração micelar crítica (CMC).

CMC; há uma região de transição correspondendo a uma faixa de concentrações em torno da CMC. Nessa região as propriedades físicas variam muito suavemente, mas não linearmente, com a concentração. O interior hidrocarbônico de uma micela é semelhante a uma gotícula de óleo. A ressonância magnética nuclear mostra que as cadeias hidrocarbônicas são móveis, embora menos do que no seio do líquido. As micelas são importantes nos processos industriais e biológicos, graças à função solubilizadora que podem exercer. É possível o transporte de materiais pela água depois de dissolvidos no interior hidrocarbônico das micelas. Por isso, os sistemas micelares são usados como detergentes, nas sínteses orgânicas, na flotação e na recuperação de petróleo.

A auto-organização de uma micela tem as características de um processo cooperativo no qual a adição de uma molécula de surfactante a um agregado que está em formação se torna mais provável quanto maior for o tamanho do agregado, de modo que, após um início lento, há uma cascata de formação de micelas. Se supusermos que a micela dominante M_N consiste em N monômeros M, então o equilíbrio dominante que temos que considerar é:

$$NM \rightleftharpoons M_N \qquad K=\frac{[M_N]}{[M]^N} \tag{17C.5a}$$

Admitimos, provavelmente de forma arriscada, devido aos grandes tamanhos dos monômeros, que a solução é ideal e que as atividades podem ser substituídas por concentrações molares. A concentração total de surfactante é $[M]_{total} = [M] + N[M_N]$ porque cada micela consiste em N moléculas de monômeros. Assim,

$$K=\frac{[M_N]}{([M]_{total}-N[M_N])^N} \tag{17C.5b}$$

Breve ilustração 17C.1 A fração de moléculas de surfactante nas micelas

A Eq. 17C.5b pode ser resolvida numericamente para a concentração micelar como função da concentração total de surfactante, e alguns resultados para $K=1$ são apresentados na

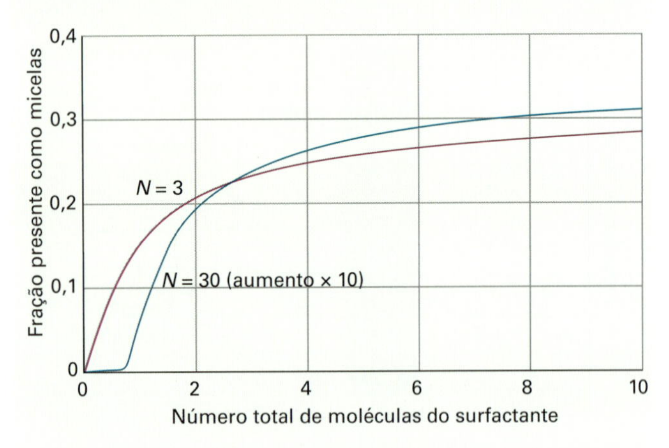

Figura 17C.6 A concentração micelar como uma função da concentração total de surfactante para $K = 1$.

Fig. 17C.6. Vemos que, para N grande, há uma transição razoavelmente acentuada das concentrações relativas das moléculas de surfactante presentes nas micelas, o que corresponde à existência de uma CMC.

Exercício proposto 17C.2 A Eq. 17C.5b é surpreendentemente difícil de ser resolvida, mas é possível encontrar uma solução para casos simples. Com $N = 2$ e $K = 1$, obtenha uma expressão para $[M_2]$.

Resposta: $[M_2]=[M_{total}]-\frac{1}{4}\{(1+8[M_{total}])^{1/2}-1\}$

Moléculas surfactantes não iônicas podem se aglomerar em grupos de 1000 ou mais, mas as espécies iônicas tendem a se aglomerar em grupos de 100 ou menos, em virtude das repulsões eletrostáticas entre os grupos das cabeças. Entretanto, o efeito desagregador depende mais do tamanho efetivo do grupo da cabeça do que da carga. Por exemplo, surfactantes iônicos como o dodecilsulfato de sódio (SDS na sigla em inglês) e o brometo de cetil trimetilamônio (CTAB na sigla em inglês) formam filamentos em concentrações moderadas, enquanto surfactantes de açúcar formam micelas pequenas, aproximadamente esféricas. A população de micelas é comumente polidispersa, e a forma das micelas individuais varia com a forma e a concentração das moléculas surfactantes constituintes e com a temperatura. Um parâmetro útil na previsão da forma de uma micela é o **parâmetro surfactante**, N_s, definido por

$$N_s=\frac{V}{Al} \qquad \textit{Definição} \quad \text{Parâmetro surfactante} \tag{17C.6}$$

em que V é o volume da cauda hidrofóbica do surfactante, A é a área do grupo da cabeça hidrofílica do surfactante e l é o comprimento máximo da cauda do surfactante. A Tabela 17C.1 resume a dependência da estrutura do agregado em relação ao parâmetro surfactante.

Em soluções aquosas, formam-se micelas esféricas, como mostrado na Fig. 17C.4, com os grupos polares da cabeça das moléculas surfactantes na superfície da micela interagindo favoravelmente com o solvente e com os íons em solução. As interações hidrofóbicas estabilizam a agregação das caudas surfactantes hidrofóbicas no interior da micela. Sob certas condições experimentais, pode-se formar um **lipossomo**, com uma superfície interna de moléculas apontando para dentro cercadas por uma camada externa apontando para fora (Fig. 17C.7). Lipossomos podem ser usados para transportar moléculas de fármacos apolares no sangue.

Tabela 17C.1 Variação da forma das micelas com o parâmetro surfactante

N_s	Forma das micelas
<0,33	Esférica
0,33 a 0,50	Bastões cilíndricos
0,50 a 1,00	Vesículas
1,00	Bicamadas planas
>1,00	Micelas reversas e outras formas

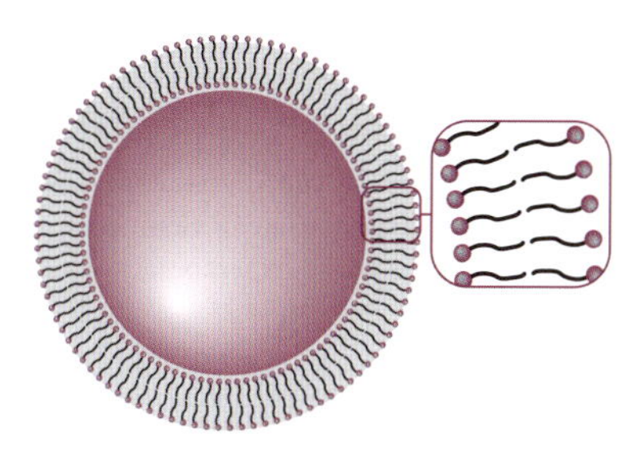

Figura 17C.7 A estrutura da seção reta de um lipossomo esférico.

O aumento da força iônica da solução aquosa reduz as repulsões entre os grupos da cabeça na superfície, e micelas cilíndricas podem ser formadas. Esses cilindros podem se agrupar em estruturas razoavelmente compactadas (hexagonais), formando **mesomorfos liotrópicos** ou, mais informalmente, "fases de cristais líquidos".

Micelas reversas se formam em solventes apolares, com os grupos polares da cabeça do surfactante no interior micelar e as caudas hidrofóbicas, mais volumosas, se estendendo sobre a fase orgânica. Esses agregados esféricos podem solubilizar a água em solventes orgânicos, criando um agrupamento de moléculas de água retidas no interior micelar. À medida que os agregados se arrumam em alta concentração de surfactante para produzir ordem de posição de longo alcance, muitos outros tipos de estrutura são possíveis, incluindo formas cúbicas e hexagonais.

A entalpia de formação de micela reflete as contribuições das interações entre cadeias de micelas dentro das micelas e entre os grupos de cabeça polar e o meio vizinho. Consequentemente, as entalpias de formação de micela não exibem nenhum padrão facilmente discernível e podem ser positivas (endotérmicas) ou negativas (exotérmicas). Muitas micelas não iônicas formam-se endotermicamente, com ΔH da ordem de 10 kJ por mol de surfactante. O fato de micelas se formarem acima da CMC indica que a variação de entropia que acompanha a sua formação deve ser, neste caso, positiva, e medidas sugerem um valor de cerca de $+140\ \mathrm{J\ K^{-1}\ mol^{-1}}$ à temperatura ambiente. O fato de a variação de entropia ser positiva, embora as moléculas estejam se agrupando organizadamente, mostra que as interações hidrofóbicas são importantes na formação de micelas (no sentido de que as moléculas de água são liberadas para ficar mais desordenadas no processo, fazendo, portanto, uma grande contribuição para a variação da entropia).

(b) Bicamadas, vesículas e membranas

Algumas micelas em concentrações bem acima da CMC formam folhas extensas, paralelas, com duas moléculas de espessura, chamadas de **bicamadas planas**. As moléculas individuais dispõem-se perpendicularmente ao plano das folhas, com os grupos hidrófilos no exterior, na solução aquosa, e o meio apolar no interior. Quando segmentos de bicamadas planas se dobram sobre si próprios, formam-se **vesículas unilamelares**, onde uma casca da bicamada hidrofóbica esférica separa um compartimento aquoso interno do meio aquoso externo.

As bicamadas são bastante parecidas com as membranas biológicas, e muitas vezes são um modelo útil na investigação básica de estruturas biológicas. Entretanto, as membranas reais são estruturas altamente sofisticadas. O elemento estrutural básico de uma membrana é um fosfolipídio, como a fosfatidilcolina (**1**), que contém cadeias hidrocarbônicas compridas (tipicamente na faixa de C_{14}– C_{24}) e uma variedade de grupos polares, como $-CH_2CH_2N(CH_3)_3^+$. As cadeias hidrofóbicas se agrupam para formar uma bicamada extensa de, aproximadamente, 5 nm de espessura. As moléculas de lipídios formam camadas em vez de micelas, pois as cadeias hidrocarbônicas são muito volumosas para permitir agrupamentos em aglomerados quase esféricos.

1 Fosfatidilcolina

A bicamada é uma estrutura altamente móvel. Não somente as cadeias hidrocarbônicas se movem incessantemente na região entre os grupos polares, mas as moléculas de fosfolipídios e de colesterol migram sobre a superfície. É melhor pensar na membrana como um fluido viscoso, em vez de uma estrutura permanente, com uma viscosidade de aproximadamente 100 vezes a da água. Normalmente, uma molécula de fosfolipídio migra cerca de 1 μm em aproximadamente 1 min.

Todas as bicamadas lipídicas sofrem uma transição de um estado de alta para baixa mobilidade de cadeia em uma temperatura que depende da estrutura do lipídio. Para visualizar a transição, consideramos o que ocorre com uma membrana quando sua temperatura é diminuída (Fig. 17C.8). Existe energia disponível suficiente na temperatura ambiente para que ocorram uma rotação limitada das ligações e a retorção da cadeia flexível. Entretanto, a membrana está ainda altamente organizada

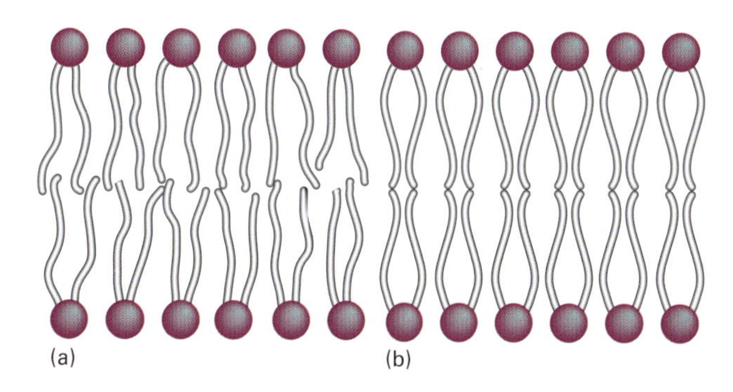

Figura 17C.8 Representação da variação com a temperatura da flexibilidade de cadeias hidrocarbônicas em uma bicamada lipídica. (a) Na temperatura fisiológica, a bicamada existe como um cristal líquido, no qual existe alguma ordem, mas a cadeia se retorce. (b) Numa temperatura específica, as cadeias estão muito imobilizadas e a bicamada é dita existir como um gel.

no sentido de que a estrutura de bicamada não se desprende e o sistema é mais bem descrito como um cristal líquido. Em temperaturas menores, as amplitudes do movimento de retorção diminuem até que é alcançada uma temperatura específica, na qual o movimento é muito restrito. Diz-se que a membrana existe como um gel. Membranas biológicas existem como cristais líquidos em temperaturas fisiológicas.

As transições de fase em membranas são frequentemente observadas como "fusão" do gel para cristal líquido através de métodos calorimétricos. Os dados mostram relações entre a estrutura do lipídio e a temperatura de fusão. Entremeados entre os fosfolipídios das membranas biológicas estão os esteróis, como o colesterol (**2**), que é principalmente hidrofóbico, mas contém um grupo hidrófilo –OH. A presença dos esteróis, que se encontram em proporções diferentes de acordo com o tipo de célula, impede as cadeias hidrofóbicas de lipídios de adotarem uma "estrutura sólida de gel" e, rompendo o empacotamento das cadeias, fazem com que o ponto de fusão da membrana se distribua num intervalo de temperaturas.

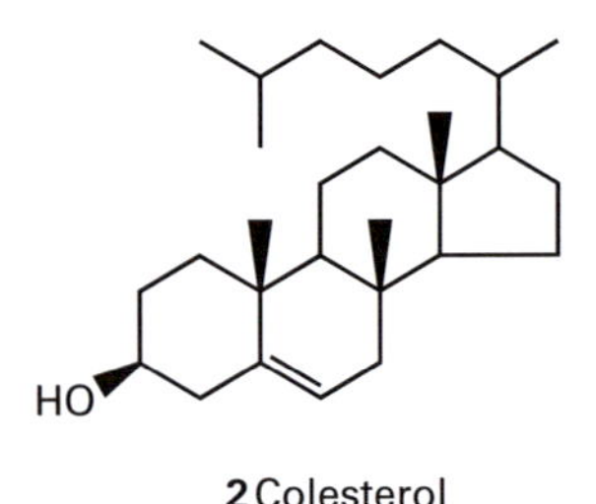

2 Colesterol

Breve ilustração 17C.2 As temperaturas de fusão das membranas

Para prever tendências nas temperaturas de fusão precisamos calcular as forças das interações entre as moléculas. Pode-se esperar que cadeias mais longas sejam mantidas mais fortemente unidas pelas interações hidrofóbicas do que as cadeias mais curtas; assim, devemos esperar que a temperatura de fusão aumente com o comprimento da cadeia hidrofóbica do lipídio. Por outro lado, quaisquer elementos estruturais que evitem o alinhamento das cadeias hidrofóbicas na fase gel levam a baixas temperaturas de fusão. Na realidade, lipídios que contêm cadeias insaturadas, aqueles que contêm algumas ligações C=C, formam membranas com temperaturas de fusão mais baixas do que as que são formadas a partir de lipídios com cadeias inteiramente saturadas, aqueles que consistem exclusivamente em ligações C—C.

Exercício proposto 17C.3 Por que as células das bactérias e das plantas desenvolvidas em baixas temperaturas sintetizam mais fosfolipídios com cadeias insaturadas do que as células que cresceram em temperaturas mais elevadas?

Resposta: A inserção de lipídios com cadeias insaturadas diminui a temperatura de fusão da membrana plasmática a um valor próximo da temperatura ambiente inferior.

(c) Monocamadas auto-organizadas

A auto-organização molecular pode ser útil como uma base para a manipulação de superfícies em escala nanométrica. Atualmente, o interesse está nas **monocamadas auto-organizadas** (SAM na sigla em inglês), que são agregados moleculares ordenados que formam uma única camada de material sobre uma superfície. Para entender a formação de uma SAM, imagine a exposição de moléculas como alquiltióis, RSH, em que R é uma cadeia alquílica, a uma superfície de Au(0). Os tióis reagem com a superfície formando adutos $RS^{-}Au(I)$:

$$\mathrm{RSH} + \mathrm{Au}(0)_n \rightarrow \mathrm{RS^{-}Au(I)\cdot Au(0)}_{n-1} + \tfrac{1}{2}\mathrm{H}_2$$

Se R é uma cadeia suficientemente longa, as interações de van der Waals entre as unidades RS adsorvidas levam à formação de uma monocamada altamente ordenada sobre a superfície (Fig. 17C.9). Observa-se que a energia de Gibbs de formação da SAM aumenta com o comprimento da cadeia alquílica, com cada grupo metileno contribuindo 400–4000 J mol^{-1}.

Uma monocamada auto-organizada altera as propriedades da superfície. Por exemplo, uma superfície hidrofílica pode se tornar hidrofóbica se coberta com uma SAM. Além disso, o ataque de grupos funcionais às extremidades expostas de grupos alquila pode imprimir uma reatividade química específica ou propriedades ligantes à superfície, levando a aplicações em sensores e reatores químicos (ou bioquímicos).

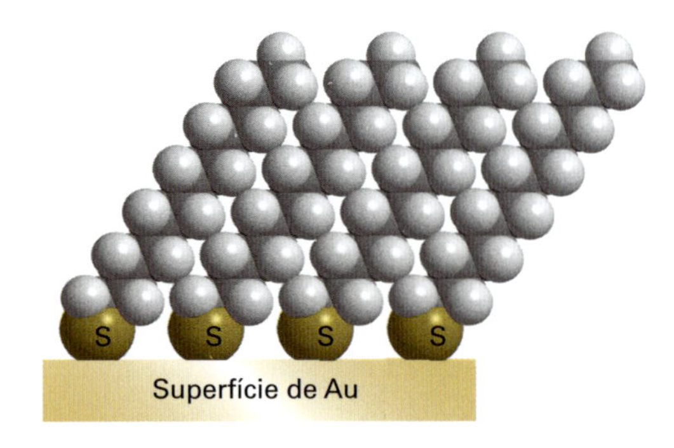

Figura 17C.9 Monocamadas auto-organizadas de alquiltióis formadas sobre uma superfície de ouro pela reação dos grupos tióis com a superfície e agregação das cadeias alquílicas.

Conceitos importantes

- ☐ 1. Um **sistema disperso** é uma dispersão de pequenas partículas de um material em outro material.
- ☐ 2. **Coloides** são classificados como liófilos e liofóbos.

- ☐ 3. Um **surfactante** é uma espécie que se acumula na interface de duas fases ou substâncias.
- ☐ 4. Muitas partículas coloidais são termodinamicamente instáveis mas cineticamente estáveis.
- ☐ 5. O **raio de cisalhamento** é o raio da esfera que captura a camada rígida de carga ligada a uma partícula coloidal.
- ☐ 6. O **potencial zeta** é o potencial elétrico no raio de cisalhamento em relação ao seu valor no meio macroscópico distante.
- ☐ 7. A camada interna de carga e a atmosfera externa constituem, conjuntamente, a **dupla camada elétrica**.
- ☐ 8. **Floculação** é a agregação reversível de partículas coloidais.
- ☐ 9. **Coagulação** é a agregação irreversível de partículas coloidais.
- ☐ 10. A **regra de Schultze-Hardy** afirma que os coloides hidrofóbicos são floculados com maior eficiência por íons de carga oposta e número de carga alto.
- ☐ 11. Uma **micela** é um agregado de moléculas, do tamanho de um coloide, que se forma na **concentração micelar crítica** e **temperatura Krafft** e acima destas.
- ☐ 12. As micelas podem assumir uma série de formas, dependendo da temperatura, da forma e da concentração das moléculas constituintes.
- ☐ 13. **Bicamadas planas** são micelas que existem na forma de folhas paralelas estendidas com a espessura de duas moléculas que são estendidas.
- ☐ 14. **Vesículas unilamelares** são micelas que existem na forma de folhas paralelas estendidas com a espessura de duas moléculas que dobram sobre si mesmas.
- ☐ 15. **Monocamadas auto-organizadas** são agregados moleculares ordenados que formam uma camada única de material sobre uma superfície espontaneamente.

Equações importantes

Propriedade	Equação	Comentário	Número de equação
Espessura da dupla camada elétrica	$r_D = (\varepsilon RT/2\rho F^2 Ib^{\ominus})^{1/2}$	Teoria de Debye–Hückel	17C.3
Parâmetro surfactante	$N_s = V/Al$	Definição	17C.6

17D Determinação de tamanho e forma

Tópicos

➤ Por que você precisa saber este assunto?

Para entender o trabalho atual sobre macromoléculas na tecnologia e bioquímica, você precisa compreender diversas técnicas experimentais que são empregadas para determinar as massas molares e as formas dos polímeros sintéticos e biológicos.

➤ Qual é a ideia fundamental?

Medidas por espectrometria de massa, espalhamento de luz proveniente de laser, ultracentrifugação e viscosidade são técnicas úteis para a determinação do tamanho e da forma das macromoléculas.

➤ O que você já deve saber?

Você precisa estar familiarizado com as estruturas das macromoléculas (Seção 17A) e agregados (Seção 17C).

As técnicas de difração de raios X (Seção 18A) revelam a posição de quase todos os átomos pesados (isto é, todos os átomos diferentes do hidrogênio). Entretanto, existem várias razões pelas quais devemos lançar mão de outras técnicas. Em primeiro lugar, pela impossibilidade de se terem imagens de raios X bem definidas quando a amostra é uma mistura de moléculas com cadeias diferentes e com graus de reticulação também diferentes. Mesmo quando todas as moléculas numa amostra são idênticas, pode ser impossível obter um monocristal, que é essencial para os estudos de difração porque somente então a densidade eletrônica (que é responsável pelo espalhamento) tem uma variação periódica em grande escala. Além disso, embora a investigação das proteínas e do DNA tenha mostrado como são frutíferos os dados obtidos pelos raios X, as informações colhidas são incompletas. O que se pode dizer, por exemplo, sobre a forma de uma molécula no seu ambiente natural, numa célula biológica? O que se sabe sobre a resposta da forma da molécula às modificações do meio?

17D.1 Massas molares médias

Uma proteína pura é **monodispersa**, significando que ela tem uma massa molar única e definida. Pode haver variações pequenas, como um aminoácido substituindo outro, dependendo da fonte da amostra. Entretanto, um polímero sintético é **polidisperso**, no sentido de que uma amostra é uma mistura de moléculas com cadeias de vários comprimentos e massas molares. As várias técnicas que são usadas para medir massas molares fazem com que os resultados tenham valores médios diferentes para sistemas polidispersos.

A média obtida a partir da determinação da massa molar por osmometria (Seção 5B) é a **massa molar média numérica**, $\bar{M}_n$ cujo valor é obtido ponderando-se cada uma das massas molares pelo número de moléculas com aquela massa presente na amostra:

$$\bar{M}_n = \frac{1}{N}\sum_i N_i M_i = \langle M \rangle \qquad \textit{Definição} \quad \text{Massa molar média numérica} \qquad (17D.1)$$

em que N_i é o número de moléculas com massa molar M_i e N é o número total de moléculas. A notação $\langle X \rangle$ representa a média (numérica) de uma propriedade X, e a usaremos novamente a seguir. Por questões relacionadas com o número de maneiras pelas quais as macromoléculas contribuem para propriedades físicas, as medidas de viscosidade dão a **massa molar média de viscosidade**, $\bar{M}_v$; as experiências de espalhamento de luz dão a **massa molar média ponderal**, $\bar{M}_w$; e as experiências de sedimentação dão a **massa molar média Z**, $\bar{M}_Z$. (O nome é oriundo da coordenada z usada para descrever os dados em um procedimento de determinação da média.) Embora seja preferível, muitas vezes, tomar essas médias como grandezas empíricas, é possível interpretar algumas dessas médias em termos da composição da amostra. Nesse sentido, a massa molar média ponderal é a média aritmética das massas molares das moléculas ponderadas pela massa de cada uma presente na amostra:

$$\bar{M}_w = \frac{1}{m}\sum_i m_i M_i \quad \textit{Definição} \quad \text{Massa molar média ponderal} \quad (17D.2a)$$

Nessa expressão, m_i é a massa total das moléculas de massa molar M_i e m é a massa total da amostra. Como $m_i = N_iM_i/N_A$, também podemos expressar essa média como

$$\bar{M}_w = \frac{\sum_i N_i M_i^2}{\sum_i N_i M_i} = \frac{\langle M^2 \rangle}{\langle M \rangle} \quad \textit{Interpretação} \quad \text{Massa molar média ponderal} \quad (17D.2b)$$

Essa expressão mostra que a massa molar média ponderal é proporcional à média dos quadrados das massas molares. Analogamente, a massa molar média Z pode ser interpretada como a média dos cubos das massas molares:

$$\bar{M}_Z = \frac{\sum_i N_i M_i^3}{\sum_i N_i M_i^2} = \frac{\langle M^3 \rangle}{\langle M^2 \rangle} \quad \textit{Interpretação} \quad \text{Massa molar média } Z \quad (17D.2c)$$

Exemplo 17D.1 Cálculo das massas molares médias numérica e ponderal

Determine as massas molares médias numérica e ponderal para uma amostra de poli(cloreto de vinila) a partir dos dados seguintes:

Intervalo de massa molar/(kg mol^{-1})	Massa molar média no intervalo/(kg mol^{-1})	Massa da amostra no intervalo/g
5–9	7,5	9,6
10–14	12,5	8,7
15–19	17,5	8,9
20–24	22,5	5,,6
25–29	27,5	3,1
30–35	32,5	1,7

Método As equações pertinentes são as Eqs. 17D.2a e 17D.2b. Calculamos as duas médias ponderando a massa molar em cada intervalo pelo número de moléculas e pela massa das moléculas, respectivamente, em cada intervalo. Os números em cada intervalo são obtidos pela divisão da massa da amostra no intervalo pela massa molar média correspondente ao intervalo. Como o número de moléculas é proporcional ao número de mols, a média ponderal pode ser calculada diretamente pelos mols presentes em cada intervalo. Ou seja, dividindo o numerador e o denominador pela constante de Avogadro N_A, e escrevendo $n = N/N_A$, a Eq. 17D.1 se torna

$$\bar{M}_n = \frac{1}{N/N_A}\sum_i (N_i/N_A)M_i = \frac{1}{n}\sum_i n_i M_i$$

Resposta Os números de mols presentes em cada intervalo são os seguintes:

Intervalo	5–9	10–14	15–19	20–24	25–29	30–35
Massa molar/ (kg mol^{-1})	7,5	12,5	17,5	22,5	27,5	32,5
Número/mmol	1,3	0,70	0,51	0,25	0,11	0,052
					Total:	2,92

A massa molar média numérica é então

$$\bar{M}_n/(\text{kg mol}^{-1}) = \frac{1}{2,92}(1,3\times7,5+0,70\times12,5+0,51\times17,5 +0,25\times22,5+0,11\times27,5+0,052\times32,5)=13$$

A massa molar média ponderal é calculada diretamente dos dados, levando em conta que a massa total da amostra é 37,6 g:

$$\bar{M}_w/(\text{kg mol}^{-1}) = \frac{1}{37,6}(9,6\times7,5+8,7\times12,5+8,9\times17,5 +5,6\times22,5+3,1\times27,5+1,7\times32,5)=16$$

Observe os valores muito diferentes das duas médias. Neste exemplo, $\bar{M}_w/\bar{M}_n = 1,2$.

Exercício proposto 17D.1 Estime a massa molar média Z da amostra.

Resposta: 19 kg mol^{-1}

A razão $\bar{M}_w/\bar{M}_n$ é chamada de **dispersividade** da massa molar (anteriormente "índice de polidispersividade", IDP) e representada por $Đ$ (leia-se "D traço"). Segue das Eqs. 17D.1 e 17D.2 que

$$Đ = \frac{\bar{M}_w}{\bar{M}_n} \quad \textit{Definição} \quad \text{Dispersividade} \quad (17D.3a)$$

Segue, então, da interpretação das médias ponderal e numérica que

$$Đ = \frac{\langle M^2 \rangle}{\langle M \rangle^2} \quad \textit{Interpretação} \quad \text{Dispersividade} \quad (17D.3b)$$

Ou seja, a dispersividade é proporcional à razão entre a massa molar quadrática média e o quadrado da massa molar média. Na determinação das massas molares das proteínas esperamos que as diversas médias coincidam, pois a amostra é monodispersa (a menos que tenha ocorrido degradação). Nas amostras de polímeros sintéticos, porém, há normalmente uma amplitude de valores das massas molares e as diversas médias levam a valores diferentes. Os materiais sintéticos típicos têm a razão $Đ \approx 4$, mas muita pesquisa recente tem sido feita no sentido de desenvolver métodos que produzam dispersividades muito menores. O termo "monodisperso" é usado convencionalmente para os polímeros sintéticos em que a dispersividade é menor do que 1,1. As amostras de polietileno comercial podem ser muito mais heterogêneas, com uma dispersividade próxima de 30. Uma consequência de a distribuição das massas molares dos polímeros sintéticos ser estreita é que existe, frequentemente, um alto grau de ordem tridimensional de longo alcance no sólido e, portanto, a massa específica e o ponto de fusão são mais elevados. A amplitude dos valores é controlada pela escolha do catalisador e pelas condições de reação. Na prática, observa-se que a ordem de longo alcance é mais uma função de fatores estruturais (por exemplo, ramificação) do que da massa molar.

17D.2 As técnicas

Massas molares médias podem ser determinadas pela pressão osmótica de soluções de polímeros. O limite superior para a confiança na osmometria de membrana é de aproximadamente 1000 kg mol^{-1}. Um problema grave para macromoléculas de relativamente baixa massa molar (menos de aproximadamente 10 kg mol^{-1}) é a sua capacidade de percolar através da membrana. Uma consequência dessa permeabilidade parcial é que a osmometria de membrana tende a superestimar a massa molar média de uma mistura polidispersa. Dentre as várias técnicas existentes para a determinação da massa molar e da dispersividade, que não são tão limitadas, podemos citar a espectrometria de massa, o espalhamento de luz proveniente de laser, a ultracentrifugação e as medidas de viscosidade.

Uma nota sobre a boa prática As massas de macromoléculas são frequentemente expressas em daltons (Da), em que 1 Da = m_u (sendo m_u = 1,661 × 10^{-27} kg). Observe que 1 Da é uma medida da massa *molecular*, não da massa *molar*. Podemos dizer que a massa (não a massa molar) de uma determinada molécula é 100 kDa (isto é, sua massa é 100 × 10^3 × m_u); podemos também dizer que sua massa molar é 100 kg mol^{-1}; mas não podemos dizer (mesmo sendo uma prática comum) que sua massa molar é 100 kDa.

(a) Espectrometria de massa

A espectrometria de massa está entre as técnicas mais precisas para a determinação de massas molares. O procedimento consiste em ionizar a amostra na fase gasosa e, então, medir a razão entre a massa e o número de cargas (m/z; mais precisamente, a razão adimensional m/zm_u) de todos os íons. As macromoléculas apresentam um desafio porque é difícil produzir íons gasosos de espécies grandes sem fragmentação. Entretanto, duas técnicas novas que surgiram evitam esse problema: a **ionização por dessorção com laser favorecida pela matriz** (MALDI na sigla em inglês) e a **ionização por electrospray**. Neste capítulo discutiremos a **espectrometria de massa MALDI-TOF**, assim chamada porque a técnica MALDI é acoplada a um detector de tempo de voo (TOF na sigla em inglês).

A Fig. 17D.1 mostra uma visão esquemática de um espectrômetro de massa MALDI-TOF. Inicialmente, a macromolécula é embebida em uma matriz sólida que, frequentemente, consiste em um material orgânico, por exemplo, o ácido *trans*-3-indolacrílico, e sais inorgânicos, por exemplo, cloreto de sódio ou trifluoroacetato de prata. Essa amostra é irradiada então com um laser pulsado. A energia do laser ejeta eletronicamente íons da matriz excitada, cátions e

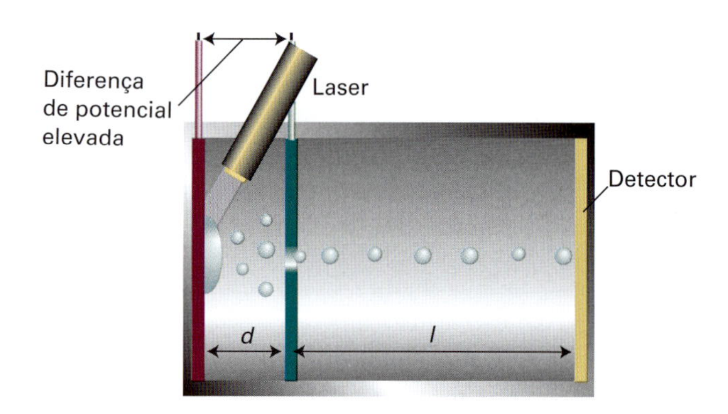

Figura 17D.1 Diagrama de um espectrômetro de massa de ionização por dessorção com laser favorecida pela matriz e de tempo de voo (MALDI-TOF). Um feixe de radiação laser ejeta macromoléculas e íons da matriz sólida. As macromoléculas ionizadas são aceleradas por uma diferença de potencial elétrico numa distância d e atravessam uma região de deslocamento de comprimento l. Os íons com a menor razão entre a massa e o número de cargas (m/z) alcançam o detector primeiro.

macromoléculas neutras, criando deste modo uma densa nuvem de gás sobre a superfície da amostra. A macromolécula é ionizada por colisões e complexação com cátions pequenos, como H^+, Na^+ e Ag^+.

A Fig. 17D.2 mostra o espectro de massa MALDI-TOF de uma amostra polidispersa de poli(adipato de butileno) (PAB, **1**). A técnica MALDI produz principalmente íons moleculares com carga unitária que não estão fragmentados. Portanto, os picos múltiplos no espectro surgem devido a polímeros com comprimentos diferentes, sendo a intensidade de cada pico proporcional à abundância de cada polímero na amostra. Valores de $\bar{M}_n$, $\bar{M}_w$ e da dispersividade podem ser calculados a partir dos dados. Também é possível usar o espectro de massa para verificar a estrutura de um polímero, como mostrado no exemplo a seguir.

HO–[(CH$_2$)$_4$–O–C(=O)–(CH$_2$)$_4$–C(=O)]$_n$–O–(CH$_2$)$_4$–OH

1

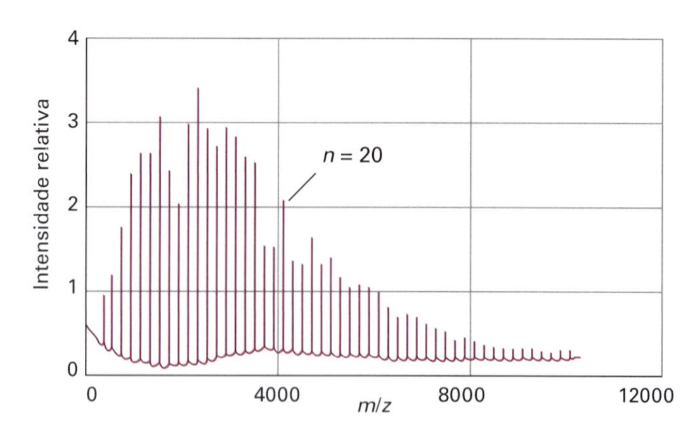

Figura 17D.2 Espectro MALDI-TOF de uma amostra de poli(adipato de butileno) (**1**) com $\bar{M}_n$ = 4525 g mol^{-1}. (Adaptado de D.C.Mudiman *et al.*, *J. Chem. Educ.*, **74**, 1288 (1997).)

Exemplo 17D.2 Interpretação do espectro de massa de um polímero

O espectro de massa na Fig. 17D.2 consiste em picos espaçados de 200 g mol^{-1}. O pico em 4113 g mol^{-1} corresponde ao polímero em que $n = 20$. A partir desses dados, verifique que a amostra consiste num polímero com a estrutura geral dada por **1**.

Método Como cada pico corresponde a um valor diferente de n, a diferença de massa molar, ΔM, entre os picos corresponde à massa molar, M, da unidade que se repete (o grupo dentro dos parênteses em **1**). Além disso, a massa molar dos grupos terminais (os grupos fora dos parênteses em **1**) pode ser obtida da massa molar de qualquer pico usando-se

$$M(\text{grupos terminais}) = M(\text{polímero com } n \text{ unidades repetidoras}) - n\Delta M - M(\text{cátion})$$

em que o último termo corresponde à massa molar do cátion que se une à macromolécula durante a ionização.

Resposta O valor de ΔM é consistente com a massa molar da unidade que se repete mostrada em **1**, que é 200 g mol^{-1}. A massa molar do grupo terminal é calculada recordando que o cátion na matriz é o Na^+:

$$M(\text{grupo terminal}) = 4113 \text{ g mol}^{-1} - 20(200 \text{ g mol}^{-1}) - 23 \text{ g mol}^{-1} = 90 \text{ g mol}^{-1}$$

O resultado é consistente com a massa molar do grupo terminal $—O(CH_2)_4OH$ (89 g mol^{-1}) mais a massa molar do grupo terminal —H (1 g mol^{-1}).

Exercício proposto 17D.2 Qual seria a massa molar do polímero do exemplo anterior com $n = 20$ se na preparação da matriz fosse usado o trifluoroacetato de prata em vez do NaCl?

Resposta: 4198 g mol^{-1}

(b) Espalhamento de luz proveniente de laser

O espalhamento de luz por partículas com diâmetros muito menores do que o comprimento de onda da radiação incidente é chamado de **espalhamento Rayleigh**. A intensidade da luz espalhada é proporcional à massa molar da partícula e a λ^{-4}; assim, a radiação de comprimento de onda mais curto é espalhada mais intensamente do que de comprimentos de onda mais longos. Por exemplo, o azul do céu provém do espalhamento mais intenso da componente azul da luz solar branca pelas moléculas da atmosfera.

Considere o arranjo experimental na Fig. 17D.3 para a medição do espalhamento de luz de soluções de macromoléculas. Normalmente, a amostra é irradiada com luz monocromática saída de um laser. A intensidade da luz espalhada é, então, medida como função do ângulo θ que a direção do feixe de laser faz com a direção do detector a partir da amostra a uma distância r. Nessas condições, a intensidade $I(\theta)$, da luz espalhada é escrita como a **razão de Rayleigh**:

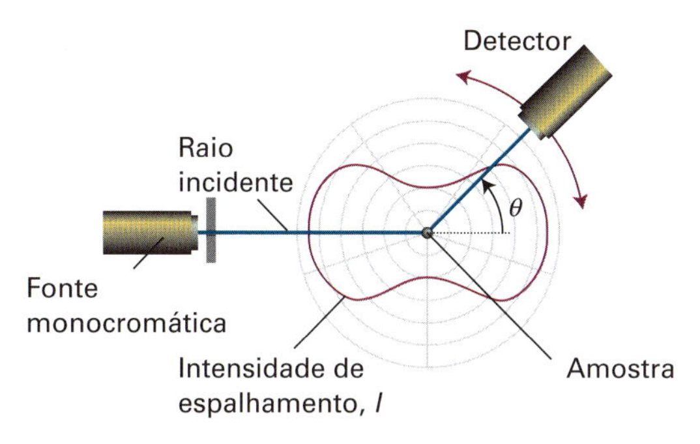

Figura 17D.3 Espalhamento Rayleigh a partir de uma amostra de partículas quase pontuais. A intensidade da luz espalhada depende do ângulo θ entre os feixes da radiação incidente e espalhada.

$$R(\theta) = \frac{I(\theta)}{I_0} \times r^2 \qquad \textit{Definição} \quad \text{Razão de Rayleigh} \qquad (17D.4)$$

em que I_0 é a intensidade da radiação de laser incidente. O fator $1/r^2$ ocorre na definição da razão de Rayleigh porque a luz se espalha sobre uma esfera de raio r e área superficial $4\pi r^2$; logo, qualquer amostra de radiação tem sua intensidade $I(\theta)$ diminuída por um fator proporcional a r^2.

Um exame detalhado do espalhamento mostra que a razão de Rayleigh depende da concentração da massa, c_P (unidades: kg m^{-3}), da macromolécula e de sua massa molar média ponderal $\bar{M}_w$ como:

$$R(\theta) = KP(\theta)c_P\bar{M}_w \qquad \text{Relação entre a razão de Rayleigh e a massa molar} \qquad (17D.5)$$

em que o parâmetro K depende do índice de refração da solução, do comprimento de onda incidente e da distância entre o detector e a amostra, que é mantida constante durante o experimento. O parâmetro $P(\theta)$ é o **fator de estrutura**, que está relacionado ao tamanho da molécula. Quando o raio de giração, R_g, da molécula (Seção 17A e Tabela 17D.1) é muito menor do que o comprimento de onda da luz,

$$P(\theta) \approx 1 - p(\theta) \quad \text{com } p(\theta) = \frac{16\pi^2 R_g^2 \text{sen}^2 \frac{1}{2}\theta}{3\lambda^2}$$

$$\textit{Macromoléculas pequenas} \quad \text{Fator de estrutura} \qquad (17D.6)$$

A Eq. 17D.5 aplica-se somente a soluções ideais. Na prática, mesmo soluções relativamente diluídas de macromoléculas podem desviar-se consideravelmente da idealidade. Por serem tão grandes, as macromoléculas deslocam uma grande quantidade de solvente em vez de substituir moléculas de solvente individuais com perturbação insignificante. Para levar em conta

Tabela 17D.1* Raio de giração

	M/(kg mol^{-1})	R_g/nm
Albumina do soro	66	2,9
Poliestireno	$3{,}2\times10^3$	50[†]
DNA	4×10^3	117

* Mais valores são fornecidos na *Seção de dados*.
† Num mau solvente.

desvios da idealidade, é comum reescrever a Eq. 17D.5 como $Kc_P/R(\theta)=1/P(\theta)\bar{M}_w$ e estendê-la para

$$\frac{Kc_P}{R(\theta)}=\frac{1}{P(\theta)\bar{M}_w}+Bc_P \qquad (17D.7)$$

em que B é uma constante empírica análoga ao coeficiente do virial osmótico (Seção 5B) e indicativo do efeito da exclusão do volume.

A discussão precedente mostra que propriedades estruturais, tais como o tamanho e a massa molar da macromolécula, podem ser obtidas por medições do espalhamento de luz por uma amostra em diversos ângulos θ em relação à direção de propagação de um raio incidente. Nos instrumentos modernos, os lasers são empregados como fontes de radiação.

Exemplo 17D.3 Determinação do tamanho de um polímero por espalhamento de luz

Os dados a seguir foram obtidos para uma amostra de poliestireno em butanona, a 20 °C, usando-se luz plano polarizada com $\lambda = 546$ nm.

$\theta/°$	26,0	36,9	66,4	90,0	113,6
$R(\theta)/\mathrm{m}^2$	19,7	18,8	17,1	16,0	14,4

Em uma experiência separada, foi determinado que $K = 6{,}42 \times 10^{-5}$ mol m^5 kg^{-2}. A partir dessa informação, calculamos R_g e para a amostra. Admitimos que B é insignificantemente pequeno e que o polímero é suficientemente pequeno para que a Eq. 17D.6 seja válida.

Método A substituição do resultado da Eq. 17D.6 na Eq. 17D.5 dá, após certo rearranjo,

$$\frac{1}{R(\theta)}=\frac{1}{Kc_P\bar{M}_w}+\left(\frac{16\pi^2R_g^2}{3\lambda^2}\right)\frac{1}{R(\theta)}\operatorname{sen}^2\tfrac{1}{2}\theta$$

Portanto, um gráfico de $1/R(\theta)$ contra $\{1/R(\theta)\}\operatorname{sen}^2\frac{1}{2}\theta$ deve ser uma reta com coeficiente angular $16\pi^2R_g^2/3\lambda^2$ e que intercepta y em $1/Kc_P\bar{M}_w$.

Resposta Construímos uma tabela de valores de $1/R(\theta)$ e $(\operatorname{sen}^2\frac{1}{2}\theta)/R(\theta)$ e fazemos um gráfico com esses dados (Fig. 17D.4):

$\theta/°$	26,0	36,9	66,4	90,0	113,6
$\{10^2/R(\theta)\}/\mathrm{m}^{-2}$	5,06	5,32	5,83	6,25	6,96
$\{10^3\times(\operatorname{sen}^2\frac{1}{2}\theta)/R(\theta)\}/\mathrm{m}^{-2}$	2,56	5,33	17,5	31,3	48,7

A reta que melhor se ajusta aos dados tem um coeficiente angular de 0,391 e intercepta y em $5{,}06 \times 10^{-2}$. Usando esses valores e do valor de K, calculamos $R_g = 4{,}71 \times 10^{-8}$ m = 47,1 nm e $\bar{M}_w = 987\ \mathrm{kg\,mol^{-1}}$.

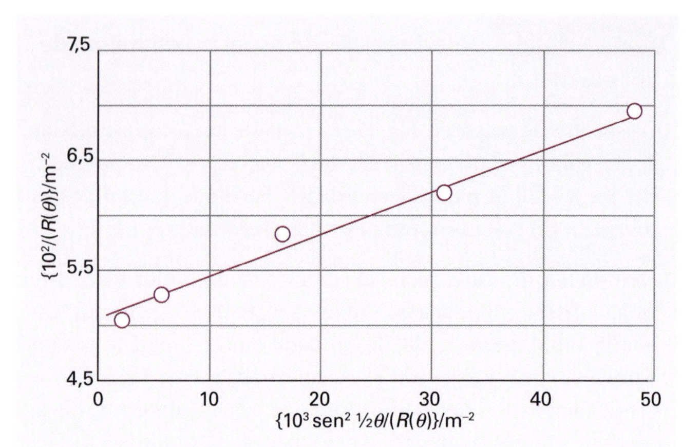

Figura 17D.4 Gráfico dos dados do *Exemplo* 17D.3.

Exercício proposto 17D.3 Os dados a seguir são válidos para uma solução de uma proteína com $c_P = 2{,}0$ kg m^{-3} e foram obtidos a 20 °C com luz proveniente de laser em $\lambda = 532$ nm:

$\theta/°$	15,0	45,0	70,0	85,0	90,0
$R(\theta)/\mathrm{m}^2$	23,8	22,9	21,6	20,7	20,4

Em uma experiência separada foi determinado que $K = 2{,}40 \times 10^{-2}$ mol m^5 kg^{-2}. A partir dessa informação, calcule o raio de giração e a massa molar da proteína. Admita que a proteína seja suficientemente pequena para que a Eq. 17D.6 seja válida.

Resposta: $R_g = 39{,}8$ nm; $\bar{M}_w = 498\ \mathrm{kg\,mol^{-1}}$

(c) Sedimentação

No campo gravitacional, as partículas pesadas caem naturalmente para a base de uma coluna vertical de solução, num processo conhecido como **sedimentação**. A velocidade de sedimentação depende da intensidade do campo e das massas e formas das partículas. As moléculas esféricas (e em geral as moléculas compactas) sedimentam com maior velocidade do que as moléculas cilíndricas e estendidas. Quando a amostra está em equilíbrio, as partículas se dispersam sobre um intervalo de altura exatamente como prevê a distribuição de Boltzmann (pois há um equilíbrio entre a ação do campo gravitacional e o efeito de agitação do movimento térmico). A distribuição das moléculas ao longo da coluna depende das massas das moléculas, de modo que a distribuição no equilíbrio é outra maneira de se determinar a massa molar.

A sedimentação é normalmente um processo muito lento, mas pode ser acelerada pela **ultracentrifugação**, uma técnica que substitui o campo gravitacional por um campo centrífugo. O efeito pode ser alcançado numa ultracentrífuga, que é, essencialmente, um cilindro que pode girar em altas velocidades em torno do seu eixo e em cuja periferia há um tubo portador da amostra. As ultracentrífugas modernas podem proporcionar acelerações equivalentes a cerca de 10^5 vezes a da gravidade ("10^5 g"). A amostra está, inicialmente, uniforme, mas a fronteira da sua "cabeça" (a parte voltada para o eixo) desloca-se para fora à medida que a sedimentação avança.

Um soluto de massa m tem uma massa efetiva $m_{ef} = bm$ em virtude do empuxo do fluido:

$$b=1-\rho v_s \qquad (17D.8)$$

em que ρ é a massa específica da solução, υ_s é o volume parcial específico do soluto ($v_s = (\partial V/\partial m_B)_T$, com m_B a massa total do soluto) e a grandeza adimensional $\rho\upsilon_s$ leva em conta a massa do solvente deslocada pelo soluto. As partículas do soluto, a uma distância r do eixo de um rotor que gira a uma velocidade angular ω sofrem uma força centrífuga cujo módulo é $m_{ef}r\omega^2$. A força centrífuga é contrabalançada por uma força de atrito proporcional à velocidade, $s = dr/dt$ da partícula no meio. Essa força vale fs, em que f é o **coeficiente de atrito**. As partículas, por isso, têm uma **velocidade de sedimentação** constante através do meio. Encontra-se essa velocidade ao se igualarem as duas forças $m_{ef}r\omega^2$ e fs. As forças são iguais quando

$$s = \frac{m_{ef}r\omega^2}{f} = \frac{bmr\omega^2}{f} \quad (17D.9)$$

A velocidade de sedimentação depende da velocidade angular e do raio. É conveniente introduzir a **constante de sedimentação**, S, definida por

$$S = \frac{s}{r\omega^2} \quad \textit{Definição} \quad \text{Constante de sedimentação} \quad (17D.10)$$

Assim, como a massa média da molécula está relacionada com a massa molar média $\bar{M}_n$ por $m = \bar{M}_w/N_A$

$$S = \frac{b\bar{M}_n}{fN_A} \quad (17D.11)$$

Para partículas esféricas de raio a em um solvente de viscosidade η, o coeficiente de atrito f é dado pela **lei de Stokes**:

$$f = 6\pi a\eta \quad \text{Lei de Stokes} \quad (17D.12)$$

Substituindo essa expressão na Eq. 17D.12 obtemos

$$S = \frac{b\bar{M}_n}{6\pi a\eta N_A} \quad \textit{Polímero esférico} \quad \text{Relação entre } S \text{ e a massa molar} \quad (17D.13)$$

e S pode ser usado para determinar $\bar{M}_n$ ou a. Novamente, se as moléculas não forem esféricas, usamos o valor apropriado de f dado na Tabela 17D.2. Como sempre, ao lidar com macromoléculas, as medidas devem ser realizadas numa série de concentrações e então devem ser extrapoladas para concentração zero. Esse procedimento evita as complicações que surgem da interferência entre moléculas volumosas.

Tabela 17D.2* Coeficientes de atrito e geometria das moléculas†

a/*b*	Prolato	Oblato
2	1,04	1,04
3	1,18	1,17
6	1,31	1,28
8	1,43	1,37
10	1,54	1,46

* Outros valores e outras expressões são fornecidos na *Seção de dados*.

† As entradas da tabela são as das razões f/f_0, com $f_0 = 6\pi\eta c$, em que $c = (ab^2)^{1/3}$, no caso de elipsoides prolatos e $c = (a^2b)^{1/3}$ no de elipsoides oblatos. O eixo maior dos elipsoides é $2a$, e o menor é $2b$.

Exemplo 17D.4 Determinação da constante de sedimentação

A sedimentação da proteína albumina do soro bovino (BSA) foi acompanhada a 25 °C. A posição inicial da superfície do soluto estava a 5,50 cm do eixo de rotação. Durante a centrifugação, a 56.850 r.p.m., as posições sucessivas foram:

t/s	0	500	1000	2000	3000	4000	5000
r/cm	5,50	5,55	5,60	5,70	5,80	5,91	6,01

Calcule a constante de sedimentação.

Método A Eq. 17D.10 pode ser interpretada como uma equação diferencial em termos de r, pois $s = dr/dt$. Então, se for integrada obtemos r em termos de t. A expressão integrada, uma expressão de r em função de t, sugere como fazer o gráfico dos dados e a partir dele como obter a constante de sedimentação.

Resposta A Eq. 17D.10 pode ser escrita como

$$\frac{dr}{dt} = r\omega^2 S \quad \text{e assim} \quad \frac{dr}{r} = \omega^2 S dt$$

Se, em $t = 0$, a superfície está em r_0 e, em um momento t posterior, está em r, integrando essa equação vem

$$\ln\frac{r}{r_0} = \omega^2 St$$

Assim, um gráfico de $\ln(r/r_0)$ contra t deve ser uma reta cujo coeficiente angular é $\omega^2 S$. Sendo $\omega = 2\pi\nu$, em que ν está em rotações por segundo, pode-se montar a seguinte tabela:

t/s	0	500	1000	2000	3000	4000	5000
$10^2 \ln(r/r_0)$	0	0,905	1,80	3,57	5,31	7,19	8,87

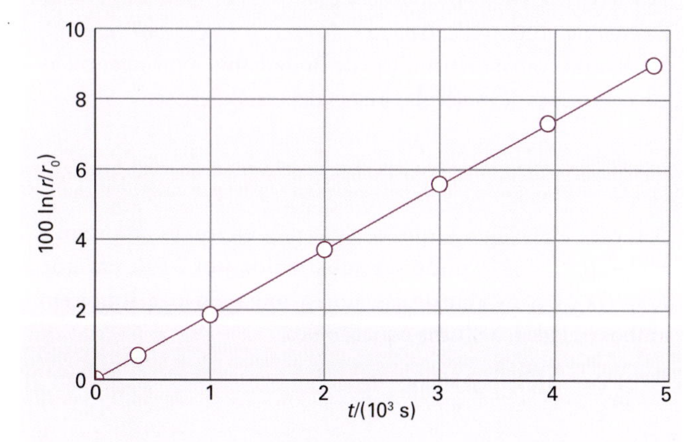

Figura 17D.5 Gráfico dos dados do *Exemplo* 17D.4.

O coeficiente angular da reta (Fig. 17D.5) que interpola os pontos é $1{,}78 \times 10^{-5}$, de modo que $\omega^2 S = 1{,}78 \times 10^{-5}\ \mathrm{s^{-1}}$. Como $\omega = 2\pi \times (56.850/60)\ \mathrm{s^{-1}} = 5{,}95 \times 10^3\ \mathrm{s^{-1}}$, vem que $S = 5{,}02 \times 10^{-13}$ s. A unidade 10^{-13} s é algumas vezes denominada "svedberg" e simbolizada por Sv. Então, neste caso, $S = 5{,}02$ Sv.

t/s	0	500	1000	2000	3000	4000	5000
r/cm	5,65	5,68	5,71	5,77	5,84	5,9	5,97

Exercício proposto 17D.4 Calcule a constante de sedimentação a partir dos seguintes dados (as outras condições são as mencionadas no exemplo anterior):

Resposta: 3,11 Sv

A dificuldade da medição das velocidades de sedimentação para a determinação das massas molares está nas imprecisões das medidas dos coeficientes de difusão de sistemas dispersos. Esse problema pode ser evitado deixando-se o sistema atingir o equilíbrio, pois então a propriedade de transporte D deixa de ser necessária. Como mostramos na *Justificativa* a seguir, a massa molar média ponderal pode ser obtida pela medida da razão entre as concentrações das macromoléculas em dois raios diferentes do tubo de uma centrífuga que opera à velocidade angular ω:

$$\bar{M}_w = \frac{2RT}{(r_2^2 - r_1^2)b\omega^2} \ln \frac{c_2}{c_1} \tag{17D.14}$$

Um tratamento alternativo dos dados leva à massa molar média Z. Neste caso, a centrífuga opera a velocidades menores do que na técnica de sedimentação, a fim de que o soluto não fique todo aglomerado no fundo do tubo da centrífuga. É possível que se passem vários dias, a essas velocidades mais baixas, para que o equilíbrio seja atingido.

Justificativa 17D.1 A massa molar média ponderal a partir de experimentos de sedimentação

A força centrífuga que atua em uma molécula de raio r quando ela gira em torno do eixo da centrífuga a uma frequência ω é $m\omega^2 r$. Essa força corresponde a uma diferença de energia potencial (a partir de $F = -\mathrm{d}V/\mathrm{d}r$) de $-\frac{1}{2}m\omega^2 r^2$. Portanto, a diferença na energia potencial entre r_1 e r_2 (com $r_2 > r_1$) é $\frac{1}{2}m\omega^2(r_1^2 - r_2^2)$. De acordo com a distribuição de Boltzmann, a razão entre as concentrações de moléculas a esses dois raios deve ser

$$\frac{c_2}{c_1} = \mathrm{e}^{-\frac{1}{2}m_{\mathrm{ef}}\omega^2(r_1^2 - r_2^2)/kT}$$

A massa efetiva, m_{ef}, que considera o efeito do empuxo, é $m(1 - v_s\rho)$, e m/k pode ser substituída por M/R, em que $R = N_A k$ é a constante de gás. Então, tomando logaritmos em ambos os lados, a última equação fica

$$\ln \frac{c_2}{c_1} = \frac{M(1 - v_s\rho)\omega^2(r_2^2 - r_1^2)}{2RT}$$

que se reescreve na Eq. 17D.14.

(d) Viscosidade

A definição formal de viscosidade é dada na Seção 19A; por ora precisamos saber que líquidos altamente viscosos escoam lentamente e retardam o movimento de objetos através deles. A viscosidade de uma solução aumenta pela presença de solutos macromoleculares. O efeito é notável mesmo em concentrações baixas, pois as moléculas de grande porte alteram o escoamento do fluido ao longo de extensas regiões nas vizinhanças delas. Em concentrações baixas, a viscosidade, η, da solução está relacionada à viscosidade do solvente puro, η_0, por

$$\eta = \eta_0(1 + [\eta]c + [\eta]'c^2 + \cdots) \tag{17D.15}$$

A **viscosidade intrínseca**, $[\eta]$, é uma grandeza análoga a um coeficiente do virial como o encontrado na descrição de gases reais (e tem as dimensões de 1/concentração). Vem, da Eq. 17D.15, que

$$[\eta] = \lim_{c\to 0}\left(\frac{\eta - \eta_0}{c\eta_0}\right) = \lim_{c\to 0}\left(\frac{\eta/\eta_0 - 1}{c}\right) \quad \textit{Definição} \quad \text{Viscosidade intrínseca} \tag{17D.16}$$

As viscosidades podem ser medidas de muitas maneiras. No **viscosímetro de Ostwald**, mostrado na Fig. 17D.6, mede-se o tempo de escoamento do fluido através do capilar e compara-se esse tempo ao do escoamento de uma amostra padrão. O método é conveniente para a medida de $[\eta]$, pois a razão entre a viscosidade da solução e a do solvente puro é proporcional à razão entre os tempos de escoamento t e t_0, feitas as correções das massas específicas, ρ e ρ_0:

$$\frac{\eta}{\eta_0} = \frac{t}{t_0} \times \frac{\rho}{\rho_0} \tag{17D.17}$$

A razão dos tempos pode ser usada, então, diretamente na Eq. 17D.16. Também se usam viscosímetros com cilindros coaxiais rotatórios (Fig. 17D.7), e o torque no cilindro interno é medido enquanto o cilindro externo gira em condições controladas. Esses **reômetros rotatórios** (alguns instrumentos para a medida de viscosidade também são chamados de *reômetros*, da palavra grega para "escoamento") têm vantagem sobre os viscosímetros do tipo de Ostwald por ser o gradiente de cisalhamento entre os cilindros

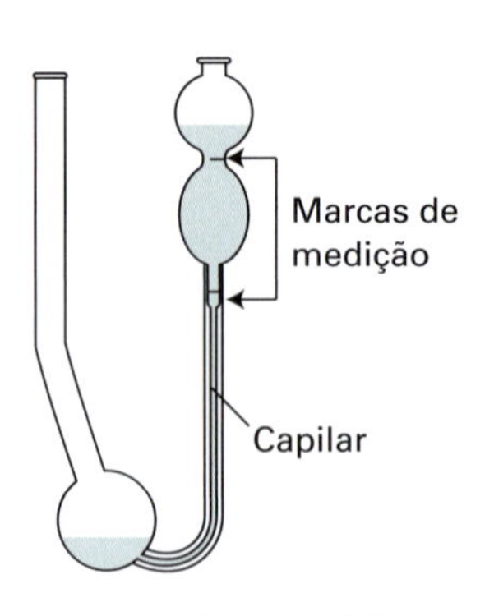

Figura 17D.6 Viscosímetro de Ostwald. A viscosidade é medida pelo tempo necessário para que o líquido escoe entre duas marcas de referência.

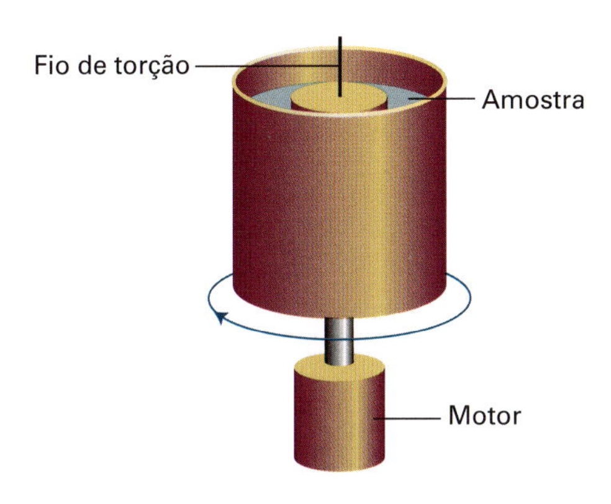

Figura 17D.7 Reômetro rotatório. Mede-se o torque no cilindro interno quando o cilindro externo gira.

mais simples do que no capilar e por permitirem mais facilmente a investigação de efeitos a serem comentados adiante.

Há muitas complicações na interpretação das medidas de viscosidade. A maioria do trabalho está baseada em observações empíricas, e a determinação de massas molares se faz, comumente, pela comparação com amostras padrões, quase monodispersas. Há algumas regularidades observáveis que ajudam na determinação. Por exemplo, observa-se que algumas soluções de macromoléculas obedecem, frequentemente, à **equação de Mark-Kuhn-Houwink-Sakurada**:

$$[\eta]=K\bar{M}_v^a \quad \textit{Equação de Mark-Kuhn-Houwink-Sakurada} \quad (17D.18)$$

em que K e a são constantes que dependem do solvente e do tipo de macromolécula (Tabela 17D.3). Nessa expressão aparece a massa molar média de viscosidade, $\bar{M}_v$.

Tabela 17D.3* Viscosidade intrínseca

	Solvente	θ/°C	K/(cm^3 g^{-1})	a
Poliestireno	Benzeno	25	$9{,}5\times10^{-3}$	0,74
Poli-isobutileno	Benzeno	23	$8{,}3\times10^{-2}$	0,50
Várias proteínas	Hidrocloreto de guanidina + $HSCH_2CH_2OH$		$7{,}2\times10^{-3}$	0,66

* Outros valores são fornecidos na *Seção de dados*.

Exemplo 17D.5 Uso da viscosidade intrínseca para medir a massa molar

As viscosidades de uma série de soluções de poliestireno em tolueno foram medidas a 25 °C, com os seguintes resultados:

c/(g dm^{-3})	0	2	4	6	8	10
η/(10^{-4} kg m^{-1} s^{-1})	5,58	6,15	6,74	7,35	7,98	8,64

Calcule a viscosidade intrínseca e estime a massa molar do polímero usando a Eq. 17D.19, com $K = 3{,}80\times10^5$ dm^3 g^{-1} e $a = 0{,}63$.

Método A viscosidade intrínseca está definida na Eq. 17D.16. Calcula-se então a razão na série de dados e extrapolam-se os resultados para $c = 0$. Na Eq. 17D.18 $\bar{M}_v$ é lida como $\bar{M}_v$/(g mol^{-1}).

Resposta Monta-se a seguinte tabela:

Os pontos estão no gráfico da Fig. 17D.8. A extrapolação para $c = 0$ leva a 0,0504, de modo que $[\eta] = 0{,}0504$ dm^3 g^{-1}. Portanto,

$$\bar{M}_v=\left(\frac{[\eta]}{K}\right)^{1/a}=9{,}0\times10^4\,\text{g mol}^{-1}$$

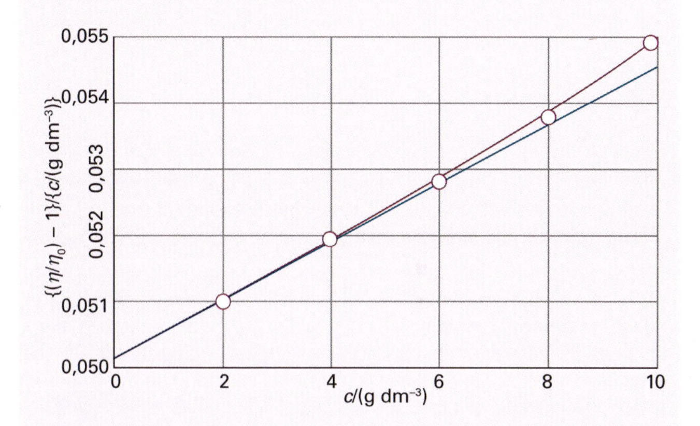

Figura 17D.8 Gráfico usado para a determinação da viscosidade intrínseca, que é calculada pela interceptação com a ordenada em $c = 0$. Veja *Exemplo* 17D.5.

Exercício proposto 17D.5 Mostre que a velocidade intrínseca também pode ser obtida como $[\eta] = \lim_{c\to0}(\eta/\eta_0)$ e calcule a massa molar média de viscosidade usando essa relação.

Resposta: 90 kg mol^{-1}

Em alguns casos, o escoamento é não newtoniano, pois a viscosidade se altera quando a velocidade do escoamento aumenta. Uma diminuição da viscosidade pelo aumento da velocidade de escoamento sugere a presença de moléculas compridas do tipo cilíndrico que se orientam no escoamento e deslizam com maior facilidade umas sobre as outras. Em alguns casos, raros, as tensões do escoamento são tão grandes que as moléculas grandes são rompidas, com consequências adicionais para a viscosidade.

Conceitos importantes

- [ ] 1. As macromoléculas podem ser **monodispersas**, com uma única massa molar, ou **polidispersas**, com várias massas molares.
- [ ] 2. Na técnica **MALDI-TOF**, a ionização por dessorção com laser favorecida pela matriz é acoplada a um espectrômetro de massa com tempo de voo para medir as massas molares de macromoléculas.
- [ ] 3. A intensidade do **espalhamento Rayleigh da luz** por uma amostra aumenta com a diminuição do comprimento de onda da radiação incidente e com o aumento do tamanho das partículas na amostra.
- [ ] 4. A análise do espalhamento Rayleigh leva à determinação da massa molar de uma macromolécula ou um agregado.
- [ ] 5. O **espalhamento dinâmico da luz** é uma técnica para a determinação das propriedades da difusão e massas molares de macromoléculas e agregados.
- [ ] 6. A velocidade de sedimentação em uma ultracentrífuga depende das massas molares e das formas das macromoléculas na amostra.
- [ ] 7. A **massa molar média ponderal** e a **massa molar média *Z*** de uma amostra de macromoléculas podem ser determinadas a partir de medições de equilíbrio de sedimentação em uma ultracentrífuga.
- [ ] 8. A **massa molar média de viscosidade** pode ser determinada a partir de medições da viscosidade de soluções de macromoléculas.

Equações importantes

Propriedade	Equação	Comentário	Número de equação
Massa molar média numérica	$\bar{M}_n = (1/N)\sum_i N_i M_i$	Definição	17D.1
Massa molar média ponderal	$\bar{M}_w = (1/m)\sum_i m_i M_i$	Definição	17D.2a
Massa molar média *Z*	$\bar{M}_Z = \langle M^3\rangle/\langle M^2\rangle$	Interpretação	17D.2c
Dispersividade	$Đ = \bar{M}_w/\bar{M}_n$	Definição	17D.3a
	$Đ = \langle M^2\rangle/\langle M\rangle^2$	Interpretação	17D.3b
Razão de Rayleigh	$R(\theta) = (I(\theta)/I_0)r^2$	Definição	17D.4
	$R(\theta) = KP(\theta)c_P\bar{M}_w$	Implementação experimental; soluções ideais	17D.5
Fator de estrutura	$P(\theta) \approx 1 - p(\theta)$ $p(\theta) = (16\pi^2 R_g^2/3\lambda^2)\mathrm{sen}^2\,\frac{1}{2}\theta$	Macromoléculas pequenas	17D.6
Constante de sedimentação	$S = s/r\omega^2$	Definição	17D.10
Relação de Stokes	$f = 6\pi a\eta$	*f* é o coeficiente de atrito	17D.12
Relação entre a constante de sedimentação e a massa molar de um polímero	$S = b\bar{M}_n/6\pi a\eta N_A$	Polímero esférico	17D.13
Viscosidade intrínseca	$[\eta] = \lim_{c\to 0}\{(\eta/\eta_0 - 1)/c\}$	Definição	17D.16
Equação de Mark-Kuhn-Houwink-Sakurada	$[\eta] = K\bar{M}_v^a$	Soluções quase ideais	17D.18

CAPÍTULO 17 Macromoléculas e agregados

SEÇÃO 17A As estruturas das macromoléculas

Questões teóricas

17A.1 Faça a distinção entre os quatro níveis de estrutura de uma macromolécula: primária, secundária, terciária e quaternária.

17A.2 Quais são as consequências de haver rigidez parcial em uma cadeia que seria, de outra forma, randômica?

17A.3 Defina os termos, e identifique os limites de aplicação, das seguintes expressões: (a) $R_c = Nl$, (b) $R_{rsqm} = N^{1/2}l$, (c) $R_{rsqm} = (2N)^{1/2}l$, (d) $R_{rsqm} = N^{1/2}lF$, (e) $R_g = N^{1/2}l$, (f) $R_g = (N/6)^{1/2}l$, (g) $R_g = (N/3)^{1/2}l$.

17A.4 Faça um resumo das regras de Core-Pauling explique como elas dão conta das estruturas em forma de hélice e de folha dos polipeptídios.

Exercícios

17A.1(a) A cadeia unidimensional de um polímero tem 700 segmentos, cada qual com 0,90 nm de comprimento. Se a cadeia for idealmente flexível, qual a raiz da separação quadrática média entre as suas duas extremidades?
17A.1(b) A cadeia unidimensional de um polímero tem 1200 segmentos, cada qual com 1,125 nm de comprimento. Se a cadeia for idealmente flexível, qual a raiz da separação quadrática média entre as suas duas extremidades?

17A.2(a) Calcule o comprimento máximo (o comprimento da cadeia estendida) e o comprimento médio quadrático (a distância média quadrática de ponta a ponta) do polietileno com a massa molar de 280 kg mol^{-1}, modelado como uma cadeia unidimensional.
17A.2(b) Calcule o comprimento máximo (o comprimento da cadeia estendida) e o comprimento médio quadrático (a distância média quadrática de ponta a ponta) do polipropileno de massa molar igual a 174 kg mol^{-1}, modelado como uma cadeia unidimensional.

17A.3(a) O raio de giração de uma cadeia comprida unidimensional de ligações C–C é de 7,3 nm. Admita que a cadeia seja aleatoriamente enovelada e estime o número de ligações que ela possui.
17A.3(b) O raio de giração de uma cadeia comprida unidimensional, de ligações com 450 pm de comprimento, é igual a 18,9 nm. Admita que a cadeia seja aleatoriamente enovelada e estime o número de ligações que ela possui.

17A.4(a) Qual é a probabilidade de as extremidades de uma cadeia de polietileno de massa molar 65 kg mol^{-1} estarem afastadas de 10 nm quando o polímero é tratado como uma cadeia com articulações livres unidimensional?
17A.4(b) Qual é a probabilidade de as extremidades de uma cadeia de polietileno de massa molar 85 kg mol^{-1} estarem afastadas de 15 nm quando o polímero é tratado como uma cadeia com articulações livres unidimensional?

17A.5(a) Qual é a probabilidade de as extremidades de uma cadeia de polietileno de massa molar 65 kg mol^{-1} estarem afastadas entre 10 nm e 10,1 nm quando o polímero é tratado como uma cadeia com articulações livres tridimensional?
17A.5(b) Qual é a probabilidade de as extremidades de uma cadeia de polietileno de massa molar 75 kg mol^{-1} estarem afastadas entre 14 nm e 14,1 nm quando o polímero é tratado como uma cadeia com articulações livres tridimensional?

17A.6(a) De que porcentagem o raio de giração de uma cadeia polimérica aumenta (+) ou diminui (–) quando o ângulo entre as unidades é limitado a 109°? Qual é a variação percentual no volume da cadeia?
17A.6(b) De que porcentagem o raio de giração de uma cadeia polimérica aumenta (+) ou diminui (–) quando o ângulo entre as unidades é limitado a 120°? Qual é a variação percentual no volume da cadeia?

17A.7(a) De que porcentagem a raiz da separação quadrática média das extremidades de uma cadeia polimérica aumenta (+) ou diminui (–) quando o comprimento de persistência varia de l (o comprimento da ligação) a 5% do comprimento de contorno? Qual é a variação percentual no volume da cadeia?
17A.7(b) De que porcentagem a raiz da separação quadrática média das extremidades de uma cadeia polimérica aumenta (+) ou diminui (–) quando o comprimento de persistência varia de l (o comprimento da ligação) a 2,5% do comprimento de contorno? Qual é a variação percentual no volume da cadeia?

17A.8(a) O raio de giração de um polímero tridimensional parcialmente rígido com 1000 unidades de comprimento 150 pm foi medido como 2,1 nm. Qual é o comprimento de persistência do polímero?
17A.8(b) O raio de giração de um polímero tridimensional parcialmente rígido com 1500 unidades de comprimento 164 pm foi medido como 3,0 nm. Qual é o comprimento de persistência do polímero?

Problemas

17A.1 Estime o raio de giração, R_g, de (a) uma esfera maciça de raio a e (b) de um bastão cilíndrico longo de raio a e comprimento l. Mostre que no caso da esfera maciça de volume específico v_s, $R_g/\text{nm} \approx 0{,}056902 \times \{(v_s/\text{cm}^3\,\text{g}^{-1})(M/\text{g}\,\text{mol}^{-1})\}^{1/3}$. Calcule R_g quando $M = 100$ kg mol^{-1}, $v_s = 0{,}750$ cm^3 g^{-1} e, no caso de um bastão, quando o raio é de 0,50 nm.

17A.2 Use a Eq. 17A.2 para deduzir as expressões (a) da raiz da separação quadrática média entre as extremidades da cadeia, (b) da separação média e (c) da separação mais provável. Estime essas três grandezas para uma cadeia flexível com $N = 4000$ e $l = 154$ pm.

17A.3 Deduza a relação $\langle r_i^2 \rangle = Nl^2$ para a raiz da separação quadrática média de um monômero à origem em uma cadeia com articulações livres formada por N unidades, cada uma de comprimento l. *Sugestão*: Use a distribuição na Eq. 17A.2.

17A.4 Deduza uma expressão para o raio de giração de uma cadeia com articulações livres tridimensional (Eq. 17A.6).

17A.5 Deduza expressões para o momento de inércia e o raio de giração de (a) um disco fino uniforme, (b) um bastão longo e uniforme, (c) uma esfera uniforme.

17A.6 Construa uma marcha ao acaso bidimensional usando uma rotina geradora de números aleatórios através de um software matemático ou de uma planilha eletrônica. Construa uma marcha de 50 e de 100 passos. Se houver muitos alunos trabalhando no problema, calcule a separação média e a separação mais provável nos gráficos por medidas diretas. Elas variam com $N^{1/2}$?

17A.7 Comprove que, para cadeias randômicas unidimensionais, $\ln P \approx \ln(2/\pi N)^{1/2} - \frac{1}{2}(N+n+1)\ln(1+\nu) - \frac{1}{2}(N-n+1)\ln(1-\nu)$. *Sugestão:* Veja a *Justificativa* 17A.1.

17A.8 O raio de giração foi definido na *Justificativa* 17A.3. Mostre que outra definição, equivalente, é a de R_g ser a distância média quadrática dos átomos, ou grupos de átomos (admitindo que todos tenham a mesma massa), ao centro de massa, isto é, $R_g^2 = (1/N)\sum_j R_j^2$, em que R_j é a distância do átomo j ao centro de massa.

17A.9 Com as informações que vêm na tabela a seguir e com a expressão de R_g para a esfera maciça mencionada no texto (após a Eq. 17A.6), classifique as espécies seguintes como globulares ou alongadas.

	$M/(\text{g mol}^{-1})$	$v_s/(\text{cm}^3\,\text{g}^{-1})$	R_g/nm
Albumina do soro	66×10^3	0,752	2,98
Vírus do tomateiro	$10{,}6\times10^6$	0,741	12,0
DNA	4×10^6	0,556	117,0

SEÇÃO 17B Propriedades das macromoléculas

Questões teóricas

17B.1 Faça a distinção entre tensão e deformação.

17B.2 Faça a distinção entre deformação elástica e deformação plástica.

17B.3 Faça a distinção entre temperatura de fusão e temperatura de transição vítrea de um polímero.

17B.4 Descreva o mecanismo da condutividade elétrica em polímeros condutores.

Exercícios

17B.1(a) Calcule a variação de entropia molar quando as extremidades de uma cadeia de polietileno unidimensional, de massa molecular igual a 65 kg mol^{-1}, são afastadas de 1,0 nm.

17B.1(b) Calcule a variação de entropia molar quando as extremidades de uma cadeia de polietileno unidimensional, de massa molecular igual a 85 kg mol^{-1}, são afastadas de 2,0 nm.

17B.2(a) Calcule a força de restauração quando as extremidades de uma cadeia de polietileno unidimensional, de massa molecular igual a 65 kg mol^{-1}, são afastadas de 1,0 nm, a 20 °C.

17B.2(b) Calcule a força de restauração quando as extremidades de uma cadeia de polietileno unidimensional, de massa molecular igual a 85 kg mol^{-1}, são afastadas de 2,0 nm, a 25 °C.

Problemas

17B.1 Deduza uma expressão para a frequência de vibração fundamental de uma cadeia randômica unidimensional que foi levemente estirada e então relaxada. Calcule essa frequência para uma amostra de polietileno de massa molar 65 kg mol^{-1} a 20 °C. Explique fisicamente a dependência da frequência em relação à temperatura e à massa molar.

17B.2 Admitindo que a tensão, t, necessária para manter uma amostra em um comprimento constante é proporcional à temperatura ($t = aT$, o análogo de $p \propto T$), mostre que a tensão pode ser atribuída à dependência da entropia em relação ao comprimento da amostra. Explique esse resultado em termos da natureza molecular da amostra.

17B.3 A tabela a seguir apresenta as temperaturas de transição vítrea, T_v, de vários polímeros. Discuta as razões por que a estrutura do monômero tem um efeito sobre o valor de T_v.

Polímero	Poli(oximetileno)	Polietileno	Poli(cloreto de vinila)	Poliestireno
Estrutura	$-(\text{OCH}_2)_n-$	$-(\text{CH}_2\text{CH}_2)_n-$	$-(\text{CH}_2-\text{CHCl})_n-$	$-(\text{CH}_2-\text{CH}(\text{C}_6\text{H}_5))_n-$
T_g/K	198	253	354	381

SEÇÃO 17C Auto-organização

Questões teóricas

17C.1 Faça a distinção entre sol, emulsão e espuma. Dê exemplos de cada caso.

17C.2 Observa-se que a concentração micelar crítica do dodecilsulfato de sódio em solução aquosa diminui quando a concentração do cloreto de sódio, que é adicionado, aumenta. Explique esse efeito.

17C.3 Qual é o efeito que provavelmente terá a inclusão do colesterol na temperatura de transição de uma bicamada lipídica?

Exercícios

17C.1(a) A velocidade v com a qual uma proteína se desloca através da água sob a influência de um campo elétrico varia com o valor do pH na faixa de $3{,}0 < \text{pH} < 7{,}0$ segundo a expressão $v/(\mu\text{m s}^{-1}) = a + b(\text{pH}) + c(\text{pH})^2 + d(\text{pH})^3$, com $a = 0{,}50$, $b = -0{,}10$, $c = -3{,}0 \times 10^{-3}$ e $d = 5{,}0 \times 10^{-4}$. Identifique o ponto isoelétrico da proteína.

17C.1(b) A velocidade v com a qual uma proteína se desloca através da água sob a influência de um campo elétrico varia com o valor do pH na faixa de $3{,}0 < \text{pH} < 5{,}0$ segundo a expressão $v/(\mu\text{m s}^{-1}) = a + b(\text{pH}) + c(\text{pH})^2$, com $a = 0{,}80$, $b = -4{,}0 \times 10^{-3}$ e $c = 5{,}0 \times 10^{-2}$. Identifique o ponto isoelétrico da proteína.

Problema

17C.1 Use um programa matemático para reproduzir as características encontradas na Fig. 17C.6.

SEÇÃO 17D Determinação de tamanho e forma

Questões teóricas

17D.1 Faça a distinção entre as massas molares média numérica, média ponderal e média Z. Identifique técnicas experimentais que possam medir cada uma dessas propriedades.

17D.2 Sugira razões pelas quais diferentes técnicas produzem massas molares médias diferentes.

Exercícios

17D.1(a) Calcule a massa molar média numérica e a massa molar média ponderal de uma mistura equimolar de dois polímeros que têm $M = 62$ kg mol^{-1} e $M = 78$ kg mol^{-1}.

17D.1(b) Calcule a massa molar média numérica e a massa molar média ponderal de uma mistura de dois polímeros, na razão molar 3:2 (razão entre os números de mols), tendo o primeiro a massa molar $M = 62$ kg mol^{-1} e o segundo $M = 78$ kg mol^{-1}.

17D.2(a) Uma solução tem o solvente e um soluto com 30% da massa na forma de um dímero com $M = 30$ kg mol^{-1} e o restante na forma do monômero. Que massa molar média seria medida numa determinação (i) da pressão osmótica e (ii) do espalhamento da luz?

17D.2(b) Uma solução tem o solvente e um soluto com 25% da massa na forma de um trímero com $M = 22$ kg mol^{-1} e o restante na forma do monômero. Que massa molar média seria medida numa determinação (i) da pressão osmótica e (ii) do espalhamento da luz?

17D.3(a) Qual a velocidade relativa de sedimentação de duas partículas esféricas, com a mesma massa específica, que diferem por um fator de 10 nos respectivos raios?

17D.3(b) Qual a velocidade relativa de sedimentação de duas partículas esféricas, cujas massas específica são 1,10 g cm^{-3} e 1,18 g cm^{-3}, e que diferem nos raios por um fator de 8,4? Use $\rho = 0{,}794$ g cm^{-3} para a massa específica da solução.

17D.4(a) O volume específico da hemoglobina humana é de $0{,}749 \times 10^{-3}$ m^3 kg^{-1}. A constante de sedimentação é 4,48 Sv e o coeficiente de difusão, $6{,}9 \times 10^{-11}$ m^2 s^{-1}. Determine a massa molar a partir dessas informações.

17D.4(b) Um polímero sintético tem o volume específico de $8{,}01 \times 10^{-4}$ m^3 kg^{-1}, a constante de sedimentação de 7,46 Sv e o coeficiente de difusão de $7{,}72 \times 10^{-11}$ m^2 s^{-1}. Determine a massa molar do polímero a partir dessas informações.

17D.5(a) Ache a velocidade de deslocamento de uma partícula com o raio de 20 μm e massa específica de 1750 kg m^{-3} que sedimenta em água (massa específica de 1000 kg m^{-3}) sob a ação da gravidade. A viscosidade da água é $8{,}9 \times 10^{-4}$ kg m^{-1} s^{-1}.

17D.5(b) Ache a velocidade de deslocamento de uma partícula com o raio de 15,5 μm e massa específica de 1250 kg m^{-3} que sedimenta em água (massa específica de 1000 kg m^{-3}) sob a ação da gravidade. A viscosidade da água é $8{,}9 \times 10^{-4}$ kg m^{-1} s^{-1}.

17D.6(a) A 20 °C, o coeficiente de difusão de uma macromolécula é de $8{,}3 \times 10^{-11}$ m^2 s^{-1}. A constante de sedimentação é 3,2 Sv, numa solução cuja massa específica é 1,06 g cm^{-3}. O volume específico da macromolécula é de 0,656 cm^3 g^{-1}. Determine a massa molar da macromolécula.

17D.6(b) A 20 °C, o coeficiente de difusão de uma macromolécula é $7{,}9 \times 10^{-11}$ m^2 s^{-1}. A constante de sedimentação é 5,1 Sv, numa solução de massa específica igual a 997 kg m^{-3}. O volume específico da macromolécula é de 0,721 cm^3 g^{-1}. Determine a massa molar da macromolécula.

17D.7(a) Os dados obtidos numa experiência de equilíbrio de sedimentação, executada a 300 K, com um soluto macromolecular em solução aquosa, lançados num gráfico de ln c contra r^2, dão uma reta com o coeficiente angular de 729. A velocidade de rotação da centrífuga foi de 50.000 r.p.m. O volume específico do soluto é de 0,61 cm^3 g^{-1}. Calcule a massa molar do soluto.

17D.7(b) Os dados obtidos numa experiência de equilíbrio de sedimentação, executada a 293 K, com um soluto macromolecular em solução aquosa, lançados num gráfico de ln c contra $(r/\text{cm})^2$ dão uma reta com o coeficiente angular de 821. A velocidade de rotação da centrífuga foi de 1080 Hz. O volume específico do soluto é de $7{,}2 \times 10^{-4}$ m^3 kg^{-1}. Calcule a massa molar do soluto.

Problemas

17D.1 Num processo de polimerização obtém-se um polímero com uma distribuição de massas gaussiana, isto é, com a fração de moléculas com a massa molar no intervalo M, $M + \text{d}M$, proporcional a $e^{-(M-\bar{M})^2/2\gamma}$. Qual a massa molar média numérica quando a distribuição for estreita?

17D.2 O poliestireno é um polímero sintético com a estrutura $-(CH_2CH(C_6H_5))_n-$. Um lote de poliestireno polidisperso foi preparado iniciando-se a polimerização como o radical livre *t*-butila. Um dos resultados esperados é que o grupo *t*-butila se acople covalentemente à extremidade dos produtos finais. Uma amostra dessa partida foi embebida numa matriz orgânica contendo trifluoroacetato de prata, e o espectro MALDI-TOF consistiu em um grande número de picos separados de 104 g mol^{-1}, com o pico mais intenso em 25.578 g mol^{-1}. Comente sobre a pureza dessa amostra e determine o número de segmentos ($CH_2CH(C_6H_5)$) nas espécies que são responsáveis pelo pico mais intenso no espectro.

17D.3 Suponha que uma molécula de DNA de comprimento igual a 250 nm sofre uma mudança de conformação para uma forma circular fechada (cf). (a) Use a informação do Problema 17A.8 e o comprimento de onda da radiação incidente, λ = 488 nm, para calcular a razão entre as intensidades de espalhamento para cada uma dessas conformações, $I_{alongada}/I_{cf}$, quando θ = 20°, 45° e 90°. (b) Suponha que você deseje usar o espalhamento de luz como uma técnica para o estudo das mudanças de conformação da molécula de DNA. Com base na sua resposta da parte (a), em que ângulo você faria as experiências? Justifique a sua escolha.

17D.4 Numa experiência de sedimentação, a posição da fronteira em função do tempo levou aos seguintes resultados:

t/min	15,5	29,1	36,4	58,2
r/cm	5,05	5,09	5,12	5,19

A velocidade de rotação da centrifuga era de 45.000 r.p.m. Calcule a constante de sedimentação do soluto.

17D.5 Calcule a velocidade de operação (em r.p.m.) de uma ultracentrífuga para que se possa ter um gradiente de concentração fácil de medir numa experiência de equilíbrio de sedimentação. Admita que o gradiente apropriado leve a uma concentração no fundo do tubo cinco vezes maior do que na cabeça do tubo. Use $r_{cabeça}$ = 5,0 cm, r_{fundo} = 7,0 cm, $M \approx 10^5$ g mol^{-1}, $\rho v_s \approx 0{,}75$, T = 298 K.

17D.6 Numa experiência com a albumina do soro bovino, a 20 °C, numa ultracentrífuga, foram obtidos os seguintes dados: ρ = 1,001 g cm^{-3}, v_s = 1,112 cm^3 g^{-1}, $\omega/2\pi$ =322 Hz,

r/cm	5,0	5,1	5,2	5,3	5,4
c/(mg cm^{-3})	0,536	0,284	0,148	0,077	0,039

Estime a massa molar da amostra.

17D.7 A constante de sedimentação da hemoglobina em água, a 20 °C, é S = 4,5 Sv, como mostram estudos de sedimentação. O coeficiente de difusão, na mesma temperatura, é de 6,3 × 10^{-11} m^2 s^{-1}. Calcule a massa molar da hemoglobina sendo o volume parcial específico v_s = 0,75 cm^3 g^{-1} e a massa específica da solução ρ = 0,998 g cm^{-3}. Estime o raio efetivo da molécula de hemoglobina admitindo que a viscosidade da solução seja de 1,00 × 10^{-3} kg m^{-1} s^{-1}.

17D.8 A velocidade de sedimentação de uma proteína recentemente isolada foi medida a 20 °C, numa centrífuga operando a 50.000 r.p.m. O movimento da fronteira sedimentária aparece na tabela a seguir:

t/s	0	300	600	900	1200	1500	1800
r/cm	6,127	6,153	6,179	6,206	6,232	6,258	6,284

Calcule a constante de sedimentação e a massa molar da proteína, sendo 0,728 cm^3 g^{-1} o seu volume parcial específico, 7,62 × 10^{-11} m^2 s^{-1} o seu coeficiente de difusão a 20 °C e 0,9981 g cm^{-3} a massa específica da solução. Sugira a forma da molécula da proteína sabendo que a viscosidade da solução é 1,00 × 10^{-3} kg m^{-1} s^{-1}, a 20 °C.

17D.9 A dependência entre a viscosidade de uma solução de polímero e a concentração é dada na tabela a seguir:

c/(g dm^{-3})	1,32	2,89	5,73	9,17
η/(g m^{-1} s^{-1})	1,08	1,20	1,42	1,73

A viscosidade do solvente puro é 0,985 g m^{-1} s^{-1}. Qual a viscosidade intrínseca do polímero?

17D.10 Os tempos de escoamento de soluções diluídas de poliestireno em benzeno, através de viscosímetro de escoamento, a 25 °C, são dados na tabela a seguir. Com os dados da tabela, estime a massa molar do poliestireno nas amostras. Como as soluções são diluídas, admita que as massas específicas das soluções coincidam com as do benzeno puro. η(benzeno) = 0,601 × 10^{-3} kg m^{-1} s^{-1} (0,601 cP) a 25 °C.

c/(g dm^{-3})	0	2,22	5,00	8,00	10,00
t/s	208,2	248,1	303,4	371,8	421,3

17D.11 As viscosidades de soluções do poli-isobutileno em benzeno, medidas a 23 °C, são as seguintes:

c/(g/10^2 cm^3)	0	0,2	0,4	0,6	0,8	1,0
η/(10^3 kg m^{-1} s^{-1})	0,647	0,690	0,733	0,777	0,821	0,865

Com essas informações e as da Tabela 17D.3, estime a massa molar do polímero.

Atividades integradas

7.1 Usando formamida como solvente, obtém-se para o poli(γ-benzil-L-glutamato), por meio de experimentos de espalhamento de luz, que o raio de giração é proporcional a *M*; por outro lado, o poliestireno em butanona tem R_g proporcional a $M^{1/2}$. Apresente argumentos para mostrar que o primeiro polímero é um bastonete rígido enquanto o segundo é uma cadeia randômica.

17.2 Considere a descrição termodinâmica do estiramento da borracha. Os observáveis são a tensão, *t*, e o comprimento, *l* (os análogos de *p* e *V* para os gases). Como dw = tdl, a equação fundamental é dU = TdS + tdl. Se $G = U - TS - tl$, encontre as expressões para dG e dA, e deduza as relações de Maxwell

$$\left(\frac{\partial S}{\partial l}\right)_T = -\left(\frac{\partial t}{\partial T}\right)_l \quad \left(\frac{\partial S}{\partial t}\right)_T = -\left(\frac{\partial l}{\partial T}\right)_t$$

Deduza a equação de estado da borracha,

$$\left(\frac{\partial U}{\partial l}\right)_T = t - \left(\frac{\partial t}{\partial T}\right)_l$$

17.3 Programas comerciais (mais especificamente, de "modelagem molecular" ou de "análise conformacional") tornam automáticos os cálculos que levam a gráficos de Ramachandran, como aqueles na Fig. 17A.13. Neste problema, nosso modelo para a proteína é o dipeptídio (**1**), em que os grupos metila nas extremidades estão substituindo o resto da cadeia polipeptídica. (a) Represente os três isômeros de conformação do dipeptídio com R = H: um com ϕ = +75°, ψ = −65°, um segundo com $\phi = \psi$ = +180° e um terceiro com ϕ = +65°, ψ = +35°. Use um programa da escolha de seu professor para otimizar a geometria de cada isômero e meça a energia potencial e os ângulos ϕ e ψ, no final da otimização, em cada caso. Todos os isômeros convergem para a mesma conformação final? Caso isso não ocorra, o que esses isômeros de conformação representam? (b) Use o procedimento da parte (a) para investigar o caso em que R=CH_3, com os mesmos três isômeros iniciais como ponto de partida nos cálculos. Considere quaisquer semelhanças e diferenças entre os isômeros finais dos dipeptídios com R=H e R=CH_3.

1

17.4 O raio efetivo, a, de uma cadeia enovelada está relacionado ao seu raio de giração, R_g, por $a = \gamma R_g$, com $\gamma = 0{,}85$. Deduza uma expressão para o coeficiente do virial osmótico, B, em termos do número de segmentos da cadeia para (a) uma cadeia com articulações livres, (b) uma cadeia com ângulos de ligação tetraédricos. Estime B para l = 154 pm e N = 4000. Estime B para uma cadeia de polietileno enovelada randomicamente de massa molar arbitrária, M, e faça o seu cálculo para M = 56 kg mol^{-1}. $B = \frac{1}{2} N_A \upsilon_P$, em que υ_p é o volume excluído devido a uma única molécula.

17.5 Um fabricante de esférulas de poliestireno afirma que a massa molar média do polímero é 250 kg mol^{-1}. As soluções dessas esférulas foram investigadas em baixas concentrações, por um estudante de físico-química, pela medida da viscosidade num viscosímetro de Ostwald, em tolueno e em ciclo-hexano. Os tempos de escoamento, t_D, em função das concentrações, em cada solvente, estão na tabela no final do enunciado. (a) Ajuste os dados à equação do virial para a viscosidade,

$$\eta = \eta_0(1 + [\eta]c + k'[\eta]^2c^2 + \cdots)$$

em que k' é a *constante de Huggins*, que fica comumente no intervalo 0,35–0,40. Pelo ajustamento, estime a viscosidade intrínseca e a constante de Huggins. (b) Use a equação de Mark-Kuhn-Houwink-Sakurada (Eq. 17D.18) para estimar a massa molar do poliestireno em cada solvente. Nos solventes teta, a = 0,5 e $K = 8{,}2 \times 10^{-5}$ dm^3 g^{-1} para o ciclo-hexano. Para o bom solvente tolueno, a = 0,72 e $K = 1{,}15 \times 10^{-5}$ dm^3 g^{-1}. (c) De acordo com uma teoria geral proposta por Kirkwood e Riseman, a distância média quadrática entre as duas extremidades da cadeia do polímero está relacionada a $[\eta]$ por $[\eta] = \Phi \langle r^2 \rangle^{3/2}/M$, em que Φ é uma constante universal que vale $2{,}84 \times 10^{26}$ quando $[\eta]$ está em litros por grama e a distância está em metros. Calcule essa grandeza em cada solvente. (d) Pelas massas molares, estime o número de monômeros ($C_6H_5CH{=}CH_2$) na cadeia, $\langle N \rangle$. (e) Calcule o comprimento da configuração plana, estendida, em zigue-zague, tomando a distância C–C como 154 pm e o ângulo entre as ligações CCC como 109°. (f) Use a Eq. 17A.6 para estimar o raio de giração, R_g. Calcule também $\langle r^2 \rangle^{1/2} = N^{1/2}l$. Compare esse resultado com o da teoria de Kirkwood-Riseman. Qual deles proporciona ajustamento melhor? (g) Compare os valores de M obtidos com os do Problema 17D.2. Há alguma razão para que concordem ou discordem? A afirmação do fabricante é aceitável?

c/(g dm^{-3} tolueno)	0	1,0	3,0	5,0
t_D/s	8,37	9,11	10,72	12,52
c/(g dm^{-3} ciclo-hexano)	0	1,0	1,5	2,0
t_D/s	8,32	8,67	8,85	9,03

CAPÍTULO 18

Sólidos

A maioria dos materiais que são usados nas tecnologias modernas está no estado sólido. Como exemplos podemos citar vários tipos de aço, que são usados em arquitetura e engenharia, os semicondutores e os condutores metálicos, que são usados nas tecnologias associadas à informação e à distribuição de eletricidade, as cerâmicas, que progressivamente estão substituindo os metais, e os polímeros sintéticos e naturais, discutidos no Capítulo 17, que são usados na indústria têxtil e na fabricação de vários objetos de uso comum no mundo moderno. Neste capítulo vamos explorar as estruturas e as propriedades físicas dos sólidos.

18A Estrutura cristalina

Nessa seção veremos como descrever a organização regular de átomos nos cristais e a simetria das suas organizações. Então, vamos considerar os princípios básicos da "difração de raios X" e ver como o padrão de difração pode ser interpretado em termos da distribuição da densidade eletrônica em uma "célula unitária".

18B Ligações nos sólidos

A difração de raios X nos dá informações acerca das estruturas de sólidos metálicos, iônicos e moleculares. Nessa seção, vamos rever alguns resultados típicos e sua interpretação em termos de raios atômicos e iônicos.

18C Propriedades mecânicas, elétricas e magnéticas dos sólidos

Nessa seção começaremos a ver como as propriedades macroscópicas dos sólidos se originam do arranjo e das propriedades dos átomos constituintes. Nela vamos nos concentrar na rigidez, na condutividade elétrica e nas propriedades magnéticas.

18D As propriedades ópticas dos sólidos

Essa seção continua a exploração das propriedades dos sólidos, com foco nas propriedades ópticas que tornam os materiais blocos úteis na construção de dispositivos com importantes aplicações tecnológicas.

Qual é o impacto deste material?

A implantação de técnicas de difração de raios X para a determinação da localização de todos os átomos em macromoléculas biológicas revolucionou o estudo da bioquímica. Em *Impacto* I15.1, o poder das técnicas é demonstrado pela exploração das imagens por raios X mais importantes: o padrão característico obtido de fitas do DNA, usado na construção do modelo de hélice dupla do DNA. Também nos detemos na pesquisa de materiais nanométricos, que é motivada pela possibilidade de serem a base de dispositivos eletrônicos de menor custo e menor dimensão. Em *Impacto* I18.2, discutimos a síntese de "nanofios", conjuntos atômicos nanométricos que conduzem eletricidade, um passo importante na fabricação de dispositivos nanométricos.

18A Estrutura cristalina

Tópicos

➤ Por que você precisa saber este assunto?

Você precisa entender as estruturas dos sólidos metálicos, iônicos e moleculares se quiser explicar as propriedades mecânicas, elétricas, ópticas e magnéticas que formam a base de novos materiais e novas tecnologias. Uma parte central desse entendimento é saber como as estruturas internas dos sólidos são determinadas e descritas.

➤ Qual é a ideia fundamental?

Os detalhes da disposição regular dos átomos em cristais periódicos podem ser expressos em termos de células unitárias e determinados por técnicas de difração.

➤ O que você já deve saber?

Você precisar estar familiarizado com a descrição ondulatória da radiação eletromagnética (*Fundamentos* C) e com a importância das transformadas de Fourier (*Revisão matemática* 7). Utiliza-se um pouco a relação de de Broglie (Seção 7A) e o teorema de equipartição (*Fundamentos* B).

Um aspecto crucial da conexão entre estrutura e propriedades é a forma na qual os átomos (e moléculas) são empilhados juntos. Assim, vamos examinar como as estruturas dos sólidos são descritas e determinadas. Inicialmente vamos investigar como descrever a organização regular dos átomos nos sólidos. Em seguida, consideraremos os princípios básicos da difração de raios X e veremos como o padrão de difração pode ser interpretado em termos da distribuição da densidade eletrônica em um cristal.

18A.1 Redes cristalinas periódicas

Um **cristal periódico** é constituído por "motivos estruturais" que se repetem regularmente; esses motivos podem ser átomos, moléculas, ou grupos de átomos, ou de moléculas ou de íons. Uma **rede espacial** é a figura formada pelos pontos que definem a localização desses motivos (Fig. 18A.1). A rede espacial é, na realidade, um esqueleto abstrato da estrutura cristalina. Mais formalmente, a rede espacial é um conjunto tridimensional, de

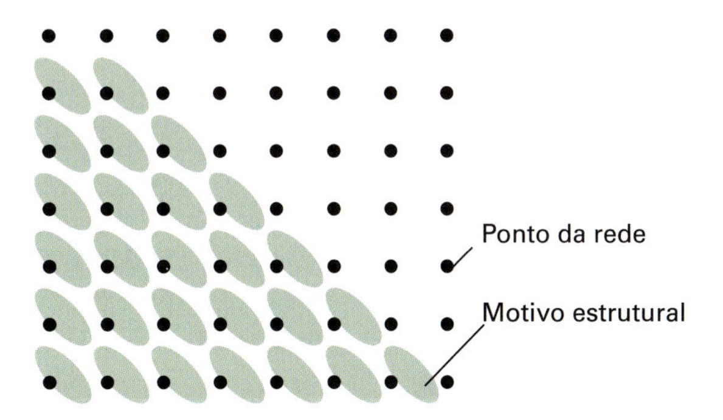

Figura 18A.1 Cada ponto da rede determina a localização de um motivo estrutural (por exemplo, de uma molécula ou de um grupo de moléculas). A rede do cristal é o conjunto de pontos da rede; a estrutura do cristal é o conjunto de motivos estruturais que se distribuem de acordo com a rede.

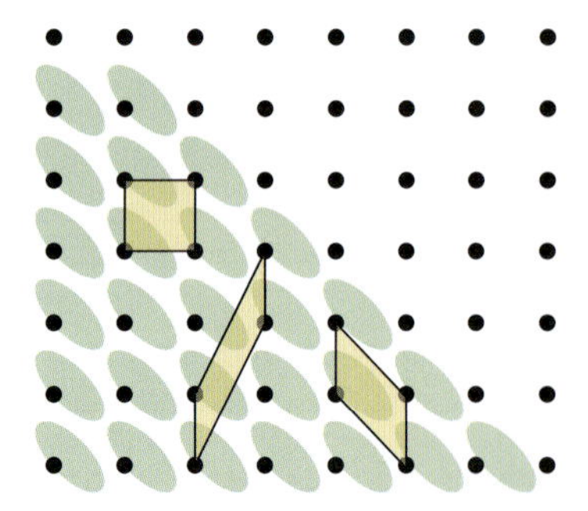

Figura 18A.2 Uma célula unitária é semelhante a um paralelepípedo (mas não necessariamente retangular) e gera toda a estrutura do cristal periódico somente por translações (sem reflexões, rotações ou inversões).

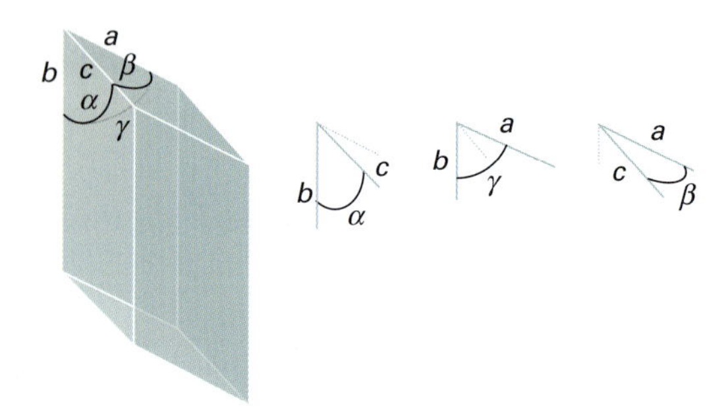

Figura 18A.4 Notação para os lados e os ângulos de uma célula unitária. Observe que o ângulo α está no plano (b, c) e é perpendicular ao eixo a.

pontos, de extensão infinita, cada um deles envolvido de modo idêntico pelos seus vizinhos e que define a estrutura básica do cristal. Em alguns casos, um motivo estrutural pode estar centrado em cada ponto da rede, mas esta não é uma condição necessária. A estrutura do cristal se obtém associando a cada ponto da rede um motivo estrutural idêntico. Os sólidos conhecidos como **quase cristais** são "aperiódicos" no sentido de que a rede espacial, embora ainda ocupando o espaço, não tem simetria translacional. Nossa discussão será centrada apenas nos cristais periódicos, e, para simplificar a linguagem, vamos nos referir a essas estruturas simplesmente como "cristais".

A **célula unitária** é um paralelepípedo (figura com todos os lados paralelos) imaginário que contém uma unidade da figura que se repete periodicamente por translação (Fig. 18A.2). Pode-se imaginar que a célula unitária seja uma unidade fundamental com que se constrói todo o cristal somente por deslocamentos de translação (tal e qual o dos tijolos numa parede). Uma célula unitária se forma, comumente, pela união dos pontos vizinhos da rede mediante segmentos de reta (Fig. 18A.3). Estas células unitárias são denominadas **primitivas**. Muitas vezes é mais conveniente desenhar **células unitárias não primitivas** maiores, com pontos da rede nos respectivos centros ou em pares de faces opostas. É possível descrever uma rede espacial através de um número infinito de diferentes células unitárias. Usualmente, porém, escolhem-se as que têm as menores arestas e cujas faces sejam aproximadamente perpendiculares entre si. Os comprimentos das arestas da célula unitária são a, b e c, e os ângulos entre elas são simbolizados por α, β e γ (Fig. 18A.4).

As células unitárias são classificadas em sete **sistemas cristalinos** observando-se os elementos de simetria de rotação que elas possuem. Uma **operação de simetria** é uma ação (como rotação, reflexão ou inversão) que deixa um objeto com a mesma aparência depois de ter ocorrido. Há um **elemento de simetria** correspondente para cada operação de simetria, que é o ponto, a linha ou o plano em relação ao qual é realizada a operação de simetria. Por exemplo, uma **rotação de *n*-ária** (a operação de simetria) em torno de um **eixo de *n*-ário de simetria** (o elemento de simetria correspondente) é uma rotação de $360°/n$. (Veja as Seções 11A–11C para uma discussão mais detalhada sobre simetria.)

O que segue são exemplos de células unitárias:

- Uma **célula unitária cúbica** tem quatro eixos ternários dispostos num arranjo tetraédrico (Fig. 18A.5).
- Uma **célula unitária monoclínica** tem um eixo binário (Fig. 18A.6).
- Uma **célula unitária triclínica** não tem simetria de rotação, e, tipicamente, as três arestas e os três ângulos são todos diferentes (Fig. 18A.7)

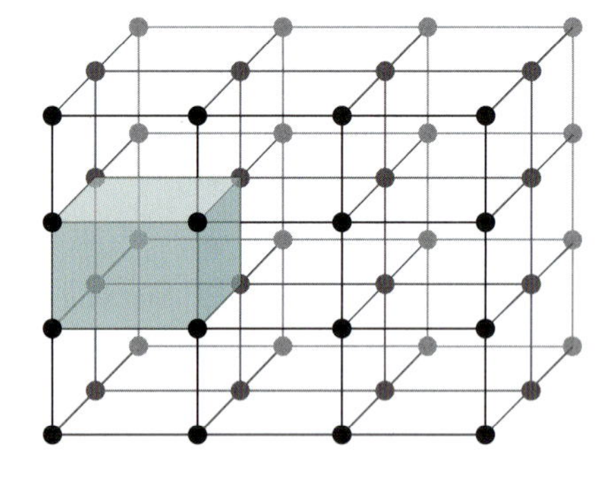

Figura 18A.3 Uma célula unitária pode ser escolhida de muitas maneiras. É usual escolher a célula que tenha a mesma simetria que a rede. Nesta rede retangular, por exemplo, seria escolhida uma célula unitária também retangular.

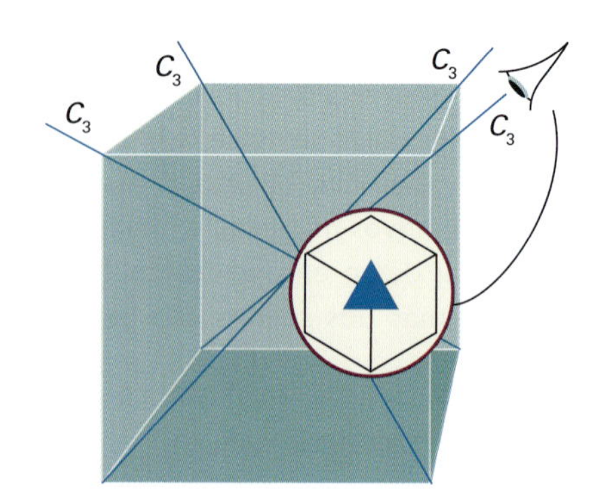

Figura 18A.5 Célula unitária do sistema cúbico com quatro eixos ternários, simbolizados por C_3, dispostos tetraedricamente. O detalhe mostra a simetria ternária.

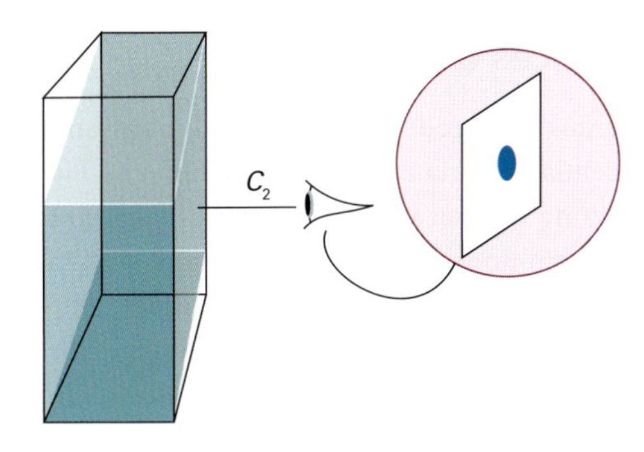

Figura 18A.6 Uma célula unitária pertencendo ao sistema monoclínico tem um eixo binário (simbolizado por C_2 e que aparece no detalhe).

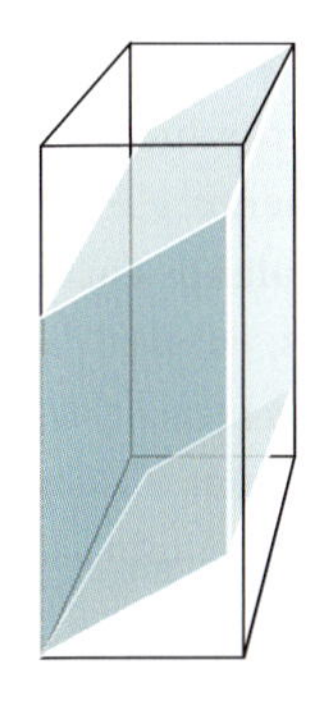

Figura 18A.7 Uma célula unitária triclínica não tem eixos de simetria de rotação.

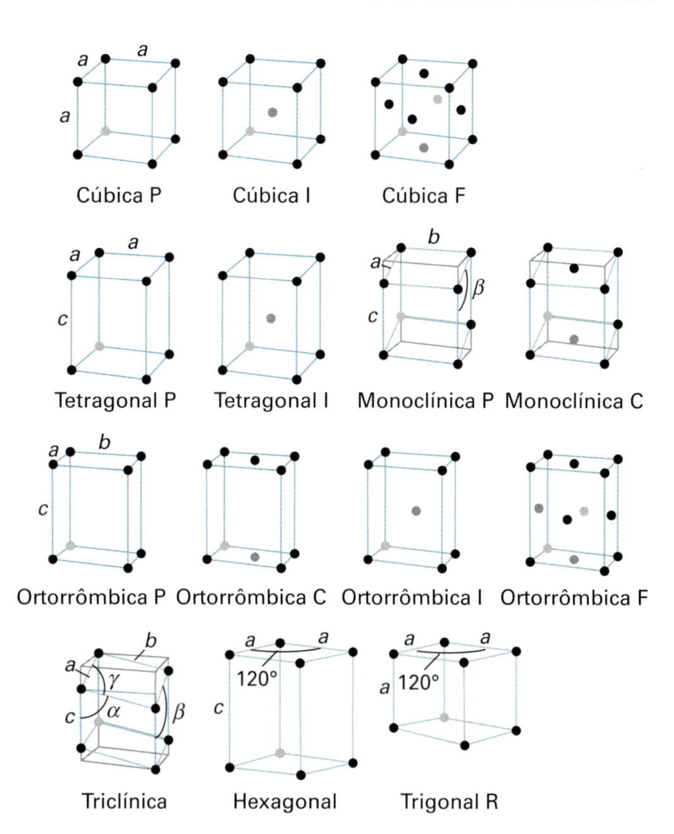

Figura 18A.8 As 14 redes de Bravais. Os pontos são pontos da rede, mas não necessariamente ocupados por átomos. P representa uma célula unitária primitiva (R é usado para uma rede trigonal), I é o símbolo de uma célula unitária de corpo centrado; F, o de uma célula unitária de face centrada, e C (ou A ou B), o de uma célula com pontos da rede em duas faces opostas. As redes triangulares podem pertencer aos sistemas romboédricos ou hexagonais (Tabela 18A.1).

Na Tabela 18A.1 estão listadas as **simetrias essenciais**, isto é, os elementos que devem estar presentes para que uma célula unitária pertença a um determinado sistema cristalino.

Só existem 14 redes cristalinas diferentes em três dimensões. Estas **redes de Bravais** estão ilustradas na Fig. 18A.8. Em alguns casos, é usual representar essas redes por células unitárias primitivas; em outros casos, por células unitárias não primitivas. Aplica-se a notação vista a seguir:

- Uma **célula unitária primitiva** (com os pontos da rede exclusivamente nos vértices) é simbolizada por P.
- Uma **célula unitária de corpo centrado** (I) tem também um ponto da rede no respectivo centro.
- Uma **célula unitária de face centrada** (F) tem pontos da rede nos vértices e também nos centros das seis faces.
- Uma **célula unitária de lado centrada** (A, B ou C) tem os pontos da rede nos vértices e nos centros de duas faces opostas.

Tabela 18A.1 Os sete sistemas cristalinos

Sistema	Simetrias essenciais
Triclínico	Nenhuma
Monoclínico	Um eixo C_2
Ortorrômbico	Três eixos C_2 perpendiculares
Romboédrico	Um eixo C_3
Tetragonal	Um eixo C_4
Hexagonal	Um eixo C_6
Cúbico	Quatro eixos C_3 num arranjo tetraédrico

No caso de estruturas simples, é prático escolher um átomo do motivo estrutural, ou o centro de uma molécula, como a localização de um ponto da rede ou do vértice de uma célula unitária, mas essa circunstância não é obrigatória. Os pontos da rede, equivalentes entre si, numa célula unitária de uma rede de Bravais, têm vizinhanças idênticas.

Breve ilustração 18A.1 Redes de Bravais

Considere uma célula unitária cúbica de corpo centrado de aresta a e um dos vértices com coordenadas $x = 0$, $y = 0$, $z = 0$ (Fig. 18A.9).

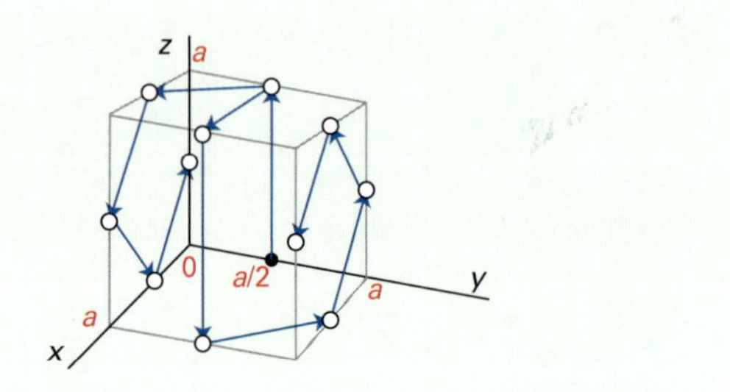

Figura 18A.9 A célula unitária cúbica de corpo centrado utilizada na *Breve ilustração* 18A.1. As setas mostram algumas das maneiras pelas quais o ponto inicial (negro) está relacionado por operações de simetria aos pontos restantes a meio caminho ao longo de cada aresta.

Começando por esse vértice, o centro da que corre ao longo do eixo y tem coordenadas $x=0$, $y=\frac{1}{2}a$, $z=0$. Segue-se que os centros de cada lado são equivalentes a esse ponto com coordenadas $x=0$, $y=\frac{1}{2}a$, $z=0$.

Exercício proposto 18A.1 Que pontos no interior de uma célula unitária cúbica de face centrada são equivalentes ao ponto $x=\frac{1}{2}a$, $y=0$, $z=\frac{1}{2}a$?

Resposta: As centrais de cada face

18A.2 A identificação dos planos de uma rede

Há muitos conjuntos diferentes de planos em um cristal (Fig. 18A.10), e é necessário identificá-los. As redes bidimensionais são mais fáceis de visualizar do que as tridimensionais, e por isso vamos abordar os conceitos envolvidos em duas dimensões para depois generalizar as conclusões para os casos tridimensionais.

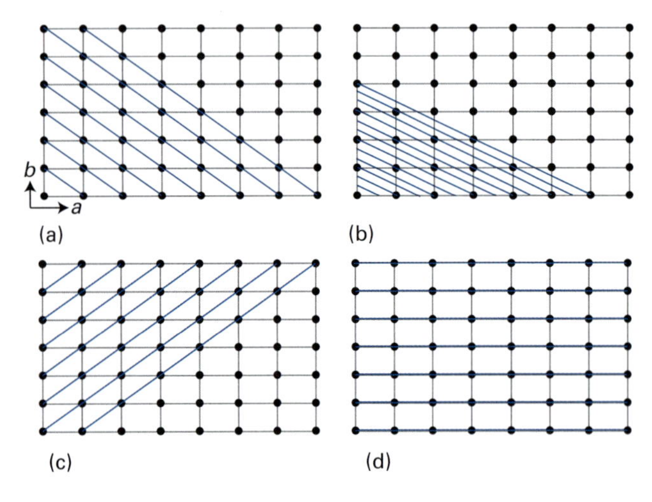

Figura 18A.10 Alguns dos planos que passam pelos pontos de uma rede espacial retangular e seus índices de Miller correspondentes (hkl): (a) (110); (b) (230); (c) ($\bar{1}$10); (d) (010).

(a) Os índices de Miller

Consideremos uma rede retangular bidimensional formada por uma célula unitária de lados a e b (como na Fig. 18A.10). Cada plano na ilustração (exceto o que passa pela origem) pode ser distinguido pelas distâncias das suas interseções com os eixos a e b. Uma maneira de identificar um plano seria indicar as menores distâncias das interseções. Por exemplo, os quatro conjuntos de planos representados na Fig. 18A.10 seriam identificados por (a) $(1a,1b)$, (b) $(\frac{1}{2}a,\frac{1}{3}b)$, (c) $(-1a,1b)$ e (d) $(\infty a,1b)$, em que ∞ é usado para mostrar que os planos interceptam um eixo no infinito. Entretanto, se as distâncias ao longo dos eixos forem medidas como múltiplos dos comprimentos correspondentes da célula unitária, os planos são identificados mais simplesmente como $(1,1)$, $(\frac{1}{2},\frac{1}{3})$, $(-1,1)$ e $(\infty,1)$, respectivamente. Se a rede da Fig. 18A.10 for a vista de topo de uma rede ortorrômbica tridimensional, cuja célula unitária tem o comprimento c na direção z, os quatro conjuntos de planos têm os planos cortando o eixo dos z no infinito. Portanto, os índices, em três dimensões, seriam $(1,1,\infty)$, $(\frac{1}{2},\frac{1}{3},\infty)$, $(-1,1,\infty)$ e $(\infty,1,\infty)$.

Não é prático trabalhar com frações e infinitos nos índices de identificação. Uma forma de eliminá-los é operar com os respectivos inversos. Essa maneira proporciona também, como veremos adiante, outras vantagens. Os **índices de Miller** (hkl) são os inversos das distâncias de interseção. Para simplificar a identificação, além de fornecer uma boa quantidade de informações, aplicam-se as regras a seguir:

- Os índices negativos são simbolizados por uma barra sobre o algarismo, como em ($\bar{1}$10).
- Se os inversos forem uma fração, então a fração poderá ser simplificada multiplicando-se por um fator apropriado.

Por exemplo, um plano $(\frac{1}{3},\frac{1}{2},\infty)$ é simbolizado por (230) após multiplicação de todos os três índices por 6.

- A notação (hkl) representa um plano *individual*. Para especificar o *conjunto* dos planos paralelos usamos a notação $\{hkl\}$.

Assim, falamos do plano (110) numa rede e do conjunto de planos {110} que ficam paralelos ao plano (110).

Uma maneira prática de visualizar as posições dos planos é lembrar que quanto menor for o valor absoluto de h no índice $\{hkl\}$, mais paralelo ao eixo dos a estará o plano (os planos $\{h00\}$ são uma exceção). O mesmo vale para o k, no que se refere ao eixo b e ao l no que se refere ao eixo c. Quando $h = 0$, os planos cortam o eixo a no infinito, e então os planos $\{0kl\}$ são paralelos ao eixo a. Analogamente, os planos $\{h0l\}$ são paralelos ao eixo b, e os planos $\{hk0\}$ são paralelos ao eixo c.

Breve ilustração 18A.2 Índices de Miller

Os planos (1,1,∞) da Fig. 18A.10a são os planos (110) na notação de Miller. Analogamente, os planos $\{\frac{1}{3},\frac{1}{2},\infty\}$ são identificados por (230), e a Fig. 18A.10c mostra os planos $\{\bar{1}10\}$. Os índices de Miller dos quatro conjuntos de planos da Fig. 18A.10 são, portanto, {110}, {230}, $\{\bar{1}10\}$ e {010}. A Fig. 18A.11 mostra uma representação tridimensional de diversos planos, inclusive um em uma rede com eixos não ortogonais.

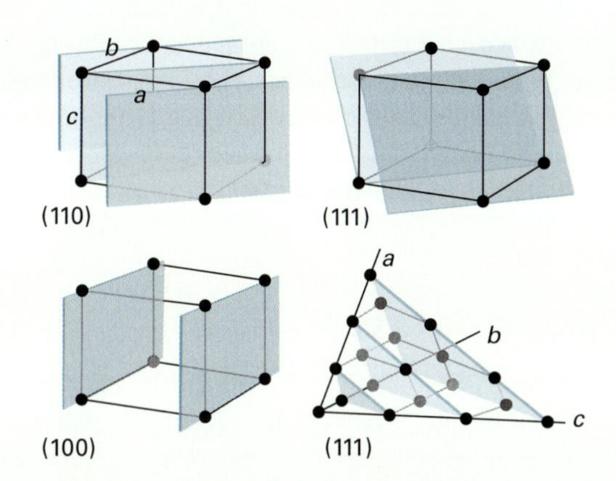

Figura 18A.11 Alguns planos representativos em três dimensões e os respectivos índices de Miller. Observe que um 0 mostra que o plano é paralelo ao eixo correspondente e que o mesmo tipo de índice pode ser usado para células unitárias com eixos não ortogonais.

Exercício proposto 18A.2 Determine os índices de Miller dos planos que interceptam os eixos cristalográficos nas distâncias (3*a*, 2*b*, *c*) e (2*a*, ∞*b*, ∞*c*).

Resposta: {236} e {100}

(b) A separação dos planos

Os índices de Miller são muito úteis para exprimir a separação entre os planos. A *Justificativa* 18A.1 mostra que a separação entre os planos $\{hk0\}$ na rede quadrada da Fig. 18A.12 é dada por

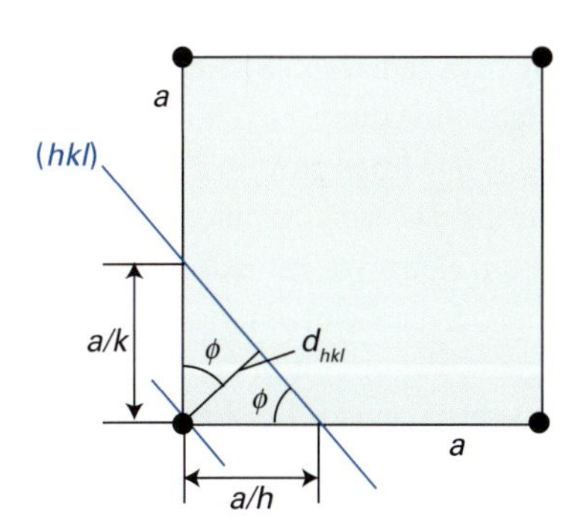

Figura 18A.12 As dimensões de uma célula unitária e as suas relações com os planos que passam pelos pontos da rede.

$$\frac{1}{d_{hk0}^2}=\frac{h^2+k^2}{a^2} \quad \text{ou} \quad d_{hk0}=\frac{a}{(h^2+k^2)^{1/2}}$$

Rede quadrada Separação dos planos (18A.1a)

Justificativa 18A.1 A separação dos planos da rede

Considere os planos $\{hk0\}$ de uma rede quadrada construída com uma célula unitária com arestas de comprimento a (Fig. 18A.12). Podemos escrever as expressões trigonométricas que se seguem para o ângulo ϕ mostrado na ilustração:

$$\text{sen}\,\phi=\frac{d}{(a/h)}=\frac{hd_{hk0}}{a} \qquad \cos\phi=\frac{d}{(a/k)}=\frac{kd_{hk0}}{a}$$

Como os planos da rede interceptam o eixo horizontal h vezes e o eixo vertical k vezes, o comprimento de cada hipotenusa é calculado dividindo-se a por h e a por k. Então, como o $\text{sen}^2\,\phi+\cos^2\phi=1$, segue que

$$\left(\frac{hd_{hk0}}{a}\right)^2+\left(\frac{kd_{hk0}}{a}\right)^2=1$$

que se reescreve, dividindo ambos os lados por d_{hk0}^2 como

$$\frac{1}{d_{hk0}^2}=\frac{h^2}{a^2}+\frac{k^2}{a^2}=\frac{h^2+k^2}{a^2}$$

Essa expressão é a Eq. 18A.1a.

Por extensão para três dimensões, a separação entre os planos $\{hkl\}$ de uma rede cúbica é dada por

$$\frac{1}{d_{hkl}^2}=\frac{h^2+k^2+l^2}{a^2} \quad \text{ou} \quad d_{hkl}=\frac{a}{(h^2+k^2+l^2)^{1/2}}$$

Rede cúbica Separação dos planos (18A.1b)

A expressão correspondente para uma rede ortorrômbica qualquer (em que os eixos são mutuamente perpendiculares) é a generalização desta expressão:

$$\frac{1}{d_{hkl}^2}=\frac{h^2}{a^2}+\frac{k^2}{b^2}+\frac{l^2}{c^2}$$

Rede ortorrômbica Separação dos planos (18A.1c)

Exemplo 18A.1 Aplicação dos índices de Miller

Calcule a separação entre os planos (a) {123} e (b) {246} de uma célula unitária ortorrômbica com a = 0,82 nm, b = 0,94 nm e c = 0,75 nm.

Método No primeiro caso, basta substituir as informações na Eq. 18A.1c. No segundo, em lugar de repetir o cálculo, observe que, se todos os índices de Miller forem multiplicados por n, as respectivas separações serão reduzidas por esse mesmo fator (Fig. 18A.13):

$$\frac{1}{d_{nh,nk,nl}^2}=\frac{(nh)^2}{a^2}+\frac{(nk)^2}{b^2}+\frac{(nl)^2}{c^2}=n^2\left(\frac{h^2}{a^2}+\frac{k^2}{b^2}+\frac{l^2}{c^2}\right)=\frac{n^2}{d_{hkl}^2}$$

o que implica que

$$d_{nh,nk,nl}=\frac{d_{hkl}}{n}$$

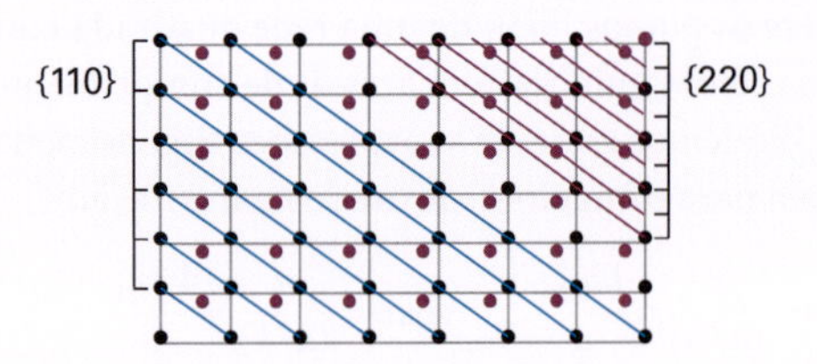

Figura 18A.13 A separação entre os planos {220} é metade da separação entre os planos {110}. Em geral, a separação entre os planos {*nh*,*nk*,*nl*} é *n* vezes menor do que a separação entre os planos {*hkl*}.

Resposta A substituição dos índices na Eq. 18A.1c dá

$$\frac{1}{d_{123}^2}=\frac{1^2}{(0{,}82\,\text{nm})^2}+\frac{2^2}{(0{,}94\,\text{nm})^2}+\frac{3^2}{(0{,}75\,\text{nm})^2}=22\,\text{nm}^{-2}$$

Assim, d_{123} = 0,21 nm. Vem então que d_{246} é igual à metade desse valor, ou 0,11 nm.

Uma nota sobre a boa prática É sempre sensato procurar relações analíticas entre as grandezas em vez de calcular expressões numericamente sempre que se enfatizam relações entre as grandezas (assim, evita-se um trabalho desnecessário).

Exercício proposto 18A.3 Calcule a separação entre os planos (a) {133} e (b) {399} na rede mencionada no exemplo anterior.

Resposta: 0,19 nm, 0,063 nm

18A.3 Cristalografia de raios X

Uma propriedade característica das ondas é, quando estão presentes na mesma região do espaço, a de interferirem umas com as outras, propiciando maiores deslocamentos nos pontos em que os máximos ou os mínimos coincidem e menores deslocamentos quando máximos coincidem com mínimos (Fig. 18A.14 e *Fundamentos* C). De acordo com a teoria eletromagnética clássica, a intensidade da radiação eletromagnética é proporcional ao quadrado da amplitude das ondas. Portanto, as regiões de interferência construtiva ou destrutiva exibem intensidades reforçadas ou intensidades diminuídas. O fenômeno da **difração** é a interferência provocada por um corpo colocado na trajetória das ondas, e a distribuição espacial da intensidade resultante desta interferência é chamada de **figura de difração**. A difração ocorre quando as dimensões do corpo que provoca a difração são comparáveis ao comprimento de onda da radiação.

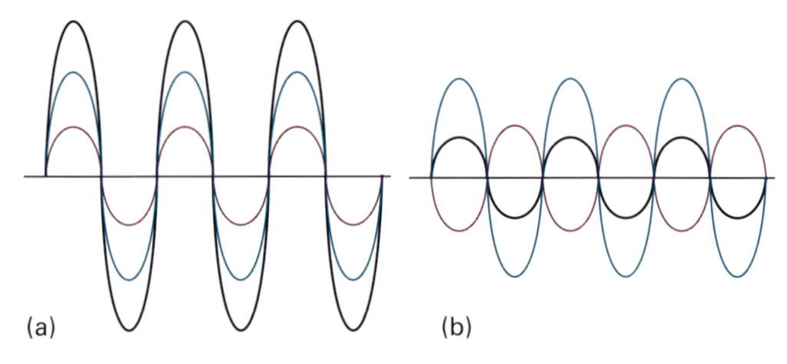

Figura 18A.14 Quando duas ondas se deslocam numa mesma região do espaço, há interferência entre elas. Conforme a diferença de fase, a interferência pode ser (a) construtiva, reforçando-se a amplitude, ou (b) destrutiva, diminuindo-se a amplitude. As ondas interferentes são mostradas em azul e púrpura, e a resultante, em preto.

(a) Difração de raios X

Os raios X foram descobertos por Wilhelm Röntgen em 1895. Dezessete anos depois, Max von Laue sugeriu que poderiam ser difratados por um cristal, pois percebeu que os respectivos comprimentos de onda eram comparáveis às separações entre os planos da rede do cristal. A sugestão de Von Laue foi confirmada, quase imediatamente depois de feita, por Walter Friedrich e Paul Knipping, e desde então evoluiu, transformando-se numa técnica extremamente poderosa. A maior parte desta seção será dedicada à determinação das estruturas através da difração de raios X. Os procedimentos matemáticos necessários para a determinação da estrutura a partir dos dados de raios X são extremamente complexos, mas, atualmente, tamanho é o grau de integração dos computadores dentro dos dispositivos experimentais que a técnica é quase que completamente automatizada, mesmo para moléculas grandes e sólidos complexos. A análise é auxiliada por técnicas de modelagem molecular, que podem guiar a investigação na direção da estrutura plausível.

Os raios X, radiação eletromagnética com os comprimentos de onda da ordem de 10^{-10} m, são, normalmente, gerados pelo bombardeio de um metal por elétrons de alta energia (Fig. 18A.15). Os elétrons são desacelerados ao penetrar no metal e geram radiação num intervalo contínuo de comprimentos de onda, denominada **Bremsstrahlung** (do alemão *Bremse* para desaceleração e *Strahlung* para radiação.) Sobrepostos ao espectro contínuo aparecem alguns máximos estreitos, de elevada intensidade (Fig. 18A.16). Esses máximos provêm de colisões dos elétrons do feixe com os elétrons das camadas internas dos átomos. Quando a colisão arranca um elétron de camada interna, um outro elétron do átomo, de energia mais elevada, ocupa a vacância e emite o excesso de energia como um fóton de raio X (Fig. 18A.17). Se o elétron ocupa um sitio na camada K (isto é, na camada com n = 1), os raios X correspondentes são conhecidos como **radiação K**, e analogamente nas transições para as camadas L (n = 2) e M (n = 3). Linhas fortes, distintas, são identificadas como K_α, K_β etc. Cada

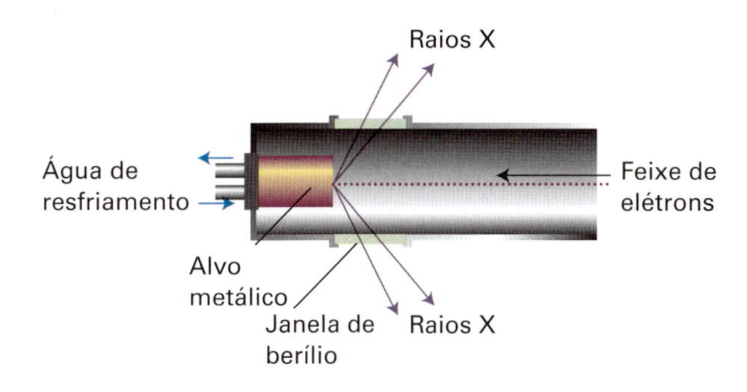

Figura 18A.15 Geram-se os raios X fazendo-se um feixe de elétrons colidir com um alvo metálico resfriado. O berílio é transparente aos raios X (pois é pequeno o número de elétrons por átomo) e usado nas janelas do tubo.

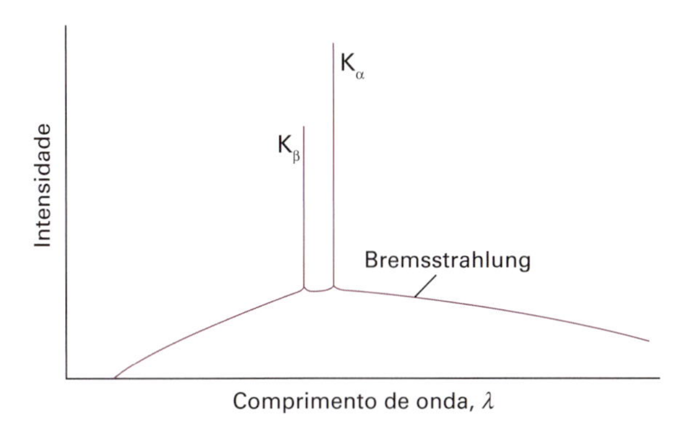

Figura 18A.16 O espectro da emissão de raios X por um metal é constituído por um espectro contínuo (a radiação de frenamento, Bremsstrahlung) sobre o qual se superpõem transições muito pronunciadas. O símbolo K mostra que a radiação provém de uma transição na qual um elétron de camada externa ocupa vacância na camada K do átomo.

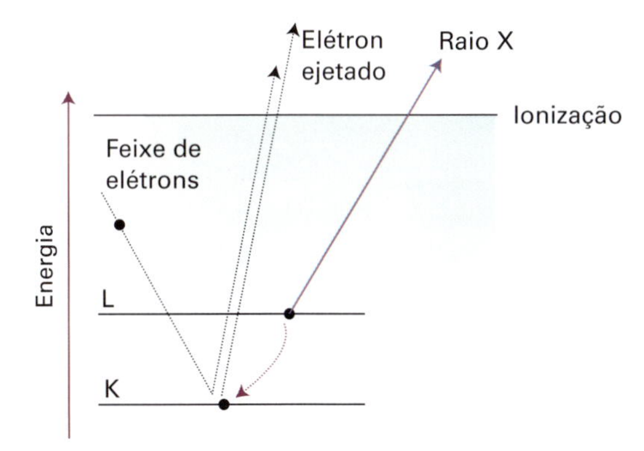

Figura 18A.17 Os processos que contribuem para a geração dos raios X característicos. Um elétron do feixe colide com um elétron do átomo (na camada K) e o arranca do átomo. Outro elétron do átomo (da camada L nesta ilustração) ocupa a vacância e no processo é emitido um fóton de raio X.

vez mais, a difração de raios X faz uso da radiação disponível a partir de fontes de síncroton (Seção 12A), pois sua alta intensidade reforça a sensibilidade da técnica.

O método original de Von Laue consistia em passar um feixe de raios X de ampla faixa de comprimento de onda através de um monocristal e registrar a figura de difração fotograficamente. A ideia por trás desse enfoque era a de que um cristal poderia não estar adequadamente orientado para atuar como uma rede de difração para um único comprimento de onda, mas, independentemente de sua orientação, a difração poderia ser alcançada pelo menos para um dos comprimentos de onda, se um amplo intervalo de comprimentos de onda fosse usado. Atualmente, há um interesse renovado nessa abordagem, pois a radiação síncroton cobre uma faixa contínua de comprimento de onda de raio X.

Uma outra técnica foi desenvolvida por Peter Debye e Paul Scherrer e, independentemente, por Albert Hull. Eles usaram radiação monocromática e a amostra estava reduzida a pó. Quando a amostra é um pó, pelo menos alguns cristalitos estarão orientados de modo a fazer com que ocorra a difração. Nos difratômetros de pó modernos, as intensidades das reflexões são monitoradas eletronicamente quando o detector gira em torno da amostra num plano contendo o raio incidente (Fig. 18A.18). As técnicas de difração de pó são usadas para identificar uma amostra de uma substância sólida por comparação das posições das linhas de difração e de suas respectivas intensidades com padrões de difração existentes em grandes bancos de dados. Dados de difração de pó são usados também na determinação de diagramas de fase, pois fases sólidas diferentes têm figuras de difração diferentes, e para determinar as quantidades relativas de cada fase presente na mistura. A técnica é usada também para a determinação inicial das dimensões e das simetrias de células unitárias.

Quase todo o trabalho moderno de cristalografia de raios X é baseado no método desenvolvido pelos Braggs (William e seu filho Lawrence, que ganharam, juntos, o Prêmio Nobel). Eles usaram um monocristal e um feixe monocromático de raios X e giraram o cristal até que uma reflexão fosse detectada. Existem muitos conjuntos diferentes de planos num cristal, de modo que são muitos os ângulos em que uma reflexão pode ocorrer. O conjunto completo de dados consiste numa tabela dos ângulos em que as reflexões são observadas e nas suas respectivas intensidades.

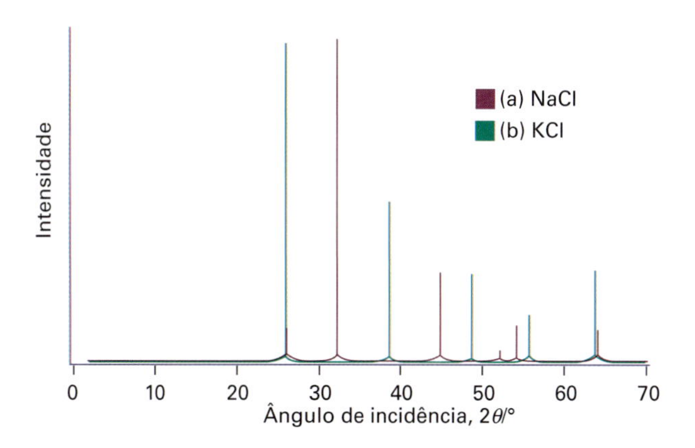

Figura 18A.18 Fotografias da difração de raios X por amostras pulverizadas de (a) NaCl e (b) KCl. O menor número de linhas em (b) é consequência da semelhança entre os fatores de espalhamento do K^+ e do Cl^-, como se explica mais adiante no texto.

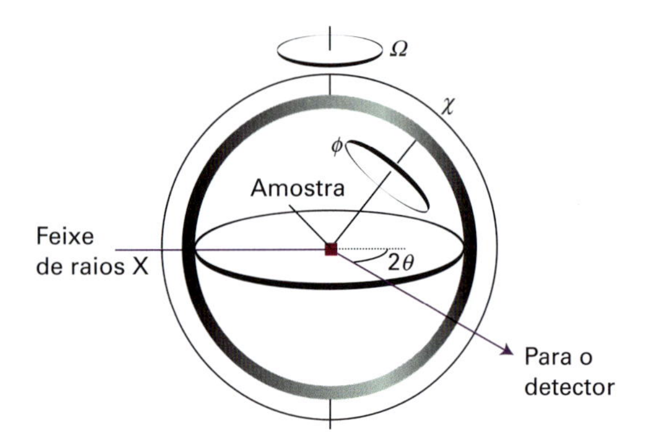

Figura 18A.19 Um difratômetro de quatro círculos. As coordenadas da orientação (ϕ, χ, θ e Ω) das componentes são controladas por um computador. Cada reflexão (*hkl*) é monitorada e tem a respectiva intensidade registrada.

Figuras de difração de monocristais são obtidas usando-se um **difratômetro de quatro círculos** (Fig. 18A.19). Um computador acoplado ao difratômetro determina as posições angulares dos quatro círculos do difratômetro que são necessárias para que se observe um determinado pico de intensidade na figura de difração. Para cada uma das posições angulares, a intensidade é medida, descontando-se as intensidades da radiação de fundo, por medidas que são obtidas em posições angulares ligeiramente diferentes. Atualmente, existem técnicas computacionais disponíveis que fazem não somente a indexação automática, mas também a determinação automática da forma, da simetria e do tamanho da célula unitária. Além disso, várias técnicas estão agora disponíveis para a obtenção simultânea de grandes quantidades de dados, entre elas a dos detectores areolares e a das chapas de imagens, que conseguem, simultaneamente, as figuras de difração de regiões inteiras.

(b) A lei de Bragg

Inicialmente, a análise das figuras de difração produzidas pelos cristais era feita imaginando-se um plano da rede como um espelho semitransparente; modelava-se o cristal como um conjunto de planos paralelos refletores separados pela distância *d* (Fig. 18A.20). Esse modelo facilita o cálculo do ângulo que o cristal deve fazer em relação ao feixe de raios X a fim de ocorrer interferência construtiva. Ele também dá origem ao nome de **reflexão** atribuído ao feixe intenso que caracteriza a interferência construtiva.

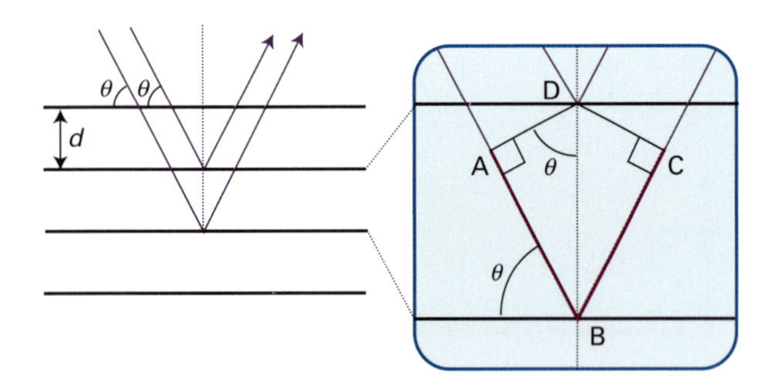

Figura 18A.20 Dedução original da lei de Bragg. Cada plano da rede é considerado refletor da radiação incidente. Os percursos de dois raios vizinhos diferem por AB + BC, o que depende do ângulo θ. Ocorre interferência construtiva (diz-se, ocorre uma "reflexão") quando AB + BC é igual a um número inteiro de comprimentos de onda.

Considere a reflexão de dois raios paralelos, de mesmo comprimento de onda, por dois planos adjacentes de uma rede, conforme é visto na Fig. 18A.20. Um raio atinge um ponto D no plano superior, mas o outro raio tem que se deslocar de uma distância adicional AB antes que ele atinja o plano imediatamente abaixo. Analogamente, os raios refletidos têm uma diferença de percurso igual à distância BC. A diferença de percurso entre os dois raios é então

$$AB + BC = 2d \operatorname{sen}\theta$$

em que 2θ é o **ângulo de incidência** (2θ em vez de θ, pois o feixe é defletido por 2θ a partir da sua direção original). Para muitos ângulos de incidência, a diferença de percurso não é um número inteiro de comprimentos de onda, e a interferência das ondas é, em grande parte, destrutiva. Quando a diferença de percurso é um número inteiro de comprimentos de onda ($AB + BC = n\lambda$), as ondas refletidas estão em fase e interferem construtivamente umas nas outras. Observa-se então uma reflexão intensa quando o ângulo de incidência com a superfície satisfaz à **lei de Bragg**:

$$n\lambda = 2d \operatorname{sen}\theta \quad \text{Lei de Bragg} \quad (18A.2a)$$

As reflexões com $n = 2, 3, \ldots$ são denominadas reflexões *de segunda ordem*, *de terceira ordem* etc. Elas correspondem a diferenças de percurso de $2, 3, \ldots$ comprimentos de onda. Nos trabalhos modernos é usual incluir o n no d e escrever a lei de Bragg na forma

$$\lambda = 2d \operatorname{sen}\theta \quad \textit{Forma alternativa} \quad \text{Lei de Bragg} \quad (18A.2b)$$

e considerar a reflexão de ordem n como provocada pelos planos $\{nh,nk,nl\}$ (veja o *Exemplo* 18A.1).

A lei de Bragg é usada primordialmente na determinação do espaçamento entre os planos da rede do cristal, pois a distância d pode ser facilmente calculada quando o ângulo θ é determinado experimentalmente.

Breve ilustração 18A.3 Lei de Bragg 1

Observa-se uma reflexão de primeira ordem dos raios X que incidem sob o ângulo de 11,2° com os planos {111} de um cristal cúbico, quando foram utilizados raios X com o comprimento de onda de 154 pm. De acordo com a Eq. 18A.2b, os planos {111} responsáveis pela difração têm a separação $d_{111} = \lambda/2\,(\operatorname{sen}\theta)$. A separação dos planos {111} numa rede cúbica de aresta a é dada pela Eq. 18A.1 como $d_{111} = a/3^{1/2}$. Portanto,

$$a = \frac{3^{1/2}\lambda}{2\operatorname{sen}\theta} = \frac{3^{1/2} \times (154\,\text{pm})}{2\operatorname{sen}11,2^\circ} = 687\,\text{pm}$$

Exercício proposto 18A.4 Calcule o ângulo sob o qual o cristal mencionado no exemplo anterior proporciona uma reflexão nos planos {123}.

Resposta: 24,8°

Breve ilustração 18A.4 Lei de Bragg 2

Alguns tipos de célula unitária geram figuras de linhas de reflexão características e fáceis de identificar. Numa rede cúbica de célula unitária com a aresta medindo a, o espaçamento entre os planos é dado pela Eq. 18A.2, e então os ângulos sob os quais os planos $\{hkl\}$ dão reflexões de primeira ordem são

$$\text{sen}\,\theta = (h^2+k^2+l^2)^{1/2}\frac{\lambda}{2a}$$

As reflexões são então previstas pela substituição dos valores de h, k e l:

$\{hkl\}$	{100}	{110}	{111}	{200}	{210}	{211}	{220}	{300}	{221}	{310}...
$h^2+k^2+l^2$	1	2	3	4	5	6	8	9	9	10...

Observe que os números 7 (e 15, ...) não aparecem, pois a soma dos quadrados de três inteiros não pode ser igual a 7 (ou 15, ...). Portanto, a figura das linhas refletidas tem ausências que são características da rede cúbica P.

Exercício proposto 18A.5 Normalmente, determina-se experimentalmente 2θ em vez de θ. A difração do elemento polônio mostra linhas nos seguintes valores de 2θ (em graus): 12,1, 17,1, 21,0, 24,3, 27,2, 29,9, 34,7, 36,9, 38,9, 40,9, 42,8. Identifique a célula unitária e determine as suas dimensões.

Resposta: cúbica P; a = 337 pm

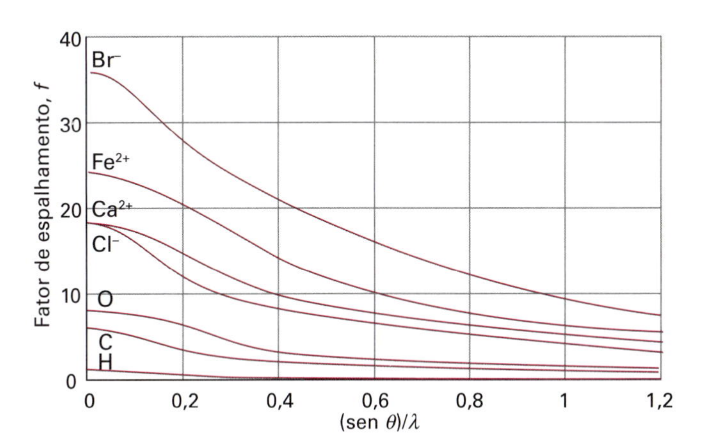

Figura 18A.21 Variação do fator de espalhamento de átomos e íons com o número atômico e o ângulo. O fator de espalhamento na direção do feixe (em $\theta = 0$, e logo em (sen θ)/λ = 0) é igual ao número de elétrons presentes na espécie.

(c) Fatores de espalhamento

A fim de poder discutir os métodos de análise estrutural, é necessário observar que o espalhamento dos raios X é provocado pelas oscilações que a onda eletromagnética incidente gera nos elétrons dos átomos, fazendo com que os átomos pesados tenham espalhamento mais forte do que os átomos leves. Essa dependência em relação ao número de elétrons é expressa em termos do **fator de espalhamento**, f, do elemento. Se o fator de espalhamento é grande, então os átomos espalham fortemente os raios X. Uma análise que não repetimos aqui conclui que o fator de espalhamento de um átomo está relacionado com a distribuição de densidade eletrônica no átomo esfericamente simétrico, $\rho(r)$, e o ângulo através do qual o feixe é espalhado, 2θ, por

$$f = 4\pi\int_0^\infty \rho(r)\frac{\text{sen}\,kr}{kr}r^2\text{d}r \quad k = \frac{4\pi}{\lambda}\text{sen}\,\theta$$

Fator de espalhamento (18A.3)

O valor de f é maior na direção do feixe ($\theta = 0$, Fig. 18A.21). A análise detalhada das intensidades das reflexões deve levar em conta essa dependência em relação à direção. Mostramos na *Justificativa* 18A.2 que, na direção do feixe, f é igual ao número total de elétrons no átomo. Por exemplo, os fatores de espalhamento do Na^+, K^+ e Cl^- são 8, 18 e 18, respectivamente.

Justificativa 18A.2 O fator de espalhamento direto

Quando $\theta \to 0$, então, $k \propto$ sen $\theta \to 0$. Uma vez que sen $x = x - \frac{1}{6}x^3 + \ldots$,

$$\lim_{k\to 0}\frac{\text{sen}\,kr}{kr} = \lim_{k\to 0}\frac{kr - \frac{1}{6}(kr)^3+\cdots}{kr} = \lim_{k\to 0}(1-\tfrac{1}{6}(kr)^2+\cdots) = 1$$

O fator (sen kr)/kr, portanto, é igual a 1 no espalhamento direto. Vem então que, nessa direção,

$$f = 4\pi\int_0^\infty \rho(r)r^2\text{d}r$$

A integral da densidade eletrônica ρ (número de elétrons numa região infinitesimal dividido pelo volume da região) multiplicada pelo elemento de volume $4\pi r^2\text{d}r$, o volume de uma camada esférica de raio r e espessura dr, é o número total de elétrons, N_e, no átomo. Então, na direção direta, $f = N_e$.

(d) A densidade eletrônica

Se uma célula unitária tem diversos átomos com os fatores de espalhamento f_j e as coordenadas $(x_j a, y_j b, z_j c)$, mostramos, então, na *Justificativa* 18A.3, que a amplitude global de uma onda difratada pelos planos $\{hkl\}$ é dada por

$$F_{hkl} = \sum_j f_j \text{e}^{\text{i}\phi_{hkl}(j)}$$

Fator de estrutura (18A.4)

em que $\phi_{hkl}(j) = 2\pi(hx_j + ky_j + lz_j)$

A soma se estende a todos os átomos da célula unitária. A grandeza F_{hkl} é o chamado **fator de estrutura**.

Justificativa 18A.3 O fator de estrutura

Principiamos mostrando que, se na célula unitária houver um átomo A na origem e um átomo B nas coordenadas (xa, yb, zc), com x, y, e z no intervalo de 0 até 1, então a diferença de fase entre as reflexões hkl dos átomos A e B é $\phi_{hkl} = 2\pi(hx + ky + lz)$.

Considere o cristal que aparece esquematicamente na Fig. 18A.22. A reflexão corresponde a duas ondas provenientes de dois planos adjacentes dos átomos A, e a diferença de fase entre essas ondas é 2π. Se um átomo B estiver a uma fração x da distância entre os dois planos de A, a onda que reflete tem uma diferença de fase $2\pi x$ em relação à reflexão por A. Para chegar a esta conclusão, observe que, se $x = 0$, não haverá diferença de fase; se $x = \frac{1}{2}$, a diferença de fase é π; se $x = 1$, o átomo B estaria no mesmo sítio que o átomo A e a diferença de fase seria 2π. Consideremos agora uma reflexão (200). A diferença de fase entre as ondas provenientes de dois planos de átomos A será, agora, $2 \times 2\pi$, e, se o átomo B estivesse em $x = 0{,}5$, proporcionaria uma onda cuja fase diferiria de 2π em relação à fase da onda do plano superior dos átomos de A. Assim, para uma posição intermediária x, a diferença de fase na reflexão (200) é $2 \times 2\pi x$. Para uma reflexão geral no plano (h00), a diferença de fase será portanto $h \times 2\pi x$. Em três dimensões, esse resultado se generaliza para $\theta_{hkl} = 2\pi(hx + ky + lz)$.

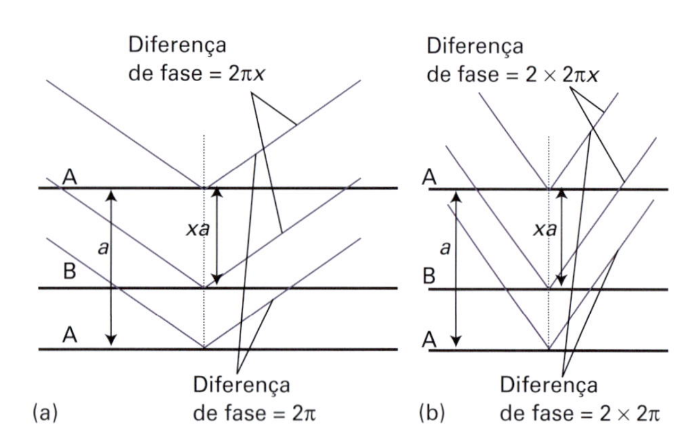

Figura 18A.22 Difração por um cristal com duas espécies de átomos. (a) Reflexão nos planos (100) dos átomos A, que proporciona diferença de fase de 2π entre as ondas refletidas por planos vizinhos. Em (b), a reflexão nos planos (200) leva à diferença de fase de 4π. A reflexão por um plano B, intercalado à distância xa de um plano A, tem uma diferença de fase que é igual x vezes a diferença mencionada.

Se a amplitude das ondas espalhadas por A for f_A no detector, a das ondas espalhadas por B será $f_B e^{i\phi_{hkl}}$. A amplitude total no detector será então

$$F_{hkl} = f_A + f_B e^{i\phi_{hkl}}$$

Essa expressão se generaliza na Eq. 18A.4 quando vários átomos estão presentes, cada um com um fator de espalhamento f_j.

Exemplo 18A.2 Cálculo do fator de estrutura

Calcule os fatores de estrutura da célula unitária da Fig. 18A.23.

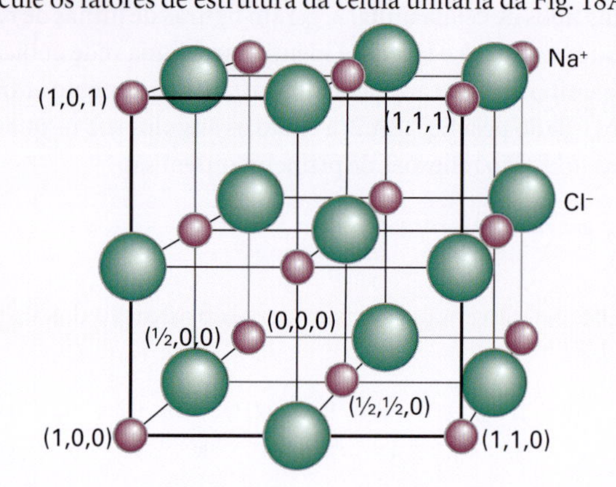

Figura 18A.23 A localização dos átomos para o cálculo do fator de estrutura do *Exemplo* 18A.2. As esferas vermelhas representam Na^+ e as esferas verdes, Cl^-.

Método O fator de estrutura é definido pela Eq. 18A.4. Para usar esta equação, consideramos que os íons estão nos pontos especificados na Fig. 18A.23. Sejam f^+ o fator de espalhamento do íon Na^+ e f^- o do Cl^-. Observe que os íons no corpo da célula contribuem para o espalhamento com o fator f. Os íons nas faces, porém, são compartilhados entre duas células (usamos $\frac{1}{2}f$), os íons nas arestas são compartilhados por quatro células (usamos $\frac{1}{4}f$), e os que estiverem nos vértices são compartilhados por oito células (usamos $\frac{1}{8}f$). Duas relações úteis são (*Revisão matemática* 3)

$$e^{i\pi} = -1 \qquad \cos\phi = \tfrac{1}{2}(e^{i\phi} + e^{-i\phi})$$

Resposta Pela Eq. 18A.4, e estendendo a soma aos 27 átomos que aparecem na ilustração:

$$F_{hkl} = f^+\left(\tfrac{1}{8} + \tfrac{1}{8}e^{2\pi il} + \ldots + \tfrac{1}{2}e^{2\pi i(\frac{1}{2}h+\frac{1}{2}k+l)}\right) + f^-\left(e^{2\pi i(\frac{1}{2}h+\frac{1}{2}k+\frac{1}{2}l)} + \tfrac{1}{4}e^{2\pi i(\frac{1}{2}h)} + \ldots + \tfrac{1}{4}e^{2\pi i(\frac{1}{2}h+l)}\right)$$

Para simplificar essa soma com 27 parcelas usamos $e^{2\pi ih} = e^{2\pi ik} = e^{2\pi il} = 1$, porque h, k e l são todos inteiros:

$$F_{hkl} = f^+\{1 + \cos(h+k)\pi + \cos(h+l)\pi + \cos(k+l)\pi\} + f^-\{(-1)^{h+k+l} + \cos k\pi + \cos l\pi + \cos h\pi\}$$

Logo, como $\cos h\pi = (-1)^h$,

$$F_{hkl} = f^+\{1 + (-1)^{h+k} + (-1)^{h+l} + (-1)^{l+k}\} + f^-\{(-1)^{h+k+l} + (-1)^h + (-1)^k + (-1)^l\}$$

Observe agora que:

- se h, k e l são todos pares, $F_{hkl} = f^+\{1+1+1+1\} + f^-\{1+1+1+1\} = 4(f^+ + f^-)$
- se h, k e l são todos ímpares, $F_{hkl} = 4(f^+ - f^-)$
- se um índice é ímpar e dois são pares, ou vice-versa, $F_{hkl} = 0$

As reflexões com os índices *hkl* todos ímpares são menos intensas do que as que têm os índices *hkl* todos pares. Para $f^+ = f^-$, que é o caso de átomos idênticos num arranjo cúbico P, todos os *hkl* ímpares têm intensidade zero, correspondendo às ausências que são características das células unitárias cúbicas P (veja a *Breve ilustração* 18A.4).

Exercício proposto 18A.6 Que reflexões não podem ser observadas para uma rede cúbica I?

Resposta: para $h + k + l$ ímpar, $F_{hkl} = 0$

Como a intensidade é proporcional ao quadrado do módulo da amplitude da onda, a intensidade, I_{hkl}, no detector é

$$I_{hkl} \propto F^*_{hkl}F_{hkl} = (f_A + f_B e^{-i\phi_{hkl}})(f_A + f_B e^{i\phi_{hkl}})$$

Essa expressão se expande para

$$I_{hkl} \propto f_A^2 + f_B^2 + f_A f_B(e^{i\phi_{hkl}} + e^{-i\phi_{hkl}}) = f_A^2 + f_B^2 + 2f_A f_B \cos\phi_{hkl}$$

O termo que contém o cosseno soma ou subtrai de $f_A^2 + f_B^2$ dependendo do valor de ϕ_{hkl}, que por sua vez depende de *h*, *k*, *l* e de *x*, *y* e *z*. Logo, há uma variação nas intensidades das linhas com diferentes *hkl*. As reflexões nos planos de A e de B interferem destrutivamente se a diferença de fase for π, e a intensidade final será nula se os átomos tiverem o mesmo fator de espalhamento. Por exemplo, se a célula unitária for cúbica I com um átomo de B em $x = y = z = \frac{1}{2}$, então a diferença de fase A,B será $(h + k + l)\pi$. Portanto, todas as reflexões para as quais a soma $h + k + l$ for ímpar serão nulas (conforme vimos no *Exemplo* 18A.2), pois as ondas estarão deslocadas de π. Assim, a figura de difração da rede cúbica I pode ser construída a partir da figura de difração da rede cúbica P (isto é, da rede cúbica sem pontos no centro da célula unitária) eliminando-se todas as reflexões para as quais a soma $h + k + l$ seja ímpar. A observação dessas **ausências sistemáticas** no espectro de uma amostra pulverizada indica imediatamente uma rede cúbica I (Fig. 18A.24).

Como a intensidade das reflexões (*hkl*) é proporcional a $|F_{hkl}|^2$, em princípio podemos determinar experimentalmente os fatores de estrutura tomando o quadrado das intensidades correspondentes (entretanto, veja a seguir). Então, uma vez que conheçamos todos os fatores de estrutura F_{hkl}, podemos calcular a distribuição da densidade eletrônica, $\rho(r)$, na célula unitária usando a expressão

$$\rho(r) = \frac{1}{V}\sum_{hkl} F_{hkl} e^{-2\pi i(hx+ky+lz)} \quad \text{Síntese de Fourier} \quad (18A.5)$$

em que *V* é o volume da célula unitária. A Eq. 18A.5 é a **síntese de Fourier** da densidade eletrônica. As transformadas de Fourier ocorrem em toda a química de diversas maneiras, e são descritas com mais detalhes na *Revisão matemática* 7 que se segue a este capítulo.

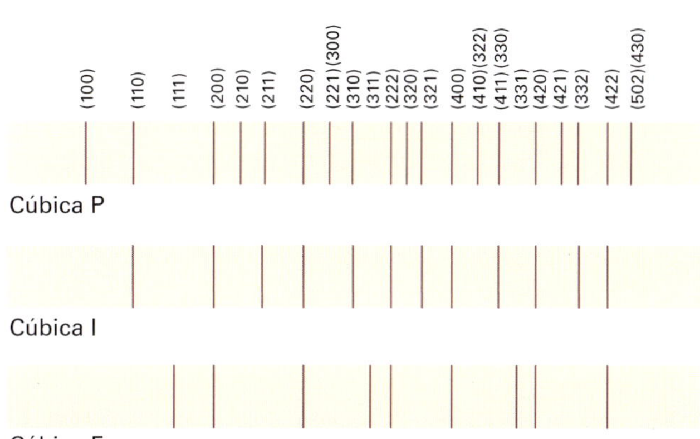

Figura 18A.24 Figuras de difração de pó e ausências sistemáticas nas três versões de uma célula cúbica em função do ângulo: cúbica F (cfc; *h*, *k*, *l* todos pares ou todos ímpares presentes), cúbica I (ccc; $h + k + l$ = ímpar ausentes), cúbica P. A comparação entre a figura obtida numa experiência e padrões como esses leva à identificação da célula unitária. As localizações das linhas levam às dimensões da célula.

Exemplo 18A.3 Cálculo da densidade eletrônica por meio da síntese de Fourier

Considere os planos {*h*00} de um cristal estendendo-se indefinidamente na direção *x*. Numa análise de raios X, os fatores de estrutura foram determinados e são

h:	0	1	2	3	4	5	6	7	8	9
F_h	16	−10	2	−1	7	−10	8	−3	2	−3

h:	10	11	12	13	14	15
F_h	6	−5	3	−2	2	−3

(e $F_{-h} = F_h$). Construa o gráfico da densidade eletrônica projetada sobre o eixo dos *x* da célula unitária.

Método Como $F_{-h} = F_h$, vem da Eq. 18A.5 que

$$V\rho(x) = \sum_{h=-\infty}^{\infty} F_h e^{-2\pi i hx} = F_0 + \sum_{h=1}^{\infty}(F_h e^{-2\pi i hx} + F_{-h}e^{2\pi i hx})$$

$$= F_0 + \sum_{h=1}^{\infty} F_h(e^{-2\pi i hx} + e^{2\pi i hx})$$

$$\overset{\frac{1}{2}(e^{-2\pi i hx}+e^{2\pi i hx}) = \cos 2\pi hx}{=} F_0 + 2\sum_{h=1}^{\infty} F_h \cos 2\pi hx$$

Essa soma pode ser estimada (truncada até $h = 15$) com um software matemático apropriado para os pontos $0 \le x \le 1$.

Resposta O gráfico que se obtém está na Fig. 18A.25 (linha verde). É possível perceber, com facilidade, a posição de três átomos. Quanto mais termos forem incluídos, mais exato será o gráfico da densidade. Os termos correspondentes a valores elevados de h (os termos em cossenos de comprimentos de onda curtos) respondem pelos detalhes mais refinados da distribuição da densidade eletrônica. Os termos correspondentes aos valores baixos de h respondem pelas características gerais.

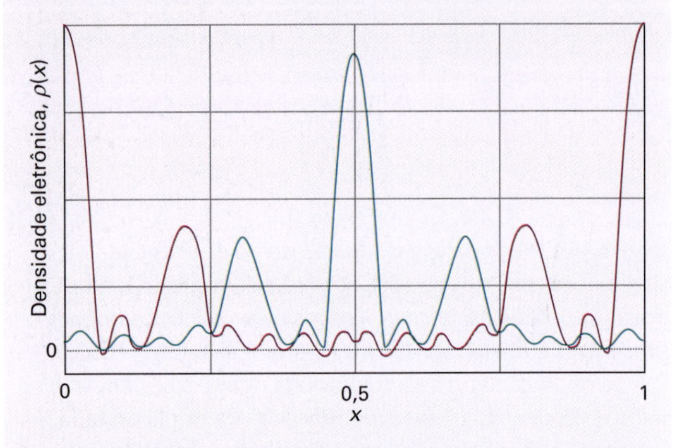

Figura 18A.25 Gráfico da densidade eletrônica calculada no *Exemplo* 18A.3 (verde) e no *Exercício proposto* 18A.7 (púrpura).

Exercício proposto 18A.7 Aproveite um programa matemático para operar com outros fatores de estrutura (com outros sinais e outras amplitudes). Por exemplo, reproduza o cálculo anterior com os mesmos valores de F_h, porém todos com os sinais positivos para $h \geq 6$.

Resposta: Veja a Fig. 18A.25 (linha púrpura).

(e) Determinação da estrutura

Um problema com o procedimento que foi esboçado anteriormente é que a intensidade medida, I_{hkl}, é proporcional ao quadrado do módulo $|F_{hkl}|^2$, de modo que não podemos dizer se devemos usar $+|F_{hkl}|$ ou $-|F_{hkl}|$ na soma da Eq. 18A.5. Na realidade, a dificuldade é maior ainda se as células unitárias não tiverem um centro de simetria, pois então F_{hkl} deve ser escrito como um número complexo $|F_{hkl}|e^{i\alpha}$, em que α é a fase de F_{hkl}, e $|F_{hkl}|$ é o seu módulo. A intensidade, então, permite a determinação de $|F_{hkl}|$, mas nada nos diz sobre a fase, que pode estar em qualquer lugar entre 0 e 2π. Essa ambiguidade é o **problema da fase**. É possível perceber sua importância pela comparação entre os dois gráficos ilustrados na Fig. 18A.25. Temos que atribuir as fases apropriadas aos fatores de estrutura, pois de outro modo a soma de ρ não poderia ser estimada e o método não teria nenhuma utilidade.

É possível, até certo ponto, resolver o problema das fases de diversas maneiras. Uma delas, bastante usada com materiais inorgânicos que têm número razoavelmente pequeno de átomos na célula unitária e com moléculas orgânicas com pequeno número de átomos pesados, é a **síntese de Patterson**. Nesta síntese, usam-se os valores de $|F_{hkl}|^2$, que podem ser obtidos sem ambiguidades das intensidades, em lugar dos valores dos fatores de estrutura F_{hkl} em expressões muito parecidas com a Eq. 18A.5:

$$P(\boldsymbol{r})=\frac{1}{V}\sum_{hkl}|F_{hkl}|^2 e^{-2\pi i(hx+ky+lz)} \qquad \text{Síntese de Patterson} \qquad (18A.6)$$

em que os valores de $\boldsymbol{r}$ correspondem aos vetores separação entre os átomos na célula unitária, isto é, as distâncias e direções entre os átomos. Enquanto a função da densidade eletrônica $\rho(\boldsymbol{r})$ é a densidade de probabilidade das posições dos átomos, a função $P(\boldsymbol{r})$ é um mapa da densidade de probabilidade das separações entre os átomos: um pico em P em um vetor separação $\boldsymbol{r}$ é proveniente de pares de átomos que estão separados pela mesma separação $\boldsymbol{r}$. Assim, se o átomo A estiver nas coordenadas (x_A,y_A,z_A) e o átomo B em (x_B,y_B,z_B), haverá um pico no mapa de Patterson no ponto $(x_A - x_B, y_A - y_B, z_A - z_B)$. Haverá também outro pico no ponto com essas coordenadas com os sinais contrários, pois há um vetor de B para A e também um vetor de A para B. A altura do pico no mapa é proporcional ao produto dos números atômicos dos dois átomos, Z_AZ_B.

Breve ilustração 18A.5 A síntese de Patterson

Se a célula unitária tivesse a estrutura apresentada na Fig. 18A.26a, a síntese de Patterson seria o mapa ilustrado na Fig. 18A.26b, onde a posição de cada ponto em relação à origem dá a separação e a orientação relativa de cada par de átomos na estrutura original.

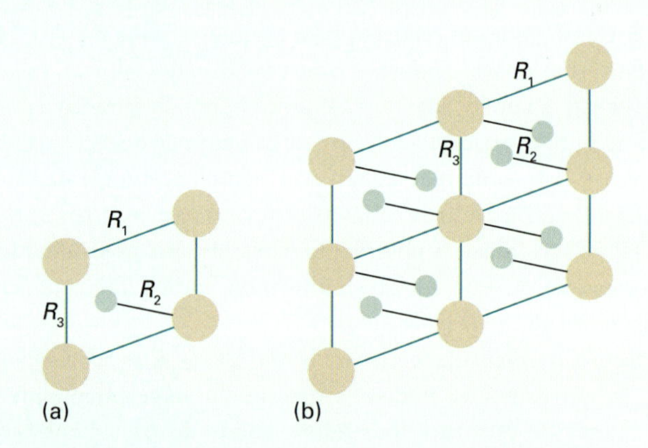

Figura 18A.26 A síntese de Patterson correspondente à distribuição em (a) é a figura em (b). A distância e a orientação de cada ponto em relação à origem dão a orientação e a separação de cada par de átomos. Assinalam-se algumas distâncias e as respectivas contribuições em (b), identificando-as como R_1 etc.

Exercício proposto 18A.8 Considere os dados do *Exemplo* 18A.3. Mostre que $VP(x)=|F_0|^2+2\sum_{h=1}^{\infty}|F_h|^2\cos 2\pi hx$ e faça o gráfico da síntese de Patterson.

Resposta: Veja a Fig. 18A.27.

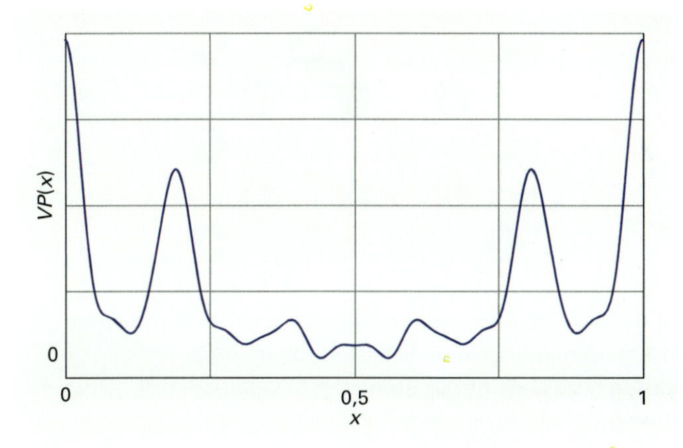

Figura 18A.27 Síntese de Patterson dos dados do *Exemplo* 18A.3.

Átomos pesados dominam o espalhamento porque seus fatores de espalhamento são grandes, da ordem de seus números atômicos, e suas localizações podem ser deduzidas prontamente. O sinal de F_{hkl} pode ser calculado a partir da localização dos átomos pesados na célula unitária, e, muito provavelmente, a fase calculada para eles será a mesma fase para toda a célula unitária. Para percebermos a razão desta afirmação, notemos que o fator de estrutura de uma célula centrossimétrica tem a forma:

$$F=(\pm)f_{\text{pesado}}+(\pm)f_{\text{leve}}+(\pm)f_{\text{leve}}+\cdots \quad (18\text{A}.7)$$

na qual f_{pes} é o fator de espalhamento do átomo pesado e f_{lev} são os fatores de espalhamento dos átomos leves. Os fatores de espalhamento f_{lev} são muito menores do que f_{pes}, e as respectivas fases distribuem-se mais ou menos aleatoriamente se os átomos estiverem dispersos na célula unitária. Por isso, o efeito líquido dos f_{lev} é o de alterar F apenas ligeiramente a partir de f_{pes}. Podemos então ter confiança razoável de que F terá o mesmo sinal que o calculado pela localização do átomo pesado. Essa fase pode então ser combinada com o módulo observado $|F|$ (pelas intensidades das reflexões) para se fazer a síntese de Fourier da densidade eletrônica na célula unitária, o que leva à localização dos átomos leves, além da dos átomos pesados.

As análises estruturais modernas utilizam maciçamente **métodos diretos**. São métodos que admitem que os átomos na célula unitária estão distribuídos praticamente ao acaso (do ponto de vista da radiação) e depois utilizam técnicas estatísticas para calcular as probabilidades de as fases terem certos valores. É possível determinar relações entre alguns fatores de estrutura e somas (e somas de quadrados) de outros, que levam a determinados valores das fases (associados a altas probabilidades, desde que os fatores de estrutura sejam grandes). Por exemplo, a **relação de probabilidade de Sayre** tem a forma

$$\text{sinal de } F_{h+h',k+k',l+l'} \text{ é provavelmente igual a (sinal de } F_{hkl}) \times (\text{sinal de } F_{h'k'l'})$$

Relação de probabilidade de Sayre (18A.8)

Por exemplo, se F_{122} e F_{232} forem ambos grandes e negativos, é muito provável que F_{354} seja positivo, desde que seja grande.

Nos estágios finais da determinação da estrutura cristalina, os parâmetros que descrevem a estrutura (posições dos átomos, por exemplo) são sistematicamente ajustados para se conseguir a melhor concordância entre as intensidades observadas e as calculadas a partir do modelo estabelecido sobre a figura de difração. O processo é chamado de **refinamento da estrutura**. O procedimento leva não apenas às posições exatas de todos os átomos na célula unitária, mas também à estimativa dos erros associados às posições e aos comprimentos e ângulos das ligações. Também se conseguem informações sobre as amplitudes das vibrações dos átomos.

18A.4 Difração de nêutrons e difração de elétrons

De acordo com a relação de de Broglie (Seção 7A, $\lambda = h/p$), partículas têm comprimentos de onda e podem, portanto, sofrer difração. Os nêutrons gerados em um reator nuclear com a sua velocidade reduzida de modo a se tornarem nêutrons térmicos têm comprimentos de onda semelhantes aos dos raios X e podem ser usados também em estudos de difração. Por exemplo, um nêutron gerado em um reator tem a sua velocidade reduzida, devido às colisões sucessivas com um moderador (por exemplo, grafita), até uma velocidade em torno de 4 km s^{-1}. Nesta velocidade ele tem um comprimento de onda de aproximadamente 100 pm. Na prática, existe um intervalo de comprimentos de onda num feixe de nêutrons, mas um feixe monocromático pode ser selecionado por difração através de um cristal, por exemplo, um monocristal de germânio.

Exemplo 18A.4 Cálculo do comprimento de onda típico de nêutrons térmicos

Calcule o comprimento de onda típico dos nêutrons que estão em equilíbrio térmico com suas vizinhanças a 373 K. Para simplificar, admita que as partículas estão se deslocando em uma dimensão.

Método Precisamos relacionar o comprimento de onda à temperatura. Há duas etapas a percorrer. Na primeira, a relação de de Broglie liga o comprimento de onda ao momento linear. O momento linear exprime-se, então, em termos da energia cinética, cujo valor médio é dado em função da temperatura pelo teorema da equipartição da energia (*Fundamentos* B).

Resposta Pelo princípio da equipartição da energia, sabemos que a energia cinética média de translação de um nêutron, a uma temperatura T, deslocando-se na direção x, é $E_k = \frac{1}{2}kT$. A energia cinética também é igual a $p^2/2m$, em que p é o momento do nêutron e m é sua massa. Então, $p = (mkT)^{1/2}$. Vem então, da relação de de Broglie $\lambda = h/p$, que o comprimento de onda do nêutron é

$$\lambda=\frac{h}{(mkT)^{1/2}}$$

Portanto, a 373 K,

$$\lambda = \frac{6{,}626\times10^{-34}\,\text{J s}}{\{(1{,}675\times10^{-27}\,\text{kg}\times(1{,}381\times10^{-23}\,\text{J K}^{-1})\times(373\,\text{K})\}^{1/2}}$$

$$\overset{1\,\text{J}=1\,\text{kg m}^2\,\text{s}^{-2}}{=} \frac{6{,}626\times10^{-34}}{(1{,}675\times10^{-27}\times1{,}381\times10^{-23}\times373)^{1/2}}\frac{\text{kg m}^2\,\text{s}^{-1}}{(\text{kg}^2\,\text{m}^2\,\text{s}^{-2})^{1/2}}$$

$$= 2{,}26\times10^{-10}\,\text{m} = 226\,\text{pm}$$

Exercício proposto 18A.9 Calcule a temperatura necessária para que o comprimento de onda médio dos nêutrons seja de 100 pm.

Resposta: 1,90 kK

Existem duas grandes diferenças entre a difração de nêutrons e a difração de raios X. A primeira é que o espalhamento dos nêutrons é um fenômeno nuclear. Os nêutrons atravessam a estrutura eletrônica dos átomos e interagem com os núcleos graças à "força forte" que é responsável pela ligação dos núcleons. Em virtude disso, a intensidade do espalhamento dos nêutrons é independente do número de elétrons e elementos vizinhos na tabela periódica podem espalhar nêutrons com intensidades muito diferentes. A difração de nêutrons pode ser usada para distinguir átomos dos elementos, tais como Ni e Co, que estão presentes num mesmo composto, e para estudar as transições de fase ordem–desordem no FeCo. A segunda diferença é que os nêutrons possuem um momento magnético devido aos seus spins. Este momento magnético pode se acoplar aos campos magnéticos dos átomos ou íons num cristal (se os íons tiverem elétrons não emparelhados) e modificar a figura de difração. Uma consequência é que a difração de nêutrons é bem adequada à investigação de redes magneticamente ordenadas, em que átomos vizinhos podem ser do mesmo elemento mas ter orientações diferentes de seus spins eletrônicos (Fig. 18A.28).

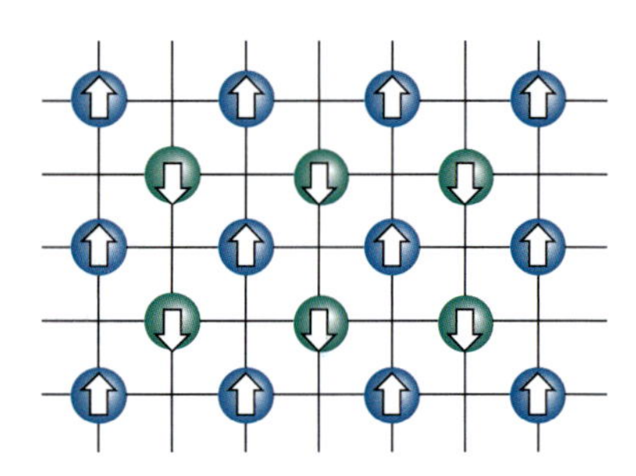

Figura 18A.28 Se os spins dos átomos nos pontos da rede forem ordenados, como no caso deste material, em que os spins de um conjunto de átomos estão alinhados de forma antiparalela aos spins de outro conjunto, a difração de nêutrons discrimina as duas redes cúbicas simples que se interpenetram graças à interação magnética entre o nêutron e os átomos. A difração de raios X detecta apenas uma rede cúbica de corpo centrado simples.

Elétrons acelerados por meio de uma diferença de potencial de 40 kV têm comprimentos de onda de aproximadamente 6 pm e, portanto, também são adequados aos estudos de difração de moléculas. Considere o espalhamento de elétrons ou nêutrons a partir de um par de núcleos, separados por uma distância R_{ij} e orientados de um ângulo definido θ em relação ao feixe incidente de elétrons (ou de nêutrons). Quando a molécula é formada por um certo número de átomos, a intensidade do espalhamento pode ser calculada somando-se a contribuição de todos os pares. A intensidade total $I(\theta)$ é dada pela **equação de Wierl**:

$$I(\theta) = \sum_{i,j} f_i f_j \frac{\text{sen}\, sR_{ij}}{sR_{ij}} \qquad s = \frac{4\pi}{\lambda}\text{sen}\tfrac{1}{2}\theta \qquad \text{Equação de Wierl} \quad (18\text{A}.9)$$

em que λ é o comprimento de onda dos elétrons do feixe e f é o **fator de espalhamento dos elétrons**, uma medida da intensidade do espalhamento dos elétrons do átomo. A principal aplicação das técnicas de difração de elétrons é no estudo de superfícies (Seção 22A), e você pode explorar a equação de Wierl no Problema 18A.17.

Conceitos importantes

☐ 1. Uma **rede espacial** é a figura formada pelos pontos que representam as localizações de motivos estruturais (átomos, moléculas ou grupos de átomos, de moléculas ou de íons).

☐ 2. As **redes de Bravais** são as 14 redes espaciais tridimensionais distintas (Fig. 18A.8).

☐ 3. Uma **célula unitária** é um paralelepípedo imaginário que contém uma unidade de um padrão que se repete por translação.

☐ 4. As células unitárias são classificadas em sete **sistemas cristalinos** de acordo com suas simetrias rotacionais.

☐ 5. Um plano de um cristal é especificado por um conjunto de **índices de Miller** (hkl); conjuntos de planos são representados por $\{hkl\}$.

☐ 6. O **fator de espalhamento** é uma medida da capacidade de um átomo difratar a radiação.

☐ 7. O **fator de estrutura** é a amplitude global de uma onda difratada pelos planos $\{hkl\}$.

☐ 8. A **síntese de Fourier** é a construção da distribuição da densidade eletrônica a partir de fatores de estrutura.

☐ 9. A **síntese de Patterson** é um mapa de vetores interatômicos obtido pela análise de Fourier das intensidades de difração.

☐ 10. **Refinamento de estrutura** é o ajuste de parâmetros estruturais para se obter o melhor ajuste entre as intensidades observadas e as calculadas usando o modelo da estrutura deduzido da figura de difração.

Equações importantes

Síntese de Fourier	Equação	Comentário	Número da equação
Separação de planos em uma rede retangular	$1/d_{hkl}^2 = h^2/a^2 + k^2/b^2 + l^2/c^2$	h, k, e l são índices de Miller	18A.1c
Lei de Bragg	$\lambda = 2d \operatorname{sen} \theta$	d é o espaçamento da rede, 2θ é o ângulo de incidência	18A.2b
Fator de espalhamento	$f = 4\pi \int_0^\infty [\{\rho(r) \operatorname{sen} kr\}/kr] r^2 \mathrm{d}r,\ k = (4\pi/\lambda) \operatorname{sen} \theta$	Átomo esfericamente simétrico	18A.3
Fator de estrutura	$F_{hkl} = \sum_j f_j \mathrm{e}^{\mathrm{i}\phi_{hkl}(j)},\quad \phi_{hkl}(j) = 2\pi(hx_j + ky_j + lz_j)$	Definição	18A.4
Síntese de Fourier	$\rho(\boldsymbol{r}) = (1/V) \sum_{hkl} F_{hkl} \mathrm{e}^{-2\pi \mathrm{i}(hx+ky+lz)}$	V é o volume da célula unitária	18A.5
Síntese de Patterson	$P(\boldsymbol{r}) = (1/V) \sum_{hkl} \lvert F_{hkl} \rvert^2 \mathrm{e}^{-2\pi \mathrm{i}(hx+ky+lz)}$		18A.6
Equação de Wierl	$I(\theta) = \sum_{i,j} f_i f_j (\operatorname{sen} sR_{ij}/sR_{ij}),\quad s = (4\pi/\lambda) \operatorname{sen} \tfrac{1}{2}\theta$		18A.9

18B Ligações nos sólidos

Tópicos

➤ **Por que você precisa saber este assunto?**

Para preparar-se para o estudo das propriedades dos materiais e as estruturas que eles adotam, você precisa saber como átomos e moléculas interagem formando sólidos metálicos, covalentes, iônicos e moleculares.

➤ **Qual é a ideia fundamental?**

Quatro tipos característicos de ligação resultam em metais, sólidos iônicos, sólidos covalentes e sólidos moleculares.

➤ **O que você já deve saber?**

Você precisa estar familiarizado com interações moleculares (Seção 16B) e as características gerais da estrutura dos cristais (Seção 18A). Para a discussão da ligação metálica você deve conhecer os princípios da teoria dos orbitais moleculares de Hückel (Seção 10E). A discussão da ligação iônica faz uso do conceito de entalpia e do fato de ela ser uma função de estado (Seção 2C).

A ligação num sólido pode ser de diversos tipos. A mais simples (pelo menos a princípio) é a dos **metais**, em que os elétrons estão deslocalizados sobre estruturas de cátions idênticos e os mantêm unidos num corpo rígido, mas dúctil e maleável. Os **sólidos iônicos** consistem em cátions e ânions agrupados por interações eletrostáticas em um cristal (Seção 18A). Nos **sólidos covalentes**, as ligações covalentes em uma orientação espacial definida unem os átomos em uma rede que se estende pelo cristal. Os **sólidos moleculares** são mantidos juntos por interações de van der Waals (Seção 16B).

18B.1 Sólidos metálicos

As formas cristalinas dos elementos metálicos podem ser discutidas em termos de um modelo em que seus átomos são representados como esferas rígidas idênticas. A maioria dos elementos metálicos cristaliza-se em uma de três formas simples, duas das quais podem ser modeladas em termos do agrupamento compacto de esferas rígidas. Nesta seção vamos considerar não apenas a configuração geométrica dos átomos no cristal, mas também a distribuição dos elétrons sobre os átomos.

(a) Agrupamento compacto

A Fig. 18B.1 mostra o **agrupamento compacto** de uma camada de esferas idênticas, com a ocupação máxima do espaço pelas esferas. Uma estrutura compacta tridimensional pode ser obtida pelo empilhamento de camadas compactas umas sobre as outras. Entretanto, este empilhamento pode ser feito de diferentes maneiras, que resultam em **politipos** compactos, isto é, estruturas idênticas em duas dimensões (as camadas compactas), mas diferentes na terceira dimensão.

Em todos os politipos, as esferas da segunda camada compacta ajustam-se às depressões da primeira camada (Fig. 18B.2). A terceira camada pode ser colocada sobre a segunda de duas maneiras diferentes. Numa delas, as esferas são colocadas diretamente acima da primeira camada (Fig. 18B.3a), dando uma configuração ABA para as camadas. Ou então as esferas podem ficar nas

Figura 18B.1 A primeira camada de esferas agrupadas compactamente usada para se construir uma estrutura tridimensional compacta.

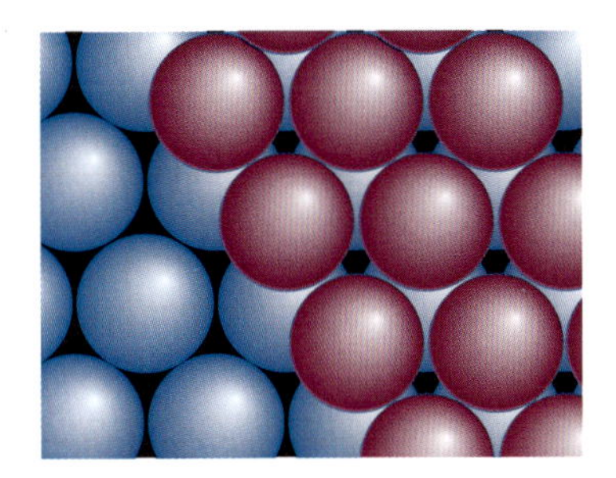

Figura 18B.2 A segunda camada de esferas empilhadas compactamente encaixa-se nas depressões da primeira camada. As duas camadas constituem a componente AB de uma estrutura de agrupamento compacto.

verticais dos vazios da primeira camada (Fig. 18B.3b), dando uma configuração ABC. Se as duas formas de empilhamento se repetem na direção vertical, formam-se dois politipos:

- **Agrupamento compacto hexagonal** (agrupamento ch): a configuração ABA é repetida, dando uma sequência de camadas ABABAB....
- **Agrupamento compacto cúbico** (agrupamento cc): a configuração ABC é repetida, dando a sequência ABCABC....

As origens das denominações evidenciam-se na Fig. 18B.4. A estrutura acc (agrupamento compacto cúbico) dá origem a uma célula unitária cúbica de face centrada (cfc). Também se podem ter estruturas com sequências aleatórias de camadas. Entretanto, o ach (agrupamento compacto hexagonal) e o acc são os mais importantes. Na Tabela 18B.1 estão listados alguns elementos que possuem essas estruturas.

A compacidade das estruturas compactas é indicada pelo seu **número de coordenação**, o número de átomos que circundam, na vizinhança mais próxima possível, um determinado átomo. Nas estruturas compactas que mencionamos, este número de coordenação é 12. Outra medida da compacidade é a **fração de agrupamento**, isto é, a fração do espaço ocupado pelas esferas, que

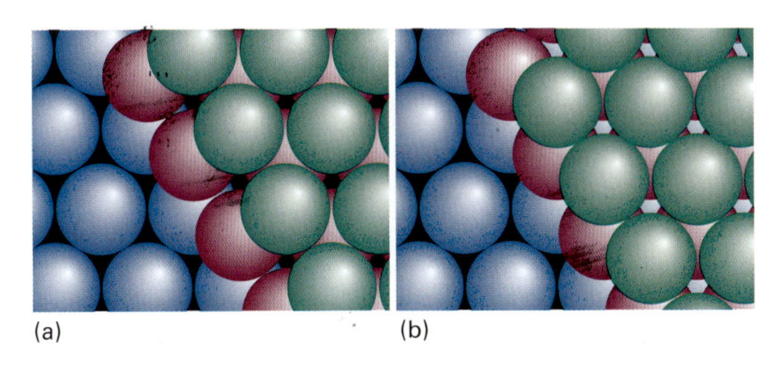

Figura 18B.3 (a) A terceira camada de esferas pode ocupar as depressões que ficam diretamente na vertical das esferas da primeira camada, e a estrutura resultante é ABA, que leva ao agrupamento compacto hexagonal. (b) Ao contrário, a terceira camada pode ocupar depressões que não estão sobre as verticais das esferas na primeira camada, e a estrutura resultante é ABC, correspondente ao agrupamento compacto cúbico.

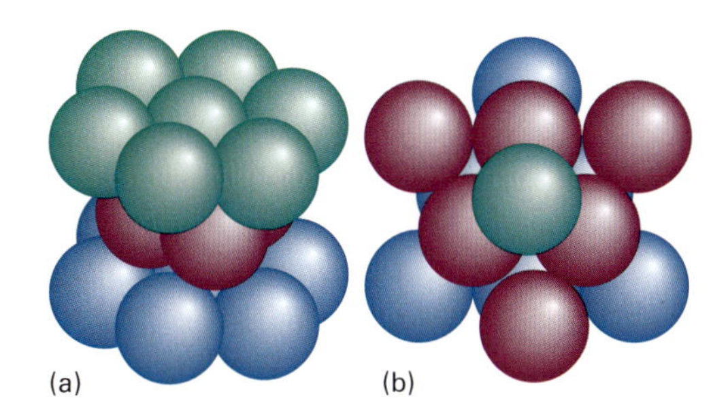

Figura 18B.4 Um fragmento da estrutura que aparece na Fig. 18B.3 mostrando (a) a simetria hexagonal e (b) a simetria cúbica. As tonalidades das esferas são as mesmas que para as camadas na Fig. 18B.3.

Tabela 18B.1 As estruturas cristalinas de alguns elementos*

Estrutura	Elemento
ach‡	Be, Cd, Co, He, Mg, Sc, Ti, Zn
cfc‡ (acc, cúbica F)	Ag, Al, Ar, Au, Ca, Cu, Kr, Ne, Ni, Pd, Pb, Pt, Rh, Rn, Sr, Xe
ccc (cúbica I)	Ba, Cs, Cr, Fe, K, Li, Mn, Mo, Rb, Na, Ta, W, V
Cúbica P	Po

* A notação usada para descrever células unitárias primitivas é apresentada na Seção 18A.
‡ Estruturas compactas.

Exemplo 18B.1 Cálculo da fração de agrupamento

Calcule a fração de agrupamento de uma estrutura acc com esferas de raio R.

Método Observe a Fig. 18B.5. Calculamos inicialmente o volume de uma célula unitária e depois o volume total das esferas que a ocupam, total ou parcialmente. A primeira parte é um cálculo de geometria elementar e o uso do teorema de Pitágoras ($a^2 + b^2 = c^2$ em um triângulo retângulo). A segunda parte envolve a contagem das frações das esferas que ocupam a célula.

Resposta Vemos na Fig. 18B.5 que uma diagonal de qualquer face atravessa diametralmente uma esfera e radialmente duas outras esferas. Portanto, o seu comprimento é $4R$. O comprimento de uma aresta l é tal que $l^2 + l^2 = (4R)^2$ e, portanto, é

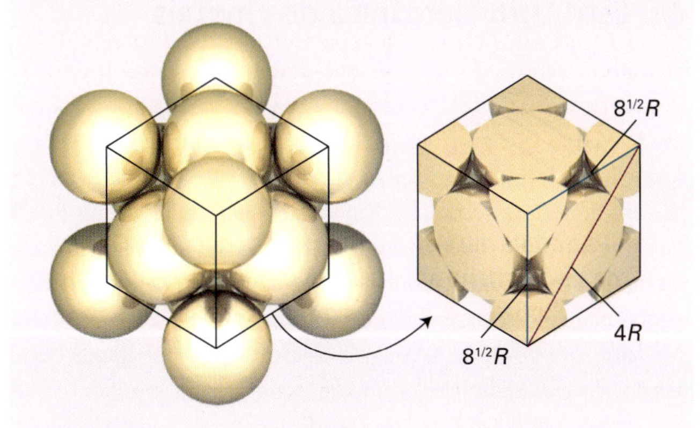

Figura 18B.5 Cálculo da fração de agrupamento de uma célula unitária cúbica compacta.

$l = 8^{1/2}R$. Como mostra a Fig. 18B.5, cada um dos oito vértices do cubo contém o equivalente a $\frac{1}{8}$ do seu volume em relação à célula. Além disso, cada uma das seis esferas remanescentes contribui com $\frac{1}{2}$ de seu volume para a célula. Portanto, cada célula unitária contém o equivalente a $6 \times \frac{1}{2} + 8 \times \frac{1}{8} = 4$ esferas. Como o volume de cada esfera é $\frac{4}{3}\pi R^3$, o volume ocupado pelas esferas é $\frac{16}{3}\pi R^3$. A fração do espaço ocupado é então

$$\frac{\frac{16}{3}\pi R^3}{8^{3/2}R^3} = \frac{16\pi}{3 \times 8^{3/2}} = 0{,}740$$

Como a estrutura ach tem o mesmo número de coordenação, a fração de agrupamento é também a mesma.

Exercício proposto 18B.1 As frações de agrupamento das estruturas que não são compactas são calculadas de maneira semelhante. Calcule a fração de agrupamento de uma esfera no centro de um cubo formado por outros oito: trata-se da estrutura cúbica I (ccc).

Resposta: 0,68

é 0,740 (veja o *Exemplo* 18B.1). Ou seja, num sólido constituído por esferas rígidas idênticas compactamente agrupadas, somente 26,0% do volume é espaço vazio. O fato de muitos metais terem essa estrutura revela-se nas elevadas densidades que eles possuem.

Como mostra a Tabela 18B.1, muitos metais comuns têm estruturas que são menos compactas. O afastamento em relação à estrutura compacta é indício de que a ligação covalente específica entre os átomos vizinhos está influenciando a estrutura e impondo uma certa configuração geométrica. Uma dessas configurações é a estrutura cúbica I (ccc, ou cúbica de corpo centrado) com uma esfera no centro de um cubo formado por oito outras esferas. O número de coordenação da estrutura ccc é apenas 8, mas seis outros átomos estão nas vizinhanças não muito mais afastados do que os oito vizinhos mais próximos. A fração de agrupamento é de 0,68 (*Exercício proposto* 18B.1), não muito menor do que a da estrutura compacta (0,74), e mostra que cerca de dois terços do espaço disponível são ocupados pelas esferas.

(b) Estrutura eletrônica dos metais

O aspecto central dos sólidos que determina as suas propriedades elétricas (Seção 18C) é a distribuição dos seus elétrons. Há dois modelos para essa distribuição. Em um, a **aproximação do elétron quase livre**, considera-se que os elétrons de valência estão confinados em uma caixa com um potencial periódico, com valores baixos de energia correspondendo aos locais dos cátions. Na **aproximação da ligação compacta**, considera-se que os elétrons de valência ocupam orbitais moleculares deslocalizados ao longo do sólido. O último modelo está mais em acordo com a discussão das propriedades elétricas dos sólidos (Seção 18C), e limitamos nossa atenção a ele.

Consideremos um sólido unidimensional constituído por uma sequência única infinita de átomos alinhados sobre uma reta. À primeira vista, esse modelo parece ser muito restritivo e irreal. Entretanto, ele nos fornece os conceitos necessários para a compreensão da estrutura e das propriedades elétricas de amostras macroscópicas tridimensionais de metais e semicondutores, além de ser o ponto de partida para a descrição de estruturas finas e alongadas, como os nanotubos de carbono.

Vamos supor que cada átomo tem um orbital s disponível para formar orbitais moleculares. Podemos construir os OM-CLOA do sólido pela combinação desses orbitais atômicos, alinhando N átomos em sucessão e depois determinando a estrutura eletrônica pelo princípio da estruturação. Um átomo contribui com um orbital s de certa energia (Fig. 18B.6). Quando um segundo átomo é acrescentado, há sobreposição de orbitais e formam-se um orbital ligante e outro antiligante. O terceiro átomo sobrepõe-se ao vizinho mais próximo (e só ligeiramente ao próximo vizinho mais próximo), e, a partir desses três orbitais atômicos, formam-se três orbitais moleculares: um bem ligante, um outro bem antiligante e um terceiro intermediário, não ligante. O quarto átomo leva à formação de um quarto orbital molecular. Neste momento, podemos perceber que o efeito de acrescentar sucessivamente um átomo a mais é espalhar a faixa de energia coberta pelos orbitais moleculares e também preencher essa faixa de energia com cada vez mais orbitais (um a mais para cada átomo). Quando forem acrescentados N átomos à reta, existirão N orbitais moleculares cobrindo uma banda de energia de largura finita, e o determinante secular de Hückel (Seção 10E) é

$$\begin{vmatrix} \alpha-E & \beta & 0 & 0 & 0 & \dots & 0 \\ \beta & \alpha-E & \beta & 0 & 0 & \dots & 0 \\ 0 & \beta & \alpha-E & \beta & 0 & \dots & 0 \\ 0 & 0 & \beta & \alpha-E & \beta & \dots & 0 \\ 0 & 0 & 0 & \beta & \alpha-E & \dots & 0 \\ \vdots & \vdots & \vdots & \vdots & \vdots & \dots & \vdots \\ 0 & 0 & 0 & 0 & 0 & \dots & \alpha-E \end{vmatrix} = 0$$

em que α é a integral coulombiana e β é a integral de ressonância (s,s). A teoria dos determinantes aplicada a um exemplo simétrico

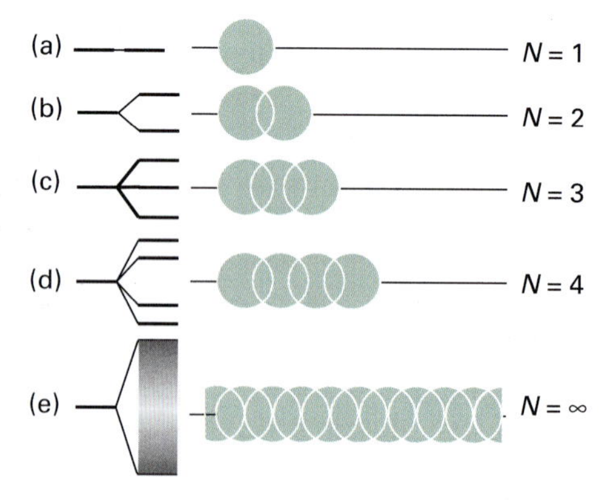

Figura 18B.6 A formação de uma banda de N orbitais moleculares pela adição sucessiva de N átomos sobre uma reta. Observe que a largura da banda permanece finita quando N tende a infinito e, embora pareça contínua, é constituída de N orbitais diferentes.

como esse (tecnicamente, um "determinante tridiagonal") conduz às seguintes expressões para as raízes:

$$E_k = \alpha + 2\beta \cos\frac{k\pi}{N+1} \qquad k = 1, 2, \ldots, N$$

Conjunto linear de orbitais s Níveis de energia (18B.1)

Mostramos na *Justificativa* 18B.1, quando N é infinitamente grande, a diferença entre os níveis de energia vizinhos $E_{k+1} - E_k$, é infinitamente pequena, mas a banda continua a ter, no global, largura finita (Fig. 18B.6):

$$E_N - E_1 \to -4\beta \quad \text{quando} \quad N \to \infty$$

Conjunto linear de orbitais s Largura da banda (18B.2)

(Observe que, como $\beta < 0$, $-4\beta > 0$.) Podemos pensar nessa banda como constituída por N orbitais moleculares diferentes, sendo o de energia mais baixa ($k = 1$) completamente ligante e o de energia mais alta ($k = N$) completamente antiligante entre átomos adjacentes (Fig. 18B.7). Os orbitais moleculares de energia intermediária têm $k - 1$ nós distribuídos ao longo da cadeia de átomos. Bandas semelhantes formam-se nos sólidos tridimensionais.

Justificativa 18B.1 As propriedades de uma banda

Na Eq. 18B.1 vemos que a separação de energia entre níveis de energia vizinhos k e $k + 1$ é

$$E_{k+1} - E_k = \left(\alpha + 2\beta\cos\frac{(k+1)\pi}{N+1}\right) - \left(\alpha + 2\beta\cos\frac{k\pi}{N+1}\right)$$

$$= 2\beta\left(\cos\frac{(k+1)\pi}{N+1} - \cos\frac{k\pi}{N+1}\right)$$

Usando a identidade trigonométrica $\cos(A + B) = \cos A \cos B - \text{sen}\, A\, \text{sen}\, B$ seguida de $\cos 0 = 1$ e $\text{sen}\, 0 = 0$, o primeiro termo (em azul) entre parênteses é

$$\cos\frac{(k+1)\pi}{N+1} = \cos\frac{k\pi}{N+1}\underbrace{\cos\frac{\pi}{N+1}}_{\to 1 \text{ quando } N\to\infty} - \text{sen}\frac{k\pi}{N+1}\underbrace{\text{sen}\frac{\pi}{N+1}}_{\to 0 \text{ quando } N\to\infty}$$

Portanto, quando $N \to \infty$,

$$E_{k+1} - E_k \to 2\beta\left(\cos\frac{k\pi}{N+1} - \cos\frac{k\pi}{N+1}\right) = 0$$

Conclui-se que, quando N é infinitamente grande, a diferença entre os níveis de energia vizinhos é infinitamente pequena.

Para calcular o efeito de N na largura $E_N - E_1$ de uma banda, procedemos da seguinte maneira. A energia do nível com $k = 1$ é

$$E_1 = \alpha + 2\beta\cos\frac{\pi}{N+1}$$

Quando $N \to \infty$, o cosseno aproxima-se de $\cos 0 = 1$. Portanto, nesse limite,

$$E_1 = \alpha + 2\beta$$

Quando k tem seu valor máximo de N,

$$E_N = \alpha + 2\beta\cos\frac{N\pi}{N+1}$$

Quando $N \to \infty$, podemos ignorar o 1 no denominador, e o termo cosseno torna-se $\cos \pi = -1$. Dessa forma, nesse limite, $E_N = \alpha - 2\beta$ e $E_N - E_1 \to -4\beta$, conforme a Eq. 18B.2.

Breve ilustração 18B.1 Níveis de energia em uma banda

Para ilustrar a dependência que $E_{k+1} - E_k$ tem de N, usamos a primeira equação da *Justificativa* para calcular

$$N = 3: \quad E_2 - E_1 = 2\beta\left(\cos\frac{2\pi}{4} - \cos\frac{\pi}{4}\right) \approx -1{,}414\beta$$

$$N = 30: \quad E_2 - E_1 = 2\beta\left(\cos\frac{2\pi}{31} - \cos\frac{\pi}{31}\right) \approx -0{,}0307\beta$$

$$N = 300: \quad E_2 - E_1 = 2\beta\left(\cos\frac{2\pi}{301} - \cos\frac{\pi}{301}\right) \approx -0{,}00036\beta$$

Vemos que a diferença de energia diminui com o aumento de N.

Exercício proposto 18B.2 Para $N = 300$, para qual valor de k $E_{k+1} - E_k$ teria o seu valor máximo? *Sugestão*: Use um programa matemático.

Resposta: $k = 150$

A banda formada pela sobreposição dos orbitais s é chamada de **banda s**. Se os átomos tiverem orbitais p disponíveis, o mesmo procedimento leva à formação de uma **banda p** (como mostra a parte superior da Fig. 18B.7). Se os orbitais atômicos p tiverem energias mais elevadas que os orbitais s, então a banda p estará mais alta que a banda s e pode haver uma **lacuna** entre as bandas, um intervalo

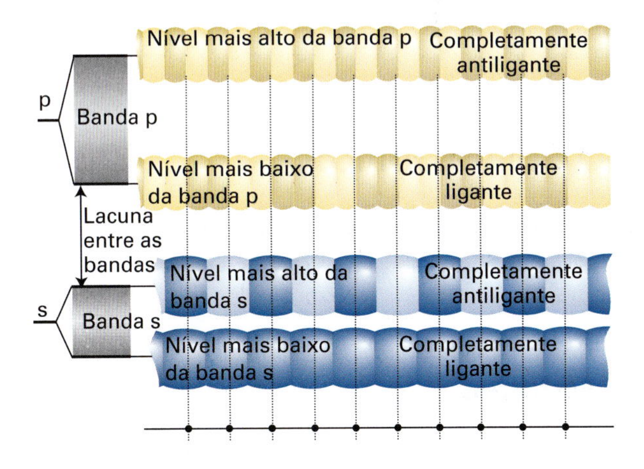

Figura 18B.7 A sobreposição dos orbitais s dá origem a uma banda s e a sobreposição dos orbitais p dá origem a uma banda p. Neste caso, os orbitais s e p dos átomos estão tão separados que há uma lacuna entre as bandas. Em muitos casos a separação é bem menor e as bandas se sobrepõem.

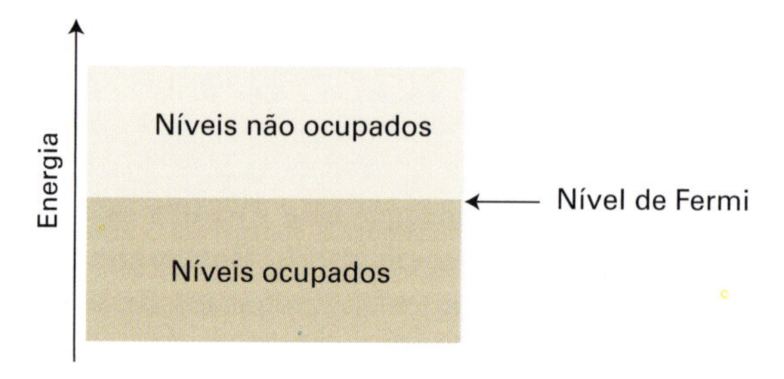

Figura 18B.8 Quando *N* elétrons ocupam uma banda de *N* orbitais, a banda fica apenas semiocupada e os elétrons nas vizinhanças do nível de Fermi (o topo dos níveis ocupados) são móveis.

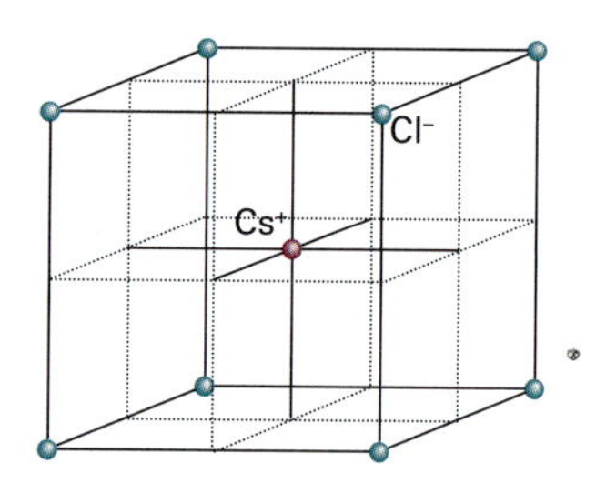

Figura 18B.9 A estrutura do cloreto de césio tem duas redes cúbicas simples de íons que se interpenetram, uma de cátions e a outra de ânions, de modo que cada cubo de íons de uma espécie tem um contraíon no centro da célula.

de energia que não corresponde a nenhum orbital. Entretanto, as bandas s e p podem ser contíguas, com o orbital mais alto da banda s coincidente com o nível mais baixo da banda p ou até mesmo superposto (como no caso das bandas 3s e 3p do magnésio).

Consideremos agora a estrutura eletrônica de um sólido formado por átomos que podem contribuir, cada qual, com um só elétron (por exemplo, os metais alcalinos). Há *N* orbitais atômicos e, portanto, *N* orbitais moleculares compactados numa banda aparentemente contínua. Há *N* elétrons para ocupar esses orbitais. Em $T = 0$, somente os $\frac{1}{2}N$ orbitais moleculares de mais baixa energia estão ocupados (Fig. 18B.8), e o HOMO é chamado o **nível de Fermi**. Porém, diferentemente das moléculas, há orbitais vazios com energia muito próxima da energia do nível de Fermi, de modo que é muito pequena a energia necessária para excitar os elétrons mais elevados. Esses elétrons, por isso, são muito móveis e dão origem a condutividade elétrica (Seção 18C). Apenas o pequeno número de elétrons próximos ao nível de Fermi pode sofrer excitação térmica, de modo que somente esses elétrons contribuem para a capacidade calorífica do metal. É por essa razão que a lei de Dulong e Petit das capacidades caloríficas (Seção 7A) concorda razoavelmente com o experimento em temperaturas normais quando se conta somente os átomos da amostra, e não os átomos mais os elétrons "livres".

18B.2 Sólidos iônicos

Duas questões surgem quando consideramos os sólidos iônicos: as posições relativas adotadas pelos íons e a energia da estrutura resultante.

(a) Estrutura

Quando os cristais de compostos de íons monoatômicos (tais como NaCl e MgO) são modelados por aglomerados de esferas rígidas, é essencial que se leve em conta os diferentes raios iônicos (normalmente os cátions são menores do que os ânions) e as diferentes cargas elétricas. O número de coordenação de um íon é o número de vizinhos mais próximos, de carga oposta. A estrutura se caracteriza pela **coordenação (N_+,N_-)**, em que N_+ é o número de coordenação do cátion e N_- o do ânion.

Mesmo que, por acaso, os íons tenham o mesmo tamanho, a exigência da neutralidade elétrica da célula unitária torna impossível a montagem de uma estrutura compacta com número de coordenação 12. Por isso, os sólidos iônicos são, em geral, menos densos do que os metais. O agrupamento mais compacto que se pode conseguir é o da **estrutura do cloreto de césio**, com a coordenação (8,8), em que cada cátion está circundado por oito ânions e cada ânion por oito cátions (Fig. 18B.9). Nessa estrutura, um íon com uma unidade de carga ocupa o centro de uma célula unitária cúbica, e oito contraíons ocupam os vértices do cubo. Essa é a estrutura adotada pelo próprio CsCl e também pelo CaS.

Quando os raios dos íons diferem mais do que no CsCl, não se pode sequer atingir o agrupamento com a coordenação oito. Uma estrutura, então, que é comum é a **estrutura do cloreto de sódio** tipificado pelo próprio sal de rocha, o NaCl (Fig. 18B.10), com a coordenação (6,6). Nessa estrutura, cada cátion tem seis ânions e cada ânion tem seis cátions. A estrutura pode ser imaginada como duas redes cúbicas F de face centrada (cfc) ligeiramente expandidas, que se interpenetram, sendo uma delas de cátions e a outra de ânions. Essa é a estrutura do NaCl e também de muitos compostos do tipo MX, incluindo o KBr, o AgCl, o MgO e o ScN.

A passagem da estrutura do cloreto de césio para a do cloreto de sódio ocorre de acordo com a **razão entre os raios**, γ:

$$\gamma = \frac{r_{\text{menor}}}{r_{\text{maior}}} \qquad \textit{Definição} \quad \text{Razão entre os raios} \qquad (18B.3)$$

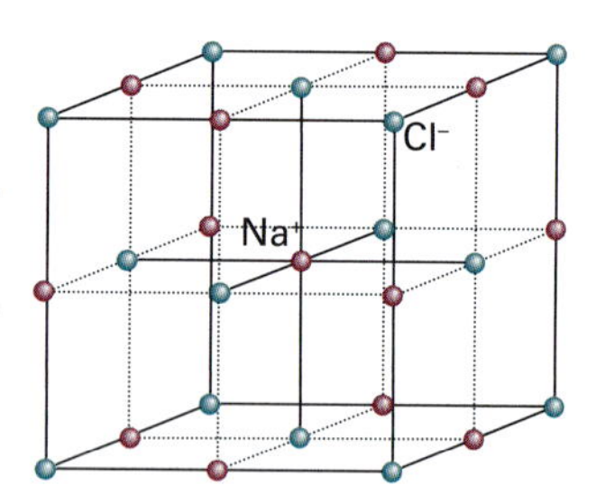

Figura 18B.10 A estrutura do cloreto de sódio (NaCl) tem duas redes cúbicas de face centrada de íons, ligeiramente expandidas, que se interpenetram. Na figura aparece a célula unitária correspondente.

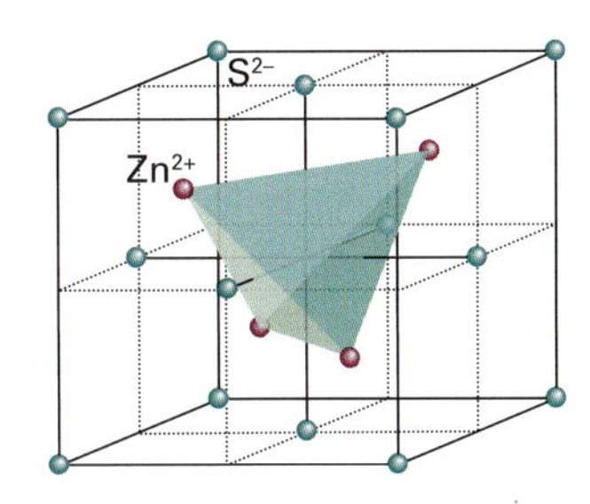

Figura 18B.11 A estrutura da esfalerita, forma do ZnS, com a localização dos átomos de Zn nos buracos tetraédricos formados pelos átomos de S. (Há um átomo de S no centro do cubo no interior do tetraedro de íons de Zn.)

Os dois raios são, respectivamente, do menor e do maior íon no cristal. A **regra da razão entre os raios**, obtida da resolução do problema geométrico de agrupar-se o número máximo de esferas rígidas com um raio em torno de uma esfera rígida com outro raio, pode ser resumida a seguir:

Razão entre os raios	Tipo estrutural
$\gamma < 2^{1/2} - 1 = 0{,}414$	esfarelita (ou blenda de zinco, Fig. 18B.11)
$0{,}414 < \gamma < 3^{1/2} - 1 = 0{,}732$	cloreto de sódio (Fig. 18B.10)
$\gamma > 0{,}732$	cloreto de césio (Fig. 18B.9)

O afastamento entre uma estrutura e a estrutura provável da regra da razão entre os raios é tomado como indício de desvio da ligação iônica para a ligação covalente. Porém, talvez a maior fonte de insegurança na estimativa seja a arbitrariedade dos valores dos raios iônicos (conforme explicaremos a seguir) e a respectiva variação com o número de coordenação.

Os raios iônicos são estimados pelas distâncias internucleares entre os íons adjacentes num cristal. Porém, é preciso distribuir a distância total entre os dois íons definindo o raio de um íon e, então, inferindo o raio do outro íon. Uma escala que é muito usada é a que atribui o valor de 140 pm ao raio do íon O^{2-} (Tabela 18B.2). Outras escalas também são usadas (como as baseadas no íon F^- para a discussão dos haletos), e é importante que não se misturem valores de diferentes escalas. Uma vez que os raios iônicos envolvem uma arbitrariedade de escolha, as previsões baseadas em seus valores têm que ser encaradas com cautela.

Tabela 18B.2* Raios iônicos, *r*/pm

Na^+	102 (6‡), 116 (8)
K^+	138 (6), 151 (8)
F^-	128 (2), 131 (4)
Cl^-	181 (compacta)

* Esta escala baseia-se em um valor de 140 pm para o raio do íon O^{2-}. Mais valores são dados na *Seção de dados*.

‡ Número de coordenação.

Breve ilustração 18B.2 A razão entre os raios

Utilizando valores de raios iônicos da *Seção de dados*, a razão entre os raios para o MgO é

$$\gamma = \frac{\overbrace{72\,\text{pm}}^{\text{raio do Mg}^{2+}}}{\underbrace{140\,\text{pm}}_{\text{raio do O}^{2-}}} = 0{,}51$$

que é consistente com a estrutura do cloreto de sódio observada dos cristais de MgO.

Exercício proposto 18B.3 Preveja a estrutura cristalina do TlCl.

Resposta: $\gamma = 0{,}88$; a estrutura do cloreto de césio

(b) Balanço de energia

A **energia de rede** de um sólido é a diferença entre a energia potencial coulombiana dos íons aglomerados juntos em um sólido e a energia potencial dos íons muito separados uns dos outros, como um gás. A energia de rede sempre é positiva. Uma energia de rede alta indica que os íons interagem fortemente uns com os outros, fazendo com que o sólido esteja firmemente unido. A **entalpia de rede**, ΔH_R, é a variação de entalpia molar padrão para o processo

$$MX(s) \rightarrow M^+(g) + X^-(g)$$

e o seu equivalente para outros tipos de carga e estequiometria. A entalpia de rede é igual à energia de rede a $T = 0$. Na temperatura ambiente, elas diferem de somente alguns quilojoules por mol, e a diferença normalmente é desprezada.

Cada íon em um sólido sofre a atração eletrostática de todos os outros íons de carga oposta e a repulsão de todos os outros íons de carga igual. A energia potencial coulombiana total é a soma de todas as contribuições eletrostáticas. Cada cátion está envolvido por ânions, e há uma contribuição negativa grande devido à atração entre as cargas opostas. Além dos vizinhos mais próximos, existem cátions que contribuem com um termo positivo para a energia potencial total do cátion central. Também há uma contribuição negativa devido aos ânions que se localizam além desses cátions, uma contribuição positiva dos cátions que se localizam além desses ânions e assim por diante até a extremidade do sólido. Essas repulsões e atrações ficam progressivamente mais fracas à medida que aumenta a distância em relação ao íon central, mas o resultado final de todas essas contribuições é dominado pela interação entre os vizinhos mais próximos, e é a diminuição da energia.

Inicialmente, vamos considerar um modelo unidimensional simples de um sólido que consiste em cátions e ânions uniformemente espaçados ao longo de uma reta, sendo que entre dois cátions sempre existe um ânion. A distância *d* entre os centros de

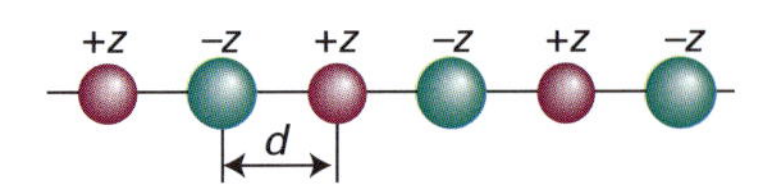

Figura 18B.12 Uma reta na qual os cátions se alternam com os ânions, usada no cálculo da constante de Madelung em uma dimensão.

dois íons vizinhos é a soma dos seus raios iônicos (Fig. 18B.12). Se os números de carga dos íons têm o mesmo valor absoluto (+1 e −1, ou +2 e −2, por exemplo), então $z_1 = +z$, $z_2 = -z$, e $z_1z_2 = -z^2$. A energia potencial do íon central é calculada somando-se todos os termos, com os termos negativos representando as atrações entre íons de carga oposta e os termos positivos representando as repulsões entre íons de mesma carga. Para a interação com os íons que se distribuem ao longo da reta à direita do íon central, a energia da rede é

$$E_p = \frac{1}{4\pi\varepsilon_0} \times \left(-\frac{z^2e^2}{d} + \frac{z^2e^2}{2d} - \frac{z^2e^2}{3d} + \frac{z^2e^2}{4d} - \cdots \right)$$
$$= \frac{z^2e^2}{4\pi\varepsilon_0 d} \times \left(-1 + \frac{1}{2} - \frac{1}{3} + \frac{1}{4} - \cdots \right)$$
$$= -\frac{z^2e^2}{4\pi\varepsilon_0 d} \times \ln 2$$

Usamos a relação $1 - \frac{1}{2} + \frac{1}{3} - \frac{1}{4} + \cdots = \ln 2$. Finalmente, multiplicamos E_p por 2 para obter a energia total que surge das interações em cada lateral do íon e, em seguida, multiplicamos pela constante de Avogadro, N_A, para obter uma expressão para a energia (molar) da rede. O resultado é

$$E_p = -2\ln 2 \times \frac{z^2 N_A e^2}{4\pi\varepsilon_0 d}$$

com $d = r_{\text{cátion}} + r_{\text{ânion}}$. Essa energia é negativa, correspondendo a uma atração líquida. Esse cálculo pode ser estendido a um arranjo tridimensional de íons com cargas diferentes:

$$E_p = -A \times \frac{|z_A z_B| N_A e^2}{4\pi\varepsilon_0 d} \qquad (18B.4)$$

O fator A é uma constante numérica positiva, a **constante de Madelung**. Seu valor depende de como os íons estão distribuídos. Para uma estrutura do cloreto de sódio, A = 1,748. A Tabela 18B.3 lista as constantes de Madelung para outras estruturas comuns.

Também há repulsões que surgem da sobreposição dos orbitais atômicos ocupados dos íons e devido ao princípio de Pauli. Essas repulsões são levadas em conta supondo-se que, como as funções de onda decaem exponencialmente com a distância, para distâncias grandes do núcleo, e interações repulsivas dependem da sobreposição de orbitais, a contribuição repulsiva para a energia potencial tem a forma

$$E_p^* = N_A C' e^{-d/d^*} \qquad (18B.5)$$

Tabela 18B.3 Constantes de Madelung

Tipo de estrutura	A
Cloreto de césio	1,763
Fluorita	2,519
Cloreto de sódio	1,748
Rutila	2,408
Esfarelita (blenda de zinco)	1,638
Wurtzita	1,641

com C' e d^* constantes; o valor de C' não é necessário (ele se cancela nas expressões que utilizam essa fórmula; veja a seguir) e geralmente d^* é considerado igual a 34,5 pm. A energia potencial total é a soma de E_p e E_p^*, e passa através de um mínimo quando $\mathrm{d}(E_p + E_p^*)/\mathrm{d}d = 0$ (Fig. 18B.13). Um pequeno cálculo conduz à expressão seguinte para a energia potencial total mínima (veja o Problema 18B.9):

$$E_{p,\text{mín}} = -\frac{N_A |z_A z_B| e^2}{4\pi\varepsilon_0 d}\left(1 - \frac{d^*}{d}\right)A \qquad \text{Equação de Born–Mayer} \quad (18B.6)$$

Essa expressão é chamada de **equação de Born–Mayer**. Desde que ignoremos as contribuições do ponto zero para a energia, podemos identificar o negativo dessa energia potencial como a energia de rede. As características importantes dessa equação são:

Interpretação física

- Como $E_{p,\text{mín}} \propto |z_A z_B|$, a energia potencial diminui (torna-se mais negativa) com o aumento do número de carga dos íons.
- Como $E_{p,\text{mín}} \propto 1/d$, a energia potencial diminui (torna-se mais negativa) com a diminuição do raio iônico.

A segunda conclusão vem do fato de que quanto menores os raios iônicos, menor o valor de d. Vemos que valores grandes de energias de rede são esperados quando os íons são altamente carregados (de modo que $|z_A z_B|$ é grande) e pequenos (de modo que d é pequeno).

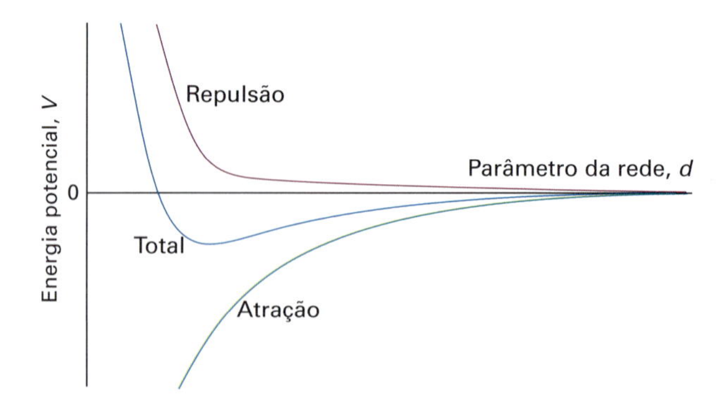

Figura 18B.13 As contribuições para a energia potencial total de um cristal iônico.

Breve ilustração 18B.3 A equação de Born–Mayer

Para calcular $E_{p,mín}$ do MgO, que tem uma estrutura do cloreto de sódio (A = 1,748), usamos $d = r(Mg^{2+}) + r(O^{2-})$ = 72 + 140 pm = 212 pm. Também utilizamos

$$\frac{N_A e^2}{4\pi\varepsilon_0}=\frac{(6{,}022\,14\times10^{23}\,\text{mol}^{-1})\times(1{,}601\,176\times10^{-19}\,\text{C})^2}{4\pi\times(8{,}854\,19\times10^{-12}\,\text{J}^{-1}\,\text{C}^2\,\text{m}^{-1})}$$
$$=1{,}387\,62\times10^{-4}\,\text{J}\,\text{m}\,\text{mol}^{-1}$$

e obtemos

$$E_{p,mín}=-\overbrace{\underbrace{\frac{4}{2{,}12\times10^{-10}\,\text{m}}}_{d}}^{|z_{Mg^{2+}}z_{O^{2-}}|}\times\overbrace{(1{,}387\,62\times10^{-4}\,\text{J}\,\text{m}\,\text{mol}^{-1})}^{N_Ae^2/4\pi\varepsilon_0}\times$$
$$\overbrace{\left(1-\frac{34{,}5\,\text{pm}}{212\,\text{pm}}\right)}^{1-d^*/d}\times\overbrace{1{,}748}^{A}$$
$$=-3{,}83\times10^3\,\text{kJ}\,\text{mol}^{-1}$$

Exercício proposto 18B.4 Entre o óxido de magnésio e o óxido de estrôncio, qual deles se pode esperar que tenha a maior energia de rede?

Resposta: o MgO

Valores experimentais da entalpia de rede (a entalpia em lugar da energia) são obtidos usando-se o **ciclo de Born–Haber**, uma série consecutiva de transformações que começam e terminam no mesmo ponto. Uma das etapas desse ciclo é a formação do composto sólido a partir de um gás de íons muito separados.

Exemplo 18B.2 Aplicação do ciclo de Born–Haber

Use o ciclo de Born–Haber para calcular a entalpia de rede do KCl.

Método O ciclo de Born–Haber para o KCl é mostrado na Fig. 18B.14. Ele consiste nas seguintes etapas (por conveniência, começando nos elementos):

	$\Delta H/(\text{kJ mol}^{-1})$	
1. Sublimação do K(s)	+89	[entalpia de dissociação do K(s)]
2. Dissociação de $\frac{1}{2}Cl_2(g)$	+122	[$\frac{1}{2}\times$entalpia de dissociação do $Cl_2(g)$]
3. Ionização do K(g)	+418	[entalpia de ionização do K(g)]
4. Ligação do elétron ao Cl(g)	−349	[entalpia de ganho de elétron do Cl(g)]
5. Formação do sólido a partir de íons em fase de gás	$-\Delta H_L/(\text{kJ mol}^{-1})$	
6. Decomposição do composto	+437	[entalpia de ganho de elétron do KCl(s)]

Como se trata de um ciclo fechado, a soma dessas variações de entalpia é igual a zero, e a entalpia de rede pode ser inferida da equação resultante.

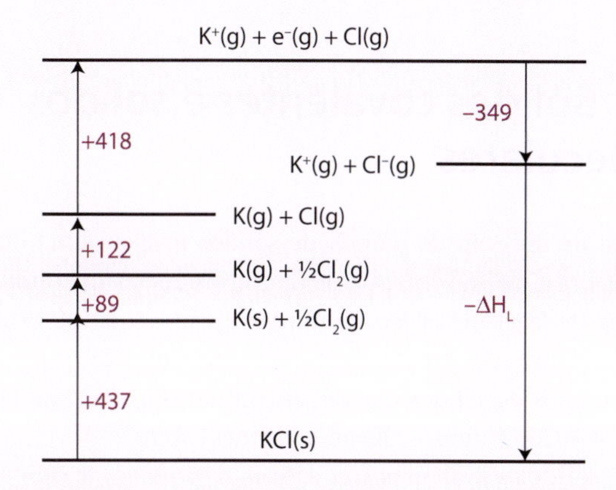

Figura 18B.14 O ciclo de Born–Haber para o KCl a 298 K. As variações de entalpia estão em quilojoules por mol.

Resposta A equação associada ao ciclo é

$$89+122+418-349-\Delta H_L/(\text{kJ}\,\text{mol}^{-1})+437=0$$

Segue que ΔH_R = +717 kJ mol^{-1}.

Exercício proposto 18B.5 Calcule a entalpia de rede do CaO a partir dos dados listados a seguir:

	$\Delta H/(\text{kJ mol}^{-1})$
Sublimação do Ca(s)	+178
Ionização do Ca(g) a $Ca^{2+}(g)$	+1735
Dissociação do $O_2(g)$	+249
Ligação do elétron ao O(g)	−141
Ligação do elétron ao $O^-(g)$	+844
Formação do CaO(s) a partir do Ca(s) e do $O_2(g)$	−635

Resposta: +3500 kJ mol^{-1}

Algumas entalpias de rede, obtidas desse modo, estão listadas na Tabela 18B.4. Como pode ser visto a partir dos dados, as tendências dos valores estão, em geral, de acordo com as previsões da equação de Born–Mayer. A concordância é normalmente interpretada como indicando que o modelo iônico de ligação é válido

Tabela 18B.4* Entalpias de rede a 298 K, $\Delta H_L/(\text{kJ mol}^{-1})$

NaF	787
NaBr	751
MgO	3850
MgS	3406

* Mais valores são fornecidos na *Seção de dados*.

para a substância; a discordância indica que há uma contribuição covalente para a ligação. No entanto, é importante ter cautela, pois o acordo numérico pode ser acidental.

18B.3 Sólidos covalentes e sólidos moleculares

Estudos de difração de raios X de sólidos revelam uma quantidade enorme de informação, inclusive distâncias interatômicas, ângulos de ligação, estereoquímica e parâmetros de vibração. Nesta seção vamos simplesmente dar uma indicação da diversidade de tipos de sólidos que são encontrados quando moléculas se agrupam, ou átomos se ligam, em redes extensas.

Nos **sólidos covalentes** (ou *sólidos reticulares covalentes*), as ligações covalentes em uma determinada orientação espacial unem os átomos em uma rede que se estende através do cristal. A presença de ligações direcionais, que têm somente um efeito pequeno nas estruturas de muitos metais, agora anula o problema geométrico do empacotamento de esferas, e estruturas complexas e extensas podem ser formadas.

Breve ilustração 18B.4 Diamante e grafita

O diamante e a grafita são dois alótropos do carbono. No diamante, cada átomo de C com hibridização sp^3 está ligado a quatro de seus vizinhos, formando um tetraedro (Fig. 18B.15). A rede de fortes ligações C–C é repetida através do cristal, e, como resultado, o diamante é a substância mais dura que se conhece. Na grafita, as ligações σ entre os átomos de carbono com hibridização sp^2 formam anéis hexagonais que, quando repetidos através do cristal, produzem folhas de "grafeno" (Fig. 18B.16). Como as folhas podem deslizar umas sobre as outras quando da presença de impurezas, a grafita é muito utilizada como lubrificante.

Exercício proposto 18B.6 Identifique os sólidos que formam sólidos reticulares covalentes: silício, nitreto de boro, fósforo vermelho e carbonato de cálcio.

Resposta: Silício, nitreto de boro e fósforo vermelho são sólidos covalentes; carbonato de cálcio é um sólido iônico

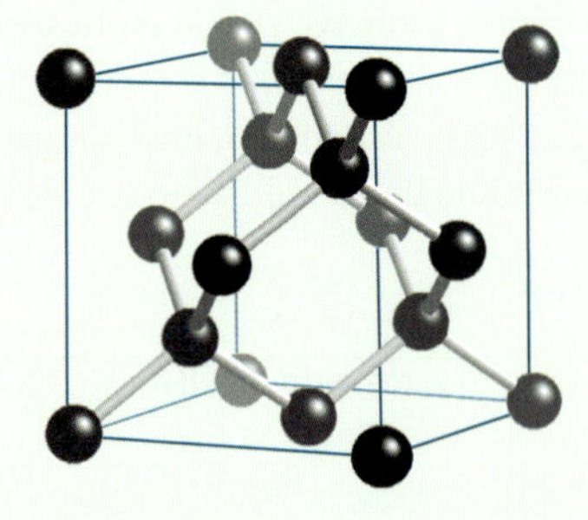

Figura 18B.15 Um fragmento da estrutura do diamante. Cada átomo de C está unido tetraedricamente a quatro vizinhos. Essa estrutura, semelhante a uma estrutura em vigas, origina um cristal rígido.

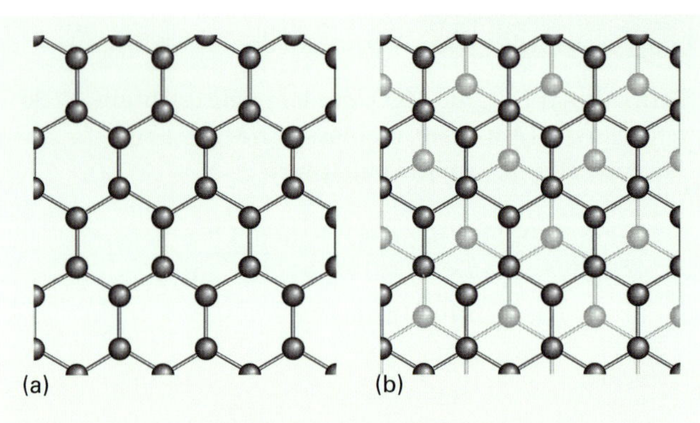

Figura 18B.16 A grafita consiste em planos de hexágonos formados por átomos de carbono empilhados uns sobre os outros. (a) A disposição dos átomos de carbono numa folha de "grafeno"; (b) a disposição relativa das folhas vizinhas. Quando impurezas estão presentes, os planos podem deslizar facilmente uns sobre os outros.

Sólidos moleculares, que são o assunto da grande maioria das determinações estruturais modernas, são mantidos por interações de van der Waals (Seção 16B). A estrutura cristalina observada é a solução criada pela natureza para o problema de condensar corpos de várias formas em um aglomerado de energia mínima (na realidade, para $T > 0$, de energia de Gibbs mínima). Prever esse tipo de estrutura é uma tarefa muito difícil, porém, atualmente, programas especialmente desenvolvidos para explorar as energias de interação podem fazer predições razoavelmente confiáveis. O problema fica mais complicado devido à presença das ligações de hidrogênio, que em alguns casos dominam a estrutura cristalina, como no gelo (Fig. 18B.17), mas em outros (por exemplo, no fenol) distorcem uma estrutura que é em grande parte determinada pelas interações de van der Waals.

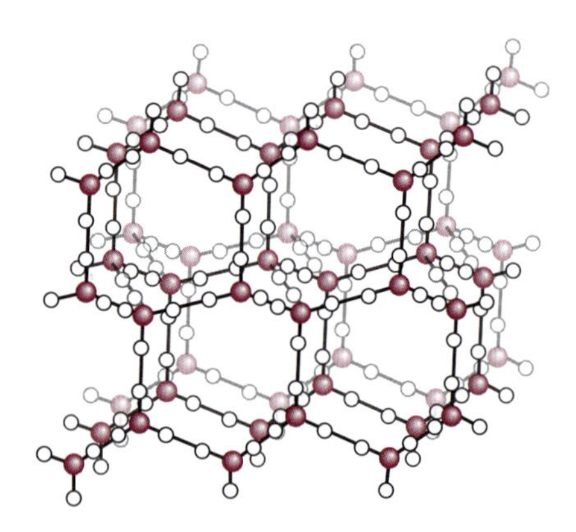

Figura 18B.17 Um fragmento da estrutura cristalina de gelo (gelo-I). Cada átomo de O está no centro de um tetraedro de quatro átomos de O a uma distância de 276 pm. O átomo de O central está preso, por duas ligações O—H curtas, a dois átomos de H e, por duas ligações de hidrogênio longas, aos átomos de H de duas moléculas vizinhas. Ambas as localizações de átomos de H alternativas são mostradas para cada separação O—O. A estrutura global consiste em planos de anéis enrugados hexagonais de moléculas de H_2O (como a forma cadeira do ciclo-hexano).

Conceitos importantes

☐ 1. O **número de coordenação** de um átomo é o número dos seus vizinhos mais próximos.

☐ 2. Muitos metais elementares têm **estruturas de agrupamento compacto** com número de coordenação 12.

☐ 3. As estruturas de agrupamento compacto podem ser cúbicas (acc) ou hexagonais (ach).

☐ 4. Uma **fração de agrupamento** é a fração de espaço ocupada por esferas em um cristal.

☐ 5. Os elétrons dos metais ocupam orbitais moleculares formados a partir da sobreposição de orbitais atômicos.

☐ 6. O **nível de Fermi** é o orbital molecular ocupado mais elevado, em $T = 0$.

☐ 7. Estruturas iônicas representativas incluem as estruturas do cloreto de césio, do cloreto de sódio e da blenda de zinco.

☐ 8. O **número de coordenação de uma rede iônica** é simbolizado por (N_+,N_-), em que N_+ é o número de ânions vizinhos mais próximos em torno de um cátion e N_- é o número de cátions vizinhos mais próximos em torno de um ânion.

☐ 9. A **razão entre os raios** (veja a seguir) é um guia para o tipo de rede provável.

☐ 10. A **entalpia de rede** é a variação de entalpia (por mol de fórmulas unitárias) que acompanha a completa separação dos componentes do sólido.

☐ 11. O **ciclo de Born–Haber** é um caminho fechado de transformações que têm início e fim no mesmo ponto; uma etapa do ciclo é a formação do composto sólido a partir de um gás de íons muito separados.

☐ 12. Um sólido reticular covalente é um sólido em que as ligações covalentes em uma de orientação espacial definida unem os átomos em uma rede que se estende através do cristal.

☐ 13. Um sólido molecular é aquele que consiste em moléculas discretas mantidas por interações de van der Waals.

Equações importantes

Propriedade	Equação	Comentário	Número da equação
Níveis de energia de um arranjo linear de orbitais	$E_k=\alpha+2\beta\cos(k\pi/(N+1)),\ k=1,2,\ldots,N$	Aproximação de Hückel	18B.1
Largura da banda	$E_N-E_1\rightarrow -4\beta$ quando $N\rightarrow\infty$	Aproximação de Hückel	18B.2
Razão entre os raios	$\gamma=r_{\text{menor}}/r_{\text{maior}}$	Para critérios, veja a Seção 18B.2.	18B.3
Equação de Born–Mayer	$E_{\text{p,min}}=-\{N_A\lvert z_A z_B\rvert e^2/4\pi\varepsilon_0 d\}(1-d^*/d)A$	A é a constante de Madelung	18B.6

18C Propriedades mecânicas, elétricas e magnéticas dos sólidos

Tópicos

➤ Por que você precisa saber este assunto?

Consideração e manipulação cuidadosas das propriedades físicas dos sólidos são necessárias para o desenvolvimento de materiais modernos e para o entendimento das suas propriedades.

➤ Qual é a ideia fundamental?

As propriedades mecânicas, elétricas e magnéticas dos sólidos surgem das propriedades dos seus átomos constituintes e de como eles se dispõem.

➤ O que você já deve saber?

Você precisa estar familiarizado com campos eletromagnéticos (*Fundamentos* C), estrutura atômica (Seções 9A e 9B) e arranjos de ligações nos sólidos (Seção 18B), em especial a formação de bandas de orbitais. Esta seção utiliza um pouco as propriedades da distribuição de Boltzmann (*Fundamentos* B e Seção 15A).

Esta seção trata das propriedades mecânicas, elétricas e magnéticas dos sólidos. As propriedades ópticas são abordadas na Seção 18D.

18C.1 Propriedades mecânicas

Os conceitos fundamentais para a discussão das propriedades mecânicas dos sólidos são os de tensão e de deformação. A **tensão** sobre um objeto é a força aplicada sobre uma determinada área dividida por esta área. A **deformação** é a distorção resultante da amostra. O campo geral das relações entre tensão e deformação é denominado **reologia**, da palavra grega para "fluxo".

A tensão pode ser aplicada de diversas maneiras (Fig. 18C.1):

- A **tensão uniaxial** é uma simples compressão ou alongamento numa direção.
- A **tensão hidrostática** é uma tensão aplicada simultaneamente em todas as direções, por exemplo, quando um corpo está imerso em um fluido.
- O **cisalhamento puro** é uma tensão que tende a empurrar faces opostas da amostra em direções opostas.

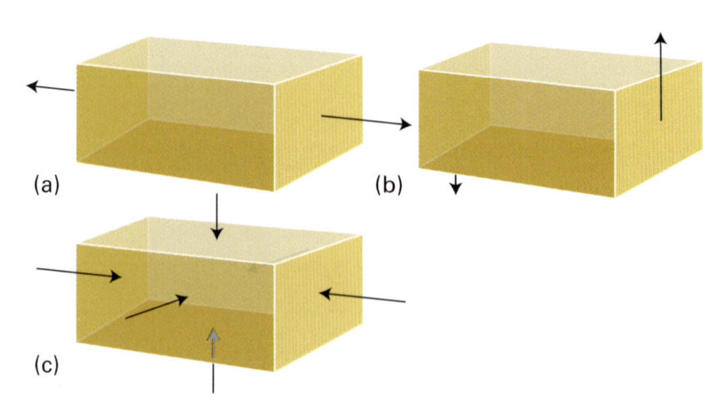

Figura 18C.1 Tipos de tensão aplicadas sobre um corpo. (a) Tensão uniaxial, (b) tensão de cisalhamento, (c) pressão hidrostática.

Uma amostra submetida a tensões pequenas normalmente sofre uma **deformação elástica** no sentido de que ela recupera sua forma original quando a tensão é removida. Para pequenas tensões, a deformação é proporcional à tensão, e a relação tensão–deformação é uma lei de Hooke (conforme ilustrado na Fig. 17B.2 e reproduzido aqui como a Fig. 18C.2). A resposta torna-se não linear em altas-tensões, mas pode permanecer elástica. Acima de um certo valor, a deformação torna-se **plástica** no sentido de que a recuperação não ocorre quando a tensão é removida. A deformação plástica ocorre quando há quebra de ligação, e, em metais puros, normalmente ocorre através do movimento de discordâncias. Sólidos frágeis, como os sólidos iônicos, exibem fraturas súbitas quando a tensão concentrada pelas trincas faz com que elas se propaguem catastroficamente.

A resposta de um sólido a uma tensão aplicada é comumente resumida por vários coeficientes de proporcionalidade conhecidos como **módulos**:

$$E=\frac{\text{tensão normal}}{\text{deformação normal}}$$ *Definição* Módulo de Young (18C.1a)

$$K=\frac{\text{pressão}}{\text{variação fracionária no volume}}$$ *Definição* Módulo de compressibilidade (18C.1b)

$$G=\frac{\text{tensão de cisalhamento}}{\text{deformação de cisalhamento}}$$ *Definição* Módulo de cisalhamento (18C.1c)

"Tensão normal" refere-se ao estiramento e à compressão do material, como mostrado na Fig. 18C.3a, e a "tensão de cisalhamento" refere-se à tensão que é vista na Fig. 18C.3b. A variação fracionária do volume é $\delta V/V$, em que δV é a variação do volume de uma amostra de volume V; de modo semelhante, as deformações são variações fracionárias (adimensionais) nas dimensões.

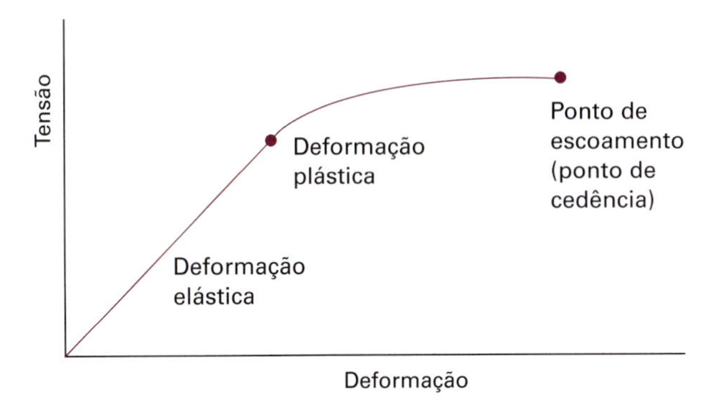

Figura 18C.2 Em pequenas deformações, um corpo obedece à lei de Hooke (tensão proporcional à deformação) e é elástico (recupera sua forma quando a tensão é removida). Em altas deformações, o corpo deixa de ser elástico, podendo ceder e tornar-se plástico. Em deformações ainda mais altas, o sólido se rompe (no seu limite de resistência à tração) e finalmente sofre fratura.

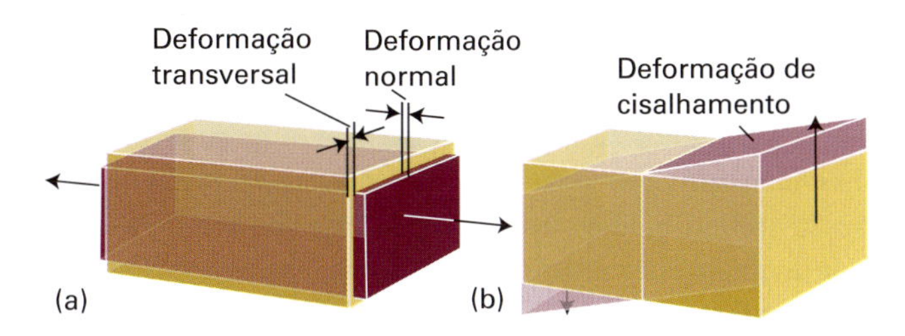

Figura 18C.3 (a) Tensão normal e a deformação resultante. (b) Tensão de cisalhamento. A razão de Poisson indica a extensão da variação da forma de um corpo quando ele está sujeito a uma tensão uniaxial.

O módulo de compressibilidade é o inverso da compressibilidade isotérmica, κ, vista inicialmente na Seção 2D (Eq. 2D.7, $\kappa = -(\partial V/\partial p)_T/V$). Uma terceira razão, a **razão de Poisson**, indica como a amostra muda a sua forma:

$$\nu_P=\frac{\text{deformação transversal}}{\text{deformação normal}}$$ *Definição* Razão de Poisson (18C.2)

Os módulos estão inter-relacionados (veja o Problema 18C.1):

$$G=\frac{E}{2(1+\nu_P)} \qquad K=\frac{E}{3(1-2\nu_P)}$$ Relação entre os módulos (18C.3)

Breve ilustração 18C.1 Módulo de Young

O módulo de Young para o ferro, à temperatura ambiente, é 215 GPa. A deformação normal produzida quando uma massa de m = 10,0 kg é suspensa de um arame de ferro de diâmetro d = 0,10 mm é

$$\text{Deformação transversal}=\frac{\text{Deformação normal}}{E}$$

em que a tensão normal é a força F no arame dividida pela área sobre a qual a força age. Essa área é $\pi(d/2)^2$, a área da base do arame cilíndrico. A força é mg, em que g é a aceleração da gravidade. Segue que

$$\text{deformação normal}=\frac{\overbrace{mg}^{F}/\overbrace{\pi(d/2)^2}^{A}}{E}=\frac{(10{,}0\,\text{kg})\times\dfrac{9{,}81\,\text{m}\,\text{s}^{-2}}{\pi(5{,}0\times10^{-5}\,\text{m})^2}}{2{,}15\times10^{11}\underbrace{\text{kg}\,\text{m}^{-1}\,\text{s}^{-2}}_{\text{Pa}}}=0{,}058$$

que corresponde ao estiramento do arame em 5,8%.

Exercício proposto 18C.1 O módulo de Young para o polietileno, à temperatura ambiente, é 1,2 GPa. Que deformação será produzida quando uma massa de 1,0 kg for suspensa em um fio de polietileno de diâmetro 1,0 mm?

Resposta: 0,010

Podemos usar argumentos termodinâmicos para descobrir a relação entre esses módulos e as propriedades moleculares do sólido. Mostramos na *Justificativa* 18C.1 que, se moléculas vizinhas interagem por uma energia potencial de Lennard-Jones (Seção 16B), o módulo de compressibilidade e a compressibilidade do sólido estão relacionados com o parâmetro ε de Lennard-Jones (a profundidade do poço de potencial) por

$$K=\frac{8N_A\varepsilon}{V_m} \qquad \kappa=\frac{V_m}{8N_A\varepsilon} \tag{18C.4}$$

Observe que o módulo de compressibilidade é grande (o sólido é rígido) se o poço de potencial representado pelo potencial de Lennard-Jones é fundo e o sólido é denso (com pequeno volume molar).

Justificativa 18C.1 Relação entre a compressibilidade e as interações moleculares

Inicialmente, combinamos as relações $K = 1/\kappa$ e $\kappa = -(\partial V/\partial p)_T/V$ com a relação termodinâmica $p = -(\partial U/\partial V)_T$ (esta é a Eq. 3D.3 da Seção 3D), para obter

$$K=-V\left(\frac{\partial p}{\partial V}\right)_T=V\left(\frac{\partial^2 U}{\partial V^2}\right)_T$$

Essa expressão mostra que o módulo de compressibilidade (e, através da Eq. 18C.3, os outros dois módulos) depende da curvatura do gráfico da energia interna contra o volume. Para desenvolver esse resultado, observamos que a variação da energia interna com o volume pode ser expressa em termos da sua variação com um parâmetro da rede, R, por exemplo, o comprimento da aresta de uma célula unitária:

$$\frac{\partial U}{\partial V}=\frac{\partial U}{\partial R}\frac{\partial R}{\partial V}$$

e assim

$$\frac{\partial^2 U}{\partial V^2}=\frac{\partial U}{\partial R}\left(\frac{\partial^2 R}{\partial V^2}\right)+\left(\frac{\partial^2 U}{\partial V\partial R}\right)\frac{\partial R}{\partial V}$$

$$\frac{\partial^2 U}{\partial V\partial R}=\left(\frac{\partial^2 U}{\partial R^2}\right)\left(\frac{\partial R}{\partial V}\right)$$

$$\stackrel{\triangle}{=}\frac{\partial U}{\partial R}\left(\frac{\partial^2 R}{\partial V^2}\right)+\frac{\partial^2 U}{\partial R^2}\left(\frac{\partial R}{\partial V}\right)^2$$

Para calcular K no volume de equilíbrio da amostra, fazemos $R = R_0$ e levamos em conta que $\partial U/\partial R = 0$ no equilíbrio, de modo que o primeiro termo (em azul) à direita desaparece e ficamos com

$$K=V\left(\frac{\partial^2 U}{\partial R^2}\right)_{T,0}\left(\frac{\partial R}{\partial V}\right)_{T,0}^2$$

em que o 0 indica que a derivada é calculada nas dimensões de equilíbrio da célula unitária considerando-se $R = R_0$ depois que a derivada foi calculada. Neste momento, podemos escrever $V = aR^3$, em que a é uma constante que depende da estrutura cristalina, implicando que $\partial R/\partial V = 1/3aR^2$. Então, se a energia interna é dada por um potencial (12,6) da forma da energia potencial de Lennard-Jones (Eq. 16B.14 da Seção 16B), na forma $U = nN_AE_p$, com $E_p = 4\varepsilon\{(R_0/R)^{12} - (R_0/R)^6\}$, podemos escrever

$$\left(\frac{\partial^2 U}{\partial R^2}\right)_{T,0}=\frac{72nN_A\varepsilon}{R_0^2}$$

em que n é o número de mols da substância na amostra de volume V_0. Segue então que

$$K=\frac{72nN_A\varepsilon}{9aR^3}=\frac{8nN_A\varepsilon}{V_0}=\frac{8N_A\varepsilon}{V_m}$$

em que $V_m = V_0/n$. Esta é a primeira das Eqs. 18C.4. O inverso de K é κ. Para obter a expressão para $(\partial^2U/\partial R^2)_{T,0}$, usamos o fato de que, no equilíbrio, $R = R_0$ e $\sigma^6/R_0^6 = \frac{1}{2}$, em que σ é o parâmetro de escala para a energia potencial intermolecular (R_0 na expressão para E_p).

As diferentes características reológicas dos metais podem ser destacadas pela presença de **planos de deslizamento**, ou de escorregamento, que são planos de átomos que, sob tensão, podem deslizar ou escorregar um em relação ao outro. Os planos de deslizamento de uma estrutura cc são os planos de agrupamento compacto, e uma análise cuidadosa da célula unitária mostra que há oito conjuntos de planos de deslizamentos em diferentes direções. Como resultado, os metais com estruturas cúbicas compactas, como o cobre, são maleáveis: eles podem ser dobrados facilmente, podem ser aplainados ou podem ser moldados em uma determinada forma. Ao contrário, uma estrutura hexagonal compacta tem somente um conjunto de planos de deslizamento; e metais com esse tipo de estrutura, como o zinco ou o cádmio, tendem a ser frágeis.

18C.2 Propriedades elétricas

Vamos limitar nossa atenção à condutividade eletrônica, mas é importante observar que alguns sólidos iônicos apresentam condutividade iônica em que íons completos migram através da rede. Dois tipos de sólido podem ser distinguidos pela dependência da sua condutividade elétrica em relação à temperatura (Fig. 18C.4):

- Um condutor **metálico** é uma substância cuja condutividade diminui quando a temperatura aumenta.
- Um **semicondutor** é uma substância cuja condutividade aumenta quando a temperatura aumenta.

Um semicondutor geralmente tem uma condutividade menor do que a dos metais, mas o valor da condutividade não é critério para distinção. Convencionalmente classificamos os semicondutores que têm condutividades elétricas muito baixas, como a maioria dos polímeros sintéticos, como **isolantes**. Usaremos este termo, mas ele deve ser encarado como tendo mais conveniência do que significado fundamental. Um **supercondutor** é um sólido que conduz eletricidade sem resistência.

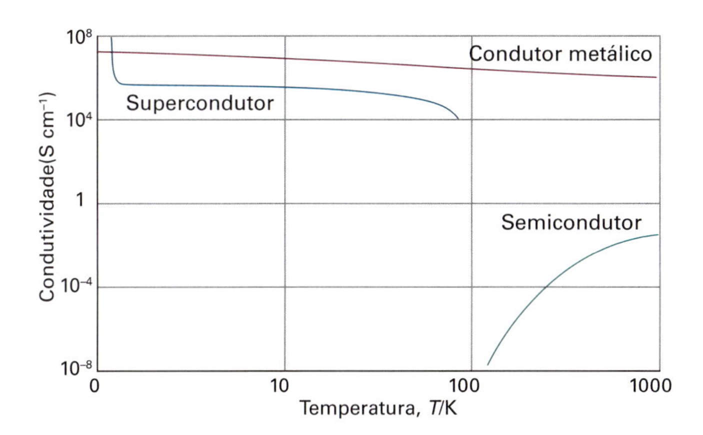

Figura 18C.4 A variação da condutividade elétrica de uma substância com a temperatura é a base de sua classificação como um condutor metálico, um semicondutor ou um supercondutor. A condutividade é expressa em siemens por metro ($S\ m^{-1}$, ou, como na figura, $S\ cm^{-1}$), em que $1\ S = 1\ \Omega^{-1}$ (a resistência é expressa em ohms, Ω).

(a) Condutores

Para entender as origens da condutividade eletrônica nos condutores e semicondutores, precisamos explorar as consequências da formação das bandas em diferentes materiais (Seção 18B). Nosso ponto de partida é a Fig. 18B.8, que é repetida aqui por conveniência (Fig. 18C.5). Ela mostra a estrutura eletrônica de um sólido formado a partir de átomos, sendo cada um deles capaz de contribuir com um elétron (como os metais alcalinos). Em $T = 0$, somente os $\frac{1}{2}N$ orbitais moleculares estão ocupados, até o nível de Fermi.

Em temperaturas acima do zero absoluto, os elétrons podem ser excitados pelo movimento térmico dos átomos. A condutividade elétrica dos sólidos metálicos diminui com a elevação da temperatura, embora seja maior o número de elétrons excitados para ocuparem os orbitais vazios. Esse aparente paradoxo é resolvido observando-se que o aumento da temperatura provoca movimento térmico mais vigoroso dos átomos, de forma que as colisões entre os elétrons em movimento e os átomos são muito mais prováveis. Os elétrons são, então, desviados das suas trajetórias no sólido e são menos eficientes como transportadores de carga.

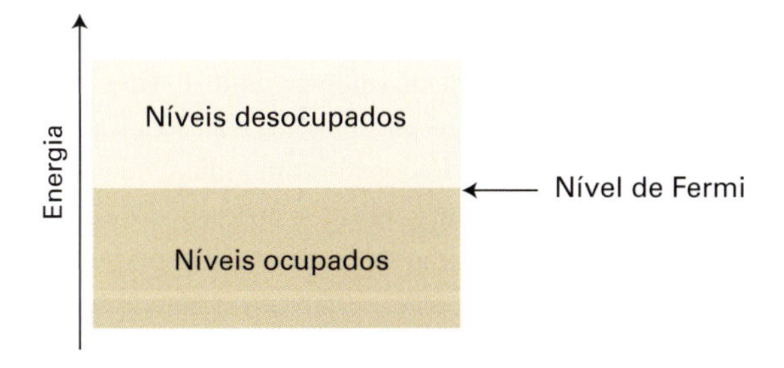

Figura 18C.5 Quando N elétrons ocupam uma banda de N orbitais, é somente metade que está ocupada e os elétrons próximos do nível de Fermi (topo dos níveis preenchidos) são móveis.

Um tratamento mais quantitativo da condutividade nos metais requer uma expressão da variação com a temperatura da distribuição dos elétrons sobre os estados disponíveis. Começamos considerando a densidade de estados, $\rho(E)$, na energia E: o número de estados entre E e $E + dE$ dividido por dE. Observe que o "estado" de um elétron inclui seu spin, de modo que cada orbital espacial conta como dois estados. Então, conclui-se que $\rho(E)dE$ é o número de estados entre E e $E + dE$. Para obter o número de elétrons $dN(E)$ que ocupam estados entre E e $E + dE$, multiplicamos $\rho(E)dE$ pela probabilidade $f(E)$ de ocupação do estado com energia E. Isto é,

$$dN(E) = \overbrace{\rho(E)dE}^{\text{Número de estados entre } E \text{ e } E+dE} \times \overbrace{f(E)}^{\text{Probabilidade de ocupação de um estado com energia } E} \qquad (18C.5)$$

A função $f(E)$ é a **distribuição de Fermi–Dirac**, uma versão da distribuição de Boltzmann que leva em consideração o princípio da exclusão de Pauli de que cada orbital pode ser ocupado por não mais que dois elétrons (Fig. 18C.6):

$$f(E) = \frac{1}{e^{(E-\mu)/kT} + 1} \qquad \text{Distribuição de Fermi–Dirac} \qquad (18C.6a)$$

em que μ é um parâmetro dependente da temperatura conhecido como o "potencial químico" (ele tem uma relação sutil com o familiar potencial químico da termodinâmica), e, contanto que $T > 0$, é a energia do estado para o qual $f = \frac{1}{2}$. Em $T = 0$, somente estados até uma certa energia conhecida como a **energia de Fermi**, E_F, são ocupados (Fig. 18C.5). Desde que a temperatura não seja muito elevada, de modo que muitos elétrons são excitados para estados acima da energia de Fermi, o potencial químico pode ser identificado com E_F, caso em que a distribuição de Fermi–Dirac se torna

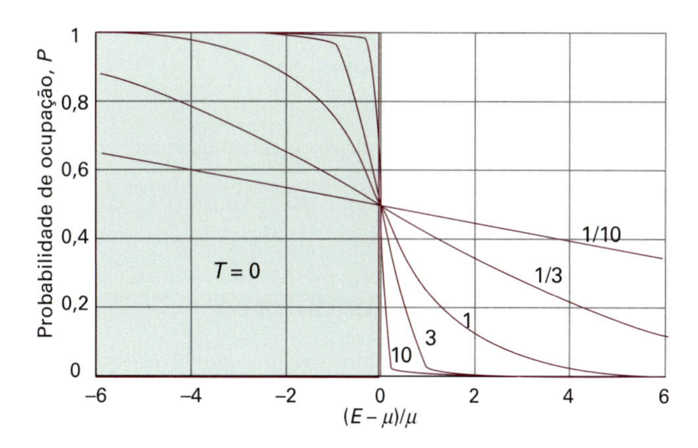

Figura 18C.6 A distribuição de Fermi–Dirac, que dá a probabilidade de ocupação do estado a uma temperatura T. A cauda das energias grandes diminui exponencialmente para zero. As curvas são identificadas pelo valor de μ/kT. A região sombreada mostra a ocupação dos níveis em $T = 0$.

$$f(E)=\frac{1}{e^{(E-E_F)/kT}+1}$$ Distribuição de Fermi-Dirac (18C.6b)

Além disso, para energias bem acima de E_F, o termo exponencial no denominador é tão grande que o 1 no denominador pode ser desprezado e, então,

$$f(E)\approx e^{-(E-E_F)/kT}$$ *Forma aproximada para $E > E_F$* Distribuição de Fermi-Dirac (18C.6c)

A função agora se assemelha a uma distribuição de Boltzmann, caindo exponencialmente com o aumento de energia. Quanto mais elevada é a temperatura, mais longa é a cauda da curva exponencial.

Há uma distinção entre a energia de Fermi e o nível de Fermi. Primeiramente, observe que, se $E = E_F$, então, da Eq. 18C.6b, $f(E_F) = \frac{1}{2}$. Ou seja,

- O nível de Fermi é o nível ocupado mais elevado, em $T = 0$.
- A energia de Fermi é o nível de energia ao qual $f(E_F) = \frac{1}{2}$, a qualquer temperatura.

A energia de Fermi coincide com o nível de Fermi quando $T \rightarrow 0$.

Breve ilustração 18C.2 A distribuição de Fermi-Dirac em $T=0$

Considere casos em que $E < E_F$. Então, quando $T \rightarrow 0$, escrevemos

$$\lim_{T\to 0}\{E-E_F\}/kT=-\infty$$

como $E_F > 0$ e $E - E_F < 0$, segue que

$$\lim_{T\to 0} f(E)=\lim_{T\to 0}\frac{1}{\underbrace{e^{(E-E_F)/kT}}_{\to 0}+1}=1$$

Concluímos que, quando $T \rightarrow 0$, $f(E) \rightarrow 0$, e todos os níveis de energia abaixo de $E = E_F$ estão populados. Um cálculo semelhante para $E > E_F$ (*Exercício proposto* 18C.2) mostra que $f(E) \rightarrow 0$, quando $T \rightarrow 0$. A função de distribuição de Fermi-Dirac confirma que apenas os níveis abaixo de E_F são ocupados quando $T \rightarrow 0$.

Exercício proposto 18C.2 Repita o cálculo para $E > E_F$.

Resposta: $f(E) \rightarrow 0$, quando $T \rightarrow 0$

(b) Isolantes e semicondutores

Consideremos agora um sólido unidimensional no qual cada átomo proporciona dois elétrons: os $2N$ elétrons ocupam os N orbitais da banda. O nível de Fermi fica agora no topo da banda (a $T = 0$) e há uma lacuna até o início da banda seguinte (Fig. 18C.7). À medida que a temperatura se eleva, a cauda da distribuição de Fermi-Dirac se estende através da lacuna, e os elétrons deixam a banda inferior, chamada de **banda de valência**, e ocupam os orbitais vazios da banda superior, a **banda de condução**. Como

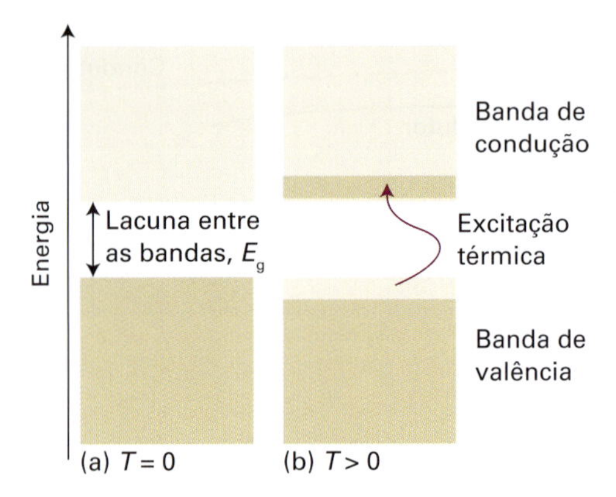

Figura 18C.7 (a) Quando $2N$ elétrons estão presentes, a banda está toda ocupada e o material é um isolante em $T = 0$. (b) A temperaturas acima de $T = 0$, os elétrons ocupam os níveis da banda superior, de condução, e o sólido é um semicondutor.

consequência da promoção dos elétrons, ficam "buracos" positivamente carregados na banda de valência. Os buracos e os elétrons promovidos são móveis, e o sólido é um condutor elétrico. Na realidade, o sólido é um semicondutor, pois a condutividade elétrica depende do número de elétrons que são promovidos através da lacuna, número esse que aumenta à medida que a temperatura se eleva. Se no entanto a lacuna for larga, muito poucos elétrons serão promovidos nas temperaturas ordinárias e a condutividade continuará a ser quase nula, resultando em um isolante. Assim, a diferença convencional entre um isolante e um semicondutor está relacionada com o tamanho da lacuna entre as bandas e não é uma diferença intrínseca como a que existe entre um metal (a ocupação das bandas não é completa em $T = 0$) e um semicondutor (bandas completamente ocupadas em $T = 0$).

A Fig. 18C.7 mostra a condução num **semicondutor intrínseco**, no qual a semicondução é uma propriedade da estrutura das bandas do material puro. O germânio e o silício são exemplos de semicondutores intrínsecos. Um **semicondutor composto** é um semicondutor intrínseco formado pela combinação de elementos diferentes, como o GaN, CdS e muitos óxidos dos metais do bloco *d*. Um **semicondutor extrínseco** é aquele em que os transportadores de carga estão presentes como resultado da substituição de alguns átomos (da ordem de 1 em 10^9) por átomos **dopantes**, os átomos de outro elemento. Se puderem capturar elétrons, esses dopantes retiram elétrons da banda completa, deixando nela buracos que permitem o movimento dos elétrons restantes (Fig. 18C.8a). Esse procedimento dá origem à **semicondutividade do tipo p**, com o p indicando que os buracos são positivos em relação aos elétrons da banda. Um exemplo é o silício dopado com índio. Podemos imaginar a semicondução como surgindo da transferência de um elétron de um átomo de Si a um átomo de In vizinho. Os elétrons no topo da banda de valência do silício ficam móveis e transportam corrente através do sólido. Ao contrário, um dopante pode proporcionar elétrons em excesso (por exemplo, átomos de fósforo introduzidos no germânio), e esses elétrons extras ocupam bandas que estavam vazias, proporcionando **semicondutividade do tipo n**, em que n mostra que os portadores de carga são negativos (Fig. 18C.8b).

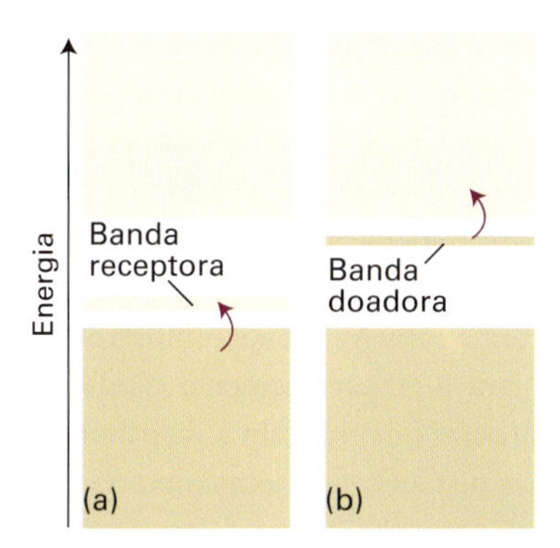

Figura 18C.8 (a) Um dopante com menos elétrons do que o material original pode formar uma banda estreita que aceita elétrons da banda de valência. Os buracos nessa banda são móveis e a substância é um semicondutor do tipo p. (b) Um dopante com mais elétrons do que o material original forma uma banda estreita que pode fornecer elétrons à banda de condução. Os elétrons supridos são móveis e a substância é um semicondutor do tipo n.

Breve Ilustração 18C.3 O efeito da dopagem na semicondutividade

Considere o efeito da dopagem do silício puro (um elemento do Grupo 14) pelo arsênio (um elemento do Grupo 15). Como cada átomo de Si tem quatro elétrons de valência e cada átomo de As tem cinco elétrons de valência, a adição do arsênio aumenta o número de elétrons no sólido. Esses elétrons populam a banda de condução vazia do silício e o material dopado é um semicondutor do tipo n.

Exercício proposto 18C.3 O gálio dopado com germânio é um semicondutor do tipo p ou do tipo n?

Resposta: semicondutor do tipo p

Vamos analisar as propriedades de uma **junção p-n**, a interface formada por semicondutores dos dois tipos. Considere a aplicação de uma "polarização inversa" à junção, no sentido de que um eletrodo negativo se acopla a um semicondutor p e um eletrodo positivo a um semicondutor n. Sob essas condições, os buracos carregados positivamente no semicondutor p são atraídos para o eletrodo negativo e os elétrons negativamente carregados no semicondutor n são atraídos para o eletrodo positivo (Fig. 18C.9a). Como resultado, não há fluxo de carga através da junção. Seja agora a aplicação de uma "polarização direta" à junção, no sentido de que o eletrodo positivo é acoplado ao semicondutor do tipo p e o negativo ao semicondutor do tipo n (Fig. 18C.9b). Neste caso, a carga flui através da junção, com elétrons no semicondutor do tipo n movendo-se em direção ao eletrodo positivo e buracos movendo-se no sentido oposto. Dessa forma, uma junção p–n permite um grande controle sobre o valor e o sentido da corrente que passa num material. Esse controle é essencial para a operação de transistores e diodos, que são componentes fundamentais dos modernos dispositivos eletrônicos.

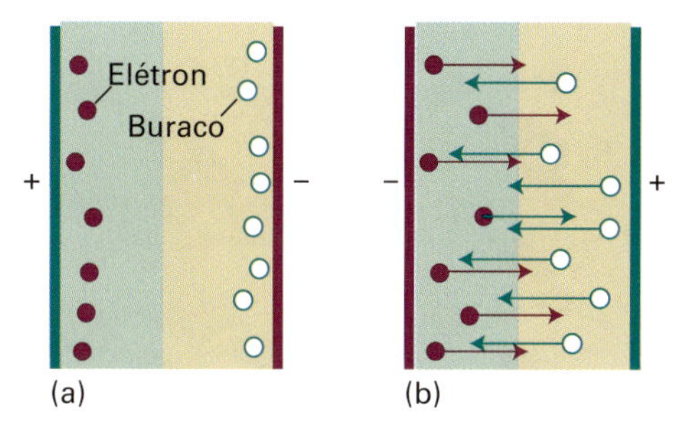

Figura 18C.9 Uma junção p–n (a) com polarização reversa, (b) com polarização direta.

À medida que os elétrons e os buracos se movem através de uma junção p–n sob o efeito da polarização direta, eles se recombinam e liberam energia. Entretanto, se a aplicação da polarização direta continuar, o fluxo de cargas dos eletrodos para os semicondutores os proverá de elétrons e buracos, e a junção sustentará a corrente. Em alguns sólidos, a energia da recombinação elétron–buraco é liberada como calor, e o dispositivo se aquece. A razão está no fato de o retorno do elétron a um buraco envolver uma mudança no momento linear do elétron. Os átomos da rede devem absorver a diferença, e, portanto, a recombinação elétron–buraco estimula vibrações da rede. Este é o caso dos semicondutores de silício, e é a razão pela qual os computadores precisam ter sistemas eficientes de refrigeração.

(c) Supercondutividade

A resistência ao fluxo da corrente elétrica em um condutor metálico normal diminui suavemente com a diminuição da temperatura, mas nunca desaparece. Entretanto, certos sólidos conhecidos como **supercondutores** conduzem eletricidade sem resistência abaixo de uma temperatura crítica, T_c. A partir da descoberta em 1911 de que o mercúrio é um supercondutor abaixo de 4,2 K, o ponto de ebulição do hélio líquido, os físicos e os químicos fizeram um progresso lento, mas constante, na descoberta de supercondutores com valores mais altos de T_c. Metais, como o tungstênio, o mercúrio e o chumbo, tendem a ter valores de T_c abaixo de aproximadamente 10 K. Compostos intermetálicos, como Nb_3X (X = Sn, Al ou Ge), e ligas, como Nb/Ti e Nb/Zr, têm valores intermediários de T_c, variando entre 10 K e 23 K. Em 1986, foram descobertos **supercondutores de alta temperatura** (HTSC na sigla em inglês). Vários *materiais cerâmicos*, pós inorgânicos fundidos e endurecidos por aquecimento a altas temperaturas, contendo oxocuprato, Cu_mO_n, são agora bem conhecidos, com valores de T_c acima de 77 K, o ponto de ebulição do nitrogênio líquido, que é um material muito barato usado em resfriamento. Por exemplo, o $HgBa_2Ca_2Cu_2O_8$ tem T_c = 153 K.

Há um grau de periodicidade nos elementos que exibem supercondutividade. Os metais ferro, cobalto, níquel, cobre, prata e ouro, e os metais alcalinos não exibem supercondutividade. Um dos supercondutores de oxocuprato mais exaustivamente estudados, o $YBa_2Cu_3O_7$ (informalmente conhecido como "123", devido

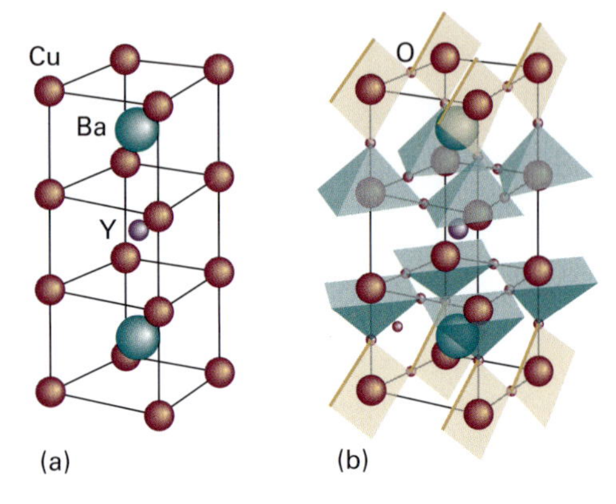

Figura 18C.10 Estrutura do supercondutor $YBa_2Cu_3O_7$. (a) Posições dos átomos no metal. (b) Os poliedros mostram as posições dos átomos de oxigênio e indicam que os íons do metal estão em ambientes de coordenação quadrado plano e piramidal quadrado.

às proporções dos átomos de metal no composto) tem a estrutura mostrada na Fig. 18C.10. As unidades CuO_5, com estrutura piramidal quadrada, distribuem-se em camadas bidimensionais, e as unidades CuO_4, quadradas planas, se organizam em folhas. Essas são as características estruturais comuns dos oxocupratos HTSCs.

O mecanismo de supercondutividade é bem compreendido para os materiais em baixa temperatura, e baseia-se nas propriedades de um **par de Cooper**, um par de elétrons que existe devido às interações indiretas elétron–elétron geradas pelos núcleos dos átomos na rede. Assim, se um elétron está em uma determinada região de um sólido, os núcleos nesta região se orientam em relação a ele, fazendo com que exista uma distorção local da estrutura (Fig. 18C.11). Como essa distorção é rica em cargas positivas, ela é favorável a que um segundo elétron se una ao primeiro. Logo, há uma atração entre os dois elétrons, e eles se movem juntos como um par. A distorção local pode ser rompida pelo movimento térmico dos íons no sólido; assim, esse tipo de atração só ocorre em temperaturas muito baixas. Um par de Cooper sofre menos espalhamento do que um elétron individual quando se desloca pelo sólido, pois a distorção provocada por um elétron pode atrair de volta o outro elétron que seria espalhado para fora do seu percurso numa colisão. Como o par de Cooper é estável em relação ao espalhamento, ele pode transportar carga livremente pelo sólido e, consequentemente, dá origem à supercondução.

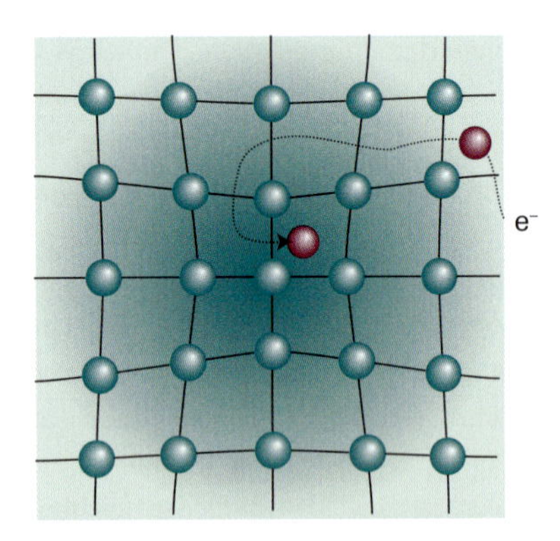

Figura 18C.11 A formação de um par de Cooper. Um elétron distorce a rede do cristal e um segundo elétron tem sua energia diminuída se vai para aquela região. Essas interações elétron–rede unem efetivamente os dois elétrons em um par.

O par de Cooper responsável pela supercondutividade em baixa temperatura é provavelmente importante nos HTSCs, mas o mecanismo para o emparelhamento ainda é um assunto em aberto. Há evidências que indicam a distribuição de camadas de CuO_5 e de folhas de CuO_4 no mecanismo da supercondução em alta temperatura. Acredita-se que o movimento de elétrons ao longo das unidades CuO_4 unidas explique a supercondutividade, enquanto as unidades CuO_5 unidas atuem como "reservatórios de carga" que mantêm um número apropriado de elétrons nas camadas supercondutoras.

18C.3 Propriedades magnéticas

As propriedades magnéticas de sólidos metálicos e de semicondutores dependem fortemente das estruturas das bandas do material. Nesta seção, vamos limitar nossa atenção principalmente às propriedades magnéticas que surgem a partir de conjuntos de moléculas individuais ou de íons. A maior parte da discussão se aplica às amostras sólidas, líquidas e gasosas.

(a) Suscetibilidade magnética

As propriedades magnéticas e as elétricas das moléculas e dos sólidos são análogas. Por exemplo, algumas moléculas possuem momentos de dipolo magnéticos permanentes, e um campo magnético externo pode induzir um momento magnético, resultando em que a amostra sólida inteira é magnetizada. A **magnetização**, $\mathcal{M}$, é definida como o produto entre o momento de dipolo magnético molecular médio e a densidade numérica das moléculas de uma amostra. A magnetização induzida por um campo de intensidade $\mathcal{H}$ é proporcional a $\mathcal{H}$, e podemos escrever que

$$\mathcal{M} = \chi\mathcal{H} \quad \text{Magnetização} \quad (18C.7)$$

em que χ é a **suscetibilidade magnética volumar**, uma grandeza adimensional. Uma outra grandeza intimamente relacionada é a **suscetibilidade magnética molar**, χ_m:

$$\chi_m = \chi V_m \quad \text{Suscetibilidade magnética molar} \quad (18C.8)$$

em que V_m é o volume de molar da substância.

A densidade de fluxo magnético pode ser visualizada como a densidade das linhas de força do material (Fig. 18C.12). Materiais para os quais $\chi > 0$ são chamados **paramagnéticos**; eles tendem a se aproximar de um campo magnético e a densidade de linhas de força no interior deles é maior que no vácuo. Aqueles para os quais $\chi < 0$ são chamados **diamagnéticos** e tendem a se afastar de um campo magnético; a densidade de linhas de força no seu

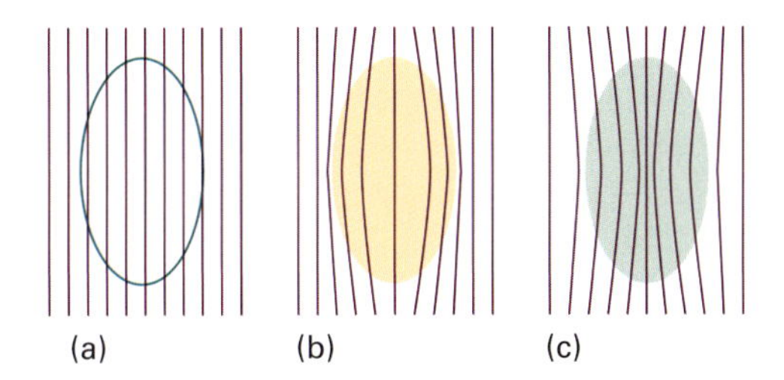

Figura 18C.12 (a) No vácuo, a intensidade de um campo magnético pode ser representada pela densidade de linhas de força; (b) em um material diamagnético, as linhas de força são reduzidas; (c) em um material paramagnético, as linhas de força são aumentadas.

interior é menor do que no vácuo. Um material paramagnético consiste em íons ou em moléculas com elétrons desemparelhados, como os radicais e muitos complexos de metais d; uma substância diamagnética (uma propriedade muito mais comum) não tem elétrons desemparelhados.

Breve ilustração 18C.4 O caráter magnético dos sólidos metálicos e das moléculas metálicas

O magnésio sólido é um metal no qual os dois elétrons de valência de cada átomo de Mg são doados a uma banda de orbitais construídos a partir de orbitais 3s. A partir de N orbitais atômicos podemos construir N orbitais moleculares que se espalham pelo metal. Cada átomo fornece dois elétrons, de modo que há $2N$ elétrons para acomodar. Estes ocupam e preenchem os N orbitais moleculares. Não há elétrons desemparelhados, de modo que o metal é diamagnético. Uma molécula de O_2 tem a estrutura eletrônica descrita na Seção 10C, onde vemos que dois elétrons ocupam dois orbitais π antiligantes separados e com spins paralelos. Concluímos que o O_2 é um gás paramagnético.

Exercício proposto 18C.4 Repita a análise para o Zn(s) e o NO(g).

Resposta: Zn é diamagnético, e o NO, paramagnético

A suscetibilidade magnética é tradicionalmente medida com a **balança de Gouy**. Este instrumento consiste em uma balança sensível que pende a amostra na forma de um cilindro estreito que fica suspenso entre os polos de um ímã. Se a amostra for paramagnética, ela é atraída pelo campo e o seu peso aparente é maior do que fora do campo. Uma amostra diamagnética tende a ser repelida pelo campo e parece pesar menos quando está no campo. Normalmente a balança é calibrada contra uma amostra de suscetibilidade conhecida. A versão moderna dessa experiência faz uso de um **dispositivo supercondutor de interferência quântica** (SQUID na sigla em inglês, Fig. 18C.13). Um SQUID tira proveito da quantização do fluxo magnético e da propriedade dos *loops* de corrente em supercondutores que, como parte do circuito, incluem uma ligação fracamente condutora através da qual os elétrons têm que tunelar. A corrente que flui no *loop* em um campo magnético depende do

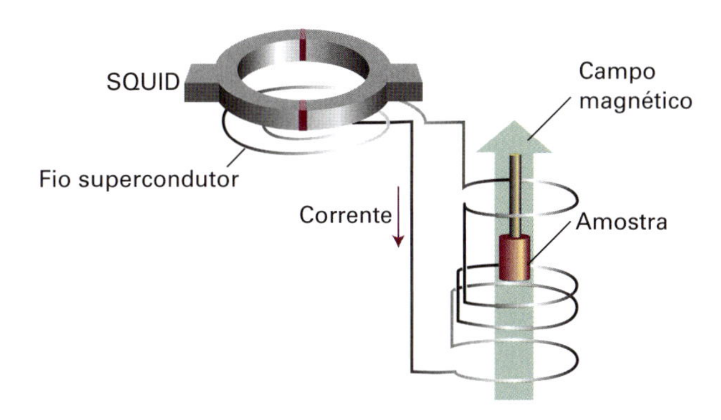

Figura 18C.13 Montagem usada para medir a suscetibilidade magnética com um SQUID. A amostra é deslocada verticalmente em incrementos pequenos e a diferença de potencial no SQUID é medida.

valor do fluxo magnético, e um SQUID pode ser utilizado como um magnetômetro muito sensível. Na Tabela 18C.1 estão registrados alguns valores obtidos experimentalmente.

(b) Momentos magnéticos permanente e induzido

O momento magnético permanente de uma molécula provém de spins de elétrons não emparelhados na molécula. O módulo do momento magnético de um elétron é proporcional ao módulo do momento angular do spin, $\{s(s+1)\}^{1/2}\hbar$:

$$m = g_e\{s(s+1)\}^{1/2}\mu_B \quad \mu_B = \frac{e\hbar}{2m_e} \quad \text{Módulo} \quad \text{Momento magnético} \quad (18C.9)$$

em que $g_e = 2{,}0023$ e μ_B, o magnéton de Bohr, tem o valor de $9{,}274 \times 10^{-24}$ J T^{-1}. Se existem vários spins eletrônicos em cada molécula, eles se combinam num spin total S, e então $s(s+1)$ é substituído por $S(S+1)$.

A magnetização e, consequentemente, a suscetibilidade magnética dependem da temperatura, pois as orientações dos spins eletrônicos flutuam, estejam as moléculas em fases fluidas ou confinadas em sólidos: algumas orientações têm energia menor que as outras, e a magnetização depende da influência aleatória do movimento térmico. A promediação térmica dos momentos magnéticos permanentes na presença de um campo magnético aplicado contribui para a suscetibilidade magnética com um valor

Tabela 18C.1* Suscetibilidades magnéticas a 298 K

	$\chi/10^{-6}$	$\chi_m/(10^{-10}\,\text{m}^3\,\text{mol}^{-1})$
H_2O(l)	−9,02	−1,63
NaCl(s)	−16	−3,8
Cu(s)	−9.7	−0,69
$CuSO_4 \cdot 5H_2O$(s)	+167	+183

* Mais valores são fornecidos na *Seção de Dados*.

proporcional a $m^2/3kT$.[1] Segue que a contribuição do spin para a suscetibilidade magnética é

$$\chi_m = \frac{N_A g_e^2 \mu_0 \mu_B^2 S(S+1)}{3kT} \quad \textit{Contribuição do spin} \quad \text{Suscetibilidade magnética molar} \quad (18C.10a)$$

A suscetibilidade é positiva, de modo que os momentos magnéticos dos spins contribuem para as suscetibilidades paramagnéticas dos materiais. Esta expressão também pode ser escrita como a **lei de Curie**:

$$\chi_m = \frac{C}{T} \qquad C = \frac{N_A g_e^2 \mu_0 \mu_B^2 S(S+1)}{3k} \quad \text{Lei de Curie} \quad (18C.10b)$$

A contribuição do spin diminui com a elevação da temperatura, pois o movimento térmico randomiza as orientações dos spins. Na prática há também outra contribuição ao paramagnetismo, aquela proveniente dos momentos angulares orbitais dos elétrons; discutimos somente a contribuição do spin.

Exemplo 18C.1 Cálculo de uma suscetibilidade magnética molar

Considere um sal complexo com três elétrons não emparelhados por cátion complexo, a 298 K e com volume molar de 61,7 $cm^3\ mol^{-1}$. Calcule a suscetibilidade magnética molar e a suscetibilidade magnética volumar do complexo.

Método Use os dados e a Eq. 18C.10 para calcular a suscetibilidade magnética molar. Em seguida, utilize os valores de χ_m e V_m e a Eq. 18C.8 para calcular a suscetibilidade magnética volumar.

Resposta Primeiramente, observe que as constantes podem ser reunidas no termo

$$\frac{N_A g_e^2 \mu_0 \mu_B^2}{3k} = 6{,}3001 \times 10^{-6}\ m^3\ K^{-1}\ mol^{-1}$$

Consequentemente, a Eq. 18C.10 torna-se

$$\chi_m = 6{,}3001 \times 10^{-6} \times \frac{S(S+1)}{T/K}\ m^3\ mol^{-1}$$

A substituição dos dados com $S = \frac{3}{2}$ dá

$$\chi_m = 6{,}3001 \times 10^{-6} \times \frac{\frac{3}{2}(\frac{3}{2}+1)}{298}\ m^3\ mol^{-1} = 7{,}93 \times 10^{-8}\ m^3\ mol^{-1}$$

Segue da Eq. 18C.8 que, para se obter a suscetibilidade magnética volumar, a suscetibilidade molar é dividida pelo volume molar $V_m = 61{,}7\ cm^3\ mol^{-1} = 6{,}17 \times 10^{-5}\ m^3\ mol^{-1}$ e

$$\chi = \frac{\chi_m}{V_m} = \frac{7{,}93 \times 10^{-8}\ m^3\ mol^{-1}}{6{,}17 \times 10^{-5}\ m^3\ mol^{-1}} = 1{,}29 \times 10^{-3}$$

Exercício proposto 18C.5 Repita o cálculo para um complexo com cinco elétrons não emparelhados, massa molar igual a 322,4 $g\ mol^{-1}$ e uma massa específica de 2,87 $g\ cm^{-3}$ a 273 K.

Resposta: $\chi_m = 2{,}02 \times 10^{-7}\ mol^{-1}$; $\chi = 1{,}79 \times 10^{-3}$

A baixas temperaturas, alguns sólidos paramagnéticos sofrem uma transição de fase em que grandes domínios de spins se orientam, com as respectivas direções paralelas. Esse alinhamento cooperativo dá origem a uma magnetização muito forte, o chamado **ferromagnetismo** (Fig. 18C.14). Em outros casos, interações de troca levam a orientações alternadas dos spins: os spins ficam retidos em uma configuração de baixa magnetização que constitui uma **fase antiferromagnética**. Uma fase ferromagnética tem uma magnetização diferente de zero na ausência de um campo magnético aplicado, mas uma fase antiferromagnética tem uma magnetização nula, pois os momentos magnéticos do spin se cancelam. A transição ferromagnética ocorre na **temperatura Curie**. A transição antiferromagnética se dá na **temperatura Néel**. O tipo de comportamento que ocorre depende dos detalhes da estrutura das bandas do sólido.

Momentos magnéticos também podem ser induzidos nas moléculas. Para analisar como esse efeito surge, precisamos observar que a circulação de correntes eletrônicas induzidas por um campo aplicado dá origem a um campo magnético que geralmente se opõe ao campo aplicado, de modo que a substância é diamagnética. Nesses casos, a corrente de elétrons induzida ocorre no interior dos orbitais da molécula que estão ocupados no seu estado fundamental. Nos poucos casos em que as moléculas são paramagnéticas, apesar de não terem elétrons desemparelhados, as correntes de elétrons induzidas fluem no sentido oposto porque podem utilizar orbitais vazios que têm energia muito próxima da energia do HOMO. Esse paramagnetismo orbital pode ser distinguido do paramagnetismo do spin por ser independente da temperatura; por isso é chamado **paramagnetismo independente da temperatura** (TIP na sigla em inglês).

Podemos resumir essas observações da seguinte maneira. Todas as moléculas têm uma componente diamagnética da sua suscetibilidade, mas esta componente é superada pelo paramagnetismo do spin se a molécula tiver elétrons não emparelhados. Em alguns poucos casos (quando a molécula tem estados excitados de energia baixa), o TIP é suficientemente forte para a molécula ser paramagnética, embora os seus elétrons estejam emparelhados.

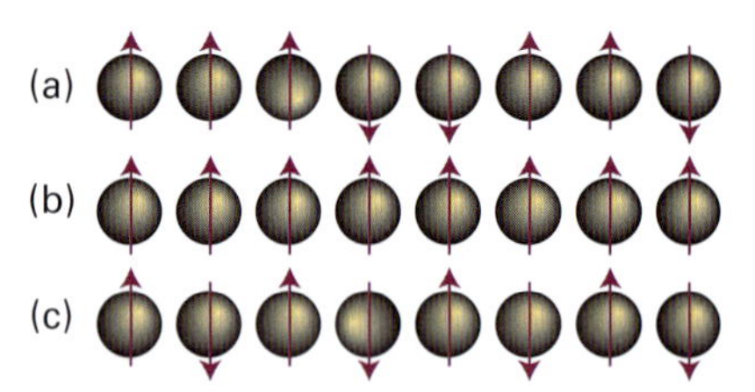

Figura 18C.14 (a) Em um material paramagnético, os spins dos elétrons estão alinhados aleatoriamente na ausência de um campo magnético aplicado. (b) Em um material ferromagnético, os spins dos elétrons estão fixados em um alinhamento paralelo sobre grandes domínios. (c) Em um material antiferromagnético, os spins dos elétrons estão fixados em uma configuração antiparalela. As duas últimas configurações se mantêm mesmo na ausência de um campo aplicado.

---

[1]Veja *Quanta, Matéria e Mudança* (LTC, 2011), dos mesmos autores, para a dedução dessa contribuição.

(c) Propriedades magnéticas dos supercondutores

Supercondutores têm também propriedades magnéticas bem peculiares. Alguns supercondutores, classificados como do *Tipo I*, mostram perda abrupta da supercondutividade quando um campo magnético aplicado excede um valor crítico $\mathcal{H}_c$ característico do material. Observa-se que o valor de $\mathcal{H}_c$ depende da temperatura e de T_c de acordo com a expressão

$$\mathcal{H}_c(T)=\mathcal{H}_c(0)\left(1-\frac{T^2}{T_c^2}\right) \quad \text{Dependência entre } \mathcal{H}_c \text{ e } T_c \quad (18C.11)$$

em que $\mathcal{H}_c(0)$ é o valor de $\mathcal{H}_c$ quando $T \to 0$.

Exemplo 18C.2 Cálculo da temperatura na qual um material se torna supercondutor

O chumbo tem $T_c = 7{,}19$ K e $\mathcal{H}_c(0) = 63{,}9$ kA m^{-1}. Em que temperatura o chumbo se torna supercondutor em um campo magnético de 20 kA m^{-1}?

Método Reescreva a Eq. 18C.11 e use os dados para calcular a temperatura na qual a substância se torna supercondutora.

Resposta O rearranjo da Eq. 18C.11 dá

$$T=T_c\left(1-\frac{\mathcal{H}_c(T)}{\mathcal{H}_c(0)}\right)^{1/2}$$

e a substituição dos dados dá

$$T=7{,}19\,\text{K}\times\left(1-\frac{20\,\text{kA m}^{-1}}{63{,}9\,\text{kA m}^{-1}}\right)^{1/2}=6{,}0\,\text{K}$$

Concluímos que o chumbo se torna supercondutor a temperaturas abaixo de 6,0 K.

Exercício proposto 18C.6 O estanho $T_c = 3{,}72$ K e $\mathcal{H}_c(0) = 25$ kA m^{-1}. Em que temperatura o estanho se torna supercondutor em um campo magnético de 15 kA m^{-1}?

Resposta: 2,4 K

Supercondutores do Tipo I também são completamente diamagnéticos abaixo de $\mathcal{H}_c$, significando que nenhuma linha do campo magnético penetra no material. Essa exclusão completa de um campo magnético em um material é conhecida como **efeito Meissner**, e pode ser visualizada pela levitação de um supercondutor sobre um ímã. Supercondutores do *Tipo II*, que incluem os HTSCs, mostram uma perda gradual da supercondutividade e do diamagnetismo com o aumento do campo magnético.

Conceitos importantes

☐ 1. **Tensão uniaxial** é uma simples compressão ou extensão em uma única direção.

☐ 2. **Tensão hidrostática** é uma tensão aplicada simultaneamente em todas as direções, como em um corpo imerso em um fluido.

☐ 3. Um **cisalhamento puro** é uma tensão que tende a empurrar faces opostas da amostra em direções opostas.

☐ 4. Uma amostra submetida a uma pequena tensão normalmente sofre uma **deformação elástica**.

☐ 5. A resposta de um sólido a uma tensão aplicada é resumida pelo **módulo de Young**, pelo **módulo de compressibilidade**, pelo **módulo de cisalhamento** e pela **razão de Poisson**.

☐ 6. As diferentes características reológicas dos metais podem ser atribuídas à presença de **planos de deslizamento**.

☐ 7. Os condutores eletrônicos são classificados como **condutores metálicos** ou **semicondutores** de acordo com a dependência entre a temperatura e suas condutividades.

☐ 8. Os semicondutores são classificados como **tipo p** ou **tipo n** conforme a condução seja devida a buracos na banda de valência ou aos elétrons na banda de condução.

☐ 9. Um **isolante** é um semicondutor com uma condutividade elétrica muito baixa.

☐ 10. Um **supercondutor** conduz eletricidade sem resistência abaixo de uma temperatura crítica T_c.

☐ 11. Um **par de Cooper** é um par de elétrons que existe devido às interações indiretas elétron–elétron mediadas pelos núcleos dos átomos na rede.

☐ 12. Um **material diamagnético** aproxima-se do campo magnético; ele tem suscetibilidade magnética negativa.

☐ 13. Um **material paramagnético** afasta-se de um campo magnético; ele tem suscetibilidade magnética positiva.

☐ 14. A **lei de Curie** descreve a dependência que a suscetibilidade magnética tem da temperatura.

☐ 15. **Ferromagnetismo** é o alinhamento cooperativo de spins dos elétrons em um material e dá origem a forte magnetização permanente.

☐ 16. O **antiferromagnetismo** resulta da alternância de orientações dos spins em um material e leva a uma magnetização fraca.

☐ 17. O **paramagnetismo independente da temperatura** surge de correntes de elétrons induzidas que fazem uso de estados excitados das moléculas.

Equações importantes

Propriedade	Equação	Comentário	Número da equação
Módulo de Young	E=tensão normal/deformação normal	Definição	18C.1a
Módulo de compressibilidade	K=pressão/variação fracionária do volume	Definição	18C.1b
Módulo de cisalhamento	G= tensão de cisalhamento/deformação de cisalhamento	Definição	18C.1c
Razão de Poisson	ν_P=deformação transversal/deformação normal	Definição	18C.2
Distribuição de Fermi-Dirac	$f(E)=1/\{e^{(E-\mu)/kT}+1\}$	μ é o potencial químico	18C.6
Magnetização	$\mathcal{M}=\chi\mathcal{H}$	Definição	18C.7
Suscetibilidade magnética molar	$\chi_m=\chi V_m$	Definição	18C.8
Momento magnético	$m=g_e\{s(s+1)\}^{1/2}\mu_B$	$\mu_B=e\hbar/2m_e$	18C.9
Suscetibilidade magnética molar	$\chi_m=\{N_A g_e^2\mu_0\mu_B^2 S(S+1)\}/3kT$	Contribuição do spin	18C.10a
Lei de Curie	$\chi_m=C/T,\quad C=N_A g_e^2\mu_0\mu_B^2 S(S+1)/3k$	Paramagnetismo	18C.10b
Dependência entre $\mathcal{H}_c$ e T_c	$\mathcal{H}_c(T)=\mathcal{H}_c(0)(1-T^2/T_c^2)$	Empírica	18C.11

18D As propriedades ópticas dos sólidos

Tópicos

➤ Por que você precisa saber este assunto?

As propriedades ópticas dos sólidos são de importância cada vez maior na tecnologia moderna, não apenas para a geração de luz, mas para a propagação e a manipulação da informação. Você precisa conhecer essas propriedades para entender e contribuir para o desenvolvimento de novas tecnologias ópticas.

➤ Qual é a ideia fundamental?

As propriedades ópticas dos sólidos surgem das transições eletrônicas entre os orbitais disponíveis no material e da interação entre os dipolos de transição.

➤ O que você já deve saber?

Você precisa estar familiarizado com as propriedades básicas dos campos eletromagnéticos (*Fundamentos* C) e dos arranjos das ligações nos sólidos (Seção 18B), principalmente a estrutura das bandas dos sólidos. Esta seção utiliza os fatores que determinam a absorção da luz pelos átomos e pelas moléculas (principalmente a Seção 12A) e a operação dos lasers (Seção 13C).

Nesta seção, vamos explorar as consequências das interações entre a radiação eletromagnética e os sólidos. Nosso foco será na origem dos fenômenos que são a base da concepção de uma variedade de dispositivos úteis, como os lasers e os diodos emissores de luz.

18D.1 Absorção de luz por éxcitons em sólidos moleculares

A Seção 12A explica os fatores que determinam a energia e a intensidade da luz absorvida por átomos e moléculas isolados em fase gasosa e em solução. Vamos considerar agora os efeitos de juntar átomos e moléculas num sólido sobre o espectro de absorção eletrônica.

Considere a excitação eletrônica de uma molécula (ou íon) num cristal. Se a excitação corresponde à remoção de um elétron de um orbital de uma molécula e sua elevação a um orbital de mais alta energia, então o estado excitado da molécula pode ser imaginado como a coexistência de um elétron e um buraco. Esse par elétron–buraco, o **éxciton**, semelhante a uma partícula, migra de uma molécula para outra no cristal (Fig. 18D.1). Uma excitação migratória desse tipo é chamada de **éxciton de Frenkel**. Éxcitons de Frenkel são mais comuns em sólidos moleculares. O elétron e o buraco podem estar em moléculas diferentes, mas vizinhas. Uma excitação migratória desse tipo que se espalha sobre várias moléculas (mais frequentemente sobre íons) é um **éxciton de Wannier**. A formação do éxciton faz com que as linhas espectrais se desloquem, se dividam e mudem de intensidade.

A migração de um éxciton de Frenkel (o único tipo que vamos considerar) indica a existência de uma interação entre as espécies que formam o cristal, pois do contrário a excitação em uma unidade não poderia se mover para outra. A interação afeta os níveis de energia do sistema. A intensidade da interação controla a velocidade pela qual um éxciton se move através do cristal: uma interação forte leva a uma migração rápida, e uma interação muito fraca deixa a interação localizada na molécula original. O mecanismo específico de interação que leva à migração da excitação é a

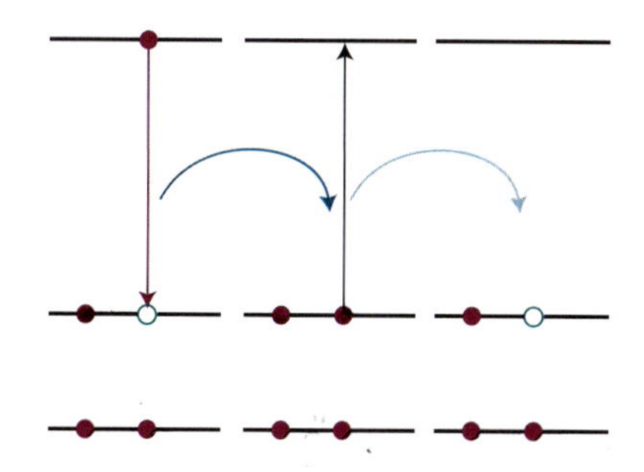

Figura 18D.1 O par elétron–buraco mostrado à esquerda pode migrar pela rede do sólido à medida que a excitação salta de molécula para molécula. A excitação móvel é chamada éxciton.

interação entre os momentos de dipolo da excitação (Seção 12A). Assim, uma transição por dipolo elétrico numa molécula é acompanhada por um deslocamento de carga, e o dipolo transiente exerce uma força numa molécula adjacente. Esta última responde deslocando sua carga. O processo continua e a excitação migra através do cristal.

O deslocamento de energia que surge da interação entre os dipolos de transição pode ser compreendido em termos de suas interações eletrostáticas. Conforme veremos na *Justificativa* 18D.1, um alinhamento completamente paralelo dos dipolos de transição (Fig. 18D.2a) é energeticamente desfavorável, e a absorção ocorre numa frequência maior que na molécula isolada. Por outro lado, um arranjo cabeça-cauda dos dipolos transientes (Fig. 18D.2b) é energeticamente favorável, e a transição ocorre numa frequência menor que na molécula isolada.

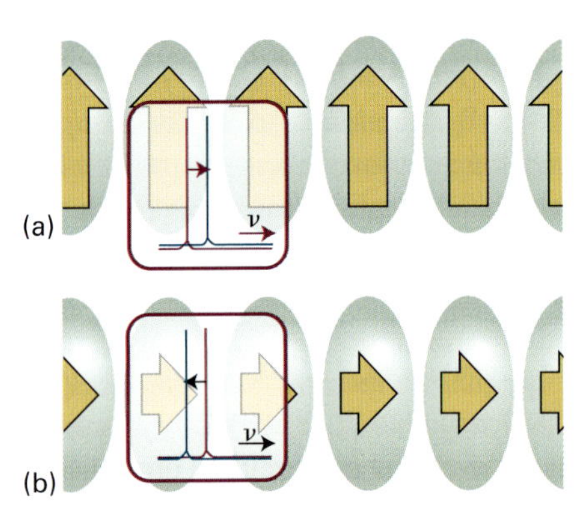

Figura 18D.2 (a) O alinhamento dos dipolos de transição (setas largas) é energeticamente desfavorável, e a absorção do éxciton é deslocada para energia mais alta (maior frequência). (b) O alinhamento é energeticamente favorável para uma transição nessa orientação, e a banda do éxciton ocorre em frequência menor do que nas moléculas isoladas.

Justificativa 18D.1 A energia de interação de dipolos de transição

A energia potencial de interação entre dois dipolos paralelos μ_1 e μ_2 separados por uma distância r é $V = \mu_1\mu_2(1 - 3\cos^2\theta)/4\pi\varepsilon_0 r^3$, em que o ângulo θ é definido em **1** (Seção 16B). Vemos que $\theta = 0°$ para um arranjo cabeça-cauda, e $\theta = 90°$ para um arranjo paralelo. Segue que $V < 0$ (interação atrativa) para $0° \leq \theta \leq 54{,}7°$, $V = 0$ para $\theta = 54{,}7°$ (quando $1 - 3\cos^2\theta = 0$), e $V > 0$ (interação repulsiva) para $54{,}7° < \theta \leq 90°$. Este é o resultado qualitativamente esperado. Num arranjo cabeça-cauda, a interação entre a região de carga parcial positiva numa molécula com a região de carga parcial negativa na outra molécula é atrativa. Por outro lado, num arranjo paralelo, a interação molecular é repulsiva devido à aproximação de regiões de carga parcial de mesmo sinal.

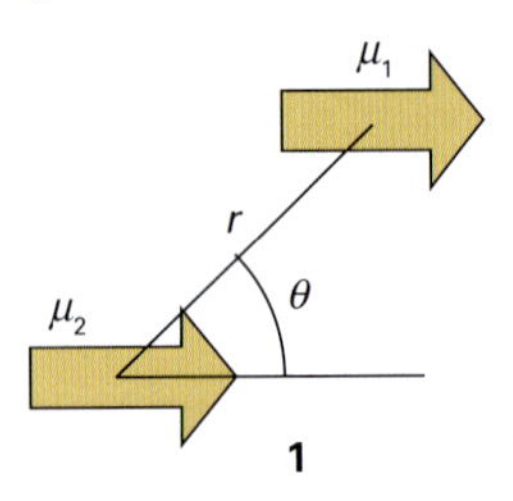

Segue dessa discussão que, quando $0° \leq \theta < 54{,}7°$, a frequência de absorção do éxciton é menor que a correspondente à molécula isolada (há um *deslocamento para o vermelho* no espectro do sólido em relação ao da molécula isolada). De outra forma, quando $54{,}7° < \theta \leq 90°$, a frequência de absorção do éxciton é maior que a correspondente à molécula isolada (há um *deslocamento para o azul* no espectro do sólido em relação ao da molécula isolada). No caso especial em que $\theta = 54{,}7°$, o sólido e a molécula isolada têm, ambos, linhas de absorção de mesma frequência.

Se houver N moléculas em cada célula unitária, haverá N **bandas de éxciton** no espectro (se todas forem permitidas). O desdobramento entre as bandas é o **desdobramento Davydov**. Para entender a origem do desdobramento, considere o caso em que $N = 2$, com as moléculas distribuídas conforme a Fig. 18D.3. Vamos considerar que os dipolos de transição estão alinhados ao longo do comprimento das moléculas. A radiação estimula a excitação coletiva dos dipolos de transição que estão em fase entre as células unitárias vizinhas. Dentro de cada célula unitária, os dipolos de transição podem ser arrumados das duas formas mostradas na ilustração. Como cada orientação corresponde a uma energia de interação diferente, sendo a interação repulsiva em uma e atrativa na outra, as duas transições aparecem no espectro em duas bandas de frequências distintas. O desdobramento Davydov é determinado pela energia de interação entre os dipolos de transição dentro da célula unitária.

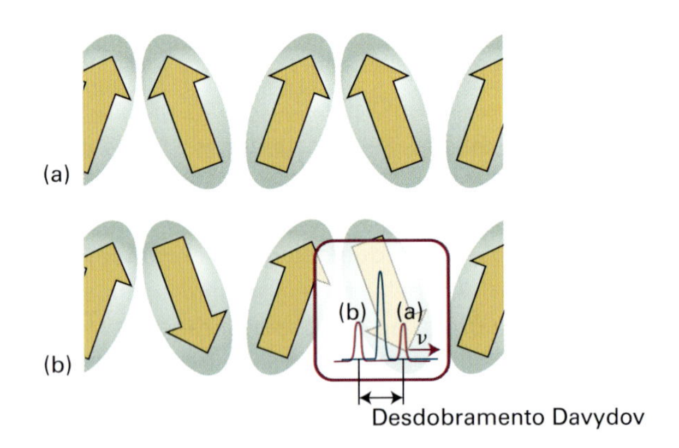

Figura 18D.3 Quando os momentos de transição dentro de uma célula unitária podem estar em diferentes orientações relativas, como mostrado em (a) e (b), as energias das transições são deslocadas, originando duas bandas, simbolizadas por (a) e (b) no espectro. A separação das bandas é o desdobramento Davydov.

18D.2 Absorção de luz por metais e semicondutores

Vamos agora voltar nossa atenção para os condutores metálicos e semicondutores. Nova mente, precisamos considerar as consequências das interações entre as partículas, neste caso átomos, que agora são tão fortes que é necessário abandonar os argumentos baseados principalmente nas interações de van der Waals em favor de um tratamento completo por orbitais moleculares, o modelo de bandas da Seção 18B.

Considere novamente a Fig. 18C.5, aqui reproduzida como Fig. 18D.4, que mostra algumas bandas de um condutor metálico idealizado. A absorção de um fóton pode excitar elétrons dos níveis ocupados para níveis desocupados. Há um quase contínuo de níveis de energia desocupados acima do nível de Fermi. Assim, podemos esperar que a absorção ocorra numa ampla faixa de frequências. Nos metais, as bandas são largas o suficiente para que seja absorvida radiação numa faixa do espectro eletromagnético que vai de radiofrequência até o meio da região do ultravioleta. Os metais são transparentes à radiação de frequência muito alta, como a dos raios X e dos raios γ. Como essa faixa de frequências absorvidas inclui a totalidade do espectro visível, deveríamos esperar que os metais fossem todos negros. Entretanto, sabemos que os metais são brilhantes (ou seja, eles refletem a luz) e alguns são coloridos (isto é, absorvem luz de apenas certos comprimentos de onda). Assim, precisamos estender nosso modelo.

Para explicar a aparência luminosa de uma superfície metálica regular, precisamos perceber que a energia absorvida pode ser reemitida muito eficientemente na forma de luz, com apenas uma pequena fração da energia sendo liberada para as vizinhanças como calor. Como os átomos próximos da superfície do metal são os que absorvem a maior parte da radiação, a emissão ocorre principalmente a partir da superfície. Em resumo, se a amostra é excitada com luz visível, então os elétrons próximos da superfície oscilarão na mesma frequência, e a luz visível será refletida da superfície, explicando o brilho do material.

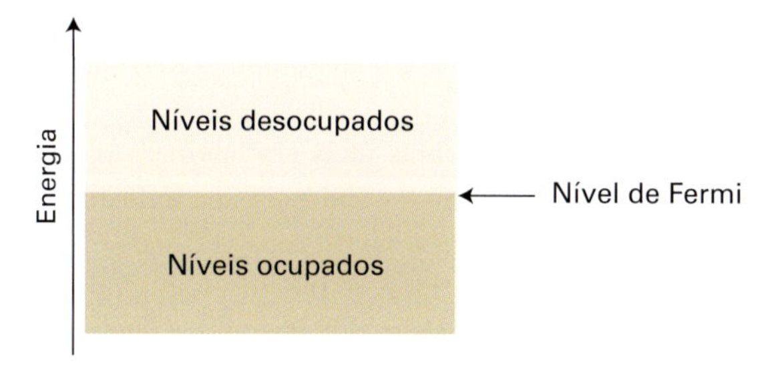

Figura 18D.4 Quando N elétrons ocupam uma banda de N orbitais, somente metade está ocupada e os elétrons próximos do nível de Fermi (o topo dos níveis preenchidos) são móveis.

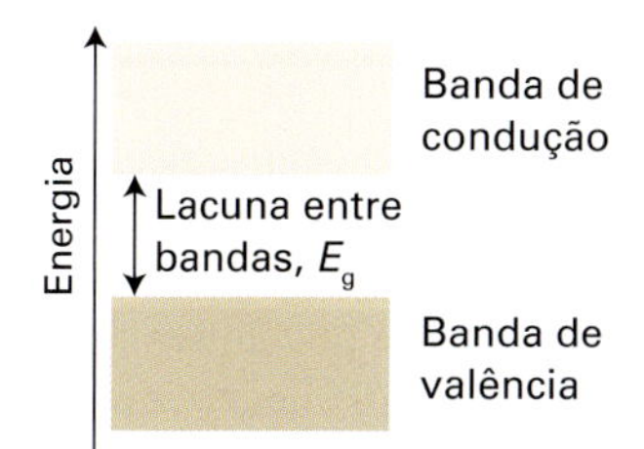

Figura 18D.5 Em alguns materiais, a lacuna entre as bandas E_g é muito grande e a promoção de elétrons só pode ocorrer por excitação com radiação eletromagnética.

A cor percebida de um metal depende da faixa de frequência da luz refletida. Esta, por sua vez, depende da faixa de frequência da luz que pode ser absorvida e, por conseguinte, da estrutura das bandas. A prata reflete a luz com praticamente a mesma eficiência em todo o espectro do visível, pois sua estrutura de bandas tem muitos níveis de energia desocupados e que podem ser populados por absorção, ou despopulados por emissão de luz visível. Por outro lado, o cobre tem sua cor característica por ter relativamente poucos níveis de energia desocupados que podem ser excitados por luz violeta, azul ou verde. O material reflete todos os comprimentos de onda, porém mais luz é emitida a baixas frequências (que correspondem a amarelo, laranja e vermelho). Argumentos semelhantes explicam as cores de outros metais, como o amarelo do ouro. Aliás, a cor do ouro pode ser explicada somente pela inclusão de efeitos relativistas no cálculo da sua estrutura de bandas.

Agora vamos considerar os semicondutores. Já vimos que a promoção dos elétrons da banda de valência para a banda de condução de um semicondutor pode ser devida à excitação térmica, se a lacuna entre as bandas, E_g, é comparável à energia suprida como calor. Em alguns materiais, a lacuna entre as bandas é muito grande e a promoção dos elétrons só pode ocorrer por excitação com radiação eletromagnética. Entretanto, vemos da Fig. 18D.5 que há uma frequência mínima $\nu_{\text{mín}} = E_g/h$ abaixo da qual a absorção de luz não pode ocorrer. Acima desse limiar de frequência, uma ampla gama de frequências pode ser absorvida pelo material, como num metal.

Breve ilustração 18D.1 As propriedades ópticas de um semicondutor

O semicondutor sulfeto de cádmio (CdS) tem uma lacuna entre as bandas de 2,4 eV (equivalente a $3{,}8 \times 10^{-19}$ J). Assim, a frequência mínima de absorção eletrônica é

$$\nu_{\text{mín}} = \frac{3{,}8\times10^{-19}\,\text{J}}{6{,}626\times10^{-34}\,\text{J}} = 5{,}8\times10^{14}\,\text{s}^{-1}$$

Essa frequência, de 580 THz , corresponde a uma comprimento de onda de 520 nm (luz verde). Frequências mais baixas, correspondendo a amarelo, laranja e vermelho, não são absorvidas, e consequentemente o CdS tem cor amarelo-alaranjada.

Exercício proposto 18D.1 Faça a previsão das cores dos seguintes materiais, dados os valores de suas lacunas entre as bandas (entre parênteses): GaAs (1,43 eV), HgS (2,1 eV), e ZnS (3,6 eV).

Resposta: Preta, vermelha e incolor

18D.3 Diodos emissores de luz e lasers de diodo

As propriedades peculiares das junções p–n entre semicondutores podem ser aproveitadas em dispositivos ópticos. Em alguns materiais, o mais notável dos quais é o arseneto de gálio, GaAs, a energia da recombinação elétron–buraco não é liberada como calor, mas é transportada por fótons à medida que os elétrons se movem através da junção sob polarização direta. Os **diodos emissores de luz** (LED na sigla em inglês) desse tipo são muito práticos e extensamente usados em painéis eletrônicos. O comprimento de onda da luz emitida depende da largura entre as bandas do semicondutor. O arseneto de gálio emite luz infravermelha, mas a lacuna de energia se amplia pela incorporação de fósforo. Um material com a composição aproximada $GaAs_{0,6}P_{0,4}$ emite luz na região vermelha do espectro.

Um diodo emissor de luz não é um laser, pois não há cavidade de ressonância nem emissão estimulada. Em **lasers de diodo**, aproveita-se a emissão de luz na recombinação de elétrons e buracos como a base da ação de laser. A inversão de população pode ser sustentada afastando-se os elétrons que entram nos buracos do semicondutor do tipo p. Uma cavidade ressonante pode ser formada graças ao elevado índice de refração do material semicondutor e à clivagem de monocristais, com o que se consegue confinar a luz pela variação abrupta do índice de refração. Um material muito usado é o $Ga_{1-x}Al_xAs$, que produz radiação de laser no infravermelho e é amplamente aproveitado nas leitoras de discos compactos (CD).

Lasers de diodo de alta potência também são usados para bombear outros lasers. Um exemplo é o bombeamento do laser de Nd:YAG pelo laser de diodo $Ga_{0,91}Al_{0,09}As/Ga_{0,7}Al_{0,3}$. O laser de Nd:YAG é usado frequentemente para bombear outro laser, como o laser de safira de titânio (Seção 13C). Em virtude disso, atualmente é possível construir um sistema de laser para a espectroscopia em estado permanente ou resolvida no tempo inteiramente com componentes de estado sólido.

18D.4 Fenômenos ópticos não lineares

Um fenômeno óptico não linear surge a partir de variações nas propriedades ópticas da substância na presença de um intenso campo elétrico da radiação eletromagnética. Na **duplicação de frequência**, ou a **geração de um segundo harmônico**, um feixe intenso de laser é convertido em radiação com o dobro (e, em geral, um múltiplo) da frequência inicial, ao passar através de material apropriado. Assim, um laser de Nd:YAG, que emite em 1064 nm (Seção 13C), produz luz verde em 532 nm e radiação ultravioleta em 355 nm, respectivamente.

Podemos explicar a duplicação de frequência examinando como uma substância responde não linearmente à radiação incidente de frequência $\omega = 2\pi\nu$. A radiação de uma certa frequência surge das oscilações de um dipolo elétrico naquela frequência, e o campo elétrico incidente $\mathcal{E}$ induz um dipolo elétrico de módulo μ na substância. Em baixa intensidade de luz, a maioria dos materiais responde linearmente, no sentido de que $\mu = \alpha\mathcal{E}$, em que α é a polarizabilidade (veja a Seção 16A). Em alta intensidade de luz, a hiperpolarizabilidade β do material torna-se importante (Seção 16B), e escrevemos

$$\mu = \alpha\mathcal{E} + \tfrac{1}{2}\beta\mathcal{E}^2 + \cdots \quad \text{O momento de dipolo induzido em termos da hiperpolarizabilidade} \quad (18D.1)$$

O termo não linear $\beta\mathcal{E}^2$ pode ser expandido como se segue, se supusermos que o campo elétrico incidente é $\mathcal{E}_0 \cos \omega t$:

$$\beta\mathcal{E}^2 = \beta\mathcal{E}_0^2 \cos^2\omega t = \tfrac{1}{2}\beta\mathcal{E}_0^2(1+\cos 2\omega t) \quad (18D.2)$$

Logo, o termo não linear contribui com um dipolo elétrico induzido que oscila com uma frequência 2ω e que pode atuar como uma fonte de radiação nessa frequência. Materiais comuns que podem ser usados para a duplicação de frequência em lasers são cristais de di-hidrogenofosfato de potássio (KH_2PO_4), niobato de lítio ($LiNbO_3$) e borato de β-bário (β-BaB_2O_4). Outro fenômeno óptico não linear importante é o efeito óptico Kerr discutido na Seção 13C.

Além de serem ferramentas úteis em laboratório, materiais ópticos não lineares têm muitas aplicações na indústria de telecomunicações, que está se tornando cada vez mais dependente de sinais ópticos transmitidos através de fibras ópticas para transportar vozes e dados. O uso adequado dos fenômenos não lineares amplia as formas pelas quais as propriedades dos sinais ópticos, e das informações que eles transportam, podem ser manipuladas.

Conceitos importantes

- ☐ 1. As propriedades ópticas dos sólidos moleculares podem ser compreendidas em termos da formação e migração de éxcitons.
- ☐ 2. As propriedades espectroscópicas dos condutores metálicos e semicondutores podem ser compreendidas em termos da promoção de elétrons, induzida por fótons, das bandas de valência para as bandas de condução.
- ☐ 3. As peculiares propriedades eletrônicas das junções p–n entre semicondutores podem ser colocadas em bom uso em dispositivos ópticos como os **diodos emissores de luz** e os **lasers de diodo**.
- ☐ 4. Os **fenômenos ópticos não lineares** surgem das variações das propriedades ópticas de um material na presença de radiação eletromagnética intensa.

CAPÍTULO 18 Sólidos

SEÇÃO 18A Estrutura cristalina

Questões teóricas

18A.1 Descreva a relação entre a rede espacial e a célula unitária.

18A.2 Explique como os planos de pontos de rede são representados.

18A.3 Descreva o procedimento para identificar o tipo e o tamanho de uma célula unitária cúbica.

18A.4 Descreva o que se entende por "fator de espalhamento". Como ele se relaciona com o número de elétrons nos átomos que espalham os raios X?

18A.5 Qual é o significado de uma ausência sistemática? Como elas surgem?

18A.6 Descreva as consequências do problema da fase na determinação dos fatores de estrutura e explique como ele pode ser superado.

Exercícios

18A.1(a) A célula unitária ortorrômbica do $NiSO_4$ tem as dimensões a = 634 pm, b = 784 pm e c = 516 pm. A massa específica do sólido é estimada em 3,9 g cm^{-3}. Determine o número de fórmulas unitárias por célula unitária e depois calcule um valor mais exato da massa específica.
18A.1(b) Uma célula unitária ortorrômbica de um composto com a massa molar de 135,01 g mol^{-1} tem as dimensões a = 589 pm, b = 822 pm e c = 798 pm. A massa específica do sólido é estimada em 2,9 g cm^{-3}. Determine o número de fórmulas unitárias por célula unitária e depois calcule um valor mais exato da massa específica.

18A.2(a) Encontre os índices de Miller dos planos que cortam os eixos cristalográficos nas distâncias ($2a$, $3b$, $2c$) e ($2a$, $2b$, ∞c).
18A.2(b) Encontre os índices de Miller dos planos que cortam os eixos cristalográficos nas distâncias ($-a$, $2b$, $-c$) e (a, $4b$, $-4c$).

18A.3(a) Calcule a separação entre os planos {112}, {110} e {224} num cristal cuja célula unitária cúbica tem a aresta de 562 pm.
18A.3(b) Calcule a separação entre os planos {123}, {222} e {246} num cristal cuja célula unitária cúbica tem a aresta de 712 pm.

18A.4(a) As células unitárias do $SbCl_3$ são ortorrômbicas com as dimensões a = 812 pm, b = 947 pm e c = 637 pm. Calcule o espaçamento, d, entre os planos (321).
18A.4(b) Uma célula unitária ortorrômbica tem as dimensões a = 769 pm, b = 891 pm e c = 690 pm. Calcule o espaçamento, d, entre os planos {312}.

18A.5(a) O ângulo de incidência de um feixe de raios X sobre um cristal, para dar uma reflexão de Bragg por planos separados de 99,3 pm, é de 20,85°. Calcule o comprimento de onda dos raios X.
18A.5(b) O ângulo de incidência de um feixe de raios X sobre um cristal, para dar uma reflexão de Bragg por planos separados de 128,2 pm, é de 19,76°. Calcule o comprimento de onda dos raios X.

18A.6(a) Quais são os valores do ângulo θ das três primeiras linhas de difração do ferro ccc (cúbico de corpo centrado) (raio atômico de 126 pm), quando o comprimento de onda dos raios X é de 72 pm?
18A.6(b) Quais são os valores do ângulo θ das três primeiras linhas de difração do ouro cfc (cúbico de face centrada) (raio atômico de 144 pm), quando o comprimento de onda dos raios X é de 129 pm?

18A.7(a) Os cristais de nitrato de potássio têm células unitárias ortorrômbicas com as dimensões a = 542 pm, b = 917 pm e c = 645 pm. Calcule os valores de θ para as reflexões (100), (010) e (111) utilizando radiação de comprimento de onda igual a 154 pm.
18A.7(b) Os cristais de carbonato de cálcio, na forma de aragonita, têm células unitárias ortorrômbicas com as dimensões de a = 574,1 pm, b = 796,8 pm e c = 495,9 pm. Calcule os valores de θ para as reflexões (100), (010) e (111) utilizando radiação de comprimento de onda de 83,42 pm.

18A.8(a) A radiação de uma fonte de raio X consiste em duas componentes com os comprimentos de onda de 154,433 pm e 154,051 pm. Calcule a diferença entre os ângulos de incidência (2θ) das linhas de difração provenientes dessas duas componentes, numa figura de difração por planos separados em 77,8 pm.
18A.8(b) Considere uma fonte que emite raios X em uma faixa de comprimentos de onda, com duas componentes de comprimentos de onda de 93,222 e 95,123 pm. Calcule a separação entre os ângulos de incidência (2θ) provenientes das duas componentes numa figura de difração por planos separados em 82,3 pm.

18A.9(a) Qual é o valor do fator de espalhamento direto para o Br^-?
18A.9(b) Qual é o valor do fator de espalhamento direto para o Mg^{2+}?

18A.10(a) As coordenadas, em unidades de a, dos átomos numa rede cúbica simples são (0,0,0), (0,1,0), (0,0,1), (0,1,1), (1,0,0), (1,1,0), (1,0,1) e (1,1,1). Calcule os fatores de estrutura F_{hkl}, quando todos os átomos forem idênticos.
18A.10(b) As coordenadas, em unidades de a, dos átomos de uma rede cúbica de corpo centrado são (0,0,0), (0,1,0), (0,0,1), (0,1,1), (1,0,0), (1,1,0), (1,0,1), (1,1,1) e $(\frac{1}{2},\frac{1}{2},\frac{1}{2})$. Calcule os fatores de estrutura F_{hkl}, quando todos os átomos forem idênticos.

18A.11(a) Calcule os fatores de estrutura para uma estrutura cúbica de face centrada (C) em que os fatores de espalhamento dos íons nas duas faces são duas vezes os fatores de espalhamento dos íons nos vértices do cubo.
18A.11(b) Calcule os fatores de estrutura para uma estrutura cúbica de corpo centrado em que o fator de espalhamento do íon central é duas vezes os fatores de espalhamento dos íons nos vértices do cubo.

18A.12(a) Em uma investigação de raios X, foram determinados os seguintes fatores de estrutura (com $F_{-h00} = F_{h00}$):

h	0	1	2	3	4	5	6	7	8	9
F_{h00}	10	−10	8	−8	6	−6	4	−4	2	−2

Construa a densidade eletrônica ao longo da direção correspondente.

18A.12(b) Em uma investigação de raios X, foram determinados os seguintes fatores de estrutura (com $F_{-h00} = F_{h00}$):

h	0	1	2	3	4	5	6	7	8	9
F_{h00}	10	10	4	4	6	6	8	8	10	10

Construa a densidade eletrônica ao longo da direção correspondente.

18A.13(a) Construa a síntese de Patterson a partir das informações do Exercício 18A.12(a).
18A.13(b) Construa a síntese de Patterson a partir das informações do Exercício 18A.12(b).

18A.14(a) Na síntese de Patterson, os pontos correspondem às direções e módulos dos vetores que unem os átomos numa célula unitária. Esboce a figura que se teria para uma molécula isolada de BF_3, plana, triangular.
18A.14(b) Na síntese de Patterson, os pontos correspondem às direções e módulos dos vetores que unem os átomos numa célula unitária. Esboce a figura que se teria para os átomos de C numa molécula de benzeno isolada.

18A.15(a) Que velocidade teriam os nêutrons se tivessem um comprimento de onda de 65 pm?
18A.15(b) Que velocidade teriam os nêutrons se tivessem um comprimento de onda de 105 pm?

18A.16(a) Calcule o comprimento de onda dos nêutrons em equilíbrio térmico, graças às colisões com um moderador a 350 K.
18A.16(b) Calcule o comprimento de onda dos nêutrons em equilíbrio térmico, graças às colisões com um moderador a 380 K.

Problemas

18A.1 Embora a cristalização de moléculas biológicas grandes não seja tão facilmente realizada quanto a de moléculas pequenas, suas redes cristalinas não são diferentes. A globulina da semente do fumo forma cristais cúbicos de face centrada com a aresta da célula unitária igual a 12,3 nm e uma massa específica de 1,287 g cm^{-3}. Determine a sua massa molar.

18A.2 Mostre que o volume de uma célula unitária monoclínica é $V = abc \operatorname{sen} \beta$.

18A.3 Deduza uma expressão para o volume de uma célula unitária hexagonal.

18A.4 Mostre que o volume de uma célula unitária triclínica de arestas a, b e c e ângulos α, β e γ é

$$V = abc(1-\cos^2\alpha-\cos^2\beta-\cos^2\gamma+2\cos\alpha\cos\beta\cos\gamma)^{1/2}$$

Com essa expressão, deduza as expressões correspondentes ao volume das células unitárias monoclínicas e ortorrômbicas. Para a dedução talvez seja interessante usar o resultado da análise vetorial $V = \boldsymbol{a}\cdot\boldsymbol{b}\times\boldsymbol{c}$ e calcular inicialmente V^2. O composto Rb_3TlF_6 tem uma célula unitária *tetragonal* com as dimensões de a = 651 pm e c = 934 pm. Calcule o volume da célula unitária.

18A.5 O volume de uma célula unitária monoclínica é $abc \operatorname{sen} \beta$ (veja o Problema 18A.2). O naftaleno tem uma célula unitária monoclínica com duas moléculas por célula e as arestas na razão 1,377:1:1,1436. O ângulo β é de 122,82°, e a massa específica do sólido é 1,152 g cm^{-3}. Calcule as dimensões da célula.

18A.6 O polietileno completamente cristalino tem as suas cadeias alinhadas numa célula unitária ortorrômbica de dimensões 740 pm × 493 pm × 253 pm. Há duas unidades CH_2CH_2 que se repetem por célula unitária. Calcule a massa específica teórica do polietileno completamente cristalino. A massa específica real está na faixa entre 0,92 e 0,95 g cm^{-3}.

18A.7‡ B.A. Bovenzi e G.A. Pearse, Jr. (*J. Chem. Soc. Dalton Trans.*, 2793 (1997)) sintetizaram compostos de coordenação do ligante tridentado piridina-2,6-diamidoxima (**1**, $C_7H_9N_5O_2$). O composto que isolaram da reação entre o ligante e o $CuSO_4$(aq) não contém o cátion complexo $[Cu(C_7H_9N_5O_2)_2]^{2+}$, como se poderia esperar. Em vez disso, a análise de raios X evidenciou a existência de um polímero linear com a fórmula $[\{Cu(C_7H_9N_5O_2)(SO_4)\}\cdot 2H_2O]_n$, com os grupos sulfato operando como ponte. A célula unitária é monoclínica primitiva com a = 1,0427 nm, b = 0,8876 nm, c = 1,3777 nm e β = 93,254°. A massa específica dos cristais é de 2,024 g cm^{-3}. Quantos monômeros existem por célula unitária?

1 Piridina-2,6-diamidoxima

18A.8‡ D. Sellmann *et al.* (*Inorg. Chem.* **36**, 1397 (1997)) descrevem a síntese e a reatividade do composto nitrido de rutênio $[N(C_4H_9)_4][Ru(N)(S_2C_6H_4)_2]$. O ânion complexo do rutênio tem dois ligantes 1,2-benzenoditiolato (**2**) na base de uma pirâmide retangular e o ligante nitrido no ápice da pirâmide. Calcule a massa específica do composto sabendo que ele cristaliza numa célula unitária ortorrômbica com a = 3,6881 nm, b = 0,9402 nm, c = 1,7652 nm e com oito fórmulas unitárias por célula. A substituição do rutênio pelo ósmio leva a um composto que tem estrutura cristalina semelhante, com célula unitária cujo volume é menos de 1% maior que o da primeira. Estime a massa específica do composto de ósmio.

2 Íon 1,2-benzenoditiolato

18A.9 Mostre que a separação entre os planos (hkl) num cristal ortorrômbico com as arestas a, b e c é dada pela Eq. 18A.1c.

18A.10 Na época inicial do desenvolvimento da cristalografia de raios X havia um problema urgente a ser resolvido que era o da determinação dos comprimentos de onda dos raios X. Uma técnica era medir os ângulos de difração de uma rede de difração preparada mecanicamente. Outro método era estimar a separação entre os planos de uma rede cristalina a partir da massa específica do cristal. A massa específica do NaCl é 2,17 g cm^{-3} e a reflexão (100), usando raios X de um certo comprimento de onda a 6,0°. Estime o comprimento de onda dos raios X.

18A.11 O polônio elementar cristaliza no sistema cúbico. Observam-se reflexões de Bragg, com raios X de comprimento de onda de 154 pm, quando sen θ = 0,225, 0,316 e 0,388, nos planos {100}, {110} e {111}, respectivamente. A separação entre a sexta e a sétima linhas é maior do que a separação entre a quinta e a sexta linhas. A célula unitária é simples, de corpo centrado ou de face centrada? Calcule a dimensão da célula unitária.

18A.12 A prata elementar reflete os raios X de comprimento de onda de 154,18 pm sob os ângulos de 19,076°, 22,171° e 32,256°. No entanto, não há outras reflexões sob ângulos menores do que 33°. Admitindo que a célula unitária seja cúbica, determine o seu tipo e a sua dimensão. Calcule a massa específica da prata.

18A.13 No livro escrito pelos Bragg, *X-rays and crystal structures* (que começa com a frase "Há dois anos o Dr. Laue teve a ideia ..."), são apontados muitos exemplos simples de análise de raios X. Por exemplo, eles registram que a reflexão dos planos {100} no KCl ocorre sob o ângulo de 5,38°, mas no NaCl ocorre a 6,00° para raios X de mesmo comprimento de onda. Se a aresta da célula unitária do NaCl for de 564 pm, qual será a da célula unitária do KCl? As massas específicas do KCl e do NaCl são 1,99 g cm^{-3} e 2,17 g cm^{-3}, respectivamente. Esses valores são compatíveis com o resultado da análise dos raios X?

18A.14 Use um programa matemático para representar graficamente o fator de espalhamento f em função de $(\operatorname{sen}\theta)/\lambda$ para um átomo de número atômico Z para o qual $\rho(r) = 3Z/4\pi R^3$ para $0 \le r \le R$ e $\rho(r) = 0$ para $r > R$, em que R é um parâmetro que representa o raio do átomo. Explore como f varia com Z e R.

18A.15 As coordenadas dos quatro átomos de I numa célula unitária de KIO_4 são (0,0,0), (0,0,0), $(0,\frac{1}{2},\frac{1}{2})$, $(\frac{1}{2},\frac{1}{2},\frac{1}{2})$, $(\frac{1}{2},0,\frac{3}{4})$. Pelo cálculo da fase da reflexão do I no fator de estrutura, mostre que os átomos de I não contribuem para a intensidade numa reflexão (114).

18A.16 As coordenadas, em múltiplos de a, dos átomos de A, cujo fator de espalhamento é f_A numa rede cúbica, são (0,0,0), (0,1,0), (0,0,1), (0,1,1), (1,0,0), (1,1,0), (1,0,1) e (1,1,1). Na rede há também um átomo B, com fator de espalhamento f_B, localizado no ponto $(\frac{1}{2},\frac{1}{2},\frac{1}{2})$. Calcule os fatores de estrutura F_{hkl} e dê a forma da figura de difração quando (a) $f_A = f$, $f_B = 0$, (b) $f_B = \frac{1}{2} f_A$ e (c) $f_A = f_B = f$.

‡ Os problemas com o símbolo ‡ foram propostos por Charles Trapp e Carmen Giunta.

18A.17 Neste problema vamos explorar figuras de difração de elétrons. (a) Estime, pela equação de Wierl, Eq. 18A.9, as posições do primeiro máximo e do primeiro mínimo na difração de nêutrons e na difração de elétrons por uma molécula de Br_2, sendo 78 pm o comprimento de onda dos nêutrons e 4,0 pm o dos elétrons. (b) Use a equação de Wierl para predizer a aparência da figura de difração de elétrons de CCl_4, com um comprimento de ligação C–Cl (ainda) indeterminado, mas com simetria tetraédrica conhecida. Considere $f_{Cl} = 17f$ e $f_C = 6f$, e observe que $R(\text{Cl,Cl}) = (8/3)^{1/2}R(\text{C,Cl})$. Faça o gráfico de I/f^2 contra as posições dos máximos, que ocorrem a 3,17°, 5,37° e 7,90° e dos mínimos que ocorrem a 1,77°, 4,10°, 6,67° e 9,17°. Qual é o comprimento da ligação C–Cl no CCl_4?

SEÇÃO 18B Ligações nos sólidos

Questões teóricas

18B.1 Em que aspectos o modelo de esferas rígidas para os sólidos metálicos é deficiente?

18B.2 Descreva as estruturas do cloreto de césio e do cloreto de sódio em termos da ocupação de buracos em redes de agrupamento compacto expandidas.

Exercícios

18B.1(a) Calcule a fração de agrupamento de cilindros agrupados compactamente. (Para uma generalização deste Exercício, veja o Problema 18B.2.)

18B.1(b) Calcule a fração de agrupamento das barras com seção reta triangular equilátera, arrumadas como em **3**.

3

18B.2(a) Calcule as frações de agrupamento de (i) uma célula unitária cúbica primitiva, (ii) uma célula unitária ccc, (iii) uma célula unitária cfc composta de esferas rígidas idênticas.

18B.2(b) Calcule a fração de agrupamento atômico de uma célula unitária cúbica de face centrada (C).

18B.3(a) A partir dos dados da Tabela 18B.2, determine o raio do menor cátion que pode ter uma coordenação (i) de seis e (ii) de oito com o íon Cl^-.

18B.3(b) A partir dos dados da Tabela 18B.2, determine o raio do menor cátion que pode ter uma coordenação (i) de seis e (ii) de oito com o íon Rb^+.

18B.4(a) Há expansão ou contração na passagem do titânio da rede ach para a rede ccc? O raio atômico do titânio é 145,8 pm na ach, mas 142,5 pm na ccc.

18B.4(b) Há expansão ou contração na passagem do ferro da rede ach para a rede ccc? O raio atômico do ferro é 126 pm na ach, mas 122 pm na ccc.

18B.5(a) Calcule a entalpia de rede do CaO a partir dos dados a seguir:

	$\Delta H/(\text{kJ mol}^{-1})$
Sublimação do Ca(s)	+178
Ionização do Ca(g) a Ca^{2+}(g)	+1735
Dissociação do O_2(g)	+249
Incorporação do elétron ao O(g)	−141
Incorporação do elétron ao O^-(g)	+844
Formação de CaO(s) a partir de Ca(s) e O_2(g)	−635

18B.5(b) Calcule a entalpia de rede do $MgBr_2$ a partir dos dados a seguir:

	$\Delta H/(\text{kJ mol}^{-1})$
Sublimação do Mg(s)	+148
Ionização do Mg(g) a Mg^{2+}(g)	+2187
Vaporização do Br_2(l)	+31
Dissociação do Br_2(g)	+193
Incorporação do elétron ao Br(g)	−331
Formação de MgBr2(s) a partir de Mg(s) e Br_2(l)	−524

Problemas

18B.1 Calcule o fator de agrupamento atômico para o diamante.

18B.2 Barras de seção reta elíptica com semieixos maior e menor *a* e *b* são densamente empacotados, como em **4**. Qual é a fração de agrupamento? Faça um gráfico da fração de agrupamento em função da excentricidade ε da elipse. Para uma elipse com semieixo maior *a* e menor *b*, $\varepsilon = (1 - b^2/a^2)^{1/2}$.

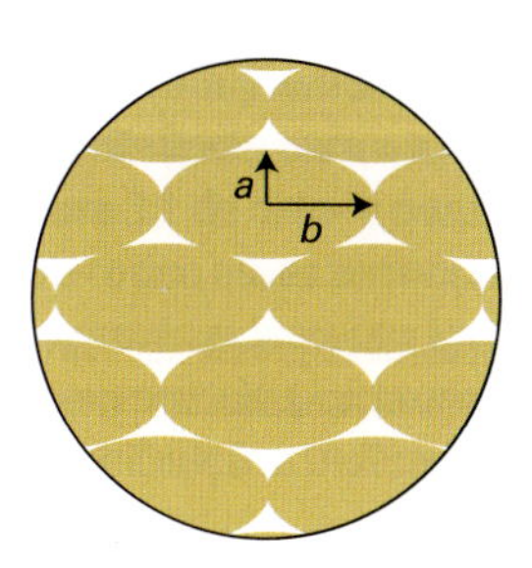

4

18B.3 O comprimento da ligação carbono–carbono no diamante é de 154,45 pm. Se o diamante fosse considerado uma estrutura com agrupamento compacto de esferas rígidas de raio igual à metade do comprimento da ligação, qual seria a massa específica esperada? A rede do diamante é cúbica de face centrada, e a massa específica real é 3,516 g cm^{-3}. Você pode explicar a discrepância?

18B.4 Quando os níveis de energia em uma banda formam um contínuo, a densidade de estados $\rho(E)$, o número de níveis em um intervalo de energia dividido pela amplitude do intervalo, pode ser escrita como $\rho(E) = \mathrm{d}k/\mathrm{d}E$, em que d$k$ é a variação no número quântico k e dE é a variação de energia. (a) Use a Eq. 18B.1 para mostrar que

$$\rho(E) = -\frac{(N+1)/2\pi\beta}{\left\{1-\left(\frac{E-\alpha}{2\beta}\right)^2\right\}^{1/2}}$$

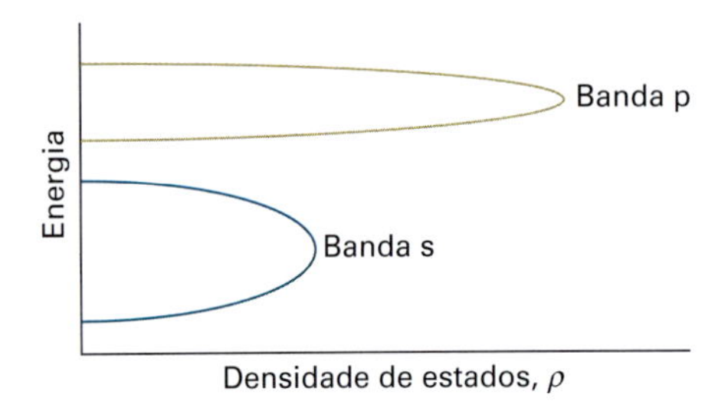

Figura 18.1 Variação da densidade de estados em um sólido tridimensional.

em que k, N, α e β têm os significados descritos na Seção 18B. (b) Use a expressão anterior para mostrar que $\rho(E)$ se torna infinito quando E tende para $\alpha \pm 2\beta$. Isto é, mostre que a densidade de estados aumenta na direção das extremidades das bandas num condutor metálico unidimensional.

18B.5 O tratamento do Problema 18B.4 se aplica apenas a um sólido unidimensional. Em três dimensões, a variação da densidade de estados se assemelha mais à representada na Fig. 18.1. Explique o fato de que, num sólido tridimensional, a maior densidade de estados fica próxima do centro da banda, e a menor densidade, nas extremidades.

18B.6 Os níveis de energia de N átomos na aproximação de Hückel da ligação compacta são as raízes de um determinante tridiagonal (Eq. 18B.1):

$$E_k = \alpha + 2\beta\cos\frac{k\pi}{N+1} \qquad k = 1, 2, \ldots, N$$

Se os átomos forem dispostos em um anel, as soluções serão as raízes de um determinante "cíclico":

$$E_k = \alpha + 2\beta\cos\frac{2k\pi}{N} \qquad k = 0, \pm 1, \pm 2, \ldots, \pm\tfrac{1}{2}N$$

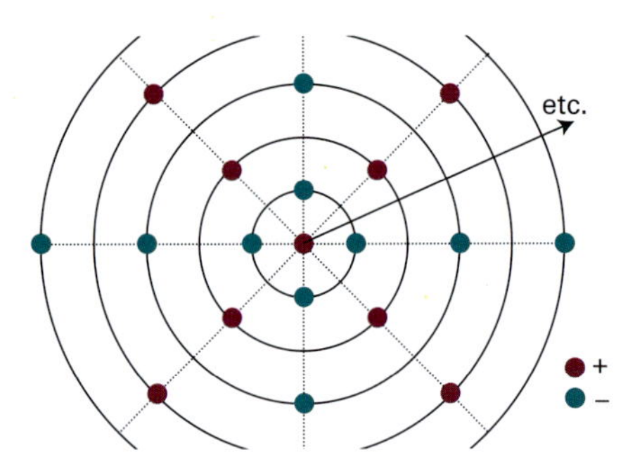

Figura 18.2 Fragmento de uma rede bidimensional usada como modelo no Problema 18B.10.

(para N par). Discuta as consequências, se houver, de se unir as extremidades de uma parte do material inicialmente retilínea.

18B.7 Verifique que a razão entre os raios, quando (a) a coordenação for de seis, é igual a 0,414 e, quando (b) a coordenação for de oito, é 0,732.

18B.8 Com o auxílio da equação de Born–Mayer para a entalpia de rede e do ciclo de Born–Haber, mostre que a formação do CaCl é um processo exotérmico (a entalpia de sublimação do Ca(s) é 176 kJ mol^{-1}). Mostre que uma possível explicação para a não existência do CaCl pode ser encontrada na entalpia de reação para a reação 2 CaCl(s) → Ca(s) + $CaCl_2$.

18B.9 Obtenha a equação de Born–Mayer (Eq. 18B.6) calculando a energia em que $d(E_p + E_p^*)/dd = 0$, com E_p e E_p^* dados pelas Eqs. 18B.4 e 18B.5, respectivamente.

18B.10 Suponha que os íons estão dispostos em uma rede bidimensional (algo artificial) como o fragmento mostrado na Fig. 18.2. Calcule a constante de Madelung para essa configuração.

SEÇÃO 18C Propriedades mecânicas, elétricas e magnéticas dos sólidos

Questões teóricas

18C.1 Descreva as características da distribuição de Fermi–Dirac.

18C.2 Até que ponto as propriedades elétricas e magnéticas das moléculas são análogas? Como elas diferem?

Exercícios

18C.1(a) A razão de Poisson para o polietileno é 0,45. Que variação de volume ocorre quando um cubo de polietileno de volume igual a 1,0 cm^3 é submetido a uma tensão uniaxial que produz uma deformação de 1,0%?
18C.1(b) A razão de Poisson para o chumbo é 0,41. Que variação de volume ocorre quando um cubo de chumbo de volume igual a 1,0 dm^3 é submetido a uma tensão uniaxial que produz uma deformação de 2,0%?

18C.2(a) O germânio dopado com arsênio é um semicondutor do tipo p ou do tipo n?
18C.2(b) O germânio dopado com gálio é um semicondutor do tipo p ou do tipo n?

18C.3(a) O momento magnético do $CrCl_3$ é 3,81μ_B. Quantos elétrons não emparelhados o Cr possui?
18C.3(b) O momento magnético do Mn^{2+} em seus complexos é, normalmente, 5,3μ_B. Quantos elétrons não emparelhados o íon possui?

18C.4(a) Calcule a suscetibilidade molar do benzeno sabendo que a sua suscetibilidade volumar é –7,2 × 10^{-7} e que a sua massa específica é 0,879 g cm^{-3}, a 25 °C.
18C.4(b) Calcule a suscetibilidade molar do ciclo-hexano sabendo que a sua suscetibilidade volumar é –7,9 × 10^{-7} e que a sua massa específica é 811 kg m^{-3}, a 25 °C.

18C.5(a) Dados sobre um monocristal de MnF_2 dão que χ_m = 0,1463 cm^3 mol^{-1} a 294,53 K. Determine o número efetivo de elétrons não emparelhados nesse composto e compare o seu resultado com o valor teórico.
18C.5(b) Dados sobre um monocristal de $NiSO_4 \cdot 7H_2O$ dão χ_m = 6,00 × 10^{-3} m^3 mol^{-1} a 298 K. Determine o número efetivo de elétrons não emparelhados nesse composto e compare o seu resultado com o valor teórico.

18C.6(a) Estime a suscetibilidade molar gerada pelo spin no $CuSO_4 \cdot 5H_2O$, a 25 °C.
18C.6(b) Estime a suscetibilidade molar gerada pelo spin no $MnSO_4 \cdot 4H_2O$, a 298 K.

Problemas

18C.1 Para uma substância isotrópica, os módulos e a razão de Poisson podem ser expressos em termos de dois parâmetros λ e μ, chamados *constantes de Lamé*:

$$E=\frac{\mu(3\lambda+2\mu)}{\lambda+\mu} \qquad K=\frac{3\lambda+2\mu}{3} \qquad G=\mu \qquad \nu_P=\frac{\lambda}{2(\lambda+\mu)}$$

Use as constantes de Lamé para confirmar as relações entre G, K e E dadas pela Eq. 18C.3.

18C.2 Considere a Eq. 18C.6 e expresse $f(E)$ como função das variáveis $(E-\mu)/\mu$ e μ/kT. Então, usando um programa matemático, mostre o conjunto de curvas apresentado na Fig. 18C.6 na forma de uma superfície única.

18C.3 Neste problema e no seguinte vamos explorar um pouco mais algumas das propriedades da distribuição de Fermi–Dirac, Eq. 18C.6. Para um sólido tridimensional de volume V, $\rho(E) = CE^{1/2}$, com $C = 4\pi V(2m_e/h^2)^{3/2}$. Mostre que, quando $T = 0$,

$$f(E)=1 \text{ para } E<\mu \qquad f(E)=0 \text{ para } E>\mu$$

e deduza que $\mu(0) = (3\mathcal{N}/8\pi)^{2/3}(h^2/2m_e)$, em que $\mathcal{N}= N/V$, é a densidade numérica de elétrons no sólido. Calcule $\mu(0)$ para o sódio (onde cada átomo contribui com um elétron).

18C.4 Inspecionando a Eq. 18C.6 e a expressão para dN na Eq. 18C.5 (e sem tentar calcular as integrais explicitamente), mostre que, para N continuar constante à medida que a temperatura aumenta, o potencial químico deve diminuir de valor a partir de $\mu(0)$.

18C.5 Num semicondutor intrínseco, a lacuna entre as bandas é tão pequena que a distribuição de Fermi–Dirac faz com que alguns elétrons ocupem a banda de condução. Segue da forma exponencial da distribuição de Fermi–Dirac que a condutância G, o inverso da resistência (com unidades de siemens, 1 S = 1 Ω^{-1}) de um semicondutor intrínseco deveria ter uma dependência do tipo Arrhenius com a temperatura, mostrada na prática como da forma $G=G_0 e^{-E_g/2kT}$, em que E_g é a lacuna entre as bandas. A condutância de uma amostra de germânio varia com a temperatura, conforme mostrado a seguir. Calcule o valor de E_g.

T/K	312	354	420
G/S	0,0847	0,429	2,86

18C.6 Um transistor é um dispositivo semicondutor comumente usado como chave ou amplificador de sinais elétricos. Prepare um pequeno relatório sobre o desenvolvimento de um transistor em escala nanométrica que usa um nanotubo de carbono como componente. Um ponto de partida útil é o trabalho resumido por Tans *et al.* (*Nature*, **393**, 49 (1998)).

18C.7‡ J.J. Dannenberg *et al.* (*J. Phys. Chem.* **100**, 9631 (1996)) investigaram teoricamente moléculas orgânicas com cadeias de anéis de quatro membros, não saturados. Os cálculos sugerem que esses compostos têm muitos spins não emparelhados e que, portanto, devem ter propriedades magnéticas peculiares. Por exemplo, calcula-se que o estado de energia mais baixa do composto $C_{22}H_{14}$ (**5**) tenha $S = 3$, mas as energias das estruturas com $S = 2$ e $S = 4$ estão, cada qual, cerca de 50 kJ mol^{-1} acima do estado fundamental. Calcule a suscetibilidade magnética molar desses três níveis mais baixos, a 298 K. Estime a suscetibilidade molar a 298 K se cada nível estiver presente conforme o fator de Boltzmann (o que é, na verdade, admitir que a degeneração é idêntica para todos os três níveis).

5

18C.8 Uma molécula de NO tem estados eletronicamente excitados que são termicamente acessíveis. Ela tem também um elétron não emparelhado, e, portanto, espera-se que ela seja paramagnética. Porém, seu estado fundamental não é paramagnético, pois o momento magnético orbital do elétron não emparelhado cancela, quase que exatamente, o momento magnético do spin. O primeiro estado excitado (a 121 cm^{-1}) é paramagnético, pois o momento magnético orbital se soma ao momento magnético do spin, em lugar de cancelá-lo. O estado de energia mais alta tem o momento magnético de $2\mu_B$. Como o estado superior é termicamente acessível, a suscetibilidade paramagnética do NO mostra uma dependência acentuada em relação à temperatura, mesmo nas vizinhanças da temperatura ambiente. Calcule a suscetibilidade paramagnética molar do NO e faça o seu gráfico em função da temperatura.

18C.9‡ P.G. Radaelli *et al.* (*Science* **265**, 380 (1994)) investigaram a síntese e a estrutura de um material que se torna supercondutor a temperaturas abaixo de 45 K. O composto é baseado em um material disposto em camadas, $Hg_2Ba_2YCu_2O_{8-\delta}$, que tem uma célula unitária tetragonal com a = 0,38606 nm e c = 2,8915 nm; cada célula unitária contém duas fórmulas unitárias. O composto se torna supercondutor através da substituição parcial de Y por Ca, acompanhada por uma mudança de volume da célula unitária de menos do que 1%. Calcule o conteúdo x do Ca no supercondutor $Hg_2Ba_2Y_{1-x}Ca_xCu_2O_{7,55}$, dado que a massa específica do composto é 7,651 g cm^{-3}.

SEÇÃO 18D As propriedades ópticas dos sólidos

Questões teóricas

18D.1 Explique a origem do desdobramento Davydov nas bandas de éxciton de um cristal.

18D.2 Faça a distinção entre diodos emissores de luz e lasers de diodo.

Exercícios

18D.1(a) A promoção de um elétron da banda de valência para a banda de condução no TiO_2 puro, por absorção de luz, requer um comprimento de onda menor que 350 nm. Calcule a lacuna de energia, em elétrons-volt, entre as bandas de valência e de condução.

18D.1(b) A lacuna entre as bandas no silício é de 1,12 eV. Calcule a frequência mínima da radiação eletromagnética que leva à promoção de elétrons da banda de valência para a banda de condução.

Problemas

18D.1 Neste problema, vamos investigar quantitativamente os espectros de sólidos moleculares. Começamos considerando um dímero, com cada monômero tendo uma única transição com momento de dipolo de transição μ_{mon} e um número de onda $\tilde{\nu}_{mon}$. Vamos admitir que as funções de onda do estado fundamental não são perturbadas pela dimerização. Assim, escrevemos as funções de onda dos estados excitados do dímero Ψ_i como combinações lineares das funções de onda dos estados excitados, Ψ_1 e Ψ_2, do monômero: $\Psi_i = c_1\Psi_1 + c_2\Psi_2$. Escrevemos agora a matriz do hamiltoniano com elementos da diagonal iguais à energia entre os estados excitado e fundamental do monômero (que, expressa em número de onda, é simplesmente $\tilde{\nu}_{mon}$) e elementos fora da diagonal correspondendo à energia de interação entre os dipolos da transição. Usando o arranjo discutido na *Justificativa* 18D.1, escrevemos essa energia de interação (em números de onda) como:

$$\beta = \frac{\mu_{mon}^2}{4\pi\varepsilon_0 hcr^3}(1-3\cos^2\theta)$$

Então, a matriz do hamiltoniano é

$$\hat{H} = \begin{pmatrix} \tilde{\nu}_{mon} & \beta \\ \beta & \tilde{\nu}_{mon} \end{pmatrix}$$

Os autovalores da matriz são os números de onda $\tilde{\nu}_1$ e $\tilde{\nu}_2$. da transição do dímero. Os autovalores são as funções de onda para os estados excitados do dímero, e têm a forma $\begin{pmatrix} c_j \\ c_k \end{pmatrix}$. (a) A intensidade de absorção da radiação incidente é proporcional ao quadrado do momento de dipolo da transição (Seção 12A). O momento de dipolo da transição do monômero é $\mu_{mon} = \int\psi_1^*\hat{\mu}\psi_0\,d\tau = \int\psi_2^*\hat{\mu}\psi_0\,d\tau$, em que ψ_0 é a função de onda do estado fundamental do monômero. Admita que o estado fundamental do dímero pode também ser descrito por ψ_0 e mostre que o momento de dipolo da transição μ_i de cada transição do dímero é dado por $\mu_i = \mu_{mon}(c_j + c_k)$. (b) Considere um dímero de monômeros com $\mu_{mon} = 4{,}00$ $\tilde{\nu}_{mon} = 25.000\,\text{cm}^{-1}$ e $r = 0{,}5$ nm. Como os números de onda de transição $\tilde{\nu}_1$ e $\tilde{\nu}_2$ variam com o ângulo θ? As intensidades relativas das transições do dímero podem ser estimadas calculando-se a razão μ_2^2/μ_1^2. Como essa razão varia com o ângulo θ? (c) Amplie agora o tratamento dado anteriormente para uma cadeia de N monômeros ($N = 5$, 10, 15 e 20), com $\mu_{mon} = 4{,}00$ D, $\tilde{\nu}_{mon} = 25.000$ cm^{-1} e $r = 0{,}5$ nm. Para simplificar, admita que $\theta = 0$ e que os vizinhos mais próximos interagem, com energia de interação V. Por exemplo, a matriz do hamiltoniano para $N = 4$ é

$$\hat{H} = \begin{pmatrix} \tilde{\nu}_{mon} & V & 0 & 0 \\ V & \tilde{\nu}_{mon} & V & 0 \\ 0 & V & \tilde{\nu}_{mon} & V \\ 0 & 0 & V & \tilde{\nu}_{mon} \end{pmatrix}$$

Como o número de ondas da transição de mais baixa energia varia com o tamanho da cadeia? Como o momento de dipolo da transição de mais baixa energia varia com o tamanho da cadeia?

18D.2 Mostre que, se uma substância responde não linearmente a duas fontes de radiação, uma de frequência ω_1 e a outra de frequência ω_2, ela pode produzir radiação com a soma e a diferença das duas frequências. Esse fenômeno óptico não linear é conhecido como *mistura de frequências*, e é usado para expandir a faixa de comprimento de onda de lasers em aplicações em laboratório, como espectroscopia e fotoquímica.

Atividades integradas

18.1 Calcule o coeficiente de expansão térmica, $\alpha = (\partial V/\partial T)_p/V$, do diamante, sabendo que a reflexão (111) se desloca de 22,0403° para 21,9664° ao se aquecer o cristal de 100 K a 300 K, quando são usados raios X de 154,0562 pm.

18.2 Calcule o fator de espalhamento para um átomo hidrogenoide de número atômico Z no qual o único elétron ocupa (a) o orbital 1s, (b) o orbital 2s. Represente graficamente f em função de (sen θ)/λ. *Sugestão*: Interprete $4\pi\rho(r)r^2$ como a função de distribuição radial $P(r)$.

18.3 Explore como o fator de espalhamento do Problema 18.2 varia quando a função 1s verdadeira do átomo hidrogenoide é substituída por uma função gaussiana.

Revisão de Matemática 7 Séries e transformadas de Fourier

Algumas das funções matemáticas mais úteis são as funções trigonométricas seno e cosseno. Assim, muitas vezes é útil exprimir uma função matemática arbitrária como uma combinação linear dessas funções e então utilizar a série resultante. Uma vez que senos e cossenos têm a forma de uma onda, as combinações lineares envolvendo essas funções têm, normalmente, uma interpretação física simples. Em toda a nossa discussão, a função $f(x)$ é real.

RM7.1 Séries de Fourier

Uma *série de Fourier* é uma combinação linear de senos e cossenos que reproduz uma função periódica:

$$f(x)=\tfrac{1}{2}a_0+\sum_{n=1}^{\infty}\left\{a_n\cos\frac{n\pi x}{L}+b_n\,\text{sen}\frac{n\pi x}{L}\right\} \qquad \text{(RM7.1)}$$

Uma função periódica é aquela que se repete periodicamente, de modo que $f(x + 2L) = f(x)$, em que $2L$ é o período. Embora não pareça surpreendente que senos e cossenos possam ser utilizados para reproduzir funções contínuas, ocorre que – com certas limitações – eles também podem ser utilizados para reproduzir funções descontínuas. Os coeficientes na Eq. RM7.1 são obtidos através da ortogonalidade entre as funções seno e cosseno

$$\int_{-L}^{L}\text{sen}\frac{m\pi x}{L}\cos\frac{m\pi x}{L}\,\text{d}x=0 \qquad \text{(RM7.2a)}$$

e das integrais

$$\int_{-L}^{L}\text{sen}\frac{m\pi x}{L}\,\text{sen}\frac{n\pi x}{L}\,\text{d}x=\int_{-L}^{L}\cos\frac{m\pi x}{L}\cos\frac{n\pi x}{L}\,\text{d}x=L\delta_{mn} \qquad \text{(RM7.2b)}$$

em que $\delta_{mn} = 1$ se $m = 1$ e 0 se $m \neq n$. Portanto, a multiplicação de ambos os lados da Eq. RM7.1 por $\cos(k\pi x/L)$ e a integração de $-L$ a L levam a uma expressão para o coeficiente a_k, e a multiplicação por $\text{sen}(k\pi x/L)$ e a integração levam, da mesma forma, a uma expressão para b_k:

$$a_k=\frac{1}{L}\int_{-L}^{L}f(x)\cos\frac{k\pi x}{L}\,\text{d}x \quad k=0,1,2,\ldots$$
$$b_k=\frac{1}{L}\int_{-L}^{L}f(x)\,\text{sen}\frac{k\pi x}{L}\,\text{d}x \quad k=1,2,\ldots \qquad \text{(RM7.3)}$$

Breve ilustração RM7.1 Uma onda quadrada

A Fig. RM7.1 mostra um gráfico de uma onda quadrada de amplitude A que é periódica entre $-L$ e L. A forma matemática da onda é

$$f(x)=\begin{cases}-A & -L\le x<0\\ +A & 0\le x<L\end{cases}$$

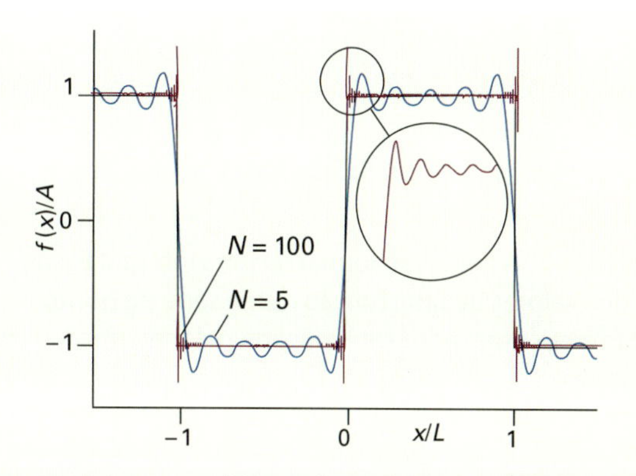

Figura RM7.1 Uma onda quadrada e duas aproximações por série de Fourier ($N = 5$ e $N = 100$). O detalhe mostra uma ampliação da aproximação para $N = 100$.

Os coeficientes a são todos iguais a zero, pois $f(x)$ é antissimétrico ($f(-x) = -f(x)$) e todas as funções cosseno são simétricas ($\cos(-x) = \cos(x)$), e assim as ondas cosseno não contribuem para a soma. Os coeficientes b são obtidos de

$$\begin{aligned}b_k&=\frac{1}{L}\int_{-L}^{L}f(x)\,\text{sen}\frac{k\pi x}{L}\,\text{d}x\\&=\frac{1}{L}\int_{-L}^{0}(-A)\,\text{sen}\frac{k\pi x}{L}\,\text{d}x+\frac{1}{L}\int_{0}^{L}A\,\text{sen}\frac{k\pi x}{L}\,\text{d}x\\&=\frac{2A}{\pi}\frac{\{1-(-1)^k\}}{k}\end{aligned}$$

A expressão final foi escrita para destacar que as duas integrais se cancelam quando k é par e que se somam quando k é ímpar. Portanto,

$$f(x)=\frac{2A}{\pi}\sum_{k=1}^{N}\frac{1-(-1)^k}{k}\,\text{sen}\frac{k\pi x}{L}=\frac{4A}{\pi}\sum_{n=1}^{N}\frac{1}{2n-1}\,\text{sen}\frac{(2n-1)\pi x}{L}$$

com $N \to \infty$. A soma sobre n é a mesma que a sobre k; na última, os termos com k par são todos iguais a zero. Esta função é representada na Fig. RM7.1 para dois valores de N para mostrar como a série se torna mais fidedigna à função original à medida que N aumenta.

RM7.2 Transformadas de Fourier

A série de Fourier na Eq. RM7.1 pode ser expressa de forma mais sucinta se permitirmos que os coeficientes sejam números complexos e usando a *relação de de Moivre*

$$\text{e}^{\text{i}n\pi x/L}=\cos\left(\frac{n\pi x}{L}\right)+\text{i}\,\text{sen}\left(\frac{n\pi x}{L}\right) \qquad \text{(RM7.4)}$$

pois então podemos escrever

$$f(x)=\sum_{n=-\infty}^{\infty}c_n\text{e}^{\text{i}n\pi x/L} \quad c_n=\frac{1}{2L}\int_{-L}^{L}f(x)\text{e}^{-\text{i}n\pi x/L}\text{d}x \qquad \text{(RM7.5)}$$

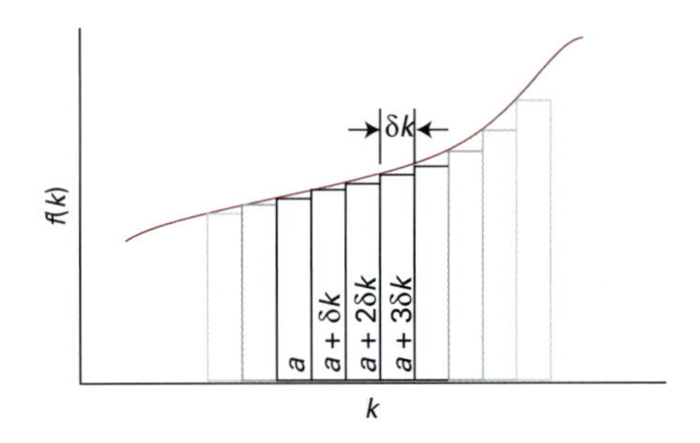

Figura RM7.2 A definição formal de uma integral é a da soma dos valores de uma função numa série de pontos infinitamente espaçados multiplicada pela separação entre cada ponto.

Esse formalismo complexo é adequado para estendermos a discussão a funções cujo período se torna infinito. Se o período é infinito, estamos efetivamente tratando de uma função não periódica, tal como a função exponencial de decaimento e^{-x}.

Escrevemos $\delta k = \pi/L$ e consideramos o limite $L \rightarrow \infty$ e, consequentemente, $\delta k \rightarrow 0$: ou seja, a Eq. RM7.5 se torna

$$
\begin{aligned}
f(x) &= \lim_{L\to\infty} \sum_{n=-\infty}^{\infty} \frac{1}{2L}\left\{\int_{-L}^{L} f(x')\mathrm{e}^{-\mathrm{i}n\pi x'/L}\mathrm{d}x'\right\}\mathrm{e}^{\mathrm{i}n\pi x/L} \\
&= \lim_{\delta k\to 0} \sum_{n=-\infty}^{\infty} \frac{\delta k}{2\pi}\left\{\int_{-\pi/\delta k}^{\pi/\delta k} f(x')\mathrm{e}^{-\mathrm{i}n\delta k x'}\mathrm{d}x'\right\}\mathrm{e}^{\mathrm{i}n\delta k x/L} \\
&= \lim_{\delta k\to 0} \sum_{n=-\infty}^{\infty} \frac{1}{2\pi}\left\{\int_{-\infty}^{\infty} f(x')\mathrm{e}^{-\mathrm{i}n\delta k(x'-x)}\mathrm{d}x'\right\}\delta k
\end{aligned} \qquad \text{(RM7.6)}
$$

Na última linha consideramos que os limites da integral se tornam infinitos. Neste ponto devemos reconhecer que a definição formal de uma integral é a da soma dos valores de uma função numa série de pontos espaçados infinitamente multiplicada pela separação entre cada ponto (Fig. RM7.2; veja a *Revisão matemática* 1):

$$\int_a^b F(k)\mathrm{d}k = \lim_{\delta k\to 0}\sum_{n=-\infty}^{\infty} F(n\delta k)\delta k \qquad \text{(RM7.7)}$$

Essa forma é exatamente a que aparece no lado direito da Eq. RM7.6, de modo que podemos escrever essa equação como

$$f(x) = \frac{1}{2\pi}\int_{-\infty}^{\infty}\tilde{f}(k)\mathrm{e}^{\mathrm{i}kx}\mathrm{d}k \text{ em que } \tilde{f}(k) = \int_{-\infty}^{\infty} f(x')\mathrm{e}^{-\mathrm{i}kx'}\mathrm{d}x' \qquad \text{(RM7.8)}$$

Neste ponto, podemos eliminar o sinal de derivada em x na expressão para $\tilde{f}(k)$. Chamamos a função $\tilde{f}(k)$ de *transformada de Fourier* de $f(x)$; a função original $f(x)$ é a *transformada de Fourier inversa* de $\tilde{f}(k)$.

Breve ilustração RM7.2 Uma transformada de Fourier

A transformada de Fourier da função exponencial simétrica $f(x) = \mathrm{e}^{-a|x|}$ é

$$
\begin{aligned}
\tilde{f}(k) &= \int_{-\infty}^{\infty} f(x)\mathrm{e}^{-\mathrm{i}kx}\mathrm{d}x = \int_{-\infty}^{\infty} \mathrm{e}^{-a|x|-\mathrm{i}kx}\mathrm{d}x \\
&= \int_{-\infty}^{0} \mathrm{e}^{ax-\mathrm{i}kx}\mathrm{d}x + \int_{0}^{\infty} \mathrm{e}^{-ax-\mathrm{i}kx}\mathrm{d}x \\
&= \frac{1}{a-\mathrm{i}k} + \frac{1}{a+\mathrm{i}k} = \frac{2a}{a^2+k^2}
\end{aligned}
$$

A função original e sua transformada de Fourier estão traçadas na Fig. RM7.3.

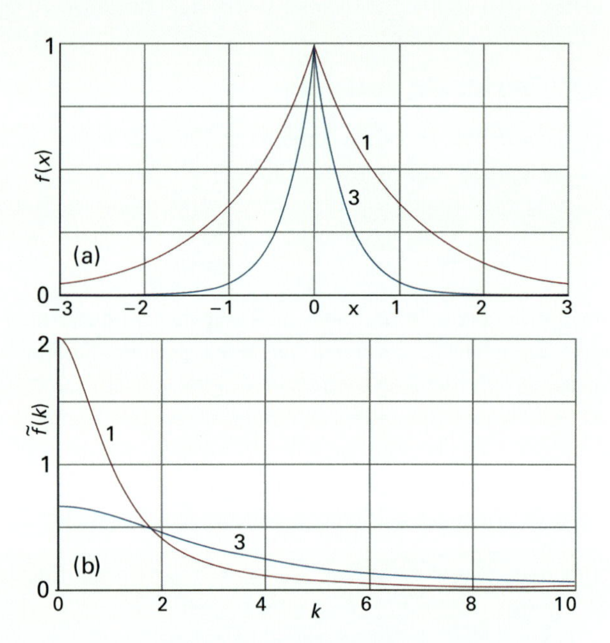

Figura RM7.3 (a) A função exponencial simétrica $f(x) = \mathrm{e}^{-a|x|}$ e (b) sua transformada de Fourier para dois valores da constante de decaimento a. Observe como a função com decaimento mais rápido tem uma transformada de Fourier mais rica na componente de menor comprimento de onda (maior k).

A interpretação física da Eq. RM7.8 é que $f(x)$ é expressa como uma superposição de funções harmônicas (senos e cossenos) de comprimento de onda $\lambda = 2\pi/k$, e que o peso de cada função constituinte é dado pela transformada de Fourier no valor correspondente de k. Esta interpretação é consistente com o cálculo apresentado na *Breve ilustração* RM7.2. Como podemos ver da Fig. RM7.3, quando a função exponencial decai rapidamente com o tempo, a transformada de Fourier se estende a valores grandes de k, correspondendo a uma contribuição significativa de comprimentos de onda curtos. Quando a função exponencial decai apenas lentamente, as contribuições mais significativas para a superposição provêm das componentes de longo comprimento de onda, o que se reflete na transformada de Fourier, com sua predominância de contribuições de pequeno k neste caso. Em geral, uma função que varia suavemente tem uma transformada de Fourier com contribuições significativas das componentes de pequeno k.

RM7.3 O teorema da convolução

Uma observação final a respeito das propriedades das transformadas de Fourier é o **teorema da convolução**. Ele estabelece que, se uma função é "convolução" de duas outras funções, isto é, se

$$F(x)=\int_{-\infty}^{\infty} f_1(x')f_2(x-x')\mathrm{d}x' \qquad \text{(RM7.9a)}$$

então a transformada de Fourier de $F(x)$ é o produto das transformadas de suas funções componentes:

$$\tilde{F}(k)=\tilde{f}_1(k)\tilde{f}_2(k) \qquad \text{(RM7.9b)}$$

Breve ilustração RM7.3 Convolução

Se $F(x)$ é a convolução de duas funções gaussianas,

$$F(x)=\int_{-\infty}^{\infty} \mathrm{e}^{-a^2x'^2}\mathrm{e}^{-b^2(x-x')^2}\mathrm{d}x'$$

A transformada de Fourier de uma função gaussiana é, também, uma função gaussiana:

$$\tilde{f}(k)=\int_{-\infty}^{\infty} \mathrm{e}^{-c^2x^2}\mathrm{e}^{-\mathrm{i}kx}\mathrm{d}x=\left(\frac{\pi}{c^2}\right)^{1/2}\mathrm{e}^{-k^2/4c^2}$$

Portanto, a transformada de $F(x)$ é o produto:

$$\tilde{F}(k)=\left(\frac{\pi}{a^2}\right)^{1/2}\mathrm{e}^{-k^2/4a^2}\left(\frac{\pi}{b^2}\right)^{1/2}\mathrm{e}^{-k^2/4b^2}=\frac{\pi}{ab}\mathrm{e}^{-(k^2/4)(1/a^2+1/b^2)}$$

PARTE TRÊS

Processos

Na Parte 3, vamos considerar os processos pelos quais ocorrem as transformações químicas e uma forma de matéria é convertida em outra. Preparamos a base da investigação das velocidades das reações químicas ao analisarmos o movimento das moléculas nos gases e nos líquidos. Depois, estabelecemos o significado preciso de velocidade de reação e estudamos como a velocidade global e o comportamento complexo de algumas reações podem ser expressos em termos de etapas elementares e de fenômenos em escala atômica que ocorrem quando as moléculas colidem. De enorme importância industrial são as reações em superfícies sólidas, tais como as reações redox nos eletrodos e várias transformações químicas aceleradas por catalisadores sólidos. Vamos discutir esses processos no capítulo final deste livro.

CAPÍTULO 19

Moléculas em movimento

Este capítulo apresenta as técnicas para a discussão do movimento de todos os tipos de partículas em todos os tipos de fluidos. Ele utiliza extensivamente a teoria cinética dos gases, tratada na Seção 1B.

19A Transporte em gases

Iniciamos mostrando que o movimento molecular nos fluidos (tanto gases quanto líquidos) é semelhante sob diversos aspectos. Vamos nos concentrar nas "propriedades de transporte" de uma substância, sua capacidade de transferir matéria, energia ou outra propriedade de um local para outro. Estas propriedades incluem a difusão, a condução térmica, a viscosidade e a efusão. Veremos que suas velocidades são expressas em termos da teoria cinética dos gases.

19B Movimento nos líquidos

O movimento molecular nos líquidos é diferente daquele nos gases devido às forças intermoleculares, que agora têm um papel importante e governam, por exemplo, a viscosidade. Uma forma de investigar o movimento nos líquidos é conduzir íons através de um solvente pela aplicação de um campo elétrico. Vamos verificar como as condutividades e as mobilidades dos íons dão algum esclarecimento sobre o movimento nos líquidos.

19C Difusão

Um tipo de movimento muito importante nos fluidos é a difusão, que pode ser discutida de maneira sistemática introduzindo-se o conceito de "força termodinâmica". A difusão das moléculas pode ser investigada montando-se e resolvendo a "equação da difusão". Esta equação pode ser interpretada em termos do deslocamento aleatório das moléculas.

Qual é o impacto deste material?

Grande parte da química, da engenharia química e da biologia depende da capacidade que as moléculas e íons têm de migrar pelos diversos meios. Em *Impacto* I19.1, vemos como medições de condutividade são usadas para analisar o transporte de nutrientes e outras matérias através de membranas biológicas.

19A Transporte em gases

Tópicos

➤ **Por que você precisa saber este assunto?**

As propriedades de transporte pelas moléculas de gás desempenham um papel importante na atmosfera. A seção também amplia a abordagem da teoria cinética, mostrando como extrair expressões quantitativas de modelos simples.

➤ **Qual é a ideia fundamental?**

Uma molécula transporta propriedades através do espaço até uma distância de aproximadamente o seu livre percurso médio.

➤ **O que você já deve saber?**

Esta seção se baseia na teoria cinética dos gases (Seção 1B) e a amplia, e você precisa estar familiarizado com as expressões daquela seção para a velocidade média das moléculas e com o significado do livre percurso médio e sua dependência da pressão.

As propriedades de transporte são em geral expressas em termos de equações que representam empiricamente as observações experimentais. Essas equações aplicam-se para todos os tipos de propriedades e meios. Nas próximas seções, definimos as equações para o caso geral e, posteriormente, mostramos como calcular os parâmetros que aparecem nessas equações com base num modelo de comportamento molecular dos gases. Uma abordagem mais geral é apresentada na Seção 19C.

19A.1 As equações fenomenológicas

Entende-se por "equação fenomenológica", um termo comumente encontrado no estudo dos fluidos, como uma equação que representa empiricamente as observações experimentais sem, pelo menos inicialmente, estar baseada em um entendimento dos processos moleculares responsáveis pela propriedade.

A velocidade de migração de uma propriedade é medida pelo seu **fluxo**, J, a quantidade da grandeza correspondente que passa através de uma certa área, durante um certo intervalo de tempo, dividida pela área e pela duração do intervalo de tempo. Se houver movimento de matéria (como na difusão), falamos de um **fluxo de massa**, ou seja, de tantas moléculas por metro quadrado por segundo (partículas ou mols $m^{-2}\,s^{-1}$). Se a propriedade for a energia (como na condução do calor), falamos de **fluxo de energia**, que é expresso em joules por metro quadrado por segundo ($J\,m^{-2}\,s^{-1}$), e assim por diante. Para calcular a quantidade total de cada propriedade transferida através de uma determinada área A em um dado intervalo de tempo Δt, multiplicamos o fluxo pela área e pelo intervalo de tempo, obtendo $JA\Delta t$.

Observações experimentais sobre as propriedades de transporte mostram que o fluxo de uma propriedade é, comumente, proporcional à derivada primeira de uma outra propriedade, relacionada com a primeira propriedade. Por exemplo, o fluxo de massa que se difunde paralelamente à direção do eixo dos z de um recipiente é proporcional à derivada primeira da concentração:

$$J(\text{massa}) \propto \frac{\mathrm{d}\mathcal{N}}{\mathrm{d}z} \qquad \text{Primeira lei de Fick da difusão} \qquad (19A.1)$$

em que $\mathcal{N}$ é a densidade numérica de partículas, com a unidade de número de partículas por metro cúbico (m^{-3}). A proporcionalidade entre o fluxo de massa e o gradiente de concentração é às vezes denominada a **primeira lei de Fick da difusão**. Esta lei mostra que a difusão será mais rápida quando a concentração varia do que quando a concentração é quase uniforme. Não há fluxo líquido se a concentração for uniforme ($\mathrm{d}\mathcal{N}/\mathrm{d}z = 0$). Analogamente, a velocidade de condução de calor (o fluxo de energia associado ao movimento térmico) é proporcional ao gradiente de temperatura:

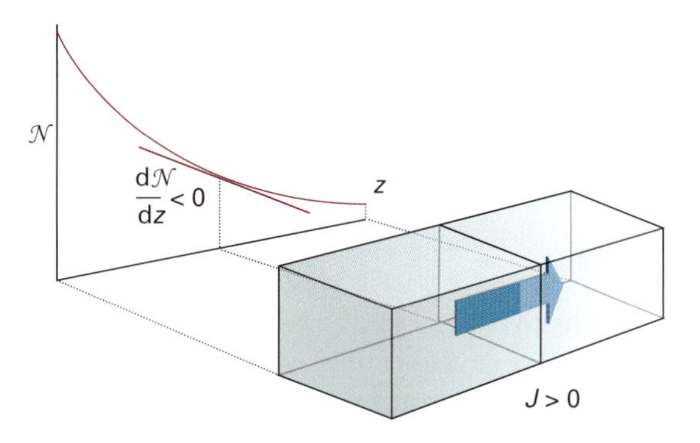

Figura 19A.1 O fluxo de partículas ao longo de um gradiente de concentração. A primeira lei de Fick afirma que o fluxo de matéria (número de partículas que passam por uma área imaginária, durante um certo intervalo de tempo, dividido pela área e pelo intervalo de tempo) é proporcional ao gradiente da densidade numérica de partículas naquele ponto.

$$J(\text{energia do movimento térmico}) \propto \frac{dT}{dz} \quad \text{Fluxo de energia} \quad (19A.2)$$

Um valor positivo de J significa que o fluxo tem o sentido dos z positivos; um valor negativo significa que J tem o sentido dos z negativos. Como a massa se difunde no sentido da maior concentração para a menor concentração (isto é, ao longo do gradiente de concentração), J é positivo se $d\mathcal{N}/dz$ for negativa (Fig. 19A.1). Portanto, o coeficiente de proporcionalidade na Eq. 19A.1 tem que ser negativo, sendo escrito como $-D$:

$$J(\text{massa}) = -D\frac{d\mathcal{N}}{dz} \quad \text{Primeira lei de Fick em termos do coeficiente de difusão} \quad (19A.3)$$

A constante D é chamada de **coeficiente de difusão**. No SI, as unidades de D são metro quadrado por segundo ($m^2\ s^{-1}$). A energia migra no sentido decrescente do gradiente de temperatura. Raciocínio semelhante ao anterior leva a

$$J(\text{energia do movimento térmico}) = -\kappa\frac{dT}{dz} \quad \text{Fluxo de energia em termos do coeficiente de condutividade térmica} \quad (19A.4)$$

em que κ é o **coeficiente de condutividade térmica**. As unidades do SI para κ são joules por kelvin por metro por segundo ($J\ K^{-1}\ m^{-1}\ s^{-1}$). Alguns valores experimentais são dados na Tabela 19A.1.

Breve ilustração 19A.1 Fluxo de energia

Suponha que há uma diferença de temperatura de 10 K entre duas placas metálicas separadas por 1,0 cm no ar (para o qual $\kappa = 24{,}1\ mW\ K^{-1}m^{-1}$). O gradiente de temperatura é

$$\frac{dT}{dz} = -\frac{-10\ K}{1{,}0\times10^{-2}\ m} = -1{,}0\times10^{3}\ K\ m^{-1}$$

Portanto, o fluxo de energia através do ar é

$$J(\text{energia do movimento térmico}) = -(24{,}1\,mW\,K^{-1}\,m^{-1}) \times(-1{,}0\times10^{3}\,K\,m^{-1}) = +24\,W\,m^{-2}$$

Como resultado, em 1,0 h (3600 s) a transferência de energia através de uma área das paredes opostas de 1,0 cm^2 é

$$\text{Transferência} = (24\ W\ m^{-2})\times(1{,}0\times10^{-4}\,m^2)\times(3600\ s) = 8{,}6\ J$$

Exercício proposto 19A.1 A condutividade térmica do vidro é 0,92 mW $K^{-1}m^{-1}$. Qual é a taxa de transferência de energia através de uma vidraça de janela de 0,50 cm de espessura e área de 1,00 m^2 quando a sala está a 22 °C e o exterior a 0 °C?

Resposta: 2,8 kW

Tabela 19A.1* Propriedades de transporte dos gases a 1 atm

	$\kappa/(mW\ K^{-1}\ m^{-1})$	$\eta/\mu P^{\ddagger}$	
	273 K	273 K	293 K
Ar	16,3	210	223
CO_2	14,5	136	147
He	144,2	187	196
N_2	24,0	166	176

* Outros valores são fornecidos na *Seção de dados*.
‡ $1\,\mu P = 10^{-7}\,kg\,m^{-1}\,s^{-1}$.

Para se observar a relação entre o fluxo de momento e a viscosidade, consideramos um fluido num **escoamento newtoniano,** que pode ser imaginado como ocorrendo através de uma série de camadas ou lâminas de fluido deslizando umas sobre as outras

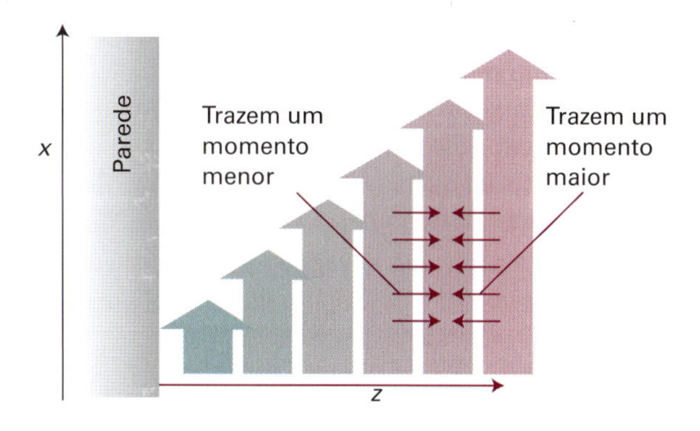

Figura 19A.2 A viscosidade de um fluido provém do transporte de momento linear. Nesta ilustração, o escoamento do fluido é newtoniano (laminar) e as partículas levam o seu momento inicial quando entram em uma nova camada. Se a componente x do momento que transportam é maior, elas aceleram esta segunda camada; se a mesma componente for menor, elas retardam a camada.

(Fig. 19A.2). A camada junto às paredes do vaso é estacionária, e a velocidade das camadas sucessivas varia linearmente com a distância z a partir da parede. As moléculas movem-se incessantemente de uma camada para outra, cada qual levando consigo a componente x do momento linear que possuía na sua camada original. Uma camada será retardada pelas moléculas provenientes de uma outra camada com movimento mais lento, pois essas moléculas têm um momento linear menor na direção x. A mesma camada é acelerada pelas moléculas que vêm de uma outra mais rápida. Interpretamos o efeito líquido retardador como a viscosidade do fluido.

Uma vez que o efeito retardador depende da transferência da componente x do momento linear para a camada de interesse, a viscosidade depende do fluxo dessa componente x na direção z. O fluxo da componente x do momento linear é proporcional a $\mathrm{d}v_x/\mathrm{d}z$, pois não há fluxo resultante do momento quando todas as camadas têm a mesma velocidade. Podemos então escrever,

$$J(\text{Componente } x \text{ do momento}) = -\eta\frac{\mathrm{d}v_x}{\mathrm{d}z}$$

Fluxo de momento em termos do coeficiente de viscosidade (19A.5)

A constante de proporcionalidade, η, é o **coeficiente de viscosidade** (ou simplesmente "a viscosidade"). No SI, as unidades são quilogramas por metro por segundo (kg m^{-1} s^{-1}). As viscosidades são dadas, frequentemente, em poise (P), com 1 P = 10^{-1} kg m^{-1} s^{-1}. A Tabela 19A.1 apresenta alguns valores experimentais.

Embora não seja a rigor uma propriedade de transporte, a **efusão**, o escape da matéria através de um pequeno orifício, está intimamente ligada à difusão. As observações empíricas fundamentais sobre a efusão estão resumidas na **lei de Graham da efusão**, que estabelece que a velocidade de efusão é inversamente proporcional à raiz quadrada da massa molar, M.

19A.2 Os parâmetros de transporte

Vamos deduzir agora expressões para as características de difusão de um gás perfeito com base no modelo da teoria cinética molecular. Todas as expressões dependem do conhecimento do **fluxo de colisão**, Z_W, a velocidade com a qual as moléculas atingem uma região de um gás (que pode ser uma região imaginária no gás, parte de uma parede ou um orifício na parede) e, especificamente, o número de colisões por área da região e por intervalo de tempo. Mostramos na *Justificativa* 19A.1 que o fluxo de colisão de moléculas de massa m à pressão p e temperatura T é

$$Z_W = \frac{p}{(2\pi mkT)^{1/2}}$$

Gás perfeito Fluxo de colisão (19A.6)

Breve ilustração 19A.2 O fluxo de colisão

O fluxo de colisão de moléculas de O_2, com $m = M/N_A$ e M = 32,00 g mol^{-1} a 25 °C e 1,00 bar, é

$$Z_W = \frac{1{,}00\times10^5\ \overbrace{\mathrm{Pa}}^{\mathrm{kg\,m^{-1}\,s^{-2}}}}{\left\{2\pi\times\frac{32{,}00\times10^{-3}\ \mathrm{kg\,mol^{-1}}}{6{,}022\times10^{23}\ \mathrm{mol^{-1}}}\times(1{,}381\times10^{-23}\ \mathrm{J\,K^{-1}})\times(298\ \mathrm{K})\right\}^{1/2}}$$
$$= 2{,}70\times10^{27}\ \mathrm{m^{-2}\,s^{-1}}$$

Esse fluxo corresponde a $2{,}70 \times 10^{23}$ cm^{-2} s^{-1}.

Exercício proposto 19A.2 Calcule o fluxo de colisão de moléculas de H_2 nas mesmas condições.

Resposta: $1{,}07 \times 10^{28}$ cm^{-2} s^{-1}

Justificativa 19A.1 O fluxo de colisão

Imaginemos uma parede de área A perpendicular ao eixo dos x (Fig. 19A.3). Se uma molécula tiver $v_x > 0$ (isto é, se ela se desloca na direção dos x positivos), irá colidir com a parede no intervalo de tempo Δt se estiver à distância $v_x\Delta t$ da parede. Então, todas as moléculas no volume $Av_x\Delta t$ e com a componente x da velocidade positiva irão atingir a parede no intervalo de tempo Δt. O número total de colisões nesse intervalo de tempo é, portanto, o produto do volume $Av_x\Delta t$ pela densidade numérica de moléculas, $\mathcal{N}$. Entretanto, para levar em conta a variação das velocidades moleculares em uma dada amostra, temos que somar os produtos para todos os valores positivos de v_x ponderados pela distribuição de probabilidades das velocidades dada na *Justificativa* 1B.2:

$$f(v_x) = \left(\frac{m}{2\pi kT}\right)^{1/2} e^{-mv_x^2/2kT}$$

Ou seja,

$$\text{Número de colisões} = \mathcal{N}A\Delta t\int_0^\infty v_x f(v_x)\mathrm{d}v_x$$

O fluxo de colisão é o número de colisões dividido por A e por Δt, assim

$$Z_W = \mathcal{N}\int_0^\infty v_x f(v_x)\mathrm{d}v_x$$

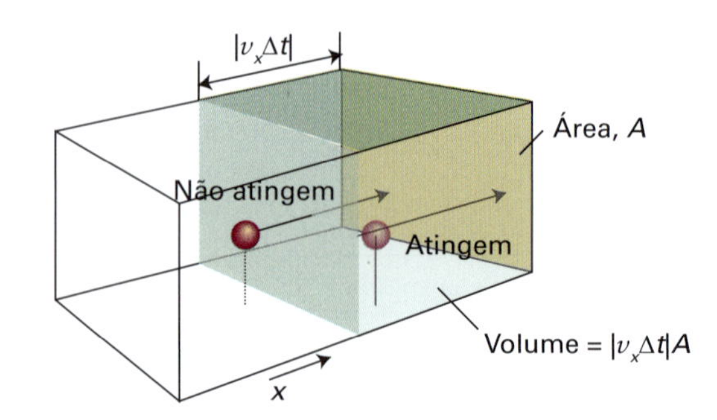

Figura 19A.3 Somente as moléculas que estejam à distância da parede $v_x\Delta t$, e se deslocando para a direita, podem atingir a parede da direita no intervalo de tempo Δt.

Então, como

$$\int_0^\infty v_x f(v_x)\mathrm{d}v_x = \left(\frac{m}{2\pi kT}\right)^{1/2}\int_0^\infty v_x \mathrm{e}^{-mv_x^2/2kT}\mathrm{d}v_x \overset{\text{Integral G.2}}{=} \left(\frac{kT}{2\pi m}\right)^{1/2}$$

segue que

$$Z_\mathrm{W} = \mathcal{N}\left(\frac{kT}{2\pi m}\right)^{1/2}$$

Substituindo $\mathcal{N} = p/kT$ na equação anterior obtemos a Eq. 19A.6.

De acordo com a Eq. 19A.6, o fluxo de colisão aumenta com a pressão, pois a taxa de colisões na região de interesse aumenta com a pressão. O fluxo diminui com o aumento da massa das moléculas porque moléculas pesadas se movem mais lentamente que moléculas leves. Entretanto, deve-se ter cuidado com a interpretação do papel da temperatura. Não se deve concluir que o fluxo de colisão diminui com o aumento da temperatura pelo fato de $T^{1/2}$ aparecer no denominador. Se o sistema tem volume constante, a pressão aumenta com a temperatura ($p \propto T$); então, o fluxo de colisão é proporcional a $T/T^{1/2} = T^{1/2}$, e aumenta com a temperatura (porque as moléculas se movimentam mais rapidamente)

(a) O coeficiente de difusão

Considere o esquema apresentado na Fig. 19A.4. Em média, as moléculas que atravessam a área A em $z = 0$ percorreram cerca de um livre percurso médio λ, contado a partir da última colisão. Então, a densidade numérica de moléculas do sítio de onde vieram é $\mathcal{N}(z)$ determinada em $z = -\lambda$. Esta densidade numérica é dada, aproximadamente, por

$$\mathcal{N}(-\lambda) = \mathcal{N}(0) - \lambda\left(\frac{\mathrm{d}\mathcal{N}}{\mathrm{d}z}\right)_0 \qquad (19A.7a)$$

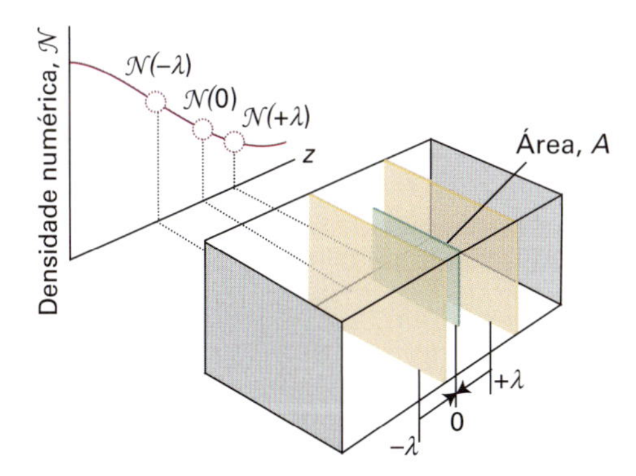

Figura 19A.4 No cálculo da velocidade de difusão de um gás considera-se o fluxo líquido de moléculas que chegam a uma área A, vindas em média de uma distância λ, a montante e a jusante de A, sendo λ o livre percurso médio.

em que utilizamos o desenvolvimento de Taylor sob a forma $f(x) = f(0) + (\mathrm{d}f/\mathrm{d}x)_0 x + \cdots$, truncado no segundo termo (veja a *Revisão de matemática* 1). De forma similar, a densidade numérica a igual distância a montante e a jusante da área é

$$\mathcal{N}(\lambda) = \mathcal{N}(0) + \lambda\left(\frac{\mathrm{d}\mathcal{N}}{\mathrm{d}z}\right)_0 \qquad (19A.7b)$$

O número médio de impactos na superfície imaginária de área A_0, durante o intervalo de tempo Δt, é $Z_\mathrm{W}A_0\Delta t$, em que Z_W é o fluxo de colisões. Portanto, o fluxo da esquerda para a direita, $J(\mathrm{L}\rightarrow\mathrm{R})$, proveniente das moléculas que estão à esquerda da área, é dado por

$$J(\mathrm{L}\rightarrow\mathrm{R}) = \frac{\overbrace{\tfrac{1}{4}\mathcal{N}(-\lambda)v_\text{média}}^{Z_\mathrm{W}}A_0\Delta t}{A_0\Delta t} = \tfrac{1}{4}\mathcal{N}(-\lambda)v_\text{média} \qquad (19A.8a)$$

Há também um fluxo de moléculas da direita para a esquerda. Em média, as moléculas desse fluxo cobrem a distância $z = +\lambda$, a partir de uma posição em que a densidade numérica é $\mathcal{N}(\lambda)$. Portanto,

$$J(\mathrm{L}\leftarrow\mathrm{R}) = \tfrac{1}{4}\mathcal{N}(\lambda)v_\text{média} \qquad (19A.8b)$$

O fluxo líquido da esquerda para a direita é

$$\begin{aligned} J_z &= J(\mathrm{L}\rightarrow\mathrm{R}) - J(\mathrm{L}\leftarrow\mathrm{R}) \\ &= \tfrac{1}{4}v_\text{média}\{\mathcal{N}(-\lambda) - \mathcal{N}(\lambda)\} \\ &= \tfrac{1}{4}v_\text{média}\left\{\left[\mathcal{N}(0) - \lambda\left(\frac{\mathrm{d}\mathcal{N}}{\mathrm{d}z}\right)_0\right] - \left[\mathcal{N}(0) + \lambda\left(\frac{\mathrm{d}\mathcal{N}}{\mathrm{d}z}\right)_0\right]\right\} \end{aligned}$$

Ou seja,

$$J_z = -\tfrac{1}{2}v_\text{média}\lambda\left(\frac{\mathrm{d}\mathcal{N}}{\mathrm{d}z}\right)_0 \qquad (19A.9)$$

Essa equação mostra que o fluxo é proporcional à derivada primeira da concentração, em concordância com a lei de Fick, Eq. 19A.1.

Neste momento, poderia parecer que se pode ter o coeficiente de difusão pela comparação das Eqs. 19A.9 e 19A.3, obtendo-se $D = \tfrac{1}{2}\lambda v_\text{média}$. Deve-se, porém, ressaltar que o modelo é muito simplificado e que o resultado é pouco mais do que uma estimativa da ordem de grandeza de D. A Fig. 19A.5 ilustra um aspecto que não foi levado em conta: embora uma molécula possa ter iniciado o seu percurso de difusão num ponto muito próximo da área considerada, também é possível que cubra longo percurso antes de atingir essa área. Ora, se o percurso for muito longo, é muito provável que a molécula colida com outra antes de chegar à área e seja eliminada do processo de difusão, como muitas outras. Para levar em conta esse efeito é preciso realizar um cálculo bastante elaborado. O resultado final é o do aparecimento do fator $\tfrac{2}{3}$, que leva a um fluxo menor. Este resultado modificado é

$$D = \tfrac{1}{3}\lambda v_\text{média} \qquad \text{Coeficiente de difusão} \qquad (19A.10)$$

Figura 19A.5 Um efeito que se ignora no modelo simples da difusão é o de que algumas partículas que estão muito próximas da área plana de referência seguem trajetória muito oblíqua e, portanto, muito longa. Essas moléculas têm uma probabilidade maior de colidirem com outras ao longo da sua trajetória.

Breve ilustração 19A.3 O coeficiente de difusão

Na *Breve ilustração* 1B.4 na Seção 1B, foi mostrado que o livre percurso médio de moléculas de N_2 num gás a 1,0 bar é 95 nm; no *Exemplo* 1B.1 na mesma seção, a velocidade média de moléculas de N_2 a 15 °C foi calculada como 475 m s^{-1}. Portanto, o coeficiente de difusão para moléculas de N_2 sob essas condições é

$$D = \tfrac{1}{3}\times(9{,}5\times10^{-8}\,\text{m})\times475\,\text{m}\,\text{s}^{-1} = 1{,}5\times10^{-5}\,\text{m}^2\text{s}^{-1}$$

O valor experimental (para N_2 em O_2) é $2{,}0 \times 10^{-5}$ m^2 s^{-1}.

Exercício proposto 19A.3 Calcule D para o H_2 nas mesmas condições.

Resposta: $9{,}0 \times 10^{-5}$ m^2 s^{-1}

Há três pontos a serem observados sobre a Eq. 19A.10:

- O livre percurso médio, λ, diminui quando a pressão aumenta (Eq. 1B.13 da Seção 1B, $\lambda = kT/\sigma p$), de modo que D diminui com a elevação de pressão, e, em virtude disso, a difusão das moléculas do gás é mais lenta em altas pressões.
- A velocidade média, $v_{\text{média}}$, aumenta com a temperatura (Eq. 1B.8 da Seção 1B, $v_{\text{média}} = (8RT/\pi M^{1/2})$), de modo que D também aumenta com a temperatura. Por isso as moléculas em uma amostra quente se difundem muito mais rapidamente do que as que estão em uma amostra fria (para um determinado gradiente de concentração).
- Uma vez que o livre percurso médio aumenta com a diminuição da seção eficaz de colisão das moléculas (Eq. 1B.13 novamente, $\lambda = kT/\sigma p$), o coeficiente de difusão é maior para moléculas pequenas do que para moléculas grandes.

Interpretação física

(b) Condutividade térmica

De acordo com o teorema da equipartição da energia (*Fundamentos* C), cada molécula é portadora, em média, de uma energia $\varepsilon = \nu kT$, em que ν é um número da ordem de 1. No caso de partículas monoatômicas, $\nu = \frac{3}{2}$. Quando uma molécula atravessa uma área imaginária no seio do gás, é essa a energia que, em média, é transportada. Imaginemos que a densidade numérica no seio do gás seja uniforme, mas a temperatura não. Em média, as moléculas vêm da esquerda após cobrirem um livre percurso médio depois da última colisão, na região mais quente, e por isso têm uma energia mais elevada do que as das moléculas na região aonde chegam. Também há moléculas que chegam pela direita, depois de cobrirem um livre percurso médio a contar de uma região mais fria. Os dois fluxos de energia que se opõem são, portanto,

$$J(\mathrm{L}\leftarrow\mathrm{R}) = \tfrac{1}{4}\overbrace{\mathcal{N}v_{\text{média}}}^{z_W}\varepsilon(-\lambda) \quad J(\mathrm{L}\leftarrow\mathrm{R}) = \tfrac{1}{4}\overbrace{\mathcal{N}v_{\text{média}}}^{z_W}\varepsilon(\lambda) \qquad (19\text{A}.11)$$

e o fluxo líquido é

$$\begin{aligned} J_z &= J(\mathrm{L}\rightarrow\mathrm{R}) - J(\mathrm{L}\leftarrow\mathrm{R}) \\ &= \tfrac{1}{4}v_{\text{média}}\mathcal{N}\{\varepsilon(-\lambda)-\varepsilon(\lambda)\} \\ &= \tfrac{1}{4}v_{\text{média}}\mathcal{N}\left\{\left[\varepsilon(0)-\lambda\left(\frac{\mathrm{d}\varepsilon}{\mathrm{d}z}\right)_0\right]-\left[\varepsilon(0)+\lambda\left(\frac{\mathrm{d}\varepsilon}{\mathrm{d}z}\right)_0\right]\right\} \end{aligned}$$

Ou seja,

$$J_z = -\tfrac{1}{2}v_{\text{média}}\lambda\mathcal{N}\left(\frac{\mathrm{d}\varepsilon}{\mathrm{d}z}\right)_0 = -\tfrac{1}{2}\nu v_{\text{média}}\lambda\mathcal{N}k\left(\frac{\mathrm{d}T}{\mathrm{d}z}\right)_0 \qquad (19\text{A}.12)$$

O fluxo de energia é, portanto, proporcional ao gradiente de temperatura, como queríamos demonstrar. Como antes, multiplicamos os dois fluxos por $\frac{2}{3}$, para levar em conta as moléculas que cobrem percursos muito grandes. A comparação entre essa equação e a Eq. 19A.4 leva a

$$\kappa = \tfrac{1}{3}\nu v_{\text{média}}\lambda\mathcal{N}k \qquad \text{Condutividade térmica} \qquad (19\text{A}.13\text{a})$$

Identificando $\mathcal{N} = nN_A/V = [\mathrm{J}]N_A$, em que [J] é a concentração molar das partículas responsáveis pelo transporte J, N_A é a constante de Avogadro e νkN_A é a capacidade calorífica molar de um gás perfeito (que vem de $C_{V,\mathrm{m}} = N_A(\partial\varepsilon/\partial T)_V$), essa expressão se torna

$$\kappa = \tfrac{1}{3}v_{\text{média}}\lambda[\mathrm{J}]C_{V,\mathrm{m}} \qquad \text{Condutividade térmica} \qquad (19\text{A}.13\text{b})$$

Outra expressão ainda pode ser obtida reconhecendo-se que $\mathcal{N} = p/kT$ e usando a expressão para D na Eq. 19A.10, obtendo-se, então,

$$\kappa = \frac{\nu pD}{T} \qquad \text{Condutividade térmica} \qquad (19\text{A}.13\text{c})$$

Breve ilustração 19A.4 A condutividade térmica

Na *Breve ilustração* 19A.3 calculamos $D = 1{,}5 \times 10^{-5}$ m^2 s^{-1} para moléculas de N_2 a 25 °C. Para usar a Eq. 19A.13c, observe que $\nu = \frac{5}{2}$ para moléculas de N_2 (há três modos de translação e dois de rotação). Portanto, a 1,0 bar,

$$\kappa = \frac{\tfrac{5}{2}\times(1{,}0\times10^5\,\overbrace{\text{Pa}}^{\text{J m}^{-3}})\times(1{,}5\times10^{-5}\,\text{m}^2\,\text{s}^{-1})}{298\,\text{K}} = 1{,}3\times10^{-2}\,\text{J}\,\text{K}^{-1}\,\text{m}^{-1}\,\text{s}^{-1}$$

ou 13 mW K^{-1} m^{-1}. O valor experimental é 26 mW K^{-1} m^{-1}.

Exercício proposto 19A.4 Calcule a condutividade térmica do gás argônio a 25 °C e 1,0 bar.

Resposta: 8 mW K^{-1} m^{-1}

Para analisar o significado da Eq. 19A.13, observamos que

- Como λ é inversamente proporcional à pressão (Eq. 1B.13 da Seção 1B, $\lambda = kT/\sigma p$), e, portanto, inversamente proporcional à concentração molar do gás, e $\mathcal{N}$ é proporcional à pressão ($\mathcal{N} = p/kT$), a condutividade térmica, que é proporcional ao produto λp, é independente da pressão.
- A condutividade térmica é maior para gases com altas capacidades caloríficas (Eq. 19A.13b), pois um dado gradiente de temperatura corresponde a um gradiente de energia maior.

Interpretação física

O mecanismo físico da independência de κ com a pressão baseia-se na hipótese de que a condutividade térmica deve ser grande quando forem muitas as moléculas presentes para transportar a energia, porém a presença de muitas moléculas limita o livre percurso médio das moléculas e a energia não pode ser transferida sobre grandes distâncias. Os dois efeitos se equilibram. Verifica-se experimentalmente que a condutividade térmica é realmente independente da pressão, exceto quando a pressão é muito reduzida, quando $\kappa \propto p$. A pressões muito baixas, λ é maior do que as dimensões do vaso que contém o gás, e a distância sobre a qual a energia é transferida é determinada pelo tamanho do recipiente e não pelas colisões com as outras moléculas presentes. O fluxo continua a ser proporcional ao número de partículas, mas o comprimento sobre o qual há o transporte não mais depende de λ, de modo que $\kappa \propto$ [A], o que implica que $\kappa \propto p$.

(c) Viscosidade

As moléculas que se deslocam da direita na Fig. 19A.6 (de uma camada rápida para outra lenta) transportam um momento $mv_x(\lambda)$ para a nova camada em $z = 0$. As que se deslocam da esquerda transportam o momento $mv_x(-\lambda)$ para a mesma camada. Admitindo que a densidade seja uniforme, o fluxo de colisão é $\frac{1}{4}\mathcal{N}v_{\text{média}}$. As moléculas vindo da direita transportam, em média, um momento dado por

$$mv_x(\lambda) = mv_x(0) + m\lambda\left(\frac{dv_x}{dz}\right)_0 \qquad (19A.14a)$$

Aquelas que vêm pela esquerda trazem um momento

$$mv_x(-\lambda) = mv_x(0) - m\lambda\left(\frac{dv_x}{dz}\right)_0 \qquad (19A.14b)$$

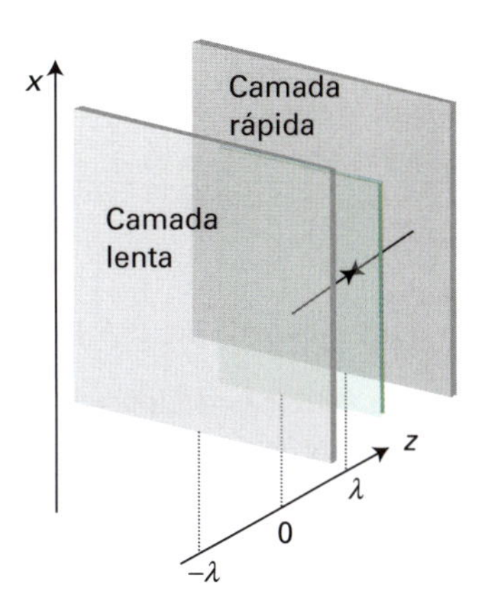

Figura 19A.6 No cálculo da viscosidade de um gás analisa-se a componente *x* do momento linear transportado de camadas mais rápidas e mais lentas situadas em média à distância de um livre percurso médio em relação à camada de referência.

O fluxo líquido da componente *x* do momento na direção *z* é então

$$J_z = \tfrac{1}{4}v_{\text{média}}\mathcal{N}\left\{\left[mv_x(0) - m\lambda\left(\frac{dv_x}{dz}\right)_0\right] - \left[mv_x(0) + m\lambda\left(\frac{dv_x}{dz}\right)_0\right]\right\} = -\tfrac{1}{2}v_{\text{média}}\lambda m\mathcal{N}\left(\frac{dv_x}{dz}\right)_0 \qquad (19A.15)$$

Esse fluxo é proporcional ao gradiente de velocidade, como queríamos demonstrar. Se compararmos essa expressão com a Eq. 19A.5 e fizermos a correção dos $\frac{2}{3}$, já mencionada, chegamos a

$$\eta = \tfrac{1}{3}v_{\text{média}}\lambda m\mathcal{N} \qquad \text{Viscosidade} \qquad (19A.16a)$$

Duas formas alternativas dessa expressão (após usarmos $mN_A = M$) são

$$\eta = MD[\text{J}] \qquad \text{Viscosidade} \qquad (19A.16b)$$

$$\eta = \frac{pMD}{RT} \qquad \text{Viscosidade} \qquad (19A.16c)$$

em que [J] é a concentração molar das moléculas do gás e M é a sua massa molar.

Breve ilustração 19A.5 A viscosidade

Já calculamos $D = 1{,}5 \times 10^{-5}$ m^2 s^{-1} para moléculas de N_2 a 25 °C. Como $M = 28{,}02$ g mol^{-1}, para o gás a 1,0 bar, a Eq. 19A.17c dá

$$\eta = \frac{(1{,}0\times10^5 \overbrace{\text{Pa}}^{\text{J m}^{-3}})\times(28{,}02\times10^{-3}\text{ kg mol}^{-1})\times(1{,}5\times10^{-5}\text{ m}^2\text{ s}^{-1})}{(8{,}3145\text{ J K}^{-1}\text{ mol}^{-1})\times(298\text{ K})}$$
$$= 1{,}7\times10^{-5}\text{ kg m}^{-1}\text{ s}^{-1}$$

ou 171 μP. O valor experimental é 176 μP.

Exercício proposto 19A.5 Calcule a viscosidade do benzeno a 0,10 bar e 25 °C.

Resposta: 140 μP

Pode-se analisar o significado da Eq. 19A.16a como a seguir:

- Como $\lambda \propto 1/p$ (Eq. 1B.13, $\lambda = kT/\sigma p$) e $[A] \propto p$, segue que $\eta \propto \lambda \mathcal{N}$ independe de p. Isto é, a viscosidade é independente da pressão.
- Uma vez que $v_{\text{média}} \propto T^{1/2}$ (Eq. 1B.8), $\eta \propto T^{1/2}$. Ou seja, a viscosidade de um gás *aumenta* com a temperatura.

Interpretação física

O mecanismo da independência da viscosidade com a pressão é semelhante ao que existe para a condutividade térmica: o número de moléculas capazes de transportar o momento linear é grande, mas a distância do transporte é pequena, pois o livre percurso médio também é pequeno. O aumento da viscosidade de um gás com a temperatura é explicado quando nos lembramos de que a temperaturas elevadas as moléculas se movem com maior rapidez, e então o fluxo do momento é também maior. De maneira oposta, veremos na Seção 19B que a viscosidade de um líquido *diminui* com a elevação da temperatura, efeito determinado pelas interações moleculares que têm que ser vencidas.

(c) Efusão

Como a velocidade média das moléculas é inversamente proporcional a $M^{1/2}$, a velocidade com que elas atingem o orifício também é inversamente proporcional a $M^{1/2}$, de acordo com a lei de Graham. Porém, usando a expressão para o fluxo de colisão, podemos ter uma expressão mais detalhada sobre a velocidade de efusão e aproveitar com mais efetividade os dados de efusão.

Quando um gás na pressão p e na temperatura T está separado do vácuo por um pequeno orifício, a velocidade de escape das moléculas do gás é igual à velocidade com que elas atingem a área do orifício, que é o produto do fluxo de colisão com a área do orifício, A_0:

$$\text{Velocidade de efusão} = Z_W A_0 = \frac{pA_0}{(2\pi mkT)^{1/2}} \overset{m=M/N_A,\ k=R/N_A}{=} \frac{pA_0 N_A}{(2\pi MRT)^{1/2}} \quad \text{Velocidade de efusão} \quad (19A.17)$$

Essa velocidade é inversamente proporcional a $M^{1/2}$, de acordo com a lei de Graham. Entretanto, não se deve concluir da Eq. 19A.17 que a velocidade de efusão é menor em temperaturas mais altas que em temperaturas mais baixas. Como $p \propto T$, a velocidade é, na verdade, proporcional a $T^{1/2}$, e aumenta com a temperatura.

A Eq. 19A.17 é a base do **método de Knudsen** para a determinação da pressão de vapor de líquidos e de sólidos, especialmente no caso de substâncias com pressões de vapor muito baixas. Se a pressão de vapor da amostra for p, e se a amostra estiver em um recipiente com um pequeno orifício, a velocidade de perda de massa da câmara é proporcional a p.

Exemplo 19A.1 Cálculo da pressão de vapor a partir da perda de massa

Introduz-se uma amostra de césio (ponto de fusão a 29 °C, ponto de ebulição a 686 °C) em um recipiente a 500 °C. Quando se deixa o vapor efundir através de um orifício com diâmetro de 0,50 mm durante 100 s, a perda de massa da câmara é de 385 mg. Calcule a pressão de vapor do césio líquido a 500 K.

Método A pressão de vapor é constante no interior da câmara apesar da efusão, pois o metal líquido quente mantém essa pressão constante por evaporação. A velocidade de efusão é então constante e dada pela Eq. 19A.17. Para ter a velocidade em termos da massa, o número de átomos que se efundem é multiplicado pela massa de cada átomo.

Resposta A perda de massa Δm no intervalo de tempo Δt está relacionada com o fluxo de colisão por

$$\Delta m = Z_W A_0 m \Delta t$$

em que A_0 é a área do orifício e m é a massa de um átomo. Vem então que

$$Z_W = \frac{\Delta m}{A_0 m \Delta t}$$

Como Z_w está relacionado à pressão pela Eq. 19A.17, podemos escrever

$$p = \left(\frac{2\pi RT}{M}\right)^{1/2} \frac{\Delta m}{A_0 \Delta t}$$

Como M = 132,9 g mol^{-1}, a substituição dos dados dá p = 8,7 kPa (lembrando que 1 Pa = 1 N m^{-2} = 1 J m^{-1}), ou 65 torr.

Exercício proposto 19A.6 Que intervalo de tempo seria necessário para haver a efusão de 1,0 g de átomos de Cs a partir do recipiente mencionado no exemplo anterior?

Resposta: 260 s

Conceitos importantes

☐ 1. **Fluxo** é a grandeza de uma propriedade que passa por uma dada área em um dado intervalo de tempo dividida pela área e pela duração do intervalo.

☐ 2. **Difusão** é o transporte de massa ao longo do gradiente de concentração.

- ☐ 3. A **primeira lei da difusão de Fick** estabelece que o fluxo de massa é proporcional ao gradiente de concentração.
- ☐ 4. **Condução térmica** é a migração de energia ao longo de um gradiente de temperatura, e o fluxo de energia é proporcional ao gradiente de temperatura.
- ☐ 5. **Viscosidade** é a migração de momento linear ao longo de um gradiente de velocidade, e o fluxo do momento é proporcional ao gradiente de velocidade.
- ☐ 6. **Efusão** é o escape de um gás que sai de um recipiente através de um pequeno orifício.
- ☐ 7. A **lei de efusão de Graham** estabelece que a velocidade de efusão é inversamente proporcional à raiz quadrada da massa molar.
- ☐ 8. Os coeficientes de difusão, condutividade térmica e viscosidade de um gás perfeito são proporcionais ao produto do livre percurso médio pela velocidade média.

Equações importantes

Propriedade	Equação	Comentário	Número da equação
Primeira lei da difusão de Fick	$J=-D\mathrm{d}\mathcal{N}/\mathrm{d}z$		19A.3
Fluxo de energia do movimento térmico	$J=-\kappa\mathrm{d}T/\mathrm{d}z$		19A.4
Fluxo de momento	$J=-\eta\mathrm{d}v_x/\mathrm{d}z$		19A.5
Coeficiente de difusão de um gás perfeito	$D=\frac{1}{3}\lambda v_{\text{média}}$	KMT*	19A.10
Coeficiente de condutividade térmica de um gás perfeito	$\kappa=\frac{1}{3}v_{\text{média}}\lambda[\mathrm{J}]C_{V,\mathrm{m}}$	KMT e equipartição	19A.13b
Coeficiente de viscosidade de um gás perfeito	$\eta=\frac{1}{3}v_{\text{média}}\lambda m\mathcal{N}$	KMT	19A.16a
Velocidade de efusão	Velocidade $\propto 1/M^{1/2}$	Lei de Graham	19A.17

* KMT indica que a equação é baseada na teoria cinética dos gases.

19B Movimento nos líquidos

Tópicos

➤ Por que você precisa saber este assunto?

Os líquidos são essenciais para as reações químicas, e é importante saber como a mobilidade das suas moléculas e dos solutos neles contidos varia com as condições. O movimento dos íons é uma forma de explorar esse movimento, uma vez que as forças que fazem com que eles se desloquem podem ser aplicadas eletricamente. A partir de medições elétricas, as propriedades de difusão de moléculas neutras também podem ser inferidas.

➤ Qual é a ideia fundamental?

A viscosidade de um líquido diminui com o aumento da temperatura; os íons atingem uma velocidade terminal quando a força elétrica sobre eles é balanceada pelo "atrito" devido à viscosidade do solvente.

➤ O que você já deve saber?

A discussão sobre velocidade começa com a definição do coeficiente de viscosidade apresentado na Seção 19A. Uma dedução utiliza o mesmo argumento usado para o fluxo, conforme foi apresentado na Seção 19A. A seção final cita a relação entre a velocidade de migração e uma força generalizada que atua sobre uma partícula do soluto, que é deduzida na Seção 19C. Você precisa conhecer diversos conceitos de eletrostática, que são apresentados em *Fundamentos* B.

Nesta seção vamos considerar dois aspectos do movimento nos líquidos. Primeiramente, trataremos de líquidos puros, examinando como as mobilidades das suas moléculas, conforme medidas de sua viscosidade, variam com a temperatura. Em seguida, vamos considerar o movimento dos solutos. Um tipo de movimento especialmente simples, porém até certo ponto controlável, em um líquido é o movimento de um íon, e mostramos como as informações fornecidas por esse movimento podem ser aproveitadas para inferir o comportamento de espécies sem carga elétrica.

19B.1 Resultados experimentais

O movimento das moléculas nos líquidos pode ser investigado por vários métodos. As medições dos tempos de relaxação na RMN (Seção 14C) e na EPR podem ser interpretadas em termos das mobilidades das moléculas e podem ser usadas para mostrar que as moléculas grandes, nos fluidos viscosos, giram por uma sequência de ângulos pequenos (cerca de 5°), enquanto as pequenas moléculas, nos fluidos não viscosos, giram por ângulos de cerca de 1 radiano (57°) em cada etapa. Outra técnica importante é a do **espalhamento inelástico de nêutrons**, em que se medem as variações da energia dos nêutrons que passam através de uma amostra para interpretá-las em função do movimento das partículas. A mesma técnica é usada para examinar a dinâmica interna das macromoléculas.

(a) Viscosidade dos líquidos

O coeficiente de viscosidade, η (eta), é apresentado na Seção 19A como um coeficiente fenomenológico, a constante de proporcionalidade entre o fluxo do momento linear e o gradiente de velocidade em um fluido:

$$J_z(\text{componente } x \text{ do momento}) = -\eta\frac{dv_x}{dz} \quad \text{Viscosidade} \quad (19B.1)$$

(Esta é a Eq. 19A.5 da Seção 19A.) Alguns valores de viscosidade para líquidos são dados na Tabela 19B.1. As unidades SI de viscosidade são quilogramas por metro por segundo (kg m^{-1} s^{-1}), mas elas também podem ser dadas nas unidades equivalentes de pascal segundos (Pa s). As unidades poise (P) e centipoise (cP), que não são do SI, ainda são muito utilizadas: 1 P = 10^{-1} Pa s e, assim, 1 cP = 1 mPa s.

Diferentemente de um gás, para que uma molécula se desloque em um líquido, ela deve adquirir pelo menos uma certa energia mínima (uma "energia de ativação" na linguagem da Seção 20D) para escapar das moléculas vizinhas. A probabilidade de uma molécula ter uma energia pelo menos igual a E_a é proporcional a

Tabela 19B.1* Viscosidades dos líquidos a 298 K, $\eta/(10^{-3}\,\mathrm{kg\,m^{-1}\,s^{-1}})$

	$\eta/(10^{-3}\,\mathrm{kg\,m^{-1}\,s^{-1}})$
Benzeno	0,601
Mercúrio	1,55
Pentano	0,224
Água‡	0,891

* Outros valores são fornecidos na *Seção de dados*.

‡ A viscosidade da água corresponde a 0,891 cP.

$e^{-E_a/RT}$, de modo que a mobilidade das moléculas no líquido deve obedecer ao mesmo tipo de dependência em relação à temperatura. Como o coeficiente de viscosidade, η, é inversamente proporcional à mobilidade das partículas, devemos ter

$$\eta = \eta_0 e^{E_a/RT} \qquad \text{Dependência da viscosidade em relação à temperatura (líquido)} \qquad (19B.2)$$

(Observe o sinal positivo do expoente, pois a viscosidade é *inversamente* proporcional à mobilidade.) Essa expressão mostra que a viscosidade deve diminuir notavelmente com a elevação da temperatura. É o comportamento que se verifica experimentalmente, pelo menos em intervalos de temperatura razoavelmente estreitos (Fig. 19B.1). A energia de ativação típica da viscosidade é comparável à energia potencial média das interações moleculares.

Um problema envolvido com as medições de viscosidade é o da variação da massa específica do líquido ao ser aquecido, que contribui significativamente para a variação da viscosidade. Assim, a dependência entre a viscosidade e a temperatura, a volume constante, quando a massa específica é constante, é muito menos pronunciada do que a mesma dependência a pressão constante. As forças intermoleculares entre as moléculas do líquido determinam o valor de E_a, mas o cálculo desse valor é muito difícil e é um problema ainda sem solução. Em temperaturas baixas, a viscosidade da água diminui com a elevação da pressão. Esse

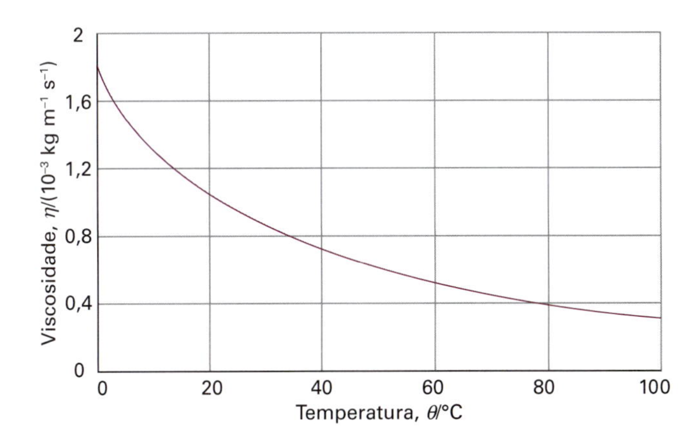

Figura 19B.1 Dependência entre a viscosidade da água e a temperatura, obtida experimentalmente. Quando a temperatura se eleva, aumenta o número de moléculas que podem escapar do poço de potencial formado pelas moléculas vizinhas e o líquido fica mais fluido.

Breve ilustração 19B.1 Viscosidade dos líquidos

A viscosidade da água, a 25 °C e 50 °C, é 0,890 mPa s e 0,547 mPa s, respectivamente. Segue da Eq. 19B.2 que a energia de ativação para migração molecular é a solução de

$$\frac{\eta(T_2)}{\eta(T_1)} = e^{(E_a/R)(1/T_2 - 1/T_1)}$$

que é

$$E_a = \frac{R\ln\{\eta(T_2)/\eta(T_1)\}}{1/T_2 - 1/T_1} = \frac{(8{,}3145\,\mathrm{J\,K^{-1}\,mol^{-1}})\ln(0{,}547/0{,}890)}{1/320\,\mathrm{K} - 1/298\,\mathrm{K}}$$

ou 17,5 kJ mol^{-1}. Esse valor é comparável à força de uma ligação de hidrogênio.

Exercício proposto 19B.1 Os valores correspondentes da viscosidade do benzeno são 0,604 mPa s e 0,436 mPa s. Calcule a energia de ativação para viscosidade.

Resposta: 11,7 kJ mol^{-1}

comportamento é compatível com a ruptura de ligações hidrogênio para que ocorra a migração.

(b) Soluções eletrolíticas

Consegue-se uma compreensão mais profunda sobre o movimento das moléculas pelo estudo do transporte dos íons em solução, pois é possível deslocar esses íons através de um solvente pela aplicação de uma diferença de potencial entre dois eletrodos imersos na amostra. Pelo estudo do transporte de carga através das soluções eletrolíticas é possível construir um quadro sobre o que acontece e, em alguns casos, extrapolar as conclusões para espécies que têm carga nula, isto é, para as moléculas neutras.

A medida fundamental para estudar o movimento de íons em solução é a da resistência elétrica, R, da solução. A **condutância**, G, de uma solução é o inverso da sua resistência R: $G = 1/R$. Como a resistência é expressa em ohms, Ω, a condutância é expressa em Ω^{-1}. O inverso de ohm também é chamado mho, mas a sua denominação atual utilizada no SI é siemens, S, e 1 S = 1 Ω^{-1} = 1 C V^{-1} s^{-1}. A condutância de uma amostra diminui com o seu comprimento l e aumenta com a área da sua seção reta A. Então podemos escrever

$$G = \kappa\frac{A}{l} \qquad \textit{Definição de } \kappa \quad \text{Condutividade} \qquad (19B.3)$$

em que κ (capa) é a **condutividade** elétrica. Com a condutância em siemens e com as dimensões geométricas em metros, a unidade SI de κ é o siemens por metro (S m^{-1}).

A condutividade de uma solução depende do número de íons presentes, e é normal usar a **condutividade molar**, Λ_m, que é definida por

$$\Lambda_m = \frac{\kappa}{c} \qquad \textit{Definição} \quad \text{Condutividade molar} \qquad (19B.4)$$

em que c é a concentração molar do eletrólito adicionado. A unidade SI de condutividade molar é o siemens metro quadrado por mol ($S\ m^2\ mol^{-1}$), e os valores típicos são da ordem de 10 $mS\ m^2\ mol^{-1}$ (em que 1 mS = 10^{-3} S).

Observa-se que a condutividade molar, conforme calculada pela Eq. 19B.4, varia com a concentração. Uma das razões dessa variação é a possibilidade de o número de íons em solução não ser proporcional à concentração nominal do eletrólito. Por exemplo, a concentração dos íons em uma solução de um ácido fraco depende, de maneira complicada, da concentração do ácido, e a duplicação da concentração não provoca a duplicação do número de íons. Outra razão é a interação forte de um íon com os outros, que faz a condutividade da solução não ser exatamente proporcional ao número de íons presentes.

Em uma extensa série de medidas realizadas no decorrer do século XIX, Friedrich Kohlrausch mostrou, pela **lei de Kohlrausch**, que, em concentrações baixas, as condutividades molares dos eletrólitos fortes variam linearmente com a raiz quadrada da concentração:

$$\Lambda_m = \Lambda_m^\circ - \mathcal{K}c^{1/2} \quad \text{Lei de Kohlrausch} \quad (19B.5)$$

Ele também estabeleceu que Λ_m°, a **condutividade molar limite**, a condutividade molar no limite da concentração nula, é a soma das contribuições dos seus íons individuais. Se a condutividade molar limite dos cátions for representada por λ_+ e a dos ânions por λ_-, então a **lei da migração independente dos íons** afirma que

$$\Lambda_m^\circ = \nu_+\lambda_+ + \nu_-\lambda_- \quad \textit{Lei limite} \quad \text{Lei da migração independente dos íons} \quad (19B.6)$$

em que ν_+ e ν_- são os números de cátions e de ânions por fórmula unitária do eletrólito. Por exemplo, $\nu_+ = \nu_- = 1$ no caso do HCl, do NaCl e do $CuSO_4$, mas $\nu_+ = 1$ e $\nu_- = 2$ no caso do $MgCl_2$.

Exemplo 19B.1 Determinação da condutividade molar limite

A condutividade do KCl(aq), a 25 °C, é 14,668 $mS\ m^{-1}$ quando c = 1,0000 $mmol\ dm^{-3}$, e 71,740 $mS\ m^{-1}$ quando c = 5,0000 $mmol\ dm^{-3}$. Determine os valores da condutividade molar limite, Λ_m°, e a constante de Kohlrausch, $\mathcal{K}$.

Método Use a Eq. 19B.4 para determinar as condutividades molares nas duas concentrações, depois use a lei de Kohlrausch, Eq. 19B.5, na forma

$$\Lambda_m(c_2) - \Lambda_m(c_1) = \mathcal{K}(c_1^{1/2} - c_2^{1/2})$$

para determinar $\mathcal{K}$. Em seguida, determine Λ_m° a partir da lei na forma

$$\Lambda_m^\circ = \Lambda_m + \mathcal{K}c^{1/2}$$

Com mais dados disponíveis, um procedimento melhor é realizar uma regressão linear.

Resposta Segue que a condutividade molar do KCl, quando c = 1,0000 $mmol\ dm^{-3}$ (que é o mesmo que 1,0000 $mol\ m^{-3}$) é

$$\Lambda_m = \frac{14{,}688\,mS\,m^{-1}}{1{,}0000\,mol\,m^{-3}} = 14{,}688\,mS\,m^2\,mol^{-1}$$

De modo semelhante, quando c = 5,0000 $mmol\ dm^{-3}$, a condutividade molar é 14,348 $mS\ m^2\ mol^{-1}$. Segue, então, que

$$\mathcal{K} = \frac{\Lambda_m(c_2) - \Lambda_m(c_1)}{c_1^{1/2} - c_2^{1/2}}$$
$$= \frac{(14{,}348 - 14{,}688)\,mS\,m^2\,mol^{-1}}{(0{,}0010000^{1/2} - 0{,}0050000^{1/2})\,(mol\,dm^{-3})^{1/2}}$$
$$= 8{,}698\,mS\,m^2\,mol^{-1}/(mol\,dm^{-3})^{1/2}$$

(É melhor manter esse conjunto não convencional, porém conveniente, de unidades, do que convertê-las no valor equivalente de $10^{-3/2}\ S\ m^{7/2}\ mol^{-3/2}$.) Agora determinamos o valor limite usando os dados para c = 0,0100 $mol\ dm^{-3}$:

$$\Lambda_m^\circ = 14{,}688\,mS\,m^2\,mol^{-1} + 8{,}698\frac{mS\,m^2\,mol^{-1}}{(mol\,dm^{-3})^{1/2}}$$
$$\times(0{,}001\,0000\,mol\,dm^{-3})^{1/2} = 14{,}963\,mS\,m^2\,mol^{-1}$$

Exercício proposto 19B.2 A condutividade do $KClO_4$(aq), a 25 °C, é 13,780 $mS\ m^{-1}$ quando c = 1,000 $mmol\ dm^{-3}$, e 67,045 $mS\ m^{-1}$ quando c = 5,000 $mmol\ dm^{-3}$. Determine os valores da condutividade molar limite, Λ_m°, e a constante de Kohlrausch, $\mathcal{K}$, para esse sistema.

Resposta: $\mathcal{K}$ = 9,491 $mS\ m^2\ mol^{-1}/(mol\ dm^{-3})^{1/2}$, Λ_m° = 14,08 $mS\ m^2\ mol^{-1}$

19B.2 As mobilidades dos íons

Para interpretar as medidas de condutividade precisamos conhecer a razão de os íons se deslocarem com velocidades diferentes, de terem condutividades molares diferentes e de as condutividades molares dos eletrólitos fortes serem função decrescente da raiz quadrada da concentração molar. A ideia central a ser desenvolvida nesta seção é a de que, embora o movimento de um íon em solução seja essencialmente aleatório, a presença de um campo elétrico introduz uma componente orientada do movimento e há uma migração líquida do íon através da solução.

(a) A velocidade de migração

Quando a diferença de potencial entre dois eletrodos planos, afastados de uma distância l, é $\Delta\phi$, os íons em solução entre os eletrodos sofrem a ação de um campo elétrico uniforme cujo módulo é

$$\mathcal{E} = \frac{\Delta\phi}{l} \quad (19B.7)$$

Nesse campo, um íon com a carga ze sofre uma força cujo módulo é

$$\mathcal{F} = ze\mathcal{E} = \frac{ze\Delta\phi}{l} \qquad \text{Força elétrica} \qquad (19\text{B}.8)$$

Neste ponto e em toda esta seção omitimos os sinais das cargas a fim de evitar complicações na notação.

Um cátion responde à aplicação do campo sendo acelerado para o eletrodo negativo e um ânion sendo acelerado para o eletrodo positivo. Esse movimento acelerado, porém, é de curta duração. À medida que se desloca através do solvente, o íon sofre uma força de atrito retardadora, $\mathcal{F}_{\text{atrito}}$, proporcional à sua velocidade. Para uma partícula esférica de raio a e velocidade s, essa força é dada pela **lei de Stokes**, que foi deduzida considerando-se a hidrodinâmica do deslocamento de uma esfera através de um fluido contínuo:

$$\mathcal{F}_{\text{atrito}} = fs \qquad f = 6\pi\eta a \qquad \text{Lei de Stokes} \qquad (19\text{B}.9)$$

em que η é a viscosidade. Ao escrever a Eq. 19B.9, admitimos que ela se aplica em escala molecular, e a evidência independente oriunda da ressonância magnética sugere que ela frequentemente dá, pelo menos, a ordem de grandeza correta.

As duas forças atuam em direções opostas, e os íons adquirem rapidamente uma velocidade terminal, a **velocidade de migração**, quando a força aceleradora é balanceada pela força retardadora viscosa. A força líquida é nula quando $fs = ze\mathcal{E}$, ou

$$s = \frac{ze\mathcal{E}}{f} \qquad \text{Velocidade de migração} \qquad (19\text{B}.10)$$

Segue-se que a velocidade de migração de um íon é proporcional à intensidade do campo aplicado. Escrevemos

$$s = u\mathcal{E} \qquad \textit{Definição de u} \quad \text{Mobilidade} \qquad (19\text{B}.11)$$

em que u é a **mobilidade** iônica (Tabela 19B.2). A comparação das duas últimas equações mostra que

$$u = \frac{ze}{f} = \frac{ze}{6\pi\eta a} \qquad \text{Mobilidade} \qquad (19\text{B}.12)$$

Tabela 19B.2* Mobilidades iônicas na água a 298 K, $u/(10^{-8}\,\text{m}^2\,\text{s}^{-1}\,\text{V}^{-1})$

	$u/(10^{-8}\,\text{m}^2\,\text{s}^{-1}\,\text{V}^{-1})$		$u/(10^{-8}\,\text{m}^2\,\text{s}^{-1}\,\text{V}^{-1})$
H^+	36,23	OH^-	20,64
Na^+	5,19	Cl^-	7,91
K^+	7,62	Br^-	8,09
Zn^{2+}	5,47	SO_4^{2-}	8,29

* Outros valores são fornecidos na *Seção de dados*.

Breve ilustração 19B.2 Mobilidade dos íons

Para ter uma estimativa de ordem de grandeza, tomemos $z = 1$ e a o raio de um íon como o Cs^+ (que é representativo dos íons pequenos com a respectiva esfera de hidratação), igual a 170 pm. A viscosidade é $\eta = 1{,}0$ cP (1,0 mPa s, Tabela 19B.1). Então,

$$u = \frac{1{,}6\times10^{-19}\ \overbrace{\text{C}}^{\text{JV}^{-1}}}{6\pi\times\left(1{,}0\times10^{-3}\ \underbrace{\text{Pa}}_{\text{Jm}^{-3}}\ \text{s}\right)\times\left(170\times10^{-12}\,\text{m}\right)} = 5{,}0\times10^{-8}\,\text{m}^2\,\text{V}^{-1}\,\text{s}^{-1}$$

Esse valor significa que, quando há uma diferença de potencial de 1 V sobre uma distância de 1 cm na solução (de modo que $\mathcal{E} = 100\ \text{V m}^{-1}$), a velocidade de migração é da ordem de 5 μm s^{-1}. Essa velocidade pode parecer lenta, mas não o é na escala molecular: ela corresponde a um íon percorrer, em um segundo, o espaço de cerca de 10^4 moléculas do solvente.

Exercício proposto 19B.3 A mobilidade de um íon SO_4^{2-} na água, a 25 °C, é $8{,}29\times10^{-8}\,\text{m}^2\,\text{V}^{-1}\,\text{s}^{-1}$. Qual é seu raio efetivo?

Resposta: 205 pm

Uma vez que a velocidade de migração governa a velocidade do transporte de carga, a condutividade de uma solução deve diminuir com a elevação da viscosidade da solução e com o aumento do tamanho do íon. As experiências confirmam essas conclusões no caso de íons volumosos (como R_4N^+ ou RCO_2^-) mas não no caso de íons pequenos. Por exemplo, as condutividades molares dos íons de metais alcalinos na água aumentam do Li^+ para o Cs^+ (Tabela 19B.2), embora os raios iônicos também cresçam. Resolve-se a aparente contradição quando se assinala que a, o raio da fórmula de Stokes, é o **raio hidrodinâmico** (ou "raio de Stokes") do íon, isto é, o seu raio efetivo em solução levando em conta as moléculas de H_2O que o íon contém na sua esfera de hidratação. Os íons pequenos geram campos elétricos mais intensos do que os grandes (o campo elétrico na superfície de uma esfera de raio r é proporcional a ze/r^2; logo, quanto menor for o raio mais forte será o campo), de modo que os íons pequenos são mais solvatados do que os grandes. Assim, um íon de pequeno raio iônico pode ter um raio hidrodinâmico grande, pois quando ele migra arrasta muitas moléculas do solvente através da solução. As moléculas de H_2O de hidratação são, no entanto, muito lábeis. Investigações de RMN e de isótopos mostraram que a permuta entre as moléculas na esfera de coordenação de um íon e as moléculas no seio do solvente é muito rápida para íons de pequena carga, mas pode ser lenta para íons de carga elevada.

O próton, embora seja muito pequeno, tem uma condutividade molar muito elevada (Tabela 19B.2)! As técnicas de RMN do próton e do ^{17}O mostram que o intervalo de tempo característico de um próton passar de uma molécula para a vizinha é de cerca de 1,5 ps. Esse intervalo de tempo é comparável ao que o espalhamento de nêutrons inelásticos mostra que uma molécula de água

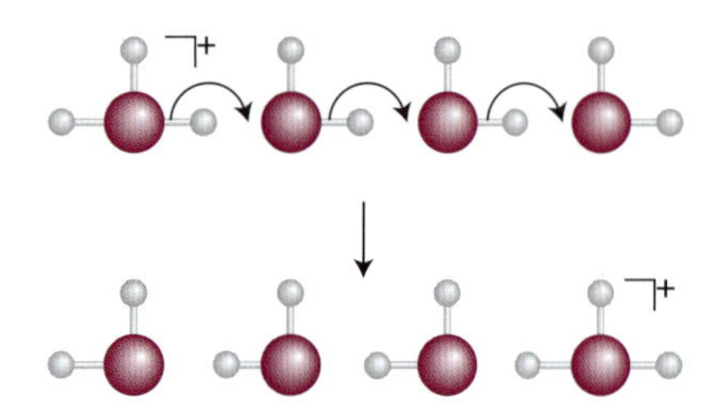

Figura 19B.2 Um diagrama altamente esquemático mostrando o movimento efetivo de um próton na água.

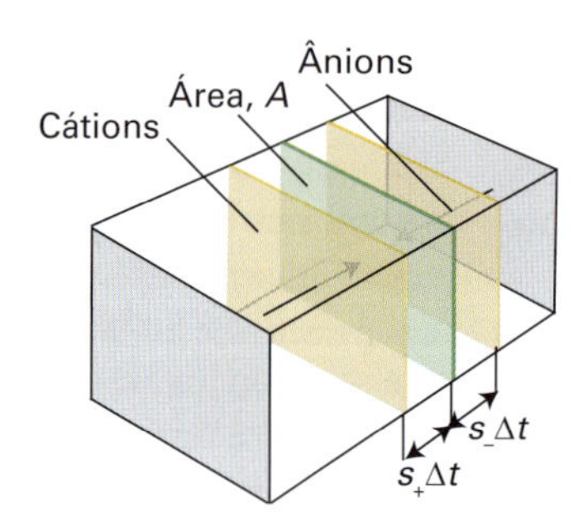

Figura 19B.3 No cálculo da corrente, todos os cátions à distância $s_+\Delta t$ (isto é, os cátions no volume $s_+\Delta tA$) passarão pela área A. Os ânions no volume correspondente no outro lado da superfície contribuem, de maneira semelhante, para a corrente.

leva para se reorientar e girar cerca de 1 rad (entre 1 e 2ps). Assim, de acordo com o **mecanismo de Grotthuss**, há um movimento real de um próton que envolve a reorganização das ligações em um grupo de moléculas de água (Fig. 19B.2). No entanto, o mecanismo real ainda é muito controverso. A mobilidade do NH_4^+ em amônia líquida também é anômala e provavelmente ocorre por um mecanismo análogo.

(b) Mobilidade e condutividade

A mobilidade iônica permite estabelecer uma relação entre as grandezas acessíveis às medidas e às grandezas teóricas. Como primeira etapa para desvelar este inter-relacionamento, mostramos na *Justificativa* 19B.1 a relação entre a mobilidade iônica e a condutividade molar:

$$\lambda = zuF \qquad \text{Condutividade iônica} \qquad (19B.13)$$

em que F é a constante de Faraday ($F = N_A e$).

Justificativa 19B.1 A relação entre a mobilidade iônica e a condutividade molar

Para manter a simplicidade dos cálculos, ignoraremos os sinais nesta dedução, operando somente com os valores das grandezas.

Imaginemos uma solução de um eletrólito forte, completamente dissociado, em uma concentração molar c. Sejam ν_+ o número de cátions de carga z_+e e ν_- o número de ânions com a carga z_-e, gerados por uma fórmula unitária do eletrólito. A molaridade de cada íon será então νc (com $\nu = \nu_+$ ou $\nu = \nu_-$), e a densidade numérica de cada tipo de íon será νcN_A. O número de íons de uma espécie que atravessa uma área imaginária A durante o intervalo de tempo Δt é igual ao número de íons que estiverem à distância $s\Delta t$ (Fig. 19B.3) dessa área e, portanto, ao número no volume $s\Delta tA$. (O raciocínio é semelhante ao que fizemos na Seção 19A para a discussão das propriedades de transporte dos gases.) O número de íons de cada espécie nesse volume é igual a $s\Delta tA\,\nu cN_A$. O fluxo através da área considerada (isto é, o número de cada tipo de íon que passa através da área dividido pelo valor da área e pela duração do intervalo de tempo) é então

$$J(\text{íons}) = \frac{s\Delta tA\nu cN_A}{\Delta tA} = s\nu cN_A$$

Cada íon transporta uma carga ze, de modo que o fluxo de carga é

$$J(\text{carga}) = zs\nu ceN_A = zs\nu cF$$

Uma vez que $s = u\mathcal{E}$, o fluxo é

$$J(\text{carga}) = zu\nu cF\mathcal{E}$$

A corrente, I, através da área provocada pelo movimento dos íons que estamos analisando é igual ao fluxo da carga multiplicado pela área:

$$I = JA = zu\nu cF\mathcal{E}A$$

Como o campo elétrico é igual ao gradiente do potencial (Eq. 19B.7, $\mathcal{E} = \Delta\phi/l$), podemos escrever

$$I = \frac{zu\nu cFA\Delta\phi}{l}$$

A corrente e a diferença de potencial relacionam-se pela lei de Ohm, $\Delta\phi = IR$; assim, temos

$$I = \frac{\Delta\phi}{R} = G\Delta\phi = \frac{\kappa A\Delta\phi}{l}$$

em que usamos a Eq. 19B.3 na forma $\kappa = Gl/A$. A comparação entre as duas últimas expressões leva a $\kappa = zu\nu cF$. A divisão pela concentração molar dos íons, νc, então resulta na Eq. 19B.13.

A Eq. 19B.13 aplica-se aos cátions e aos ânions. Portanto, para a solução no limite da concentração nula (isto é, onde inexistem interações iônicas),

$$\Lambda_m^\circ = (z_+u_+\nu_+ + z_-u_-\nu_-)F \qquad (19B.14a)$$

No caso de um eletrólito simétrico z:z (por exemplo, $CuSO_4$, com $z = 2$), essa equação simplifica-se, e tem-se

$$\Lambda_m^\circ = z(u_+ + u_-)F \qquad (19B.14b)$$

Breve ilustração 19B.3 Condutividade iônica

Estimamos, anteriormente, a mobilidade iônica como, nos casos típicos, da ordem de $5 \times 10^{-8}\ m^2\ V^{-1}\ s^{-1}$. Então, com $z = 1$ para o cátion e para o ânion, podemos estimar que a condutividade molar limite, nos casos representativos, é da ordem de

$$l = (5{,}0\times10^{-8}\ m^2\ V^{-1}\ s^{-1})\times(9{,}648\times10^{4}\ C\ mol^{-1})$$
$$= 4{,}8\times10^{-3}\ m^2\ V^{-1}\ s^{-1}\ C\ mol^{-1}$$

Mas $1\ V\ C^{-1}\ s = 1\ S$ (veja a observação que precede a Eq. 19B.3), de modo que $\lambda \approx 5\ mS\ m^2\ mol^{-1}$, e cerca de duas vezes o valor para Λ_m°, que está de acordo com os valores experimentais. O valor experimental para o KCl, por exemplo, é de $15\ mS\ m^2\ mol^{-1}$.

Exercício proposto 19B.4 Estime a condutividade iônica de um íon SO_4^{2-} em água a 25 °C a partir de sua mobilidade (Tabela 19B.2).

Resposta: $16\ mS\ m^2\ mol^{-1}$

(c) As relações de Einstein

Uma importante relação entre a velocidade de migração s e uma força $\mathcal{F}$ de qualquer tipo que atua sobre uma partícula é deduzida na Seção 19C:

$$s = \frac{D\mathcal{F}}{RT} \qquad \text{Velocidade de migração} \qquad (19B.15)$$

em que D é o coeficiente de difusão para a espécie (Tabela 19B.3). Vimos que um íon em solução tem uma velocidade de migração $s = u\mathcal{E}$ quando sofre uma força $N_A ez\mathcal{E}$ devido a um campo elétrico de intensidade $\mathcal{E}$. Portanto, substituindo esses valores conhecidos na Eq. 19B.15 e usando $N_A e = F$, tem-se $u\mathcal{E} = DFz\mathcal{E}/RT$ e, daí, cancelando $\mathcal{E}$, obtém-se a **relação de Einstein**:

$$u = \frac{zDF}{RT} \qquad \text{Relação de Einstein} \qquad (19B.16)$$

A relação de Einstein oferece uma ligação entre a condutividade molar de um eletrólito e os coeficientes de difusão dos seus íons. Primeiramente, usando as Eqs. 19B.13 e 19B.16, escrevemos

$$\lambda = zuF = \frac{z^2DF^2}{RT} \qquad (19B.17)$$

para cada tipo de íon. Em seguida, a partir de $\Lambda_m^\circ = \nu_+\lambda_+ + \nu_-\lambda_-$, a condutividade molar limite é

$$\Lambda_m^\circ = (\nu_+ z_+^2 D_+ + \nu_- z_-^2 D_-)\frac{F^2}{RT} \qquad \text{Equação de Nernst-Einstein} \qquad (19B.18)$$

que é a **equação de Nernst–Einstein**. Uma aplicação dessa equação é na determinação dos coeficientes de difusão iônica a partir de medições de condutividade; outra aplicação é na previsão de condutividades utilizando modelos de difusão iônica.

Tabela 19B.3* Coeficientes de difusão, a 298 K, $D/(10^{-9}\ m^2\ s^{-1})$

Moléculas em líquidos		Íons na água			
I_2 em hexano	4,05	K^+	1,96	Br^-	2,08
em benzeno	2,13	H^+	9,31	Cl^-	2,03
Glicina na água	1,055	Na^+	1,33	I^-	2,05
H_2O na água	2,26			OH^-	5,03
Sacarose na água	0,5216				

* Outros valores são fornecidos na *Seção de dados*.

As Eqs. 19B.12 ($u = ze/f$) e 19B.16 ($u = zDF/RT$ na forma de $u = zDe/kT$) relacionam a mobilidade de um íon à força de atrito e ao coeficiente de difusão, respectivamente. As duas expressões podem ser combinadas para dar a **equação de Stokes-Einstein**:

$$D = \frac{kT}{f} \qquad \text{Equação de Stokes–Einstein} \qquad (19B.19a)$$

Se a força de atrito for descrita pela lei de Stokes, então também temos uma relação entre o coeficiente de difusão e a viscosidade do meio:

$$D = \frac{kT}{6\pi\eta a} \qquad \text{Equação de Stokes–Einstein} \qquad (19B.19b)$$

Um importante aspecto da Eq. 19B.19b é que ela não faz nenhuma referência à carga da partícula que se difunde. Portanto, a equação também se aplica ao caso limite de carga nula; isto é, ela também se aplica às moléculas neutras. Essa característica é desenvolvida na Seção 19C. Não nos esqueçamos, porém, de que as duas equações dependem da hipótese de a força de atrito ser proporcional à velocidade.

Breve ilustração 19B.4 Mobilidade e difusão

Pela Tabela 19B.2, a mobilidade do SO_4^{2-} é $8{,}29 \times 10^{-8}\ m^2\ V^{-1}\ s^{-1}$. Vem então da Eq. 19B.16, na forma de $D = uRT/zF$, que o coeficiente de difusão para o íon na água, a 25 °C, é

$$D = \frac{(8{,}29\times10^{-8}\ m^2\ V^{-1}\ s^{-1})\times(8{,}3145\ J\ K^{-1}\ mol^{-1})\times(298\ K)}{2\times\left(9{,}649\times10^{4}\ \underbrace{C}_{JV^{-1}}\ mol^{-1}\right)}$$
$$= 1{,}06\times10^{-9}\ m^2\ s^{-1}$$

Exercício proposto 19B.5 Repita o cálculo para o íon NH_4^+.

Resposta: $1{,}96 \times 10^{-9}\ m^2\ s^{-1}$

Conceitos importantes

☐ 1. A **viscosidade de um líquido** diminui com o aumento da temperatura.

☐ 2. A **condutância**, G, de uma solução é o inverso da sua resistência.

☐ 3. A **lei de Kohlrausch** estabelece que, em baixas concentrações, as condutividades molares de eletrólitos fortes variam linearmente com a raiz quadrada da concentração.

☐ 4. A **lei da migração independente dos íons** estabelece que a condutividade molar no limite de concentração nula é a soma das contribuições dos seus íons individuais.

☐ 5. Um íon atinge uma **velocidade de migração** quando a aceleração devida à força elétrica é balanceada pelo "atrito" viscoso.

☐ 6. O **raio hidrodinâmico** de um íon pode ser maior do que seu raio geométrico devido à solvatação.

☐ 7. A elevada mobilidade de um próton na água é explicada pelo **mecanismo de Grotthuss.**

Equações importantes

Propriedade	Equação	Comentário	Número da equação
Viscosidade de um líquido	$\eta=\eta_0 e^{E_a/RT}$	Faixa estreita de temperaturas	19B.2
Condutividade	$\kappa=Gl/A,\ G=1/R$	Definição	19B.3
Condutividade molar	$\Lambda_m=\kappa/c$	Definição	19B.4
Lei de Kohlrausch	$\Lambda_m=\Lambda_m^\circ-\mathcal{K}c^{1/2}$	Observação empírica	19B.5
Lei da migração independente dos íons	$\Lambda_m^\circ=\nu_+\lambda_++\nu_-\lambda_-$	Lei limite	19B.6
Lei de Stokes	$\mathcal{F}_{atrito}=fs \quad f=6\pi\eta a$	Raio hidrodinâmico	19B.9
Velocidade de migração	$s=u\mathcal{E}$	Define u	19B.11
Mobilidade iônica	$u=ze/6\pi\eta a$	Admite a lei de Stokes	19B.12
Condutividade e mobilidade	$\lambda=zuF$		19B.13
Condutividade molar e mobilidade	$\Lambda_m^\circ=(z_+u_+\nu_++z_-u_-\nu_-)F$		19B.14a
Velocidade de migração	$s=DF/RT$		19B.15
Relação de Einstein	$u=zDF/RT$		19B.16
Relação de Nernst–Einstein	$\Lambda_m^\circ=(\nu_+z_+^2D_++\nu_-z_-^2D_-)(F^2/RT)$		19B.18
Relação de Stokes–Einstein	$D=kT/f$		19B.19a

19C Difusão

Tópicos

➤ **Por que você precisa saber este assunto?**

A difusão é um processo de enorme importância tanto na atmosfera quanto em solução, e é importante estarmos aptos a prever a dispersão de um material através de outro quando discutimos reações em solução e a dispersão de substâncias no meio ambiente. A interpretação da difusão em termos de um deslocamento ao acaso também permite uma visão aprofundada da base molecular do processo.

➤ **Qual é a ideia fundamental?**

As partículas tendem a se dispersar e atingir uma distribuição uniforme.

➤ **O que você já deve saber?**

A seção utiliza argumentos relacionados ao fluxo, que são abordados na Seção 19A, particularmente a maneira de calcular o fluxo de partículas através de uma região de uma certa área. Nesta seção, entramos em maiores detalhes acerca do coeficiente de difusão, que foi apresentado na Seção 19A e utilizado na Seção 19B. Nela, é utilizado o conceito de potencial químico (Seção 5A) para discutir o sentido da mudança espontânea. Uma das *Justificativas* desenvolve o modelo do deslocamento ao acaso apresentado na Seção 17A.

A tendência que os solutos em gases, líquidos e sólidos têm de se dispersar pode ser discutida sob três pontos de vista. Um deles é o da Segunda Lei da termodinâmica e a tendência de a entropia aumentar ou, se a temperatura e a pressão são constantes, de a energia de Gibbs diminuir. Quando essa lei é aplicada aos solutos, parece existir uma força que atua para dispersar o soluto. Essa força é fictícia, mas oferece uma abordagem interessante e útil na discussão sobre a difusão. A segunda abordagem é montar uma equação diferencial para a variação da concentração em uma região considerando o fluxo de material através de suas fronteiras. A "equação de difusão" resultante pode, então, ser resolvida (em princípio, pelo menos) para várias configurações do sistema, inclusive levando em conta a forma de um vaso de reação. A terceira abordagem é mais mecanística, e nela imagina-se a difusão como ocorrendo em uma série de pequenos passos aleatórios.

19C.1 A visão termodinâmica

Vimos na Seção 3C que o trabalho máximo diferente do de expansão, a temperatura e pressão constantes, que se pode obter de um processo em que um mol de substância passa de um ponto para outro, que diferem em energia de Gibbs molar de dG_m, é $dw_e = dG_m$. Em termos dos potenciais químicos da substância nas duas posições (suas energias de Gibbs molar parcial), $dw_e = d\mu$. Em um sistema em que o potencial químico depende da posição x,

$$dw = d\mu = \left(\frac{\partial \mu}{\partial x}\right)_{T,p} dx$$

Vimos também na Seção 2A que, em geral, se pode exprimir o trabalho mediante uma força de oposição (que simbolizaremos por $\mathcal{F}$), e que $dw = -\mathcal{F}dx$. Comparando essas duas expressões para dw, vemos que a derivada do potencial químico em relação à posição pode ser interpretada como uma força efetiva, por mol de moléculas. Escrevemos essa **força termodinâmica** como

$$\mathcal{F} = -\left(\frac{\partial \mu}{\partial x}\right)_{T,p} \qquad \text{Força termodinâmica} \qquad (19C.1)$$

Não há necessariamente uma força real impelindo as partículas no sentido decrescente da derivada do potencial químico. Veremos que a força pode representar a tendência espontânea de as moléculas se dispersarem devido à Segunda Lei da termodinâmica e de tentarem atingir a configuração de entropia máxima.

Em uma solução na qual a atividade do soluto é a, o potencial químico é dado por $\mu=\mu^{\ominus}+RT\ \ln a$. Se a solução não for uniforme, a atividade depende da posição, e podemos escrever

$$\mathcal{F}=-RT\left(\frac{\partial \ln a}{\partial x}\right)_{T,p} \qquad (19C.2a)$$

Se a solução for ideal, a atividade a pode ser substituída pela molaridade c, e então

$$\mathcal{F}=-RT\left(\frac{\partial \ln c}{\partial x}\right)_{T,p} \overset{\mathrm{d}\ln y/\mathrm{d}x=(1/y)(\mathrm{d}y/\mathrm{d}x)}{=} -\frac{RT}{c}\left(\frac{\partial c}{\partial x}\right)_{T,p} \qquad (19C.2b)$$

Breve ilustração 19C.1 A força termodinâmica

Suponha que um gradiente linear de concentração seja estabelecido em um recipiente, a 25 °C, com pontos separados de 1,0 cm que diferem em concentração de 0,10 mol dm^{-3} em torno de um valor médio de 1,0 mol dm^{-3}. De acordo com a Eq. 19C.2b, o soluto sofre uma força termodinâmica de módulo

$$|\mathcal{F}|=\frac{(8{,}3145\,\mathrm{J\,K^{-1}\,mol^{-1}})\times(298\,\mathrm{K})}{1{,}0\,\mathrm{mol\,dm^{-3}}}\times\frac{0{,}10\,\mathrm{mol\,dm^{-3}}}{1{,}0\times10^{-2}\,\mathrm{m}}$$
$$=2{,}5\times10^{4}\,\overbrace{\mathrm{J\,m^{-1}}}^{\mathrm{N}}\,\mathrm{mol^{-1}}$$

ou 25 kN mol^{-1}. Observe que a força termodinâmica é uma grandeza molar.

Exercício proposto 19C.1 Suponha que a concentração de um soluto diminui exponencialmente na forma de $c(x) = c_0\mathrm{e}^{-x/\lambda}$. Deduza uma expressão para a força termodinâmica.

Resposta: $\mathcal{F} = RT/\lambda$

Na Seção 19A vimos que a primeira lei de Fick da difusão, que escrevemos na forma

$$J(\text{número de partículas})=-D\frac{\mathrm{d}\mathcal{N}}{\mathrm{d}x} \qquad \text{Primeira lei de Fick} \qquad (19C.3)$$

pode ser deduzida pela teoria cinética dos gases. Mostraremos agora que ela também pode ser deduzida com maior generalidade e aplicar-se à difusão de substâncias em fases condensadas. Para isso, suponhamos que o fluxo das partículas que se difundem é uma resposta a uma força termodinâmica proveniente de um gradiente de concentração. As partículas atingem uma "velocidade de migração" constante, s, quando a força termodinâmica, $\mathcal{F}$, é balanceada pelo atrito devido à viscosidade do meio. Essa velocidade de migração é proporcional à força termodinâmica, e escrevemos $s \propto \mathcal{F}$. No entanto, o fluxo de partículas, J, é proporcional à velocidade de migração, e a força termodinâmica é proporcional ao gradiente de concentração, $\mathrm{d}c/\mathrm{d}x$.

Essa sequência de proporcionalidades ($J \propto s$, $s \propto \mathcal{F}$ e $\mathcal{F} = \mathrm{d}c/\mathrm{d}x$) implica que $J \propto \mathrm{d}c/\mathrm{d}x$, que é a lei de Fick.

Dividindo ambos os lados da Eq. 19C.3 pelo número de Avogadro, convertemos números de partículas em quantidades (número de mols), observando que $\mathcal{N}/N_A = (N/V)/N_A = (nN_A/V)/N_A = n/V = c$, a concentração molar; então a lei de Fick pode ser escrita como

$$J(\text{número de mols})=-D\frac{\mathrm{d}c}{\mathrm{d}x} \qquad (19C.4)$$

Nessa expressão, D é o coeficiente de difusão e $\mathrm{d}c/\mathrm{d}x$ é o coeficiente angular da concentração molar. O fluxo está relacionado com a velocidade de migração por

$$J(\text{número de mols})=sc \qquad (19C.5)$$

Essa relação vem do raciocínio que usamos na Seção 19A. Desse modo, todas as partículas na distância $s\Delta t$, e portanto no volume $s\Delta tA$, passam através da área A no intervalo de tempo Δt. Então, o número de mols da substância que atravessam essa área é $s\Delta tAc$. O fluxo de partículas é essa quantidade dividida pela área A e pelo intervalo de tempo Δt, e é, portanto, simplesmente sc.

A combinação das duas últimas equações para J(número de mols) e o emprego da Eq. 19C.2b dão

$$sc=-D\frac{\mathrm{d}c}{\mathrm{d}x}=\frac{Dc\mathcal{F}}{RT} \quad \text{ou} \quad s=\frac{D\mathcal{F}}{RT} \qquad (19C.6)$$

Portanto, se conhecermos a força efetiva e o coeficiente de difusão, D, poderemos calcular a velocidade de migração das partículas (e vice-versa) qualquer que seja a origem da força. Essa equação é usada na Seção 19B, onde a força é aplicada eletricamente a um íon.

Breve ilustração 19C.2 Força termodinâmica e velocidade de migração

Medições com laser mostraram que uma molécula tem uma velocidade de migração de 1,0 μm s^{-1} na água, a 25 °C, com coeficiente de difusão de 5,0 × 10^{-9} m^2 s^{-1}. A força termodinâmica correspondente, da Eq. 19C.6, na forma $\mathcal{F}=sRT/D$, é

$$\mathcal{F}=\frac{(1{,}0\times10^{-6}\,\mathrm{m\,s^{-1}})\times(8{,}3145\,\mathrm{J\,K^{-1}\,mol^{-1}})\times(298\,\mathrm{K})}{(5{,}0\times10^{-9}\,\mathrm{m^2\,s^{-1}})}$$
$$=5{,}0\times10^{5}\,\overbrace{\mathrm{J\,m^{-1}}}^{\mathrm{N}}\,\mathrm{mol^{-1}}$$

ou cerca de 500 kN mol^{-1}.

Exercício proposto 19C.2 Que força termodinâmica atingiria uma velocidade de migração de 10 μm s^{-1} em água, a 25 °C?

Resposta: 5,0 MN mol^{-1}

19C.2 A equação da difusão

Passamos, agora, a tratar dos processos de difusão dependentes do tempo, nos quais estamos interessados na propagação das inomogeneidades com o tempo. Um exemplo é o da temperatura de uma barra metálica que foi aquecida em uma das extremidades. Se a fonte térmica for afastada, a temperatura da barra se altera lentamente até atingir uma temperatura uniforme. Quando a fonte térmica é mantida e a barra é capaz de irradiar energia, atinge-se um estado permanente de distribuição não uniforme de temperatura. Outro exemplo (mais importante para a química) é o da distribuição da concentração de um soluto adicionado a um solvente. Vamos apreciar os efeitos da difusão de partículas, mas os raciocínios se aplicam à difusão de outras propriedades físicas, como a temperatura. O objetivo a que visamos é o de chegar a uma equação da velocidade de variação da concentração das partículas em uma região que não é homogênea.

(a) Difusão simples

A equação central desta seção é a **equação da difusão**, também chamada de "segunda lei de Fick da difusão". Esta equação relaciona a velocidade de variação da concentração em um ponto com a variação espacial da concentração nesse mesmo ponto:

$$\frac{\partial c}{\partial t}=D\frac{\partial^2 c}{\partial x^2} \qquad \text{Equação da difusão} \qquad (19C.7)$$

Na *Justificativa* 19C.1 mostra-se como a equação da difusão pode ser obtida a partir da primeira lei de Fick da difusão.

Justificativa 19C.1 A equação da difusão

Imaginemos um paralelepípedo delgado com a área da seção A, que se estende de x até $x + \lambda$ (Fig. 19C.1). Seja a concentração c em x no instante t. A velocidade na qual o número de mols das partículas entram no paralelepípedo é JA, de modo que a velocidade de aumento da concentração molar, no interior do paralelepípedo (que tem volume $A\lambda$), provocado pelo fluxo a partir da esquerda é

$$\frac{\partial c}{\partial t}=\frac{JA}{A\lambda}=\frac{J}{\lambda}$$

Há também uma saída do soluto pela face da direita. O fluxo por esta face é J', e a velocidade de variação de concentração que ele provoca é

$$\frac{\partial c}{\partial t}=-\frac{J'}{\lambda}$$

A velocidade líquida de variação da concentração é, portanto,

$$\frac{\partial c}{\partial t}=\frac{J-J'}{\lambda}$$

Cada fluxo é proporcional ao gradiente de concentração na respectiva face. Então, a primeira lei de Fick permite que se escreva:

$$J-J'=-D\frac{\partial c}{\partial x}+D\frac{\partial c'}{\partial x}$$

A concentração da face direita está relacionada com a da face esquerda por

$$c'=c+\left(\frac{\partial c}{\partial x}\right)\lambda$$

que implica

$$J-J'=-D\frac{\partial c}{\partial x}+D\frac{\partial}{\partial x}\left\{c+\left(\frac{\partial c}{\partial x}\right)\lambda\right\}=D\lambda\frac{\partial^2 c}{\partial x^2}$$

Entrando com essa relação na expressão da velocidade de variação da concentração no paralelepípedo, chegamos à Eq. 19C.7.

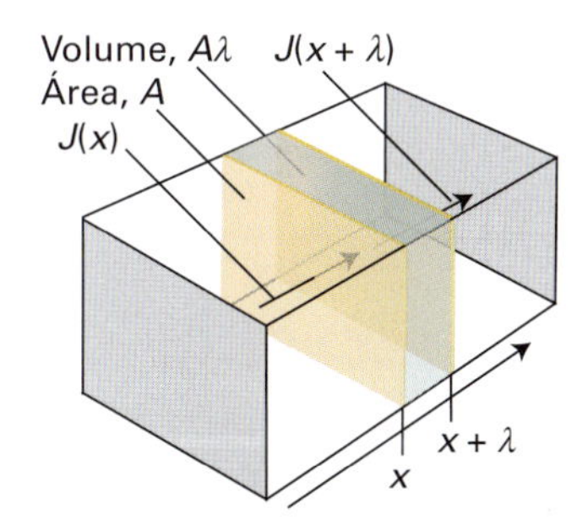

Figura 19C.1 O fluxo líquido em uma região é a diferença entre o fluxo que vem da região de concentração elevada (pela esquerda) e o que sai para a região de concentração baixa (pela direita).

A equação da difusão mostra que a velocidade de variação da concentração é proporcional à curvatura (mais precisamente, à segunda derivada) da concentração em relação a uma coordenada de distância. Se a concentração se altera acentuadamente de ponto para ponto (se a distribuição for muito irregular), então a concentração muda rapidamente com o tempo. Para uma curvatura positiva (um vale na Fig. 19C.2), ocorre uma variação positiva da concentração; o vale tende a ficar cheio. Para uma curvatura negativa (um pico), a variação da concentração é negativa: o pico tende a se espalhar. Se a curvatura for nula, a concentração será constante com o tempo. Se a concentração diminui linearmente com a distância, então ela será constante em cada ponto, pois a entrada de partículas é exatamente balanceada pela saída de partículas.

A equação da difusão pode ser encarada como uma formulação matemática da noção intuitiva de que existe uma tendência natural ao desaparecimento de irregularidades em uma distribuição. Ou, de maneira mais sucinta: a natureza abomina irregularidades.

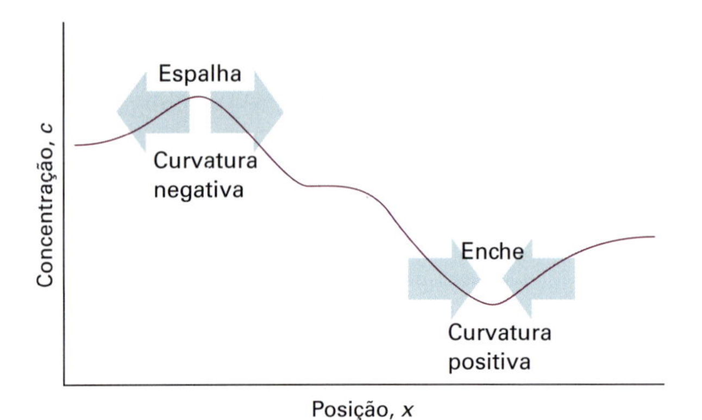

Figura 19C.2 A natureza abomina irregularidades. A equação da difusão nos mostra que picos na distribuição (regiões de curvatura negativa) se espalham e os vales (regiões de curvaturas positivas) se enchem.

Breve ilustração 19C.3 A equação da difusão

Se a concentração diminui linearmente em uma pequena região do espaço, no sentido de que $c = c_0 - ax$, então, $\partial^2 c/\partial x^2 = 0$ e, consequentemente, $\partial c/\partial t = 0$. A concentração na região é constante porque o fluxo de entrada através de uma região é correspondente ao fluxo de saída na outra região (Fig. 19C.3a). Se a concentração variar com $c = c_0 - \frac{1}{2}ax^2$, então $\partial^2 c/\partial x^2 = -a$ e, consequentemente, $\partial c/\partial t = -Da$. Agora a concentração diminui, pois há um fluxo de saída maior do que o fluxo de entrada (Fig. 19C.3b).

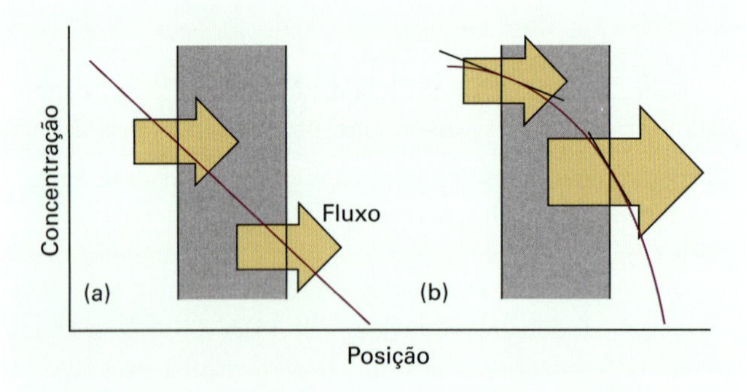

Figura 19C.3 Os dois exemplos abordados na *Breve ilustração* 19C.3: (a) o gradiente linear de concentração, (b) o gradiente parabólico de concentração.

Exercício proposto 19C.3 Qual é a variação na concentração quando a concentração cai exponencialmente através de uma região? Considere $c = c_0 e^{-x/\lambda}$.

Resposta: $\partial c/\partial t = -(D/\lambda^2)c$

(b) Difusão com convecção

O transporte de partículas provocado pelo movimento de uma corrente de fluido é a **convecção**. Se por um instante ignorarmos a difusão, então o fluxo de partículas através de uma área A, durante o intervalo de tempo Δt, se a velocidade da corrente for v, pode ser calculado como já fizemos muitas vezes (tal como na Seção 19A, pela contagem das partículas para a distância $v\Delta t$). Ou seja,

$$J_{\text{conv}} = \frac{cAv\Delta t}{A\Delta t} = cv \qquad \text{Fluxo convectivo} \qquad (19C.8)$$

Esse fluxo J é o chamado **fluxo convectivo**. A velocidade de variação da concentração em um paralelepípedo de espessura l e área A é, pelo raciocínio que já fizemos, e, admitindo que a velocidade não depende da posição, é dado por

$$\frac{\partial c}{\partial t} = \frac{J_{\text{conv}} - J'_{\text{conv}}}{\lambda} = \frac{cv}{\lambda} - \left\{c + \left(\frac{\partial c}{\partial x}\right)\lambda\right\}\frac{v}{\lambda} = -\left(\frac{\partial c}{\partial x}\right)v \qquad \text{Convecção} \qquad (19C.9)$$

Quando a difusão e a convecção são simultâneas, a variação total da concentração em uma certa região é a soma dos dois efeitos, e a **equação de difusão generalizada** é

$$\frac{\partial c}{\partial t} = D\frac{\partial^2 c}{\partial x^2} - v\frac{\partial c}{\partial x} \qquad \text{Equação de difusão generalizada} \qquad (19C.10)$$

Outro refinamento, que é importante na química, é a possibilidade de que a concentração das partículas possa se alterar como resultado de uma reação. Quando se incluem reações na Eq.19C.10 (como fazemos na Seção 21B), chegamos a uma equação diferencial muito poderosa para a discussão dos sistemas com reação, difusão e convecção. Esta equação é a base dos projetos de reatores na indústria química e da investigação da utilização das reservas em células vivas.

Breve ilustração 19C.4 Convecção

Neste ponto vamos continuar a discussão dos sistemas abordados na *Breve ilustração* 19C.3 e supor que exista um fluxo convectivo v. Se a concentração diminui linearmente em uma pequena região do espaço, no sentido de que $c = c_0 - ax$, então $\partial c/\partial x = -a$ e a variação da concentração na região é $\partial c/\partial t = av$. Agora há um aumento na região, pois o fluxo convectivo de entrada supera o fluxo de saída, e não há nenhuma difusão. Se $a = 0{,}010$ mol dm^{-3} m^{-1} e $v = +1{,}0$ mm s^{-1},

$$\frac{\partial c}{\partial t} = (0{,}010\,\text{mol dm}^{-3}\,\text{m}^{-1}) \times (1{,}0\times10^{-3}\ \text{m s}^{-1})$$
$$= 1{,}0\times10^{-5}\,\text{mol dm}^{-3}\,\text{s}^{-1}$$

e a concentração aumenta à velocidade de 10 μmol dm^{-3} s^{-1}.

Exercício proposto 19C.4 Que velocidade de fluxo é necessária para recarregar a concentração, quando a concentração varia exponencialmente na forma de $c = c_0 e^{-x/\lambda}$?

Resposta: $v = D/\lambda$

(c) Soluções da equação da difusão

A equação da difusão é uma equação diferencial de segunda ordem nas coordenadas espaciais e de primeira ordem em relação ao tempo. Por isso, devemos ter duas condições de contorno na dependência espacial e uma condição inicial para a dependência em relação ao tempo (veja a *Revisão matemática* 4 que acompanha o Capítulo 8).

A título de ilustração, consideramos um solvente que tem o soluto inicialmente em uma camada sobre uma superfície do vaso (por exemplo, um bécher fundo com água e uma camada de açúcar no fundo). A condição inicial é que em $t = 0$ todas as N_0 partículas estão concentradas no plano yz (de área A) em $x = 0$. As duas condições de contorno provêm das exigências: (1) a concentração deve ser finita em todos os pontos e (2) a quantidade total de mols de partículas é sempre n_0 (com $n_0 = N_0/N_A$) em qualquer instante. Essas duas exigências fazem com que o fluxo de partículas seja nulo nas superfícies do topo e do fundo do sistema. Com essas condições de contorno a solução é

$$c(x,t)=\frac{n_0}{A(\pi Dt)^{1/2}}e^{-x^2/4Dt} \quad \text{Difusão unidimensional} \quad (19C.11)$$

como pode ser verificado por substituição direta. A Fig. 19C.4 mostra a forma da curva da distribuição de concentração em diferentes instantes, e é claro que a concentração se espalha e tende para um valor uniforme.

Outro resultado útil é para uma concentração localizada do soluto em um solvente tridimensional (por exemplo, um torrão de açúcar suspenso em um grande vaso com água). A concentração do soluto difundido tem simetria esférica, e em um raio r se tem

$$c(x,t)=\frac{n_0}{8(\pi Dt)^{3/2}}e^{-r^2/4Dt} \quad \text{Difusão tridimensional} \quad (19C.12)$$

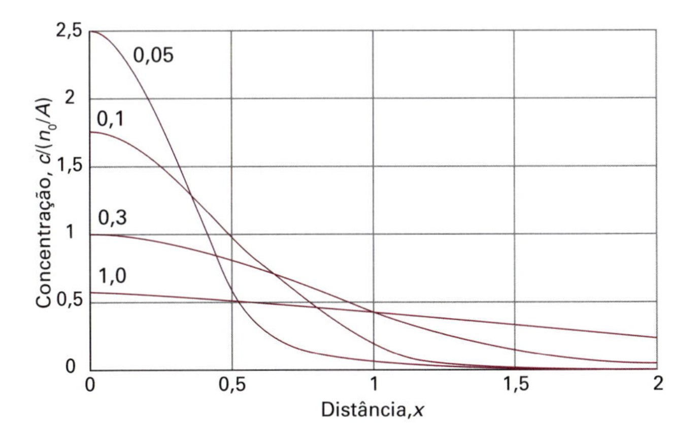

Figura 19C.4 Os perfis de concentração sobre o plano a partir do qual o soluto se difunde. As curvas correspondem à Eq. 19C.11, cada curva correspondendo a um diferente valor de Dt. As unidades de Dt e de x são arbitrárias, mas estão relacionadas de modo que Dt/x^2 é adimensional. Por exemplo, se x estiver em metros, Dt deve estar em metros quadrados, e, então, com $D = 10^{-9}$ m² s⁻¹, $Dt = 0{,}1$ m² correspondente a $t = 10^8$ s.

Outros problemas de interesse para a química (e a física), por exemplo, o transporte de substâncias através de membranas biológicas, também podem ser abordados. Em muitos casos as soluções são mais complexas.

As soluções da equação da difusão são úteis para as determinações experimentais dos coeficientes de difusão. Na **técnica capilar**, um tubo capilar, aberto em uma extremidade e contendo a solução, fica imerso em um vaso com grande quantidade de solvente, convenientemente homogeneizado através de agitação, e acompanha-se a variação de concentração no tubo. O soluto se difunde da extremidade aberta do capilar com uma velocidade que pode ser calculada pela resolução da equação de difusão com as condições de contorno apropriadas, de modo que D pode ser determinado. Na **técnica do diafragma**, a difusão ocorre através dos poros capilares de um diafragma de vidro sinterizado que separa a solução do solvente, ambos convenientemente agitados. As concentrações são medidas e relacionadas às soluções da equação de difusão correspondentes a essa montagem. Coeficientes de difusão também podem ser medidos utilizando-se diversas técnicas, inclusive a espectroscopia de RMN.

As soluções da equação da difusão podem ser empregadas para prever a concentração de partículas (ou o valor de alguma grandeza física, como a temperatura em um sistema não uniforme) em qualquer posição. Também podemos usá-las para calcular o deslocamento médio das partículas em um dado tempo.

Exemplo 19C.1 Cálculo do deslocamento médio

Calcule o deslocamento médio de partículas em um intervalo de tempo t em um sistema unidimensional se elas têm um coeficiente de difusão D.

Método Precisamos calcular a probabilidade de uma partícula ser encontrada a uma certa distância da origem e depois calcular a média das distâncias, promediando o conjunto com pesos correspondentes às probabilidades.

Resposta O número de partículas em um paralelepípedo de espessura dx e área A, no ponto x, onde a concentração molar é c, é $cAN_A\mathrm{d}x$. A probabilidade de qualquer das $N_0 = n_0 N_A$ partículas estar no paralelepípedo é então $cAN_A\mathrm{d}x/N_0$. Se a partícula estiver no paralelepípedo, é porque percorreu uma distância x medida a partir da origem. Portanto, o deslocamento médio de todas as partículas é a média de cada x ponderada pela sua probabilidade de ocorrência:

$$\langle x\rangle=\int_0^\infty x\frac{c(x,t)AN_A}{\underbrace{N_0}_{n_0N_A}}\mathrm{d}x=\frac{1}{(\pi Dt)^{1/2}}\int_0^\infty xe^{-x^2/4Dt}\,\mathrm{d}x \overset{\text{Integral G.2}}{=} 2\left(\frac{Dt}{\pi}\right)^{1/2}$$

O deslocamento médio varia com a raiz quadrada do tempo decorrido.

Exercício proposto 19C.5 Deduza a expressão da raiz quadrada da distância quadrática média percorrida por partículas que se difundem em um intervalo de tempo t em um sistema unidimensional. Você vai precisar da Integral G.3 da *Seção de dados*.

Resposta: $\langle x^2\rangle^{1/2} = (2Dt)^{1/2}$

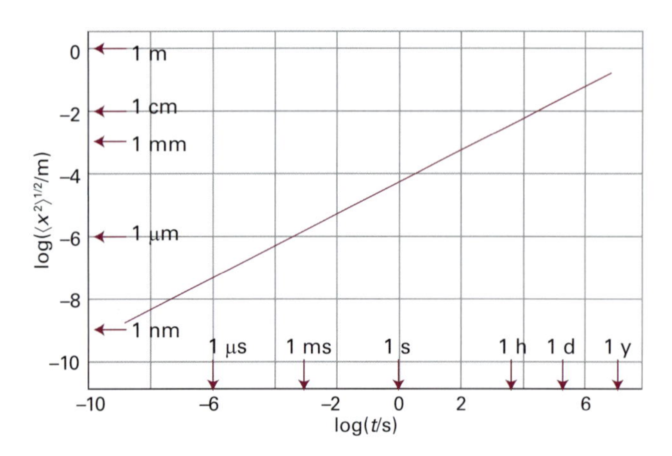

Figura 19C.5 A raiz quadrada do deslocamento quadrático médio percorrido pelas partículas com $D = 5 \times 10^{-10}$ m² s⁻¹. Observe a grande lentidão da difusão.

Como vimos no *Exemplo* 19C.1, o deslocamento médio de partículas que se difundem durante um intervalo de tempo t em um sistema unidimensional é

$$x = 2\left(\frac{Dt}{\pi}\right)^{1/2} \quad \textit{Unidimensional} \quad \text{Deslocamento médio} \quad (19C.13)$$

e a raiz quadrada do deslocamento quadrático médio, no mesmo intervalo de tempo, é

$$\langle x^2 \rangle^{1/2} = (2Dt)^{1/2} \quad \textit{Unidimensional} \quad \text{Raiz do deslocamento quadrático médio} \quad (19C.14)$$

Essa última fórmula proporciona uma medida valiosa do espalhamento das partículas que se difundem nos dois sentidos a partir da origem (quando então $\langle x \rangle = 0$ em todos os instantes de tempo). A raiz quadrada do deslocamento quadrático médio de partículas com um coeficiente de difusão representativo em um líquido ($D = 5 \times 10^{-10}$ m² s⁻¹) está representada graficamente na Fig. 19C.5, que mostra quanto tempo decorre para que a difusão aumente a distância líquida percorrida de aproximadamente 1 cm em média, em uma solução não agitada. Como se pode ver na ilustração, a difusão é um processo muito lento (e é por isso que as soluções são agitadas quando se quer misturar os componentes, pois a misturação é favorecida pela convecção). A difusão de feromônios no ar isento de vento também é muito lenta e altamente acelerada por convecção.

19C.3 A visão estatística

Uma imagem intuitiva da difusão é a das partículas deslocando-se em uma série de pequenos passos e gradualmente migrando de uma posição para outra. Vamos explorar essa ideia usando um modelo em que as partículas podem efetuar saltos de comprimento λ em um intervalo de tempo τ. A distância total percorrida por uma partícula em um intervalo de tempo t é, então, $t\lambda/\tau$. Porém, a partícula não estará necessariamente a essa distância da origem. A direção de cada passo pode ser diferente, e a distância líquida percorrida tem que ser estimada levando-se em conta as mudanças de direção.

Se simplificarmos a discussão permitindo que as partículas se desloquem unicamente sobre uma linha reta (o eixo dos x), percorrendo em cada passo (para a direita ou para a esquerda) a distância λ, obtemos o **deslocamento ao acaso unidimensional**. O mesmo modelo pode ser usado para discussão sobre as cadeias randômicas de polímeros desnaturados (Seção 17B).

Mostramos na *Justificativa* 19C.2 que a probabilidade de uma partícula estar a uma distância x da origem após um tempo t é

$$P(x,t) = \left(\frac{2\tau}{\pi t}\right)^{1/2} e^{-x^2\tau/2t\lambda^2} \quad \textit{Unidimensional} \quad \text{Probabilidade} \quad (19C.15)$$

Justificativa 19C.2 O deslocamento ao acaso unidimensional

O ponto de partida para esse cálculo é a expressão deduzida na *Justificativa* 17A.1, com os passos em lugar das ligações discutidas naquela oportunidade, para a probabilidade de a distância líquida $n\lambda$ percorrida desde a origem com $n = N_R - N_L$ após N passos, cada qual de comprimento λ, com N_R passos para a direita e N_L para a esquerda, é

$$P(n\lambda) = \frac{N!}{(N-N_R)!N_R!2^N}$$

Assim como na *Justificativa* 17A.1, essa expressão pode ser desenvolvida fazendo uso da aproximação de Stirling (Seção 15A) na forma

$$\ln x! \approx \ln(2\pi)^{1/2} + \left(x + \tfrac{1}{2}\right)\ln x - x$$

mas, aqui, usamos o parâmetro

$$\mu = \frac{N_R}{N} - \tfrac{1}{2} \ll 1$$

que é pequeno porque quase metade dos passos é para a direita. O pequeno tamanho de μ nos permite usar a expansão

$$\ln\left(\tfrac{1}{2} \pm \mu\right) = -\ln 2 \pm 2\mu - 2\mu^2 + \cdots$$

e reter termos até $O(\mu^2)$ na expressão global para $\ln P(n\lambda)$. O resultado final, após bastante trabalho algébrico (veja o Problema 19C.11), é

$$P(n\lambda) = \frac{2^{N+1}e^{-2N\mu^2}}{2^N(2\pi N)^{1/2}} = \frac{2e^{-2N\mu^2}}{(2\pi N)^{1/2}}$$

Neste ponto reconhecemos que

$$N\mu^2 = \frac{(2N_R - N)^2}{4N} = \frac{(N_R - N_L)^2}{4N} = \frac{n^2}{4N}$$

A distância líquida a partir da origem é $x = n\lambda$ e o número de passos dados em um tempo t é $N = t/\tau$, de modo que $N\mu^2 = \tau x^2/4t\lambda^2$. A substituição dessas grandezas na expressão para P dá a Eq. 19C.15.

As sutis diferenças entre as Eqs. 19C.11 (para a difusão unidimensional) e 19C.15 surgem devido ao fato de que no presente cálculo as partículas podem migrar em ambas as direções a partir da origem. Além disso, elas podem ser encontradas somente em pontos discretos separados de λ em vez de em qualquer lugar sobre uma linha contínua. O fato de as duas expressões serem tão semelhantes sugere que a difusão pode de fato ser interpretada como o resultado de um número grande de passos em direções randômicas.

Podemos agora relacionar o coeficiente D ao comprimento do passo λ e à velocidade com que esses saltos ocorrem. Deste modo, pela comparação entre os expoentes das Eqs. 19C.11 e 19C.15 podemos escrever imediatamente a **equação de Einstein-Smoluchowski**:

$$D=\frac{\lambda^2}{2\tau} \qquad \text{Equação de Einstein-Smoluchowski} \qquad (19C.16)$$

Breve ilustração 19C.5 Deslocamento ao acaso

Imaginemos que os íons SO_4^{2-} se deslocam saltando o seu próprio diâmetro cada vez que se movimentam numa solução aquosa; então, como $D = 1{,}1 \times 10^{-9}$ m² s⁻¹ e $a = 250$ pm (obtido de medições da mobilidade iônica, Seção 19B), vem de $\lambda = 2a$ que

$$\tau=\frac{(2a)^2}{2D}=\frac{2a^2}{D}=\frac{2\times(250\times10^{-12}\,\text{pm})^2}{1{,}1\times10^{-9}\,\text{m}^2\,\text{s}^{-1}}=1{,}1\times10^{-10}\,\text{s}$$

ou $\tau = 110$ ps. Uma vez que τ é o tempo de um deslocamento, o íon faz cerca de 1×10^{10} saltos por segundo.

Exercício proposto 19C.6 Qual seria o coeficiente de difusão para um íon semelhante que fosse 50% maior do que o SO_4^{2-} s e se deslocasse de seu próprio diâmetro em apenas 30% da velocidade?

Resposta: $2{,}1 \times 10^{-9}$ m² s⁻¹

A equação de Einstein–Smoluchowski é a relação central entre os detalhes microscópicos do movimento das partículas e os parâmetros macroscópicos pertinentes à difusão. Ela também nos permite um retorno às propriedades do gás perfeito discutidas na Seção 19A. Se interpretarmos o quociente λ/τ como $v_{\text{média}}$, a velocidade média das moléculas, e se fizermos λ igual ao livre percurso médio, então podemos reconhecer na equação de Einstein–Smoluchowski exatamente a mesma expressão obtida a partir da teoria cinética dos gases (Eq. 19A.10 da Seção 19A, $D = \frac{1}{3}\lambda v_{\text{média}}$). Isto é, a difusão de um gás perfeito é um deslocamento ao acaso com um tamanho de passo médio igual ao livre percurso médio.

Conceitos importantes

- ☐ 1. A **força termodinâmica** representa a tendência espontânea de as moléculas se dispersarem em consequência da Segunda Lei e da busca pela entropia máxima.
- ☐ 2. A **equação da difusão** (segunda lei de Fick; veja mais adiante) pode ser vista como uma formulação matemática da noção de que há uma tendência natural de a concentração se tornar uniforme.
- ☐ 3. **Convecção** é o transporte de partículas que provém do movimento de um fluido.
- ☐ 4. Uma imagem intuitiva da difusão é a de partículas se movendo em uma série de pequenos passos, um **deslocamento ao acaso**, e gradativamente migrando das suas posições originais.

Equações importantes

Propriedade	Equação	Comentário	Número da equação
Força termodinâmica	$\mathcal{F}=-(\partial\mu/\partial x)_{T,p}$	Definição	19C.1
Primeira lei de Fick	$J(\text{número de mols})=-D\text{d}c/\text{d}x$		19C.4
Fluxo convectivo	$J=sc$		19C.5
Velocidade de migração	$s=D\mathcal{F}/RT$		19C.6
Equação da difusão	$\partial c/\partial t=D\partial^2c/\partial x^2$	Unidimensional	19C.7
Equação generalizada da difusão	$\partial c/\partial t=D\partial^2c/\partial x^2-v\partial c/\partial x$	Unidimensional	19C.10

(Contínua)

(*Continuação*)

Propriedade	Equação	Comentário	Número da equação
Deslocamento médio	$\langle x \rangle = 2(Dt/\pi)^{1/2}$	Difusão unidimensional	19C.13
Raiz do deslocamento quadrático médio	$\langle x^2 \rangle^{1/2} = (2Dt)^{1/2}$	Difusão unidimensional	19C.14
Probabilidade de deslocamento	$P(x,t) = (2\tau/\pi t)^{1/2} \mathrm{e}^{-x^2 t/2\tau\lambda^2}$	Deslocamento ao acaso unidimensional	19C.15
Equação de Einstein-Smoluchowski	$D = \lambda^2/2\tau$	Deslocamento ao acaso unidimensional	19C.16

CAPÍTULO 19 Moléculas em movimento

SEÇÃO 19A Propriedades de transporte de um gás perfeito

Questões teóricas

19A.1 Explique como a lei de Fick surge a partir do gradiente de concentração das moléculas de gás.

19A.2 Apresente uma interpretação molecular para a dependência do coeficiente de difusão e da viscosidade em relação à temperatura, à pressão e ao tamanho das moléculas de gás.

19A.3 Qual deve ser o efeito das interações moleculares nas propriedades de transporte de um gás?

Exercícios

19A.1(a) Calcule a condutividade térmica do argônio ($C_{V,m}$ = 12,5 J K^{-1} mol^{-1}, σ = 0,36 nm^2) a 298 K.
19A.1(b) Calcule a condutividade térmica do nitrogênio ($C_{V,m}$ = 20,8 J K^{-1} mol^{-1}, σ = 0,43 nm^2) a 298 K.

19A.2(a) Calcule o coeficiente de difusão do argônio, a 20 °C e sob pressão de (i) 1,00 Pa, (ii) 100 kPa e (iii) 10,0 MPa. Se houver um gradiente de pressão de 1,0 bar m^{-1} em um tubo, qual o fluxo de gás provocado pela difusão?
19A.2(b) Calcule o coeficiente de difusão do nitrogênio, a 20 °C e sob pressão de (i) 100,0 Pa, (ii) 100 kPa, (iii) 20,0 MPa. Se houver um gradiente de pressão de 1,20 bar m^{-1} em um tubo, qual o fluxo de gás provocado pela difusão?

19A.3(a) Calcule o fluxo de energia provocado por um gradiente de temperatura de 10,5 K m^{-1} em uma amostra de argônio cuja temperatura média é de 280 K.
19A.3(b) Calcule o fluxo de energia provocado por um gradiente de temperatura de 8,5 K m^{-1} em uma amostra de hidrogênio cuja temperatura média é de 290 K.

19A.4(a) Com o valor experimental da condutividade térmica do neônio (Tabela 19A.2), calcule a seção eficaz de colisão dos átomos de Ne a 273 K.
19A.4(b) Com o valor experimental da condutividade térmica do nitrogênio (Tabela 19A.2), calcule a seção eficaz de colisão das moléculas de N_2 a 298 K.

19A.5(a) Em uma janela de vidraça dupla, os vidros estão separados por uma distância de 1,0 cm. Qual a velocidade de transferência de calor, por condução, de um quarto quente (a 28 °C) para o exterior frio (a −15 °C) através de uma janela com 1,0 m^2 de área? Qual a potência do aquecedor capaz de compensar a perda de calor?
19A.5(b) Duas folhas de cobre, com 2,00 m^2 de área, estão separadas por 5,00 cm. Qual a velocidade de transferência de calor, por condução, da folha quente (a 70 °C) para a fria (a 0 °C)? Qual a velocidade de perda de calor?

19A.6(a) Estime a seção eficaz de colisão dos átomos de Ne, a 273 K, com o valor experimental da viscosidade do gás (Tabela 19A.1).
19A.6(b) Estime a seção eficaz de colisão das moléculas de nitrogênio, a 273 K, com o valor experimental da viscosidade (Tabela 19A.1).

19A.7(a) Calcule a viscosidade do ar a (i) 273 K, (ii) 298 K e (iii) 1000 K. Considere $\sigma \approx$ 0,40 nm^2. (Os valores experimentais são 173 μP a 273 K, 182 μP a 20 °C e 394 μP a 600 °C.)
19A.7(b) Calcule a viscosidade do vapor de benzeno a (i) 273 K, (ii) 298 K e (iii) 1000 K. Use $\sigma \approx$ 0,88 nm^2.

19A.8(a) Uma superfície sólida, com 2,5 mm × 3,0 mm, está exposta ao argônio gasoso a 90 Pa e 500 K. Quantas colisões os átomos de Ar fazem com essa superfície em 15 s?
19A.8(b) Uma superfície sólida, com 3,5 mm × 4,0 cm, está exposta ao hélio gasoso a 111 Pa e 1500 K. Quantas colisões os átomos de He fazem com essa superfície em 10 s?

19A.9(a) Uma câmara de efusão tem um orifício circular com o diâmetro de 2,50 mm. Se a massa molar do sólido na câmara for de 260 g mol^{-1} e se a pressão de vapor for de 0,835 Pa, a 400 K, de quanto diminuirá a massa de sólido em um período de 2,00 h?
19A.9(b) Uma câmara de efusão tem um orifício circular com o diâmetro de 3,00 mm. Se a massa molar do sólido na câmara for de 300 g mol^{-1}, e se a pressão de vapor, a 450 K, for de 0,224 Pa, de quanto diminuirá a massa de sólido em um período de 24,00 h?

19A.10(a) Um composto sólido de massa molar 100 g mol^{-1} foi introduzido em um recipiente e aquecido a 400 °C. Quando um orifício com um diâmetro igual a 0,50 mm foi aberto no recipiente por 400 s, foi medida uma perda de massa de 285 mg. Calcule a pressão de vapor do composto a 400 °C.
19A.10(b) Um composto sólido de massa molar 200 g mol^{-1} foi introduzido em um recipiente e aquecido a 300 °C. Quando um orifício com um diâmetro igual a 0,50 mm foi aberto no recipiente por 500 s, foi medida uma perda de massa de 277 mg. Calcule a pressão de vapor do composto a 300 °C.

19A.11(a) Um manômetro está ligado a um balão com dióxido de carbono sob pequena pressão. O gás escapa por pequenino orifício, e o intervalo de tempo para a leitura do manômetro cai de 75 cm para 50 cm é de 52 s. Quando a experiência é repetida com o nitrogênio (massa molar M = 28,02 g mol^{-1}), passam-se 42 s para o manômetro assinalar a mesma queda de pressão. Calcule a massa molar do dióxido de carbono.
19A.11(b) Um manômetro está ligado a um balão que contém nitrogênio sob pequena pressão. O gás escapa através de pequenino orifício, e o tempo para a leitura do manômetro cair de 65,1 cm para 42,1 cm é de 18,5 s. A mesma experiência, repetida com um fluorcarbono gasoso no balão, mostra que a queda de pressão mencionada ocorre no intervalo de tempo de 82,3 s. Calcule a massa molar do segundo gás.

19A.12(a) Uma nave espacial, de 3,0 m^3 de volume, é atingida por um pequeno meteorito que abre no seu casco um orifício com raio de 0,10 mm. Se a pressão de oxigênio no interior do veículo for, inicialmente, de 80 kPa e se a temperatura for de 298 K, quanto tempo se passará até que a pressão seja de 70 kPa?
19A.12(b) Um vaso, de volume interno de 22,0 m^3, tem um pequeno orifício cujo raio é de 0,050 mm. Se a pressão inicial de nitrogênio no vaso for de 122 kPa e a temperatura 293 K, em que intervalo de tempo a pressão atingirá 105 kPa?

Problemas

19A.1‡ A. Fenghour *et al.* (*J. Phys. Chem. Ref. Data* **24**, 1649 (1995)) compilaram extensas tabelas de viscosidades da amônia em fases líquida e vapor. Estime o diâmetro molecular efetivo do NH_3 com base nas seguintes viscosidades da fase vapor: (a) $\eta = 9{,}08 \times 10^{-6}$ kg m^{-1} s^{-1} a 270 K e 1,00 bar; (b) $\eta = 1{,}749 \times 10^{-5}$ kg m^{-1} s^{-1} a 490 K e 10,0 bar.

19A.2 Calcule a razão entre as condutividades térmicas do hidrogênio gasoso a 300 K e a 10 K. Tenha cuidado e analise os modos de movimento termicamente ativos nas duas temperaturas.

19A.3 O espaço sideral é um meio bastante diferente dos ambientes gasosos que encontramos na Terra. Por exemplo, a densidade representativa do meio é cerca de 1 átomo por cm^3, e este átomo, nos casos típicos, é de hidrogênio, H. A temperatura do meio, devida à radiação de fundo das estrelas, é de 10 kK aproximadamente. Estime o coeficiente de difusão e a condutividade térmica do H, nessas condições. *Comentário*: A energia é transferida com muito mais eficiência pela radiação.

19A.4 Uma célula de Knudsen foi usada para medir a pressão de vapor do germânio a 1000 °C. A perda de massa foi de 43 μg, na efusão do vapor, durante 7200 s, através de um orifício com 0,50 mm de raio. Qual a pressão do vapor de germânio a 1000 °C? Admita que o gás é monoatômico.

19A.5 Um feixe atômico é projetado para operar com (a) cádmio ou (b) mercúrio. A fonte do feixe é uma câmara mantida a 380 K, com pequena fenda de 1,0 cm × 1,0 cm × 10^{-3} cm. Na temperatura mencionada, a pressão de vapor do cádmio é de 0,13 Pa e a do mercúrio, 12 Pa. Qual a corrente atômica (isto é, número de átomos por unidade de tempo) nos feixes?

19A.6 Deduza a expressão que mostra como varia, com o tempo, a pressão de um gás no interior de uma câmara de efusão (câmara aquecida com pequenino orifício em uma parede), na hipótese de não haver reinjeção de gás na câmara. Mostre, então, que $t_{1/2}$, o intervalo de tempo necessário para que a pressão caia à metade do valor inicial, é independente do valor dessa pressão inicial. *Sugestão*: Escreva a equação diferencial que relaciona $\mathrm{d}p/\mathrm{d}t$ com $p = NkT/V$ e depois faça a sua integração.

SEÇÃO 19B Movimento nos líquidos

Questões teóricas

19B.1 Discuta a diferença entre o raio hidrodinâmico de um íon e seu raio iônico, e explique por que um íon pequeno pode ter um raio hidrodinâmico grande.

19B.2 Discuta o mecanismo da condução dos prótons em água líquida. Como esse mecanismo poderia ser testado?

19B.3 Por que o próton tem menor mobilidade na amônia líquida do que na água?

Exercícios

19B.1(a) A viscosidade da água a 20 °C é 1,002 cP, e a 30 °C é 0,7975 cP. Qual é a energia de ativação do processo de transporte?
19B.1(b) A viscosidade do mercúrio a 20 °C é 1,554 cP, e a 40 °C é 1,450 cP. Qual é a energia de ativação do processo de transporte?

19B.2(a) A mobilidade do íon cloreto, em solução aquosa a 25 °C, é $7{,}91 \times 10^{-8}$ m^2 s^{-1} V^{-1}. Calcule a condutividade molar do íon.
19B.2(b) A mobilidade do íon acetato, em solução aquosa a 25 °C, é $4{,}24 \times 10^{-8}$ m^2 s^{-1} V^{-1}. Calcule a condutividade molar do íon.

19B.3(a) A mobilidade do íon Rb^+ em solução aquosa, a 25 °C, é de $7{,}92 \times 10^{-8}$ m^2 s^{-1} V^{-1}. A diferença de potencial entre dois eletrodos imersos na solução é de 25,0 V. Se a separação entre os eletrodos for de 7,00 mm, qual a velocidade de migração dos íons Rb^+?
19B.3(b) A mobilidade do íon Li^+ em solução aquosa é $4{,}01 \times 10^{-8}$ m^2 s^{-1} V^{-1}, a 25 °C. A diferença de potencial entre dois eletrodos imersos na solução é 24,0 V. Se a separação entre os eletrodos for de 5,00 mm, qual a velocidade de migração dos íons?

19B.4(a) As condutividades molares limites do NaI, $NaNO_3$ e $AgNO_3$ são, respectivamente, em mS m^2 mol^{-1}, iguais a 12,69, 12,16 e 13,34, todas a 25 °C. Qual a condutividade molar limite do AgI nessa temperatura?
19B.4(b) As condutividades molares limites do KF, KCH_3CO_2 e $Mg(CH_3CO_2)_2$ são, respectivamente, em mS m^2 mol^{-1}, iguais a 12,89, 11,44 e 18,78, todas a 25 °C. Qual a condutividade molar limite do MgF_2 nessa temperatura?

19B.5(a) As condutividades iônicas molares, a 25 °C, dos íons Li^+, Na^+ e K^+ são, respectivamente, em mS m^2 mol^{-1}, 3,87, 5,01 e 7,35. Quais as mobilidades dos íons?
19B.5(b) A 25 °C, as condutividades iônicas molares dos íons F^-, Cl^- e Br^- são, respectivamente, em mS m^2 mol^{-1}, iguais a 5,54, 7,635 e 7,81. Quais as mobilidades dos íons?

19B.6(a) Estime o raio efetivo da molécula de sacarose em água, a 25 °C, sabendo que o seu coeficiente de difusão é $5{,}2 \times 10^{-10}$ m^2 s^{-1} e que a viscosidade da água é 1,00 cP.
19B.6(b) Estime o raio efetivo da molécula de glicina em água, a 25 °C, sabendo que o seu coeficiente de difusão é $1{,}055 \times 10^{-9}$ m^2 s^{-1} e que a viscosidade da água é 1,00 cP.

19B.7(a) A mobilidade do íon NO_3^- em solução aquosa, a 25 °C, é $7{,}40 \times 10^{-8}$ m^2 s^{-1} V^{-1}. Calcule o coeficiente de difusão do íon em água, a 25 °C.
19B.7(b) A mobilidade do íon $CH_3CO_2^-$ em solução aquosa, a 25 °C, é $4{,}24 \times 10^{-8}$ m^2 s^{-1} V^{-1}. Calcule o coeficiente de difusão do íon em água, a 25 °C.

Problemas

19B.1 A tabela a seguir mostra como a viscosidade do benzeno varia com a temperatura. Use esses dados para calcular a energia de ativação para a viscosidade.

θ/°C	10	20	30	40	50	60	70
η/cP	0,758	0,652	0,564	0,503	0,442	0,392	0,358

19B.2 Uma expressão empírica que reproduz a viscosidade da água na faixa de 20–100 °C é

‡Estes problemas foram propostos por Charles Trapp e Carmen Giunta.

$$\log\frac{\eta}{\eta_{20}}=\frac{1{,}3272(20-\theta/°\mathrm{C})-0{,}001053(20-\theta/°\mathrm{C})^2}{\theta/°\mathrm{C}+105}$$

em que η_{20} é a viscosidade a 20 °C. Explore (usando um programa matemático) a possibilidade de ajustar essa expressão a uma curva exponencial, de modo a identificar a energia de ativação para a viscosidade.

19B.3 A tabela a seguir lista a condutividade do cloreto de amônio aquoso em uma série de concentrações. Obtenha a condutividade molar e determine os parâmetros da lei de Kohlrausch.

$c/(\mathrm{mol\,dm^{-3}})$	1,334	1,432	1,529	1,672	1,725
$\kappa/(\mathrm{mS\,cm^{-1}})$	131	139	147	156	164

19B.4 As condutividades se medem, muitas vezes, pela comparação entre a resistência de uma célula especial cheia com a solução e depois cheia com uma solução padrão, comumente uma solução aquosa de cloreto de potássio. A 25 °C, a condutividade da água é 1,1639 mS m^{-1} e a de solução de KCl(aq) 0,100 mol dm^{-3} é 76 mS m^{-1}. A resistência da célula cheia com a solução de KCl(aq) é de 33,21 Ω, e quando cheia com a solução 0,100 mol dm^{-3} de CH_3COOH é de 300,0 Ω. Qual a condutividade molar do ácido acético na concentração e na temperatura mencionadas?

19B.5 As resistências de diversas soluções de NaCl, preparadas por sucessivas diluições de uma amostra inicial, foram medidas em uma célula cuja constante (a constante C na relação $\kappa = C/R$) é de 0,2063 cm^{-1}. Encontraram-se os seguintes valores:

$c/(\mathrm{mol\,dm^{-3}})$	0,00050	0,0010	0,0050	0,010	0,020	0,050
R/Ω	3314	1669	342,1	174,1	89,08	37,14

Verifique se a condutividade molar segue a lei de Kohlrausch e determine a condutividade molar limite. Determine o coeficiente $\mathcal{K}$. Com o valor de $\mathcal{K}$ (que depende somente da natureza dos íons, mas não da identidade dos íons), e sabendo que $\lambda(\mathrm{Na^+}) = 5{,}01$ mS m^2 mol^{-1} e $\lambda(\mathrm{I^-}) = 7{,}68$ mS m^2 mol^{-1}, estime (a) a condutividade molar, (b) a condutividade e (c) a resistência da célula, quando a amostra for de NaI(aq) 0,010 mol dm^{-3}, a 25 °C.

19B.6 Quais são as velocidades de migração dos íons Li^+, Na^+ e K^+ em água, quando há uma diferença de potencial de 100 V aplicada aos eletrodos de uma célula de condutividade afastados um do outro em 5,00 cm? Quanto tempo um íon leva para ir de um eletrodo para o outro? Na medição de condutividade é normal usar corrente alternada. Quais os deslocamentos dos íons mencionados, medidos em (a) centímetros e (b) diâmetros do solvente (cerca de 300 pm), durante meio ciclo do potencial aplicado com a frequência de 2,0 kHz?

19B.7‡ G. Bakale *et al.* (*J. Phys. Chem.* **100**, 12477 (1996)) mediram a mobilidade do íon C_{60}^- em vários solventes apolares. No ciclo-hexano, a 22 °C, a mobilidade é 1,1 cm^2 V^{-1} s^{-1}. Estime o raio efetivo do íon C_{60}^-. A viscosidade do solvente é de $0{,}93 \times 10^{-3}$ kg m^{-1} s^{-1}. Sugira uma razão para a grande diferença entre o raio calculado e o raio de van der Waals do C_{60} neutro.

19B.8 Estime os coeficientes de difusão e os raios hidrodinâmicos efetivos dos cátions dos metais alcalinos em água a partir das mobilidades a 25 °C. Estime o número aproximado de moléculas de água que são arrastadas pelo movimento dos cátions. Os raios iônicos estão na Tabela 18B.2.

19B.9 A ressonância magnética nuclear pode ser usada para se determinar a mobilidade das moléculas nos líquidos. Um conjunto de medidas do coeficiente de difusão do metano no tetracloreto de carbono levou aos valores de $2{,}05 \times 10^{-9}$ m^2 s^{-1} a 0 °C e $2{,}89 \times 10^{-9}$ m^2 s^{-1} a 25 °C. Deduza toda a informação que se possa conseguir sobre a mobilidade do metano no tetracloreto de carbono.

19B.10‡ Uma solução diluída de um eletrólito fraco (1,1) contém pares iônicos neutros e íons em equilíbrio ($\mathrm{A + B \rightleftharpoons A^+ + B^-}$). Prove que as condutividades molares estão relacionadas ao grau de ionização pelas equações

$$\frac{1}{\Lambda_\mathrm{m}}=\frac{1}{\Lambda_\mathrm{m}(\alpha)}+\frac{(1-\alpha)\Lambda_\mathrm{m}^\circ}{\alpha^2\Lambda_\mathrm{m}(\alpha)^2},\quad \Lambda_\mathrm{m}(\alpha)=\Lambda_\mathrm{m}^\circ-\mathcal{K}(\alpha c)^{1/2}$$

em que Λ_m° é a condutividade molar limite em diluição infinita e $\mathcal{K}$ é a constante da lei de Kohlrausch.

SEÇÃO 19C Difusão

Questões teóricas

19C.1 Descreva as origens da força termodinâmica. Até que ponto ela pode ser considerada uma força real?

19C.2 Dê uma explicação física para a forma da equação da difusão.

Exercícios

19C.1(a) O coeficiente de difusão da glicose em água, a 25 °C, é $6{,}73 \times 10^{-10}$ m^2 s^{-1}. Calcule o tempo necessário para que uma molécula de glicose sofra um deslocamento correspondente à raiz quadrada do deslocamento quadrático médio de 5,0 mm.

19C.1(b) O coeficiente de difusão da H_2O em água, a 25 °C, é $2{,}26 \times 10^{-9}$ m^2 s^{-1}. Calcule o tempo necessário para que uma molécula de H_2O sofra um deslocamento correspondente à raiz quadrada do deslocamento quadrático médio de 1,0 cm.

19C.2(a) Uma camada com 20,0 g de sacarose é espalhada uniformemente sobre uma superfície de área 5,0 cm^2 e coberta com água até ficar a uma profundidade de 20 cm. Qual será a concentração molar de moléculas de sacarose a 10 cm acima da camada original em (i) 10 s, (ii) 24 h? Admita que a difusão é o único processo de transporte e considere $D = 5{,}216 \times 10^{-9}$ m^2 s^{-1}.

19C.2(b) Uma camada com 10,0 g de iodo é espalhada uniformemente sobre uma superfície de área 10,0 cm^2 e coberta com hexano até ficar a uma profundidade de 10 cm. Qual será a concentração molar de moléculas de sacarose a 5,0 cm acima da camada original em (i) 10 s, (ii) 24 h? Admita que a difusão é o único processo de transporte e considere $D = 4{,}05 \times 10^{-9}$ m^2 s^{-1}.

19C.3(a) Admita que a concentração de um soluto diminui linearmente ao longo do comprimento de um recipiente. Calcule a força termodinâmica sobre o soluto a 25 °C e 10 cm e 20 cm, sabendo que a concentração cai à metade de seu valor em 10 cm.

19C.3(b) Admita que a concentração de um soluto aumenta com x^2 ao longo do comprimento de um recipiente. Calcule a força termodinâmica sobre o soluto a 25 °C e 8 cm e 16 cm, sabendo que a concentração cai à metade de seu valor em 8 cm.

19C.4(a) Admita que a concentração de um soluto segue uma distribuição gaussiana (proporcional a e^{-x^2}) ao longo do comprimento de um recipiente. Calcule a força termodinâmica sobre o soluto a 20 °C e 5,0 cm, sabendo que a concentração cai à metade de seu valor em 5,0 cm.

19C.4(b) Admita que a concentração de um soluto segue uma distribuição gaussiana (proporcional a e^{-x^2}) ao longo do comprimento de um recipiente. Calcule a força termodinâmica sobre o soluto a 18 °C e 10,0 cm, sabendo que a concentração cai à metade de seu valor em 10,0 cm.

19C.5(a) O coeficiente de difusão do CCl_4 no heptano, a 25 °C, é $3{,}17 \times 10^{-9}$ $m^2\,s^{-1}$. Estime o tempo necessário para uma molécula de CCl_4 ter a raiz quadrada do deslocamento quadrático médio de 5,0 mm.

19C.5(b) O coeficiente de difusão do I_2 no hexano, a 25 °C, é $4{,}05 \times 10^{-9}$ $m^2\,s^{-1}$. Estime o tempo necessário para uma molécula de iodo ter a raiz quadrada do deslocamento quadrático médio de 1,0 cm.

19C.6(a) Estime o raio efetivo da molécula de sacarose em água, a 25 °C, sabendo que o seu coeficiente de difusão é $5{,}2 \times 10^{-10}$ $m^2\,s^{-1}$ e que a viscosidade da água é 1,00 cP.

19C.6(b) Estime o raio efetivo da molécula de glicina em água, a 25 °C, sabendo que o seu coeficiente de difusão é $1{,}055 \times 10^{-9}$ $m^2\,s^{-1}$ e que a viscosidade da água é 1,00 cP.

19C.7(a) O coeficiente de difusão do iodo molecular no benzeno é $2{,}13 \times 10^{-9}$ $m^2\,s^{-1}$. Quanto tempo uma molécula leva para fazer um salto de cerca de um diâmetro molecular (aproximadamente o tamanho dos saltos no movimento de translação)?

19C.7(b) O coeficiente de difusão do CCl_4 no heptano é $3{,}17 \times 10^{-9}$ $m^2\,s^{-1}$. Quanto tempo uma molécula leva para saltar cerca de um diâmetro molecular (aproximadamente o tamanho dos saltos no movimento de translação)?

19C.8(a) Qual a raiz quadrada da distância quadrática média percorrida por uma molécula de iodo no benzeno e por uma molécula de sacarose em água, a 25 °C, em 1,0 s?

19C.8(b) Que tempo leva, em média, para as moléculas mencionadas no Exercício 19C.8(a) migrarem para um ponto distante (a) 1,0 mm e (b) 1,0 cm dos seus pontos de partida?

Problemas

19C.1 Preparou-se uma solução diluída de permanganato de potássio em água, a 25 °C. Inicialmente a solução foi colocada num tubo horizontal de 10 cm de comprimento, e observou-se que havia modificação linear na coloração púrpura da solução da esquerda (onde a concentração era de 0,100 mol dm^{-3}) para a direita (onde a concentração era de 0,050 mol dm^{-3}). Qual o valor e qual o sentido da força termodinâmica que atua sobre o soluto (a) na extremidade esquerda do tubo, (b) no meio do tubo e (c) na extremidade direita do tubo? Calcule a força por mol e também por molécula, para cada caso.

19C.2 Preparou-se uma solução diluída de permanganato de potássio em água, a 25 °C. Inicialmente a solução foi colocada num tubo horizontal de 10 cm de comprimento, e havia inicialmente uma distribuição gaussiana de concentração em torno do centro do tubo, em $x = 0$, $c(x)=c_0 e^{-ax^2}$, com $c_0 = 0{,}100$ mol dm^{-3} e $a = 0{,}10$ cm^{-2}. Determine a força termodinâmica que atua sobre o soluto em função da posição, x, e faça o gráfico do resultado. Dê a força por mol e a força por molécula para cada caso. Quais são as consequências esperadas da força termodinâmica?

19C.3 Suponha que, em vez de um "monte" gaussiano para o soluto, como no Problema 19C.2, tenhamos uma depressão gaussiana, uma distribuição da forma $c(x)=c_0(1-e^{-ax^2})$. Repita os cálculos do Problema 19C.2 e suas consequências.

19C.4 Um tablete de sacarose de massa igual a 10,0 g é suspenso no meio de um frasco esférico de água de raio igual a 10 cm, a 25 °C. Qual é a concentração de sacarose nas paredes do frasco após (a) 1,0 h, (b) 1,0 semana? Considere $D = 5{,}22 \times 10^{-10}$ $m^2\,s^{-1}$.

19C.5 Verifique que a Eq. 19C.11 é uma solução da equação de difusão com o valor inicial correto.

19C.6 Confirme que

$$c(x)=\frac{c_0}{(4\pi Dt)^{1/2}}\,e^{-(x-x_0-vt)^2/4Dt}$$

é uma solução da equação de difusão com convecção (Eq. 19C.10) com todo o soluto concentrado em $x = x_0$, em $t = 0$, e faça o gráfico do perfil da concentração em uma série de tempos para mostrar como a distribuição se dispersa e seu centroide flutua.

19C.7 Calcule a relação entre $\langle x^2\rangle^{1/2}$ e $\langle x^4\rangle^{1/4}$ para partículas em difusão em um tempo t, se elas têm um coeficiente de difusão D.

19C.8 A força termodinâmica tem direção e módulo, e, em um sistema tridimensional ideal, a Eq. 19C.7 torna-se $\mathcal{F} = -RT\Delta(\ln c)$. Qual é a força termodinâmica que está atuando para ocasionar a difusão resumida na Eq. 19C.12 (a de um soluto inicialmente suspenso no centro de um frasco de solvente)? *Sugestão*: Use $\nabla = \boldsymbol{i}\partial/\partial x + \boldsymbol{j}\partial/\partial y + \boldsymbol{k}\partial/\partial z$.

19C.9 A equação da difusão é válida quando são muitos os deslocamentos elementares no intervalo de tempo considerado. Os cálculos do deslocamento ao acaso, porém, também permitem a discussão das distribuições em intervalos de tempo curtos e longos. Use a expressão $P(n\lambda) = N!(N - N_R)!N_R!2^N$ para calcular a probabilidade de a partícula móvel estar a seis passos da origem (isto é, em $x = 6\lambda$) depois de (a) quatro, (b) seis e (c) doze passos.

19C.10 Use um programa matemático para calcular $P(n\lambda)$ em um deslocamento ao acaso unidimensional, e calcule a probabilidade de estar em $x = n\lambda$, para $n = 6, 10, 14, ..., 60$. Compare o valor numérico com o valor analítico no limite de um grande número de passos. Em que valor de n a discrepância não é maior que 0,1%? Use $n = 6$ e $N = 6, 8, ..., 180$.

19C.11 Dê as etapas matemáticas intermediarias na *Justificativa* 19C.2.

19C.12 O coeficiente de difusão de um tipo particular de uma molécula de t-RNA é $D = 1{,}0 \times 10^{-11}$ $m^2\,s^{-1}$ no meio celular. Quanto tempo as moléculas produzidas no núcleo da célula levam para chegar às paredes da célula a 1,0 μm de distância, correspondendo ao raio da célula?

19C.13‡ Neste problema vamos analisar um modelo de transporte do oxigênio do ar dos pulmões para o sangue. Primeiramente, mostre que, para as condições inicial e de contorno $c(x,t) = c(x,0) = c_o$ $(0 < x < \infty)$ e $c(0,t) = c_s$ $(0 \le t \le \infty)$, em que c_o e c_s são constantes, a concentração $c(x,t)$ de uma espécie é dada por

$$c(x,t)=c_o+(c_s-c_o)\{1-\text{erf}(\xi)\}$$

em que erf(ξ) é a função erro (veja o conjunto de integrais na *Seção de dados*) e a concentração $c(x,t)$ descreve a difusão a partir de um plano yz de concentração constante. Essa expressão é representativa para o caso de uma fase condensada que absorve um componente de uma fase gasosa. Esboce, agora, os gráficos dos perfis de concentração, em diferentes tempos, para o caso da difusão do oxigênio em água a 298 K ($D = 2{,}10 \times 10^{-9}$ $m^2\,s^{-1}$). Utilize uma dimensão espacial compatível para o caso da passagem do oxigênio dos pulmões para o sangue através dos alvéolos. Utilize $c_o = 0$ e c_s igual à solubilidade do oxigênio em água. *Sugestão*: Use um programa matemático.

Atividades integradas

19.1 Use um programa matemático ou uma planilha eletrônica para gerar uma família de curvas semelhante àquela mostrada na Fig. 19C.4, mas usando a Eq. 19C.14, que descreve a difusão em três dimensões.

19.2 Na Seção 20D mostra-se que a expressão geral para a energia de ativação de uma reação química é $E_a = RT^2(\mathrm{d}\ln k/\mathrm{d}T)$. Confirme que a mesma expressão pode ser usada para se obter a energia de ativação da Eq. 19B.2 para a viscosidade e, em seguida, aplique a expressão para deduzir a dependência entre a energia de ativação e a temperatura, quando a viscosidade da água é dada pela expressão empírica no Problema 19B.2. Represente graficamente essa energia de ativação como função da temperatura. Sugira uma explicação da dependência de E_a em relação à temperatura.

CAPÍTULO 20

Cinética química

Este capítulo apresenta os princípios da "cinética química", o estudo das velocidades das reações. A velocidade de uma reação química pode depender de variáveis sob nosso controle, como pressão, temperatura, presença de catalisadores, e é possível, em muitos casos, otimizar a velocidade pela escolha apropriada das condições. Neste capítulo, vamos verificar como essas manipulações são possíveis. Nos capítulos restantes do texto desenvolveremos este material mais detalhadamente, aplicando-o a casos mais complicados ou mais especializados.

20A As velocidades das reações químicas

Nessa seção vamos discutir a definição de velocidade de reação e descrever as técnicas para sua medição. Os resultados dessas medições mostram que as velocidades de reação dependem da concentração de reagentes (e produtos) e de "constantes de velocidade" que são características da reação. Essa dependência pode ser expressa em termos de equações diferenciais conhecidas como as "leis de velocidade".

20B Leis de velocidade integradas

"Leis de velocidade integradas" são as soluções das equações diferenciais que descrevem as leis de velocidade. Elas são utilizadas para prever as concentrações das espécies em qualquer momento após o início da reação e para oferecer procedimentos para a medição das constantes de velocidade. Essa seção explora leis de velocidade integradas simples porém muito úteis que aparecem ao longo de todo o capítulo.

20C Reações nas vizinhanças do equilíbrio

Nessa seção veremos que, em geral, as leis de velocidade devem considerar as reações diretas e inversas e que elas dão origem a expressões que descrevem a aproximação do equilíbrio, quando as velocidades direta e inversa são iguais. Um resultado da análise é uma relação útil, que pode ser explorada experimentalmente, entre a constante de equilíbrio do processo como um todo e as constantes de velocidade das reações diretas e inversas no mecanismo proposto.

20D A equação de Arrhenius

As constantes de velocidade da maioria das reações aumentam com o aumento da temperatura. Nessa seção veremos que a "equação de Arrhenius" captura essa dependência da temperatura empregando apenas dois parâmetros que podem ser determinados experimentalmente.

20E Mecanismos de reação

A investigação das velocidades das reações também leva a uma compreensão dos "mecanismos" das reações e à expressão desses mecanismos por uma sequência de etapas elementares. Nessa seção vamos ver como construir leis da velocidade a partir de um mecanismo proposto. As etapas elementares têm, por si próprias, leis de velocidade simples, e estas leis podem ser combinadas utilizando-se o conceito da "etapa determinante da velocidade" de uma reação, ou utilizando a "aproximação do estado estacionário" e a existência de um "pré-equilíbrio".

20F Exemplos de mecanismos de reação

Nessa seção desenvolvemos dois exemplos de mecanismos de reação. O primeiro descreve uma classe especial de reações em fase gasosa que dependem das colisões entre os reagentes. O segundo amplia a visão da formação de polímeros e mostra como a cinética da sua formação afeta as suas propriedades.

20G Fotoquímica

"Fotoquímica" é o estudo das reações que são iniciadas pela luz. Nessa seção vamos explorar mecanismos de reações fotoquímicas, com ênfase especial nos processos de transferência de elétrons e de energia.

20H Enzimas

Nessa seção discutiremos o mecanismo geral de ação das "enzimas", que são catalisadores biológicos. Mostraremos como montar expressões para a sua influência na velocidade das reações e o efeito das substâncias que inibem sua função.

Qual é o impacto deste material?

Além da cinética química, neste capítulo estudaremos a fotoquímica, o que nos permitirá entender os fundamentos da fotossíntese.

20A As velocidades das reações químicas

Tópicos

➤ Por que você precisa saber este assunto?

O estudo das velocidades de desaparecimento de reagentes e de aparecimento de produtos nos permite prever a rapidez com que uma mistura de reação se aproxima do equilíbrio. Além disso, o estudo das velocidades das reações leva a descrições detalhadas dos eventos moleculares que transformam reagentes em produtos.

➤ Qual é a ideia fundamental?

As velocidades das reações podem ser expressas matematicamente em termos das concentrações dos reagentes e, em certos casos, dos produtos.

➤ O que você já deve saber?

Esta seção introdutória é o fundamento de uma sequência: tudo que você precisa saber inicialmente é o significado dos números estequiométricos (Seção 2C). Para uma revisão sobre a determinação espectroscópica da concentração, consulte a Seção 12A.

Esta seção introduz os princípios da **cinética química**, a investigação das velocidades de reação, mostrando como elas podem ser medidas e interpretadas. Os resultados dessas medições mostram que a velocidade de uma reação depende das concentrações dos reagentes (e dos produtos) de uma forma característica que pode ser expressa em termos de equações diferenciais conhecidas como leis da velocidade.

20A.1 Acompanhando o progresso de uma reação

A primeira etapa na análise da cinética das reações é a do estabelecimento da estequiometria da reação e a identificação de possíveis reações secundárias. Os dados básicos da cinética química são então as concentrações dos reagentes e dos produtos em tempos diferentes a partir do início da reação.

(a) Considerações gerais

As velocidades da maioria das reações químicas dependem da temperatura (conforme é descrito na Seção 20D), e por isso, nas experiências convencionais de cinética, se mantém constante a temperatura do sistema reacional durante a reação. Essa condição constitui demanda crítica na formulação das determinações experimentais. As reações em fase gasosa, por exemplo, são muitas vezes realizadas em um vaso de reação em contato com um grande bloco metálico. As reações em fase líquida são feitas em termostatos eficientes, mesmo as reações em fluxo. Técnicas especiais foram desenvolvidas para a investigação de reações em baixas temperaturas, como as que ocorrem nas nuvens interestelares. Por exemplo, a expansão supersônica do gás da reação pode ser usada para atingir temperaturas tão baixas quanto 10 K. Para trabalhar em fase líquida e em fase sólida, frequentemente alcançam-se temperaturas muito baixas fazendo um líquido frio, ou um gás frio, escoar em torno do vaso reacional. Outra técnica consiste em mergulhar todo o vaso reacional em um recipiente termicamente isolado cheio com um líquido criogênico, como o hélio líquido (para se trabalhar nas vizinhanças de 4 K) ou o nitrogênio líquido (para se trabalhar nas vizinhanças de 77 K). Algumas vezes opera-se em condições não isotérmicas. Por exemplo, o tempo útil de estocagem de um fármaco caro pode ser investigado em uma experiência em que se eleva lentamente a temperatura de uma única amostra.

A espectroscopia é muito utilizada no estudo da cinética de reações, sendo especialmente apropriada quando uma dada substância na mistura reacional tem absorção característica muito forte em uma região de fácil acesso do espectro eletromagnético. Por exemplo, pode-se acompanhar o progresso da reação

$$H_2(g) + Br_2(g) \rightarrow 2HBr(g)$$

pela medida da absorção de luz visível pelo bromo. Se na reação houver modificação do número ou do tipo de íons presentes, é possível acompanhar a reação mediante determinações da condutividade elétrica da solução. A transformação de moléculas neutras em produtos iônicos pode provocar notáveis modificações na condutividade, como na reação

$$(CH_3)_3CCl(aq) + H_2O(l) \rightarrow (CH_3)_3COH(aq) + H^+(aq) + Cl^-(aq)$$

Se houver formação ou consumo de íons hidrogênio, o avanço da reação pode ser acompanhado pela variação do pH da solução.

Outros métodos de determinar a composição são a espectroscopia de emissão (Seção 13B), a espectrometria de massa (Seção 17D), a cromatografia em fase gasosa, a ressonância magnética nuclear (Seções 14B e 14C) e a ressonância paramagnética eletrônica (no caso de reações que envolvem radicais ou íons paramagnéticos de metais d; veja a Seção 14D). É possível que em um sistema reacional com pelo menos um componente gasoso o avanço da reação provoque modificação da pressão, se o sistema operar a volume constante. O avanço desse tipo de reação poderá ser acompanhado, portanto, registrando-se a variação da pressão em função do tempo.

Exemplo 20A.1 Acompanhando a variação da pressão

Determine como a pressão total varia na decomposição em fase gasosa $2\,N_2O_5(g) \rightarrow 4\,NO_2(g) + O_2(g)$, em um recipiente de volume constante.

Método A pressão total do sistema (a volume e temperatura constantes, admitindo-se o comportamento de gás perfeito) é proporcional ao número de moléculas na fase gasosa. Logo, como para cada mol de N_2O_5 que se decompõe ocorre a formação de $\frac{5}{2}$ mol de moléculas gasosas, podemos imaginar que a pressão final seja igual a $\frac{5}{2}$ da pressão inicial. Para confirmar essa previsão, exprimimos o avanço da reação em termos da fração, α, de moléculas de N_2O_5 que reagiram.

Resposta Sejam p_0 a pressão inicial e n o número inicial de moléculas de N_2O_5. Quando uma fração α das moléculas de N_2O_5 sofre decomposição, o número de mols de cada componente na mistura reacional é

	N_2O_5	NO_2	O_2	Total
Número de mols:	$n(1-\alpha)$	$2\alpha n$	$\frac{1}{2}\alpha n$	$n(1+\frac{3}{2}\alpha)$

Quando $\alpha = 0$ a pressão é p_0, de modo que em qualquer instante a pressão total é dada por

$$p = (1 + \tfrac{3}{2}\alpha)p_0$$

Quando a reação estiver completa ($\alpha = 1$), a pressão será igual a $\frac{5}{2}$ vezes a pressão inicial.

Exercício proposto 20A.1 Repita o cálculo anterior para a reação $2\,NOBr(g) \rightarrow 2\,NO(g) + Br_2(g)$.

Resposta: $p = (1 + \frac{1}{2}\alpha)p_0$

(b) Técnicas especiais

O método adotado para acompanhar as mudanças de concentração depende das espécies químicas envolvidas e da rapidez das alterações de suas concentrações. Muitas reações atingem o equilíbrio em minutos ou horas, e é possível aproveitar várias técnicas para acompanhar as mudanças de concentração. Na **análise em tempo real**, a composição do sistema reacional é analisada durante o avanço da reação. Uma pequena amostra é retirada do sistema para análise ou toda a solução no sistema reacional é monitorada. No **método do escoamento**, os reagentes se misturam ao fluir em conjunto para uma câmara (Fig. 20A.1). A reação continua quando as soluções completamente misturadas escoam pelo tubo de saída, e a observação da composição da mistura em diversos pontos ao longo do tubo é equivalente à observação do sistema reacional em diferentes instantes de tempo depois da misturação. A desvantagem das técnicas convencionais de escoamento é o grande volume de solução de reagentes que tem que ser utilizado. Esta desvantagem é especialmente importante quando a reação é rápida, pois é preciso provocar um espalhamento muito rápido da reação ao longo do tubo de saída. A **técnica de fluxo interrompido** (em inglês ***stopped-flow***) contorna essa desvantagem (Fig. 20A.2). Nessa técnica, os reagentes são misturados muito rapidamente em uma câmara pequena que é provida de uma seringa em vez de um tubo de saída. O fluxo cessa quando o êmbolo dessa seringa atinge uma posição fixa, e a reação continua a ocorrer na mistura resultante das soluções. Fazem-se observações na amostra, normalmente usando técnicas espectroscópicas, como a absorção ultravioleta-visível, o dicroísmo circular e

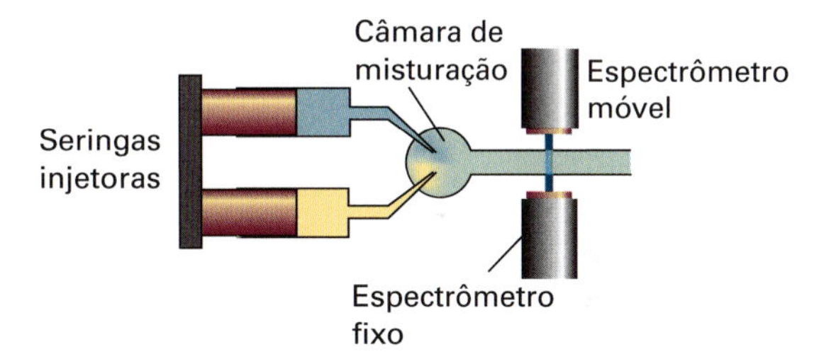

Figura 20A.1 Montagem do dispositivo usado na técnica do escoamento para a investigação das velocidades de reações. Os reagentes são injetados, a vazão constante, na câmara de misturação. A localização do espectrômetro corresponde a diferentes instantes da reação após a sua inicialização.

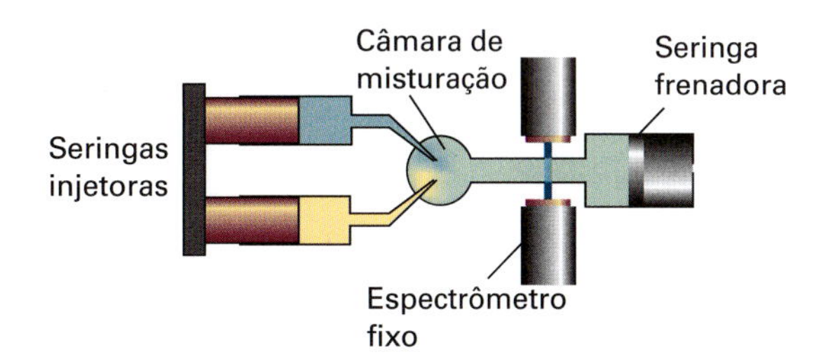

Figura 20A.2 Na técnica de fluxo interrompido, os reagentes entram rapidamente na câmara de misturação pela ação das seringas injetoras, e a variação das concentrações com o tempo é então medida.

a emissão de fluorescência (todas introduzidas nas Seções 13A e 13B), em função do tempo. Essa técnica permite o estudo de reações que ocorrem em escalas de tempo entre o milissegundo e o segundo. A adequação da técnica de fluxo interrompido para a investigação de pequenas amostras faz com que ela seja apropriada para a investigação de muitas reações bioquímicas. Ela é bastante usada, por exemplo, na investigação da cinética de enovelamento de proteínas e da cinética enzimática.

Reações muito rápidas podem ser estudadas por **fotólise de flash**. Neste caso, uma amostra é exposta a um rápido pulso luminoso que inicia a reação e depois se acompanha a modificação do sistema na câmara reacional. Os dispositivos usados para a investigação com fotólise de flash são baseados no arranjo experimental para a espectroscopia resolvida no tempo. Nessa técnica, reações ocorrendo em uma escala de tempo de picossegundos ou de femtossegundos podem ser investigadas usando-se absorção ou emissão eletrônica, absorção no infravermelho ou espalhamento Raman (Seção 13C).

Ao contrário da análise em tempo real, os **métodos de extinção** são baseados na suspensão, ou extinção, da reação depois de ela ter avançado durante certo tempo. Deste modo, a composição pode ser analisada com comodidade e os intermediários da reação podem ser isolados. Esses métodos são adequados somente quando as reações são suficientemente lentas para que seja pequeno o avanço durante o tempo necessário à extinção do processo reacional. No **método do escoamento com extinção química**, os reagentes são misturados de forma parecida com o que ocorre no método do escoamento, mas a reação é extinta por outro reagente, como uma solução ácida ou básica, depois que a mistura se deslocou ao longo de um comprimento fixo do tubo de saída. Tempos de reação diferentes podem ser selecionados variando-se a velocidade de escoamento ao longo do tubo de saída. Uma vantagem do método do escoamento com extinção química em relação ao método de fluxo interrompido é que não necessitamos usar técnicas espectroscópicas para medir a concentração dos reagentes e dos produtos. Uma vez que a reação tenha sido extinta, a solução pode ser examinada por técnicas "lentas", por exemplo, a eletroforese de gel, a espectrometria de massa e a cromatografia. No **método de extinção por congelamento**, a reação é extinta pelo resfriamento súbito, em milissegundos, do sistema. A partir daí, as concentrações dos reagentes, dos intermediários e dos produtos são medidas espectroscopicamente.

20A.2 As velocidades das reações

As velocidades das reações dependem da composição e da temperatura da mistura reacional. As próximas seções tratam dessas dependências.

(a) Definição de velocidade

Seja uma reação com a forma A + 2 B → 3 C + D, em que, em um certo instante, a concentração molar de um participante J é [J] e o volume do sistema é constante. A **velocidade de consumo** instantânea de um dos reagentes, em um certo instante, é $d[R]/dt$, em que R é ou A ou B. Essa velocidade é uma grandeza positiva (Fig. 20A.3). A **velocidade de formação** de um dos produtos (C ou D, que simbolizaremos por P) é $d[P]/dt$ (observe a diferença de sinal). Essa velocidade também é uma grandeza positiva.

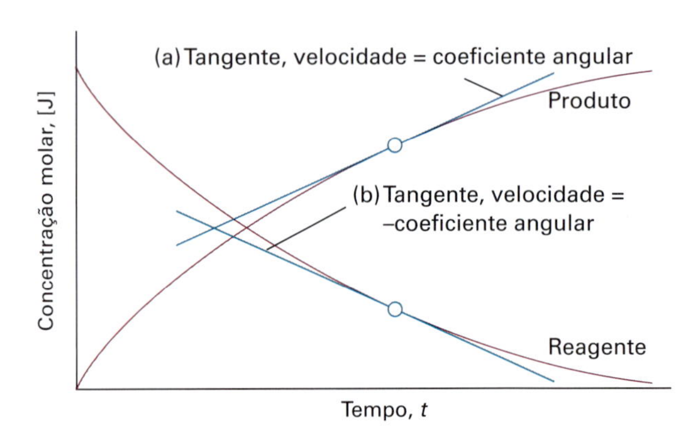

Figura 20A.3 Definição da velocidade (instantânea) como o coeficiente angular da tangente traçada à curva que mostra a variação das concentrações dos (a) produtos, (b) reagentes em função do tempo. No caso de coeficientes angulares negativos, troca-se o sinal na definição das velocidades; assim, todas as velocidades de reação são positivas.

Vem da estequiometria da reação A + 2 B → 3 C + D, que

$$\frac{d[D]}{dt}=\frac{1}{3}\frac{d[C]}{dt}=-\frac{d[A]}{dt}=-\frac{1}{2}\frac{d[B]}{dt}$$

assim, há diversas velocidades associadas à reação. A existência de diferentes velocidades para descrever uma mesma reação é evitada usando-se o grau de avanço da reação, ξ (csi, grandeza definida na Seção 6A):

$$\xi=\frac{n_J-n_{J,0}}{\nu_J}$$ *Definição* Grau de avanço de uma reação (20A.1)

em que ν_J é o número estequiométrico do componente J (Seção 2C; lembre-se de que ν_J é negativo para reagentes e positivo para produtos), e definindo-se a **velocidade da reação**, v, como a velocidade da variação do grau de avanço da reação:

$$v=\frac{1}{V}\frac{d\xi}{dt}$$ *Definição* Velocidade de uma reação (20A.2)

em que V é o volume do sistema. Segue que

$$v=\frac{1}{\nu_J}\times\frac{1}{V}\frac{dn_J}{dt} \quad (20A.3a)$$

Para uma reação homogênea em um sistema de volume constante, podemos introduzir o volume V na diferencial e usar $[J] = n_J/V$ para escrever

$$v=\frac{1}{\nu_J}\frac{d[J]}{dt} \quad (20A.3b)$$

Para uma reação heterogênea, utilizamos a área superficial (constante), A, ocupada pelas espécies químicas em vez de V e usamos $\sigma_J = n_J/S$ para escrever

$$v = \frac{1}{\nu_J}\frac{d\sigma_J}{dt} \qquad (20A.3c)$$

Para todos os casos há uma única velocidade para uma dada reação (para a equação química como ela está escrita). Com as concentrações molares dadas em mols por decímetro cúbico e o tempo em segundos, a velocidade de uma reação homogênea é dada em mols por decímetro cúbico por segundo (mol dm^{-3} s^{-1}) ou em unidades relacionadas. Para as reações em fase gasosa, tais como aquelas ocorrendo na atmosfera, concentrações são frequentemente expressas em moléculas por centímetro cúbico (moléculas cm^{-3}) e as velocidades em moléculas são expressas por centímetro cúbico por segundo (moléculas cm^{-3} s^{-1}). Para as reações heterogêneas, as velocidades são expressas em mols por metro quadrado por segundo (mol m^{-2} s^{-1}) ou em unidades relacionadas.

Breve ilustração 20A.1 Velocidades de reação a partir de equações químicas balanceadas

Se a velocidade de formação do NO na reação 2 NOBr(g) → 2 NO(g) + Br_2(g) for dada por 0,16 mmol dm^{-3} s^{-1}, usamos $\nu_{NO} = +2$ para ter v = 0,080 mmol dm^{-3} s^{-1}. Como $\nu_{NOBr} = -2$, vem que d[NOBr]/dt = −0,16 mmol dm^{-3} s^{-1}. A velocidade de consumo do NOBr é, portanto, 0,16 mmol dm^{-3} s^{-1}, ou 9,6 × 10^{16} moléculas cm^{-3} s^{-1}.

Exercício proposto 20A.2 A velocidade de variação da concentração molar dos radicais CH_3 na reação 2 CH_3(g) → CH_3CH_3(g) é dada por d[CH_3]/dt = −1,2 mol dm^{-3} s^{-1}, para determinada condição específica. Quais são (a) a velocidade da reação e (b) a velocidade de formação do CH_3CH_3?

Resposta: (a) 0,60 mol dm^{-3} s^{-1}, (b) 0,60 mol dm^{-3} s^{-1}

(b) Leis de velocidade e constantes de velocidade

Muitas vezes verifica-se que a velocidade de uma reação é proporcional às concentrações dos reagentes elevadas a certas potências. Por exemplo, a velocidade da reação pode ser proporcional às concentrações molares de dois reagentes A e B, de modo que escrevemos

$$v = k_r[A][B] \qquad (20A.4)$$

com cada concentração elevada à primeira potência. O coeficiente k_r é denominado **constante de velocidade** da reação. A constante de velocidade não depende das concentrações, mas depende da temperatura. Uma equação desse tipo determinada experimentalmente é denominada **lei de velocidade** da reação. Mais formalmente, uma lei de velocidade é uma equação que fornece a velocidade da reação, em função das concentrações de todas as espécies presentes na equação química global para a reação, em um dado instante:

$$v = f([A],[B],\ldots) \qquad (20A.5a)$$

Forma geral — Lei de velocidade em termos da concentração

Para reações homogêneas em fase gasosa, é frequentemente mais conveniente expressar a lei de velocidade em termos das pressões parciais, que estão relacionadas com concentrações molares por $p_J = RT[J]$. Neste caso, temos

$$v = f(p_A, p_B, \ldots) \qquad (20A.5b)$$

Forma geral — Lei de velocidade em termos das pressões parciais

A lei de velocidade de uma reação é determinada experimentalmente e não pode, em geral, ser inferida a partir da equação química da reação. A reação entre o hidrogênio e o bromo, por exemplo, tem uma estequiometria muito simples, H_2(g) + Br_2(g) → 2 HBr(g), mas a sua lei de velocidade é complicada:

$$v = \frac{k_a[H_2][Br_2]^{3/2}}{[Br_2]+k_b[HBr]} \qquad (20A.6)$$

Em certos casos, a lei de velocidade reflete a estequiometria da reação, mas nesse caso ou temos uma mera coincidência, ou a lei de velocidade representa uma característica do mecanismo da reação subjacente (veja a Seção 20E).

Uma nota sobre a (pelo menos nossa) boa prática Representamos a constante de velocidade por k_r para distingui-la da constante de Boltzmann k. Em alguns textos k é empregado para a primeira e k_B para a segunda. Quando expressamos as constantes de velocidade em uma lei de velocidade mais complicada, como a da Eq. 20A.6, usamos k_a, k_b e assim por diante.

As unidades de k_r são aquelas que permitem a conversão do produto das concentrações na variação da concentração dividida pelo tempo. Por exemplo, se a lei de velocidade for dada pela Eq. 20A.4, com as concentrações dadas em mol dm^{-3}, temos que a unidade de k_r será $dm^3 mol^{-1}$ s^{-1}, pois

$$dm^3\,mol^{-1}s^{-1} \times mol\,dm^{-3} \times mol\,dm^{-3} = mol\,dm^{-3}\,s^{-1}$$

Para estudos em fase gasosa, incluindo os de processos que ocorrem na atmosfera, as concentrações são normalmente expressas em moléculas cm^{-3}; assim, a constante de velocidade da reação anteriormente mencionada seria dada em cm^3molécula^{-1} s^{-1}. Podemos utilizar a discussão prévia para determinar as unidades da constante de velocidade para qualquer expressão da lei de velocidade. Por exemplo, a constante de velocidade de uma reação que tenha uma lei de velocidade dada por k_r[A] é em geral dada em s^{-1}.

Breve ilustração 20A.2 As unidades das constantes de velocidade

A constante de velocidade da reação O(g) + O_3(g) → 2 O_2(g) tem o valor de 8,0 × 10^{-15} cm^3 molécula^{-1} s^{-1}, a 298 K. Para se obter essa constante de velocidade em $dm^3\ mol^{-1}\ s^{-1}$, vamos utilizar as relações 1 cm = 10^{-1} dm e 1 molécula = (1 mol)/($6{,}022 \times 10^{23}$). Tem-se, portanto,

$$\begin{aligned} k_r &= 8{,}0\times10^{-15}\,\text{cm}^3\,\text{molécula}^{-1}\,\text{s}^{-1} \\ &= 8{,}0\times10^{-15}\left(10^{-1}\,\text{dm}\right)^3\left(\frac{1\,\text{mol}}{6{,}022\times10^{23}}\right)^{-1}\text{s}^{-1} \\ &= 8{,}0\times10^{-15}\times10^{-3}\times6{,}022\times10^{23}\,\text{dm}^3\,\text{mol}^{-1}\,\text{s}^{-1} \\ &= 4{,}8\times10^{6}\,\text{dm}^3\,\text{mol}^{-1}\,\text{s}^{-1} \end{aligned}$$

Exercício proposto 20A.3 Uma reação apresenta a lei de velocidade $k_r[A]^2[B]$. Quais são as unidades da constante de velocidade quando medimos a velocidade da reação em mol $dm^{-3}\ s^{-1}$?

Resposta: $dm^6\ mol^{-2}\ s^{-1}$

Uma aplicação prática da lei de velocidade é que, uma vez conhecidos a lei de velocidade e o valor da constante de velocidade, podemos prever a velocidade da reação a partir da composição da mistura. Além disso, como veremos na Seção 20B, sabendo a lei de velocidade podemos prever a composição da mistura reacional em qualquer instante futuro. A lei de velocidade também representa um guia para o mecanismo da reação, pois qualquer mecanismo proposto deve ser compatível com a lei de velocidade observada. Esta aplicação está desenvolvida na Seção 20E.

(c) Ordem de reação

Encontram-se muitas reações com leis de velocidade da forma

$$v = k_r[A]^a[B]^b \cdots \tag{20A.7}$$

A potência a que está elevada a concentração de uma espécie (produto ou reagente) na expressão da lei de velocidade é a **ordem** da reação em relação a essa espécie química. Por exemplo, uma reação que tenha a lei de velocidade dada pela Eq. 20A.4 é de primeira ordem em A e de primeira ordem em B. A **ordem global** de uma reação que tenha uma lei de velocidade como a da Eq. 20A.7 é a soma das ordens individuais, $a + b + \cdots$. A lei de velocidade na Eq. 20A.4 é, portanto, de segunda ordem global.

A ordem de uma reação não é necessariamente um número inteiro, e muitas reações em fase gasosa têm ordens fracionárias. Por exemplo, uma reação com a lei de velocidade

$$v = k_r[A]^{1/2}[B] \tag{20A.8}$$

é de ordem um meio em A, de primeira ordem em B e de ordem global três meios.

Breve ilustração 20A.3 Interpretação das leis de velocidade

A lei de velocidade determinada experimentalmente para a reação em fase gasosa $H_2(g) + Br_2(g) \rightarrow 2\,HBr(g)$ é dada pela Eq. 20A.6. Embora a reação seja de primeira ordem em H_2, ela tem uma ordem indefinida em relação ao Br_2 e ao HBr e uma ordem indefinida global.

Exercício proposto 20A.4 Repita a análise para uma lei de velocidade típica para a ação de uma enzima E em um substrato S: $v = k_r[E][S]/([S] + K_M)$, em que K_M é uma constante.

Resposta: Primeira ordem em E; sem ordem específica em relação a S

Algumas reações têm lei de velocidade de ordem zero, e, por isso, a velocidade é independente da concentração dos reagentes (ainda que os reagentes estejam presentes na mistura reacional). Assim, a decomposição catalítica da fosfina (PH_3) sobre tungstênio a quente, em pressões elevadas, tem a lei de velocidade

$$v = k_r \tag{20A.9}$$

O PH_3 se decompõe com velocidade constante até praticamente desaparecer por completo. Reações de ordem zero normalmente ocorrem quando há um "gargalo" de alguma espécie no mecanismo, como nas reações heterogêneas quando a superfície está saturada e a reação subsequente é lenta, e em uma série de reações enzimáticas quando há um grande excesso de substrato em relação à enzima.

Conforme vimos na *Breve ilustração* 20A.3, quando a lei de velocidade não tem a forma da Eq. 20A.7, a reação não tem uma ordem global e pode até não ter ordem definida em relação a cada participante.

As observações nos levam a levantar três problemas importantes:

- Identificar a lei de velocidade e obter a constante de velocidade a partir de medidas experimentais.
- Construir o mecanismo de uma reação que seja compatível com a lei de velocidade. As técnicas para fazer isso estão na Seção 20E.
- Explicar o valor de uma constante de velocidade e a sua dependência em relação à temperatura. Essa tarefa é abordada na Seção 20D.

(d) A determinação da lei de velocidade

A determinação da lei de velocidade é simplificada pelo **método do isolamento**, no qual as concentrações de todos os reagentes, exceto a de um deles, estão em um grande excesso. Por exemplo, se houver grande excesso de B em uma reação entre A e B, então é uma boa aproximação considerar essa concentração constante durante o decorrer da reação. Assim, embora a lei de velocidade verdadeira seja $v = k_r[A][B]$, podemos aproximar [B] por $[B]_0$, a concentração inicial de B, e escrever

$$v = k_r'[A] \qquad k_r' = k_r[B]_0 \tag{20A.10}$$

que tem a forma de uma lei de velocidade de primeira ordem. Como a verdadeira lei de velocidade foi forçada a ter a forma de uma lei de velocidade de primeira ordem, admitindo-se que a concentração de B seja constante, a Eq. 20A.10 é denominada **lei de velocidade de pseudoprimeira ordem**. Podemos então achar a dependência entre a velocidade e a concentração de cada reagente isolando sucessivamente cada um deles (isto é, fazendo com que as concentrações dos demais reagentes estejam em grande excesso), chegando, no final, à lei de velocidade global.

No **método das velocidades iniciais**, que muitas vezes é acoplado ao método do isolamento, a velocidade é medida no início da reação para diferentes concentrações iniciais dos reagentes. Imaginemos que a lei de velocidade de uma reação com o A isolado seja $v = k_r'[A]^a$. Então, a velocidade inicial, v_0, é dada pelo valor inicial da concentração de A e podemos escrever $v = k_r'[A]_0^a$. Tomando os logaritmos, tem-se:

$$\log v_0 = \log k_r' + a \log [A]_0 \qquad (20A.11)$$

Para uma série de concentrações iniciais, um gráfico do logaritmo das velocidades iniciais contra os logaritmos das concentrações iniciais de A deve representar o gráfico de uma reta, com o coeficiente angular a.

Exemplo 20A.2 Aplicação do método das velocidades iniciais

A recombinação dos átomos de iodo, em fase gasosa, na presença de argônio, foi investigada e a ordem da reação foi determinada pelo método das velocidades iniciais. As velocidades iniciais que se mediram para a reação 2 I(g) + Ar(g) → I_2(g) + Ar(g) foram as seguintes:

$[I]_0/(10^{-5}\,mol\,dm^{-3})$	1,0	2,0	4,0	6,0
$v_0/(mol\,dm^{-3}\,s^{-1})$	(a) $8,70\times10^{-4}$	$3,48\times10^{-3}$	$1,39\times10^{-2}$	$3,13\times10^{-2}$
	(b) $4,35\times10^{-3}$	$1,74\times10^{-2}$	$6,96\times10^{-2}$	$1,57\times10^{-1}$
	(c) $8,69\times10^{-3}$	$3,47\times10^{-2}$	$1,38\times10^{-1}$	$3,13\times10^{-1}$

As concentrações do Ar foram (a) 1,0 mmol dm^{-3}, (b) 5,0 mmol dm^{-3} e (c) 10 mmol dm^{-3}. Determine a ordem da reação em relação às concentrações dos átomos de I e de Ar e a constante de velocidade.

Método Faz-se o gráfico do logaritmo da velocidade inicial, log v_0, contra log $[I]_0$, para uma dada concentração de Ar, e, separadamente, o gráfico do log v_0 contra log $[Ar]_0$ para uma determinada concentração de I. Os coeficientes angulares das duas retas dão a ordem da reação em relação ao I e ao Ar, respectivamente. A interseção das retas com o eixo vertical fornece log k_r.

Resposta Os dois gráficos são apresentados na Fig. 20A.4. Os coeficientes angulares são 2 e 1, respectivamente; portanto, a lei de velocidade (inicial) é dada por $v_0 = k_r[I]_0^2[Ar]_0$. Assim, essa lei de velocidade estabelece que a reação é de segunda ordem em [I], de primeira ordem em [Ar] e de terceira ordem global. A interseção corresponde a $k_r = 9 \times 10^9$ mol^{-2} dm^6 s^{-1}.

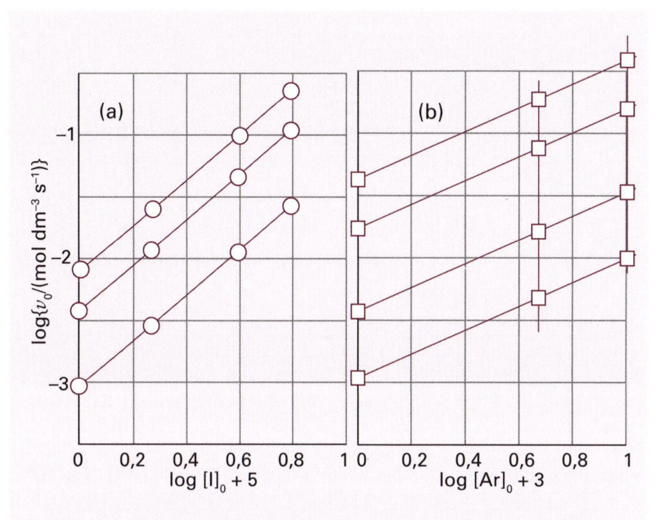

Figura 20A.4 Gráficos de log v_0 contra (a) log$[I]_0$ para um dado valor de $[Ar]_0$ e (b) log$[Ar]_0$ para um dado valor de $[I]_0$.

Uma nota sobre a boa prática As unidades de k_r aparecem naturalmente no cálculo. Multiplicadas pelo produto das concentrações, fornecem, sempre, a velocidade em concentração/tempo (por exemplo, mol dm^{-3} s^{-1}).

Exercício proposto 20A.5 A velocidade inicial de uma reação depende da concentração de uma substância J conforme apresentado a seguir:

$[J]_0/(mmol\,dm^{-3})$	5,0	8,2	17	30
$v_0/(10^{-7}\,mol\,dm^{-3}\,s^{-1})$	3,6	9,6	41	130

Determine a ordem da reação em relação a J e calcule a constante de velocidade.

Resposta: 2, 1,4 × 20^{-2} dm^3 mol^{-1} s^{-1}

O método das velocidades iniciais pode não revelar a lei de velocidade completa, pois, uma vez gerados, os produtos podem participar da reação e afetar a sua velocidade. Por exemplo, os produtos participam da síntese do HBr, pois a Eq. 20A.6 mostra que a lei de velocidade completa depende da concentração de HBr. Para se evitar essa dificuldade, a lei de velocidade deve ajustar-se aos dados sobre todo o intervalo do avanço da reação. O ajuste, pelo menos nas reações simples, pode ser feito com base em uma lei de velocidade proposta, e utilizado para calcular a concentração de qualquer componente, em qualquer instante, e comparar os valores obtidos com os resultados experimentais. A lei de velocidade também deve ser testada verificando-se se a adição de produtos ou, para reações em fase gasosa, a alteração da razão entre a área superficial e o volume da câmara de reação afetam a velocidade.

Conceitos importantes

☐ 1. As velocidades das reações químicas são medidas usando-se técnicas que monitoram as concentrações das espécies presentes na mistura de reação. Os exemplos incluem procedimentos de **tempo real** e de **extinção**, técnicas de **escoamento** e **de escoamento interrompido** e **fotólise de flash.**

☐ 2. A **velocidade instantânea** de uma reação é o coeficiente angular da tangente ao gráfico de concentração em função do tempo (expresso como uma grandeza positiva).

☐ 3. Uma **lei de velocidade** é uma expressão da velocidade da reação em termos das concentrações das espécies que ocorrem na reação química global.

Equações importantes

Propriedade	Equação	Comentário	Número da equação
Avanço da reação	$\xi=(n_J-n_{J,0})/\nu_J$	Definição	20A.1
Velocidade de uma reação	$v=(1/V)(d\xi/dt)$, $\xi=(n_J-n_{J,0})/\nu_J$	Definição	20A.2
Lei da velocidade (em alguns casos)	$v=k_r[A]^a[B]^b\cdots$	$a, b, \ldots$: ordens; $a+b+\ldots$: ordem global	20A.7
Método das velocidades iniciais	$\log v_0=\log k_r'+a\log[A]_0$		20A.11

20B Leis de velocidade integradas

Tópicos

➤ Por que você precisa saber este assunto?

Você precisa da lei de velocidade integrada se quer prever a composição de uma mistura de reação à medida que ela se aproxima do equilíbrio. Ela também é usada para determinar a lei de velocidade e as constantes de velocidade de uma reação, uma etapa necessária para a formulação do mecanismo da reação.

➤ Qual é a ideia fundamental?

Uma comparação entre dados experimentais e a forma integrada da lei de velocidade é usada para verificar a lei de velocidade proposta e determinar a ordem e a constante de velocidade de uma reação.

➤ O que você já deve saber?

Você precisa estar familiarizado com os conceitos de lei de velocidade, ordem de reação e constante de velocidade (Seção 20A). A manipulação das leis de velocidade simples requer apenas técnicas elementares de integração (veja a Seção de dados para as integrais padrão).

As leis de velocidade (Seção 20A) são equações diferenciais; elas têm que ser integradas se queremos obter as concentrações em função do tempo. Mesmo as leis mais complicadas podem ser integradas numericamente. Entretanto, em vários casos simples é possível obter sem dificuldade soluções analíticas, conhecidas como **leis de velocidade integradas**, que têm bastante utilidade. Examinaremos alguns desses casos simples agora.

20B.1 Reações de primeira ordem

Como se mostra na *Justificativa* 20B.1, a forma integrada da lei de velocidade de primeira ordem

$$\frac{d[A]}{dt} = -k_r[A] \qquad (20B.1a)$$

é

$$\ln\frac{[A]}{[A]_0} = -k_r t \qquad [A] = [A]_0 e^{-k_r t} \qquad (20B.1b)$$

Lei de velocidade de primeira ordem integrada

em que $[A]_0$ é a concentração inicial de A (em $t = 0$).

Justificativa 20B.1 Lei de velocidade integrada de primeira ordem

Inicialmente, reescrevemos a Eq. 20B.1a na forma

$$\frac{d[A]}{[A]^2} = -k_r dt$$

Essa expressão pode ser diretamente integrada, pois k_r é uma constante independente de t. No instante inicial, em $t = 0$, a concentração de A é $[A]_0$, e em um instante t qualquer é $[A]$. Consideramos então esses valores como os limites de integração e escrevemos

$$\int_{[A]_0}^{[A]} \frac{d[A]}{[A]} = -k_r \int_0^t dt$$

Como a integral de $1/x$ é $\ln x$ + constante, a obtenção da Eq. 20B.1b é imediata.

A Eq. 20B.1b mostra que, se fizermos um gráfico de $\ln([A]/[A]_0)$ contra t, teremos, no caso de uma reação de primeira ordem, uma reta com o coeficiente angular $-k_r$. A Tabela 20B.1 mostra algumas constantes de velocidade que foram determinadas dessa maneira. A segunda expressão na Eq. 20B.1b mostra que em uma reação de

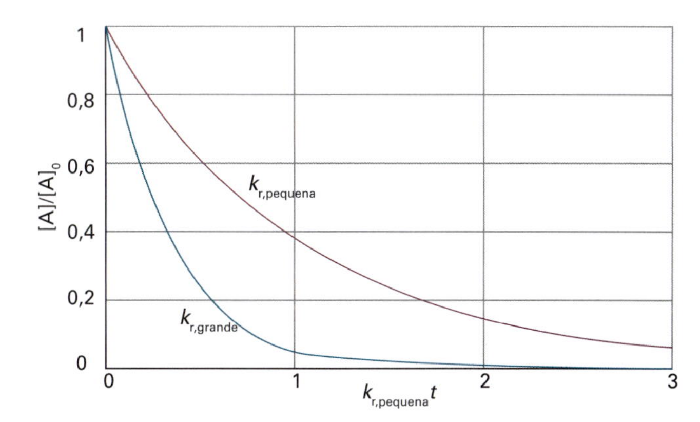

Figura 20B.1 O decaimento exponencial do reagente em uma reação de primeira ordem. Quanto maior for a constante de velocidade, mais rápido será o decaimento. Na figura, $k_{r,grande} = 3k_{r,pequena}$.

Tabela 20B.1* Dados cinéticos de reações de primeira ordem

Reação	Fase	θ/°C	k_r/s^{-1}	$t_{1/2}$
$2\,N_2O_5 \rightarrow 4\,NO_2 + O_2$	g	25	$3,38 \times 10^{-5}$	5,70 h
	$Br_2(l)$	25	$4,27 \times 10^{-5}$	4,51 h
$C_2H_6 \rightarrow 2\,CH_3$	g	700	$5,36 \times 10^{-4}$	21,6 min

* Mais valores são fornecidos na *Seção de dados*.

primeira ordem a concentração do reagente diminui exponencialmente com o tempo, em uma velocidade determinada pela constante k_r (Fig. 20B.1).

Uma indicação útil da velocidade de uma reação química de primeira ordem é a **meia-vida**, $t_{1/2}$, de uma substância, isto é, o intervalo de tempo necessário para a concentração de um reagente cair à metade do seu valor inicial. Essa grandeza é facilmente obtida a partir da lei de velocidade integrada. Esse intervalo de tempo para a concentração [A] diminuir de $[A]_0$ até $\frac{1}{2}[A]_0$, em uma reação de primeira ordem, é dado pela Eq. 20B.1b como

$$k_r t_{1/2} = -\ln\frac{\frac{1}{2}[A]_0}{[A]_0} = -\ln\tfrac{1}{2} = \ln 2$$

Logo,

$$t_{1/2} = \frac{\ln 2}{k_r} \qquad \textit{Reação de primeira ordem} \qquad \text{Meia-vida} \qquad (20B.2)$$

(Observe que ln 2 = 0,693.) O ponto principal a ressaltar nesse resultado é que, para uma reação de primeira ordem, a meia-vida de um reagente é independente da sua concentração inicial. Assim, se a concentração de A, em um estágio *qualquer* da reação, for [A], então a concentração de A decresce para $\frac{1}{2}$[A] depois do intervalo de tempo (ln 2)/k_r. Algumas meias-vidas são dadas na Tabela 20B.1.

Outra indicação da velocidade de uma reação de primeira ordem é a **constante de tempo**, τ (tau), o tempo necessário para a concentração de um reagente cair a 1/e do seu valor inicial. Da Eq. 20B.1b segue que

$$k_r \tau = -\ln\frac{\frac{1}{e}[A]_0}{[A]_0} = -\ln\tfrac{1}{e} = 1$$

Isto é, a constante de tempo de uma reação de primeira ordem é o inverso da constante de velocidade:

$$\tau = \frac{1}{k_r} \qquad \textit{Reação de primeira ordem} \qquad \text{Constante de tempo} \qquad (20B.3)$$

Exemplo 20B.1 Análise de uma reação de primeira ordem

A variação da pressão parcial do azometano com o tempo foi acompanhada, a 600 K, obtendo-se os resultados vistos a seguir. Confirme que a decomposição $CH_3N_2CH_3(g) \rightarrow CH_3CH_3(g) + N_2(g)$ é de primeira ordem no azometano e determine a constante de velocidade da reação a 600 K.

t/s	0	1000	2000	3000	4000
p/Pa	10,9	7,63	5,32	3,71	2,59

Método Como discutido anteriormente, para confirmar se a reação é ou não de primeira ordem, fazemos o gráfico do ln ($[A]/[A]_0$) contra o tempo e verificamos se é observado um comportamento linear. Como a pressão parcial do gás é proporcional à sua concentração, um método equivalente é fazer o gráfico de $\ln(p/p_0)$ contra t. Se for obtida uma reta, o seu coeficiente angular pode ser considerado como $-k_r$. A meia-vida e a constante de tempo são, então, calculadas a partir de k_r usando as Eqs. 20B.2 e 20B.3, respectivamente.

Resposta Organizamos a seguinte tabela:

t/s	0	1000	2000	3000	4000
$\ln(p/p_0)$	1	−0,357	−0,717	−1,078	−1,437

A Fig. 20B.2 mostra o gráfico de $\ln(p/p_0)$ contra t. Os pontos se alinham sobre uma reta e a reação é realmente de primeira ordem. O coeficiente angular é $-3,6 \times 10^{-4}$ s^{-1}. Portanto, $k_r = 3,6 \times 10^{-4}$ s^{-1}.

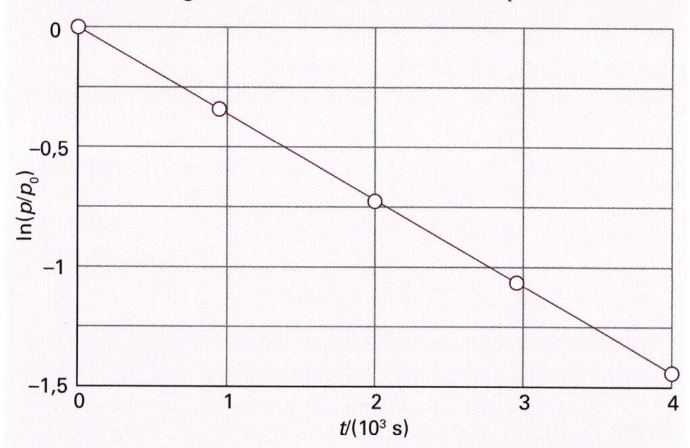

Figura 20B.2 Determinação da constante de velocidade de uma reação de primeira ordem. Uma reta é obtida quando é feito o gráfico de ln [A] (ou, como na figura, ln p/p_0) contra t. O coeficiente angular fornece o valor de k_r.

Uma nota sobre a boa prática Como os eixos horizontal e vertical dos gráficos são marcados com números puros, o coeficiente angular de um gráfico é sempre adimensional. Para um gráfico da forma $y = b + mx$ podemos escrever $y = b + (m$ unidades$)(x/$unidades$)$, em que "unidades" são as unidades de x, e identificamos o coeficiente angular (adimensional) como tendo "m unidades". Assim, m = coeficiente angular/unidades. Neste caso, como o gráfico mostrado aqui é de $\ln(p/p_0)$ contra t/s (com "unidades" = s) e k_r é o valor negativo do coeficiente angular de $\ln(p/p_0)$ contra o próprio t, k_r = −coeficiente angular/s.

Segue das Eqs. 5.2 e 5.3 que a meia-vida e a constante de tempo são, respectivamente,

$$t_{1/2} = \frac{\ln 2}{3,6 \times 10^{4}\,\text{s}^{-1}} = 1,9 \times 10^{-5}\,\text{s} \qquad \tau = \frac{1}{3,6 \times 10^{4}\,\text{s}^{-1}} = 2,8 \times 10^{-5}\,\text{s}$$

Exercício proposto 20B.1 Em uma certa experiência, são obtidos os seguintes valores da concentração de N_2O_5, em bromo líquido, em função do tempo:

t/s	0	200	400	600	1000
$[N_2O_5]$/(mol dm^{-3})	0,110	0,073	0,048	0,032	0,014

Confirme se a reação é de primeira ordem em N_2O_5 e determine a constante de velocidade.

Resposta: $k_r = 2{,}1 \times 10^{-3}\ s^{-1}$

20B.2 Reações de segunda ordem

Mostramos na *Justificativa* 20B.2 que a forma integrada da lei de velocidade de segunda ordem

$$\frac{d[A]}{dt} = -k_r[A]^2 \qquad (20B.4a)$$

é qualquer uma das duas formas a seguir:

$$\frac{1}{[A]} - \frac{1}{[A]_0} = k_r t \qquad (20B.4b)$$

Reação de segunda ordem — Lei de velocidade integrada

$$[A] = \frac{[A]_0}{1 + k_r t[A]_0} \qquad (20B.4c)$$

Reação de segunda ordem; forma alternativa — Lei de velocidade integrada

em que $[A]_0$ é a concentração inicial de A (em $t = 0$).

Justificativa 20B.2 Lei de velocidade de segunda ordem integrada

Para integrarmos a Eq. 20B.4a vamos rearranjá-la na forma

$$\frac{d[A]}{[A]^2} = -k_r dt$$

A concentração é $[A]_0$ no instante $t = 0$, e $[A]$ em um instante t arbitrário. Portanto,

$$-\int_{[A]_0}^{[A]} \frac{d[A]}{[A]^2} = k_r \int_0^t dt$$

Como a integral de $1/x^2$ é $-1/x$ + constante, obtemos a Eq. 20B.4b substituindo os limites

$$\left.\frac{1}{[A]} + \text{constante}\right|_{[A]_0}^{[A]} = \frac{1}{[A]} - \frac{1}{[A]_0} = k_r t$$

Podemos então rearranjar essa equação na Eq. 20B.4c.

A Eq. 20B.4b mostra que, para verificar se uma reação é de segunda ordem, devemos fazer o gráfico de $1/[A]$ contra t e verificar a existência de um comportamento linear. O coeficiente angular da reta é igual k_r. A Tabela 20B.2 fornece constantes de velocidade de algumas reações determinadas dessa maneira. A forma rearranjada, Eq. 20B.4c, mostra como calcular a concentração de A em qualquer instante posterior ao início da reação. A concentração de A tende a zero, porém com menos rapidez do que em uma reação de primeira ordem com a mesma velocidade inicial (Fig. 20B.3).

Tabela 20B.2* Dados cinéticos de reações de segunda ordem

Reação	Fase	θ/°C	k_r/(dm^3 mol^{-1} s^{-1})
$2\ NOBr \rightarrow 2\ NO + Br_2$	g	10	0,80
$2\ I \rightarrow I_2$	g	23	7×10^9
$CH_3Cl + CH_3O^-$	$CH_3OH(l)$	20	$2{,}29 \times 10^{-6}$

* Mais valores são fornecidos na *Seção de dados*.

Segue da Eq. 20B.4b, substituindo-se $t = t_{1/2}$ e $[A] = \frac{1}{2}[A]_0$ que a meia-vida da espécie A consumida em uma reação de segunda ordem é

$$t_{1/2} = \frac{1}{k_r[A]_0} \qquad (20B.5)$$

Reação de segunda ordem — Meia-vida

Portanto, diferentemente do que acontece na reação de primeira ordem, a meia-vida em uma reação de segunda ordem varia com a concentração inicial. Uma consequência prática dessa dependência é que uma espécie que decai por uma reação de segunda ordem (como algumas substâncias nocivas ao meio ambiente) pode existir durante longos períodos em concentrações muito baixas, porque as respectivas meias-vidas são longas quando as concentrações são menores. Em geral, para uma reação de ordem n (com n diferente de 0 ou 1) da forma A → produtos, a meia-vida está relacionada com a constante de velocidade e com a concentração inicial de A por (veja o Problema 20B.16)

$$t_{1/2} = \frac{2^{n-1} - 1}{(n-1)k_r[A]_0^{n-1}} \qquad (20B.6)$$

Reação de ordem n — Meia-vida

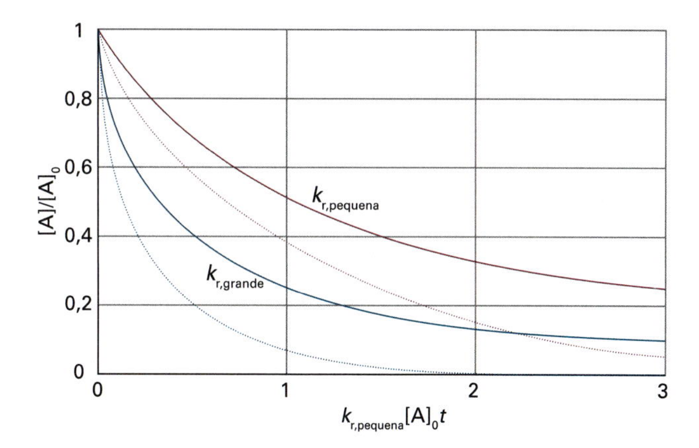

Figura 20B.3 Variação da concentração de um reagente com o tempo, em uma reação de segunda ordem. As curvas pontilhadas correspondem ao decaimento em uma reação de primeira ordem com a mesma velocidade inicial. Para esta figura, $k_{r,grande} = 3\ k_{r,pequena}$.

Outro tipo de reação de segunda ordem é o de uma reação que é de primeira ordem em cada um de dois reagentes A e B:

$$\frac{d[A]}{dt} = -k_r[A][B] \qquad (20B.7)$$

Essa equação só pode ser integrada se soubermos como a concentração de B está relacionada com a de A. Por exemplo, se a reação for A + B → P, em que P simboliza os produtos, e se as concentrações iniciais forem $[A]_0$ e $[B]_0$, então mostra-se na *Justificativa* 20B.3 que, em um dado instante t após o início da reação, as concentrações satisfazem a relação

$$\ln\frac{[B]/[B]_0}{[A]/[A]_0} = ([B]_0 - [A]_0)k_r t \qquad (20B.8)$$

Reação de segunda ordem do tipo A+B→P — Lei de velocidade integrada

Portanto, o gráfico da expressão do lado esquerdo contra t deve ser uma reta a partir da qual k_r pode ser obtida. Conforme se mostra na *Breve ilustração* 20B.1, a constante de velocidade pode ser calculada rapidamente pelo uso de dados de somente duas medições.

Breve ilustração 20B.1 Reações de segunda ordem

Considere uma reação de segunda ordem do tipo A + B → P em solução. Inicialmente, as concentrações dos reagentes $[A]_0 = 0{,}075$ mol dm^{-3} e $[B]_0 = 0{,}020$ mol dm^{-3}. Após 1,0 h a concentração de B cai para $[B] = 0{,}020$ mol dm^{-3}. Como $\Delta[B] = \Delta[A]$, segue que, durante esse intervalo de tempo,

$$\Delta[B] = (0{,}020 - 0{,}050)\,\text{mol dm}^{-3} = -0{,}030\,\text{mol dm}^{-3}$$
$$\Delta[A] = -0{,}030\,\text{mol dm}^{-3}$$

Portanto, as concentrações de A e B após 1,0 h são

$$[A] = \Delta[A] + [A]_0 = (-0{,}030 + 0{,}075)\,\text{mol dm}^{-3} = 0{,}045\,\text{mol dm}^{-3}$$
$$[B] = 0{,}020\,\text{mol dm}^{-3}$$

Segue-se do rearranjo da Eq. 20B.8 que

$$k_r(3600\,\text{s}) = \frac{1}{(0{,}050 - 0{,}075)\,\text{mol dm}^{-3}}\ln\frac{0{,}020/0{,}050}{0{,}045/0{,}075}$$

na qual utilizamos 1 h = 3600 s. Resolvendo-se essa expressão para a constante de velocidade tem-se

$$k_r = 4{,}5\times10^{-3}\,\text{dm}^3\,\text{mol}^{-1}\,\text{s}^{-1}$$

Exercício proposto 20B.2 Calcule a meia-vida dos reagentes para a reação.

Resposta: $t_{1/2}(A) = 5{,}1 \times 10^3$ s, $t_{1/2}(B) = 2{,}1 \times 10^3$ s

Justificativa 20B.3 Lei de velocidade de segunda ordem global

Pela estequiometria da reação, quando a concentração de A diminui para $[A]_0 - x$, a concentração de B decresce para $[B]_0 - x$ (pois cada mol de A que desaparece acarreta o desaparecimento de um mol de B). Vem então que

$$\frac{d[A]}{dt} = -k_r([A]_0 - x)([B]_0 - x)$$

Como $[A] = [A]_0 - x$, segue que $d[A]/dt = -dx/dt$ e a lei de velocidade fica

$$\frac{dx}{dt} = k_r([A]_0 - x)([B]_0 - x)$$

A condição inicial é que $x = 0$ quando $t = 0$, de modo que a integração a fazer é

$$\int_0^x \frac{dx}{([A]_0 - x)([B]_0 - x)} = k_r\int_0^t dt$$

A integral no lado direito é simplesmente $k_r t$. A integral do lado esquerdo é feita usando-se o método das frações parciais (veja *Ferramentas do químico* 20B.1):

$$\int_0^x \frac{dx}{([A]_0 - x)([B]_0 - x)} = \frac{1}{[B]_0 - [A]_0}\left\{\ln\frac{[A]_0}{[A]_0 - x} - \ln\frac{[B]_0}{[B]_0 - x}\right\}$$

Os dois logaritmos podem ser combinados como segue:

$$\ln\frac{[A]_0}{\underbrace{[A]_0 - x}_{[A]}} - \ln\frac{[B]_0}{\underbrace{[B]_0 - x}_{[B]}} = \ln\frac{[A]_0}{[A]} - \ln\frac{[B]_0}{[B]}$$
$$= \ln\frac{1}{[A]/[A]_0} - \ln\frac{1}{[B]/[B]_0}$$
$$= \ln\frac{[B]/[B]_0}{[A]/[A]_0}$$

Combinando todos os resultados até este ponto tem-se a Eq. 20B.8. Cálculos semelhantes podem ser feitos para se encontrar as leis de velocidade integradas para outras ordens. Alguns resultados são apresentados na Tabela 20B.3.

Ferramentas do químico 20B.1 Integração pelo método das frações parciais

Para resolver uma integral da forma

$$I = \int\frac{1}{(a-x)(b-x)}dx$$

em que a e b são constantes, utilizamos o método das frações parciais, no qual uma fração que é o produto de vários termos (como no denominador desse integrando) é escrita como a soma das frações. Para implementar o procedimento escrevemos o integrando como

$$\frac{1}{(a-x)(b-x)}=\frac{1}{b-a}\left(\frac{1}{a-x}-\frac{1}{b-x}\right)$$

Em seguida, integramos cada termo à direita. Segue que

$$I=\frac{1}{b-a}\left(\int\frac{\mathrm{d}x}{a-x}-\int\frac{\mathrm{d}x}{b-x}\right)\overset{\text{Integral A.2}}{=}\frac{1}{b-a}\left(\ln\frac{1}{a-x}-\ln\frac{1}{b-x}\right)a$$
$$+\text{constante}$$

Tabela 20B.3 Leis de velocidade integradas

Ordem	Reação	Lei de velocidade*	$t_{1/2}$
0	$A \to P$	$v=k_r$	$[A]_0/2k_r$
		$k_r t=x$ para $0\le x\le [A]_0$	
1	$A \to P$	$v=k_r[A]$	$(\ln 2)/k_r$
		$k_r t=\ln\frac{[A]_0}{[A]_0-x}$	
2	$A \to P$	$v=k_r[A]^2$	$1/k_r[A]_0$
		$k_r t=\frac{x}{[A]_0([A]_0-x)}$	
	$A+B \to P$	$v=k_r[A][B]$	
		$k_r t=\frac{1}{[B]_0-[A]_0}\ln\frac{[A]_0([B]_0-x)}{([A]_0-x)[B]_0}$	
	$A+2\,B \to P$	$v=k_r[A][B]$	
		$k_r t=\frac{1}{[B]_0-2[A]_0}\ln\frac{[A]_0([B]_0-2x)}{([A]_0-x)[B]_0}$	
	$A \to P$ com autocatálise	$v=k_r[A][P]$	
		$k_r t=\frac{1}{[A]_0+[P]_0}\ln\frac{[A]_0([P]_0+x)}{([A]_0-x)[P]_0}$	
3	$A+2\,B \to P$	$v=k_r[A][B]^2$	
		$k_r t=\frac{2x}{(2[A]_0-[B]_0)([B]_0-2x)[B]_0}+\frac{1}{(2[A]_0-[B]_0)^2}\ln\frac{[A]_0([B]_0-2x)}{([A]_0-x)[B]_0}$	
$n\ge 2$	$A \to P$	$v=k_r[A]^n$	$\frac{2^{n-1}-1}{(n-1)k_r[A]_0^{n-1}}$
		$k_r t=\frac{1}{n-1}\left\{\frac{1}{([A]_0-x)^{n-1}}-\frac{1}{[A]_0^{n-1}}\right\}$	

* $x=[P]$ e $v=\mathrm{d}x/\mathrm{d}t$

Conceitos importantes

☐ 1. A **lei de velocidade integrada** é uma expressão para a concentração de um reagente ou produto em função do tempo (Tabela 20B.3).

☐ 2. A **meia-vida** de um reagente é o tempo que leva para sua concentração cair à metade do seu valor inicial.

☐ 3. A análise de dados experimentais utilizando leis de velocidade integradas permite o cálculo da composição de um sistema de reação em qualquer estágio, a verificação da lei da velocidade e a determinação da constante de velocidade.

Equações importantes

Propriedade	Equação	Comentário	Número da equação
Lei de velocidade integrada	$\ln([A]/[A]_0)=-k_r t$ ou $[A]=[A]_0 e^{-k_r t}$	Primeira ordem, $A \rightarrow P$	20B.1b
Meia-vida	$t_{1/2}=(\ln 2)/k_r$	Primeira ordem, $A \rightarrow P$	20B.2
Constante de tempo	$\tau=1/k_r$	Primeira ordem	20B.3
Lei de velocidade integrada	$1/[A]-1/[A]_0=k_r t$ ou $[A]=[A]_0/(1+k_r t[A]_0)$	Segunda ordem, $A \rightarrow P$	20B.4b,c
Meia-vida	$t_{1/2}=1/k_r[A]_0$	Segunda ordem, $A \rightarrow P$	20B.5
	$t_{1/2}=(2^{n-1}-1)/(n-1)k_r[A]_0^{n-1}$	ordem n, $n \neq 0,1$	20B.6
Lei de velocidade integrada	$\ln\{([B]/[B]_0/([A]/[A]_0)\}=([B]_0-[A]_0)k_r t$	Segunda ordem, $A+B \rightarrow P$	20B.8

20C Reações nas vizinhanças do equilíbrio

Tópicos

➤ Por que você precisa saber este assunto?

Todas as reações atingem o equilíbrio, de modo que é importante ser capaz de descrever a variação da composição à medida que elas se aproximam dessa composição. A análise da dependência com o tempo mostra haver uma importante relação entre as constantes de velocidade e a constante de equilíbrio.

➤ Qual é a ideia fundamental?

As reações, tanto diretas quanto inversas, devem ser incorporadas a um esquema de reação para explicar a aproximação do equilíbrio.

➤ O que você já deve saber?

Você precisa estar familiarizado com os conceitos de lei da velocidade, ordem de reação e constante de velocidade (Seção 20A), leis de velocidade integradas (Seção 20B) e constantes de equilíbrio (Seção 6A). Como na Seção 20B, a manipulação de leis de velocidade simples requer apenas técnicas elementares de integração.

Na prática, a maioria das investigações da cinética se faz com sistemas reacionais muito afastados do equilíbrio, e, se os produtos estão em baixa concentração, as reações inversas não têm importância. Próximo do equilíbrio, os produtos podem ser tão abundantes que a reação inversa tem que ser considerada.

20C.1 Reações de primeira ordem nas vizinhanças do equilíbrio

Podemos investigar a variação da composição de um sistema reacional com o tempo, nas vizinhanças do equilíbrio químico, analisando uma reação em que A forma B e a reação direta e a inversa são ambas de primeira ordem (como é o caso de certas reações de isomerização):

$$\begin{aligned} &A \to B \quad v = k_r[A] \\ &B \to A \quad v = k_r'[B] \end{aligned} \tag{20C.1}$$

A concentração de A se reduz pela reação direta (com a velocidade $k_r[A]$), mas aumenta com a reação inversa (com a velocidade $k_r'[B]$). A velocidade líquida da variação da concentração de A é então

$$\frac{d[A]}{dt} = -k_r[A] + k_r'[B] \tag{20C.2}$$

Se a concentração inicial de A for $[A]_0$, e inicialmente não existir B, teremos em qualquer instante $[A] + [B] = [A]_0$. Portanto,

$$\begin{aligned} \frac{d[A]}{dt} &= -k_r[A] + k_r'([A]_0 - [A]) \\ &= -(k_r + k_r')[A] + k_r'[A]_0 \end{aligned} \tag{20C.3}$$

A solução dessa equação diferencial de primeira ordem (como pode ser verificado por diferenciação, Problema 20C.1) é

$$[A] = \frac{k_r' + k_r e^{-(k_r + k_r')t}}{k_r + k_r'}[A]_0 \tag{20C.4}$$

A Fig. 20C.1 mostra a dependência com o tempo de acordo com o que é previsto por essa equação, com $[B] = [A]_0 - [A]$.

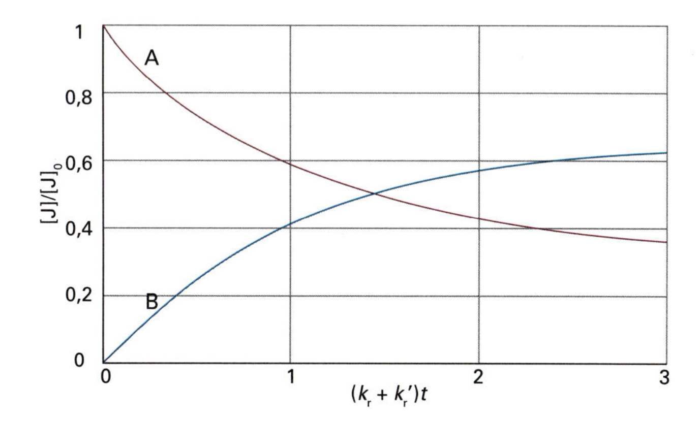

Figura 20C.1 O avanço das concentrações para os valores de equilíbrio conforme previsto pela Eq. 20C.4 para uma reação $A \rightleftharpoons B$, que é de primeira ordem nos dois sentidos, e para a qual $k_r = 2k_r'$.

Quando $t \to \infty$, as concentrações atingem os valores de equilíbrio, dados pela Eq. 20C.4 como:

$$[\mathrm{A}]_{\mathrm{eq}}=\frac{k_r'[\mathrm{A}]_0}{k_r+k_r'} \qquad [\mathrm{B}]_{\mathrm{eq}}=[\mathrm{A}]_0-[\mathrm{A}]_{\mathrm{eq}}=\frac{k_r[\mathrm{A}]_0}{k_r+k_r'} \tag{20C.5}$$

Conclui-se então que a constante de equilíbrio da reação é

$$K=\frac{[\mathrm{B}]_{\mathrm{eq}}}{[\mathrm{A}]_{\mathrm{eq}}}=\frac{k_r}{k_r'} \tag{20C.6}$$

(Conforme explicado na Seção 5E, justificamos a substituição de atividades pelos valores numéricos das concentrações molares, se o sistema for tratado como ideal.)

Exatamente a mesma conclusão pode ser alcançada – na realidade, mais facilmente – observando-se que no equilíbrio a velocidade da reação direta é igual à da reação inversa; portanto,

$$k_r[\mathrm{A}]=k_r'[\mathrm{B}] \tag{20C.7}$$

Essa equação é equivalente à Eq. 20C.6. A importância teórica da Eq. 20C.6 reside no fato de ela relacionar uma grandeza termodinâmica, a constante de equilíbrio, a grandezas relacionadas com as velocidades. A importância prática dessa equação é que, se uma das constantes de velocidade for medida, então será possível calcular a outra se a constante de equilíbrio for conhecida.

A Eq. 20C.6 é válida mesmo se as reações direta e inversa tiverem ordens diferentes, mas, nesse caso, precisamos ter cuidado com as unidades. Por exemplo, se a reação A + B → C é de segunda ordem direta e primeira ordem inversa, então a condição de equilíbrio é $k_r[\mathrm{A}]_{\mathrm{eq}}[\mathrm{B}]_{\mathrm{eq}} = k_r'[\mathrm{C}]_{\mathrm{eq}}$ e a constante de equilíbrio adimensional completa é

$$K=\frac{[\mathrm{C}]_{\mathrm{eq}}/c^{\ominus}}{([\mathrm{A}]_{\mathrm{eq}}/c^{\ominus})([\mathrm{B}]_{\mathrm{eq}}/c^{\ominus})}=\left(\frac{[\mathrm{C}]}{[\mathrm{A}][\mathrm{B}]}\right)_{\mathrm{eq}}c^{\ominus}=\frac{k_r}{k_r'}\times c^{\ominus}$$

A presença de $c^{\ominus}=1\ \mathrm{mol\ dm^{-3}}$ no último termo assegura que a razão entre as constantes de velocidade de primeira ordem e de segunda ordem, com suas unidades diferentes, será transformada em uma grandeza adimensional.

Para uma reação mais geral, a constante de equilíbrio se exprime em termos das constantes de velocidade de todas as etapas intermediárias do mecanismo da reação (veja o Problema 20C.4):

$$K=\frac{k_a}{k_a'}\times\frac{k_b}{k_b'}\times\cdots \quad \text{A constante de equilíbrio em termos das constantes de velocidade} \tag{20C.8}$$

em que os k_r são as constantes de velocidade de cada etapa e os k_r' são as constantes de velocidade das respectivas etapas inversas.

Breve ilustração 20C.1 A constante de equilíbrio a partir das constantes de velocidade

As velocidades das reações direta e inversa para uma reação de dimerização foram observadas como $8{,}0 \times 10^8\ \mathrm{dm^3\ mol^{-1}\ s^{-1}}$ (segunda ordem) e $2{,}0 \times 10^6\ \mathrm{s^{-1}}$ (primeira ordem). A constante de equilíbrio para a dimerização é, portanto,

$$K=\frac{8{,}0\times10^8\ \mathrm{dm^3\ mol^{-1}\ s^{-1}}}{2{,}0\times10^6\ \mathrm{s^{-1}}}\times1\ \mathrm{mol\ dm^{-3}}=4{,}0\times10^2$$

Exercício proposto 20C.1 A constante de equilíbrio para a anexação de uma molécula de um fármaco a uma proteína foi medida como $2{,}0 \times 10^2$. Em um experimento separado, a constante de velocidade para a anexação de segunda ordem foi vista como $1{,}5 \times 10^8\ \mathrm{dm^3\ mol^{-1}\ s^{-1}}$. Qual é a constante de velocidade para a perda da molécula de fármaco a partir da proteína?

Resposta: $7{,}5 \times 10^5\ \mathrm{s^{-1}}$

20C.2 Métodos de relaxação

O termo **relaxação** significa o retorno de um sistema ao estado de equilíbrio. Na cinética química, ele caracteriza o processo em que uma reação, depois de ser, em geral, bruscamente deslocada do equilíbrio pela imposição de novas condições externas, se ajusta à composição de equilíbrio compatível com as novas condições (Fig. 20C.2). Vejamos a resposta das velocidades de reação a um **salto de temperatura**, isto é, uma brusca variação de temperatura. Na Seção 6B, vimos que a composição de equilíbrio do sistema reacional depende da temperatura (se $\Delta_r H^{\ominus}$ não for nulo). Assim, a alteração de temperatura provoca uma perturbação no sistema. Uma maneira de provocar o salto de temperatura é descarregar um capacitor através do sistema, que se fez condutor pela adição de íons. Descargas de lasers e de micro-ondas também podem ser usadas. Saltos de temperatura entre 5 e 10 K podem ser alcançados em aproximadamente 1 μs usando-se descargas elétricas. A energia alta de saída de lasers pulsados é suficiente para gerar saltos de temperatura entre 10 e 30 K dentro de nanossegundos em sistemas aquosos. Alguns equilíbrios também são sensíveis à pressão, e **técnicas de salto de pressão** também são usadas.

Quando se provoca uma súbita elevação de temperatura em um equilíbrio do tipo A ⇌ B, que é de primeira ordem nos dois

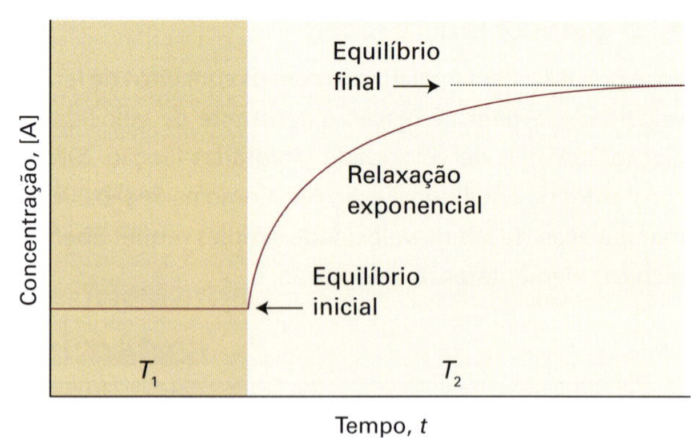

Figura 20C.2 Relaxação para uma nova composição de equilíbrio quando um sistema reacional, inicialmente em equilíbrio à temperatura T_1, é submetido a uma súbita mudança de temperatura, que faz com que a temperatura mude para T_2.

sentidos, demonstramos na *Justificativa* 20C.1 que a composição relaxa exponencialmente para a nova composição de equilíbrio:

$$x = x_0 e^{-t/\tau} \qquad \tau = \frac{1}{k_r + k_r'}$$ *Reação de primeira ordem* Relaxação depois de um salto de temperatura (20C.9)

em que x_0 é o afastamento em relação ao equilíbrio imediatamente depois do salto de temperatura, x é o afastamento em relação ao equilíbrio, na nova temperatura, após o intervalo de tempo t, e k_r e k_r' são as constantes de velocidade direta e inversa, respectivamente, na nova temperatura.

Justificativa 20C.1 Relaxação para o equilíbrio

Quando a temperatura de um sistema em equilíbrio sobe bruscamente, as constantes de velocidade passam de seus valores iniciais para os novos valores k_r e k_r' característicos da nova temperatura, mas as concentrações de A e de B permanecem, durante um instante, em seus valores antigos de equilíbrio. Como o sistema não está mais no equilíbrio, ele se reajusta às novas concentrações de equilíbrio, que agora são dadas por

$$k_r[A]_{eq} = k_r'[B]_{eq}$$

e a velocidade desse ajustamento depende das novas constantes de velocidade. Representamos por x o afastamento da concentração [A] em relação ao valor no novo equilíbrio, de modo que $[A] = x + [A]_{eq}$ e também $[B] = [B]_{eq} - x$. A variação da concentração de A é dada, então, por

$$\begin{aligned}\frac{d[A]}{dt} &= -k_r[A] + k_r'[B] \\ &= -k_r([A]_{eq} + x) + k_r'([B]_{eq} - x) \\ &= -(k_r + k_r')x\end{aligned}$$

pois os dois termos que envolvem as concentrações de equilíbrio se cancelam. Como $d[A]/dt = dx/dt$, essa equação é uma equação diferencial de primeira ordem cuja solução se assemelha à Eq. 20A.1b e é dada na Eq. 20C.9.

A Eq. 20C.9 mostra que as concentrações de A e B relaxam para o novo equilíbrio a uma velocidade determinada pela soma das duas constantes de velocidade nas novas condições. Uma vez que a constante de equilíbrio nessas novas condições é $K \approx k_r/k_r'$, o seu valor pode ser combinado a medidas do tempo de relaxação para se determinarem os valores de k_r e k_r'.

Exemplo 20C.1 Análise de um experimento de salto de temperatura

A constante de equilíbrio para a autoprotólise da água, $H_2O(l) \rightleftharpoons H^+(aq) + OH^-(aq)$, é $K_w = a(H^+)a(OH^-) = 1{,}008 \times 10^{-14}$ a 298 K, onde utilizamos a expressão exata em termos de atividades. Depois de um salto de temperatura, a reação retorna ao equilíbrio com um tempo de relaxação de 37 □s, a 298 K e no pH ≈ 7. Sendo a reação direta de primeira ordem e a inversa de segunda ordem global, calcule as constantes de velocidade de cada uma dessas reações.

Método Precisamos obter uma expressão do tempo de relaxação, τ (a constante de tempo de retorno para o equilíbrio), em termos de k_r (a constante de velocidade da reação direta, de primeira ordem) e de k_r' (a constante de velocidade da reação inversa, de segunda ordem). Podemos proceder como anteriormente, mas precisamos fazer a hipótese de que o desvio em relação ao equilíbrio (x) é tão pequeno que os termos em x^2 podem ser desprezados. As duas constantes k_r e k_r' estão relacionadas pela constante de equilíbrio, mas é preciso ter bastante atenção com as unidades, pois K_w é adimensional.

Resposta A velocidade da reação direta, na temperatura final, é $k_r[H_2O]$, e a da reação inversa é $k_r'[H^+][OH^-]$. A velocidade líquida de desprotonação de H_2O é

$$\frac{d[H_2O]}{dt} = -k_r[H_2O] + k_r'[H^+][OH^-]$$

Escrevemos $[H_2O] = [H_2O]_{eq} + x$, $[H^+] = [H^+]_{eq} - x$, $[OH^-] = [OH^-]_{eq} - x$, e então obtemos

$$\begin{aligned}\frac{dx}{dt} &= -\{k_r + k_r'([H^+]_{eq} + [OH^-]_{eq})\}x \\ &\quad - k_r[H_2O]_{eq} + k_r'[H^+]_{eq}[OH^-]_{eq} + k_r'x^2 \\ &\approx -\{k_r + k_r'([H^+]_{eq} + [OH^-]_{eq})\}x\end{aligned}$$

em que desprezamos o termo em x^2, por ser muito pequeno, e utilizamos a condição de equilíbrio $k_r[H_2O]_{eq} = k_r'[H^+]_{eq}[OH^-]_{eq}$ para eliminar os termos independentes de x. Segue que

$$\frac{1}{\tau} = k_r + k_r'([H^+]_{eq} + [OH^-]_{eq})$$

Neste ponto observamos que

$$\begin{aligned}K_w &= a(H^+)a(OH^-) \approx ([H^+]_{eq}/c^\ominus)([OH^-]_{eq}/c^\ominus) \\ &= [H^+]_{eq}[OH^-]_{eq}/c^{\ominus 2}\end{aligned}$$

com $c^\ominus = 1\ \text{mol dm}^{-3}$. Para esse sistema eletricamente neutro, $[H^+] = [OH^-]$, de modo que a concentração de cada tipo de íon é $K_w^{1/2}c^\ominus$. Assim,

$$\frac{1}{\tau} = k_r + k_r'(K_w^{1/2}c^\ominus + K_w^{1/2}c^\ominus) = k_r'\left\{\frac{k_r}{k_r'} + 2K_w^{1/2}c^\ominus\right\}$$

Agora, observamos que

$$\frac{k_r}{k_r'} = \frac{[H^+]_{eq}[OH^-]_{eq}}{[H_2O]_{eq}} = \frac{K_w c^{\ominus 2}}{[H_2O]_{eq}}$$

e, portanto,

$$\frac{1}{\tau} = 2k_r'\left(1 + \frac{\overbrace{K_w^{1/2}c^\ominus}^{K}}{2[H_2O]_{eq}}\right)K_w^{1/2}c^\ominus = 2k_r'(1 + K)K_w^{1/2}c^\ominus$$

A concentração molar da água pura é 55,6 mol dm^{-3}, de modo que $[H_2O]_{eq}/c^{\ominus}=55,6$ e

$$K=\frac{(1,008\times10^{-14})^{1/2}}{2\times55,6}=9,03\times10^{-10}$$

o que implica que 1 + K pode ser substituído por 1 e, portanto, que

$$k_r' \approx \frac{1}{2\tau K_w^{1/2}c^{\ominus}}$$

$$=\frac{1}{2(3,7\times10^{-5}\,s)\times(1,008\times10^{-14})^{1/2}\times(1\,mol\,dm^{-3})}$$

$$=1,4\times10^{11}\,dm^3\,mol^{-1}\,s^{-1}$$

Vem, então, da expressão para k_r/k_r' que

$$k_r=\frac{K_w c^{\ominus 2}k_r'}{[H_2O]_{eq}}$$

$$=\frac{(1,008\times10^{-14})\times(1\,mol\,dm^{-3})^2\times(1,4\times10^{11}\,dm^3\,mol^{-1}\,s^{-1})}{55,6\,mol\,dm^{-3}}$$

$$=2,5\times10^{-5}\,s^{-1}$$

A reação é mais rápida no gelo, em que $k_r'=8,6\times10^{12}$ dm^3 mol^{-1} s^{-1}.

Uma nota sobre a boa prática Veja como trabalhamos com as unidades através do uso de $c^{\ominus}$: K e K_w. As constantes K e K_w são adimensionais. A constante k_r' é dada em dm^3 mol^{-1} s^{-1} e a constante k_r é dada em s^{-1}.

Exercício proposto 20C.2 Deduza a expressão do tempo de relaxação da concentração quando a reação A + B $\rightleftharpoons$ C + D é de segunda ordem nas duas direções.

Resposta: $1/\tau=k_r([A]+[B])_{eq}+k_r'([C]+[D])_{eq}$

Conceitos importantes

☐ 1. Há uma relação entre a constante de equilíbrio, uma grandeza termodinâmica e as constantes de velocidade das reações direta e inversa (veja Equações importantes a seguir).

☐ 2. Nos **métodos de relaxação** de análise cinética, a posição de equilíbrio de uma reação é inicialmente deslocada subitamente e, então, permite-se que ela se reajuste à composição de equilíbrio característica das novas condições.

Equações importantes

Propriedade	Equação	Comentário	Número da equação
Constante de equilíbrio em termos de constantes de velocidade	$K=k_a/k_a'\times k_b/k_b'\times\cdots$	incluir $c^{\ominus}$, conforme apropriado	20C.8
Relaxação de um equilíbrio A $\rightleftharpoons$ B após um salto de temperatura	$x=x_0e^{-t/\tau}$ $\tau=1/(k_r+k_r')$	Primeira ordem em cada direção	**20C.9**

20D A equação de Arrhenius

Tópicos

➤ Por que você precisa saber este assunto?

A velocidade de uma reação depende da temperatura. A investigação dessa dependência leva à formulação de teorias que podem nos ajudar a entender os detalhes dos processos que ocorrem quando moléculas de reagentes colidem e por que um conjunto de reagentes, em condições específicas, leva a certos produtos, mas não a outros.

➤ Qual é a ideia fundamental?

A dependência que a velocidade de uma reação tem da temperatura é resumida pela energia de ativação, a energia mínima necessária para a reação ocorrer em uma colisão entre os reagentes.

➤ O que você já deve saber?

Você precisa saber que a velocidade de uma reação química é expressa por uma constante de velocidade (Seção 20A).

Nesta seção interpretamos as observações experimentais comuns de que as reações químicas geralmente ocorrem mais rapidamente quando a temperatura é elevada. Também começamos a ver como a investigação da dependência que as velocidades de reação têm da temperatura pode revelar certos detalhes das exigências energéticas para colisões moleculares que levam à formação de produtos

20D.1 A dependência entre as velocidades de reação e a temperatura

Observa-se, experimentalmente, que em muitas reações o gráfico de ln k_r contra $1/T$ é uma reta, indicando que um aumento do ln k_r (e, desse modo, um aumento de k_r) é resultado de uma queda do ln $1/T$ (isto é, um aumento de T). Esse comportamento exprime-se, normalmente, de maneira matemática introduzindo-se dois parâmetros, um representando o coeficiente linear e o outro o coeficiente angular da reta, e escrevendo-se a **equação de Arrhenius**,

$$\ln k_r = \ln A - \frac{E_a}{RT} \qquad \text{Equação de Arrhenius} \qquad (20\text{D}.1)$$

O parâmetro A, que corresponde à interseção da reta com o eixo vertical em $1/T = 0$ (na temperatura infinita, Fig. 20D.1), é denominado **fator pré-exponencial** ou "fator de frequência". O parâmetro E_a, que é obtido a partir do coeficiente angular da reta ($-E_a/R$), é chamado de **energia de ativação**. Os dois parâmetros juntos são denominados **parâmetros de Arrhenius** (Tabela 20D.1).

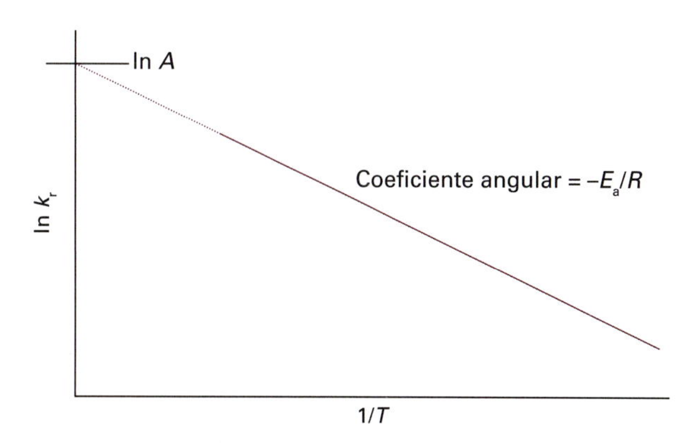

Figura 20D.1 O gráfico de ln k_r contra $1/T$ é uma reta quando a reação segue o comportamento descrito pela equação de Arrhenius (Eq. 20D.1). O coeficiente angular é $-E_a/RT$ e a interseção em $1/T = 0$ é ln A.

Exemplo 20D.1 Determinação dos parâmetros de Arrhenius

A velocidade da reação de segunda ordem correspondente à decomposição do acetaldeído (etanal, CH_3CHO) foi medida no intervalo de temperatura de 700–1000 K, e as constantes de velocidade são dadas na tabela adiante. Determine E_a e A.

T/K	700	730	760	790	810	840	910	1000
k_r/(dm^3 mol^{-1} s^{-1})	0,011	0,035	0,105	0,343	0,789	2,17	20,0	145

Método De acordo com a Eq. 20D.1, é possível analisar os dados pelo gráfico de $\ln(k_r/\text{dm}^3\ \text{mol}^{-1}\ \text{s}^{-1})$ contra $1/(T/\text{K})$, ou mais convenientemente $(10^3\ \text{K})/T$, obtendo-se uma reta. Obtemos a energia de ativação a partir do coeficiente angular adimensional escrevendo $-E_a/R$ = coeficiente angular/unidades, em que neste caso "unidades" = $1/(10^3\ \text{K})$, de modo que E_a = −coeficiente angular × R × 10^3 K. A interseção em $1/T = 0$ é $\ln(A/\text{dm}^3\ \text{mol}^{-1}\ \text{s}^{-1})$. Use um procedimento de mínimos quadrados para determinar os parâmetros do gráfico.

Resposta Com os dados podemos montar a seguinte tabela:

$(10^3\ \text{K})/T$	1,43	1,37	1,32	1,27	1,23	1,19	1,10	1,00
$\ln(k_r$/dm^3 mol^{-1} s^{-1})	−4,51	−3,35	−2,25	−1,07	−0,24	0,77	3,00	4,98

Fazemos um gráfico de $\ln k_r$ contra $1/T$ (Fig. 20D.2). O método dos mínimos quadrados resulta em uma reta com o coeficiente angular de −22,7 e o coeficiente linear de 27,7. Portanto,

$$E_a = 22{,}7\times(8{,}3145\ \text{J K}^{-1}\ \text{mol}^{-1})\times(10^3\ \text{K}) = 189\ \text{kJ mol}^{-1}$$
$$A = e^{27{,}7}\ \text{dm}^3\ \text{mol}^{-1}\ \text{s}^{-1} = 1{,}1\times10^{12}\ \text{dm}^3\ \text{mol}^{-1}\ \text{s}^{-1}$$

Observe que A tem as mesmas unidades que a constante k_r.

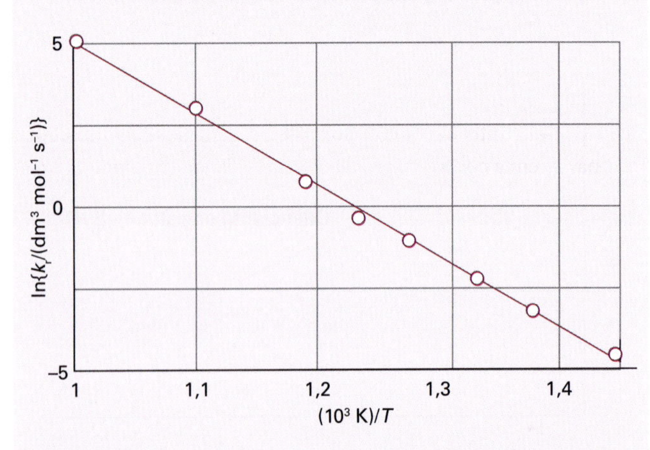

Figura 20D.2 Gráfico de Arrhenius com os dados do *Exemplo* 20D.1.

Exercício proposto 20D.1 Determine A e E_a a partir dos seguintes dados:

T/K	300	350	400	450	500
k_r/(dm^3 mol^{-1} s^{-1})	$7{,}9\times10^6$	$3{,}0\times10^7$	$7{,}9\times10^7$	$1{,}7\times10^8$	$3{,}2\times10^8$

Resposta: 8×10^{10} dm^3 mol^{-1} s^{-1}, 23 kJ mol^{-1}

Uma vez conhecida a energia de ativação, é fácil prever o valor da constante de velocidade $k_{r,2}$ a uma temperatura T_2 a partir do seu valor $k_{r,1}$, em outra temperatura T_1. Para fazer isso, escrevemos

Tabela 20D.1* Parâmetros de Arrhenius

(1) Reações de primeira ordem	A/s^{-1}	E_a/(kJ mol^{-1})
$CH_3NC \rightarrow CH_3CN$	$3{,}98\times10^{13}$	160
$2\ N_2O_5 \rightarrow 4\ NO_2 + O_2$	$4{,}94\times10^{13}$	103,4
(2) Reações de segunda ordem	**A/(dm^3 mol^{-1} s^{-1})**	**E_a/(kJ mol^{-1})**
$OH + H_2 \rightarrow H_2O + H$	$8{,}0\times10^{10}$	42
$NaC_2H_5O + CH_3I$ em etanol	$2{,}42\times10^{11}$	81,6

* Mais valores são fornecidos na *Seção de dados*.

$$\ln k_{r,2} = \ln A - \frac{E_a}{RT_2}$$

e, em seguida, subtraímos a Eq. 20D.1 (com T identificada como T_1, e k_r, como $k_{r,1}$), obtendo assim

$$\ln k_{r,2} - \ln k_{r,1} = -\frac{E_a}{RT_2} + \frac{E_a}{RT_1}$$

Podemos rearranjar essa expressão em

$$\ln\frac{k_{r,2}}{k_{r,1}} = \frac{E_a}{R}\left(\frac{1}{T_1} - \frac{1}{T_2}\right) \quad \text{Dependência entre a constante de velocidade e a temperatura} \quad (20D.2)$$

Breve ilustração 20D.1 A equação de Arrhenius

Para uma reação com uma energia de ativação de 50 kJ mol^{-1}, um aumento da temperatura de 25 °C para 37 °C (temperatura corporal) corresponde a

$$\ln\frac{k_{r,2}}{k_{r,1}} = \frac{50\times10^3\ \text{J mol}^{-1}}{8{,}3145\ \text{J K}^{-1}\ \text{mol}^{-1}}\left(\frac{1}{298\ \text{K}} - \frac{1}{310\ \text{K}}\right)$$
$$= \frac{50\times10^3}{8{,}3145}\left(\frac{1}{298} - \frac{1}{310}\right) = 0{,}781\ldots$$

Tomando os antilogaritmos naturais (ou seja, formando e^x), $k_{r,2} = 2{,}18k_{r,1}$. Esse resultado corresponde a pouco mais do dobro da constante de velocidade quando a temperatura é aumentada de 298 K para 310 K.

Exercício proposto 20D.2 A energia de ativação de uma das reações em um processo bioquímico é 87 kJ mol^{-1}. Qual é a variação da constante de velocidade quando a temperatura cai de 37 °C para 15 °C?

Resposta: k_r(15 °C) = 0,076k_r(37 °C)

O fato de E_a ser dada pelo coeficiente angular do gráfico de $\ln k_r$ contra $1/T$ leva às seguintes conclusões:

- Quanto mais elevada a energia de ativação, mais forte será a dependência da constante de velocidade com a temperatura (isto é, mais inclinada será a reta do gráfico).

- Uma energia de ativação alta significa uma forte dependência entre a constante de velocidade e a temperatura.
- Se a energia de ativação for nula, a constante de velocidade não depende da temperatura.
- Uma energia de ativação negativa mostra a diminuição da constante de velocidade com a elevação da temperatura.

Interpretação física

A dependência que algumas reações têm em relação à temperatura é do tipo "não Arrhenius" no sentido de que não é obtida uma reta no gráfico de k_r em função de $1/T$. Entretanto, é possível ainda definir uma energia de ativação em uma dada temperatura como

$$E_a = RT^2\left(\frac{d\ln k_r}{dT}\right) \quad \textit{Definição} \quad \text{Energia de ativação} \quad (20D.3)$$

Essa equação se reduz à anterior (do coeficiente angular da reta) se a energia de ativação for independente da temperatura (veja o Problema 20D.1). Entretanto, a definição de energia de ativação dada pela Eq. 20D.3 é mais geral do que a dada na Eq. 20D.1, pois ela mostra como obter a E_a a partir do coeficiente angular da reta tangente (na temperatura de interesse) à curva do ln k_r contra $1/T$, mesmo quando o gráfico de Arrhenius não é uma linha reta. Às vezes, um comportamento do tipo não Arrhenius é sinal de que o tunelamento quântico (Seção 8A) está desempenhando um papel significativo na reação. Em reações biológicas ele poderia sinalizar que uma enzima sofreu uma variação estrutural e ficou menos eficiente.

20D.2 A interpretação dos parâmetros de Arrhenius

Nesta seção, vamos interpretar os parâmetros de Arrhenius como grandezas puramente empíricas, o que nos permitirá discutir a variação da constante de velocidade com a temperatura. Deve-se ressaltar que essa interpretação é de grande utilidade. As Seções 21A–21F oferecem uma interpretação mais elaborada.

(a) Uma primeira abordagem das exigências energéticas das reações

Para interpretar E_a vamos considerar como a energia potencial varia no decorrer de uma reação química que começa com a colisão entre as moléculas de A e de B (Fig. 20D.3). Em fase gasosa ela é uma colisão real; em solução é melhor visualizá-la como um encontro, possivelmente com excesso de energia, podendo envolver também um solvente. Quando a reação avança, A e B entram em contato, se deformam e começam a trocar ou perder átomos. A **coordenada de reação** é o conjunto de movimentos, como as variações nas distâncias interatômicas e as variações nos

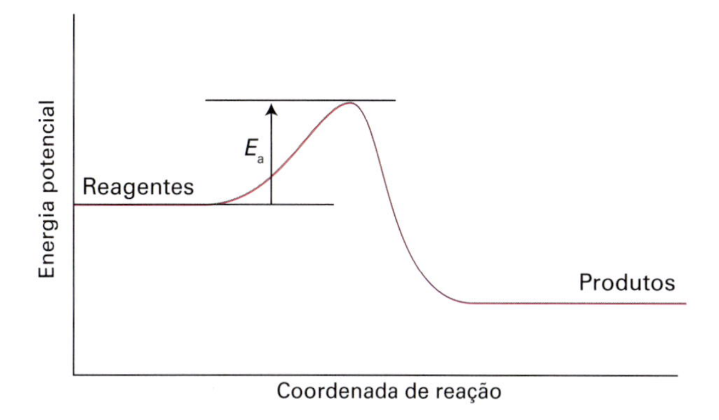

Figura 20D.3 Perfil da energia potencial para uma reação exotérmica. A altura da barreira entre os reagentes e os produtos é a energia de ativação da reação.

ângulos de ligação, que estão envolvidos diretamente na formação dos produtos a partir dos reagentes. (A coordenada de reação é essencialmente um conceito geométrico e inteiramente distinto do grau de avanço da reação.) A energia potencial alcança um máximo e o aglomerado de átomos que corresponde à região próxima do máximo é denominado **complexo ativado**.

Depois do máximo, a energia potencial diminui à medida que os átomos se organizam no aglomerado, alcançando o valor característico dos produtos. O auge da reação ocorre no máximo da curva de energia potencial, que corresponde à energia de ativação E_a. Neste máximo, duas moléculas dos reagentes atingiram um ponto de aproximação e de deformação tão grande que uma pequenina deformação extra faz o sistema avançar na direção dos produtos. Essa configuração crítica é denominada **estado de transição** da reação. Embora algumas moléculas no estado de transição possam retornar à condição de reagentes, se as moléculas ultrapassarem a configuração desse estado então é inevitável a formação dos produtos depois do encontro. (Os termos "complexo ativado" e "estado de transição" são frequentemente usados como sinônimos; entretanto, vamos manter a distinção entre eles.)

Concluímos da discussão precedente que *a energia de ativação é a energia mínima que os reagentes devem ter para que se formem os produtos*. Por exemplo, em uma reação em fase gasosa, são numerosas as colisões em cada segundo. Porém, somente uma pequeníssima fração dessas colisões envolve energias suficientes para provocar a reação. A fração de colisões com a energia maior do que a energia E_a é dada, pela distribuição de Boltzmann (*Fundamentos* B e Seção 15A), por $e^{-E_a/RT}$. Essa interpretação é confirmada por comparação dessa expressão com a equação de Arrhenius escrita na forma

$$k_r = Ae^{-E_a/RT} \quad \textit{Forma alternativa} \quad \text{Equação de Arrhenius} \quad (20D.4)$$

que é obtida tomando-se os antilogaritmos de ambos os lados da Eq. 20D.1. Mostramos na *Justificativa* 20D.1 que o fator exponencial na Eq. 20D.4 pode ser interpretado como a fração de colisões que têm energia suficiente para levar à reação. Esse ponto é investigado com mais detalhes, para reações em fase gasosa, na Seção 21A, e para reações em solução, na Seção 21C.

Justificativa 20D.1 A interpretação da energia de ativação

Vamos admitir que os níveis de energia disponíveis em um dado sistema formem um arranjo uniforme com uma separação entre os níveis de energia igual a ε (Fig. 20D.4). A distribuição de Boltzmann desse sistema é dada por

$$\frac{N_i}{N}=\frac{e^{-i\varepsilon\beta}}{q}=(1-e^{-\varepsilon\beta})e^{-i\varepsilon\beta}$$

em que $\beta = 1/kT$ e que foi utilizada na Eq. 15B.2 para a função de partição q. O número total de moléculas que ocupam estados com energia de pelo menos $i_{mín}\varepsilon$ é dado por

$$\sum_{i=i_{min}}^{\infty} N_i=\sum_{i=0}^{\infty} N_i-\sum_{i=0}^{i_{min}-1} N_i=N-\frac{N}{q}\sum_{i=0}^{i_{min}-1} e^{-i\varepsilon\beta}$$

A soma da série geométrica finita é

$$\sum_{i=0}^{i_{min}-1} e^{-i\varepsilon\beta}=\frac{1-e^{-i_{min}\varepsilon\beta}}{1-e^{-\varepsilon\beta}}=q(1-e^{-i_{min}\varepsilon\beta})$$

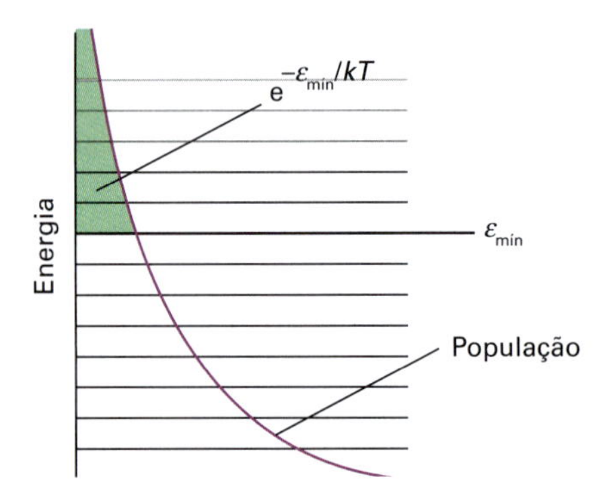

Figura 20D.4 Níveis de energia igualmente espaçados de um sistema idealizado. Conforme mostrado na *Justificativa* 20D.1, a fração de moléculas com energia de pelo menos $e^{-\varepsilon_{min}/kT}$.

Portanto, a fração de moléculas que ocupam estados com energia de pelo menos $\varepsilon_{mín} = i_{mín}\varepsilon$ é dada por

$$\frac{1}{N}\sum_{i=i_{min}}^{\infty} N_i=1-(1-e^{-i_{min}\varepsilon\beta})=e^{-i_{min}\varepsilon\beta}=e^{-\varepsilon_{min}/kT}$$

que tem a forma da Eq. 20D.4.

Breve ilustração 20D.2 A fração de colisões reativas

Da *Justificativa* 20D.1 a fração de moléculas com energia de pelo menos $\varepsilon_{mín}$ é $e^{-\varepsilon_{min}/kT}$. Multiplicando-se $\varepsilon_{mín}$ e k por N_A, a constante de Avogadro, e identificando-se $N_A\varepsilon_{mín}$ com E_a, então a fração f de colisões moleculares que ocorrem com uma energia cinética E_a torna-se $f = e^{-E_a/RT}$. Com $E_a = 50$ kJ mol^{-1} = $5{,}0 \times 10^4$ J mol^{-1} e $T = 298$K, calculamos

$$f=e^{-(5{,}0\times10^4\,\mathrm{J\,mol^{-1}})/(8{,}3145\,\mathrm{J\,K^{-1}\,mol^{-1}}\times298\,\mathrm{K})}=1{,}7\times10^{-9}$$

ou cerca de 1 em um bilhão.

Exercício proposto 20D.3 A que temperatura f seria igual a 0,10, se $E_a = 50$ kJ mol^{-1}?

Resposta: $T = 2612$K

O fator pré-exponencial é uma medida da velocidade com que as colisões ocorrem, independentemente de suas respectivas energias. Assim, o produto entre A e o fator exponencial, $e^{-E_a/RT}$, dá a velocidade das colisões que são *bem-sucedidas*. Voltaremos a discutir esses conceitos nas Seções 21A e 21C, e veremos que eles têm analogias pertinentes em relação às reações em fase líquida.

(b) O efeito de um catalisador na energia de ativação

A equação de Arrhenius nos diz que a constante de velocidade de uma reação pode crescer aumentando-se a temperatura ou diminuindo-se a energia de ativação. Variar a temperatura de uma mistura de reação é uma estratégia fácil. Reduzir a energia de ativação é mais desafiador, mas é possível, caso a reação ocorra na presença de um **catalisador** adequado, uma substância que acelera uma reação sem sofrer nenhuma transformação química líquida. O catalisador diminui a energia de ativação da reação oferecendo um caminho alternativo que evita a lenta etapa determinante da velocidade da reação não catalisada (Fig. 20D.5).

Os **catalisadores heterogêneos**, que são discutidos na Seção 22C, atuam em uma fase diferente da mistura de reação. Por exemplo, algumas reações em fase gasosa são aceleradas na presença de um catalisador sólido. Os **catalisadores homogêneos** atuam na mesma fase da mistura de reação. Por exemplo, o íon OH^- é um catalisador para uma série de transformações orgânicas e inorgânicas em solução.

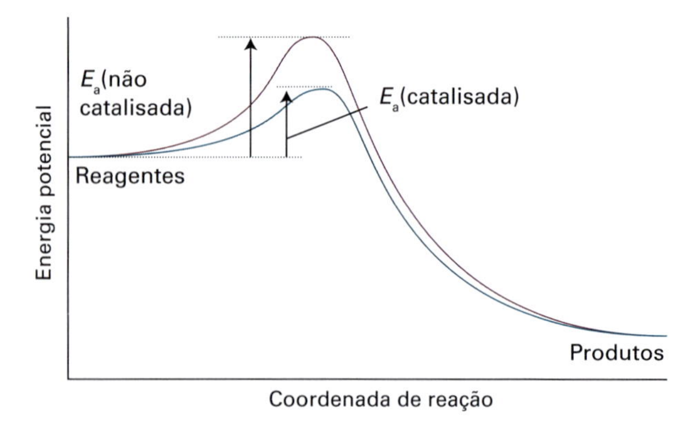

Figura 20D.5 Um catalisador oferece um caminho diferente com uma energia de ativação menor. O resultado é um aumento da velocidade de formação dos produtos.

Breve ilustração 20D.3 O efeito de um catalisador na constante de velocidade

A enzima catalase reduz a energia de ativação para a decomposição do peróxido de hidrogênio de 76 kJ mol^{-1} para 8 kJ mol^{-1}. Da Eq. 20D.4 e admitindo-se que o fator exponencial seja o mesmo em ambos os casos, segue que a razão entre as constantes de velocidade é:

$$\frac{k_{r,\text{catalisada}}}{k_{r,\text{não catalisada}}} = \frac{Ae^{-E_{a,\text{catalisada}}/RT}}{Ae^{-E_{a,\text{não catalisada}}/RT}} = e^{-(E_{a,\text{catalisada}} - E_{a,\text{não catalisada}})/RT}$$

$$= e^{(68\times10^3\,\text{J mol}^{-1})/(8{,}3145\,\text{J K}^{-1}\,\text{mol}^{-1})\times(298\,\text{K})} = 8{,}3\times10^{11}$$

Exercício proposto 20D.4 Considere a decomposição do peróxido de hidrogênio, que pode ser catalisada em solução pelo íon iodeto. Em quanto a energia de ativação da reação é reduzida se a constante de velocidade da reação aumenta de um fator de 2000, a 298 K, mediante a adição do catalisador?

Resposta: 25%

Conceitos importantes

☐ 1. A **energia de ativação**, o parâmetro E_a da **equação de Arrhenius**, é a energia mínima das colisões moleculares capazes de resultar em reação.

☐ 2. Quanto maior a energia de ativação, mais sensível é a constante de velocidade à temperatura.

☐ 3. O **fator pré-exponencial** é uma medida da velocidade com que ocorrem colisões, independentemente da sua energia.

☐ 4. O **catalisador** diminui a energia de ativação de uma reação.

Equações importantes

Propriedade	Equação	Comentário	Número da equação
Equação de Arrhenius	$\ln k_r = \ln A - E_a/RT$		20D.1
Energia de ativação	$E_a = RT^2(\mathrm{d}\ln k_r/\mathrm{d}T)$	Definição	20D.3

20E Mecanismos de reação

Tópicos

➤ Por que você precisa saber este assunto?

Você precisa saber como construir a lei de velocidade para uma reação que ocorre através de uma sequência de etapas, em parte porque ela permite uma visão dos processos atômicos que acontecem quando as reações ocorrem, mas também porque ela indica como o rendimento dos produtos desejados pode ser otimizado.

➤ Qual é a ideia fundamental?

Muitas reações químicas ocorrem na forma de uma sequência de etapas mais simples, com as correspondentes leis de velocidade que podem ser combinadas pela aplicação de uma ou mais aproximações.

➤ O que você já deve saber?

Você precisa estar familiarizado com o conceito de leis de velocidade (Seção 20A) e como integrá-las (Seções 20B e 20C). Você também precisa estar familiarizado com a equação de Arrhenius para o efeito da temperatura na velocidade de reação (Seção 20D).

O estudo das velocidades de reações leva a um entendimento dos **mecanismos** das reações, sua análise em uma sequência de etapas elementares. Etapas elementares simples têm leis de velocidade simples, que podem ser combinadas recorrendo-se a uma ou mais aproximações. Essas aproximações incluem o conceito de etapa determinante da velocidade de uma reação, a concentração no estado estacionário de um intermediário de reação e a existência de um pré-equilíbrio.

20E.1 Reações elementares

A maioria das reações ocorre em uma sequência de etapas denominadas **reações elementares**, cada qual envolvendo um pequeno número de moléculas ou de íons. Uma reação elementar típica é

$$\mathrm{H + Br_2 \rightarrow HBr + Br}$$

Observe que não se identificam as fases das substâncias na equação química para uma reação elementar, e a equação representa o processo específico envolvendo as moléculas propriamente ditas. Essa equação, por exemplo, mostra que um átomo de H ataca uma molécula de Br_2 e produz uma molécula de HBr e um átomo de Br. A **molecularidade** de uma reação elementar é o número de moléculas que se aproximam para reagir em uma reação elementar. Em uma **reação unimolecular**, uma única molécula se decompõe ou reorganiza seus átomos em uma nova configuração, como na isomerização do ciclopropano a propeno. Em uma **reação bimolecular**, um par de moléculas colide e troca entre seus componentes energia, átomos ou grupos de átomos, ou sofre outro tipo de modificação. É importante ter presente a diferença entre molecularidade e ordem:

- a *ordem de uma reação* é uma grandeza empírica, obtida de uma lei de velocidade obtida experimentalmente;
- a *molecularidade* se refere a uma reação elementar que é proposta como uma etapa individual de um mecanismo.

A lei de velocidade de uma reação elementar unimolecular é de primeira ordem no reagente:

$$\mathrm{A \rightarrow P} \qquad \frac{\mathrm{d[A]}}{\mathrm{d}t} = -k_\mathrm{r}[\mathrm{A}] \qquad \text{Reação elementar unimolecular} \qquad (20\mathrm{E}.1)$$

em que P simboliza os produtos (várias espécies químicas podem ser formadas). Uma reação unimolecular é de primeira ordem porque o número de moléculas de A que se decompõem, em um intervalo de tempo curto, é proporcional ao número de moléculas que podem se decompor. Por exemplo, o número de moléculas que se decompõem, em um dado intervalo de tempo, quando se tem 1000 moléculas presentes é 10 vezes maior do que o número de moléculas que se decompõem na presença de apenas 100 moléculas. Portanto, a velocidade de decomposição de A é proporcional à concentração molar de A em qualquer instante durante uma reação.

Uma reação elementar bimolecular tem uma lei de velocidade de segunda ordem:

$$A+B \rightarrow P \qquad \frac{d[A]}{dt}=-k_r[A][B] \qquad \text{Reação elementar bimolecular} \qquad (20E.2)$$

Uma reação bimolecular é de segunda ordem porque a sua velocidade é proporcional à velocidade de encontros das duas espécies químicas que reagem, e essa velocidade, por sua vez, é proporcional às respectivas concentrações. Assim, se tivermos alguma evidência de que uma reação é um processo bimolecular e que ocorre em uma única etapa, podemos escrever a respectiva lei de velocidade (e então proceder à sua verificação experimental).

Breve ilustração 20E.1 As leis de velocidade de etapas elementares

Acredita-se que as reações elementares bimoleculares expliquem muitas reações homogêneas, como as de dimerização dos alquenos e dos dienos, e também reações como

$$CH_3I(alc)+CH_3CH_2O^-(alc) \rightarrow CH_3OCH_2CH_3(alc)+I^-(alc)$$

(em que "alc" significa solução alcoólica). Existem razões para se acreditar que o mecanismo dessa reação é uma única etapa elementar

$$CH_3I+CH_3CH_2O^- \rightarrow CH_3OCH_2CH_3+I^-$$

Esse mecanismo é compatível com a lei de velocidade que se observa experimentalmente

$$v=k_r[CH_3I][CH_3CH_2O^-]$$

Exercício proposto 20E.1 Os processos a seguir são elementares: (a) a dimerização do NO(g) formando o $N_2O_2(g)$ e (b) a decomposição do dímero N_2O_2 em moléculas de NO(g). Escreva as leis de velocidade desses processos.

Resposta: (a) processo bimolecular: $k_r[NO]^2$, (b) processo unimolecular: $k_r[N_2O_2]$

Veremos, adiante, como uma série de etapas simples podem ser combinadas para formar um mecanismo e como obter a correspondente lei de velocidade global. Neste momento acentuamos que, *se a reação for um processo bimolecular elementar, a sua cinética será de segunda ordem, mas se a cinética da reação for de segunda ordem, a reação pode ser mais complexa.* O mecanismo proposto só pode ser confirmado mediante uma análise bem detalhada do sistema e pela investigação dos possíveis produtos secundários ou intermediários que possam se formar no decorrer da reação. Foi uma investigação detalhada desse tipo que mostrou, por exemplo, que a reação $H_2(g) + I_2(g) \rightarrow 2\,HI(g)$ ocorria mediante um mecanismo complicado. Por muitos anos a reação foi considerada, graças a indícios significativos, porém insuficientes, um exemplo característico de uma reação bimolecular simples $H_2 + I_2 \rightarrow HI + HI$, em que os átomos permutavam de parceiros nas colisões ativas.

20E.2 Reações elementares consecutivas

Algumas reações avançam através da formação de um intermediário (I), em uma sequência de reações unimoleculares consecutivas,

$$A \xrightarrow{k_a} I \xrightarrow{k_b} P$$

Observe que o intermediário ocorre nas etapas da reação, mas não aparece na reação global, que, neste caso, é A → P. Estamos ignorando quaisquer reações inversas, de modo que a reação avança de todo A para todo P, não para uma mistura em equilíbrio das duas espécies. Um exemplo é o decaimento de uma família radioativa, como

$${}^{239}U \xrightarrow{23{,}5\,\text{min}} {}^{239}Np \xrightarrow{2{,}35\,\text{dias}} {}^{239}Pu$$

(Os tempos são as meias-vidas das reações.) Podemos descobrir as características desse tipo de reação estabelecendo leis de velocidade para a variação líquida da concentração de cada substância e, então, combiná-las da maneira apropriada.

A velocidade da decomposição unimolecular de A é

$$\frac{d[A]}{dt}=-k_a[A] \qquad (20E.3a)$$

e não há formação de A. O intermediário I é formado a partir de A (em uma velocidade $k_a[A]$), mas decai para P (em uma velocidade $k_b[I]$). A velocidade líquida de formação de I é então

$$\frac{d[I]}{dt}=k_a[A]-k_b[I] \qquad (20E.3b)$$

O produto P é formado pelo decaimento unimolecular de I:

$$\frac{d[P]}{dt}=k_b[I] \qquad (20E.3c)$$

Admitimos que se tenha, inicialmente, apenas A presente e que a sua concentração seja $[A]_0$.

A primeira das leis de velocidade, Eq. 20E.3a, é a de um decaimento comum de primeira ordem, de modo que podemos escrever

$$[A]=[A]_0\,e^{-k_a t} \qquad (20E.4a)$$

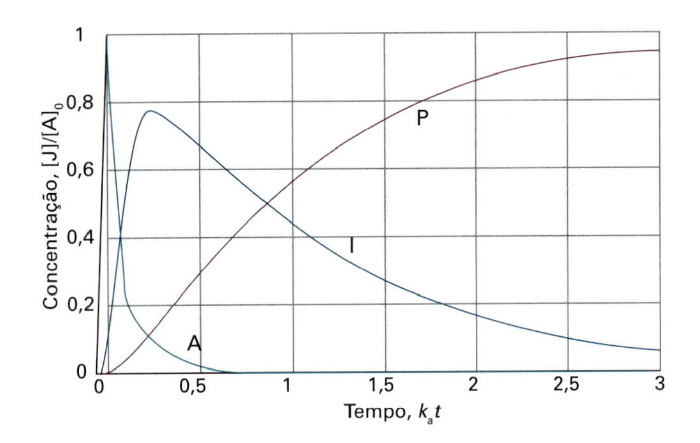

Figura 20E.1 Concentrações de A, I e P na reação consecutiva A → I → P. As curvas correspondem às Eqs. 20E.4a-c, com $k_a = 10k_b$. Se o intermediário I for o produto desejado, é importante saber o instante da sua concentração máxima. Veja o *Exemplo* 20E.1.

Quando essa equação é substituída na Eq. 20E.3b, obtemos depois de um rearranjo

$$\frac{d[I]}{dt}+k_b[I]=k_a[A]_0 e^{-k_a t}$$

Essa equação diferencial tem uma forma padrão (ver *Revisão de matemática* 4) e, depois de fazermos $[I]_0 = 0$ (inicialmente sem presença de intermediário), a solução da equação é

$$[I]=\frac{k_a}{k_b-k_a}(e^{-k_a t}-e^{-k_b t})[A]_0 \quad (20E.4b)$$

Em qualquer instante $[A] + [I] + [P] = [A]_0$, e então

$$[P]=\left\{1+\frac{k_a e^{-k_b t}-k_b e^{-k_a t}}{k_b-k_a}\right\}[A]_0 \quad (20E.4c)$$

A concentração do intermediário I aumenta até atingir um máximo e depois cai a zero (Fig. 20E.1). A concentração do produto P aumenta de um valor inicial nulo e tende para $[A]_0$, quando todo A tiver sido convertido a P.

Exemplo 20E.1 Análise de reações consecutivas

Seja um processo industrial em lotes, no qual uma substância A produz o composto desejado I que eventualmente decai em um produto C, pelo qual não se tem nenhum interesse. Cada etapa da reação apresenta uma cinética de primeira ordem. Em que instante a concentração do composto I será a maior possível?

Método A dependência da concentração de I em relação ao tempo é dada pela Eq. 20E.4b. Podemos encontrar o instante em que [I] passa pelo máximo, $t_{máx}$, calculando d[I]/dt e igualando a zero a velocidade obtida.

Resposta Vem da Eq. 20E.4b que

$$\frac{d[I]}{dt}=-\frac{k_a(k_a e^{-k_a t}-k_b e^{-k_b t})[A]_0}{k_b-k_a}$$

Essa velocidade é nula quando $k_a e^{-k_a t}=k_b e^{-k_b t}$. Portanto,

$$t_{máx}=\frac{1}{k_a-k_b}\ln\frac{k_a}{k_b}$$

Para um dado valor de k_a, quando k_b aumenta, tanto o instante em que [I] é máximo quanto o rendimento de I decrescem.

Exercício proposto 20E.2 Calcule a concentração máxima de I e justifique o comentário final do exemplo anterior.

Resposta: $[I]_{máx}/[A]_0 = (k_a/k_b)^c$, $c = k_b/(k_b - k_a)$

20E.3 A aproximação do estado estacionário

Um aspecto dos cálculos que fizemos até agora talvez tenha sido percebido: a complexidade matemática aumenta bastante quando o mecanismo da reação tem mais do que um par de etapas e quando se leva em conta as reações inversas. Um esquema reacional com muitas etapas é, quase sempre, insolúvel analiticamente, e métodos alternativos de resolução são necessários. Um deles é a integração numérica das leis de velocidade. Uma abordagem alternativa que continua sendo bastante adotada, pois leva a expressões convenientes e a resultados mais compreensíveis, é o de se fazer uma aproximação.

A **aproximação do estado estacionário** (que também é comumente denominada **aproximação do estado quase estacionário**, QSSA na sigla em inglês, para distingui-lo de um estado estacionário real) admite que, depois de um intervalo de tempo inicial, o **período de indução**, no qual as concentrações dos intermediários, I, aumentam a partir de zero, as velocidades de variação das concentrações de todos os intermediários são extremamente pequenas (Fig. 20E.2):

$$\frac{d[I]}{dt}\approx 0 \quad \text{Aproximação do estado estacionário} \quad (20E.5)$$

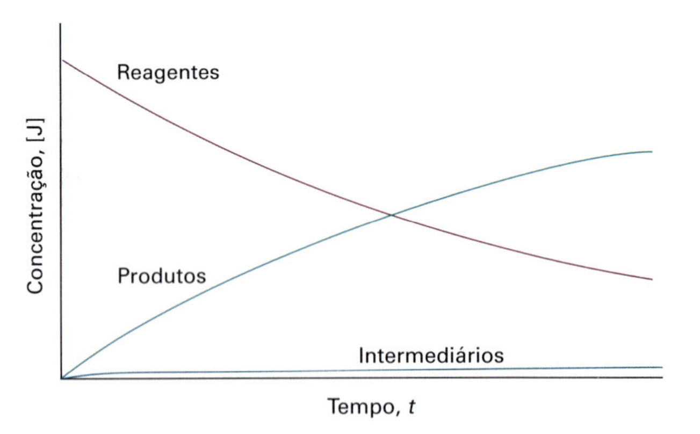

Figura 20E.2 A base da aproximação do estado estacionário. Admite-se que a concentração dos intermediários se mantém pequena e praticamente constante durante a maior parte da reação.

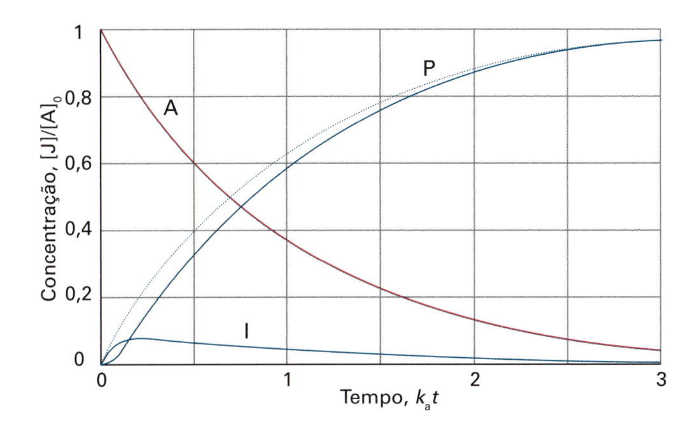

Figura 20E.3 Comparação entre os resultados exatos para as concentrações de uma reação consecutiva e as concentrações obtidas usando a aproximação do estado estacionário (linhas pontilhadas) para $k_b = 20k_a$. (A curva para a [A] não apresenta mudança.)

Essa aproximação simplifica sobremaneira a discussão dos esquemas das reações. Por exemplo, quando aplicamos a aproximação ao mecanismo das reações de primeira ordem consecutivas, fazemos $d[I]/dt = 0$ na Eq. 20E.3b, que se torna então $k_a[A] - k_b[I] = 0$. Assim

$$[I]=(k_a/k_b)[A] \tag{20E.6}$$

Para que essa expressão seja consistente com a Eq. 20E.5, é necessário que $k_a/k_b \ll 1$ (de modo que, embora a [A] dependa do tempo, a dependência da [I] com o tempo é desprezível). Fazendo a substituição desse valor de [I] na Eq. 20E.3c, a equação fica

$$\frac{d[P]}{dt}=k_b[I]\approx k_a[A] \tag{20E.7}$$

e vemos que P se forma em uma reação de primeira ordem de decaimento de A, com a constante de velocidade k_a, que é a constante de velocidade da etapa mais lenta, a etapa determinante da velocidade. Podemos escrever a solução dessa equação substituindo a expressão de [A], Eq. 20E.4a, e integrando:

$$[P]=k_a[A]_0\int_0^t e^{-k_at}dt=(1-e^{-k_at})[A]_0 \tag{20E.8}$$

Esse resultado (aproximado) coincide com o que já encontramos anteriormente, Eq. 20E.4c (para $k_b \gg k_a$), mas foi obtido de maneira muito mais simples. A Fig. 20E.3 compara a solução aproximada recém-obtida com a solução exata obtida anteriormente: k_b não tem que ser muito maior do que k_a para que a abordagem aproximada seja razoavelmente precisa.

Exemplo 20E.2 Uso da aproximação do estado estacionário

Deduza a lei de velocidade para a decomposição do N_2O_5, $2\,N_2O_5(g) \rightarrow 4\,NO_2(g) + O_2(g)$ com base no seguinte mecanismo:

$N_2O_5 \rightarrow NO_2+NO_3$	k_a
$NO_2+NO_3 \rightarrow N_2O_5$	k_a'
$NO_2+NO_3 \rightarrow NO_2+O_2+NO$	k_b
$NO+N_2O_5 \rightarrow NO_2+NO_2+NO_2$	k_c

Uma nota sobre a boa prática Observe que quando escrevemos a equação de uma reação elementar todas as espécies são mostradas individualmente. Por exemplo, escrevemos A → B + B, e não A → 2B.

Método Inicialmente, identificamos os intermediários e escrevemos as equações das respectivas velocidades líquidas de formação. Depois, igualamos a zero todas as velocidades líquidas de formação das concentrações dos intermediários e resolvemos algebricamente o sistema de equações resultante.

Resposta Os intermediários são o NO e o NO_3. As respectivas velocidades líquidas de variação das concentrações são

$$\frac{d[NO]}{dt}=k_b[NO_2][NO_3]-k_c[NO][N_2O_5]\approx 0$$

$$\frac{d[NO_3]}{dt}=k_a[N_2O_5]-k_a'[NO_2][NO_3]-k_b[NO_2][NO_3]\approx 0$$

As soluções dessas duas equações simultâneas (em azul) são:

$$[NO_3]=\frac{k_a[N_2O_5]}{(k_a'+k_b)[NO_2]} \qquad [NO]=\frac{k_b[NO_2][NO_3]}{k_c[N_2O_5]}=\frac{k_ak_b}{(k_a'+k_b)k_c}$$

A variação líquida da concentração de N_2O_5 é então

$$\frac{d[N_2O_5]}{dt}=-k_a[N_2O_5]+k_a'[NO_2][NO_3]-k_c[NO][N_2O_5]$$

$$=-k_a[N_2O_5]+\frac{k_ak_a'[N_2O_5]}{k_a'+k_b}-\frac{k_ak_b}{k_a'+k_b}[N_2O_5]$$

$$=-\frac{2k_ak_b[N_2O_5]}{k_a'+k_b}$$

Isto é, o N_2O_5 sofre decaimento por uma lei de velocidade de primeira ordem, com uma constante de velocidade que depende de k_a, k_a' e k_b, mas não de k_c.

Exercício proposto 20E.3 Deduza a lei de velocidade da cinética de decomposição do ozônio segundo a reação $2\,O_3(g) \rightarrow 3\,O_2(g)$ com base no seguinte mecanismo (incompleto):

$O_3 \rightarrow O_2+O$	k_a
$O_2+O \rightarrow O_3$	k_a'
$O+O_3 \rightarrow O_2+O_2$	k_b

Resposta: $d[O_3]/dt = -2k_ak_b[O_3]^2/(k_a'[O_2] + k_b[O_3])$

20E.4 A etapa determinante da velocidade

A Eq. 20E.8 mostra que, quando $k_b \gg k_a$, a formação do produto final P depende somente da *menor* dentre as duas constantes de velocidade. Isto é, a velocidade de formação de P depende da

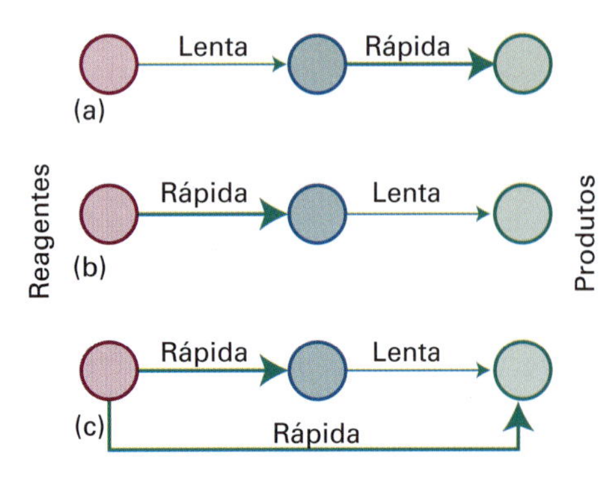

Figura 20E.4 Nestes diagramas de esquemas reacionais, as setas mais escuras representam as etapas rápidas e as setas claras representam as etapas lentas. (a) A primeira etapa é determinante da velocidade; (b) a segunda etapa é determinante da velocidade; (c) embora uma etapa seja lenta, ela não é determinante da velocidade, pois há um caminho mais rápido, que a evita.

velocidade de formação de I e não da velocidade da transformação de I em P. Por isso, a etapa $A \rightarrow I$ é denominada a "etapa determinante da velocidade" da reação. Podemos fazer uma analogia com o caso em que uma estrada de seis pistas termina em uma ponte de uma só pista: a velocidade do tráfego é determinada pela velocidade de passagem dos carros pela ponte. Observações semelhantes aplicam-se a mecanismos de reação mais complicados, e, em geral, a **etapa determinante da velocidade** (EDV) é a etapa mais lenta em um mecanismo e controla a velocidade global da reação. A etapa determinante da velocidade não é apenas a etapa mais lenta: ela tem que ser lenta *e* tem que ser uma etapa fundamental para a formação dos produtos. Se uma reação mais rápida também leva aos produtos, então a etapa mais lenta é irrelevante, pois a reação lenta pode então ser evitada (Fig. 20E.4).

A lei de velocidade de uma reação que tem uma etapa determinante da velocidade pode, em geral, ser escrita praticamente por simples inspeção. Se a primeira etapa do mecanismo é a etapa determinante da velocidade, então a velocidade da reação global é igual à velocidade da primeira etapa, pois todas as etapas subsequentes são tão rápidas que, uma vez formado o primeiro intermediário, a formação dos produtos é imediata. A Fig. 20E.5 mostra o perfil de reação para um mecanismo desse tipo, em que a etapa mais lenta é

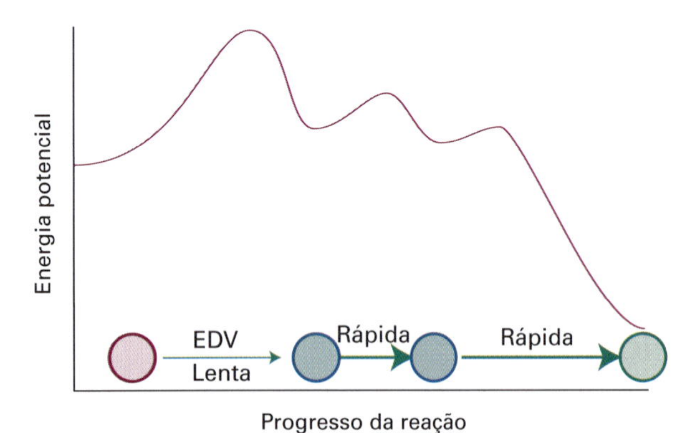

Figura 20E.5 Perfil de reação para um mecanismo em que a primeira etapa é a determinante da velocidade (EDV).

aquela com a maior energia de ativação. Uma vez vencida a barreira inicial, os intermediários imediatamente se transformam nos produtos. Entretanto, uma etapa determinante da velocidade pode também surgir devido à concentração baixa de um reagente crucial e não necessita corresponder à etapa com a maior barreira de ativação.

Breve ilustração 20E.2 A lei de velocidade de um mecanismo com uma etapa determinante da velocidade

A oxidação do NO a NO_2, $2\,NO(g) + O_2(g) \rightarrow 2\,NO_2(g)$, é feita através do mecanismo visto a seguir

$$NO + NO \rightarrow N_2O_2 \qquad k_a$$
$$N_2O_2 \rightarrow NO + NO \qquad k_a'$$
$$N_2O_2 + O_2 \rightarrow NO_2 + NO_2 \qquad k_b$$

com a lei de velocidade (veja o *Exercício proposto*)

$$\frac{d[NO_2]}{dt} = \frac{2k_a k_b [NO]^2 [O_2]}{k_a' + k_b [O_2]}$$

Quando a concentração de O_2 na mistura de reação é tão grande que a terceira etapa é muito rápida, no sentido de que $[O_2]k_b \gg k_a'$, então a lei de velocidade simplifica em

$$\frac{d[NO_2]}{dt} = 2k_a [NO]^2$$

e a formação de N_2O_2 na primeira etapa é a determinante da velocidade. Poderíamos ter escrito a lei de velocidade por inspeção do mecanismo, porque a lei de velocidade para a reação global é simplesmente a lei de velocidade da etapa determinante da velocidade.

Exercício proposto 20E.4 Verifique que a aplicação da aproximação do estado estacionário ao intermediário N_2O_2 resulta na lei de velocidade.

20E.5 Pré-equilíbrios

Depois da sequência relativamente simples de reações consecutivas, passamos a analisar agora um mecanismo um pouco mais complicado, no qual um intermediário I atinge o equilíbrio com os reagentes A e B:

$$A + B \rightleftharpoons I \rightarrow P \qquad \text{Pré-equilíbrio} \qquad (20E.9)$$

As constantes de velocidade são k_a e k_a' para as reações direta e inversa do equilíbrio e k_b para a etapa final. Nesse mecanismo há um **pré-equilíbrio**, no qual o intermediário fica em equilíbrio com os reagentes. Um pré-equilíbrio pode ocorrer quando a velocidade de decomposição do intermediário nos reagentes é muito mais rápida do que a velocidade com que ele se transforma nos produtos. Essa condição é possível quando $k_a' \gg k_b$, mas não quando $k_b \gg k_a'$. Como admitimos que A, B e I estão em equilíbrio, podemos escrever,

$$K = \frac{[I]}{[A][B]} \quad \text{com} \quad K = \frac{k_a}{k_a'} \qquad (20E.10)$$

Ao escrever essas equações, estamos admitindo que a velocidade da reação de formação de P a partir de I é muito baixa para que possa afetar a manutenção do pré-equilíbrio (veja o *Exemplo* 20E.3). Também não estamos incluindo, como em geral é feito, a concentração padrão, $c^{\ominus}$, que deveria aparecer na expressão de K para garantir que ela seja adimensional. Podemos então escrever para a velocidade de formação de P:

$$\frac{d[P]}{dt} = k_b[I] = k_b K[A][B] \qquad (20E.11)$$

Essa lei de velocidade é de segunda ordem com uma constante de velocidade composta:

$$\frac{d[P]}{dt} = k_r[A][B] \quad \text{com} \quad k_r = k_b K = \frac{k_a k_b}{k_a'} \qquad (20E.12)$$

Exemplo 20E.3 Análise de um pré-equilíbrio

Repita o cálculo do pré-equilíbrio sem ignorar, porém, a lenta transformação de I nos produtos P.

Método Iniciamos escrevendo as equações das velocidades líquidas de variação das concentrações de todas as substâncias, e depois utilizamos a aproximação do estado estacionário do intermediário I. Com as expressões resultantes chega-se à expressão da velocidade de variação da concentração de P.

Resposta As velocidades líquidas de variação de P e de I são

$$\frac{d[P]}{dt} = k_b[I]$$

$$\frac{d[I]}{dt} = k_a[A][B] - k_a'[I] - k_b[I] \approx 0$$

A segunda equação leva à solução

$$[I] \approx \frac{k_a[A][B]}{k_a' + k_b}$$

Substituindo essa expressão na equação da velocidade de formação de P, obtemos

$$\frac{d[P]}{dt} \approx k_r[A][B] \quad \text{com} \quad k_r = \frac{k_a k_b}{k_a' + k_b}$$

Essa expressão se reduz à Eq. 20E.12 quando a constante de velocidade para a transformação de I nos produtos é muito menor do que a da transformação nos reagentes, isto é, quando $k_b \ll k_a'$.

Exercício proposto 20E.5 Mostre que o mecanismo de pré-equilíbrio em que 2 A ⇌ I (K) seguida por I + B → P (k_b) leva a uma reação de terceira ordem global.

Resposta: $d[P]/dt = k_b K[A]^2[B]$

Um aspecto a ser observado é que, embora as constantes de velocidade na Eq. 20E.12 aumentem com a temperatura, isso

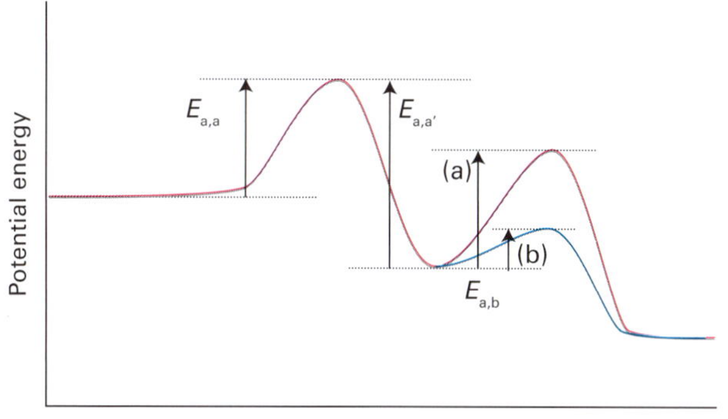

Figura 20E.6 Para uma reação com um pré-equilíbrio, existem três energias de ativação para serem levadas em conta: duas se referem às etapas reversíveis do pré-equilíbrio e uma à etapa final. As magnitudes relativas das energias de ativação determinam se a energia de ativação global é (a) positiva ou (b) negativa.

pode não ser válido para a própria k_r. Desse modo, se a constante de velocidade k_a' aumenta mais rapidamente do que o produto $k_a k_b$ aumenta, então, $k_r = k_a k_b / k_a'$ diminui com o aumento da temperatura, e a reação avança mais lentamente à medida que a temperatura é aumentada. Matematicamente, diríamos que a reação composta teve uma "energia de ativação negativa". Por exemplo, suponha que cada constante de velocidade na Eq. 20E.12 mostre uma dependência da temperatura do tipo Arrhenius (Seção 20D). Segue da equação de Arrhenius (Eq. 20D.4, $k_r = Ae^{-E_a/RT}$) que

$$k_r = \frac{(A_a e^{-E_{a,a}/RT})(A_b e^{-E_{a,b}/RT})}{A_{a'} e^{-E_{a,a'}/RT}} \overset{e^{x+y}=e^x e^y,\; e^{x+y}=e^x/e^y}{=} \frac{A_a A_b}{A_{a'}} e^{-(E_{a,a}+E_{a,b}-E_{a,a'})/RT}$$

A energia de ativação efetiva da reação, então, é

$$E_a = E_{a,a} + E_{a,b} - E_{a,a'} \qquad (20E.13)$$

Essa energia de ativação é positiva se $E_{a,a} + E_{a,b} > E_{a,a'}$ (Fig. 20E.6a), mas é negativa se $E_{a,a'} > E_{a,a} + E_{a,b}$ (Fig. 20E.6b). Uma consequência importante dessa discussão é a de que temos que ser muito cuidadosos quando fizermos previsões sobre o efeito da temperatura nas reações que são o resultado de diversas etapas.

20E.6 Controle cinético e termodinâmico de reações

Em alguns casos reagentes podem formar uma variedade de produtos como nas nitrações de benzenos monossubstituídos, quando são obtidas proporções variadas dos produtos substituídos *orto*, *meta* e *para*, dependendo da capacidade de direcionamento do substituinte original. Sejam dois produtos, P_1 e P_2, produzidos pelas seguintes reações competitivas:

$$A + B \rightarrow P_1 \qquad v(P_1) = k_{r,1}[A][B]$$
$$A + B \rightarrow P_2 \qquad v(P_2) = k_{r,2}[A][B]$$

A proporção relativa com que os dois produtos são formados em um dado estágio da reação (antes que ela tenha alcançado o equilíbrio) é dada pela razão entre as duas velocidades e, portanto, entre as duas constantes de velocidade:

$$\frac{[P_2]}{[P_1]} = \frac{k_{r,2}}{k_{r,1}} \qquad \text{Controle cinético} \qquad (20E.14)$$

Essa razão representa o **controle cinético** sobre as proporções de produtos, e é uma característica comum das reações encontradas na química orgânica, em que reagentes são escolhidos de modo a facilitar os caminhos de reação que favoreçam a formação de um produto desejado. Se uma reação alcança o equilíbrio, então a proporção de produtos é determinada pela termodinâmica, e não por considerações cinéticas. A razão entre as concentrações é então controlada pelas energias de Gibbs padrão de todos os reagentes e produtos.

Breve ilustração 20E.3 O resultado do controle cinético

Considere dois produtos formados a partir do reagente R em reações para as quais: (a) o produto P_1 é termodinamicamente mais estável do que o produto P_2 e (b) a energia de ativação E_a para a reação que leva a P_2 é maior do que a que leva a P_1. Segue da Eq. 20E.14 e da equação de Arrhenius ($k_r = Ae^{-E_a/RT}$, Eq. 20D.4) que a razão entre os produtos é

$$\frac{[P_2]}{[P_1]} = \frac{k_2}{k_1} = \frac{A_2 e^{-E_{a,2}/RT}}{A_1 e^{-E_{a,1}/RT}} = \frac{A_2}{A_1} e^{-(E_{a,2}-E_{a,1})/RT} = \frac{A_2}{A_1} e^{-\Delta E_a/RT}$$

Como $\Delta E_a = E_{a,2} - E_{a,1} > 0$, quando T aumenta,

- o termo $\Delta E_a/RT$ diminui e
- o termo $e^{-\Delta E_a/RT}$ aumenta.

Consequentemente, a razão $[P_2]/[P_1]$ aumenta com o aumento da temperatura antes de o equilíbrio ser alcançado.

Exercício proposto 20E.6 Considere as reações da *Breve ilustração* 20E.3. Deduza uma expressão para a razão $[P_2]/[P_1]$, quando a reação está sob controle termodinâmico. Enuncie suas suposições.

Resposta: $[P_2]/[P_1] = e^{-(\Delta_f G_2^{\ominus} - \Delta_f G_1^{\ominus})/RT}$, supondo que as atividades possam ser substituídas por concentrações

Conceitos importantes

- ☐ 1. O **mecanismo** de reação é uma sequência de etapas elementares que leva dos reagentes aos produtos.
- ☐ 2. A **molecularidade** de uma reação elementar é o número de moléculas que se reúnem para reagir.
- ☐ 3. Uma reação elementar unimolecular tem cinética de primeira ordem; uma reação elementar bimolecular tem cinética de segunda ordem.
- ☐ 4. A **etapa determinante da velocidade** é a mais lenta das etapas em um mecanismo de reação, e é ela que controla a velocidade da reação global.
- ☐ 5. Na **aproximação de estado estacionário**, supõe-se que as concentrações de todos os intermediários da reação permaneçam constantes e pequenas durante toda a reação.
- ☐ 6. O **pré-equilíbrio** é um estado no qual um intermediário está em equilíbrio com os reagentes e que surge quando as velocidades de formação do intermediário e de seu decaimento para reagentes são muito mais rápidas do que sua velocidade de formação de produtos.
- ☐ 7. Contanto que a reação não tenha alcançado o equilíbrio, os produtos de reações competitivas são controlados pela cinética.

Equações importantes

Propriedade	Equação	Comentário	Número da equação
Reação unimolecular	$d[A]/dt = -k_r[A]$	$A \rightarrow P$	20E.1
Reação bimolecular	$d[A]/dt = -k_r[A][B]$	$A + B \rightarrow P$	20E.2
Reações consecutivas	$[A] = [A]_0 e^{-k_a t}$ $[I] = (k_a/(k_b - k_a))(e^{-k_a t} - e^{-k_b t})[A]_0$ $[P] = \{1 + (k_a e^{-k_b t} - k_b e^{-k_a t})/(k_b - k_a)\}[A]_0$	$A \xrightarrow{k_a} I \xrightarrow{k_b} P$	20E.4
Aproximação de estado estacionário	$d[I]/dt \approx 0$	I é um intermediário	20E.5

20F Exemplos de mecanismos de reação

Tópicos

➤ Por que você precisa saber este assunto?

Algumas reações importantes têm mecanismos complexos e precisam de tratamento especial, de modo que você precisa investigar como fazer e implementar hipóteses sobre as velocidades relativas das etapas de um mecanismo.

➤ Qual é a ideia fundamental?

A aproximação do estado estacionário pode ser frequentemente utilizada para deduzir leis de velocidade para mecanismos propostos.

➤ O que você já deve saber?

Você precisa estar familiarizado com o conceito de leis de velocidade (Seção 20A) e da aproximação do estado estacionário (Seção 20E).

Muitas reações têm mecanismos que envolvem diversas etapas elementares. Nesta seção vamos concentrar nossa atenção na análise cinética de uma classe especial de reações em fase gasosa e na cinética de polimerização. Os processos fotoquímicos são abordados na Seção 20G, e o papel da catálise, nas Seções 20H e 22C.

20F.1 Reações unimoleculares

Muitas reações em fase gasosa seguem a cinética de primeira ordem, por exemplo, a da isomerização do ciclopropano:

$$\textit{ciclo}\text{-C}_3\text{H}_6(\text{g}) \rightarrow \text{CH}_3\text{CH}{=}\text{CH}_2(\text{g}) \qquad v = k_r[\textit{ciclo}\text{-C}_3\text{H}_6]$$

O problema na interpretação de uma lei de velocidade de primeira ordem é que presumivelmente uma molécula adquire energia suficiente para reagir através de colisões com outras moléculas. Entretanto, as colisões são eventos bimoleculares simples. Assim, como essas colisões podem levar a uma lei de velocidade de primeira ordem? As reações em fase gasosa de primeira ordem são comumente denominadas "reações unimoleculares", pois elas também envolvem uma etapa unimolecular elementar na qual a molécula de reagente se transforma na do produto. Esse termo deve ser usado com cautela, pois o mecanismo global envolve tanto etapas bimoleculares quanto etapas unimoleculares.

A primeira explicação bem-sucedida das reações unimoleculares foi proposta por Frederick Lindemann, em 1921, e aperfeiçoada por Cyril Hinshelwood. No **mecanismo de Lindemann–Hinshelwood** admite-se que a molécula do reagente A fica energeticamente excitada na colisão com outra molécula de A (Fig. 20F.1), em uma etapa bimolecular:

$$\text{A} + \text{A} \rightarrow \text{A}^* + \text{A} \qquad \frac{\text{d}[\text{A}^*]}{\text{d}t} = k_a[\text{A}]^2 \qquad (20\text{F}.1\text{a})$$

A molécula excitada (A^*) pode perder o excesso de energia em uma colisão com outra molécula:

$$\text{A} + \text{A}^* \rightarrow \text{A} + \text{A} \qquad \frac{\text{d}[\text{A}^*]}{\text{d}t} = -k_a'[\text{A}][\text{A}^*] \qquad (20\text{F}.1\text{b})$$

Alternativamente, a molécula excitada pode se cindir e formar o produto P. Isto é, pode sofrer um decaimento unimolecular

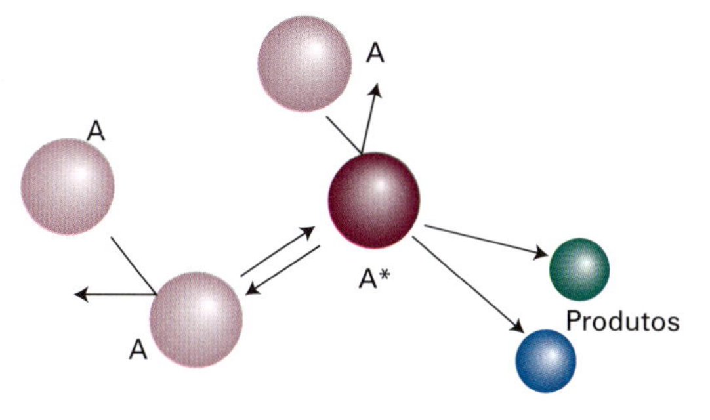

Figura 20F.1 Esquema do mecanismo de Lindemann–Hinshelwood de reações unimoleculares. A molécula A é excitada na colisão com outra molécula A, e, uma vez excitada (A*) ou é desativada por uma segunda colisão com A ou decai, em um processo unimolecular, para formar os produtos.

$$A^* \rightarrow P \qquad \frac{d[A^*]}{dt} = -k_b[A^*] \tag{20F.1c}$$

Se a etapa unimolecular for suficientemente lenta para ser a etapa determinante da velocidade, a reação global terá uma cinética de primeira ordem, como realmente se observa. É possível demonstrar analiticamente esta conclusão admitindo a aproximação do estado estacionário para a velocidade líquida de formação de A*:

$$\frac{d[A^*]}{dt} = k_a[A]^2 - k_a'[A][A^*] - k_b[A^*] \approx 0 \tag{20F.2}$$

A resolução dessa equação leva a

$$[A^*] = \frac{k_a[A]^2}{k_b + k_a'[A]} \tag{20F.3}$$

de modo que a lei de velocidade da formação de P é

$$\frac{d[P]}{dt} = k_b[A^*] = \frac{k_a k_b[A]^2}{k_b + k_a'[A]} \tag{20F.4}$$

Até o momento a reação não apresenta uma lei de velocidade de primeira ordem. Porém, se a velocidade da desativação pelas colisões (A*,A) for muito maior do que a velocidade do decaimento unimolecular, isto é, $k_a'[A][A^*] \gg k_b[A^*]$ ou (após cancelamento de $[A^*]$), $k_a'[A] \gg k_b$, então, podemos desprezar k_b no denominador e escrever

$$\frac{d[P]}{dt} = k_r[A] \quad \text{com} \quad k_r = \frac{k_a k_b}{k_a'} \tag{20F.5}$$

Lei de velocidade de Lindemann–Hinshelwood

A Eq. 20F.5 representa uma lei de velocidade de primeira ordem, como pretendíamos demonstrar.

O mecanismo de Lindemann–Hinshelwood pode ser verificado, pois prevê que, à medida que a concentração (e, portanto, a pressão parcial) de A diminui, a reação passa a ter uma cinética global de segunda ordem. Assim, quando $k_a'[A] \ll k_b$, a lei de velocidade na Eq. 20F.4 se torna

$$\frac{d[P]}{dt} = k_a[A]^2 \tag{20F.6}$$

A justificativa física dessa mudança de ordem é que em baixas pressões a etapa determinante da velocidade é a formação bimolecular de A*. Se escrevermos a lei de velocidade completa dada pela Eq. 20F.4 como

$$\frac{d[P]}{dt} = k_r[A] \quad \text{com} \quad k_r = \frac{k_a k_b[A]}{k_b + k_a'[A]} \tag{20F.7}$$

então a expressão da constante de velocidade efetiva, k_r, pode ser reescrita como

$$\frac{1}{k_r} = \frac{k_a'}{k_a k_b} + \frac{1}{k_a[A]} \tag{20F.8}$$

Mecanismo de Lindemann–Hinshelwood — Constante de velocidade efetiva

Assim, um teste da teoria consiste em fazer o gráfico de $1/k_r$ contra $1/[A]$ e verificar se se obtém um comportamento linear. Esse comportamento linear é em geral observado para baixas concentrações. Desvios desse comportamento são comuns para altas concentrações. Na Seção 21A vamos desenvolver um mecanismo para interpretar os resultados experimentais para diferentes valores de concentração e pressão.

Exemplo 20F.1 Análise do mecanismo de Lindemann–Hinshelwood

A 300 K, a constante de velocidade efetiva de uma reação gasosa A → P que tem um mecanismo de Lindemann–Hinshelwood é $k_{r,1} = 2{,}50 \times 10^{-4}\,s^{-1}$, com $[A]_1 = 5{,}21 \times 10^{-4}\,mol\,dm^{-3}$ e $k_{r,2} = 2{,}10 \times 10^{-5}\,s^{-1}$, com $[A]_2 = 4{,}81 \times 10^{-6}\,mol\,dm^{-3}$. Calcule a constante de velocidade para a etapa de ativação no mecanismo.

Método Use a Eq. 20F.8 para escrever uma expressão para a diferença $1/k_{r,2} - 1/k_{r,1}$ e, em seguida, utilize os dados para resolver para k_a, a constante de velocidade da etapa de ativação.

Resposta Segue da Eq. 20F.8 que

$$\frac{1}{k_{r,2}} - \frac{1}{k_{r,1}} = \frac{1}{k_a}\left(\frac{1}{[A]_2} - \frac{1}{[A]_1}\right)$$

e, desse modo,

$$\begin{aligned} k_a &= \frac{1/[A]_2 - 1/[A]_1}{1/k_{r,2} - 1/k_{r,1}} \\ &= \frac{1/(4{,}81\times10^{-6}\,mol\,dm^{-3}) - 1/(5{,}21\times10^{-4}\,mol\,dm^{-3})}{1/(2{,}10\times10^{-5}\,s^{-1}) - 1/(2{,}50\times10^{-4}\,s^{-1})} \\ &= 4{,}72\,dm^3\,mol^{-1}\,s^{-1} \end{aligned}$$

Exercício proposto 20F.1 As constantes de velocidade efetivas para uma reação gasosa A → P que tem um mecanismo de Lindemann–Hinshelwood são $1{,}70 \times 10^{-3}\,s^{-1}$ e $2{,}20 \times 10^{-4}\,s^{-1}$, com $[A] = 4{,}37 \times 10^{-4}\,mol\,dm^{-3}$ e $1{,}00 \times 10^{-5}\,mol\,dm^{-3}$, respectivamente. Calcule a constante de velocidade para a etapa de ativação no mecanismo.

Resposta: $24{,}6\,dm^3\,mol^{-1}\,s^{-1}$

20F.2 Cinética da polimerização

Existem dois tipos principais de processos de polimerização, e a massa molar média do produto varia com o tempo de forma distinta para cada uma desses tipos. Na **polimerização por condensação**, dois monômeros quaisquer presentes na mistura reacional podem se unir em qualquer instante, e o crescimento do polímero não fica restrito a cadeias em formação (Fig. 20F.2). Por isso, os monômeros são consumidos nos primeiros momentos, no sistema reacional, e, como veremos a seguir, a massa molar média do produto aumenta com o decorrer do tempo. Na **polimerização em cadeia**, um monômero ativado M ataca outro monômero, ligando-se a ele, e a unidade formada, por sua vez, ataca

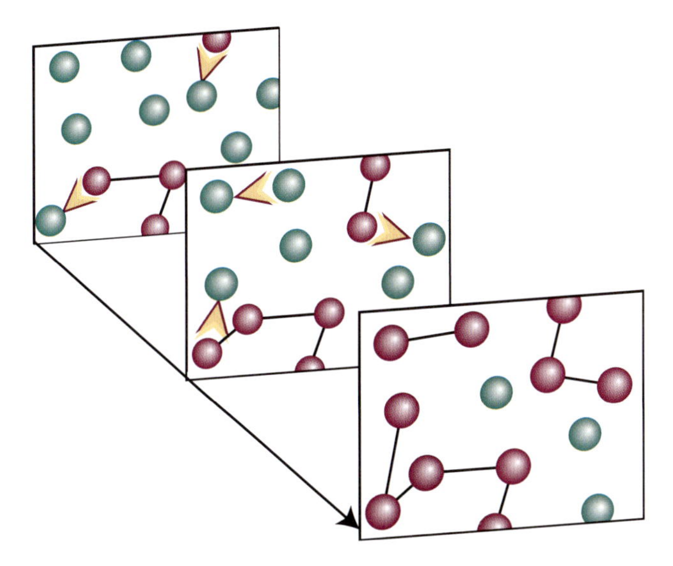

Figura 20F.2 Na polimerização por condensação, o crescimento de uma cadeia pode se iniciar pela reação de quaisquer dois monômeros (em verde), de modo que novas cadeias (em púrpura) se formam durante todo o decorrer da reação.

um segundo monômero, e assim sucessivamente. Os monômeros são consumidos quando se ligam às cadeias em crescimento (Fig. 20F.3). Polímeros com elevadas massas molares são formados rapidamente e apenas o rendimento aumenta com o tempo de reação, e não a massa molar do polímero.

(a) Polimerização por condensação

A polimerização por condensação avança, comumente, por uma **reação de condensação**, na qual, em cada etapa, há a eliminação de uma molécula pequena (em geral, H_2O). A polimerização por condensação é o mecanismo de produção das poliamidas, como na formação do náilon-66:

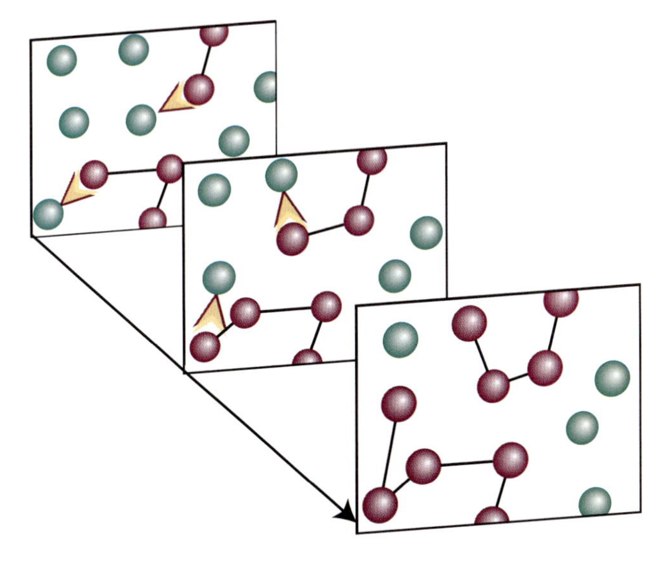

Figura 20F.3 Processo de polimerização em cadeia. As cadeias (em púrpura) crescem à medida que a cada cadeia um novo monômero (em verde) é adicionado.

$$H_2N(CH_2)_6NH_2 + HOOC(CH_2)_4COOH \rightarrow$$
$$H_2N(CH_2)_6NHCO(CH_2)_4COOH + H_2O$$
$$\xrightarrow{\text{continua até}} H\text{–}[HN(CH_2)_6NHCO(CH_2)_4CO]_n\text{–}OH$$

Os poliésteres e as poliuretanas formam-se de maneira semelhante (as últimas sem eliminação). Um poliéster, por exemplo, pode ser imaginado como o produto da polimerização por condensação de um hidroxiácido HO–R–COOH. Admitindo-se a formação do poliéster a partir desse monômero, podemos acompanhar o progresso da reação em termos da concentração dos grupos –COOH na amostra (que identificaremos por A), pois esses grupos paulatinamente desaparecem quando a condensação avança. Uma vez que a reação de condensação pode ocorrer entre moléculas que contêm qualquer número de unidades monoméricas, cadeias com diferentes tamanhos podem se desenvolver na mistura reacional.

Na ausência de um catalisador, pode-se considerar que a condensação seja um processo de segunda ordem global nas concentrações dos grupos –OH e –COOH (ou A) e escrever:

$$\frac{d[A]}{dt} = -k_r[OH][A] \qquad (20F.9a)$$

Entretanto, como há um grupo –OH para cada grupo –COOH, essa equação é equivalente a:

$$\frac{d[A]}{dt} = -k_r[A]^2 \qquad (20F.9b)$$

Se admitirmos que a constante de velocidade da reação de condensação é independente do comprimento da cadeia, então k_r permanece constante durante todo o decorrer da reação. A resolução dessa lei de velocidade é dada pela Eq. 20B.4, e é

$$[A] = \frac{[A]_0}{1 + k_r t[A]_0} \qquad (20F.10)$$

A fração, p, dos grupos –COOH que sofreram condensação no instante t é obtida aplicando-se a Eq. 20F.10:

$$p = \frac{[A]_0 - [A]}{[A]_0} = \frac{k_r t[A]_0}{1 + k_r t[A]_0} \qquad (20F.11)$$

Polimerização por condensação — Fração de grupos condensados

Podemos, então, calcular o **grau de polimerização**, que é definido como o número médio de resíduos de monômeros por molécula do polímero. Essa grandeza é a razão entre a concentração inicial de A, $[A]_0$, e o número de grupos terminais, [A], no instante desejado, pois há somente um grupo –A por molécula de polímero. Por exemplo, se existirem inicialmente 1000 grupos A e, após um certo instante, apenas 10, então cada molécula de polímero deve ter, em média, 100 unidades de comprimento. Uma vez que o valor de [A] pode ser expresso em termos de p (primeira parte da Eq. 20F.11), o número médio de monômeros por unidade de polímero, $\langle N \rangle$, é

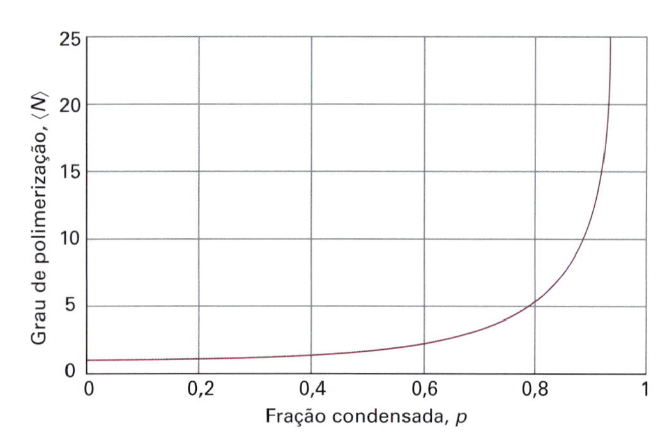

Figura 20F.4 Comprimento médio da cadeia de um polímero em função da fração p dos monômeros que reagiram. Veja que p deve ser quase igual à unidade para as cadeias serem longas.

$$\langle N\rangle=\frac{[\mathrm{A}]_0}{[\mathrm{A}]}=\frac{1}{1-p}$$ *Polimerização por condensação* Grau de polimerização (20F.12a)

Esse resultado está ilustrado na Fig. 20F.4. Quando expressamos p em termos da constante de velocidade k_r (segunda parte da Eq. 20F.11), encontramos:

$$\langle N\rangle=1+k_r t[\mathrm{A}]_0$$ *Polimerização por condensação* Grau de polimerização em termos da constante de velocidade (20F.12b)

O comprimento médio aumenta linearmente com o tempo. Portanto, quanto mais demorado for o processo de polimerização por condensação, maior será a massa molar média do produto.

Breve ilustração 20F.1 O grau de polimerização

Considere um polímero formado por um processo de condensação com k_r = 1,00 dm^3 mol^{-1} s^{-1} e uma concentração monomérica inicial $[\mathrm{A}]_0$ = 4,00 × 10^{-3} mol dm^{-3}. Da Eq. 20F.12b, o grau de polimerização, em t = 1,5 × 10^4 s, é

$$\langle N\rangle=1+(1{,}00\,\mathrm{dm^3\,mol^{-1}\,s^{-1}})\times(1{,}5\times10^4\,\mathrm{s})\times(4{,}00\times10^{-3}\,\mathrm{mol\,dm^{-3}})=61$$

Da Eq. 20F.12a, a fração condensada, p, é

$$p=\frac{\langle N\rangle-1}{\langle N\rangle}=\frac{61-1}{61}=0{,}98$$

Exercício proposto 20F.2 Calcule a fração condensada e o grau de polimerização, em t = 1,0 h, de um polímero formado por um processo de condensação com k_r = 1,80 × 10^{-2} dm^3 mol^{-1} s^{-1} e uma concentração monomérica inicial de 3,00 × 10^{-2} mol dm^{-3}.

Resposta: $\langle N\rangle$ = 2,9; p = 0,66

(b) Polimerização em cadeia

Muitas reações em fase gasosa e também muitas reações de polimerização em fase líquida são **reações em cadeia**. Em uma reação em cadeia, um intermediário da reação produzido em uma etapa produz um intermediário na etapa subsequente, e este, por sua vez, gera outro intermediário, e assim sucessivamente. Os intermediários em uma reação em cadeia são denominados **propagadores da cadeia**. Em uma **reação em cadeia com radicais**, os propagadores da cadeia são radicais (espécies químicas com elétrons desemparelhados).

A polimerização em cadeia ocorre pela adição de monômeros ao polímero em crescimento, frequentemente por um processo em cadeia com radicais. Ela resulta no crescimento muito rápido de uma cadeia polimérica, para cada monômero ativado. Entre os exemplos citam-se as polimerizações por adição do eteno, do metacrilato de metila e do estireno, como em:

$$-\mathrm{CH_2CH_2X\cdot}+\mathrm{CH_2{=}CHX}\rightarrow-\mathrm{CH_2CHXCH_2CHX\cdot}$$

a que se seguem outras reações. O aspecto central da análise cinética (que é resumida na *Justificativa* 20F.1) é o da velocidade de polimerização ser proporcional à raiz quadrada da concentração do iniciador, In:

$$v=k_r[\mathrm{In}]^{1/2}[\mathrm{M}]$$ *Polimerização em cadeia* Velocidade da polimerização (20F.13)

Justificativa 20F.1 A velocidade da polimerização em cadeia

Há três tipos básicos de etapas de reação no processo de polimerização em cadeia:

(a) Iniciação:

$$\mathrm{In}\rightarrow\mathrm{R\cdot}+\mathrm{R\cdot}\qquad v_i=k_i[\mathrm{In}]$$
$$\mathrm{M}+\mathrm{R\cdot}\rightarrow\mathrm{\cdot M_1}\qquad \text{(rápida)}$$

em que In é o iniciador, R· é o radical produzido por In e $\cdot\mathrm{M_1}$ é um radical do monômero. Foi mostrada uma reação em que há a produção de radical, mas em algumas polimerizações a etapa de iniciação leva à formação de um propagador da cadeia de caráter iônico. A etapa determinante da velocidade é a da formação dos radicais R· pela homólise do iniciador, de modo que a velocidade de iniciação é igual à v_i dada anteriormente.

(b) Propagação:

$$\mathrm{M}+\mathrm{\cdot M_1}\rightarrow\mathrm{\cdot M_2}$$
$$\mathrm{M}+\mathrm{\cdot M_2}\rightarrow\mathrm{\cdot M_3}$$
$$\vdots$$
$$\mathrm{M}+\mathrm{\cdot M_{\mathit{n}-1}}\rightarrow\mathrm{\cdot M_{\mathit{n}}}\qquad v_p=k_p[\mathrm{M}][\cdot\mathrm{M}]$$

Se admitirmos que a velocidade de propagação é independente do comprimento da cadeia para cadeias suficientemente longas, então podemos utilizar apenas a equação dada anteriormente para descrever o processo de propagação. Assim, para cadeias suficientemente longas, a velocidade de propagação é igual à velocidade global de polimerização.

Como essa cadeia de reações se propaga rapidamente, a velocidade de crescimento da concentração total de radicais é igual à velocidade da etapa de iniciação que é a determinante da velocidade. Vem então que

$$\left(\frac{d[\cdot M]}{dt}\right)_{\text{produção}} = 2f\,k_i[\text{In}]$$

em que f é a fração de radicais R· bem-sucedidos em iniciar uma cadeia.

(c) Terminação:

terminação mútua: $\cdot M_n + \cdot M_m \rightarrow M_{n+m}$

desproporcionamento: $\cdot M_n + \cdot M_m \rightarrow M_n + M_m$

transferência de cadeia: $M + \cdot M_n \rightarrow \cdot M + M_n$

Na **terminação mútua**, duas cadeias de radicais crescendo se combinam. Na terminação por **desproporcionamento**, há transferência de um átomo de H de uma cadeia para outra, o que corresponde a uma oxidação de um doador e a uma redução de um aceitador. Na **transferência de cadeia**, uma nova cadeia é iniciada à custa de uma outra que estava em crescimento.

Aqui, vamos supor que somente ocorra a terminação mútua. Se admitirmos que a velocidade de terminação é independente do comprimento da cadeia, a lei cinética para a terminação é

$$v_t = k_t[\cdot M]^2$$

e a velocidade de variação da concentração dos radicais, por esse processo, é

$$\left(\frac{d[\cdot M]}{dt}\right)_{\text{esgotamento}} = -2k_t[\cdot M]^2$$

Aplicando a aproximação do estado estacionário obtemos

$$\frac{d[\cdot M]}{dt} = 2f\,k_i[\text{In}] - 2k_t[\cdot M]^2 \approx 0$$

A concentração de radicais em cadeias no estado estacionário é, portanto,

$$[\cdot M] = \left(\frac{f\,k_i}{k_t}\right)^{1/2}[\text{In}]^{1/2}$$

Uma vez que a velocidade de propagação das cadeias é o negativo da velocidade de consumo do monômero, podemos escrever $v_p = -d[M]/dt$ e

$$v_p = k_p[\cdot M][M] = k_p\left(\frac{f\,k_i}{k_t}\right)^{1/2}[\text{In}]^{1/2}[M]$$

Essa é a velocidade de polimerização, e tem a forma da Eq. 20F.13.

O **comprimento cinético da cadeia**, λ, é dado pela razão entre o número de unidades do monômero que são consumidas por centro ativo produzido na etapa de iniciação:

$$\lambda = \frac{\text{número de unidades de monômero consumidas}}{\text{número de centros ativos produzidos}}$$

Definição Comprimento cinético da cadeia (20F.14a)

O comprimento cinético da cadeia pode ser expresso em termos das expressões de velocidade apresentadas na *Justificativa* 20F.1. Para tanto, verificamos que os monômeros são consumidos na velocidade em que as cadeias se propagam. Assim,

$$\lambda = \frac{\text{velocidade de propagação das cadeias}}{\text{velocidade de produção de radicais}}$$

Comprimento cinético da cadeia em termos das velocidades das reações (20F.14b)

Utilizando a aproximação do estado estacionário, igualamos a velocidade de produção de radicais à velocidade de terminação. Portanto, podemos escrever a expressão para o comprimento cinético da cadeia na forma:

$$\lambda = \frac{k_p[\cdot M][M]}{2k_t[\cdot M]^2} = \frac{k_p[M]}{2k_t[\cdot M]}$$

Quando substituímos nessa equação a concentração do radical no estado estacionário, $[\cdot M] = (fk_ik_t)^{1/2}[\text{In}]^{1/2}$, chegamos a:

$$\lambda = k_r[M][\text{In}]^{-1/2} \quad \text{com } k_r = k_p(fk_ik_t)^{-1/2}$$

Polimerização em cadeia Comprimento da cadeia cinética (20F.15)

Considere um polímero produzido por um mecanismo em cadeia com terminação mútua. Neste caso, o número médio de monômeros em uma molécula de polímero, $\langle N\rangle$, produzida pela reação é dado pela soma dos números nas duas cadeias poliméricas que se combinam. Em cada uma, o número médio de unidades é λ. Portanto,

$$\langle N\rangle = 2\lambda = 2k_r[M][\text{In}]^{-1/2}$$

Polimerização em cadeia Grau de polimerização (20F.16)

em que k_r é dado pela Eq. 20F.15. Vemos então que quanto mais lenta for a iniciação da cadeia (isto é, quanto menor for a concentração do iniciador e quanto menor for a constante de velocidade de iniciação), maior será o comprimento cinético da cadeia e, portanto, maior a massa molar média do polímero. Algumas das consequências das massas molares de polímeros foram discutidas na Seção 17D. Vimos agora como podemos ter controle cinético sobre elas.

Conceitos importantes

- ☐ 1. O **mecanismo de Lindemann-Hinshelwood** das reações unimoleculares explica a cinética de primeira ordem de algumas reações em fase gasosa.
- ☐ 2. Na **polimerização por condensação** quaisquer dois monômeros na mistura de reação podem se unir em qualquer instante.
- ☐ 3. Quanto maior o avanço de uma polimerização por condensação, maior será a massa molar média do produto.
- ☐ 4. Na **polimerização em cadeia** um monômero ativo ataca outro monômero, ligando-se a ele.
- ☐ 5. Quanto mais lenta for a iniciação da cadeia, maior será a massa molar média do polímero.
- ☐ 6. O **comprimento cinético da cadeia** é a razão entre o número de unidades monoméricas consumidas por centro ativo produzido na etapa de iniciação.

Equações importantes

Propriedade	Equação	Comentário	Número da equação
Lei de velocidade de Lindemann-Hinshelwood	$d[P]/dt = k_r[A]$ com $k_r = k_a k_b / k_a'$	$k_a'[A] \gg k_b$	20F.5
Constante de velocidade efetiva	$1/k_r = k_a'/k_a k_b + 1/k_a[A]$	Mecanismo de Lindemann-Hinshelwood	20F.8
Fração de grupos condensados	$p = k_r t[A]_0/(1 + k_r t[A]_0)$	Polimerização por condensação	20F.11
Grau de polimerização	$\langle N \rangle = 1/(1-p) = 1 + k_r t[A]_0$	Polimerização por condensação	20F.12
Velocidade de polimerização	$v = k_r[In]^{1/2}[M]$	Polimerização em cadeia	20F.13
Comprimento cinético da cadeia	$\lambda = k_r[M][In]^{-1/2}$, $k_r = k_p(fk_i k_t)^{-1/2}$	Polimerização em cadeia	20F.15
Grau de polimerização	$\langle N \rangle = 2k_r[M][In]^{-1/2}$	Polimerização em cadeia	20F.16

20G Fotoquímica

Tópicos

➤ Por que você precisa saber este assunto?

Muitos processos químicos e biológicos, incluindo a fotossíntese e a visão, podem ser iniciados pela absorção de radiação eletromagnética. Assim, você precisa saber como incluir seus efeitos nas leis de velocidade. Você ainda precisa investigar como ter uma visão mais aprofundada desses processos pela análise quantitativa dos seus mecanismos.

➤ Qual é a ideia fundamental?

Os mecanismos de muitas reações fotoquímicas levam a leis de velocidade relativamente simples que geram constantes de velocidade e medidas quantitativas da eficiência com a qual a energia radiante induz as reações.

➤ O que você já deve saber?

Você precisa estar familiarizado com os conceitos de estados simpleto e tripleto (Seções 9B e 13B), modos de decaimento radioativo (fluorescência e fosforescência, Seção 13B), conceitos de espectroscopia eletrônica (Seção 13A) e da formulação de uma lei de velocidade a partir de um mecanismo proposto (Seção 20E).

Os **processos fotoquímicos** são iniciados pela absorção de radiação eletromagnética. Entre os processos fotoquímicos mais importantes estão os que absorvem a energia radiante do Sol. Algumas dessas reações levam ao aquecimento da atmosfera durante o dia, graças à absorção de radiação ultravioleta. Outros processos estão relacionados com a absorção da radiação na faixa do visível durante a fotossíntese. Sem os processos fotoquímicos, a Terra seria simplesmente uma rocha quente, estéril.

20G.1 Processos fotoquímicos

A Tabela 20G.1 resume as reações fotoquímicas comuns. Os processos fotoquímicos se iniciam pela absorção de radiação por pelo menos um componente da mistura reacional. Em um **processo primário**, os produtos se formam diretamente a partir do estado excitado de um reagente. Exemplos incluem a fluorescência (Seção 13B) e a fotoisomerização *cis–trans* do retinal. Os produtos de um **processo secundário** se originam a partir de

Tabela 20G.1 Exemplos de processos fotoquímicos

Processo	Forma geral	Exemplo
Ionização	$A^* \rightarrow A^+ + e^-$	$NO^* \xrightarrow{134\,nm} NO^+ + e^-$
Transferência de elétrons	$A^* + B \rightarrow A^+ + B^-$ ou $A^- + B^+$	$\left[Ru(bipy)_3^{2+}\right]^* + Fe^{3+} \xrightarrow{452\,nm} Ru(bipy)_3^{3+} + Fe^{2+}$
Dissociação	$A^* \rightarrow B + C$	$O_3^* \xrightarrow{1180\,nm} O^2 + O$
	$A^* + B{-}C \rightarrow A + B + C$	$Hg^* + CH_4 \xrightarrow{254\,nm} Hg + CH_3 + H$
Adição	$2\,A^* \rightarrow B$	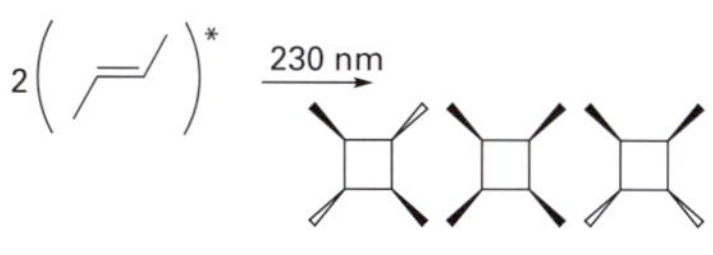 2( )* 230 nm →
	$A^* + B \rightarrow AB$	
Abstração	$A^* + B{-}C \rightarrow A{-}B + C$	$Hg^* + H_2 \xrightarrow{254\,nm} HgH + H$
Isomerização ou rearranjo	$A^* \rightarrow A'$	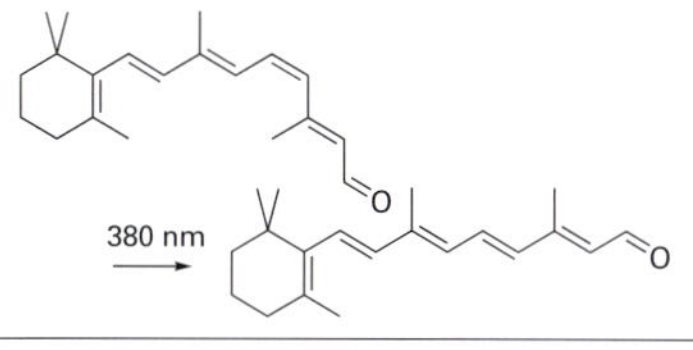 380 nm →

* Estado excitado.

Tabela 20G.2 Processos fotofísicos comuns

Absorção primária	$S + h\nu \rightarrow S^*$
Absorção do estado excitado	$S^* + h\nu \rightarrow S^{**}$
	$T^* + h\nu \rightarrow T^{**}$
Fluorescência	$S^* \rightarrow S + h\nu$
Emissão estimulada	$S^* + h\nu \rightarrow S + 2\,h\nu$
Cruzamento intersistemas (CIS)	$S^* \rightarrow T^*$
Fosforescência	$T^* \rightarrow S + h\nu$
Conversão interna (CI)	$S^* \rightarrow S$
Emissão induzida por uma colisão	$S^* + M \rightarrow S + M + h\nu$
Desativação por colisão	$S^* + M \rightarrow S + M$
	$T^* + M \rightarrow S + M$
Transferência de energia eletrônica	
Simpleto-simpleto	$S^* + S \rightarrow S + S^*$
Tripleto-tripleto	$T^* + T \rightarrow T + T^*$
Formação de excímero	$S^* + S \rightarrow (SS)^*$
Acúmulo de energia	
Simpleto-simpleto	$S^* + S^* \rightarrow S^{**} + S$
Tripleto-tripleto	$T^* + T^* \rightarrow S^{**} + S$

* Representa um estado excitado S, um estado simpleto, T, um estado tripleto, e M é um terceiro corpo.

intermediários que se formam diretamente do estado excitado de um reagente, como os processos oxidativos iniciados pelo átomo de oxigênio formado pela fotodissociação do ozônio.

Competindo com a formação dos produtos fotoquímicos existe uma série de processos fotofísicos primários que podem desativar o estado excitado (Tabela 20G.2). Por isso, é importante que sejam consideradas as escalas de tempo de formação do estado excitado e de seu decaimento antes de descrevermos os mecanismos das reações fotoquímicas.

As transições eletrônicas causadas pela absorção da radiação no ultravioleta ou no visível ocorrem entre $10^{-16}-10^{-15}$ s. Assim, podemos esperar que o limite superior para a constante de velocidade de um processo fotoquímico de primeira ordem seja de 10^{16} s^{-1}. A fluorescência é mais lenta que a absorção, com um tempo de vida típico entre $10^{-12}-10^{-6}$ s. Assim, o estado excitado simpleto pode iniciar reações fotoquímicas muito rápidas, em uma escala de tempo do femtossegundo (10^{-15} s) ao picossegundo (10^{-12} s). Exemplos de reações ultrarrápidas são os eventos iniciais da visão e da fotossíntese. Os tempos típicos de cruzamentos intersistemas (CSI, Seção 13B) e de fosforescência para moléculas orgânicas grandes são de $10^{-12}-10^{-4}$ s e $10^{-6}-10^{-1}$ s, respectivamente. Logo, estados excitados tripleto são fotoquimicamente importantes. De fato, como o decaimento por fosforescência é várias ordens de grandeza mais lento que a maioria das reações típicas, as espécies em estados excitados tripleto podem sofrer um grande número de colisões com outros reagentes antes de perderem sua energia radiativamente.

Breve ilustração 20G.1 A natureza do estado excitado

Para julgar se o estado excitado simpleto ou tripleto do reagente é um precursor adequado de produtos, comparamos o tempo de vida das emissões com a constante de tempo para a reação química do reagente, τ (Seção 20B). Considere uma reação fotoquímica unimolecular, com constante de velocidade $k_r = 1{,}7 \times 10^4$ s^{-1} e, portanto, constante de tempo $\tau = 1/(1{,}7 \times 10^4\ \text{s}^{-1}) = 59\ \mu$s, que envolve um reagente com um tempo de vida de fluorescência observado de 1,0 ns e um tempo de vida de fosforescência observado de 1,0 ms. O estado excitado simpleto tem vida muito curta para ser a principal fonte de produto nessa reação. Por outro lado, o estado excitado tripleto tem vida relativamente longa e é um bom candidato a precursor.

Exercício proposto 20G.1 Considere uma molécula com um tempo de vida de fluorescência de 10,0 ns que sofre fotoisomerização unimolecular. Que valor aproximado da meia-vida seria compatível com o estado excitado simpleto ser o precursor de produto?

Resposta: O valor de $t_{1/2}$ deverá ser menor que cerca de 7 ns

20G.2 Rendimento quântico primário

A velocidade de desativação do estado excitado por processos radiativos, não radiativos e químicos determina o rendimento do produto em uma reação fotoquímica. O **rendimento quântico primário**, ϕ, é definido como o número de processos fotofísicos ou fotoquímicos que levam ao produto primário dividido pelo número de fótons absorvidos pela molécula no mesmo intervalo:

$$\phi = \frac{\text{número de eventos}}{\text{número de fótons absorvidos}}$$

Definição Rendimento quântico primário (20G.1a)

Podemos dividir o numerador e o denominador da expressão anterior pelo intervalo de tempo durante o qual os eventos ocorreram. Assim, o rendimento quântico primário também é a velocidade dos processos primários induzidos pela radiação dividida pela velocidade de absorção de fótons, I_{abs}:

$$\phi = \frac{\text{velocidade do processo}}{\text{velocidade da absorção de fótons}} = \frac{v}{I_{abs}}$$

Rendimento quântico primário em termos das velocidades dos processos (20G.1b)

Exemplo 20G.1 Cálculo do rendimento quântico primário

Em uma experiência para a determinação do rendimento quântico de uma reação fotoquímica, a substância absorvedora foi exposta por 2700 s à luz de 490 nm de uma fonte de

100 W. A absorção da luz incidente foi de 60%. Em virtude da irradiação, houve a decomposição de 0,344 mol da substância absorvedora. Determine o rendimento quântico.

Método Precisamos calcular os termos da Eq. 20G.1a. Para calcular o número de fótons absorvidos, N_{abs}, que é o denominador da expressão do lado direito da Eq. 20G.1a, observamos que:

- A energia absorvida pela substância é $E_{abs} = fPt$, em que P é a potência incidente, t é o tempo de exposição e o fator f (neste caso, $f = 0{,}60$) é a proporção da luz incidente que é absorvida.
- E_{abs} também está relacionada ao número N_{abs} de fótons absorvidos por $E_{abs} = N_{abs}hc/\lambda$, em que hc/λ é a energia de um único fóton de comprimento de onda λ (Eq. 7A.5).

Pela combinação de ambas as expressões para a energia absorvida, o valor de N_{abs} é obtido facilmente. O número de eventos fotoquímicos, e, portanto, o numerador da expressão do lado direito da Eq. 20G.1a, é simplesmente o número de moléculas decompostas $N_{decompostas}$. O rendimento quântico primário vem de $\phi = N_{decompostas}/N_{abs}$.

Resposta Segue das expressões da energia absorvida que

$$E_{abs} = fPt = N_{abs}\left(\frac{hc}{\lambda}\right)$$

e, portanto, que $N_{abs} = fPt\lambda/hc$. Agora usamos a Eq. 20G.1a para escrever

$$\phi = \frac{N_{decompostas}}{N_{abs}} = \frac{N_{decompostas}hc}{fPt\lambda}$$

Com $N_{decompostas} = (0{,}344\ \text{mol}) \times (6{,}022 \times 10^{23}\ \text{mol}^{-1})$, $P = 100\ \text{W} = 100\ \text{J s}^{-1}$, $t = 2700\ \text{s}$, $\lambda = 490\ \text{nm} = 4{,}90 \times 10^{-7}$ e $f = 0{,}60$ segue que

$$\phi = \frac{(0{,}344\,\text{mol})\times(6{,}022\times10^{23}\,\text{mol}^{-1})\times(6{,}626\times10^{-34}\,\text{J s})\times(2{,}998\times10^{8}\,\text{m s}^{-1})}{0{,}60\times(100\,\text{J s}^{-1})\times(2700\,\text{s})\times(4{,}90\times10^{-7}\,\text{m})}$$
$$= 0{,}52$$

Exercício proposto 20G.2 Em uma experiência para a determinação do rendimento quântico de uma reação fotoquímica, a substância absorvedora foi exposta, durante 38,0 min, à luz de 320 nm de uma fonte de 87,5 W. A intensidade da luz transmitida pela amostra era igual a 0,35 vezes a intensidade da luz incidente. A irradiação provocou a decomposição de 0,324 mol da substância absorvedora. Determine o rendimento quântico.

Resposta: $\phi = 0{,}93$

Uma molécula em um estado excitado deve retornar ao estado fundamental ou formar um produto fotoquímico. Portanto, o número total de moléculas desativadas por processos radiativos, processos não radiativos e por reações fotoquímicas deve ser igual ao número de espécies excitadas produzidas pela absorção de luz. Concluímos que a soma dos rendimentos quânticos primários ϕ_i de *todos* os eventos fotofísicos e fotoquímicos, i, deve ser igual a 1, independentemente do número de reações que envolvem o estado excitado. Segue então que:

$$\sum_i \phi_i = \sum_i \frac{v_i}{I_{abs}} = 1 \qquad (20G.2)$$

Logo, para um estado excitado simpleto que decai para o estado fundamental somente através de processos fotofísicos descritos na Seção 20G.1 (e sem reação), temos:

$$\phi_F + \phi_{CI} + \phi_P = 1$$

em que ϕ_F, ϕ_{CI}, e ϕ_P são os rendimentos quânticos de fluorescência, conversão interna e fosforescência, respectivamente (o cruzamento intersistema do estado simpleto para o estado tripleto é levado em conta pela presença de ϕ_P). O rendimento quântico de emissão de fótons por fluorescência e fosforescência é $\phi_{emissão} = \phi_F + \phi_P$, que é menor do que 1. Se o estado excitado simpleto também participa em uma reação fotoquímica primária com rendimento quântico ϕ_r, escrevemos:

$$\phi_F + \phi_{CI} + \phi_P + \phi_r = 1$$

Podemos agora estabelecer uma relação mais direta entre as velocidades das reações e os rendimentos quânticos primários, previamente estabelecida pelas Eqs. 20G.1 e 20G.2. Retirando a constante I_{abs} do somatório e arrumando os termos da Eq. 20G.2, obtemos $I_{abs} = \sum_i v_i$. Substituindo esse resultado na Eq. 20G.2, obtemos o resultado geral:

$$\phi_i = \frac{v_i}{\sum_i v_i} \qquad (20G.3)$$

Assim, o rendimento quântico primário pode ser determinado diretamente da velocidade experimental de *todos* os processos fotofísicos e fotoquímicos que desativam o estado excitado.

20G.3 Mecanismo de decaimento do estado excitado simpleto

Considere a formação e o decaimento de um estado excitado simpleto na ausência de uma reação química:

Absorção:	$S + h\nu_i \rightarrow S^*$	$v_{abs} = I_{abs}$
Fluorescência:	$S^* \rightarrow S + h\nu_f$	$v_F = k_F[S^*]$
Conversão interna:	$S^* \rightarrow S$	$v_{CI} = k_{CI}[S^*]$
Cruzamento intersistemas:	$S^* \rightarrow T^*$	$v_{CIS} = k_{CIS}[S^*]$

em que S é a espécie no estado simpleto que absorve radiação, S* é um estado excitado simpleto, T* é um estado excitado tripleto, $h\nu_i$ é a energia do fóton incidente e $h\nu_f$ é a energia do fóton emitido por fluorescência. A partir dos métodos desenvolvidos na Seção 20E e das expressões de velocidade das etapas de formação e de desaparecimento do estado excitado simpleto S*, escrevemos a velocidade de formação e de decaimento de S* como:

$$\text{Velocidade de formação de } S^* = I_{abs}$$

$$\text{Velocidade de decaimento de } S^* = k_F[S^*]+k_{CIS}[S^*]+k_{CI}[S^*] = (k_F+k_{CIS}+k_{CI})[S^*]$$

Segue que o estado excitado decai por um processo de primeira ordem, e, então, quando a luz é desligada, a concentração de S* varia com o tempo t de acordo com:

$$[S^*](t)=[S^*]_0 e^{-t/\tau_0} \quad (20G.4)$$

em que o **tempo de vida observado**, τ_0, do primeiro estado excitado simpleto é definido como:

$$\tau_0 = \frac{1}{k_F+k_{CIS}+k_{CI}} \quad \textit{Definição} \quad \text{Tempo de vida observado do estado excitado simpleto} \quad (20G.5)$$

Mostramos na *Justificativa* 20G.1 que o rendimento quântico de fluorescência é:

$$\phi_{F,0} = \frac{k_F}{k_F+k_{CIS}+k_{CI}} \quad \text{Rendimento quântico de fluorescência} \quad (20G.6)$$

Justificativa 20G.1 O rendimento quântico de fluorescência

A maioria das medidas de fluorescência é feita iluminando-se uma amostra relativamente diluída com um feixe de luz ou de radiação ultravioleta intenso e contínuo. Segue que [S*] é pequena e constante, de modo que podemos utilizar a aproximação do estado estacionário (Seção 20E) e escrever:

$$\frac{d[S^*]}{dt} = I_{abs} - k_F[S^*] - k_{CIS}[S^*] - k_{CI}[S^*] = I_{abs} - (k_F+k_{CIS}+k_{CI})[S^*] \approx 0$$

Consequentemente,

$$I_{abs} = (k_F+k_{CIS}+k_{CI})[S^*]$$

Usando essa expressão e a Eq. 20G.1b, o rendimento quântico de fluorescência é escrito como:

$$\phi_{F,0} = \frac{\nu_F}{I_{abs}} = \frac{k_F[S^*]}{(k_F+k_{CIS}+k_{CI})[S^*]}$$

que pode ser simplificada fornecendo a Eq. 20G.6, após o cancelamento do termo [S*].

O tempo de vida de fluorescência pode ser medido com uma técnica de laser pulsado. Inicialmente, a amostra é excitada com um pulso curto de luz de um laser em um comprimento de onda em que S absorve fortemente. Após a excitação, o decaimento exponencial da intensidade da fluorescência é acompanhado. Da Eq. 20G.5 e da Eq. 20G.6, segue que

$$\tau_0 = \frac{1}{k_F+k_{CIS}+k_{CI}} = \frac{k_F}{k_F+k_{CIS}+k_{CI}} \times \frac{1}{k_F} = \frac{\phi_{F,0}}{k_F} \quad (20G.7)$$

Breve ilustração 20G.2 A constante de velocidade de fluorescência

Em água, o rendimento quântico e o tempo de vida de fluorescência observado do triptofano são $\phi_{F,0} = 0{,}20$ e $\tau_0 = 2{,}6$ ns, respectivamente. Segue, da Eq. 20G.7, que a constante de velocidade de fluorescência, k_F, é

$$k_F = \frac{\phi_{F,0}}{\tau_0} = \frac{0{,}20}{2{,}6\times10^{-9}\,\text{s}} = 7{,}7\times10^7\,\text{s}^{-1}$$

Exercício proposto 20G.3 Uma substância tem um rendimento quântico de fluorescência de $\phi_{F,0} = 0{,}35$. Em um experimento para medir o tempo de vida de fluorescência dessa substância, observou-se que a emissão de fluorescência decaía com uma meia-vida de 5,6 ns. Determine a constante de velocidade de fluorescência da substância em questão.

Resposta: $k_F = 4{,}3 \times 10^7\,\text{s}^{-1}$

20G.4 Extinção

A diminuição do tempo de vida do estado excitado devido à presença de outras espécies é chamada de **extinção**. A extinção pode ser tanto um processo desejado, como em uma transferência de energia ou de elétrons, quanto um processo indesejado, como uma reação secundária que diminui o rendimento quântico do processo fotoquímico de interesse. O efeito da extinção pode ser estudado acompanhando-se a emissão a partir do estado excitado envolvido na reação fotoquímica.

A adição de um agente de extinção, Q, abre um canal adicional para a desativação de S*:

$$\text{Extinção}: S^* + Q \rightarrow S + Q \qquad v_Q = k_Q[Q][S^*]$$

A **equação de Stern–Volmer**, que é deduzida na *Justificativa* 20G.2, relaciona os rendimentos quânticos de fluorescência $\phi_{F,0}$ e ϕ_F medidos na ausência e na presença, respectivamente, de um agente de extinção Q em uma concentração molar [Q]:

$$\frac{\phi_{F,0}}{\phi_F} = 1 + \tau_0 k_Q[Q] \quad \text{Equação de Stern–Volmer} \quad (20G.8)$$

Essa equação mostra que um gráfico de $\phi_{F,0}/\phi_F$ contra [Q] deve ser linear, com coeficiente angular $\tau_0 k_Q$. Esse gráfico é denominado **gráfico de Stern–Volmer** (Fig. 20G.1). O método também pode ser aplicado à extinção da fosforescência.

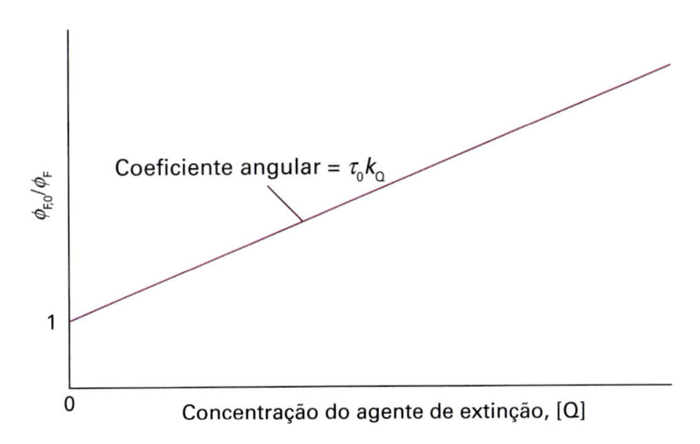

Figura 20G.1 Gráfico de Stern–Volmer e interpretação do coeficiente angular em termos da constante de velocidade de extinção e do tempo de vida de fluorescência observado na ausência de extinção.

Justificativa 20G.2 A equação de Stern–Volmer

Com a adição do agente de extinção, a aproximação de estado estacionário para [S*] pode ser reescrita como:

$$\frac{d[S^*]}{dt} = I_{abs} - (k_F + k_{CIS} + k_{CI} + k_Q[Q])[S^*] \approx 0$$

e o rendimento quântico de fluorescência, na presença do agente de extinção, é:

$$\phi_F = \frac{k_F}{k_F + k_{CIS} + k_{CI} + k_Q[Q]}$$

Segue que

$$\begin{aligned}\frac{\phi_{F,0}}{\phi_F} &= \frac{k_F}{k_F + k_{CIS} + k_{CI}} \times \frac{k_F + k_{CIS} + k_{CI} + k_Q[Q]}{k_F} \\ &= \frac{k_F + k_{CIS} + k_{CI} + k_Q[Q]}{k_F + k_{CIS} + k_{CI}} \\ &= 1 + \frac{k_Q}{k_F + k_{CIS} + k_{CI}}[Q]\end{aligned}$$

Utilizando a Eq. 20G.7, essa expressão se simplifica, dando a Eq. 20G.8.

Uma vez que a intensidade e o tempo de vida da fluorescência são ambos proporcionais ao rendimento quântico de fluorescência (especificamente, da Eq. 20G.7, $\tau_0 = \phi_F/k_F$), gráficos de $I_{F,0}/I_F$ e de τ_0/τ (em que o subscrito 0 indica uma medição realizada na ausência do agente de extinção) contra [Q] também devem ser lineares, com os mesmos coeficientes angulares e interseções que os apresentados pela Eq. 20G.8.

Exemplo 20G.2 Determinação da constante de velocidade de extinção

A molécula de 2,2′-bipiridina (**1**, bipy) forma um complexo com o íon Ru^{2+}. O rutênio(II) tri-(2,2′-bipiridila), $Ru(bipy)_3^{2+}$ (**2**) tem uma transição de transferência de carga metal-ligante (MLCT na sigla em inglês) intensa (Seção 13A) em 450 nm.

1 2,2′-bipiridina (bipy) **2** $[Ru(bipy)_3]^{2+}$

A extinção do estado excitado $^*Ru(bipy)_3^{2+}$ pelo Fe^{3+} (presente na forma do íon complexo $Fe(OH_2)_6^{3+}$) em solução ácida foi acompanhada medindo-se os tempos de vida de emissão de fluorescência a 600 nm. Determine a constante de velocidade de extinção para essa reação dispondo dos seguintes dados:

$[Fe(OH_2)_6^{3+}]/(10^{-4}\,mol\,dm^{-3})$	0	1,6	4,7	7	9,4
$\tau/(10^{-7}\,s)$	6	4,05	3,37	2,96	2,17

Método Reescrevemos a equação de Stern–Volmer (Eq. 20G.8) sob uma forma que possa ser usada com os dados de tempo de vida; ajustamos os dados através de uma reta.

Resposta Substituindo τ_0/τ por $\phi_{F,0}/\phi_F$ na Eq. 20G.8 e após manipulação algébrica da equação obtemos

$$\frac{1}{\tau} = \frac{1}{\tau_0} + k_Q[Q]$$

A Fig. 20G.2 mostra um gráfico de $1/\tau$ contra $[Fe^{3+}]$ e os resultados do ajuste a essa expressão. O coeficiente angular da reta é $2{,}8 \times 10^9$, de modo que $k_Q = 2{,}8 \times 10^9\ dm^3\ mol^{-1}\ s^{-1}$. Este exemplo mostra que a medição dos tempos de vida de emissão é mais adequada, pois leva diretamente ao valor de k_Q. Para determinar os valores dessa grandeza a partir das medições da intensidade ou do rendimento quântico, precisamos fazer uma medida independente de τ_0.

Exercício proposto 20G.4 A extinção da fluorescência do triptofano por O_2 gasoso dissolvido foi acompanhada medindo-se

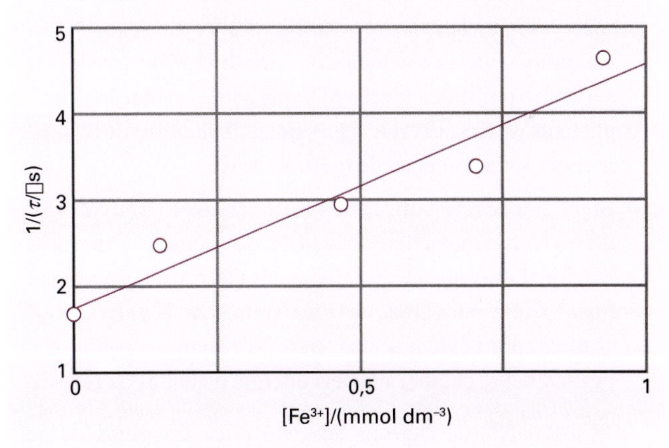

Figura 20G.2 Gráfico de Stern–Volmer para os dados do *Exemplo* 20G.2.

os tempos de vida de emissão em 348 nm em solução aquosa. Determine a constante de velocidade de extinção para esse processo a partir dos seguintes dados:

$[O_2]/(10^{-2}\,\text{mol dm}^{-3})$	0	2,3	5,5	8	10,8
$\tau/(10^{-9}\,\text{s})$	2,6	1,5	0,92	0,71	0,57

Resposta: $1{,}3 \times 10^{10}\,\text{dm}^3\,\text{mol}^{-1}\,\text{s}^{-1}$

São três os mecanismos mais comuns para a extinção bimolecular de um estado excitado simpleto (ou tripleto):

Desativação por colisão:	$S^* + Q \rightarrow S + Q$
Transferência de energia ressonante:	$S^* + Q \rightarrow S + Q^*$
Transferência de elétron:	$S^* + Q \rightarrow S^{+/-} + Q^{-/+}$

A constante de velocidade de extinção não fornece, por si mesma, informação detalhada sobre o mecanismo de extinção. Para o sistema do *Exemplo* 20G.2, sabe-se que a extinção do estado excitado do $Ru(bipy)_3^{2+}$ é o resultado de uma transferência de elétrons para o Fe^{3+}, mas os dados de extinção não permitem que se comprove o mecanismo.

No entanto, existem alguns critérios que governam a eficiência relativa do processo de extinção por colisão, das transferências de energia ressonante e de elétrons. Extinção por colisão é particularmente eficiente quando Q é uma espécie, como o íon iodeto, que recebe energia de S* e decai ao estado fundamental principalmente por liberação de energia na forma de calor. Como será visto na Seção 21E, de acordo com a **teoria de Marcus** de transferência de elétrons, proposta por R.A. Marcus em 1965, os seguintes fatores influenciam a velocidade de transferência de elétrons (de um estado fundamental ou excitado):

- A distância entre o doador e o aceitador, sendo a transferência mais eficiente quanto menor for a distância entre eles.
- A energia de Gibbs da reação, $\Delta_r G$, sendo a transferência mais eficiente quanto mais exergônica for a reação. Por exemplo, segue dos princípios termodinâmicos que levam à série eletroquímica (Seção 6D) que a foto-oxidação eficiente de S requer que o potencial de redução de S* seja menor que o potencial de redução de Q.
- A energia de reorganização, o custo energético envolvido no rearranjo molecular do doador, do aceitador e do meio reacional durante a transferência de elétrons. É possível prever que a velocidade de transferência do elétron aumenta à medida que essa energia de reorganização está praticamente balanceada pela energia de Gibbs da reação.

A transferência de elétrons também pode ser estudada pela espectroscopia resolvida no tempo (Seção 13C). Os produtos oxidados e reduzidos têm frequentemente espectros eletrônicos de absorção distintos daqueles dos compostos neutros dos quais se originam. Portanto, a rápida aparição dessas características no espectro de absorção, após a excitação por um pulso de laser, pode ser considerada uma indicação de extinção por transferência de elétrons. Na seção a seguir vamos estudar a transferência de energia ressonante com mais detalhe.

20G.5 Transferência de energia ressonante

Podemos visualizar o processo de transferência de energia $S^* + Q \rightarrow S + Q^*$ como discutido a seguir. O campo elétrico oscilante da radiação eletromagnética incidente induz um momento de dipolo elétrico oscilante em S. A energia é absorvida por S se a frequência da radiação incidente, ν, é tal que $\nu = \Delta E_S/h$, onde ΔE_S é a diferença de energia entre o estado fundamental e o estado eletronicamente excitado de S e h é a constante de Planck. Esta é a "condição ressonante" para a absorção da radiação (essencialmente a condição de frequência de Bohr, Eq. 7A.12). O dipolo oscilante em S pode agora afetar os elétrons ligados a uma molécula Q próxima, induzindo nesta um momento de dipolo oscilante. Se a frequência de oscilação do momento de dipolo elétrico em S é tal que $\nu = \Delta E_Q/h$, então Q absorve energia de S.

A eficiência, η_T, da transferência de energia ressonante é definida como:

$$\eta_T = 1 - \frac{\phi_F}{\phi_{F,0}} \qquad \textit{Definição} \qquad \text{Eficiência de transferência de energia ressonante} \qquad (20G.9)$$

Segundo a **teoria de Förster** da transferência de energia ressonante, a transferência de energia é eficiente quando:

- O doador e o aceitador de energia estão separados por pequena distância (na escala do nanômetro).
- Os fótons emitidos pelo estado excitado do doador podem ser diretamente absorvidos pelo aceitador.

Para sistemas doador–aceitador mantidos em posições rígidas por ligações covalentes ou por um "andaime" proteico, η_T aumenta com a diminuição da distância, R, segundo a expressão:

$$\eta_T = \frac{R_0^6}{R_0^6 + R^6} \qquad \text{Eficiência de transferência de energia em termos da distância doador–aceitador} \qquad (20G.10)$$

em que R_0 é um parâmetro (com unidades de distância) característico de cada par doador–aceitador. Ele pode ser considerado a distância em que a transferência de energia é 50% eficiente para um dado par doador–aceitador. (Pode-se comprovar essa afirmativa utilizando $R = R_0$ na Eq. 20G.10.) A Eq. 20G.10 foi comprovada experimentalmente e valores de R_0 estão tabelados para vários pares doador–aceitador (Tabela 20G.3)

Os espectros de emissão e de absorção de uma molécula consistem em uma faixa de comprimentos de onda. Assim, a segunda condição da teoria de Förster é satisfeita quando o espectro de

Tabela 20G.3 Valores de R_0 para alguns pares doador-aceitador*

Doador‡	Aceitador‡	R_0/nm
Naftaleno	Dansila	2,2
Dansila	ODR	4,3
Pireno	Cumarina	3,9
1.5-I AEDANS	FITC	4,9
Triptofano	1.5-I AEDANS	2,2
Triptofano	Heme (heme)	2,9

*Mais valores podem ser encontrados em J.R. Lacowicz *Principles of fluorescence spectroscopy*, Kluwer Academic/Plenum, New York (1999).

‡Abreviaturas:

Dansila: ácido 5-dimetilamino-1-naftalenossulfônico;

FITC: fluoresceína 5-isotiocianato;

1.5-I AEDANS: ácido 5-((((2-iodoacetil)amino)etil)amino)naftaleno-1-sulfônico;

ODR: octadecil-rodamina.

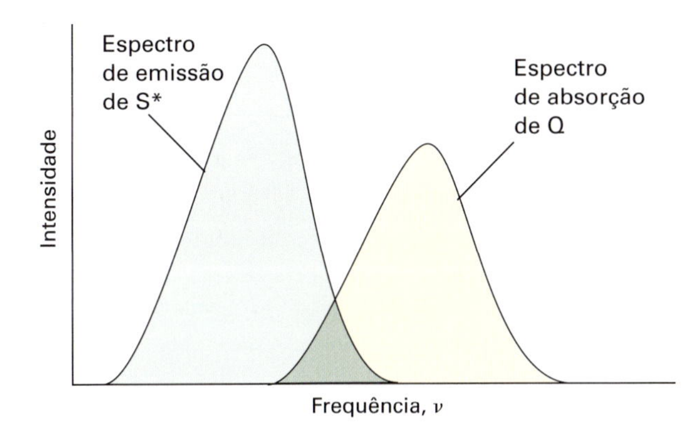

Figura 20G.3 Segundo a teoria de Förster, a velocidade de transferência de energia de uma molécula S*, em um estado excitado, para uma molécula do agente de extinção Q ocorre de forma otimizada nas frequências de radiação, em que o espectro de emissão de S* se sobrepõe com o espectro de absorção de Q, como ilustrado pela região sombreada (verde-escura).

emissão da molécula doadora se superpõe apreciavelmente com o espectro de absorção do aceitador. Na região de sobreposição, os fótons emitidos pelo doador têm a energia adequada para ser absorvida pelo aceitador (Fig. 20G.3).

A Eq. 20G.10 constitui a base da **transferência de energia ressonante por fluorescência** (FRET na sigla em inglês), uma técnica em que a dependência da eficiência de transferência de energia, η_T, em relação à distância, R, entre o doador de energia e o aceitador pode ser utilizada para medir distâncias em sistemas biológicos. Em um experimento típico de FRET, um sítio de um biopolímero ou membrana é marcado covalentemente com um doador de energia e um outro sítio é marcado, também covalentemente, com um aceitador de energia. Em certos casos, o doador e o aceitador podem ser constituintes naturais do sistema, como grupos de aminoácidos, cofatores ou substratos de enzimas. A distância entre os marcadores é então calculada a partir do valor conhecido de R_0 e da Eq. 20G.10. Vários testes mostraram que a técnica FRET é útil para medir distâncias na faixa de 1 a 9 nm.

Breve ilustração 20G.3 A técnica FRET

Como uma ilustração da técnica FRET, consideramos um estudo da proteína rodopsina. Quando um aminoácido na superfície da rodopsina é marcado covalentemente com o doador de energia 1.5-I AEDANS (**3**), o rendimento quântico de fluorescência do marcador diminuiu de 0,75 para 0,68 devido à extinção pelo pigmento visual 11-*cis*-retinal (**4**). Da Eq. 20G.10, calculamos $\eta_T = 1 - (0{,}68/0{,}75) = 0{,}093$ e da mesma equação e do valor conhecido de $R_0 = 5{,}4$ nm para o par 1.5-I AEDANS/11-*cis*-retinal calculamos $R = 7{,}9$ nm. Portanto, 7,9 nm é considerada a distância entre a superfície da proteína e o 11-*cis*-retinal.

3 1.5-I AEDANS

4 11-*cis*-Retinal

Exercício proposto 20G.5 Um aminoácido na superfície de uma proteína foi marcado covalentemente com 1.5-I AEDANS e outro foi marcado, também covalentemente, com FITC. O rendimento quântico de fluorescência do 1.5-I AEDANS diminuiu em 10% devido à extinção pelo FITC. Qual é a distância entre os aminoácidos?

Resposta: 7,1 nm

Se o doador e o aceitador se difundem em solução ou em fase gasosa, a teoria de Förster prevê que a eficiência da extinção por transferência de energia aumenta com a diminuição da distância média percorrida entre as colisões do doador com o aceitador. Ou seja, a eficiência da extinção aumenta com a concentração do agente de extinção, como previsto pela equação de Stern-Volmer.

Conceitos importantes

- ☐ 1. O **rendimento quântico primário** de uma reação fotoquímica é o número de moléculas de reagente que forma produtos primários específicos para cada fóton absorvido.
- ☐ 2. O **tempo de vida observado** de um estado excitado está relacionado ao rendimento quântico e à constante de velocidade de emissão.

- ☐ 3. Um **gráfico de Stern–Volmer** é empregado para analisar a cinética da extinção de fluorescência em solução.
- ☐ 4. Desativação por colisão, transferência de elétron e transferência de energia ressonante são processos de extinção de fluorescência comuns.
- ☐ 5. A eficiência da transferência de energia ressonante diminui com o aumento da distância entre as moléculas doadora e aceitadora.

Equações importantes

Propriedade	Equação	Comentário	Número da equação
Rendimento quântico primário	$\phi = v/I_{abs}$		20G.1b
Tempo de vida do estado excitado	$\tau_0 = 1/(k_F + k_{CIS} + k_{CI})$	Nenhum extintor presente	20G.5
Rendimento quântico de fluorescência	$\phi_{F,0} = k_F/(k_F + k_{CIS} + k_{CI})$	Sem a presença do extintor	20G.6
Tempo de vida observado do estado excitado	$\tau_0 = \phi_{F,0}/k_F$		20G.7
Equação de Stern-Volmer	$\phi_{F,0}/\phi_F = 1 + \tau_0 k_Q[Q]$		20G.8
Eficiência da transferência de energia ressonante	$\eta_T = 1 - \phi_F/\phi_{F,0}$	Definição	20G.9
	$\eta_T = R_0^6/(R_0^6 + R^6)$	Teoria de Förster	20G.10

20H Enzimas

Tópicos

➤ Por que você precisa saber este assunto?

O papel das enzimas em controlar as reações químicas é central em biologia e na manutenção da vida. Elas são o centro de atenção da maior parte das aplicações da físico-química à biologia.

➤ Qual é a ideia fundamental?

Enzimas são catalisadores homogêneos que podem ter um efeito dramático na velocidade das reações que elas controlam, mas estão sujeitas a inibição.

➤ O que você já deve saber?

Você precisa estar familiarizado com a análise dos mecanismos de reação em termos da aproximação do estado estacionário (Seção 20E).

Um catalisador é uma substância que acelera uma reação, mas não sofre, no processo, nenhuma transformação química líquida (Seção 20D). O catalisador diminui a energia de ativação da reação, fornecendo uma via reacional alternativa que evita a etapa lenta, a etapa determinante da velocidade da reação sem catalisador (Fig. 20H.1). **Enzimas**, que são catalisadores biológicos homogêneos, são muito específicas e podem ter um efeito dramático nas reações que controlam. A enzima catalase reduz a energia de ativação de 76 kJ mol^{-1} para 8 kJ mol^{-1}, acelerando a reação por um fator de 10^{15} a 298 K.

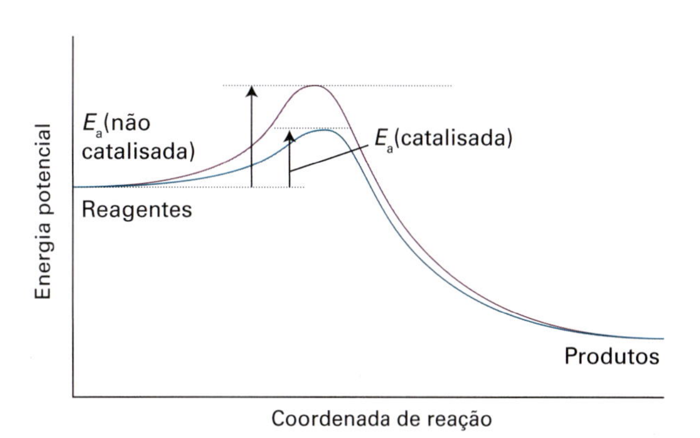

Figura 20H.1 Um catalisador oferece uma via reacional alternativa com uma menor energia de ativação. Como resultado, há um aumento na velocidade de formação dos produtos.

20H.1 Características das enzimas

As enzimas atuam no ambiente aquoso das células. Esses compostos peculiares são proteínas especiais ou ácidos nucleicos que contêm um **sítio ativo**, que é responsável pelas ligações dos **substratos**, os reagentes, e pela transformação destes em produto. Como é verdade para qualquer catalisador, o sítio ativo retorna ao seu estado original depois do desprendimento dos produtos. Muitas enzimas consistem principalmente em proteínas, algumas apresentando cofatores orgânicos ou inorgânicos em seus sítios ativos. Entretanto, certas moléculas de RNA podem ser também catalisadores biológicos, formando *ribozimas*. Um exemplo muito importante de uma ribozima é o *ribossoma*, um grande aglomerado de proteínas e moléculas de RNA ativas cataliticamente e responsável pela síntese de proteínas na célula.

A estrutura do sítio ativo é específica à reação que ele catalisa, com grupos no substrato interagindo com grupos no sítio ativo por meio de interações intermoleculares, como ligação de hidrogênio, interações eletrostáticas e interações de van der Waals. A Fig. 20H.2 mostra dois modelos que explicam a ligação de um substrato a um sítio ativo de uma enzima. No **modelo chave-fechadura**, o sítio ativo e o substrato têm estruturas tridimensionais complementares e se encaixam perfeitamente, sem a necessidade de rearranjos atômicos maiores. Evidência experimental favorece o **modelo de ajuste induzido**, no qual a ligação do substrato induz uma mudança conformacional no sítio ativo. Somente depois da mudança o substrato se ajusta perfeitamente no sítio ativo.

Reações catalisadas por enzimas podem ser inibidas por moléculas que interferem na formação de produtos. Muitas drogas utilizadas no tratamento de doenças funcionam por inibição

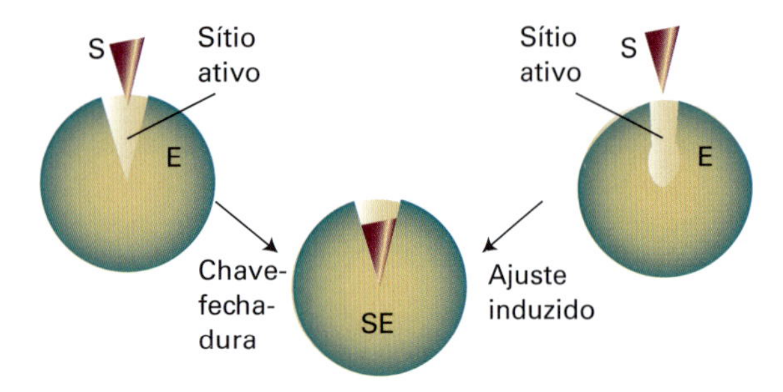

Figura 20H.2 Dois modelos que explicam a ligação do substrato ao centro ativo de uma enzima. No modelo chave-fechadura, o sítio ativo e o substrato possuem estruturas tridimensionais complementares e se encaixam perfeitamente, sem necessidade de rearranjo atômico. No modelo de ajuste induzido, a ligação do substrato induz uma alteração conformacional no sítio ativo. O ajuste do substrato ao sítio ativo acontece após a alteração conformacional.

enzimática. Por exemplo, uma estratégia importante no tratamento da síndrome da deficiência imunológica adquirida (SIDA, em inglês AIDS) envolve a administração permanente de um inibidor de protease projetado especialmente para essa finalidade. A droga inibe uma enzima-chave na formação do envelope proteico que envolve o material genético do vírus da imunodeficiência humana (HIV). Sem o envelope formado adequadamente, o HIV não pode se replicar no organismo hospedeiro.

20H.2 O mecanismo de Michaelis-Menten

Os estudos experimentais da cinética enzimática são normalmente realizados acompanhando-se a velocidade inicial de formação de produtos em uma solução na qual a enzima está presente numa concentração muito baixa. As enzimas são catalisadores tão eficientes que uma aceleração significativa na velocidade de uma reação é obtida mesmo para concentrações três ordens de grandeza menores que as do substrato.

As características principais de muitas reações catalisadas por enzimas são as que seguem:

- Para uma dada concentração inicial do substrato, $[S]_0$, a velocidade inicial da formação do produto é proporcional à concentração total da enzima, $[E]_0$.
- Para um dado valor de $[E]_0$ e baixos valores de $[S]_0$, a velocidade de formação do produto é proporcional a $[S]_0$.
- Para um dado valor de $[E]_0$ e altos valores de $[S]_0$, a velocidade de formação do produto é independente de $[S]_0$, atingindo um valor máximo denominado **velocidade máxima**, $v_{máx}$.

O **mecanismo de Michaelis-Menten** explica essas características. Segundo esse mecanismo, um complexo enzima-substrato é formado na primeira etapa. Então, o substrato é liberado sem alterações ou modificado para formar os produtos:

$$\mathrm{E+S \rightleftarrows ES} \quad k_a, k_a'$$
$$\mathrm{ES \rightarrow P+E} \quad k_b$$

Mecanismo de Michaelis-Menten

Mostramos na *Justificativa* a seguir que esse mecanismo conduz à **equação de Michaelis-Menten** para a velocidade de formação do produto

$$v = \frac{k_b[\mathrm{E}]_0}{1+K_M/[\mathrm{S}]_0} \qquad (20\mathrm{H}.1)$$

Equação de Michaelis-Menten

em que $K_M = (k_a' + k_b)/k_a$ é a **constante de Michaelis**, característica de uma certa enzima atuando sobre um determinado substrato e com as dimensões de concentração molar.

Justificativa 20H.1 A equação de Michaelis-Menten

De acordo com o mecanismo de Michaelis-Menten, a velocidade de formação dos produtos é

$$v = k_b[\mathrm{ES}]$$

Podemos obter a concentração do complexo enzima-substrato usando a aproximação do estado estacionário e escrevendo

$$\frac{\mathrm{d[ES]}}{\mathrm{d}t} = k_a[\mathrm{E}][\mathrm{S}] - k_a'[\mathrm{ES}] - k_b[\mathrm{ES}] \approx 0$$

Segue que

$$[\mathrm{ES}] = \frac{k_a[\mathrm{E}][\mathrm{S}]}{k_a' + k_b}$$

em que [E] e [S] são as concentrações da enzima *livre* e do substrato, respectivamente. Definimos agora a constante de Michaelis como

$$K_M = \frac{k_a' + k_b}{k_a}$$

Para expressar a lei de velocidade em termos das concentrações da enzima e do substrato adicionado, observamos que $[\mathrm{E}]_0 = [\mathrm{E}] + [\mathrm{ES}]$ e

$$[\mathrm{E}]_0 = \overbrace{\frac{K_M[\mathrm{ES}]}{[\mathrm{S}]}}^{[\mathrm{E}]} + [\mathrm{ES}] = [\mathrm{ES}]\{1 + K_M/[\mathrm{S}]\}$$

Além disso, como o substrato está normalmente em grande excesso em relação à enzima, a concentração de substrato livre é aproximadamente igual à concentração inicial de substrato e podemos escrever que $[\mathrm{S}] \approx [\mathrm{S}]_0$. Segue então que:

$$[\mathrm{ES}] = \frac{[\mathrm{E}]_0}{1 + K_M/[\mathrm{S}]_0}$$

Obtemos a Eq. 20H.1 quando substituímos [ES], dado por essa expressão, na equação da velocidade de formação do produto ($v = k_b[\mathrm{ES}]$).

A Eq. 20H.1 mostra, de acordo com as observações experimentais (Fig. 20H.3), que:

- Quando $[S]_0 \ll K_M$, a velocidade é proporcional a $[S]_0$:

$$v = \frac{k_b}{K_M}[S]_0[E]_0 \quad (20H.2a)$$

- Quando $[S]_0 \gg K_M$, a velocidade atinge o valor máximo e é independente de $[S]_0$:

$$v = v_{máx} = k_b[E]_0 \quad (20H.2b)$$

A substituição das definições de K_M e de $v_{máx}$ na Eq. 20H.1 leva a

$$v = \frac{v_{máx}}{1 + K_M/[S]_0} \quad (20H.3a)$$

que pode ser reescrita em uma forma mais adequada à análise dos dados experimentais por regressão linear, invertendo-se ambos os lados da equação:

$$\frac{1}{v} = \frac{1}{v_{máx}} + \left(\frac{K_M}{v_{máx}}\right)\frac{1}{[S]_0} \quad \text{Gráfico de Lineweaver-Burk} \quad (20H.3b)$$

Um **gráfico de Lineweaver-Burk** é um gráfico de $1/v$ contra $1/[S]_0$. Segundo a Eq. 20H.3b, esse gráfico deve ser o de uma reta com coeficiente angular $K_M/v_{máx}$, interseção com o eixo y em $1/v_{máx}$ e com o eixo x em $-1/K_M$ (Fig. 20H.4). O valor de k_b é então calculado pela interseção com o eixo y e pela Eq. 20H.2b. Entretanto, o gráfico não fornece os valores das constantes individuais k_a e k_a' que aparecem na expressão de K_M. A técnica do escoamento interrompido descrita na Seção 20A pode produzir os dados adicionais necessários, pois podemos obter a velocidade de formação do complexo enzima-substrato acompanhando a concentração após a mistura da enzima com o substrato. Esse procedimento dá o valor de k_a, e k_a' pode ser então obtida combinando-se esse resultado com os valores de k_b e de K_M.

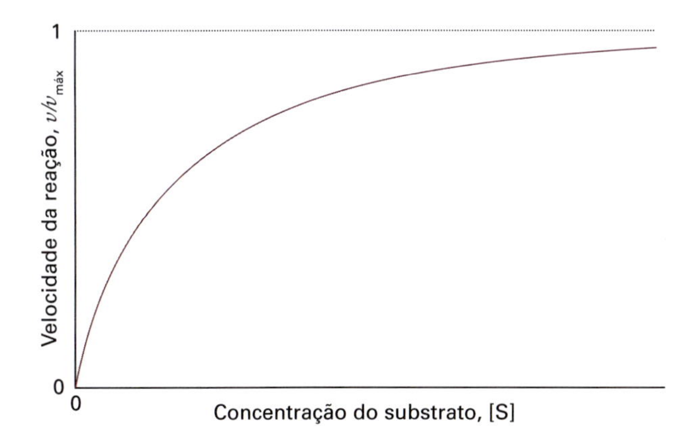

Figura 20H.3 Variação da velocidade de uma reação catalisada por enzima em função da concentração do substrato. A tendência para uma velocidade máxima, $v_{máx}$, em altos valores de [S] é explicada pelo mecanismo de Michaelis-Menten.

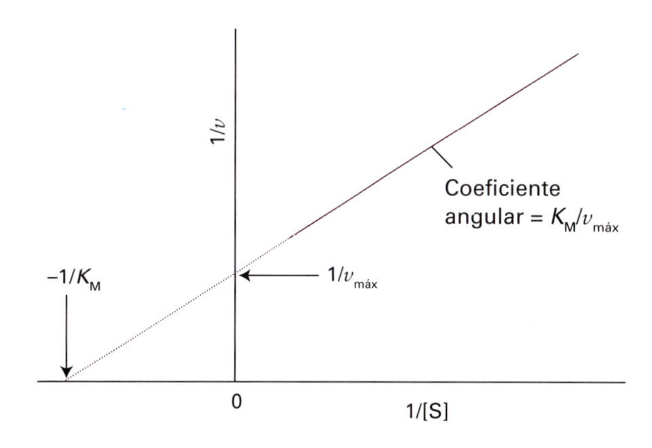

Figura 20H.4 Gráfico de Lineweaver-Burk para a análise de uma reação catalisada por enzima que ocorre pelo mecanismo de Michaelis-Menten. Os significados do coeficiente angular e da interseção com o eixo y estão assinalados no gráfico.

Exemplo 20H.1 Análise de um gráfico de Lineweaver-Burk

A enzima anidrase carbônica catalisa a hidratação do CO_2 nas células vermelhas do sangue para produzir o íon bicarbonato (hidrogenocarbonato): $CO_2(g) + H_2O(g) \rightarrow HCO_3^-(aq) + H^+(aq)$. Os dados a seguir foram obtidos para a reação em pH = 7,1, a 273,5 K e em uma concentração da enzima de 2,3 mmol dm^{-3}:

$[CO_2]/$(mmol dm^{-3})	1,25	2,5	5	20
$v/$(mmol dm^{-3} s^{-1})	$2{,}78\times10^{-2}$	$5{,}00\times10^{-2}$	$8{,}33\times10^{-2}$	$1{,}67\times10^{-1}$

Determine a velocidade máxima e a constante de Michaelis para a reação a 273,5 K.

Método Construa um gráfico de Lineweaver-Burk e determine os valores de K_M e $v_{máx}$ por regressão linear.

Resposta Montamos a tabela a seguir:

$1/([CO_2]/$(mmol dm^{-3}))	0,800	0,400	0,200	0,0500
$1/(v/$(mmol dm^{-3} s^{-1}))	36,0	20,0	12,0	6,0

A Fig. 20H.5 apresenta o gráfico de Lineweaver-Burk para os dados. O coeficiente angular é 40,0 e a interseção ao eixo y é 4,00. Assim,

$$v_{máx}/(\text{mmol dm}^{-3}\,\text{s}^{-1}) = \frac{1}{\text{interseção}} = \frac{1}{4{,}00} = 0{,}250$$

e

$$K_M/(\text{mmol dm}^{-3}) = \frac{\text{coeficiente angular}}{\text{interseção}} = \frac{40{,}00}{4{,}00} = 10{,}0$$

Uma nota sobre a boa prática O coeficiente angular e a interseção estão sem unidades: todos os gráficos devem ser traçados como números puros.

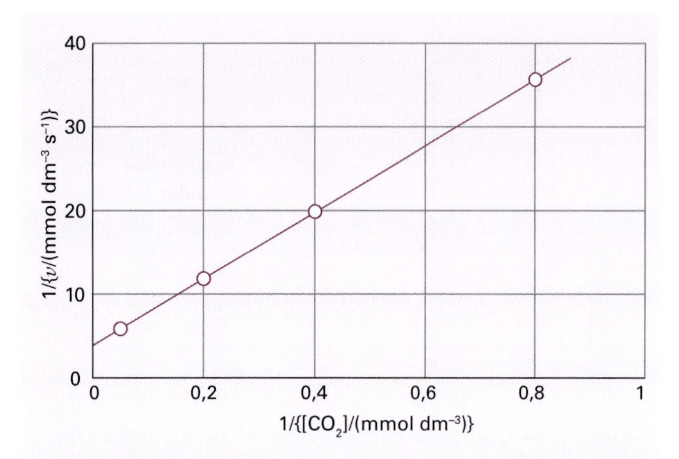

Figura 20H.5 Gráfico de Lineweaver-Burk para os dados do Exemplo 20H.1.

Exercício proposto 20H.1 A enzima α-quimotripsina é produzida pelo pâncreas de mamíferos e quebra ligações peptídicas feitas entre certos aminoácidos. Várias soluções, contendo o peptídio *N*-glutaril-L-fenilalanina-*p*-nitroanilida em diversas concentrações, foram preparadas, e a mesma quantidade de α-quimotripsina foi adicionada a cada uma delas. Os dados a seguir foram obtidos nas velocidades iniciais de formação do produto:

[S]/(mmol dm^{-3})	0,334	0,450	0,667	1,00	1,33	1,67
v/(mmol dm^{-3} s^{-1})	0,152	0,201	0,269	0,417	0,505	0,667

Determine a velocidade máxima e a constante de Michaelis para a reação.

Resposta: $v_{máx}$ = 2,80 mmol dm^{-3} s^{-1}, K_M = 5,89 mmol dm^{-3}

20H.3 A eficiência catalítica das enzimas

A **velocidade específica máxima,** ou **constante catalítica,** de uma enzima, k_{cat}, é o número de ciclos catalíticos (número de *turnovers*) realizados pelo sítio ativo em um dado tempo dividido por esse intervalo de tempo. Essa grandeza tem unidades de uma constante de primeira ordem e é numericamente equivalente a k_b para o mecanismo de Michaelis-Menten, uma vez que k_b é a constante de velocidade de liberação do produto a partir do complexo enzima-substrato. Da identificação de k_{cat} com k_b e da Eq. 20H.2b, temos que:

$$k_{cat} = k_b = \frac{v_{máx}}{[E]_0} \quad \text{Velocidade específica máxima} \quad (20H.4)$$

A **eficiência catalítica,** η (eta), de uma enzima é a razão k_{cat}/K_M. Quanto maior o valor de η, mais eficiente é a enzima. Podemos imaginar a atividade catalítica como a constante de velocidade da reação enzimática. De $K_M = (k_a' + k_b)/k_a$ e da Eq. 20H.4, temos que:

$$\eta = \frac{k_{cat}}{K_M} = \frac{k_a k_b}{k_a' + k_b} \quad \text{Eficiência catalítica} \quad (20H.5)$$

A eficiência atinge o valor máximo, k_a, quando $k_b \gg k_a'$. Como k_a é a constante de velocidade de formação de um complexo a partir de duas espécies que se difundem livremente em solução, a eficiência máxima está relacionada à velocidade máxima de difusão de E e de S em solução. Esse limite (discutido com mais detalhes na Seção 21B) leva a constante de velocidade da ordem de 10^8–10^9 dm^3 mol^{-1} s^{-1} para moléculas tão grandes quanto enzimas à temperatura ambiente. A enzima catalase tem η = 4,0 × 10^8 dm^3 mol^{-1} s^{-1}, e diz-se que atingiu a "perfeição catalítica", no sentido de que a velocidade da reação que ela catalisa é controlada somente por difusão: ela atua tão logo o substrato faz contato.

Breve ilustração 20H.1 A eficiência catalítica de uma enzima

Para determinar a eficiência catalítica da anidrase carbônica a 273,5 K, a partir dos resultados do *Exemplo* 20H.1, começamos usando a Eq. 20H.4 para calcular k_{cat}:

$$k_{cat} = \frac{v_{máx}}{[E]_0} = \frac{2{,}5\times10^{-4}\,\text{mol dm}^{-3}\,\text{s}^{-1}}{2{,}3\times10^{-9}\,\text{mol dm}^{-3}} = 1{,}1\times10^{5}\,\text{s}^{-1}$$

A eficiência catalítica segue da Eq. 20H.5:

$$\eta = \frac{k_{cat}}{K_M} = \frac{1{,}1\times10^{5}\,\text{s}^{-1}}{2{,}3\times10^{-9}\,\text{mol dm}^{-3}} = 1{,}1\times10^{7}\,\text{dm}^3\,\text{mol}^{-1}\,\text{s}^{-1}$$

Exercício proposto 20H.2 A conversão de um substrato catalisada por enzima, a 298 K, tem K_M = 0,032 mol dm^{-3} e $v_{máx}$ = 4,25 × 10^{-4} mol dm^{-3} s^{-1} quando a concentração da enzima é 3,60 × 10^{-9} mol dm^{-3}. Calcule k_{cat} e η. A enzima é "cataliticamente perfeita"?

Resposta: k_{cat} = 1,18 × 10^5 s^{-1}, η = 7,9 × 10^6 dm^3 mol^{-1} s^{-1}; a enzima não é "cataliticamente perfeita"

20H.4 Mecanismos de inibição enzimática

Um inibidor, In, diminui a velocidade de formação do produto a partir do substrato ligando-se à enzima, ao complexo ES ou a ambos simultaneamente. O esquema cinético mais geral para a inibição enzimática é, portanto:

$$\text{E} + \text{S} \rightleftarrows \text{ES} \quad k_a, k_a'$$
$$\text{ES} \rightarrow \text{P} + \text{E} \quad k_b$$

$$\text{EIn} \rightleftharpoons \text{E} + \text{In} \qquad K_\text{I} = \frac{[\text{E}][\text{In}]}{[\text{EI}]} \tag{20H.6a}$$

$$\text{ESIn} \rightleftharpoons \text{ES} + \text{In} \qquad K'_\text{I} = \frac{[\text{ES}][\text{In}]}{[\text{ESIn}]} \tag{20H.6b}$$

Quanto menores os valores de K_I e K'_I, mais eficientes são os inibidores. A velocidade de formação do produto é sempre dada por $v = k_\text{b}[\text{ES}]$, uma vez que apenas ES leva ao produto. Como mostrado na *Justificativa* a seguir, a velocidade da reação na presença de um inibidor é:

$$v = \frac{v_\text{máx}}{\alpha' + \alpha K_\text{M}/[\text{S}]_0} \qquad \text{Efeito da inibição sobre a velocidade} \tag{20H.7}$$

em que $\alpha = 1 + [\text{In}]/K_\text{I}$ e $\alpha' = 1 + [\text{In}]/K'_\text{I}$. Essa equação é muito semelhante à de Michaelis-Menten para a enzima não inibida (Eq. 20H.1) e também pode ser tratada por um gráfico de Lineweaver-Burk:

$$\frac{1}{v} = \frac{\alpha'}{v_\text{máx}} + \left(\frac{\alpha K_\text{M}}{v_\text{máx}}\right)\frac{1}{[\text{S}]_0} \tag{20H.8}$$

Justificativa 20H.2 Inibição enzimática

Pelo balanço de massa, a concentração total da enzima é

$$[\text{E}]_0 = [\text{E}] + [\text{EIn}] + [\text{ES}] + [\text{ESIn}]$$

Usando as Eqs. 20H.6a e 20H.6b e as definições

$$\alpha = 1 + \frac{[\text{In}]}{K_\text{I}} \quad \text{e} \quad \alpha' = 1 + \frac{[\text{In}]}{K'_\text{I}}$$

obtém-se

$$[\text{E}]_0 = [\text{E}]\alpha + [\text{ES}]\alpha'$$

Sendo $K_\text{M} = [\text{E}][\text{S}]/[\text{ES}]$ e admitindo que $[\text{S}] = [\text{S}]_0$, podemos escrever

$$[\text{E}]_0 = \frac{K_\text{M}[\text{ES}]}{[\text{S}]_0}\alpha + [\text{ES}]\alpha' = [\text{ES}]\left(\frac{\alpha K_\text{M}}{[\text{S}]_0} + \alpha'\right)$$

A expressão para a velocidade de formação do produto será

$$v = k_\text{b}[\text{ES}] = \frac{k_\text{b}[\text{E}]_0}{\alpha K_\text{M}/[\text{S}]_0 + \alpha'}$$

que, após a substituição de $k_\text{b}[\text{E}]_0$ por $v_\text{máx}$, leva à Eq. 20H.7.

Existem três formas principais de inibição, que levam a comportamentos cinéticos bem diversos (Fig. 20H.6). Na **inibição competitiva**, o inibidor se liga apenas ao sítio ativo da enzima, impedindo, portanto, a ligação do substrato. Esta condição

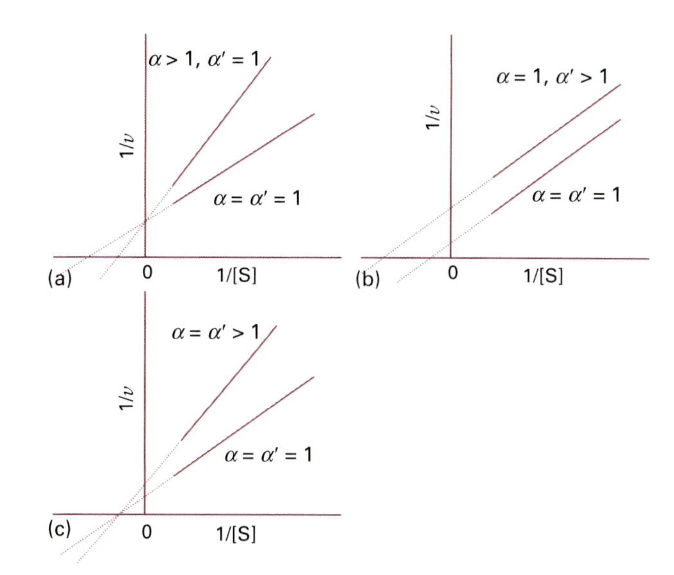

Figura 20H.6 Gráficos de Lineweaver-Burk característicos dos tipos principais de inibição enzimática: (a) inibição competitiva, (b) inibição sem competição e (c) inibição não competitiva, mostrando nesta última o caso especial $\alpha = \alpha' > 1$.

corresponde a $\alpha > 1$ e $\alpha' = 1$ (pois ESIn não se forma). Nesse limite, a Eq. 20H.8 se torna

$$\frac{1}{v} = \frac{1}{v_\text{máx}} + \left(\frac{\alpha K_\text{M}}{v_\text{máx}}\right)\frac{1}{[\text{S}]_0} \qquad \text{Inibição competitiva}$$

A interseção com o eixo dos *y* não é alterada, mas o coeficiente angular do gráfico de Lineweaver-Burk cresce por um fator α em relação ao coeficiente angular do gráfico dos dados da enzima não inibida (Fig. 20H.6a).

Na **inibição sem competição**, o inibidor se liga a um sítio da enzima afastado do sítio ativo, mas apenas após o substrato estar presente. A inibição ocorre porque ESI diminui a concentração de ES, o tipo ativo do complexo. Neste caso, $\alpha = 1$ (pois EI não se forma) e $\alpha' > 1$ e a Eq. 20H.8 se torna

$$\frac{1}{v} = \frac{\alpha'}{v_\text{máx}} + \left(\frac{K_\text{M}}{v_\text{máx}}\right)\frac{1}{[\text{S}]_0} \qquad \text{Inibição sem competição}$$

A interseção com o eixo *y* no gráfico de Lineweaver-Burk cresce por um fator α' comparada à interseção resultante dos dados da enzima não inibida, mas o coeficiente angular não se altera (Fig. 20H.6b).

Na **inibição não competitiva** (também chamada **inibição mista**), o inibidor se liga a um sítio distinto do sítio ativo, e a sua presença reduz a capacidade do substrato em se ligar ao sítio ativo. A inibição ocorre em ambos os sítios de E e de ES. Essa condição corresponde a $\alpha > 1$ e $\alpha' > 1$. Tanto o coeficiente angular quanto a interseção com o eixo *y* no gráfico de Lineweaver-Burk aumentam devido à adição do inibidor. A Fig. 20H.6c mostra o caso especial em que $K_\text{I} = K'_\text{I}$ e $\alpha = \alpha'$, que leva à interseção das retas no eixo dos *x*.

Em todos os casos, a eficiência da inibição pode ser obtida determinando-se K_M e $v_{máx}$ em um experimento controlado com uma enzima não inibida e repetindo-se o experimento com uma concentração conhecida do inibidor. Do coeficiente angular e da interseção com o eixo y no gráfico de Lineweaver-Burk para a enzima inibida, obtém-se o tipo de inibição, os valores de α ou de α' e de K_I ou de K_I'.

Exemplo 20H.2 Distinguindo entre os tipos de inibição

Cinco soluções de um substrato, S, foram preparadas com as concentrações dadas na primeira coluna da tabela vista a seguir e cada uma foi dividida em cinco volumes iguais. A mesma concentração de enzima está presente em cada uma. Um inibidor, In, foi então adicionado às amostras em quatro concentrações diferentes, e a velocidade inicial de formação do produto foi determinada, com os resultados dados a seguir. O inibidor atua competitivamente ou por inibição não competitiva? Determine K_I e K_M.

$[S]_0/(\text{mmol dm}^{-3})$	$[In]/(\text{mmol dm}^{-3})$				
	0	0,20	0,40	0,60	0,80
	$v/(\mu\text{mol dm}^{-3}\text{ s}^{-1})$				
0,050	0,033	0,026	0,021	0,018	0,016
0,10	0,055	0,045	0,038	0,033	0,029
0,20	0,083	0,071	0,062	0,055	0,050
0,40	0,111	0,100	0,091	0,084	0,077
0,60	0,116	0,116	0,108	0,101	0,094

Método Traçamos uma série de gráficos de Lineweaver-Burk para diferentes concentrações do inibidor. Os gráficos se assemelham aos da Fig. 20H.6a, logo a inibição é competitiva. Por outro lado, se os gráficos fossem parecidos com o da Fig. 20H.6b, a inibição seria não competitiva. Para obter K_I, precisamos determinar o coeficiente angular para cada valor de [In], que é igual a $\alpha K_{máx}/v_{máx}$, ou $K_{máx}/v_{máx} + K_M[In]/K_I v_{máx}$, e então representar graficamente esse coeficiente angular contra [In]: a interseção em [In] = 0 é o valor de $K_M/v_{máx}$, e o coeficiente angular é $K_M/K_I v_{máx}$.

Resposta Inicialmente montamos uma tabela de $1/[S]_0$ e $1/v$ para cada valor de [I]:

$1/([S]_0/(\text{mmol dm}^{-3}))$	$[In]/(\text{mmol dm}^{-3})$				
	0	0,20	0,40	0,60	0,80
	$1/(v/(\mu\text{mol dm}^{-3}\text{ s}^{-1}))$				
20	30	38	48	56	62
10	18	22	26	30	34
5,0	12	14	16	18	20
2,5	9,01	10,0	11,0	11,9	13,0
1,7	7,94	8,62	9,26	9,90	10,6

Os cinco gráficos (um para cada [In]) estão ilustrados na Fig. 20H.7. Vemos que eles passam pela mesma interseção no eixo vertical, logo a inibição é competitiva.

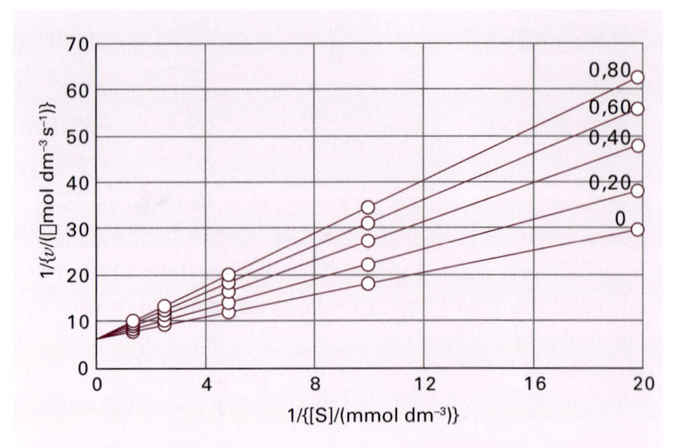

Figura 20H.7 Gráficos de Lineweaver-Burk para os dados do *Exemplo* 20H.2. Cada reta corresponde a uma concentração distinta do inibidor.

A média das interseções (dada pelo ajuste do método de pelos mínimos quadrados) é 5,83, logo, $v_{máx} = 0{,}172\ \mu\text{mol dm}^{-3}\text{ s}^{-1}$ (observe como se obtêm as unidades de v nos dados). Os coeficientes angulares das retas (dados pelo ajuste do método de mínimos quadrados) são os que seguem:

$[In]/(\text{mmol dm}^{-3})$	0	0,20	0,40	0,60	0,80
Coeficiente angular	1,219	1,627	2,090	2,489	2,832

Esses valores estão representados graficamente na Fig. 20H.8. A interseção em [In] = 0 é 1,234, logo, $K_M = 0{,}212\ \text{mmol dm}^{-3}$. O coeficiente angular da reta (dado pelo ajuste do método de mínimos quadrados) é 2,045, logo

$$K_I/(\text{mmol dm}^{-3}) = \frac{K_M}{\text{coeficiente angular} \times v_{máx}} = \frac{0{,}212}{2{,}045 \times 0{,}172}$$

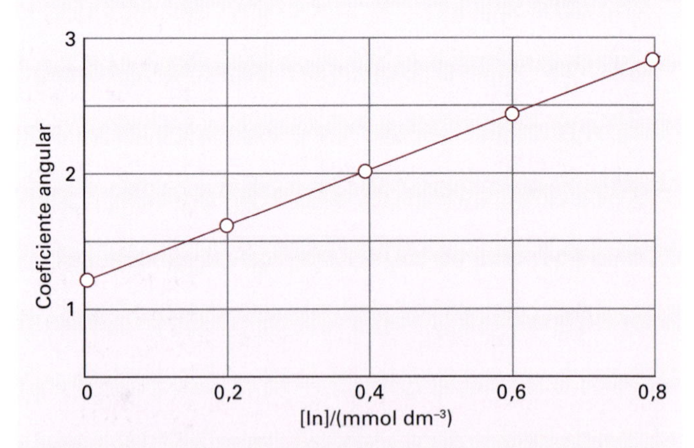

Figura 20H.8 Representação gráfica dos coeficientes angulares das retas presentes na Fig. 20H.7 contra [In] baseada nos dados do *Exemplo* 20H.2.

Exercício proposto 20H.3 Repita a questão usando os seguintes dados:

$[S]_0/(mmol\,dm^{-3})$	$[In]/(mmol\,dm^{-3})$				
	0	**0,20**	**0,40**	**0,60**	**0,80**
0,050	0,020	0,015	0,012	0,0098	0,0084
0,10	0,035	0,026	0,021	0,017	0,015
0,20	0,056	0,042	0,033	0,028	0,024
0,40	0,080	0,059	0,047	0,039	0,034
0,60	0,093	0,069	0,055	0,046	0,039

$v/(\mu mol\,dm^{-3}\,s^{-1})$

Resposta: Não competitiva; $K_M = 0{,}30$ mmol dm^{-3}, $K_I = 0{,}57$ mmol dm^{-3}

Conceitos importantes

- ☐ 1. **Enzimas** são catalisadores biológicos homogêneos.
- ☐ 2. O **mecanismo de Michaelis-Menten** para a cinética enzimática explica a dependência da velocidade em relação à concentração do substrato e da enzima.
- ☐ 3. Um **gráfico de Lineweaver-Burk** é usado para determinar os parâmetros que ocorrem no mecanismo de Michaelis-Menten.
- ☐ 4. Na **inibição competitiva** de uma enzima, o inibidor se liga apenas ao sítio ativo da enzima.
- ☐ 5. Na **inibição sem competição**, o inibidor se liga a um sítio da enzima afastado do sítio ativo, mas apenas após o substrato estar presente.
- ☐ 6. Na **inibição não competitiva**, o inibidor se liga a um sítio distinto do sítio ativo.

Equações importantes

Propriedade	Equação	Comentário	Número da equação
Equação de Michaelis-Menten	$v = v_{máx}/(1 + K_M/[S]_0)$		20H.3a
Gráfico de Lineweaver-Burk	$1/v = 1/v_{máx} + (K_M/v_{máx})(1/[S]_0)$		20H.3b
Velocidade específica máxima	$k_{cat} = v_{máx}/[E]_0$	Definição	20H.4
Eficiência catalítica	$\eta = k_{cat}/K_M$	Definição	20H.5
Efeito da inibição	$v = v_{máx}/(\alpha' + \alpha K_M/[S]_0)$	Admite o mecanismo de Michaelis-Menten	20H.7

CAPÍTULO 20 Cinética Química

SEÇÃO 20A As velocidades das reações químicas

Questões teóricas

20A.1 Faça um resumo das características das reações de ordem zero, primeira ordem, segunda ordem e pseudoprimeira ordem.

20A.2 Quando a ordem de uma reação não pode ser definida?

20A.3 Quais são as vantagens de se definir a ordem de uma reação?

20A.4 Faça um resumo dos procedimentos experimentais que podem ser usados para monitorar a composição de um sistema reacional.

Exercícios

20A.1(a) Faça a previsão de como a pressão total varia durante a reação em fase gasosa $2\ ICl(g) + H_2(g) \rightarrow I_2(g) + 2\ HCl(g)$ em um recipiente de volume constante.

20A.1(b) Faça a previsão de como a pressão total varia durante a reação em fase gasosa $N_2(g) + 3\ H_2(g) \rightarrow 2\ NH_3(g)$ em um recipiente de volume constante.

20A.2(a) A velocidade da reação $A + 2\ B \rightarrow 3\ C + D$ foi registrada como 2,7 mol dm^{-3} s^{-1}. Dê as velocidades de formação e de consumo dos participantes do sistema reacional.

20A.2(b) A velocidade da reação $A + 3\ B \rightarrow C + 2\ D$ foi registrada como 2,7 mol dm^{-3} s^{-1}. Dê as velocidades de formação e de consumo dos participantes do sistema reacional.

20A.3(a) A velocidade de formação de C na reação $2\ A + B \rightarrow 2\ C + 3\ D$ é de 2,7 mol dm^{-3} s^{-1}. Dê a velocidade da reação e as velocidades de formação ou de consumo de A, B e D.

20A.3(b) A velocidade de consumo de B na reação $A + 3\ B \rightarrow C + 2\ D$ é de 2,7 mol dm^{-3} s^{-1}. Dê a velocidade de reação e as velocidades de formação ou de consumo de A, C e D.

20A.4(a) A lei de velocidade da reação no Exercício 20A.2(a) foi determinada como $v = k_r[A][B]$. Quais as unidades de k_r? Expresse a lei de velocidade em termos das velocidades de formação ou de consumo de (i) A e (ii) C.

20A.4(b) A lei de velocidade da reação no Exercício 20.2(b) foi determinada como $v = k_r[A][B]^2$. Quais as unidades de k_r? Dê a lei de velocidade em termos das velocidades de formação ou de consumo de (i) A e (ii) C.

20A.5(a) A lei de velocidade da reação mencionada no Exercício 20A.3(a) foi determinada como $d[C]/dt = k_r[A][B][C]$. Expresse a lei de velocidade em termos da velocidade da reação, v. Em cada caso, quais são as unidades de k_r quando as concentrações estão em mols dm^{-3}?

20A.5(b) A lei de velocidade da reação mencionada no Exercício 20A.3(b) foi determinada como $d[C]/dt = k_r[A][B][C]^{-1}$. Expresse a lei de velocidade em termos da velocidade da reação, v. Quais são as unidades de k_r, em cada caso, quando as concentrações estão em mols dm^{-3}?

20A.6(a) Se as leis de velocidade são expressas com (i) as concentrações em mols por decímetro cúbico e com (ii) as pressões em quilopascals, quais são as unidades das constantes de velocidade para uma cinética de segunda ordem e de terceira ordem?

20A.6(b) Se as leis de velocidade são expressas com (i) as concentrações em moléculas por decímetro cúbico e com (ii) as pressões em quilopascals, quais são as unidades das constantes de velocidade para uma cinética de segunda ordem e de terceira ordem?

Problemas

20A.1 A 400 K, a velocidade de decomposição de um composto gasoso, inicialmente sob a pressão de 12,6 kPa, é de 9,71 Pa s^{-1} quando 10,0% reagiram e de 7,67 Pa s^{-1} quando 20,0% reagiram. Determine a ordem da reação.

20A.2 Os dados vistos a seguir foram obtidos para a velocidade inicial da ligação da glicose à enzima hexoquinase presente em uma concentração de 1,34 mmol dm^{-3}. Quais são (a) a ordem da reação em relação à glicose, (b) a constante de velocidade?

$[C_6H_{12}O_6]/(mmol\ dm^{-3})$	1,00	1,54	3,12	4,02
$v_0/(mol\ dm^{-3}\ s^{-1})$	5,0	7,6	15,5	20,0

20A.3 Os dados vistos a seguir foram obtidos para a velocidade inicial da reação de um complexo de metal d com um reagente Y, em solução aquosa. Quais são (a) a ordem da reação em relação ao complexo e a Y, e (b) a constante de velocidade? Para os experimentos (i), [Y] = 2,7 mmol dm^{-3}, e para os experimentos (ii), [Y] = 6,1 mmol dm^{-3}.

[complexo]/(mmol dm^{-3})		8,01	9,22	12,11
$v_0/(mol\ dm^{-3}\ s^{-1})$	(i)	125	144	190
	(ii)	640	730	960

20A.4 Os dados cinéticos vistos a seguir (v_0 é a velocidade inicial) foram obtidos para a reação $2\ ICl(g) + H_2(g) \rightarrow I_2(g) + 2\ HCl(g)$:

Experimento	$[ICl]_0/(mmol\ dm^{-3})$	$[H_2]_0/(mmol\ dm^{-3})$	$v_0/(mol\ dm^{-3}\ s^{-1})$
1	1,5	1,5	$3{,}7\times10^{-7}$
2	3,0	1,5	$7{,}4\times10^{-7}$
3	3,0	4,5	22×10^{-7}
4	4,7	2,7	?

(a) Escreva a lei de velocidade da reação. (b) A partir dos dados, determine o valor da constante de velocidade. (c) Utilize os dados para predizer a velocidade de reação para o experimento 4.

SEÇÃO 20B Leis de velocidade integradas

Questões teóricas

20B.1 Descreva as principais características, incluindo as vantagens e desvantagens, dos seguintes métodos experimentais para a determinação da lei de velocidade de uma reação: método do isolamento, método das velocidades iniciais e ajuste dos dados experimentais às expressões da lei de velocidade integrada.

20B.2 Escreva a lei de velocidade correspondente a cada uma das seguintes expressões: (a) $[A] = [A]_0 - k_r t$, (b) $\ln([A]/[A]_0) = -k_r t$, (c) $[A] = [A]_0/(1 + k_r t[A]_0)$.

Exercícios

20B.1(a) A 518 °C, a meia-vida da decomposição de uma amostra de acetaldeído (etanal) gasoso, inicialmente a 363 Torr, é de 410 s. Quando a pressão era de 169 Torr, a meia-vida foi de 880 s. Determine a ordem da reação.

20B.1(b) A 400 K, a meia-vida da decomposição de amostra de um composto gasoso, inicialmente a 55,5 kPa, foi de 340 s. Quando a pressão era de 28,9 kPa, a meia-vida foi de 178 s. Determine a ordem da reação.

20B.2(a) A constante de velocidade da decomposição de primeira ordem do N_2O_5 na reação $2\,N_2O_5(g) \rightarrow 4\,NO_2(g) + O_2(g)$ é de $k_r = 3{,}38 \times 10^{-5}\ s^{-1}$, a 25 °C. Qual a meia-vida do N_2O_5? Qual a pressão (i) 50 s e (ii) 20 min depois do início da reação, sendo a pressão inicial de 500 Torr?

20B.2(b) A constante de velocidade de decomposição de primeira ordem de um composto A na reação $2\,A \rightarrow P$ é $k_r = 3{,}56 \times 10^{-7}\ s^{-1}$, a 25 °C. Qual a meia-vida de A? Qual a pressão (i) 50 s e (ii) 20 min depois do início da reação, sendo de 33,0 kPa a pressão no instante inicial?

20B.3(a) A constante de velocidade da reação de segunda ordem $CH_3COOC_2H_5(aq) + OH^-(aq) \rightarrow CH_3CO_2^-(aq) + CH_3CH_2OH(aq)$ é 0,11 $dm^3\ mol^{-1}\ s^{-1}$. No instante inicial, o acetato de etila foi adicionado ao hidróxido de sódio de modo a se terem as concentrações iniciais [NaOH] = 0,060 $mol\ dm^{-3}$ e $[CH_3COOC_2H_5]$ = 0,110 $mol\ dm^{-3}$. Qual a concentração do éster ($CH_3COOC_2H_5$) (i) 20 s e (ii) 15 min depois do início da reação?

20B.3(b) A constante de velocidade da reação de segunda ordem $A + 2\,B \rightarrow C + D$ é de 0,34 $dm^3\ mol^{-1}\ s^{-1}$. Qual a concentração de C (i) 20 s e (ii) 15 min depois de os reagentes se misturarem? As concentrações iniciais eram [A] = 0,027 $mol\ dm^{-3}$ e [B] = 0,130 $mol\ dm^{-3}$.

20B.4(a) A reação $2\,A \rightarrow P$ é de segunda ordem, com $k_r = 4{,}30 \times 10^{-4}\ dm^3\ mol^{-1}\ s^{-1}$. Calcule o tempo necessário para a concentração de A passar de 0,210 $mol\ dm^{-3}$ para 0,010 $mol\ dm^{-3}$.

20B.4(b) A reação $2\,A \rightarrow P$ é de terceira ordem, com $k_r = 6{,}50 \times 10^{-4}\ dm^6\ mol^{-2}\ s^{-1}$. Calcule o tempo necessário para a concentração de A passar de 0,067 $mol\ dm^{-3}$ para 0,015 $mol\ dm^{-3}$.

Problemas

20B.1 Para uma reação de primeira ordem da forma $A \rightarrow n\,B$ (com n podendo ser fracionário), a concentração do produto varia com o tempo segundo a expressão $[B] = n[B]_0(1 - e^{-k_r t})$. Represente graficamente a dependência que [A] e [B] têm do tempo para os casos $n = \frac{1}{2}$, 1 e 2.

20B.2 Para uma reação de segunda ordem da forma $A \rightarrow n\,B$ (com n podendo ser fracionário), a concentração do produto varia com o tempo segundo a expressão $[B] = nk_r t[A]_0^2/(1 + k_r t[A]_0)$. Represente graficamente a dependência que [A] e [B] têm do tempo para os casos $n = \frac{1}{2}$, 1 e 2.

20B.3 Os dados da tabela a seguir aplicam-se à formação da ureia a partir do cianato de amônio, $NH_4CNO \rightarrow NH_2CONH_2$. No estado inicial, 22,9 g de cianato de amônio estão dissolvidos em água suficiente para completar 1,00 dm^3 de solução. Determine a ordem da reação, a constante de velocidade e a massa de cianato de amônio remanescente depois de 300 min de reação.

t/min	0	20,0	50,0	65,0	150
m(ureia)/g	0	7,0	12,1	13,8	17,7

20B.4 Os dados da tabela a seguir aplicam-se à reação, $(CH_3)_3CBr + H_2O \rightarrow (CH_3)_3COH + HBr$. Determine a ordem da reação e a concentração molar do $(CH_3)_3CBr$ depois de 43,8 h.

t/h	0	3,15	6,20	10,00	18,30	30,80
$[(CH_3)_3CBr]/(10^{-2}\ mol\ dm^{-3})$	10,39	8,96	7,76	6,39	3,53	2,07

20B.5 Na decomposição térmica de uma nitrila orgânica obtiveram-se os seguintes dados da variação da concentração com o tempo:

$t/(10^3\ s)$	0	2,00	4,00	6,00	8,00	10,00	12,00	∞
[nitrila]/($mol\ dm^{-3}$)	1,50	1,26	1,07	0,92	0,81	0,72	0,65	0,40

Determine a ordem da reação e a constante de velocidade.

20B.6 Uma reação de segunda ordem do tipo $A + 2\,B \rightarrow P$ foi conduzida em uma solução que inicialmente era 0,050 $mol\ dm^{-3}$ em A e 0,030 $mol\ dm^{-3}$ em B. Depois de 1,0 h, a concentração de A caiu para 0,010 $mol\ dm^{-3}$. (a) Calcule a constante de velocidade da reação. (b) Quais as meias-vidas de cada reagente?

20B.7‡ A oxidação do HSO_3^- pelo O_2, em solução aquosa, é uma reação importante nos processos de formação de chuva ácida e de dessulfurização de gás de chaminé. R.E. Connick *et al.* (*Inorg. Chem.* **34**, 4543 (1995)) relataram que a reação $2\,HSO_3^- + O_2 \rightarrow 2\,SO_4^{2-} + 2\,H^+$ obedece à cinética $v = k_r[HSO_3^-]^2[H^+]^2$. Dados um pH = 5,6 e uma concentração molar de oxigênio de $2{,}4 \times 10^{-4}\ mol\ dm^{-3}$, ambos constantes, uma concentração molar inicial de HSO_3^- igual a $5 \times 10^{-5}\ mol\ dm^{-3}$ e uma constante de velocidade de reação de $3{,}6 \times 10^6\ dm^9\ mol^{-3}\ s^{-1}$, qual a velocidade inicial da reação? Depois de quanto tempo a concentração do HSO_3^- atingirá a metade do seu valor inicial?

20B.8 A farmacocinética é o estudo das velocidades de absorção e de eliminação de fármacos pelos organismos. Na maioria dos casos, a eliminação é mais lenta do que a absorção, e isso se constitui em um importante fator para a determinação da disponibilidade de um fármaco ligar-se ao seu alvo. Um fármaco pode ser eliminado por muitos mecanismos, tal como o metabolismo no fígado, no intestino ou no rim, seguido pela excreção dos produtos de degradação através da urina ou das fezes. Como um exemplo de análise farmacocinética, considere a eliminação de agentes bloqueadores beta-adrenérgicos (betabloqueadores), fármacos usados no tratamento da hipertensão. Depois de um betabloqueador ser ministrado de forma intravenosa, o plasma sanguíneo de um paciente foi analisado para verificação do fármaco que restava, e os dados obtidos são mostrados a seguir, em que c é a concentração de fármaco medida em um tempo t após a injeção.

t/min	30	60	120	150	240	360	480
$c/(ng\ cm^{-3})$	699	622	413	292	152	60	24

‡Estes problemas foram propostos por Charles Trapp e Carmen Giunta.

(a) O processo de remoção do fármaco é de primeira ou de segunda ordem? Calcule a constante de velocidade e a meia-vida do processo. *Comentário*: Um aspecto essencial no desenvolvimento de fármacos é o da otimização da meia-vida de eliminação, que precisa ser suficientemente longa para o fármaco poder atuar sobre seu alvo no organismo, mas não tão longa que efeitos colaterais prejudiciais se tornem importantes.

20B.9 Os dados da tabela a seguir foram obtidos na decomposição do $N_2O_5(g)$, a 67 °C, de acordo com a reação $2\,N_2O_5(g) \rightarrow 4\,NO_2(g) + O_2(g)$. Determine a ordem da reação, a constante de velocidade e a meia-vida. Não é necessário trabalhar com um gráfico, pois é possível resolver o problema com estimativas das velocidades de variação da concentração.

t/min	0	1	2	3	4	5
$[N_2O_5]/(mol\,dm^{-3})$	1,000	0,705	0,497	0,349	0,246	0,173

20B.10 A decomposição do ácido acético em fase gasosa, a 1189 K, avança segundo duas reações paralelas:

(1) $CH_3COOH \rightarrow CH_4 + CO_2$ $\quad k_1 = 3{,}74\,s^{-1}$

(2) $CH_3COOH \rightarrow CH_2CO + H_2O$ $\quad k_2 = 4{,}65\,s^{-1}$

Qual é o rendimento percentual máximo que se pode obter do ceteno CH_2CO nessa temperatura?

20B.11 Em solução ácida é fácil a hidrólise da sacarose em glicose e frutose. É comum acompanhar-se o avanço da hidrólise pela medida do ângulo de rotação da luz plano-polarizada que passa através de amostra do sistema reacional. Pelo ângulo de rotação, é simples determinar a concentração da sacarose. Em uma experiência de hidrólise da sacarose em HCl(aq) 0,50 M, obtiveram-se os seguintes resultados:

t/min	0	14	39	60	80	110	140	170	210
[sacarose]/ $(mol\,dm^{-3})$	0,316	0,300	0,274	0,256	0,238	0,211	0,190	0,170	0,146

Determine a constante de velocidade da reação e a meia-vida de uma molécula de sacarose no sistema reacional.

20B.12 Acompanhou-se espectrofotometricamente a variação da composição do sistema reacional $2\,A \rightarrow B$ em fase líquida e os resultados foram os seguintes:

t/min	0	10	20	30	40	∞
$[B]/(mol\,dm^{-3})$	0	0,089	0,153	0,200	0,230	0,312

Determine a ordem da reação e a constante de velocidade.

20B.13 O radical ClO decai rapidamente de acordo com a reação $2\,ClO \rightarrow Cl_2 + O_2$. Obtiveram-se os seguintes dados em uma experiência de decomposição:

t/ms	0,12	0,62	0,96	1,60	3,20	4,00	5,75
$[ClO]/(\mu mol\,dm^{-3})$	8,49	8,09	7,10	5,79	5,20	4,77	3,95

Determine a constante de velocidade da reação e a meia-vida de um radical ClO.

20B.14 A 500 °C e em fase gasosa, o ciclopropano isomeriza-se em propeno. Acompanhou-se o avanço da conversão com diversas pressões iniciais mediante processo de cromatografia em fase gasosa. Os resultados foram os seguintes:

p_0/Torr	200	200	400	400	600	600
t/s	100	200	100	200	100	200
p/Torr	186	173	373	347	559	520

Nessa tabela, p_0 é a pressão inicial do ciclopropano e p sua pressão depois do intervalo de tempo mencionado. Qual a ordem da reação e qual a constante de velocidade, nas condições consideradas?

20B.15 A investigação das reações de adição dos haletos de hidrogênio aos alquenos teve papel preponderante no estudo dos mecanismos de reações orgânicas. Em um estudo (M.J. Haugh e D.R. Dalton, *J. Amer. Chem. Soc.*, **97**, 5674 (1975)), foi investigada a reação em altas pressões entre o cloreto de hidrogênio (até 25 atm) e o propeno (até 5 atm) em diversas temperaturas, e se mediu a quantidade de 2-cloropropano formado por RMN. Mostre que, se a reação A + B → P avança durante curto intervalo de tempo δt, a concentração do produto é dada por $[P]/[A] = k_r[A]^{m-1}[B]^n\delta t$, se a reação for de ordem m em A e de ordem n em B. Em uma série de experiências, observou-se que a razão entre [cloropropano] e [propeno] era independente da concentração do propeno, mas que a razão entre [cloropropano] e [HCl], quando os mols de propeno eram constantes, dependia de [HCl]. Com $\delta t \approx 100$ h (intervalo de tempo curto na escala da reação), essa última razão passou de zero a 0,05, 0,03, 0,01 para p(HCl) = 10 atm, 7,5 atm e 5,0 atm, respectivamente. Quais são as ordens da reação em relação a cada reagente?

20B.16 Mostre que $t_{1/2}$ é dado pela Eq. 20B.6 para uma reação que é de ordem n em A. A seguir obtenha uma expressão para esse tempo considerando que a concentração de uma substância cai para um terço do valor inicial em uma reação de ordem n.

20B.17 Deduza a expressão integrada da cinética de segunda ordem $v = k[A][B]$ para uma reação com a estequiometria 2 A + 3 B → P.

20B.18 Deduza a forma integrada da cinética de terceira ordem $v = k[A]^2[B]$, para uma reação com a estequiometria 2 A + B → P. No instante inicial, (a) os reagentes estão na proporção estequiométrica e (b) os mols de B correspondem ao dobro da quantidade estequiométrica.

20B.19 Mostre que a razão $t_{1/2}/t_{3/4}$ é uma função exclusiva de n e pode ser usada como parâmetro para a determinação rápida da ordem de uma reação. Na razão, $t_{1/2}$ é a meia-vida e $t_{3/4}$ é o tempo necessário para a concentração de um reagente A cair a $^3/_4$ do valor inicial (implicando que $t_{3/4}$ é menor do que $t_{1/2}$).

SEÇÃO 20C Reações nas vizinhanças do equilíbrio

Questões teóricas

20C.1 Descreva a estratégia de um experimento de salto de temperatura. Quais os parâmetros de reação que são acessíveis por essa técnica?

20C.2 Que característica da reação assegura que sua velocidade responde a um salto de pressão?

Exercícios

20C.1(a) O equilíbrio $NH_3(aq) + H_2O(l) \rightleftharpoons NH_4^+(aq) + OH^-(aq)$, a 25 °C, é submetido a um salto de temperatura que aumenta ligeiramente a concentração do $NH_4^+(aq)$ e do $OH^-(aq)$. O tempo de relaxação medido é de 7,61 ns. A constante de equilíbrio para o sistema é igual a $1{,}78 \times 10^{-5}$, a 25 °C, e a concentração de equilíbrio do $NH_3(aq)$, a 25 °C, é de 0,15 mol dm^{-3}. Calcule as constantes de velocidade para as etapas direta e inversa.

20C.1(b) O equilíbrio A ⇌ B + C, a 25 °C, é submetido a um salto de temperatura que aumenta ligeiramente a concentração de B e de C. O tempo de relaxação medido é de 3,0 μs. A constante de equilíbrio para o sistema é igual a $2{,}0 \times 10^{-16}$, a 25 °C, e as concentrações de equilíbrio de B e de C, a 25 °C, são iguais a 0,20 mmol dm^{-3}. Calcule as constantes de velocidade para as etapas direta e inversa.

Problemas

20C.1 Mostre, por diferenciação, que a Eq. 20C.4 é uma solução da Eq. 20C.3.

20C.2 Escreva as equações de velocidade e faça os gráficos correspondentes nas vizinhanças de um equilíbrio da forma A $\rightleftharpoons$ 2 B.

20C.3 O equilíbrio A $\rightleftharpoons$ 2 B é de primeira ordem nos dois sentidos. Deduza a expressão da concentração de A em função do tempo. A concentração molar inicial de A é $[A]_0$, e a de B é $[B]_0$. Qual a composição final do sistema?

20C.4 Mostre que a Eq. 20C.8 é uma expressão da constante de equilíbrio global em termos das constantes de velocidade para as etapas intermediárias de um mecanismo de reação. Para facilitar a tarefa, comece um mecanismo contendo três etapas, e verifique se sua expressão pode ser generalizada para um número qualquer de etapas.

20C.5 Considere a dimerização $2\,A \rightleftarrows A_2$ com a constante de velocidade da reação direta sendo k_a e a constante de velocidade da reação inversa sendo k'_a. (a) Deduza a expressão a seguir para o tempo de relaxação em termos da concentração total de proteína, $[A]_{tot} = [A] + 2[A_2]$:

$$\frac{1}{\tau^2} = k_a'^2 + 8k_a k_a'[A]_{tot}$$

(b) Descreva o procedimento de cálculo que leva à determinação das constantes de velocidade k_a e k'_a a partir de medidas de τ para diferentes valores de $[A]_{tot}$. (c) Use os dados presentes na tabela a seguir e o procedimento desenvolvido na parte (b) para calcular as constantes de velocidade k_a e k'_a, e a constante de equilíbrio K para a formação de dímeros com ligação de hidrogênio da 2-piridona:

$[P]/(\text{mol dm}^{-3})$	0,500	0,352	0,251	0,151	0,101
τ/ns	2,3	2,7	3,3	4,0	5,3

20C.6 Considere a dimerização $2\,A \rightleftarrows A_2$ com a constante de velocidade da reação direta sendo k_r e a constante de velocidade da reação inversa sendo k'_a. Mostre que o tempo de relaxação é $\tau = 1/(k'_r + 4k_r[A]_{eq})$.

SEÇÃO 20D A equação de Arrhenius

Questões teóricas

20D.1 Defina os termos e discuta a validade da expressão $\ln k_r = \ln A - E_a/RT$.

20D.2 Qual pode ser a explicação para a falha da equação de Arrhenius a baixas temperaturas?

Exercícios

20D.1(a) A constante de velocidade da decomposição de certa substância é de $3{,}80 \times 10^{-3}$ dm^3 mol^{-1} s^{-1} a 35 °C e $2{,}67 \times 10^{-2}$ dm^3 mol^{-1} s^{-1} a 50 °C. Estime os parâmetros de Arrhenius da reação.

20D.1(b) A constante de velocidade da decomposição de certo composto é de $2{,}25 \times 10^{-2}$ dm^3 mol^{-1} s^{-1} a 29 °C e $4{,}01 \times 10^{-2}$ dm^3 mol^{-1} s^{-1} a 37 °C. Estime os parâmetros de Arrhenius da reação.

20D.2(a) Observa-se que a velocidade de uma reação química triplica quando a temperatura aumenta de 24 °C para 49 °C. Determine a energia de ativação.

20D.2(b) Observa-se que a velocidade de uma reação química duplica quando a temperatura aumenta de 25 °C para 35 °C. Determine a energia de ativação.

Problemas

20D.1 Mostre que a definição de E_a dada pela Eq. 20D.3 se reduz à Eq. 20D.1 se a energia de ativação for independente da temperatura.

20D.2 Observa-se que uma reação de decomposição de primeira ordem tem as seguintes constantes de velocidade nas temperaturas indicadas. Calcule a energia de ativação.

$k_r/(10^{-3}\,\text{s}^{-1})$	2,46	45,1	576
θ/°C	0	20,0	40,0

20D.3 As constantes de velocidade para a reação de segunda ordem entre átomos de oxigênio e hidrocarbonetos aromáticos foram determinadas experimentalmente (R. Atkinson e J. N. Pitts, *J. Phys. Chem.* **79**, 295 (1975)). Na reação com benzeno, as constantes de velocidade são $1{,}44 \times 10^7$ dm^3 mol^{-1} s^{-1} a 300,3 K, $3{,}03 \times 10^7$ dm^3 mol^{-1} s^{-1} a 341,2 K, e $6{,}9 \times 10^7$ dm^3 mol^{-1} s^{-1} a 392,2 K. Determine o fator pré-exponencial e a energia de ativação da reação.

20D.4‡ O metano é um produto secundário de diversos processos naturais (tais como a digestão da celulose nos ruminantes e a decomposição anaeróbica de matéria de resíduos orgânicos) e processos industriais (como a produção de alimentos e a utilização de combustíveis fósseis). A reação com a radical hidroxila, OH, é a rota principal de eliminação de CH_4 na atmosfera inferior. T. Gierczak *et al.* (*J. Phys. Chem. A* **101**, 3125 (1997)) mediram as constantes de velocidade da reação elementar bimolecular em fase gasosa do metano com o radical hidroxila em uma faixa de temperatura de importância na química atmosférica. Obtenha os parâmetros de Arrhenius A e E_a a partir das seguintes medições:

T/K	295	223	218	213	206	200	195
$k_r/(10^6\,\text{dm}^3\,\text{mol}^{-1}\,\text{s}^{-1})$	3,55	0,494	0,452	0,379	0,295	0,241	0,217

20D.5‡ Como foi visto no Problema 20D.4, a reação com a radical hidroxila, OH, é a rota principal de eliminação de CH_4 na atmosfera inferior. T. Gierczak *et al.* (*J. Phys. Chem. A* **101**, 3125 (1997)) mediram as constantes de velocidade da reação elementar bimolecular em fase gasosa $CH_4(g) + OH(g) \rightarrow CH_3(g) + H_2O(g)$, e obtiveram $A = 1{,}13 \times 10^9$ dm^3 mol^{-1} s^{-1} e E_a = 14,1 kJ mol^{-1} para os parâmetros de Arrhenius. (a) Calcule a velocidade de consumo de CH_4. Considere a concentração média de OH como $1{,}5 \times 10^{-21}$ mol dm^{-3}, a do CH_4 como 40 mmol dm^{-3} e a temperatura como −10 °C. (b) Calcule a massa anual global de CH_4 consumida por essa reação (que é ligeiramente menor que a quantidade que entra na atmosfera) sabendo que o volume da atmosfera inferior da Terra é de 4×10^{21} dm^3.

SEÇÃO 20E Mecanismos de reação

Questões teóricas

20E.1 Faça a distinção entre ordem de reação e molecularidade.

20E.2 Discuta a validade da afirmativa de que a etapa determinante da velocidade é a etapa mais lenta em um mecanismo de reação.

20E.3 Faça a distinção entre as aproximações do pré-equilíbrio e do estado estacionário. Por que elas podem levar a conclusões diferentes?

20E.4 Explique por que as ordens de reação podem se alterar sob diferentes circunstâncias.

20E.5 Faça a distinção entre controle termodinâmico e controle cinético de uma reação. Sugira um critério para que ocorra um em vez do outro.

20E.6 Explique como é possível que a energia de ativação de uma reação seja negativa.

Exercícios

20E.1(a) O mecanismo para a decomposição de A_2

$$A_2 \rightleftharpoons A + A \text{ (rápida)}$$

$$A + B \rightarrow P \text{ (lenta)}$$

envolve um intermediário A. Obtenha a expressão da lei de velocidade para a reação de duas maneiras, ou seja, (i) admita um pré-equilíbrio e (ii) aplique a aproximação do estado estacionário.

20E.1(b) O mecanismo para a renaturação de uma dupla-hélice a partir de suas fitas A e B

$$A + B \rightleftharpoons \text{hélice instável (rápida)}$$

$$\text{hélice instável} \rightarrow \text{dupla-hélice estável (lenta)}$$

envolve um intermediário. Obtenha a expressão da lei de velocidade para a reação de duas maneiras, ou seja, (i) admita um pré-equilíbrio e (ii) aplique a aproximação do estado estacionário.

20E.2(a) O mecanismo de uma reação composta consiste em uma etapa com um pré-equilíbrio rápido, com energias de ativação nos sentidos direto e inverso de 25 kJ mol^{-1} e 38 kJ mol^{-1}, respectivamente, seguida por uma etapa elementar de energia de ativação de 10 kJ mol^{-1}. Qual é a energia de ativação da reação composta?

20E.2(b) O mecanismo de uma reação composta consiste em uma etapa com um pré-equilíbrio rápido, com energias de ativação nos sentidos direto e inverso de 27 kJ mol^{-1} e 35 kJ mol^{-1}, respectivamente, seguida por uma etapa elementar de energia de ativação de 15 kJ mol^{-1}. Qual é a energia de ativação da reação composta?

Problemas

20E.1 Use um programa matemático ou uma planilha eletrônica para investigar a dependência de [In] em relação ao tempo no mecanismo de reação $A \xrightarrow{k_a} I \xrightarrow{k_b} P$. Em todos os cálculos a seguir, use $[A]_0 = 1$ mol dm^{-3} e um intervalo de tempo de 0 a 5 s. (a) Faça um gráfico da [In] contra t para $k_a = 10\ s^{-1}$ e $k_b = 1\ s^{-1}$. (b) Aumente a razão k_b/k_a progressivamente pela diminuição do valor de k_a e examine o gráfico da [In] contra t para cada mudança. Que aproximação sobre $d[In]/dt$ se torna crescentemente válida?

20E.2 Use um programa matemático ou uma planilha eletrônica para investigar o efeito sobre [A], [In], [P] e $t_{1/2}$ ao diminuir a razão k_b/k_a de 10 (como na Fig. 20E.1) para 0,01. Compare seus resultados com os apresentados na Fig. 20E.3.

20E.3 Dê as equações de velocidade para o seguinte mecanismo de reação:

$$A \underset{k'_a}{\overset{k_a}{\rightleftharpoons}} B \underset{k'_b}{\overset{k_b}{\rightleftharpoons}} C$$

Mostre que esse mecanismo é equivalente a

$$A \underset{k'_r}{\overset{k_r}{\rightleftharpoons}} C$$

20E.4 Deduza uma equação para a velocidade do estado estacionário da sequência de reações $A \rightleftarrows B \rightleftarrows C \rightleftarrows D$, com [A] mantida constante e o produto D retirado do sistema reacional no instante da sua formação.

20E.5 Mostre que o mecanismo visto a seguir pode explicar a lei de velocidade do Problema 20B.15:

$$HCl + HCl \rightleftharpoons (HCl)_2 \qquad K_1$$

$$HCl + CH_3CH{=}CH_2 \rightleftharpoons \text{complexo} \qquad K_2$$

$$(HCl)_2 + \text{complexo} \rightarrow CH_3CHClCH_3 + HCl + HCl \qquad k_r \text{ (lenta)}$$

Que testes adicionais poderiam ser aplicados para verificar este mecanismo?

20E.6 Polipeptídeos são polímeros de aminoácidos. Suponha que uma cadeia polipeptídica longa possa sofrer uma transição de uma conformação helicoidal para uma cadeia randômica. Considere um mecanismo para a transição hélice-cadeia randômica em polipeptídios que começa no meio da cadeia:

$$hhhh... \rightleftarrows hchh...$$

$$hchh... \rightleftarrows cccc...$$

em que h e c identificam, respectivamente, um aminoácido em uma parte helicoidal ou em uma cadeia randômica. A primeira conversão de h para c, também chamada de etapa de nucleação, é relativamente lenta, de modo que nenhuma etapa pode ser a etapa determinante. (a) Escreva as equações de velocidade para esse mecanismo. (b) Use a aproximação do estado estacionário e mostre que, dadas essas circunstâncias, o mecanismo é equivalente a $hhhh... \rightleftarrows cccc...$

SEÇÃO 20F Exemplos de mecanismos de reação

Questões teóricas

20F.1 Discuta a faixa de validade da expressão $k_r = k_a k_b[A]/(k_b + k'_a[A])$ para a constante de velocidade efetiva de uma reação unimolecular segundo o mecanismo de Lindemann-Hinshelwood.

20F.2 Lembrando a distinção entre os mecanismos da polimerização por condensação e da polimerização em cadeia, descreva as formas pelas quais é possível controlar a massa molar de um polímero manipulando os parâmetros cinéticos da polimerização.

Exercícios

20F.1(a) Em uma reação em fase gasosa, que obedece ao mecanismo de Lindemann-Hinshelwood, a constante de velocidade efetiva é de $2{,}50 \times 10^{-4}$ s^{-1} quando a pressão é de 1,30 kPa e de $2{,}10 \times 10^{-5}$ s^{-1} quando a pressão é de 12 Pa. Calcule a constante de velocidade da etapa de ativação do mecanismo da reação.

20F.1(b) Em uma reação em fase gasosa, que obedece ao mecanismo de Lindemann-Hinshelwood, a constante de velocidade efetiva é de $1{,}7 \times 10^{-3}$ s^{-1} quando a pressão é de 1,09 kPa e de $2{,}2 \times 10^{-4}$ s^{-1} quando a pressão é de 25 Pa. Calcule a constante de velocidade da etapa de ativação no mecanismo da reação.

20F.2(a) Calcule a fração condensada e o grau de polimerização em t = 5,00 h de um polímero formado por um processo de polimerização por etapas com k_r = 1,39 dm^3 mol^{-1} s^{-1} e uma concentração inicial de monômero de 10,0 mmol dm^{-3}.

20F.2(b) Calcule a fração condensada e o grau de polimerização em t = 10,00 h de um polímero formado por um processo de polimerização por etapas com $k_r = 2{,}80 \times 10^{-2}$ dm^3 mol^{-1} s^{-1} e uma concentração inicial de monômero de 50,0 mmol dm^{-3}.

20F.3(a) Considere um polímero formado por um processo em cadeia. De quanto o comprimento cinético da cadeia varia se a concentração do iniciador aumenta de um fator igual a 3,6 e a concentração do monômero diminui de um fator igual a 4,2?

20F.3(b) Considere um polímero formado por um processo em cadeia. De quanto o comprimento cinético da cadeia varia se a concentração do iniciador aumenta de um fator igual a 10,0 e a concentração do monômero diminui de um fator igual a 5,0?

Problemas

20F.1 No Problema 20B.14, examinou-se a isomerização do ciclopropano sobre faixa limitada de pressão. Se o mecanismo de Lindemann de primeira ordem for atribuído à reação, precisamos de dados a baixa pressão para verificar a validade da hipótese. Esses dados (H.O. Pritchard, *et al.*, *Proc. R. Soc.* **A 217**, 563 (1953)) são:

p/Torr	84,1	11,0	2,89	0,569	0,120	0,067
$10^4\ k_r$/s^{-1}	2,98	2,23	1,54	0,857	0,392	0,303

Faça a verificação da pertinência da teoria de Lindemann-Hinshelwood com esses dados.

20F.2 Calcule o comprimento polimérico médio de um polímero produzido por um mecanismo de cadeia no qual a terminação ocorre por uma reação de desproporcionamento da forma M· + ·M → M + :M.

20F.3 Deduza uma expressão para a dependência do grau de polimerização em relação ao tempo para uma reação de polimerização por condensação, na qual a reação é catalisada pelo grupo funcional ácido –COOH. A lei de velocidade é $d[A]/dt = k_r[A]^2[OH]$.

SEÇÃO 20G Fotoquímica

Questões teóricas

20G.1 Consulte fontes da literatura e liste as escalas de tempo durante as quais os seguintes processos ocorrem: decaimento radiativo de estados eletrônicos excitados, movimento de rotação molecular, movimento de vibração molecular, reações de transferência de próton, transferência de energia entre moléculas fluorescentes, usada em experimentos de FRET, eventos de transferência de elétron entre íons complexos em solução e colisões em líquidos.

20G.2 Discuta os procedimentos experimentais que permitem fazer a distinção entre a extinção por transferência de energia, por colisões e por transferência de elétrons.

Exercícios

20G.1(a) Em uma reação fotoquímica A → 2 B + C, o rendimento quântico, com luz de 500 nm, é de $2{,}1 \times 10^2$ mol einstein^{-1} (1 einstein = 1 mol de fótons). Depois de uma exposição de 300 mmol de A à luz mencionada, observa-se a formação de 2,28 mmol de B. Quantos fótons foram absorvidos por A?

20G.1(b) Em uma reação fotoquímica A → B + C, o rendimento quântico, com luz de 500 nm, é de 120 mmol einstein^{-1}. Depois de uma exposição de 200 mmol de A à luz mencionada, observa-se a formação de 1,77 mmol de B. Quantos fótons foram absorvidos por A?

20G.2(a) Considere a extinção de uma espécie fluorescente orgânica com τ_0 = 6,0 ns por um íon de metal d com $k_Q = 3{,}0 \times 10^8$ dm^3 mol^{-1} s^{-1}. Que concentração do agente de extinção é necessária para diminuir a intensidade de fluorescência da espécie orgânica a 50% do valor quando não há extinção?

20G.2(b) Considere a extinção de uma espécie fluorescente orgânica com $\tau_0 = 3{,}5$ ns por um íon de metal d com $k_Q = 2{,}5 \times 10^9$ dm^3 mol^{-1} s^{-1}. Que concentração do agente de extinção é necessária para diminuir a intensidade de fluorescência da espécie orgânica a 75% do valor quando não há extinção?

Problemas

20G.1 Em uma experiência para a determinação do rendimento quântico de uma reação fotoquímica, a substância absorvedora foi exposta, durante 28,0 min, à luz de 320 nm de uma fonte de 87,5 W. A intensidade da luz transmitida pela amostra era igual a 0,257 vez a intensidade da luz incidente. A irradiação provocou a decomposição de 0,324 mol da substância absorvedora. Determine o rendimento quântico.

20G.2‡ A radiação ultravioleta fotolisa o O_3 a O_2 e a O. Determine a velocidade de consumo de ozônio pela radiação de 305 nm em uma camada da estratosfera com espessura de 1,0 km. O rendimento quântico é de 0,94, a 220 K, a concentração do ozônio é de 8 nmol dm^{-3}, o coeficiente de absorção molar é de 260 dm^3 mol^{-1} cm^{-1} e o fluxo da radiação de 305 nm é aproximadamente de 1×10^{14} fótons cm^{-2} s^{-1}. Os dados são de W. B. DeMore *et al., Chemical kinetics and photochemical data for use in stratospheric modeling: Evaluation Number 11*, JPL Publication 94-26 (1994).

20G.3 Cloreto de dansila, cuja absorção máxima é em 330 nm e cuja fluorescência máxima é em 510 nm, pode ser usado para marcar aminoácidos em estudos de microscopia de fluorescência ou em FRET. A tabela a seguir mostra a variação da intensidade de fluorescência de uma solução aquosa de cloreto de dansila com o tempo depois de excitação por um curto pulso de laser (com I_0 sendo a intensidade inicial de fluorescência). A razão das intensidades é igual à razão das taxas de emissão de fótons.

t/ns	5,0	10,0	15,0	20,0
I_f/I_0	0,45	0,21	0,11	0,05

(a) Calcule o tempo de vida de fluorescência observado para o cloreto de dansila em água. (b) O rendimento quântico de fluorescência do cloreto de dansila em água é 0,70. Qual é a constante de velocidade de fluorescência?

20G.4 Ao ser iluminada por luz ultravioleta, a benzofenona é excitada para um estado singleto. Esse estado passa rapidamente para outro, tripleto, que emite radiação de fosforescência. A trietilamina atua como agente de extinção de fosforescência do tripleto. Em uma experiência com solução da benzofenona em metanol, a intensidade da fosforescência variou com a concentração da amina conforme a tabela a seguir. Um experimento de espectroscopia de laser resolvida no tempo mostrou que a meia-vida da fluorescência, na ausência de agente de extinção, é de 29 μs. Qual o valor de k_Q?

[Q]/(mmol dm^{-3})	1,0	5,0	10,0
I_f/(unidades arbitrárias)	0,41	0,25	0,16

20G.5 Um estado eletronicamente excitado do Hg pode ser extinto pelo N_2 de acordo com $Hg^*(g) + N_2(g, v = 0) \rightarrow Hg(g) + N_2(g, v = 1)$. Nesse processo, a transferência de energia do Hg* excita vibracionalmente o N_2. Medições do tempo de vida da fluorescência de amostras de Hg com e sem N_2 forneceram os seguintes resultados (T = 300 K):

$p_{N_2} = 0{,}0$ atm

Intensidade relativa da fluorescência	1,000	0,606	0,360	0,22	0,135
t/μs	0,0	5,0	10,0	15,0	20,0

$p_{N_2} = 9{,}74 \times 10^{-4}$ atm

Intensidade relativa da fluorescência	1,000	0,585	0,342	0,200	0,117
t/μs	0,0	3,0	6,0	9,0	12,0

Admitindo que todos os gases se comportem idealmente, determine a constante de velocidade para o processo de transferência de energia.

20G.6 Um aminoácido na superfície de uma enzima foi marcado covalentemente com 1.5-I AEDANS, e sabe-se que o sítio ativo contém um resíduo de triptofano. O rendimento quântico de fluorescência do triptofano diminuiu de 15% devido à extinção pelo 1.5-I AEDANS. Qual é a distância entre o sítio ativo e a superfície da enzima?

20G.7 A teoria de Förster da transferência de energia ressonante e a base da técnica de FRET podem ser testadas realizando-se medidas da fluorescência de uma série de compostos em que um doador e um aceitador de energia estão ligados por um ligante molecular rígido de comprimento conhecido e variável. L. Stryer e R.P. Haugland (*Proc. Natl. Acad. Sci. USA* **58**, 719 (1967)) obtiveram os seguintes dados de uma família de compostos de composição geral dansil-(L-prolil)$_n$-naftila, na qual a distância entre o doador naftila e o aceitador dansila varia de 1,2 nm a 4,6 nm pelo aumento do número de unidades prolil no ligante:

R/nm	1,2	1,5	1,8	2,8	3,1	3,4	3,7	4,0	4,3	4,6
η_T	0,99	0,94	0,97	0,82	0,74	0,65	0,40	0,28	0,24	0,16

Os dados obtidos são adequadamente descritos pela Eq. 20G.10? Em caso afirmativo, qual é o valor de R_0 para o par naftila-dansila?

20G.8 A primeira etapa na fotossíntese das plantas é a absorção de luz por moléculas de clorofila ligadas a proteínas conhecidas como "complexos coletores de luz". Nesses complexos, a fluorescência de uma molécula de clorofila é extinta pelas moléculas de clorofila próximas. Uma vez que para um par de moléculas de clorofila *a*, R_0 = 5,6 nm, de que distância duas moléculas de clorofila *a* devem estar separadas para diminuir o tempo de vida de fluorescência de 1 ns (um valor típico para a clorofila *a* monomérica em solventes orgânicos) para 10 ps?

SEÇÃO 20H Enzimas

Questões teóricas

20H.1 Discuta as características, vantagens e limitações do mecanismo de Michaelis-Menten de ação enzimática.

20H.2 Um gráfico da velocidade de uma reação catalisada por enzima em função da temperatura tem um máximo, um aparente desvio do comportamento predito pela relação de Arrhenius (Seção 20D). Sugira uma interpretação molecular para esse efeito.

20H.3 Faça a distinção entre as inibições enzimática competitiva, não competitiva e sem competição. Discuta como esses modelos de inibição podem ser detectados experimentalmente.

20H.4 Algumas enzimas são inibidas pelas altas concentrações de seus próprios produtos. Esboce o gráfico da velocidade de reação em função da concentração de substrato para uma enzima propensa a produzir inibição.

Exercícios

20H.1(a) Considere a reação catalisada por base

$$(1)\ \mathrm{AH}+B \underset{k_a'}{\overset{k_a}{\rightleftarrows}} \mathrm{BH}^+ + A^- \quad \text{(ambas rápidas)}$$

$$(2)\ \mathrm{A}^- + \mathrm{AH} \xrightarrow{k_b} \text{produto} \quad \text{(lenta)}$$

Deduza a lei de velocidade.

20H.1(b) Considere a reação catalisada por ácido

$$(1)\ \mathrm{HA}+\mathrm{H}^+ \underset{k_a'}{\overset{k_a}{\rightleftarrows}} \mathrm{HAH}^+ \quad \text{(ambas rápidas)}$$

$$(2)\ \mathrm{HAH}^+ + \mathrm{B} \xrightarrow{k_b} \mathrm{BH}^+ + \mathrm{AH} \quad \text{(lenta)}$$

Deduza a lei de velocidade.

20H.2(a) A 25 °C, a conversão enzimática de um substrato tem a constante de Michaelis igual a 0,046 mol dm^{-3}. A velocidade da reação é de 1,04 mmol dm^{-3} s^{-1} quando a concentração do substrato é de 0,105 mol dm^{-3}. Qual é a velocidade máxima dessa reação?

20H.2(b) A 25 °C, a conversão enzimática de um substrato tem a constante de Michaelis igual a 0,032 mol dm^{-3}. A velocidade da reação é de 0,205 mmol dm^{-3} s^{-1} quando a concentração do substrato é de 0,875 mol dm^{-3}. Qual é a velocidade máxima dessa reação?

20H.3(a) Considere uma reação catalisada por enzima que segue a cinética de Michaelis-Menten, com K_M = 3,0 mmol dm^{-3}. Que concentração de um inibidor competitivo caracterizado por K_I = 20 μmol dm^{-3} reduzirá a velocidade de formação de produto em 50% quando a concentração do substrato é mantida a 1,0 × 10^{-4} mol dm^{-3}?

20H.3(b) Considere uma reação catalisada por enzima que segue a cinética de Michaelis-Menten, com K_M = 0,75 mmol dm^{-3}. Que concentração de um inibidor competitivo caracterizado por K_I = 0,56 mmol dm^{-3} reduzirá a velocidade de formação de produto em 75% quando a concentração do substrato é mantida a 1,0 × 10^{-4} mol dm^{-3}?

Problemas

20H.1 Michaelis e Menten deduziram a expressão de sua lei de velocidade admitindo um pré-equilíbrio rápido entre E, S e ES. Deduza a lei de velocidade dessa maneira, e identifique as condições sob as quais ela se torna a mesma baseada na aproximação do estado estacionário (Eq. 20H.1).

20H.2 (a) Utilize a equação de Michaelis-Menten para gerar duas famílias de curvas mostrando a dependência de v com $[\mathrm{S}]_0$: uma em que K_M varia mas $v_{máx}$ é constante, e outra em que $v_{máx}$ varia mas K_M é constante. (b) Use a Eq. 20H.7 para explorar o efeito das inibições competitiva, sem competição e não competitiva nas formas dos gráficos de v contra [S] para valores constantes de K_M e $v_{máx}$. Use um programa matemático ou uma planilha eletrônica.

20H.3 Para muitas enzimas o mecanismo de ação envolve a formação de dois intermediários:

$\mathrm{E+S \rightarrow ES}$	$v=k_a[\mathrm{E}][\mathrm{S}]$
$\mathrm{ES \rightarrow E+S}$	$v=k_a'[\mathrm{ES}]$
$\mathrm{ES \rightarrow ES'}$	$v=k_b[\mathrm{ES}]$
$\mathrm{ES' \rightarrow E+P}$	$v=k_c[\mathrm{ES'}]$

Mostre que a velocidade de formação de produto tem a mesma forma que a apresentada na Eq. 20H.1, mas com $v_{máx}$ e K_M dados por

$$v_{máx} = \frac{k_b k_c[\mathrm{E}]_0}{k_b + k_c} \quad \text{e} \quad K_M = \frac{k_c(k_a' + k_b)}{k_a(k_b + k_c)}$$

20H.4 A 25 °C, a conversão enzimática de um substrato tem a constante de Michaelis igual a 90 μmol dm^{-3} e uma velocidade máxima de 22,4 μmol dm^{-3} s^{-1} quando a concentração da enzima é de 1,60 nmol dm^{-3}. (a) Calcule k_{cat} e η. (b) A enzima é "cataliticamente perfeita"?

20H.5 Os seguintes resultados foram obtidos para a ação da ATPase sobre o ATP a 20 °C quando a concentração de ATPase era de 20 nmol L^{-1}:

[ATP]/(μmol dm^{-3})	0,60	0,80	1,4	2,0	3,0
v/(μmol dm^{-3} s^{-1})	0,81	0,97	1,30	1,47	1,69

Determine a constante de Michaelis, a velocidade máxima da reação, a velocidade específica máxima e a eficiência catalítica da enzima.

20H.6 Algumas enzimas são inibidas por altas concentrações dos seus próprios substratos. (a) Mostre que quando a inibição pelo substrato é importante a velocidade da reação v é dada por

$$v = \frac{v_{máx}}{1 + K_M/[\mathrm{S}]_0 + [\mathrm{S}]_0/K_I}$$

em que K_I é a constante de equilíbrio para a dissociação do complexo enzima-substrato inibido. (b) Que efeito a inibição do substrato tem em um gráfico de $1/v$ contra $1/[\mathrm{S}]_0$?

Atividades integradas

20.1 Uma reação autocatalítica é uma reação catalisada pelos produtos. Por exemplo, uma reação autocatalítica A → P tem a lei de velocidade $v = k[\mathrm{A}][\mathrm{P}]$ e a velocidade de reação é proporcional à concentração de P. A reação se inicia porque existem geralmente outros caminhos de reação para a formação inicial de algum P, que então toma parte na reação autocatalítica. (a) Faça a integração da equação de velocidade para uma reação autocatalítica da forma A → P, com lei de velocidade $v = k[\mathrm{A}][\mathrm{P}]$, e mostre que

$$\frac{[\mathrm{P}]}{[\mathrm{P}]_0} = \frac{(1+b)\mathrm{e}^{at}}{1+b\mathrm{e}^{at}}$$

em que $a = ([\mathrm{A}]_0 + [\mathrm{P}]_0 k_r)$ e $b = [\mathrm{P}]_0/[\mathrm{A}]_0$. *Sugestão*: Partindo da expressão $v = -\mathrm{d}[\mathrm{A}]/\mathrm{d}t = k_r[\mathrm{A}][\mathrm{P}]$ e considerando $[\mathrm{A}] = [\mathrm{A}]_0 - x$ e $[\mathrm{P}] = [\mathrm{P}]_0 + x$, é então possível escrever a expressão para a velocidade de ambas as espécies em função de x. Para integrar a expressão resultante use a integração pelo método das frações parciais (*Ferramentas do químico* 20B.1). (b) Faça o gráfico de $[\mathrm{P}]/[\mathrm{P}]_0$ contra at para vários valores de b. Discuta o efeito da autocatálise com base no gráfico de $[\mathrm{P}]/[\mathrm{P}]_0$ contra t, comparando seus resultados com os de um processo de primeira ordem, em que $[\mathrm{P}]/[\mathrm{P}]_0 = 1 - \mathrm{e}^{-k_r t}$. (c) Mostre que, para o processo autocatalítico discutido nos itens (a) e (b), a velocidade de reação alcança um máximo em $t_{máx} = -(1/a)\ln b$. (d) Outra reação autocatalítica A → P tem a lei de velocidade $\mathrm{d}[\mathrm{P}]/\mathrm{d}t = k_r[\mathrm{A}]^2[\mathrm{P}]$.

Integre essa equação com as concentrações iniciais $[A]_0$ e $[P]_0$. Determine o instante em que a velocidade atinge o máximo. (e) Outra reação com estequiometria A → P tem a lei de velocidade $d[P]/dt = k_r[A][P]^2$. Integre essa equação com as concentrações iniciais $[A]_0$ e $[P]_0$. Determine o instante em que a velocidade atinge o máximo.

20.2 Muitos processos biológicos e bioquímicos envolvem etapas autocatalíticas (Problema 20.1). No modelo SIR de propagação e atenuação de doenças infecciosas, a população é dividida em três classes: os "suscetíveis", S, que podem pegar a doença, os "infectados", I, que têm a doença e podem transmiti-la, e a "classe dos removidos", R, formada pelos que tiveram a doença e se recuperaram, estão mortos, são imunes ou estão isolados. O mecanismo do modelo desse processo implica as seguintes leis de velocidade:

$$\frac{dS}{dt} = -rSI \qquad \frac{dI}{dt} = rSI - aI \qquad \frac{dR}{dt} = aI$$

Quais são as etapas autocatalíticas desse mecanismo? Obtenha as condições para a razão a/r que decidem se a doença vai se espalhar (uma epidemia) ou desaparecer. Mostre que uma população constante está embutida nesse sistema, ou seja, S + I + R = N, indicando que a taxa de nascimentos, mortes por outras causas e migração é alta comparada com a da propagação da doença.

20.3‡ J. Czarnowski e H.J. Schuhmacher (*Chem. Phys. Lett.*, **17**, 235 (1972)) sugeriram o seguinte mecanismo para a decomposição térmica do F_2O na reação $2\,F_2O(g) \rightarrow 2\,F_2(g) + O_2(g)$:

(1) $F_2O + F_2O \rightarrow F + OF + F_2O$ $\quad k_a$

(2) $F + F_2O \rightarrow F_2 + OF$ $\quad k_b$

(3) $OF + OF \rightarrow O_2 + F + F$ $\quad k_c$

(4) $F + F + F_2O \rightarrow F_2 + F_2O$ $\quad k_d$

(a) Usando a aproximação do estado estacionário, mostre que esse mecanismo é consistente com a lei de velocidade experimental $-d[F_2O]/dt = k_r[F_2O]^2 + k_r'[F_2O]^{3/2}$. (b) Os parâmetros de Arrhenius determinados experimentalmente na faixa de 501–583 K são $A = 7{,}8 \times 10^{13}$ dm³ mol⁻¹ s⁻¹, $E_a/R = 1{,}935 \times 10^4$ K para k_r e $A = 2{,}3 \times 10^{10}$ dm³ mol⁻¹ s⁻¹, $E_a/R = 1{,}691 \times 10^4$ K para k_r'. A 540 K, $\Delta_f H^{\ominus}(F_2O) = +24{,}41$ kJ mol⁻¹, $D(F–F) = 160{,}6$ kJ mol⁻¹ e $D(O–O) = 498{,}2$ kJ mol⁻¹. Calcule as energias de dissociação de ligação para a primeira e segunda ligações do F_2O e a energia de ativação de Arrhenius da reação 2.

20.4 Determine a expressão da raiz quadrada do desvio quadrático médio $\{\square M^2\square - \square M\square^2\}^{1/2}$ da massa molar de um polímero de condensação em termos de p e deduza a dependência entre esse desvio e o tempo.

20.5 Calcule a razão entre a massa molar cúbica média e a massa molar quadrática média de um polímero em termos (a) da fração p e (b) do comprimento da cadeia.

20.6 Não é possível aproveitar considerações de equilíbrio quando uma reação está sendo estimulada pela absorção de luz. Assim, as concentrações de produtos e reagentes no estado estacionário podem ser muito diferentes das concentrações no equilíbrio. Por exemplo, suponhamos que a reação A → B é estimulada pela absorção de luz, cuja taxa de absorção por unidade de volume é I_a, e que a reação inversa B → A é bimolecular e de segunda ordem com a velocidade $k_r[B]^2$. Qual a concentração de B no estado estacionário? Por que esse "estado fotoestacionário" é diferente do estado de equilíbrio?

20.7 A cloração fotoquímica do clorofórmio, em fase gasosa, obedece à cinética $d[CCl_4]/dt = k_r[Cl_2]^{1/2}I_a^{1/2}$. Imagine um mecanismo que verifique essa lei quando a pressão do cloro está elevada.

CAPÍTULO 21

Dinâmica das reações

Estamos agora no próprio coração da química. Neste capítulo vamos examinar, detalhadamente, o que acontece com as moléculas no ponto decisivo de uma reação. Ocorrem então profundas modificações da estrutura e há redistribuição de energias, da ordem de grandeza das energias de dissociação. Antigas ligações são rompidas e novas se formam.

Como se pode imaginar, o cálculo das velocidades desses processos a partir de princípios fundamentais é muito difícil. É possível, porém, como acontece com muitos problemas complicados, ter uma imagem geral obtida com bastante simplicidade. Somente quando se tenta aprofundar o entendimento aparecem complicações de grande porte. Neste capítulo vamos buscar várias abordagens do cálculo da constante de velocidade de processos elementares bimoleculares, que vão da transferência de elétrons às reações químicas envolvendo quebra e formação de ligações. Embora seja grande a quantidade de informação que se pode conseguir das reações em fase gasosa, muitas reações interessantes se passam em fases condensadas. Veremos também em que medida é possível determinar as respectivas constantes de velocidade.

21A Teoria da colisão

Nessa seção vamos abordar a "teoria da colisão", a mais simples das explicações quantitativas das velocidades de reação. O tratamento pode ser utilizado para a discussão de reações entre espécies simples em fase gasosa.

21B Reações controladas por difusão

Nessa seção veremos que as reações em solução são classificadas em dois tipos: "controlada por difusão" e "controlada por ativação". A primeira pode ser expressa quantitativamente em termos da equação de difusão.

21C Teoria do estado de transição

Essa seção aborda a "teoria do estado de transição", em que se supõe que as moléculas de reagente formam um complexo que pode ser discutido em termos da população dos seus níveis de energia. A teoria é inspiração para uma abordagem termodinâmica das velocidades de reação, em que a constante de velocidade é expressa em termos de parâmetros termodinâmicos. Essa abordagem é útil para a parametrização das velocidades de reações em solução.

21D A dinâmica das colisões moleculares

O mais elevado nível de sofisticação no estudo teórico das reações químicas é o estudo em termos das superfícies de energia potencial e do movimento das moléculas nessas superfícies. Conforme veremos nessa seção, uma abordagem desse tipo fornece uma visão profunda dos eventos que ocorrem quando reações ocorrem e está aberta ao estudo experimental.

21E Transferência de elétrons em sistemas homogêneos

Nessa seção usaremos a teoria do estado de transição para examinar a transferência de elétrons em sistemas homogêneos, inclusive aqueles que envolvem proteínas.

21F Processos em eletrodos

Os processos de transferência de elétrons na superfície de eletrodos são difíceis de descrever teoricamente, mas, nessa seção, vamos desenvolver uma abordagem fenomenológica útil que amplia nossa visão de técnicas experimentais úteis e aplicações tecnológicas da eletroquímica.

Qual é o impacto deste material?

As consequências econômicas das reações com transferência de elétrons são quase incalculáveis. A maioria dos modernos métodos de geração de eletricidade é ineficiente, e em *Impacto* I21.1 vemos como o desenvolvimento de células eletroquímicas especiais, conhecidas como "células de combustível", poderia racionalizar nossa produção e utilização de energia.

21A Teoria da colisão

Tópicos

➤ Por que você precisa saber este assunto?

Uma parte essencial da química é o estudo dos mecanismos das reações químicas. Uma das primeiras abordagens, e que continua a fornecer informações sobre os detalhes dos mecanismos, é a teoria da colisão.

➤ Qual é a ideia fundamental?

De acordo com a teoria da colisão, em uma reação bimolecular em fase gasosa, uma reação ocorre durante a colisão dos reagentes contanto que sua energia cinética relativa exceda um valor crítico e que certas exigências estéricas sejam satisfeitas.

➤ O que você já deve saber?

Esta seção baseia-se na teoria cinética dos gases (Seção 1B) e estende a explicação das reações unimoleculares (Seção 20F). Esta última utiliza argumentos combinatórios como os descritos na Seção 15A.

Nesta seção vamos considerar a reação elementar bimolecular

$$\mathrm{A+B \rightarrow P} \qquad v = k_r[\mathrm{A}][\mathrm{B}] \qquad (21A.1a)$$

em que P representa os produtos. Nosso objetivo é calcular a constante de velocidade k_r de segunda ordem e justificar a forma da expressão de Arrhenius (Seção 20D):

$$k_r = Ae^{-E_a/RT} \qquad \text{Expressão de Arrhenius} \qquad (21A.1b)$$

em que A é o "fator pré-exponencial" e E_a é a "energia de ativação". O modelo, então, é aprimorado pelo exame de como a energia de uma colisão é distribuída sobre todas as ligações na molécula de reagente. Esse melhoramento ajuda a explicar o valor da constante de velocidade k_b que aparece na teoria de Lindemann das reações unimoleculares (Seção 20F).

21A.1 Colisões reativas

Podemos prever a forma geral da expressão de k_r na Eq. 21A.1a se analisarmos as exigências físicas da reação. Podemos esperar que a velocidade v seja proporcional à taxa de colisões, portanto, à velocidade média das moléculas, $v_{\text{média}} \propto (T/M)^{1/2}$, em que M é uma combinação das massas molares de A e B; também esperamos que a velocidade seja proporcional à seção eficaz de colisão, σ, (Seção 1B) às densidades numéricas, $\mathcal{N}_A$ e $\mathcal{N}_B$, de A e de B:

$$v \propto \sigma(T/M)^{1/2}\mathcal{N}_A\mathcal{N}_B \propto \sigma(T/M)^{1/2}[\mathrm{A}][\mathrm{B}]$$

A colisão, porém, só será bem-sucedida se a energia cinética for maior que certo valor mínimo, a energia de ativação, E'. Essa exigência sugere que a constante de velocidade seja também proporcional a um fator de Boltzmann, com a forma $e^{-E'/RT}$ representando a fração de colisões com pelo menos a energia mínima exigida E'. Portanto,

$$v \propto \sigma(T/M)^{1/2}e^{-E'/RT}[\mathrm{A}][\mathrm{B}]$$

e podemos prever, escrevendo a velocidade de reação na forma dada na Eq. 21A.1, que

$$k_r \propto \sigma(T/M)^{1/2}e^{-E'/RT}$$

Neste ponto, começamos a reconhecer a forma da equação de Arrhenius, Eq. 21A.1b, e a identificar a energia cinética mínima E' com a energia de ativação E_a da reação. No entanto, essa identificação não deve ser vista como precisa, já que a teoria da colisão é apenas um modelo rudimentar de reatividade química.

Nem toda colisão provocará a reação, mesmo que as exigências de energia sejam satisfeitas. De fato, os reagentes devem colidir em uma orientação relativa apropriada. Essa "exigência estérica" sugere a introdução de outro fator, P, e então

$$k_r \propto P\sigma(T/M)^{1/2}e^{-E'/RT} \qquad (21A.2)$$

Como veremos em detalhes a seguir, essa expressão tem a forma deduzida pela teoria da colisão. Ela reflete os três aspectos de uma colisão bem-sucedida:

$$k_r \propto \overbrace{P}^{\text{Exigência estérica}} \; \overbrace{\sigma(T/M)^{1/2}}^{\text{Velocidade de colisões}} \; \overbrace{e^{-E'/RT}}^{\text{Exigência de energia mínima}}$$

(a) Velocidades de colisão em gases

Acabamos de ver que a velocidade da reação e, portanto, k_r, depende da frequência das colisões das moléculas. A **densidade de colisões**, Z_{AB}, é o número de colisões entre moléculas de A e de B em uma região da amostra, em um certo intervalo de tempo, dividido pelo volume da região e pela duração do intervalo. Calculamos, na Seção 1B (Eq. 1B.11a, $z = \sigma v\mathcal{N}_A$), a frequência de colisões de uma molécula no seio de um gás. Como se mostra na *Justificativa* 21A.1, o resultado pode ser escrito como

$$Z_{AB} = \sigma\left(\frac{8kT}{\pi\mu}\right)^{1/2} N_A^2[A][B] \quad \textit{KMT} \quad \text{Densidade de colisões} \qquad (21A.3a)$$

em que σ é a seção eficaz de colisão (Fig. 21A.1):

$$\sigma = \pi d^2 \qquad d = \tfrac{1}{2}(d_A + d_B) \qquad \text{Seção eficaz de colisão} \qquad (21A.3b)$$

d_A e d_B são os diâmetros de A e de B, respectivamente, e μ é a massa reduzida,

$$\mu = \frac{m_A m_B}{m_A + m_B} \qquad \text{Massa reduzida} \qquad (21A.3c)$$

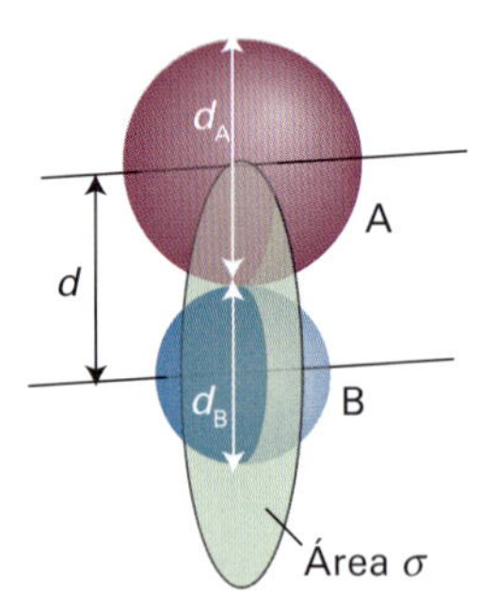

Figura 21A.1 A seção eficaz de colisão de duas moléculas pode ser imaginada como a área dentro da qual a molécula projétil (A) deve passar, centrada em torno da molécula-alvo (B), a fim de que a colisão ocorra. Se os diâmetros das duas moléculas forem d_A e d_B, o raio da área-alvo é $d = \frac{1}{2}(d_A + d_B)$ e a seção eficaz é πd^2.

Para moléculas idênticas, $\mu = \frac{1}{2}m_A$ e à concentração molar [A],

$$Z_{AA} = \tfrac{1}{2}\sigma\left(\frac{16kT}{\pi m_A}\right)^{1/2} N_A^2[A]^2 = \sigma\left(\frac{4kT}{\pi m_A}\right)^{1/2} N_A^2[A]^2 \qquad (21A.3d)$$

O fator (azul) $\frac{1}{2}$ foi incluído para se evitar a contagem dupla de colisões nesse caso. Se é necessário exprimir a densidade de colisões em termos da pressão de cada gás J, então usamos $[J] = n_J/V = p_J/RT$.

Breve ilustração 21A.1 Densidade de colisões

As densidades de colisões podem ser muito grandes. Por exemplo, no nitrogênio, a 25 °C e 1,0 bar, quando $[N_2] \approx 40$ mol m^{-3}, com $\sigma = 0{,}43$ nm^2 e $m_{N_2} = 28{,}02m_u$, a densidade de colisões é

$$Z_{N_2N_2} = (4{,}3\times10^{-19}\,\text{m}^2)\times\left(\frac{4\times(1{,}381\times10^{-23}\,\text{J K}^{-1})\times(298\,\text{K})}{\pi\times28{,}02\times(1{,}661\times10^{-27}\,\text{kg})}\right)^{1/2}$$
$$\times(6{,}022\times10^{23}\,\text{mol}^{-1})^2\times(40\,\text{mol m}^{-3})^2 = 8{,}4\times10^{34}\,\text{m}^{-3}\,\text{s}^{-1}$$

Mesmo em 1 cm^3, há mais de 8×10^{16} colisões em cada picossegundo.

Exercício proposto 21A.1 Calcule a densidade de colisões no hidrogênio molecular nas mesmas condições.

Resposta: $Z_{H_2H_2} = 2{,}0\times10^{35}\,\text{m}^{-3}\,\text{s}^{-1}$

Justificativa 21A.1 A densidade de colisões

Vem da Seção 1B que a frequência de colisões, z, de uma molécula A de massa m_A em um gás, com outras moléculas A, é dada por $z = \sigma v_{rel}\mathcal{N}_A$, em que $\mathcal{N}_A$ é a densidade numérica das moléculas A e v_{rel} é a velocidade média relativa das moléculas. Conforme indicado na Seção 1B, $v_{rel} = 2^{1/2}v_{média}$ com $v_{média} = (8kT/\pi m)^{1/2}$. Para conveniência futura, é razoável introduzir $\mu = \frac{1}{2}m$ (para moléculas idênticas, de massa m) e, então, escrever $v_{rel} = (8kT/\pi\mu)^{1/2}$. Essa expressão também se aplica à velocidade relativa média de moléculas que não sejam idênticas, desde que μ seja interpretado como sua massa reduzida.

A densidade total de frequência de colisões é igual à frequência de colisões de uma molécula multiplicada pela densidade numérica de moléculas de A:

$$Z_{AA} = \tfrac{1}{2}z\mathcal{N}_A = \tfrac{1}{2}\sigma v_{rel}\mathcal{N}_A^2$$

O fator $\frac{1}{2}$ apareceu para se evitar a contagem dupla de uma colisão (a colisão de uma molécula A com outra é contada somente uma vez, independentemente das suas identidades reais). No caso de colisões entre as moléculas A e B, com as densidades numéricas $\mathcal{N}_A$ e $\mathcal{N}_B$, a densidade de colisões é

$$Z_{AB} = \sigma v_{rel}\mathcal{N}_A\mathcal{N}_B$$

Veja que não aparece o fator $\frac{1}{2}$, pois agora estamos contando as colisões de uma molécula A com qualquer das moléculas de B como uma colisão. A densidade numérica de uma espécie J é $\mathcal{N}_J = N_A[J]$, em que [J] é a concentração molar de J e N_A é o número de Avogadro. Com essa relação se tem a Eq. 21A.3.

(b) As exigências de energia

De acordo com a teoria da colisão, a velocidade de variação da densidade numérica, $\mathcal{N}_A$, de moléculas de A é igual ao produto da densidade de colisões pela probabilidade de a colisão ocorrer com energia suficiente. Essa última condição pode ser incorporada escrevendo-se a seção eficaz de colisão σ em termos da energia cinética de aproximação das duas espécies colidentes. Devemos ter essa função, $\sigma(\varepsilon)$, igual a zero se a energia cinética for inferior a certo valor crítico, ε_a. Adiante, vamos identificar $N_A\varepsilon_a$ como E_a, a energia de ativação (molar) da reação. Assim, para uma colisão com uma velocidade relativa de aproximação v_{rel} (não é um valor médio neste ponto),

$$\frac{d\mathcal{N}_A}{dt} = -\sigma(\varepsilon)v_{rel}\mathcal{N}_A\mathcal{N}_B \qquad (21A.4a)$$

ou, em termos das concentrações molares,

$$\frac{d[A]}{dt} = -\sigma(\varepsilon)v_{rel}N_A[A][B] \qquad (21A.4b)$$

A energia cinética relativa associada ao movimento relativo de duas partículas adquire a forma $\varepsilon = \frac{1}{2}\mu v_{rel}^2$ quando as coordenadas do centro de massa são separadas das coordenadas internas de cada partícula. Portanto, a velocidade relativa é dada por $v_{rel} = (2\varepsilon/\mu)^{1/2}$. Agora, passamos a ter em conta que as energias de aproximação ε variam amplamente na amostra e que é preciso promediar a expressão obtida, tomando por base a distribuição de energias de Boltzmann $f(\varepsilon)$, e escrever

$$\frac{d[A]}{dt} = -\left\{\int_0^\infty \sigma(\varepsilon)v_{rel}f(\varepsilon)d\varepsilon\right\}N_A[A][B] \qquad (21A.5)$$

Identificamos a constante de velocidade como

$$k_r = N_A\int_0^\infty \sigma(\varepsilon)v_{rel}f(\varepsilon)d\varepsilon \qquad \text{Constante de velocidade} \qquad (21A.6)$$

Suponhamos agora que a seção eficaz das colisões reativas seja zero abaixo de ε_a. Mostramos na *Justificativa* 21A.2, acima de ε_a, $\sigma(\varepsilon)$ varia segundo

$$\sigma(\varepsilon) = \left(1 - \frac{\varepsilon_a}{\varepsilon}\right)\sigma \qquad \text{Dependência entre } \sigma \text{ e a energia} \qquad (21A.7)$$

com o σ independente da energia dado pela Eq. 21A.3b. Essa forma de dependência da energia para $\sigma(\varepsilon)$ é consistente com determinações experimentais da reação entre H e D_2, conforme determinada por medições de feixes moleculares do tipo descrito na Seção 21D (Fig. 21A.2).

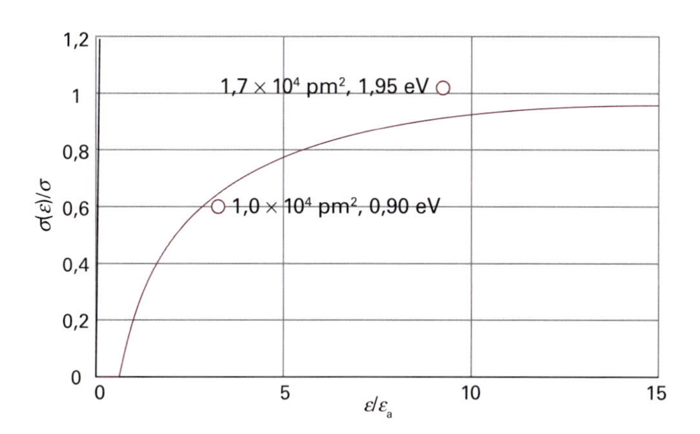

Figura 21A.2 Variação da seção eficaz de colisões reativas com a energia conforme expressa pela Eq. 21A.7. Os pontos exibem dados de experimentos com a reação $H + D_2 \rightarrow HD + D$ (K. Tsukiyama *et al.*, *J. Chem. Phys.*, **84**, 1934 (1986)).

Justificativa 21A.2 A seção eficaz de colisão

Considere duas moléculas A e B em colisão, com velocidade relativa v_{rel} e energia cinética relativa $\varepsilon = \frac{1}{2}\mu v_{rel}^2$ (Fig. 21A.3). Esperamos intuitivamente que a colisão frontal de A com B seja a mais eficiente para levar a uma reação química. Assim, $v_{rel,A-B}$, a magnitude da componente da velocidade relativa paralela a um eixo que contém o vetor que conecta os centros de A e de B, deve ser grande. Da trigonometria e das definições das distâncias a e d e do ângulo θ mostrado na Fig. 21A.3, segue que

$$v_{rel,A-B} = v_{rel}\cos\theta = v_{rel}\left(\frac{d^2 - a^2}{d^2}\right)^{1/2}$$

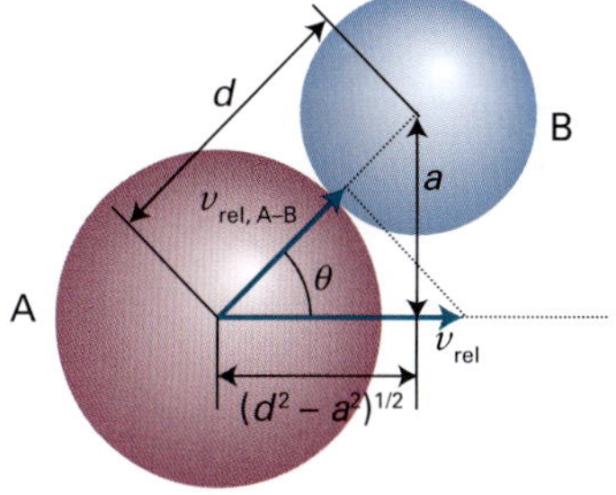

Figura 21A.3 Parâmetros utilizados no cálculo da dependência entre a seção eficaz de colisão e a energia cinética relativa de duas moléculas A e B.

Admitimos que apenas a energia cinética associada à componente frontal da colisão, ε_{A-B}, pode levar à reação química. Após elevar ao quadrado ambos os lados dessa equação e multiplicar o resultado por $\frac{1}{2}\mu$, obtemos

$$\varepsilon_{A-B} = \varepsilon \times \frac{d^2 - a^2}{d^2}$$

A existência de um limiar de energia, ε_a, para a formação de produtos implica existir um valor máximo de a, $a_{máx}$, acima do qual as reações não ocorrem. Fazendo $a = a_{máx}$ e $\varepsilon_{A-B} = \varepsilon_a$, obtemos

$$a_{máx}^2 = \left(1 - \frac{\varepsilon_a}{\varepsilon}\right) d^2$$

Substituindo $\sigma(\varepsilon)$ por $\pi a_{máx}^2$ e σ por πd^2 na equação anterior obtemos a Eq. 21A.7. Observe que a equação pode ser usada apenas quando $\varepsilon > \varepsilon_a$.

Uma vez estabelecida a dependência da seção eficaz de colisão em função da energia, podemos calcular a integral na Eq. 21A.6. Mostramos na *Justificativa* 21A.3 que

$$k_r = \sigma N_A v_{rel} e^{-E_a/RT} \qquad \textit{Teoria da colisão} \qquad \text{Constante de velocidade} \qquad (21A.8)$$

Justificativa 21A.3 A constante de velocidade

A distribuição de Maxwell-Boltzmann das velocidades moleculares é a Eq. 1B.4 da Seção 1B:

$$f(v)\mathrm{d}v = 4\pi \left(\frac{\mu}{2\pi kT}\right)^{3/2} v^2 e^{-\mu v^2/2kT} \mathrm{d}v$$

(Substituímos M/R por μ/k.) Essa expressão pode ser escrita em termos da energia cinética, ε, fazendo $\varepsilon = \frac{1}{2}\mu v^2$, então, $\mathrm{d}v = \mathrm{d}\varepsilon/(2\mu\varepsilon)^{1/2}$, quando se transforma em

$$f(v)\mathrm{d}v = 4\pi \left(\frac{\mu}{2\pi kT}\right)^{3/2} \left(\frac{2\varepsilon}{\mu}\right) e^{-\varepsilon/kT} \frac{\mathrm{d}\varepsilon}{(2\mu\varepsilon)^{1/2}}$$

$$= 2\pi \left(\frac{1}{\pi kT}\right)^{3/2} \varepsilon^{1/2} e^{-\varepsilon/kT} \mathrm{d}\varepsilon = f(\varepsilon)\mathrm{d}\varepsilon$$

A integral que precisamos calcular é então

$$\int_0^\infty \sigma(\varepsilon) \overbrace{v_{rel}}^{(2\varepsilon/\mu)^{1/2}} f(\varepsilon)\mathrm{d}\varepsilon = 2\pi \left(\frac{1}{\pi kT}\right)^{3/2} \int_0^\infty \sigma(\varepsilon) \left(\frac{2\varepsilon}{\mu}\right)^{1/2} \varepsilon^{1/2} e^{-\varepsilon/kT} \mathrm{d}\varepsilon$$

$$= \left(\frac{8}{\pi \mu kT}\right)^{1/2} \left(\frac{1}{kT}\right) \int_0^\infty \varepsilon \sigma(\varepsilon) e^{-\varepsilon/kT} \mathrm{d}\varepsilon$$

Para prosseguir, introduzimos a aproximação para $\sigma(\varepsilon)$ dada pela Eq. 21A.7 e calculamos

$$\int_0^\infty \varepsilon \sigma(\varepsilon) e^{-\varepsilon/kT} \mathrm{d}\varepsilon \overset{\sigma = 0 \text{ para } \varepsilon < \varepsilon_a}{=} \sigma \int_{\varepsilon_a}^\infty \varepsilon \left(1 - \frac{\varepsilon_a}{\varepsilon}\right) e^{-\varepsilon/kT} \mathrm{d}\varepsilon$$

$$= \sigma \left\{ \int_{\varepsilon_a}^\infty \varepsilon e^{-\varepsilon/kT} \mathrm{d}\varepsilon - \int_{\varepsilon_a}^\infty \varepsilon_a e^{-\varepsilon/kT} \mathrm{d}\varepsilon \right\}$$

$$\overset{\text{Integral E.1}}{=} (kT)^2 \sigma e^{-\varepsilon_a/kT}$$

Segue que

$$\int_0^\infty \sigma(\varepsilon) v_{rel} f(\varepsilon)\mathrm{d}\varepsilon = \sigma \left(\frac{8kT}{\pi\mu}\right)^{1/2} e^{-\varepsilon_a/kT}$$

como está na Eq. 21A.8 (com $\varepsilon_a/kT = E_a/RT$).

A Eq. 21A.8 é do tipo Arrhenius, $k_r = Ae^{-E_a/RT}$, desde que o fator exponencial domine a fraca dependência entre o fator pré-exponencial e a raiz quadrada da temperatura. Concluímos então que podemos identificar (dentro das restrições da teoria da colisão) a energia de ativação, E_a, como a energia cinética mínima, ao longo da linha de aproximação, que é necessária para a reação. O fator pré-exponencial, por sua vez, é uma medida da velocidade das colisões que ocorrem no gás.

O procedimento mais simples para o cálculo de k_r é o de adotar para σ os valores obtidos a partir de colisões não reativas (por exemplo, os obtidos em medidas de viscosidade) ou a partir de tabelas de raios moleculares. Se as seções eficazes de colisão de A e B são $\sigma_A = \pi d_A^2$ e $\sigma_B = \pi d_B^2$, então um valor aproximado da seção eficaz AB pode ser calculado a partir de $\sigma = \pi d^2$, com $d = \frac{1}{2}(d_A + d_B)$. Isto é,

$$\sigma \approx \tfrac{1}{4}(\sigma_A^{1/2} + \sigma_B^{1/2})^2$$

Breve ilustração 21A.2 A constante de velocidade

Para calcular a constante de velocidade para a reação $H_2 + C_2H_4 \rightarrow C_2H_6$, a 628 K, primeiramente calculamos a massa reduzida utilizando $m(H_2) = 2{,}016m_u$ e $m(C_2H_4) = 28{,}05m_u$. Um cálculo direto nos dá $\mu = 3{,}123 \times 10^{-27}$ kg. Segue-se que

$$\left(\frac{8kT}{\pi\mu}\right)^{1/2} = \left(\frac{8 \times (1{,}381 \times 10^{-23}\,\mathrm{J\,K^{-1}}) \times (628\,\mathrm{K})}{\pi \times (3{,}123 \times 10^{-27}\,\mathrm{kg})}\right)^{1/2} = 2{,}65\ldots\,\mathrm{km\,s^{-1}}$$

Da Tabela 1B.1, $\sigma(H_2) = 0{,}27$ nm² e $\sigma(C_2H_4) = 0{,}64$ nm², dando $\sigma(H_2,C_2H_4) = 0{,}44$ nm². A energia de ativação, Tabela 20D.1, é grande: 180 kJ mol⁻¹. Portanto,

$$k_r = (4{,}4 \times 10^{-19}\,\mathrm{m^2}) \times (2{,}65\ldots \times 10^3\,\mathrm{m\,s^{-1}}) \times (6{,}022 \times 10^{23}\,\mathrm{mol^{-1}}) \times e^{-(1{,}80 \times 10^5\,\mathrm{J\,mol^{-1}})/(8{,}3145\,\mathrm{J\,K^{-1}\,mol^{-1}}) \times (628\,\mathrm{K})}$$

$$= \overbrace{7{,}04\ldots \times 10^8\,\mathrm{m^3\,mol^{-1}\,s^{-1}}}^{A} \times e^{-34{,}4\ldots} = 7{,}5 \times 10^{-7}\,\mathrm{m^3\,mol^{-1}\,s^{-1}}$$

ou $7{,}5 \times 10^{-4}$ dm³ mol⁻¹ s⁻¹.

Exercício proposto 21A.2 Calcule a constante de velocidade para a reação $NO + Cl_2 \rightarrow NOCl + Cl$, a 298 K, a partir de $\sigma(NO) = 0{,}42$ nm² e $\sigma(Cl_2) = 0{,}93$ nm² e os dados da Tabela 1B.1.

Resposta: $2{,}7 \times 10^{-4}$ dm³ mol⁻¹ s⁻¹

(c) A exigência estérica

A Tabela 21A.1 compara os valores do fator pré-exponencial calculados a partir dos dados de colisões na Tabela 1B.1 com os obtidos pelos gráficos da equação de Arrhenius. Uma das reações exibe boa concordância entre a teoria e a experiência, mas as outras mostram grandes diferenças. Em alguns casos, os valores experimentais são ordens de grandeza menores do que os calculados, o que sugere não ser apenas a energia da colisão o único fator para a reação e que alguma outra característica, como a orientação relativa das espécies colidentes, é importante. Além disso, um caso na tabela mostra uma reação que tem o fator pré-exponencial empírico maior do que teórico, indicando, aparentemente, que a reação se passa mais rapidamente do que as partículas colidem!

A discordância entre os resultados experimentais e os teóricos fica sanada pela introdução do **fator estérico**, P, com o qual se define a **seção eficaz reativa**, σ^*, um múltiplo da seção eficaz de colisão, $\sigma^* = P\sigma$ (Fig. 21A.4). A constante de velocidade fica então

$$k_r = P\sigma N_A \left(\frac{8kT}{\pi\mu}\right)^{1/2} e^{-E_a/RT} \quad (21A.9)$$

Essa expressão tem a forma que antecipamos na Eq. 21A.2. O fator estérico é, normalmente, diversas ordens de grandeza menor do que 1.

Tabela 21A.1* Parâmetros de Arrhenius de reações em fase gasosa

	$A/(\text{dm}^3\,\text{mol}^{-1}\,\text{s}^{-1})$		$E_a/(\text{kJ mol}^{-1})$	P
	Experimental	Teórico		
$2\,NOCl \rightarrow 2\,NO + 2\,Cl$	$9{,}4\times10^{9}$	$5{,}9\times10^{10}$	102	0,16
$2\,ClO \rightarrow Cl_2 + O_2$	$6{,}3\times10^{7}$	$2{,}5\times10^{10}$	0	$2{,}5\times10^{-3}$
$H_2 + C_2H_4 \rightarrow C_2H_6$	$1{,}24\times10^{6}$	$7{,}4\times10^{11}$	180	$1{,}7\times10^{-6}$
$K + Br_2 \rightarrow KBr + Br$	$1{,}0\times10^{12}$	$2{,}1\times10^{11}$	0	4,8

* Mais valores podem ser encontrados na *Seção de dados*.

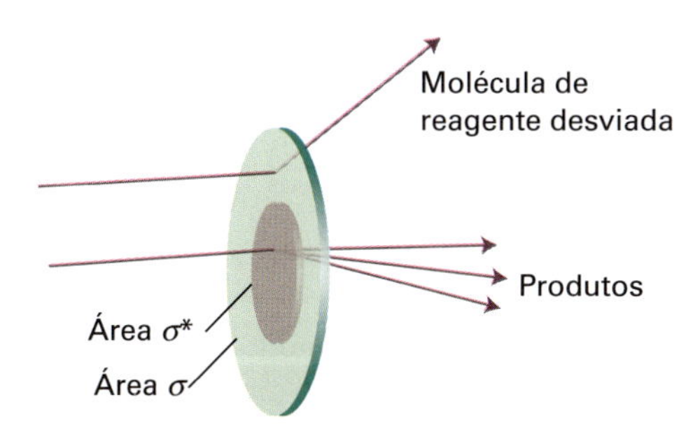

Figura 21A.4 A seção eficaz de colisão é a área-alvo que provoca o simples desvio da molécula projétil. A seção eficaz de colisão reativa é a área que corresponde à ocorrência de uma reação química na colisão.

Breve ilustração 21A.3 O fator estérico

Foi observado experimentalmente que o fator pré-exponencial para a reação $H_2 + C_2H_4 \rightarrow C_2H_6$, a 628 K, é $1{,}24 \times 10^6\,\text{dm}^3\,\text{mol}^{-3}\,\text{s}^{-1}$. Na *Breve ilustração* 21A.2 calculamos o resultado que pode ser expresso como $A = 7{,}04\ldots \times 10^{11}\,\text{dm}^3\,\text{mol}^{-1}\,\text{s}^{-1}$. Segue-se que o fator estérico para essa reação é

$$P = \frac{A_{\text{experimental}}}{A_{\text{calculado}}} = \frac{1{,}24\times10^{6}\,\text{dm}^3\,\text{mol}^{-1}\,\text{s}^{-1}}{7{,}04\ldots\times10^{11}\,\text{dm}^3\,\text{mol}^{-1}\,\text{s}^{-1}} \approx 1{,}8\times10^{-6}$$

O valor muito pequeno de P é uma das razões da necessidade de um catalisador para que a reação ocorra com velocidade razoável. Como regra geral, quanto mais complicadas forem as moléculas reagentes, menor será o valor de P.

Exercício proposto 21A.3 O fator pré-exponencial da reação $NO + Cl_2 \rightarrow NOCl + Cl$, a 298 K, é A $4{,}0 \times 10^9\,\text{dm}^3\,\text{mol}^{-1}\,\text{s}^{-1}$. Estime o fator estérico P da reação.

Resposta: 0,019

Um exemplo de reação para a qual é possível estimar o fator estérico é o da reação $K + Br_2 \rightarrow KBr + Br$, que tem o valor experimental de P igual a 4,8. Nessa reação, o afastamento entre as moléculas no qual a reação ocorre parece ser consideravelmente maior do que a distância em que ocorre o desvio das trajetórias das moléculas em uma colisão não reativa. Propôs-se o nome **mecanismo do arpão** para explicar a reação. Esse nome especial se baseia em um modelo da reação que mostra um átomo de K aproximando-se de uma molécula de Br_2. Quando a distância entre os dois é suficientemente pequena, um elétron (o arpão) passa do K para o Br_2. Em lugar de duas partículas sem carga, temos agora dois íons, com uma atração coulombiana entre ambos; essa atração é a linha do arpão. Sob a influência dessa atração, os íons se aproximam ainda mais (a linha é recolhida) e a reação ocorre, surgindo o KBr e o Br. O arpão aumenta a seção eficaz de colisão reativa e a velocidade da reação fica subestimada quando se tomam como seções eficazes de colisão as que correspondem ao contato mecânico entre o $K + Br_2$.

Exemplo 21A.1 Estimativa do fator estérico

Estime o valor de P no mecanismo do arpão, calculando a distância em que é energicamente favorável à passagem de um elétron do K para o Br_2. Considere a soma dos raios dos reagentes (tratando-os como esféricos) como 400 pm.

Método Temos que identificar, inicialmente, todas as contribuições à energia de interação das espécies colidentes. Há três parcelas dessa energia no processo $K + Br_2 \rightarrow K^+ + Br_2^-$. A primeira é a energia de ionização, I, do K. A segunda é a afinidade ao elétron, E_{ae}, do Br_2. E a terceira é a energia da interação coulombiana entre os íons formados; na separação R entre eles vale $-e^2/4\pi\varepsilon_0 R$. O elétron pode passar do K para o Br_2 quando a soma das três contribuições passa de positiva para negativa (isto é, quando a soma for nula) e se torna energeticamente favorável.

Resposta A variação líquida de energia quando a transferência se passa na separação R é

$$E = I - E_{ae} - \frac{e^2}{4\pi\varepsilon_0 R}$$

A energia de ionização I é maior do que E_{ae}, e então E só será negativa quando R for menor do que certo valor crítico R^* dado por

$$R = \frac{e^2}{4\pi\varepsilon_0 (I - E_{ae})}$$

Quando as partículas estão a essa distância, o arpão é lançado do K para o Br_2, e então podemos identificar a seção eficaz da colisão reativa como $\sigma^* = \pi R^{*2}$. Esse valor de σ^* implica que o fator estérico é dado por

$$P = \frac{\sigma^*}{\sigma} = \frac{R^{*2}}{d^2} = \left(\frac{e^2}{4\pi\varepsilon_0 d(I - E_{ae})}\right)^2$$

em que $d = R(\text{K}) + R(\text{Br}_2)$ é a soma dos raios dos dois reagentes esféricos. Com $I = 420$ kJ mol^{-1} (correspondente a 0,70 aJ), $E_{ae} = 250$ kJ mol^{-1} (correspondente a 0,42 aJ) e $d = 400$ pm, encontramos $P = 4{,}2$, com boa concordância em relação ao valor experimental (4,8).

Exercício proposto 21A.4 Estime o valor de P para a reação entre o Na e o Cl_2, no modelo do arpão, com $d \approx 350$ pm. Considere $E_{ae} \approx 230$ kJ mol^{-1}.

Resposta: 2,2

O *Exemplo* 21A.1 ilustra dois pontos sobre o fator estérico. Primeiro, o conceito não é de todo inútil porque em alguns casos seu valor numérico pode ser estimado. Segundo (e de forma mais pessimista) a maioria das reações é muito mais complexa que K + Br_2, e não podemos esperar obter P tão facilmente.

21A.2 O modelo RRK

O fator estérico P também pode ser estimado para reações unimoleculares em fase gasosa (Seção 20F) por meio de um cálculo baseado no **modelo Rice-Ramsperger-Kassel** (modelo RRK), que foi proposto em 1926 por O.K. Rice e H.C. Ramsperger e, quase simultaneamente, por L.S. Kassel. Esse modelo foi aperfeiçoado, principalmente por R.A. Marcus, constituindo-se no "modelo RRKM". Nesta seção apresentamos a abordagem original de Kassel do modelo RRK; os detalhes serão discutidos na *Justificativa* 21A.4.

A característica essencial do modelo é que, embora uma molécula possa ter energia suficiente para reagir, essa energia está distribuída sobre todos os modos de movimento da molécula e a reação ocorrerá somente quando uma parte suficiente dessa energia migrar para um local particular (por exemplo, uma ligação) na molécula. Essa distribuição leva a um fator P da forma

$$P = \left(1 - \frac{E^*}{E}\right)^{s-1} \quad \text{Teoria RRK} \quad (21\text{A}.10\text{a})$$

em que s é o número de modos de movimento através dos quais a energia E pode ser dissipada e E^* é a energia necessária para o rompimento da ligação de interesse. Podemos então escrever a **forma de Kassel** da constante de velocidade unimolecular para o decaimento de A* formando os produtos como

$$k_b(E) = \left(1 - \frac{E^*}{E}\right)^{s-1} k_b \quad \text{para } E \geq E^* \quad \text{Forma de Kassel} \quad (21\text{A}.10\text{b})$$

em que k_b é a constante de velocidade usada na teoria original de Lindemann para a decomposição do intermediário ativado (Eq. 20F.8 da Seção 20F).

Justificativa 21A.4 O modelo RRK de reações unimoleculares

Para construir o modelo RRK, supomos que uma molécula consiste em s osciladores harmônicos idênticos, cada qual com frequência ν. Na prática, os modos vibracionais de uma molécula têm diferentes frequências, mas supor que elas sejam todas idênticas é uma primeira aproximação razoável. Em seguida, supomos que as vibrações sejam excitadas a uma energia total $E = nh\nu$ e, então, calculamos o número de maneiras N pelas quais a energia pode ser distribuída sobre os osciladores.

Podemos representar os n quanta como segue:

□□□□□□□□□□□□□□□□□□□□□□□□□□□□□□□□
□□□□□□□...□□□

Esses quanta devem ser inseridos em s compartimentos (os s osciladores), que podem ser representados pela inserção de $s - 1$ paredes, simbolizadas por |. Uma distribuição desse tipo é

□□|□□□□|□□||□□□|□□□□□□□□|□□□□|||
□□□□□|□□□□...□|□□

O número total de configurações de cada quantum e parede (dos quais há $n + s - 1$ no total) é $(n + s - 1)!$, em que, como sempre, $x! = x(x - 1)\ldots1$. No entanto, os $n!$ arranjos dos n quanta são indistinguíveis, como o são os $(s - 1)!$ arranjos das $s - 1$ paredes. Portanto, para determinar N temos que dividir $(n + s - 1)!$ por esses dois fatoriais. Segue que

$$N = \frac{(n+s-1)!}{n!(s-1)!}$$

A distribuição da energia por toda a molécula significa que ela está muito pouco espalhada sobre todos os modos para que qualquer ligação particular seja excitada o suficiente para sofrer dissociação. Vamos admitir que uma ligação se romperá somente se for excitada até uma energia de, pelos menos, $E^* = n^*h\nu$. Portanto, isolamos um oscilador crítico como aquele que sofre dissociação se ele tem *pelo menos* n^* dos quanta, deixando até $n - n^*$ quanta serem acomodados nos $s - 1$ osciladores restantes (e, portanto, com $s - 2$ paredes na partição em lugar das $s - 1$ paredes que usamos anteriormente). Por exemplo, considere 28 quanta distribuídos sobre seis osciladores, com excitação por pelo menos seis quanta necessários para a dissociação. Então, todas as partições a seguir resultarão em dissociação:

□□□□□□|□□□□□|□□□□□□□□|□□□□||□□□□□
□□□□□□□|□□□□|□□□□□□□□|□□□□||□□□□□
□□□□□□□□|□□□|□□□□□□□□|□□□□||□□□□□
⋮ ⋮ ⋮ ⋮ ⋮

(A partição mais à esquerda é o oscilador crítico.) No entanto, essas partições são equivalentes a

□□□□□□ |□□□□□|□□□□□□□□|□□□□||□□□□□
□□□□□□ □|□□□□|□□□□□□□□|□□□□||□□□□□
□□□□□□ □□|□□□|□□□□□□□□|□□□□||□□□□□
⋮ ⋮ ⋮ ⋮ ⋮

e observamos que temos o problema de permutar 28 – 6 = 22 (em geral, $n - n^*$) quanta e cinco (em geral, $s - 1$) paredes, e, portanto, um total de 27 (em geral, $n - n^* + s - 1$ objetos). Dessa maneira, o cálculo é exatamente igual ao que fizemos anteriormente para N, exceto por termos que determinar o número de permutações distinguíveis de $n - n^*$ quanta em s compartimentos (e, dessa forma, $s - 1$ paredes). Assim, o número N^* é obtido da expressão para N substituindo-se n por $n - n^*$; esse número é

$$N^* = \frac{(n-n^*+s-1)!}{(n-n^*)!(s-1)!}$$

Da discussão anterior concluímos que a probabilidade de um oscilador específico ter sofrido excitação suficiente para se dissociar é a razão N^*/N, que é

$$P = \frac{N^*}{N} = \frac{n!(n-n^*+s-1)!}{(n-n^*)!(n+s-1)!}$$

Essa equação ainda é inconveniente para usar, mesmo quando escrita em termos dos seus fatores:

$$\begin{aligned} P &= \frac{n(n-1)(n-2)\ldots 1}{(n-n^*)(n-n^*-1)\ldots 1} \times \frac{(n-n^*+s-1)(n-n^*+s-2)\ldots 1}{(n+s-1)(n+s-2)\ldots 1} \\ &= \frac{(n-n^*+s-1)(n-n^*+s-2)\ldots(n-n^*+1)}{(n+s-1)(n+s-2)\ldots(n+2)(n+1)} \end{aligned}$$

No entanto, como $s - 1$ é pequeno (no sentido de $s - 1 \ll n - n^*$), podemos aproximar a expressão por

$$P = \frac{\overbrace{(n-n^*)(n-n^*)\ldots(n-n^*)}^{s-1 \text{ fatores}}}{\underbrace{(n)(n)\ldots(n)}_{s-1 \text{ fatores}}} = \left(\frac{n-n^*}{n}\right)^{s-1}$$

Uma dedução alternativa dessa expressão para P é desenvolvida no Problema 21A.7. Como a energia da molécula excitada é $E = nh\nu$ e a energia crítica é $E^* = n^*h\nu$, essa expressão pode ser escrita como

$$P = \left(1 - \frac{E^*}{E}\right)^{s-1}$$

como na Eq. 21A.10.

A dependência da constante de velocidade em relação à energia dada pela Eq. 21A.10b é mostrada na Fig. 21A.5 para vários valores de s. Observamos que a constante de velocidade é menor em uma determinada energia de excitação se s é grande, quando leva muito tempo para a energia de excitação migrar através de todos os osciladores de uma grande molécula e se acumular no modo crítico. Quando E torna-se muito grande, no entanto, o termo entre parênteses se aproxima de 1, e $k_b(E)$ fica independente da energia e do número de osciladores na molécula, pois existe agora energia suficiente para se acumular imediatamente no modo crítico independentemente do tamanho da molécula.

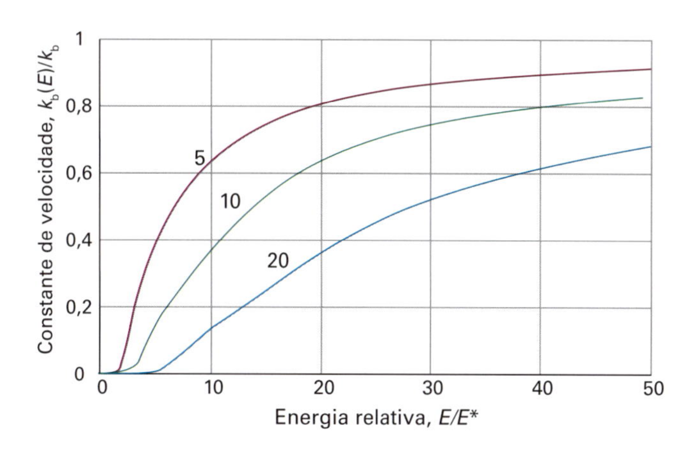

Figura 21A.5 A dependência da constante de velocidade em relação à energia dada pela Eq. 21A.10b para três valores de s.

Breve ilustração 21A.4 O modelo RRK

Na *Breve ilustração* 21A.3 calculamos um valor de $P = 1{,}8 \times 10^{-6}$ para a reação $H_2 + C_2H_4 \rightarrow C_2H_6$. Embora este não seja um processo unimolecular, é interessante analisá-lo com base na teoria RRK, pois, de certa forma, a energia de colisão deve acumular-se em uma região onde as ligações são quebradas e formadas. Desse modo, C_2H_4 tem seis átomos e, portanto, $s = 12$ modos vibracionais. Podemos calcular a razão E^*/E resolvendo

$$\left(1-\frac{E^*}{E}\right)^{11}=1{,}8\times10^{-6} \quad \text{ou} \quad \frac{E^*}{E}=1-(1{,}8\times10^{-6})^{1/11}=0{,}70$$

Esse resultado sugere em uma interpretação que a energia necessária para avançar na reação (identificada aqui com a energia para quebrar a ligação carbono-carbono no C_2H_4) é tipicamente 70% da energia de uma colisão típica. Se todos os oito átomos são considerados envolvidos no compartilhamento da energia da colisão, a razão é 0,54.

Exercício proposto 21A.5 Aplique a mesma análise à reação no Exercício proposto 21A.3, onde observamos que $P = 0{,}019$ para $NO + Cl_2 \rightarrow NOCl + Cl$. Considere o número de átomos no complexo como 4; logo, $s = 6$.

Resposta: 0,55

Conceitos importantes

- ☐ 1. Na **teoria da colisão**, supõe-se que a velocidade é proporcional à frequência de colisões, a um fator estérico e à fração de colisões que ocorrem com energia cinética mínima E_a ao longo das linhas de seus centros.
- ☐ 2. A **densidade de colisões** é o número de colisões em uma região da amostra em um intervalo de tempo dividido pelo volume da região e pela duração do intervalo.
- ☐ 3. A **energia de ativação** é a energia cinética mínima ao longo da linha de aproximação das moléculas reagentes necessária para haver uma reação.
- ☐ 4. O **fator estérico** é um ajuste que leva em conta as exigências de orientação para uma colisão bem-sucedida.
- ☐ 5. Para reações unimoleculares, o fator estérico pode ser calculado pelo **modelo RRK**.

Equações importantes

Propriedade	Equação	Comentário	Número da equação
Densidade de colisões	$Z_{AB}=\sigma(8kT/\pi\mu)^{1/2}N_A^2[A][B]$	Moléculas diferentes, TCM (teoria cinética molecular)	21A.3a
	$Z_{AA}=\sigma(4kT/\pi m_A)^{1/2}N_A^2[A]^2$	Moléculas iguais, TCM	21A.3d
Dependência entre σ e a energia	$\sigma(\varepsilon)=(1-\varepsilon_a/\varepsilon)\sigma$	$\varepsilon \geq \varepsilon_a$, 0 de outra forma	21A.7
Constante de velocidade	$k_r=P\sigma N_A(8kT/\pi\mu)^{1/2}e^{-E_a/RT}$	TCM, teoria da colisão	21A.9
Fator estérico	$P=(1-E^*/E)^{s-1}$	Teoria RRK	21A.10a

21B Reações controladas por difusão

Tópicos

➤ Por que você precisa saber este assunto?

A maioria das reações químicas ocorre em solução, e, para um entendimento completo da química, é importante compreender o que controla suas velocidades e como essas velocidades podem ser modificadas.

➤ Qual é a ideia fundamental?

Há dois tipos limitantes do mecanismo da reação química em solução: controle por difusão e controle por ativação.

➤ O que você já deve saber?

Esta seção utiliza a aproximação do estado estacionário (Seção 20E) e baseia-se na formulação e solução da equação da difusão (Seção 19C). Em um ponto ela usa a relação de Stokes–Einstein (Seção 19B).

Para considerar as reações em solução, temos que imaginar processos que são inteiramente diferentes daqueles em gases. Não há mais colisões de moléculas chocando-se pelo espaço; agora uma molécula é forçada através de um conjunto denso, porém móvel, de moléculas que formam o ambiente fluido.

21B.1 Reações em solução

As colisões entre as moléculas de reagentes em solução são bem diferentes das que acontecem em fase gasosa. As colisões de moléculas dos reagentes dissolvidas no solvente são consideravelmente menos frequentes do que em um gás. Porém, como uma molécula também migra lentamente de uma posição para outra, duas moléculas de reagente que se encontram ficam juntas durante intervalo de tempo muito maior do que em um gás. Essa demora da permanência de uma molécula junto a outra, em virtude da ação das moléculas do solvente, é o **efeito gaiola**. É possível que o **par de moléculas colidindo** possa acumular energia suficiente para reagir, embora não tivesse essa energia quando as moléculas se encontraram. A energia de ativação de uma reação em solução é uma grandeza muito mais complicada do que na reação em fase gasosa. Quando se forma um par de moléculas colidindo, envolvido por moléculas do solvente, é necessário levar em conta a energia de toda a estrutura localizada nas vizinhanças das moléculas reagentes e do solvente.

(a) Classes de reação

O processo geral, bastante complicado, pode ser dividido em etapas mais simples, com um esquema cinético menos complexo. Imaginemos que a velocidade de formação de um par AB de moléculas que se encontram seja de primeira ordem em cada reagente, A e B:

$$\mathrm{A+B \rightarrow AB} \qquad v=k_\mathrm{d}[\mathrm{A}][\mathrm{B}]$$

Veremos que k_d (o índice d simboliza a difusão) é determinada pelas características de A e de B na difusão. O par de moléculas que se encontram pode se desfazer sem reação ou pode reagir e formar os produtos P. Se admitirmos que os dois processos são reações de pseudoprimeira ordem (com a possível participação do solvente), podemos escrever

$$\mathrm{AB \rightarrow A+B} \qquad v=k_\mathrm{d}'[\mathrm{AB}]$$
$$\mathrm{AB \rightarrow P} \qquad v=k_\mathrm{a}[\mathrm{AB}]$$

A concentração de AB pode ser calculada pela equação da velocidade líquida de variação da concentração de AB:

$$\frac{\mathrm{d}[\mathrm{AB}]}{\mathrm{d}t}=k_\mathrm{d}[\mathrm{A}][\mathrm{B}]-k_\mathrm{d}'[\mathrm{AB}]-k_\mathrm{a}[\mathrm{AB}]=0$$

em que aplicamos a aproximação do estado estacionário (Seção 20E). A solução dessa equação é

$$[\mathrm{AB}]=\frac{k_\mathrm{d}[\mathrm{A}][\mathrm{B}]}{k_\mathrm{a}+k_\mathrm{d}'}$$

A velocidade de formação dos produtos é, portanto,

$$\frac{\mathrm{d}[\mathrm{P}]}{\mathrm{d}t}=k_\mathrm{a}[\mathrm{AB}]=k_\mathrm{r}[\mathrm{A}][\mathrm{B}] \qquad k_\mathrm{r}=\frac{k_\mathrm{a}k_\mathrm{d}}{k_\mathrm{a}+k_\mathrm{d}'} \qquad (21\mathrm{B}.1)$$

É possível identificar dois limites. Se a velocidade de separação do par de moléculas nos encontros não reativos for muito menor do que a velocidade de formação dos produtos, então $k_d' \ll k_a$ e a constante efetiva de velocidade é

$$k_r \approx \frac{k_a k_d}{k_a} = k_d \qquad \text{Limite do controle por difusão} \qquad (21B.2a)$$

No **limite do controle por difusão**, a velocidade da reação é governada pela velocidade com que as moléculas se difundem através do solvente. Como a combinação entre radicais envolve energia de ativação muito pequena, as reações de recombinação de radicais e de átomos são, muitas vezes, controladas pela difusão. Uma **reação controlada por ativação** ocorre quando uma energia de ativação significativa está envolvida na reação AB → P. Então, $k_a \ll k_d'$ e se tem

$$k_r \approx \frac{k_a k_d}{k_d'} = k_a K \qquad \text{Limite do controle por ativação} \qquad (21B.2b)$$

em que K é a constante de equilíbrio da reação A + B ⇌ AB. Nesse limite, a reação avança com uma velocidade que depende do acúmulo de energia do solvente no par de moléculas que se encontram. Alguns dados experimentais são fornecidos na Tabela 21B.1.

Tabela 21B.1* Parâmetros de Arrhenius para reações em solução

	Solvente	$A/(\text{dm}^3\ \text{mol}^{-1}\ \text{s}^{-1})$	$E_a/(\text{kJ mol}^{-1})$
$(CH_3)_3CCl$	Água	$7{,}1\times10^{16}$	100
	Etanol	$3{,}0\times10^{13}$	112
	Clorofórmio	$1{,}4\times10^{4}$	45
CH_3CH_2Br	Etanol	$4{,}3\times10^{11}$	90

* Mais valores podem ser encontrados na *Seção de dados*.

(b) Difusão e reação

A velocidade da reação controlada pela difusão é calculada pela velocidade com que os reagentes se difundem e se misturam. Como se demonstra na *Justificativa* a seguir, a constante de velocidade de uma reação que se passa quando as duas moléculas de reagente estão à distância R^* uma da outra é

$$k_d = 4\pi R^* D N_A \qquad (21B.3)$$

em que D é a soma dos coeficientes de difusão das duas espécies reativas na solução.

Breve ilustração 21B.1 Controle por difusão 1

A ordem de grandeza de R^* é 10^{-7} m (100 nm) e a de D, para uma espécie em água, é $10^{-9}\ \text{m}^2\ \text{s}^{-1}$. Segue da Eq. 21B.3 que

$$k_d \approx 4\pi\times(10^{-7}\ \text{m})\times(10^{-9}\ \text{m}^2\ \text{s}^{-1})\times(6{,}022\times10^{23}) \approx 10^{9}\ \text{m}^3\text{mol}^{-1}\text{s}^{-1}$$

o que corresponde a $10^{12}\ \text{dm}^3\ \text{mol}^{-1}\ \text{s}^{-1}$. Uma indicação de que uma reação é controlada por difusão é, portanto, a sua constante de velocidade ser da ordem de $10^{12}\ \text{dm}^3\ \text{mol}^{-1}\ \text{s}^{-1}$.

Exercício proposto 21B.1 Calcule a constante de velocidade de uma reação controlada por difusão em benzeno ($D \approx 2 \times 10^{-9}\ \text{m}^2\ \text{s}^{-1}$), considerando $R^* \approx 100$ nm.

Resposta: $1{,}5 \times 10^{12}\ \text{dm}^3\ \text{mol}^{-1}\ \text{s}^{-1}$

Justificativa 21B.1 Solução da equação radial de difusão

A forma geral da equação da difusão (Seção 19A) correspondendo ao movimento em três dimensões é $D_B\nabla^2[\text{B}](\boldsymbol{r},t) = \partial[\text{B}](\boldsymbol{r},t)/\partial t$; portanto, a concentração de B quando o sistema está no estado estacionário ($\partial[\text{B}](\boldsymbol{r},t)/\partial t = 0$) satisfaz a $\nabla^2[\text{B}](\boldsymbol{r}) = 0$, com a concentração de B agora dependendo apenas da posição, não do tempo. No caso de sistema com simetria esférica, ∇^2 pode ser substituído pelas derivadas radiais (veja a Tabela 7B.1), e, assim, a equação satisfeita por $[\text{B}](r)$, uma vez que agora podemos escrever $[\text{B}](\boldsymbol{r})$, é

$$\frac{\text{d}^2[\text{B}](r)}{\text{d}r^2} + \frac{2}{r}\frac{\text{d}[\text{B}](r)}{\text{d}r} = 0$$

A solução geral dessa equação é

$$[\text{B}](r) = a + \frac{b}{r}$$

que pode ser verificada por substituição. Precisamos de duas condições de contorno para determinar as duas constantes (a e b). Uma delas é que $[\text{B}](r)$ tem o valor [B] quando $r \to \infty$. A segunda condição é a de a concentração de B ser nula em $r = R^*$, a distância em que ocorre a reação. Vem então que $a = [\text{B}]$ e $b = -R^*[\text{B}]$ e daí que (para $r \geq R^*$)

$$[\text{B}](r) = \left(1 - \frac{R^*}{r}\right)[\text{B}]$$

A variação de concentração expressa por essa equação está ilustrada na Fig. 21B.1.

A velocidade da reação é igual ao fluxo (molar), J, do reagente B para A, multiplicado pela área da superfície esférica de raio R^* pela qual B deve passar:

$$\text{Velocidade de reação} = 4\pi R^{*2} J$$

Pela primeira lei de Fick (Eq. 19C.3 da Seção 19C, $J = -D\partial[\text{J}]/\partial x$), o fluxo de B para A é proporcional ao gradiente de concentração, e então, em um raio R^*:

$$J = D_B\left(\frac{\text{d}[\text{B}](r)}{\text{d}r}\right)_{r=R^*} = -D_B[\text{B}]R^*\left(-\frac{1}{r^2}\right)_{r=R^*} = \frac{D_B[\text{B}]}{R^*}$$

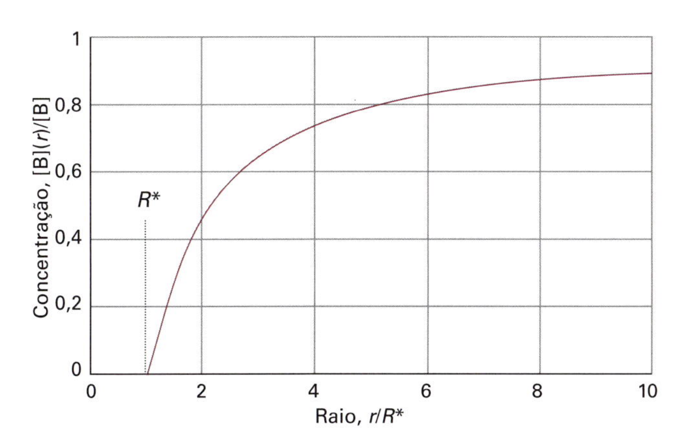

Figura 21B.1 Perfil de concentração na reação em solução na qual uma molécula B se difunde no sentido de outra molécula de reagente e reage se estiver à distância R^*.

(Mudamos o sinal, pois estamos interessados no fluxo no sentido dos valores decrescentes de r.) Segue que

$$\text{Velocidade de reação} = 4\pi R^* D_B[B]$$

A velocidade da reação controlada por difusão é igual ao fluxo médio de moléculas de B no sentido das moléculas de A presentes na amostra. Se a concentração de A for [A], o número de moléculas de A em um volume de amostra V é $N_A[A]V$; o fluxo global de todos os B para todos os A é então $4\pi R^* D_B N_A[A][B]V$. Não será correto admitir que todas as moléculas de A estejam estacionárias. Substituímos D_B pela soma dos coeficientes de difusão, $D = D_B + D_A$. Então, a velocidade de modificação da concentração de AB é

$$\frac{d[AB]}{dt} = 4\pi R^* D N_A[A][B]$$

Daí a constante de uma reação controlada por difusão ter a forma dada na Eq. 21B.3.

A Eq. 21B.3 pode ser transformada pela incorporação da equação Stokes–Einstein (Eq. 19B.19 da Seção 19B, $D_J = kT/6\pi\eta R_J$), que relaciona os coeficientes de difusão com os raios hidrodinâmicos, R_A e R_B, de cada molécula no meio de viscosidade η. Como essas equações são aproximadas, é pequeno o erro que se introduz fazendo $R_A = R_B = \frac{1}{2}R^*$; teremos então

$$k_d = \frac{8RT}{3\eta} \quad \text{Constante de velocidade para uma reação controlada por difusão} \quad (21B.4)$$

(Veja que o R nessa equação é a constante dos gases.) Os raios desaparecem por cancelamento, pois, embora os coeficientes de difusão sejam pequenos quando os raios são grandes, o raio de uma colisão reativa é maior quando os raios são grandes, e a distância percorrida pelas moléculas até se encontrarem é, por isso, menor. Nessa aproximação, a constante de velocidade da reação não depende da natureza dos reagentes, mas somente da temperatura e da viscosidade do solvente.

Breve ilustração 21B.2 Controle por difusão 2

A constante de velocidade da recombinação dos átomos de I no hexano, a 298 K, cuja viscosidade é de 0,326 cP (sendo $1\ P = 10^{-1}\ kg\ m^{-1}\ s^{-1}$), é

$$k_d = \frac{8\times(8{,}3145\ J\ K^{-1}\ mol^{-1})\times(298\ K)}{3\times(3{,}26\times10^{-4}\ kg\ m^{-1}\ s^{-1})} = 2{,}0\times10^{7}\ m^3\ mol^{-1}\ s^{-1}$$

em que usamos $1\ J = 1\ kg\ m^2\ s^{-2}$. Como $1\ m^3 = 10^3\ dm^3$, esse resultado corresponde a $2{,}0 \times 10^{10}\ dm^3\ mol^{-1}\ s^{-1}$. O valor experimental é $1{,}3 \times 10^{10}\ dm^3\ mol^{-1}\ s^{-1}$. O resultado é bastante bom, tendo em vista as aproximações que foram feitas.

Exercício proposto 21B.2 Calcule uma constante de velocidade típica para uma reação que ocorre em etanol, a 20 °C, para a qual a viscosidade é 1,06 cP.

Resposta: $6{,}1 \times 10^9\ dm^3\ mol^{-1}\ s^{-1}$

21B.2 A equação do balanço de massa

A difusão dos reagentes tem papel importante em muitos processos químicos, como os da difusão das moléculas de O_2 nas hemácias, ou o da difusão de um gás na direção de um catalisador. Podemos ter uma ideia dos cálculos decorrentes desses processos pela análise da equação de difusão (Seção 19C) generalizada para levar em conta a possibilidade da reação entre as moléculas que se difundem ou que são arrastadas pela convecção.

(a) A formulação da equação

Seja um pequeno elemento de volume em um reator químico (ou em uma célula biológica). A velocidade líquida de entrada das moléculas J nessa região, por difusão ou por convecção, é dada pela Eq. 19C.10 da Seção 19C, a qual repetimos aqui:

$$\frac{\partial[J]}{\partial t} = D\frac{\partial^2[J]}{\partial x^2} - v\frac{\partial[J]}{\partial x} \quad \text{Equação de difusão} \quad (21B.5)$$

em que v é a velocidade do fluxo de convecção de J e [J] em geral depende tanto da posição quanto do tempo. A velocidade líquida de variação da concentração molar, provocada por uma reação química, é

$$\frac{\partial[J]}{\partial t} = -k_r[J]$$

admitindo que o desaparecimento de J se faça segundo uma reação de pseudoprimeira ordem. Portanto, a velocidade global de variação da concentração de J é

$$\frac{\partial[J]}{\partial t} = D\overbrace{\frac{\partial^2[J]}{\partial x^2}}^{\text{Espalhamento devido a distribuição não uniforme}} - v\overbrace{\frac{\partial[J]}{\partial x}}^{\text{Variação devido a convecção}} - \overbrace{k_r[J]}^{\text{Perda devida a reação}} \quad \text{Equação do balanço material} \quad (21B.6)$$

A Eq. 21B.6 é chamada de **equação de balanço de massa**. Se a constante de velocidade for grande, a concentração [J] diminuirá rapidamente. Porém, se o coeficiente de difusão for grande, a diminuição de concentração será contrabalançada pela difusão rápida de J na região. O termo de convecção, que pode representar, por exemplo, o efeito da agitação, pode contribuir para a entrada ou para a saída de material do elemento de volume, conforme o sinal de v e do gradiente de concentração $\partial[J]/\partial x$.

(b) Soluções da equação

A equação do balanço de massa é uma equação diferencial parcial de segunda ordem cuja solução geral não é fácil de obter. Pode-se ter uma ideia da resolução pela análise de um caso especial, que não tem movimento de convecção (como acontece em um vaso sem agitação):

$$\frac{\partial[J]}{\partial t}=D\frac{\partial^2[J]}{\partial x^2}-k_r[J] \qquad (21B.7)$$

Se uma solução dessa equação na ausência de reação (isto é, com $k_r = 0$) for [J] (como pode ser verificado por substituição, Problema 21B.1), então a solução [J]* na presença de reação ($k_r > 0$) é

$$[J]^* = [J]e^{-k_r t} \qquad \text{Difusão com reação} \qquad (21B.8)$$

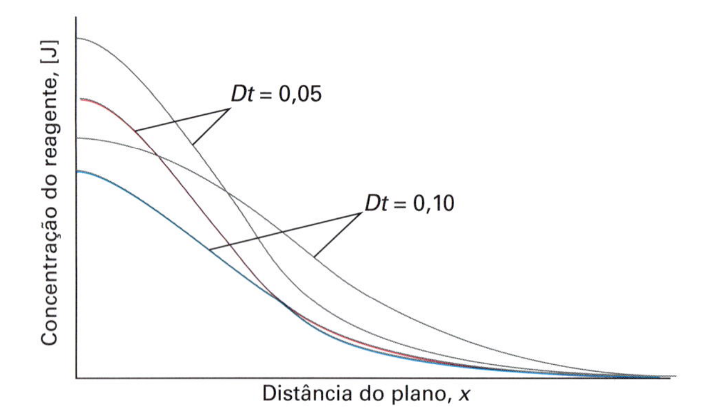

Figura 21B.2 Perfis de concentração de sistema reacional com difusão (por exemplo, uma coluna de solução), no qual um reagente está, inicialmente, em uma camada uniforme em $x = 0$. Na ausência de reação (curvas mais claras) os perfis de concentração são os mesmos que os da Fig. 19C.3.

Já encontramos um exemplo de uma solução da equação de difusão na ausência de reação que é aquela dada na Seção 19C para um sistema no qual inicialmente uma camada de n_0N_A moléculas está espalhada sobre um plano de área A:

$$[J]=\frac{n_0 e^{-x^2/4Dt}}{A(\pi Dt)^{1/2}} \qquad (21B.9)$$

Quando se entra com essa solução na Eq. 21B8 e se efetua a integração, obtém-se a concentração de J ao se difundir a partir de uma camada superficial inicial e sofrer reação na solução que fica por cima da camada (Fig. 21B.2).

Breve ilustração 21B.3 Reação com difusão

Suponha que 1,0 g de iodo (3,9 mmol de I_2) esteja espalhado sobre uma superfície com área de 5,0 cm^2 sob uma coluna de hexano ($D = 4{,}1 \times 10^{-9}$ m^2 s^{-1}). À medida que se difunde para cima ele reage com uma constante de velocidade de pseudoprimeira ordem $k_r = 4{,}0 \times 10^{-5}$ s^{-1}. Substituindo esses valores em

$$[J]^* = \frac{n_0 e^{-x^2/4Dt - k_r t}}{A(\pi Dt)^{1/2}}$$

podemos construir a tabela a seguir:

[J]*/(mmol dm^{-3})		x	
T	1 mm	5 mm	1 cm
100 s	3,72	0	0
1000 s	1,96	0,45	0,005
10 000 s	0,46	0,40	0,25

Exercício proposto 21B.3 Qual é o valor de [J] em 15000 s nos mesmos três locais?

Resposta: 0,31, 0,28, 0,21 mmol dm^{-3}

Mesmo esse exemplo relativamente simples levou a uma equação de difícil resolução, e somente em casos especiais a equação do balanço de massa pode ser resolvida analiticamente. A maioria dos trabalhos modernos sobre projeto de reator químico ou sobre cinética apoia-se em métodos de resolução numérica. É relativamente fácil conseguir soluções detalhadas de problemas que envolvem situações reais, como o de reações que ocorrem em vasos reacionais de diversas formas (que influenciam as condições de contorno das soluções matemáticas do problema).

Conceitos importantes

☐ 1. Uma reação em solução pode ser **controlada por difusão** se sua velocidade é controlada pela velocidade com que as moléculas de reagente colidem entre si na solução.

☐ 2. A velocidade de uma **reação controlada por ativação** é controlada pela velocidade com que o par de moléculas colidindo acumula energia suficiente.

☐ 3. A **equação de balanço material** relaciona a velocidade global de variação da concentração de uma espécie às suas velocidades de difusão, convecção e reação.

☐ 4. O **efeito gaiola** – a demora da permanência de uma molécula de reagente próximo de outra devido à presença inibidora de moléculas de solvente – resulta na formação de um **par de colisão** de moléculas de reagente.

Equações importantes

Propriedade	Equação	Comentário	Número da equação
Limite de controle por difusão	$k_r = k_d$	$v = k_d[A][B]$ para a velocidade de encontro	21B.2a
Limite de controle por ativação	$k_r = k_d K$	K para $A + B \rightleftharpoons AB$, k_a para a decomposição de AB	21B.2b
Constante de velocidade do controle por difusão	$k_d = 4\pi R^* D N_A$	$D = D_A + D_B$	21B.3
	$k_d = 8RT/3\eta$	Admite a relação de Stokes-Einstein	21B.4
Equação do balanço de massa	$\partial[J]/\partial t = D\partial^2[J]/\partial x^2 - v\partial[J]/\partial x - k_r[J]$	Reação de primeira ordem	21B.6

21C Teoria do estado de transição

Tópicos

➤ Por que você precisa saber este assunto?

A teoria do estado de transição oferece um caminho para se relacionar a constante de velocidade das reações com os modelos propostos de aglomerado de átomos que são formados quando os reagentes se juntam. Ela ainda oferece uma ligação entre as informações sobre as estruturas dos reagentes e a constante de velocidade correspondente à sua reação.

➤ Qual é a ideia fundamental?

Os reagentes juntam-se formando um complexo ativado que decai em produtos.

➤ O que você já deve saber?

Esta seção faz uso de duas vertentes: uma delas é a relação entre constantes de equilíbrio e funções de partição (Seção 15F); a outra é a relação entre constantes de equilíbrio e funções termodinâmicas, como a energia de Gibbs, a entalpia e a entropia de reação (Seção 6A). Você precisa conhecer a equação de Arrhenius para a dependência da constante de velocidade em relação à temperatura (Seção 20D).

Na **teoria do estado de transição** (que é também bastante conhecida como *teoria do complexo ativado*), a noção do estado de transição é empregada em conjunto com conceitos da termodinâmica estatística para fornecer um cálculo mais detalhado das constantes de velocidade do que foi apresentado pela teoria da colisão (Seção 21A). A teoria do estado de transição tem a vantagem de provocar automaticamente o aparecimento de uma grandeza que corresponde ao fator estérico. Assim, o fator P aparece sem artifícios e não tem que ser acrescido a uma equação como se fosse um fator de correção. Essa teoria é uma tentativa de identificar os aspectos principais que governam o valor de uma constante de velocidade em termos de um modelo de eventos que ocorrem durante a reação. Há diversas abordagens para a formulação da teoria do estado de transição; consideramos aqui os aspectos mais simples da teoria.

21C.1 A equação de Eyring

Durante uma reação química que começa com uma colisão entre moléculas de A e moléculas de B, a energia potencial do sistema geralmente varia da forma mostrada na Fig. 21C.1. Embora a ilustração mostre uma reação exotérmica, uma barreira de potencial também é comum para reações endotérmicas. À medida que a reação avança, A e B entram em contato, distorcem-se e passam a trocar ou a descartar átomos.

(a) A formulação da equação

A **coordenada de reação** é uma representação dos deslocamentos atômicos, como as variações das distâncias interatômicas e ângulos de ligação, que estão envolvidos diretamente na formação de produtos a partir de reagentes. A energia potencial sobe até um máximo e o aglomerado de átomos que corresponde à região próxima ao máximo é chamado de **complexo ativado**. Depois do máximo, a energia potencial cai à medida que os átomos se rearranjam no aglomerado e atinge um valor característico dos produtos. O clímax da reação está no pico da energia potencial, que pode ser identificado com a energia de ativação E_a; no entanto, como na teoria da colisão, essa identificação deverá ser vista como aproximada, o que será esclarecido posteriormente. Neste ponto duas moléculas de reagente atingiram tal grau de proximidade e distorção que uma pequena distorção a mais as levará em direção aos produtos. Essa configuração crucial é chamada de **estado de transição** da reação. Embora algumas moléculas que entram no estado de transição possam reverter a reagentes, se passarem por essa configuração, então, é inevitável que os produtos surjam desse encontro.

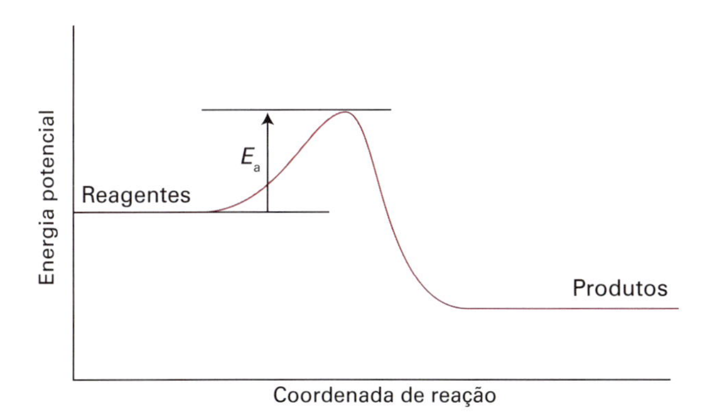

Figura 21C.1 Um perfil de energia potencial para uma reação exotérmica. A altura da barreira entre os reagentes e os produtos é a energia de ativação da reação.

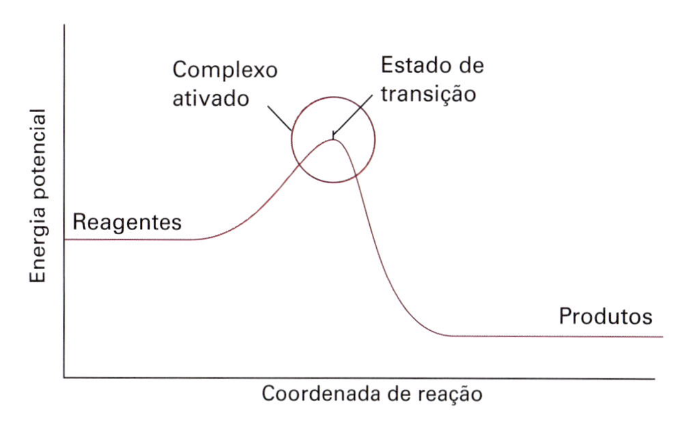

Figura 21C.2 Um perfil de reação (para uma reação exotérmica). O eixo horizontal é o da coordenada de reação e o vertical é a energia potencial. O complexo ativado está na região vizinha ao máximo do potencial e o estado de transição corresponde exatamente ao máximo.

Uma nota sobre a boa prática Os termos *complexo ativado* e *estado de transição* são frequentemente empregados como sinônimos; no entanto, é melhor preservar a distinção, com o primeiro se referindo ao aglomerado de átomos e o segundo a sua configuração crítica.

A teoria do estado de transição admite que a reação entre A e B avança pela formação de um complexo ativado, $C^‡$, em um pré-equilíbrio rápido (Fig. 21C.2):

$$A+B \rightleftharpoons C^‡ \qquad K^‡=\frac{p_{C^‡}p^{\ominus}}{p_A p_B} \tag{21C.1}$$

em que substituímos a atividade de cada espécie por $p/p^{\ominus}$. Quando exprimimos as pressões parciais, p_J, em termos das concentrações molares, [J], pela relação $p_J = RT[J]$, a concentração do complexo ativado fica relacionada à constante de equilíbrio (adimensional) por

$$[C^‡]=\frac{RT}{p^{\ominus}}K^‡[A][B] \tag{21C.2}$$

O complexo ativado se decompõe, por decaimento unimolecular, nos produtos, P, com uma constante de velocidade $k^‡$:

$$C^‡ \rightarrow P \qquad v=k^‡[C^‡] \tag{21C.3}$$

Segue então que

$$v=k_r[A][B] \qquad k_r=\frac{RT}{p^{\ominus}}k^‡K^‡ \tag{21C.4}$$

Nossa tarefa é calcular a constante de velocidade da reação unimolecular, $k^‡$, e a constante de equilíbrio $K^‡$.

(b) A velocidade do decaimento do complexo ativado

Um complexo ativado pode formar os produtos se atravessar o estado de transição. À medida que as moléculas dos reagentes se aproximam da região do complexo ativado, algumas ligações se formam e encurtam, enquanto outras se alongam e se quebram; portanto, há um movimento vibratório do complexo ao longo da coordenada de reação. Se esse movimento tiver a frequência $\nu^‡$, a frequência com que o aglomerado de átomos do complexo se aproxima do estado de transição também é $\nu^‡$. É possível, porém, que nem toda oscilação ao longo da coordenada de reação leve o complexo através do estado de transição. Por exemplo, o efeito centrífugo das rotações pode ser uma contribuição importante para o rompimento do complexo, mas em alguns casos a rotação pode ser muito lenta, ou muito rápida, mas em torno de um eixo inconveniente. Por isso, vamos admitir que a velocidade de passagem do complexo através do estado de transição seja proporcional à frequência ao longo da coordenada de reação e então

$$k^‡=\kappa\nu^‡ \tag{21C.5}$$

em que κ (capa) é o **coeficiente de transmissão**. Na ausência de informação em contrário, κ é da ordem de 1.

Breve ilustração 21C.1 O coeficiente de transmissão

Os números de onda típicos da vibração molecular de moléculas pequenas são da ordem de 10^3 cm^{-1} (ligações C–H, por exemplo, ocorrem na faixa de 1340–1465 cm^{-1}) e, portanto, ocorrem em frequências da ordem de 10^{13} Hz. Se admitirmos que o aglomerado fracamente ligado vibra a uma frequência mais baixa uma ou duas ordens de grandeza, então, $\nu^‡ \approx 10^{11}$–10^{12} Hz. Esses números sugerem que $\nu^‡ \approx 10^{11}$–10^{12} s^{-1}, com κ reduzindo, talvez, esse valor um pouco mais.

Exercício proposto 21C.1 Calcule a variação de $\nu^‡$ que ocorreria, caso o ^{1}H fosse substituído pelo ^{2}H em um grupo C–H no sítio de reação. Suponha que o átomo de C seja imóvel.

Resposta: $\nu^‡ \rightarrow \nu^‡/2^{1/2}$

(c) A concentração do complexo ativado

Vimos, na Seção 15F, como calcular as constantes de equilíbrio a partir de dados de estrutura. A Eq. 15F.10 daquela seção (K em termos das funções de partição molar padrão $q_J^{\ominus}$) pode ser usada diretamente no problema que estamos tratando, o que nos leva a

$$K^{\ddagger}=\frac{N_A q_{C^{\ddagger}}^{\ominus}}{q_A^{\ominus} q_B^{\ominus}} e^{-\Delta E_0/RT} \quad (21C.6)$$

com

$$\Delta E_0 = E_0(C^{\ddagger}) - E_0(A) - E_0(B) \quad (21C.7)$$

Observe que as unidades de N_A e de $q_J^{\ominus}$ são mol^{-1}, e então $K^{\ddagger}$ é adimensional (como é correto para uma constante de equilíbrio).

Na parte final do cálculo analisamos a função de partição do complexo ativado. Já admitimos que a vibração do complexo ativado $C^{\ddagger}$ o leva através do estado de transição. A função de partição para essa vibração é (veja a Eq. 15B.15 da Seção 15B, que é essencialmente o que segue):

$$q=\frac{1}{1-e^{-h\nu^{\ddagger}/kT}}$$

em que $\nu^{\ddagger}$ é a frequência (a mesma frequência que determina $k^{\ddagger}$). Essa frequência é muito mais baixa que a das vibrações moleculares comuns, pois a oscilação corresponde à decomposição do complexo (Fig. 21C.3). Por isso, a constante de força é muito pequena. Portanto, uma vez que $h\nu^{\ddagger}/kT \ll 1$, a exponencial pode ser desenvolvida em série e a função de partição se reduz a

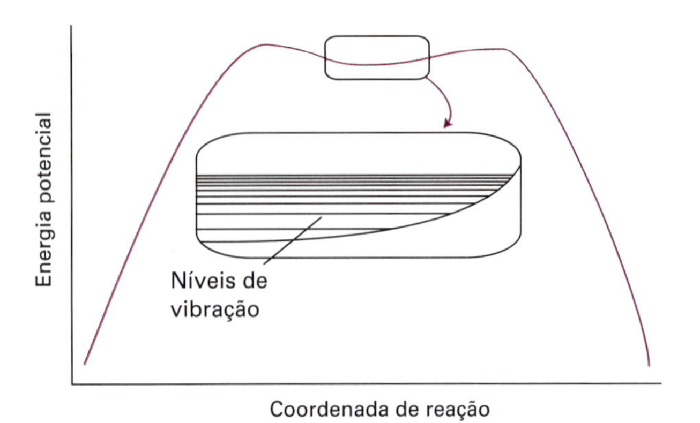

Figura 21C.3 Em uma imagem elementar do complexo ativado nas proximidades do estado de transição, há uma depressão rasa, ampla, na superfície de energia potencial ao longo da coordenada de reação. O complexo vibra harmônica e quase classicamente nesse poço de potencial. Entretanto, esta representação é uma simplificação muito grande da realidade. Em muitos casos não há a pequena depressão no topo da barreira, e a curvatura da curva da energia potencial é sempre negativa. Então a constante de força é negativa. Formalmente, a frequência de vibração é imaginária. Ignoramos esse problema aqui.

$$q=\frac{1}{1-(1-h\nu^{\ddagger}/kT+\cdots)}\approx\frac{kT}{h\nu^{\ddagger}}$$

Podemos então escrever

$$q_{C^{\ddagger}}^{\ominus}=\frac{kT}{h\nu^{\ddagger}}\bar{q}_{C^{\ddagger}} \quad (21C.8)$$

em que $\bar{q}_{C^{\ddagger}}$ simboliza a função de partição de todos os outros modos do complexo. A constante $K^{\ddagger}$ é assim

$$K^{\ddagger}=\frac{kT}{h\nu^{\ddagger}}\bar{K}^{\ddagger} \qquad \bar{K}^{\ddagger}=\frac{N_A \bar{q}_{C^{\ddagger}}^{\ominus}}{q_A^{\ominus} q_B^{\ominus}} e^{-\Delta E_0/RT} \quad (21C.9)$$

com $\bar{K}^{\ddagger}$ uma espécie de constante de equilíbrio, porém com um modo de vibração de $C^{\ddagger}$ abandonado.

Breve ilustração 21C.2 O modo abandonado

Considere o caso de duas moléculas A e B sem estrutura colidindo e dando um complexo ativado semelhante a uma molécula diatômica. O complexo ativado é um aglomerado diatômico. Ele tem um modo de vibração, mas esse modo corresponde ao movimento ao longo da coordenada de reação e, portanto, não aparece em $\bar{q}_{C^{\ddagger}}^{\ominus}$. Vem então que a função de partição molar padrão do complexo ativado tem somente contribuições de rotação e translação.

Exercício proposto 21C.2 Que modo seria abandonado para uma reação na qual o complexo ativado é modelado como um aglomerado triatômico linear?

Resposta: Estiramento antissimétrico

(d) A constante de velocidade

Se combinarmos todas as partes do cálculo, ficamos com

$$k_r=\frac{RT}{p^{\ominus}}k^{\ddagger}K^{\ddagger}=\kappa\nu^{\ddagger}\frac{kT}{h\nu^{\ddagger}}\frac{RT}{p^{\ominus}}\bar{K}^{\ddagger}$$

Nesta altura, a frequência desconhecida $\nu^{\ddagger}$ (em azul) é cancelada, e, após escrever $\bar{K}_c^{\ddagger}=(RT/p^{\ominus})\bar{K}^{\ddagger}$, se chega à **equação de Eyring**:

$$k_r=\kappa\frac{kT}{h}\bar{K}_c^{\ddagger} \quad \text{Equação de Eyring} \quad (21C.10)$$

O fator $\bar{K}_c^{\ddagger}$ é dado pela Eq. 21C.9 e a definição $\bar{K}_c^{\ddagger}=(RT/p^{\ominus})\bar{K}^{\ddagger}$ em termos das funções de partição de A, B e $C^{\ddagger}$, de modo que, em princípio, temos uma expressão para o cálculo da constante de velocidade da reação de segunda ordem, bimolecular, em termos de parâmetros moleculares dos reagentes, do complexo ativado e da grandeza κ.

As funções de partição dos reagentes podem, em geral, ser calculadas com facilidade, seja pelas informações espectroscópicas sobre os níveis de energia, seja pelas expressões aproximadas que constam da Tabela 15C.1. Todavia, a dificuldade com a equação de

Eyring está no cálculo da função de partição do complexo ativado. É geralmente difícil investigar espectroscopicamente o complexo $C^‡$ (mas veja a seção a seguir), e em geral precisamos fazer hipóteses sobre o tamanho, a forma e a estrutura do complexo. Ilustraremos o problema com um caso simples, porém significativo.

Exemplo 21C.1 Análise da colisão de partículas sem estrutura

Considere o caso de duas partículas sem estrutura (e diferentes), A e B, que colidem para dar um complexo ativado assemelhado a uma molécula diatômica, e deduza uma expressão para a constante de velocidade da reação A + B → Produtos.

Método Como os reagentes J = A ou B são "átomos" sem estrutura, a única contribuição que fazem às funções de partição é a das parcelas de translação. O complexo ativado é um aglomerado diatômico de massa $m_{C^‡} = m_A + m_B$ e momento de inércia *I*. Ele tem um modo de vibração, mas, conforme explica a *Breve ilustração* 21C.2, tal modo corresponde ao movimento ao longo da coordenada de reação. Segue-se que a função de partição molar padrão do complexo ativado tem apenas contribuições rotacionais e translacionais. As expressões para as respectivas funções de partição são dadas na Seção 15B.

Resposta As funções de partição translacionais são

$$q_J^{\ominus} = \frac{V_m^{\ominus}}{\Lambda_J^3} \qquad \Lambda_J = \frac{h}{(2\pi m_J kT)^{1/2}} \qquad V_m^{\ominus} = \frac{RT}{p^{\ominus}}$$

com J = A, B e $C^‡$ e com $m_{C^‡} = m_A + m_B$. A expressão da função de partição do complexo ativado é

$$\bar{q}_{C^‡}^{\ominus} = \frac{2IkT}{\hbar^2}\frac{V_m^{\ominus}}{\Lambda_{C^‡}^3}$$

em que usamos a forma de alta temperatura da função de partição rotacional (Seção 15B). Substituindo essas expressões na equação de Eyring, observamos que a constante de velocidade é

$$k_r = \kappa\frac{kT}{h}\frac{RT}{p^{\ominus}}\left(\frac{N_A\Lambda_A^3\Lambda_B^3}{\Lambda_{C^‡}^3 V_m^{\ominus}}\right)\frac{2IkT}{\hbar^2}e^{-\Delta E_0/RT}$$

$$= \kappa\frac{kT}{h}N_A\left(\frac{\Lambda_A\Lambda_B}{\Lambda_{C^‡}}\right)^3\frac{2IkT}{\hbar^2}e^{-\Delta E_0/RT}$$

O momento de inércia de uma molécula diatômica com o comprimento de ligação *r* é μr^2, em que $\mu = m_A m_B/(m_A + m_B)$; assim, após introduzir as expressões dos comprimentos de onda térmicos e cancelar os termos comuns, chegamos a (Problema 21C.3)

$$k_r = \kappa N_A\left(\frac{8kT}{\pi\mu}\right)^{1/2}\pi r^2 e^{-\Delta E_0/RT}$$

Finalmente, identificando $\kappa\pi r^2$ como a seção eficaz de colisão reativa σ^*, chegamos exatamente à mesma expressão que obtivemos com a teoria da colisão (Eq. 21A.9):

$$k_r = N_A\left(\frac{8kT}{\pi\mu}\right)^{1/2}\sigma^* e^{-\Delta E_0/RT}$$

Exercício proposto 21C.3 Que fatores adicionais estariam presentes se a reação fosse AB + C → Produtos através de um complexo ativado?

Resposta: Rotação e vibração de AB, torções e estiramento simétrico do complexo ativado

(e) Observação e manipulação do complexo ativado

O desenvolvimento de *lasers* pulsados em femtossegundos tornou possível fazer observações de espécies que têm tempo de vida tão curto que, em muitos aspectos, se assemelham a um complexo ativado, que muitas vezes sobrevivem por apenas alguns picossegundos. Em uma experiência típica planejada para detectar um complexo ativado, um pulso de laser de femtossegundo excita uma molécula até um estado de dissociação. Um segundo pulso de femtossegundo é disparado, em um intervalo de tempo bem-definido, com uma frequência correspondente à absorção de um dos produtos da dissociação. A absorção desse segundo pulso é uma medida da abundância desse produto de dissociação. Por exemplo, quando o ICN se dissocia pela ação do primeiro pulso, o aparecimento do CN pela fragmentação do estado fotoativado pode ser acompanhado pela absorção do CN livre (mais comumente, acompanha-se a fluorescência induzida por *laser*). Dessa maneira, descobriu-se que o sinal do CN é nulo até que os fragmentos se tenham distanciado por aproximadamente 600 pm, depois de 205 fs.

Acredita-se que certo progresso foi conseguido na investigação do mecanismo íntimo de reações químicas pela investigação de reações como a do decaimento do par iônico Na^+I^-. Como mostrado na Fig. 21C.4, a excitação da espécie iônica por um pulso de duração do femtossegundo forma um estado excitado que corresponde a uma molécula NaI com ligação covalente. O sistema pode ser descrito por duas superfícies de energia potencial, uma majoritariamente "iônica" e outra "covalente". Essas superfícies se cortam em uma separação internuclear de 693 pm. Um pulso curto de *laser* é composto de uma ampla faixa de frequências, que excitam muitos estados vibracionais do NaI simultaneamente. Assim, o complexo eletronicamente excitado existe como uma superposição de estados, ou um pacote de ondas, que oscila entre as superfícies de energia potencial "covalente" e "iônica", como indicado na Fig. 21C.4. O complexo também se dissocia, e a dissociação é mostrada como o movimento do pacote de ondas em direção à grande separação internuclear ao longo da superfície dissociativa. Entretanto, o complexo não se dissocia em cada

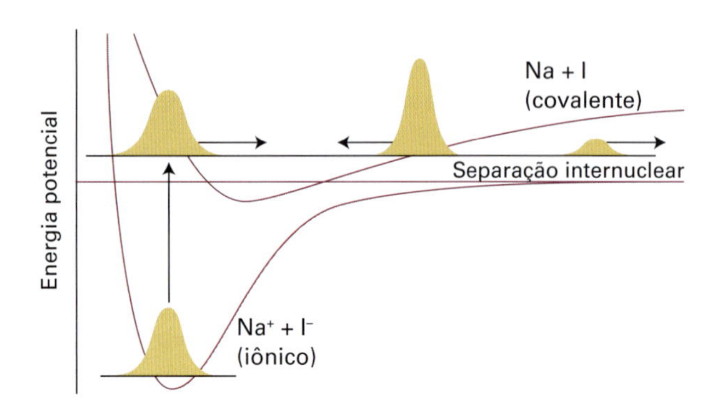

Figura 21C.4 A excitação do par iônico Na^+I^- forma um estado excitado com caráter covalente. Também é mostrada a migração entre uma superfície "covalente" (mais clara) e uma superfície "iônica" (mais escura) do pacote de ondas formado pela excitação induzida pela luz do *laser*.

oscilação, pois há a possibilidade de o átomo de I ser capturado por um efeito de arpão e não ter êxito na dissociação. A dinâmica do processo é acompanhada por um segundo pulso, que examina o sistema em uma frequência que corresponde à absorção do átomo de Na livre ou em uma frequência em que o átomo absorve quando está formando o complexo. Essa última frequência depende da distância Na···I, e a absorção (na prática, a radiação de fluorescência induzida por *laser*) é registrada cada vez que o pacote de ondas retorna àquela separação.

Breve ilustração 21C.3 Análise de femtossegundo

Os resultados típicos da experiência com o NaI são mostrados na Fig. 21C.5. A intensidade de absorção do Na ligado aparece como uma sequência de pulsos separados por 1 ps,

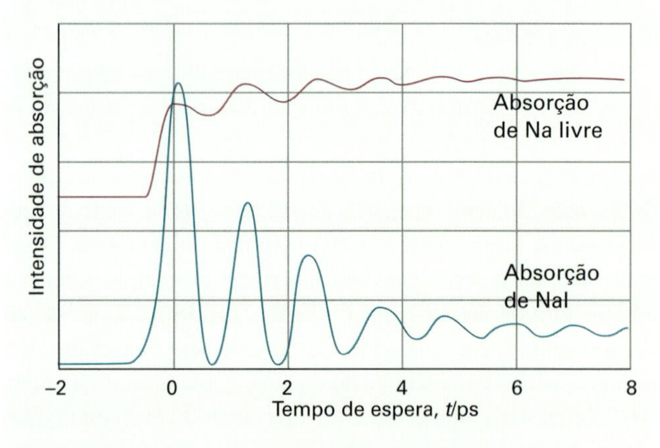

Figura 21C.5 Resultados da espectroscopia de femtossegundo da reação de separação do iodeto de sódio em Na e I. A curva inferior é a absorção do complexo eletronicamente excitado, e a superior é a absorção dos átomos livres de Na. (Adaptado de A.H. Zewail, *Science* **242**, 1645 (1988).)

mostrando que o pacote de ondas oscila, possivelmente, com esse período. A diminuição da intensidade mostra a velocidade em que o complexo se dissocia à medida que os dois átomos se separam um do outro. A absorção do Na livre também aumenta de forma oscilante, exibindo a periodicidade da oscilação do pacote de ondas; em cada oscilação há a possibilidade de dissociação. O período exato da oscilação do NaI é de 1,25 ps, o que corresponde a um número de onda de vibração de 27 cm^{-1}. O complexo consegue sobreviver a cerca de dez oscilações. No NaBr, porém, embora a frequência de oscilação seja semelhante, o complexo quase não sobrevive a uma só oscilação.

Exercício proposto 21C.4 Confirme a suposição da teoria do estado de transição de que a frequência vibracional do modo dissociativo do complexo ativado é muito baixa pelo cálculo no número de onda que corresponde ao período de 1,25 ps da oscilação no NaI.

Resposta: 27 cm^{-1}

A espectroscopia de femtossegundo também é usada na investigação de espécies semelhantes ao complexo ativado que se formam em reações bimoleculares. Por exemplo, um feixe molecular pode ser usado para gerar um complexo mantido unido por interações de van der Waals ("uma molécula de van der Waals") como IH···OCO. A ligação HI pode ser dissociada por um pulso de femtossegundo, e o átomo de H lançado para o átomo de O da molécula de CO_2 vizinha, formando-se HOCO. A molécula de van der Waals, assim, gera uma espécie que se assemelha ao complexo ativado da reação

$$H+CO_2 \rightarrow [HOCO]^{\ddagger} \rightarrow HO+CO$$

O pulso de sonda é sintonizado no radical OH a fim de se acompanhar a evolução do $[HOCO]^{\ddagger}$ em tempo real.

As técnicas utilizadas para a detecção espectroscópica de estados de transição também podem ser empregadas no controle do resultado de uma reação química por manipulação direta do complexo ativado. Considere a reação $I_2 + Xe \rightarrow XeI^* + I$, que ocorre por um mecanismo de arpão com um complexo ativado simbolizado como $[Xe^+\cdots I^-\cdots I]$. A reação pode ser iniciada por excitação do I_2 para um estado eletrônico no mínimo 52 460 cm^{-1} acima do estado fundamental e, então, acompanhado da medição da dependência entre a quimiluminescência do XeI^* e o tempo. Para exercer o controle sobre o rendimento do produto, pode ser utilizado um par de pulsos de femtossegundo para induzir a reação. O primeiro pulso excita a molécula de I_2 para um estado eletrônico não reativo de energia baixa. Já sabemos que a excitação por pulso de femtossegundo gera um pacote de ondas que pode ser tratado como uma partícula que percorre a superfície de energia potencial. Neste caso, o pacote de ondas não tem energia suficiente para reagir, mas a excitação por outro pulso de laser com o comprimento de onda apropriado pode fornecer a energia adicional necessária. Segue-se que complexos ativados com diferentes geometrias podem ser preparados variando-se a defasagem no tempo entre os dois pulsos, tal como o pacote de ondas parcialmente localizado estará em diferentes localizações na superfície de energia potencial à medida que evolui depois de ser formado pelo primeiro pulso. Como a reação ocorre pelo mecanismo de arpão, espera-se que o rendimento do produto seja ótimo se o segundo pulso for aplicado quando o pacote de ondas estiver em um ponto onde a distância $Xe \cdots I_2$ for exatamente a correta para ocorrer a transferência de elétrons do Xe para o I_2. Esse tipo de controle da reação I_2 + Xe foi demonstrado.

21C.2 Aspectos termodinâmicos

A versão da termodinâmica estatística para a teoria do estado de transição encontra dificuldades, pois em geral pouco se sabe sobre a estrutura do complexo ativado. Os conceitos que se adotam, porém, em especial o de equilíbrio entre os reagentes e o complexo ativado, levam a uma abordagem mais geral, empírica, na qual o processo de ativação se exprime em termos de funções termodinâmicas.

(a) Parâmetros de ativação

Se aceitarmos $\bar{K}^\ddagger$ como uma constante de equilíbrio (apesar do abandono de um modo de vibração de $C^\ddagger$), podemos exprimi-la em termos de uma **energia de Gibbs de ativação**, $\Delta^\ddagger G$, pela definição

$$\Delta^\ddagger G = -RT \ln \bar{K}^\ddagger \quad \textit{Definição} \quad \text{Energia de Gibbs de ativação} \quad (21C.11)$$

Todas as grandezas $\Delta^\ddagger X$, nesta seção, são grandezas termodinâmicas *padrão*, $\Delta^\ddagger X^\ominus$. Omitiremos o sinal do estado-padrão a fim de a notação não ficar sobrecarregada. A constante de velocidade fica

$$k_r = \kappa \frac{kT}{h}\frac{RT}{p^\ominus} e^{-\Delta^\ddagger G/RT} \quad (21C.12)$$

Como $G = H - TS$, a energia de Gibbs de ativação pode ser decomposta numa **entropia de ativação**, $\Delta^\ddagger S$, e em uma **entalpia de ativação**, $\Delta^\ddagger H$, escrevendo-se

$$\Delta^\ddagger G = \Delta^\ddagger H - T\Delta^\ddagger S \quad \textit{Definição} \quad \text{Entropia e entalpia de ativação} \quad (21C.13)$$

Quando a Eq. 21C.13 entra na Eq. 21C.12 e κ é absorvido no termo de entropia, ficamos com

$$k_r = B e^{\Delta^\ddagger S/R} e^{-\Delta^\ddagger H/RT} \qquad B = \frac{kT}{h}\frac{RT}{p^\ominus} \quad (21C.14)$$

Da definição formal da energia de ativação (Eq. 20D.2 da Seção 20D, $E_a = RT^2(\partial \ln k_r/\partial T)$), temos $E_a = \Delta^\ddagger H + 2RT$, de modo que[1]

$$k_r = e^2 B e^{\Delta^\ddagger S/R} e^{-E_a/RT} \quad (21C.15a)$$

de onde vem o fator de Arrhenius A,

$$A = e^2 B e^{\Delta^\ddagger S/R} \quad \textit{Teoria do estado de transição} \quad \text{Fator } A \quad (21C.15b)$$

A entropia de ativação é negativa, pois em todo o sistema os dois reagentes se reúnem para formar pares reativos. Porém, se houver uma redução de entropia abaixo do que a que seria esperada pelo simples encontro de A e B, o fator de Arrhenius A será menor do que o calculado pela teoria da colisão. Na verdade, a redução *extra* de entropia, $\Delta^\ddagger S_{\text{estérica}}$, pode ser identificada como a origem do fator estérico da teoria da colisão, e teremos

$$P = e^{\Delta^\ddagger S_{\text{estérica}}/R} \quad \textit{Teoria do estado de transição} \quad \text{Fator } P \quad (21C.15c)$$

Assim, quanto maiores forem as complicações estéricas para o encontro, mais negativo será o valor de $\Delta^\ddagger S_{\text{estérica}}$ e menor o valor de P.

Breve ilustração 21C.4 Parâmetros de ativação

A reação do íon propilxantato em soluções tampão de ácido acético pode ser representada pela equação $A^- + H^+ \rightarrow P$. Próximo dos 30 °C, $A = 2{,}05 \times 10^{13}\ dm^3\ mol^{-1}\ s^{-1}$. Para calcular a entropia de ativação a 30 °C primeiramente observamos que, como a reação é em solução, o e^2 da Eq. 21C.15 deve ser substituído por e (veja a nota de rodapé 1), e, em seguida, usamos a Eq. 21C.15b na forma

$$\Delta^\ddagger S = R \ln \frac{A}{eB} \quad \text{com } B = \frac{kT}{h}\frac{RT}{p^\ominus} = 1{,}592 \times 10^{14}\ dm^3\ mol^{-1}\ s^{-1}$$

Portanto,

$$\Delta^\ddagger S = R \ln \frac{2{,}05 \times 10^{13}\ dm^3\ mol^{-1}\ s^{-1}}{e \times (1{,}592 \times 10^{14}\ dm^3\ mol^{-1}\ s^{-1})} = R \ln 0{,}047\ldots$$
$$= -25{,}4\ J\ K^{-1}\ mol^{-1}$$

Exercício proposto 21C.5 A reação $A^- + H^+ \rightarrow P$ em solução tem $A = 6{,}29 \times 10^{12}\ dm^3\ mol^{-1}\ s^{-1}$. Calcule a entropia de ativação, a 25 °C.

Resposta: $-34{,}1\ J\ K^{-1}\ mol^{-1}$

As energias de Gibbs, as entalpias e as entropias de ativação (e volumes e capacidades caloríficas de ativação) são bastante empregadas nas análises de velocidades de reação experimentais, especialmente no caso de reações orgânicas em solução. São mencionadas nas relações entre constantes de equilíbrio e velocidades de reação, nas **análises de correlação**, em que ln K (que é igual a $-\Delta_r G^\ominus/RT$) é lançado contra ln k (que é proporcional a $-\Delta^\ddagger G/RT$). Em muitos casos, a correlação é linear, significando que, à medida que a reação se torna termodinamicamente mais favorável, a constante de velocidade aumenta (Fig. 21C.6). Essa correlação linear é a origem da denominação **relação linear da energia livre** (RLEL, ou LFER na sigla em inglês).

[1] Para reações do tipo A + B → P em fase gasosa, $E_a = \Delta^\ddagger H + 2RT$. Para reações em soluções, $E_a = \Delta^\ddagger H + RT$.

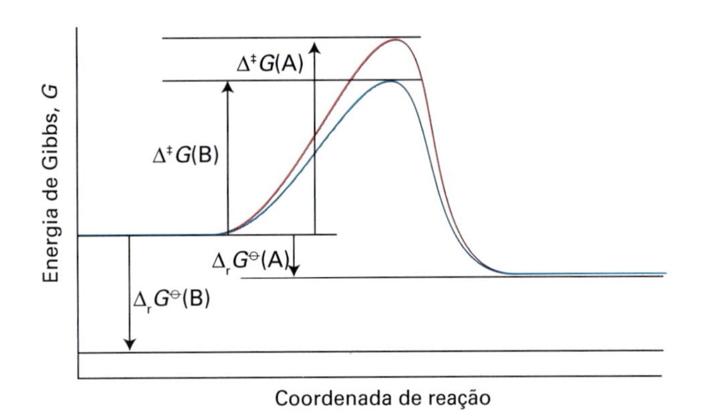

Figura 21C.6 Em uma série de reações semelhantes, à medida que o valor da energia de Gibbs padrão da reação aumenta, a barreira da ativação diminui e a constante de velocidade aumenta. A correlação aproximadamente linear entre $\Delta^{\ddagger}G$ e $\Delta_r G^{\ominus}$ é a origem das relações lineares da energia livre.

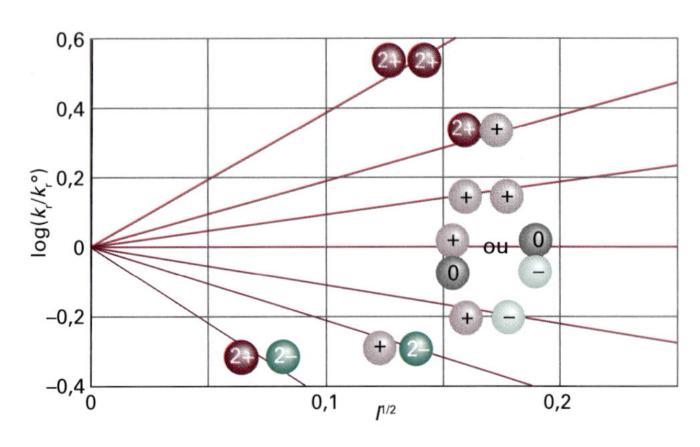

Figura 21C.7 Dados do efeito salino cinético em reações em água a 298 K. Os tipos de íons aparecem como esferas em diferentes tonalidades, e os coeficientes angulares das retas são os da lei limite de Debye–Hückel e da Eq. 21C.18.

(b) Reações entre íons

A teoria termodinâmica estatística completa é muito complicada para ser adotada, pois o solvente participa do complexo ativado. A versão termodinâmica da teoria do estado de transição simplifica a discussão das reações em solução e é aplicável a sistemas não ideais. Na abordagem termodinâmica, combina-se a lei de velocidade

$$\frac{d[P]}{dt} = k^{\ddagger}[C^{\ddagger}]$$

com a constante termodinâmica de equilíbrio (Seção 6A)

$$K = \frac{a_{C^{\ddagger}}}{a_A a_B} = K_{\gamma}\frac{[C^{\ddagger}]c^{\ominus}}{[A][B]} \qquad K_{\gamma} = \frac{\gamma_{C^{\ddagger}}}{\gamma_A \gamma_B}$$

Então,

$$\frac{d[P]}{dt} = k_r[A][B] \qquad k_r = \frac{k^{\ddagger}K}{K_{\gamma}c^{\ominus}} \tag{21C.16a}$$

Se k_r° for a constante de velocidade quando os coeficientes de atividade forem iguais a 1 (isto é, $k_r^{\circ} = k^{\ddagger}K/c^{\ominus}$), podemos escrever

$$k_r = \frac{k_r^{\circ}}{K_{\gamma}} \qquad \log k_r = \log k_r^{\circ} - \log K_{\gamma} \tag{21C.16b}$$

Em concentrações baixas, os coeficientes de atividade podem ser expressos em termos da força iônica, I, da solução, mediante a lei limite de Debye–Hückel (Seção 5F, especialmente a Eq. 5F.8, $\log \gamma_{\pm} = -A|z_+z_-|I^{1/2}$). No entanto, precisamos das expressões dos íons individuais em vez do valor médio, e, assim, escrevemos $\log \gamma_J = -Az_J^2 I^{1/2}$ e

$$\log \gamma_A = -Az_A^2 I^{1/2} \qquad \log \gamma_B = -Az_B^2 I^{1/2} \tag{21C.17a}$$

com $A = 0{,}509$ em solução aquosa a 298 K e z_A e z_B os números de carga de A e B, respectivamente. Uma vez que o complexo ativado é formado a partir da reação de um íon de A com um íon de B, o número de carga do complexo ativado é $z_A + z_B$, em que z_J é positivo para cátions e negativo para ânions. Portanto,

$$\log \gamma_{C^{\ddagger}} = -A(z_A + z_B)^2 I^{1/2} \tag{21C.17b}$$

Inserindo essas relações na Eq. 21C.16b, obtemos

$$\begin{aligned}\log k_r &= \log k_r^{\circ} - A\{z_A^2 + z_B^2 - (z_A + z_B)^2\}I^{1/2} \\ &= \log k_r^{\circ} + 2Az_A z_B I^{1/2}\end{aligned} \tag{21C.18}$$

A Eq. 21C.18 traduz o **efeito salino cinético**, a variação da constante de velocidade de uma reação iônica com a força iônica da solução (Fig. 21C.7). Se os íons reagentes tiverem o mesmo sinal (como na reação entre cátions ou entre ânions), então o crescimento da força iônica pela adição de íons inertes aumenta a constante de velocidade. A formação de um só complexo iônico, com carga elevada, a partir de íons com cargas menores, é favorecida por uma força iônica elevada, pois a atmosfera iônica do novo íon é mais densa e este íon interage mais fortemente com esta atmosfera. Inversamente, os íons de cargas opostas reagem mais lentamente em soluções com força iônica alta. Neste caso, as cargas se cancelam e o complexo tem interação mais fraca com a sua respectiva atmosfera do que os íons separados.

Exemplo 21C.2 Análise do efeito salino cinético

A constante de velocidade da hidrólise do $[CoBr(NH_3)_5]^{2+}$ em meio alcalino (OH^-) varia com a força iônica conforme os dados da tabela a seguir. O que se pode dizer sobre a carga do complexo ativado na etapa determinante da velocidade? Não podemos supor, sem maiores evidências, que seja um processo bimolecular com um complexo ativado de carga +1.

I	0,0050	0,0100	0,0150	0,0200	0,0250	0,0300
k_r/k_r°	0,718	0,631	0,562	0,515	0,475	0,447

Método De acordo com a Eq. 21C.18, o gráfico de log (k_r/k_r°) contra $I^{1/2}$ dará uma reta com o coeficiente angular $1{,}02z_Az_B$, de onde se podem deduzir as cargas dos íons envolvidos na formação do complexo ativado.

Resposta Monta-se a seguinte tabela:

I	0,0050	0,0100	0,0150	0,0200	0,0250	0,0300
$I^{1/2}$	0,071	0,100	0,122	0,141	0,158	0,173
$\log(k_r/k_r^\circ)$	−0,14	−0,20	−0,25	−0,29	−0,32	−0,35

Esses pontos estão lançados na Fig. 21C.8. O coeficiente angular da reta (dos mínimos quadrados) é −2,04, e então $z_Az_B = -2$. Como $z_A = -1$, para o íon OH^-, se este íon estiver envolvido na formação do complexo ativado, o número de carga do outro íon é +2. Esta análise sugere que o cátion pentaminobromocobalto(III) $[CoBr(NH_3)_5]^{2+}$ participa da formação do complexo ativado e que a carga do complexo ativado é − 1 + 2 = +1. Embora isso não nos interesse aqui, você deve perceber que a constante de velocidade também é influenciada pela permissividade relativa do meio.

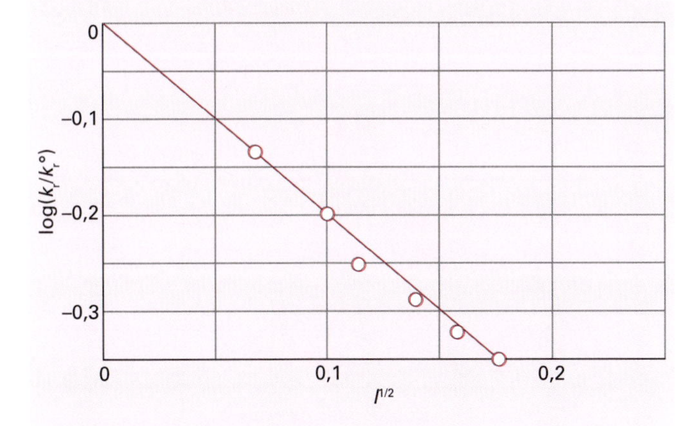

Figura 21C.8 Dependência experimental entre a força iônica e a constante de velocidade de reação de hidrólise. O coeficiente angular da reta dá informação a respeito dos tipos de carga das espécies que participam da formação do complexo ativado da reação da etapa determinante da velocidade. Veja o *Exemplo* 21C.2.

Exercício proposto 21C.6 Sabe-se que um íon com o número de carga +1 participa do complexo ativado de uma reação. Deduza o número de carga do outro íon pelos seguintes dados:

I	0,0050	0,0100	0,0150	0,0200	0,0250	0,0300
k_r/k_r°	0,930	0,902	0,884	0,867	0,853	0,841

Resposta = −1

21C.3 O efeito isotópico cinético

A postulação de um mecanismo de reação plausível requer análise criteriosa de muitos experimentos concebidos para determinar a evolução dos átomos durante a formação dos produtos. A observação do **efeito isotópico cinético** – a diminuição da velocidade de uma reação química mediante a substituição de um átomo em um reagente por um isótopo pesado – facilita a identificação de eventos de quebra de ligações na etapa determinante da velocidade. Um **efeito isotópico cinético primário** é observado quando a etapa determinante da velocidade requer o rompimento de uma ligação envolvendo o isótopo. Um **efeito isotópico cinético secundário** é a redução da velocidade da reação, ainda que a ligação envolvendo o isótopo não seja quebrada para formar um produto. Em ambos os casos, o efeito surge da variação da energia de ativação que acompanha a substituição de um átomo por um isótopo pesado em função de variações nas energias de vibração de ponto zero. Vamos agora explorar o efeito isotópico cinético com detalhes.

Considere uma reação em que uma ligação C–H é clivada. Se a cisão dessa ligação for a etapa determinante da velocidade (Seção 20E), então a coordenada de reação corresponderá ao estiramento da ligação C–H, e o perfil de energia potencial é apresentado na Fig. 21C.9. Na deuteração, a mudança dominante é a redução da energia de ponto zero da ligação (porque o átomo de deutério é mais pesado). Entretanto, o perfil da reação como um todo não é diminuído, porque a vibração relevante no complexo ativado tem uma constante de força muito baixa. Desse modo, há pouca energia de ponto zero associada com a coordenada de reação em qualquer das formas do complexo ativado. Mostramos na *Justificativa* 21C.1 que, como consequência dessa redução, a variação da energia de ativação na deuteração é

$$E_a(\mathrm{C{-}D})-E_a(\mathrm{C{-}H})=\tfrac{1}{2}N_A\hbar\omega(\mathrm{C{-}H})\left\{1-\left(\frac{\mu_{\mathrm{CH}}}{\mu_{\mathrm{CD}}}\right)^{1/2}\right\} \qquad (21C.19)$$

em que ω é a frequência vibracional relevante (em radianos por segundo), μ é a massa efetiva relevante e

$$\frac{k_r(\mathrm{C{-}D})}{k_r(\mathrm{C{-}H})}=e^{-\zeta} \quad \text{com} \quad \zeta=\frac{\hbar\omega(\mathrm{C{-}H})}{2kT}\left\{1-\left(\frac{\mu_{\mathrm{CH}}}{\mu_{\mathrm{CD}}}\right)^{1/2}\right\} \qquad (21C.20)$$

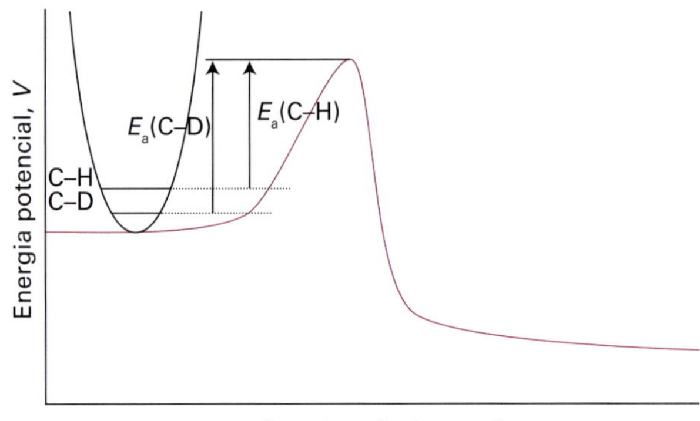

Figura 21C.9 Mudanças no perfil da reação quando uma ligação C–H, que sofre clivagem, é deuterada. Nesta ilustração, as ligações C–H e C–D são modeladas como osciladores harmônicos. A única mudança significativa é na energia de ponto zero dos reagentes, que é menor para a ligação C–D do que para a ligação C–H. Como resultado, a energia de ativação é maior para a clivagem da ligação C–D do que para a da ligação C–H.

Observe que $\zeta > 0$ (ζ é zeta) porque $\mu_{CD} > \mu_{CH}$, e que $k_r(\text{C–D})/k_r(\text{C–H}) < 1$, significando que, conforme o esperado da Fig. 21C.9, a constante de velocidade diminui na deuteração. Também concluímos que $k_r(\text{C–D})/k_r(\text{C–H})$ diminui com a queda da temperatura.

Justificativa 21C.1 O efeito isotópico cinético primário

Admitimos que, em boa aproximação, uma variação da energia de ativação surge apenas da variação da energia de ponto zero da vibração de estiramento; logo, da Fig. 21C.9,

$$E_a(\text{C–D}) - E_a(\text{C–H}) = N_A\{\tfrac{1}{2}\hbar\omega(\text{C–H}) - \tfrac{1}{2}\hbar\omega(\text{C–D})\}$$
$$= \tfrac{1}{2}N_A\hbar\{\omega(\text{C–H}) - \omega(\text{C–D})\}$$

em que ω é a frequência vibracional relevante. Da Seção 12D, sabemos que $\omega(\text{C–D}) = \mu_{CH}/\mu_{CD})^{1/2}\omega(\text{C–H})$, em que μ é a massa efetiva relevante. Fazendo essa substituição na equação anterior temos a Eq. 21C.19.

Se ainda admitirmos que o fator pré-exponencial não varia na deuteração, então as constantes de velocidade das duas espécies deverão estar na razão

$$\frac{k_r(\text{C–D})}{k_r(\text{C–H})} = e^{-\{E_a(\text{C–D}) - E_a(\text{C–H})\}/RT} = e^{-\{E_a(\text{C–D}) - E_a(\text{C–H})\}/N_A kT}$$

em que utilizamos $R = N_A k$. A Eq. 21C.20 segue após usarmos a Eq. 21C.19 para $E_a(\text{C–D}) - E_a(\text{C–H})$ nesta expressão.

Breve ilustração 21C.5 O efeito isotópico cinético primário

De espectros no infravermelho, o número de onda vibracional fundamental $\tilde{\nu}$ para o estiramento de uma ligação C–H é aproximadamente 3000 cm^{-1}. Para converter esse número de onda a uma frequência angular, $\omega = 2\pi\nu$, usamos $\omega = 2\pi c\tilde{\nu}$, e segue que

$$\omega = 2\pi \times (2{,}998\times10^{10}\,\text{cm s}^{-1}) \times (3000\,\text{cm}^{-1})$$
$$= 5{,}65\ldots \times 10^{14}\,\text{s}^{-1}$$

A razão entre as massas efetivas é

$$\frac{\mu_{CH}}{\mu_{CD}} = \left(\frac{m_C m_H}{m_C + m_H}\right) \times \left(\frac{m_C + m_D}{m_C m_D}\right)$$
$$= \left(\frac{12{,}01\times1{,}0078}{12{,}01+1{,}0078}\right) \times \left(\frac{12{,}01+2{,}0140}{12{,}01\times2{,}0140}\right) = 0{,}539\ldots$$

Agora podemos empregar a Eq. 21C.20 para calcular

$$\zeta = \frac{(1{,}055\times10^{-34}\,\text{J s})\times(5{,}65\ldots\times10^{14}\,\text{s}^{-1})}{2\times(1{,}381\times10^{-23}\,\text{J K}^{-1})\times(298\,\text{K})} \times (1 - 0{,}539\ldots^{1/2})$$
$$= 1{,}92\ldots$$

e

$$\frac{k_r(\text{C–D})}{k_r(\text{C–H})} = e^{-1{,}92\ldots} = 0{,}146$$

Concluímos que, à temperatura ambiente, a clivagem da ligação C–H deve ser quase sete vezes mais rápida do que a clivagem da ligação C–D, com outras condições sendo iguais. No entanto, os valores experimentais de $k_r(\text{C–D})/k_r(\text{C–H})$ podem diferir significativamente daqueles previstos pela Eq. 21C.20 devido ao rigor das suposições no modelo.

Exercício proposto 21C.7 A bromação de um hidrocarboneto deuterado, a 298 K, avança 6,4 vezes mais lentamente do que a bromação de um material não deuterado. Que valor da constante de força para a ligação clivada pode explicar essa diferença?

Resposta: k_r = 450 N m – 1, que é consistente com k_r(C – H)

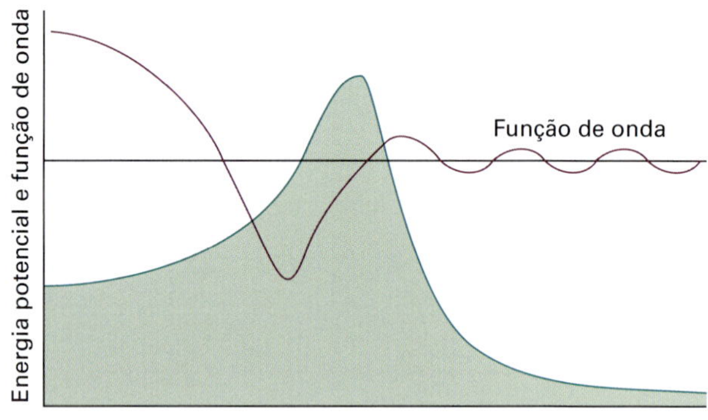

Figura 21C.10 Um próton pode tunelar através de uma barreira de energia de ativação que separa reagentes de produtos, de modo que a altura efetiva da barreira é reduzida e a velocidade de transferência do próton aumenta. O efeito é representado pelo desenho da função de onda do próton próximo à barreira. O tunelamento do próton é importante somente em baixas temperaturas, quando a maioria dos reagentes está retida no lado esquerdo da barreira.

Em alguns casos, a substituição do hidrogênio pelo deutério resulta em valores de k_r(C–D)/k_r(C–H) que são demasiadamente baixos para serem explicados pela Eq. 21C.20, mesmo quando modelos mais completos são utilizados para prever razões entre as constantes de velocidade. Esses efeitos isotópicos cinéticos anormais são evidência de um caminho em que ocorre o tunelamento quântico de átomos de hidrogênio através da barreira de ativação (Fig. 21C.10). A probabilidade do tunelamento através de uma barreira diminui à medida que a massa da partícula aumenta (Seção 8A). Então, o deutério sofre tunelamento de modo menos eficiente através de uma barreira do que o hidrogênio, e suas reações são, portanto, mais lentas. O tunelamento quântico pode ser o processo dominante em reações em que está envolvida transferência de átomos de hidrogênio ou de prótons, quando a temperatura é tão baixa que pouquíssimas moléculas reagentes podem vencer a barreira de energia de ativação. Veremos na Seção 21E que, como m_e é muito pequeno, o tunelamento também é um contribuinte muito importante para as velocidades de reações de transferência de elétrons.

Conceitos importantes

- ☐ 1. Na teoria do estado de transição, supõe-se que um **complexo ativado** esteja em equilíbrio com os reagentes.
- ☐ 2. A velocidade à qual o complexo ativado forma produtos depende da velocidade com que ele passa por um **estado de transição**.
- ☐ 3. A constante de velocidade pode ser parametrizada em termos da **energia de Gibbs**, da **entropia** e da **entalpia de ativação**.
- ☐ 4. O **efeito salino cinético** é o efeito que a adição de um sal inerte tem na velocidade de uma reação entre íons.
- ☐ 5. O **efeito isotópico cinético** é a diminuição da constante de velocidade de uma reação química mediante a substituição de um átomo em um reagente por um isótopo mais pesado.

Equações importantes

Propriedade	Equação	Comentário	Número da equação
"Constante de equilíbrio" para formação do complexo ativado	$\bar{K}^{\ddagger}=\left(N_A\bar{q}_{C^{\ddagger}}^{\ominus}/q_A^{\ominus}q_B^{\ominus}\right)e^{-\Delta E_0/RT}$	Supõe um equilíbrio; um modo vibracional de C‡ abandonado	21C.9
Equação de Eyring	$k_r=\kappa(kT/h)\bar{K}_c^{\ddagger}$	Teoria do estado de transição	21C.10
Energia de Gibbs de ativação	$\Delta^{\ddagger}G=-RT\ln\bar{K}^{\ddagger}$	Definição	21C.11
Entalpia e entropia de ativação	$\Delta^{\ddagger}G=\Delta^{\ddagger}H-T\Delta^{\ddagger}S$	Definição	21C.13
Parametrização	$k_r=e^nBe^{\Delta^{\ddagger}S/R}e^{-E_a/RT}$	$n=2$ para reações em fase gasosa; $n=1$ para solução	21C.15a
Fator A	$A=e^nBe^{\Delta^{\ddagger}S/R}$		21C.15b
Fator P	$P=e^{\Delta^{\ddagger}S_{\text{estérico}}/R}$		21C.15c
Efeito salino cinético	$\log k_r=\log k_r^{\circ}+2Az_Az_BI^{1/2}$	Supõe que a lei limite de Debye–Hückel é válida	21C.18
Efeito isotópico cinético primário	$k_r(\text{C–D})/k_r(\text{C–H})=e^{-\zeta}$, $\zeta=(\hbar\omega(\text{C–H})/2kT)\times\{1-(\mu_{CH}/\mu_{CD})^{1/2}\}$	Clivagem de uma ligação C–H/D na etapa determinante da velocidade	21C.20

21D A dinâmica das colisões moleculares

Tópicos

➤ Por que você precisa saber este assunto?

Os químicos precisam estar interessados nos detalhes das reações químicas, e não há abordagem mais detalhada do que a que envolve o estudo da dinâmica dos encontros reativos, quando uma molécula colide com outra e os átomos trocam pares.

➤ Qual é a ideia fundamental?

As velocidades das reações em fase gasosa podem ser investigadas pela observação das trajetórias das moléculas nas superfícies de energia potencial.

➤ O que você já deve saber?

Esta seção fundamenta-se no conceito da constante de velocidade (Seção 20A) e, em uma das partes da discussão, utiliza o conceito de função de partição (Seção 15B). A discussão das superfícies de energia potencial é qualitativa, mas os cálculos subjacentes são os da teoria do campo autoconsistente (Seção 10E).

A investigação da dinâmica das colisões entre moléculas reagentes é o nível mais detalhado do exame dos fatores que regem as velocidades das reações. São duas as abordagens: uma experimental, que faz uso de feixes moleculares, e uma teórica, que utiliza os resultados de cálculos. Nesta seção vamos descrever ambas as abordagens e a ligação entre elas.

21D.1 Feixes moleculares

Feixes moleculares, que consistem em feixes estreitos colimados de moléculas que atravessam um recipiente evacuado, permitem o estudo das colisões entre moléculas em estados de energia preestabelecidos (por exemplo, estados rotacionais e vibracionais específicos) e são usados para determinar os estados dos produtos em uma colisão reativa. Esse tipo de informação é indispensável para se ter uma ideia completa da reação, pois a constante de velocidade é uma média resultante de eventos em que os reagentes, em diversos estados iniciais, evoluem até os produtos nos respectivos estados finais.

(a) Técnicas

A configuração básica de um experimento com feixes moleculares é mostrada na Fig. 21D.1. Se a pressão de vapor na fonte é aumentada de modo que o livre percurso médio das moléculas no feixe emergente é muito menor do que o diâmetro do orifício, muitas colisões ocorrem mesmo fora da fonte. O efeito líquido dessas colisões, que dão origem ao **escoamento hidrodinâmico**, é a transferência de momento linear na direção do feixe. As moléculas

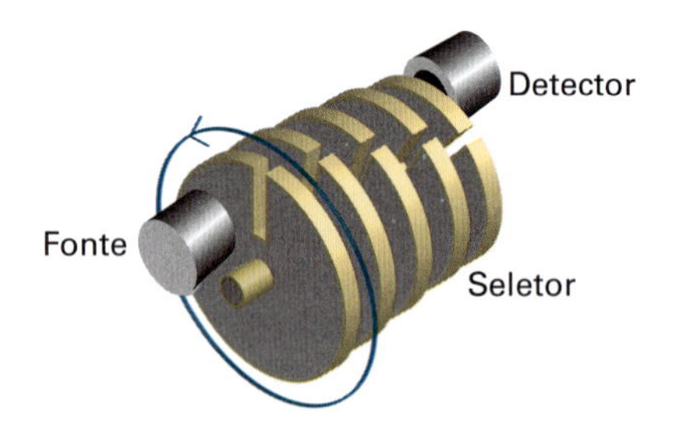

Figura 21D.1 A configuração básica de um aparelho de feixe molecular. Os átomos ou as moléculas emergem de uma fonte aquecida e atravessam o seletor de velocidade, uma série rotativa de discos com ranhuras, como o discutido na Seção 1B. O espalhamento ocorre a partir do gás de interesse (que pode tomar a forma de outro feixe), e o fluxo de partículas que entram no detector posicionado em certo ângulo é registrado.

presentes no feixe fazem o percurso com velocidades muito semelhantes; assim, mais algumas colisões a jusante ocorrem entre elas. Essa condição é denominada **escoamento molecular**. Como a dispersão de velocidades é muito pequena, as moléculas ficam efetivamente em um estado de temperatura translacional muito baixa (Fig. 21D.2). A temperatura translacional pode atingir um valor tão baixo quanto 1 K. Jatos desse tipo são chamados **supersônicos**, porque a velocidade média das moléculas no jato é muito acima da velocidade do som no jato.

Um jato supersônico pode ser convertido em um **feixe supersônico** mais paralelo (com maior colimação) se for "reduzido" na região do escoamento hidrodinâmico e o excesso de gás for bombeado para fora. O redutor consiste em um bocal cônico com uma forma que evita que qualquer onda de choque supersônico se disperse e volte ao gás, aumentando, assim, a temperatura translacional (Fig. 21D.3). Um jato ou feixe também pode ser formado pelo uso de hélio ou neônio como gás principal, e injetando-se nele moléculas de interesse, na região hidrodinâmica do fluxo.

A baixa temperatura translacional das moléculas é refletida nas suas baixas temperaturas rotacional e vibracional. Nesse contexto, temperatura rotacional ou vibracional significa a temperatura que deveria ser usada na distribuição de Boltzmann para reproduzir as populações observadas dos estados. No entanto, como os estados rotacionais entram em equilíbrio mais lentamente do que os estados translacionais, e os estados vibracionais entram em equilíbrio ainda mais lentamente, as populações rotacionais e vibracionais das espécies correspondem a temperaturas mais elevadas: da ordem de 10 K para rotação e de 100 K para vibrações.

O gás-alvo pode ser uma amostra estática ou outro feixe molecular. Os detectores podem consistir em uma câmara equipada com um manômetro sensível, um bolômetro (detector que responde à energia incidente fazendo uso da dependência entre a resistência e a temperatura), ou um detector de ionização, no qual a molécula que entra é primeiramente ionizada e, em seguida, detectada eletronicamente. O estado rotacional e vibracional das moléculas espalhadas também pode ser determinado espectroscopicamente.

(b) Resultados experimentais

A principal informação experimental de um experimento com feixe molecular é a fração das moléculas no feixe incidente que é espalhada em uma direção particular. A fração normalmente é expressa em termos de dI, a velocidade na qual as moléculas são espalhadas em um cone (descrito por um ângulo sólido dΩ) que representa a área coberta pelo "olho" do detector (Fig. 21D.4). Essa velocidade é expressa em termos da **seção eficaz de espalhamento diferencial**, σ, a constante de proporcionalidade entre o valor de dI e a intensidade, I, do feixe incidente, a densidade numérica das moléculas-alvo, $\mathcal{N}$, e o comprimento do percurso infinitesimal dx através da amostra:

$$\mathrm{d}I = \sigma I \mathcal{N}\,\mathrm{d}x \qquad \textit{Definição} \qquad \text{Seção eficaz de espalhamento diferencial} \qquad (21D.1)$$

O valor de σ (que tem as dimensões de área) depende do **parâmetro de impacto**, b, a separação perpendicular inicial entre as trajetórias das moléculas colidentes (Fig. 21D.5), e dos detalhes do potencial intermolecular.

O papel do parâmetro de impacto é mais facilmente visualizado considerando-se o impacto de duas esferas rígidas (Fig. 21D.6).

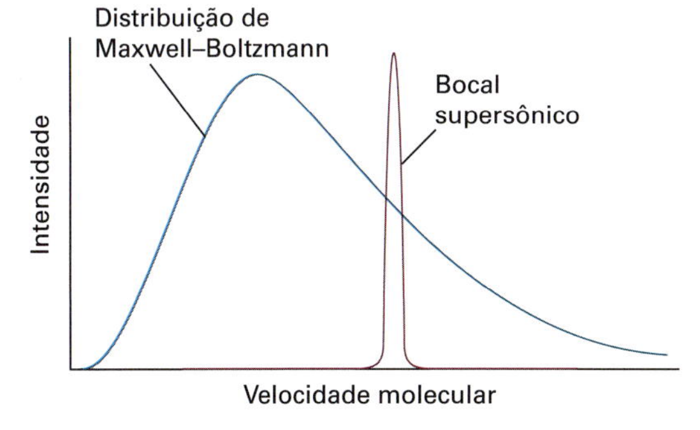

Figura 21D.2 O deslocamento na velocidade média e a largura da distribuição causada pelo uso de um bocal supersônico.

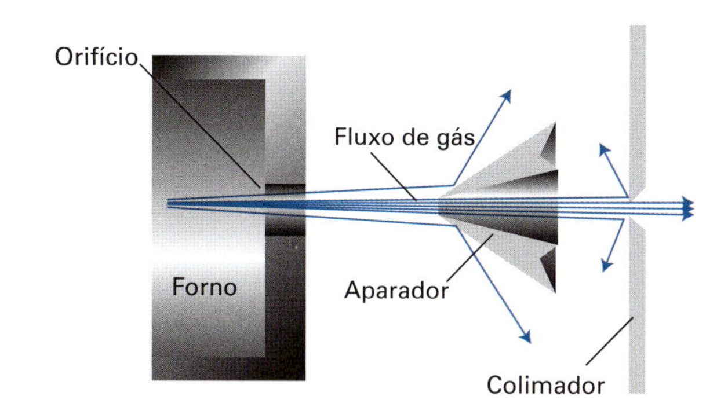

Figura 21D.3 O bocal supersônico elimina parte das moléculas do feixe e leva a um feixe com velocidade bem definida.

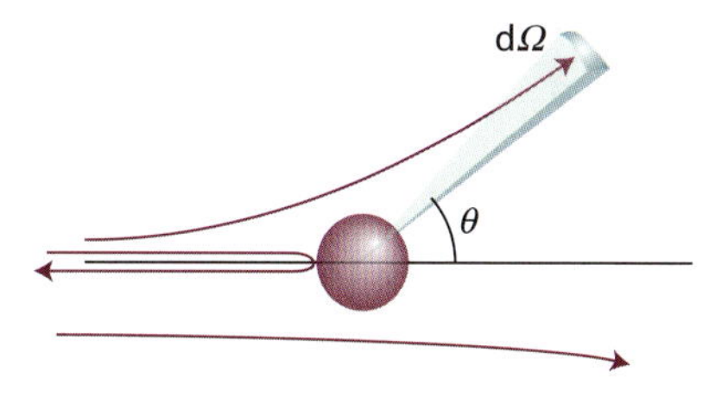

Figura 21D.4 Definição do ângulo sólido, dΩ, para o espalhamento.

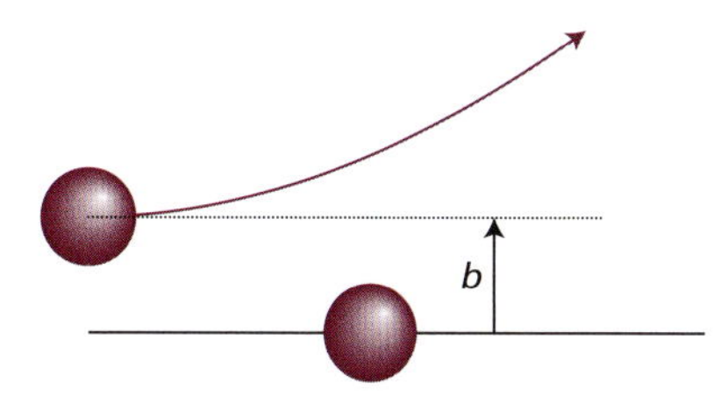

Figura 21D.5 Definição do parâmetro de impacto, b, como a separação perpendicular entre as trajetórias iniciais das partículas.

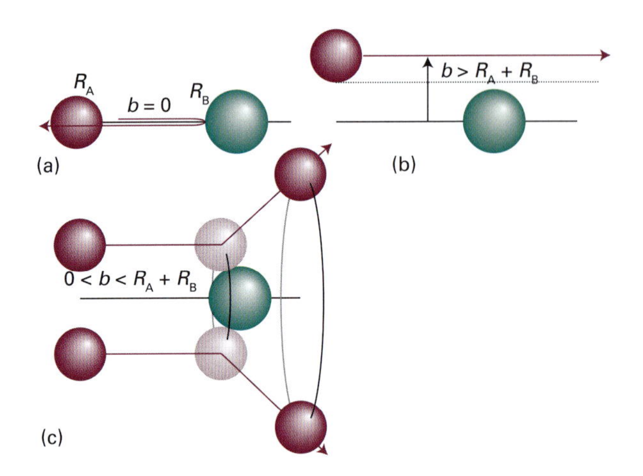

Figura 21D.6 Três casos típicos das colisões de duas esferas rígidas: (a) $b = 0$, dando espalhamento reverso; (b) $b > R_A + R_B$, que leva a um espalhamento em uma direção para a frente; (c) $0 < b < R_A + R_B$, que leva a um espalhamento em uma direção anular. (A molécula-alvo é, por hipótese, tão pesada que permanece praticamente estacionária.)

Se $b = 0$, o projétil está em uma trajetória que leva a uma colisão frontal e, então, o espalhamento só é detectado quando o detector está em $\theta = \pi$. Quando o parâmetro de impacto é tão grande que as esferas não se tocam ($b > R_A + R_B$), não ocorre espalhamento e a seção eficaz de espalhamento é nula para todos os ângulos, exceto para $\theta = 0$. As colisões de raspão, com $0 < b \leq R_A + R_B$, levam a espalhamento em direções que se distribuem em superfícies cônicas.

O padrão de espalhamento das moléculas reais, que não são esferas rígidas, depende dos detalhes do potencial intermolecular, inclusive da anisotropia que está presente quando as moléculas são não esféricas. O espalhamento depende também da velocidade relativa de aproximação das duas partículas: uma partícula muito rápida pode passar pela região de interação sem sofrer desvio notável, enquanto uma molécula mais lenta, na mesma trajetória, pode ser temporariamente capturada e sofrer desvio considerável (Fig. 21D.7). Assim, a variação da seção eficaz do espalhamento com a velocidade relativa de aproximação proporciona informação sobre a intensidade e o alcance do potencial intermolecular.

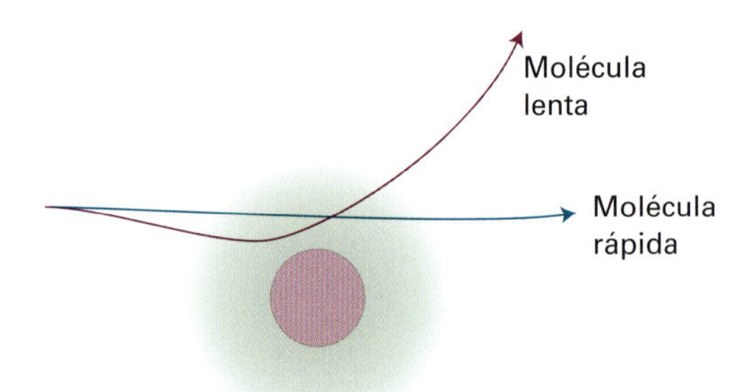

Figura 21D.7 O espalhamento depende da velocidade relativa de aproximação e também do parâmetro de impacto. A zona central escura representa o núcleo repulsor; a zona externa esmaecida é a do potencial atrativo a longa distância.

Outro ponto a realçar é o resultado da colisão ser determinado pela mecânica quântica, não pela mecânica clássica. A natureza ondulatória das partículas pode ser levada em conta, pelo menos em uma certa medida, analisando-se todas as trajetórias clássicas que levam a partícula projétil entre a fonte e o detector e, então, considerando-se os efeitos da interferência entre elas.

Dois efeitos quânticos são de grande importância. Uma partícula com certo parâmetro de impacto pode aproximar-se da região atrativa do potencial de tal maneira que a partícula é desviada para o núcleo de repulsão (Fig. 21D.8), que, então, a repele para a região atrativa, onde continua sua trajetória inicial para a frente. Outras moléculas, porém, avançam nessa mesma direção, pois têm parâmetros de impacto tão grandes que elas não são desviadas na colisão. As funções de onda das partículas com os dois tipos de trajetória sofrem interferência entre si, e a intensidade na direção para a frente se modifica. Esse efeito é denominado **oscilação quântica**. O mesmo fenômeno explica o "efeito do resplendor" óptico, halo luminoso brilhante que, em certas circunstâncias, pode ser visto em torno de um objeto iluminado. (Os anéis coloridos em torno da sombra de uma aeronave projetados nas nuvens pelo Sol, e frequentemente vistos durante o voo, são um exemplo de resplendor óptico.)

O segundo efeito quântico que precisamos considerar é a observação de um espalhamento muito intenso em uma direção diversa da direção do eixo do feixe. Esse efeito é chamado de **espalhamento arco-íris** porque o mesmo mecanismo explica o aparecimento do arco-íris óptico. A origem do fenômeno está ilustrada na Fig. 21D.9. À medida que o parâmetro do impacto diminui, há um estágio em que o ângulo de espalhamento passa por um máximo e a interferência entre as trajetórias provoca um feixe espalhado muito intenso. O **ângulo do arco-íris**, θ_r, é o ângulo para o qual $d\theta/db = 0$ e o espalhamento é muito forte.

Outro fenômeno que pode ocorrer em certos feixes é a captura de uma espécie por outra. A temperatura vibracional nos feixes supersônicos é tão baixa que é possível que se formem **moléculas de van der Waals**, isto é, complexos da forma AB em que A e B se unem por forças de van der Waals ou ligações hidrogênio. Muitas moléculas desse tipo foram investigadas através dos respectivos espectros, entre as quais ArHCl, $(HCl)_2$, $ArCO_2$ e $(H_2O)_2$. Mais recentemente, foram estudados aglomerados de van der Waals de moléculas de água até $(H_2O)_6$. O estudo das suas propriedades

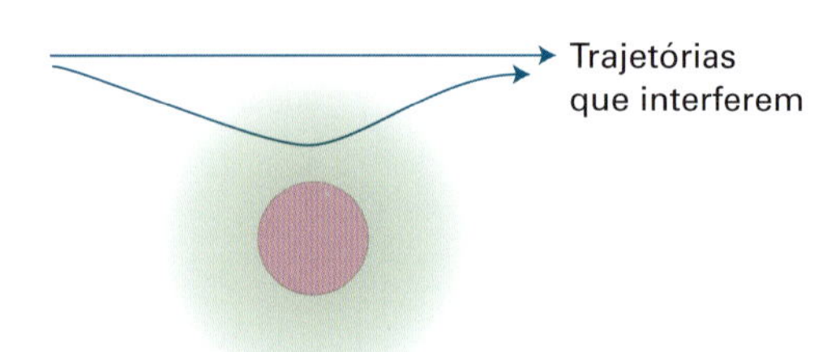

Figura 21D.8 Duas trajetórias que levam ao mesmo destino vão interferir quanticamente; neste caso, dão origem a oscilações quânticas no sentido direto.

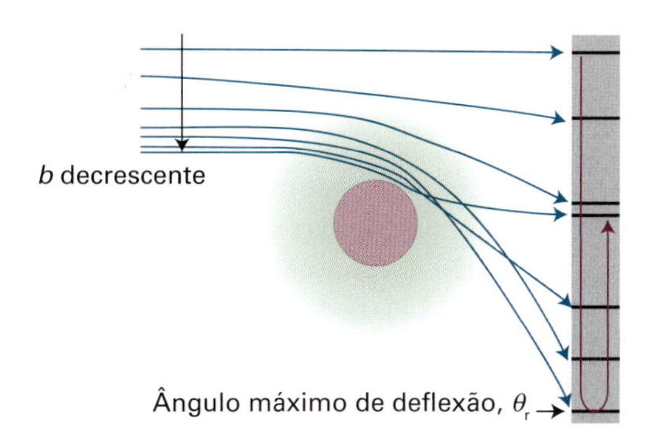

Figura 21D.9 A interferência de caminhos que leva ao espalhamento tipo arco-íris. O ângulo do arco-íris, θ_r, é o ângulo máximo do espalhamento obtido à medida que b é diminuído. A interferência entre os numerosos caminhos nesse ângulo modifica substancialmente a intensidade do espalhamento.

espectroscópicas proporciona informações detalhadas sobre os potenciais intermoleculares envolvidos.

21D.2 Colisões reativas

A informação experimental detalhada sobre os processos que se passam nas colisões reativas é obtida pela investigação de feixes moleculares, especialmente de **feixes moleculares cruzados** (Fig. 21D.10). O detector dos produtos da colisão entre os dois feixes pode estar em diferentes ângulos a fim de se levantar a distribuição angular dos produtos. Uma vez que as moléculas dos feixes colidentes podem ter diferentes energias (por exemplo, diferentes energias de translação, selecionadas por filtros de setores rotativos e bocais supersônicos, ou diferentes energias de vibração, pela excitação seletiva provocada por *lasers* e com diferentes orientações, mediante campos elétricos apropriados), é possível estudar a dependência entre o êxito de uma colisão e essas variáveis e investigar como elas afetam as propriedades dos produtos das colisões.

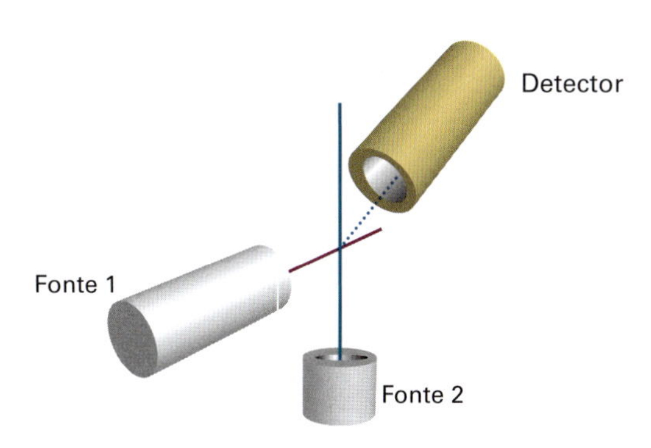

Figura 21D.10 Montagem de experiência com feixes cruzados. As moléculas são geradas em duas fontes separadas, e os feixes correspondentes cruzam-se perpendicularmente um ao outro. O detector responde às moléculas (que podem ser as dos produtos de uma reação química) espalhadas em uma certa direção.

(a) Investigação experimental das colisões reativas

Um método de examinar a distribuição de energia nos produtos é a **quimiluminescência no infravermelho**, na qual se observa a radiação infravermelha emitida pelas moléculas excitadas ao voltarem para os respectivos estados fundamentais. Pelo estudo das intensidades do espectro de emissão no infravermelho é possível determinar as populações dos estados vibracionais (Fig. 21D.11). Outro método usa a **fluorescência induzida por *laser***. Nessa técnica, a luz de um *laser* excita a molécula do produto a certo nível de vibração–rotação; a intensidade da fluorescência emitida do estado superior é acompanhada e interpretada em termos da população do estado de vibração–rotação inicialmente ocupado. Técnicas de **ionização multifóton** (MPI na sigla em inglês) também são boas alternativas para moléculas com baixa fluorescência. Em MPI, a absorção de vários fótons de um ou mais lasers pulsados pela molécula leva a sua ionização se a energia total dos fótons for maior que a energia de ionização da molécula.

A distribuição angular de produtos pode ser determinada por **produção de imagem dos produtos de reação**. Nessa técnica, os íons dos produtos são acelerados por um campo elétrico na direção de uma tela fosforescente e a luz emitida dos pontos específicos onde os íons atingiram a tela forma uma imagem por um dispositivo de carga acoplada (CCD na sigla em inglês). Uma variante importante da MPI é a **ionização multifóton ressonante** (REMPI na sigla em inglês), em que um ou mais fótons são usados para promover a molécula a um estado eletronicamente excitado e fótons adicionais são usados para gerar íons a partir do estado excitado. A vantagem dessa técnica está no fato de o experimentador poder escolher que reagente ou produto estudar, sintonizando a frequência do *laser* à banda de absorção eletrônica de uma molécula específica.

(b) Dinâmica de reação de estado a estado

Na Seção 21A introduzimos o conceito de seção eficaz de colisão e sua ligação com a teoria da colisão, e vimos que a constante

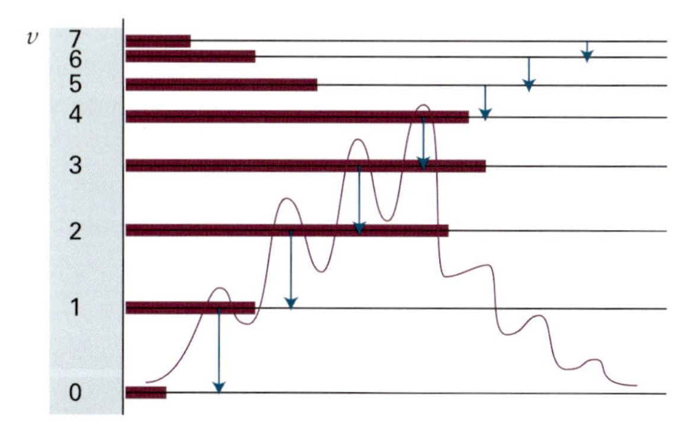

Figura 21D.11 Quimiluminescência no infravermelho do CO formado na reação $O + CS \rightarrow CO + S$, proveniente de populações em estados de não equilíbrio dos diversos estados de vibração do CO e da relaxação radiativa até o equilíbrio.

de velocidade de uma reação de segunda ordem, k_r, podia ser expressa como uma média ponderada pela distribuição de Boltzmann das seções eficazes de colisões reativas e velocidades relativas de aproximação das moléculas colidentes. Vamos escrever a Eq. 21A.6 daquela seção ($k_r = N_A\int_0^\infty \sigma(\varepsilon)v_{rel}f(\varepsilon)d\varepsilon$) na forma

$$k_r = \langle \sigma v_{rel} \rangle N_A \quad (21D.2)$$

em que os colchetes simbolizam uma média calculada pela distribuição de Boltzmann. As investigações dos feixes moleculares levam a uma versão mais detalhada dessa grandeza, a de uma **seção eficaz de colisão estado a estado**, $\sigma_{nn'}$, e, assim, a uma **constante de velocidade estado a estado**, $K_{nn'}$, para a transição reativa do estado inicial n dos reagentes para um estado final n' dos produtos:

$$k_{nn'} = \langle \sigma_{nn'} v_{rel} \rangle N_A \quad \text{Constante de velocidade de estado a estado} \quad (21D.3)$$

A constante de velocidade k_r é a soma da constante de velocidade estado a estado estendida a todos os estados finais (pois a reação é bem-sucedida qualquer que seja o estado final dos produtos) e sobre a soma dos estados iniciais, promediada pela distribuição de Boltzmann (pois os reagentes, no estado inicial, têm uma distribuição de populações típicas do equilíbrio na temperatura T):

$$k_r = \sum_{n,n'} k_{nn'}(T) f_n(T) \quad (21D.4)$$

em que $f_n(T)$ é o fator de Boltzmann correspondente à temperatura T. Conclui-se, portanto, que, se for possível calcular a seção eficaz de colisão estado a estado para uma ampla faixa de velocidades de aproximação e de estados iniciais e finais, poderemos calcular a constante de velocidade da reação.

Breve ilustração 21D.1 A constante de velocidade estado a estado

Suponha que um oscilador harmônico sofra uma colisão com outro oscilador com mesma massa efetiva e constante de força. Se a constante de velocidade estado a estado para a excitação da vibração do último é $k_{vv'} = k_r^\circ \delta_{vv'}$ para todos os estados v e v', implicando que só é possível uma excitação de certo nível qualquer para o mesmo nível do segundo oscilador, então, a uma temperatura T, quando $f_v(T) = e^{-vh\nu/kT}/q$, em que q é a função de partição vibracional molecular (Seção 15B, $q = 1/(1 - e^{-h\nu/kT})$), a constante de velocidade global é

$$k_r = \frac{k_r^\circ}{q}\sum_{v,v'} \delta_{vv'} e^{-vh\nu/kT} = \frac{k_r^\circ}{q}\overbrace{\sum_{v'} e^{-v'h\nu/kT}}^{q} = k_r^\circ$$

Exercício proposto 21D.1 Agora suponha que $k_{vv'} = k_r^\circ \delta_{vv'} e^{-\lambda v}$ implicando que a transferência se torna menos eficiente à medida que o número quântico vibracional aumenta. Calcule k_r.

Resposta: $k_r = k_r^\circ(1 - e^{-h\nu/kT})/(1 - e^{-(\lambda + h\nu/kT)})$

21D.3 Superfícies de energia potencial

Um dos conceitos mais importantes na discussão dos resultados, e nos cálculos das seções eficazes de colisão estado a estado, é o de **superfície de energia potencial** da reação. Essa superfície é a energia potencial em função das posições relativas de todos os átomos que participam da reação. Ela pode ser construída a partir de dados experimentais e de resultados de cálculos quânticos (Seção 10E). O método teórico requer o cálculo sistemático da energia do sistema em um grande número de arranjos geométricos. Técnicas computacionais especiais, como as descritas na Seção 10E, são utilizadas para levar em conta a correlação eletrônica proveniente de interações entre elétrons à medida que se aproximam e se afastam uns dos outros em uma molécula ou em um aglomerado de moléculas. Técnicas que incorporam correlação eletrônica de forma acurada consomem muito tempo, e assim, atualmente, somente reações entre partículas relativamente simples, como as reações $H + H_2 \rightarrow H_2 + H$ e $H + H_2O \rightarrow OH + H_2$, podem ter esse tipo de tratamento teórico. Uma alternativa é usar métodos semiempíricos, em que os resultados de cálculos e parâmetros experimentais são utilizados para construir a superfície de energia potencial.

Para ilustrar as características de uma superfície de energia potencial, consideremos a colisão entre um átomo de H e uma molécula de H_2. O cálculo detalhado mostra que a aproximação de um átomo de H_A ao longo do eixo da ligação H_B–H_C exige menos energia para a reação do que em qualquer outra direção de aproximação. Vamos inicialmente limitar a exposição a esta aproximação colinear. Dois parâmetros definem as separações nucleares: a separação H_A–H_B, R_{AB}, e a separação H_B–H_C, R_{BC}.

No início do processo, R_{AB} é infinita e R_{BC} é o comprimento de equilíbrio da ligação no H_2. No final de uma colisão bem-sucedida, R_{AB} é igual ao comprimento de equilíbrio da ligação e R_{BC} é infinita. A energia total do sistema de três átomos depende das separações relativas, e pode ser determinada por cálculos de estrutura eletrônica. O gráfico da energia total do sistema em função de R_{AB} e R_{BC} dá a superfície de energia potencial dessa reação colinear (Fig. 21D.12). A superfície é, comumente, representada por diagramas de contorno (Fig. 21D.13).

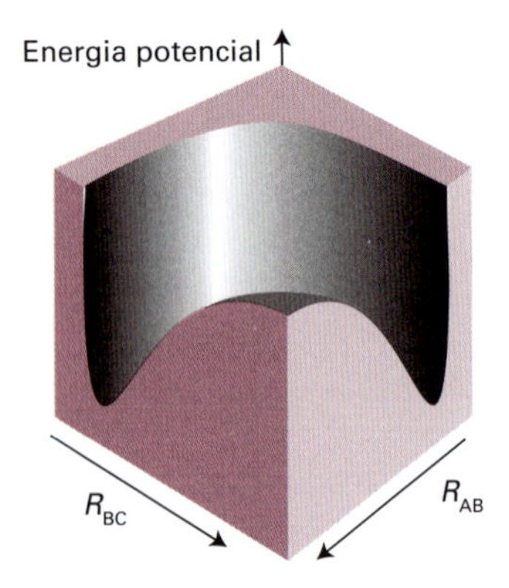

Figura 21D.12 Superfície de energia potencial da reação $H + H_2 \rightarrow H_2 + H$ quando os átomos colidem sobre um eixo.

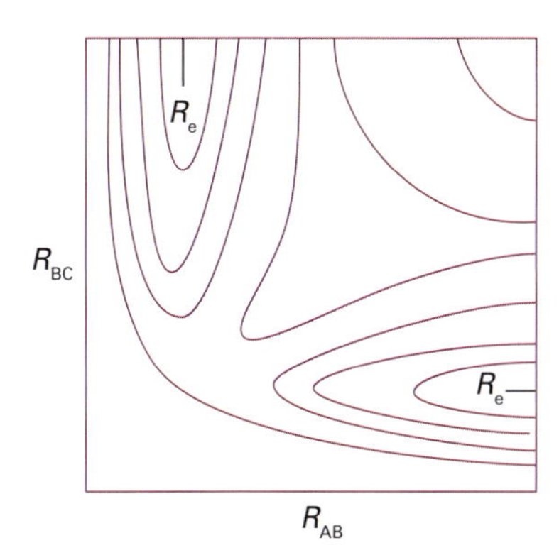

Figura 21D.13 Diagramas de contorno (com contornos de igual energia potencial) correspondentes à Fig. 21D.12. O ponto R_e assinala a distância de equilíbrio em uma molécula de H_2 (estritamente, está relacionado com o arranjo com o terceiro átomo no infinito).

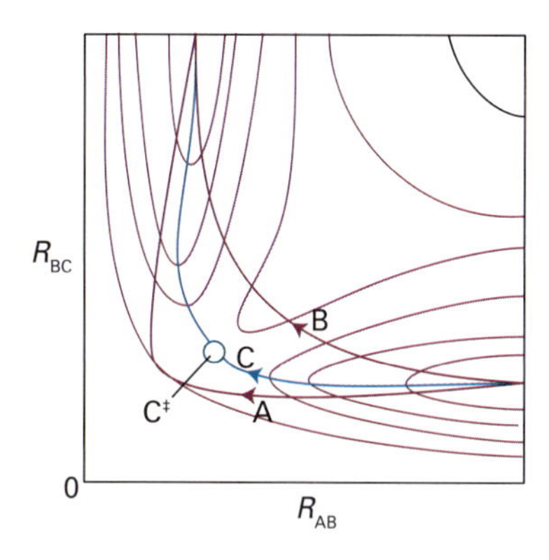

Figura 21D.14 Algumas trajetórias sobre a superfície de energia potencial da Fig. 21D.13. A trajetória A corresponde a uma via em que R_{BC} fica constante à medida que H_A se aproxima. A trajetória B corresponde a uma via em que R_{BC} se alonga um tanto em um estágio inicial da aproximação de H_A. A trajetória C é aquela que acompanha o fundo do vale da superfície potencial.

Quando R_{AB} é muito grande, a variação da energia potencial representada pela superfície, à medida que R_{BC} se altera, é a de uma molécula de H_2 isolada em função do comprimento da ligação. Um corte da superfície em $R_{AB} = \infty$, por exemplo, coincide com a curva da energia potencial de ligação do H_2. Na outra extremidade do diagrama, onde R_{BC} é muito grande, um corte da superfície é a curva da energia potencial de uma molécula H_AH_B isolada.

Breve ilustração 21D.2 Uma superfície de energia potencial

A reação bimolecular $H + O_2 \rightarrow OH + O$ desempenha um importante papel nos processos de combustão. A reação pode ser caracterizada em termos da superfície de energia potencial do HO_2 e as duas distâncias de aproximação colinear R_{HO_A} e $R_{O_AO_B}$. Quando R_{HO_A} é muito grande, a variação da energia potencial de HO_2 com $R_{O_AO_B}$ é a de uma molécula de dioxigênio isolada quando o comprimento da sua ligação é alterado. De modo semelhante, quando $R_{O_AO_B}$ é muito grande, um corte da superfície de energia potencial é a curva de energia potencial molecular de um radical OH isolado.

Exercício proposto 21D.2 Repita a análise para $H + OD \rightarrow OH + D$.

Resposta: R_{HO} no infinito: curva de energia potencial de OD; R_{OD} no infinito: curva de energia potencial de OH

A trajetória real dos átomos no processo de colisão depende da energia total que possuem, isto é, da soma das energias cinéticas e potencial. Contudo, podemos ter uma ideia inicial das trajetórias possíveis do sistema identificando trajetórias que correspondem ao mínimo de energia potencial. Por exemplo, consideremos as modificações da energia potencial quando H_A se aproxima de H_BH_C. Se o comprimento da ligação H_B–H_C for constante durante a aproximação inicial de H_A, a energia potencial do conjunto H_3 irá aumentar ao longo da trajetória assinalada por A na Fig. 21D.14. Vemos que a energia potencial atinge valores muito altos quando H_A é comprimido contra a molécula H_BH_C e depois diminui fortemente quando H_C rompe a ligação e se afasta para uma grande distância. Pode-se imaginar outra via da reação (B) na qual o comprimento da ligação H_B–H_C aumenta enquanto H_A ainda está bem afastado. As duas trajetórias, ainda que possíveis se as moléculas têm energia cinética inicial suficiente, levam os três átomos para regiões de alta energia potencial no decorrer dos processos.

A trajetória da energia potencial mais baixa, a assinalada por C, corresponde a um aumento de R_{BC} à medida que H_A se aproxima e principia a formar uma ligação com H_B. A ligação H_B–H_C relaxa pela influência do átomo que se aproxima e a energia potencial só se eleva até a região em forma de sela da superfície, assinalada pelo **ponto de sela** $C^‡$. O processo de encontro de menor energia potencial é aquele em que os átomos seguem a rota C pelo fundo do vale da superfície de energia potencial, sobem até o ponto de sela e descem pelo outro lado, para o outro vale da superfície, enquanto a nova ligação H_A–H_B atinge o comprimento de equilíbrio e H_C se afasta até o infinito. É sobre essa trajetória que se mede a coordenada de reação.

Podemos agora fazer a ligação com a teoria do estado de transição para as velocidades de reação (Seção 21C). Em termos das trajetórias sobre as superfícies de potencial com uma energia total

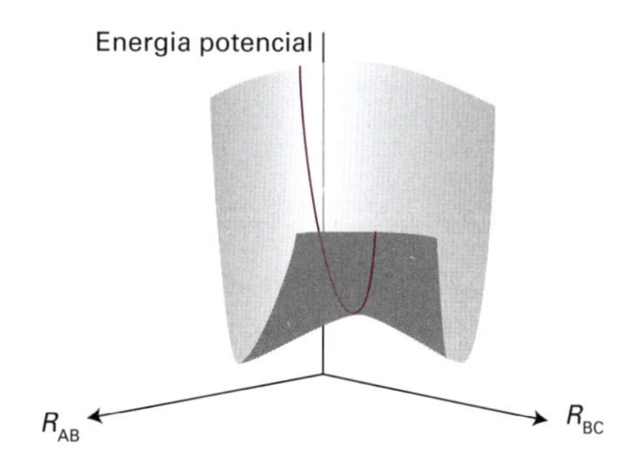

Figura 21D.15 O estado de transição é um conjunto de configurações (simbolizadas pela curva que passa pelo ponto de sela) através do qual as trajetórias das colisões bem-sucedidas devem passar.

próxima da energia no ponto de sela, o estado de transição pode ser identificado como uma geometria crítica tal que toda trajetória que passa através dessa geometria provoca a reação (Fig. 21D.15). A maioria das trajetórias ao longo das superfícies de energia potencial não passa diretamente sobre o ponto de sela, e, por isso, para levar à reação, é necessário que elas tenham uma energia total significativamente mais elevada do que a energia do ponto de sela. Consequentemente, a energia de ativação determinada experimentalmente é, muitas vezes, significativamente mais elevada do que a energia do ponto de sela calculada.

21D.4 Alguns resultados dos experimentos e dos cálculos

Embora o tunelamento quântico possa desempenhar um papel importante na reatividade, especialmente nos átomos de hidrogênio e em reações de transferência de elétrons, inicialmente podemos considerar as trajetórias clássicas de partículas ao longo das superfícies. Sob esse ponto de vista, para ter êxito na passagem de reagentes a produtos, as moléculas colidentes devem ter energia cinética suficiente para conseguir atingir o ponto de sela da superfície de energia potencial. Portanto, a forma da superfície pode ser obtida experimentalmente pela variação da velocidade relativa de aproximação (mediante a escolha apropriada das velocidades dos feixes) e pela variação da excitação de vibração, acompanhando-se então a ocorrência da reação e os estados de vibração excitados dos produtos (Fig. 21D.16). Por exemplo, um problema que pode ser resolvido é o de saber se é melhor disparar os reagentes uns contra os outros com energias cinéticas de translação muito elevadas, ou então fazer com que se aproximem em estados de vibração muito altos. Na figura, a trajetória C_2*, na qual a molécula H_BH_C está com as vibrações muito excitadas, é mais eficiente ou não para levar à reação do que a trajetória C_1*, na qual a energia total é a mesma que na trajetória anterior, mas a energia cinética translacional é muito alta?

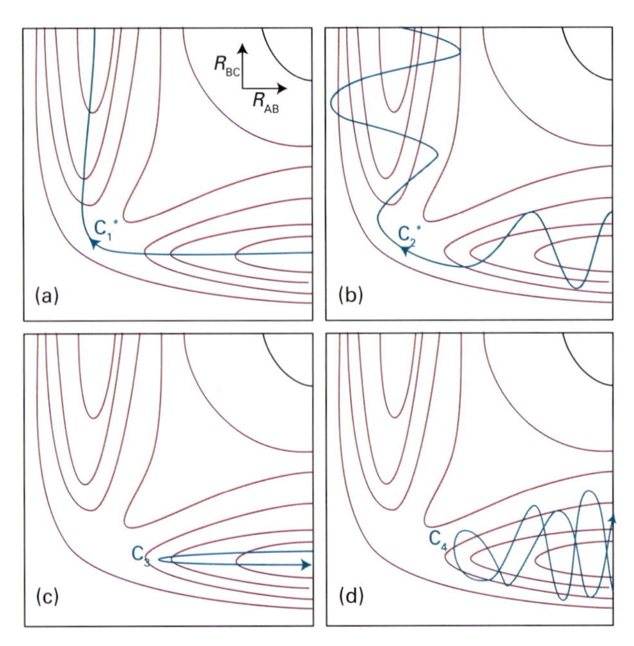

Figura 21D.16 Alguns encontros moleculares bem-sucedidos (*) e sem sucesso. (a) A curva C_1* corresponde à trajetória ao longo do fundo do vale da energia potencial. (b) A curva C_2* é a de uma aproximação entre A e uma molécula BC vibrante; há a formação de uma molécula AB vibrante quando o átomo C se afasta. (c) A curva C_3 corresponde a uma aproximação de A de uma molécula BC não vibrante, com energia cinética de translação insuficiente. (d) A curva C_4 corresponde a uma aproximação entre A e uma molécula BC vibrante, mas com energia e fase da vibração que não levam ao sucesso da reação.

(a) A direção do ataque e a separação

A Fig. 21D.17 mostra os resultados de um cálculo da energia potencial no processo de um átomo de H se aproximar de uma molécula de H_2, sob diferentes ângulos. Em cada caso, a ligação do H_2 relaxa para o comprimento ótimo. A barreira de potencial é mínima no ataque colinear, como admitimos previamente. (Não devemos perder de vista que outras linhas de ataque podem, também, ter êxito e contribuir para a velocidade global da reação.) A Fig. 21D.18 mostra as variações de energia potencial quando um átomo de Cl se

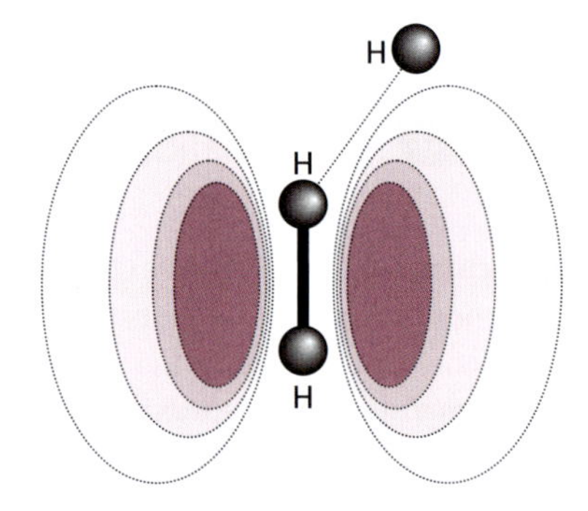

Figura 21D.17 Indicação da anisotropia das variações da energia potencial quando H se aproxima de H_2 sob diferentes ângulos de ataque. O ataque colinear tem a menor barreira de potencial da reação. A superfície mostra o perfil da energia potencial ao longo da coordenada de reação para cada configuração.

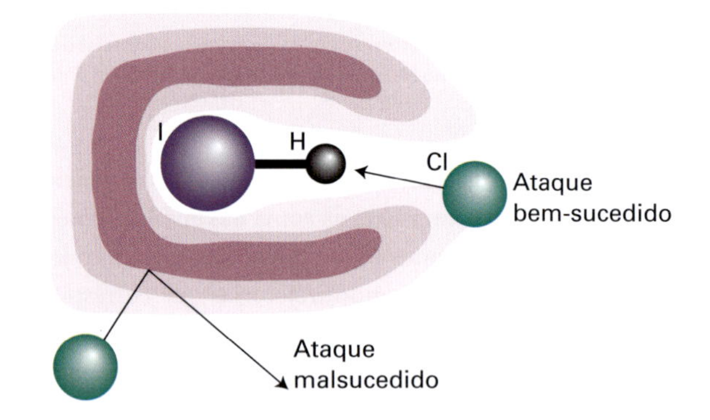

Figura 21D.18 Barreira de energia potencial para a aproximação entre o Cl e o HI. Neste caso, os encontros bem-sucedidos só ocorrem quando o Cl se aproxima do H dentro de um cone com o vértice no átomo de H.

aproxima de uma molécula de HI. A barreira mais baixa se ergue quando o átomo de Cl se desloca dentro de um cone com semiângulo do vértice de 30°, com a origem no átomo de H. A importância desse resultado para o cálculo do fator estérico da teoria da colisão merece ser ressaltada: nem toda colisão tem êxito, pois nem todas têm a direção de aproximação no interior do cone reativo.

Se a colisão for pegajosa, de modo que os reagentes ao colidirem ficam circulando uns em torno dos outros, os produtos são lançados em direções aleatórias, pois, , na colisão, toda a memória da direção da aproximação inicial se perde. Uma rotação se faz em um intervalo de tempo da ordem de 1 ps, de modo que, se a colisão estiver terminada num intervalo de tempo menor, o complexo não terá tempo de girar e os produtos serão lançados em certas direções específicas. Na colisão entre o K e o I_2, por exemplo, a maior parte do produto é lançada para a frente (para a frente e para trás referem-se a direções em um sistema de coordenadas do centro de massa, com a origem no centro de massa dos reagentes colidentes e com a colisão ocorrendo quando as moléculas estão na origem). Essa distribuição é compatível com o mecanismo do arpão (Seção 20A), pois a transição se dá a grande separação. Na colisão entre o K e o CH_3I, por outro lado, a reação só se passa se houver estreita aproximação. Nessa reação, o átomo de K colide, efetivamente, com um muro muito grande e o produto KI é refletido para trás. A percepção dessa anisotropia da distribuição angular dos produtos proporciona indicações sobre as distâncias e orientações da aproximação necessária para a reação e também mostra se o evento se completa em intervalo menor do que 1 ps.

(b) Superfícies atrativas e superfícies repulsivas

Algumas reações são muito sensíveis à forma da energia dos reagentes, se vibracional ou se translacional. Por exemplo, se duas moléculas de HI forem disparadas uma contra a outra com mais do que o dobro da energia de ativação da reação, não haverá reação se toda a energia for somente de translação. Na reação $F + HCl \rightarrow Cl + HF$, por exemplo, a reação é cerca de cinco vezes mais eficiente quando o HCl está no primeiro estado excitado de vibração do que quando está, com a mesma energia total, no estado fundamental de vibração.

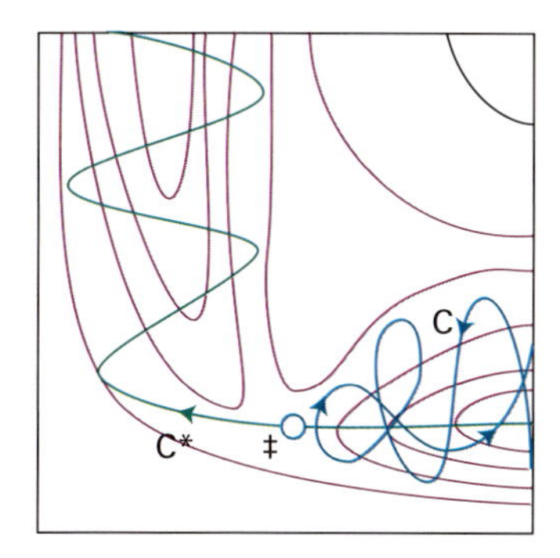

Figura 21D.19 Superfície de energia potencial atrativa. Um encontro bem-sucedido (C*) envolve energia cinética de translação elevada e leva a produto em estados excitados de vibração.

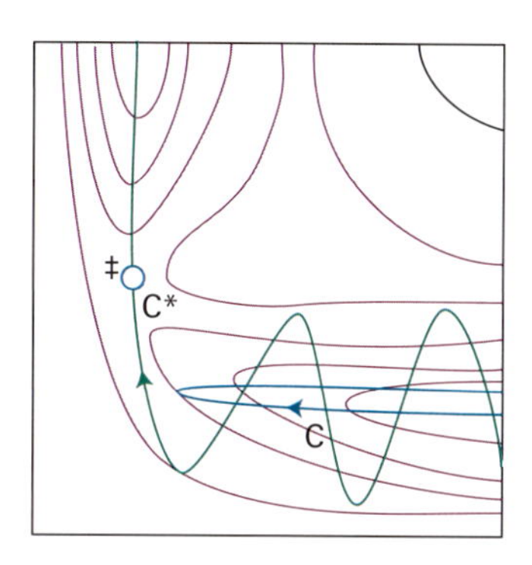

Figura 21D.20 Superfície de energia potencial repulsiva. Um encontro bem-sucedido (C*) envolve energia de vibração inicial e leva a produtos com muita energia cinética de translação. Uma reação que tem superfície atrativa em um sentido tem-na repulsiva no sentido oposto.

A origem dessas circunstâncias fica evidente pelo exame da superfície de energia potencial. A Fig. 21D.19 mostra uma **superfície atrativa**, em que o ponto de sela ocorre precocemente na curva da coordenada de reação. A Fig. 21D.20 mostra uma **superfície repulsiva**, com o ponto de sela muito remoto sobre a mesma curva. Uma superfície que é atrativa num sentido da curva é repulsiva no sentido oposto.

Seja inicialmente uma superfície atrativa. Se a molécula inicial estiver com as vibrações excitadas, a colisão com uma molécula incidente leva o sistema ao longo de C. A trajetória tomada, porém, está obstada na região dos reagentes e não leva o sistema para o ponto de sela. Porém, se a mesma quantidade de energia estiver presente exclusivamente como energia cinética de translação, o sistema avança até C* e atravessa tranquilamente o ponto de sela, atingindo a região dos produtos. Podemos então afirmar que as superfícies de energia potencial que forem atrativas operam com maior eficiência se a energia disponível for a do movimento de translação relativo. Além disso, a superfície de potencial mostra que, uma vez transposto o ponto de sela, a trajetória corre pelas escarpas do vale dos produtos e passa de um lado para outro do vale, à medida que os produtos se separam. Em outras palavras, os produtos saem da reação em estados excitados de vibração.

Imaginemos agora uma superfície repulsiva. Sobre a trajetória C, a energia na colisão é em grande parte de translação. À medida que os reagentes se aproximam um do outro, a energia potencial se eleva. A trajetória os conduz às escarpas opostas do vale, e há uma reflexão que os devolve à região inicial. Essa trajetória corresponde a um encontro malsucedido, embora a energia seja suficiente para a reação. Sobre C*, parte da energia é de vibração das moléculas do reagente e o movimento faz com que a trajetória ondule de um lado para outro do vale ao se aproximar do ponto de sela. Esse movimento pode ser suficiente para fazer o sistema contornar o ponto de sela e entrar no vale dos produtos. Neste caso, a molécula produto estará, provavelmente, em um estado de vibração não excitado. As reações com superfícies de potencial repulsivas, por isso, provavelmente serão mais eficientes quando o excesso de energia dos reagentes estiver presente como vibrações. Esse é o caso da reação $H + Cl_2 \rightarrow HCl + Cl$, por exemplo.

Breve ilustração 21D.3 Superfícies atrativas e superfícies repulsivas

A reação $H + Cl_2 \rightarrow HCl + Cl$ tem uma superfície potencial repulsiva. Nos quatro processos reativos a seguir, $H + Cl_2(v) \rightarrow HCl(v') + Cl$, que simbolizamos por (v,v'), todos com a mesma energia total, (a) (0,0), (b) (2,0), (c) (0,2), (d) (2,2), a reação (b) é mais provável, com reagentes com excitação vibracional e produtos não excitados vibracionalmente.

Exercício proposto 21D.3 Qual dos quatro processos reativos da reação $HCl(v) + Cl \rightarrow H + Cl_2(v')$, todos com a mesma energia total, (a) (0,0), (b) (2,0), (c) (0,2), (d) (2,2), é mais provável?

Resposta: (0,2); superfície atrativa

(c) Trajetórias clássicas

Pode-se ter uma imagem clara do evento reacional usando a mecânica clássica para calcular as trajetórias dos átomos que participam da reação a partir de um conjunto de condições iniciais, como as velocidades, orientações relativas e energias internas dos reagentes. Os valores iniciais utilizados para a energia interna refletem a quantização da energia eletrônica, vibracional e rotacional das moléculas, embora a mecânica quântica não seja usada explicitamente no cálculo da trajetória.

A Fig. 21D.21 mostra o resultado de um desses cálculos com as posições dos três átomos na reação $H + H_2 \rightarrow H_2 + H$. A coordenada horizontal é o tempo, e a vertical, as separações. A ilustração mostra claramente a vibração da molécula original e a aproximação do átomo atacante. A reação em si, a troca de parceiros, ocorre muito rapidamente e é um exemplo de **processo a modo direto**. A molécula formada se agita internamente, mas entra em vibração harmônica permanente à medida que o átomo deslocado se afasta. A Fig. 21D.22 mostra um exemplo de **processo a modo complexo**, em que o estado de transição sobrevive durante um intervalo de tempo relativamente longo. A reação da ilustração é a reação de troca $KCl + NaBr \rightarrow KBr + NaCl$. O estado de transição tetratômico persiste durante cerca de 5 ps, durante os quais os átomos fazem 15 oscilações antes da dissociação nos produtos.

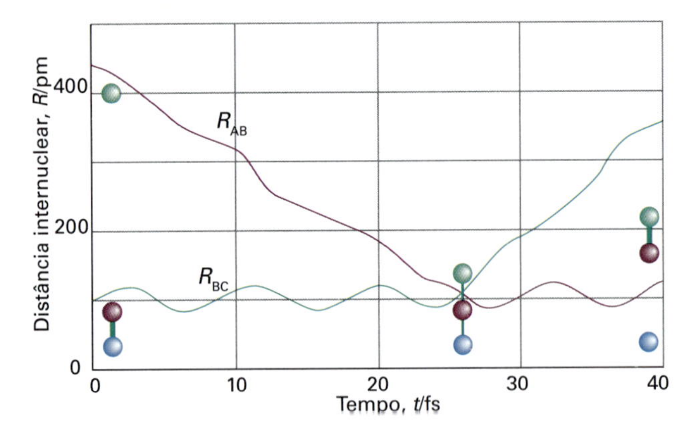

Figura 21D.21 Trajetórias calculadas de um encontro reativo entre A e uma molécula vibrante BC levando à formação de uma molécula vibrante AB. Essa reação a modo direto ocorre entre o H e o H_2. (M. Karplus *et al.*, *J. Chem. Phys.* **43**, 3258 (1965).)

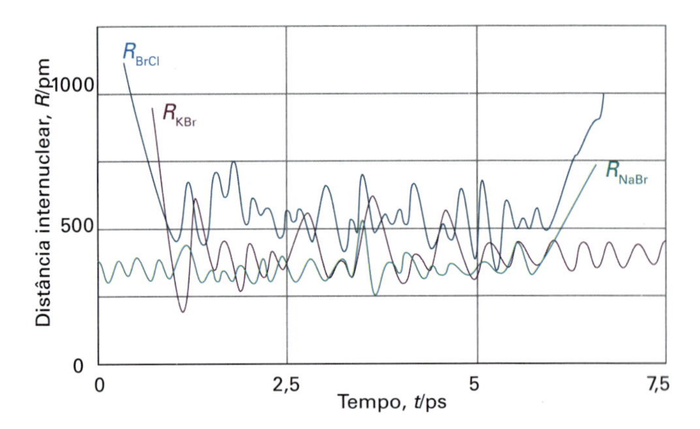

Figura 21D.22 Exemplo de trajetórias calculadas para uma reação a modo complexo, $KCl + NaBr \rightarrow KBr + NaCl$, na qual o aglomerado da colisão tem tempo de vida longo. (P. Brumer e M. Karplus, *Faraday Disc. Chem. Soc.* **55**, 80 (1973).)

(d) Teoria do espalhamento quântico

Os cálculos de trajetórias clássicas não levam em conta o fato de que o movimento dos átomos, elétrons e núcleos é governado pela mecânica quântica. O conceito de trajetória fica enfraquecido e é substituído pelo desdobramento da função de onda que representa inicialmente os reagentes e, no final, os produtos.

Cálculos quânticos completos de trajetórias e de constantes de velocidade são muito dispendiosos, pois é necessário considerar todos os estados eletrônicos, vibracionais e rotacionais ocupados por cada átomo e molécula no sistema, em uma dada temperatura. É comum definir um "canal" como um grupo de moléculas em estados quânticos permitidos bem definidos. Assim, em uma certa temperatura, há muitos canais que representam os reagentes e muitos que representam os produtos, sendo algumas transições entre canais possíveis e outras não. Além disso, nem toda transição leva a uma reação química. Por exemplo, o processo $H_2^* + OH \rightarrow H_2 + (OH)^*$, em que o asterisco representa um estado excitado, descreve a transferência de energia entre H_2 e OH, ao passo que o processo $H_2^* + OH \rightarrow H_2O + H$ representa uma reação química. O fator complicador no cálculo quântico de constantes de velocidade, mesmo neste exemplo simples de sistema com quatro átomos, é que muitos canais reagentes presentes em uma certa temperatura podem levar aos produtos desejados, $H_2O + H$, que podem, eles mesmos, ser formados por muitos canais diferentes. A **probabilidade cumulativa de reação**, $\bar{P}(E)$, em uma energia total fixa E, é escrita como

$$\bar{P}(E) = \sum_{i,j} P_{ij}(E) \qquad \text{Probabilidade de reação cumulativa} \qquad (21D.5)$$

Nessa expressão, $P_{ij}(E)$ é a probabilidade para uma transição entre um canal reagente i e um canal produto j e a soma se estende a todas as possíveis transições que levam aos produtos. Pode-se mostrar então que a constante de velocidade é dada por

$$k_r(T)=\frac{\int_0^\infty \bar{P}(E)e^{-E/kT}dE}{hQ_R(T)} \quad \text{Constante de velocidade} \quad (21D.6)$$

em que $Q_R(T)$ é a densidade de função de partição (a função de partição dividida pelo volume) dos reagentes à temperatura T. A significância da Eq. 21D.6 é que ela provê uma conexão direta entre uma grandeza experimental, a constante de velocidade, e uma grandeza teórica, $\bar{P}(E)$.

Conceitos importantes

- ☐ 1. Um **feixe molecular** é um fluxo estreito colimado de moléculas que atravessam um recipiente evacuado.
- ☐ 2. Em um feixe molecular, o padrão de espalhamento de moléculas reais depende dos efeitos quânticos e dos detalhes do potencial intermolecular.
- ☐ 3. Uma **molécula de van der Waals** é um complexo da forma AB, em que A e B se unem por forças de van der Waals ou por ligações hidrogênio.
- ☐ 4. As técnicas para o estudo de colisões reativas incluem **quimiluminescência no infravermelho**, **fluorescência induzida por luz de *laser***, **ionização multifóton** (MPI), **formação de imagem dos produtos da reação** e **ionização multifóton ressonante** (REMPI).
- ☐ 5. Uma **superfície de energia potencial** é um mapa da energia potencial em função das posições relativas de todos os átomos que participam de uma reação.
- ☐ 6. Em uma **superfície atrativa**, o ponto de sela (o ponto mais elevado) ocorre precocemente ao longo da coordenada de reação.
- ☐ 7. Em uma **superfície repulsiva**, o ponto de sela ocorre remotamente ao longo da coordenada de reação.

Equações importantes

Propriedade	Equação	Comentário	Número da equação
Velocidade de espalhamento molecular	$dI=\sigma I\mathcal{N}dx$	σ é a seção eficaz de espalhamento diferencial	21D.1
Constante de velocidade	$k_r=\langle\sigma v_{rel}\rangle N_A$		21D.2
Constante de velocidade estado a estado	$k_{nn'}=\langle\sigma_{nn'}v_{rel}\rangle N_A$		21D.3
Constante de velocidade global	$k_r=\sum_{n,n'}k_{nn'}(T)f_n(T)$		21D.4
Probabilidade cumulativa de reação	$\bar{P}(E)=\sum_{i,j}P_{ij}(E)$		21D.5
Constante de velocidade	$k_r(T)=\int_0^\infty \bar{P}(E)e^{-E/kT}dE/hQ_R(T)$	$Q_R(T)$ é a densidade de função de partição	21D.6

21E Transferência de elétrons em sistemas homogêneos

Tópicos

➤ **Por que você precisa saber este assunto?**

As reações de transferência de elétrons entre cofatores ligados a proteína ou entre proteínas desempenham um papel importante em diversos processos biológicos. A transferência de elétrons também é importante na catálise homogênea não biológica (principalmente os sistemas biomiméticos).

➤ **Qual é a ideia fundamental?**

A constante de velocidade da transferência de elétrons em um complexo doador–aceitador depende da distância entre o doador e o aceitador de elétrons, da energia de Gibbs padrão de reação e da energia necessária para obter um arranjo particular de átomos.

➤ **O que você já deve saber?**

Esta seção utiliza a teoria do estado de transição (Seção 21C). Ela ainda utiliza o conceito de tunelamento (Seção 8A), a aproximação do estado estacionário (Seção 20E) e o princípio de Franck–Condon (Seção 13A).

Vamos aplicar agora os conceitos da teoria do estado de transição e da teoria quântica ao estudo de um processo aparentemente simples, a transferência de elétrons entre moléculas em sistemas homogêneos. Descreveremos uma abordagem teórica do cálculo das constantes de velocidade e discutiremos a teoria à luz de resultados experimentais em uma variedade de sistemas, inclusive os complexos proteicos. Veremos que expressões relativamente simples podem ser empregadas para prever as velocidades de transferência de elétrons com razoável acurácia.

21E.1 A lei de velocidade da transferência de elétrons

Considere a transferência de elétrons de uma espécie doadora D para uma espécie aceitadora A, ambas em solução. A reação global é

$$\mathrm{D}+\mathrm{A}\rightarrow\mathrm{D}^{+}+\mathrm{A}^{-}\qquad v=k_{\mathrm{r}}[\mathrm{D}][\mathrm{A}] \tag{21E.1}$$

Na primeira etapa do mecanismo, as espécies D e A devem se difundir pela solução e colidir para formar o complexo DA:

$$\mathrm{D}+\mathrm{A}\underset{k_{\mathrm{a}}'}{\overset{k_{\mathrm{a}}}{\rightleftarrows}}\mathrm{DA} \tag{21E.2a}$$

Admitimos que, no complexo, D e A estejam separados por d, a distância entre suas superfícies externas. A seguir, a transferência de elétrons ocorre no complexo DA, produzindo $\mathrm{D}^+\mathrm{A}^-$:

$$\mathrm{DA}\underset{k_{\mathrm{et}}'}{\overset{k_{\mathrm{et}}}{\rightleftarrows}}\mathrm{D}^{+}\mathrm{A}^{-} \tag{21E.2b}$$

O complexo $\mathrm{D}^+\mathrm{A}^-$ pode se fragmentar e os íons podem se difundir pela solução:

$$\mathrm{D}^{+}\mathrm{A}^{-}\xrightarrow{k_{\mathrm{d}}}\mathrm{D}^{+}+\mathrm{A}^{-} \tag{21E.2c}$$

Mostramos na *Justificativa* a seguir que

$$\frac{1}{k_{\mathrm{r}}}=\frac{1}{k_{\mathrm{a}}}+\frac{k_{\mathrm{a}}'}{k_{\mathrm{a}}k_{\mathrm{et}}}\left(1+\frac{k_{\mathrm{et}}'}{k_{\mathrm{d}}}\right) \tag{21E.3}$$

Constante de velocidade para o processo de transferência de elétrons

Justificativa 21E.1 Constante de velocidade para o processo de transferência de elétrons

Iniciamos igualando a velocidade da reação global (Eq. 21E.1) à da formação dos íons separados:

$$v = k_r[D][A] = k_d[D^+A^-]$$

Há dois intermediários de reação, DA e D^+A^-. Aplicamos agora a aproximação do estado estacionário (Seção 20E) a ambos. De

$$\frac{d[D^+A^-]}{dt} = k_{te}[DA] - k_{te}[D^+A^-] - k_d[D^+A^-] = 0$$

Segue que

$$[DA] = \frac{k'_{te} + k_d}{k_{te}}[D^+A^-]$$

e de

$$\frac{d[DA]}{dt} = k_a[D][A] - k'_a[DA] - k_{te}[DA] + k'_{te}[D^+A^-] = 0$$

segue que

$$k_a[D][A] \overbrace{-k'_a[DA] - k_{te}[DA]}^{-(k_a+k_{te})\ \overbrace{[DA]}^{((k'_{te}+k_d)/k_{te})[D^+A^-]}} + k'_{te}[D^+A^-]$$

$$= k_a[D][A] - \left\{\frac{(k'_a + k_{te})(k'_{te} + k_d)}{k_{te}} - k'_{te}\right\}[D^+A^-]$$

$$= k_a[D][A] - \frac{1}{k_{te}}(k'_a k'_{te} + k'_a k_d + k_d k_{te})[D^+A^-] = 0$$

portanto,

$$[D^+A^-] = \frac{k_a k_{te}}{k'_a k'_{te} + k'_a k_d + k_d k_{te}}[D][A]$$

Quando multiplicamos essa expressão por k_d, vemos que a equação resultante tem a forma da velocidade de transferência de elétrons, $v = k_r[D][A]$, com k_r dada por

$$k_r = \frac{k_a k_{te} k_d}{k'_a k'_{te} + k'_a k_d + k_d k_{te}}$$

Para obter a Eq. 21E.3, dividimos o numerador e o denominador do lado direito dessa expressão por $k_d k_{te}$ e resolvemos para o inverso de k_r.

Para termos uma compreensão mais profunda da Eq. 21E.3 e dos fatores que influenciam a velocidade das reações de transferência de elétrons em solução, vamos admitir que a rota principal de decaimento para D^+A^- é a dissociação do complexo em seus íons separados, ou seja, que $k_d \gg k'_{te}$. Segue que

$$\frac{1}{k_r} \approx \frac{1}{k_a}\left(1 + \frac{k'_a}{k_{te}}\right)$$

Interpretação física

- Quando $k_{te} \gg k'_a$, vemos que $k_r \approx k_a$ e a velocidade de formação do produto é controlada pela difusão de D e A em solução, que favorece a formação do complexo DA.
- Quando $k_{te} \ll k'_a$, vemos que $k_r \approx (k_a/k'_a)k_{te} = Kk_{te}$, em que K é a constante de equilíbrio para o encontro difuso. O processo é controlado k_{te} e, portanto, pela energia de ativação de transferência de elétrons no complexo DA.

21E.2 A constante de velocidade

Esta análise pode ser desenvolvida introduzindo-se a implicação proveniente da teoria do estado de transição (Seção 21C) de que, a uma dada temperatura, $k_{te} \propto e^{-\Delta^{\ddagger}G/RT}$, em que $\Delta^{\ddagger}G$ é a energia de Gibbs de ativação. Portanto, resta-nos determinar expressões para a constante de proporcionalidade e para $\Delta^{\ddagger}G$.

Nossa discussão está baseada em dois aspectos fundamentais da teoria dos processos de transferência de elétrons, que foi desenvolvida independentemente por R.A. Marcus, N.S. Hush, V.G. Levich e R.R. Dogonadze:

- Elétrons são transferidos por tunelamento através de uma barreira de energia potencial, cuja altura é parcialmente determinada pelas energias de ionização dos complexos DA e D^+A^-. O tunelamento eletrônico influencia o valor constante de proporcionalidade na expressão de k_{te}.
- O complexo DA e as moléculas do solvente que o envolvem sofrem rearranjos estruturais antes da transferência de elétrons. A energia associada a esses rearranjos, bem como a energia de Gibbs padrão de reação, determina o valor de $\Delta^{\ddagger}G$.

Segundo o princípio de Franck–Condon (Seção 13A), as transições eletrônicas são tão rápidas que podemos considerar que ocorrem com os núcleos estacionários. Esse princípio também se aplica a um processo de transferência em que um elétron migra de uma superfície de energia, que representa a dependência da energia da espécie DA com sua geometria, para outra, que representa a energia de D^+A^-. Podemos representar as superfícies de energia potencial (e as energias de Gibbs) dos dois complexos (o complexo reagente DA e o complexo produto D^+A^-) pelas parábolas características de osciladores harmônicos, com a coordenada de deslocamento correspondendo às geometrias que se modificam (Fig. 21E.1). Essa coordenada representa um modo coletivo que engloba o doador, o aceitador e o solvente.

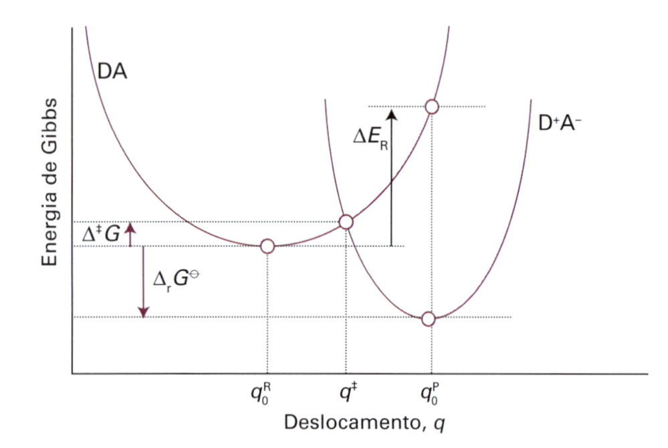

Figura 21E.1 As superfícies de energia de Gibbs dos complexos DA e D^+A^- envolvidos no processo de transferência de elétrons são representadas por parábolas características de osciladores harmônicos. A coordenada de deslocamento q corresponde às geometrias que se alteram no sistema.

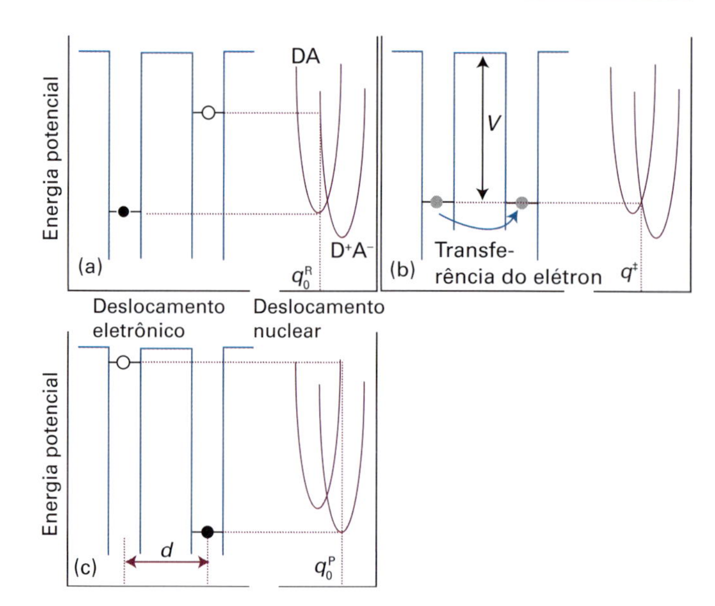

Figura 21E.2 (a) Na configuração nuclear representada por q_0^R, o elétron a ser transferido em DA está em um nível eletrônico ocupado (representado pelo círculo cheio) e o nível eletrônico desocupado de mais baixa energia de D^+A^- (representado pelo círculo vazio) tem energia demasiadamente elevada para ser um bom aceitador de elétrons. (b) Devido ao rearranjo nuclear a uma configuração representada por $q^‡$, DA e D^+A^- se tornam degenerados e a transferência eletrônica ocorre por tunelamento. (c) O sistema relaxa para a configuração de equilíbrio de D^+A^-, representada por q_0^P, em que o nível eletrônico desocupado de mais baixa de energia de DA é mais alto que o ocupado de mais alta energia de D^+A^-. (Adaptado de R.A. Marcus e N. Sutin, *Biochim. Biophys. Acta* **811**, 265 (1985).)

Segundo o princípio de Franck–Condon, os núcleos não têm tempo de se mover quando o sistema passa da superfície do reagente para a superfície do produto devido à transferência de um elétron. Portanto, a transferência de elétrons só pode ocorrer depois que as flutuações térmicas levam a geometria do complexo DA ao ponto $q^‡$ na Fig. 21E.1, que é o valor da coordenada nuclear correspondente à interseção das duas parábolas.

(a) O papel do tunelamento eletrônico

A constante de proporcionalidade na expressão de k_{te} é uma medida da velocidade com que o sistema converterá de reagentes (DA) a produtos (D^+A^-) em $q^‡$, pela transferência de elétrons no complexo DA termicamente excitado. Para entender o processo, precisamos analisar o efeito do rearranjo das coordenadas nucleares nos níveis de energia eletrônica de DA e D^+A^- a uma distância d entre D e A (Fig. 21E.2). Inicialmente, a energia total de DA é menor que a de D^+A^- (Fig. 21E.2a). À medida que os núcleos se rearranjam em uma configuração representada por $q^‡$ na Fig. 21E.2b, o HOMO de DA e o LUMO de D^+A^- ficam degenerados, tornando energeticamente viável a transferência do elétron. Em uma faixa de distâncias d razoavelmente pequenas, o mecanismo principal de transferência eletrônica é o tunelamento através da barreira de energia potencial ilustrada na Fig. 21E.2b. Após o deslocamento de um elétron entre os dois orbitais de fronteira, o sistema relaxa para uma configuração representada por q_0^P na Fig. 21E.2c. Como mostrado na ilustração, a energia de D^+A^- é agora menor que a de DA, refletindo a tendência termodinâmica de A em se manter reduzido (na forma de A^-) e a de D em se manter oxidado (na forma de D^+).

O tunelamento responsável pela transferência eletrônica é semelhante ao descrito na Seção 8A, exceto que, neste caso, o elétron tunela a partir de um nível eletrônico de DA, com função de onda ψ_{DA}, para um nível eletrônico de D^+A^-, com função de onda $\psi_{D^+A^-}$. A velocidade de uma transição eletrônica de um nível descrito pela função de onda ψ_{DA} para um nível descrito por $\psi_{D^+A^-}$ é proporcional ao quadrado da integral

$$H_{te} = \int \psi_{DA} \hat{h} \psi_{D^+A^-} d\tau$$

em que $\hat{h}$ é um hamiltoniano que descreve o acoplamento das funções de onda eletrônicas. A probabilidade de tunelamento através de uma barreira potencial tem tipicamente uma dependência entre o exponencial e a largura da barreira (Seção 8A), o que sugere que devemos escrever

$$H_{te}(d)^2 = H_{te}^{\circ 2} e^{-\beta d} \tag{21E.4}$$

em que d é a distância entre as extremidades entre D e A, β é um parâmetro que mede o quão sensível é o elemento da matriz de acoplamento eletrônico em relação à distância e H_{te}° é o valor do elemento da matriz de acoplamento eletrônico quando DA e D^+A^- estão em contato ($d = 0$).

Breve ilustração 21E.1 A dependência entre acoplamento e distância

O valor de β depende do meio através do qual o elétron deve se deslocar do doador ao aceitador. No vácuo, 28 nm^{-1} < β < 35 nm^{-1} enquanto $\beta \approx 9$ nm^{-1} quando o meio interveniente é uma ligação molecular entre doador e aceitador. A transferência de elétrons entre cofatores com ligação proteica pode ocorrer a distâncias de até cerca de 2,0 nm, uma longa distância em escala molecular, correspondente a cerca de 20 átomos de carbono, com a proteína funcionando como um meio interveniente entre doador e aceitador.

Exercício proposto 21E.1 De quanto H_{te}^2 varia quando d aumenta de 1,0 nm para 2,0 nm, com $\beta \approx 9$ nm^{-1}?

Resposta: Diminui por um fator de 8100

(b) A energia de reorganização

A constante de proporcionalidade em $k_{te} \propto e^{-\Delta^{\ddagger}G/RT}$ é proporcional a $H_{te}(d)^2$, conforme expressa a Eq. 21E.4. Portanto, podemos esperar a que expressão total de k_{te} tenha a forma

$$k_{te} = CH_{te}(d)^2 e^{-\Delta^{\ddagger}G/RT} \qquad (21E.5)$$

com C uma constante de proporcionalidade e $H_{te}(d)^2$ dada pela Eq. 21E.5. Mostramos na *Justificativa* 21E.2 que a energia de Gibbs de ativação $\Delta^{\ddagger}G$ é

$$\Delta^{\ddagger}G = \frac{(\Delta_r G^{\ominus} + \Delta E_R)^2}{4\Delta E_R} \qquad \text{Energia de Gibbs de ativação} \qquad (21E.6)$$

em que $\Delta_r G^{\ominus}$ é a energia de Gibbs padrão de reação para o processo de transferência de elétrons DA → D$^+$A$^-$ e ΔE_R é a **energia de reorganização**, a variação de energia associada aos rearranjos moleculares que devem ocorrer de forma que DA possa se converter à geometria de equilíbrio de D$^+$A$^-$. Esses rearranjos moleculares incluem a reorientação relativa das moléculas de D e de A em DA e a reorientação relativa das moléculas de solvente que circundam DA. A Eq. 21E.6 mostra que $\Delta^{\ddagger}G = 0$, implicando que a reação não é desacelerada por uma barreira de ativação quando $\Delta_r G^{\ominus} = -\Delta E_R$, correspondendo ao cancelamento da energia de reorganização pela energia de Gibbs padrão da reação.

Justificativa 21E.2 A energia de Gibbs de ativação de transferência de elétrons

A maneira mais simples de obter a expressão da energia de Gibbs de ativação dos processos de transferência de elétrons é construir um modelo no qual as superfícies de DA (o "complexo reagente", simbolizado por R) e de D$^+$A$^-$ (o "complexo produto", simbolizado por P) são descritas por osciladores harmônicos clássicos com massas reduzidas μ e frequências angulares ω idênticas, mas com mínimos deslocados, como na Fig. 21E.3. As energias de Gibbs molares $G_{m,R}(q)$ e $G_{m,P}(q)$ dos complexos reagente e produto, respectivamente, podem ser escritas como

$$G_{m,R}(q) = \tfrac{1}{2}N_A\mu\omega^2(q-q_0^R)^2 + G_{m,R}(q_0^R)$$
$$G_{m,P}(q) = \tfrac{1}{2}N_A\mu\omega^2(q-q_0^P)^2 + G_{m,P}(q_0^P)$$

em que q_0^R e q_0^P são os valores de q correspondentes aos mínimos das parábolas do reagente e do produto, respectivamente. A energia de Gibbs padrão de reação para o processo de transferência de elétrons R → P é $\Delta_r G^{\ominus} = G_{m,P}(q_0^P) - G_{m,R}(q_0^R)$, ou seja, a diferença de energia de Gibbs molar padrão entre os mínimos das parábolas. Na Fig. 21E.3, $\Delta_r G^{\ominus} < 0$.

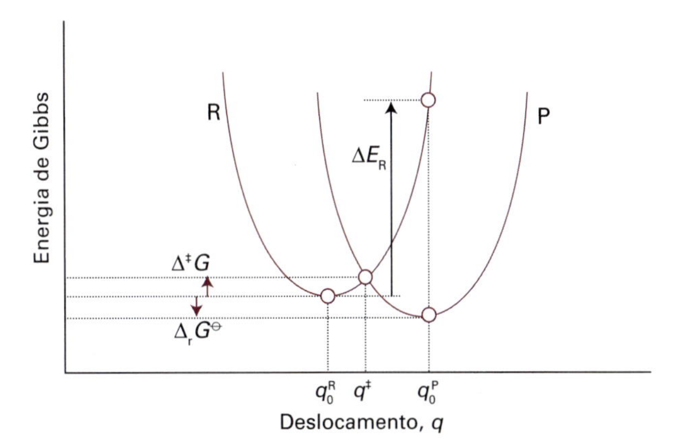

Figura 21E.3 Modelo do sistema utilizado na *Justificativa* 21E.2.

Observamos também que $q^{\ddagger}$, o valor de q correspondente ao estado de transição do complexo, pode ser escrita em termos do parâmetro α, a variação fracionária em q:

$$q^{\ddagger} = q_0^R + \alpha(q_0^P - q_0^R)$$

Vemos da Fig. 21E.3 que $\Delta^{\ddagger}G = G_{m,R}(q^{\ddagger}) - G_{m,R}(q_0^R)$. Segue então que

$$\Delta^{\ddagger}G = \tfrac{1}{2}N_A\mu\omega^2(q^{\ddagger} - q_0^R)^2 = \tfrac{1}{2}N_A\mu\omega^2\{\alpha(q_0^P - q_0^R)^2\}$$

Definimos agora a energia de reorganização, ΔE_R, como

$$\Delta E_R = \tfrac{1}{2}N_A\mu\omega^2(q_0^P - q_0^R)^2$$

que pode ser interpretada como $G_{m,R}(q_0^P) - G_{m,R}(q_0^R)$ e, consequentemente, como a energia (de Gibbs) necessária para deformar a configuração de equilíbrio de R para a configuração de P (como mostrado na Fig. 21E.3). Então, $\Delta^{\ddagger}G = \alpha^2\Delta E_R$. Uma vez que $G_{m,R}(q^{\ddagger}) = G_{m,P}(q^{\ddagger})$, segue que

$$\begin{aligned}\alpha^2\Delta E_R &= \tfrac{1}{2}N_A\mu\omega^2\{(\alpha-1)(q_0^P - q_0^R)\}^2 + \Delta_r G^{\ominus} \\ &= (\alpha-1)\Delta E_R + \Delta_r G^{\ominus}\end{aligned}$$

o que implica que

$$\alpha = \frac{1}{2}\left(\frac{\Delta_r G^{\ominus}}{\Delta E_R} + 1\right)$$

Inserindo esta equação em $\Delta^{\ddagger}G = \alpha^2\Delta E_R$, obtemos a Eq. 21E.6. Podemos obter uma relação idêntica se admitirmos que os osciladores harmônicos têm frequências angulares diferentes e, portanto, diferentes curvaturas.

A única peça que falta na expressão para k_{te} é o valor da constante de proporcionalidade C. Cálculos detalhados, que não serão apresentados neste livro, fornecem

$$C = \frac{1}{h}\left(\frac{\pi^3}{RT\Delta E_R}\right)^{1/2} \qquad (21E.7)$$

A Eq. 21E.6 tem algumas limitações, como se poderia esperar, pois foram empregados argumentos da teoria da perturbação. Por exemplo, ela descreve processos com acoplamento eletrônico fraco entre doador e aceitador. Observa-se um acoplamento fraco quando as espécies eletroativas estão suficientemente separadas para que o tunelamento seja uma função exponencial da distância. Um exemplo de "sistema fracamente acoplado" é o complexo das proteínas citocromo c / citocromo b_5, em que os íons ferro eletroativos ligados ao grupo heme oscilam entre os estados de oxidação Fe(II) e Fe(III) durante a transferência de elétrons e estão afastados cerca de 1,7 nm. Um acoplamento forte é observado quando as funções de onda ψ_A e ψ_D se superpõem extensivamente e, assim como outras complicações, a velocidade de tunelamento não é mais uma simples função exponencial da distância. Exemplos de "sistemas fortemente acoplados" são os complexos binucleares de valência mista de metais d com a estrutura geral L_mM^{n+}–B–$M^{p+}L_m$, em que os íons do metal eletroativo estão separados por um ligante B que faz a ligação entre eles. Nesses sistemas, $d < 1{,}0$ nm. O limite de acoplamento fraco se aplica a um grande número de reações de transferência de elétrons, incluindo aquelas entre proteínas durante o metabolismo.

Os testes experimentais de mais significância da dependência entre k_{te} e a distância são aqueles em que o mesmo doador e o mesmo aceitador são posicionados em várias distâncias diferentes pela ligação covalente a conectores moleculares (veja um exemplo em **1** na *Breve ilustração* 21E.2). Nessas condições, o termo $e^{-\Delta^{\ddagger}G/RT}$ se torna constante. Tomando o logaritmo natural da Eq. 21E.5 e usando a Eq. 21E.4, obtemos

$$\ln k_{te} = -\beta d + \text{constante} \qquad (21E.8)$$

que implica que um gráfico de ln k_{te} contra d é linear, com uma reta de coeficiente angular $-\beta$.

A dependência de k_{te} em relação à energia de Gibbs padrão de reação foi investigada em sistemas nos quais a distância entre as extremidades e a energia de reorganização é constante para uma série de reações. Então, usando a Eq. 21E.6 para $\Delta^{\ddagger}G$, a Eq. 21E.5 toma a forma

$$\ln k_{te} = -\frac{RT}{4\Delta E_R}\left(\frac{\Delta_r G^{\ominus}}{RT}\right)^2 - \frac{1}{2}\left(\frac{\Delta_r G^{\ominus}}{RT}\right) + \text{constante} \qquad (21E.9)$$

Essa expressão implica que um gráfico de ln k_{te} (ou log k_{te} = ln k_{te}/ln 10) contra $\Delta_r G^{\ominus}$ (ou $-\Delta_r G^{\ominus}$) tem a forma de uma parábola invertida (Fig. 21E.4). A Eq. 21E.9 indica que a constante de velocidade aumenta com a diminuição de $\Delta_r G^{\ominus}$, mas apenas até $-\Delta_r G^{\ominus} = \Delta E_R$. Após esse valor, a reação entra na **região invertida**, onde a constante de velocidade diminui à medida que a reação se torna mais exoérgica ($\Delta_r G^{\ominus}$ se torna mais negativo). A região invertida tem sido observada em uma série de compostos em que o doador e o aceitador de elétrons estão covalentemente ligados a um espaçador molecular de tamanho conhecido e fixo (Fig. 21E.5).

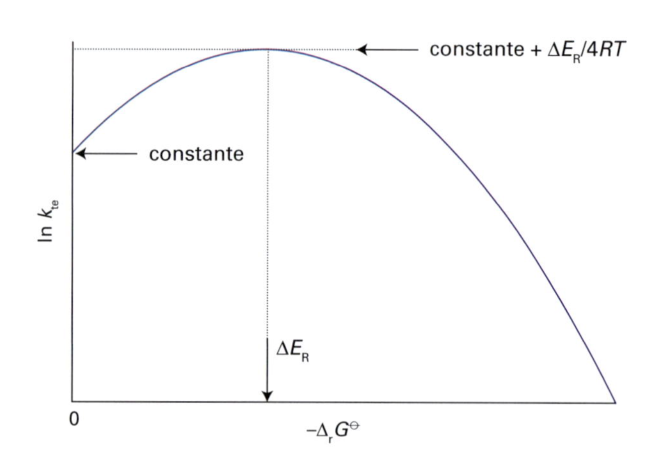

Figura 21E.4 A dependência parabólica entre ln k_{te} e $-\Delta_r G^{\ominus}$ prevista pela Eq. 21E.9.

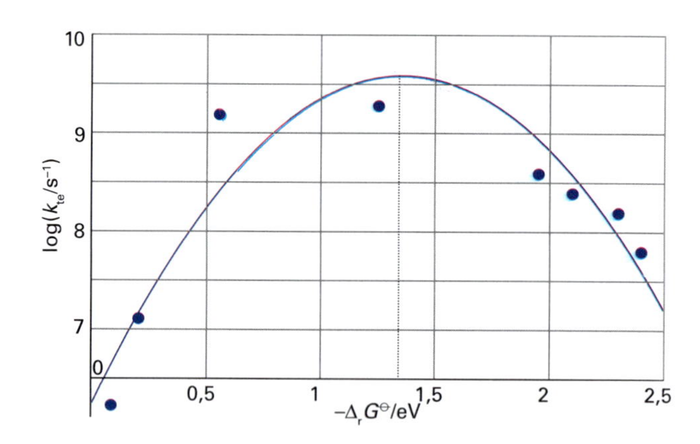

Figura 21E.5 Variação de log k_{te} com $-\Delta_r G^{\ominus}$ para uma série de compostos com as estruturas dadas em **1** e conforme descrito na *Breve ilustração* 21E.2. (Baseado em J.R. Miller *et al.*, *J. Am. Chem. Soc.* **106**, 3047 (1984).)

Breve ilustração 21E.2 A determinação da energia de reorganização

Foram realizadas medições cinéticas no 2-metiltetra-hidrofurano e a 296 K para uma série de compostos com a estrutura dada em **1**. A distância entre o doador (o grupo bifenila reduzido) e o aceitador é constante para todos os compostos da série porque o conector molecular permanece o mesmo. Cada aceitador tem um potencial padrão característico, logo, a energia de Gibbs padrão para o processo de transferência de elétrons é diferente para cada composto da série. A linha na Fig. 21E.5 é um ajuste para uma versão da Eq. 21E.9 e o máximo da parábola ocorre a $-\Delta_r G^{\ominus} = \Delta E_R = 1{,}4\,\text{eV} = 1{,}4 \times 10^2\,\text{kJ mol}^{-1}$.

A = (a) (b) (c)

(d) (e) (f) $R_1 = H, R_2 = H$
(g) $R_1 = H, R_2 = Cl$
(h) $R_1 = Cl, R_2 = Cl$

1 Um sistema doador–aceitador de elétrons

Exercício proposto 21E.2 Eis a seguir alguns dados (inventados) de uma série de complexos:

$-\Delta_r G^{\ominus}/\text{eV}$	0,20	0,60	1,0	1,3	1,6	2,0	2,4
$\log k_{te}$	8,2	9,7	10,2	10,1	9,4	7,7	5,1

Determine a energia de reorganização.

Resposta: 1,05 eV

Conceitos importantes

- ☐ 1. A transferência de elétrons pode ocorrer apenas após as flutuações térmicas levarem a coordenada nuclear até ao ponto em que o doador e o aceitador têm a mesma configuração.
- ☐ 2. Supõe-se que a velocidade de tunelamento depende exponencialmente da separação do doador e do aceitador.
- ☐ 3. A **energia de reorganização** é a variação de energia associada a rearranjos moleculares que têm de ocorrer de modo que DA possa adquirir a geometria de equilíbrio de D^+A^-.
- ☐ 4. Na **região invertida**, a constante de velocidade k_{te} diminui à medida que a reação se torna mais exoérgica ($\Delta_r G^{\ominus}$ fica mais negativo).

Equações importantes

Propriedade	Equação	Comentário	Número da equação
Constante de velocidade de transferência de elétrons	$1/k_r = 1/k_a + (k'_a/k_a k_{te})(1 + k'_{te}/k_d)$	Hipótese do estado estacionário	21E.3
Probabilidade de tunelamento	$H_{te}(d)^2 = H_{te}^{\circ 2} e^{-\beta d}$	Hipótese	21E.4
Constante de velocidade	$k_{te} = C H_{te}(d)^2 e^{-\Delta^{\ddagger} G/RT}$	Teoria do estado de transição	21E.5
Energia de Gibbs de ativação	$\Delta^{\ddagger} G = (\Delta_r G^{\ominus} + \Delta E_R)^2 / 4\Delta E_R$	Admite que energia potencial é parabólica	21E.6
Dependência da separação	$\ln k_{te} = -\beta d + \text{constante}$		21E.8
Dependência de $\Delta_r G^{\ominus}$	$\ln k_{te} = a\Delta_r G^{\ominus 2} + b\Delta_r G^{\ominus} + c$	$a = -1/4\Delta E_R RT$, $b = -1/2RT$, $c = \text{constante}$	21E.9

21F Processos em eletrodos

Tópicos

➤ Por que você precisa saber este assunto?

O conhecimento dos fatores que determinam a velocidade de transferência de elétrons nos eletrodos leva a uma melhor compreensão da produção de energia nas baterias e da condução eletrônica em metais, semicondutores e dispositivos eletrônicos em escala nanométrica, todos de elevada importância na tecnologia moderna.

➤ Qual é a ideia fundamental?

A teoria do estado de transição pode ser aplicada à descrição dos processos de transferência de elétrons na superfície dos eletrodos.

➤ O que você já deve saber?

Você precisa estar familiarizado com células eletroquímicas (Seção 6C), potenciais de eletrodo (Seção 6D) e a versão termodinâmica da teoria do estado de transição (Seção 21C), especialmente a energia de Gibbs de ativação.

Tal como no caso dos sistemas homogêneos (Seção 21E), a transferência de elétrons na superfície de um eletrodo envolve o tunelamento eletrônico. Entretanto, o eletrodo contém um número quase infinito de níveis eletrônicos muito próximos em vez de um número pequeno de níveis discretos típicos de um complexo. Além disso, interações específicas com a superfície do eletrodo dão ao soluto e ao solvente propriedades especiais que podem ser muito diferentes daquelas observadas no seio da solução. Por essa razão, começamos com uma descrição da interface eletrodo–solução. Passamos então a uma descrição da cinética dos processos nos eletrodos que utiliza a linguagem termodinâmica inspirada na teoria do estado de transição.

21F.1 A interface eletrodo–solução

O modelo mais simples da interface entre as fases sólida e líquida é o da **dupla camada elétrica**, que consiste em uma camada de cargas positivas na superfície do eletrodo e em outra camada de cargas negativas, vizinha à primeira, na solução (ou vice-versa). Veremos que esse arranjo cria uma diferença de potencial elétrico, a **diferença de potencial de Galvani**, entre o seio do metal e o da solução.

Modelos mais sofisticados para a interface eletrodo–solução tentam descrever as variações gradativas na estrutura da solução entre os dois extremos: a superfície carregada do eletrodo e o seio da solução. No **modelo da camada de Helmholtz**, os íons solvatados dispõem-se sobre a superfície do eletrodo, dela separados pelas respectivas esferas de hidratação (Fig. 21F.1). Localiza-se essa camada de cargas iônicas pelo **plano externo de Helmholtz** (PEH), o plano que passa pelos íons solvatados. Nesse modelo simples, o potencial elétrico varia linearmente entre

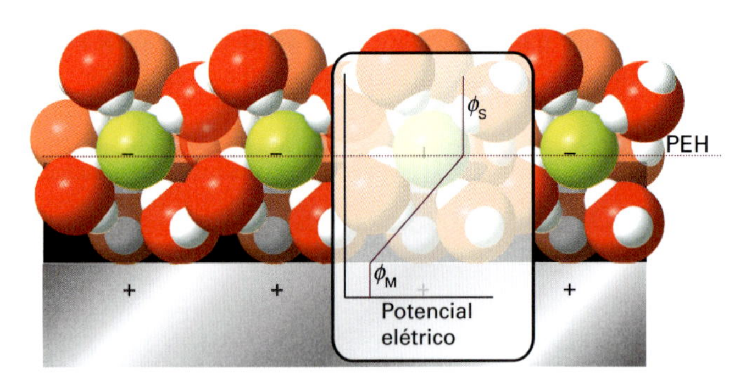

Figura 21F.1 Em um modelo simples da interface eletrodo–solução há dois planos rígidos de carga. Um é o plano externo de Helmholtz (PEH) dos íons com as respectivas moléculas de solvatação. O outro é a própria superfície plana do eletrodo. O gráfico mostra a dependência do potencial elétrico em relação à distância da superfície do eletrodo, segundo esse modelo. Entre a superfície do eletrodo e o PEH, o potencial varia linearmente de ϕ_M, no metal, a ϕ_S, no seio da solução.

a camada limitada pela superfície do eletrodo, em um lado, e o PEH no outro lado. Em uma versão aperfeiçoada desse modelo, alguns íons que perderam as respectivas moléculas de solvatação se unem, por ligações químicas, à superfície do eletrodo e ficam localizados pelo **plano interno de Helmholtz** (PIH). O modelo de camadas de Helmholtz ignora o efeito perturbador da agitação térmica, que tende a romper e dispersar o plano rígido externo de cargas. O **modelo de Gouy-Chapman**, da **dupla camada difusa**, leva em conta essa agitação térmica de maneira semelhante à da descrição da atmosfera iônica de um íon no modelo de Debye–Hückel (Seção 5F). A diferença entre as duas descrições é a substituição do íon central do modelo de Debye–Hückel por um eletrodo plano, infinito.

A Fig. 21F.2 mostra como variam as concentrações locais dos cátions e ânions no modelo de Gouy–Chapman. Os íons com carga de sinal contrário à carga do eletrodo aglomeram-se junto a ele, e os íons com os mesmos sinais de carga são repelidos para o interior da solução. As alterações de concentrações locais nas proximidades do eletrodo mostram que será errôneo adotar os coeficientes de atividade dos íons no seio da solução para investigar as propriedades termodinâmicas desses íons nas vizinhanças da interface. É essa a razão de se efetuarem as medições da dinâmica dos processos eletroquímicos com soluções que têm grande excesso de eletrólito suporte (por exemplo, solução 1 M de um sal, de um ácido ou de uma base). Nessas condições, os coeficientes de atividade são quase constantes, pois os íons inertes dominam os efeitos das variações locais provocadas por quaisquer reações que possam ocorrer. O uso de uma solução concentrada também minimiza os efeitos da migração de íons.

Nem o modelo de Helmholtz nem o de Gouy–Chapman representam com exatidão a dupla camada. O primeiro exagera a importância da rigidez da solução; o segundo subestima sua estrutura. Os dois modelos são combinados no **modelo de Stern**, no qual os íons mais próximos do eletrodo estão vinculados em

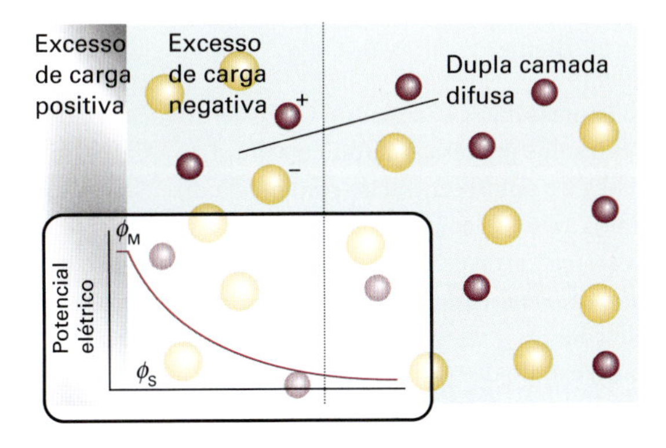

Figura 21F.2 No modelo de Gouy–Chapman para a dupla camada elétrica, a região externa é tratada como uma atmosfera de contraíons, semelhante à atmosfera dos íons na teoria de Debye–Hückel. O gráfico do potencial elétrico em função da distância à superfície do eletrodo mostra o significado da dupla camada difusa (ver o texto para detalhes).

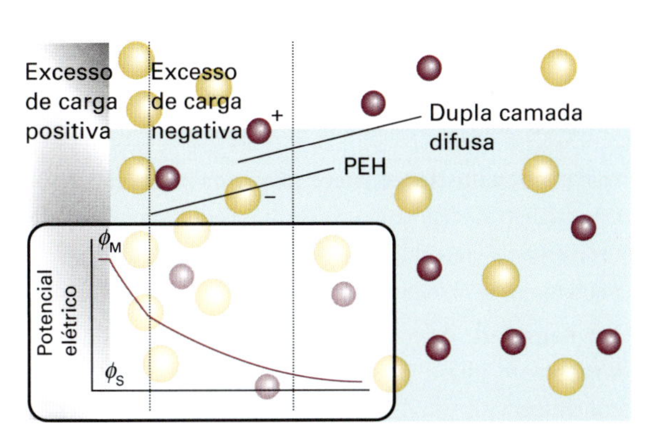

Figura 21F.3 Representação do modelo de Stern para a interface eletrodo–solução. O modelo incorpora a ideia de um plano externo de Helmholtz próximo à superfície do eletrodo com a de uma dupla camada difusa afastada da superfície.

um plano de Helmholtz rígido e os mais afastados estão dispersos como no modelo de Gouy–Chapman (Fig. 21F.3). Ainda outro nível de sofisticação é obtido no **modelo de Grahame**, que acrescenta um plano interno de Helmholtz ao modelo de Stern.

A diferença de potencial entre pontos no seio do metal e no seio da solução é a **diferença de potencial Galvani**, $\Delta\phi$. Exceto por uma constante, essa diferença de potencial Galvani é o potencial de eletrodo discutido na Seção 6D. Vamos ignorar essa constante, que não pode ser determinada, e identificar variações em $\Delta\phi$ com variações no potencial de eletrodo.

21F.2 A velocidade da transferência de elétrons

Imaginemos agora uma reação em um eletrodo em que um íon é reduzido pela transferência de um único elétron na etapa determinante da velocidade. A grandeza de interesse é a **densidade de corrente**, j, a corrente elétrica que flui através de uma região de um eletrodo dividida pela área dessa região.

(a) A equação de Butler–Volmer

Mostramos na *Justificativa* 21F.1 que a análise do efeito da diferença de potencial Galvani no eletrodo sobre a densidade de corrente leva à **equação de Butler-Volmer:**

$$j = j_0\{e^{(1-\alpha)f\eta} - e^{-\alpha f\eta}\} \quad \text{Equação de Butler–Volmer} \quad (21F.1)$$

na qual escrevemos $f = F/RT$, com F a constante de Faraday. A equação contém os parâmetros a seguir:

- η (eta), é a **sobretensão:**

$$\eta = E' - E \quad \text{Definição} \quad \text{Sobretensão} \quad (21F.2)$$

em que E é o potencial de eletrodo no equilíbrio (quando não há nenhum fluxo de corrente) e E' é o potencial de eletrodo quando uma corrente está sendo debitada da célula.

- α, o **coeficiente de transferência**, uma indicação de se o estado de transição entre as formas reduzida e oxidada de uma espécie eletroativa em solução é semelhante ao reagente ($\alpha = 0$) ou ao produto ($\alpha = 1$).
- j_0, a **densidade de corrente de troca**, o valor das densidades de corrente iguais, mas opostas, quando o eletrodo está em equilíbrio.

Justificativa 21F.1 A equação de Butler–Volmer

Como a reação do eletrodo é heterogênea, é natural exprimir a velocidade da transferência de carga como o fluxo de produtos, isto é, a quantidade de material produzida sobre uma região da superfície do eletrodo em um intervalo de tempo dividido pela área da região e pela duração do intervalo.

Uma lei de cinética heterogênea de primeira ordem tem a forma

$$\text{Fluxo do produto} = k_r[\text{espécie}]$$

em que [espécie] é a concentração molar da espécie eletroativa na solução vizinha ao eletrodo, imediatamente na face externa da dupla camada. A constante de velocidade tem as dimensões de comprimento/tempo (por exemplo, centímetros por segundo, cm s^{-1}). Se as concentrações molares das formas oxidada e reduzida fora da dupla camada forem [Ox] e [Red], respectivamente, a velocidade de redução de Ox, v_{Ox}, é $v_{Ox} = k_c[\text{Ox}]$ e a velocidade de oxidação de Red, $v_{Red} = k_a[\text{Red}]$. (A notação k_c e k_a é justificada um pouco adiante.)

Imaginemos agora uma reação em um eletrodo em que um íon é reduzido pela transferência de um único elétron na etapa determinante da velocidade. A densidade da corrente líquida no eletrodo é igual à diferença entre a densidade de corrente da redução de Ox e a densidade de corrente da oxidação de Red. Ora, como os processos redox no eletrodo envolvem a transferência de um elétron em cada evento elementar, as densidades de corrente, j, nos processos redox, são iguais às velocidades v_{Ox} e v_{Red} multiplicadas pela carga transferida por mol de reação, que é dada pela constante de Faraday. Há então uma **densidade de corrente catódica** que vale

$$j_c = Fk_c[\text{Ox}] \quad \text{para Ox} + e^- \rightarrow \text{Red}$$

proveniente da redução (pois, como vimos na Seção 6C, o catodo é o sítio da redução). Há também uma **densidade de corrente anódica**, de sentido oposto, que vale

$$j_a = Fk_a[\text{Red}] \quad \text{para Red} \rightarrow \text{Ox} + e^-$$

proveniente da oxidação (porque o anodo é o sítio da oxidação). A densidade da corrente líquida no eletrodo é então a diferença

$$j = j_a - j_c = Fk_a[\text{Red}] - Fk_c[\text{Ox}]$$

Observe que quando $j_a > j_c$ leva a $j > 0$, a corrente é anódica (Fig. 21F.4a). Quando $j_c > j_a$ tem-se $j > 0$, e a corrente é catódica (Fig. 21F.4b).

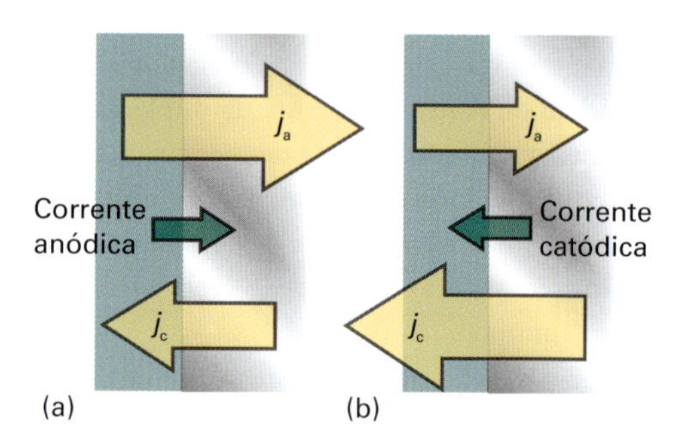

Figura 21F.4 A densidade líquida de corrente é a diferença entre a contribuição catódica e a anódica. (a) Quando $j_a > j_c$, a corrente líquida é anódica e há oxidação da espécie na solução. (b) Quando $j_c > j_a$, a corrente líquida é catódica e o processo global é uma redução.

Para que uma espécie química participe de uma redução ou oxidação em um eletrodo, é preciso que se livre das moléculas de solvatação, migre através da interface eletrodo–solução e ajuste a sua esfera de hidratação ao receber ou ceder elétrons. Da mesma forma, uma espécie no plano interno deve desprender-se do eletrodo e migrar para o seio da solução. Os dois processos são ativados, e é razoável que as respectivas constantes de velocidade sejam escritas na forma sugerida pela teoria do estado de transição (Seção 21C):

$$k_r = Be^{-\Delta^{\ddagger}G/RT}$$

em que $\Delta^{\ddagger}G$ é a energia de Gibbs de ativação e B é uma constante com as mesmas dimensões que k_r.

Quando as expressões para k_r, especificamente k_c e k_a, são inseridas, obtemos

$$j = FB_a[\text{Red}]e^{-\Delta^{\ddagger}G_a/RT} - FB_c[\text{Ox}]e^{-\Delta^{\ddagger}G_c/RT}$$

Nessa expressão, as energias de Gibbs de ativação podem ser diferentes nos processos catódico e anódico. A análise dessa diferença é o ponto central do restante da discussão.

Vamos agora relacionar j à diferença de potencial Galvani, cuja variação através da interface eletrodo–solução aparece esquematicamente na Fig. 21F.5. Vamos considerar a reação de redução, Ox + e$^-$ → Red, e o correspondente perfil da reação. Se o estado de transição do complexo ativado for semelhante ao produto (e então o máximo do perfil da reação está nas proximidades do eletrodo, Fig. 21F.6), a energia de Gibbs de ativação passa do valor que ela tem, $\Delta^{\ddagger}G_c(0)$, na ausência de diferença de potencial na dupla camada, para o valor $\Delta^{\ddagger}G_c = \Delta^{\ddagger}G_c(0) + F\Delta\phi$. Assim, se o eletrodo for mais positivo do que a solução, $\Delta\phi > 0$, mais trabalho terá que ser despendido para formar um complexo ativado a partir de Ox; neste caso, a energia de Gibbs de ativação aumenta.

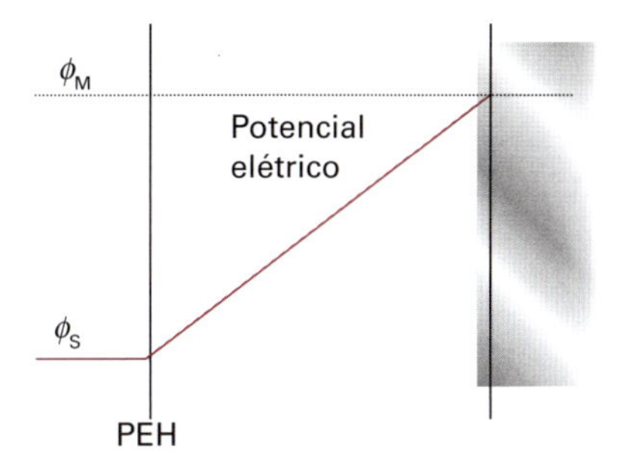

Figura 21F.5 O potencial, ϕ, varia linearmente entre os dois planos paralelos carregados. O efeito desse potencial sobre a energia livre do estado de transição depende da semelhança entre esse estado e a espécie química que está no plano interno ou no plano externo.

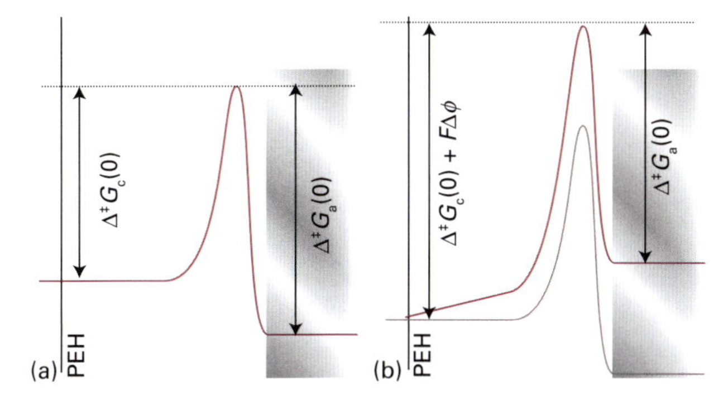

Figura 21F.6 Quando o estado de transição é semelhante à espécie que sofreu redução, a energia de ativação de Gibbs da corrente anódica quase não se altera, mas a da corrente catódica é bastante alterada. (a) Diferença de potencial nula; (b) diferença de potencial não nula.

Se o estado de transição for semelhante ao reagente (e o máximo do perfil de energia da reação estará nas vizinhanças do plano externo da dupla camada, Fig. 21F.7), então $\Delta^\ddagger G_c$ é independente de $\Delta\phi$. Em um sistema real, o estado de transição tem configuração entre esses dois extremos (Fig. 21F.8) e a energia de Gibbs de ativação para a redução pode ser escrita como

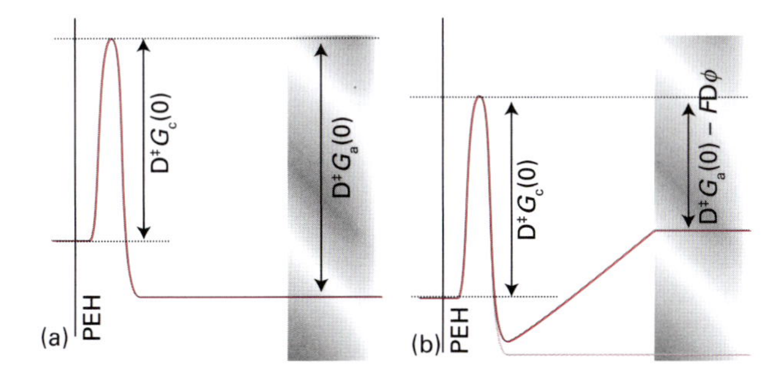

Figura 21F.7 Quando o estado de transição é semelhante à espécie que sofreu oxidação, a energia de ativação de Gibbs da corrente catódica quase não se altera, mas a energia de Gibbs de ativação da corrente anódica é muito alterada. (a) Diferença de potencial nula; (b) diferença de potencial não nula.

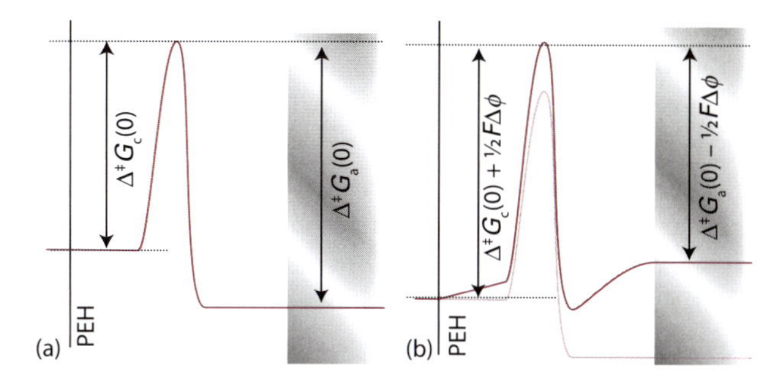

Figura 21F.8 Quando o estado de transição tem aparência entre a espécie reduzida e a espécie oxidada, como está simbolizado pelo pico em uma posição intermediária, medida por α (com $0 < \alpha < 1$), as duas energias de Gibbs de ativação são afetadas. Na figura fizemos $\alpha \approx 0{,}5$. (a) Diferença de potencial nula; (b) diferença de potencial não nula.

$$\Delta^\ddagger G_c = \Delta^\ddagger G_c(0) + \alpha F\Delta\phi$$

O parâmetro α tem um valor entre 0 e 1. Experimentalmente, um valor bem comum de α é cerca de 0,5.

Vejamos agora a reação de oxidação, Red + e^- → Ox e o seu respectivo perfil de reação. Repetem-se, com as modificações evidentes, as observações anteriores. Neste caso, Red cede um elétron ao eletrodo, de modo que o trabalho extra é nulo se o estado de transição for semelhante aos reagentes (quando o máximo do perfil está nas vizinhanças do eletrodo). O trabalho extra é $-F\Delta\phi$ se o estado de transição for semelhante ao produto (máximo do perfil nas vizinhanças do plano externo). Em geral, a energia de Gibbs de ativação desse processo anódico é

$$\Delta^\ddagger G_a = \Delta^\ddagger G_a(0) - (1-\alpha)F\Delta\phi$$

As duas energias de Gibbs de ativação que encontramos podem entrar na expressão para j, e teremos

$$\begin{aligned} j &= FB_a[\text{Red}]e^{-\Delta^\ddagger G_a(0)/RT}e^{(1-\alpha)F\Delta\phi/RT} \\ &\quad - FB_c[\text{Ox}]e^{-\Delta^\ddagger G_c(0)/RT}e^{-\alpha F\Delta\phi/RT} \end{aligned}$$

Essa é uma fórmula explícita, embora complicada, da densidade de corrente líquida em termos da diferença de potencial.

É possível simplificar a aparência da nova expressão para j. Primeiro, em uma simplificação de notação, escrevemos $f = F/RT$. Depois, identificamos as densidades individuais de corrente catódica e anódica:

$$\begin{aligned} j &= \overbrace{FB_a[\text{Red}]e^{-\Delta^\ddagger G_a(0)/RT}e^{(1-\alpha)f\Delta\phi}}^{j_a} \\ &\quad - \overbrace{FB_c[\text{Ox}]e^{-\Delta^\ddagger G_c(0)/RT}e^{-\alpha f\Delta\phi}}^{j_c} \end{aligned}$$

Se a pilha for equilibrada contra uma fonte externa, a diferença de potencial Galvani, $\Delta\phi$, pode ser igualada ao potencial do eletrodo (com a corrente nula), E, e então podemos escrever

$$j_a = FB_a[\text{Red}]e^{-\Delta^\ddagger G_a(0)/RT}e^{(1-\alpha)fE}$$
$$j_c = FB_c[\text{Ox}]e^{-\Delta^\ddagger G_c(0)/RT}e^{-\alpha fE}$$

Quando as duas equações são válidas, não há corrente líquida no eletrodo (a pilha está equilibrada) e as duas densidades de corrente devem ser iguais. Daqui por diante vamos identificá-las por j_0.

Quando a pilha fornece corrente (isto é, quando uma carga está ligada entre o eletrodo e outro eletrodo, o contraeletrodo), o potencial se altera do valor de corrente nula, E, para um novo valor, E'. A diferença entre os dois potenciais é a sobretensão do eletrodo, $\eta = E' - E$. Então, $\Delta\phi$ se altera de E para $E + \eta$, e as duas densidades de corrente ficam

$$j_a = j_0 e^{(1-\alpha)f\eta} \qquad j_c = j_0 e^{-\alpha f\eta}$$

Assim, de $j = j_a - j_c$ obtemos a equação de Butler–Volmer, Eq. 21F.1.

Breve ilustração 21F.1 A densidade de corrente

A densidade de corrente de troca do eletrodo Pt(s)|H_2(g)|H^+(aq) a 298 K é de 0,79 mA cm^{-2}. Então, a densidade de corrente com a sobretensão de +5,0 mV é calculada pela Eq. 21F.4, com $f = F/RT = 1/(25{,}69$ mV$)$:

$$j = j_0 f\eta = \frac{(0{,}79\,\mathrm{mA\,cm^{-2}})\times(5{,}0\,\mathrm{mV})}{25{,}69\,\mathrm{mV}} = 0{,}15\,\mathrm{mA\,cm^{-2}}$$

A corrente que passa por um eletrodo com a área de 5,0 cm^2 é, então, 0,75 mA.

Exercício proposto 21F.1 Qual seria a corrente no eletrodo no pH = 2,0, mantidas as condições mencionadas?

Resposta = −18 mA (catódica)

A Fig. 21F.9 mostra como a Eq. 21F.1 prevê a dependência da densidade de corrente em relação à sobretensão para diferentes valores do coeficiente de transferência. Quando a sobretensão é tão pequena que $f\eta \ll 1$ (na prática, η é menor do que cerca de 10 mV), as exponenciais da Eq. 21F.1 podem ser expandidas usando-se $e^x = 1 + x + \dots$, e se tem

$$j = j_0\{\overbrace{1+(1-\alpha)f\eta+\cdots}^{e^{(1-\alpha)f\eta}} - \overbrace{(1-\alpha f\eta+\cdots)}^{e^{-\alpha f\eta}}\} \approx j_0 f\eta \qquad (21F.3)$$

Essa equação mostra que a densidade de corrente é proporcional à sobretensão. Assim, nas sobretensões baixas, a interface se comporta como se fosse um condutor ôhmico. Quando a sobretensão é pequena e positiva, a corrente é anódica ($j > 0$ quando $\eta > 0$). Quando a sobretensão é pequena e negativa, a corrente é catódica ($j < 0$ quando $\eta < 0$). A relação também pode ser revertida para dar a diferença de potencial no eletrodo no qual circula, em virtude de uma fonte externa, certa densidade de corrente j:

$$\eta = \frac{RTj}{Fj_0} \qquad (21F.4)$$

Veremos, logo adiante, a importância dessa observação.

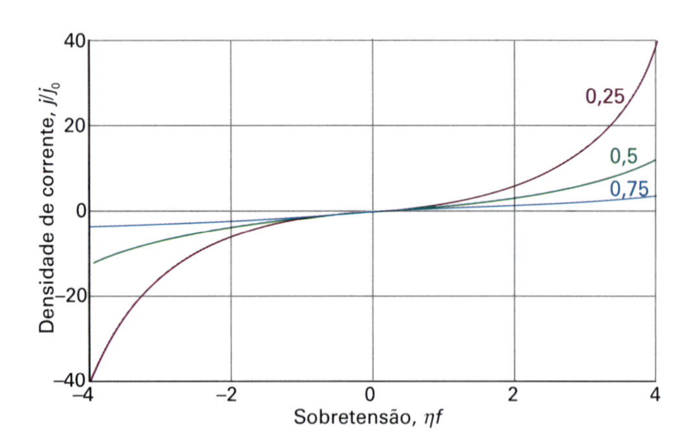

Figura 21F.9 Dependência entre a densidade de corrente e a sobretensão para diferentes valores do coeficiente de transferência.

Alguns valores experimentais dos parâmetros de Butler–Volmer são dados na Tabela 21F.1. Dela podemos ver que as densidades de corrente de troca variam em uma ampla faixa de valores. Correntes de troca são geralmente elevadas quando o processo redox não envolve quebra de ligação (como no par $[Fe(CN)_6]^{3-}$, $[Fe(CN)_6]^{4-}$) ou se somente ligações fracas são quebradas (como no Cl_2, Cl^-). Elas são geralmente pequenas quando mais de um elétron precisa ser transferido ou quando ligações múltiplas ou ligações fortes são quebradas, como no par N_2, N_3^- e em reações redox de compostos orgânicos.

(b) Gráficos de Tafel

Quando a sobretensão é grande e positiva (na prática, $\eta \geq 0{,}12$ V), correspondendo a ser o eletrodo o anodo de uma eletrólise, a segunda exponencial da Eq. 21F.1 é muito menor do que a primeira e pode ser desprezada. Então

$$j = j_0 e^{(1-\alpha)f\eta} \qquad (21F.5a)$$

logo,

$$\ln j = \ln j_0 + (1-\alpha)f\eta \qquad (21F.5b)$$

O gráfico do logaritmo da densidade de corrente em função da sobretensão é denominado **gráfico de Tafel**. O coeficiente

Tabela 21F.1* Densidades de corrente de troca e coeficientes de transferência a 298 K

Reação	Eletrodo	j_0/(A cm^{-2})	α
$2\,H^+ + 2\,e^- \to H_2$	Pt	$7{,}9\times10^{-4}$	
	Ni	$6{,}3\times10^{-6}$	0,58
	Pb	$5{,}0\times10^{-12}$	
$Fe^{3+} + e^- \to Fe^{2+}$	Pt	$2{,}5\times10^{-3}$	0,58

* Mais valores podem ser encontrados na *Seção de dados*.

angular, que é igual a $(1 - \alpha)f$, dá o valor de α e a interseção em $\eta = 0$ dá a densidade de corrente de troca. Se, ao contrário, a sobretensão é grande e negativa (na prática, $\eta \leq -0,12$ V), a primeira exponencial da Eq. 21F.1 pode ser desprezada. Vem então

$$j = j_0 e^{-\alpha f \eta} \qquad (21F.6a)$$

logo,

$$\ln j = \ln j_0 - \alpha f \eta \qquad (21F.6b)$$

Nesse caso, o coeficiente angular do gráfico de Tafel é $-\alpha f$.

Exemplo 21F.1 Interpretação de um gráfico de Tafel

Os dados a seguir referem-se à corrente anódica que atravessa um eletrodo de platina de área igual a 2,0 cm^2 em contato com uma solução aquosa de Fe^{3+}, Fe^{2+}, a 298 K. Calcule a densidade de corrente de troca e o coeficiente de transferência para o processo no eletrodo.

η/mV	50	100	150	200	250
I/mA	8,8	25,0	58,0	131	298

Método O processo anódico é a oxidação $Fe^{2+}(aq) \rightarrow Fe^{3+}(aq) + e^-$. Para analisar os dados, fazemos um gráfico de Tafel ($\ln j$ contra η) usando a forma anódica (Eq. 21F.5b). A interseção em $\eta = 0$ é $\ln j_0$ e o coeficiente angular é $(1 - \alpha)f$.

Resposta Monte a tabela a seguir:

η/mV	50	100	150	200	250
j/(mA cm^{-2})	4,4	12,5	29,0	65,5	149
ln(j/(mA cm^{-2}))	1,48	2,53	3,37	4,18	5,00

Os pontos estão representados graficamente na Fig. 21F.10. A região de sobretensão alta dá uma reta de interseção 0,88 e coeficiente angular 0,0165. Da interseção segue que $\ln(j_0/(\text{mA cm}^{-2})) = 0,88$; logo, $j_0 = 2,4$ mA cm^{-2}. Do coeficiente angular,

$$(1-\alpha)f = \overbrace{0,0165}^{\text{Coeficiente angular}} \overbrace{\text{mV}^{-1}}^{\text{Unidades de } j/\eta}$$

assim,

$$\alpha = 1 - \frac{\overbrace{0,0165\ \text{mV}^{-1}}^{16,5\text{V}^{-1}}}{\underbrace{f}_{38,9\text{V}^{-1}}} = 1 - 0,42\ldots = 0,58$$

Observe que o gráfico de Tafel é não linear para $\eta < 100$ mV; nessa região, $\alpha f \eta = 2,3$ e a aproximação de que $\alpha f \eta \gg 1$ falha.

Exercício proposto 21F.2 Repita a análise utilizando os dados de corrente catódica vistos a seguir:

η/mV	−50	−100	−150	−200	−250	−300
I/mA	0,3	1,5	6,4	27,6	118,6	510

Resposta: $\alpha = 0,75$, $j_0 = 0,041$ mA cm^{-2}

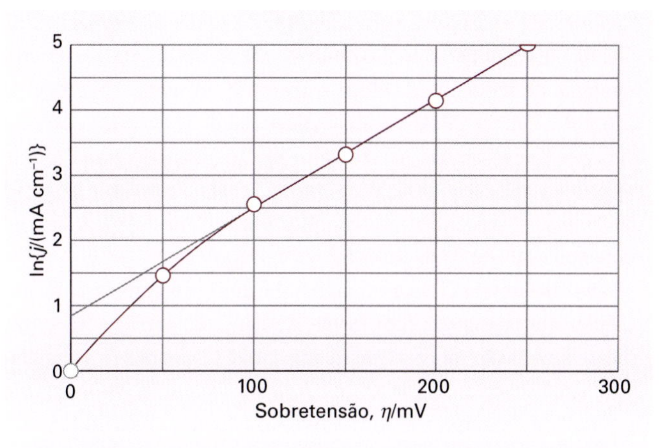

Figura 21F.10 Um gráfico de Tafel é empregado para medir a densidade da corrente de troca (dada por extrapolação da interseção em $\eta = 0$) e o coeficiente de transferência (a partir do coeficiente angular). Os dados vêm do *Exemplo* 21F.1.

21F.3 Voltametria

Uma das hipóteses da dedução da equação de Butler–Volmer é a da pequena conversão da espécie eletroativa em densidades de corrente baixas, o que leva à uniformidade da concentração nas proximidades do eletrodo. Essa hipótese deixa de ser válida quando as densidades de corrente são elevadas, pois então o consumo da espécie eletroativa nas vizinhas do eletrodo provoca um gradiente de concentração. A difusão da espécie para o eletrodo é um processo lento e pode ser o determinante da velocidade. Para se ter certa corrente será necessária uma grande sobretensão. Esse efeito é a **polarização de concentração**. A polarização de concentração é importante na interpretação da **voltametria**, o estudo da corrente através de um eletrodo como função da diferença de potencial aplicado.

Na Fig. 21F.11 está ilustrada a resposta a uma experiência de **voltametria com varredura linear**. Inicialmente, o valor absoluto

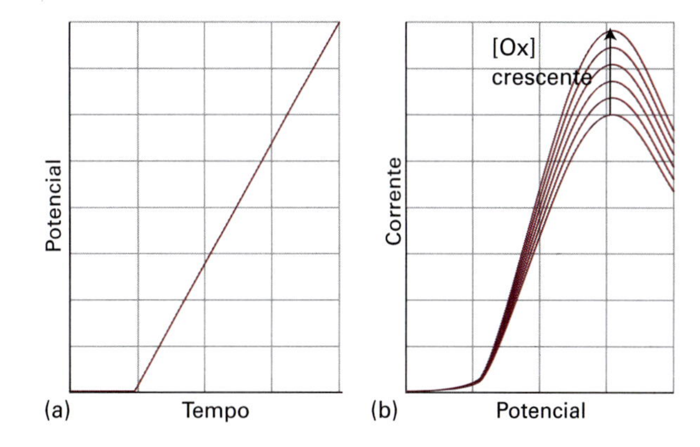

Figura 21F.11 (a) Variação do potencial com o tempo e (b) curva de resposta da corrente/potencial em um experimento de voltametria. O valor limite da densidade de corrente é proporcional à concentração da espécie eletroativa (por exemplo, [Ox]) na solução.

do potencial é baixo, e a corrente catódica se deve à migração dos íons na solução. Quando, no entanto, o potencial se aproxima do potencial de redução do soluto, a corrente aumenta. Logo depois de o potencial ter ultrapassado o potencial de redução, a corrente aumenta e se estabiliza no seu valor limite. Essa corrente limite é proporcional à concentração molar da espécie, e assim é possível determinar essa concentração molar pela altura do pico da corrente após subtração da linha básica extrapolada.

Na **voltametria cíclica** o potencial é aplicado com uma forma ondulatória triangular (em forma de dente de serra) e acompanha-se a variação da corrente. A Fig. 21F.12 mostra um voltamograma cíclico típico. A forma da curva, inicialmente, é semelhante à curva da voltametria com varredura linear, mas, depois da inversão da varredura, há uma rápida modificação da corrente em virtude da elevada concentração da espécie oxidável nas proximidades do eletrodo e que foi gerada na varredura redutora. Quando o potencial atinge o valor necessário para oxidar a espécie reduzida, aparece uma corrente anódica significativa até se completar a oxidação e a corrente retornar ao zero. Os dados de voltametria cíclica são obtidos em velocidades de pulso de potencial próximas dos 50 mV s^{-1}; assim, um pulso de potencial cobrindo uma faixa de 2 V leva cerca de 80 s.

Quando a reação de redução no eletrodo pode ser invertida, como é o caso com o par $[Fe(CN)_6]^{3-}/[Fe(CN)_6]^{4-}$, o voltamograma cíclico é geralmente simétrico em relação ao potencial padrão do par (como na Fig. 21F.12). O pulso de potencial principia com o $[Fe(CN)_6]^{3-}$ presente na solução. Quando o potencial se aproxima do $E^{\ominus}$ do par redox, o $[Fe(CN)_6]^{3-}$ nas vizinhanças do eletrodo é reduzido e a corrente começa a circular. À medida que o potencial continua a se alterar, essa corrente catódica diminui, pois todo o $[Fe(CN)_6]^{3-}$ nas proximidades do eletrodo foi reduzido e a corrente atingiu seu valor limite. O potencial, então, retorna linearmente ao seu valor inicial, e a série de eventos é a inversa, com o $[Fe(CN)_6]^{4-}$ formado na etapa inicial sendo oxidado. O pico da corrente localiza-se no outro lado de $E^{\ominus}$, de modo que, pela posição dos picos da curva, é possível identificar a espécie ativa e o seu respectivo potencial padrão, como indicado na ilustração.

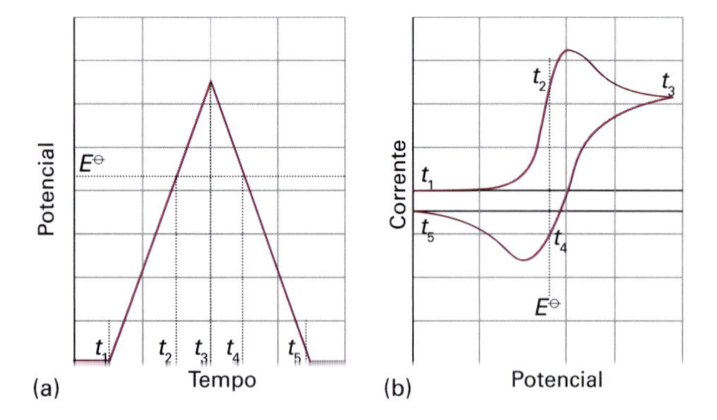

Figura 21F.12 (a) Variação do potencial com o tempo e (b) curva de resposta da corrente/potencial em um experimento de voltametria cíclica.

A forma global da curva proporciona informações sobre a cinética dos processos nos eletrodos, e a modificação da respectiva forma, quando a velocidade de mudança do potencial se altera, dá informações sobre as velocidades dos processos. Por exemplo, se o pico correspondente à fase de retorno do potencial em dente de serra estiver faltando, a oxidação (ou a redução) é irreversível. A aparência da curva depende, também, da velocidade de varredura, pois, se as variações de potencial forem muito rápidas, certos processos podem não ter tempo de ocorrer. O exemplo a seguir ilustra esse tipo de análise.

Exemplo 21F.2 Análise de um experimento de voltametria cíclica

Acredita-se que o mecanismo visto a seguir é válido para a eletrorredução do *p*-bromonitrobenzeno em amônia líquida:

$$BrC_6H_4NO_2 + e^- \rightarrow BrC_6H_4NO_2^-$$
$$BrC_6H_4NO_2^- \rightarrow \cdot C_6H_4NO_2 + Br^-$$
$$\cdot C_6H_4NO_2 + e^- \rightarrow C_6H_4NO_2^-$$
$$C_6H_4NO_2^- + H^+ \rightarrow C_6H_5NO_2$$

Sugira a forma que se pode esperar para o voltamograma cíclico com base no mecanismo anterior.

Método Veja as etapas que, provavelmente, são reversíveis na escala de tempo de varredura do potencial. Esses processos contribuem com curvas simétricas para o gráfico final. Os processos irreversíveis levam a formas assimétricas pela impossibilidade de ocorrência de redução (ou de oxidação). É possível, porém, que, com varredura muito rápida, não haja tempo para a reação de um intermediário. Será, então, observada uma forma de curva reversível.

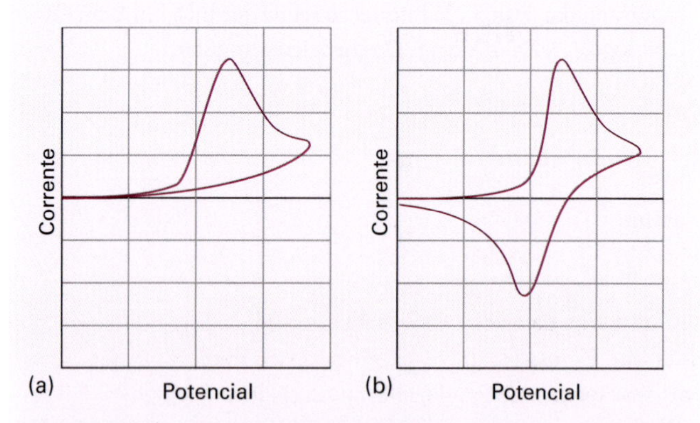

Figura 21F.13 (a) Quando uma etapa não reversível tem tempo para ocorrer, o voltamograma cíclico pode não ter o pico de oxidação ou de redução invertido. (b) Porém, se a velocidade de varredura aumenta, é possível que ocorra a etapa de retorno antes de a etapa irreversível ter oportunidade de intervir; obtém-se, então, um voltamograma "reversível" típico.

Resposta Em velocidades de varredura baixa, a segunda reação tem tempo de ocorrer, e se observará uma curva típica de redução com dois elétrons; não haverá pico de oxidação na segunda metade do ciclo, pois o produto, $C_6H_5NO_2$, não pode se oxidar (Fig. 21F.13a). Com a varredura rápida, a segunda reação não tem tempo de ocorrer antes de a oxidação do intermediário $BrC_6H_4NO_2^-$ principiar a ocorrer durante a diminuição do potencial. O voltamograma terá a forma típica de uma redução reversível por um elétron (Fig. 21F.13b).

Exercício proposto 21F.3 Sugira interpretação do voltamograma da Fig. 21F.14. O material eletroativo é o ClC_6H_4CN em solução ácida. Depois da redução a $ClC_6H_4CN^-$, o radical aniônico pode formar, irreversivelmente, o C_6H_5CN.

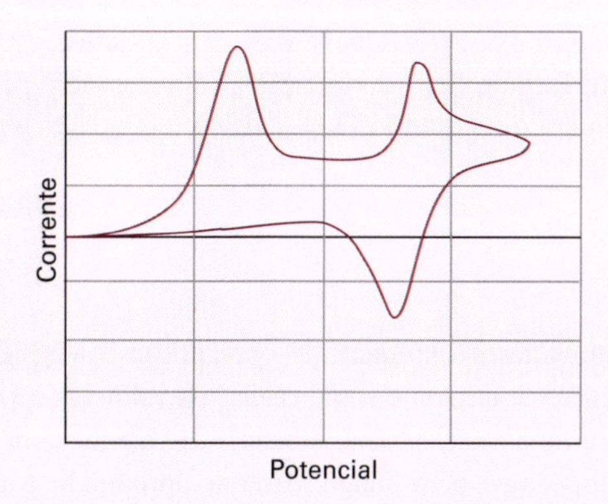

Figura 21F.14 O voltamograma cíclico se refere ao *Exercício proposto* 21F.3.

Resposta: $ClC_6H_4CN + e^- \rightleftharpoons ClC_6H_4CN^-$, $ClC_6H_4CN^- + H^+ + e^- \rightarrow C_6H_5CN + Cl^-$, $C_6H_5CN + e^- \rightleftharpoons C_6H_5CN^-$

21F.4 Eletrólise

Para que haja a circulação de corrente através de uma célula eletrolítica e a ocorrência de uma reação não espontânea, a diferença de potencial externa aplicada à célula deve ser maior do que o potencial de corrente nula por um valor no mínimo igual à **sobretensão da célula**. Esta sobretensão é igual à soma das sobretensões de cada eletrodo e da queda ôhmica na célula (isto é, IR_s, em que R_s é a resistência interna da célula) devido à passagem de corrente através do eletrólito. É possível que o potencial extra necessário para se ter uma reação em velocidade detectável seja grande quando a densidade de corrente de troca nos eletrodos for pequena. Pelas mesmas razões, uma pilha galvânica em operação proporciona potencial menor do que o potencial correspondente à corrente nula. Nesta seção veremos como analisar os dois aspectos da sobretensão.

Em uma eletrólise, as velocidades relativas de desprendimento de gás ou de deposição de um metal podem ser estimadas pela equação de Butler–Volmer e por tabelas de densidades de correntes de troca. Da Eq. 21F.6a e admitindo que os coeficientes de transferência são iguais, podemos escrever a razão entre as densidades de corrente catódica como

$$\frac{j'}{j} = \frac{j_0'}{j_0} e^{(\eta-\eta')\alpha f} \tag{21F.7}$$

em que j' é a densidade de corrente para a eletrodeposição e j para a evolução de gás; j_0' e j_0 são as correspondentes densidades de corrente de troca. Essa equação mostra que a deposição do metal é favorecida por uma densidade de corrente de troca elevada e uma sobretensão de evolução de gás relativamente alta (assim, $\eta - \eta'$ é positivo e grande). Observe que $\eta < 0$ para um processo catódico, de forma que $-\eta' > 0$. A densidade de corrente de troca depende fortemente da natureza da superfície do eletrodo e se altera durante a eletrodeposição de um metal sobre outro. Uma regra aproximada afirma que desprendimento de gás ou deposição de metal significativos só ocorrem se a sobretensão for maior do que cerca de 0,6 V.

A Tabela 21F.1 mostra que é ampla a faixa de variação das densidades de corrente de troca em um eletrodo metal/hidrogênio. As menores são as do chumbo e do mercúrio. O valor de 1 pA cm^{-2} corresponde à substituição de uma monocamada de átomos sobre o eletrodo uma vez em cada 5 anos. Nesses sistemas, para que seja intenso o desprendimento de hidrogênio, a sobretensão tem que ser elevada. Por outro lado, na platina (1 mA cm^{-2}) a substituição de uma monocamada de átomos ocorre a cada 0,1 s, e então o desprendimento de gás é abundante, com uma sobretensão muito menor.

A densidade de corrente de troca depende também da face do cristal que estiver exposta. Na deposição do cobre sobre cobre, por exemplo, tem-se j_0 = 1 mA cm^{-2} quando a face da deposição é a (100), e j_0 = 0,4 mA cm^{-2} quando a face é a (111). Então a primeira face cresce a uma velocidade 2,5 vezes maior do que a velocidade da face (111).

21F.5 Células galvânicas em operação

Em células galvânicas em operação (ou seja, que não estão balanceadas contra um potencial externo), a sobretensão leva a um potencial menor do que sob condições de corrente nula. Além disso, o potencial de uma pilha em operação deve diminuir quando a corrente gerada aumenta, pois a operação da pilha não é reversível e não pode proporcionar o trabalho máximo.

Vamos analisar a pilha $M|M^+(aq)||M'^+(aq)|M'$ e ignorar as complicações provenientes das junções líquidas. O potencial de operação da pilha é $E' = \Delta\varphi_R - \Delta\varphi_L$. Como os potenciais da célula diferem dos potenciais em corrente nula pelas sobretensões correspondentes, podemos escrever $\Delta\varphi_X = E_X + \eta_X$, em que X identifica o eletrodo da esquerda (L) ou da direita (R). O potencial da pilha é então

$$E' = E + \eta_R - \eta_L \tag{21F.8a}$$

Para evitar confusão sobre os sinais (η_R é negativo e η_L é positivo) e enfatizar que a pilha em operação tem um potencial menor do que em corrente nula, vamos escrever essa expressão como

$$E' = E - |\eta_R| - |\eta_L| \qquad \text{(21F.8b)}$$

em que E é o potencial da pilha. Deste potencial devemos subtrair a diferença de potencial da perda ôhmica IR_s, em que R_s é a resistência interna da pilha:

$$E' = E - |\eta_R| - |h_L| - IR_s \qquad \text{(21F.8c)}$$

A parcela ôhmica é uma contribuição à irreversibilidade da pilha – pois é uma parcela de dissipação térmica – e por isso o sinal de IR_s é tal que sempre reduz o potencial no sentido do zero.

Dada uma corrente I, as sobretensões da Eq. 21F.8 podem ser calculadas pela equação de Butler–Volmer. Simplificaremos as equações admitindo que as áreas, A, dos eletrodos são iguais, que só um elétron é transferido na etapa determinante da velocidade em cada eletrodo, que os coeficientes de transferência são iguais a $\frac{1}{2}$ e que é razoável usar o limite das sobretensões elevadas na equação de Butler–Volmer. Assim, pelas Eqs. 21F.6a e 21F.8c, encontramos

$$E' = E - IR_s - \frac{4RT}{F}\ln\left(\frac{I}{A\bar{j}}\right) \qquad \bar{j} = (j_{0L}j_{0R})^{1/2} \qquad \text{(21F.9)}$$

em que j_{0L} e j_{0R} são densidades de corrente de troca para os dois eletrodos.

Breve ilustração 21F.2 O potencial de operação

Suponha que uma célula consiste em dois eletrodos, cada um com área de 10 cm², com densidades de corrente de troca de 5 μA cm⁻² e com resistência interna de 10 Ω. A 298 K, RT/F = 25,7 mV. O potencial de corrente nula da célula é 1,5 V. Se a célula está produzindo uma corrente de 10 mA, seu potencial de trabalho será

$$E' = 1{,}5\,\text{V} - \overbrace{(10\,\text{mA})\times(10\,\Omega)}^{0{,}10\,V}$$
$$\overbrace{-4(25{,}7\,\text{mV})\ln\left(\frac{10\,\text{mA}}{(10\,\text{cm}^2)\times(5\,\mu\text{A}\,\text{cm}^{-2})}\right)}^{0{,}54\,V\ldots}$$
$$= 0{,}9\,\text{V}$$

Usamos 1 A Ω = 1 V. Observe que ignoramos vários outros fatores que reduzem o potencial da célula, como a incapacidade de os reagentes se difundirem rápido o suficiente para os eletrodos.

Exercício proposto 21F.4 Qual é a resistência efetiva, a 25 °C, de uma interface de eletrodo quando a sobretensão é pequena? Calcule para um eletrodo Pt,H_2 | H^+ com uma área de superfície igual a 1,0 cm².

Resposta: 33 Ω

Os acumuladores eletroquímicos operam como pilhas galvânicas ao gerar corrente elétrica e como células eletrolíticas ao serem carregadas por uma fonte externa. A bateria de chumbo com eletrólito ácido é dispositivo bem antigo, bastante apropriado para operar o motor de arranque de automóveis (é o único de que se dispõe). Durante a carga, a reação catódica é a redução do Pb^{2+} e a sua deposição como chumbo sobre um eletrodo de chumbo. A deposição prevalece sobre a redução do ácido a hidrogênio, pois a densidade de corrente de troca dessa última reação, sobre o chumbo, é pequena. A reação anódica durante a carga é a da oxidação do Pb(II) a Pb(IV), que se deposita como o óxido PbO_2. Na descarga, as duas reações são invertidas. Em virtude de as densidades de corrente de troca serem elevadas, a descarga pode ser rápida, e essa é a razão de a bateria de chumbo gerar grande corrente quando solicitada.

Conceitos importantes

- ☐ 1. A **dupla camada elétrica** consiste em camadas de carga oposta na superfície do eletrodo e nas vizinhanças deste na solução.
- ☐ 2. Os modelos da dupla camada incluem o **modelo da camada de Helmholtz** e o modelo de **Gouy–Chapman**.
- ☐ 3. A **diferença de potencial Galvani** é a diferença de potencial entre o seio do eletrodo de metal e o seio da solução.
- ☐ 4. A densidade de corrente em um eletrodo é expressa pela **equação de Butler–Volmer**.
- ☐ 5. Um **gráfico de Tafel** é um gráfico do logaritmo da densidade de corrente em função da sobretensão (veja a seguir).
- ☐ 6. **Voltametria** é o estudo da corrente que passa por um eletrodo como função da diferença de potencial aplicado.
- ☐ 7. Para induzir uma corrente a circular através de uma célula eletrolítica e provocar uma reação de célula não espontânea, a diferença de potencial aplicada deve exceder o potencial da célula em pelo menos a **sobretensão da célula**.
- ☐ 8. Nas células galvânicas em operação a sobretensão leva a um potencial menor do que em condições de corrente não nula, e o potencial da célula diminui à medida que a corrente é gerada.

Equações importantes

Propriedade	Equação	Comentário	Número da equação
Equação de Butler–Volmer	$j = j_0\{e^{(1-\alpha)f\eta} - e^{-\alpha f\eta}\}$		21F.1
Gráficos de Tafel	$\ln j = \ln j_0 + (1-\alpha)f\eta$	Densidade de corrente anódica	21F.5b
	$\ln j = \ln j_0 - \alpha f\eta$	Densidade de corrente catódica	21F.6b
Potencial de uma célula galvânica em operação	$E' = E - IR_s - (4RT/F)\ln(I/A\bar{j})$	$\bar{j} = (j_{0L}j_{0R})^{1/2}$	21F.9

CAPÍTULO 21 Dinâmica das reações

SEÇÃO 21A Teoria da colisão

Questões teóricas

21A.1 Descreva como a teoria da colisão dos gases é construída a partir da teoria cinética molecular.

21A.2 Como a teoria da colisão se modifica para os gases reais?

21A.3 Descreva os aspectos essenciais do mecanismo do arpão.

21A.4 Discuta o significado do fator estérico P no modelo RRK.

Exercícios

21A.1(a) Calcule a frequência de colisão, z, e a densidade de frequência de colisão, Z, na amônia, sendo $R = 190$ pm, a 30 °C e 120 kPa. Qual a elevação percentual desses parâmetros se a temperatura subir de 10 K, a volume constante?

21A.1(b) Calcule a frequência de colisão, z, e a densidade de frequência de colisão, Z, no monóxido de carbono, sendo $R = 180$ pm, a 30 °C e 120 kPa. Qual o aumento percentual desses parâmetros se a temperatura subir de 10 K, a volume constante?

21A.2(a) A teoria da colisão envolve o conhecimento da fração de colisões moleculares que ocorrem com a energia cinética no mínimo igual a E_a ao longo da reta da colisão. Qual é essa fração quando (i) $E_a = 20$ kJ mol^{-1},(ii) $E_a = 100$ kJ mol^{-1} a (1) 350 K e (2) 900 K?

21A.2(b) A teoria da colisão envolve o conhecimento da fração de colisões moleculares que ocorrem com a energia cinética no mínimo igual a E_a, ao longo da reta da colisão. Qual é essa fração quando (i) $E_a = 15$ kJ mol^{-1}, (ii) $E_a = 150$ kJ mol^{-1} a (1) 300 K e (2) 800 K?

21A.3(a) Calcule o aumento percentual das frações mencionadas no Exercício 21A.2(a) quando a temperatura se eleva de 10 K.

21A.3(b) Calcule o aumento percentual das frações mencionadas no Exercício 21A.2(b) quando a temperatura se eleva de 10 K.

21A.4(a) Com a teoria da colisão, calcule o valor teórico da constante de velocidade da reação de segunda ordem $H_2(g) + I_2(g) \rightarrow 2\,HI(g)$, a 650 K, admitindo que seja bimolecular elementar. A seção eficaz de colisão é 0,36 nm^2, a massa reduzida é $3{,}32 \times 10^{-27}$ kg e a energia de ativação é 171 kJ mol^{-1}. (Assuma um fator estérico de 1.)

21A.4(b) Com a teoria da colisão, calcule o valor teórico da constante de velocidade da reação de segunda ordem $D_2(g) + Br_2(g) \rightarrow 2(g)$, a 450 K, admitindo que seja bimolecular elementar. A seção eficaz de colisão é de 0,30 nm^2, a massa reduzida é 3,930 m_u e a energia de ativação é 200 kJ mol^{-1}. (Assuma um fator estérico de 1.)

21A.5(a) Para a reação em fase gasosa A + B → P, a seção eficaz de colisão reativa, deduzida de valores medidos do fator pré-exponencial, é de $9{,}2 \times 10^{-22}$ m^2. As seções eficazes de colisão de A e de B, estimadas a partir de propriedades de transporte, são, respectivamente, 0,95 e 0,65 nm^2. Calcule o fator P da reação.

21A.5(b) Na reação em fase gasosa A + B → P, a seção eficaz de colisão estimada a partir de valores experimentais do fator pré-exponencial é de $8{,}7 \times 10^{-22}$ m^2. As seções eficazes de colisão de A e de B, estimadas a partir de propriedades de transporte, são 0,88 e 0,40 nm^2, respectivamente. Calcule o fator P da reação.

21A.6(a) Considere a decomposição unimolecular de uma molécula não linear contendo cinco átomos segundo a teoria RRK. Se $P = 3{,}0 \times 10^{-5}$, qual é o valor de E^*/E?

21A.6(b) Considere a decomposição unimolecular de uma molécula não linear contendo cinco átomos segundo a teoria RRK. Se $P = 0{,}025$, qual é o valor de E^*/E?

21A.7(a) Suponha que uma energia de 250 kJ mol^{-1} está disponível em uma colisão, mas são necessários 250 kJ mol^{-1} para quebrar uma ligação específica em uma molécula com $s = 10$. Use o modelo RRK para calcular o fator estérico P.

21A.7(b) Suponha que uma energia de 500 kJ mol^{-1} está disponível em uma colisão, mas são necessários 300 kJ mol^{-1} para quebrar uma ligação específica em uma molécula com $s = 12$. Use o modelo RRK para calcular o fator estérico P.

Problemas

21A.1 Na dimerização dos radicais metila, a 25 °C, o fator pré-exponencial experimental é de $2{,}4 \times 10^{10}$ dm^3 mol^{-1} s^{-1}. Quais são (a) a seção eficaz de colisão reativa e (b) o fator P da reação, sendo de 154 pm o comprimento da ligação C–H?

21A.2 O dióxido de nitrogênio reage em fase gasosa em uma reação bimolecular: $NO_2 + NO_2 \rightarrow 2\,NO + O_2$. A dependência, com a temperatura, da constante de velocidade da lei da cinética de formação dos produtos na forma $d[P]/dt = k[NO_2]^2$ é a da tabela a seguir. Qual o fator estérico P e qual a seção eficaz reativa da reação?

T/K	600	700	800	1000
k_r/(cm^3 mol^{-1} s^{-1})	$4{,}6\times10^2$	$9{,}7\times10^3$	$1{,}3\times10^5$	$3{,}1\times10^6$

Considere $\sigma = 0{,}60$ nm^2.

21A.3 O diâmetro do radical metila é cerca de 308 pm. Qual a constante de velocidade máxima na expressão $d[C_2H_6]/dt = k[CH_3]^2$ da cinética da recombinação dos radicais, à temperatura ambiente, em uma reação de segunda ordem? Em uma amostra de etano, a 298 K e 100 kPa, e com o volume de 1,0 dm^3, cerca de 10% das moléculas estão dissociadas em radicais metila. Qual o tempo mínimo necessário para se ter a recombinação de 90%?

21A.4 Na tabela a seguir aparecem as seções eficazes das reações entre átomos de metais alcalinos e moléculas de halogênios (R.D. Levine e R.B. Bernstein, *Molecular reaction dynamics*, Clarendon Press, Oxford, 72 (1974)). Analise os dados sob a ótica do mecanismo do arpão.

σ^*/nm^2	Cl_2	Br_2	I_2
Na	1,24	1,16	0,97
K	1,54	1,51	1,27
Rb	1,90	1,97	1,67
Cs	1,96	2,04	1,95

As afinidades ao elétron são da ordem de 1,3 eV (Cl_2), 1,2 eV (Br_2) e 1,7 eV (I_2). As energias de ionização são 5,1 eV (Na), 4,3 eV (K), 4,2 eV (Rb) e 3,9 eV (Cs).

21A.5‡ Um dos estudos de cinética química de maior significado histórico foi o de M. Bodenstein (*Z. Physik. Chem.* **29**, 295 (1899)) da reação em fase gasosa $2\,HI(g) \rightarrow H_2(g) + I_2(g)$ e da reação inversa, com as constantes k_r e k_r'. Essas constantes, em f/unção da temperatura, são

T/K	647	666	683	700	716	781
$k_r/(22{,}4\ dm^3\ mol^{-1}\ min^{-1})$	0,230	0,588	1,37	3,10	6,70	105,9
$k_r'/(22{,}4\ dm^3\ mol^{-1}\ min^{-1})$	0,0140	0,0379	0,0659	0,172	0,375	3,58

Demonstre que esses dados são compatíveis com a teoria da colisão das reações bimoleculares em fase gasosa.

21A.6‡ R. Atkinson (*J. Phys. Chem. Ref Data* **26**, 215 (1997)) fez ampla revisão das constantes de velocidade de processos importantes na química da atmosfera envolvendo compostos orgânicos voláteis. A constante de velocidade que recomenda para a associação bimolecular entre o O_2 e o radical alquila R, a 298K, é $4{,}7 \times 10^9\ dm^3\ mol^{-1}\ s^{-1}$ quando $R = C_2H_5$, e $8{,}4 \times 10^9\ dm^3\ mol^{-1}\ s^{-1}$ quando R for o ciclo-hexila. Admitindo que não haja barreira de energia, estime o fator estérico, P, de cada reação. *Sugestão*: Faça estimativas dos diâmetros de colisão a partir das seções eficazes de colisão de moléculas semelhantes e que figuram na *Seção de dados*.

21A.7 De acordo com o modelo RRK (veja a *Justificativa* 21A.1):

$$P=\frac{n!(n-n^*+s-1)!}{(n-n^*)!(n+s-1)!}$$

Use a aproximação de Stirling na forma $x! \approx x \ln x - x$ para deduzir que $P \approx (n - n^*/n)^{s-1}$ quando $s - 1 \ll n - n^*$. *Sugestão*: Substitua os termos da forma $n - n^* + s - 1$ por $n - n^*$ dentro dos logaritmos, mas mantenha $n - n^* + s - 1$ quando for um fator de um logaritmo.

SEÇÃO 21B Reações controladas por difusão

Questões teóricas

21B.1 Faça a distinção entre uma reação controlada por difusão e uma reação controlada por ativação. Ambas possuem energias de ativação?

21B.2 Descreva o papel do par de moléculas colidindo no efeito gaiola.

Exercícios

21B.1(a) Um valor típico do coeficiente de difusão de moléculas pequenas em soluções aquosas, a 25 °C, é de $6 \times 10^{-9}\ m^2\ s^{-1}$. Se a distância crítica de reação for de 0,5 nm, que valor se pode estimar para a constante de velocidade de uma reação de segunda ordem controlada por difusão?

21B.1(b) Seja $5{,}2 \times 10^{-9}\ m^2\ s^{-1}$ o coeficiente de difusão de um reagente em solução aquosa a 25 °C. Se a distância crítica de reação for de 0,4 nm, qual o valor estimado da constante de velocidade de reação de segunda ordem controlada por difusão?

21B.2(a) Estime a constante de velocidade de reação controlada por difusão, a 298 K, para um reagente (i) na água e (ii) no pentano. As viscosidades são $1{,}00 \times 10^{-3}\ kg\ m^{-1}\ s^{-1}$ e $2{,}2 \times 10^{-4}\ kg\ m^{-1}\ s^{-1}$, respectivamente.

21B.2(b) Estime a constante de velocidade de reação controlada por difusão, a 298 K, para um reagente (i) no decilbenzeno e (ii) no ácido sulfúrico concentrado. As viscosidades dos solventes são, respectivamente, 3,36 cP e 27 cP.

21B.3(a) Estime a constante de velocidade da recombinação de dois átomos em água, controlada pela difusão, a 320 K. A viscosidade é η = 0,89 cP. Admitindo que a concentração dos reagentes seja 1,5 mmol dm^{-3} inicialmente, quanto tempo se passará até a concentração cair à metade do valor inicial? Admita que a reação seja elementar.

21B.3(b) Calcule a constante de velocidade da reação de recombinação de dois átomos, a 320 K, controlada pela difusão. O solvente é o benzeno, com a viscosidade de $\eta = 0{,}601$ cP. Admitindo que a concentração dos reagentes seja de 2,0 mmol dm^{-3}, no estado inicial, quanto tempo será preciso para que essa concentração se reduza à metade? Admita que a reação seja elementar.

21B.4(a) Duas espécies neutras, A e B, com os diâmetros de 655 pm e 1820 pm, respectivamente, reagem segundo A + B → P, em um processo controlado pela difusão, em um solvente com a viscosidade de $2{,}93 \times 10^{-3}\ kg\ m^{-1}\ s^{-1}$, a 40 °C. Calcule a velocidade inicial $d[P]/dt$ se a concentração inicial de A for de 0,170 mol dm^{-3} e a de B for de 0,350 mol dm^{-3}.

21B.4(b) Duas espécies neutras, A e B, com os diâmetros de 421 pm e 945 pm, respectivamente, reagem conforme A + B → P, num processo controlado pela difusão, em um solvente com a viscosidade de 1,35 cP, a 20 °C. Estime a velocidade inicial $d[P]/dt$ se a concentração inicial de A for de 0,155 mol dm^{-3} e a de B for de 0,195 mol dm^{-3}.

Problemas

21B.1 Confirme que a Eq. 21B.8 é uma solução da Eq. 21B.7, sendo [J] uma solução da equação com $k_r = 0$ e com as mesmas condições iniciais.

21B.2 Use um programa matemático ou uma planilha eletrônica para explorar o efeito de alterar o valor da constante de velocidade k_r sobre a variação espacial de $[J]^*$ (veja a Eq. 21B.8 com [J] dada pela Eq. 21B.9) mantendo constante o valor do coeficiente de difusão D.

21B.3 Comprove que, se a condição inicial é [J] = 0 para $t = 0$ em todo lugar, e que a condição de contorno é $[J] = [J]_0$ para $t > 0$ em todos os pontos da superfície, então as soluções $[J]^*$ na presença de uma reação de primeira ordem que remove J são relacionadas àquelas na ausência de reação, [J], por

$$[J]^* = k_r \int_0^t [J]e^{-k_r t}dt + [J]e^{-k_r t}$$

Baseie sua resposta na Eq. 21B.5.

21B.4‡ O composto α-tocoferol, uma forma de vitamina E, é um antioxidante poderoso que pode ajudar a manter a integridade das membranas biológicas. R.H. Bisby e A. W. Parker (*J. Amer. Chem. Soc.* **117**, 5664 (1995)) estudaram

‡Estes problemas foram propostos por Charles Trapp e Carmen Giunta.

a reação da duroquinona fotoquimicamente excitada com o α-tocoferol em etanol. Uma vez excitada a duroquinona, ocorre reação bimolecular com velocidade controlada pela difusão. (a) Estime a constante de velocidade da reação controlada pela difusão no etanol. (b) A constante de velocidade publicada é de $2{,}77 \times 10^9\ dm^3\ mol^{-1}\ s^{-1}$. Estime a distância crítica da reação se a soma dos coeficientes de difusão for $1 \times 10^{-9}\ m^2\ s^{-1}$.

SEÇÃO 21C Teoria do estado de transição

Questões teóricas

21C.1 Descreva a formulação da equação de Eyring.

21C.2 Como a espectroscopia de femtossegundo é usada para investigar a estrutura dos complexos ativados?

21C.3 Discuta a origem física do efeito salino cinético. Qual deve ser o efeito da permissividade relativa do meio?

21C.4 Como o efeito cinético isotópico elucida o mecanismo de uma reação?

Exercícios

21C.1(a) A reação do íon propilxantato em tampão de ácido acético avança pelo mecanismo $A^- + H^+ \rightarrow P$. Nas vizinhanças de 30 °C, a constante de velocidade está dada pela expressão empírica $k_2 = (2{,}05 \times 10^{13})e^{-(8681\ K)/T}\ dm^3\ mol^{-1}\ s^{-1}$. Estime a energia e a entropia de ativação a 30 °C.

21C.1(b) A constante de velocidade da reação $A^- + H^+ \rightarrow P$ é dada pela expressão empírica $k_2 = (6{,}92 \times 10^{12})e^{-(5925\ K)/T}\ dm^3\ mol^{-1}\ s^{-1}$. Estime a energia e a entropia de ativação a 25 °C.

21C.2(a) Quando a reação do Exercício 21C.1(a) se passa em uma mistura de água e dioxana a 30% ponderais, a constante de velocidade é dada por $k_r = (7{,}78 \times 10^{14})e^{-(9134\ K)/T}\ dm^3\ mol^{-1}\ s^{-1}$, nas vizinhanças de 30 °C. Estime $\Delta^{\ddagger}G$ para a reação a 30 °C.

21C.2(b) Uma constante de velocidade tem a expressão $k_r = (4{,}98 \times 10^{13})\ e^{-(4972\ K)/T}\ dm^3\ mol^{-1}\ s^{-1}$, nas vizinhanças de 25 °C. Estime $\Delta^{\ddagger}G$ para a reação a 25 °C.

21C.3(a) A reação de associação entre o F_2 e o IF_5, em fase gasosa, é de primeira ordem em cada reagente. A energia de ativação da reação é 58,6 kJ mol^{-1}. A 65 °C, a constante de velocidade é $7{,}84 \times 10^{-3}\ kPa^{-1}\ s^{-1}$. Calcule a entropia de ativação a 65 °C.

21C.3(b) Uma reação de recombinação, em fase gasosa, é de primeira ordem em cada reagente. A energia de ativação da reação é de 39,7 kJ mol^{-1}. A 65 °C, a constante de velocidade é $0{,}35\ m^3\ s^{-1}$. Calcule a entropia de ativação a 65 °C.

21C.4(a) Calcule a entropia de ativação da colisão entre duas partículas sem estrutura, a 300 K, sendo $M = 65\ g\ mol^{-1}$ e $\sigma = 0{,}35\ nm^2$.

21C.4(b) Calcule a entropia de ativação da colisão entre duas partículas sem estrutura, a 450 K, sendo $M = 92\ g\ mol^{-1}$ e $\sigma = 0{,}45\ nm^2$.

21C.5(a) O fator pré-exponencial da decomposição do ozônio em fase gasosa, em pressões baixas, é de $4{,}6 \times 10^{12}\ dm^3\ mol^{-1}\ s^{-1}$ e a sua energia de ativação é 10,0 kJ mol^{-1}. Estime (i) a entropia de ativação, (ii) a entalpia de ativação e (iii) a energia de Gibbs de ativação, a 298 K.

21C.5(b) O fator pré-exponencial da decomposição do ozônio em fase gasosa, em pressões baixas, é de $2{,}3 \times 10^{13}\ dm^3\ mol^{-1}\ s^{-1}$ e a sua energia de ativação é de 30,0 kJ mol^{-1}. Estime (i) a entropia de ativação, (ii) a entalpia de ativação e (iii) a energia de Gibbs de ativação a 298 K.

21C.6(a) A constante de velocidade da reação $H_2O_2(aq) + I^-(aq) + H^+(aq) \rightarrow H_2O(l) + HIO(aq)$ é sensível à força iônica da solução aquosa na qual se realiza. A 25 °C, tem-se $k_r = 12{,}2\ dm^6\ mol^{-2}\ min^{-1}$, a uma força iônica de 0,0525. Usando a lei limite de Debye-Hückel, estime a constante de velocidade na força iônica nula.

21C.6(b) A 25 °C, tem-se $k_r = 1{,}55\ dm^6\ mol^{-1}\ min^{-1}$, a uma força iônica de 0,0241, para uma reação em que a etapa determinante da velocidade envolve a colisão entre dois cátions com as cargas unitárias. Estime a constante de velocidade na força iônica nula, usando a lei limite de Debye–Hückel.

Problemas

21C.1 Para resolução de uma controvérsia em relação ao mecanismo de reação, mediram-se as velocidades da termólise de certos *cis*-azoalcanos e de *trans*-azoalcanos. A velocidade de decomposição de um *cis*-azoalcano instável, em etanol, foi acompanhada pela medida do N_2 desprendido, e daí se calculou a constante de velocidade. Os resultados estão na tabela a seguir (P.S. Engel e D.J. Bishop, *J. Amer. Chem. Soc.* **97**, 6754 (1975)). Estime a entalpia, a entropia, a energia e a energia de Gibbs de ativação a −20 °C.

θ/°C	−24,82	−20,73	−17,02	−13,00	−8,95
$10^4 \times k_r/s^{-1}$	1,22	2,31	4,39	8,50	14,3

21C.2 Em uma investigação experimental de reação bimolecular em solução aquosa, mediu-se a constante de velocidade a 25 °C e a diversas forças iônicas. Os resultados sao os da tabela a seguir. Sabe-se que um íon com carga unitária participa da etapa determinante da velocidade. Qual a carga do outro íon envolvido?

I/(mol kg^{-1})	0,0025	0,0037	0,0045	0,0065	0,0085
k_r/(dm^3 mol^{-1} s^{-1})	1,05	1,12	1,16	1,18	1,26

21C.3 Deduza a expressão de k_r dada no *Exemplo* 21C.1 introduzindo as equações para o comprimento de onda térmico.

21C.4 A constante de velocidade da reação $I^-(aq) + H_2O_2(aq) \rightarrow H_2O(l) + IO^-(aq)$ varia lentamente com a força iônica, embora a lei limite de Debye–Hückel aponte para a inexistência de variação. Com os dados seguintes, válidos para 25 °C, determine a dependência entre log k_r e a força iônica:

I/(mol kg^{-1})	0,0207	0,0525	0,0925	0,1575
k_r/(dm^3 mol^{-1} min^{-1})	0,663	0,670	0,679	0,694

Estime o valor limite de k_r na força iônica nula. O que se pode concluir, do resultado, sobre a dependência entre o log γ e a força iônica de uma molécula neutra na solução de eletrólitos?

21C.5‡ Para a reação em fase gasosa $A + A \rightarrow A_2$, a constante de velocidade experimental, k_r, foi ajustada com o fator pré-exponencial $A = 4{,}07 \times 10^5\ dm^3\ mol^{-1}\ s^{-1}$ a 300 K, e com uma energia de ativação de 65,43 kJ mol^{-1}. Calcule $\Delta^{\ddagger}S$, $\Delta^{\ddagger}H$, $\Delta^{\ddagger}U$ e $\Delta^{\ddagger}G$ para a reação.

21C.6 Com a lei limite de Debye–Hückel, mostre que as modificações da força iônica podem afetar a velocidade da reação catalisada pelo H^+, considerando o caso da desprotonação de um ácido fraco. Admita o seguinte mecanismo $H^+ + B \rightarrow P$, em que H^+ provém da desprotonação do ácido fraco HA. Admita que a concentração desse ácido seja constante. Mostre inicialmente que log[H^+], proveniente da ionização de HA, depende dos coeficientes de atividade dos íons e, por isso, depende da força iônica. Depois ache a relação entre log(velocidade) e log[H^+] para mostrar que a velocidade também depende da força iônica.

21C.7‡ Mostre que as reações bimoleculares entre moléculas não lineares são muito mais lentas do que as reações entre os átomos, mesmo quando as energias de ativação das duas reações são iguais. Trabalhe com a teoria do estado de transição e faça as hipóteses seguintes. (1) Todas as funções de partição de vibração são quase iguais à unidade. (2) Todas as funções de partição de rotação são aproximadamente iguais a $1 \times 10^{1,5}$, o que é um valor de ordem de grandeza razoável. (3) A função de partição de translação de cada espécie é 1×10^{26}.

21C.8 Este exercício permite que se tenha uma ideia das dificuldades em predizer a estrutura dos complexos ativados. Também demonstra a importância da espectroscopia de femtossegundo para o entendimento da dinâmica química, pois a observação direta do estado de transição elimina boa parte da ambiguidade das previsões teóricas. Considere o ataque do H ao D_2, uma das etapas da reação $H_2 + D_2$. (a) Suponha que o H se aproxima do D_2 lateralmente e forma um complexo na forma de um triângulo isósceles. Considere as distâncias H–D e D–D como 30% e 20% maiores que a do H_2 (74 pm), respectivamente. A vibração de estiramento assimétrico, em que uma ligação H–D se alonga enquanto a outra encurta, pode ser tomada como a coordenada crítica. Considere para todas as vibrações o valor de 1000 cm^{-1}. Estime o valor de k_2 para essa reação a 400 K, usando a energia de ativação experimental de 35 kJ mol^{-1}. (b) Modifique agora o modelo do estado de transição da parte (a), tornando-o linear. Calcule k_r para essa escolha de modelo usando os mesmos valores de comprimento de ligação e frequências vibracionais. (c) Certamente há ampla gama de possibilidades para se alterar os parâmetros dos modelos do complexo ativado. Use um programa matemático ou escreva e execute uma rotina que permita alterar a estrutura do complexo e os parâmetros em uma forma plausível. Procure um modelo (ou modelos) que forneça(m) para k_r um valor próximo do experimental, $4 \times 10^5\ dm^3\ mol^{-1}\ s^{-1}$.

21C.9‡ M. Cyfert *et al.* (*Int. J. Chem. Kinet.* **28**, 103 (1996)) investigaram a oxidação do tris(1,10-fenantrolina)ferro(II) pelo periodato em solução aquosa, uma reação que tem comportamento autocatalítico. Para investigar o efeito salino cinético, eles mediram as constantes de velocidade para diversas concentrações de Na_2SO_4 em grande excesso em relação às concentrações dos reagentes e publicaram os seguintes dados:

$[Na_2SO_4]/(mol\ kg^{-1})$	0,2	0,15	0,1	0,05	0,025	0,0125	0,005
$k_r/(dm^{3/2}\ mol^{-1/2}\ s^{-1})$	0,462	0,430	0,390	0,321	0,283	0,252	0,224

O que se pode inferir sobre a carga do complexo ativado da etapa determinante da velocidade?

21C.10 O estudo das condições que otimizam a associação de proteínas em solução guia o desenvolvimento de protocolos para a formação de grandes cristais adequados à análise pela técnica de difração de raios X. É importante caracterizar a dimerização de proteínas porque o processo é considerado a etapa determinante no crescimento de cristais de muitas proteínas. Considere a variação, com a força iônica, da constante de velocidade de dimerização em solução aquosa de uma proteína catiônica P:

$I/(mol\ kg^{-1})$	0,0100	0,0150	0,0200	0,0250	0,0300	0,0350
k_r/k_r'	8,10	13,30	20,50	27,80	38,10	52,00

O que se pode inferir sobre a carga de P?

21C.11 Estime a ordem de grandeza do efeito isotópico primário nas velocidades relativas de deslocamento de (a) ^1H e ^3H em uma ligação C–H, (b) ^{16}O e ^{18}O em uma ligação C–O. A elevação da temperatura aumenta a diferença? Considere $k_f(C–H) = 450\ N\ m^{-1}$ e $k_f(C–O) = 1750\ N\ m^{-1}$.

SEÇÃO 21D A dinâmica das colisões moleculares

Questões teóricas

21D.1 Descreva como as seguintes técnicas são usadas no estudo da dinâmica química: quimioluminescência no infravermelho, fluorescência induzida por luz de *laser*, ionização multifóton, ionização multifóton ressonante e imagem do produto de reação.

21D.2 Discuta a relação entre a energia do ponto de sela e a energia de ativação de uma reação.

21D.3 Um método para direcionar o resultado de uma reação química consiste em usar feixes moleculares para controlar as orientações relativas dos reagentes durante uma colisão. Considere a reação $Rb + CH_3I \rightarrow RbI + CH_3$. Como as moléculas de CH_3I e os átomos de Rb devem estar orientados para maximizar a produção de RbI?

21D.4 Considere uma reação com uma superfície de energia potencial atrativa. Discuta como a distribuição inicial de energia dos reagentes afeta a eficiência com que a reação avança. Repita para uma superfície de energia potencial repulsiva.

21D.5 Descreva como os feixes moleculares são utilizados para investigar os potenciais intermoleculares.

Exercícios

21D.1(a) A interação entre duas moléculas diatômicas é descrita por uma superfície de energia potencial atrativa. Qual distribuição das energias de vibração e de translação entre reagentes e produtos levará com maior probabilidade a uma reação bem-sucedida?

21D.1(b) A interação entre duas moléculas diatômicas é descrita por uma superfície de energia potencial repulsiva. Qual distribuição das energias de vibração e de translação entre reagentes e produtos levará com maior probabilidade a uma reação bem-sucedida?

21D.2(a) Se a probabilidade cumulativa de reação fosse independente da energia, qual seria a dependência entre a constante de velocidade prevista pelo numerador da Eq. 21D.6 e a temperatura?

21D.2(b) Se a probabilidade cumulativa de reação fosse igual a 1 para energias menores que a altura da barreira V e se anulasse para energias acima dela, qual seria a dependência entre a constante de velocidade prevista pelo numerador da Eq. 21D.6 e a temperatura?

Problemas

21D.1 Mostre que as intensidades de um feixe molecular antes e após passar por uma câmara de comprimento L contendo átomos de dispersão inertes estão relacionadas por $I = I_0 e^{-\mathcal{N}\sigma L}$, em que σ é a seção eficaz de colisão e $\mathcal{N}$ é a densidade numérica dos átomos de dispersão.

21D.2 Em um experimento com feixe molecular para medir as seções eficazes de colisão, observou-se que a intensidade de um feixe de CsCl era reduzida a 60% de sua intensidade na passagem por CH_2F_2 a 10 μTorr. Quando, porém, o alvo era Ar à mesma pressão, a intensidade era reduzida somente de 10%. Quais são as seções eficazes de colisão relativas para os dois tipos de colisão? Por que uma é muito maior que a outra?

21D.3 Considere a colisão entre uma molécula do tipo esfera rígida de raio R_1 e massa m com uma esfera impenetrável, de massa infinita, de raio R_2. Faça o gráfico do ângulo de espalhamento θ em função do parâmetro de impacto b. Faça os cálculos usando considerações geométricas simples.

21D.4 A dependência entre as características do espalhamento de átomos e a energia de colisão pode ser modelada como segue. Vamos supor que os dois átomos em colisão se comportam como esferas impenetráveis, como no Problema 21D.3, mas que o raio efetivo dos átomos pesados depende da velocidade v do átomo leve. Vamos supor que a dependência com v do raio efetivo seja da forma $R_2 e^{-v/v^*}$, em que v^* é uma constante. Considere que $R_1 = \frac{1}{2}R_2$ por simplicidade, e que o parâmetro de impacto $b = \frac{1}{2}R_2$. Faça o gráfico do ângulo de espalhamento em função (a) da velocidade, (b) da energia cinética de aproximação.

SEÇÃO 21E Transferência de elétrons em sistemas homogêneos

Questões teóricas

21E.1 Descreva como os seguintes fatores determinam a velocidade de transferência de elétrons em sistemas homogêneos: a distância entre o doador e o aceitador de elétrons, a energia de Gibbs padrão do processo e a energia de reorganização de espécies ativas redox e o meio adjacente.

21E.2 Qual é o papel do tunelamento na transferência de elétrons?

21E.3 Explique por que a constante de velocidade diminui quando a reação se torna mais exoérgica na região reversa.

Exercícios

21E.1(a) Para um par de doador e aceitador de elétrons, $H_{te}(d) = 0{,}04\ \text{cm}^{-1}$, $\Delta_r G^\ominus = -0{,}185\ \text{eV}$ e $k_{te} = 37{,}5\ \text{s}^{-1}$, a 298 K. Estime o valor da energia de reorganização.

21E.1(b) Para um par de doador e aceitador de elétrons, $k_{te} = 2{,}02 \times 10^5\ \text{s}^{-1}$ para $\Delta_r G^\ominus = -0{,}665\ \text{eV}$. A energia padrão da reação de Gibbs altera-se para $\Delta_r G^\ominus = -0{,}975\ \text{eV}$ quando um substituinte é adicionado ao aceitador de elétrons e a constante de velocidade para transferência de elétrons altera-se para $k_{te} = 3{,}33 \times 10^6\ \text{s}^{-1}$. Os experimentos foram realizados a 298 K. Supondo que a distância e ntre doador e aceitador é a mesma em ambos os experimentos, estime os valores de $H_{te}(d)$ e ΔE_R.

21E.2(a) Para um par de doador e aceitador de elétrons, $k_{te} = 2{,}02 \times 10^5\ \text{s}^{-1}$, quando $d = 1{,}11$ nm, e $k_{te} = 4{,}51 \times 10^4\ \text{s}^{-1}$, quando $r = 1{,}23$ nm. Supondo que $\Delta_r G^\ominus$ e ΔE_R são os mesmos em ambos os experimentos, estime o valor de β.

21E.2(b) Referindo-se ao Exercício 21E.2(a), estime o valor de k_{te}, quando $d = 1{,}59$ nm.

Problemas

21E.1 Considere a reação $D + A \rightarrow D^+ + A^-$. A constante de velocidade k_r pode ser determinada experimentalmente ou pode ser obtida pela *relação cruzada de Marcus*, $k_r = (k_{DD}k_{AA}K)^{1/2}f$, em que k_{DD} e k_{AA} são as constantes de velocidade experimentais dos processos de autotroca de elétrons $^*D + D^+ \rightarrow {}^*D^+ + D$ e $^*A + A^+ \rightarrow {}^*A^+ + A$, respectivamente, e f é uma função de $K = [D^+][A^-]/[[D][A]$, k_{DD}, k_{AA} e das frequências de colisão. Deduza a forma aproximada da relação cruzada de Marcus seguindo estas etapas: (a) Use a Eq. 21E.7 para escrever expressões para $\Delta^\ddagger G$, $\Delta^\ddagger G_{DD}$ e $\Delta^\ddagger G_{AA}$, tendo em mente que $\Delta_r G^\ominus = 0$ para as reações de autotroca de elétrons. (b) Suponha que a energia de reorganização $\Delta E_{R,DA}$ para a reação $D + A \rightarrow D^+ + A^-$ seja a média das energias de reorganização $\Delta E_{R,DD}$ e $\Delta E_{R,AA}$ das reações de autotroca de elétrons. Em seguida, mostre que no limite de pequeno valor de $\Delta_r G^\ominus$, ou $|\Delta_r G^\ominus| \ll \Delta E_{R,DA}$, $\Delta^\ddagger G = \frac{1}{2}(\Delta^\ddagger G_{DD} + \Delta^\ddagger G_{AA} + \Delta_r G^\ominus)$, em que $\Delta_r G^\ominus$ é a energia de Gibbs padrão da reação $D + A \rightarrow D^+ + A^-$. (c) Use uma equação da forma da Eq. 21E.4 para escrever expressões para k_{DD} e k_{AA}. (d) Use a Eq. 21E.4 e o resultado acima para escrever uma expressão para k_r. (e) Complete a dedução utilizando os resultados da parte (c), a relação $K = e^{-\Delta_r G^\ominus/RT}$ e a hipótese de que todos os termos de $\kappa\nu^\dagger$, que podem ser interpretados como frequências de colisões, são idênticos.

21E.2 Considere a reação $D + A \rightarrow D^+ + A^-$. A constante de velocidade k_r pode ser determinada experimentalmente ou pode ser prevista pela relação cruzada de Marcus (veja o Problema 21E.1). É comum supor que $f \approx 1$. Use a forma aproximada da relação de Marcus para calcular a constante de velocidade para a reação $Ru(bpy)_3^{3+} + Fe(H_2O)_6^{2+} \rightarrow Ru(bpy)_3^{2+} + Fe(H_2O)_6^{3+}$, em que bpy significa 4,4′-bipiridina. Os dados a seguir serão úteis:

$Ru(bpy)_3^{3+} + e^- \rightarrow Ru(bpy)_3^{2+}$	$E^\ominus = 1{,}26\ \text{V}$
$Fe(H_2O)_6^{3+} + e^- \rightarrow Fe(H_2O)_6^{2+}$	$E^\ominus = 0{,}77\ \text{V}$
$^*Ru(bpy)_3^{3+} + Ru(bpy)_3^{2+} \rightarrow {}^*Ru(bpy)_3^{2+} + Ru(bpy)_3^{3+}$	$k_{Ru} = 4{,}0 \times 10^8\ \text{dm}^3\ \text{mol}^{-1}\ \text{s}^{-1}$
$^*Fe(H_2O)_6^{3+} + Fe(H_2O)_6^{2+} \rightarrow {}^*Fe(H_2O)_6^{2+} + Fe(H_2O)_6^{3+}$	$k_{Fe} = 4{,}2\ \text{dm}^3\ \text{mol}^{-1}\ \text{s}^{-1}$

21E.3 Uma estratégia útil para estudar a transferência de elétrons em proteínas consiste em ligar uma espécie eletroativa à superfície da proteína e então medir k_{te} entre a espécie ligada e um cofator eletroativo da proteína. J.W. Winkler e H.B. Gray (*Chem. Rev.* **92**, 369 (1992)) obtiveram dados para o citocromo *c* modificado pela substituição do ferro heme por um íon zinco, levando a uma estrutura zinco–porfirina (ZnP) no interior da proteína, e pela ligação de um complexo do íon rutênio a um aminoácido histidina na superfície da proteína. A distância entre as extremidades das espécies eletroativas foi dessa forma fixada em 1,23 nm. Foram usados vários complexos do íon rutênio, com diferentes potenciais padrão. Para cada proteína modificada por rutênio, foram monitorados $Ru^{2+} \rightarrow ZnP^{+}$ ou $ZnP^{*} \rightarrow Ru^{3+}$, em que o doador de elétrons é um estado eletronicamente excitado do grupo zinco-porfirina formado pela excitação por luz de laser. Essa montagem leva a diferentes valores da energia de Gibbs padrão de reação, pois os pares redox ZnP^{+}/ZnP e ZnP^{+}/ZnP^{*} têm potenciais padrão diferentes, sendo a porfirina eletronicamente excitada um redutor mais poderoso. Use os seguintes dados para calcular a energia de reorganização desse sistema:

$\Delta_r G^{\ominus}$/eV	0,665	0,705	0,745	0,975	1,015	1,055
$k_{te}/(10^6\,s^{-1})$	0,657	1,52	1,12	8,99	5,76	10,1

21E.4 O centro de reação fotossintética da bactéria fotossintética púrpura *Rhodopseudomonas viridis* contém uma série de cofatores ligados que participam de reações de transferência de elétrons. A tabela a seguir apresenta dados compilados por Moser *et al.* (*Nature* **355**, 796 (1992)) sobre as constantes de velocidade para transferência de elétrons entre diferentes cofatores e suas distâncias entre as extremidades:

Reação	$BChl^{-} \rightarrow BPh$	$BPh^{-} \rightarrow BChl_2^{+}$	$BPh^{-} \rightarrow Q_A$	$cyt\,c_{559} \rightarrow BChl_2$
d/nm	0,48	0,95	0,96	1,23
k_{te}/s^{-1}	$1{,}58\times10^{12}$	$3{,}98\times10^{9}$	$1{,}00\times10^{9}$	$1{,}58\times10^{8}$

Reação	$Q_A^{-} \rightarrow Q_B$	$Q_A^{-} \rightarrow BChl_2^{+}$
d/nm	1,35	2,24
k_{te}/s^{-1}	$3{,}98\times10^{7}$	63,1

(BChl, bacterioclorofila; $BChl_2$, dímero da bacterioclorofila, funcionalmente distintos da BChl; BPh, bacteriofeftina; Q_A e Q_B, moléculas de quinona ligadas a dois sítios distintos; citc_{599}, um citocromo ligado a um complexo do centro de reação). Estes dados estão em acordo com o comportamento previsto pela Eq. 21E.9? Caso haja concordância, calcule o valor de β.

21E.5 A constante de velocidade para a transferência de elétrons entre o citocromo *c* e o dímero da bacterioclorofila do centro de reação da bactéria púrpura *Rhodobacter sphaeroides* (Problema 21E.4) diminui com a diminuição da temperatura na faixa de 300 K a 130 K. Abaixo de 130 K, a constante de velocidade é independente da temperatura. Explique esses resultados.

SEÇÃO 21F Processos em eletrodos

Questões teóricas

21F.1 Descreva os vários modelos da interface eletrodo–eletrólito.

21F.2 Em que sentido a transferência de elétron em um eletrodo é um processo ativado?

21F.3 Discuta a técnica da voltametria cíclica e explique a forma característica de um voltamograma cíclico, como os mostrados nas Figs. 21F.13 e 21F.14.

Exercícios

21F.1(a) Em um certo eletrodo em contato com solução aquosa dos íons M^{3+} e M^{4+}, a 25 °C, o coeficiente de transferência é de 0,39. A densidade de corrente é de 55,0 mA cm^{-2}, quando a sobretensão é 125 mV. Qual a sobretensão necessária para uma densidade de corrente de 75 mA cm^{-2}?

21F.1(b) Em um certo eletrodo em contato com solução aquosa dos íons M^{2+} e M^{3+}, a 25 °C, o coeficiente de transferência é de 0,42. A densidade de corrente é de 17,0 mA cm^{-2}, quando a sobretensão é 105 mV. Qual a sobretensão necessária para uma densidade de corrente de 72 mA cm^{-2}?

21F.2(a) Determine a densidade de corrente de troca com as informações dadas no Exercício 21F.1(a).

21F.2(b) Determine a densidade de corrente de troca com as informações dadas no Exercício 21F.1(b).

21F.3(a) Como primeira aproximação, há desprendimento significativo de gás ou deposição sensível de metal em uma eletrólise somente se a sobretensão é maior do que cerca de 0,6 V. Para ilustrar essa regra, determine o efeito que o aumento da sobretensão de 0,40 V para 0,60 V tem sobre a densidade de corrente na eletrólise de NaOH(aq) 1,0 M, que é 1,0 mA cm^{-2}, a 0,4 V e 25 °C. Considere $\alpha = 0{,}5$.

21F.3(b) Determine o efeito que o aumento da sobretensão de 0,50 V para 0,60 V tem sobre a densidade de corrente na eletrólise de NaOH(aq) 1,0 M, que é 1,22 mA cm^{-2}, a 0,50 V e 25 °C. Considere $\alpha = 0{,}50$.

21F.4(a) Com a densidade de corrente de troca e o coeficiente de transferência da reação $2H^{+} + 2e^{-} \rightarrow H_2$ sobre o níquel, a 25 °C, que figuram na Tabela 21F.1, determine qual a densidade de corrente necessária para se ter uma sobretensão de 0,20 V calculada a partir (i) da equação de Butler–Volmer e (ii) da equação de Tafel. A validade da aproximação de Tafel é afetada nas sobretensões mais elevadas (de 0,4 V e acima desta)?

21F.4(b) Com a densidade de corrente de troca e o coeficiente de transferência da reação $Fe^{3+} + e^{-} \rightarrow Fe^{2+}$ sobre a platina, a 25 °C, que figuram na Tabela 21F.1, determine a densidade de corrente necessária para se ter uma sobretensão de 0,30 V calculada a partir (i) da equação de Butler–Volmer e (ii) da equação de Tafel. A validade da aproximação de Tafel é afetada nas sobretensões mais elevadas (de 0,4 V e acima desta)?

21F.5(a) Na descarga do H^{+} sobre platina, a densidade de corrente de troca é, nos casos típicos, de 0,79 mA cm^{-2}, a 25 °C. Qual a densidade de corrente em um eletrodo, quando a sobretensão é de (i) 10 mV, (ii) 100 mV, (iii) –5,0 V? Considere $\alpha = 0{,}5$.

21F.5(b) A densidade de corrente de troca no eletrodo $Pt|Fe^{3+}, Fe^{2+}$ é de 2,5 mA cm^{-2}. O potencial padrão do eletrodo é +0,77 V. Calcule a corrente em um eletrodo com área de superfície de 1,0 cm^2 em função do potencial do eletrodo. Admita que a atividade dos dois íons é igual à unidade.

21F.6(a) Quantos elétrons ou prótons são transportados através da dupla camada, por segundo, quando os eletrodos seguintes estão em equilíbrio: $Pt,H_2|H^{+}$, $Pt|Fe^{3+},Fe^{2+}$, e $Pb,H_2|H^{+}$? A área de cada eletrodo é de 1,0 cm^2 e a temperatura é 25 °C. Estime o número de vezes por segundo que um átomo da superfície do eletrodo participa de uma transferência de elétrons, admitindo que um átomo do eletrodo ocupa cerca de (280 pm)^2 da superfície.

21F.6(b) Quantos elétrons ou prótons passam através da dupla camada, por segundo, quando os eletrodos $Cu,H_2|H^{+}$ e $Pt|Ce^{4+},Ce^{3+}$ estão em equilíbrio, a 25 °C? Em cada eletrodo a área é de 1,0 cm^2. Estime o número de vezes por segundo que um átomo da superfície do eletrodo participa de uma transferência de elétrons, admitindo que o átomo de um eletrodo ocupa uma área aproximada de (260 pm)^2 da superfície.

21F.7(a) Qual a resistência efetiva, a 25 °C, da interface de um eletrodo, quando a sobretensão é pequena? Estime essa resistência para 1,0 cm^2 de superfície do eletrodo (i) $Pt,H_2|H^+$, (ii) $Hg,H_2|H^+$.

21F.7(b) Avalie a resistência efetiva, a 25 °C, da interface de um eletrodo (i) $Pb,H_2|H^+$, (ii) $Pt|Fe^{2+},Fe^{3+}$, com área de 1,0 cm^2.

21F.8(a) A densidade de corrente de troca da descarga do H^+ sobre o zinco é de cerca de 50 pA cm^{-2}. O zinco pode ser depositado a partir de uma solução aquosa de um sal de zinco em que o íon está na atividade unitária?

21F.8(b) O potencial-padrão do eletrodo $Zn^{2+}|Zn$ é de −0,76 V, a 25 °C. A densidade de corrente de troca da descarga do H^+ sobre a platina é de 0,79 mA cm^{-2}. O zinco pode ser depositado sobre platina à temperatura mencionada? (Considere as atividades unitárias.)

Problemas

21F.1 Foram observadas em um experimento as seguintes densidades de corrente num eletrodo de $Pt|H_2|H^+$, em H_2SO_4 diluído, a 25 °C. Estime α e j_0 para o eletrodo.

η/mV	50	100	150	200	250
$j/(\text{mA cm}^{-2})$	2,66	8,91	29,9	100	335

Como a densidade de corrente nesse eletrodo depende da sobretensão do mesmo conjunto de magnitudes, mas de sinal oposto?

21F.2 O potencial padrão do chumbo é −126 mV e o do estanho, −136 mV, respectivamente, a 25 °C, e as sobretensões das respectivas deposições são próximas de zero. Quais serão suas atividades relativas para garantir deposição simultânea a partir de uma mistura?

21F.3‡ A velocidade de deposição do ferro, v, na superfície de um eletrodo de ferro em solução aquosa de Fe^{2+}, em função do potencial E, relativo ao eletrodo padrão de hidrogênio, foi objeto de estudo de J. Kanya (*J. Electroanal. Chem.* **84**, 83 (1977)). Os valores na tabela seguinte baseiam-se nos dados obtidos com um eletrodo de 9,1 cm^2 de área de superfície em contato com uma solução de concentração 1,70 μmol dm^{-3} em Fe^{2+}. (a) Admitindo coeficientes de atividade unitários, calcule o potencial de corrente nula do cátodo Fe^{2+}/Fe e a sobretensão em cada valor do potencial de operação. (b) Calcule a densidade de corrente catódica, j_c, pela velocidade de deposição do Fe^{2+} para cada valor de E. (c) Verifique até onde os dados cumprem a equação de Tafel e calcule a densidade de corrente de troca.

$v/(\text{pmol s}^{-1})$	1,47	2,18	3,11	7,26
$-E$/mV	702	727	752	812

21F.4‡ V.V. Losev e A.P. Pchel'nikov (*Soviet Electrochem.* **6**, *34* (1970)) obtiveram os seguintes dados de corrente e voltagem num anodo de índio relativamente a um eletrodo padrão de hidrogênio, a 293 K.

$-E$/V	0,388	0,365	0,350	0,335
$j/(\text{A m}^{-2})$	0	0,590	1,438	3,507

Com esses dados, calcule o coeficiente de transferência e a densidade de corrente de troca. Qual a densidade da corrente catódica, quando o potencial é de 0,365 V?

21F.5‡ Estudo clássico da sobretensão de hidrogênio é o de H. Bowden e T. Rideal (*Proc. Roy. Soc.* **A120**, 59 (1928)), que mediram a sobretensão do desprendimento de H_2 com um eletrodo de mercúrio, em soluções aquosas diluídas de H_2SO_4, a 25 °C. Determine a densidade de corrente de troca e o coeficiente de transferência, α, a partir dos dados que eles obtiveram:

$j/(\text{mA m}^{-2})$	2,9	6,3	28	100	250	630	1650	3300
η/V	0,60	0,65	0,73	0,79	0,84	0,89	0,93	0,96

Explique desvios em relação aos resultados esperados da equação de Tafel.

21F.6 Se $\alpha = \frac{1}{2}$, a interface de um eletrodo é incapaz de retificar corrente alternada, pois a curva da densidade de corrente é simétrica em torno de $\eta = 0$. Quando $\alpha \neq \frac{1}{2}$, o valor da densidade de corrente depende do sinal da sobretensão e é possível conseguir certo grau de "retificação farádica". Imaginemos que a sobretensão varia conforme $\eta = \eta_0 \cos \omega t$. Deduza a expressão da corrente média (sobre um ciclo) em função de α e depois confirme se essa corrente média é nula quando $\alpha = \frac{1}{2}$. Em cada caso, trabalhe com o limite de η_0 pequeno, mas faça a aproximação até a segunda ordem em $\eta_0 F/RT$. Calcule a corrente contínua média, a 25 °C, em um eletrodo de platina e hidrogênio de 1,0 cm^2, com $\alpha = 0,38$, quando a sobretensão varia entre ± 10 mV, a uma frequência de 50 Hz.

21F.7 Agora, imagine que a sobretensão está na região alta, em todos os instantes, embora oscilante. Qual será a forma da onda da corrente que passa pela interface do eletrodo, se a sobretensão variar linear e periodicamente (como uma forma de onda de dente de serra) entre η_- e η_+ em torno de η_0? Considere $\alpha = \frac{1}{2}$.

21F.8 A Fig. 21.1 mostra quatro diferentes exemplos de voltamogramas . Identifique os processos que ocorrem em cada sistema. Em cada caso o eixo vertical é a corrente e o eixo horizontal é o potencial do eletrodo (negativo).

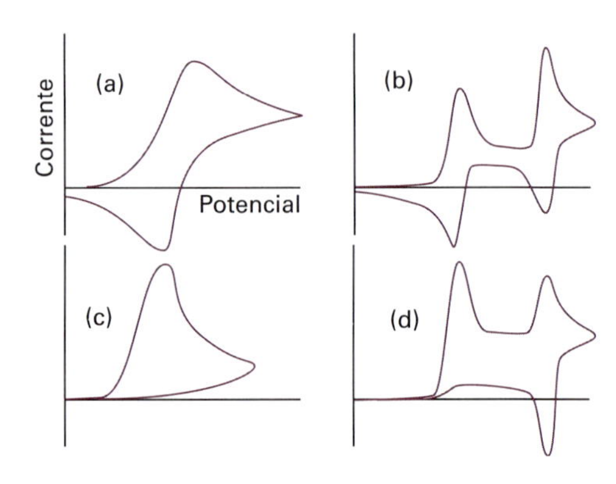

Figura 21.1 Voltamogramas utilizados no Problema 21F.8.

Atividades integradas

21.1 Estime as ordens de grandeza das funções de partição que aparecem nas expressões das velocidades. Dê a ordem de grandeza de q_m^T/N_A, q^R, q^V, q^E para uma molécula típica. Verifique que na colisão de duas moléculas sem estrutura a ordem de grandeza do fator pré-exponencial é a mesma que a prevista na teoria da colisão. Estime o fator P na reação A + B → P, em que A e B são moléculas triatômicas não lineares.

21.2 Discuta os fatores que governam as velocidades de transferência de elétrons induzida por fótons de acordo com a teoria de Marcus e que governam as velocidades de transferência de energia ressonante de acordo com a teoria de Förster (Seção 20G). Você encontra semelhanças entre as duas teorias?

21.3 Calcule o limite termodinâmico correspondente ao potencial de corrente nula de pilhas a combustível operando com (a) hidrogênio e oxigênio, (b) metano e ar, (c) propano e ar. Use as informações sobre a energia de Gibbs contidas na *Seção de dados* e considere que as espécies estão em seus estados padrão a 25 °C.

CAPÍTULO 22

Processos em superfícies sólidas

Os processos em superfícies sólidas governam a viabilidade da indústria construtivamente, como na catálise e na permanência dos seus produtos destrutivamente, como na corrosão. As reações químicas em superfícies sólidas podem diferir acentuadamente das reações no seio do sólido, pois estas podem prover caminhos de reação com energia de ativação muito mais baixa, levando, consequentemente, à catálise. Este capítulo amplia o material apresentado nos Capítulos 20 e 21 mostrando como tratar de processos em superfícies sólidas.

22A Uma introdução às superfícies sólidas

Iniciamos investigando a estrutura das superfícies sólidas. Essa seção ainda descreve uma série de técnicas experimentais comumente empregadas na ciência da superfície.

22B Adsorção e dessorção

Embora tenhamos iniciado nossa discussão com superfícies limpas, para os químicos os aspectos importantes de uma superfície são a ligação de substâncias a elas e as reações que nelas ocorrem. Nessa seção discutimos a extensão com a qual uma superfície sólida é coberta e a variação do grau de cobertura com a pressão e a temperatura.

22C Catálise heterogênea

Essa seção discute reações químicas em superfícies sólidas. Concentramo-nos em como as superfícies afetam a velocidade e no curso da transformação química atuando como o sítio catalítico.

Qual é o impacto deste material?

Quase toda a indústria química moderna depende do desenvolvimento, da seleção e da aplicação de catalisadores, com particular importância aos catalisadores heterogêneos. Em *Impacto* I22.1, tentamos dar apenas uma breve indicação de alguns dos problemas envolvidos. Além dos problemas que colocamos, há outros, como o perigo de o catalisador ser contaminado por derivados e impurezas, e considerações econômicas relacionadas com custo e tempo de vida.

22A Uma introdução às superfícies sólidas

Tópicos

➤ Por que você precisa saber este assunto?

Para entender a termodinâmica e a cinética das reações químicas que ocorrem em superfícies sólidas, que são fundamentais a grande parte da catálise e, por isso, à indústria química, você precisa entender a estrutura, a composição e o crescimento da superfície.

➤ Qual é a ideia fundamental?

As características estruturais, incluindo-se os defeitos, desempenham papéis importantes nos processos físicos e químicos que ocorrem em superfícies sólidas.

➤ O que você já deve saber?

Você precisa conhecer a estrutura dos sólidos (Seção 18A), mas não em detalhes. Esta seção baseia-se em resultados da teoria cinética dos gases (Seção 1B).

Uma boa parte da química ocorre em superfícies sólidas. A catálise heterogênea (Seção 22C) é apenas um exemplo, com a superfície oferecendo sítios reativos onde os reagentes podem se ligar, ser fragmentados e reagir com outros reagentes. Até mesmo um ato simples como a dissolução é intrinsecamente um fenômeno de superfície, com o sólido escapando gradativamente para o solvente a partir dos sítios na superfície. A deposição na superfície, em que os átomos são depositados em uma superfície formando camadas, é crucial para a indústria dos semicondutores, já que é a maneira pela qual são criados os circuitos integrados. Os eletrodos são, essencialmente, superfícies nas quais ocorre a transferência de elétrons, e sua eficiência depende crucialmente do entendimento dos eventos que lá acontecem (Seção 21F).

22A.1 Crescimento das superfícies

Adsorção é a ligação de partículas a uma superfície sólida; **dessorção** é o processo inverso. A substância que é adsorvida é o **adsorvato**, e o material sobre o qual ocorre a adsorção é o **adsorvente** ou **substrato**.

Uma imagem simples da superfície de um cristal perfeito é a da superfície de uma bandeja de laranjas em um mercadinho (Fig. 22A.1). Uma molécula de gás que colide com a superfície pode ser concebida como uma bola de pingue-pongue que pula aleatoriamente sobre as laranjas. A molécula perde energia ao quicar sobre a superfície, mas possivelmente escapa antes de a perda de energia cinética provocar a sua captura. O mesmo ocorre, em certa medida, com um cristal iônico em contato com uma solução. É pequena a vantagem energética quando um íon em solução perde parte das moléculas de solvatação e se fixa em uma posição exposta sobre a superfície.

O modelo se altera quando a superfície tem defeitos, pois então formam-se arestas de camadas incompletas de átomos ou de íons. Um típico defeito superficial é o **degrau** que separa duas camadas planas regulares de átomos chamadas de **terraços** (Fig. 22A.2). Esse degrau pode, por sua vez, exibir defeitos, pois pode ter irregularidades. Quando um átomo pousa em um terraço, ele pode se deslocar, sob a ação do potencial intermolecular, e chegar a uma aresta ou a um vértice de uma irregularidade. Em lugar de interagir com apenas um único átomo do terraço, passa a interagir com diversos átomos, interação que pode ser suficientemente forte para fixá-lo.

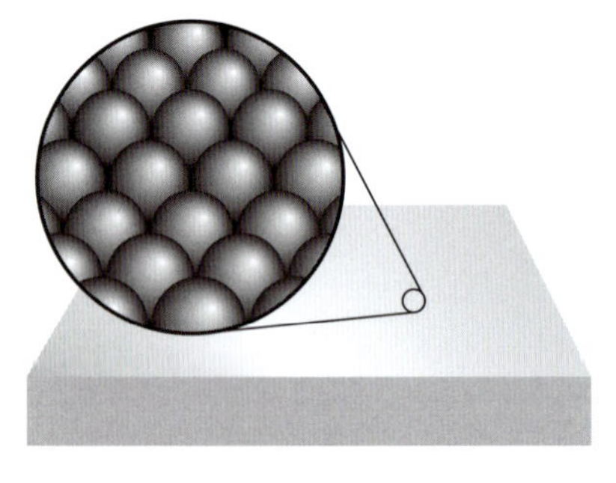

Figura 22A.1 Esquema da face plana de um sólido. Este modelo bem simples é convalidado, em grande parte, pelas imagens da microscopia de varredura por tunelamento.

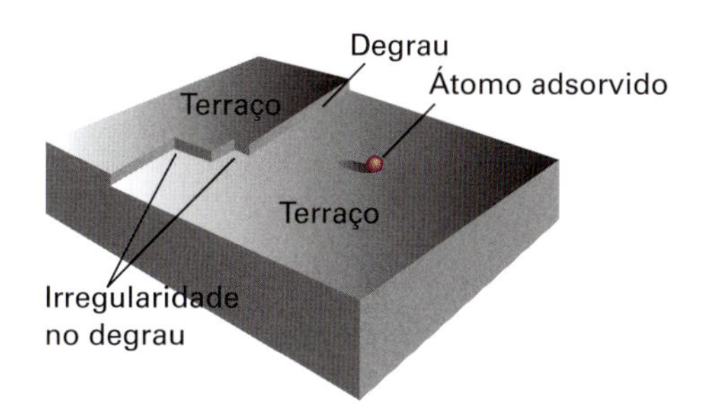

Figura 22A.2 Alguns tipos de defeitos que podem ocorrer em terraços que, de outra forma, seriam perfeitos. Estes defeitos têm papel importante no crescimento da superfície e na catálise.

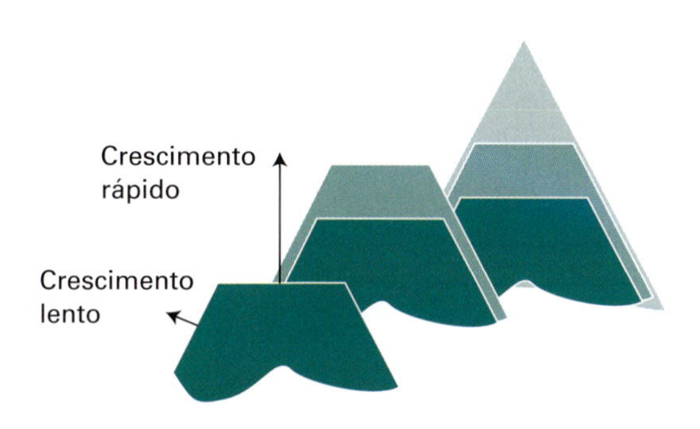

Figura 22A.3 A aparência final de um cristal é determinada pela face de crescimento mais lento. Na figura aparecem três estágios sucessivos do crescimento.

Da mesma forma, quando há deposição de íons a partir de uma solução, a perda da interação de solvatação é compensada pela interação coulombiana intensa entre os íons que chegam à superfície e muitos outros íons que estão nos defeitos da superfície.

A rapidez do crescimento depende do plano cristalino envolvido, e é a face do cristal com o crescimento mais lento a que domina a aparência do cristal. Esta característica está evidente na Fig. 22A.3. Vemos que, embora a face horizontal cresça para a frente com muita rapidez, acaba por desaparecer, e é a face de crescimento lento que impõe a forma final.

Em condições normais, uma superfície exposta a um gás é continuamente bombardeada por moléculas, e as superfícies sólidas recém-preparadas ficam rapidamente recobertas. Uma estimativa da velocidade desse recobrimento pode ser feita pela teoria cinética dos gases e pela expressão do fluxo de colisão (Eq. 19A.6):

$$Z_W = \frac{p}{(2\pi mkT)^{1/2}} \quad \text{Fluxo de colisão} \quad (22A.1)$$

Breve ilustração 22A.1 O fluxo de colisão

Se escrevemos $m = M/N_A$, em que M é a massa molar do gás, a Eq. 22A.1 fica como a seguir

$$Z_W = \frac{\overbrace{(N_A/2\pi k)^{1/2}}^{Z_0} p}{(TM)^{1/2}}$$

Após a inserção dos valores numéricos para as constantes e a seleção das unidades para as variáveis, a forma prática dessa expressão é:

$$Z_W = \frac{Z_0(p/\text{Pa})}{\{(T/\text{K})(M/(\text{g mol}^{-1}))\}^{1/2}} \text{ com } Z_0 = 2{,}63 \times 10^{24}\ \text{m}^{-2}\,\text{s}^{-1}$$

Para o ar, com $M \approx 29$ g mol^{-1}, a $p = 1$ atm $= 1{,}013\ 25 \times 10^5$ Pa e $T = 298$ K, obtemos $Z_W = 2{,}9 \times 10^{27}$ m^{-2} s^{-1}. Como 1 m^2 da superfície metálica tem cerca de 10^{19} átomos, cada átomo é atingido cerca de 10^8 vezes em cada segundo. Mesmo sendo muito pequena a fração de moléculas que se adsorvem na superfície, o intervalo de tempo para que uma superfície recém-preparada permaneça limpa é muito curto.

Exercício proposto 22A.1 Calcule o fluxo de colisão com uma superfície de um recipiente que contém propano a 25 °C, quando a pressão é de 100 Pa.

Resposta: $Z_W = 2{,}30 \times 10^{20}$ cm^{-2} s^{-1}

22.A2 Fisissorção e quimissorção

As moléculas e átomos podem se ligar de duas maneiras a uma superfície. Na **fisissorção** (contração de "adsorção física"), há uma interação de van der Waals (interação de dispersão ou interação dipolar, Seção 16B) entre o adsorvato e o adsorvente. As interações de van der Waals são de longo alcance, mas fracas, e a energia liberada quando uma partícula é adsorvida fisicamente é da mesma ordem de grandeza que a entalpia de condensação. Essas pequenas energias podem ser absorvidas como vibrações da rede e dissipadas como movimento térmico. Uma molécula que se desloque sobre a superfície perde gradualmente energia e termina por ser adsorvida; esse processo é denominado **acomodação**.

A entalpia da fisissorção pode ser medida acompanhando-se a elevação da temperatura de uma amostra cuja capacidade calorífica é conhecida. Valores típicos estão na faixa de −20 kJ mol^{-1} (Tabela 22A.1). Essa pequena variação de entalpia é insuficiente para romper as ligações químicas, e por isso uma molécula fisicamente adsorvida retém a sua identidade, embora possa ser deformada pela presença da superfície.

Na **quimissorção** (contração de "adsorção química"), as moléculas (ou átomos) unem-se à superfície do adsorvente por ligações químicas (usualmente covalentes) e tendem a se acomodar em sítios que propiciem o número de coordenação máximo com

Tabela 22A.1* Entalpias-padrão máximas de fisissorção, $\Delta_{ad}H^\ominus/(\text{kJ mol}^{-1})$, observadas a 298 K

Adsorvato	$\Delta_{ad}H^\ominus/(\text{kJ mol}^{-1})$
CH_4	−21
H_2	−84
H_2O	−59
N_2	−21

* Mais valores podem ser encontrados na *Seção de dados*.

Tabela 22A.2* Entalpias-padrão de quimissorção, $\Delta_{ad}H^\ominus$/(kJ mol^{-1}), a 298 K

Adsorvato	Adsorvente (substrato)		
	Cr	Fe	Ni
C_2H_4	−427	−285	−243
CO		−192	
H_2	−188	−134	
NH_3		−188	−155

* Mais valores podem ser encontrados na *Seção de Dados*.

o substrato. A entalpia da quimissorção é muito maior do que a da fisissorção, e os valores representativos estão na faixa dos −200 kJ mol^{-1} (Tabela 22A.2). A distância entre a superfície do adsorvente e o átomo mais próximo do adsorvato é tipicamente menor na quimissorção do que na fisissorção. Uma molécula quimicamente adsorvida pode ser decomposta em virtude de forças de valência dos átomos da superfície, e é a existência de fragmentos moleculares adsorvidos que responde, em parte, pelo efeito catalítico das superfícies sólidas (Seção 22C).

Exceto em casos especiais, a quimissorção deve ser um processo exotérmico. Um processo espontâneo, a temperatura e pressão constantes, tem $\Delta G < 0$. Uma vez que a liberdade de translação do adsorvato é reduzida na adsorção, ΔS é negativa. Assim, para que $\Delta G = \Delta H - T\Delta S$ seja negativa, é necessário que ΔH seja negativa (isto é, o processo deve ser exotérmico). Podem ocorrer exceções, quando o adsorvato se dissocia e tem elevada mobilidade de translação na superfície. Por exemplo, a adsorção do H_2 em vidro é endotérmica, pois as moléculas se dissociam em átomos que se movem com muita liberdade sobre a superfície e contribuem para grande aumento da entropia de translação. Neste caso a variação de entropia no processo $H_2(g) \rightarrow 2\ H(\text{vidro})$ é suficientemente positiva para superar a pequena variação positiva de entalpia.

A entalpia da adsorção depende do grau de cobertura da superfície do adsorvente, principalmente pela interação das partículas adsorvidas. Se as partículas se repelem (como as do CO no paládio), a adsorção fica menos exotérmica (a entalpia de adsorção é menos negativa) à medida que o recobrimento aumenta. Além disso, estudos mostram que a ocupação da superfície é desordenada até que a ordem seja imposta pelas exigências do empacotamento das partículas. Caso se atraiam mutuamente (como as de O_2 sobre tungstênio), as partículas adsorvidas tendem a se aglomerar em ilhas, e o crescimento ocorre nas bordas dessas ilhas. Os adsorvatos exibem transições ordem–desordem quando têm energia térmica suficiente para superar as interações entre as partículas, mas não suficiente para que essas interações sejam dessorvidas.

Como resultado de um processo, tanto de fisissorção quanto de quimissorção, a extensão do recobrimento de uma superfície é expressa, comumente, pelo **grau** (ou **fração**) **de recobrimento**, θ:

$$\theta = \frac{\text{número de sítios de adsorção ocupados}}{\text{número de sítios de adsorção disponíveis}}$$

Definição Grau de recobrimento (22A.2)

O grau de recobrimento é também expresso em termos do volume de adsorvato adsorvido por $\theta = V/V_\infty$, em que V_∞ é o volume de adsorvato que corresponde ao recobrimento completo da amostra por uma camada monomolecular. Em cada caso, os volumes na definição de θ são os do gás livre medido nas mesmas condições de temperatura e pressão, não o volume que o gás adsorvido ocupa quando ligado à superfície.

Breve ilustração 22A.2 Grau de recobrimento

Para a adsorção do CO no carvão vegetal, a 273 K, $V_\infty = 111$ cm^3, um valor corrigido para 1 atm. Quando a pressão parcial do CO é 80,0 kPa, o valor de V (também corrigido para 1 atm) é 41,6 cm^3, logo $\theta = (41{,}6\ \text{cm}^3)/(111\ \text{cm}^3) = 0{,}375$.

Exercício proposto 22A.2 Geralmente se observa que θ aumenta acentuadamente com a pressão parcial do adsorvato a baixas pressões, mas fica cada vez menos dependente da pressão parcial em pressões elevadas. Explique esse comportamento.

Resposta: Veja a Seção 22B

22A.3 Técnicas experimentais

Um vasto conjunto de técnicas experimentais é empregado para estudar a composição e a estrutura de superfícies sólidas em nível atômico. Muitas montagens permitem visualizar diretamente as mudanças na superfície à medida que adsorção ou reações químicas ocorrem.

Os procedimentos experimentais devem iniciar com uma superfície limpa. A maneira evidente de manter a limpeza de uma superfície é a redução da pressão e do número de impactos sobre a superfície. Com uma redução até cerca de 0,1 mPa (fácil de atingir em um sistema de vácuo simples) o fluxo de colisão cai a cerca de 10^{18} m^{-2} s^{-1}, correspondente a uma colisão com cada átomo superficial a cada 0,1 s. Essa taxa ainda é muito elevada em certas experiências, e com as **técnicas de alto vácuo** (UHV na sigla em inglês) é possível chegar, rotineiramente, a pressões da ordem de 0,1 μPa (com $Z_w = 10^{15}$ m^{-2} s^{-1}), e tão baixas quanto 1 nPa (com $Z_w = 10^{13}$ m^{-2} s^{-1}), com cuidados especiais. Com esses fluxos sobre a superfície, cada átomo é atingido uma vez em cerca de 10^5 a 10^6 s, ou cerca de uma vez por dia.

(a) Microscopia

A técnica elementar de iluminar uma pequena área de uma amostra e coletar a luz com um microscópio tem sido utilizada há anos para produzir imagens de pequenos espécimes. Entretanto, a resolução de um microscópio – a distância mínima entre dois objetos para que eles apareçam como duas imagens distintas – é da ordem do comprimento de onda da luz utilizada. Assim, os microscópios convencionais que empregam luz visível têm resolução na faixa do micrômetro e não possibilitam visualizar detalhes em uma escala de nanômetros.

Uma técnica frequentemente utilizada para visualizar imagens de objetos de dimensões nanométricas é a **microscopia**

eletrônica, em que um feixe de elétrons com um comprimento de onda de De Broglie bem definido (Seção 7A) substitui a lâmpada encontrada nos microscópios ópticos tradicionais. Em vez de lentes de vidro ou de quartzo, são usados campos magnéticos para focalizar o feixe. Na **microscopia eletrônica de transmissão** (MET, ou TEM na sigla em inglês), o feixe de elétrons passa pela amostra e a imagem é obtida em uma tela. Na **microscopia eletrônica de varredura** (MEV, ou SEM na sigla em inglês), os elétrons espalhados a partir de uma pequena área irradiada da amostra são detectados e o sinal elétrico é enviado a uma tela de vídeo. Obtém-se a imagem de uma superfície varrendo-a com o feixe de elétrons através da amostra.

Tal como na microscopia óptica convencional, a resolução do microscópio é governada pelo comprimento de onda e pela habilidade de focalizar o feixe – neste caso, um feixe de elétrons focalizados por um campo magnético. Atualmente, é possível atingir uma resolução em escala atômica com instrumentos de MET. Pode-se atingir a resolução da ordem de alguns nanômetros com instrumentos de MEV.

A **microscopia de sonda por varredura** (SPM na sigla em inglês) é um conjunto de técnicas que podem ser usadas na visualização e manipulação de objetos tão pequenos quanto os átomos em uma superfície. Um tipo de MSV é a **microscopia de tunelamento por varredura** (STM na sigla em inglês), em que uma ponta de prova de platina-ródio ou de tungstênio desliza sobre a superfície de um sólido condutor. Quando a ponta de prova fica muito próxima da superfície, os elétrons tunelam através da pequena lacuna entre a ponta de prova e a superfície (Fig. 22A.4). No modo de operação “a corrente constante”, a ponta de prova se move para cima e para baixo, de acordo com a forma da superfície, permitindo assim que a topografia da superfície, incluindo a presença de quaisquer moléculas adsorvidas, seja mapeada em escala atômica. O movimento vertical da ponta de prova é realizado fixando-a a um cilindro piezoelétrico que se contrai ou expande segundo o potencial nela aplicado. No modo “a *z* constante”, a altura vertical da ponta de prova é mantida constante e a corrente que passa através da ponta de prova é monitorada. Como a probabilidade de tunelamento é muito sensível ao tamanho da lacuna, o microscópio pode detectar variações muito pequenas, em escala atômica, que ocorrem na altura da superfície.

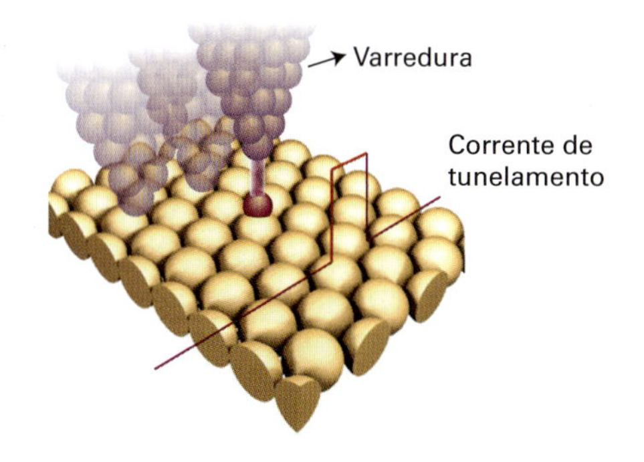

Figura 22A.4 Um microscópio de tunelamento por varredura faz uso da corrente de elétrons que tunelam entre a superfície da amostra e a ponta. Essa corrente é muito sensível à distância entre a ponta de prova e a superfície.

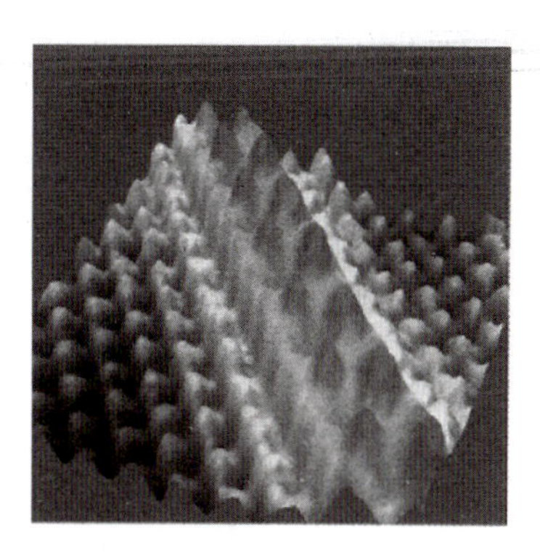

Figura 22A.5 Uma imagem por STM de átomos de césio sobre uma superfície de arseneto de gálio.

A Fig. 22A.5 mostra um exemplo do tipo de imagem obtida com uma superfície; neste caso, do arseneto de gálio, que foi modificada pela adição de átomos de césio. Cada “pico” na superfície corresponde a um átomo. Em outra variação da técnica de STM, a ponta de prova pode ser utilizada para deslocar átomos isolados ao redor da superfície, tornando possível a fabricação de materiais e dispositivos complexos, embora minúsculos, em escala de nanômetros.

As características de difusão do adsorvato podem ser examinadas por STM, a fim de acompanhar a mudança das características da superfície. Um átomo adsorvido efetua uma marcha randômica sobre a superfície e é possível estimar o coeficiente de difusão, D, pela distância média, d, coberta no intervalo de tempo τ usando a expressão do deslocamento ao acaso bidimensional $d = (D\tau)^{1/2}$. É possível então ter o valor de D para diferentes planos cristalinos, em diferentes temperaturas, e a energia de ativação da migração sobre cada plano cristalino é estimada por uma expressão do tipo de Arrhenius,

$$D = D_0 e^{-E_{a,dif}/RT} \qquad \text{Dependência entre o coeficiente de difusão e a temperatura} \qquad (22A.3)$$

em que $E_{a,dif}$ é a energia de ativação da difusão e D_0 é o coeficiente de difusão no limite de temperatura infinita.

Breve ilustração 22A.3 Coeficientes de difusão

Os valores típicos para átomos de W em tungstênio têm $E_{a,dif}$ na faixa de 57–87 kJ mol⁻¹ e $D_0 \approx 3{,}8 \times 10^{-11}$ m² s⁻¹. Segue da Eq. 22A.3 que, a 800 K, o coeficiente de difusão varia aproximadamente a partir de

$$\begin{aligned} D &= (3{,}8\times10^{-11}\,\text{m}^2\,\text{s}^{-1})\times e^{-5{,}7\times10^{-2}\,\text{J mol}^{-1}/(8{,}3145\,\text{J K}^{-1}\,\text{mol}^{-1}\times800\,\text{K})} \\ &= 7{,}2\times10^{-15}\,\text{m}^2\,\text{s}^{-1} \end{aligned}$$

até

$$\begin{aligned} D &= (3{,}8\times10^{-11}\,\text{m}^2\,\text{s}^{-1})\times e^{-8{,}7\times10^{-2}\,\text{J mol}^{-1}/(8{,}3145\,\text{J K}^{-1}\,\text{mol}^{-1}\times800\,\text{K})} \\ &= 7{,}9\times10^{-17}\,\text{m}^2\,\text{s}^{-1} \end{aligned}$$

Exercício proposto 22A.3 Para o CO sobre tungstênio, a energia de ativação cai de 144 kJ mol⁻¹, em baixa cobertura de superfície, para 88 kJ mol⁻¹, quando a cobertura é alta. Calcule a razão D_{alta}/D_{baixa} entre os coeficientes de difusão, a 800 K.

Resposta: $4{,}5 \times 10^3$

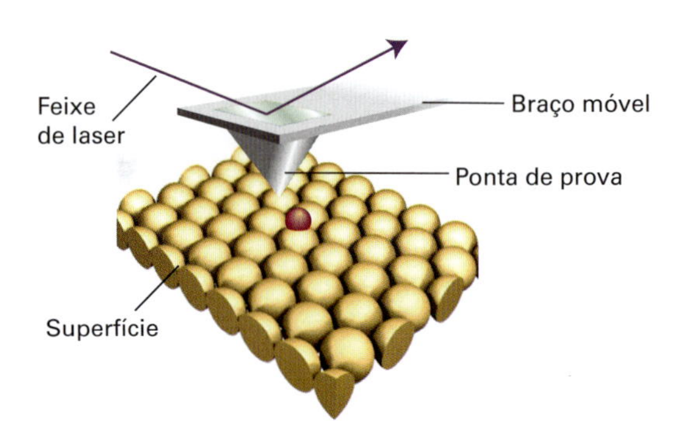

Figura 22A.6 Na microscopia de força atômica, é usado um feixe de laser para monitorar as minúsculas mudanças da posição de uma ponta de prova quando ela é atraída ou repelida pelos átomos em uma superfície.

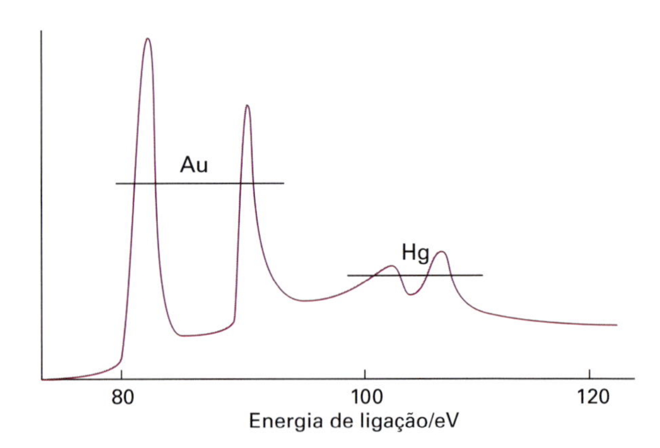

Figura 22A.7 Espectro de emissão de fotoelétrons excitados por raios X em uma amostra de ouro contaminada por uma camada superficial de mercúrio. (M.W. Roberts e C.S. McKee, *Chemistry of the metal-gas interface*, Oxford (1978).)

Na **microscopia de força atômica** (AFM na sigla em inglês), um estilete afilado preso a um braço móvel varre a superfície. A força exercida pela superfície e por qualquer molécula ligada a ela empurra ou puxa o estilete e deflete o braço (Fig. 22A.6). A deflexão é monitorada com um feixe de laser. Como não é necessário que uma corrente passe entre a amostra e a ponta de prova, a técnica pode ser aplicada a superfícies não condutoras e a amostras líquidas.

São comuns dois modos de operação em AFM. No "modo de contato", ou "modo a força constante", a força entre a ponta de prova e a superfície é mantida constante e a ponta de prova entra em contato com a superfície. Este modo de operação pode danificar a superfície de amostras frágeis. No "modo de não contato", ou "modo intermitente", a ponta de prova oscila para cima e para baixo com uma frequência específica e quase nunca toca a superfície. A amplitude de oscilação da ponta de prova varia quando ela passa sobre uma espécie adsorvida na superfície.

(b) Técnicas de ionização

A composição química da superfície pode ser determinada por muitas técnicas de ionização. As mesmas técnicas podem ser usadas para perceber contaminações depois da limpeza, ou detectar camadas de material adsorvido no decorrer dos experimentos.

Uma das técnicas é a da **espectroscopia de fotoemissão**, uma técnica derivada do efeito fotoelétrico (Seção 7A), em que são usados raios X (para XPS) ou radiação ultravioleta dura (comprimento de onda curto) ionizante (para UPS) para ejetar elétrons da espécie adsorvida. As energias cinéticas dos elétrons ejetados dos orbitais são medidas e o padrão de energia é uma impressão digital do material presente (Fig. 22A.7). Com UPS examinam-se os elétrons emitidos das camadas de valência e se podem assim determinar as características das ligações e os detalhes das estruturas eletrônicas dessas camadas nas substâncias presentes na superfície. Tem grande utilidade para revelar os orbitais do adsorvato que estão envolvidos nas ligações com o adsorvente.

Breve ilustração 22A.4 Um espectro de UPS

A principal diferença entre a fotoemissão do benzeno livre e a do benzeno adsorvido sobre paládio está nas energias dos elétrons π. Interpreta-se essa diferença admitindo-se que as moléculas de C_6H_6 estejam paralelas à superfície do substrato e ligadas através dos respectivos orbitais π.

Exercício proposto 22A.4 Quando adsorvida ao paládio, a piridina (C_6H_5N) fica quase perpendicular à superfície. Sugira um modo de ligação da molécula aos átomos de paládio em uma superfície.

Resposta: Os dados são consistentes com uma ligação σ formada pelo par isolado do nitrogênio.

Uma técnica muito importante, amplamente usada na indústria microeletrônica, é a **espectroscopia de elétrons Auger** (AES na sigla em inglês). O **efeito Auger** é a emissão de um segundo elétron depois da emissão de um primeiro elétron pelo efeito de radiação de alta energia. O primeiro elétron a sair deixa uma vacância em um orbital de baixa energia do átomo, e um elétron de um orbital de maior energia o ocupa. Nesse processo, a energia liberada pode ser emitida sob a forma de radiação, a **fluorescência de raios X** (Fig. 22A.8a), ou levar à ejeção de outro elétron (Fig. 22A.8b). Este é o "elétron secundário" do efeito Auger. As energias dos elétrons secundários são características do átomo, e por isso o efeito Auger leva à identificação dos átomos da amostra. Na prática, o espectro Auger é obtido pela irradiação da amostra com um feixe de elétrons cuja energia está na faixa de 1 a 5 keV, e não com um feixe de radiação eletromagnética. Na **microscopia Auger de varredura** (SAM na sigla em inglês), um feixe de elétrons, muito delgado, varre e mapeia a composição de uma superfície. A resolução pode atingir abaixo de cerca de 50 nm.

(c) Técnicas de difração

Uma das técnicas mais informativas para a determinação da configuração dos átomos nas proximidades da superfície é a **difração**

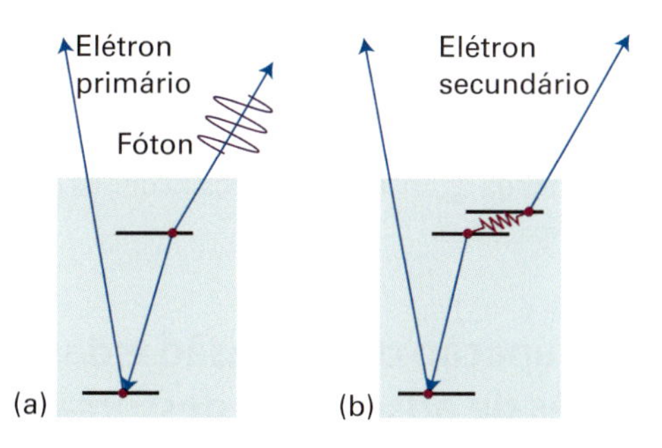

Figura 22A.8 Quando um elétron é ejetado de um sólido, (a) é possível que um elétron de maior energia ocupe o orbital vazio e haja a emissão de um fóton de raios X para produzir fluorescência de raios X. Porém, também é possível (b) que o elétron que ocupa a vacância ceda sua energia para outro elétron, que é então emitido na forma do efeito Auger.

de elétrons de baixa energia (LEED na sigla em inglês). Esta técnica é semelhante à difração de raios X (Seção 18A), mas faz uso do caráter ondulatório dos elétrons, e a amostra é, agora, a superfície de um sólido. A operação com elétrons de baixa energia (na faixa de 10 a 200 eV, correspondente a comprimentos de onda de 100 a 400 pm) garante que a difração seja provocada, exclusivamente, por átomos superficiais ou muito próximos da superfície. A montagem experimental está esquematizada na Fig. 22A.9, e a fotografia da imagem obtida sobre uma tela fluorescente, em um caso típico, está na Fig. 22A.10.

As experiências de LEED mostram que a superfície de um cristal raramente se assemelha à superfície de um corte regular através do corpo cristalino, pois os átomos superficiais e os do seio do cristal sofrem forças diferentes. A **reconstrução** refere-se a processos pelos quais os átomos na superfície atingem suas estruturas de equilíbrio. Como regra geral, as superfícies metálicas são frutos de deformações da rede. A distância entre a camada superior dos átomos e a que lhe fica imediatamente abaixo é cerca de 5% menor do que a distância regular. Os semicondutores têm também, em geral, superfícies reconstruídas a uma profundidade de diversas

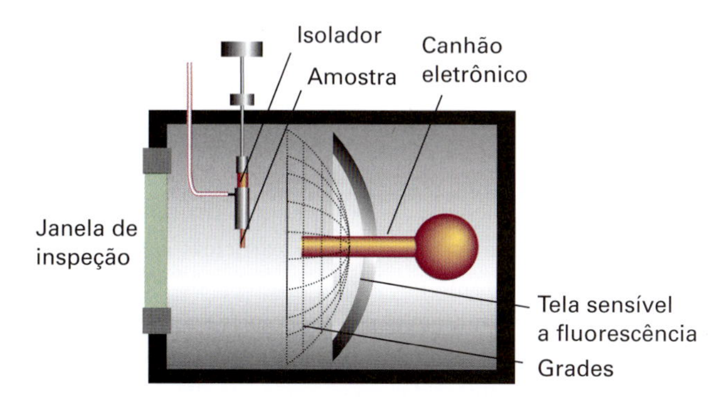

Figura 22A.9 Esquema da montagem de aparelho para observação de LEED. Os elétrons difratados pelas camadas superficiais são observados pela fluorescência que eles provocam no material sensível da tela.

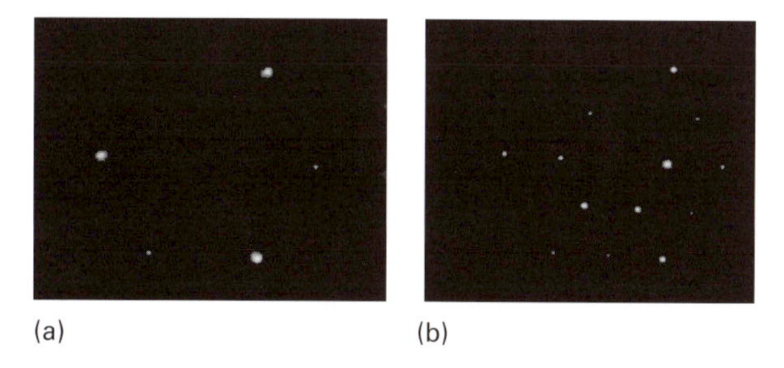

Figura 22A.10 Fotografias de LEED de (a) uma superfície de platina limpa e (b) da mesma superfície exposta ao propino, $CH_3C{\equiv}CH$. (Fotos fornecidas pelo Prof. G.A. Samorjai.)

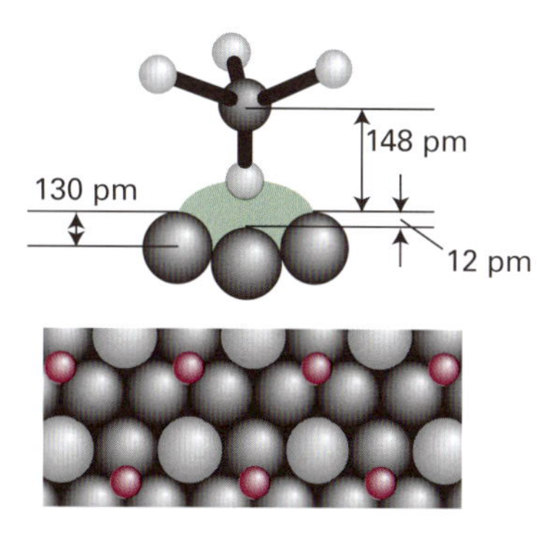

Figura 22A.11 Estrutura da superfície nas vizinhanças do ponto de ligação do CH_3C– à superfície (110) do ródio a 300 K e as variações das posições dos átomos metálicos que acompanham a quimissorção.

camadas. Nos sólidos iônicos também se observam reconstruções diversas. Por exemplo, no fluoreto de lítio, os íons de Li^+ e de F^- vizinhos à superfície estão, aparentemente, em planos ligeiramente diferentes. A Fig. 22A.11 mostra um detalhe real que pôde ser observado por técnica refinada de LEED para a adsorção do CH_3C– em um plano (111) do ródio.

Exemplo 22A.1 Interpretação de uma figura de LEED

A figura de LEED de uma face (110) limpa de paládio é mostrada a seguir em (a). A superfície reconstruída fornece a figura de LEED mostrada em (b). O que pode ser inferido sobre a estrutura da superfície reconstruída?

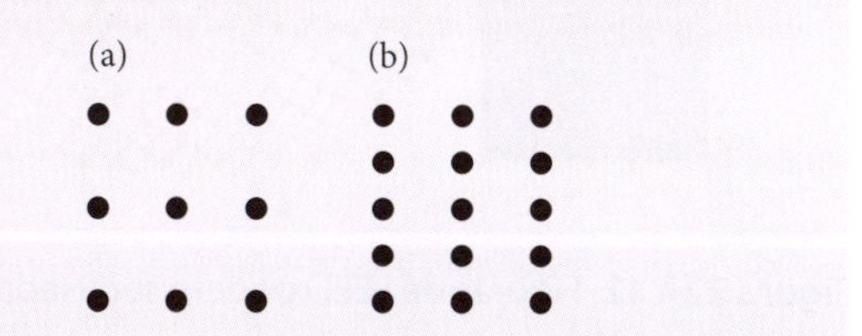

Método Lembre-se, da lei de Bragg (Seção 18A), $\lambda = 2d \operatorname{sen}\theta$, de que, para dado comprimento de onda, quanto menor a separação d entre as camadas maior o ângulo de espalhamento (de forma que $2d$ sen θ fique constante). Em termos da figura de LEED, quanto mais afastados estiverem os átomos responsáveis pela figura mais próximas as manchas vão aparecer na figura. O dobro de separação entre os átomos corresponde à metade da separação entre as manchas, e vice-versa. Assim, vamos observar as duas figuras e identificar a relação entre o novo e o antigo padrão.

Resposta A separação horizontal entre as manchas não é alterada, indicando que os átomos permanecem nas mesmas posições naquela dimensão em que ocorreu a reconstrução. Entretanto, a separação vertical caiu à metade, sugerindo que os átomos estão duas vezes mais afastados na direção em que eles estão na superfície não reconstruída.

Exercício proposto 22A.5 Esboce a figura de LEED para uma superfície que foi reconstruída a partir da figura (a) vista anteriormente pela triplicação da separação vertical.

Resposta:

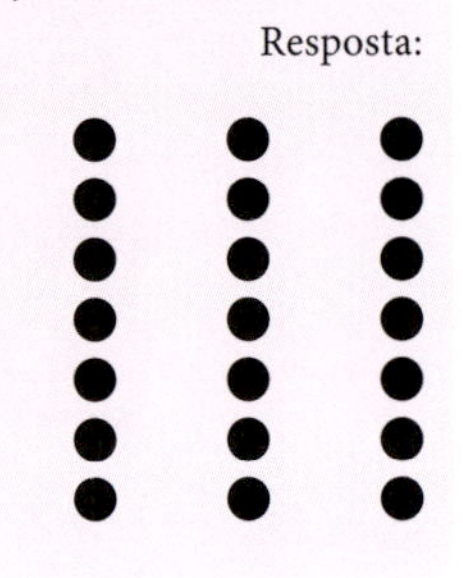

As figuras de LEED permitem identificar os terraços, degraus e irregularidades na superfície e, assim, estimar a respectiva densidade superficial de defeitos (isto é, o número de defeitos por unidade de área superficial). Veremos, adiante, a importância dessas medidas. A Fig. 22A.12 mostra três exemplos do efeito de degraus e irregularidades sobre os padrões das figuras. As amostras foram preparadas pela clivagem do cristal sob diferentes ângulos em relação a um plano de átomos. Quando o corte é paralelo a um plano, somente se formam terraços, e a densidade de degraus aumenta à medida que o ângulo do corte aumenta. A observação de outros detalhes da figura de LEED mostra que os degraus estão regularmente espaçados.

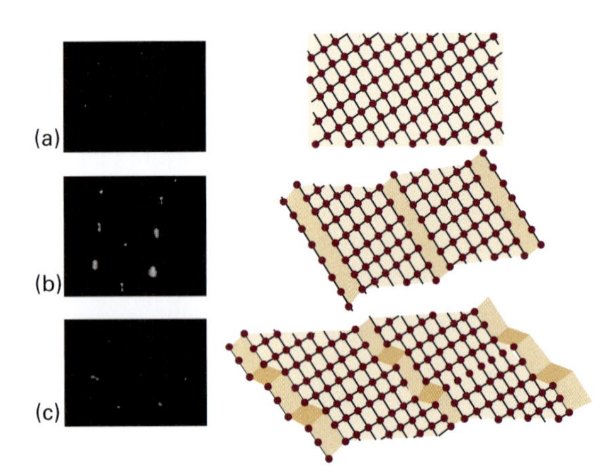

Figura 22A.12 Figuras de LEED podem ser usadas para se determinar a densidade de defeitos de uma superfície. As fotos são de uma superfície de platina com (a) baixa densidade de defeitos, (b) degraus regulares separados por seis átomos e (c) degraus regularmente espaçados com irregularidades. (Fotos fornecidas pelo Prof. G.A. Samorjai.)

(d) Determinação da extensão e das velocidades de adsorção e dessorção

Uma das técnicas comuns de medição das velocidades de processos em superfícies é a da medida das vazões de afluência e de efluência do gás no sistema. A diferença entre as duas é a velocidade de retenção do gás pela amostra. A integração da taxa de retenção leva ao grau de recobrimento em qualquer instante.

- A **gravimetria**, na qual a amostra é pesada em uma microbalança durante a experiência, também pode ser usada para determinar a extensão e a cinética de adsorção e dessorção.

Um instrumento comumente usado em medidas gravimétricas é a **microbalança de quartzo** (QCM na sigla em inglês), na qual a massa adsorvida sobre a superfície de um cristal de quartzo está relacionada com variações na frequência vibracional característica do cristal. Dessa maneira, massas da ordem de nanogramas podem ser medidas com confiança.

- A **geração de segundo harmônico** (SHG na sigla em inglês) – a conversão de um feixe de laser, intenso e pulsado, em uma radiação com o dobro da frequência inicial – é muito importante no estudo de todos os tipos de superfícies, inclusive filmes finos e interfaces líquido–gás.

Por exemplo, a adsorção de moléculas em fase gás sobre uma superfície altera a intensidade do sinal SHG, permitindo a determinação das velocidades de processos em superfície e o grau de recobrimento. Como os lasers pulsados são fontes de excitação, podem-se realizar medidas, resolvidas no tempo, da cinética e da dinâmica de processos superficiais da ordem de femtossegundos.

- **Ressonância de plásmons de superfície** (SPR na sigla em inglês) – a absorção de energia de um feixe incidente de radiação eletromagnética por "plásmons" na superfície – é uma técnica muito sensível, atualmente empregada rotineiramente no estudo de adsorção e dessorção.

Para entender essa técnica, é necessário examinar os termos "plásmon de superfície" e "ressonância" no seu nome.

Os elétrons de valência, deslocalizados e móveis dos metais formam um **plasma**, um gás denso de partículas carregadas. O bombardeio desse plasma por luz ou um feixe de elétrons pode provocar variações transientes na distribuição eletrônica, com certas regiões tornando-se ligeiramente mais densas do que outras. A repulsão coulombiana nas regiões de alta densidade faz com que os elétrons se afastem uns dos outros, diminuindo, desse modo, sua densidade. As oscilações resultantes da densidade eletrônica, os **plásmons**, podem ser excitadas tanto no seio do metal quanto na sua superfície. Um plásmon de superfície propaga-se

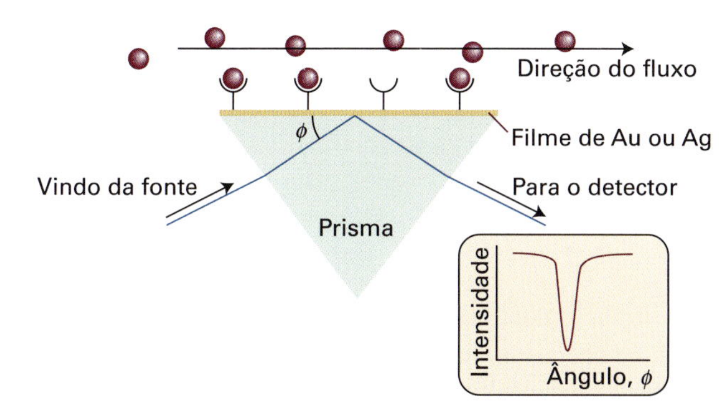

Figura 22A.13 Montagem experimental para a observação da ressonância de plásmons de superfície, conforme explicado no texto.

da superfície, mas a amplitude da onda, também denominada **onda evanescente**, diminui acentuadamente com a distância à superfície. A "ressonância" no nome refere-se à absorção que pode ser observada com a escolha apropriada do comprimento de onda e do ângulo de incidência do feixe excitado.

É prática comum utilizar um feixe monocromático e variar o ângulo de incidência (ϕ na Fig. 22A.13). O feixe atravessa um prisma que atinge um dos lados de um filme fino de ouro ou prata. Como a onda evanescente interage com o material a uma curta distância da superfície, o ângulo em que ocorre a absorção ressonante depende do índice de refração do meio no lado oposto do filme metálico. Assim, a variação da natureza e da quantidade de material na superfície altera o ângulo de ressonância.

A técnica de SPR pode ser empregada no estudo da ligação de moléculas a uma superfície ou da ligação de ligantes a um biopolímero ligado à superfície; essa interação mimetiza os processos de reconhecimento biológico que ocorrem nas células. Exemplos de complexos sensíveis à análise incluem interações anticorpo–antígeno e proteína–DNA. A vantagem mais importante da SPR é sua sensibilidade: é possível medir a deposição de nanogramas de material em uma superfície. A principal desvantagem da técnica é que ela exige a imobilização de pelo menos um dos componentes do sistema em estudo.

Conceitos importantes

☐ 1. **Adsorção** é a ligação de moléculas a uma superfície; a substância que adsorve é o adsorvato e o material subjacente é o adsorvente ou substrato. O inverso da adsorção é a dessorção.

☐ 2. Os defeitos de superfície desempenham um papel importante no crescimento e na catálise da superfície.

☐ 3. A **reconstrução** refere-se a processos pelos quais átomos presentes na superfície atingem suas estruturas de equilíbrio.

☐ 4. As técnicas para o estudo das superfícies incluem a **microscopia eletrônica por varredura** (MEV, ou SEM na sigla em inglês), a **microscopia eletrônica de transmissão** (MET, ou TEM na sigla em inglês), a **microscopia de investigação por varredura** (SPM), a **espectroscopia de fotoemissão**, a **espectroscopia de elétrons Auger** (AES), a **difração de elétrons de baixa energia** (LEED), a **gravimetria**, a **geração de segundo harmônico** (SHG) e a **ressonância de plásmons de superfície** (SPR).

Equações importantes

Propriedade	Equação	Comentário	Número da equação
Fluxo de colisão	$Z_W = p/(2\pi mkT)^{1/2}$	TCG	22A.1
Grau de recobrimento	θ=(número de sítios de adsorção ocupados)/(número de sítios de adsorção disponíveis)	Definição	22A.2

22B Adsorção e dessorção

Tópicos

➤ Por que você precisa saber este assunto?

Para entender como as superfícies podem afetar as velocidades das reações químicas, você precisa saber como calcular a extensão do recobrimento superficial e os fatores que determinam as velocidades com que as moléculas se ligam a superfícies sólidas e delas se desprendem.

➤ Qual é a ideia fundamental?

A extensão do recobrimento superficial pode ser expressa em termos das isotermas deduzidas com base no equilíbrio dinâmico entre o material adsorvido e livre.

➤ O que você já deve saber?

Esta seção estende a discussão sobre a adsorção apresentada na Seção 22A. Você precisa estar familiarizado com as ideias básicas da cinética química (Seções 20A a 20C), com a equação de Arrhenius (Seção 20D) e com a expressão dos mecanismos de reação na forma de leis de velocidade (Seção 20E).

Nesta seção vamos considerar a extensão que uma superfície sólida é recoberta e a variação da extensão do recobrimento com a pressão e a temperatura. Por simplicidade, consideramos apenas sistemas gás/sólido. Usamos este material na Seção 22C para discutir como as superfícies afetam a velocidade e o curso de uma transformação química atuando como sítio de catálise.

22B.1 Isotermas de adsorção

Na adsorção, o gás livre e o gás adsorvido estão em equilíbrio dinâmico, e o grau de recobrimento, θ, da superfície (Eq. 22A.2) depende da pressão do gás em equilíbrio. A variação de θ com a pressão, a uma temperatura constante, é uma **isoterma de adsorção**.

Muitas das técnicas discutidas na Seção 22A podem ser empregadas para medir θ. Outra técnica é a **dessorção-flash**, em que a amostra sofre um súbito aquecimento (elétrico) e o aumento da pressão resultante é interpretado em termos da quantidade de adsorvato originalmente existente na amostra.

(a) A isoterma de Langmuir

A isoterma mais simples fisicamente plausível está baseada em três hipóteses:

- A adsorção não pode ir além do recobrimento com uma monocamada.
- Todos os sítios de adsorção são equivalentes.
- A capacidade de uma molécula ser adsorvida em um certo sítio é independente da ocupação dos sítios vizinhos (ou seja, não há interações entre as moléculas adsorvidas).

O equilíbrio dinâmico é

$$A(g)+M(\text{superfície}) \rightleftharpoons AM(\text{superfície})$$

com as constantes de velocidade k_a para a adsorção e k_d para a dessorção. A velocidade de variação do grau de recobrimento, $d\theta/dt$, provocada pela adsorção é proporcional à pressão parcial de A, p, e do número de sítios vacantes $N(1-\theta)$, em que N é o número total de sítios:

$$\frac{d\theta}{dt}=k_a pN(1-\theta) \qquad \text{Velocidade de adsorção} \qquad (22B.1a)$$

A velocidade de variação de θ, em virtude da dessorção, é proporcional ao número de sítios ocupados $N\theta$:

$$\frac{d\theta}{dt}=-k_d N\theta \quad \text{Velocidade de dessorção} \quad (22B.1b)$$

No equilíbrio não há alteração líquida do recobrimento (isto é, a soma das duas velocidades é nula), e resolvendo $k_a pN(1-\theta) - k_d N\theta = 0$ para θ obtém-se a **isoterma de Langmuir**:

$$\theta=\frac{\alpha p}{1+\alpha p} \quad \alpha=\frac{k_a}{k_d} \quad \text{Isoterma de Langmuir} \quad (22B.2)$$

As dimensões de α são 1/pressão.

Exemplo 22B.1 Aplicação da isoterma de Langmuir

Os dados da tabela a seguir são os da adsorção do CO sobre carvão a 273 K. Verifique se a isoterma de Langmuir é válida e calcule a constante α e o volume de gás correspondente ao recobrimento completo. Em cada caso, o volume V foi corrigido para a pressão de 1,00 atm (101,235 kPa).

p/kPa	13,3	26,7	40,0	53,3	66,7	80,0	93,3
V/cm³	10,2	18,6	25,5	31,5	36,9	41,6	46,1

Método Pela Eq. 22B.2, $\alpha p\theta + \theta = \alpha p$. Com $\theta = V/V_\infty$ (Eq. 22A.2), em que V_∞ é o volume que corresponde ao recobrimento completo, essa expressão pode ser reescrita como

$$\frac{p}{V}=\frac{p}{V_\infty}+\frac{1}{\alpha V_\infty}$$

Logo, o gráfico de p/V contra p deve ser linear e o coeficiente angular da reta é $1/V_\infty$; a interseção com o eixo das ordenadas é $1/\alpha V_\infty$.

Resposta Os dados do gráfico são os seguintes:

p/kPa	13,3	26,7	40,0	53,3	66,7	80,0	93,3
(p/kPa)/(V/cm³)	1,30	1,44	1,57	1,69	1,81	1,92	2,02

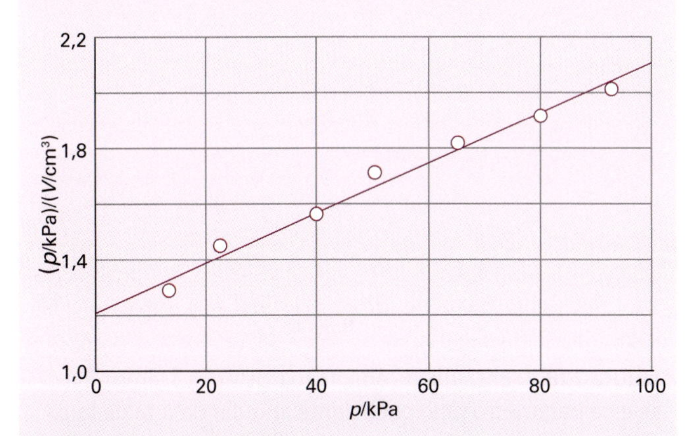

Figura 22B.1 Gráfico dos dados do Exemplo 22B.1. Conforme se vê no exemplo, a isoterma de Langmuir leva a uma reta quando se representa p/V contra p.

Os pontos estão no gráfico da Fig. 22B.1. O ajuste através do método dos mínimos quadrados dá 0,009 00 para o coeficiente angular, de modo que V_∞ = 111 cm³. A interseção em p = 0, é 1,20; assim,

$$\alpha=\frac{1}{(111\,\text{cm}^3)\times(1{,}20\,\text{kPa cm}^3)}=7{,}51\times10^{-3}\,\text{kPa}^{-1}$$

Exercício proposto 22B.1 Repita o cálculo com os seguintes dados:

p/kPa	13,3	26,7	40,0	53,3	66,7	80,0	93,3
V/cm³	10,3	19,3	27,3	34,1	40,0	45,5	48,0

Resposta: 128 cm³, 6,69 × 10⁻³ kPa⁻¹

Na adsorção com dissociação, quando A_2 adsorve na forma de 2 A, a velocidade de adsorção é proporcional à pressão e à probabilidade de os dois fragmentos A encontrarem sítios, que é proporcional ao *quadrado* do número de sítios vacantes,

$$\frac{d\theta}{dt}=k_a p\{N(1-\theta)\}^2 \quad (22B.3a)$$

A velocidade de dessorção é proporcional à frequência de encontros de átomos sobre a superfície e é, portanto, de segunda ordem no número de átomos presentes:

$$\frac{d\theta}{dt}=-k_d (N\theta)^2 \quad (22B.3b)$$

A condição de inexistência de alteração líquida leva à isoterma

$$\theta=\frac{(\alpha p)^{1/2}}{1+(\alpha p)^{1/2}} \quad \text{Isoterma de Langmuir para a adsorção com dissociação} \quad (22B.4)$$

O recobrimento da superfície depende mais fracamente da pressão do que no caso da adsorção não dissociativa.

As formas das isotermas de Langmuir com e sem dissociação aparecem nas Figs. 22B.2 e 22B.3. O grau de recobrimento

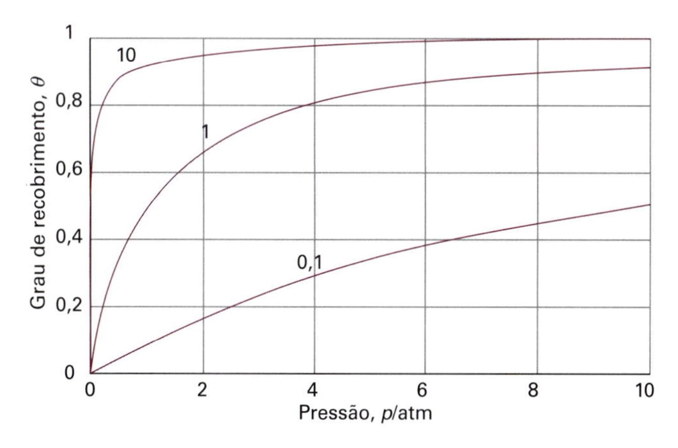

Figura 22B.2 Isoterma de Langmuir de adsorção dissociativa, $A_2(g) \rightarrow 2\,A$ (superfície) para diferentes valores de α.

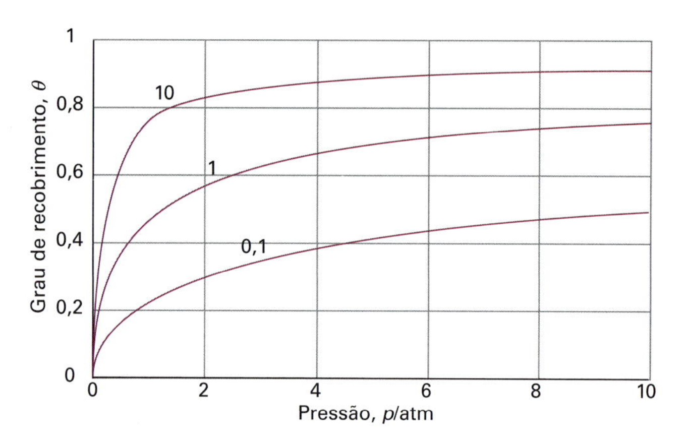

Figura 22B.3 Isoterma de Langmuir de adsorção não dissociativa para diferentes valores de α.

aumenta com o aumento da pressão e tende a 1 em pressões muito elevadas, quando o gás é forçado a ocupar todos os sítios disponíveis sobre a superfície.

(b) A entalpia de adsorção isostérica

A isoterma de Langmuir depende do valor de $\alpha = k_a/k_d$, que depende da temperatura. Conforme mostramos na *Justificativa* 22B.1, a dependência entre α e a temperatura pode ser utilizada para se determinar a **entalpia de adsorção isostérica**, $\Delta_{ad}H^{\ominus}$, que é a entalpia de adsorção padrão em um grau de recobrimento constante, pela relação

$$\left(\frac{\partial \ln(\alpha p^{\ominus})}{\partial T}\right)_{\theta} = \frac{\Delta_{ad}H^{\ominus}}{RT^2} \quad \text{Entalpia de adsorção isostérica} \quad (22B.5)$$

Justificativa 22B.1 A entalpia de adsorção isostérica

Segue do tratamento na Seção 20C que a grandeza $\alpha p^{\ominus} = (k_a/k_d) \times p^{\ominus}$ é uma constante de equilíbrio para o processo A(g) + M(superfície) $\rightleftharpoons$ AM(superfície), podendo, portanto, ser expressa em termos da energia de Gibbs padrão de adsorção, $\Delta_{ad}G^{\ominus}$ através da Eq. 6A.14 ($\Delta G^{\ominus} = -RT \ln K$) como

$$\ln(\alpha p^{\ominus}) = -\frac{\Delta_{ad}G^{\ominus}}{RT}$$

Então, podemos inferir da equação de Gibbs-Helmholtz (Eq. 6B.2, $d((\Delta G/T)/dT = -\Delta H/RT^2)$ que

$$\frac{d\ln(\alpha p^{\ominus})}{dT} = \frac{\Delta_{ad}H^{\ominus}}{RT^2}$$

Há a possibilidade de que a entalpia de adsorção dependa do grau de recobrimento; logo, essa expressão está confinada a θ constante, o que implica a forma da derivada parcial na Eq. 22B.5.

Exemplo 22B.2 Medida da entalpia de adsorção isostérica

Os dados a seguir mostram as pressões de CO necessárias para que sejam adsorvidos 10,0 cm³ do gás (corrigidos para 1 atm e 273 K) pela amostra mencionada no *Exemplo* 22B.1. Calcule a entalpia de adsorção neste recobrimento superficial.

T/K	200	210	220	230	240	250
p/kPa	4,00	4,95	6,03	7,20	8,47	9,85

Método A isoterma de Langmuir para adsorção sem dissociação (Eq. 22B.2) pode ser reescrita como $\alpha p = \theta/(1-\theta)$, uma constante quando θ é constante. É necessário precaução contra problemas com unidades quando manipulamos expressões, e, neste caso, será útil escrever αp = constante, quando $(\alpha p^{\ominus}) \times (p/p^{\ominus})$ = constante. Segue, então, que

$$\ln\{(\alpha p^{\ominus})(p/p^{\ominus})\} = \ln(\alpha p^{\ominus}) + \ln(p/p^{\ominus}) = \text{constante}$$

e, da Eq. 22B.5, que

$$\left(\frac{\partial \ln(p/p^{\ominus})}{\partial T}\right)_{\theta} = -\left(\frac{\partial \ln(\alpha p^{\ominus})}{\partial T}\right)_{\theta} = -\frac{\Delta_{ad}H^{\ominus}}{RT^2}$$

Com $d(1/T)/dT = -1/T^2$, e, portanto, $dT = -T^2 d(1/T)$, a expressão anterior fica

$$\left(\frac{\partial \ln(p/p^{\ominus})}{\partial(1/T)}\right)_{\theta} = \frac{\Delta_{ad}H^{\ominus}}{R}$$

Portanto, o gráfico de $\ln(p/p^{\ominus})$ contra $1/T$ deve ser uma linha reta com o coeficiente angular $\Delta_{ad}H^{\ominus}/R$.

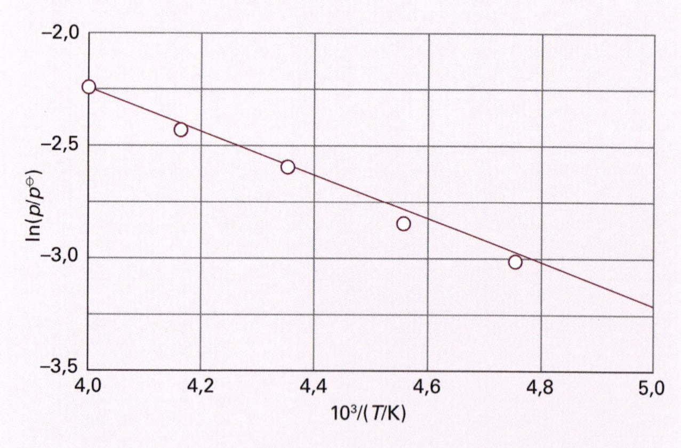

Figura 22B.4 Entalpia de adsorção isostérica. Determina-se este parâmetro pelo coeficiente angular da reta de $\ln(p/p^{\ominus})$ contra $1/T$, sendo p a pressão que corresponde a um recobrimento constante da superfície. Os dados são os do *Exemplo* 22B.2.

Resposta Com $p^{\ominus}=1$ bar $=10^2$ kPa, montamos a seguinte tabela:

T/K	200	210	220	230	240	250
$10^3/(T/\mathrm{K})$	5,00	4,76	4,55	4,35	4,17	4,00
$(p/p^{\ominus})\times 10^2$	4,00	4,95	6,03	7,20	8,47	9,85
$\ln(p/p^{\ominus})$	−3,22	−3,01	−2,81	−2,63	−2,47	−2,32

Os pontos estão representados graficamente na Fig. 22B.4. O coeficiente angular da reta ajustada pelo método dos mínimos quadrados é de −0,904, de modo que

$$\Delta_{\mathrm{ad}}H^{\ominus}=-(0{,}904\times 10^3\,\mathrm{K})\times R=-7{,}52\,\mathrm{kJ\,mol^{-1}}$$

Exercício proposto 22B.2 Repita o cálculo usando os seguintes dados:

T/K	200	210	220	230	240	250
p/kPa	4,32	5,59	7,07	8,80	10,67	12,80

Resposta: $-9{,}0$ kJ mol^{-1}

Duas hipóteses da isoterma de Langmuir são a da independência e da equivalência dos sítios de adsorção. Os afastamentos que se observam em relação à isoterma podem ser atribuídos, muitas vezes, à inexatidão dessas hipóteses. Por exemplo, a entalpia de adsorção fica, com frequência, cada vez menos negativa à medida que θ aumenta, o que sugere que os sítios energeticamente mais favoráveis à adsorção são ocupados em primeiro lugar. Além disso, as interações substrato–substrato na superfície podem ser importantes. Várias isotermas foram desenvolvidas para tratar de casos em que os afastamentos da isoterma de Langmuir são importantes.

(c) A isoterma BET

Se a camada adsorvida inicialmente puder operar como substrato para adsorção de outras camadas (por exemplo, adsorção física), é de esperar que, em lugar de a isoterma exibir saturação a uma pressão elevada, a quantidade de adsorvente aumente indefinidamente. A isoterma mais comumente adotada para descrever a adsorção em multicamadas foi deduzida por Stephen Brunauer, Paul Emmett e Edward Teller, e é conhecida como a **isoterma BET**:

$$\frac{V}{V_{\mathrm{mono}}}=\frac{cz}{(1-z)\{1-(1-c)z\}} \quad \text{com} \quad z=\frac{p}{p^*} \qquad \text{Isoterma BET} \qquad (22B.6)$$

Nessa expressão, que é obtida na *Justificativa* 22B.2, p^* é a pressão de vapor acima da camada de adsorvato que tem espessura correspondente a uma molécula e que, na realidade, se assemelha a uma película líquida; V_{mono} é o volume correspondente à cobertura do adsorvente pela monocamada do adsorvato; e c é uma constante que é grande quando a entalpia de dessorção da monocamada é grande diante da entalpia de vaporização do adsorvato líquido:

$$c=\mathrm{e}^{(\Delta_{\mathrm{des}}H^{\ominus}-\Delta_{\mathrm{vap}}H^{\ominus})/RT} \qquad (22B.7)$$

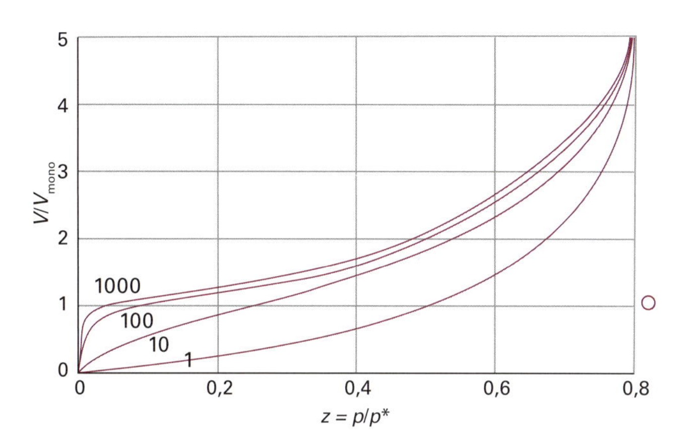

Figura 22B.5 Gráficos da isoterma BET para diferentes valores de c. O valor de V/V_{mono} aumenta indefinidamente, pois o adsorvato pode se condensar sobre a superfície completamente recoberta do adsorvente.

As formas das isotermas BET estão ilustradas na Fig. 22B.5. As curvas elevam-se, indefinidamente, com o aumento de pressão, pois não há limite para a quantidade de material que pode ser condensado na adsorção em multicamadas. A isoterma BET não é exata em todas as pressões, mas bastante adotada na indústria para a estimativa da área superficial de sólidos.

Justificativa 22B.2 A isoterma BET

Vamos admitir que, no equilíbrio, uma fração θ_0 dos sítios da superfície está desocupada, uma fração θ_1 está coberta por uma monocamada, uma fração θ_2 está coberta por uma bicamada, e assim por diante. O número de moléculas adsorvidas é, portanto,

$$N=N_{\text{sítios}}(\theta_1+2\theta_2+3\theta_3+\cdots)$$

em que $N_{\text{sítios}}$ é o número total de sítios. Agora seguimos a dedução que levou à isoterma de Langmuir (Eq. 22B.2), mas permitindo diferentes velocidades de dessorção a partir do substrato e das várias camadas:

Primeira camada:	Velocidade de adsorção $=Nk_{\mathrm{a},0}p\theta_0$
	Velocidade de dessorção $=Nk_{\mathrm{d},0}\theta_1$
	Em equilíbrio, $k_{\mathrm{a},0}p\theta_0=k_{\mathrm{d},0}\theta_1$
Segunda camada:	Velocidade de adsorção $=Nk_{\mathrm{a},1}p\theta_1$
	Velocidade de dessorção $=Nk_{\mathrm{d},1}\theta_2$
	Em equilíbrio, $k_{\mathrm{a},1}p\theta_1=k_{\mathrm{d},1}\theta_2$
Terceira camada:	Velocidade de adsorção $=Nk_{\mathrm{a},2}p\theta_2$
	Velocidade de dessorção $=Nk_{\mathrm{d},2}\theta_3$
	Em equilíbrio, $k_{\mathrm{a},2}p\theta_2=k_{\mathrm{d},2}\theta_3$

e assim por diante. Vamos admitir agora que, uma vez formada a monocamada, todas as constantes de velocidade que envolvem a adsorção e a dessorção das multicamadas são as mesmas, e escrevemos essas equações como

$$k_{a,0}p\theta_0 = k_{d,0}\theta_1, \text{ portanto}$$
$$\theta_1 = (k_{a,0}/k_{d,0})p\theta_0 = \alpha_0 p\theta_0$$
$$k_{a,1}p\theta_1 = k_{d,1}\theta_2, \text{ portanto}$$
$$\theta_2 = (k_{a,1}/k_{d,1})p\theta_1 = (k_{a,0}/k_{d,0})(k_{a,1}/k_{d,1})p^2\theta_0 = \alpha_0\alpha_1 p^2\theta_0$$
$$k_{a,1}p\theta_2 = k_{d,1}\theta_3, \text{ portanto}$$
$$\theta_3 = (k_{a,1}/k_{d,1})p\theta_2 = (k_{a,0}/k_{d,0})(k_{a,1}/k_{d,1})^2 p^3\theta_0 = \alpha_0\alpha_1^2 p^3\theta_0$$

etc., com $\alpha_0 = k_{a,0}/k_{d,0}$ e $\alpha_1 = k_{a,1}/k_{d,1}$ as constantes de equilíbrio para a adsorção ao substrato e a uma sobrecamada, respectivamente. Como $\theta_0 + \theta_1 + \theta_2 + \cdots = 1$, segue que, com

$$\theta_0 + \alpha_0 p\theta_0 + \alpha_0\alpha_1 p^2\theta_0 + \alpha_0\alpha_1^2 p^3\theta_0 + \cdots$$
$$= \theta_0 + \alpha_0 p\theta_0\{1 + \alpha_1 p + \alpha_1^2 p^2 + \cdots\}$$
$$\overset{1+x+x^2+\cdots=1/(1-x)}{=} \left\{1 + \frac{\alpha_0 p}{1-\alpha_1 p}\right\}\theta_0 = \left\{\frac{1-\alpha_1 p + \alpha_0 p}{1-\alpha_1 p}\right\}\theta_0$$

Então, como essa expressão é igual a 1,

$$\theta_0 = \frac{1-\alpha_1 p}{1-(\alpha_1-\alpha_0)p}$$

De maneira semelhante, podemos escrever o número de espécies adsorvidas como

$$N = N_{\text{sítios}}\alpha_0 p\theta_0 + 2N_{\text{sítios}}\alpha_0\alpha_1 p^2\theta_0 + \cdots$$
$$= N_{\text{sítios}}\alpha_0 p\theta_0(1 + 2\alpha_1 p + 3\alpha_1^2 p^2 + \cdots)$$
$$\overset{1+2x+3x^2+\cdots=1/(1-x)^2}{=} \frac{N_{\text{sítios}}\alpha_0 p\theta_0}{(1-\alpha_1 p)^2}$$

Combinando as duas últimas expressões, obtemos

$$N = \frac{N_{\text{sítios}}\alpha_0 p}{(1-\alpha_1 p)^2} \times \frac{1-\alpha_1 p}{1-(\alpha_1-\alpha_0)p} = \frac{N_{\text{sítios}}\alpha_0 p}{(1-\alpha_1 p)\{1-(\alpha_1-\alpha_0)p\}}$$

A razão $N/N_{\text{sítios}}$ é igual à razão V/V_{mono}, em que V é o volume total adsorvido e V_{mono} é o volume adsorvido com recobrimento completo da monocamada. O equilíbrio de adsorção e dessorção das sobrecamadas é equivalente à vaporização $A(l) \rightleftharpoons A(g)$ do adsorvato puro, com velocidades direta e inversa combinadas: $k_d = k_a p^*$, em que p^* é a pressão de vapor do líquido. Portanto, com $\alpha_1 = k_{a,1}/k_{d,1} = 1/p^*$. Então, com $z = p/p^*$ e $c = \alpha_0/\alpha_1$, a última equação fica

$$\frac{V}{V_{\text{mono}}} = \frac{\alpha_0 p}{(1-p/p^*)\{1-(1-\alpha_0/\alpha_1)p/p^*\}} = \frac{cz}{(1-z)\{1-(1-c)z\}}$$

como na Eq. 22B.6.

Tal como na *Justificativa* 22B.1, α_0 e α_1 estão relacionadas com as variações da energia de Gibbs que acompanham a adsorção ao substrato e a condensação sobre camadas adsorvidas, $\Delta_{ad}G^\ominus$ e $\Delta_{con}G^\ominus$, que, por sua vez, estão relacionadas com as energias de Gibbs para os processos opostos, dessorção do substrato e vaporização da sobrecamada, por $\Delta_{des}G^\ominus = -\Delta_{ad}G^\ominus$ e $\Delta_{vap}G^\ominus = -\Delta_{con}G^\ominus$. Portanto, a partir de $\ln(\alpha p^\ominus) = -\Delta G^\ominus/RT$ em cada caso,

$$\alpha_0 p^\ominus = e^{-\Delta_{ad}G^\ominus/RT} = e^{\Delta_{des}G^\ominus/RT} \quad \text{e} \quad \alpha_1 p^\ominus = e^{-\Delta_{con}G^\ominus/RT} = e^{\Delta_{vap}G^\ominus/RT}$$

A razão c, então, fica assim (após cancelar $p^\ominus$ e escrever $\Delta G^\ominus = \Delta H^\ominus - T\Delta S^\ominus$ em cada caso)

$$c = \frac{\alpha_0}{\alpha_1} = \frac{e^{\Delta_{des}G^\ominus/RT}}{e^{\Delta_{vap}G^\ominus/RT}} = \frac{e^{\Delta_{des}H^\ominus/RT}e^{-\Delta_{des}S^\ominus/R}}{e^{\Delta_{vap}H/RT}e^{-\Delta_{vap}S^\ominus/R}}$$

Admitindo que as entropias de dessorção e vaporização são as mesmas, por corresponderem a processos muito semelhantes em termos do escape do adsorvato condensado para a fase gasosa, essa razão se torna

$$c = \frac{e^{\Delta_{des}H^\ominus/RT}}{e^{\Delta_{vap}H^\ominus/RT}} = e^{(\Delta_{des}H^\ominus - \Delta_{vap}H^\ominus)/RT}$$

conforme a Eq. 21B.7.

Exemplo 22B.3 Aplicação da isoterma BET

Os dados a seguir são os da adsorção do N_2 sobre o rutilo (TiO_2) a 75 K. Confirme se eles se ajustam à isoterma BET no intervalo de pressão das medidas e determine os parâmetros V_{mono} e c.

p/kPa	0,160	1,87	6,11	11,67	17,02	21,92	27,29
V/mm^3	601	720	822	935	1046	1146	1254

A 75 K, tem-se $p^* = 76{,}0$ kPa. Os volumes foram corrigidos para 1,00 atm e 273 K e referem-se a 1,00 g de adsorvente.

Método A Eq. 22B.6 pode ser escrita na forma

$$\frac{z}{(1-z)V} = \frac{1}{cV_{\text{mono}}} + \frac{(c-1)z}{cV_{\text{mono}}}$$

Vem então que $(c-1)/cV_{\text{mono}}$ pode ser estimado pelo coeficiente angular da reta que se obtém fazendo o gráfico do primeiro membro da expressão contra z. O produto cV_{mono} é dado pela interseção em $z = 0$. Os dois resultados combinam-se para dar c e V_{mono}.

Resposta Construímos a seguinte tabela:

p/kPa	0,160	1,87	6,11	11,67	17,02	21,92	27,29
10^3z	2,11	24,6	80,4	154	224	288	359
$10^4z/(1-z)(V/\text{mm}^3)$	0,035	0,350	1,06	1,95	2,76	3,53	4,47

Os pontos dessa tabela estão no gráfico da Fig. 22B.6. O ajuste pelo método dos mínimos quadrados fornece uma interseção em 0,0389; assim,

$$\frac{1}{cV_{\text{mono}}} = 3{,}98 \times 10^{-6}\ \text{mm}^{-3}$$

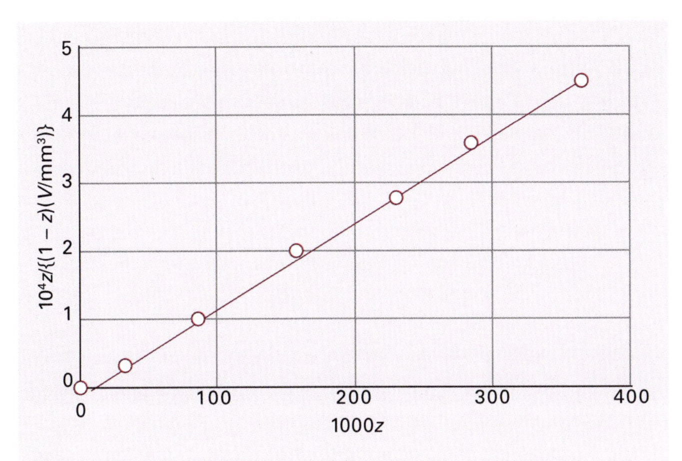

Figura 22B.6 A isoterma BET é verificada no gráfico de $z/(1-z)V$ contra $z = p/p^*$. Os dados são do Exemplo 22B.3.

O coeficiente angular da reta é $1{,}23 \times 10^{-2}$; portanto,

$$\frac{c-1}{cV_{\text{mono}}} = (1{,}23 \times 10^{-2}) \times 10^3 \times 10^{-4}\ \text{mm}^{-3} = 1{,}23 \times 10^{-3}\ \text{mm}^{-3}$$

As soluções dessas equações são $c = 310$ e $V_{\text{mono}} = 811\ \text{mm}^3$. A 1,00 atm e 273 K, o volume de 811 mm³ corresponde a $3{,}6 \times 10^{-5}$ mol ou $2{,}2 \times 10^{19}$ átomos. Como cada átomo ocupa uma área da ordem de 0,16 nm², a área superficial da amostra é aproximadamente igual a 3,5 m².

Exercício proposto 22B.3 Repita o cálculo anterior com os seguintes dados:

p/kPa	0,160	1,87	6,11	11,67	17,02	21,92	27,29
V/cm³	235	559	649	719	790	860	950

Resposta: 370, 615 cm³

Quando $c \gg 1$, a isoterma BET assume a forma mais simples

$$\frac{V}{V_{\text{mono}}} = \frac{1}{1-z} \qquad \text{Isoterma BET com } c \gg 1 \qquad (22\text{B}.8)$$

Essa expressão vale para gases inertes sobre superfícies polares, para os quais se tem $c \approx 10^2$, pois $\Delta_{\text{des}}H^\ominus$ é bastante maior do que $\Delta_{\text{vap}}H^\ominus$ (Eq. 22B.7). A isoterma BET ajusta-se bem aos dados experimentais para intervalos restritos de pressão, mas erra ao subestimar a adsorção em pressões baixas e superestimar a adsorção em pressões elevadas.

(d) As isotermas de Temkin e de Freundlich

Uma hipótese da isoterma de Langmuir é a independência e a equivalência dos sítios de adsorção. Os afastamentos que se observam em relação à isoterma podem ser atribuídos, muitas vezes, à inexatidão dessa hipótese. Por exemplo, a entalpia de adsorção fica, frequentemente, cada vez menos negativa à medida que θ aumenta, o que sugere que os sítios energeticamente mais favoráveis à adsorção são ocupados em primeiro lugar. Muitas tentativas se fizeram para levar em conta essas variações. A **isoterma de Temkin**,

$$\theta = c_1 \ln(c_2 p) \qquad \text{Isoterma de Temkin} \qquad (22\text{B}.9)$$

em que c_1 e c_2 são constantes, corresponde à hipótese de uma variação linear da entalpia de adsorção com a pressão. A **isoterma de Freundlich**,

$$\theta = c_1 p^{1/c_2} \qquad \text{Isoterma de Freundlich} \qquad (22\text{B}.10)$$

corresponde a uma variação logarítmica. Essa isoterma procura levar em conta a influência das interações substrato–substrato existentes na superfície.

Outras isotermas coincidem mais ou menos bem com os dados experimentais para intervalos limitados de pressão e são, em grande parte, empíricas, o que, no entanto, não significa que sejam inúteis. Isso porque, se os parâmetros de uma isotérmica razoavelmente confiável forem conhecidos, é possível estimar com boa aproximação o recobrimento de uma superfície em diversas circunstâncias. Esse tipo de estimativa é essencial na discussão da catálise heterogênea (Seção 22C).

22B.2 As velocidades de adsorção e dessorção

Observamos que adsorção e dessorção são processos ativados, no sentido de que têm uma energia de ativação e seguem o comportamento de Arrhenius. Podemos agora nos aprofundar na origem da energia de ativação nesses processos, com atenção especial na quimissorção.

(a) O estado precursor

A Fig. 22B.7 mostra a variação da energia potencial de uma molécula em função da distância à superfície do substrato. Se a molécula se aproxima da superfície, sua energia diminui quando ela se adsorve fisicamente em um **estado precursor** da adsorção química (veja a Seção 22A). Muitas vezes a molécula se fragmenta durante a passagem ao estado da quimissorção, e, depois de um aumento inicial da energia provocado pelo alongamento das ligações, há uma grande diminuição provocada pela formação das ligações químicas entre adsorvente e adsorvato. Mesmo no caso em que não ocorra fragmentação da molécula, haverá, provavelmente, aumento da energia potencial durante o ajuste das ligações ao estado adsorvido.

Na maioria dos casos, portanto, deve haver uma barreira de energia potencial que separa o estado precursor do estado da molécula quimicamente adsorvida. Esta barreira pode ser baixa e pode não ser mais alta do que a energia de uma partícula distante da superfície e estacionária (como na Fig. 22B.7a). Neste caso,

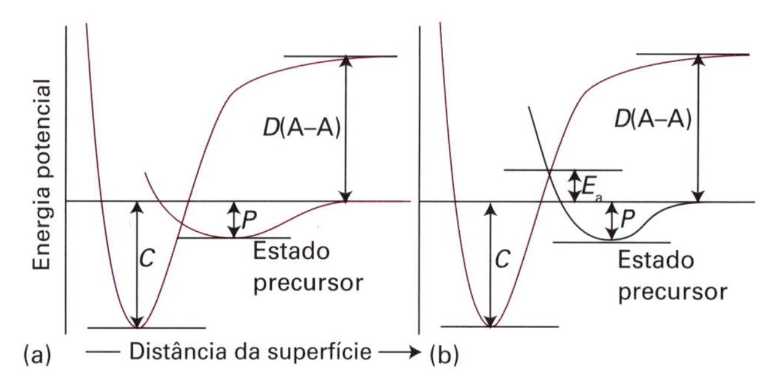

Figura 22B.7 Perfis de energia potencial da adsorção dissociativa da molécula A_2. Em cada caso, P é a entalpia da fisissorção (não dissociativa) e C a da quimissorção (em $T = 0$). A posição relativa das curvas determina se a quimissorção é não ativada (a) ou ativada (b).

a quimissorção não é um processo ativado e será, possivelmente, rápido. A adsorção de muitos gases sobre superfícies metálicas limpas parece ser um processo não ativado. Em outros casos, a barreira eleva-se acima do eixo de energia nula (como na Fig. 22B.7b) e a quimissorção é então um processo ativado, mais lento do que o não ativado. Um exemplo é o da adsorção do H_2 sobre o cobre, que tem uma energia de ativação na faixa de 20–40 kJ mol^{-1}.

Um ponto que surge desta discussão é o de que as velocidades de adsorção não são bons critérios para se distinguir entre fisissorção e quimissorção. A adsorção química pode ser rápida se a energia de ativação for nula ou pequena, e pode ser lenta se a energia de ativação for elevada. A adsorção física é, em geral, rápida, mas pode parecer lenta se estiver ocorrendo em um meio poroso.

Breve ilustração 22B.1 A velocidade de adsorção ativada

Considere dois experimentos de adsorção para o hidrogênio nas diferentes faces de um cristal de cobre. Em uma delas, a Face 1, a energia de ativação é 28 kJ mol^{-1}, e na outra, a Face 2, a energia de ativação é 33 kJ mol^{-1}. A razão entre as velocidades de quimissorção em áreas iguais das duas faces, a 250 K, é

$$\frac{\text{Velocidade (1)}}{\text{Velocidade(2)}} = \frac{Ae^{-E_{a,ads}(1)/RT}}{Ae^{-E_{a,ads}(2)/RT}} = e^{-\{E_{a,ads}(1)-E_{a,ads}(2)\}/RT}$$
$$= e^{5\times10^3\,\text{J mol}^{-1}/(8{,}3145\,\text{J K}^{-1}\,\text{mol}^{-1})\times(250\,\text{K})} = 11$$

Consideremos que o fator A seja o mesmo para cada face.

Exercício proposto 22B.4 Quais são as velocidades relativas quando a temperatura se eleva para 300 K?

Resposta: 7

(b) Adsorção e dessorção em nível molecular

A velocidade de recobrimento da superfície do adsorvente pelas partículas do adsorvato depende da capacidade de o substrato dissipar, como energia térmica, a energia das partículas que colidem com a superfície. Se não houver rápida dissipação de energia, a partícula migra sobre a superfície até que uma vibração provoque a sua expulsão de volta para a camada gasosa sobre a superfície, ou, então, que atinja uma aresta. A razão entre as colisões com a superfície e as colisões que levam à adsorção é a **probabilidade de adsorção**, s:

$$s = \frac{\text{velocidade de adsorção das partículas pela superfície}}{\text{velocidade de colisão das partículas com a superfície}}$$

Definição Probabilidade de adsorção (22B.11)

O denominador pode ser calculado pela teoria cinética (a partir de Z_W, Seção 22A), e o numerador pode ser medido pela observação da velocidade de alteração da pressão.

Os valores de s variam bastante. Por exemplo, na temperatura ambiente, a probabilidade de adsorção do CO sobre a superfície de diversos metais do grupo d está no intervalo que vai de 0,1 a 1,0. Para o N_2 sobre o rênio, porém, $s < 10^{-2}$, o que mostra que, em mais de 100 colisões, apenas uma é bem-sucedida. Investigações conduzidas com feixes em planos cristalinos específicos mostram uma especificidade marcante: na adsorção do N_2 sobre tungstênio, s é da ordem de 0,74 nas faces (320) e chega a apenas 0,01 nas faces (110), tudo à temperatura ambiente. A probabilidade de adsorção diminui à medida que a fração recoberta aumenta (Fig. 22B.8). Uma hipótese simples é admitir que a probabilidade de adsorção s seja proporcional a $1 - \theta$, a fração da superfície não recoberta, e é comum escrever

$$s = (1-\theta)s_0$$

Forma comumente usada para a probabilidade de adsorção (22B.12)

em que s_0 é a probabilidade de adsorção sobre uma superfície perfeitamente limpa. Os resultados ilustrados na figura não se ajustam a essa expressão, pois mostram que s é quase igual a s_0 até que a superfície tenha cerca de 6×10^{13} moléculas por centímetro quadrado e depois diminui rapidamente. A explicação talvez seja a de as moléculas colidentes com a superfície não se adsorverem quimicamente com rapidez, mas se movimentarem sobre a superfície até encontrarem um sítio vazio.

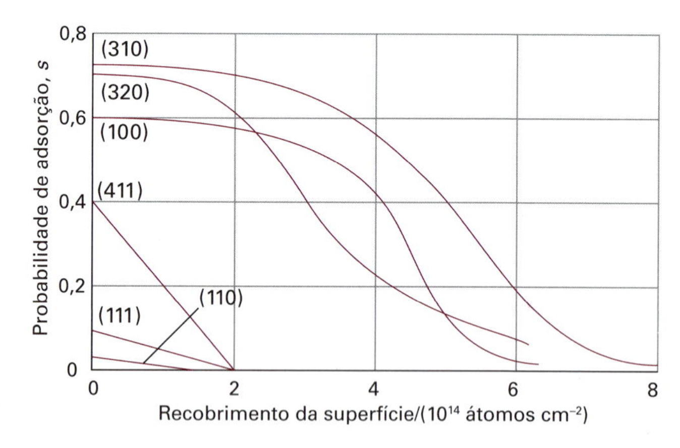

Figura 22B.8 Probabilidade de adsorção do N_2 sobre as diversas faces de um cristal de tungstênio e dependência dessa probabilidade em relação ao recobrimento da superfície. Observe as probabilidades muito baixas associadas às faces (110) e (111). (Dados fornecidos pelo Professor D. A. King.)

A dessorção é sempre um processo ativado, pois as partículas adsorvidas têm que sair de um poço de potencial. Em uma adsorção física, as partículas vibram em um poço de potencial raso, e podem escapar da superfície após um breve intervalo de tempo. A dependência desse processo em relação à temperatura deve ser de primeira ordem, e é razoável que tenha a forma funcional de Arrhenius, $k_d = Ae^{-E_{a,des}/RT}$, em que $E_{a,des}$ é a energia de ativação de dessorção. Portanto, a dependência entre a temperatura e a meia-vida de a molécula estar adsorvida é dada por

$$t_{1/2} = \frac{\ln 2}{k_d} = \tau_0 e^{E_{a,des}/RT} \qquad \tau_0 = \frac{\ln 2}{A} \qquad \text{Meia-vida de residência} \qquad (22B.13)$$

Veja o sinal positivo do expoente: quanto maior a energia de ativação para dessorção, maior a meia-vida de residência.

Breve ilustração 22B.2 Meias-vidas de residência

Se admitirmos que $1/\tau_0$ é aproximadamente igual à frequência de vibração de uma ligação fraca entre a partícula e o adsorvente (cerca de 10^{12} Hz) e se $E_d \approx 25$ kJ mol^{-1}, a meia-vida de residência na superfície é da ordem de 10 ns, na temperatura ambiente. Meias-vidas da ordem de 1 s só ocorrem em temperaturas da ordem de 100 K. Na quimissorção, com $E_d = 100$ kJ mol^{-1}, e estimando que $\tau_0 = 10^{-14}$ s (pois a ligação adsorvato–adsorvente é bastante forte), a meia-vida de residência é da ordem de 3×10^3 s (cerca de uma hora) na temperatura ambiente, e de apenas 1 s na temperatura de 350 K.

Exercício proposto 22B.5 Por quanto tempo, em média, um átomo permaneceria sobre uma superfície, a 800 K, se sua energia de ativação de dessorção é 200 kJ mol^{-1}? Considere $\tau_0 = 0{,}10$ ps.

Resposta: $t_{1/2} = 1{,}3$ s

A energia de ativação de dessorção pode ser medida de diversas maneiras. Devemos, porém, ter cuidado na interpretação dos valores, pois eles dependem, frequentemente, da fração de recobrimento e variam à medida que a dessorção avança. Além disso, a transferência dos conceitos de "ordem de reação" e de "constante de velocidade" de reações no seio de uma fase para reações na superfície tem os seus perigos. São poucos os exemplos de cinética estritamente de primeira ou de segunda ordem, nos processos de dessorção (da mesma maneira que são poucas as reações em fase gasosa com ordem de reação rigorosamente inteira).

Se não levarmos em conta essas dificuldades, uma maneira de estimar a energia de ativação da dessorção é medir a velocidade de aumento da pressão, em uma série de temperaturas, de uma amostra mantida em temperatura constante, e depois fazer o gráfico de Arrhenius do processo. Uma técnica mais sofisticada é a **dessorção com temperatura programada** (TPD na sigla em inglês) ou **espectroscopia de dessorção térmica** (TDS na sigla em inglês). A observação básica é a do aumento da velocidade de dessorção (detectado por um espectrômetro de massa) quando a

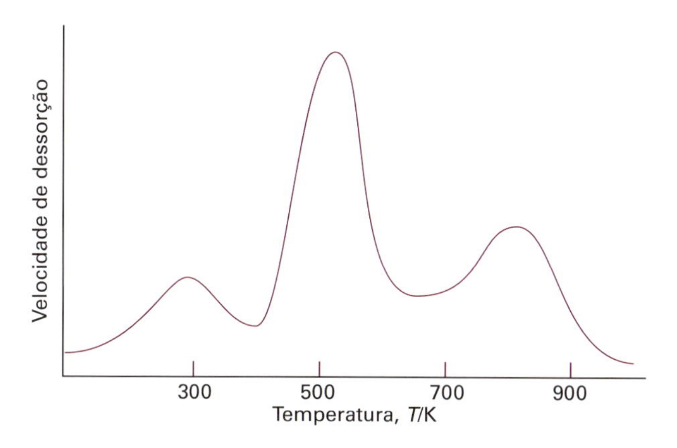

Figura 22B.9 Espectro da dessorção térmica do H_2 da face (100) do tungstênio. Os três máximos assinalam a presença de três sítios com entalpias de adsorção diferentes e, portanto, de três energias de ativação de dessorção diferentes. (P. W. Tamm e L. D. Schmidt, *J. Chem. Phys.* **51**, 5352 (1969).)

temperatura é elevada linearmente até um ponto em que a dessorção é muito rápida. Uma vez ocorrendo a dessorção, há muito pouco adsorvato na superfície do adsorvente, e a velocidade de dessorção volta a diminuir, mesmo que a temperatura continue a se elevar. O espectro de TPD, o gráfico do fluxo de dessorção representado contra a temperatura, exibe um pico cuja localização depende da energia de ativação da dessorção. Na Fig. 22B.9 aparecem três máximos, que mostram a existência de três sítios com energias de ativação diferentes.

Em muitos casos observa-se uma única energia de ativação (e um só máximo no espectro de TPD). A existência de vários máximos pode provir da adsorção sobre planos cristalinos diferentes ou da adsorção em multicamada. Por exemplo, os átomos de Cd sobre tungstênio exibem duas energias de ativação, uma de 18 kJ mol^{-1} e outra de 90 kJ mol^{-1}. Explicam-se os dois máximos: provavelmente os átomos de Cd mais fortemente ligados unem-se diretamente com o substrato e os menos ligados estão em uma camada (ou em mais de uma camada) acima da monocamada inicial. Outro exemplo de sistema com duas energias de ativação de dessorção é o do CO adsorvido sobre tungstênio. As energias de ativação são 120 kJ mol^{-1} e 300 kJ mol^{-1}. Acredita-se que, neste caso, são dois os tipos de sítios de ligação entre o metal e o adsorvato. Um deles envolve uma ligação simples M—CO. O outro é o da adsorção com dissociação entre átomos de C e de O adsorvidos.

(c) Mobilidade sobre as superfícies

Outro aspecto que reflete a força da interação entre o adsorvato e o adsorvente é a mobilidade do adsorvato. Muitas vezes a mobilidade é o aspecto crucial da atividade de um catalisador, pois é possível que a catálise não se processe se as moléculas dos reagentes estiverem adsorvidas de tal sorte que não possam migrar.

A energia de ativação da difusão sobre a superfície do adsorvente não é necessariamente igual à energia de ativação da dessorção, pois é possível que as partículas se desloquem nos vales da superfície da energia potencial sem abandonar completamente a superfície. Em geral, a energia de ativação de migração é cerca de 10 a 20% da energia da ligação do adsorvato ao adsorvente. Seu valor real, porém, depende do grau de recobrimento da superfície. Também é possível que os defeitos da superfície tenham papel importante, e esses defeitos dependem da temperatura. É possível que seja mais fácil que as moléculas adsorvidas migrem na superfície plana de um terraço, mas não que se movimentem nas escarpas de um degrau. É possível também que sejam capturadas em vacâncias existentes na superfície regular de um terraço. A difusão pode ser mais fácil em uma face do cristal do que em outra, e então a mobilidade superficial pode depender da face do cristal que estiver exposta.

Conceitos importantes

☐ 1. Uma **isoterma de adsorção** é a variação do grau de recobrimento θ com pressão a uma temperatura escolhida.

☐ 2. **Dessorção-flash** é uma técnica em que a amostra é subitamente aquecida (eletricamente) e a elevação da pressão resultante é interpretada em termos da quantidade de adsorvato originalmente existente no substrato.

☐ 3. Exemplos de isotermas de adsorção são as isotermas de **Langmuir**, **BET**, de **Temkin** e de **Freundlich**.

☐ 4. A **probabilidade de adsorção** é a proporção de colisões com a superfície que, com sucesso, levam à adsorção.

☐ 5. A dessorção é um processo ativado; a energia de ativação de dessorção é medida por **dessorção programada por temperatura** ou por **espectroscopia de dessorção térmica**.

☐ 6. A mobilidade dos adsorvatos sobre uma superfície é dominada pela difusão.

Equações importantes

Propriedade	Equação	Comentário	Número da equação
Isoterma de Langmuir:		Sítios independentes e equivalentes, recobrimento em monocamada	
(a) sem dissociação	$\theta = \alpha p/(1+\alpha p)$		22B.2
(b) com dissociação	$\theta = (\alpha p)^{1/2}/\{1+(\alpha p)^{1/2}\}$		22B.4
Entalpia de adsorção isostérica	$(\partial \ln(\alpha p^{\ominus})/\partial T)_\theta = \Delta_{ad}H^{\ominus}/RT^2$		22B.5
Isoterma BET	$V/V_{mono} = cz/(1-z)\{1-(1-c)z\}$, $z = p/p^*$, $c = e^{(\Delta_{des}H^{\ominus}-\Delta_{vap}H^{\ominus})/RT}$	Adsorção em multicamadas	22B.6–7
Isoterma de Temkin	$\theta = c_1\ln(c_2 p)$	A entalpia de adsorção varia com θ	22B.9
Isoterma de Freundlich	$\theta = c_1 p^{1/c_2}$	Interações substrato–substrato	22B.10
Probabilidade de adsorção	$s = (1-\theta)s_0$	Forma aproximada	22B.12

22C Catálise heterogênea

Tópicos

➤ Por que você precisa saber este assunto?

A catálise está no cerne da indústria de produtos químicos, e um entendimento dos conceitos é essencial para desenvolver novos catalisadores.

➤ Qual é a ideia fundamental?

Na catálise heterogênea, o caminho para diminuir a energia de ativação de uma reação comumente envolve a quimissorção de um ou mais reagentes.

➤ O que você já deve saber?

A catálise foi introduzida na Seção 20H. Esta seção baseia-se na discussão de mecanismos de reação (Seção 20E), da equação de Arrhenius (Seção 20D) e das isotermas de adsorção (Seção 22B).

Um **catalisador heterogêneo** está em uma fase diferente da do sistema reacional. A hidrogenação do eteno a etano, por exemplo, é uma reação em fase gasosa acelerada pela presença de um catalisador sólido, como paládio, platina ou níquel. O metal fornece uma superfície sobre a qual os reagentes se ligam; essas ligações facilitam os encontros entre os reagentes e aumentam a velocidade da reação. Esta seção explora a atividade catalítica nas superfícies e baseia-se nos conceitos desenvolvidos na Seção 22B.

22C.1 Mecanismos de catálise heterogênea

Muitos catalisadores têm ação que depende da adsorção de duas ou mais espécies químicas, a **coadsorção** de espécies. A presença de uma segunda espécie pode provocar a modificação da estrutura eletrônica da superfície de um metal. Por exemplo, se um metal d tiver a superfície parcialmente recoberta por um metal alcalino, há notável efeito de redistribuição dos elétrons e de diminuição da função trabalho do metal (a energia necessária para remover um elétron; veja a Seção 7A). Essas modificações podem atuar como promotores (realçando a ação do catalisador) ou como venenos (inibindo a ação catalítica).

A Fig. 22C.1 mostra a curva de energia potencial para uma reação influenciada pela ação de um catalisador heterogêneo. As diferenças entre as Figs. 22C.1 e 20H.1 surgem do fato de a catálise heterogênea depender, usualmente, de pelo menos um dos reagentes ser adsorvido (em geral em uma adsorção química) e ser modificado para a **fase ativa**, uma forma com que participa facilmente da reação, e da dessorção dos produtos. Muitas vezes a modificação é uma fragmentação da molécula do reagente. Na prática, a fase ativa está dispersa como partículas de dimensões lineares muito pequenas, da ordem de 2 nm ou menor, sobre um suporte de óxido poroso. Os **catalisadores sensíveis à forma**, como as zeólitas, têm poros que podem discriminar formas e tamanhos em uma escala molecular, e áreas superficiais internas altas (nos poros) que chegam a 100–500 $m^2\ g^{-1}$.

Os mecanismos de reações catalisadas por superfícies podem ser tratados quantitativamente pelo uso das técnicas da Seção

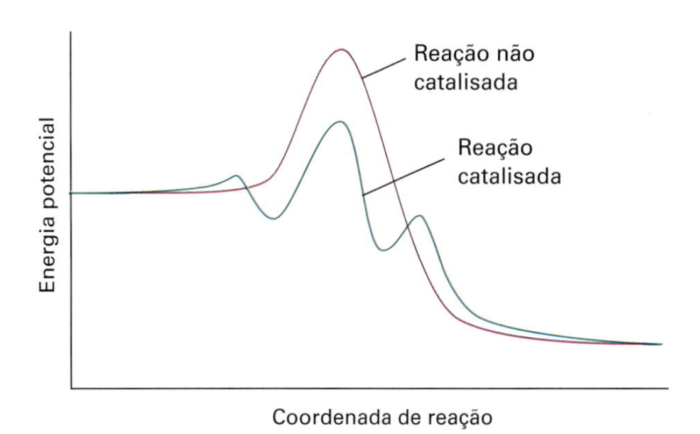

Figura 22C.1 Perfil de reação para reações catalisadas e não catalisadas. O caminho da reação catalisada envolve as energias de ativação de adsorção e de dessorção, como também uma energia de ativação global menor para o processo.

20E (sobre o desenvolvimento de leis de velocidade baseadas em mecanismos de reação propostos) e das isotermas de adsorção desenvolvidas na Seção 22B. Neste ponto vamos explorar alguns mecanismos simples que elucidam significativamente as reações catalisadas na superfície.

(a) Reações unimoleculares

A lei de velocidade de uma reação unimolecular catalisada na superfície, como a decomposição de uma substância sobre uma superfície, pode ser escrita em termos de uma isoterma de adsorção, admitindo-se que a velocidade seja proporcional à extensão do recobrimento superficial. Por exemplo, se o grau de recobrimento θ é dado pela isoterma de Langmuir (Eq. 22B.2, $\theta = \alpha p/ (1 + \alpha p)$), podemos escrever

$$v = k_r\theta = \frac{k_r\alpha p}{1+\alpha p} \qquad (22C.1)$$

em que p é a pressão da substância se adsorvendo.

Breve ilustração 22C.1 Decomposição unimolecular catalisada na superfície

Considere a decomposição da fosfina (PH_3) sobre tungstênio, que é de primeira ordem a baixas pressões. Podemos usar a Eq. 22C.1 para explicar essa observação. Quando a pressão é tão baixa que $\alpha p \ll 1$, podemos ignorar αp no denominador da Eq. 22C.1 e obtemos $v = k_r\alpha p$. Prevê-se que a decomposição seja de primeira ordem, conforme observado experimentalmente.

Exercício proposto 22C.1 Escreva a lei de decomposição do PH_3 sobre tungstênio em pressões elevadas.

Resposta: $v = k_r$; a reação é de ordem zero em pressões elevadas

(b) O mecanismo de Langmuir-Hinshelwood

No **mecanismo de Langmuir-Hinshelwood** (mecanismo LH) de reações catalisadas na superfície, a reação ocorre pelos encontros entre os fragmentos moleculares adsorvidos e átomos também adsorvidos na superfície. Por isso, a velocidade deve ser a de um processo de segunda ordem no recobrimento da superfície:

$$A+B \rightarrow P \quad v = k_r\theta_A\theta_B \qquad (22C.2)$$

Lei de velocidade segundo o mecanismo de Langmuir-Hinshelwood

A inserção das isotermas apropriadas para A e B dá então a velocidade da reação em termos das pressões parciais dos reagentes.

Exemplo 22C.1 Escrevendo uma lei de velocidade baseada no mecanismo de Langmuir-Hinshelwood

Considere uma reação A + B → P em que A e B seguem as isotermas de Langmuir e adsorvem sem dissociação. Deduza uma lei de velocidade que seja consistente com o mecanismo de Langmuir-Hinshelwood.

Método Comece seguindo os procedimentos descritos na Seção 22B para a dedução da isoterma de Langmuir para escrever expressões para θ_A e θ_B, os graus de recobrimento de A e B, respectivamente. No entanto, observe que, diferentemente da situação simples na Seção 22B, duas espécies competem pelos mesmos sítios na superfície. Em seguida, use a Eq. 22C para expressar a lei de velocidade.

Resposta Como as duas espécies competem por sítios na superfície, o número de sítios vagos é igual a $N(1 - \theta_A - \theta_B)$, em que N é o número total de sítios. Segue das Eqs. 22B.1a e 22B.1b que as velocidades de absorção e de dessorção são dadas por

Velocidade de adsorção de A $= k_{a,A}p_A N(1-\theta_A-\theta_B)$	Velocidade de dessorção de A $= k_{d,A}N\theta_A$
Velocidade de adsorção de B $= k_{a,B}p_B N(1-\theta_A-\theta_B)$	Velocidade de dessorção de B $= k_{d,B}N\theta_B$

No equilíbrio, as velocidades de adsorção e de dessorção são iguais, e, com $\alpha_A = k_{a,A}/k_{d,A}$ e $\alpha_B = k_{a,B}/k_{d,B}$, segue que

$$\alpha_A p_A(1-\theta_A-\theta_B) = \theta_A$$
$$\alpha_B p_B(1-\theta_A-\theta_B) = \theta_B$$

As soluções desse par de equações simultâneas (veja *Exercício proposto* 22C.2) são

$$\theta_A = \frac{\alpha_A p_A}{1+\alpha_A p_A+\alpha_B p_B} \qquad \theta_B = \frac{\alpha_B p_B}{1+\alpha_A p_A+\alpha_B p_B}$$

Segue da Eq. 22C.2 que a lei de velocidade é

$$v = \frac{k_r\alpha_A\alpha_B p_A p_B}{(1+\alpha_A p_A+\alpha_B p_B)^2}$$

Os parâmetros α das isotermas e a constante de velocidade k_r são todos dependentes da temperatura, de modo que a dependência global entre a velocidade e a temperatura pode ser bastante distinta de uma dependência do tipo Arrhenius (ou seja, é pouco provável que a constante de velocidade seja proporcional à exponencial $e^{-E_a/RT}$). O mecanismo de Langmuir-Hinshelwood é o predominante na oxidação catalítica de CO a CO_2.

Exercício proposto 22C.2 Escreva as etapas que faltam na dedução da expressão para v.

(c) O mecanismo de Eley-Rideal

No **mecanismo de Eley-Rideal** (mecanismo ER) para a reação catalisada na superfície, uma molécula da fase gasosa colide com outra molécula, já adsorvida na superfície. A velocidade de formação dos produtos é então, por hipótese, proporcional à pressão parcial p_B do gás B não adsorvido e ao grau de recobrimento da superfície pelo gás adsorvido A, θ_A. Conclui-se então que a lei da cinética do processo deve ser

$$A+B \rightarrow P \quad v = k_r p_B\theta_A \qquad (22C.3)$$

Lei de velocidade segundo o mecanismo de Eley-Rideal

A constante de velocidade, k_r, pode ser muito maior do que a da reação em fase gasosa não catalisada, pois a reação na superfície tem energia de ativação baixa e a própria adsorção não é, geralmente, ativada.

Se conhecermos a isoterma de adsorção de A, podemos exprimir a lei da cinética em termos da pressão parcial correspondente, p_A. Por exemplo, se a adsorção de A é de Langmuir, no intervalo de pressão de interesse, a lei de velocidade é

$$v = \frac{k_r \alpha p_A p_B}{1+\alpha p_A} \qquad (22C.4)$$

Breve ilustração 22C.2 O mecanismo de Eley-Rideal

Pela Eq. 22C.4, se a pressão parcial de A for elevada (isto é, se $\alpha p_A \gg 1$), o recobrimento da superfície será quase completo e a velocidade é igual a $k_r p_B$. Assim, a etapa determinante da velocidade do processo é a da colisão de B com os fragmentos adsorvidos. Quando a pressão de A for baixa ($\alpha p_A \ll 1$), talvez em virtude da sua reação, a velocidade é igual a $k_r \alpha p_A p_B$. Nesse caso, o recobrimento da superfície do catalisador é importante na determinação da velocidade.

Exercício proposto 22C.3 Reescreva a Eq. 22C.4 para casos em que A é uma molécula diatômica que se adsorve na forma de átomos.

Resposta: $v = k_r p_B (\alpha p_A)^{1/2}/(1+(\alpha p_A)^{1/2})$

Quase todas as reações catalisadas termicamente em superfície ocorrem pelo mecanismo LH, mas algumas têm o mecanismo de ER, conforme resultados de experiências com feixes moleculares. Por exemplo, a reação entre o H(g) e o D(ad) para formar HD(g) parece seguir o mecanismo ER e envolve a colisão direta do átomo de hidrogênio incidente com o de deutério adsorvido, que é arrancado da superfície. Entretanto, os dois mecanismos devem ser realmente interpretados como casos limites idealizados e o processo que ocorre em uma reação química fica entre os dois, exibindo características de ambos.

22C.2 Atividade catalítica de superfícies

É possível investigar a dependência entre a atividade catalítica de uma superfície e a estrutura e composição dessa superfície. Assim, o rompimento das ligações C–H e H–H parece depender da presença de degraus e irregularidades; um terraço parece proporcionar atividade catalítica mínima.

A reação $H_2 + D_2 \rightarrow 2\,HD$ foi estudada minuciosamente. Para esta reação, os sítios de terraços são inativos, mas uma molécula em dez reage ao atingir um degrau. Embora o degrau possa ser, em si mesmo, o fator importante, pode ser que a presença do degrau sirva simplesmente para expor uma face mais reativa do cristal (isto é, a

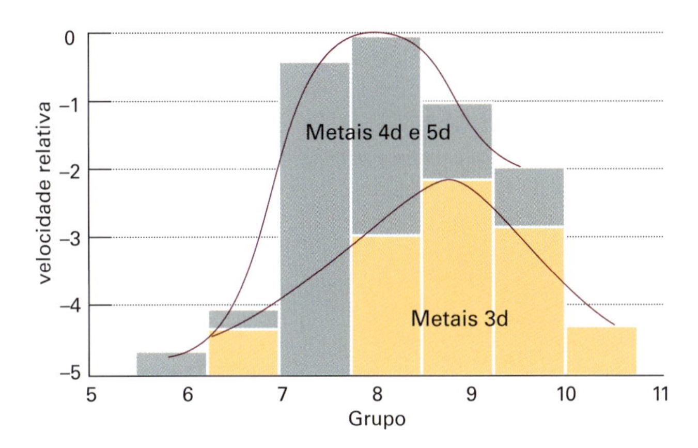

Figura 22C.2 A curva vulcão de atividade catalítica é fruto de os reagentes serem adsorvidos fortemente pelo metal, mas não tão fortemente que fiquem imobilizados. A curva de baixo é a da primeira série de metais do bloco d, e a curva de cima refere-se à segunda e à terceira séries desses metais. O número dos grupos é o da tabela periódica.

própria face do degrau). De maneira parecida, a desidrogenação do hexano em hexeno depende fortemente da densidade de irregularidades, e parece que estas irregularidades são indispensáveis para romper as ligações C–C. Estas observações ajudam a compreender a razão de mesmo pequenas quantidades de impurezas poderem envenenar um catalisador. Possivelmente as impurezas ligam-se aos degraus e aos sítios com irregularidades e assim prejudicam a atividade de todo o catalisador. Um resultado útil destas observações é o do controle da desidrogenação em relação a outros tipos de reações, uma vez que podemos utilizar impurezas que se adsorvam nas irregularidades dos degraus e, assim, atuem como venenos específicos.

A atividade de um catalisador depende da força da adsorção química, como mostra a curva "vulcão" da Fig. 22C.2 (a denominação se deve à forma geral da curva). Para ser ativo, o catalisador deve ser extensamente recoberto pelo adsorvato, o que é o caso quando a adsorção química é forte. Por outro lado, se a ligação adsorvente–adsorvato for muito forte, a atividade diminui, pois outras moléculas não podem reagir com as moléculas adsorvidas ou então as moléculas adsorvidas ficam imobilizadas sobre a superfície. Esse padrão de comportamento sugere que a atividade de um catalisador aumenta inicialmente com a força da adsorção (medida, por exemplo, pela entalpia da adsorção) e depois diminui, e que os catalisadores mais ativos devem ser os localizados nas vizinhanças do máximo da curva do vulcão. Os metais mais ativos são os que estão nas proximidades da região central do bloco d dos metais de transição. Muitos metais são adequados para adsorver gases, e algumas tendências estão resumidas na Tabela 22C.1.

Breve ilustração 22C.3 Tendência nas capacidades de quimissorção

Vemos na Tabela 22C.1 que, para uma série de metais, a intensidade da adsorção diminui, em geral, na ordem da sequência O_2, C_2H_2, C_2H_4, CO, H_2, CO_2, N_2. Algumas destas moléculas adsorvem-se dissociativamente (por exemplo, o H_2). Os elementos do bloco d, como o ferro, o titânio e o cromo, exibem muita atividade diante dos gases mencionados, mas o manganês e o cobre não adsorvem o N_2 e o CO_2. Os metais à esquerda da tabela periódica (por exemplo, magnésio) só adsorvem os gases mais ativos (com os quais, na realidade, reagem), como é o caso do O_2.

Exercício proposto 22C.4 Por que o ferro é um bom catalisador para a formação da amônia a partir de N_2(g) e H_2(g)?

Resposta: Veja a Fig. 22C.2 e a Tabela 22C.1

Tabela 22C.1 Capacidade de quimissorção*

	O_2	C_2H_2	C_2H_4	CO	H_2	CO_2	N_2
Ti, Cr, Mo, Fe	+	+	+	+	+	+	+
Ni, Co	+	+	+	+	+	+	–
Pd, Pt	+	+	+	+	+	–	–
Mn, Cu	+	+	+	+	±	–	–
Al, Au	+	+	+	–	–	–	–
Li, Na, K	+	+	–	–	–	–	–
Mg, Ag, Zn, Pb	+	–	–	–	–	–	–

* +, Quimissorção forte; ±, quimissorção; –, não há quimissorção.

Conceitos importantes

☐ 1. **Catalisador** é uma substância que acelera uma reação, mas não sofre nenhuma transformação química líquida.

☐ 2. Um **catalisador heterogêneo** é um catalisador em uma fase diferente da mistura de reação.

☐ 3. No **mecanismo de Langmuir-Hinshelwood** de reações catalisadas na superfície, a reação ocorre por encontros entre fragmentos moleculares e átomos adsorvidos na superfície.

☐ 4. No **mecanismo de Eley-Rideal** de uma reação catalisada na superfície, uma molécula em fase gasosa colide com outra molécula já adsorvida na superfície.

☐ 5. A atividade de um catalisador depende da intensidade da quimissorção.

Equações importantes

Propriedade	Equação	Comentário	Número da equação
Mecanismo de Langmuir–Hinshelwood	$v=k_r\theta_A\theta_B$	Adsorção competitiva	22C.2
Mecanismos de Eley-Rideal	$v=k_r p_B\theta_A$	Adsorção de A	22C.3

CAPÍTULO 22 Processos em superfícies sólidas

SEÇÃO 22A Uma introdução às superfícies sólidas

Questões teóricas

22A.1 (a) Quais são as características topográficas encontradas em superfícies limpas? (b) Descreva quantos degraus e terraços podem ser formados pelas irregularidades.

22A.2 Com o conhecimento adquirido neste livro, descreva as vantagens e as limitações de cada uma das técnicas de microscopia, difração e de ionização designadas pelos acrônimos listados a seguir: AFM, LEED, SAM, MEV e MET.

Exercícios

22A.1(a) Calcule a frequência das colisões moleculares, por centímetro quadrado, na superfície de um vaso contendo (i) hidrogênio, (ii) propano, a 25 °C, quando a pressão é de 0,10 μTorr.

22A.1(b) Calcule a frequência das colisões moleculares, por centímetro quadrado, na superfície de um vaso contendo (i) nitrogênio, (ii) metano, a 25 °C, quando a pressão é de 0,150 μTorr.

22A.2(a) Que pressão tem o argônio gasoso quando a taxa de colisão dos átomos, sobre uma superfície circular com diâmetro de 1,5 mm, é de $4{,}5 \times 10^{20}$ s^{-1}, a 425 K?

22A.2(b) Que pressão tem o nitrogênio gasoso quando a taxa de colisão das moléculas, sobre uma superfície circular com diâmetro de 2,0 mm, é de $5{,}00 \times 10^{19}$ s^{-1}, a 525 K?

Problemas

22A.1 O movimento de átomos e íons em uma superfície depende de sua capacidade de sair de uma posição e aderir a outra, e, portanto, das mudanças de energia que ocorrerem. A título de ilustração, admitamos uma rede quadrada bidimensional de íons positivos e negativos univalentes separados por 200 pm, e consideremos um cátion no terraço superior desse arranjo. Calcule, por soma direta, sua interação coulombiana quando se encontra em um ponto vazio da rede acima de um ânion. Agora, consideremos um degrau alto na mesma rede, e deixemos o cátion se mover para dentro do canto formado pelo degrau e o terraço. Calcule a energia coulombiana para essa posição, e determine a posição onde o cátion irá permanecer.

22A.2 Em um estudo das propriedades catalíticas de uma superfície de titânio foi necessário manter a superfície livre de impurezas. Calcule a frequência de colisões das moléculas de O_2, por centímetro quadrado de superfície, a 300 K e (a) 100 kPa, (b) 1,00 Pa. Determine o número de colisões por segundo realizadas com um dado átomo dessa superfície. Deve-se ressaltar a necessidade de se trabalhar com pressões diminutas (de fato, muito menores do que 1 Pa) para se estudar as propriedades de uma superfície sem contaminação. Utilize 291 pm como a distância entre os vizinhos mais próximos.

22A.3 O níquel cristaliza em uma rede cúbica de face centrada, cuja célula unitária tem 352 pm de aresta. Quantos átomos de níquel, por centímetro quadrado, ficam expostos em uma superfície formada pelos planos (a) (100), (b) (110), (c) (111)? Calcule a frequência das colisões moleculares por átomo superficial em um vaso com (i) hidrogênio, (ii) propano, a 25 °C, quando a pressão é 100 Pa e 0,10 μTorr.

22A.4 A figura de LEED da face limpa e não reconstruída (110) de um metal é mostrada a seguir. Esboce o padrão LEED para uma superfície reconstruída triplicando-se a separação horizontal entre os átomos.

SEÇÃO 22B Adsorção e dessorção

Questões teóricas

22B.1 Faça a distinção entre as seguintes isotermas de adsorção: Langmuir, BET, Temkin e Freundlich, e indique quando e por que elas devem ser adequadas.

22B.2 Em que aproximações as formulações das isotermas de Langmuir e BET estão baseadas?

Exercícios

22B.1(a) O volume do oxigênio gasoso, medido a 0 °C e 104 kPa, adsorvido na superfície de 1,00 g de uma amostra de sílica, a 0 °C, é de 0,286 cm^3, a 145,4 Torr, e 1,443 cm^3, a 760 Torr. Qual é o valor de V_{mono}?

22B.1(b) O volume de um gás, medido a 20 °C e 1,00 bar, adsorvido na superfície de uma amostra de 1,50 g de sílica, a 0 °C, é de 1,52 cm^3, a 56,4 kPa, e 2,77 cm^3, a 108 kPa. Qual é o valor de V_{mono}?

22B.2(a) A entalpia de adsorção do CO sobre uma superfície é de −120 kJ mol^{-1}. Estime a vida média de uma molécula de CO sobre a superfície do adsorvente, a 400 K.

22B.2(b) A entalpia de adsorção da amônia sobre uma superfície de níquel é de −155 kJ mol^{-1}. Estime a vida média da molécula de NH_3 adsorvida no níquel, a 500 K.

22B.3(a) Uma certa amostra sólida adsorve 0,44 mg de CO quando a pressão do gás é de 26,0 kPa e a temperatura, 300 K. A massa do gás adsorvido, quando a pressão é 3,0 kPa e a temperatura é 300 K, é de 0,19 mg. A adsorção é descrita pela isoterma de Langmuir. Encontre, em cada pressão, o grau de recobrimento da superfície.

22B.3(b) Certa amostra sólida adsorve 0,63 mg de CO quando a pressão do gás é de 36,0 kPa e a temperatura, 300 K. A massa do gás adsorvido, quando a pressão é 4,0 kPa e a temperatura é 300 K, é de 0,21 mg. A adsorção é descrita pela isoterma de Langmuir. Encontre, em cada pressão, o grau de recobrimento da superfície.

22B.4(a) A adsorção de um gás é descrita pela isoterma de Langmuir com $\alpha = 0{,}75\ kPa^{-1}$, a 25 °C. Calcule a pressão em que o grau de recobrimento da superfície é de (i) 0,15, (ii) 0,95.

22B.4(b) A adsorção de um gás é descrita pela isoterma de Langmuir com $\alpha = 0{,}548\ kPa^{-1}$, a 25 °C. Calcule a pressão em que o grau de recobrimento da superfície é de (i) 0,20, (ii) 0,75.

22B.5(a) Um sólido está em contato com um gás, a 12 kPa e 25 °C, e adsorve 2,5 mg do gás. A isoterma de adsorção é a de Langmuir. A variação de entalpia, quando 1,00 mmol do gás adsorvido é dessorvido, é de +10,2 J. Qual a pressão de equilíbrio para a adsorção de 2,5 mg do gás, a 40 °C?

22B.5(b) Um sólido está em contato com um gás, a 8,86 kPa e 25 °C, e adsorve 4,67 mg do gás. A isoterma de adsorção é a de Langmuir. A variação de entalpia, quando 1,00 mmol do gás adsorvido é dessorvido, é de +12,2 J. Qual a pressão de equilíbrio para a adsorção da mesma massa do gás, a 45 °C?

22B.6(a) O nitrogênio gasoso é adsorvido sobre carvão em uma extensão de 0,921 $cm^3\ g^{-1}$, a 490 kPa e 190 K. Porém, a 250 K, a mesma razão de adsorção só é atingida quando se aumenta a pressão até 3,2 MPa. Qual é a entalpia de adsorção do nitrogênio no carvão?

22B.6(b) O nitrogênio gasoso é adsorvido uma superfície em uma extensão de 1,242 $cm^3\ g^{-1}$, a 350 kPa e 180 K. Porém, a 240 K, a mesma extensão de adsorção só é atingida quando a pressão é de 1,02 MPa. Qual a entalpia de adsorção do nitrogênio na superfície?

22B.7(a) Em uma experiência de adsorção do oxigênio sobre o tungstênio, verifica-se que o volume dessorvido de oxigênio em 27 min, a 1856 K, é igual ao volume dessorvido em 2,0 min, a 1978 K. Qual é a energia de ativação de dessorção? Durante quanto tempo o mesmo volume será dessorvido a (i) 298 K, (ii) 3000 K?

22B.7(b) Em uma experiência de adsorção do eteno sobre o ferro, verifica-se que o volume de gás dessorvido em 1856 s, a 873 K, é igual ao volume dessorvido em 8,44 s, a 1012 K. Qual é a energia de ativação de dessorção? Em quanto tempo o volume mencionado de eteno será dessorvido a (i) 298 K, (ii) 1500 K?

22B.8(a) O tempo médio de permanência de um átomo de oxigênio adsorvido em uma superfície de tungstênio é de 0,36 s, a 2548 K, e de 3,49 s, a 2362 K. Qual é a energia de ativação para a quimissorção?

22B.8(b) O tempo médio de permanência de um átomo de hidrogênio adsorvido na superfície do manganês é 35% menor a 1000 K do que a 600 K. Qual é a energia de ativação para a quimissorção?

22B.9(a) Durante que intervalo de tempo, em média, um átomo de H ficará retido em uma superfície, a 298 K, se a energia de ativação de dessorção for de (i) 15 kJ mol^{-1}, (b) 150 kJ mol^{-1}? Considere $\tau_0 = 0{,}10$ ps. Durante quanto tempo, em média, os mesmos átomos ficam adsorvidos a 1000 K?

22B.9(b) Durante quanto tempo, em média, um átomo permanecerá adsorvido em uma superfície, a 298 K, se a energia de ativação de dessorção for de (i) 20 kJ mol^{-1}, (ii) 200 kJ mol^{-1}? Tomar $\tau_0 = 0{,}12$ ps. Durante quanto tempo, em média, o mesmo átomo ficará adsorvido a 800 K?

22B.10(a) O iodeto de hidrogênio é fortemente adsorvido sobre ouro, mas fracamente adsorvido na platina. Admita que a adsorção siga a isoterma de Langmuir e determine a ordem da reação de decomposição do HI sobre a superfície de cada metal.

22B.10(b) Imaginemos que o ozônio seja adsorvido sobre certa superfície de acordo com a isoterma de Langmuir. Como se poderia usar a dependência entre a pressão e o grau de recobrimento para distinguir entre a adsorção (i) sem dissociação, (ii) com dissociação em $O + O_2$, (iii) com dissociação em $O + O + O$?

Problemas

22B.1 Use um programa matemático ou uma planilha para realizar os seguintes cálculos: (a) Usando a Eq. 22B.2, obtenha uma família de curvas que mostre a dependência de $1/\theta$ em relação a $1/p$ para alguns valores de α. (b) Usando a Eq. 22B.4, obtenha uma família de curvas que mostre a dependência de $1/\theta$ em relação a $1/p$ para alguns valores de α. Com os resultados obtidos nas partes (a) e (b), discuta como os gráficos de $1/\theta$ contra $1/p$ podem ser usados para distinguir entre a adsorção com ou sem dissociação. (c) Usando a Eq. 22B.6, obtenha uma família de curvas que mostre a dependência de $zV_{mono}/(1-z)V$ com z para valores diferentes de c.

22B.2 Os dados vistos a seguir são os da quimissorção do hidrogênio sobre o cobre em pó, a 25 °C. Verifique se eles se ajustam a uma isoterma de Langmuir nos recobrimentos baixos. Em seguida, estime o valor de α para o equilíbrio da adsorção e o volume adsorvido correspondente ao recobrimento completo.

p/Pa	25	129	253	540	1000	1593
V/cm^3	0,042	0,163	0,221	0,321	0,411	0,471

22B.3 Da tabela vista a seguir constam os dados da adsorção da amônia sobre o fluoreto de bário. Verifique se eles seguem a isoterma BET e estime os valores de c e de V_{mono}.

(a) $\theta = 0\,°C$, $p^* = 429{,}6$ kPa:

p/kPa	14,0	37,6	65,6	79,2	82,7	100,7	106,4
V/cm^3	11,1	13,5	14,9	16,0	15,5	17,3	16,5

(b) $\theta = 18{,}6\,°C$, $p^* = 819{,}7$ kPa:

p/kPa	5,3	8,4	14,4	29,2	62,1	74,0	80,1	102,0
V/cm^3	9,2	9,8	10,3	11,3	12,9	13,1	13,4	14,1

22B.4 Os seguintes dados foram obtidos para a adsorção do H_2 na superfície de uma amostra de 1,00 g de cobre, a 0 °C. O volume do H_2 está medido nas CNTP (0 °C e 1 atm).

p/atm	0,050	0,100	0,150	0,200	0,250
V/cm^3	23,8	13,3	8,70	6,80	5,71

Determine o volume de H_2 necessário para formar uma monocamada sobre a superfície da amostra e estime a área superficial dessa amostra. A massa específica do hidrogênio líquido é de 0,708 g cm^{-3}.

22B.5‡ M.-G. Olivier e R. Jadot (*J. Chem. Eng. Data* **42**, 230 (1997)) estudaram a adsorção do butano em sílica-gel. Os dados obtidos foram os seguintes (a adsorção está em mols do butano por quilograma de sílica-gel), a 303 K:

p/kPa	31,00	38,22	53,03	76,38	101,97
$n/(mol\ kg^{-1})$	1,00	1,17	1,54	2,04	2,49

p/kPa	130,47	165,06	182,41	205,75	219,91
$n/(mol\ kg^{-1})$	2,90	3,22	3,30	3,35	3,36

Ajuste esses dados a uma isoterma de Langmuir, determine o valor de n que corresponde ao recobrimento completo do adsorvente e estime a constante α.

‡Estes problemas foram propostos por Charles Trapp e Carmen Giunta.

22B.6 No projeto de uma nova instalação industrial pretende-se usar um catalisador, conhecido como CR-l, visando à fluoração do butadieno. Em uma investigação preliminar, determinou-se a forma da isoterma de adsorção medindo-se o volume de butadieno adsorvido por grama de CR-l, a 15 °C, em função da pressão, obtendo-se os dados vistos a seguir. A isoterma de Langmuir é apropriada nessa faixa de pressão?

p/kPa	13,3	26,7	40,0	53,3	66,7	80,0
V/cm^3	17,9	33,0	47,0	60,8	75,3	91,3

Verifique se a isoterma BET se ajusta melhor aos dados. A 15 °C, tem-se p^*(butadieno) = 200 kPa. Estime V_{mono} e c.

22B.7‡ C. Huang e W.P. Cheng (*J. Colloid Interface Sci.* **188**, 270 (1997)) examinaram a adsorção do íon hexacianoferrato(III), $[Fe(CN)_6]^{3-}$, em solução aquosa, sobre γ-Al_2O_3. Eles modelaram a adsorção com uma isoterma de Langmuir modificada, com os seguintes valores de α, no pH = 6,5:

T/K	283	298	308	318
$10^{-11}\alpha$	2,642	2,078	1,286	1,085

Determine a entalpia de adsorção isostérica, $\Delta_{ads}H^{\ominus}$, nesse pH. Os pesquisadores também publicaram o valor $\Delta_{ads}S^{\ominus}$ = +146 J mol^{-1} K^{-1} nas condições mencionadas. Determine $\Delta_{ads}G^{\ominus}$.

22B.8‡ Na investigação de conversores catalíticos eficientes para automóveis, C.E. Wartnaby *et al.* (*J. Phys. Chem.* **100**, 12483 (1996)) mediram a entalpia de adsorção do CO, do NO e do O_2, sobre superfícies (110) de platina, inicialmente limpas. A entalpia de adsorção, $\Delta_{ads}H^{\ominus}$, do NO que encontraram foi de −160 kJ mol^{-1}. De quanto o NO está mais fortemente adsorvido a 500 °C do que a 400 °C?

22B.9‡ A remoção ou a recuperação de compostos orgânicos voláteis (COVs, ou VOCs na sigla em inglês) dos gases de descarga de motores é um importante processo na engenharia ambiental. O carvão ativo foi, durante muito tempo, usado como adsorvente, mas o vapor de água no gás reduz a sua eficiência. M.-S. Chou e J.-H. Chiou (*J. Envir. Engrg. ASCE* **123**, 437 (1997)) estudaram o efeito do teor de umidade sobre a capacidade de adsorção do hexano e do ciclo-hexano em correntes de ar pelo carvão ativado granulado (GAC na sigla em inglês) para hexano e ciclo-hexano normais em correntes de ar. Pelos dados das medidas em correntes secas, contendo ciclo-hexano, que aparecem na tabela a seguir, concluíram que a adsorção pelo GAC é do tipo de Langmuir com a forma $q_{VOC,RH=0} = abc_{VOC}/(1 + bc_{VOC})$, em que $q = m_{VOC}/m_{GAC}$, RH é a umidade relativa, a é a capacidade máxima de adsorção, b é o parâmetro de afinidade e c é a concentração em partes por milhão (ppm). A tabela a seguir fornece valores de $q_{VOC,RH=0}$ para o ciclo-hexano:

c/ppm	33,6 °C	41,5 °C	57,4 °C	76,4 °C	99 °C
200	0,080	0,069	0,052	0,042	0,027
500	0,093	0,083	0,072	0,056	0,042
1000	0,101	0,088	0,076	0,063	0,045
2000	0,105	0,092	0,083	0,068	0,052
3000	0,112	0,102	0,087	0,072	0,058

(a) Com uma regressão linear de $1/q_{VOC,RH=O}$ contra $1/c_{VOC}$, verifique a exatidão do ajuste e determine os valores de a e de b. (b) Os parâmetros a e b estão relacionados com a entalpia de adsorção $\Delta_{ads}H$ e com a diferença entre as energias de ativação da adsorção e da dessorção, Δ_bH, das moléculas do VOC, mediante equações do tipo da de Arrhenius: $a = k_a e^{-\Delta_{ads}H/RT}$ e $b = k_b e^{-\Delta_b H/RT}$. Verifique a exatidão do ajuste dos dados a estas equações e estime o valor de k_a, k_b, $\Delta_{ads}H$ e Δ_bH. (c) Que interpretação se pode dar para k_a e k_b?

22B.10 É comum que a adsorção de solutos em fase líquida por adsorvente sólido seja do tipo Freundlich. Verifique a adequação dessa isoterma aos seguintes dados da adsorção do ácido acético sobre o carvão, a 25 °C, e estime os valores dos parâmetros c_1 e c_2.

[ácido]/(mol dm^{-3})	0,05	0,10	0,50	1,0	1,5
w_a/g	0,04	0,06	0,12	0,16	0,19

Nesta tabela, w_a é a massa adsorvida por unidade de massa de carvão.

22B.11‡ A. Akgerman e M. Zardkoohi (*J. Chem. Eng. Data* **41**, 185 (1996)) investigaram a adsorção, pela moinha de carvão, de fenol dissolvido em água, a 20 °C. Ajustaram os dados da investigação a uma isoterma de Freundlich, $c_{ads} = Kc_{sol}^{1/n}$, em que c_{ads} é a concentração do fenol adsorvido e c_{sol} é a concentração do fenol na solução aquosa. Entre os dados publicados figuram os seguintes:

c_{sol}/(mg g^{-1})	8,26	15,65	25,43	31,74	40,00
c_{ads}/(mg g^{-1})	4,41	9,2	35,2	52,0	67,2

Determine as constantes K e n. Que outras informações seriam necessárias para exprimir os dados em termos do grau de recobrimento, θ?

22B.12‡ Os seguintes dados foram obtidos para a adsorção, s, da acetona em solução aquosa, sobre o carvão, na concentração molar, c, a 18 °C.

c/(mmol dm^{-3})	15,0	23,0	42,0	84,0	165	390	800
s/(mmol acetona/g de carvão)	0,60	0,75	1,05	1,50	2,15	3,50	5,10

Verifique qual a isoterma, de Langmuir, de Freundlich ou de Temkin, que se ajusta mais exatamente aos dados.

22B.13‡ M.-S. Chou e J.-H. Chiou (*J. Envir. Engrg., ASCE* **123**, 437 (1997)) estudaram o efeito do teor de umidade sobre a capacidade de adsorção dos compostos orgânicos voláteis (VOCs) hexano normal e ciclo-hexano, no carvão ativado granulado (GAC, Norit PK 1-3), em correntes de ar. A tabela a seguir mostra as capacidades de adsorção ($q_{água} = m_{água}/m_{GAC}$) da água pura no GAC, em correntes de ar úmido, em função da umidade relativa (RH) na ausência de compostos orgânicos voláteis, a 41,5 °C.

RH	0,00	0,26	0,49	0,57	0,80	1,00
$q_{água}$	0,00	0,026	0,072	0,091	0,161	0,229

Os autores concluíram que os dados na temperatura mencionada e também em outras temperaturas seguem uma isoterma de Freundlich, $q_{água} = k(\text{RH})^{1/n}$. (a) Verifique esta hipótese com os dados mencionados acima e estime as constantes k e n. (b) Por que os compostos orgânicos voláteis obedecem a uma isoterma de Langmuir e a água obedece à de Freundlich? (c) Quando o vapor de água e o ciclo-hexano estão presentes na corrente de ar, os valores da tabela a seguir foram determinados com a razão $r_{VOC} = q_{VOC}/q_{VOC,RH=0}$, a 41,5 °C:

Os autores propõem que esses dados se ajustam à equação $r_{VOC} = 1 - q_{água}$.

RH	0,00	0,10	0,25	0,40	0,53	0,76	0,81
r_{VOC}	1,00	0,98	0,91	0,84	0,79	0,67	0,61

Verifique a hipótese proposta e determine os valores de k e n. Compare os valores achados com os correspondentes à água pura, da parte (b). Sugira razões para as diferenças observadas.

22B.14‡ O vazamento de derivados do petróleo dos tanques de depósitos subterrâneos é grave ameaça à pureza das águas dos lençóis freáticos. O benzeno, o tolueno, o etilbenzeno e os xilenos (compostos BTEX) são os mais temíveis, em virtude da capacidade de provocarem problemas à saúde, mesmo em concentrações baixas. D.S. Kershaw *et al.* (*J. Geotech. Geoenvir. Engrg.* **123**, 324 (1997)) estudaram a capacidade da borracha de pneumáticos pulverizada de sorver (adsorver e absorver) o benzeno e o *o*-xileno. Embora a sorção envolva mais do que interações superficiais, é comum que os dados correspondentes se ajustem a uma isoterma de adsorção. Nesse estudo, os autores verificaram o ajustamento dos dados à isoterma linear ($q = Kc_{eq}$), à isoterma de Freundlich ($q = K_F c_{eq}^{1/n}$), e à isoterma de Langmuir ($q = K_L M c_{eq}/(1 + K_L c_{eq})$), na qual q é a massa do solvente sorvida por grama de borracha pulverizada (em miligramas por grama), K e M são constantes empíricas e c_{eq} é a concentração (em miligramas por litro) do contaminante em equilíbrio com o sorvente. (a) Determine as unidades das constantes empíricas. (b) Determine a isoterma que se ajusta mais adequadamente aos dados da sorção do benzeno pela borracha pulverizada:

c_{eq}/(mg dm^{-3})	97,10	36,10	10,40	6,51	6,21	2,48
q/(mg g^{-1})	7,13	4,60	1,80	1,10	0,55	0,31

(c) Compare a eficiência da sorção na borracha pulverizada com a eficiência da adsorção no carvão ativado granulado, que, no caso do benzeno, segue a isoterma de Freundlich na forma $q = 1{,}0c_{eq}^{1{,}6}$ com o coeficiente de determinação $R^2 = 0{,}94$.

SEÇÃO 22C Catálise heterogênea

Questões teóricas

22C.1 Descreva as características essenciais dos mecanismos de Langmuir-Hinshelwood e de Eley-Rideal para reações catalisadas pela superfície.

22C.2 Explique a dependência que a atividade catalítica de uma superfície tem da intensidade da quimissorção, como mostrado na Fig. 22B.8.

Exercícios

22C.1(a) Uma monocamada de moléculas de N_2 é adsorvida na superfície de 1,00 g de um catalisador de Fe/Al_2O_3, a 77 K, a temperatura de ebulição do nitrogênio líquido. O volume do gás dessorvido pelo aquecimento da amostra é de 3,86 cm^3 medidos a 0 °C e 760 Torr. Qual é a área superficial do catalisador?

22C.1(b) Uma monocamada de moléculas de CO é adsorvida na superfície de 1,00 g de amostra de catalisador de Fe/Al_2O_3, a 77 K, a temperatura de ebulição do nitrogênio líquido. O volume de gás dessorvido pelo aquecimento da amostra é de 3,75 cm^3, a 0 °C e 1,00 bar. Qual é a área superficial do catalisador?

Problema

22C.1 Em algumas reações catalisadas, os produtos podem ser adsorvidos mais fortemente do que o gás reagente. Esse é o caso, por exemplo, na decomposição catalítica da amônia sobre a platina, a 1000 °C. Como primeiro passo para examinar a cinética desse tipo de processo, mostre que a velocidade de decomposição da amônia segue a equação

$$\frac{dp_{NH_3}}{dt} = -k_c \frac{p_{NH_3}}{p_{H_2}}$$

no limite de uma adsorção muito forte do hidrogênio. Principie a demonstração mostrando que, quando um gás J se adsorve muito fortemente, e tem a pressão p_J, a fração de sítios de adsorção não ocupados é dada aproximadamente por $1/Kp_J$. Resolva a equação da cinética da decomposição catalítica de NH_3 sobre a platina e mostre que o gráfico de $F(t) = (1/t) \times \ln(p/p_0)$ em função de $G(t) = (p - p_0)/t$, em que p é a pressão da amônia, é uma reta da qual se pode estimar k_c. Verifique a lei da cinética com os dados a seguir e estime numericamente o k_c da reação.

t/s	0	30	60	100	160	200	250
p/kPa	13,3	11,7	11,2	10,7	10,3	9,9	9,6

Atividades integradas

22.1 Embora a interação atrativa de van der Waals entre moléculas isoladas varie com R^{-6}, a interação de uma molécula com um sólido (isto é, com uma coleção homogênea de moléculas) varia com R^{-3}, sendo R a distância vertical à superfície do sólido. Demonstre esta afirmação. Calcule a energia de interação de um átomo de Ar e a superfície do argônio sólido com base no potencial (6,12) de Lennard-Jones. Estime a distância de equilíbrio do átomo acima da superfície.

22.2 Microscópios eletrônicos podem obter imagens com resolução muito superior à dos microscópios ópticos devido ao curto comprimento de onda que se obtém com um feixe de elétrons. Para os elétrons que se movem com velocidades próximas de c, a velocidade da luz, a expressão do comprimento de onda de de Broglie (Eq. 7A.14, $\lambda = h/p$) precisa ser corrigida para efeitos relativísticos:

$$\lambda = \frac{h}{\left\{2m_e e\Delta\phi\left(1+\frac{e\Delta\phi}{2m_e c^2}\right)\right\}^{1/2}}$$

em que c é a velocidade da luz no vácuo e $\Delta\phi$ é a diferença potencial através da qual os elétrons são acelerados. (a) Use essa expressão para calcular o comprimento de onda de de Broglie de elétrons acelerados por 50 kV. (b) A correção relativística é importante?

22.3 As forças medidas por AFM provêm principalmente de interações entre elétrons da ponta de prova e sobre a superfície. Para ter uma ideia da magnitude dessas forças, calcule a força que atua entre dois elétrons separados por 2,0 nm. Para calcular a força entre os elétrons, use $F = -dV/dr$, em que V é sua energia potencial coulombiana mútua e r é sua separação.

22.4 Para avaliar com precisão a dependência entre a distância e a corrente de tunelamento na microscopia de tunelamento por varredura, suponha que o elétron presente na lacuna entre a amostra e a ponta de prova tem uma energia 2,0 eV mais baixa do que a altura da barreira. De que fator a corrente cairia se a ponta de prova fosse movida de L_1 = 0,50 nm para L_2 = 0,60 nm a partir da superfície?

SEÇÃO DE DADOS

Tópicos

PARTE 1 Integrais usuais

Funções algébricas

A.1 $\int x^n \mathrm{d}x = \frac{x^{n+1}}{n+1} + \text{constante},\ n \neq -1$

A.2 $\int \frac{1}{x} \mathrm{d}x = \ln x + \text{constante}$

Funções exponenciais

E.1 $\int_0^\infty x^n \mathrm{e}^{-ax} \mathrm{d}x = \frac{n!}{a^{n+1}}, \quad n! = n(n-1)\ldots 1;\ 0! \equiv 1$

E.2 $\int_0^\infty \frac{x^4 \mathrm{e}^x}{(\mathrm{e}^x - 1)^2} \mathrm{d}x = \frac{\pi^4}{15}$

Funções gaussianas

G.1 $\int_0^\infty \mathrm{e}^{-ax^2} \mathrm{d}x = \frac{1}{2}\left(\frac{\pi}{a}\right)^{1/2}$

G.2 $\int_0^\infty x\mathrm{e}^{-ax^2} \mathrm{d}x = \frac{1}{2a}$

G.3 $\int_0^\infty x^2 \mathrm{e}^{-ax^2} \mathrm{d}x = \frac{1}{4}\left(\frac{\pi}{a^3}\right)^{1/2}$

G.4 $\int_0^\infty x^3 \mathrm{e}^{-ax^2} \mathrm{d}x = \frac{1}{2a^2}$

G.5 $\int_0^\infty x^4 \mathrm{e}^{-ax^2} \mathrm{d}x = \frac{3}{8a^2}\left(\frac{\pi}{a}\right)^{1/2}$

G.6 $\operatorname{erf} z = \frac{2}{\pi^{1/2}} \int_0^z \mathrm{e}^{-x^2} \mathrm{d}x \qquad \operatorname{erfc} z = 1 - \operatorname{erf} z$

G.7 $\int_0^\infty x^{2m+1} \mathrm{e}^{-ax^2} \mathrm{d}x = \frac{m!}{2a^{m+1}}$

G.8 $\int_0^\infty x^{2m} \mathrm{e}^{-ax^2} \mathrm{d}x = \frac{(2m-1)!!}{2^{m+1} a^m}\left(\frac{\pi}{a}\right)^{1/2}$

$(2m-1)!! = 1 \times 3 \times 5 \cdots \times (2m-1)$

Funções trigonométricas

T.1 $\int \operatorname{sen} ax\, \mathrm{d}x = -\frac{1}{a}\cos ax + \text{constante}$

T.2 $\int \operatorname{sen}^2 ax\, \mathrm{d}x = \frac{1}{2}x - \frac{\operatorname{sen} 2ax}{4a} + \text{constante}$

T.3 $\int \operatorname{sen}^3 ax\, \mathrm{d}x = -\frac{(\operatorname{sen}^2 ax + 2)\cos ax}{3a} + \text{constante}$

T.4 $\int \operatorname{sen}^4 ax\, \mathrm{d}x = \frac{3x}{8} - \frac{3}{8a}\operatorname{sen} ax \cos ax - \frac{1}{4a}\operatorname{sen}^3 ax \cos ax + \text{constante}$

T.5 $\int \operatorname{sen} ax \operatorname{sen} bx\, \mathrm{d}x = \frac{\operatorname{sen}(a-b)x}{2(a-b)} - \frac{\operatorname{sen}(a+b)x}{2(a+b)} + \text{constante},\ a^2 \neq b^2$

T.6 $\int_0^L \operatorname{sen} nax \operatorname{sen}^2 ax\, \mathrm{d}x = -\frac{1}{2a}\left\{\frac{1}{n} - \frac{1}{2(n+2)} - \frac{1}{2(n-2)}\right\} \times \{(-1)^n - 1\}$

T.7 $\int \operatorname{sen} ax \cos ax\, \mathrm{d}x = \frac{1}{2a}\operatorname{sen}^2 ax + \text{constante}$

T.8 $\int \operatorname{sen} bx \cos ax\, \mathrm{d}x = \frac{\cos(a-b)x}{2(a-b)} - \frac{\cos(a+b)x}{2(a+b)} + \text{constante},\ a^2 \neq b^2$

T.9 $\int x \operatorname{sen} ax \operatorname{sen} bx\, \mathrm{d}x = -\frac{\mathrm{d}}{\mathrm{d}a}\int \operatorname{sen} bx \cos ax\, \mathrm{d}x$

T.10 $\int \cos^2 ax \operatorname{sen} ax\, \mathrm{d}x = -\frac{1}{3a}\cos^3 ax + \text{constante}$

T.11 $\int x \operatorname{sen}^2 ax\, \mathrm{d}x = \frac{x^2}{4} - \frac{x \operatorname{sen} 2ax}{4a} - \frac{\cos 2ax}{8a^2} + \text{constante}$

T.12 $\int x^2 \operatorname{sen}^2 ax\, \mathrm{d}x = \frac{x^3}{6} - \left(\frac{x^2}{4a} - \frac{1}{8a^3}\right)\operatorname{sen} 2ax - \frac{x\cos 2ax}{4a^2} + \text{constante}$

T.13 $\int x \cos ax\, \mathrm{d}x = \frac{1}{a^2}\cos ax + \frac{x}{a}\operatorname{sen} ax + \text{constante}$

PARTE 2 Unidades

Tabela A.1 Algumas unidades comuns

Grandeza física	Nome da unidade	Símbolo da unidade	Valor*
Tempo	minuto	min	60 s
	hora	h	3600 s
	dia	d	86.400 s
	ano	a	31.556.952 s
Comprimento	ångström	Å	10^{-10} m
Volume	litro	L, l	1 dm^3
Massa	tonelada	t	10^3 kg
Pressão	bar	bar	10^5 Pa
	atmosfera	atm	101,325 kPa
Energia	elétron-volt	eV	$1{,}602\ 177\ 33 \times 10^{-19}$ J 96,485 31 kJ mol^{-1}

* Todos os valores são exatos, exceto a definição de 1 eV, que depende do valor medido de *e*, e a definição de ano, que não é uma constante, dependendo de diversas hipóteses astronômicas.

Tabela A.2 Prefixos comuns do SI

Prefixo	y	z	a	f	p	n	μ	m	c	d
Nome	ioto	zepto	ato	femto	pico	nano	micro	mili	centi	deci
Fator	10^{-24}	10^{-21}	10^{-18}	10^{-15}	10^{-12}	10^{-9}	10^{-6}	10^{-3}	10^{-2}	10^{-1}
Prefixo	da	h	k	M	G	T	P	E	Z	Y
Nome	deca	hecto	quilo	mega	giga	tera	peta	exa	zeta	iota
Fator	10	10^2	10^3	10^6	10^9	10^{12}	10^{15}	10^{18}	10^{21}	10^{24}

Tabela A.3 As unidades básicas do SI

Grandeza física	Símbolo da grandeza	Unidade básica
Comprimento	l	metro, m
Massa	m	quilograma, kg
Tempo	t	segundo, s
Corrente elétrica	I	ampere, A
Temperatura termodinâmica	T	kelvin, K
Quantidade de substância	n	mol, mol
Intensidade luminosa	I_v	candela, cd

Tabela A.4 Algumas unidades derivadas

Grandeza física	Unidade derivada*	Nome da unidade derivada
Força	1 kg m s^{-2}	newton, N
Pressão	1 kg m^{-1} s^{-2} 1 N m^{-2}	pascal, Pa
Energia	1 kg m^2 s^{-2} 1 N m 1 Pa m^3	joule, J
Potência	1 kg m^2 s^{-3} 1 J s^{-1}	watt, W

* Definições equivalentes em termos de unidades derivadas são dadas logo após a definição em termos de unidades básicas.

PARTE 3 Dados

A seguir encontra-se uma relação de todas as tabelas constantes do texto; as que foram incluídas nesta *Seção de dados* são marcadas com um asterisco. As demais tabelas reproduzem e expandem os dados fornecidos nas tabelas simplificadas do texto e seguem sua numeração. Os estados-padrão referem-se a uma pressão de $p^{\ominus} = 1$ bar. As referências gerais são as que se seguem:

AIP: D.E. Gray (ed.), *American Institute of Physics Handbook*. McGraw-Hill, New York (1972).

E: J. Emsley, *The Elements*. Oxford University Press, Oxford (1991).

HCP: D.R. Lide (ed.), *Handbook of Chemistry and Physics*. CRC Press, Boca Raton (2000).

JL: A.M. James and M.P. Lord, *Macmillan's Chemical and Physical Data*. Macmillan, London (1992).

KL: G.W.C. Kaye and T.H. Laby (ed.), *Tables of Physical and Chemical Constants*. Longman, London (1973).

LR: G.N. Lewis and M. Randall, revised by K.S. Pitzer and L. Brewer, *Thermodynamics*. McGraw-Hill, New York (1961).

NBS: *NBS Tables of Chemical Thermodynamic Properties*, published as *J. Phys. Chem. Reference Data*, **11**, Supplement 2 (1982).

RS: R.A. Robinson and R.H. Stokes, *Electrolyte Solutions*, Butterworth, London (1959).

TDOC: J.B. Pedley, J.D. Naylor, and S.P. Kirby, *Thermochemical Data of Organic Compounds*. Chapman & Hall, London (1986).

Tabela 0.1 Propriedades físicas de materiais selecionados

	ρ/(g cm^{-3}) a 293 K†	T_f/K	T_{eb}/K		ρ/(g cm^{-3}) a 293 K†	T_f/K	T_{eb}/K
Elementos				**Compostos inorgânicos**			
Alumínio(s)	2,698	933,5	2740	$CaCO_3$(s, calcita)	2,71	1612	1171[d]
Argônio(g)	1,381	83,8	87,3	$CuSO_4 \cdot 5H_2O$(s)	2,284	383(–H_2O)	423(–5H_2O)
Boro(s)	2,340	2573	3931	HBr(g)	2,77	184,3	206,4
Bromo(l)	3,123	265,9	331,9	HCl(g)	1,187	159,0	191,1
Carbono(s, gr)	2,260	3700[s]		HI(g)	2,85	222,4	237,8
Carbono(s, d)	3,513			H_2O(l)	0,997	273,2	373,2

(*Continua*)

Tabela 0.1 (Continuação)

	ρ/(g cm^{-3}) a 293 K†	T_f/K	T_{eb}/K		ρ/(g cm^{-3}) a 293 K†	T_f/K	T_{eb}/K
Elementos (Continuação)				**Compostos inorgânicos (Continuação)**			
Cloro(g)	1,507	172,2	239,2	D_2O(l)	1,104	277,0	374,6
Cobre(s)	8,960	1357	2840	NH_3(g)	0,817	195,4	238,8
Flúor(g)	1,108	53,5	85,0	KBr(s)	2,750	1003	1708
Ouro(s)	19,320	1338	3080	KCl(s)	1,984	1049	1773^s
Hélio(g)	0,125		4,22	NaCl(s)	2,165	1074	1686
Hidrogênio(g)	0,071	14,0	20,3	H_2SO_4(l)	1,841	283,5	611,2
Iodo(s)	4,930	386,7	457,5				
Ferro(s)	7,874	1808	3023	**Compostos orgânicos**			
Criptônio(g)	2,413	116,6	120,8	Acetaldeído, CH_3CHO(l)	0,788	152	293
Chumbo(s)	11,350	600,6	2013	Ácido acético, CH_3COOH(l)	1,049	289,8	391
Lítio(s)	0,534	453,7	1620	Acetona, $(CH_3)_2CO$(l)	0,787	178	329
Magnésio(s)	1,738	922,0	1363	Anilina, $C_6H_5NH_2$(l)	1,026	267	457
Mercúrio(l)	13,546	234,3	629,7	Antraceno, $C_{14}H_{10}$(s)	1,243	490	615
Neônio(g)	1,207	24,5	27,1	Benzeno, C_6H_6(l)	0,879	278,6	353,2
Nitrogênio(g)	0,880	63,3	77,4	Tetracloreto de carbono, CCl_4(l)	1,63	250	349,9
Oxigênio(g)	1,140	54,8	90,2	Clorofórmio, $CHCl_3$(l)	1,499	209,6	334
Fósforo(s, b)	1,820	317,3	553	Etanol, C_2H_5OH(l)	0,789	156	351,4
Potássio(s)	0,862	336,8	1047	Formaldeído, HCHO(g)		181	254,0
Prata(s)	10,500	1235	2485	Glicose, $C_6H_{12}O_6$(s)	1,544	415	
Sódio(s)	0,971	371,0	1156	Metano, CH_4(g)		90,6	111,6
Enxofre(s, α)	2,070	386,0	717,8	Metanol, CH_3OH(l)	0,791	179,2	337,6
Urânio(s)	18,950	1406	4018	Naftaleno, $C_{10}H_8$(s)	1,145	353,4	491
Xenônio(g)	2,939	161,3	166,1	Octano, C_8H_{18}(l)	0,703	216,4	398,8
Zinco(s)	7,133	692,7	1180	Fenol, C_6H_5OH(s)	1,073	314,1	455,0
				Sacarose, $C_{12}H_{22}O_{11}$(s)	1,588	457^d	

d: decompõe-se; s: sublima; Dados: AIP, E, HCP, KL. † Para gases, em seus pontos de ebulição.

Tabela 0.2 Massas e abundâncias naturais de alguns nuclídeos

Nuclídeo		m/m_u	Abundância/%
H	^1H	1,0078	99,985
	^2H	2,0140	0,015
He	^3He	3,0160	0,000 13
	^4He	4,0026	100
Li	^6Li	6,0151	7,42
	^7Li	7,0160	92,58
B	^{10}B	10,0129	19,78
	^{11}B	11,0093	80,22
C	^{12}C	12*	98,89
	^{13}C	13,0034	1,11
N	^{14}N	14,0031	99,63
	^{15}N	15,0001	0,37
O	^{16}O	15,9949	99,76
	^{17}O	16,9991	0,037
	^{18}O	17,9992	0,204
F	^{19}F	18,9984	100
P	^{31}P	30,9738	100
S	^{32}S	31,9721	95,0
	^{33}S	32,9715	0,76

(*Continua*)

Tabela 0.2 (Continuação)

	Nuclídeo	m/m_u	Abundância/%
	^{34}S	33,9679	4,22
Cl	^{35}Cl	34,9688	75,53
	^{37}Cl	36,9651	24,4
Br	^{79}Br	78,9183	50,54
	^{81}Br	80,9163	49,46
I	^{127}I	126,9045	100

* Valor exato.

Tabela 1B.1 Seções eficazes de colisão, σ/nm^2

Ar	0,36
C_2H_4	0,64
C_6H_6	0,88
CH_4	0,46
Cl_2	0,93
CO_2	0,52
H_2	0,27
He	0,21
N_2	0,43
Ne	0,24
O_2	0,40
SO_2	0,58

Dados: KL.

Tabela 1C.1 Segundo coeficiente do virial, $B/(cm^3\ mol^{-1})$

	100 K	273 K	373 K	600 K
Air	−167,3	−13,5	3,4	19,0
Ar	−187,0	−21,7	−4,2	11,9
CH_4		−53,6	−21,2	8,1
CO_2		−142	−72,2	−12,4
H_2	−2,0	13,7	15,6	
He	11,4	12,0	11,3	10,4
Kr		−62,9	−28,7	1,7
N_2	−160,0	−10,5	6,2	21,7
Ne	−6,0	10,4	12,3	13,8
O_2	−197,5	−22,0	−3,7	12,9
Xe		−153,7	−81,7	−19,6

Dados: AIP, JL. Os valores são relativos à expressão da Eq. 1C.3, Seção 1C; converta à Eq. 1C.3 usando $B' = B/RT$.
Para o Ar, a 273 K, $C = 1200\ cm^6\ mol^{-1}$.

Tabela 1C.2 Constantes críticas dos gases

	p_c/atm	$V_c/(cm^3\ mol^{-1})$	T_c/K	Z_c	T_B/K
Ar	48,0	75,3	150,7	0,292	411,5
Br_2	102	135	584	0,287	
C_2H_4	50,50	124	283,1	0,270	
C_2H_6	48,20	148	305,4	0,285	
C_6H_6	48,6	260	562,7	0,274	
CH_4	45,6	98,7	190,6	0,288	510,0
Cl_2	76,1	124	417,2	0,276	
CO_2	72,9	94,0	304,2	0,274	714,8
F_2	55	144			
H_2	12,8	34,99	33,23	0,305	110,0
H_2O	218,3	55,3	647,4	0,227	
HBr	84,0	363,0			
HCl	81,5	81,0	324,7	0,248	
He	2,26	57,8	5,2	0,305	22,64
HI	80,8	423,2			
Kr	54,27	92,24	209,39	0,291	575,0
N_2	33,54	90,10	126,3	0,292	327,2
Ne	26,86	41,74	44,44	0,307	122,1

(*Continua*)

Tabela 1C.2 (Continuação)

	p_c/atm	V_c/(cm^3 mol^{-1})	T_c/K	Z_c	T_B/K
NH_3	111,3	72,5	405,5	0,242	
O_2	50,14	78,0	154,8	0,308	405,9
Xe	58,0	118,8	289,75	0,290	768,0

Dados: AIP, KL.

Tabela 1C.3 Coeficientes de van der Waals

	a/(atm dm^6 mol^{-2})	b/(10^{-2} dm^3 mol^{-1})		a/(atm dm^6 mol^{-2})	b/(10^{-2} dm^3 mol^{-1})
Ar	1,337	3,20	H_2S	4,484	4,34
C_2H_4	4,552	5,82	He	0,0341	2,38
C_2H_6	5,507	6,51	Kr	5,125	1,06
C_6H_6	18,57	11,93	N_2	1,352	3,87
CH_4	14,61	4,31	Ne	0,205	1,67
Cl_2	6,260	5,42	NH_3	4,169	3,71
CO	1,453	3,95	O_2	1,364	3,19
CO_2	3,610	4,29	SO_2	6,775	5,68
H_2	0,2420	2,65	Xe	4,137	5, 16
H_2O	5,464	3,05			

Dados: HCP.

Tabela 2B.1 Variação da capacidade calorífica molar com a temperatura, $C_{p,m}$/(J K^{-1} mol^{-1}) = $a + bT + c/T^2$

	a	b/(10^{-3} K^{-1})	c/(10^5 K^2)
Gases monoatômicos			
	20,78	0	0
Outros gases			
Br_2	37,32	0,50	−1,26
Cl_2	37,03	0,67	−2,85
CO_2	44,22	8,79	−8,62
F_2	34,56	2,51	−3,51
H_2	27,28	3,26	0,50
I_2	37,40	0,59	−0,71
N_2	28,58	3,77	−0,50
NH_3	29,75	25,1	−1,55
O_2	29,96	4,18	−1,67
Líquidos (da fusão à ebulição)			
$C_{10}H_8$, naftaleno	79,5	0,4075	0
I_2	80,33	0	0
H_2O	75,29	0	0
Sólidos			
Al	20,67	12,38	0
C (grafita)	16,86	4,77	−8,54
$C_{10}H_8$, naftaleno	−110	936	0
Cu	22,64	6,28	0
I_2	40,12	49,79	0
NaCl	45,94	16,32	0
Pb	22,13	11,72	0,96

Fonte: Principalmente LR.

Tabela 2C.1 Entalpias-padrão de fusão e vaporização à temperatura de transição, $\Delta_{trs}H^{\ominus}/(\text{kJ mol}^{-1})$

	T_f/K	Fusão	T_{eb}/K	Vaporização		T_f/K	Fusão	T_{eb}/K	Vaporização
Elementos					**Compostos inorgânicos**				
Ag	1234	11,30	2436	250,6	CO_2	217,0	8,33	194,6	25,23[s]
Ar	83,81	1,188	87,29	6,506	CS_2	161,2	4,39	319,4	26,74
Br_2	265,9	10,57	332,4	29,45	H_2O	273,15	6,008	373,15	40,656
Cl_2	172,1	6,41	239,1	20,41					44,016 a 298 K
F_2	53,6	0,26	85,0	3,16	H_2S	187,6	2,377	212,8	18,67
H_2	13,96	0,117	20,38	0,916	H_2SO_4	283,5	2,56		
He	3,5	0,021	4,22	0,084	NH_3	195,4	5,652	239,7	23,35
Hg	234,3	2,292	629,7	59,30	**Compostos orgânicos**				
I_2	386,8	15,52	458,4	41,80	CH_4	90,68	0,941	111,7	8,18
N_2	63,15	0,719	77,35	5,586	CCl_4	250,3	2,47	349,9	30,00
Na	371,0	2,601	1156	98,01	C_2H_6	89,85	2,86	184,6	14,7
O_2	54,36	0,444	90,18	6,820	C_6H_6	278,61	10,59	353,2	30,8
Xe	161	2,30	165	12,6	C_6H_{14}	178	13,08	342,1	28,85
K	336,4	2,35	1031	80,23	$C_{10}H_8$	354	18,80	490,9	51,51
					CH_3OH	175,2	3,16	337,2	35,27
									37,99 a 298 K
					C_2H_5OH	158,7	4,60	352	43,5

Dados: AIP; s significa sublimação.

Tabela 2C.3 Entalpias de rede a 298 K, $\Delta H_L/(\text{kJ mol}^{-1})$. Veja a Tabela 18B.4

Tabela 2C.4 Dados termodinâmicos para compostos orgânicos a 298 K

	$M/(\text{g mol}^{-1})$	$\Delta_f H^{\ominus}/(\text{kJ mol}^{-1})$	$\Delta_f G^{\ominus}/(\text{kJ mol}^{-1})$	$S_m^{\ominus}/(\text{J K}^{-1}\text{ mol}^{-1})$	$C_{p,m}^{\ominus}/(\text{J K}^{-1}\text{ mol}^{-1})$	$\Delta_c H^{\ominus}/(\text{kJ mol}^{-1})$
C(s) (grafita)	12,011	0	0	5,740	8,527	−393,51
C(s) (diamante)	12,011	+1,895	+2,900	2,377	6,113	−395,40
CO_2(g)	44,040	−393,51	−394,36	213,74	37,11	
Hidrocarbonetos						
CH_4(g), metano	16,04	−74,81	−50,72	186,26	35,31	−890
CH_3(g), metila	15,04	+145,69	+147,92	194,2	38,70	
C_2H_2(g), etino	26,04	+226,73	+209,20	200,94	43,93	−1300
C_2H_4(g), eteno	28,05	+52,26	+68,15	219,56	43,56	−1411
C_2H_6(g), etano	30,07	−84,68	−32,82	229,60	52,63	−1560
C_3H_6(g), propeno	42,08	+20,42	+62,78	267,05	63,89	−2058
C_3H_6(g), ciclopropano	42,08	+53,30	+104,45	237,55	55,94	−2091
C_3H_8(g), propano	44,10	−103.85	−23,49	269,91	73,5	−2220
C_4H_8(g), 1-buteno	56,11	−0,13	+71,39	305,71	85,65	−2717
C_4H_8(g), *cis*-2-buteno	56,11	−6,99	+65,95	300,94	78,91	−2710
C_4H_8(g), *trans*-2-buteno	56,11	−11,17	+63,06	296,59	87,82	−2707
C_4H_{10}(g), butano	58,13	−126,15	−17,03	310,23	97,45	−2878

(*Continua*)

Tabela 2C.4 (Continuação)

	M/(g mol^{-1})	$\Delta_f H^\ominus$/(kJ mol^{-1})	$\Delta_f G^\ominus$/(kJ mol^{-1})	$S_m^\ominus$/(J K^{-1} mol^{-1})†	$C_{p,m}^\ominus$/(J K^{-1} mol^{-1})	$\Delta_c H^\ominus$/(kJ mol^{-1})
C_5H_{12}(g), pentano	72,15	−146,44	−8,20	348,40	120,2	−3537
C_5H_{12}(l)	72,15	−173,1				
C_6H_6(l), benzeno	78,12	+49,0	+124,3	173,3	136,1	−3268
C_6H_6(g)	78,12	+82,93	+129,72	269,31	81,67	−3302
C_6H_{12}(l), ciclo-hexano	84,16	−156	+26,8	204,4	156,5	−3920
C_6H_{14}(l), hexano	86,18	−198,7		204,3		−4163
$C_6H_5CH_3$(g), metilbenzeno (tolueno)	92,14	+50,0	+122,0	320,7	103,6	−3953
C_7H_{16}(l), heptano	100,21	−224,4	+1,0	328,6	224,3	
C_8H_{18}(l), octano	114,23	−249,9	+6,4	361,1		−5471
C_8H_{18}(l), iso-octano	114,23	−255,1				−5461
$C_{10}H_8$(s), naftaleno	128,18	+78,53				−5157
Álcoois e fenóis						
CH_3OH(l), metanol	32,04	−238,66	−166,27	126,8	81,6	−726
CH_3OH(g)	32,04	−200,66	−161,96	239,81	43,89	−764
C_2H_5OH(l), etanol	46,07	−277,69	−174,78	160,7	111,46	−1368
C_2H_5OH(g)	46,07	−235,10	−168,49	282,70	65,44	−1409
C_6H_5OH(s), fenol	94,12	−165,0	−50,9	146,0		−3054
Ácidos carboxílicos, hidroxiácidos e ésteres						
HCOOH(l), fórmico	46,03	−424,72	−361,35	128,95	99,04	−255
CH_3COOH(l), acético	60,05	−484,5	−389,9	159,8	124,3	−875
CH_3COOH(aq)	60,05	−485,76	−396,46	178,7		
$CH_3CO_2^-$(aq)	59,05	−486,01	−369,31	+86,6	−6,3	
$(COOH)_2$(s), oxálico	90,04	−827,2			117	−254
C_6H_5COOH(s), benzoico	122,13	−385,1	−245,3	167,6	146,8	−3227
$CH_3CH(OH)COOH$(s), lático	90,08	−694,0				−1344
$CH_3COOC_2H_5$(l), acetato de etila	88,11	−479,0	−332,7	259,4	170,1	−2231
Alcanais e alcanonas						
HCHO(g), metanal	30,03	−108,57	−102,53	218,77	35,40	−571
CH_3CHO(l), etanal	44,05	−192,30	−128,12	160,2		−1166
CH_3CHO(g)	44,05	−166,19	−128,86	250,3	57,3	−1192
CH_3COCH_3(l), propanona	58,08	−248,1	−155,4	200,4	124,7	−1790
Açúcares						
$C_6H_{12}O_6$(s), α-D-glicose	180,16	−1274				−2808
$C_6H_{12}O_6$(s), β-D-glicose	180,16	−1268	−910	212		
$C_6H_{12}O_6$(s), β-D-frutose	180,16	−1266				−2810
$C_{12}H_{22}O_{11}$(s), sacarose	342,30	−2222	−1543	360,2		−5645
Compostos nitrogenados						
$CO(NH_2)_2$(s), ureia	60,06	−333,51	−197,33	104,60	93,14	−632
CH_3NH_2(g), metilamina	31,06	−22,97	+32,16	243,41	53,1	−1085
$C_6H_5NH_2$(l), anilina	93,13	+31,1				−3393
$CH_2(NH_2)COOH$(s), glicina	75,07	−532,9	−373,4	103,5	99,2	−969

Dados: NBS, TDOC. † Entropias-padrão de íons podem ser positivas ou negativas, pois os valores são relativos à entropia do íon hidrogênio.

Tabela 2C.5 Dados termodinâmicos para elementos e compostos inorgânicos a 298 K

	M/(g mol^{-1})	$\Delta_f H^\ominus$/(kJ mol^{-1})	$\Delta_f G^\ominus$/(kJ mol^{-1})	$S_m^\ominus$ /(J K^{-1} mol^{-1})†	$C_{p,m}^\ominus$ /(J K^{-1} mol^{-1})
Alumínio					
Al(s)	26,98	0	0	28,33	24,35
Al(l)	26,98	+10,56	+7,20	39,55	24,21
Al(g)	26,98	+326,4	+285,7	164,54	21,38
Al^{3+}(g)	26,98	+5483,17			
Al^{3+}(aq)	26,98	−531	−485	−321,7	
Al_2O_3(s, α)	101,96	−1675,7	−1582,3	50,92	79,04
$AlCl_3$(s)	133,24	−704,2	−628,8	110,67	91,84
Antimônio					
Sb(s)	121,75	0	0	45.69	25,23
SbH_3(g)	124,77	+145,11	+147,75	232,78	41,05
Argônio					
Ar(g)	39,95	0	0	154,84	20,786
Arsênico					
As(s, α)	74,92	0	0	35,1	24,64
As(g)	74,92	+302,5	+261,0	174,21	20,79
As_4(g)	299,69	+143,9	+92,4	314	
AsH_3(g)	77,95	+66,44	+68,93	222,78	38,07
Bário					
Ba(s)	137,34	0	0	62,8	28,07
Ba(g)	137,34	+180	+146	170,24	20,79
Ba^{2+}(aq)	137,34	−537,64	−560,77	+9,6	
BaO(s)	153,34	−553,5	−525,1	70,43	47,78
$BaCl_2$(s)	208,25	−858,6	−810,4	123,68	75,14
Berílio					
Be(s)	9,01	0	0	9,50	16,44
Be(g)	9,01	+324,3	+286,6	136,27	20,79
Bismuto					
Bi(s)	208,98	0	0	56,74	25,52
Bi(g)	208,98	+207,1	+168,2	187,00	20,79
Bromo					
Br_2(l)	159,82	0	0	152,23	75,689
Br_2(g)	159,82	+30,907	+3,110	245,46	36,02
Br(g)	79,91	+111,88	+82,396	175,02	20,786
Br^-(g)	79,91	−219,07			
Br^-(aq)	79,91	−121,55	−103,96	+82,4	−141,8
HBr(g)	90,92	−36,40	−53,45	198,70	29,142
Cádmio					
Cd(s, γ)	112,40	0	0	51,76	25,98
Cd(g)	112,40	+112,01	+77,41	167,75	20,79
Cd^{2+}(aq)	112,40	−75,90	−77,612	−73,2	
CdO(s)	128,40	−258,2	−228,4	54,8	43,43
$CdCO_3$(s)	172,41	−750,6	−669,4	92,5	

(Continua)

Tabela 2C.5 (Continuação)

	$M/(g\ mol^{-1})$	$\Delta_f H^\ominus/(kJ\ mol^{-1})$	$\Delta_f G^\ominus/(kJ\ mol^{-1})$	$S_m^\ominus/(J\ K^{-1}\ mol^{-1})^\dagger$	$C_{p,m}^\ominus/(J\ K^{-1}\ mol^{-1})$
Cálcio					
Ca(s)	40,08	0	0	41,42	25,31
Ca(g)	40,08	+178,2	+144,3	154,88	20,786
Ca^{2+}(aq)	40,08	−542,83	−553,58	−53,1	
CaO(s)	56,08	−635,09	−604,03	39,75	42,80
$CaCO_3$(s) (calcita)	100,09	−1206,9	−1128,8	92,9	81,88
$CaCO_3$(s) (aragonita)	100,09	−1207,1	−1127,8	88,7	81,25
CaF_2(s)	78,08	−1219,6	−1167,3	68,87	67,03
$CaCl_2$(s)	110,99	−795,8	−748,1	104,6	72,59
$CaBr_2$(s)	199,90	−682,8	−663,6	130	
Carbono (para compostos 'orgânicos' do carbono, veja a Tabela 2C.4)					
C(s) (grafita)	12,011	0	0	5,740	8,527
C(s) (diamante)	12,011	+1,895	+2,900	2,377	6,113
C(g)	12,011	+716,68	+671,26	158,10	20,838
C_2(g)	24,022	+831,90	+775,89	199,42	43,21
CO(g)	28,011	−110,53	−137,17	197,67	29,14
CO_2(g)	44,010	−393,51	−394,36	213,74	37,11
CO_2(aq)	44,010	−413,80	−385,98	117,6	
H_2CO_3(aq)	62,03	−699,65	−623,08	187,4	
HCO_3^-(aq)	61,02	−691,99	−586,77	+91,2	
CO_3^{2-}(aq)	60,01	−677,14	−527,81	−56,9	
CCl_4(l)	153,82	−135,44	−65,21	216,40	131,75
CS_2(l)	76,14	+89,70	+65,27	151,34	75,7
HCN(g)	27,03	+135,1	+124,7	201,78	35,86
HCN(l)	27,03	+108,87	+124,97	112,84	70,63
CN^-(aq)	26,02	+150,6	+172,4	+94,1	
Césio					
Cs(s)	132,91	0	0	85,23	32,17
Cs(g)	132,91	+76,06	+49,12	175,60	20,79
Cs^+(aq)	132,91	−258,28	−292,02	+133,05	−10,5
Chumbo					
Pb(s)	207,19	0	0	64,81	26,44
Pb(g)	207,19	+195,0	+161,9	175,37	20,79
Pb^{2+}(aq)	207,19	−1,7	−24,43	+10,5	
PbO(s, amarelo)	223,19	−217,32	−187,89	68,70	45,77
PbO(s, vermelho)	223,19	−218,99	−188,93	66,5	45,81
PbO_2(s)	239,19	−277,4	−217,33	68,6	64,64
Cloro					
Cl_2(g)	70,91	0	0	223,07	33,91
Cl(g)	35,45	+121,68	+105,68	165,20	21,840
Cl^-(g)	34,45	−233,13			
Cl^-(aq)	35,45	−167,16	−131,23	+56,5	−136,4
HCl(g)	36,46	−92,31	−95,30	186,91	29,12
HCl(aq)	36,46	−167,16	−131,23	56,5	−136,4

(Continua)

Tabela 2C.5 (Continuação)

	$M/(\text{g mol}^{-1})$	$\Delta_f H^\ominus/(\text{kJ mol}^{-1})$	$\Delta_f G^\ominus/(\text{kJ mol}^{-1})$	$S_m^\ominus/(\text{J K}^{-1}\text{ mol}^{-1})^\dagger$	$C_{p,m}^\ominus/(\text{J K}^{-1}\text{ mol}^{-1})$
Cobre					
Cu(s)	63,54	0	0	33,150	24,44
Cu(g)	63,54	+338,32	+298,58	166,38	20,79
Cu^{+}(aq)	63,54	+71,67	+49,98	+40,6	
Cu^{2+}(aq)	63,54	+64,77	+65,49	−99,6	
Cu_2O(s)	143,08	−168,6	−146,0	93,14	63,64
CuO(s)	79,54	−157,3	−129,7	42,63	42,30
$CuSO_4$(s)	159,60	−771,36	−661,8	109	100,0
$CuSO_4{\cdot}H_2O$(s)	177,62	−1085,8	−918,11	146,0	134
$CuSO_4{\cdot}5H_2O$(s)	249,68	−2279,7	−1879,7	300,4	280
Criptônio					
Kr(g)	83,80	0	0	164,08	20,786
Cromo					
Cr(s)	52,00	0	0	23,77	23,35
Cr(g)	52,00	+396,6	+351,8	174,50	20,79
CrO_4^{2-}(aq)	115,99	−881,15	−727,75	+50,21	
$Cr_2O_7^{2-}$(aq)	215,99	−1490,3	−1301,1	+261,9	
Deutério					
D_2(g)	4,028	0	0	144,96	29,20
HD(g)	3,022	+0,318	−1,464	143,80	29,196
D_2O(g)	20,028	−249,20	−234,54	198,34	34,27
D_2O(l)	20,028	−294,60	−243,44	75,94	84,35
HDO(g)	19,022	−245,30	−233,11	199,51	33,81
HDO(l)	19,022	−289,89	−241,86	79,29	
Enxofre					
S(s, α) (rômbico)	32,06	0	0	31,80	22,64
S(s, β) (monoclínico)	32,06	+0,33	+0,1	32,6	23,6
S(g)	32,06	+278,81	+238,25	167,82	23,673
S_2(g)	64,13	+128,37	+79,30	228,18	32,47
S^{2-}(aq)	32,06	+33,1	+85,8	−14,6	
SO_2(g)	64,06	−296,83	−300,19	248,22	39,87
SO_3(g)	80,06	−395,72	−371,06	256,76	50,67
H_2SO_4(l)	98,08	−813,99	−690,00	156,90	138,9
H_2SO_4(aq)	98,08	−909,27	−744,53	20,1	−293
SO_4^{2-}(aq)	96,06	−909,27	−744,53	+20,1	−293
HSO_4^-(aq)	97,07	−887,34	−755,91	+131,8	−84
H_2S(g)	34,08	−20,63	−33,56	205,79	34,23
H_2S(aq)	34,08	−39,7	−27,83	121	
HS^-(aq)	33,072	−17,6	+12,08	+62,08	
SF_6(g)	146,05	−1209	−1105,3	291,82	97,28
Estanho					
Sn(s, β)	118,69	0	0	51,55	26,99
Sn(g)	118,69	+302,1	+267,3	168,49	20,26
Sn^{2+}(aq)	118,69	−8,8	−27,2	−17	
SnO(s)	134,69	−285,8	−256,9	56,5	44,31
SnO_2(s)	150,69	−580,7	−519,6	52,3	52,59

(Continua)

Tabela 2C.5 (Continuação)

	M/(g mol^{-1})	$\Delta_f H^\ominus$/(kJ mol^{-1})	$\Delta_f G^\ominus$/(kJ mol^{-1})	$S_m^\ominus$/(J K^{-1} mol^{-1})†	$C_{p,m}^\ominus$/(J K^{-1} mol^{-1})
Ferro					
Fe(s)	55,85	0	0	27,28	25,10
Fe(g)	55,85	+416,3	+370,7	180,49	25,68
Fe^{2+}(aq)	55,85	−89,1	−78,90	−137,7	
Fe^{3+}(aq)	55,85	−48,5	−4,7	−315,9	
Fe_3O_4(s) (magnetita)	231,54	−1118,4	−1015,4	146,4	143,43
Fe_2O_3(s) (hematita)	159,69	−824,2	−742,2	87,40	103,85
FeS(s, α)	87,91	−100,0	−100,4	60,29	50,54
FeS_2(s)	119,98	−178,2	−166,9	52,93	62,17
Flúor					
F_2(g)	38,00	0	0	202,78	31,30
F(g)	19,00	+78,99	+61,91	158,75	22,74
F^-(aq)	19,00	−332,63	−278,79	−13,8	−106,7
HF(g)	20,01	−271,1	−273,2	173,78	29,13
Fósforo					
P(s, branco)	30,97	0	0	41,09	23,840
P(g)	30,97	+314,64	+278,25	163,19	20,786
P_2(g)	61,95	+144,3	+103,7	218,13	32,05
P_4(g)	123,90	+58,91	+24,44	279,98	67,15
PH_3(g)	34,00	+5,4	+13,4	210,23	37,11
PCl_3(g)	137,33	−287,0	−267,8	311,78	71,84
PCl_3(l)	137,33	−319,7	−272,3	217,1	
PCl_5(g)	208,24	−374,9	−305,0	364,6	112,8
PCl_5(s)	208,24	−443,5			
H_3PO_3(s)	82,00	−964,4			
H_3PO_3(aq)	82,00	−964,8			
H_3PO_4(s)	94,97	−1279,0	−1119,1	110,50	106,06
H_3PO_4(l)	94,97	−1266,9			
H_3PO_4(aq)	94,97	−1277,4	−1018,7	−222	
PO_4^{3-}(aq)	94,97	−1277,4	−1018,7	−221,8	
P_4O_{10}(s)	283,89	−2984,0	−2697,0	228,86	211,71
P_4O_6(s)	219,89	−1640,1			
Hélio					
He(g)	4,003	0	0	126,15	20,786
Hidrogênio (veja também deutério)					
H_2(g)	2,016	0	0	130,684	28,824
H(g)	1,008	+217,97	+203,25	114,71	20,784
H^+(aq)	1,008	0	0	0	0
H^+(g)	1,008	+1536,20			
H_2O(s)	18,015			37,99	
H_2O(l)	18,015	−285,83	−237,13	69,91	75,291
H_2O(g)	18,015	−241,82	−228,57	188,83	33,58
H_2O_2(l)	34,015	−187,78	−120,35	109,6	89,1

(Continua)

Tabela 2C.5 (Continuação)

	$M/(\mathrm{g\ mol^{-1}})$	$\Delta_f H^{\ominus}/(\mathrm{kJ\ mol^{-1}})$	$\Delta_f G^{\ominus}/(\mathrm{kJ\ mol^{-1}})$	$S_m^{\ominus}/(\mathrm{J\,K^{-1}\,mol^{-1}})$†	$C_{p,m}^{\ominus}/(\mathrm{J\,K^{-1}\,mol^{-1}})$
Iodo					
I_2(s)	253,81	0	0	116,135	54,44
I_2(g)	253,81	+62,44	+19,33	260,69	36,90
I(g)	126,90	+106,84	+70,25	180,79	20,786
I^-(aq)	126,90	−55,19	−51,57	+111,3	−142,3
HI(g)	127,91	+26,48	+1,70	206,59	29,158
Lítio					
Li(s)	6,94	0	0	29,12	24,77
Li(g)	6,94	+159,37	+126,66	138,77	20,79
Li^+(aq)	6,94	−278,49	−293,31	+13,4	68,6
Magnésio					
Mg(s)	24,31	0	0	32,68	24,89
Mg(g)	24,31	+147,70	+113,10	148,65	20,786
Mg^{2+}(aq)	24,31	−466,85	−454,8	−138,1	
MgO(s)	40,31	−601,70	−569,43	26,94	37,15
$MgCO_3$(s)	84,32	−1095,8	−1012,1	65,7	75,52
$MgCl_2$(s)	95,22	−641,32	−591,79	89,62	71,38
Mercúrio					
Hg(l)	200,59	0	0	76,02	27,983
Hg(g)	200,59	+61,32	+31,82	174,96	20,786
Hg^{2+}(aq)	200,59	+171,1	+164,40	−32,2	
Hg_2^{2+}(aq)	401,18	+172,4	+153,52	+84,5	
HgO(s)	216,59	−90,83	−58,54	70,29	44,06
Hg_2Cl_2(s)	472,09	−265,22	−210,75	192,5	102
$HgCl_2$(s)	271,50	−224,3	−178,6	146,0	
HgS(s, preto)	232,65	−53,6	−47,7	88,3	
Neônio					
Ne(g)	20,18	0	0	146,33	20,786
Nitrogênio					
N_2(g)	28,013	0	0	191,61	29,125
N(g)	14,007	+472,70	+455,56	153,30	20,786
NO(g)	30,01	+90,25	+86,55	210,76	29,844
N_2O(g)	44,01	+82,05	+104,20	219,85	38,45
NO_2(g)	46,01	+33,18	+51,31	240,06	37,20
N_2O_4(g)	92,1	+9,16	+97,89	304,29	77,28
N_2O_5(s)	108,01	−43,1	+113,9	178,2	143,1
N_2O_5(g)	108,01	+11,3	+115,1	355,7	84,5
HNO_3(l)	63,01	−174,10	−80,71	155,60	109,87
HNO_3(aq)	63,01	−207,36	−111,25	146,4	−86,6
NO_3^-(aq)	62,01	−205,0	−108,74	+146,4	−86,6
NH_3(g)	17,03	−46,11	−16,45	192,45	35,06
NH_3(aq)	17,03	−80,29	−26,50	111,3	
NH_4^+(aq)	18,04	−132,51	−79,31	+113,4	79,9
NH_2OH(s)	33,03	−114,2			

(*Continua*)

Tabela 2C.5 (Continuação)

	M/(g mol^{-1})	$\Delta_f H^\ominus$/(kJ mol^{-1})	$\Delta_f G^\ominus$/(kJ mol^{-1})	$S_m^\ominus$/(J K^{-1} mol^{-1})†	$C_{p,m}^\ominus$/(J K^{-1} mol^{-1})
HN_3(l)	43,03	+264,0	+327,3	140,6	43,68
HN_3(g)	43,03	+294,1	+328,1	238,97	98,87
N_2H_4(l)	32,05	+50,63	+149,43	121,21	139,3
NH_4NO_3(s)	80,04	−365,56	−183,87	151,08	84,1
NH_4Cl(s)	53,49	−314,43	−202,87	94,6	
Potássio					
K(s)	39,10	0	0	64,18	29,58
K(g)	39,10	+89,24	+60,59	160,336	20,786
K^+(g)	39,10	+514,26			
K^+(aq)	39,10	−252,38	−283,27	+102,5	21,8
KOH(s)	56,11	−424,76	−379,08	78,9	64,9
KF(s)	58,10	−576,27	−537,75	66,57	49,04
KCl(s)	74,56	−436,75	−409,14	82,59	51,30
KBr(s)	119,01	−393,80	−380,66	95,90	52,30
KI(s)	166,01	−327,90	−324,89	106,32	52,93
Prata					
Ag(s)	107,87	0	0	42,55	25,351
Ag(g)	107,87	+284,55	+245,65	173,00	20,79
Ag^+(aq)	107,87	+105,58	+77,11	+72,68	21,8
AgBr(s)	187,78	−100,37	−96,90	107,1	52,38
AgCl(s)	143,32	−127,07	−109,79	96,2	50,79
Ag_2O(s)	231,74	−31,05	−11,20	121,3	65,86
$AgNO_3$(s)	169,88	−129,39	−33,41	140,92	93,05
Silício					
Si(s)	28,09	0	0	18,83	20,00
Si(g)	28,09	+455,6	+411,3	167,97	22,25
SiO_2(s, α)	60,09	−910,94	−856,64	41,84	44,43
Sódio					
Na(s)	22,99	0	0	51,21	28,24
Na(g)	22,99	+107,32	+76,76	153,71	20,79
Na^+(aq)	22,99	−240,12	−261,91	+59,0	46,4
NaOH(s)	40,00	−425,61	−379,49	64,46	59,54
NaCl(s)	58,44	−411,15	−384,14	72,13	50,50
NaBr(s)	102,90	−361,06	−348,98	86,82	51,38
NaI(s)	149,89	−287,78	−286,06	98,53	52,09
Xenônio					
Xe(g)	131,30	0	0	169,68	20,786
Zinco					
Zn(s)	65,37	0	0	41,63	25,40
Zn(g)	65,37	+130,73	+95,14	160,98	20,79
Zn^{2+}(aq)	65,37	−153,89	−147,06	−112,1	46
ZnO(s)	81,37	−348,28	−318,30	43,64	40,25

Fonte: NBS. † Entropias-padrão de íons podem ser positivas ou negativas, pois os valores são relativos à entropia do íon hidrogênio.

Tabela 2C.6 Entalpias-padrão de formação de compostos orgânicos a 298 K, $\Delta_f H^{\ominus}/(\text{kJ mol}^{-1})$. Veja a Tabela 2C.4.

Tabela 2D.1 Coeficientes de expansão (α) e compressibilidade isotérmica (κ_T) a 298 K

	$\alpha/(10^{-4}\ \text{K}^{-1})$	$\kappa_T/(10^{-6}\ \text{atm}^{-1})$
Líquidos		
Benzeno	12,4	92,1
Tetracloreto de carbono	12,4	90,5
Etanol	11,2	76,8
Mercúrio	1,82	38,7
Água	2,1	49,6
Sólidos		
Cobre	0,501	0,735
Diamante	0,030	0,187
Ferro	0,354	0,589
Chumbo	0,861	2,21

Os valores referem-se a 20 °C.
Dados: AIP(α), KL(κ_T).

Tabela 2D.2 Temperaturas de inversão (T_I), pontos de fusão (T_f) e de ebulição (T_{eb}), normais e coeficientes Joule–Thomson (μ) a 1 atm e 298 K

	T_I/K	T_f/K	T_{eb}/K	$\mu/(\text{K atm}^{-1})$
Ar	603			0,189 a 50 °C
Argônio	723	83,8	87,3	
Dióxido de carbono	1500	194,7^{s}		1,11 a 300 K
Hélio	40		4,22	−0,062
Hidrogênio	202	14,0	20,3	−0,03
Criptônio	1090	116,6	120,8	
Metano	968	90,6	111,6	
Neônio	231	24,5	27,1	
Nitrogênio	621	63,3	77,4	0,27
Oxigênio	764	54,8	90,2	0,31

s: sublima.
Dados: AIP, JL e M.W. Zemansky, *Heat and Thermodynamics*, McGraw-Hill, New York (1957).

Tabela 3A.1 Entropias-padrão (e temperaturas) de transições de fase, $\Delta_{trs}S^{\ominus}/(\text{J K}^{-1}\ \text{mol}^{-1})$

	Fusão (a T_f)	Vaporização (a T_{eb})
Ar	14,17 (a 83,8 K)	74,53 (a 87,3 K)
Br_2	39,76 (a 265,9 K)	88,61 (a 332,4 K)
C_6H_6	38,00 (a 278,6 K)	87,19 (a 353,2 K)
CH_3COOH	40,4 (a 289,8 K)	61,9 (a 391,4 K)
CH_3OH	18,03 (a 175,2 K)	104,6 (a 337,2 K)
Cl_2	37,22 (a 172,1 K)	85,38 (a 239,0 K)
H_2	8,38 (a 14,0 K)	44,96 (a 20,38 K)
H_2O	22,00 (a 273,2 K)	109,1 (a 373,2 K)
H_2S	12,67 (a 187,6 K)	87,75 (a 212,0 K)
He	4,8 (a 1,8 K e 30 bar)	19,9 (a 4,22 K)
N_2	11,39 (a 63,2 K)	75,22 (a 77,4 K)
NH_3	28,93 (a 195,4 K)	97,41 (a 239,73 K)
O_2	8,17 (a 54,4 K)	75,63 (a 90,2 K)

Dados: AIP.

Tabela 3A.2 Entalpias e entropias-padrão de vaporização de líquidos em seus pontos de ebulição normais

	$\Delta_{vap}H^{\ominus}/(\text{kJ mol}^{-1})$	$\theta_{eb}/°\text{C}$	$\Delta_{vap}S^{\ominus}/(\text{J K}^{-1}\ \text{mol}^{-1})$
Benzeno	30,8	80,1	+87,2
Dissulfeto de carbono	26,74	46,25	+83,7
Tetracloreto de carbono	30,00	76,7	+85,8
Ciclo-hexano	30,1	80,7	+85,1
Decano	38,75	174	+86,7
Dimetil éter	21,51	−23	+86
Etanol	38,6	78,3	+110,0
Sulfeto de hidrogênio	18,7	−60,4	+87,9
Mercúrio	59,3	356,6	+94,2
Metano	8,18	−161,5	+73,2
Metanol	35,21	65,0	+104,1
Água	40,7	100,0	+109,1

Dados: JL.

Tabela 3B.1 Entropias-padrão da Terceira Lei, a 298 K, $S_m^\ominus/(J K^{-1} mol^{-1})$. Veja as Tabelas 2C.4 e 2C.5

Tabela 3C.1 Energias de Gibbs padrão de formação a 298 K, $\Delta_f G^\ominus/(kJ mol^{-1})$. Veja as Tabelas 2C.4 e 2C.5

Tabela 3D.2 Coeficientes de fugacidade do nitrogênio a 273 K, ϕ

p/atm	ϕ	*p*/atm	ϕ
1	0,999 55	300	1,0055
10	0,9956	400	1,062
50	0,9912	600	1,239
100	0,9703	800	1,495
150	0,9672	1000	1,839
200	0,9721		

Para converter para fugacidades, use $f = \phi p$
Dados: LR.

Tabela 5A.1 Constantes da lei de Henry para gases a 298 K, *K*/(kPa kg mol^{-1})

	Água	Benzeno
CH_4	$7{,}55\times10^4$	$44{,}4\times10^3$
CO_2	$3{,}01\times10^3$	$8{,}90\times10^2$
H_2	$1{,}28\times10^5$	$2{,}79\times10^4$
N_2	$1{,}56\times10^5$	$1{,}87\times10^4$
O_2	$7{,}92\times10^4$	

Dados: convertidos de R.J. Silbey e R.A. Alberty, *Physical chemistry*. Wiley, New York (2001).

Tabela 5B.1 Constante crioscópica (K_f) e constante ebulioscópica (K_{eb})

	$K_f/(K\ kg\ mol^{-1})$	$K_{eb}/(K\ kg\ mol^{-1})$
Ácido acético	3,90	3,07
Benzeno	5,12	2,53
Cânfora	40	
Dissulfeto de carbono	3,8	2,37
Tetracloreto de carbono	30	4,95
Naftaleno	6,94	5,8
Fenol	7,27	3,04
Água	1,86	0,51

Dados: KL.

Tabela 5F.2 Coeficientes médios de atividade em água a 298 K

$b/b^\ominus$	HCl	KCl	$CaCl_2$	H_2SO_4	$LaCl_3$	$In_2(SO_4)_3$
0,001	0,966	0,966	0,888	0,830	0,790	
0,005	0,929	0,927	0,789	0,639	0,636	0,16
0,01	0,905	0,902	0,732	0,544	0,560	0,11
0,05	0,830	0,816	0,584	0,340	0,388	0,035
0,10	0,798	0,770	0,524	0,266	0,356	0,025
0,50	0,769	0,652	0,510	0,155	0,303	0,014
1,00	0,811	0,607	0,725	0,131	0,387	
2,00	1,011	0,577	1,554	0,125	0,954	

Dados: RS, HCP e S. Glasstone, *Introduction to electrochemistry*. Van Nostrand (1942).

Tabela 6D.1 Potenciais-padrão a 298 K, $E^{\ominus}$/V. (a) Em ordem eletroquímica

Meia-reação de redução	$E^{\ominus}$/V	Meia-reação de redução	$E^{\ominus}$/V
Fortemente oxidante		$Cu^+ + e^- \rightarrow Cu$	+0,52
$H_4XeO_6 + 2\ H^+ + 2\ e^- \rightarrow XeO_3 + 3\ H_2O$	+3,0	$NiOOH + H_2O + e^- \rightarrow Ni(OH)_2 + OH^-$	+0,49
$F_2 + 2\ e^- \rightarrow 2\ F^-$	+2,87	$Ag_2CrO_4 + 2e^- \rightarrow 2\,Ag + CrO_4^{2-}$	+0,45
$O_3 + 2\ H^+ + 2\ e^- \rightarrow O_2 + H_2O$	+2,07	$O_2 + 2\ H_2O + 4\ e^- \rightarrow 4\ OH^-$	+0,40
$S_2O_8^{2-} + 2e^- \rightarrow 2\ SO_4^{2-}$	+2,05	$ClO_4^- + H_2O + 2e^- \rightarrow ClO_3^- + 2OH^-$	+0,36
$Ag^{2+} + e^- \rightarrow Ag^+$	+1,98	$[Fe(CN)_6]^{3-} + e^- \rightarrow [Fe(CN)_6]^{4-}$	+0,36
$Co^{3+} + e^- \rightarrow Co^{2+}$	+1,81	$Cu^{2+} + 2\ e^- \rightarrow Cu$	+0,34
$H_2O_2 + 2\ H^+ + 2\ e^- \rightarrow 2\ H_2O$	+1,78	$Hg_2Cl_2 + 2\ e^- \rightarrow 2\ Hg + 2\ Cl^-$	+0,27
$Au^+ + e^- \rightarrow Au$	+1,69	$AgCl + e^- \rightarrow Ag + Cl^-$	+0,22
$Pb^{4+} + 2\ e^- \rightarrow Pb^{2+}$	+1,67	$Bi^{3+} + 3\ e^- \rightarrow Bi$	+0,20
$2\ HClO + 2\ H^+ + 2\ e^- \rightarrow Cl_2 + 2\ H_2O$	+1,63	$Cu^{2+} + e^- \rightarrow Cu^+$	+0,16
$Ce^{4+} + e^- \rightarrow Ce^{3+}$	+1,61	$Sn^{4+} + 2\ e^- \rightarrow Sn^{2+}$	+0,15
$2\ HBrO + 2\ H^+ + 2\ e^- \rightarrow Br_2 + 2\ H_2O$	+1,60	$NO_3^- + H_2O + 2e^- \rightarrow NO_2^- + 2OH^-$	+0,10
$MnO_4^- + 8H^+ + 5\ e^- \rightarrow Mn^{2+} + 4H_2O$	+1,51	$AgBr + e^- \rightarrow Ag + Br^-$	+0,0713
$Mn^{3+} + e^- \rightarrow Mn^{2+}$	+1,51	$Ti^{4+} + e^- \rightarrow Ti^{3+}$	0,00
$Au^{3+} + 3\ e^- \rightarrow Au$	+1,40	$2\ H^+ + 2\ e^- \rightarrow H_2$	0, por definição
$Cl_2 + 2\ e^- \rightarrow 2\ Cl^-$	+1,36	$Fe^{3+} + 3\ e^- \rightarrow Fe$	−0,04
$Cr_2O_7^{2-} + 14H^+ + 6e^- \rightarrow 2Cr^{3+} + 7H_2O$	+1,33	$O_2 + H_2O + 2\ e^- \rightarrow HO_2^- + OH^-$	−0,08
$O_3 + H_2O + 2\ e^- \rightarrow O_2 + 2\ OH^-$	+1,24	$Pb^{2+} + 2\ e^- \rightarrow Pb$	−0,13
$O_2 + 4\ H^+ + 4\ e^- \rightarrow 2\ H_2O$	+1,23	$In^+ + e^- \rightarrow In$	−0,14
$ClO_4^- + 2H^+ + 2e^- \rightarrow ClO_3^- + H_2O$	+1,23	$Sn^{2+} + 2\ e^- \rightarrow Sn$	−0,14
$MnO_2 + 4\ H^+ + 2\ e^- \rightarrow Mn^{2+} + 2\ H_2O$	+1,23	$AgI + e^- \rightarrow Ag + I^-$	−0,15
$Pt^{2+} + 2\ e^- \rightarrow Pt$	+1,20	$Ni^{2+} + 2\ e^- \rightarrow Ni$	−0,23
$Br_2 + 2\ e^- \rightarrow 2Br^-$	+1,09	$V^{3+} + e^- \rightarrow V^{2+}$	−0,26
$Pu^{4+} + e^- \rightarrow Pu^{3+}$	+0,97	$Co^{2+} + 2\ e^- \rightarrow Co$	−0,28
$NO_3^- + 4H^+ + 3e^- \rightarrow NO + 2H_2O$	+0,96	$In^{3+} + 3\ e^- \rightarrow In$	−0,34
$2Hg^{2+} + 2e^- \rightarrow Hg_2^{2+}$	+0,92	$Tl^+ + e^- \rightarrow Tl$	−0,34
$ClO^- + H_2O + 2\ e^- \rightarrow Cl^- + 2\ OH^-$	+0,89	$PbSO_4 + 2\ e^- \rightarrow Pb + SO_4^{2-}$	−0,36
$Hg^{2+} + 2\ e^- \rightarrow Hg$	+0,86	$Ti^{3+} + e^- \rightarrow Ti^{2+}$	−0,37
$NO_3^- + 2H^+ + e^- \rightarrow NO_2 + H_2O$	+0,80	$Cd^{2+} + 2\ e^- \rightarrow Cd$	−0,40
$Ag^+ + e^- \rightarrow Ag$	+0,80	$In^{2+} + e^- \rightarrow In^+$	−0,40
$Hg_2^{2+} + 2e^- \rightarrow 2Hg$	+0,79	$Cr^{3+} + e^- \rightarrow Cr^{2+}$	−0,41
$AgF + e^- \rightarrow Ag + F^-$	+0,78	$Fe^{2+} + 2\ e^- \rightarrow Fe$	−0,44
$Fe^{3+} + e^- \rightarrow Fe^{2+}$	+0,77	$In^{3+} + 2\ e^- \rightarrow In^+$	−0,44
$BrO^- + H_2O + 2\ e^- \rightarrow Br^- + 2\ OH^-$	+0,76	$S + 2\ e^- \rightarrow S^{2-}$	−0,48
$Hg_2SO_4 + 2e^- \rightarrow 2Hg + SO_4^{2-}$	+0,62	$In^{3+} + e^- \rightarrow In^{2+}$	−0,49
$MnO_4^{2-} + 2H_2O + 2e^- \rightarrow MnO_2 + 4OH^-$	+0,60	$O_2 + e^- \rightarrow O_2^-$	−0,56
$MnO_4^- + e^- \rightarrow MnO_4^{2-}$	+0,56	$U^{4+} + e^- \rightarrow U^{3+}$	−0,61
$I_2 + 2\ e^- \rightarrow 2\ I^-$	+0,54	$Cr^{3+} + 3\ e^- \rightarrow Cr$	−0,74
$I_3^- + 2e^- \rightarrow 3I^-$	+0,53	$Zn^{2+} + 2\ e^- \rightarrow Zn$	−0,76

(*Continua*)

Tabela 6D.1 (Continuação)

Meia-reação de redução	$E^\ominus$/V	Meia-reação de redução	$E^\ominus$/V
$Cd(OH)_2 + 2\,e^- \rightarrow Cd + 2\,OH^-$	−0,81	$Ce^{3+} + 3\,e^- \rightarrow Ce$	−2,48
$2\,H_2O + 2\,e^- \rightarrow H_2 + 2\,OH^-$	−0,83	$La^{3+} + 3\,e^- \rightarrow La$	−2,52
$Cr^{2+} + 2e^- \rightarrow Cr$	−0,91	$Na^+ + e^- \rightarrow Na$	−2,71
$Mn^{2+} + 2\,e^- \rightarrow Mn$	−1,18	$Ca^{2+} + 2\,e^- \rightarrow Ca$	−2,87
$V^{2+} + 2\,e^- \rightarrow V$	−1,19	$Sr^{2+} + 2\,e^- \rightarrow Sr$	−2,89
$Ti^{2+} + 2\,e^- \rightarrow Ti$	−1,63	$Ba^{2+} + 2\,e^- \rightarrow Ba$	−2,91
$Al^{3+} + 3\,e^- \rightarrow Al$	−1,66	$Ra^{2+} + 2\,e^- \rightarrow Ra$	−2,92
$U^{3+} + 3\,e^- \rightarrow U$	−1,79	$Cs^+ + e^- \rightarrow Cs$	−2,92
$Be^{2+} + 2\,e^- \rightarrow Be$	−1,85	$Rb^+ + e^- \rightarrow Rb$	−2,93
$Sc^{3+} + 3\,e^- \rightarrow Sc$	−2,09	$K^+ + e^- \rightarrow K$	−2,93
$Mg^{2+} + 2\,e^- \rightarrow Mg$	−2,36	$Li^+ + e^- \rightarrow Li$	−3,05

Tabela 6D.1 Potenciais-padrão a 298 K, $E^\ominus$/V. (b) Em ordem alfabética

Meia-reação de redução	$E^\ominus$/V	Meia-reação de redução	$E^\ominus$/V
$Ag^+ + e^- \rightarrow Ag$	+0,80	$Cr^{2+} + 2\,e^- \rightarrow Cr$	−0,91
$Ag^{2+} + e^- \rightarrow Ag^+$	+1,98	$Cr_2O_7^{2-} + 14\,H^+ + 6e^- \rightarrow 2\,Cr^{3+} + 7\,H_2O$	+1,33
$AgBr + e^- \rightarrow Ag + Br^-$	+0,0713	$Cr^{3+} + 3\,e^- \rightarrow Cr$	−0,74
$AgCl + e^- \rightarrow Ag + Cl^-$	+0,22	$Cr^{3+} + e^- \rightarrow Cr^{2+}$	−0,41
$Ag_2CrO_4 + 2e^- \rightarrow 2\,Ag + CrO_4^{2-}$	+0,45	$Cs^+ + e^- \rightarrow Cs$	−2,92
$AgF + e^- \rightarrow Ag + F^-$	+0,78	$Cu^+ + e^- \rightarrow Cu$	+0,52
$AgI + e^- \rightarrow Ag + I^-$	−0,15	$Cu^{2+} + 2\,e^- \rightarrow Cu$	+0,34
$Al^{3+} + 3\,e^- \rightarrow Al$	−1,66	$Cu^{2+} + e^- \rightarrow Cu^+$	+0,16
$Au^+ + e^- \rightarrow Au$	+1,69	$F_2 + 2\,e^- \rightarrow 2\,F^-$	+2,87
$Au^{3+} + 3\,e^- \rightarrow Au$	+1,40	$Fe^{2+} + 2\,e^- \rightarrow Fe$	−0,44
$Ba^{2+} + 2\,e^- \rightarrow Ba$	−2,91	$Fe^{3+} + 3\,e^- \rightarrow Fe$	−0,04
$Be^{2+} + 2\,e^- \rightarrow Be$	−1,85	$Fe^{3+} + e^- \rightarrow Fe^{2+}$	+0,77
$Bi^{3+} + 3\,e^- \rightarrow Bi$	+0,20	$[Fe(CN)_6]^{3-} + e^- \rightarrow [Fe(CN)_6]^{4-}$	+0,36
$Br_2 + 2\,e^- \rightarrow 2Br^-$	+1,09	$2\,H^+ + 2\,e^- \rightarrow H_2$	0, por definição
$BrO^- + H_2O + 2\,e^- \rightarrow Br^- + 2\,OH^-$	+0,76	$2\,H_2O + 2\,e^- \rightarrow H_2 + 2\,OH^-$	−0,83
$Ca^{2+} + 2\,e^- \rightarrow Ca$	−2,87	$2\,HBrO + 2\,H^+ + 2\,e^- \rightarrow Br_2 + 2\,H_2O$	+1,60
$Cd(OH)_2 + 2\,e^- \rightarrow Cd + 2\,OH^-$	−0,81	$2\,HClO + 2\,H^+ + 2\,e^- \rightarrow Cl_2 + 2\,H_2O$	+1,63
$Cd^{2+} + 2\,e^- \rightarrow Cd$	−0,40	$H_2O_2 + 2\,H^+ + 2\,e^- \rightarrow 2\,H_2O$	+1,78
$Ce^{3+} + 3\,e^- \rightarrow Ce$	−2,48	$H_4XeO_6 + 2\,H^+ + 2\,e^- \rightarrow XeO_3 + 3\,H_2O$	+3,0
$Ce^{4+} + e^- \rightarrow Ce^{3+}$	+1,61	$Hg_2^{2+} + 2e^- \rightarrow 2\,Hg$	+0,79
$Cl_2 + 2\,e^- \rightarrow 2\,Cl^-$	+1,36	$Hg_2Cl_2 + 2\,e^- \rightarrow 2\,Hg + 2\,Cl^-$	+0,27
$ClO^- + H_2O + 2\,e^- \rightarrow Cl^- + 2\,OH^-$	+0,89	$Hg^{2+} + 2\,e^- \rightarrow Hg$	+0,86
$ClO_4^- + 2H^+ + 2e^- \rightarrow ClO_3^- + H_2O$	+1,23	$2\,Hg^{2+} + 2e^- \rightarrow Hg_2^{2+}$	+0,92
$ClO_4^- + H_2O + 2e^- \rightarrow ClO_3^- + 2\,OH^-$	+0,36	$Hg_2SO_4 + 2e^- \rightarrow 2\,Hg + SO_4^{2-}$	+0,62
$Co^{2+} + 2\,e^- \rightarrow Co$	−0,28	$I_2 + 2\,e^- \rightarrow 2\,I^-$	+0,54
$Co^{3+} + e^- \rightarrow Co^{2+}$	+1,81	$I_3^- + 2e^- \rightarrow 3\,I^-$	+0,53

(*Continua*)

Tabela 6D.1a (Continuação)

Meia-reação de redução	$E^{\ominus}$/V	Meia-reação de redução	$E^{\ominus}$/V
$In^{+} + e^{-} \rightarrow In$	−0,14	$O_3 + 2\,H^{+} + 2\,e^{-} \rightarrow O_2 + H_2O$	+2,07
$In^{2+} + e^{-} \rightarrow In^{+}$	−0,40	$O_3 + H_2O + 2\,e^{-} \rightarrow O_2 + 2\,OH^{-}$	+1,24
$In^{3+} + 2\,e^{-} \rightarrow In^{+}$	−0,44	$Pb^{2+} + 2\,e^{-} \rightarrow Pb$	−0,13
$In^{3+} + 3\,e^{-} \rightarrow In$	−0,34	$Pb^{4+} + 2\,e^{-} \rightarrow Pb^{2+}$	+1,67
$In^{3+} + e^{-} \rightarrow In^{2+}$	−0,49	$PbSO_4 + 2e^{-} \rightarrow Pb + SO_4^{2-}$	−0,36
$K^{+} + e^{-} \rightarrow K$	−2,93	$Pt^{2+} + 2\,e^{-} \rightarrow Pt$	+1,20
$La^{3+} + 3\,e^{-} \rightarrow La$	−2,52	$Pu^{4+} + e^{-} \rightarrow Pu^{3+}$	+0,97
$Li^{+} + e^{-} \rightarrow Li$	−3,05	$Ra^{2+} + 2\,e^{-} \rightarrow Ra$	−2,92
$Mg^{2+} + 2\,e^{-} \rightarrow Mg$	−2,36	$Rb^{+} + e^{-} \rightarrow Rb$	−2,93
$Mn^{2+} + 2\,e^{-} \rightarrow Mn$	−1,18	$S + 2\,e^{-} \rightarrow S^{2-}$	−0,48
$Mn^{3+} + e^{-} \rightarrow Mn^{2+}$	+1,51	$S_2O_8^{2-} + 2e^{-} \rightarrow 2\,SO_4^{2-}$	+2,05
$MnO_2 + 4\,H^{+} + 2\,e^{-} \rightarrow Mn^{2+} + 2\,H_2O$	+1,23	$Sc^{3+} + 3\,e^{-} \rightarrow Sc$	−2,09
$MnO_4^{2-} + 8H^{+} + 5e^{-} \rightarrow Mn^{2+} + 4H_2O$	+1,51	$Sn^{2+} + 2\,e^{-} \rightarrow Sn$	−0,14
$MnO_4^{-} + e^{-} \rightarrow MnO_4^{2-}$	+0,56	$Sn^{4+} + 2\,e^{-} \rightarrow Sn^{2+}$	+0,15
$MnO_4^{2-} + 2H_2O + 2\,e^{-} \rightarrow MnO_2 + 4OH^{-}$	+0,60	$Sr^{2+} + 2\,e^{-} \rightarrow Sr$	−2,89
$Na^{+} + e^{-} \rightarrow Na$	−2,71	$Ti^{2+} + 2\,e^{-} \rightarrow Ti$	−1,63
$Ni^{2+} + 2\,e^{-} \rightarrow Ni$	−0,23	$Ti^{3+} + e^{-} \rightarrow Ti^{2+}$	−0,37
$NiOOH + H_2O + e^{-} \rightarrow Ni(OH)_2 + OH^{-}$	+0,49	$Ti^{4+} + e^{-} \rightarrow Ti^{3+}$	0,00
$NO_3^{-} + 2H^{+} + e^{-} \rightarrow NO_2 + H_2O$	+0,80	$Tl^{+} + e^{-} \rightarrow Tl$	−0,34
$NO_3^{-} + 4H^{+} + 3e^{-} \rightarrow NO + 2H_2O$	+0,96	$U^{3+} + 3\,e^{-} \rightarrow U$	−1,79
$NO_3^{-} + H_2O + 2e^{-} \rightarrow + NO_2^{-} + 2OH^{-}$	+0,10	$U^{4+} + e^{-} \rightarrow U^{3+}$	−0,61
$O_2 + 2\,H_2O + 4\,e^{-} \rightarrow 4\,OH^{-}$	+0,40	$V^{2+} + 2\,e^{-} \rightarrow V$	−1,19
$O_2 + 4\,H^{+} + 4\,e^{-} \rightarrow 2\,H_2O$	+1,23	$V^{3+} + e^{-} \rightarrow V^{2+}$	−0,26
$O_2 + e^{-} \rightarrow O_2^{-}$	−0,56	$Zn^{2+} + 2\,e^{-} \rightarrow Zn$	−0,76
$O_2 + H_2O + 2e^{-} \rightarrow HO_2^{-} + OH^{-}$	−0,08		

Tabela 9B.1 Carga nuclear efetiva, $Z_{ef} = Z - \sigma$*

	H							He
1s	1							1,6875
	Li	Be	B	C	N	O	F	Ne
1s	2,6906	3,6848	4,6795	5,6727	6,6651	7,6579	8,6501	9,6421
2s	1,2792	1,9120	2,5762	3,2166	3,8474	4,4916	5,1276	5,7584
2p			2,4214	3,1358	3,8340	4,4532	5,1000	5,7584
	Na	Mg	Al	Si	P	S	Cl	Ar
1s	10,6259	11,6089	12,5910	13,5745	14,5578	15,5409	16,5239	17,5075
2s	6,5714	7,3920	8,3736	9,0200	9,8250	10,6288	11,4304	12,2304
2p	6,8018	7,8258	8,9634	9,9450	10,9612	11,9770	12,9932	14,0082
3s	2,5074	3,3075	4,1172	4,9032	5,6418	6,3669	7,0683	7,7568
3p			4,0656	4,2852	4,8864	5,4819	6,1161	6,7641

* A carga real é $Z_{ef}e$.

Dados: E. Clementi e D.L. Raimondi, *Atomic screening constants from SCF functions.* IBM Res. Note NJ-27 (1963). *J. Chem. Phys.* **38**, 2686 (1963).

Tabela 9B.2 Energias da primeira ionização e das subsequentes, I/(kJ mol^{-1})

H							He
1312,0							2372,3
							5250,4
Li	Be	B	C	N	O	F	Ne
513,3	899,4	800,6	1086,2	1402,3	1313,9	1681	2080,6
7298,0	1757,1	2427	2352	2856,1	3388,2	3374	3952,2
Na	Mg	Al	Si	P	S	Cl	Ar
495,8	737,7	577,4	786,5	1011,7	999,6	1251,1	1520,4
4562,4	1450,7	1816,6	1577,1	1903,2	2251	2297	2665,2
		2744,6		2912			
K	Ca	Ga	Ge	As	Se	Br	Kr
418,8	589,7	578,8	762,1	947,0	940,9	1139,9	1350,7
3051,4	1145	1979	1537	1798	2044	2104	2350
		2963	2735				
Rb	Sr	In	Sn	Sb	Te	I	Xe
403,0	549,5	558,3	708,6	833,7	869,2	1008,4	1170,4
2632	1064,2	1820,6	1411,8	1794	1795	1845,9	2046
		2704	2943,0	2443			
Cs	Ba	Tl	Pb	Bi	Po	At	Rn
375,5	502,8	589,3	715,5	703,2	812	930	1037
2420	965,1	1971,0	1450,4	1610			
		2878	3081,5	2466			

Dados: E.

Tabela 9B.3 Afinidades ao elétron, E_{ae}/(kJ mol^{-1})

H							He
72,8							−21
Li	Be	B	C	N	O	F	Ne
59,8	≤0	23	122,5	−7	141	322	−29
					−844		
Na	Mg	Al	Si	P	S	Cl	Ar
52,9	≤0	44	133,6	71,7	200,4	348,7	−35
					−532		
K	Ca	Ga	Ge	As	Se	Br	Kr
48,3	2,37	36	116	77	195,0	324,5	−39
Rb	Sr	In	Sn	Sb	Te	I	Xe
46,9	5,03	34	121	101	190,2	295,3	−41
Cs	Ba	Tl	Pb	Bi	Po	At	Rn
45,5	13,95	30	35,2	101	186	270	−41

Dados: E.

Tabela 10C.1 Comprimentos de ligação, R_e/pm

(a) Comprimentos de ligação em moléculas específicas

Br_2	228,3
Cl_2	198,75
CO	112,81
F_2	141,78
H_2^+	106
H_2	74,138
HBr	141,44
HCl	127,45
HF	91,680
HI	160,92
N_2	109,76
O_2	120,75

(b) Comprimentos médios de ligação a partir de raios covalentes*

H	37						
C	77(1)	N	74(1)	O	66(1)	F	64
	67(2)		65(2)		57(2)		
	60(3)						
Si	118	P	110	S	104(1)	Cl	99
					95(2)		
Ge	122	As	121	Se	104	Br	114
		Sb	141	Te	137	I	133

* Os valores são para ligações simples, exceto onde indicado em contrário (valores entre parênteses). O comprimento de uma ligação covalente A–B (de uma ordem dada) é a soma dos raios covalentes correspondentes.

Tabela 10C.2a Entalpias de dissociação de ligações, $\Delta H^\ominus$(A–B)/(kJ mol^{-1}) a 298 K*

Moléculas diatômicas

H–H	436	F–F	155	Cl–Cl	242	Br–Br	193	I–I	151
O=O	497	C=O	1076	N≡N	945				
H–O	428	H–F	565	H–Cl	431	H–Br	366	H–I	299

Moléculas poliatômicas

$H–CH_3$	435	$H–NH_2$	460	H–OH	492	$H–C_6H_5$	469
$H_3C–CH_3$	368	$H_2C=CH_2$	720	HC≡CH	962		
$HO–CH_3$	377	$Cl–CH_3$	352	$Br–CH_3$	293	$I–CH_3$	237
O=CO	531	HO–OH	213	$O_2N–NO_2$	54		

* Em boa aproximação as entalpias de dissociação e as energias de dissociação estão relacionadas por $\Delta H^\ominus = D_e + \frac{3}{2}RT$ com $D_e = D_0 + \frac{1}{2}\hbar\omega$. Para valores precisos de D_0 para moléculas diatômicas, veja a Tabela 12D.1.

Dados: HCP, KL.

Tabela 10C.2b Entalpias médias de ligação, $\Delta H^{\ominus}$(A–B)/(kJ mol^{-1})*

	H	C	N	O	F	Cl	Br	I	S	P	Si
H	436										
C	412	348(i)									
		612(ii)									
		838(iii)									
		518(a)									
N	388	305(i)	163(i)								
		613(ii)	409(ii)								
		890(iii)	946(iii)								
O	463	360(i)	157	146(i)							
		743(ii)		497(ii)							
F	565	484	270	185	155						
Cl	431	338	200	203	254	242					
Br	366	276				219	193				
I	299	238				210	178	151			
S	338	259			496	250	212		264		
P	322									201	
Si	318		374	466							226

* As entalpias médias de ligação são uma medida tão aproximada da força de ligação que não necessitam ser distinguidas das energias de dissociação. (i) Ligação simples, (ii) ligação dupla, (iii) ligação tripla, (a) aromático.
Dados: HCP e L. Pauling, *The nature of the chemical bond*. Cornell University Press (1960).

Tabela 10D.1 Eletronegatividades de Pauling (em *itálico*) e de Mulliken

H							He
2,20							
3,06							
Li	Be	B	C	N	O	F	Ne
0,98	*1,57*	*2,04*	*2,55*	*3,04*	*3,44*	*3,98*	
1,28	1,99	1,83	2,67	3,08	3,22	4,43	4,60
Na	Mg	Al	Si	P	S	Cl	Ar
0,93	*1,31*	*1,61*	*1,90*	*2,19*	*2,58*	*3,16*	
1,21	1,63	1,37	2,03	2,39	2,65	3,54	3,36
K	Ca	Ga	Ge	As	Se	Br	Kr
0,82	*1,00*	*1,81*	*2,01*	*2,18*	*2,55*	*2,96*	*3,0*
1,03	1,30	1,34	1,95	2,26	2,51	3,24	2,98
Rb	Sr	In	Sn	Sb	Te	I	Xe
0,82	*0,95*	*1,78*	*1,96*	*2,05*	*2,10*	*2,66*	*2,6*
0,99	1,21	1,30	1,83	2,06	2,34	2,88	2,59
Cs	Ba	Tl	Pb	Bi			
0,79	*0,89*	*2,04*	*2,33*	*2,02*			

Dados: Valores de Pauling: A.L. Allred, *J. Inorg. Nucl. Chem.* **17**, 215 (1961); L.C. Allen e J.E. Huheey, ibid., **42**, 1523 (1980). Valores de Mulliken: L.C. Allen, *J. Am. Chem. Soc.* **111**, 9003 (1989). Os valores de Mulliken foram normalizados para a faixa dos valores de Pauling.

Tabela 11B.1 Tabela de caracteres C_{3v}; veja a Parte 4

Tabela 11B.2 Tabela de caracteres C_{2v}; veja a Parte 4

Tabela 12D.1 Propriedades de moléculas diatômicas

	$\tilde{\nu}/cm^{-1}$	θ^V/K	$\tilde{B}/cm^{-1}$	θ^R/K	R_e/pm	$k_f/(N\,m^{-1})$	$hc\tilde{D}_0/(kJ\,mol^{-1})$	σ
$^1H_2^+$	2321,8	3341	29,8	42,9	106	160	255,8	2
$^1H_2$	4400,39	6332	60,864	87,6	74,138	574,9	432,1	2
$^2H_2$	3118,46	4487	30,442	43,8	74,154	577,0	439,6	2
$^1H^{19}F$	4138,32	5955	20,956	30,2	91,680	965,7	564,4	1
$^1H^{35}Cl$	2990,95	4304	10,593	15,2	127,45	516,3	427,7	1
$^1H^{81}Br$	2648,98	3812	8,465	12,2	141,44	411,5	362,7	1
$^1H^{127}I$	2308,09	3321	6,511	9,37	160,92	313,8	294,9	1
$^{14}N_2$	2358,07	3393	1,9987	2,88	109,76	2293,8	941,7	2
$^{16}O_2$	1580,36	2274	1,4457	2,08	120,75	1176,8	493,5	2
$^{19}F_2$	891,8	1283	0,8828	1,27	141,78	445,1	154,4	2
$^{35}Cl_2$	559,71	805	0,2441	0,351	198,75	322,7	239,3	2
$^{12}C^{16}O$	2170,21	3122	1,9313	2,78	112,81	1903,17	1071,8	1
$^{79}Br^{81}Br$	323,2	465	0,0809	10,116	283,3	245,9	190,2	1

Dados: AIP.

Tabela 12E.1 Números de onda vibracionais típicos, $\tilde{\nu}/cm^{-1}$

C–H Estiramento	2850–2960
C–H Deformação angular	1340–1465
C–C Estiramento, deformação angular	700–1250
C=C Estiramento	1620–1680
C≡C Estiramento	2100–2260
O–H Estiramento	3590–3650
Ligações H	3200–3570
C=O Estiramento	1640–1780
C≡N Estiramento	2215–2275
N–H Estiramento	3200–3500
C–F Estiramento	1000–1400
C–Cl Estiramento	600–800
C–Br Estiramento	500–600
C–I Estiramento	500
CO_3^{2-}	1410–1450
NO_3^-	1350–1420
NO_2^-	1230–1250
SO_4^{2-}	1080–1130
Silicatos	900–1100

Dados: L.J. Bellamy, *The infrared spectra of complex molecules* e *Advances in infrared group frequencies*. Chapman and Hall.

Tabela 13A.1 Cor, comprimento de onda, frequência e energia da luz

Cor	λ/nm	$\nu/(10^{14}\,Hz)$	$\tilde{\nu}/(10^4\,cm^{-1})$	E/eV	$E/(kJ\,mol^{-1})$
Infravermelho	>1000	<3,00	<1,00	<1,24	<120
Vermelha	700	4,28	1,43	1,77	171
Laranja	620	4,84	1,61	2,00	193
Amarela	580	5,17	1,72	2,14	206
Verde	530	5,66	1,89	2,34	226
Azul	470	6,38	2,13	2,64	254
Violeta	420	7,14	2,38	2,95	285
Ultravioleta	<400	>7,5	>2,5	>3,10	>300

Dados: J.G. Calvert e J.N. Pitts, *Photochemistry*. Wiley, New York (1966).

Tabela 13A.2 Características de absorção de alguns grupos e moléculas

Grupo	$\tilde{\nu}_{máx}/(10^4\ cm^{-1})$	$\lambda_{máx}/nm$	$\varepsilon_{máx}/(dm^3\ mol^{-1}\ cm^{-1})$
C=C ($\pi^* \leftarrow \pi$)	6,10	163	$1,5\times10^4$
	5,73	174	$5,5\times10^3$
C=O ($\pi^* \leftarrow n$)	3,7–3,5	270–290	10–20
–N=N–	2,9	350	15
	>3,9	<260	Forte
$-NO_2$	3,6	280	10
	4,8	210	$1,0\times10^4$
C_6H_5-	3,9	255	200
	5,0	200	$6,3\times10^3$
	5,5	180	$1,0\times10^5$
$[Cu(OH_2)_6]^{2+}(aq)$	1,2	810	10
$[Cu(NH_3)_4]^{2+}(aq)$	1,7	600	50
H_2O ($\pi^* \leftarrow n$)	6,0	167	$7,0\times10^3$

Tabela 14A.2 Propriedades do spin nuclear

Nuclídeo	Abundância natural, %	Spin, I	Momento magnético, μ/μ_N	Valor g	$\gamma/(10^7\ T^{-1}s^{-1})$	Frequência de RMN a 1 T, ν/MHz
^1n*		$\frac{1}{2}$	−1,9130	−3,8260	−18,324	29,164
^1H	99,9844	$\frac{1}{2}$	2,792 85	5,5857	26,752	42,576
^2H	0,0156	1	0,857 44	0,857 44	4,1067	6,536
^3H*		$\frac{1}{2}$	2,978 96	−4,2553	−20,380	45,414
^{10}B	19,6	3	1,8006	0,6002	2,875	4,575
^{11}B	80,4	$\frac{3}{2}$	2,6886	1,7923	8,5841	13,663
^{13}C	1,108	$\frac{1}{2}$	0,7024	1,4046	6,7272	10,708
^{14}N	99,635	1	0,403 56	0,403 56	1,9328	3,078
^{17}O	0,037	$\frac{5}{2}$	−1,893 79	−0,7572	−3,627	5,774
^{19}F	100	$\frac{1}{2}$	2,628 87	5,2567	25,177	40,077
^{31}P	100	$\frac{1}{2}$	1,1316	2,2634	10,840	17,251
^{33}S	0,74	$\frac{3}{2}$	0,6438	0,4289	2,054	3,272
^{35}Cl	75,4	$\frac{3}{2}$	0,8219	0,5479	2,624	4,176
^{37}Cl	24,6	$\frac{3}{2}$	0,6841	0,4561	2,184	3,476

* Radioativo.

μ é o momento magnético do estado de spin com o maior valor de m_I: $\mu = g_I\mu_N I$ e μ_N é o magnéton nuclear (veja verso da capa).

Dados: KL e HCP.

Tabela 14D.1 Constantes de acoplamento hiperfino para átomos, a/mT

Nuclídeo	Spin	Acoplamento isotrópico	Acoplamento anisotrópico
^{1}H	$\frac{1}{2}$	50,8(1s)	
^{2}H	1	7,8(1s)	
^{13}C	$\frac{1}{2}$	113,0(2s)	6,6(2p)
^{14}N	1	55,2(2s)	4,8(2p)
^{19}F	$\frac{1}{2}$	1720(2s)	108,4(2p)
^{31}P	$\frac{1}{2}$	364(3s)	20,6(3p)
^{35}Cl	$\frac{3}{2}$	168(3s)	10,0(3p)
^{37}Cl	$\frac{3}{2}$	140(3s)	8,4(3p)

Dados: P.W. Atkins e M.C.R. Symons, *The structure of inorganic radicals*. Elsevier, Amsterdam (1967).

Tabela 16A.1 Magnitudes de momentos de dipolo (μ), polarizabilidades (α) e polarizabilidades volumares (α')

	$\mu/(10^{-30}$ C m)	μ/D	$\alpha'/(10^{-30}$ m^3)	$\alpha/(10^{-40}$ J^{-1} C^2 m^2)
Ar	0	0	1,66	1,85
C_2H_5OH	5,64	1,69		
$C_6H_5CH_3$	1,20	0,36		
C_6H_6	0	0	10,4	11,6
CCl_4	0	0	10,3	11,7
CH_2Cl_2	5,24	1,57	6,80	7,57
CH_3Cl	6,24	1,87	4,53	5,04
CH_3OH	5,70	1,71	3,23	3,59
CH_4	0	0	2,60	2,89
$CHCl_3$	3,37	1,01	8,50	9,46
CO	0,390	0,117	1,98	2,20
CO_2	0	0	2,63	2,93
H_2	0	0	0,819	0,911
H_2O	6,17	1,85	1,48	1,65
HBr	2,67	0,80	3,61	4,01
HCl	3,60	1,08	2,63	2,93
He	0	0	0,20	0,22
HF	6,37	1,91	0,51	0,57
HI	1,40	0,42	5,45	6,06
N_2	0	0	1,77	1,97
NH_3	4,90	1,47	2,22	2,47
1,2-$C_6H_4(CH_3)_2$	2,07	0,62		

Dados: HCP e C.J.F. Böttcher e P. Bordewijk, *Theory of electric polarization*. Elsevier, Amsterdam (1978).

Tabela 16B.2 Parâmetros do potencial de Lennard-Jones (12,6)

	(ε/k)/K	r_0/pm
Ar	111,84	362,3
C_2H_2	209,11	463,5
C_2H_4	200,78	458,9
C_2H_6	216,12	478,2
C_6H_6	377,46	617,4
CCl_4	378,86	624.1
Cl_2	296,27	448,5
CO_2	201,71	444,4
F_2	104,29	357,1
Kr	154,87	389,5
N_2	91,85	391,9
O_2	113,27	365,4
Xe	213,96	426,0

Fonte: F. Cuadros, I. Cachadiña e W. Ahamuda, *Molec. Engineering* **6**, 319 (1996).

Tabela 16C.1 Tensão superficial de alguns líquidos a 293 K, γ/(mN m^{-1})

	γ/(mN m^{-})
Benzeno	28,88
Tetracloreto de carbono	27,0
Etanol	22,8
Hexano	18,4
Mercúrio	472
Metanol	22,6
Água	72,75
	72,0 a 25 °C
	58,0 a 100 °C

Dados: KL.

Tabela 17D.1 Raio de giração

	M/(kg mol^{-1})	R_g/nm
Albumina do soro	66	2,98
Miosina	493	46,8
Poliestireno	$3{,}2\times10^3$	50†
DNA	4×10^3	117
Vírus do mosaico do tabaco	$3{,}9\times10^4$	92,4

† Em um solvente fraco.

Tabela 17D.2 Coeficientes de atrito e geometria das moléculas

a/b	Prolato	Oblato
2	1,04	1,04
3	1,18	1,17
4	1,18	1,17
5	1,25	1,22
6	1,31	1,28
7	1,38	1,33
8	1,43	1,37
9	149	1,42
10	1,54	1,46
50	2,95	2,38
100	4,07	2,97

Dados: K.E. Van Holde, *Physical biochemistry*. Prentice-Hall, Englewood Cliffs (1971)

Esfera; raio a, $c=af_0$

Elipsoide prolato; eixo maior $2a$, eixo menor $2b$, $c=(ab)^{1/3}$

$$f=\left\{\frac{(1-b^2/a^2)^{1/2}}{(b/a)^{2/3}\ln\{\left[1+(1-b^2/a^2)^{1/2}\right]/(b/a)\}}\right\}f_0$$

Elipsoide oblato, eixo maior $2a$, eixo menor $2b$, $c=(a^2b)^{1/3}$

$$f=\left\{\frac{(a^2/b^2-1)^{1/2}}{(a/b)^{2/3}\arctan[(a^2/b^2-1)^{1/2}]}\right\}f_0$$

Haste longa, comprimento l, raio a, $c=(3a^2/4)^{1/3}$

$$f=\left\{\frac{(l/2a)^{2/3}}{(3/2)^{1/3}\{2\ln(l/a)-0{,}11\}}\right\}f_0$$

Em cada $f_0=6\pi\eta c$ com o valor apropriado de c.

Tabela 17D.3 Viscosidade intrínseca

Macromolécula	Solvente	θ/°C	K/(10^{-3} cm^3 g^{-1})	a
Poliestireno	Benzeno	25	9,5	0,74
	Ciclobutano	34†	81	0,50
Poli-isobutileno	Benzeno	23†	83	0,50
	Ciclo-hexano	30	26	0,70
Amilose	0,33 M KCl(aq)	25†	113	0,50
Várias proteínas‡	Cloreto de guanidina + $HSCH_2CH_2OH$		7,16	0,66

† A temperatura θ.
‡ Use $[\eta] = KN^a$; N é o número de resíduos de aminoácidos.
Dados: K.E. Van Holde, *Physical biochemistry*. Prentice-Hall, Englewood Cliffs (1971).

Tabela 18B.2 Raios iônicos, r/pm*

Li^+(4)	Be^{2+}(4)	B^{3+}(4)	N^{3-}	O^{2-}(6)	F^-(6)		
59	27	12	171	140	133		
Na^+(6)	Mg^{2+}(6)	Al^{3+}(6)	P^{3-}	S^{2-}(6)	Cl^-(6)		
102	72	53	212	184	181		
K^+(6)	Ca^{2+}(6)	Ga^{3+}(6)	As^{3-}(6)	Se^{2-}(6)	Br^-(6)		
138	100	62	222	198	196		
Rb^+(6)	Sr^{2+}(6)	In^{3+}(6)		Te^{2-}(6)	I^-(6)		
149	116	79		221	220		
Cs^+(6)	Ba^{2+}(6)	Tl^{3+}(6)					
167	136	88					
Elementos do bloco d (íons de alto spin)							
Sc^{3+}(6)	Ti^{4+}(6)	Cr^{3+}(6)	Mn^{3+}(6)	Fe^{2+}(6)	Co^{3+}(6)	Cu^{2+}(6)	Zn^{2+}(6)
73	60	61	65	63	61	73	75

* Os números entre parênteses são os números de coordenação dos íons. Os valores para íons sem número de coordenação são estimativas.
Dados: R.D. Shannon and C.T. Prewitt, *Acta Cryst.* **B25**, 925 (1969).

Tabela 18B.4 Entalpias de rede a 298 K, ΔH_L/(kJ mol^{-1})

	F	Cl	Br	I
Haletos				
Li	1037	852	815	761
Na	926	787	752	705
K	821	717	689	649
Rb	789	695	668	632
Cs	750	676	654	620
Ag	969	912	900	886
Be		3017		
Mg		2524		
Ca		2255		
Sr		2153		

Óxidos							
MgO	3850	CaO	3461	SrO	3283	BaO	3114
Sulfetos							
MgS	3406	CaS	3119	SrS	2974	BaS	2832

Os registros referem-se a $MX(s) \rightarrow M^+(g) + X^-(g)$.
Dados: Principalmente D. Cubicciotti et al., *J. Chem. Phys.* **31**, 1646 (1959).

Tabela 18C.1 Suscetibilidades magnéticas a 298 K

	$\chi/10^{-6}$	$\chi_m/(10^{-10}\ m^3\ mol^{-1})$
$H_2O(l)$	−9,02	−1,63
$C_6H_6(l)$	−8,8	−7,8
$C_6H_{12}(l)$	−10,2	−11,1
$CCl_4(l)$	−5,4	−5,2
NaCl(s)	−16	−3,8
Cu(s)	−9,7	−0,69
S(rômbico)	−12,6	−1,95
Hg(l)	−28,4	−4,21
Al(s)	+20,7	+2,07
Pt(s)	+267,3	+24,25
Na(s)	+8,48	+2,01
K(s)	+5,94	+2,61
$CuSO_4\cdot 5H_2O(s)$	+167	+183
$MnSO_4\cdot 4H_2O(s)$	+1859	+1835
$NiSO_4\cdot 7H_2O(s)$	+355	+503
$FeSO_4(s)$	+3743	+1558

Fonte: Principalmente HCP, com $\chi_m = \chi V_m = \chi\rho/M$.

Tabela 19A.1 Propriedades de transporte dos gases a 1 atm

	$\kappa/(mW\ K^{-1}\ m^{-1})$	$\eta/\mu P$	
	273 K	273 K	293 K
Ar	24,1	173	182
Ar	16,3	210	223
C_2H_4	16,4	97	103
CH_4	30,2	103	110
Cl_2	7,9	123	132
CO_2	14,5	136	147
H_2	168,2	84	88
He	144,2	187	196
Kr	8,7	234	250
N_2	24,0	166	176
Ne	46,5	298	313
O_2	24,5	195	204
Xe	5,2	212	228

Dados: KL.

Tabela 19B.1 Viscosidades dos líquidos a 298 K, $\eta/(10^{-3}\ kg\ m^{-1}\ s^{-1})$

Benzeno	0,601
Tetracloreto de carbono	0,880
Etanol	1,06
Mercúrio	1,55
Metanol	0,553
Pentano	0,224
Ácido sulfúrico	27
Água†	0,891

† A viscosidade da água sobre toda a sua faixa líquida é representada com menos de 1% de erro pela expressão $\log(\eta_{20}/\eta) = A/B$,
$A = 1{,}370\ 23(t-20) + 8{,}36\times 10^{-4}(t-20)^2$
$B = 109 + t \quad t = \theta/°C$
Converta $kg\ m^{-1}\ s^{-1}$ em centipoise (cP) multiplicando por 10^3 (de modo que $\eta \approx 1$ cP para a água).
Dados: AIP, KL.

Tabela 19B.2 Mobilidades iônicas na água a 298 K, $u/(10^{-8}\ m^2\ s^{-1}\ V^{-1})$

Cátions		Ânions	
Ag^+	6,24	Br^-	8,09
Ca^{2+}	6,17	$CH_3CO_2^-$	4,24
Cu^{2+}	5,56	Cl^-	7,91
H^+	36,23	CO_3^{2-}	7,46
K^+	7,62	F^-	5,70
Li^+	4,01	$[Fe(CN)_6]^{3-}$	10,5
Na^+	5,19	$[Fe(CN)_6]^{4-}$	11,4
NH_4^+	7,63	I^-	7,96
$[N(CH_3)_4]^+$	4,65	NO_3^-	7,40
Rb^+	7,92	OH^-	20,64
Zn^{2+}	5,47	SO_4^{2-}	8,29

Dados: Principalmente a Tabela 19B.2 e $u = \lambda/zF$.

Tabela 19B.3 Coeficientes de difusão em líquidos a 298 K, $D/(10^{-9}\ m^2\ s^{-1})$

Moléculas em líquidos				Íons em água			
I_2 em hexano	4,05	H_2 em $CCl_4(l)$	9,75	K^+	1,96	Br^-	2,08
em benzeno	2,13	N_2 em $CCl_4(l)$	3,42	H^+	9,31	Cl^-	2,03
CCl_4 em heptano	3,17	O_2 em $CCl_4(l)$	3,82	Li^+	1,03	F^-	1,46
Glicina em água	1,055	Ar em $CCl_4(l)$	3,63	Na^+	1,33	I^-	2,05
Dextrose em água	0,673	CH_4 em $CCl_4(l)$	2,89			OH^-	5,03
Sacarose em água	0,5216	H_2O em água	2,26				
		CH_3OH em água	1,58				
		C_2H_5OH em água	1,24				

Dados: AIP.

Tabela 20B.1 Dados cinéticos de reações de primeira ordem

	Fase	θ/°C	k_r/s^{-1}	$t_{1/2}$
$2\ N_2O_5 \rightarrow 4\ NO_2 + O_2$	g	25	$3{,}38\times10^{-5}$	5,70 h
	HNO_3(l)	25	$1{,}47\times10^{-6}$	131 h
	Br_2(l)	25	$4{,}27\times10^{-5}$	4,51 h
$C_2H_6 \rightarrow 2\ CH_3$	g	700	$5{,}36\times10^{-4}$	21,6 min
Ciclopropano → propeno	g	500	$6{,}71\times10^{-4}$	17,2 min
$CH_3N_2CH_3 \rightarrow C_2H_6 + N_2$	g	327	$3{,}4\times10^{-4}$	34 min
Sacarose → glicose + frutose	aq(H^+)	25	$6{,}0\times10^{-5}$	3,2 h

g: Limite de alta pressão na fase gasosa.
Dados: Principalmente K.J. Laidler, *Chemical kinetics*. Harper & Row, New York (1987); M.J. Pilling e P.W. Seakins, *Reaction kinetics*. Oxford University Press (1995); J. Nicholas, *Chemical kinetics*. Harper & Row, New York (1976). Veja também JL.

Tabela 20B.2 Dados cinéticos de reações de segunda ordem

	Fase	θ/°C	k_r/(dm^3 mol^{-1} s^{-1})
$2\ NOBr \rightarrow 2\ NO + Br_2$	g	10	0,80
$2\ NO_2 \rightarrow 2\ NO + O_2$	g	300	0,54
$H_2 + I_2 \rightarrow 2\ HI$	g	400	$2{,}42\times10^{-2}$
$D_2 + HCl \rightarrow DH + DCl$	g	600	0,141
$2\ I \rightarrow I_2$	g	23	7×10^{9}
	hexano	50	$1{,}8\times10^{10}$
$CH_3Cl + CH_3O^-$	metanol	20	$2{,}29\times10^{-6}$
$CH_3Br + CH_3O^-$	metanol	20	$9{,}23\times10^{-6}$
$H^+ + OH^- \rightarrow H_2O$	água	25	$1{,}35\times10^{11}$
	gelo	−10	$8{,}6\times10^{12}$

Dados: Principalmente K.J. Laidler, *Chemical kinetics*. Harper & Row, New York (1987); M.J. Pilling e P.W. Seakins, *Reaction kinetics*. Oxford University Press, (1995); J. Nicholas, *Chemical kinetics*. Harper & Row, New York (1976).

Tabela 20D.1 Parâmetros de Arrhenius

Reações de primeira ordem	A/s^{-1}	E_a/(kJ mol^{-1})
Ciclopropano → propeno	$1{,}58\times10^{15}$	272
$CH_3NC \rightarrow CH_3CN$	$3{,}98\times10^{13}$	160
cis-CHD=CHD → *trans*-CHD=CHD	$3{,}16\times10^{12}$	256
Ciclobutano → $2\ C_2H_4$	$3{,}98\times10^{13}$	261
$C_2H_5I \rightarrow C_2H_4 + HI$	$2{,}51\times10^{17}$	209
$C_2H_6 \rightarrow 2\ CH_3$	$2{,}51\times10^{7}$	384
$2\ N_2O_5 \rightarrow 4\ NO_2 + O_2$	$4{,}94\times10^{13}$	103, 4
$N_2O \rightarrow N_2 + O$	$7{,}94\times10^{11}$	250
$C_2H_5 \rightarrow C_2H_4 + H$	$1{,}0\times10^{13}$	167

(*Continua*)

Tabela 20D.1 (Continuação)

Segunda ordem, fase gasosa	$A/(dm^3\ mol^{-1}\ s^{-1})$	$E_a/(kJ\ mol^{-1})$
$O+N_2 \rightarrow NO+N$	1×10^{11}	315
$OH+H_2 \rightarrow H_2O+H$	8×10^{10}	42
$Cl+H_2 \rightarrow HCl+H$	8×10^{10}	23
$2\ CH_3 \rightarrow C_2H_6$	2×10^{10}	*ca.*0
$NO+Cl_2 \rightarrow NOCl+Cl$	$4{,}0\times10^{9}$	85
$SO+O_2 \rightarrow SO_2+O$	3×10^{8}	27
$CH_3+C_2H_6 \rightarrow CH_4+C_2H_5$	2×10^{8}	44
$C_6H_5+H_2 \rightarrow C_6H_6+H$	1×10^{8}	*ca.*25
Segunda ordem, solução	$A/(dm^3\ mol^{-1}\ s^{-1})$	$E_a/(kJ\ mol^{-1})$
$C_2H_5ONa+CH_3I$ em etanol	$2{,}42\times10^{11}$	81,6
$C_2H_5Br+OH^-$ em água	$4{,}30\times10^{11}$	89,5
$C_2H_5I+C_2H_5O^-$ em etanol	$1{,}49\times10^{11}$	86,6
$C_2H_5Br+OH^-$ em etanol	$4{,}30\times10^{11}$	89,5
CO_2+OH^- em água	$1{,}5\times10^{10}$	38
$CH_3I+S_2O_3^{2-}$ em água	$2{,}19\times10^{12}$	78,7
Sacarose$+H_2O$ em água ácida	$1{,}50\times10^{15}$	107,9
$(CH_3)_3CCl$ solvólise		
em água	$7{,}1\times10^{16}$	100
em metanol	$2{,}3\times10^{13}$	107
em etanol	$3{,}0\times10^{13}$	112
em ácido acético	$4{,}3\times10^{13}$	111
em clorofórmio	$1{,}4\times10^{4}$	45
$C_6H_5NH_2+C_6H_5COCH_2Br$ em benzeno	91	34

Dados: Principalmente J. Nicholas, *Chemical kinetics*. Harper & Row, New York (1976) e A.A. Frost and R.G. Pearson, *Kinetics and mechanism*. Wiley, New York (1961).

Tabela 21A.1 Parâmetros de Arrhenius de reações em fase gasosa

	$A/(dm^3\ mol^{-1}\ s^{-1})$			
	Experimento	Teoria	$E_a/(kJ\ mol^{-1})$	P
$2\ NOCl \rightarrow 2\ NO+Cl_2$	$9{,}4\times10^{9}$	$5{,}9\times10^{10}$	102,0	0,16
$2\ NO_2 \rightarrow 2\ NO+O_2$	$2{,}0\times10^{9}$	$4{,}0\times10^{10}$	111,0	$5{,}0\times10^{-2}$
$2\ ClO \rightarrow Cl_2+O_2$	$6{,}3\times10^{7}$	$2{,}5\times10^{10}$	0,0	$2{,}5\times10^{-3}$
$H_2+C_2H_4 \rightarrow C_2H_6$	$1{,}24\times10^{6}$	$7{,}4\times10^{11}$	180	$1{,}7\times10^{-6}$
$K+Br_2 \rightarrow KBr+Br$	$1{,}0\times10^{12}$	$2{,}1\times10^{11}$	0,0	4,8

Dados: Principalmente M.J. Pilling e P.W. Seakins, *Reaction kinetics*. Oxford University Press (1995).

Tabela 21B.1 Parâmetros de Arrhenius para reações em solução. Veja a Tabela 20D.1

Tabela 21F.1 Densidades de corrente de troca e coeficientes de transferência (α) a 298 K

Reação	Eletrodo	$j_0/(\mathrm{A\ cm^{-2}})$	α
$2\,H^+ + 2\,e^- \rightarrow H_2$	Pt	$7{,}9\times10^{-4}$	
	Cu	1×10^{-6}	
	Ni	$6{,}3\times10^{-6}$	0,58
	Hg	$7{,}9\times10^{-13}$	0,50
	Pb	$5{,}0\times10^{-12}$	
$Fe^{3+} + e^- \rightarrow Fe^{2+}$	Pt	$2{,}5\times10^{-3}$	0,58
$Ce^{4+} + e^- \rightarrow Ce^{3+}$	Pt	$4{,}0\times10^{-5}$	0,75

Dados: Principalmente J.O'M. Bockris e A.K.N. Reddy, *Modern electrochemistry*. Pleanum, New York (1970).

Tabela 22A.1 Entalpias-padrão máximas de fisissorção, $\Delta_{ad}H^{\ominus}/(\mathrm{kJ\ mol^{-1}})$ observadas, a 298 K

C_2H_2	−38	H_2	−84
C_2H_4	−34	H_2O	−59
CH_4	−21	N_2	−21
Cl_2	−36	NH_3	−38
CO	−25	O_2	−21
CO_2	−25		

Dados: D.O. Haywood e B.M.W. Trapnell, *Chemisorption*. Butterworth (1964).

Tabela 22A.2 Entalpias-padrão de quimissorção, $\Delta_{ad}H^{\ominus}/(\mathrm{kJ\ mol^{-1}})$ a 298 K

Adsorvato	Adsorvente (substrato)											
	Ti	Ta	Nb	W	Cr	Mo	Mn	Fe	Co	Ni	Rh	Pt
H_2		−188			−188	−167	−71	−134			−117	
N_2		−586						−293				
O_2						−720					−494	−293
CO	−640							−192	−176			
CO_2	−682	−703	−552	−456	−339	−372	−222	−225	−146	−184		
NH_3				−301				−188		−155		
C_2H_4		−577		−427	−427			−285		−243	−209	

Dados: D.O. Haywood e B.M.W. Trapnell, *Chemisorption*. Butterworth (1964).

PARTE 4 Tabelas de caracteres

Os grupos C_1, C_s, C_i

C_1 (1)	E	$h=1$
A	1	

$C_s = C_h$ m	E	σ_h	$h=2$	
A′	1	1	x, y, R_z	x^2, y^2, z^2, xy
A″	1	−1	z, R_x, R_y	yz, zx

$C_i = S_2$ $\bar{1}$	E	i	$h=2$	
A_g	1	1	R_x, R_y, R_z	$x^2, y^2, z^2, xy, yz, zx$
A_u	1	−1	x, y, z	

Os grupos C_{nv}

C_{2v}, $2mm$	E	C_2	σ_v	σ'_v	$h=4$	
A_1	1	1	1	1	z, z^2, x^2, y^2	
A_2	1	1	−1	−1	xy	R_z
B_1	1	−1	1	−1	x, zx	R_y
B_2	1	−1	−1	1	y, yz	R_x

C_{3v}, $3m$	E	$2C_3$	$3\sigma_v$	$h=6$	
A_1	1	1	1	z, z^2, x^2+y^2	
A_2	1	1	−1		R_z
E	2	−1	0	$(x, y), (xy, x^2-y^2)$ (yz, zx)	(R_x, R_y)

C_{4v}, $4mm$	E	C_2	$2C_4$	$2\sigma_v$	$2\sigma_d$	$h=8$	
A_1	1	1	1	1	1	z, z^2, x^2+y^2	
A_2	1	1	1	−1	−1		R_z
B_1	1	1	−1	1	−1	x^2-y^2	
B_2	1	1	−1	−1	1	xy	
E	2	−2	0	0	0	$(x, y), (yz, zx)$	(R_x, R_y)

C_{5v}	E	$2C_5$	$2C_5^2$	$5\sigma_v$	$h=10$, $\alpha=72°$	
A_1	1	1	1	1	z, z^2, x^2+y^2	
A_2	1	1	1	−1		R_z
E_1	2	$2\cos\alpha$	$2\cos 2\alpha$	0	$(x, y), (yz, zx)$	(R_x, R_y)
E_2	2	$2\cos 2\alpha$	$2\cos\alpha$	0	(xy, x^2-y^2)	

C_{6v}, $6mm$	E	C_2	$2C_3$	$2C_6$	$3\sigma_d$	$3\sigma_v$	$h=12$	
A_1	1	1	1	1	1	1	z, z^2, x^2+y^2	
A_2	1	1	1	1	−1	−1		R_z
B_1	1	−1	1	−1	−1	1		
B_2	1	−1	1	−1	1	−1		
E_1	2	−2	−1	1	0	0	$(x, y), (yz, zx)$	(R_x, R_y)
E_2	2	2	−1	−1	0	0	(xy, x^2-y^2)	

$C_{\infty v}$	E	$2C_\phi$†	$\infty\sigma_v$	$h=\infty$	
$A_1(\Sigma^+)$	1	1	1	z, z^2, x^2+y^2	
$A_2(\Sigma^-)$	1	1	−1		R_z
$E_1(\Pi)$	2	$2\cos\phi$	0	$(x, y), (yz, zx)$	(R_x, R_y)
$E_2(\Delta)$	2	$2\cos 2\phi$	0	(xy, x^2-y^2)	

† Só existe um membro desta classe, se $\phi=\pi$.

Os grupos D_n

D_2, 222	E	C_2^z	C_2^y	C_2^x	$h=4$	
A_1	1	1	1	1	x^2, y^2, z^2	
B_1	1	1	−1	−1	z, xy	R_z
B_2	1	−1	1	−1	y, zx	R_y
B_3	1	−1	−1	1	x, yz	R_x

D_3, 32	E	$2C_3$	$3C_2'$	$h=6$	
A_1	1	1	1	z^2, x^2+y^2	
A_2	1	1	−1	z	R_z
E	2	−1	0	$(x, y), (yz, zx), (xy, x^2-y^2)$	(R_x, R_y)

D_4, 422	E	C_2	$2C_4$	$2C_2'$	$2C_2''$	$h=8$	
A_1	1	1	1	1	1	z^2, x^2+y^2	
A_2	1	1	1	−1	−1	z	R_z
B_1	1	1	−1	1	−1	x^2-y^2	
B_2	1	1	−1	−1	1	xy	
E	2	−2	0	0	0	$(x, y), (yz, zx)$	(R_x, R_y)

Os grupos D_{nh}

D_{3h}, $\bar{6}$2m	E	σ_h	$2C_3$	$2S_3$	$3C_2'$	$3\sigma_v$	$h=12$	
A_1'	1	1	1	1	1	1	z^2, x^2+y^2	
A_2'	1	1	1	1	−1	−1		R_z
A_1''	1	−1	1	−1	1	−1		
A_2''	1	−1	1	−1	−1	1	z	
E'	2	2	−1	−1	0	0	$(x, y), (xy, x^2-y^2)$	
E''	2	−2	−1	1	0	0	(yz, zx)	(R_x, R_y)

D_{4h}, 4/mmm	E	$2C_4$	C_2	$2C_2'$	$2C_2''$	i	$2S_4$	σ_h	$2\sigma_v$	$2\sigma_d$	$h=16$	
A_{1g}	1	1	1	1	1	1	1	1	1	1	x^2+y^2, z^2	
A_{2g}	1	1	1	−1	−1	1	1	1	−1	−1		R_z
B_{1g}	1	−1	1	1	−1	1	−1	1	1	−1	x^2-y^2	
B_{2g}	1	−1	1	−1	1	1	−1	1	−1	1	xy	
E_g	2	0	−2	0	0	2	0	−2	0	0	(yz, zx)	(R_x, R_y)
A_{1u}	1	1	1	1	1	−1	−1	−1	−1	−1		
A_{2u}	1	1	1	−1	−1	−1	−1	−1	1	1	z	
B_{1u}	1	−1	1	1	−1	−1	1	−1	−1	1		
B_{2u}	1	−1	1	−1	1	−1	1	−1	1	−1		
E_u	2	0	−2	0	0	−2	0	2	0	0	(x, y)	

D_{5h}	E	$2C_5$	$2C_5^2$	$5C_2$	σ_h	$2S_5$	$2S_5^3$	$5\sigma_v$	$h=20$	$\alpha=72°$
A_1'	1	1	1	1	1	1	1	1	x^2+y^2, z^2	
A_2'	1	1	1	−1	1	1	1	−1		R_z
E_1'	2	$2\cos\alpha$	$2\cos 2\alpha$	0	2	$2\cos\alpha$	$2\cos 2\alpha$	0	(x, y)	
E_2'	2	$2\cos 2\alpha$	$2\cos\alpha$	0	2	$2\cos 2\alpha$	$2\cos\alpha$	0	(x^2-y^2, xy)	
A_1''	1	1	1	1	−1	−1	−1	−1		
A_2''	1	1	1	−1	−1	−1	−1	1	z	
E_1''	2	$2\cos\alpha$	$2\cos 2\alpha$	0	−2	$-2\cos\alpha$	$-2\cos 2\alpha$	0	(yz, zx)	(R_x, R_y)
E_2''	2	$2\cos 2\alpha$	$2\cos\alpha$	0	−2	$-2\cos 2\alpha$	$-2\cos\alpha$	0		

$D_{\infty h}$	E	$2C_\phi$	…	$\infty\sigma_v$	i	$2S_\infty$	…	$\infty C_2'$	$h=\infty$	
$A_{1g}(\Sigma_g^+)$	1	1	…	1	1	1	…	1	z^2, x^2+y^2	
$A_{1u}(\Sigma_u^+)$	1	1	…	1	−1	−1	…	−1	z	
$A_{2g}(\Sigma_g^-)$	1	1	…	−1	1	1	…	−1		R_z
$A_{2u}(\Sigma_u^-)$	1	1	…	−1	−1	−1	…	1		
$E_{1g}(\Pi_g)$	2	$2\cos\phi$	…	0	2	$-2\cos\phi$	…	0	(yz, zx)	(R_x, R_y)
$E_{1u}(\Pi_u)$	2	$2\cos\phi$	…	0	−2	$2\cos\phi$	…	0	(x, y)	
$E_{2g}(\Delta_g)$	2	$2\cos 2\phi$	…	0	2	$2\cos 2\phi$	…	0	(xy, x^2-y^2)	
$E_{2u}(\Delta_u)$	2	$2\cos 2\phi$	…	0	−2	$-2\cos 2\phi$	…	0		
⋮	⋮	⋮	…	⋮	⋮	⋮	…	⋮		

Os grupos cúbicos

T_d, $\bar{4}3m$	E	$8C_3$	$3C_2$	$6\sigma_d$	$6S_4$	$h=24$	
A_1	1	1	1	1	1	$x^2+y^2+z^2$	
A_2	1	1	1	−1	−1		
E	2	−1	2	0	0	$(3z^2-r^2, x^2-y^2)$	
T_1	3	0	−1	−1	1		(R_x, R_y, R_z)
T_2	3	0	−1	1	−1	$(x, y, z), (xy, yz, zx)$	

O_h, $m3m$	E	$8C_3$	$6C_2$	$6C_4$	$3C_2(=C_4^2)$	i	$6S_4$	$8S_6$	$3\sigma_h$	$6\sigma_d$	$h=48$	
A_{1g}	1	1	1	1	1	1	1	1	1	1	$x^2+y^2+z^2$	
A_{2g}	1	1	−1	−1	1	1	−1	1	1	−1		
E_g	2	−1	0	0	2	2	0	−1	2	0	$(2z^2-x^2-y^2, x^2-y^2)$	
T_{1g}	3	0	−1	1	−1	3	1	0	−1	−1		(R_x, R_y, R_z)
T_{2g}	3	0	1	−1	−1	3	−1	0	−1	1	(xy, yz, zx)	
A_{1u}	1	1	1	1	1	−1	−1	−1	−1	−1		
A_{2u}	1	1	−1	−1	1	−1	1	−1	−1	1		
E_u	2	−1	0	0	2	−2	0	1	−2	0		
T_{1u}	3	0	−1	1	−1	−3	−1	0	1	1	(x, y, z)	
T_{2u}	3	0	1	−1	−1	−3	1	0	1	−1		

Os grupos icosaédricos

I	E	$12C_5$	$12C_5^2$	$20C_3$	$15C_2$	$h=60$	
A	1	1	1	1	1	$x^2+y^2+z^2$	
T_1	3	$\frac{1}{2}(1+5^{1/2})$	$\frac{1}{2}(1-5^{1/2})$	0	−1	(x, y, z)	(R_x, R_y, R_z)
T_2	3	$\frac{1}{2}(1-5^{1/2})$	$\frac{1}{2}(1+5^{1/2})$	0	−1		
G	4	−1	−1	1	0		
H	5	0	0	−1	1	$(2z^2-x^2-y^2, x^2-y^2, xy, yz, zx)$	

Mais informações: P.W. Atkins, M.S. Child e C.S.G. Phillips, *Tables for group theory*. Oxford University Press, 1970. Nesta fonte, que se encontra entre os Materiais Suplementares que acompanham este livro, há outras tabelas de caracteres como D_2, D_4, D_{2d}, D_{3d} e D_{5d}.

ÍNDICE

F

G

H

I

J

L

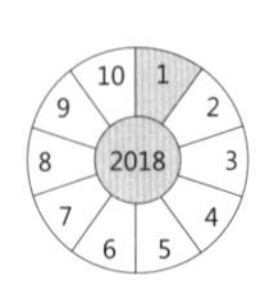

Cromosete
Gráfica e editora ltda.
Impressão e acabamento
Rua Uhland, 307
Vila Ema-Cep 03283-000
São Paulo - SP
Tel/Fax: 011 2154-1176
adm@cromosete.com.br